진동 측정 및 분석의 이론과 실습

Vibration Measurement and Analysis
- Theory and Practice -

김재은 지음

도서출판 홍릉

저자소개

김재은 대구가톨릭대학교 기계공학과 교수

- 서울대학교 기계설계학과 학사
- 서울대학교 기계공학부 석사
- 미국 University of IOWA 학생 방문 연구원
- 서울대학교 기계항공공학부 박사
- LG전자 DS연구소 책임연구원
- 서울대학교 정밀설계공동연구소 선임연구원
- 캐나다 University of Waterloo 방문 교수

[학회 활동]

- 한국소음진동공학회 (전)편집위원(부문리더), (현)부문이사, 평의원
- 대한기계학회 CAE 및 응용역학부문 이사

[수상]

- 한국소음진동공학회 학술상 수상 (2021년)

진동 측정 및 분석의 이론과 실습

인　쇄: 2023년 9월 18일 초판 1쇄
발　행: 2023년 9월 22일 초판 1쇄

저　자: 김재은
발행인: 송 준
발행처: 도서출판 홍릉
주　소: 01093 서울시 강북구 인수봉로 50길 10
등　록: 1976년 10월 21일 제5-66호

전　화: 02-999-2274~5, 903-7037
팩　스: 02-905-6729
e-mail: hongpub@hongpub.co.kr
http://www.hongpub.co.kr
ISBN: 979-11-5600-134-8(93550)
정　가: 35,000원

이 책은 2020년도 대구가톨릭대학교 연구년 중 수행한 결과로서 저술되었음.

머리말

진동(vibration, oscillation)이란 어떤 계(system)를 기술하는 물리량이 특정 상태에서의 값을 기준으로 반복적으로 변하는 경우를 말합니다. 기계공학에서는 일반적으로 구조물의 어떤 위치에서의 변위가 정적 평형(static equilibrium) 상태를 중심으로 반복적으로 변하는 운동 상태를 말합니다.

기계공학에서 진동학을 배우는 과정은 보통 이렇습니다. 정역학(statics)을 통해 힘의 정적 평형에 대해 배우고, 고체 역학(solid mechanics)을 통해 주어진 하중 및 구속 조건 하에서 구조물의 재료 특성에 따른 변위, 변형률, 응력을 배웁니다. 그리고 동역학(dynamics)을 통해 구조물의 운동 상태에 대한 기술(변위, 속도, 가속도) 및 그의 원인인 힘과의 관계에 대해서 배웁니다. 이 정도의 기본 지식을 배경으로 '드디어' 진동학을 배우게 됩니다. 돌이켜보면 진동학이 다루는 범위는 실로 매우 넓습니다. 역학적 관점에서 진동학을 배우는 과정을 얘기하였지만, 신호 처리 및 분석의 관점에서, 또는 제어 관점에서 진동학에 접근할 수도 있습니다. 이렇듯 기계공학에서의 그 위상이 매우 중요하지만 처음 배울 때는 매우 어렵게 느끼는 학문입니다.

이 책은 기존의 진동학 입문책과는 좀 다른 관점에서 기술되었습니다. 진동학을 공부하기에 좋은 훌륭한 교재가 이미 많이 있습니다. 그리고 그런 교재에서도 진동 측정 및 신호 분석 등에 대한 내용도 일부 다뤄지고 있습니다. 이 책은 다른 진동학 책에 비해 진동학의 기초 내용에 대해서는 상대적으로 적은 분량으로 다루었으며, 대신 진동 신호의 측정 및 분석이라는 관점에서 더 많은 지면이 할애되었습니다. 그리고 이 부분에서는 직접 분석 과정을 체득할 수 있도록 상용 소프트웨어인 MATLAB의 m 파일 예제를 제시하였습니다. 이 책에서 제시하고 있는 진동 측정 및 분석 기법은 기본적인 것이지만, 직접 수행하고 연습하다보면 더욱 향상된 고급 기법을 공부할 수 있는 기반을 마련할 수 있을 것이라 생각합니다.

이 책의 본문은 크게 5장으로 구성하였습니다. 1장에서는 다른 진동학 입문서처럼 진동학의 기본을 다루었는데, 분량은 많지 않지만 다 자유도계의 진동에 이르기까지 핵심 내용만 추려서 담았습니다. 2장은 푸리에 변환을 중심으로 신호 분석을 다루고 있습니다. MATLAB을 이용한 예제를 되도록 많이 담아 실제로 수행하는 과정을 통해 주파수 영역에서의 신호 분석을 몸소 체득할 수 있도록 구성하였습니다. 3장은 랜덤 진동을 다루었습니다. 일반적으로 측정되는 가진 및 응답 신호는 확률과정이므로 4장 및 5장의 내용 기술을 위해 마련하였습니다. 3장부터의 내용은 일반적으로 학부 고급 또는 대학원 과정에 적합하지만, 진동 측정 실무에 종사하는 현업에 계신 분들에게도 유용하리라 생각됩니다. 4장은 진동 측정 및 분석을 다루는, 이 책의 핵심 부분입니다. 역시 MATLAB m 파일을 제시하여 실제 분석 결과를 얻기까지의 과정이 명료하게 제시되어 있습니다. 여기에서는 실험 모드 해석(experimental modal analysis, modal testing) 분야의 핵심을 다루고 있습니다. 마지막으로, 5장은 앞에서 익힌 내용을 토대로 실험 모드 해석의 전 과정을 수행할 수 있는, 간단하지만 유용한 실습 예제를 다루었습니다. 구조물에 대한 가진 및 응답 시간 신호를 생성하고, 이를 바탕으로 주파수 응답 함수를 구한 후 여기에서 고유 진동수, 감쇠비, 모드 형상과 같은 모드 매개 변수를 추출하는 과정을 담았습니다. 여기까지의 내용을 다루기 위해 오백여 쪽의 지면을 할애하였지만, 저자는 여전히 부족한 표현력 및 진동학 지식에 대한 안타까움을 가지고 있습니다. 처음부터 만족스럽지는 않겠지만 이에 대해서는 추후 계속 보완, 수정해 나갈 예정입니다.

이 책을 준비하는데 도움을 주신 분들이 계십니다. 대학원 석사 및 박사 과정을 지도해주시면서 언제나 학문적 경외의 대상으로서 저자가 나아갈 방향을 몸소 제시하여 주셨던 서울대학교 김윤영 교수님, 그리고 이 책을 저술하는데 많은 조언과 자료를 제공해준 한국원자력연구원의 한순우 박사님께 감사를 드립니다. 특히, 5장은 한순우 박사님이 제공해준 자료를 바탕으로 작성되었기에 이에 감사드립니다. 또한, 이 책이 출판될 수 있도록 도와주신 도서출판 홍릉 관계자분들께도 감사를 드립니다. 마지막으로, 언제나 든든한 지원자가 되어주는 저자의 소중한 가족에게 깊은 감사의 마음을 전합니다.

이 책에 잘못된 부분이 있더라도 독자 여러분들의 너그러운 이해를 부탁드리며, 오류에 대한 지적 및 제안 사항은 jekim@cu.ac.kr로 연락주시면 언제든지 환영하겠습니다.

2021년 6월,

타국에서의 연구년을 마무리하면서

차례

Chapter 01 역학 진동의 기초

Chapter 02 푸리에 해석

Chapter 03 랜덤(Random) 진동

Chapter 04

진동 측정의 기초

Chapter 05

모드 실험 및 신호처리 실습

Appendix A

부록

제 1 장

역학 진동의 기초
(Fundamentals on Mechanical Vibrations)

진동(vibration, oscillation)이라 함은 주기성의 여부에 관계 없이[1)] 정적 평형 (static equilibrium) 상태의 위치를 중심으로 그 위치가 반복적으로 변하는 운동을 일컫는다. 진동 현상을 고체 구조물의 변위 및 변형에 관련된 역학 진동(mechanical vibrations)으로 한정한다면, 여기에는 시계 추와 같은 진자(pendulum), 그네, 고정된 스프링의 다른 한쪽 끝에 매달린 질량의 왕복 운동 등의 간단한 형태에서부터 자동차, 항공기, 선박 등 각종 기계류 및 구조물의 진동, 지진에 이르는 다양한 진동 현상이 포함된다. 사람의 목소리, 악기의 소리 또한 진동 현상에 의한 것이다. 그런데, 이처럼 악기의 경우와 같이 우리가 필요로 하는 진동 현상도 있지만, 기계류, 구조물의 반복적인 운동에 의한 피로 파괴(fatigue failure) 현상, 소음 등은 반대로 억제해야 할 대상이다. 진동학에서 다루는 진동은 사람의 건강 또는 기계류, 구조물 등의 성능에 유해한 영향을 끼치는 경우가 대부분이므로, 그 현상을 잘 이해해야만 이에 대한 효과적인 방지 또는 억제 방법을 찾을 수 있을 것이다.

진동학의 역사는 음악 및 음향과 관련한 탐구로부터 시작되었다고 한다. 기원전 5세기경 고대 그리스의 피라고라스를 비롯한 철학자들은 음과 진동과의 관련성에 관심을 갖고 음 발생의 법칙들을 알아내었다. 그 후 중세 16세기에 이르러서는 갈릴레오(Galileo Galilei, 1564~1642)가 성당 안에서 바람에 흔들리는 램프를 관찰하고 단진자(simple pendulum) 주기의 등시성을 발견하였다. 즉, 단진자의 주기는 길이에 따라 다르며, 진폭의 크기에는 관계가 없음을 알아내었다. 또한, 19세기에는 푸리에(Jean Basptiste Joseph Fourier, 1768~1830)가 복잡한 형태의 주기 함수는 사인(sine) 및 코사인(cosine) 함수로 간단하게 분해할 수 있음을 발견하였으며, 이는 그 후 진동학 발전에 매우 큰 영향을 끼쳤다. 이 외에도 진동학의 발전에는 우리가 익히 그 이름을 많이 들어봤던 테일러(Brook Taylor, 1685~1731), 베르누이(Daniel Bernoulli, 1700~1782), 달랑베르(Jean le Rond d'Alembert, 1717~1783), 오일러(Leonhard Euler, 1707~1783), 라그랑주(Joseph-Louis Lagrange, 1736~1813) 등 수많은 사람들의 공헌이 있었으며, 특히, 19세기 말 레일리 경(Lord Rayleigh, 1842~1919)의 이름은 음향이나 진동에 관한 문헌에서 빠지지 않고 등장한다. 더욱 자세한 진동학의 역사적 배경은 문헌(Genta (1999), Palm (2007), Rao (2003))을 참고하기 바란다.

이 책은 진동학 입문서가 아닌 '진동 측정 및 그 결과의 분석 및 대응'이라는 관점에서 기술되었으므로, 여기 1장에서는 진동에 대한 일반적인 기초만을 다루고자 한다. 다만, 1장의 내용이 이후 모든 내용의 근간이 되므로, 그 전개에 어색함이 없도록 최대한 많은 부분을 다루고자 하였다. 진동에 대한 기초가 부족하거나 더 자세한 내용이 필요하다고 생각하는 독자는 다른 많은 훌륭한 진동학 입문서를 참고하기 바란다(de Silva (2000), Inman (2013), Rao (2003), Thomson (1993), Tse et al. (1978)).

1) '주기성'이란 동일한 시간 간격 동안의 운동 상태가 지속적으로 반복됨을 의미한다. 진동이란 보통은 주기적 또는 거의 주기적으로 반복되는 운동을 의미하지만, 3장에서 다룰 랜덤 진동을 포함하기 위해 주기성에 대한 제한을 두지 않았다.

1.1. 자유 진동-1 자유도계

실에 매달린 추의 운동, 스프링에 매달린 질량의 운동 등이 대표적인 1 자유도계(one degree-of-freedom system) 진동의 예이다. 이들의 운동을 기술하는데 있어서 단 한 개의 좌표만 필요하기 때문에 1 자유도계라고 한다. 1 자유도계의 진동은 비록 상대적으로 간단하여 다루기 쉽기도 하지만, 다 자유도계(multiple degree-of-freedom system)의 운동이 결국 자유도 개수 만큼의 1 자유도계의 운동 방정식으로 표현되고, 또한 1 자유도계 그 자체로서도 많은 기계 구조물의 진동을 근사적으로 기술할수 있다는 관점에서 진동학 공부의 매우 중요한 출발점이 된다.

따라서, 먼저 제일 간단한, 그러나 진동 현상의 대부분의 개념을 설명해 줄 수 있는 1 자유도계의 진동에 대해 살펴보기로 하자. 우선 외력이 가해지지 않는 진동계에의 진동, 즉 자유 진동(free vibration)에 대해 알아보면서 고유 진동수(natural frequency)라는 개념을 파악해보자.

1.1.1 주기, 진동수의 개념

1 자유도계를 이용한 진동의 기본 개념을 살펴보기 전에, 먼저 주기(period). 진동수(frequency) 및 위상(phase)에 대한 용어부터 알아보도록 하자. 진동학을 공부하면서 이와 같은 중요한 개념을 기본적인 이해 없이 무작정 받아들이는 경향이 있는데, 여기서 확실히 이해하고 넘어가도록 하자.

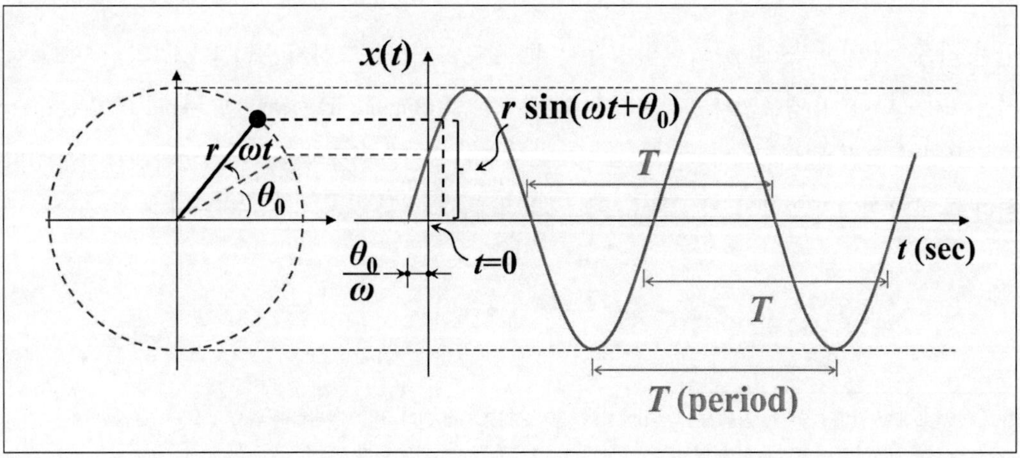

그림 1.1.1 주기(T), 각 진동수(ω) 및 초기 위상(θ_0)의 개념

그림 1.1.1은 우리가 삼각함수를 배울 때 이미 보았던 그림이다. 설명의 편의를 위해 사인 함수(sine function)를 예로 들었다. 그림 왼쪽의 작고 동그란 점은 반지름 r의 원 위에서 반 시계방향으로 각속

도 ω (rad/s)의 등속 원운동을 하고 있다. 이는 1초에 ω 라디안의 속도로 돌고 있음을 의미한다. 물론, 처음부터 가로 축 위에서 운동을 시작할 수도 있지만, 여기서는 보다 일반적으로 가로 축과 θ_0의 각도를 이루는 반지름의 끝에서 출발한다고 가정하였다. 따라서, 일정한 속력으로 원 운동하는 이 동그란 점의 세로 축 위치는 $r\sin(\omega t+\theta_0)$로 표현할 수 있는데, 오른쪽 그림은 그 위치를 시간의 경과에 따라 그린 것이다. 사인 함수의 인자는 $\omega t+\theta_0=\omega(t+\theta_0/\omega)$로 표현할 수 있으므로 초기 각도 θ_0가 시간 축 상에서는 $r\sin(\omega t)$ 함수를 왼쪽으로 θ_0/ω만큼 이동시키는 역할을 한다. 여기서 초기 각도 θ_0를 초기 위상(initial phase)[2]이라고 한다. 한편, $r\sin(\omega t+\theta_0)$를 나타내는 오른쪽 그림에서 최대값 또는 최소값을 나타내는 지점을 각각 마루(crest) 또는 골(trough)이라고 하는데, 마루에서 마루, 또는 골에서 골까지의 시간 간격을 주기(period)라고 하며 기호로는 T(단위: 초, s)로 표기한다. 그 의미를 좀 더 확장하면, 그림에서와 같이 주기는 임의의 위치에서 시작하여 그 다음 동일한 지점까지 도달하는데 걸린 시간을 의미하기도 한다. 이는 그림 왼쪽의 원 운동 관점에서는 원 위의 임의의 지점에서 출발하여 한 바퀴 돌아 다시 그 출발점까지 도달(하나의 사이클(cycle)을 이룬다고 한다)하는데 걸리는 시간을 의미한다[3].

그런데, 1 주기인 T초 동안에 완벽한 하나의 사이클을 완성하였는데, 그렇다면, "만약 1초 동안에는 몇 사이클을 완성하게 되는 것일까?" 이에 대한 답이 바로 진동수(frequency)[4]이다. 즉, f (사이클):1 (초)=1 (사이클): T (초)의 비례식에서 f에 해당하는 것이 진동수인데 이는 $1/T$과 같게 된다. 그리고, 단위는 주기의 역수이므로 $1/s$가 되는데[5] 이를 Hz라는 단위로 정하여 사용한다.

한편, 진동수를 일반적으로 Hz의 단위를 갖는 기호 f로 표기하기도 하지만, 그림 1.1.1의 각속도 ω를 사용하기도 한다. 이 경우 f와 구별하기 위해 '각' 진동수(angular frequency, 단위 rad/s)[6]라는 용어를 사용한다. 그림에서 각속도 ω는 $2\pi/T$이므로 $f=1/T$임을 이용하면 $\omega=2\pi f$의 관계식이 성립한다. 혼동의 여지가 없다면, 진동수를 표현하기 위해 ω와 f를 같이 사용하기도 한다.

---

2) θ_0의 부호 또는 값에 따라서 $r\sin\omega t$의 $t=0$에서의 세로축 좌표가 바뀐다. 이와 관련하여 위상 앞섬(phase lead) 또는 위상 지연(phase lag)이라는 용어를 사용하는데, 보충 설명 1.1.1에서 확인하기 바란다.

3) 주기 T의 정수배인 nT (n: 0이 아닌 정수) 모두가 주기가 되며, $n=1$일 때를 특히 기본 주기라고 한다.

4) 일반적인 신호의 관점에서 보면 주파수라는 용어가 더욱 적절하지만 진동학에서는 이를 진동수라는 명칭으로 더 자주 사용한다.

5) 비례식의 결과에 의하면 단위 초 당 사이클(cycles per second), 즉 cps가 되는데 여기서 사이클은 의미를 분명히 하기 위해 사용하는 용어일뿐 물리 단위가 아니므로 $1/s$을 사용하는 것이다.

6) 일부 문헌에서는 원 진동수(circular frequency)라는 용어를 사용하기도 한다.

보충설명 1.1.1 **위상(phase)이란**

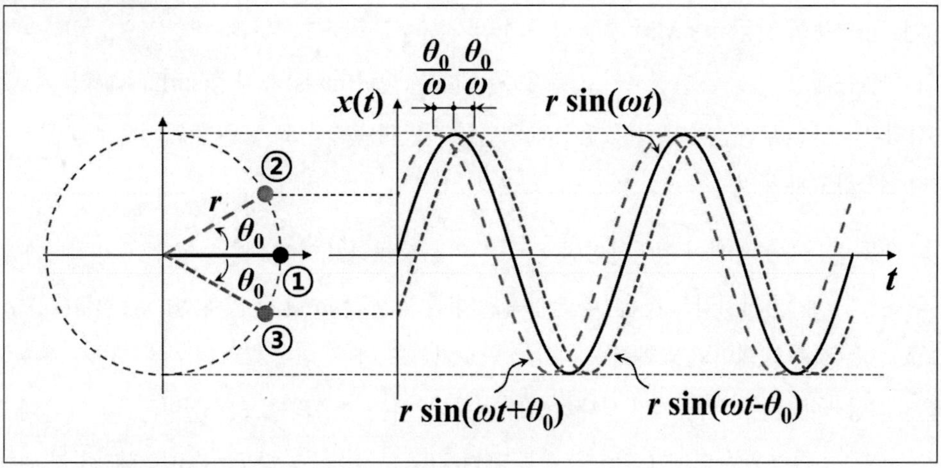

그림 1.1.2 위상의 개념($\theta_0 > 0$): ① $x(t) = r\sin(\omega t)$, ② $x(t) = r\sin(\omega t + \theta_0)$, ③ $x(t) = r\sin(\omega t - \theta_0)$

앞서 $x(t) = r\sin(\omega t + \theta_0)$에서 초기 각도 θ_0를 초기 위상이라고 표현하였다. 엄밀히 얘기하면, 사인(또는 코사인) 함수의 전체 인자 $\omega t + \theta_0$를 위상이라고 한다(위상의 단위는 rad (radian)이다.). 다만, 동일한 진동수를 갖는 여러 개의 시간 축 이동된 사인 함수를 비교할 때 ωt는 동일하므로 관례상 시간 축 이동 인자에 포함된 θ_0만을 위상이라고 하기도 한다. 따라서, 위상에 대한 개념은 시간 축상에 그린 그래프보다 그 그래프를 생성한 반지름 r인 원을 이용하여 설명하고 이해하는 것이 더 적합할 듯하다.

그림 1.1.2에 위상을 설명하기 위한 그림을 제시하였다. 원운동을 하는 동그란 점들은 서로 같은 각속도 ω로 움직이지만 시작 위치는 서로 다르다. 따라서, 그림에 표시된 3 개의 사인 함수는 서로 θ_0 rad 만큼의 위상차가 있다고 한다. 특히, ② $x(t) = r\sin(\omega t + \theta_0)$의 그래프는 ① $x(t) = r\sin(\omega t)$의 그래프보다 시간 축상에서 왼쪽으로 이동되어 있는데, 이 때 ②의 그래프는 ①의 그래프보다 θ_0만큼 위상이 앞서 있다고 말한다(이를 '위상 앞섬(phase lead)'이라고 한다). 이미 시간적으로는 ②의 그래프가 ①의 그래프보다 시간 상 앞서 있는 셈이다. 왼쪽의 반지름 r인 원에서는 ②의 그래프가 양의 각도 방향으로 이미 더 진행되어 있음을 알 수 있다. 마찬가지로, ③의 그래프는 ①의 그래프보다 θ_0만큼 위상이 뒤져 있다고 말한다(이를 '위상 뒤짐(지연)(phase lag)'이라고 한다).

뒤에서 다룰 내용이지만, 위상에 관한 개념은 1 자유도 진동계의 미분 방정식을 복소수 지수 방법으로 풀 때 더욱 중요해진다.

1.1.2 질량, 강성 및 감쇠의 기본 개념

앞서 언급하였듯이 진동이란 정적 평형 상태의 위치를 중심으로 그 위치가 반복적으로 변하는 운동이라고 하였는데, 그 진동을 발생시키고 유지하는데에는 질량(mass)과 강성(stiffness)이라는 요소가 필수적이다[7]. 진동과 관련하여 질량, 강성의 의미를 간단히 복습하고, 또한 추가적으로 감쇠에 대해 간략히 언급하고자 한다.

뉴턴의 운동 법칙과 연관시켜 정의한다면, 질량은 운동 상태의 변화에 저항하는 관성의 척도가 된다. 뉴턴의 운동의 제 2법칙이라고 하는 '힘과 가속도의 법칙' $F = ma$ (F: 외력(N), m: 질량(kg), a: 가속도(m/s^2))는 질량의 의미와 효과를 보여주는 법칙이기도 하다. 대형 트럭일수록 출발시 가속이 늦고, 달리는 상태에서는 정지하기가 상대적으로 어렵다. 이는 관성의 척도인 질량($m = F/a$)이 크기 때문이다. 또한, 질량은 우리에게 익숙한 운동 에너지($= mv^2/2$, v: 속도(m/s))를 평가하기 위해 사용되는 물성치이기도 하다. 질량에 의한 운동 에너지는 정적 평형 위치를 중심으로 한 진동을 발생시키고 유지시키는 한 축이 된다.

그림 1.1.3에 진동의 기초를 다루는 진동학에서 자주 사용되는 1 자유도 질량-스프링 진동계를 나타내었다. 일반적으로 질량은 질량 밀도(mass density, kg/m^3)의 형태로 구조물에 분포(distributed mass)되어 있지만, 여기서는 질량 m이 집중 질량(lumped mass)의 형태로서, 질량을 무시할 수 있는 스프링에 매달려 있다고 가정한다.

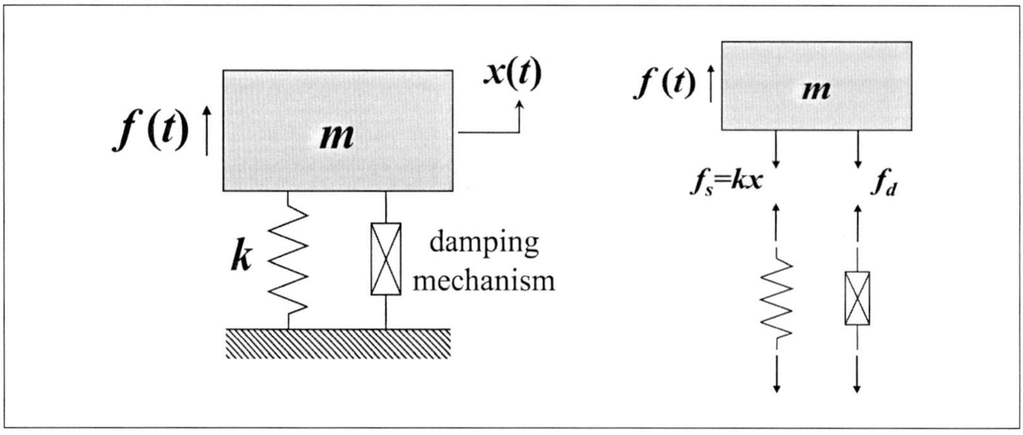

그림 1.1.3 질량(m), 스프링(k)으로 구성된 1 자유도 진동계 및 자유물체도(여기서 감쇠는 일반적인 감쇠를 가정하였다)

7) 전기 분야에서의 인덕턴스(inductance)와 커패시턴스(capacitance)는 각각 질량과 강성에 대응하는 역할을 한다.

한쪽 끝이 고정된 스프링의 다른 한쪽 끝을 정적인(statical) 외력 F(N)로 잡아당기면 외력에 비례하는 변위가 발생한다($F = kx$ (Hooke의 법칙), k: 스프링 상수(N/m), x: 변위(m)). 이를 후크의 법칙(Hooke's law)이라고 하는데, 이 법칙에 의하면 잡아당기는 힘이 동일해도 스프링 상수 k의 크기에 따라 발생하는 변위의 크기가 달라지게 된다. 이는 스프링의 강성(stiffness)이 서로 다르기 때문인데, 스프링 상수라고 불리는 이 강성은 단위 길이를 변형시키는데 필요한 힘으로 정의된다. 즉, 강성이 크면 동일한 힘에 대해 변위가 작다는 뜻이고 또한 일정 변위를 발생시키는데 필요한 힘이 크다는 뜻이다. 이러한 강성은 구조물에 외력이 가해진 후 제거될 때 원래의 상태로 되돌아가는 복원력(탄성력)의 역할도 하게 되며, 변형 상태에서는 탄성력에 의한 위치 에너지(변형 에너지)가 $kx^2/2$의 형태로 스프링에 저장된다. 이러한 탄성력에 의한 위치 에너지는 운동 에너지와 더불어 정적 평형 위치를 중심으로 한 진동을 발생하고 유지시키는 또 다른 한 축이 된다.

질량 밀도와 마찬가지로 강성 역시 일반적인 구조물에서는 구조물을 이루는 재료의 탄성 계수(elastic constant, Young's modulus, N/m^2)를 통해 구현되지만 그림 1.1.3에서는 단순한 스프링으로 강성을 표현하였다[8)].

다시 한번, 진동이란 정적 평형 상태의 위치를 중심으로 그 위치가 반복적으로 변하는 운동임을 생각한다면, 결국 반복 운동을 하면서 질량에 의한 운동 에너지가 스프링에 의한 탄성 위치 에너지로, 그 다음에는 그 반대 방향으로의 역학 에너지 교환이 계속해서 되풀이된다고 할 수 있다(그림 1.1.4).

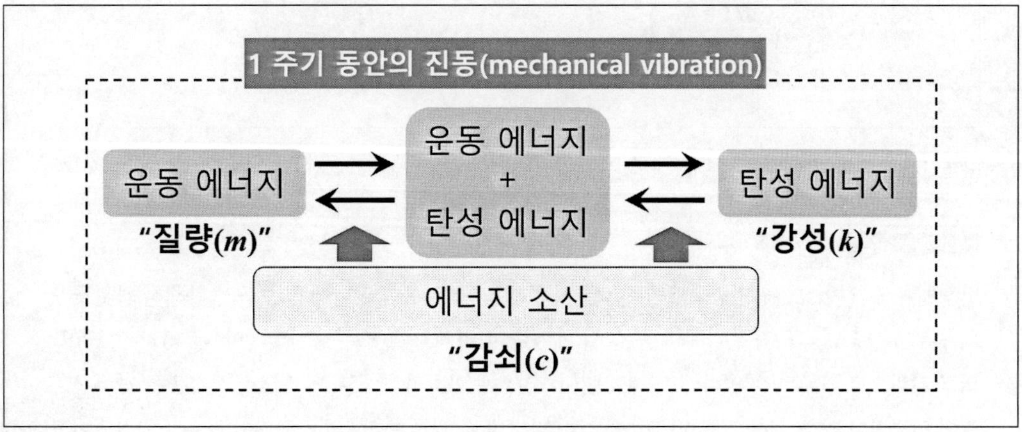

그림 1.1.4 진동에 있어서 질량(m), 강성(스프링)(k) 및 감쇠(c)의 역할

8) 집중 질량(lumped mass)과 스프링을 사용한 등가 질량-등가 강성 계라고 볼 수도 있다.

예제 1.1.1

그림 1.1.5(a)는 외팔보(cantilevered beam)의 끝단에 부착된 질량(m)-스프링(k) 진동계를 나타내고 있다. 외팔보의 질량은 끝단에 매달린 질량 m보다 무시할 수 있을 정도로 작다고 가정하고 이에 대한 등가의 1 자유도 진동계를 구성하시오.

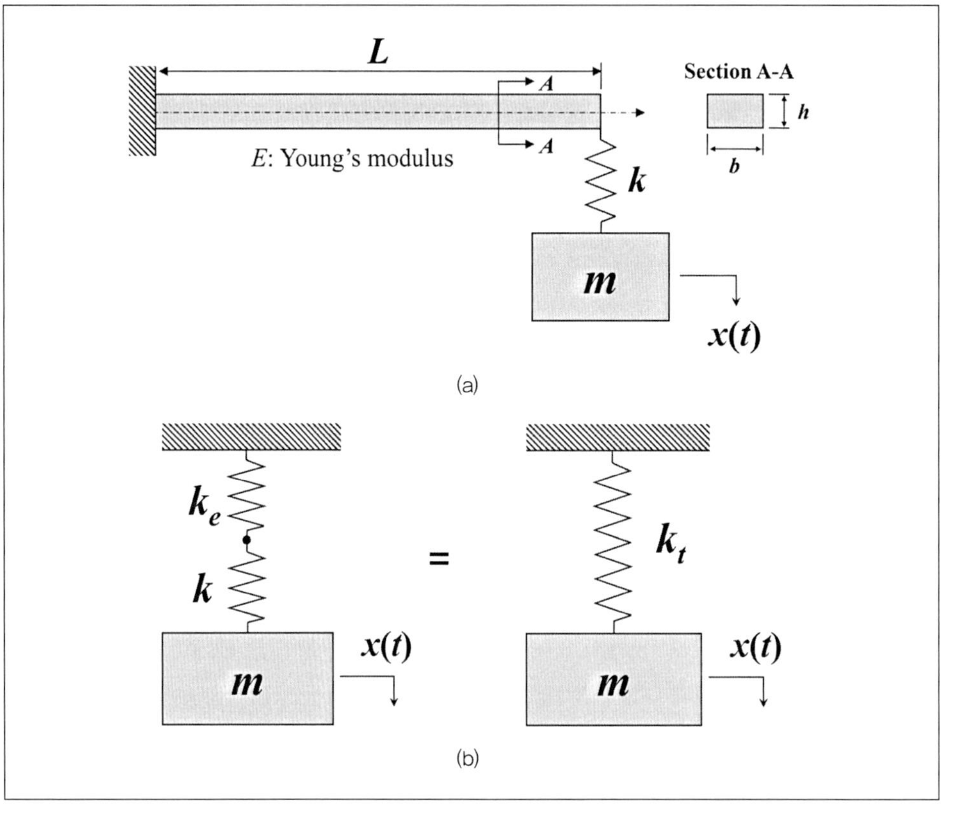

그림 1.1.5 (a) 외팔보 끝단에 매달린 질량–스프링 계 및 (b) 외팔보에 대한 등가 스프링을 고려한 진동계의 표현

풀이 및 설명

탄성계수 E, 길이 L, 단면 관성모멘트 $I(=bh^3/12)$의 외팔보의 끝단에 하중 F가 가해진 경우 끝단의 변위 δ는 $FL^3/3EI$가 된다는 것을 잘 알고 있다. 따라서, 외팔보는 등가 강성 $k_e = F/\delta = 3EI/L^3$의 스프링으로 간주될 수 있다. 그런데, 그림 1.1.5(a)에 의하면 그 끝단에 스프링 상수 k를 갖는 스프링이 연결되어 있다. 이를 그림 1.1.5(b)와 같이 나타낼 수 있으며, 2개의 스프링이 직렬로 연결되어 있으면 그 등가 스프링 상수 k_t는 아래와 같이 구할 수 있다(전기 회로 이론에서 저항의 병렬 연결에 대한 등가 저항 계산법과 같다).

$$\frac{1}{k_t} = \frac{1}{k} + \frac{1}{k_e} = \frac{1}{k} + \frac{L^3}{3EI} \rightarrow k_t = \frac{3kEI}{kL^3 + 3EI} \tag{1}$$

외력이 더 이상 작용하지 않는다면 진동 에너지는 열이나 소리 등 다른 에너지로 변환되어 진동의 변위는 시간의 경과에 따라 감소하기 마련이다. 질량과 강성이 진동하는 구조물의 고유 특성과 관련되어 있다면, 감쇠(damping)는 진동 에너지가 감소하게 되는 에너지 소산(dissipation)에 관여한다. 즉, 감쇠는 진동계의 고유 특성이 아니고 진동 현상과 관련된 용어이다[9]. 그림 1.1.3에 나타낸 스프링에 달린 질량을 잡아 당겼다가 놓으면, 질량은 평형 위치를 중심으로 진동을 시작하지만 시간이 지나면서 그 변위의 진폭은 점점 작아지기 마련이고, 외력이 없다면 언젠가는 그 진동은 전부 사라지고 만다. 정도의 차이는 있겠지만, 실제의 모든 진동은 감쇠에 의해 그 에너지가 소산된다. 그러한 감쇠의 원인은 크게 세 가지로 나뉜다. 서로 다른 구조물 표면 사이의 불충분한 윤활로 인해 접촉면에서 발생하는 미끄럼 마찰(silding friction) (쿨롱 감쇠(Coulomb damping) 또는 건조 마찰(dry friction)), 구조물이 유체 내에서 움직일 때 운동 에너지를 소산시키는 유체 마찰(fluid friction), 그리고, 탄성체가 변형하며 진동할 때 내부의 입자 또는 분자들 사이의 상대 운동에 의한 내부 마찰(internal friction) (구조 감쇠(structural damping), 고체 감쇠(solid dmaping), 재료 감쇠(material damping), 또는 이력 감쇠(hysteretic damping))이 그것이다. 진동의 감쇠 현상을 나타내기 위해 상황마다 적절한 감쇠 모델이 필요하기 때문에, 그림 1.1.3에는 여러 다양한 감쇠 모델을 표현할 수 있도록 표시하였다. 따라서, 그림 오른쪽의 자유 물체도를 이용하면 질량(m)과 스프링(k)으로 구성된 1 자유도 진동계의 운동 방정식은 다음과 같이 나타낼 수 있다.

$$m\ddot{x}(t) + f_d(t) + kx(t) = f(t) \tag{1.1.1}$$

위 식에서 $f_d(t)$는 앞서 기술한 여러 감쇠 기구에 의한 일반적인 감쇠력을 나타내며, 표 1.1.1에 이를 정리하였다.

[표 1.1.1] 감쇠의 종류 및 감쇠력의 표현

감쇠 유형		감쇠 원인	감쇠력($f_d(t)$)의 표현
쿨롱 감쇠(건조 마찰 감쇠)		미끄럼 마찰	$\mathrm{sgn}(\dot{x})\mu_k N$ (μ_k: 동 마찰계수, N: 수직항력)
유체 마찰	(선형)점성 감쇠	낮은 유속의 유체	$c\dot{x}$ (c: 점성감쇠계수)
	속도 제곱 감쇠(공기감쇠)	빠른 유속의 유체	$\mathrm{sgn}(\dot{x})c_a\dot{x}^2$ (c_a: 속도제곱감쇠계수)
구조 감쇠(고체 감쇠, 재료 감쇠, 또는 이력 감쇠)		내부 마찰	$jhx(=j\eta kx)$ (h: 이력감쇠계수, η: 손실계수)

9) 전기 분야에서의 저항(resistance) 요소와 대응된다.

진동학에서는 수학적으로 다루기 편리한 측면에서 유체 마찰의 한 종류인 점성 감쇠(viscous damping) 모델을 주로 사용하며 이후 대부분의 감쇠 모델에서 사용된다. 구조 감쇠는 4장에서 보다 자세히 다루게 된다. 다른 종류의 감쇠도 등가 점성 감쇠 계수 등을 이용하여 제한적으로나마 점성 감쇠처럼 다룰 수 있는데, 이에 대한 내용은 1.2.4에서 다시 설명하도록 하겠다.

1.1.3 자유 진동 방정식 및 해의 특징

그림 1.1.6(a)에 대표적인 1 자유도 진동계의 예로서 스프링(k (N/m))에 매달린 질량체(m (kg))를 나타내었다. 에너지 소산에 관련되는 감쇠는 점성 감쇠 계수(c (Ns/m))[10]로 나타내었다(그림 1.1.6(b)). 이 진동계에 대한 미분 방정식은 다음과 같이 표현된다[11].

$$m\ddot{x}(t)+c\dot{x}(t)+kx(t)=f(t) \tag{1.1.2}$$

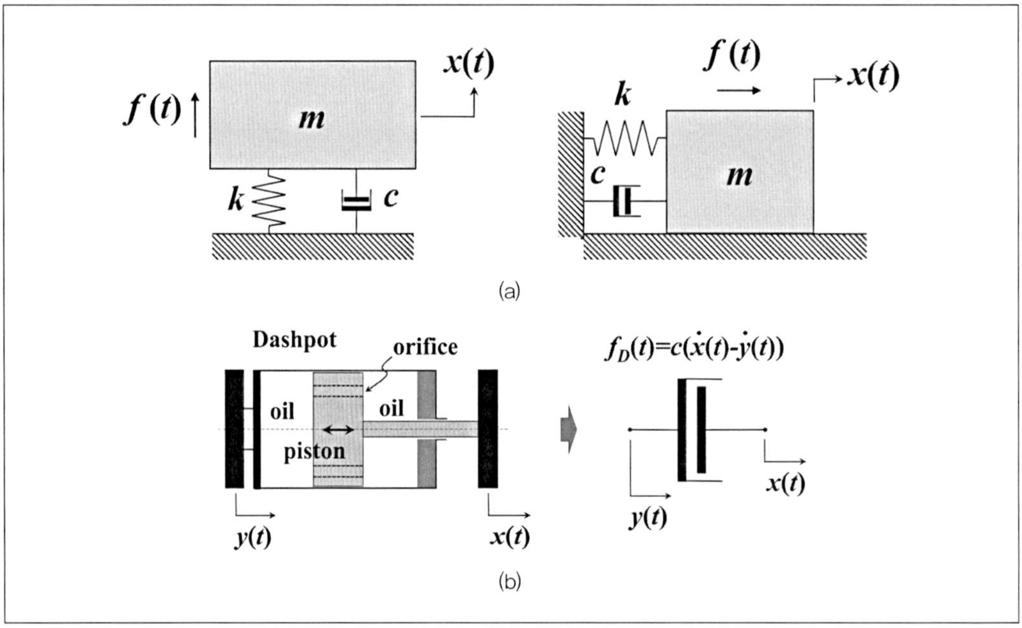

그림 1.1.6 (a) 질량(m)–감쇠(c)–스프링(k)으로 구성된 1 자유도 진동계의 예시 및 (b) 점성 감쇠의 원리 및 개략도(기호)

---

10) 질량, 강성과는 달리 감쇠는 단지 진동계의 에너지 소산을 설명하는 수단일 뿐이다. 그것을 어떻게 모델링하느냐의 문제인데 속도에 비례하는 감쇠력으로 표현되는 점성 감쇠는 감쇠 현상을 효과적으로 잘 나타내기도 하지만, 해석적인 해를 구하기도 쉽고 간단하여 수학적인 편의성으로 인해 많이 사용하는 것이다. 이는 전술한 바와 같이 점성 유체내에서 강체가 운동할때의 유체 마찰을 표현한 것으로서 그림 1.1.6(b)와 같이 보통 오일이 담긴 실린더와 내부의 피스톤으로 구성된다.

11) 그림 1.1.6(a)의 왼쪽의 그림에서 중력에 의한 무게는 정적 처짐에 의한 복원력과 서로 상쇄되어 최종 힘 평형 방정식(미분 방정식)에서는 나타나지 않는다. 일반적으로, 진동계의 최종 미분 방정식에 표현되는 변위는 정적 평형 위치로부터 측정된 것이다. 한편, 오른쪽의 진동계에서 중력은 운동 방향으로의 기여도가 없으므로 미분 방정식에 나타날 수 없다. 다만, 질량체와 지면 사이에 작용하는 마찰력이 운동 방향으로 작용하게 되는데, 진동 현상을 파악하기 위한 기본 모델이므로 이 마찰력은 무시할 수 있을 정도로 매우 작다고 간주한다.

위 식의 해 $x(t)$는 수학적으로는 $f(t)=0$인 경우의 해 $x_h(t)$와 $f(t)$가 있을 경우의 해 $x_p(t)$로 구분된다($x(t)=x_h(t)+x_p(t)$)[12]. 물리적으로 $f(t)=0$인 경우의 해$x_h(t)$는 외력이 없는 경우로서 자유 진동(free vibration)[13]의 거동을 나타내게 된다. 즉, 질량 m을 특정 위치까지 잡아당긴 후 놓으면 외력이 없어도 진동계 내부의 에너지가 전부 없어질 때까지 진동이 발생하게 되는데 이 경우의 거동을 나타내게 되는 것이다. 한편, $x_p(t)$는 외력에 의해 발생하는 강제 진동을 나타내게 된다.

먼저, 감쇠가 없는 경우의 자유 진동에 대해 살펴보자. 이는 감쇠가 없는 자유 진동을 통해 비 감쇠 고유 진동수(undamped natural frequency)를 정의하기 위함이다. 계수가 모두 상수인 2차 상미분 방정식이므로 $x_h(t)=ae^{\lambda t}$를 해로 가정하여 식 (1.1.2) ($c=0,\ f(t)=0$)에 대입하면 다음과 같은 특성 방정식을 얻게 된다.

$$m\lambda^2+k=0 \tag{1.1.3}$$

위 식의 해는 2개이지만 모두 복소수로서 다음과 같다.

$$\lambda_1=-j\sqrt{\frac{k}{m}},\ \lambda_2=j\sqrt{\frac{k}{m}} \tag{1.1.4}$$

위 식에서 j는 복소수의 허수 단위($\sqrt{-1}$)를 나타낸다. 따라서, 감쇠가 없는 식 (1.1.2)의 자유 진동해는 다음과 같이 표현된다.

$$\begin{aligned} x(t) &= a_1e^{\lambda_1 t}+a_2e^{\lambda_2 t}=a_1e^{-j\sqrt{\frac{k}{m}}t}+a_2e^{j\sqrt{\frac{k}{m}}t} \\ &= a_1\left(\cos\left(\sqrt{\frac{k}{m}}t\right)-j\sin\left(\sqrt{\frac{k}{m}}t\right)\right)+a_2\left(\cos\left(\sqrt{\frac{k}{m}}t\right)+j\sin\left(\sqrt{\frac{k}{m}}t\right)\right) \\ &= j(-a_1+a_2)\sin\left(\sqrt{\frac{k}{m}}t\right)+(a_1+a_2)\cos\left(\sqrt{\frac{k}{m}}t\right) \\ &= A_1\sin\omega_n t+A_2\cos\omega_n t=A\sin(\omega_n t+\theta) \end{aligned} \tag{1.1.5}$$

위 식을 정리하는 과정에서 오일러 정리(Euler's identity) $e^{j\theta}=\cos\theta+j\sin\theta$를 이용하였으며, A_1와 A_2는 각각 $j(-a_1+a_2)$ 및 a_1+a_2를 나타내는 상수로서 초기 조건($x(0),\ \dot{x}(0)$)에 의해 정해진다. 그리고, 위 식의 마지막은 삼각함수의 합성을 이용하여 사인 함수만으로 나타낸 것으로서,

12) 각각 $m\ddot{x}_h(t)+c\dot{x}_h(t)+kx_h(t)=0$ 및 $m\ddot{x}_p(t)+c\dot{x}_p(t)+kx_p(t)=f(t)$을 만족하므로, 두 개의 식을 더하면 $m(\ddot{x}_h(t)+\ddot{x}_p(t))+c(\dot{x}_h(t)+\dot{x}_p(t))+k(x_h(t)+x_p(t))=0+f(t)$가 되어, $x(t)=x_h(t)+x_p(t)$는 주어진 미분 방정식을 만족하는 완전한 해가 된다. 이때, $x(t)$를 일반해(general solution), 그리고 $x_h(t)$와 $x_p(t)$를 수학적으로는 각각 제차해(homogeneous solution) 및 비 제차해(특별해)(non-homogeneous solution (particular solution))라고 한다.

13) 미리 기술하자면, 자유 진동이란 외력이 없는 상태에서 고유 진동수로 조화 운동하는 경우를 의미한다.

$A = \sqrt{A_1^2 + A_2^2}$, $\theta = \tan^{-1}(A_2/A_1)$의 관계식이 성립한다. 또한, ω_n은 $\sqrt{k/m}$에 의해 정해지는 진동계의 고유한 상수로서 사인 함수의 각 진동수(angular frequency)(단위: rad/s)를 나타내는데[14], 진동학에서는 이를 고유 진동수(natural frequency)라고 한다($\omega = 2\pi f$ 관계식에 의해 f_n (단위: Hz)을 사용하여 나타내기도 한다). 감쇠가 없는 경우의 고유 진동수임을 명확히 하기 위해 비감쇠 고유 진동수(undamped natural frequency)라고 표현하는 경우도 있다. 여기서는 1 자유도계에 대한 식을 이용하였으므로 고유 진동수가 1개 이지만, 고유 진동수의 개수는 계의 자유도의 개수와 같다는 사실을 알아두자.

설계의 관점에서 보면, 고유 진동수는 질량 대비 강성의 비율(제곱근 기호가 추가로 있어야 하지만)이므로 비 강성(사용한 재료의 양(질량) 대비 강성)을 의미한다. 따라서, 강성 설계 차원에서는 질량을 낮추고 강성을 높이는 것이 바람직한 것이기에 고유 진동수가 높아지는 것이 일반적인 현상이다.

비감쇠 자유 진동을 통해 고유 진동수를 정의하였으므로, 이제 감쇠를 포함한 자유 진동에 대해 알아보자. 식 (1.1.2)에서 외력을 무시한 미분 방정식은 역시 계수가 모두 상수인 2차 상미분 방정식이 되므로, 비 감쇠의 경우와 마찬가지로 $x_h(t) = ae^{\lambda t}$를 해로 가정하여 식에 대입한다.

$$m\lambda^2 + c\lambda + k = 0 \tag{1.1.6}$$

위 특성 방정식의 해 λ는 이차 방정식 근의 공식을 이용하여 다음과 같이 구할 수 있다.

$$\lambda = -\frac{c}{2m} \pm \sqrt{\left(\frac{c}{2m}\right)^2 - \frac{k}{m}} \tag{1.1.7}$$

따라서, 식 (1.1.6)의 해는 위 식의 근호 안의 부호에 따라 3가지 형태로 구분해서 살펴봐야 한다. 먼저 근호 안의 값을 0이 되게 하는 감쇠 c의 값을 임계 감쇠(critical damping)라고 정의하고 이를 c_{cr}로 표기한다. 따라서, 비 감쇠 고유 진동수 $\omega_n = \sqrt{k/m}$을 이용하여 임계 감쇠는 다음과 같이 표현된다.

$$\left(\frac{c_{cr}}{2m}\right)^2 - \frac{k}{m} = 0 \rightarrow c_{cr} = 2m\omega_n = 2\sqrt{mk} \tag{1.1.8}$$

추가로 식 (1.1.7) 및 자유 진동 해를 좀더 의미 있는 물리량을 이용하여 표현하기 위해 감쇠비(damping ratio) ζ를 다음과 같이 정의한다.

$$\zeta = \frac{c}{c_{cr}} = \frac{c}{2m\omega_n} = \frac{c}{2\sqrt{mk}} \tag{1.1.9}$$

14) 예를 들면, 특정 위치까지 질량 m을 잡아 당겼다가 놓으면, 평형 위치를 중심으로 진동을 하게 될 것이다. 그 때의 각 진동수를 고유 진동수 ω_n이라고 한다. 이는 진동계의 특성에 의해서만 정해질 뿐 외력 등의 외부 환경에 의해 영향을 받지 않는다.

즉, 감쇠비란 현재 진동계에 존재하는 감쇠 값이 임계 감쇠 대비 어느 정도인가를 나타낸다고 볼 수 있다. 이제 앞서 정의된 비 감쇠 고유 진동수와 감쇠비 기호를 이용하면, 식 (1.1.7)은 다음과 같이 나타낼 수 있다.

$$\lambda = -\zeta\omega_n \pm \sqrt{(\zeta\omega_n)^2 - \omega_n^2} = -\zeta\omega_n \pm \omega_n\sqrt{\zeta^2 - 1} \tag{1.1.10}$$

따라서, 식 (1.1.7)의 근호 안의 값의 부호를 나누는 기준 $c > c_r$, $c = c_r$, $c < c_r$은 위 식에 의해 각각 $\zeta > 1$, $\zeta = 1$, $0 < \zeta < 1$로 바꿀 수 있다. 이제 이 기준을 이용하여 감쇠를 포함한 자유 진동해를 구해보자.

① 부족 감쇠(underdamped) 자유 진동[15]

$c < c_r$ 또는 $0 < \zeta < 1$인 경우로서 식 (1.1.7) 또는 (1.1.10)에서 근호 안의 부호가 음이 되어 λ의 값이 공액 복소수가 되는 경우이다.

$$\lambda_1 = -\zeta\omega_n - j\omega_n\sqrt{1-\zeta^2},\ \lambda_2 = -\zeta\omega_n + j\omega_n\sqrt{1-\zeta^2} \tag{1.1.11}$$

이 경우 위 식으로부터 다음과 같은 감쇠 고유 진동수(damped natural frequency)를 정의하여 사용한다[16].

$$\omega_d = \omega_n\sqrt{1-\zeta^2} \tag{1.1.12}$$

위 식에 의하면, 감쇠 고유 진동수 ω_d는 감쇠비 ζ의 존재로 인해 비 감쇠 고유 진동수 ω_n보다 약간 작은 값을 갖게 된다. 감쇠 고유 진동수에 대한 기호 ω_d 및 식 (1.1.11)을 이용하면, 감쇠 자유 진동해는 다음과 같이 나타낼 수 있다.

$$\begin{aligned} x(t) &= a_1 e^{\lambda_1 t} + a_2 e^{\lambda_2 t} = e^{-\zeta\omega_n t}\left(a_1 e^{-j\omega_d t} + a_2 e^{j\omega_d t}\right) \\ &= e^{-\zeta\omega_n t}\{a_1(\cos\omega_d t - j\sin\omega_d t) + a_2(\cos\omega_d t + j\sin\omega_d t)\} \\ &= e^{-\zeta\omega_n t}\{j(-a_1 + a_2)\sin\omega_d t + (a_1 + a_2)\cos\omega_d t\} \\ &= e^{-\zeta\omega_n t}(A_1\sin\omega_d t + A_2\cos\omega_d t) = Ae^{-\zeta\omega_n t}\sin(\omega_d t + \theta) \end{aligned} \tag{1.1.13}$$

위 식에서 A와 θ (또는 A_1와 A_2)는 초기 조건 $x(0) = x_0$, $\dot{x}(0) = v_0$을 이용하여표현될 수 있으므로, 이를 이용하면 결국 감쇠 자유 진동해는 다음과 같이 나타낼 수 있다.

---

15) 대부분의 기계 구조물의 감쇠비는 수 % 이내이지만, 진동 감소를 목적으로 구조물의 외부에 감쇠 장치가 추가로 설치된 경우에는 감쇠비가 수십 %에 이르기도 한다.

16) 참고로, 식 (1.1.12)에 의하면 ζ의 값이 약 0.10 및 0.20인 경우에 ω_d와 ω_n의 차이가 각각 약 0.5% 및 2%가 된다. 즉, 실용적으로는 $\omega_d \approx \omega_n$으로 간주할 수 있다.

$$x(t) = \frac{\sqrt{(v_0 + \zeta\omega_n x_0)^2 + (x_0\omega_d)^2}}{\omega_d} e^{-\zeta\omega_n t}\sin(\omega_d t + \theta),\ \theta = \tan^{-1}\left(\frac{x_0\omega_d}{v_0 + \zeta\omega_n x_0}\right) \quad (1.1.14)$$

이 자유 진동해의 특징은 그림 1.1.7(a)에 나타낸 바와 같이 $Ae^{-\zeta\omega_n t}$을 포락선(envelope)으로 하여 시간이 갈수록 진폭이 감소하는 사인파의 형태를 갖는다[17].

❷ 임계 감쇠(critically damped) 자유 진동

$c = c_r$ 또는 $\zeta = 1$인 경우로서 식 (1.1.7) 또는 (1.1.10)의 근호 안이 0이 되는 경우이다. 식 (1.1.10)에 $\zeta = 1$을 대입하면 λ는 중근 $\lambda = -\zeta\omega_n = -\omega_n$을 갖는다. 따라서, 자유 진동해는 다음과 같이 표현된다[18].

$$x(t) = (a_1 + a_2 t)e^{-\omega_n t} \quad (1.1.15)$$

위 식에 초기 조건 $x(0) = x_0,\ \dot{x}(0) = v_0$을 대입하면, 임계 감쇠 운동의 해는 다음과 같이 나타낼 수 있다.

$$x(t) = (x_0 + (v_0 + \omega_n x_0)t)e^{-\omega_n t} \quad (1.1.16)$$

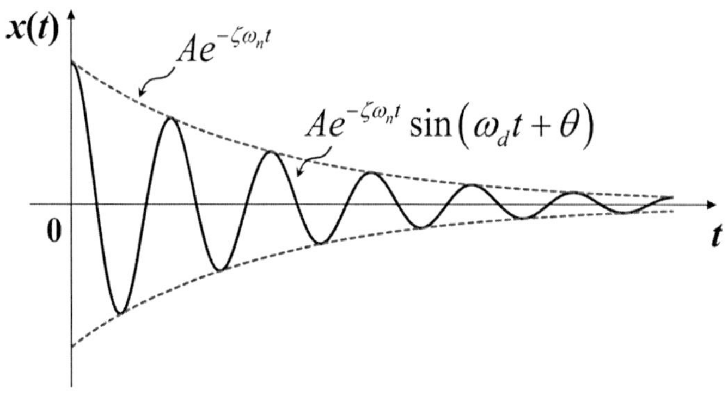

(a)

17) 포락선의 $t = 0$에서의 접선이 시간 축과 만나는 지점이 $\zeta\omega_n$이 된다. 이 경우 $\zeta\omega_n$을 시상수(time constant)라고 하며, 포락선이 시간의 경과에 따라 얼마나 빨리 감소하는가를 판단하는 척도로 생각할 수 있다. 이 관점에서 감쇠 자유 진동이 빨리 소멸되기 위해서는 감쇠비가 커야 하겠지만 고유 진동수를 낮추는 것도 효과적일수 있다는 것이다.

18) 특성 방정식이 중근을 갖는 경우, 독립변수(여기서는 t)를 곱한 것을 또 다른 해로 삼는다.

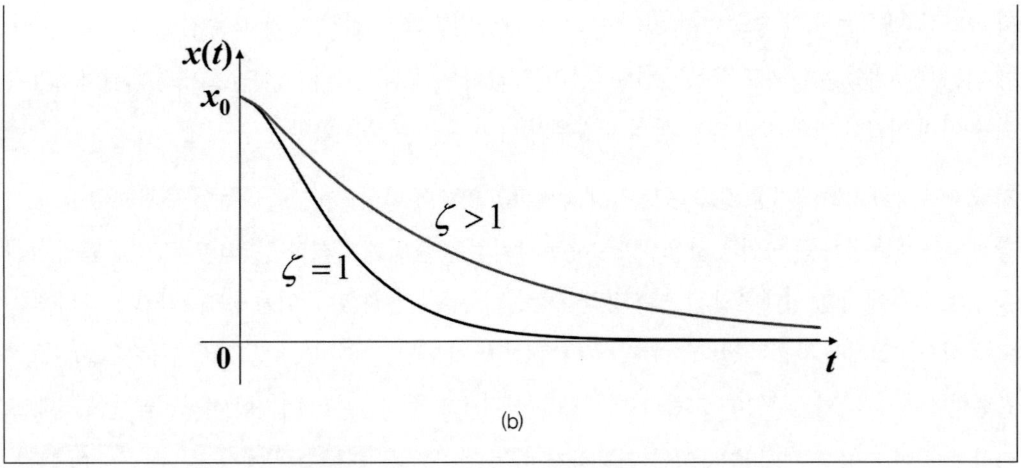

그림 1.1.7 1 자유도 진동계의 자유 진동 해

$(x(0)=x_0,\ v(0)=0)$:(a) 부족 감쇠($0<\zeta<1$), (b) 임계 감쇠($\zeta=1$) 및 과도 감쇠($\zeta>1$)

그런데, 위 식은 그림 1.1.7(b)에 나타낸 바와 같이 진동을 표현하지 않는다. 즉, 임계 감쇠는 진동과 비진동의 구분이 되는 값일 뿐이며, 따라서 진동학의 주 관심의 대상은 아니다. 다만, 진동 없이 가장 빠르게 정적 평형 위치로 복귀하는 특징으로 인해 출입문의 감쇠 장치 등에 공학적으로 응용될 수 있다.

③ 과도 감쇠(overdamped) 자유 진동

$c>c_r$ 또는 $\zeta>1$인 경우로서 식 (1.1.7) 또는 (1.1.10)의 근호 안이 양의 부호가되기 때문에, 2개의 λ 값은 모두 실수가 된다[19].

$$\lambda_1=-\zeta\omega_n-\omega_n\sqrt{\zeta^2-1}\,,\ \lambda_2=-\zeta\omega_n+\omega_n\sqrt{\zeta^2-1} \tag{1.1.17}$$

따라서, 이를 이용하여 과도 감쇠 운동을 표현하면 다음과 같다.

$$x(t)=e^{-\zeta\omega_n t}\left(a_1e^{-\omega_n\sqrt{\zeta^2-1}\,t}+a_2e^{\omega_n\sqrt{\zeta^2-1}\,t}\right) \tag{1.1.18}$$

위 식에 초기 조건 $x(0)=x_0,\ \dot{x}(0)=v_0$을 대입하면, a_1과 a_2는 각각 다음과 같다.

$$a_1=\frac{-v_0+\left(-\zeta+\sqrt{\zeta^2-1}\right)\omega_n x_0}{2\omega_n\sqrt{\zeta^2-1}},\ a_2=\frac{v_0+\left(\zeta+\sqrt{\zeta^2-1}\right)\omega_n x_0}{2\omega_n\sqrt{\zeta^2-1}} \tag{1.1.19}$$

위 식을 이용한 식 (1.1.18)의 결과를 그림 1.1.7(b)에 임계 감쇠의 경우(식 (1.1.16))와 함께 나타내었

19) 당연히 모두 음수가 된다. 해를 $e^{\lambda t}$로 가정하였기 때문에, λ가 양수라면 시간이 경과함에 따라 응답 $x(t)$가 무한하게 커지게 되는데 이는 물리적으로 실현 불가능하다.

다. 이 그림에서는 초기 속도 없이($\dot{x}(0) = v_0 = 0$) 동일한 초기 위치 x_0와 고유 진동수를 갖는 경우에 대해 나타내었는데, 과도 감쇠는 비록 감쇠비의 값이 임계 감쇠보다 크지만 초기 평형 위치로의 복귀는 이미 언급한 바와 같이 임계 감쇠의 경우가 더 빠르다는 것을 확인할 수 있다.

지금까지 식 (1.1.2)의 자유 진동 해를 점성 감쇠비의 영역에 따라 3가지로 나누어 구해 보았다. 특성 방정식의 해를 통해 근호 안의 값을 0으로 하는 감쇠의 값을 임계 감쇠라 정의하였고, 진동계의 감쇠를 임계 감쇠에 대한 상대적인 값으로 정의한 감쇠비 ζ를 이용하였다. 이를 통해 3가지 유형의 해는 모두 식 (1.1.2)에서 사용된 질량(m), 감쇠(c), 강성(k)이 아닌, 감쇠비(ζ) 및 고유 진동수(ω_n)만으로 표현할 수 있음을 확인하였다. 그렇다면, 반대로 식 (1.1.2)를 처음부터 이러한 파라미터들에 의해 표현하는 것이 가능한 것이었다. 이를 가능하게 하는 것이 고유 진동수 관계식 $\omega_n = \sqrt{k/m}$ 과 식 (1.1.9)이다. 이제 식 (1.1.2)의 양변을 질량 m으로 나누고 이들 관계식을 이용하면, 다음과 같이 ζ와 ω_n만으로 표현된 자유 진동 미분 방정식을 얻게 된다.

$$\ddot{x}(t) + \frac{c}{m}\dot{x}(t) + \frac{k}{m}x(t) = 0 \rightarrow \ddot{x}(t) + 2\zeta\omega_n\dot{x}(t) + \omega_n^2 x(t) = 0 \tag{1.1.20}$$

예제 1.1.2

어떤 1 자유도 진동계의 고유 진동수(ω_n)를 측정하였더니, 4 rad/s였다. 여기에 질량 추(m_a)를 2 kg 부가하여 다시 고유 진동수를 측정하였더니 2 rad/s가 되었다. 원래 진동계의 질량 m (kg)과 강성 k (N/m)를 구하여라.

풀이 및 설명

질량 m (kg)과 강성 k (N/m)를 갖는 1 자유도 진동계의 고유 진동수 ω_n은 $\sqrt{k/m}$ 이다. 따라서, 다음과 같은 식을 얻게 된다.

$$\omega_n = \sqrt{\frac{k}{m}} = 4 \rightarrow \frac{k}{m} = 16 \tag{1}$$

또한, 여기에 질량 추(m_a)를 부가한 진동계에 대해서는 고유 진동수 관계식이 다음과 같다.

$$\omega_n = \sqrt{\frac{k}{m+m_a}} = 2 \rightarrow \frac{k}{m+2} = 4 \tag{2}$$

위의 식 (1) 및 (2)는 각각 $k = 16m$, $k = 4m + 8$이 되므로, 이를 풀면 원래 진동계의 질량과 강성은 각각 $m = 2/3$ kg, $k = 32/3$ N/m이 되는 것을 알 수 있다.

이 예제와 같이 질량 부가 이전 및 이후의 비 감쇠 고유 진동수와 부가된 질량의 크기를 측정하면 원래 진동계의 질량 및 강성을 계산할 수 있다.

일부 문헌(Ewins, 2000)에서는 식 (1.1.2)에서와 같이 질량(m), 감쇠(c), 강성(k) 등의 물리적 파라미터로 표현된 식을 'spatial model', 위 식과 같이 감쇠비(ζ) 및 고유 진동수(ω_n) 등으로 표현된 식을 'modal model'이라 칭한다. 다만, 이러한 용어들보다 더 중요한 것은 진동계가 감쇠비(ζ) 및 고유 진동수(ω_n) 등의 파라미터로 표현될 수 있고, 이러한 파라미터의 측정 및 분석을 주 내용으로 하는 실험 모드 해석(experimental modal analysis)이라는 분야가 진동 측정의 매우 중요한 부분이라는 것이다.

예제 1.1.3

외팔보 끝단에 질량이 설치되어 있는 구조물은 저 주파수 대역에서 등가의 질량-감쇠-스프링 진동계로 대체될 수 있다. 이때 끝단의 질량은 1 kg이고, 고유 진동수를 측정하였더니, 62 Hz이었다고 한다. 그런데, 끝단에 질량 m_a kg을 추가하여 다시 고유 진동수를 측정하였더니 60 Hz였다고 한다. 추가된 질량은 얼마인가? (단 외팔보의 질량은 끝단의 질량에 비해 무시할 수 있을 정도로 작다고 가정한다)

풀이 및 설명

고유 진동수가 Hz 단위로 주어졌으므로, 질량 부가 이전(f_1 Hz) 및 이후(f_2 Hz)의 비 감쇠 고유 진동수 관계식을 다음과 같이 나타낼 수 있다.

$$4\pi^2 f_1^2 m = k \tag{1a}$$

$$4\pi^2 f_2^2 (m + m_a) = k \tag{1b}$$

따라서, 위 식으로부터 $f_1^2 m = f_2^2(m + m_a)$의 관계식을 얻을 수 있으므로, 추가된 질량은 다음과 같이 구할 수 있다.

$$m_a = m\left(\left(\frac{f_1}{f_2}\right)^2 - 1\right) = 1 \times \left(\left(\frac{62}{60}\right)^2 - 1\right) \approx 0.068 \text{ kg} \tag{2}$$

보충설명 1.1.2 단순 조화 운동(simple harmonic motion)이란

식 (1.1.5)의 비 감쇠 자유 진동 해에서 나타낸 것처럼 $x(t) = A\sin(\omega t + \theta)$로 표현되는 운동을 단순 조화 운동(simple harmonic motion)이라고 한다. 쉽게 말하면, 단순히 사인 또는 코사인으로 표현된 시간 함수이다. 위에서 표현된 단순 조화 운동 $x(t)$의 속도 및 가속도는 다음과 같다.

$$\dot{x}(t) = \omega A\cos(\omega t + \theta) = \omega A \sin\left(\omega t + \theta + \frac{\pi}{2}\right) \tag{1}$$

$$\ddot{x}(t) = -\omega^2 A\sin(\omega t + \theta) = \omega^2 A\sin(\omega t + \theta + \pi) \tag{2}$$

위 식으로부터 단순 조화 운동의 변위의 진폭이 A일 때, 속도의 진폭은 각 진동수를 한번 곱한 ωA, 가속도의 진폭은 $\omega^2 A$가 됨을 알 수 있다. 위상 관점에서 보면, 속도의 위상은 변위 대비 $\pi/2$ 앞서 있으며, 가속도의 위상은 변위 대비 π만큼 앞서 있음을 알 수 있다. 단순 조화 운동의 특성을 언급할 때 간단히 $\ddot{x}(t) = -\omega^2 x(t)$의 관계식을 만족한다고도 한다. 주파수가 서로 다른 사인 또는 코사인 함수의 합은 주기 운동을 나타내지만 단순 조화 운동은 아니다.

참고로, 진동학 또는 파동(음향 또는 탄성파)에 관한 문헌에서 '조화 운동(harmonic motion)' 또는 '정현파(sinusoidal wave)'라는 용어를 자주 접하게 되는데 일반적으로 사인 또는 코사인 함수가 시간의 함수일 때 '조화(harmonic)'라는 용어를 쓰고, 공간의 함수일 때 '정현(sinusoidal)'이라는 용어를 사용한다. 따라서, 진동학에서는 주로 조화 운동(harmonic motion)이라는 용어를 사용하게 되고, 파동의 전파와 관련해서는 공간의 개념이 중요해지므로 주로 후자를 사용하게 된다.

1.2. 조화 가진에 의한 강제 진동-1 자유도계

진동 문제의 대부분은 자유 진동에서보다는 외력이 존재하는 강제 진동에서 발생한다. 여기서 공진(resonance)이라는 개념이 중요해진다. 외력의 크기 자체는 크지 않더라도 공진의 발생으로 인해 다리 등의 구조물이 붕괴되는 경우도 있다. 따라서, 해당 구조물이 어떠한 외력을 받고 있으며, 또한 그 외력하에서 구조물의 주파수 영역에서의 거동은 어떠한지를 살피는 것이 중요하다.

여기서는 앞에서 살펴본 자유 진동의 거동에 대한 이해와 지식을 바탕으로, 식 (1.1.2)에서 외력이 포함된 경우($f(t) \neq 0$)를 살펴보도록 하자. 먼저 외력 $f(t)$가 사인 또는 코사인 함수로 표현되는 경우(이를 조화 가진(harmonic excitation)이라고 한다)를 살펴보고, 그 다음에 일반적인 가진력에 대한 응답을 구해보도록 하자.

1.2.1 조화 가진에 의한 비 감쇠 진동계의 응답

식 (1.1.2)에서 가진력이 다음과 같은 형태로 주어질 때, 1 자유도 진동계의 응답을 살펴보자[20].

$$m\ddot{x}(t) + c\dot{x}(t) + kx(t) = f(t) = F_0 \cos\omega t \tag{1.2.1}$$

앞에서 언급한 바와 같이 위 식의 일반 해는 식의 우변 항이 0일 때(외력이 없을 때)의 제차 해(homogeneous solution) $x_h(t)$와 우변 항이 0이 아닐 때(외력이 있을 때)의 비 제차해(non-homogeneous solution)[21]로 이뤄진다고 하였다. 이미 제차해(식 (1.1.5))를 구했으므로 여기서는 비 제차해를

20) 우변 항을 사인 함수로 놓든 코사인 함수로 놓든 우리가 얻고자 하는 결과는 동일하다. 다만, 뒤에서 다룰 복소수 지수법을 고려하여 코사인 함수로 가정하는 것이 보다 편리하다.

21) 특별해(particular solution) 또는 강제 진동 해라고 한다.

구하도록 하자. 먼저, 공진에 대한 개념을 이해하기 위해 비 감쇠 진동계($c = 0$)의 조화 가진에 의한 응답을 살펴보도록 하자.

식 (1.2.1)에서와 같이 우변 항이 사인 또는 코사인으로 주어졌을때는 특별 해 $x_p(t)$는 미정계수법 (method of undetermined coefficients)에 의해 다음과 같이 가정한다.

$$x_p(t) = X_1 \sin\omega t + X_2 \cos\omega t \tag{1.2.2}$$

위 식을 $c = 0$일 때의 식 (1.2.1)에 대입하면 다음과 같다.

$$\begin{aligned} & m\left(-\omega^2 X_1 \sin\omega t - \omega^2 X_2 \cos\omega t\right) + k\left(X_1 \sin\omega t + X_2 \cos\omega t\right) \\ & = \left(-\omega^2 m X_2 + k X_2\right)\cos\omega t + \left(-\omega^2 m X_1 + k X_1\right)\sin\omega t = F_0 \cos\omega t \end{aligned} \tag{1.2.3}$$

따라서, $\cos\omega t$ 및 $\sin\omega t$의 계수에 대해 다음과 같은 등식이 성립하여야 한다.

$$-\omega^2 m X_2 + k X_2 = F_0 \rightarrow X_2 = \frac{F_0}{k - \omega^2 m} \tag{1.2.4a}$$

$$-\omega^2 m X_1 + k X_1 = 0 \rightarrow X_1 = 0 \tag{1.2.4b}$$

위 식으로부터 식 (1.2.2)의 강제 진동 해 $x_p(t)$는 다음과 같이 구해지므로[22],

$$x_p(t) = \frac{F_0}{k - \omega^2 m} \cos\omega t = \frac{F_0/m}{\omega_n^2 - \omega^2} \cos\omega t \tag{1.2.5}$$

식 (1.2.1)에서 감쇠를 무시한 비 감쇠 진동계에 대한 일반해는 식 (1.1.5)의 자유 진동 해를 포함하여 다음과 같이 표현된다.

$$\begin{aligned} x(t) &= A_1 \sin\omega_n t + A_2 \cos\omega_n t + \frac{F_0/m}{\omega_n^2 - \omega^2} \cos\omega t \\ &= A \sin(\omega_n t + \phi) + \frac{F_0/m}{\omega_n^2 - \omega^2} \cos\omega t \end{aligned} \tag{1.2.6}$$

이제 위 식에 초기 조건 $x(0) = x_0$, $\dot{x}(0) = v_0$을 대입하여 상수 A_1, A_2를 구하면 다음과 같으므로[23],

22) 결론적으로, 식 (1.2.1)에서 한 번 미분한 항(감쇠 항)이 없으면, 외력 항의 $\cos\omega t$에 대해 특별해는 단순히 $X_p \cos\omega t$로만 가정하면 된다. 이는 물리적으로는 감쇠 항이 없는 경우 외력에 대한 응답의 위상 지연이 없기 때문이기도 한데, 이에 대해서는 복소수 지수법에서 다시 생각해보기로 하자.

23) 동일 초기 조건에 대해서, 자유 진동만 있는 경우와 강제 진동 항이 포함된 경우의 A_1, A_2는 서로 다르게 표현된다는 사실에 유의하자.

$$x(0) = A_2 + \frac{F_0/m}{\omega_n^2 - \omega^2} = x_0 \tag{1.2.7a}$$

$$\dot{x}(0) = \omega_n A_1 = v_0 \tag{1.2.7b}$$

구해진 A_1, A_2를 이용하여 식 (1.2.6)의 일반해를 표현하면 다음과 같다.

$$x(t) = \frac{v_0}{\omega_n}\sin\omega_n t + \left(x_0 - \frac{F_0/m}{\omega_n^2 - \omega^2}\right)\cos\omega_n t + \frac{F_0/m}{\omega_n^2 - \omega^2}cos\omega t \tag{1.2.8}$$

예제 1.2.1

감쇠를 무시할 수 있는 1 자유도 진동계에 가진력 20 N 이 작용하고 있다. 가진력의 주파수는 고유 진동수의 2 배이고, 초기 조건으로서 $x(0) = 0$, $\dot{x}(0) = 0.1\ \mathrm{m/s}$ 라고 할 때, 이 진동계의 응답을 구하여라(단, 진동계의 질량은 20 kg 이고, 스프링 강성은 2,000 N/m 라고 한다.).

풀이 및 설명

문제에서 주어진 자료를 이용하면, 식 (1.2.8)에서 $F_0 = 20$ (N), $m = 20$ (kg), $\omega_n = \sqrt{k/m} = \sqrt{2000/20} = 10$ (rad/s), $\omega = 2\omega_n = 20$ (rad/s) 및 $x_0 = 0$ (m), $v_0 = 0.1$ (m/s)을 대입하면 다음과 같다.

$$x(t) = \frac{0.1}{10}\sin(10t) - \frac{1}{100-400}\cos(10t) + \frac{1}{100-400}\cos(20t) \tag{1}$$

위 식을 그림 1.2.1에 나타내었는데, 감쇠가 무시되었기에 시간의 경과에 따른 에너지 소산없이 동일한 진폭의 신호가 주기적으로 반복되고 있음을 볼 수 있다.

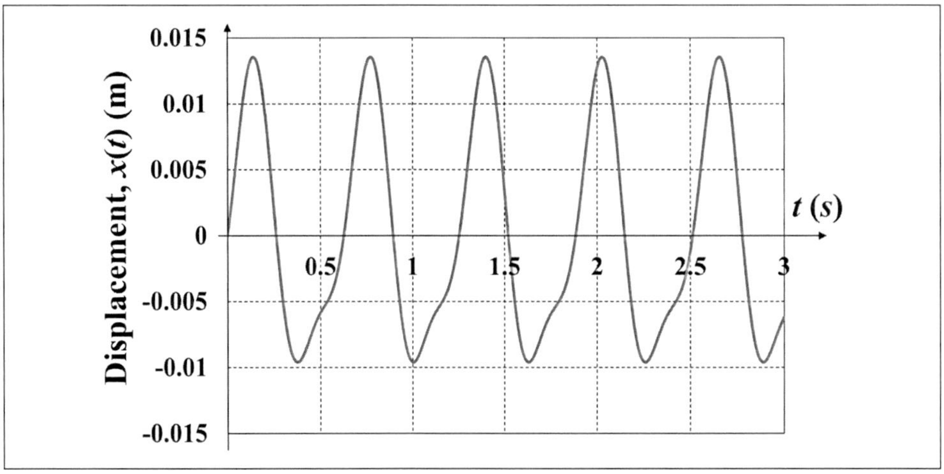

그림 1.2.1 (예제 1.2.1) 초기 조건을 고려한 비 감쇠 조화 가진 진동 응답의 예

1.2.2 조화 가진에 의한 감쇠 진동계의 응답

이젠 감쇠가 존재하는($c \neq 0$) 진동계에 대해 식 (1.2.1)의 해를 구해보자. 자유 진동해는 식 (1.1.13)에 의하여 구할 수 있고, 강제 진동해는 비 감쇠 진동계에서와 같이 미정 계수법에 의해 구한다. 즉, 식 (1.2.1)의 강제 진동해를 식 (1.2.2)와 같이 가정하고 대입하여 구한다. 다만, 비 감쇠 진동계에서는 식 (1.2.2)의 계수 X_1의 값이 결국 0이 되어 소거되었지만, 감쇠 진동계에서는 그렇지 않다는 것에 유의하자. 보다 편리한 식의 전개를 위해 식 (1.2.2)를 다음과 같이 형태로 바꾸어 대입하여 보자[24].

$$x_p(t) = X_p \cos(\omega t - \phi) \tag{1.2.9}$$

위 식을 식 (1.2.1)에 대입한 결과는 다음과 같은데,

$$-\omega^2 m X_p \cos(\omega t - \phi) - \omega c X_p \sin(\omega t - \phi) + k X_p \cos(\omega t - \phi) = F_0 \cos\omega t \tag{1.2.10}$$

위 식은 모든 ωt에 대해 성립해야 하므로, 편의상 $\omega t = 0$, $\omega t = \pi/2$를 대입하면 다음과 같이 두 개의 연립 방정식을 얻게 된다.

$$\omega c X_p \sin\phi + (k - \omega^2 m) X_p \cos\phi = F_0 \tag{1.2.11a}$$

$$(k - \omega^2 m) X_p \sin\phi - \omega c X_p \cos\phi = 0 \tag{1.2.11b}$$

따라서, 식 (1.2.11b)로부터 가진력 대비 응답의 상대 위상 ϕ에 대한 식을, 그리고 식 (1.2.11a) 및 위상에 대한 결과식으로부터 강제 진동 응답의 크기 X_p를 구할 수 있다[25].

$$X_p = \frac{F_0}{\sqrt{(k - \omega^2 m)^2 + (\omega c)^2}} = \frac{F_0/m}{\sqrt{(\omega_n^2 - \omega^2)^2 + (2\zeta\omega_n\omega)^2}} \tag{1.2.12a}$$

$$\tan\phi = \frac{\omega c}{k - \omega^2 m} \rightarrow \phi = \tan^{-1}\left(\frac{2\zeta\omega_n\omega}{\omega_n^2 - \omega^2}\right) \tag{1.2.12b}$$

조화 가진에 의한 강제 진동 해를 구했으므로 일반해는 식 (1.1.13)의 결과를 활용하여 다음과 같이 나타낼 수 있다.

---

24) $x_p(t) = X_1 \sin\omega t + X_2 \cos\omega t = X_p \sin(\omega t + \phi) = X_p \cos(\omega t - \phi)$ ($\phi = \tan^{-1}(X_2/X_1)$) 중 어떤 식을 사용해도 되지만, 여기서는 강제 진동 해를 $X_p \cos(\omega t - \phi)$로 가정한다. 이것이 보다 물리적으로 합리적인 이유는 다음과 같다. 즉, 응답 $x_p(t)$가 가진력 $f(t)$보다 먼저 발생하는 일은 없을 것이고 시간 지연을 두고 발생할 것이다(인과 관계). $X_p \cos(\omega t - \phi)$로 표현된 응답 $x(t)$는 가진력 $F_0 \cos\omega t$보다 시간 축 상에서 오른쪽에 있다. 즉, 응답이 가진력의 위상보다 시간 지연된 상태로 표현되어 있으므로 더욱 적절하다. 참고로, 선형 진동계에서는 가진력의 주파수와 응답의 주파수는 같다.

25) 식 (1.2.12b)로부터 $\sin\phi = \frac{\omega c}{\sqrt{(k - \omega^2 m)^2 + (\omega c)^2}}$, $\cos\phi = \frac{k - \omega^2 m}{\sqrt{(k - \omega^2 m)^2 + (\omega c)^2}}$ 임을 알 수 있다.

$$x(t) = e^{-\zeta\omega_n t}(A_1 \sin\omega_d t + A_2 \cos\omega_d t) + X_p \cos(\omega t - \phi)$$
$$= Ae^{-\zeta\omega_n t}\sin(\omega_d t + \theta) + X_p \cos(\omega t - \phi) \quad (1.2.13)$$

위 식에서 X_p 및 ϕ는 식 (1.2.12)에 제시되었고, A_1, A_2 (또는 A, θ)는 식 (1.2.13) 전체에 대해 다시 초기 조건 $x(0) = x_0$ 및 $\dot{x}(0) = v_0$을 대입하여 구한다. 그런데, 조화 가진에 의한 감쇠 진동계의 응답에 있어서, 자유 진동해 성분은 그다지 중요하지 않을 수 있다. 즉, 식 (1.2.13)에서 확인할 수 있듯이 자유 진동 해는 시간이 경과할수록 진폭이 줄어들어 결국에는 응답에 기여하는 정도가 거의 없어지게 된다. 일반적으로 주기적인 가진력에 의한 조화가진의 경우 정상 상태[26)]의 응답에 대해서만 관심이 있으므로 실질적으로는 강제 진동 해만 고려하게 된다. 반면, 자유 진동 성분은 외부 충격 하중이 가해지거나 외부에서 하중이 제거된 후의 잔류 진동 등에서 중요한 의미를 갖게 된다.

예제 1.2.2

질량 $m = 20$ (kg), 감쇠 $c = 20$ (Ns/m), 스프링 강성 $k = 2{,}000$ (N/m)인 1 자유도 진동계가 있다. 가진력이 $f(t) = 20\cos\omega t$ ($\omega = 20$ (rad/s)) (N)로 표현될 때, 정상 상태의 응답을 구하여라. 또한, 가진 주파수가 $\omega = 10$ (rad/s)로 바뀌었을때의 응답과 비교하여라.

풀이 및 설명

예제 (1.2.1)의 진동계와 질량 및 강성은 같으므로 고유 진동수$\omega_n = \sqrt{k/m} = \sqrt{2000/20} = 10$ (rad/s)가 된다. 또한, 진동계의 감쇠비 ζ는 $c/(2m\omega_n) = 20/(2 \times 20 \times 10) = 0.05$가 된다. 이제, 식 (1.2.12a)를 이용하여 정상 상태의 진폭을 구하면 다음과 같다.

$$X_p = \frac{F_0/m}{\sqrt{(\omega_n^2 - \omega^2)^2 + (2\zeta\omega_n\omega)^2}} = \frac{20/20}{\sqrt{(100-400)^2 + (2 \times 0.05 \times 10 \times 20)^2}} \approx 3.33\,(\mathrm{mm}) \quad (1)$$

반면에, 가진 주파수가 진동계의 비 감쇠 고유 진동수와 같은 크기인 $\omega = 10$ (rad)일때의 정상 상태 진폭은 다음과 같다.

$$X_p = \frac{20/20}{\sqrt{(400-400)^2 + (2 \times 0.05 \times 20 \times 20)^2}} \approx 25.00\,(\mathrm{mm}) \quad (2)$$

식 (1) 및 (2)의 결과에서 알 수 있듯이, 외력의 크기는 동일하지만 가진 주파수에 따라서 정상 상태 응답의 진폭이 매우 달라질 수 있다. 특히, 가진 주파수가 고유 진동수와 같아지는 경우에는 공진이 발생하여 정상 상태의 진폭이 매우 커짐을 확인할 수 있다(우리가 곧 살펴보겠지만, 엄밀하게는 공진 주파수와 고유 진동수는 그 정의가 다르지만, 이 예제에서와 같이 감쇠비가 작은 경우에는 동일하게 다룰 수 있다).

26) 자유 진동과 강제 진동이 모두 존재하는 경우에 과도 상태라고 하며, 어느 정도 시간이 경과한 뒤 자유 진동 성분이 사라지고 강제 진동 성분만 남게 되는데, 이를 정상 상태의 진동이라고 한다.

예제 1.2.3

식 (1.2.1)의 부족 감쇠 진동계에서 초기 조건 $x(0)=0,\ \dot{x}(0)=0$에 대한 일반해를 구하여라.

풀이 및 설명

식 (1.2.1)의 일반해는 식 (1.2.13)과 같으므로 주어진 초기 조건을 대입하여 구해보자. 먼저, 속도에 대한 초기 조건을 대입하기 위해 식 (1.2.13)을 시간에 대해 한 번 미분한 식은 다음과 같다.

$$\begin{aligned}\dot{x}(t) =& -\zeta\omega_n e^{-\zeta\omega_n t}(A_1\sin\omega_d t + A_2\cos\omega_d t) + e^{-\zeta\omega_n t}(\omega_d A_1\cos\omega_d t - \omega_d A_2\sin\omega_d t)\\ &-\omega X_p\sin(\omega t-\phi)\end{aligned} \tag{1}$$

따라서, 식 (1.2.13) 및 위 식으로부터 아래와 같은 연립방정식을 얻을수 있으며,

$$x(0) = A_2 + X_p\cos\phi = 0 \tag{2}$$

$$\dot{x}(0) = -\zeta\omega_n A_2 + \omega_d A_1 + \omega X_p\sin\phi = 0 \tag{3}$$

위 식으로부터 A_1 및 A_2를 각각 다음과 같이 구할 수 있다.

$$A_2 = -X_p\cos\phi \tag{4}$$

$$A_1 = \frac{\zeta\omega_n}{\omega_d}A_2 - \frac{\omega}{\omega_d}X_p\sin\phi = -\frac{\zeta\omega_n}{\omega_d}X_p\cos\phi - \frac{\omega}{\omega_d}X_p\sin\phi = -\frac{\zeta\omega_n\cos\phi + \omega\sin\phi}{\omega_n\sqrt{1-\zeta^2}}X_p \tag{5}$$

위 식으로부터 초기 조건 $x(0)=0,\ \dot{x}(0)=0$에 대한 일반해는 다음과 같이 표현된다.

$$x(t) = -e^{-\zeta\omega_n t}\left(\frac{\zeta\omega_n\cos\phi + \omega\sin\phi}{\omega_n\sqrt{1-\zeta^2}}\sin\omega_d t + \cos\phi\cos\omega_d t\right)X_p + X_p\cos(\omega t-\phi) \tag{6}$$

위 식에서 X_p 및 ϕ는 식 (1.2.12)에 나타낸 바와 같다. 시간이 많이 경과될수록 자유 진동해의 크기는 무시할 수 있을 정도로 작아지고 강제 진동해 $X_p\cos(\omega t-\phi)$만이 남게 된다. 우리는 식 (6)을 통해 초기 조건 0 ($x(0)=0,\ \dot{x}(0)=0$)을 고려한 일반해가 정상 상태 응답(또는 강제 진동 응답)을 나타내는 것이 아님을 확인할 수 있다.

1.2.3 복소수 지수법 및 주파수 응답 함수

지금까지는 자유 진동 및 조화 가진에 의한 강제 진동의 해를 일반적인 미분 방정식의 해법을 이용하여 구했다. 그러나, 이보다 더 명료하고 간단한 방법을 이용하여 이들을 구할 수 있는데, 이후 진동학에서 다루는 대부분의 문제는 이 방법을 이용하는 것을 권장한다. 복소수 지수법(method of complex exponential)이라고 부르며, 자유 진동이나 또는 조화 가진에 의한 강제 진동의 해를 구하는데 모두 이용될 수 있으나, 여기서는 조화 가진에 의한 강제 진동의 해를 구하는데 집중하여 살펴보도록 하자.

또한, 비록 그 형태는 이미 앞에서 도출하였지만(식 (1.2.12)), 복소수 지수 방법을 이용하여 주파수 응답 함수(FRF: frequency response function)를 구하는 과정도 알아보도록 하자.

식 (1.1.2)에 대해 조화 가진 $f_1(t) = F_0\cos\omega t$에 대한 감쇠 진동계의 강제 진동 응답을 $x_{1p}(t)$, 또 다른 조화 가진 $f_2(t) = F_0\sin\omega t$에 대한 강제 진동 응답을 $x_{2p}(t)$라고 하자.

$$m\ddot{x}_{1p}(t) + c\dot{x}_{1p}(t) + kx_{1p}(t) = f_1(t) = F_0\cos\omega t \tag{1.2.14}$$

$$m\ddot{x}_{2p}(t) + c\dot{x}_{2p}(t) + kx_{2p}(t) = f_2(t) = F_0\sin\omega t \tag{1.2.15a}$$

위 식 중에서 식 (1.2.15a)는 허수 단위 j를 포함하여 다음과 같이 바꿔 쓸 수 있다.

$$m\frac{d^2}{dt^2}(jx_{2p}(t)) + c\frac{d}{dt}(jx_{2p}(t)) + k(jx_{2p}(t)) = F_0(j\sin\omega t) \tag{1.2.15b}$$

따라서, 식 (1.2.14)와 식 (1.2.15b)를 더하면 그 결과를 다음과 같이 나타낼 수 있다.

$$\begin{aligned} &m\frac{d^2}{dt^2}(x_{1p}(t) + jx_{2p}(t)) + c\frac{d}{dt}(x_{1p}(t) + jx_{2p}(t)) + k(x_{1p}(t) + jx_{2p}(t)) \\ &= F_0(\cos\omega t + j\sin\omega t) = F_0e^{j\omega t} \end{aligned} \tag{1.2.16}$$

한편, 위 식의 해인 $\tilde{x}_p(t) = x_{1p}(t) + jx_{2p}(t)$는 다음과 같이 표현할 수 있다($x(t)$ 위의 부호 '~'는 복소수임을 나타낸다).

$$\begin{aligned} \tilde{x}_p(t) &= x_{1p}(t) + jx_{2p}(t) = X_p\cos(\omega t - \phi) + jX_q\sin(\omega t - \phi) \\ &= X_p(\cos\omega t\cos\phi + \sin\omega t\sin\phi) + jX_p(\sin\omega t\cos\phi - \cos\omega t\sin\phi) \\ &= X_p(\cos\phi - j\sin\phi)\cos\omega t + jX_p(\cos\phi - j\sin\phi)\sin\omega t \\ &= X_p(\cos\phi - j\sin\phi)(\cos\omega t + j\sin\omega t) = X_pe^{-j\phi}e^{j\omega t} = \widetilde{X}_pe^{j\omega t} \end{aligned} \tag{1.2.17}$$

위 식에서 X_p 및 ϕ는 식 (1.2.12)에 나타낸 바와 같다. 즉, 식 (1.2.16)과 (1.2.17)에 의하면, 식 (1.1.2)에 나타낸 다음의 1 자유도 진동계의 미분 방정식에 대해

$$m\ddot{x}(t) + c\dot{x}(t) + kx(t) = f(t) \tag{1.1.2}$$

조화 가진력 $f(t)$를 식 (1.2.1)에서와 같이 $F_0\cos\omega t$로 나타내는 대신 $F_0e^{j\omega t}$로 표현하면, 강제 진동 응답은 식 (1.2.9) 및 (1.2.12) 대신 $\widetilde{X}_pe^{j\omega t}$로 나타낼 수 있다는 것을 의미한다. 여기서 $\widetilde{X}_p$는 복소수로서 식 (1.2.17)로부터 $X_pe^{-j\phi}$를 뜻함을 알 수 있다[27]. 다시 한번, X_p는 강제 진동 응답의 진폭을 나타

27) $\widetilde{X}_p$와 같이 위상 정보를 포함한 복소수 물리량을 페이저(phasor)라고도 한다. 전기 회로 등에서는 자주 사용되는 용어이나 진동학에서는 자주 사용되지 않는다.

내며 ϕ는 응답의 위상 지연을 나타낸다. 갑자기 복소수가 나와서 어리둥절 할 수도 있고, 오히려 더 어려워할 수도 있지만 복소수 지수법을 사용하면 지수 함수의 간결한 미·적분 특성[28]으로 인해 꽤 많은 계산들을 단순하게 수행할 수 있다.

지금까지 설명한 내용을 바탕으로 이제 식 (1.1.2)이 주어졌다고 가정하자. 이 식의 조화 가진에 대한 강제 진동 응답을 구하기 위해서는, 단지 $f(t)=F_0e^{j\omega t}$를 가정하고 이에 대한 응답 $x(t)=\tilde{x}_p(t)=\tilde{X}_pe^{j\omega t}$를 식 (1.1.2)에 대입하여 아래와 같은 식을 얻는다.

$$(k-\omega^2m+j\omega c)\tilde{X}_pe^{j\omega t}=F_0e^{j\omega t} \tag{1.2.18}$$

따라서, 위 식으로부터 $\tilde{X}_p$는 다음과 같으므로,

$$\tilde{X}_p=\frac{F_0}{k-\omega^2m+j\omega c} \tag{1.2.19}$$

조화 가진에 의한 강제 진동 응답 $\tilde{x}_p(t)$는 다음과 같이 표현됨을 알 수 있다(그림 1.2.2 참고).

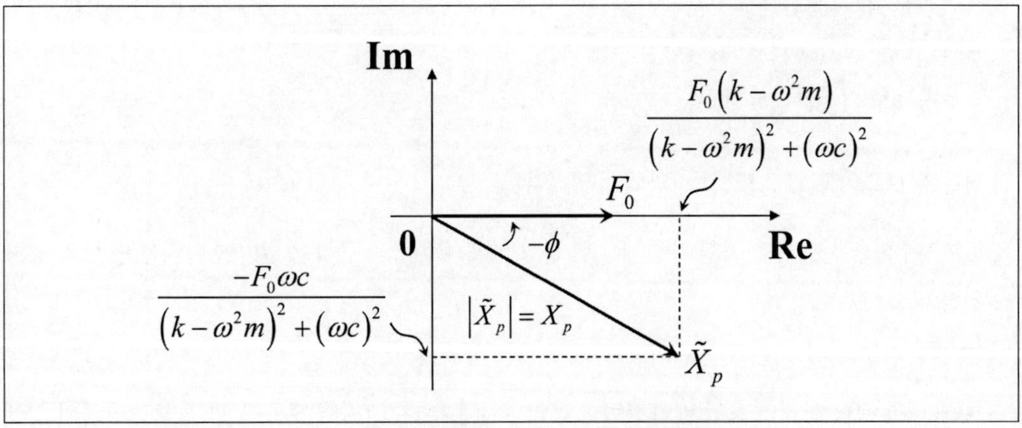

그림 1.2.2 복소수 강제 진동 응답의 크기 및 위상 지연($\phi \geq 0$) 관계
: $X_p=F_0/\sqrt{(k-\omega^2m)^2+(\omega c)^2}$, $\tan\phi=\omega c/(k-\omega^2m)$

$$\tilde{x}_p(t)=\tilde{X}_pe^{j\omega t}=X_pe^{-j\phi}e^{j\omega t}=X_pe^{j(\omega t-\phi)}=\frac{F_0}{\sqrt{(k-\omega^2m)^2+(\omega c)^2}}e^{j(\omega t-\phi)} \tag{1.2.20}$$

$$,\ \phi=\tan^{-1}\left(\frac{\omega c}{k-\omega^2m}\right)$$

28) $\frac{d}{dt}e^{j\omega t}=j\omega e^{j\omega t}$, $\frac{d^2}{dt^2}e^{j\omega t}=(j\omega)(j\omega)e^{j\omega t}=-\omega^2e^{j\omega t}$

그런데, 위 식에서 $\tilde{x}_p(t)$는 복소수이다. 비록 가진력을 $F_0e^{j\omega t}$로 가정하였기에 복소수 응답을 얻었지만, 식 (1.2.20)에 의해서 구한 복소수 응답을 이용하여 식 (1.2.9)와 (1.2.12)에서 제시하였던 해는 어떻게 구할 수 있을까? 이를 위해서는 다음과 같이 거꾸로 식 (1.2.16)의 양변에서 실수부를 취하면 된다. 기호로는 복소수에 대한 실수부만을 취한다는 의미의 Re{ · } 연산자를 이용한다.

$$\begin{aligned}
&\mathrm{Re}\left\{m\frac{d^2}{dt^2}(x_{1p}(t)+jx_{2p}(t))+c\frac{d}{dt}(x_{1p}(t)+jx_{2p}(t))+k(x_{1p}(t)+jx_{2p}(t))\right\}\\
&=m\frac{d^2}{dt^2}\mathrm{Re}\{\tilde{x}_p(t)\}+c\frac{d}{dt}\mathrm{Re}\{\tilde{x}_p(t)\}+k\mathrm{Re}\{\tilde{x}_p(t)\}\\
&=m\frac{d^2}{dt^2}\mathrm{Re}\{\tilde{X}_pe^{j\omega t}\}+c\frac{d}{dt}\mathrm{Re}\{\tilde{X}_pe^{j\omega t}\}+k\mathrm{Re}\{\tilde{X}_pe^{j\omega t}\}=\mathrm{Re}\{F_0e^{j\omega t}\}
\end{aligned} \tag{1.2.21}$$

즉, 원래의 조화 가진력 $F_0\cos\omega t$이 복소수 지수법에서 사용한 $F_0e^{j\omega t}$의 실수부인것처럼 ($F_0\cos\omega t=\mathrm{Re}\{F_0e^{j\omega t}\}$), $F_0\cos\omega t$에 대한 강제 진동 응답 $x_{1p}(t)$ 역시 다음과 같이 식 (1.2.17)의 실수부만 취하면 된다[29].

$$x_{1p}(t)=\mathrm{Re}\{X_pe^{j(\omega t-\phi)}\}=X_p\cos(\omega t-\phi)=\frac{F_0}{\sqrt{(k-\omega^2m)^2+(\omega c)^2}}\cos(\omega t-\phi) \tag{1.2.22}$$

$$,\ \phi=\tan^{-1}\left(\frac{\omega c}{k-\omega^2m}\right)$$

위 식은 식 (1.2.9) 및 (1.2.12)의 결과와 동일하다.

복소수 지수법을 사용하여 조화 가진에 의한 정상 상태의 응답을 구하는 절차를 다시 한번 정리해 보도록 하자.

(1) 조화 가진 $f(t)$를 $F_0e^{j\omega t}$로 가정한다.

(2) 이에 대한 정상 상태의 응답은 가진력과 동일한 진동수 ω, 미지의 진폭 X_p, 그리고, 미지의 위상 지연 ϕ를 갖고 발생할 것이므로 복소수 $\tilde{X}_pe^{j\omega t}$ ($\tilde{X}_p=X_pe^{-j\phi}$)로 가정한다.

(3) 식 (1.1.2)에 대입하여 양변에서 공통 인자를 제거 후 $\tilde{X}_p$에 대해 정리한다.

(4) 복소수 응답 $\tilde{X}_p$의 크기를 강제 진동 응답의 진폭으로 하고, 위상 정보가 필요하면 복소수 $\tilde{X}_p$의 위상을 구한다.

(5) 시간 축에 대한 강제 진동 응답의 그래프가 필요한 경우 $\tilde{X}_pe^{j\omega t}$의 실수부만 취하여 그린다.

---

29) 복소수 지수법을 사용하여 구한 결과에 실수부를 취해야만 조화 가진에 의한 원래의 정상 상태 응답이 구해지지만, 편의상 실수부를 취한다는 암묵적인 동의하에 실수 정상 상태 응답 $x_{1p}(t)$ 대신 $\tilde{x}_p(t)=x_{1p}+jx_{2p}=\tilde{X}_pe^{j\omega t}$를 그대로 해로 사용하기도 한다. 다만, 실제로 시간의 경과에 따른 응답을 그릴 때는 실수부를 취한 결과를 이용해야 한다.

예제 1.2.2에서 잠깐 언급하였지만, 1 자유도 감쇠 진동계의 조화 가진에 대한 정상 상태 응답은 공진(resonance)이라는 매우 중요한 개념과 관련이 있다. 이를 살펴보기 위해 진동계의 입력(가진력) 대비 출력(응답)으로 정의되는 주파수 응답 함수에 대해 언급하고자 한다.

우리가 복소수 지수법을 이용하여 1 자유도 감쇠 진동계의 정상 상태 응답을 구하는 과정에서 이미 입력 대비 출력의 양을 결정하는 복소수 함수식을 이미 확인하였다. 즉, 식 (1.2.19)를 다음과 같이 나타낸다면,

$$\widetilde{X}_p = \frac{F_0}{k-\omega^2 m + j\omega c} = \widetilde{H}(\omega) F_0 \tag{1.2.23}$$

$\widetilde{H}(\omega)$로 표현된 식은 복소수 함수로서 입력(가진력 F_0) 대비 출력(강제 진동 응답 $\widetilde{X}_p$)의 크기 및 위상을 모두 포함하는 물리량이 된다. 이를 조화 가진에 의한 1 자유도 감쇠 진동계의 주파수 응답 함수(FRF: frequency response function)라고 하며,

$$\widetilde{H}(\omega) = \frac{\widetilde{X}_p}{F_0} = \frac{X_p e^{-j\phi}}{F_0} = \frac{1}{k-\omega^2 m + j\omega c} \tag{1.2.24}$$

이의 크기 $|\widetilde{H}(\omega)|$와 위상 $\angle \widetilde{H}(\omega)$는 각각 다음과 같이 표현된다[30].

$$|\widetilde{H}(\omega)| = H(\omega) = \frac{1}{\sqrt{(k-\omega^2 m)^2 + (\omega c)^2}}; \ \angle \widetilde{H}(\omega) = -\tan^{-1}\frac{\omega c}{k-\omega^2 m} \tag{1.2.25}$$

공진을 포함하여, 조화 가진에 의한 정상 상태의 응답 특성은 모두 주파수 응답 함수의 특성에 대한 관찰을 통해 알아볼 수 있다.

1.2.4 공진과 감쇠

① 공진

앞서 설명한 주파수 응답 함수를 이용하여 공진에 대한 설명을 하기 전에 공진의 물리적 현상 및 의미를 보다 명확히 하기 위해 비 감쇠 진동계의 시간 응답을 먼저 다시 살펴보도록 하자. 물론, 감쇠 진동계를 이용하는 것이 보다 현실적이나 전개를 간단히 하기 위해 먼저 비 감쇠 진동계를 사용하기로 한다. 이후 감쇠 진동계의 주파수 응답 함수를 이용하여 부연 설명하기로 한다.

---

30) 응답의 위상 ϕ는 영(zero) 위상 대비 위상 지연량이므로, 주파수 응답 함수의 위상 $\angle \widetilde{H}(\omega)$와 크기는 같지만 부호는 반대가 된다. 즉, $\phi = -\angle \widetilde{H}(\omega)$의 관계임에 유의하자.

진동에서의 공진(resonance)이란 외력의 가진 주파수(식 (1.2.1)에서 $F_0\cos\omega t$의 ω (rad/s))와 가진되는 진동계의 고유 진동수와 같을 때($\omega = \omega_n$)[31]를 일컫는다. 우리는 이미 예제 1.2.2를 통해 동일한 크기의 가진력에 대한 진동계의 응답이 공진 상태에서는 매우 커진다는 것을 확인하였다. 공진 상태에 있을 경우 진동계의 응답이 어떻게 되는지 다음과 같이 식 (1.2.1)의 비 감쇠 형태 식의 해를 구해보도록 하자.

$$m\ddot{x}(t) + kx(t) = F_0\cos\omega_n t \tag{1.2.26}$$

위 식에서 가진력의 주파수가 고유 진동수 ω_n으로 설정되어 있음에 유의하자. 위 식의 자유 진동 해는 식 (1.1.5)와 같으며, 강제 진동 해는 다음과 같이 가정하고 미정계수법에 의해 구한다.

$$x_p(t) = X_1 t\sin\omega_n t + X_2 t\cos\omega_n t \tag{1.2.27}$$

위 식에서 강제 진동 해가 식 (1.2.2)에서와는 달리 독립 변수 't'와 곱해진 형태로 표현되어 있는데, 이는 강제 진동 해로 가정하여 대입할 예정이었던 $\{\sin\omega_n t, \cos\omega_n t\}$가 이미 자유 진동 해에 포함되어 있기 때문이다. 이제 식 (1.2.27)을 식 (1.2.26)에 대입하면 다음과 같은데,

$$\begin{aligned}&2\omega_n m X_1\cos\omega_n t - 2\omega_n m X_2\sin\omega_n t + \left(k - \omega_n^2 m\right)X_1 t\sin\omega_n t + \left(k - \omega_n^2 m\right)X_2 t\cos\omega_n t\\&= F_0\cos\omega_n t\end{aligned} \tag{1.2.28}$$

여기에서 $\omega_n^2 = k/m$을 대입하고 양변을 같게 두면 $X_1 = F_0/(2\omega_n m)$, $X_2 = 0$이 되어 식 (1.2.27)은 아래와 같이 나타낼 수 있다.

$$x_p(t) = \frac{F_0}{2m\omega_n}t\sin\omega_n t \tag{1.2.29}$$

따라서, 위 식에 식 (1.1.5)의 자유 진동해를 추가하여, 초기 조건 $x(0) = x_0$, $\dot{x}(0) = v_0$을 대입하면 일반해를 아래와 같이 구할 수 있다.

$$\begin{aligned}x(t) &= A_1\sin\omega_n t + A_2\cos\omega_n t + \frac{F_0}{2m\omega_n}t\sin\omega_n t\\&= \frac{v_0}{\omega_n}\sin\omega_n t + x_0\cos\omega_n t + \frac{F_0}{2m\omega_n}t\sin\omega_n t\end{aligned} \tag{1.2.30}$$

참고로, 위 식은 다음과 같이 $\omega \neq \omega_n$일 경우의 일반해 식 (1.2.8)에 대해 $\omega \to \omega_n$에서의 극한값을 이

31) 엄밀하게 따지자면, 공진 주파수는 감쇠비의 함수로서 고유 진동수와는 다르다. 다만, 감쇠비가 작을 경우에는 공진 주파수와 고유 진동수는 거의 같다고 볼 수 있다. 이에 대해서는 주파수 응답 함수를 이용하여 곧 확인하게 된다.

용하여 구할 수도 있었다. 즉, 먼저 식 (1.2.8)을 다음과 같이 바꿔 표현하고,

$$x(t) = \frac{v_0}{\omega_n}\sin\omega_n t + x_0\cos\omega_n t + \frac{F_0}{m}\frac{\cos\omega t - \cos\omega_n t}{\omega_n^2 - \omega^2} \tag{1.2.31}$$

세 번째 항에 대해 극한 $\omega \rightarrow \omega_n$을 취하면 식 (1.2.30)과 동일하게 됨을 알 수 있다[32].

$$\lim_{\omega\rightarrow\omega_n}\frac{F_0}{m}\frac{\cos\omega t - \cos\omega_n t}{\omega_n^2 - \omega^2} = \lim_{\omega\rightarrow\omega_n}\frac{F_0}{m}\frac{-t\sin\omega t}{-2\omega} = \frac{F_0}{2m\omega_n}t\sin\omega_n t \tag{1.2.32}$$

식 (1.2.30)에서 초기 조건이 $x_0 = 0$, $v_0 = 0$인 경우의 비 감쇠 진동계의 강제 진동 응답을 그림 1.2.3(a)에 나타내었다. 비 감쇠 진동계의 공진 상태($\omega = \omega_n$)에서 구한 응답이 시간이 경과함에 따라 진폭이 계속 무한하게 커지고 있음을 볼 수 있다.

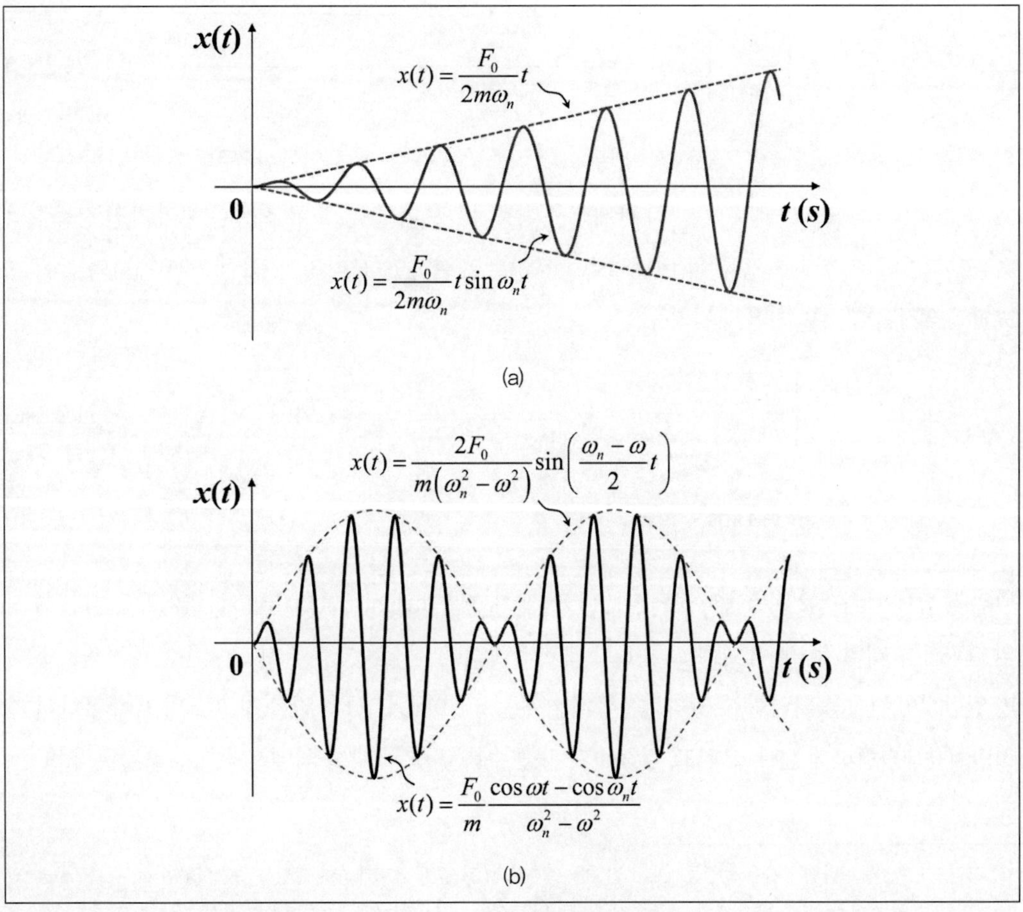

그림 1.2.3 초기 조건이 $x_0 = 0$, $v_0 = 0$인 경우의 비 감쇠 진동계의 응답: (a) $\omega = \omega_n$ (공진), (b) $\omega \approx \omega_n$(맥놀이)

32) 로피탈의 정리(L'Hopital's theorem)가 이용되었다.

참고로, 그림 1.2.3(b)에는 공진 상태는 아니지만 좀 특이한 경우를 보여주고 있다. 맥놀이 현상(beat phenomenon)이라고 하는 것인데, 여기서는 외력의 가진 진동수와 진동계의 고유 진동수가 비슷할 때($\omega \approx \omega_n$)의 자유 진동 해와 강제 진동 해가 중첩하여 발생된 경우이다. 진동계의 특성을 파악할 경우 종종 공진 상태에서의 신호를 측정할 경우가 있는데 가진 진동수와 동일한 주파수의 사인 또는 코사인 신호가 측정되지 못하고 그림 1.2.3(b)와 같은 신호가 측정되는 경우가 있다. 이는 가진 진동수가 고유 진동수와 정확히 일치하지 않기 때문이다. 맥놀이 현상에 대해서 더욱 자세히 알고 싶다면, 부록 [A.1 맥놀이 현상]을 참고하기 바란다.

지금까지는 공진을 시간 신호의 관점에서 살펴보았으며, 또한 비감쇠 진동계에 대해서 알아보았다. 이제 주파수 응답 함수의 관점에서 감쇠 진동계를 이용하여 공진에 대해 알아보도록 하자. 이를 위해 식 (1.2.24)의 주파수 응답 함수를 다음과 같이 무차원(dimensionless) 형태로 정리하여 보자.

$$\frac{\widetilde{X}_p}{F_0/k} = \left|\frac{\widetilde{X}_p}{F_0/k}\right| e^{-j\phi} = \frac{1}{1-\omega^2/\omega_n^2 + j2\zeta\omega/\omega_n} = \frac{1}{1-r^2+j2\zeta r} \tag{1.2.33}$$

위 식은 복소수 응답 $\widetilde{X}_p$를 정적 변위 x_{st} $(=F_0/k)$로 무차원화한 주파수 응답함수로서, $\omega c/k = \omega(2m\omega_n\zeta)/k = 2\zeta\omega/\omega_n$의 관계식을 이용하였으며 또한, 고유 진동수 대비 가진 진동수의 비율(ω/ω_n)을 기호 r (진동수 비(frequency ratio))로 표현하였다. 따라서, 식 (1.2.25)에서와 같이 그 크기와 위상을 구하면 다음과 같다[33].

$$\left|\frac{\widetilde{X}_p}{F_0/k}\right| = \frac{X_p}{F_0/k} = \frac{1}{\sqrt{(1-r^2)^2+(2\zeta r)^2}} \equiv \widehat{H}(r) \tag{1.2.34a}$$

$$\phi = \tan^{-1}\frac{2\zeta r}{1-r^2} \tag{1.2.34b}$$

위의 식 중에서 식 (1.2.34a)에서 정의한 $\widehat{H}(r)$을 확대 계수(magnification factor)[34]라고도 한다. 위 식의 결과를 몇 개의 감쇠비에 대해 그림 1.2.4에 나타내었다. 감쇠비에 따라서 그 거동이 약간씩 다르지만 일반적인 경향을 확인할 수 있다. 즉, 확대 계수는 $r=0$에서는 1의 값을 갖고, r의 값이 무한히 커지면서 0에 수렴하게 된다. 그리고, 감쇠비가 작을 수록 대략 $r=1$ 근처에서 최대값을 갖는다. 또한,

---

33) 그림 1.1.6(a)에 나타낸 1 자유도 진동계에서 질량을 추가하고, 그 질량에 비례하여 강성을 증가시키면 ω_n $(=\sqrt{k/m})$의 값이 유지됨을 알 수 있다. 따라서, 식 (1.2.34a)에서는 r $(=\omega/\omega_n)$의 값이 동일하고 오직 k 값만 증가되므로 결국 정상 상태 응답 X_p의 값은 감소하게 된다.

34) 정적 변위에 대한 동적 변위(강제 진동 응답)의 크기를 나타내므로, 동적 하중 확대 계수(dynamic load magnification factor)라고도 하며, 여기서는 그냥 간단히 확대 계수라고 부르기로 한다.

그림 1.2.4(b)로 부터 위상[35)]은 $r=1$에서 90 ° 의 값을 갖는다는 것을 확인할 수 있다.

공진 상태에 대해 정량적으로 알아보기 위해 식 (1.2.34a)를 이용하여 확대 계수가 최대값을 값는 진동수 비 r의 값을 구해 보도록 하자. 이를 위해 확대 계수의 분모가 최소값을 갖기 위한 r의 값을 구하도록 한다. 즉, $g(r)=(1-r^2)^2+(2\zeta r)^2$에 대해 다음과 같은 과정을 거치면, 식 (1.2.34a)의 분모를 최소화함에 따라 결국 주파수 응답 함수의 크기를 최대화하는 값 r을 구할 수 있다.

$$\frac{d}{dr}g(r)=2(1-r^2)(-2r)+8\zeta^2 r=0\rightarrow r^2-1+2\zeta^2=0 \tag{1.2.35}$$

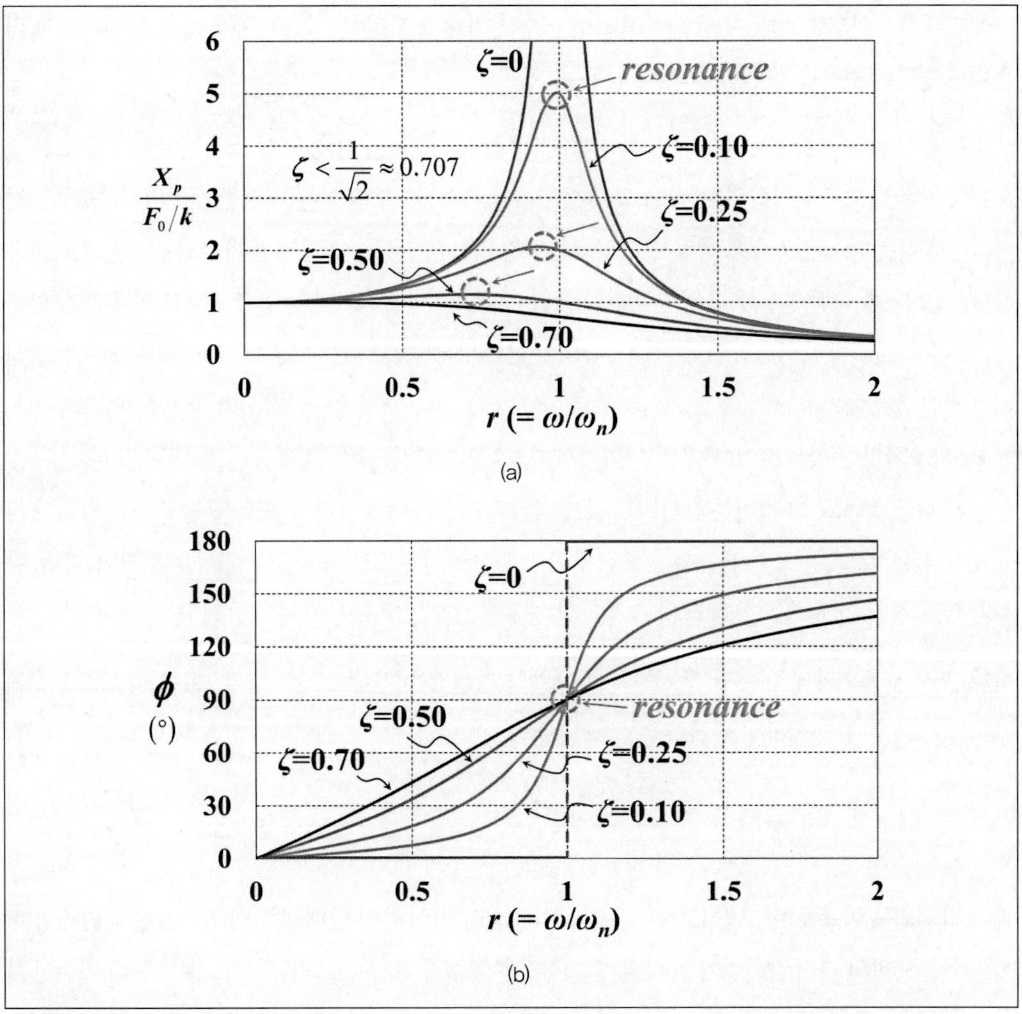

그림 1.2.4 주파수 비에 따른 무차원화된 주파수 응답 함수의 (a) 크기(확대 계수) 및 (b) 응답의 위상 지연 변화

35) 다시 언급하지만, 여기서 위상은 외력이 가해진 후 응답이 어느 정도 지연을 가지고 일어나는 가를 나타낸다. 코사인(또는 사인 함수) 함수의 인자이므로 rad 또는 각도(°)로 표현된다.

위 식의 해는 $r = \sqrt{1-2\zeta^2}$ 가 되는 것을 쉽게 알 수 있는데, 이로부터 공진 주파수(ω_r)를 다음과 같이 나타낼 수 있다.

$$\omega_r = \omega_n \sqrt{1-2\zeta^2} \tag{1.2.36}$$

결국, 위 식에 나타낸 공진 주파수 ω_r은 확대 계수(또는 주파수 응답 함수)의 그래프가 최대값을 갖는 진동수를 나타내는데, 공진 주파수는 근호가 실수 값을 갖기 위한 범위인 $\zeta < 1/\sqrt{2}$ 을 만족하는 경우에만 존재함을 알 수 있다. 즉, $\zeta \geq 1/\sqrt{2}$ 인 경우에는 $r > 0$의 범위에서 확대 계수 그래프의 최대값 지점이 존재하지 않게 된다. 반면에 $\zeta < 1/\sqrt{2}$ 을 만족하는 감쇠비에 대해서는, 그림 1.2.4(a)의 그래프에서 확인할 수 있듯이 감쇠비의 값이 클수록 최대값 지점이 $r = 1$에서부터 점점 왼쪽으로 치우치는 경향이 있음을 확인할 수 있다.

우리는 앞서 공진을 설명하면서 비 감쇠 진동계를 예로 들었으며, 이 경우 일단 공진 주파수를 고유 진동수와 같은 것으로 설명하였다. 식 (1.2.36)에 $\zeta = 0$을 대입해보면 이는 적절한 것이었다. 그런데, 감쇠가 존재하는 감쇠 진동계에 대해서조차도 많은 경우 고유 진동수를 공진 주파수의 근사값으로 사용한다. 그렇다면, 어떤 경우에 고유 진동수와 공진 주파수를 실용적으로 동일한 것으로 간주할 수 있을까? 그림 1.2.5(a)에 감쇠비의 값에 따른 r 값의 변화를 나타내었는데, 그림에서 확인할 수 있듯이 감쇠비가 작은 경우에는 $r \approx 1$, 즉 $\omega_r \approx \omega_n$으로 간주할 수 있다. 예를 들면, 감쇠비 값이 0.1인 경우에는 약 1%의 오차만이 있을 뿐이다. 우리가 여기서 기억해야 할 것은 엄밀하게 공진 주파수와 고유 진동수는 서로 다른 것이고, 그 차이는 감쇠비의 값에 따라 달라진다는 것이다. 그럼에도 불구하고, 감쇠가 작은 경우 실용적으로는 고유 진동수를 공진 주파수 대신 근사적으로 사용할 수 있다는 것이다. 다만, 감쇠가 어느 정도 커서 그 오차가 크다고 생각할 경우에는 분명히 구분하여 사용해야 할 것이다[36].

이제 공진에서의 확대 계수의 값, 즉 확대 계수의 최대값을 구해보도록 하자. 이는 식 (1.2.34a)에 $r = \sqrt{1-2\zeta^2}$ 을 대입하여 다음과 같이 나타낼 수 있다.

$$\left(\frac{X_p}{F_0/k}\right)_{\max} = \frac{1}{\sqrt{(2\zeta^2)^2 + (2\zeta)^2(1-2\zeta^2)}} = \frac{1}{2\zeta\sqrt{1-\zeta^2}} \tag{1.2.37}$$

위 식의 결과를 이용하여, 그림 1.2.5(b)에 감쇠비 값의 변화에 따라 확대 계수의 최대값을 나타내었다. 이미 언급한 바와 같이 감쇠비가 커짐에 따라 공진 주파수가 작아지는데, 위 식을 통해 확대 계수의 최

36) 식 (1.1.12)에서도 우리가 보통 고유 진동수라고 언급하는 비 감쇠 고유 진동수(ω_n)와 감쇠 고유 진동수(ω_d)도 감쇠비에 의해 서로 관계가 있음을 확인하였다. 그러나, 여기에서도 감쇠가 작은 경우에는 서로 구분하지 않고 쓰기도 한다. 결국, 감쇠가 작은 경우에는 고유 진동수 ω_n이 근사적으로 감쇠 고유 진동수 및 공진 주파수를 모두 대신할 수 있는 것이다. 참고로, 식 (1.1.12)와 식 (1.2.36)에서 근호 안의 식이 서로 다르다는 것에 유의하자($\sqrt{1-\zeta^2}$ 와 $\sqrt{1-2\zeta^2}$)

대값도 작아짐을 확인할 수 있다. 이는 모두 그림 1.2.4(a)에서 쉽게 확인할 수 있는 것이다. 또한, 확대 계수의 최대값 역시 감쇠비의 값이 작은 경우에는 $1/(2\zeta)$로 근사적으로 표현할 수 있음을 알 수 있다. 식 (1.2.34a)에 의하면, 이는 $r=1$, 즉 $\omega=\omega_n$ 에서의 확대 계수의 값이기도 하다.

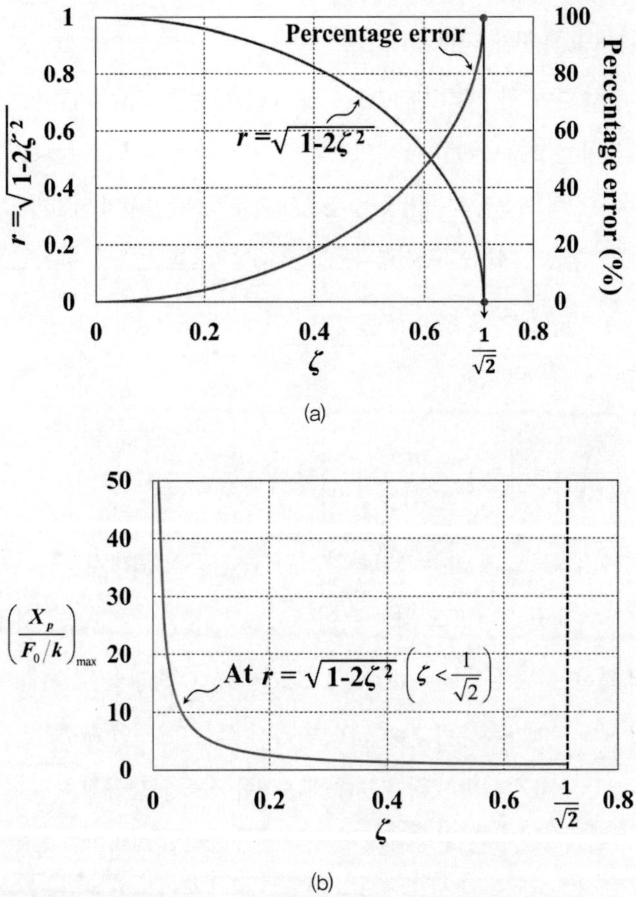

그림 1.2.5 감쇠비에 따른 (a) $r=\sqrt{1-2\zeta^2}$ 의 크기 변화 및 (b) 확대 계수의 최대값의 변화($\zeta \ge 1/\sqrt{2}$ 일 때의 최대값은 언제나 $r=0$에서 1이다)

이제 식 (1.2.34b)와 그림 1.2.4(b)를 이용하여 응답의 위상 지연에 대해 살펴보기로 하자. 그림에 의하면, 비 감쇠 진동계는 공진 이하의 주파수 영역에서는 가진과 응답의 위상 차이가 없다가 공진을 지나면서 위상이 급격히 180° 변하게 된다. 그런데, 그 변화는 감쇠비가 커질수록 매우 완만하게 된다. 즉, 식 (1.2.34b)에 의하면, 감쇠비의 값에 관계 없이 공통적으로 $r=1$에서의 위상 지연은 90° 의 값을 갖게 되며 공진 이후는 r의 값이 매우 커짐에 따라 그 값이 180° 로 수렴하게 된다. 따라서, 만약, 진동계의 감쇠가 작아서 $r=1$을 공진 상태로 간주할 수 있다면, 그 진동계는 공진에서 응답의 위상 지연이 90° 가 되고 그 후 r의 값이 매우 커짐에 따라 점점 위상 지연 값이 180° 로 수렴한다고 생각할 수 있다. 이러한 사실은 측정된 위상 정보를 통해 감쇠가 작은 진동계의 공진 주파수를 파악할 때 유용하게 활용되기도 한다.

여기서 추가로 공진의 관점에서, 감쇠 진동계에 대한 조화 가진력과 가진력에 대한 응답으로서 속도와의 위상에 대해 간단히 살펴보도록 하자. 식 (1.2.1)의 가진력 $f(t) = F_0 \cos\omega t$에 대해 강제 진동해 $x_p(t)$는 식 (1.2.9)에서 $X_p \cos(\omega t - \phi)$로 가정하였다. 따라서, 속도 $\dot{x}_p(t)$는 $-\omega X_p \sin(\omega t - \phi)$가 되는데, 공진에서는 위상 지연 ϕ의 값이 $\pi/2$ rad (=90°)이 되므로 이를 대입하면 $-\omega X_p \sin(\omega t - \pi/2) = \omega X_p \cos\omega t$가 된다. 그런데, 이는 가진력과 크기 차이만 있을 뿐 동일한 위상(두 함수의 위치가 그대로 잘 포개어진다)의 코사인 함수가 된다. 즉, 공진에서는 가진력과 속도의 위상이 같다는 사실을 확인할 수 있다.

또한, 공진 상태에서는 다음과 같은 중요한 물리적 특성이 있다. 식 (1.2.18)로부터 아래와 같은 식을 쉽게 얻을 수 있는데,

$$\frac{F_0}{\left|\omega^2 \widetilde{X}_p\right|} = \left|\frac{k - \omega^2 m + j\omega c}{\omega^2}\right| = \frac{\sqrt{(k - \omega^2 m)^2 + (\omega c)^2}}{\omega^2} \tag{1.2.38}$$

이는 주파수 영역에서 가속도 크기 대비 가진력의 크기, 즉 일종의 등가 질량을 나타낸다. 이런 관점에서 우리가 4장에서 다루게 될 실험 모드 해석 분야에서는 $F_0/\left(-\omega^2 \widetilde{X}_p\right)$를 동적 질량(dynamic mass, apparent mass)라고 부른다. 위 식은 $\omega = \omega_n/\sqrt{1-2\zeta^2}$ 에서 최소값을 갖는데, 이 역시 감쇠비가 작을 경우 근사적으로는 $\omega \approx \omega_n$로 간주할 수 있고, 따라서 식 (1.2.38)의 최소값은 고유 진동수에서 발생한다고 볼 수 있다. 따라서, 감쇠비가 작을 경우에는 고유 진동수를 공진 주파수와 동일하게 간주할 수 있으므로, 공진 상태에서는 동적 질량의 크기가 작아서 동일한 가속도를 발생시키는데 필요한 가진력이 작아진다는 것이다. 즉, 공진 상태에서는 진동을 발생시키는데 보다 적은 힘이 필요하다.

② 감쇠

공진과 관련하여 분리해서 생각할 수 없는 것이 감쇠(damping)이다. 우리는 지금까지 감쇠 진동계에 대한 감쇠를 감쇠비 기호 ζ를 이용하여 다뤄 왔다. 스프링이 달린 질량을 잡아 당겼다가 놓으면, 질량은 평형 위치를 중심으로 진동을 시작하지만 시간이 지나면서 그 진폭은 작아지기 마련이고, 외력이 없다면 언젠가는 그 진동은 사라지고 만다. 정도의 차이는 있겠지만, 실제의 모든 진동은 감쇠에 의해 에너지가 소산된다. 그러한, 감쇠의 원인은 이미 1.1.2에서 대략 살펴본 바 있다.

그림 1.2.4(a)에서 확인할 수 있듯이, 공진 부근 이외의 주파수 영역에서는 감쇠의 영향이 그다지 크지

않다. 반면, 진동 현상에서 중요한 공진 주파수 부근 영역에서의 감쇠의 영향은 매우 큰데, 점성 감쇠에서는 감쇠비가 공진 주파수 부근에서 주파수 응답 함수의 예리한 정도(sharpness)를 나타내게 된다. 그림 1.2.4(a)에서 보여주는 바와 같이, 정상 상태 응답은 공진 주파수 ω_r ($\zeta < 1/\sqrt{2}$ 인 경우), 또는 근사적으로 고유 진동수 ω_n 에서 최대값을 갖고, 공진 주파수를 벗어나면서 그 응답의 크기가 급격히 감소한다. 이와 관련하여 공진 부근에서의 주파수 응답의 예리한 정도를 정량적으로 나타내기 위해 반 동력점(half power point)과 주파수 대역폭(frequency bandwidth)이라는 개념이 도입된다. 곧 살펴보겠지만, 반 동력점에 의해 정의되는 주파수 대역폭은 필터(filter) 역할의 관점에서 공진 부근의 유효한 에너지가 포함된 주파수 대역을 의미하기도 한다.

이제 앞서 언급한 확대 계수에 대한 식들을 이용하여 반 동력점이 무엇인지 알아보자. 반 동력점은 말 그대로 최대 에너지(또는 파워)가 1/2로 감소하는 지점을 의미하는데, 확대 계수의 관점에서는 근사적인 최대값인 $1/(2\zeta)$의 $1/\sqrt{2}$ 이 되는 주파수 지점이 된다[37]. 이는 식 (1.2.34a)를 이용하여 다음 식에 의해 구할 수 있다.

$$\frac{1}{\sqrt{2}}\frac{1}{2\zeta} = \frac{1}{\sqrt{(1-r^2)^2+(2\zeta r)^2}} \tag{1.2.39}$$

위 식을 정리하면, 다음과 같이 r^2 에 대한 이차식을 얻게 되는데,

$$r^4 - 2(1-2\zeta^2)r^2 + 1 - 8\zeta^2 = 0 \tag{1.2.40}$$

우선 이 식이 서로 다른 두 양의 실근을 갖기 위해서는 $1-8\zeta^2 > 0$, 즉 $\zeta < 1/(2\sqrt{2})$의 부등식 관계를 만족하여야 한다[38]. 이 관계를 만족하면서 감쇠비 ζ가 충분히 작을 경우[39], r^2 은 다음과 같이 구해진다.

$$r^2 = (1-2\zeta^2) \pm 2\zeta\sqrt{1+\zeta^2} \approx (1-2\zeta^2) \pm 2\zeta\left(1+\frac{\zeta^2}{2}\right) \approx 1 \pm 2\zeta \tag{1.2.41}$$

따라서, $r \approx \sqrt{1 \pm 2\zeta} \approx 1 \pm \zeta$가 되어, 반 동력점의 주파수 ω_a 및 ω_b ($\omega_a < \omega_b$)는 각각 다음과 같이 표현된다.

$$\omega_a = \omega_n - \zeta\omega_n, \; \omega_b = \omega_n + \zeta\omega_n \tag{1.2.42}$$

위 식으로부터 반 동력점의 주파수 사이의 폭을 나타내는 대역폭(bandwidth)[40] $\Delta\omega$ ($\omega_b - \omega_a$)는 다

37) 에너지는 변위의 제곱에 비례한다. 즉, 에너지(또는 파워)가 1/2이 된다는 것은 변위가 $1/\sqrt{2}$ 이 된다는 것을 의미한다.

38) $r^4 - 2(1-2\zeta^2)r^2 + 1 - 8\zeta^2 = 0$의 해를 r_1^2과 r_2^2이라고 할 때, 어느 하나라도 음의 부호가 되면, 양의 부호를 갖는 r의 값은 1개가 된다. 따라서, r_1^2과 r_2^2 모두 양의 부호를 가져야 하므로, $1-8\zeta^2 > 0$의 부등식 관계를 만족하여야 한다.

39) 확대 계수의 최대값을 식 (1.2.37)이 아닌 $1/(2\zeta)$을 사용한 것 자체가 감쇠비가 작은 경우를 이미 가정한 것이다. 참고로, 식 (1.2.37)을 이용하여 반 동력점을 유도하여도 감쇠비가 작은 경우에는 동일한 결과를 얻게 된다.

음과 같이 정의된다.

$$\Delta\omega = 2\zeta\omega_n \text{ (또는 } \Delta r = 2\zeta\text{)} \tag{1.2.43}$$

또한, 식 (1.2.42)로부터 $(\omega_a + \omega_b)/2 = \omega_n$ 임을 알 수 있는데, 이는 감쇠비가 작을 경우 고유 진동수 ω_n은 2개의 반 동력점 주파수의 산술 평균이 됨을 의미한다. 이렇게 정의되는 주파수를 대역폭의 중심 주파수(center frequency)라고 한다. 그림 1.2.6에 1 자유도 진동계의 확대 계수에 대해서 반 동력점과 그리고 대역폭을 각각 나타내었다.

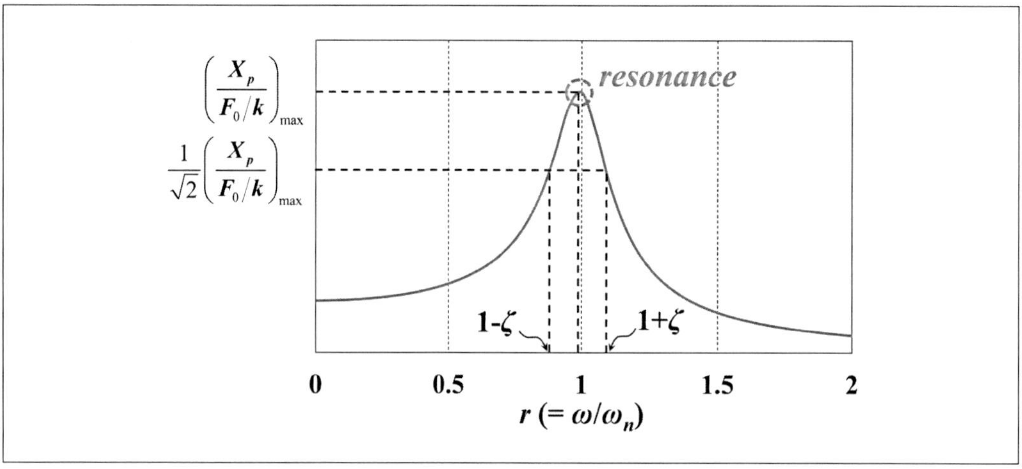

그림 1.2.6 1 자유도 진동계의 주파수 응답(확대 계수) 선도 및 대역폭

식 (1.2.43)을 이용하면 감쇠비에 대해 다음과 같은 의미를 추가로 확인할 수 있다.

$$\zeta = \frac{\Delta\omega}{2\omega_n} = \frac{\omega_b - \omega_a}{2\omega_n} = \frac{\omega_b - \omega_a}{\omega_b + \omega_a} \tag{1.2.44}$$

그리고, 그림 1.2.6과 같은 주파수 응답 함수(또는 확대 계수) 그래프에서 Q 인자(Q factor)를 다음과 같이 정의하여 사용하기도 한다.

$$Q = \frac{\omega_n}{\Delta\omega} = \frac{1}{2\zeta} \tag{1.2.45}$$

Q 인자는 공진 부근에서의 곡선의 예리한 정도를 나타내는 용어로서 그 값이 클수록 감쇠가 작아 공진 부근의 예리함이 커지는 것을 알 수 있다. 이와 관련하여 품질 인자(quality factor)라고도 하는데, 이에 대한 추가 설명은 부록 [A.2 감쇠비와 Q 인자]를 참고하기 바란다. 한편, 식 (1.2.45)에 의하면 Q

---

40) 3 dB 주파수 대역폭이라고도 한다. dB=10log$_{10}$(에너지)=10log$_{10}$(변위)^2=20log$_{10}$(변위)이므로, 에너지가 1/2이 되거나 변위가 $1/\sqrt{2}$ 이 되면 3 dB (≈ 10log$_{10}$(3))가 감소하는 것이다.

인자는 또한 $r=1$에서의 확대 계수(식 (1.2.34a))의 값과 같으므로, 감쇠가 작을 경우에는 확대 계수의 최대값을 나타낸다는 것을 알 수 있다.

참고로, 식 (1.2.42)에 의하면 $\omega_a\omega_b=\omega_n^2-\zeta^2\omega_n^2$의 관계식을 얻을 수 있고, 감쇠비가 작은 경우 $\omega_a\omega_b\simeq\omega_n^2$이 되어 근사적으로 고유 진동수 ω_n은 반 동력점 주파수 ω_a와 ω_b의 기하 평균($\omega_n=\sqrt{\omega_a\omega_b}$)이 됨을 알 수 있다. 이 관계식은 서로 다른 주파수 대역폭을 비교할 경우 각각의 대역폭의 크기를 무차원화하는데 사용되기도 한다(Yilmaz and Kikuchi, 2006).

공진 부근에서의 진동 현상을 보다 정확히 파악하기 위해서는 적절한 감쇠 모델의 선택이 중요하다. 관심 대상 진동계의 에너지 소산을 설명하기 위해 선택하는 감쇠 모델은 물리적 현상의 관찰 결과에 따라 정해질 수도 있으나, 단순히 수학적인 편의성을 위해 선택할 수도 있다. 그런데, 선정된 감쇠 모델이 비 점성 감쇠 모델일지라도 그 값이 어느 정도 작은 경우에는 등가의 점성 감쇠 값(등가 점성 감쇠)을 구하여 점성 감쇠 모델로 대체하여 사용하는 것이 가능하다. 특정 감쇠 기구의 등가 점성 값은 조화 가진에 의한 정상 상태 응답이 서로 같고, 한 주기 동안의 감쇠에 의한 에너지 소산이 같아야 한다는 가정에 의해 구할 수 있다.

만약, 감쇠력의 원인이 속도 비례 점성 감쇠가 아닌 비 점성 감쇠에 의한 것이라면, 일반적인 1 자유도 진동계의 미분 방정식은 식 (1.1.1)과 같이 나타낼 수 있다.

$$m\ddot{x}(t)+f_d(t)+kx(t)=f(t) \tag{1.1.1}$$

위 식에서 $f_d(t)$는 앞서 언급한 바와 같이 진동계의 에너지 소산에 관련된 일반적인 감쇠력을 나타낸다. 이 감쇠력에 의한 한 주기($T_0=2\pi/\omega$) 동안의 에너지 소산 $\triangle E$는 다음과 같이 표현할 수 있는데,

$$\triangle E=\oint f_d(t)dx=\int_0^{T_0} f_d(t)\dot{x}dt \tag{1.2.46}$$

점성 감쇠에 대해서는 정상 상태의 응답이 식 (1.2.9)로 표현되므로, 위 식에 $\dot{x}_p(t)=-\omega X_p\sin(\omega t-\phi)$와 $f_d(t)=c\dot{x}=-\omega cX_p\sin(\omega t-\phi)$를 대입한다. 따라서, 식의 적분 결과는 다음과 같으므로,

$$\begin{aligned}\triangle E&=\int_0^{T_0}\omega^2cX_p^2\sin^2(\omega t-\phi)dt=\omega^2cX_p^2\int_0^{T_0}\frac{1-\cos 2(\omega t-\phi)}{2}dt\\&=\omega^2cX_p^2\frac{T_0}{2}=\omega^2cX_p^2\frac{\pi}{\omega}=\pi\omega cX_p^2\end{aligned} \tag{1.2.47}$$

임의의 비 점성 감쇠를 갖는 진동계의 등가 점성 감쇠 계수 c_{eq}는 아래의 관계식에 의해 구할 수 있다.

$$\triangle E = \pi\omega c_{eq} X_p^2 \ (= \triangle E_d) \tag{1.2.48}$$

즉, 특정 비 점성 감쇠 기구에 의해 1 주기당 손실된 에너지 $\triangle E_d$를 구할 수 있다면, 위 식에 의해 비 점성 감쇠의 등가 점성 감쇠 계수는 다음과 같이 구할 수 있다.

$$c_{eq} = \frac{\triangle E_d}{\pi\omega X_p^2} \tag{1.2.49}$$

위 식에서 X_p는 비 점성 감쇠 진동계의 최대 변위가 되므로, 거꾸로 이렇게 구해진 c_{eq} 값을 갖는 점성 감쇠 진동계는 동일한 외력에 대해 비 점성 감쇠 진동계와 동일한 진폭 X_p 및 동일한 에너지 소산 값 $\triangle E$를 갖게 된다.

점성 감쇠 이외의 감쇠 및 등가 점성 감쇠 계수에 대해서 더욱 자세히 알고 싶다면, 부록 [A.3 감쇠의 종류 및 등가 점성 감쇠]를 참고하기 바란다.

예제 1.2.4

감쇠력이 $f_d(t) = jhx(t)$ (j: 허수 단위)로 표현되는 경우에 이 진동계의 등가 점성 감쇠 계수 c_{eq}를 구하여라.

풀이 및 설명

식 (1.1.1)에 주어진 형태의 감쇠력을 대입한 후, 복소수 지수법을 적용하여 가진력 $f(t) = F_o e^{j\omega t}$에 대한 응답의 크기 X_p를 구하면 다음과 같다.

$$(k - \omega^2 m + jh)\widetilde{X}_p = F_0 \rightarrow X_p = \frac{F_0}{\sqrt{(k-\omega^2 m)^2 + (h)^2}} \tag{1}$$

따라서, 식 (1.2.20)과 비교하면 $c_{eq} = h/\omega$임을 쉽게 확인할 수 있다. 이 결과에 의하면 한 주기 동안의 에너지 소산 $\triangle E_d$는 $\pi\omega c_{eq} X_p^2 = \pi h X_p^2$이 되며, 진동수에 무관한 양이 됨을 알 수 있다.

참고

이 예제에서 제시한 비 점성 감쇠를 구조 감쇠(structural damping)라고 한다. 이는 변위에 비례하면서 속도와 같은 위상을 나타내기 위해 복소수 단위 j를 사용한 것이다. 손실 계수(loss factor)로 정의되는 $\eta\ (= h/k)$를 이용하면 식 (1.1.1)은 다음과 같이 표현된다.

$$m\ddot{x}(t) + jhx(t) + kx(t) = m\ddot{x}(t) + k(1 + j\eta)x(t) = f(t) \tag{2}$$

따라서, 이 경우 강성이 복소수라고 가정하는 것과 동일하다(점탄성 재료 등의 강성은 복소수 탄성계수(이 경우 주파수의 함수)에 의해 계산된다). 점성 감쇠의 경우와 더불어 구조 감쇠인 경우의 주파수 응답 함수 특성 등에 대해서는 4장에서 다루게 된다.

1.2.5 기저의 가진(base excitation)에 의한 진동

울퉁불퉁한 노면 위를 운행하는 자동차, 지진에 의한 구조물의 진동 등은 기저의 진동에 의해 가진되는 경우의 대표적인 예이다. 그림 1.2.7은 이러한 기저 가진 되는 기계류 또는 구조물의 진동 특성을 알아볼 수 있는 가장 간단한 1 자유도 진동계를 나타낸다. 그림에서 기준 좌표계에 대한 기저 및 질량 m의 변위를 각각 $y(t)$ 및 $x(t)$라고 하면, 이 경우의 운동 방정식은 활용 목적에 따라 질량 m의 기저에 대한 상대 변위 $z(t)$ $(=x(t)-y(t))$, 또는 질량 m의 절대 변위 $x(t)$를 이용하여 각각 나타낼 수 있다.

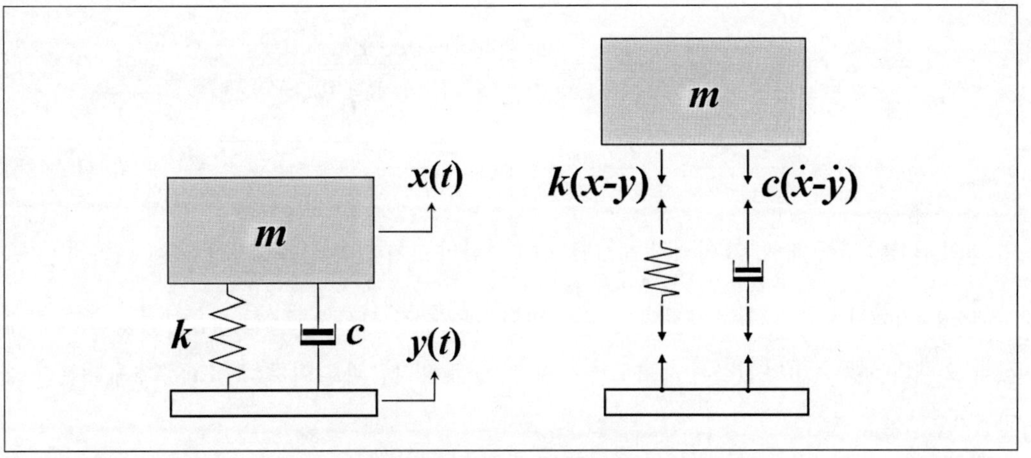

그림 1.2.7 질량(m)–감쇠(c)–스프링(k)으로 구성된 1 자유도 진동계의 기저 가진 모델 및 자유 물체도

① 상대 변위 $z(t)$ $(=x(t)-y(t))$에 의해 진동을 표현하는 경우

먼저 상대 변위 $z(t)$를 이용하여 보자. 이 경우는 상대 변위에 의한 스프링의 변형에 더욱 초점이 맞춰지므로 보통 탄성체의 변형을 고려할 때 사용된다. 그림 1.2.7의 우측 그림을 고려하면 운동 방정식은 우선 다음과 같이 나타낼 수 있는데,

$$m\ddot{x}(t)=-c(\dot{x}(t)-\dot{y}(t))-k(x(t)-y(t)) \tag{1.2.50a}$$

질량 m의 기저에 대한 상대 변위 $x(t)-y(t)$를 $z(t)$로 바꾸어 표현하면 위 식은 다음과 같이 표현할 수 있다.

$$m\ddot{z}(t)+c\dot{z}(t)+kz(t)=-m\ddot{y}(t) \tag{1.2.50b}$$

이제 복소수 지수법을 이용하면 기저의 조화 운동 $y(t)=Y\cos\omega t$는 $y(t)=Ye^{j\omega t}$로, 그리고 상대 변위는 $z(t)=\tilde{Z}e^{j\omega t}=Ze^{-j\phi}e^{j\omega t}$로 표현할 수 있다. 따라서, 이를 식 (1.2.50b)에 대입하면 다음과

같으므로

$$(k-\omega^2 m+j\omega c)\tilde{Z}=\omega^2 m Y \tag{1.2.51}$$

복소수 상대 변위 $\tilde{Z}$에 대해 다음의 식을 얻게 된다.

$$\tilde{Z}=\frac{\omega^2 m Y}{k-\omega^2 m+j\omega c}=\frac{r^2 Y}{1-r^2+j2\zeta r}=Ze^{-j\phi} \tag{1.2.52}$$

따라서, 위 식에 표현된 복소수 상대 변위 $\tilde{Z}$의 크기 $Z(=|\tilde{Z}|)$ 및 기저의 위상(여기서는 0으로 가정하였음)에 대한 상대적인 위상 지연 ϕ는 각각 아래와 같음을 알 수 있다.

$$Z=|\tilde{Z}|=\frac{\omega^2 m Y}{\sqrt{(k-\omega^2 m)^2+(\omega c)^2}}=\frac{r^2 Y}{\sqrt{(1-r^2)^2+(2\zeta r)^2}} \tag{1.2.53a}$$

$$\tan(-\phi)=\frac{-\omega c}{k-\omega^2 m}=\frac{-2\zeta r}{1-r^2}\rightarrow\phi=\tan^{-1}\left(\frac{\omega c}{k-\omega^2 m}\right)=\tan^{-1}\left(\frac{2\zeta r}{1-r^2}\right) \tag{1.2.53b}$$

몇 개의 감쇠비 값에 대해, 위 식에서 제시된 상대 변위의 크기 및 위상을 그림 1.2.8에 나타내었다.

이제 1.2.4절에서 살펴 본 외력 가진의 경우에서와 마찬가지로 식 (1.2.53a)를 이용하여 Z/Y의 최대값과 그 때의 진동수 비의 값을 구해보도록 하자. 이를 위해 다음과 같이 Z/Y를 r에 대해 미분한 결과를 0으로 놓으면,

$$\frac{\partial}{\partial r}\left(\frac{Z}{Y}\right)=\frac{\partial}{\partial r}\left(\frac{r^2}{\sqrt{(1-r^2)^2+(2\zeta r)^2}}\right)=0 \tag{1.2.54}$$

방정식 $1-r^2+2\zeta^2 r^2=0$을 얻게 되고 따라서 Z/Y가 최대가 되는 진동수 비는 다음과 같이 표현된다.

$$r=\frac{1}{\sqrt{1-2\zeta^2}} \tag{1.2.55}$$

위 식을 살펴보면, 외력 가진의 경우(식 (1.2.36))와 달리 $\sqrt{1-2\zeta^2}$ 가 분모에 위치하고 있음을 확인할 수 있다. 그렇지만, 감쇠비가 작은 경우에는 위 식의 값도 1로 간주할 수 있으므로, 역시 고유 진동수와 공진 주파수를 동일하게 다뤄도 문제 없다.

상대 변위 $Z(=|\tilde{Z}|)$의 최대값 $Z_{\max}$는 식 (1.2.55)를 식 (1.2.53a)에 대입하여 다음과 같이 구할 수 있다.

$$Z_{\max}=\frac{(1/(1-2\zeta^2))Y}{\sqrt{(1-1/(1-2\zeta^2))^2+4\zeta^2/(1-2\zeta^2)}}=\frac{Y}{2\zeta\sqrt{1-2\zeta^2}} \tag{1.2.56}$$

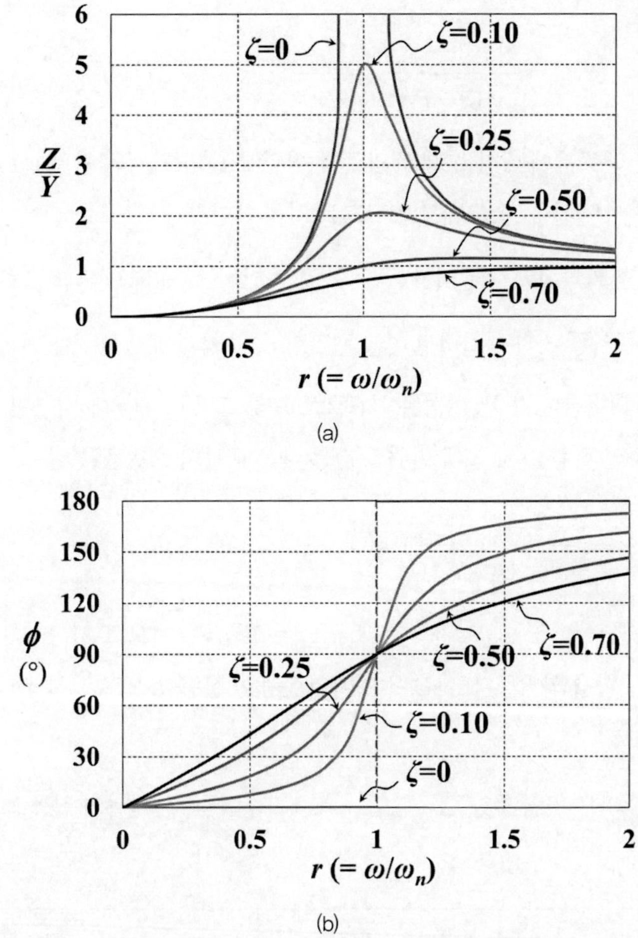

그림 1.2.8 기저 가진되는 1자유도 진동계(그림 1.2.7)의 상대 변위 (a) 크기 및 (b) 위상에 대한 주파수 응답

그림 1.2.8을 이용하여 기저 가진의 경우에 대한 응답(상대 변위)의 주파수 특성에 대해 좀더 살펴보도록 하자. 식 (1.2.53a)에 의하면 고유 진동수 ω_n 대비 매우 낮은 주파수 영역($\omega \ll \omega_n$, 즉 $r \ll 1$) 및 높은 영역($\omega \gg \omega_n$, 즉 $r \gg 1$)에서는 각각 다음과 같은 관계가 성립한다.

$$\lim_{r \to 0} \frac{r^2}{\sqrt{(1-r^2)^2 + (2\zeta r)^2}} = 0; \lim_{r \to \infty} \frac{r^2}{\sqrt{(1-r^2)^2 + (2\zeta r)^2}} = 1 \tag{1.2.57}$$

따라서, 고유 진동수 ω_n 대비 매우 낮은 주파수 영역($\omega \ll \omega_n$, 즉 $r \ll 1$)에서는 $\lim_{r \to 0} Z = 0$이 성립하고 이는 곧 $X - Y = 0$, 즉 $X = Y$가 됨을 의미한다. 또한, 식 (1.2.53b) 및 그림 1.2.8(b)에 의하면, $\lim_{r \to 0} \phi = 0^\circ$ 가 되므로, 이 주파수 영역에서 질량 m의 상대 변위 $z(t)$는 결국 다음과 같이 표현됨을

알 수 있다.

$$z(t)=\frac{r^2 Y}{\sqrt{(1-r^2)^2+(2\zeta r)^2}}\cos(\omega t-\phi)\approx 0 \tag{1.2.58}$$

위 식에 의하면 기준 좌표계에 대한 질량 m의 절대 변위 $x(t)$와 기저의 변위 $y(t)$가 같아지게 되는데 이는 기저의 운동이 질량 m에 그대로 전달되는 것을 의미한다.

한편, 식 (1.2.57)의 오른쪽 관계식에 의하면, 고유 진동수 ω_n 대비 매우 높은 주파수 영역($\omega \gg \omega_n$, 즉 $r \gg 1$)에서는 $\lim_{r\to\infty} Z = Y$가 성립하고 이는 곧 질량 m의 기저에 대한 상대 변위의 크기가 기저 변위의 크기와 같음을 의미한다. 또한, 위상은 식 (1.2.53b) 및 그림 1.2.8(b)에 의하면 180° 에 접근하게 되는데, 이를 이용하면 질량 m의 상대 변위 $z(t)$는 다음과 같이 표현됨을 알 수 있다.

$$z(t)=\frac{r^2 Y}{\sqrt{(1-r^2)^2+(2\zeta r)^2}}\cos(\omega t-\phi)\approx Y\cos(\omega t-\pi)=-Y\cos\omega t \tag{1.2.59}$$

즉, $z(t)=x(t)-y(t)=-Y\cos\omega t$가 되는데, $y(t)=Y\cos\omega t$이므로 $x(t)=0$이 되어 질량 m의 절대 변위가 0에 접근함을 의미한다. 이 경우 기저의 운동이 질량 m으로 전혀 전달되지 않는다고 볼 수 있다.[41)]

지금까지 살펴 본, 주파수 영역의 양쪽 극한 값($r \ll 1$ 또는 $r \gg 1$)에서의 진동 특성을 그림 1.2.9에 나타내었다.

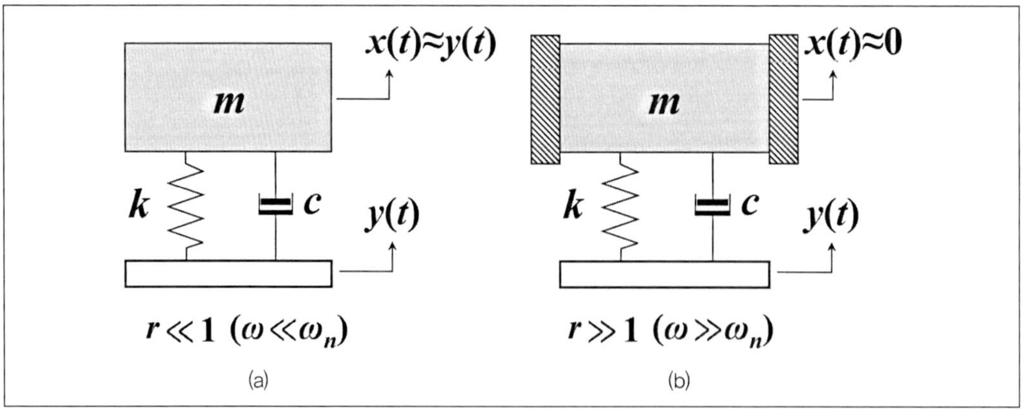

그림 1.2.9 기저 가진되는 1 자유도 진동계의 극한 상태: (a) 고유 진동수보다 매우 낮은 주파수 영역 및 (b) 고유 진동수 대비 매우 높은 주파수 영역에서의 거동

41) 그림 1.2.9를 참고하면, $\omega \ll \omega_n$ 에서는 마치 스프링의 강성이 무한대인 강체 운동을 하는 것으로, 그리고 $\omega \gg \omega_n$ 에서는 스프링의 강성이 '0'에 근접한 구조물로 간주할 수 있다.

② 절대 변위 $x(t)$에 의해 진동을 표현하는 경우

그림 1.2.7에 나타낸 기저 가진 진동계의 운동 방정식은 상대 변위 $z(t)$ (식 (1.2.50b))가 아닌 절대 변위 $x(t)$를 이용하여 표현할 수 있는데, 이 결과는 곧 다루게 될기저로부터의 진동 절연(vibration isolation)을 기술하는데 유용하게 사용된다. 이를 위해 식 (1.2.50a)는 다음과 같은 형태로 정리한다.

$$m\ddot{x}(t) + c\dot{x}(t) + kx(t) = ky(t) + c\dot{y}(t) \tag{1.2.60}$$

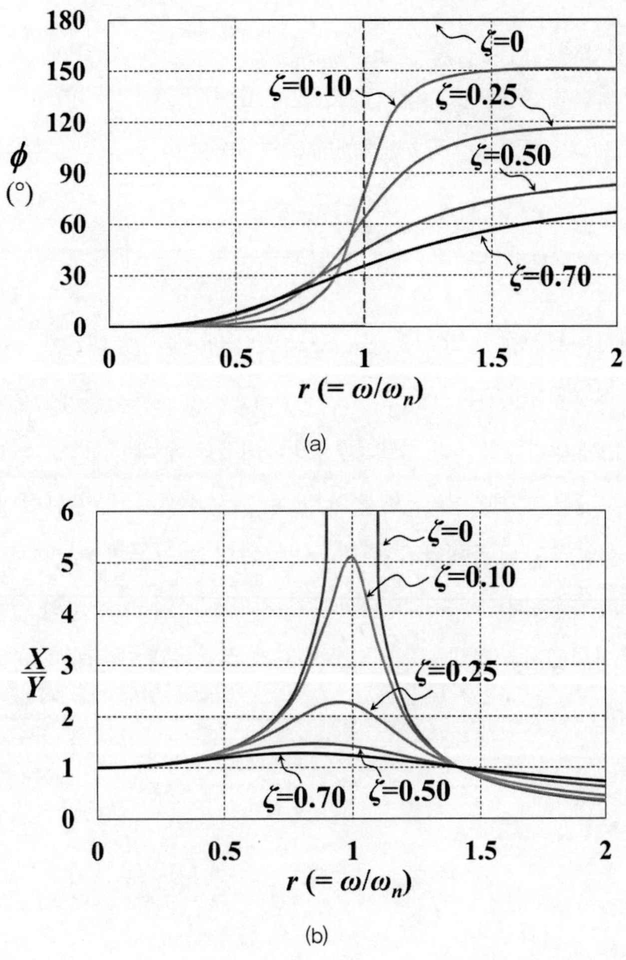

그림 1.2.10 그림 1.2.10 기저 가진되는 1 자유도 진동계(그림 1.2.7)의 절대 변위 (a) 크기 및 (b) 위상에 대한 주파수 응답

이제 기저 가진 $y(t) = Y\cos\omega t$에 대한 응답 $x(t) = X\cos(\omega t - \psi)$[42]를 구해보도록 하자. 이를 위해 복소수 지수법을 이용하면, 기저 가진 $y(t) = Ye^{j\omega t}$에 대한 응답은 $x(t) = \widetilde{X}e^{j\omega t} = Xe^{-j\psi}e^{j\omega t}$가 되므로, 식 (1.2.60)은 다음과 같이 표현된다.

$$(k - \omega^2 m + j\omega c)\widetilde{X} = (k + j\omega c)Y \tag{1.2.61}$$

따라서, 복소수 응답 $\widetilde{X}$ 및 이의 무차원화된 식은 아래와 같으므로,

$$\widetilde{X} = \frac{k + j\omega c}{k - \omega^2 m + j\omega c}Y = \frac{1 + j2\zeta r}{1 - r^2 + j2\zeta r}Y \tag{1.2.62}$$

이에 대한 크기 및 위상은 각각 다음과 같다.

$$X = |\widetilde{X}| = \frac{\sqrt{1 + (2\zeta r)^2}}{\sqrt{(1 - r^2)^2 + (2\zeta r)^2}}Y \tag{1.2.63a}$$

$$\psi = \psi_2 - \psi_1 = \tan^{-1}\left(\frac{2\zeta r^3}{1 - r^2 + (2\zeta r)^2}\right) \tag{1.2.63b}$$

위 식의 (1.2.63b)에서는 $\tan\psi_1 = 2\zeta r/1$, $\tan\psi_2 = 2\zeta r/(1 - r^2)$에 대해, $-\psi = \psi_1 - \psi_2$이므로, $\tan\psi = \tan(\psi_2 - \psi_1) = (\tan\psi_2 - \tan\psi_1)/(1 + \tan\psi_2\tan\psi_1)$의 관계식을 이용하였다. 위 식의 결과를 그림 1.2.10에 나타내었는데, 그림 1.2.8의 상대 변위에 대한 결과와는 다르게 고유 진동수 대비 주파수가 매우 낮은 대역에서는 X/Y의 값이 1로 수렴하는 것을 확인할 수 있다. 또한, $r = \sqrt{2}$일 때는 감쇠비의 값에 관계없이 $X/Y = 1$임을 알 수 있는데 이는 진동 절연, 즉 기저의 가진 변위보다 질량 m (진동계)의 변위가 작아지기 시작하는 주파수 비의 값을 의미한다. 결국, $r \gg \sqrt{2}$의 주파수 범위에서는 절대 변위의 값이 0으로 수렴하게 되는데, 이에 대해서는 뒤에서 자세히 살펴볼 것이다.

42) 여기서 구하는 응답은 상대 변위 $z(t)$가 아니고 절대 변위 $x(t)$이다. 기저 가진력에 대한 위상이 상대 변위에 대한 결과와 서로 다르므로 위상을 기호 ϕ 대신 ψ로 표현하였다.

보충설명 1.2.1 **기저 가진의 경우에 대한 절대 변위와 상대 변위**

운동 방정식을 식 (1.2.60)으로 정리하지 않고, 상대 변위에 대한 식 (1.2.53) 및 $z(t)=x(t)-y(t)$를 이용하여 절대 변위에 대한 주파수 응답 식을 구할 수 있다. 절대 변위 $x(t)=z(t)+y(t)$는 기저의 조화운동 $y(t)=Y\cos\omega t$에 대해 다음과 같이 표현된다.

$$\begin{aligned} x(t) &= Z\cos(\omega t-\phi)+Y\cos\omega t \\ &= Z(\cos\omega t\cos\phi+\sin\omega t\sin\phi)+Y\cos\omega t \\ &= Z\sin\phi\sin\omega t+(Z\cos\phi+Y)\cos\omega t \\ &= \sqrt{Z^2\sin^2\phi+(Z\cos\phi+Y)^2}\cos(\omega t-\beta) \end{aligned} \tag{1}$$

위 식에서 β는 다음과 같고,

$$\tan\beta=\frac{Z\sin\phi}{Z\cos\phi+Y} \tag{2}$$

위상각 ϕ는 식 (1.2.53b)에 표현된 바와 같다. 따라서, $\sin\phi$와 $\cos\phi$는 다음과 같으므로,

$$\sin\phi=\frac{2\zeta r}{\sqrt{(1-r^2)^2+(2\zeta r)^2}},\ \cos\phi=\frac{1-r^2}{\sqrt{(1-r^2)^2+(2\zeta r)^2}} \tag{3}$$

이를 식 (1)에 대입하여 정리하면 다음의 식을 얻게 된다.

$$x(t)=\frac{\sqrt{1+(2\zeta r)^2}}{\sqrt{(1-r^2)^2+(2\zeta r)^2}}Y\cos(\omega t-\beta) \tag{4}$$

위 식에서 위상 β는 식 (2)에 식 (3) 및 (1.2.53a)를 대입하면 다음과 같음을 알 수 있는데,

$$\begin{aligned} \tan\beta &= \frac{Z\dfrac{2\zeta r}{\sqrt{(1-r^2)^2+(2\zeta r)^2}}}{Z\dfrac{1-r^2}{\sqrt{(1-r^2)^2+(2\zeta r)^2}}+Y} \\ &= \frac{\dfrac{r^2Y}{\sqrt{(1-r^2)^2+(2\zeta r)^2}}\dfrac{2\zeta r}{\sqrt{(1-r^2)^2+(2\zeta r)^2}}}{\dfrac{r^2Y}{\sqrt{(1-r^2)^2+(2\zeta r)^2}}\dfrac{1-r^2}{\sqrt{(1-r^2)^2+(2\zeta r)^2}}+Y}=\frac{2\zeta r^3}{1-r^2+(2\zeta r)^2} \end{aligned} \tag{5}$$

위 식으로부터 위상 β는 곧 식 (1.2.63b)의 ψ와 같음을 알 수 있다.

1.2.6 진동 절연

진동이 언제나 우리에게 불편함만 주는 것은 아니어도 대부분의 진동은 우리가 원하지 않는 현상으로서 억제 및 방지의 대상이다. 우리가 진동 현상에 대한 이해도를 높이기 위해 진동학에 대해 공부를 하는 이유도 결국 대부분은 피해로 인식되는 진동의 원인을 파악하고 그것을 제거하거나 최대한 줄이고자 함이다.

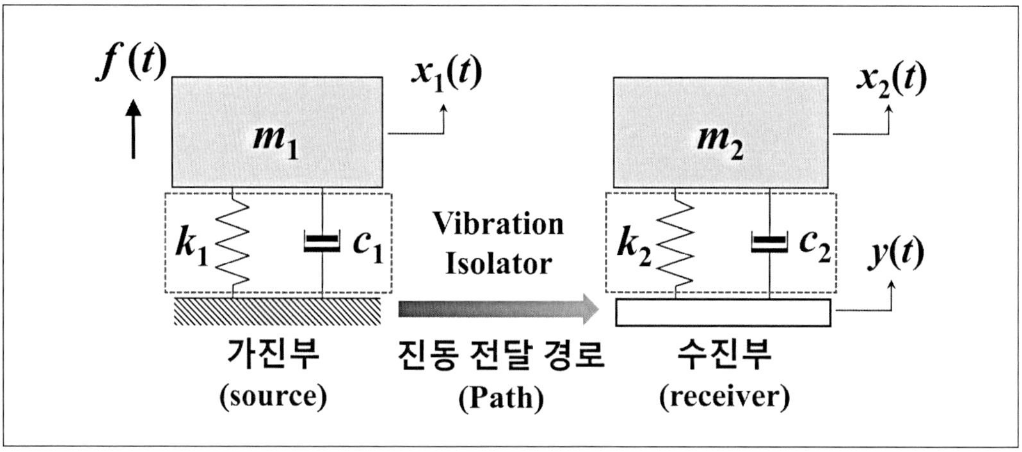

그림 1.2.11 가진부, 수진부 및 진동 전달 경로의 개념

그림 1.2.11은 기계류(machinery)의 진동 등 진동의 원인을 제공하는 가진부(vibration source), 최대한 진동이 없는 환경에서 사용하고자 하는 장치나 장비에 해당하는 수진부(vibration receiver), 그리고 둘 사이의 진동 경로(transmission path)를 나타내고 있다. 제일 최상의 선택은 가진부에서 진동의 원인을 제거하거나 또는 진동 경로를 차단하는 것이지만 현실적으로 불가능한 경우도 많다. 여기에서는 진동 전달(transmission), 절연(isolation)과 관련하여 힘 전달계수(force transmissibility) 그리고, 변위 전달계수(displacement transmissibility)라는 용어에 대해 알아보도록 하자. 이를 위해 그림 1.2.11의 가진부 및 수진부를 나타내는 등가의 1 자유도 진동계 모델을 이용하도록 한다.

1 힘 전달 계수(force transmissibility)[43)]

그림 1.2.11의 좌측 그림은 기계류(m_1)등의 작동에 의해 진동을 발생시키는 가진부를 나타내고 있다. 이 때 기계류가 설치된 바닥 기초에 진동에 의해 전달되는 힘을 감소시키기 위해 감쇠(c_1)와 스프링(k_1)으로 간략히 표현된 탄성 절연 구조물 또는 진동 절연 장치(vibration isolator)를 설치한다. 우리가 알아보고자 하는 것은 외부 가진 주파수에 따른 가진력 $f(t)$ 대비 바닥 기초로의 전달력 $f_T(t)$의

43) 힘 또는 변위 전달계수를 통칭하여 TR이라고 표현하기도 한다.

특성이다. 가진부 측면에서는 바닥 기초로 전달되는 힘이 작으면 작을수록 좋을 것이다.

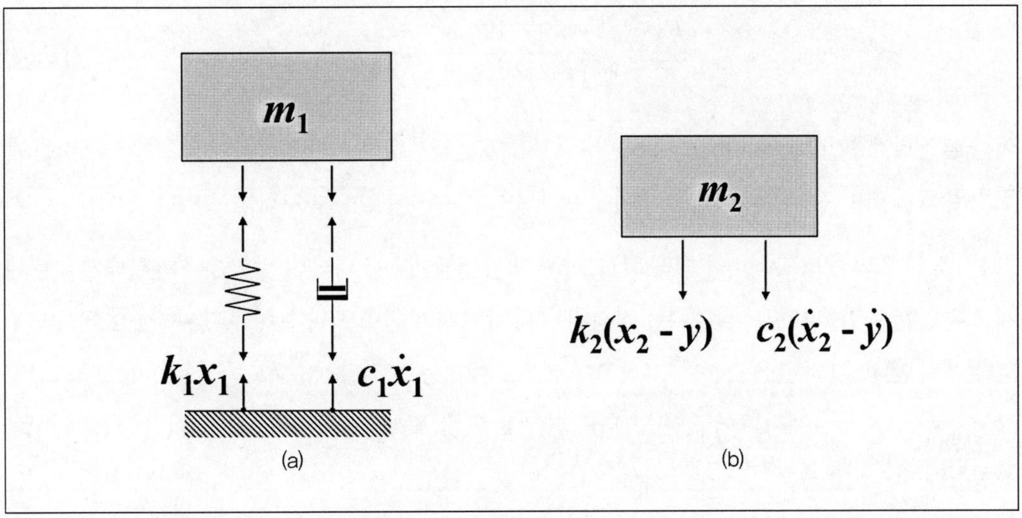

그림 1.2.12 (a) 가진부의 1 자유도 진동계가 바닥 기초에 작용하는 힘 및
(b) 수진부에 작용하는 외력에 대한 자유 물체도

그림 1.2.12(a)에서 구조물 m_1의 진동에 의해 바닥 기초에 전달되는 힘(전달력) $f_T(t)$는 다음과 같이 표현되고,

$$f_T(t) = c_1 \dot{x}_1(t) + k_1 x_1(t) \tag{1.2.64}$$

구조물 m_1에 가해지는 조화 가진력 $f(t) = F_0 e^{j\omega t}$에 대한 정상 상태 응답은 $x_1(t) = \widetilde{X}_1 e^{j\omega t}$이므로, 이를 이용하여 위 식을 아래와 같이 표현할 수 있다.

$$f_T(t) = (j\omega c_1 + k_1)\widetilde{X}_1 e^{j\omega t} = \widetilde{F}_T e^{j\omega t} \tag{1.2.65}$$

따라서, 위 식의 $\widetilde{X}_1$에 식 (1.2.33)을 대입하면 전달력은 아래와 같은 식으로 표현되고,

$$\widetilde{F}_T = (j\omega c_1 + k_1)\widetilde{X}_1 = (j\omega c_1 + k_1)\frac{F/k_1}{1 - r^2 + j2\zeta_1 r} \tag{1.2.66}$$

그 크기는 다음과 같다.

$$\begin{aligned} F_T = \left|\widetilde{F}_T\right| &= \sqrt{(\omega c_1)^2 + k_1^2}\,\frac{F/k_1}{\sqrt{(1-r^2)^2 + (2\zeta_1 r)^2}} \\ &= \frac{F\sqrt{(2\zeta_1 r)^2 + 1}}{\sqrt{(1-r^2)^2 + (2\zeta_1 r)^2}} \end{aligned} \tag{1.2.67}$$

따라서, F_T/F는 다음과 같이 정리할 수 있는데,

$$\frac{F_T}{F} = \sqrt{\frac{1+(2\zeta_1 r)^2}{(1-r^2)^2+(2\zeta_1 r)^2}} \tag{1.2.68}$$

이를 힘 전달계수(force transmissibility)라고 한다. 힘 전달계수는 조화 진동하는 물체에 가해지는 가진력의 크기 대비 전달력의 크기를 주파수 비(또는, 주파수)의 함수로 나타낸 것이다.

그림 1.2.13에 몇 개의 감쇠비에 대해 식 (1.2.68)의 힘 전달계수를 나타내었다. 우측의 확대된 그림에서도 확인할 수 있듯이 힘 전달계수는 감쇠비 ζ_1의 값에 관계 없이 주파수 비의 값 $r=\sqrt{2}$ 에서 모두 한 점에서 만나고 1의 값을 갖는다. 그리고, $r<\sqrt{2}$ 에서는 힘 전달계수 F_T/F의 값이 1보다 크지만 $(F_T>F)$, $r>\sqrt{2}$ 에서는 이 값이 1보다 작다$(F_T<F)$. 또한, 진동계의 응답 특성(그림 1.2.4(a))과 동일하게 힘 전달계수도 공진 부근에서는 감쇠비의 값이 클수록 작아지는 특성이 있지만, $r>\sqrt{2}$의 주파수 영역에서는 오히려 감쇠비가 작을수록 그 값이 작아지는 특성이 있다. 이에 의하면, 일반적으로 일정 속도로 운전되는 장비의 진동 절연을 위해서는 k_1의 값을 조절하여 $r>\sqrt{2}$ 를 유지하되, 공진 부근에서의 특성도 함께 고려하여 감쇠 c_1의 값을 적절히 선택하여야 함을 알 수 있다.

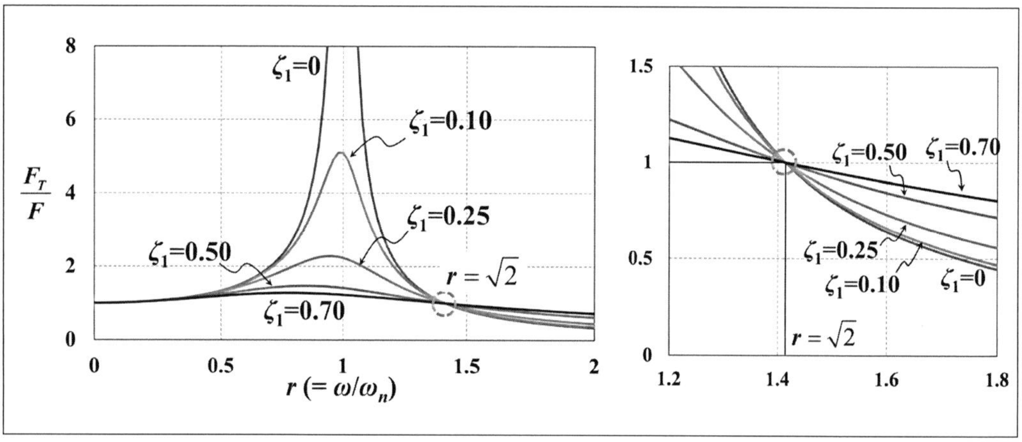

그림 1.2.13 외력 가진의 경우, 감쇠비(ζ_1) 및 주파수 비(r)에 따른 힘 전달계수(식 (1.2.68))의 변화: 곧 설명될 변위 전달계수(식 (1.2.73))와 그 특성이 동일하다.

한편, 식 (1.2.68)을 이용하면 전달력의 감소량은 다음과 같이 나타낼 수 있는데,

$$\frac{F-F_T}{F} = 1-\frac{F_T}{F} = 1-\sqrt{\frac{1+(2\zeta_1 r)^2}{(1-r^2)^2+(2\zeta_1 r)^2}} \tag{1.2.69}$$

감쇠비가 매우 작고, r의 값이 충분히 크다면(절연 주파수 영역) 아래와 같이 근사화 할 수 있다[44].

$$\frac{F-F_T}{F} \approx 1-\frac{1}{r^2-1}=\frac{r^2-2}{r^2-1} \tag{1.2.70}$$

예제 1.2.5

50 kg의 에어컨 실외기의 팬(fan)이 1,000 rpm으로 작동하고 있으며, 이 실외기는 4개의 탄성 구조물로 지지되어 있다. 팬의 회전에서 기인한 수직 방향 불평형력 성분 중 10%만이 바닥으로 전달되도록 탄성 절연 구조물 1개의 스프링 강성을 구하여라. 탄성 절연 구조물의 감쇠비는 무시할 수 있을 정도로 매우 작다고 한다.

풀이 및 설명

1개의 탄성 절연 구조물의 강성을 k라고 하면, $\omega_n = \sqrt{4k/50}$ 이고, $F_T/F=0.1$, $\omega=1000\times 2\pi/60 \approx 104.72$(rad/s)이므로, 이를 식 (1.2.68)에 대입하면 다음과 같다.

$$0.1=\sqrt{\frac{1}{(1-r^2)^2}} \rightarrow 0.01=\frac{1}{(1-50\times 104.72^2/(4k))^2} \tag{1}$$

$$1-50\times 104.72^2/(4k)=-10 \rightarrow k=12461.6 \text{ (N/m)}$$

참고로, 위에서 계산된 강성을 이용하면 주파수 비의 값은 $r \approx 3.32$가 된다.

② 변위 전달 계수(displacement transmissibility)

그림 1.2.11의 수진부에서는 진동하는 바닥 기초(기저)에 설치된 장치 또는 장비(m_2)에 어느 정도의 진동이 유입되는가에 관심이 있다. 따라서, 수진부에서는 진동하는 바닥 기초의 변위 대비 질량 m_2의 변위를 변위 전달 계수로 정의하여 사용한다.

그림 1.2.12(b)의 자유 물체도를 참고하여, 그림 1.2.11의 수진부에 대한 운동 방정식을 구하면 다음과 같다[45].

$$m_2\ddot{x}_2(t)+c_2\dot{x}_2(t)+k_2x_2(t)=c_2\dot{y}(t)+k_2y(t) \tag{1.2.71}$$

---

44) 식 (1.2.70)에 $r^2=\omega^2/\omega_n^2$ 및 $\omega_n^2=k_1/m_1=(m_1g/\delta_{st})/m_1=g/\delta_{st}$를 대입하면, 아래와 같은 실용적인 관계식을 얻게 된다(g: 중력가속도($=9.81\text{ m/s}^2$), δ_{st}: 질량 m_1으로 인한 스프링 k_1의 정적 처짐).

$$\frac{F-F_T}{F}\approx\frac{(\omega/\omega_n)^2-2}{(\omega/\omega_n)^2-1}=\frac{\omega^2\delta_{st}-2g}{\omega^2\delta_{st}-g}$$

45) 일반적으로, 기저가 진동하는 경우 기저의 변위 대비 구조물의 상대 변위로 표현된 운동 방정식을 주로 사용하는데(1.2.5 참고), 변위 전달 계수를 표현할 때는 구조물의 변위를 절대 좌표계(고정 기준 좌표계)에서 고려한다.

따라서, 조화 운동하는 기저의 변위 $y(t) = Ye^{j\omega t}$에 대한 질량 m_2의 정상 상태 응답 $x_2(t) = \widetilde{X}_2 e^{j\omega t}$를 가정하면, 위 식은 다음과 같으므로,

$$\left(-\omega^2 m_2 + j\omega c_2 + k_2\right)\widetilde{X}_2 = \left(j\omega c_2 + k_2\right)Y \tag{1.2.72}$$

기저의 변위 대비 질량 m_2의 변위의 크기의 비는 아래와 같이 나타낼 수 있다.

$$\frac{X_2}{Y} = \frac{\left|\widetilde{X}_2\right|}{Y} = \sqrt{\frac{k_2^2 + (\omega c_2)^2}{\left(k_2 - \omega^2 m_2\right)^2 + (\omega c_2)^2}} = \sqrt{\frac{1 + (2\zeta_2 r)^2}{(1 - r^2)^2 + (2\zeta_2 r)^2}} \tag{1.2.73}$$

위 식에서 정의된 X_2/Y를 변위 전달계수(displacement transmissibility)라고 한다. 그런데, 이 식은 식 (1.2.68)에 나타낸 가진부의 힘 전달 계수와 그 형태가 같다. 따라서, 감쇠비 및 주파수에 따른 특성 역시 그림 1.2.13을 참고하도록 하자. 따라서, $r > \sqrt{2}$의 진동 절연 주파수 대역에서는 기저의 가진 변위보다 질량 m_2의 변위는 항상 작게 되고, 감쇠가 작을수록 진동 절연 효과는 더욱 커지므로, 이러한 상황들을 고려하여 k_2와 c_2의 값을 선정하면 된다.

한편, 기저의 진동으로 인해 가진되는 수진부에서는 변위 전달 계수뿐만 아니라 힘 전달계수의 정의도 가능하다. 그림 1.2.12(b)에 의하면 장치 또는 장비에 전달되는 힘 $f_T(t)$는 다음과 같이 표현된다.

$$\begin{aligned} f_T(t) &= \widetilde{F}_T e^{j\omega t} = c_2\left(\dot{x}_2(t) - \dot{y}(t)\right) + k_2\left(x_2(t) - y(t)\right) \\ &= -m_2 \ddot{x}_2(t) = \omega^2 m_2 \widetilde{X}_2 e^{j\omega t} \end{aligned} \tag{1.2.74}$$

따라서, 전달력의 크기 $F_T = \left|\widetilde{F}_T\right|$는 위 식에 식 (1.2.73)을 대입하면 아래와 같이 구해진다.

$$\begin{aligned} F_T &= \omega^2 m_2 \left|\widetilde{X}_2\right| = \omega^2 m_2 Y \sqrt{\frac{1 + (2\zeta_2 r)^2}{(1 - r^2)^2 + (2\zeta_2 r)^2}} \\ &= \omega_n^2 m_2 r^2 Y \sqrt{\frac{1 + (2\zeta_2 r)^2}{(1 - r^2)^2 + (2\zeta_2 r)^2}} = k_2 Y r^2 \sqrt{\frac{1 + (2\zeta_2 r)^2}{(1 - r^2)^2 + (2\zeta_2 r)^2}} \end{aligned} \tag{1.2.75}$$

또한, 식 (1.2.74)에 의하면 $\widetilde{F}_T = \omega^2 m_2 \widetilde{X}_2$이므로, 전달력의 위상은 질량 m_2의 변위의 위상과 같음을 알 수 있다.

한편, 식 (1.2.75)를 이용하면, 기저의 진동으로 인해 가진되는 수진부의 힘 전달계수를 다음과 같이 정의할 수 있는데,

$$\frac{F_T}{k_2 Y} = r^2 \sqrt{\frac{1 + (2\zeta_2 r)^2}{(1 - r^2)^2 + (2\zeta_2 r)^2}} \tag{1.2.76}$$

이 무차원 관계식은 기저의 진동 변위에 의해 장치 또는 장비로 전달되는 힘의 비를 의미한다. 위 식에서 정의된 힘 전달계수는 식 (1.2.68) 또는 (1.2.73)에서와 같이 감쇠비의 값에 관계 없이 $r = \sqrt{2}$ 에서 동일한 값을 갖지만, 이번에는 2의 값을 갖는다. 그리고, $r > \sqrt{2}$ 의 주파수 영역에서는 감쇠비가 커질수록 힘 전달 계수가 커지고, 감쇠비의 값이 큰 경우에는 r의 값이 커질수록 힘 전달계수도 계속 증가한다.

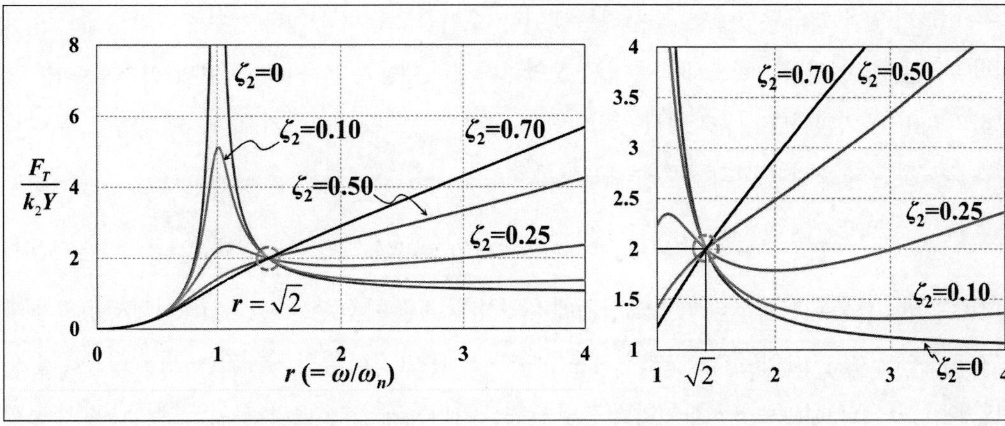

그림 1.2.14 기저에 의한 가진의 경우, 감쇠비(ζ) 및 주파수 비(r)에 따른 힘 전달 계수(식 (1.2.76))의 변화(오른쪽 그림은 왼쪽의 그림의 확대)

1.3. 일반적인 외력에 의한 강제 진동-1 자유도계

외력에 의해 가진되는 1 자유도 진동계는 식 (1.1.2)로 표현이 되는데, 식 (1.2.1)로 표현되는 조화 가진에 대해서는 일반해의 구성 성분으로서 자유 진동 해와 강제 진동 해를 이미 앞에서 구해보았다. 또한, 조화 가진의 강제 진동 해, 즉 정상 상태 응답에 대해서는 복소수 지수법을 이용하여 효과적으로 주파수 응답 및 위상 정보를 구할 수 있었다. 그렇다면, 가진력이 사인 또는 코사인 등의 주기 함수가 아닌 일반적인 형태로 표현될 때 그 해는 어떻게 구할 수 있을까? 이는 진동계의 과도(transient) 진동[46] 응답 또는 충격 스펙트럼(shock spectrum)을 구하기 위해 필요하다.

여기서는 우선 단위 임펄스(충격량)(unit impulse)에 의한 응답을 살펴본 후, 합성 곱적분(convolution integral)을 이용하여 일반적인 형태의 외력에 대한 응답을 구하는 방법을 알아보도록 하겠다. 단위

46) 시간 t에서의 진동의 진폭과 진동수가 주기(T)의 정수배($t+nT$) 시간이 지난 후에도 변하지 않는다면 이를 정상 상태의 진동이라고 하는 반면, 진폭 또는 진동수 어느 것이라도 변한다면 이를 과도 진동이라고 한다.

임펄스에 의한 응답은 단위 임펄스 응답(unit impulse response)이라는 명칭이 별도로 있을 만큼 매우 중요한 개념이다.

1.3.1 단위 임펄스 응답(unit impulse response)

명칭이 내용을 더 어렵게 보이게 한다. 수학적으로는 식 (1.1.2)의 우변에 디랙 델타(Dirac delta)함수[47] $\delta(t)$가 있을 때의 응답 $x(t)$를 구하는 것이다. 수학적으로 디랙 델타 함수는 여러 방법으로 정의할 수 있는데, 여기서는 별도로 다루지 않겠으니 자세한 내용은 부록 [A.4 단위 임펄스 함수]를 참고하기 바란다. 역학이나 진동학에서는 집중 또는 충격 하중을 모델링하기 위해 사용되는데, 우리가 원래 의도하던 대로 다음 식의 해를 구해보도록 하자.

$$m\ddot{x}(t) + c\dot{x}(t) + kx(t) = \delta(t) \tag{1.3.1}$$

먼저, 위 식에 사용된 디랙 델타 함수의 단위에 유의하자. 지금 이 함수는 시간 축에 대해서 정의가 되었기 때문에 단위는 1/s이 된다. 그래서, 매우 짧은 시간 간격(Δt) 동안 가해지는 힘($f(t)$ (N))을 표현할 때, $(f(t)\Delta t)\delta(t)$로 표시하여야만 힘의 단위를 나타내게 된다. 따라서, 위 식에서와 같이 충격력(impulsive force)을 나타낼 때 쓰이는 $\delta(t)$는 엄밀하게 $1 \times \delta(t)$로 간주하여야 하고, 이 때 $\delta(t)$ 앞의 1은 힘의 크기를 나타내는 1 (N)이 아니고 충격량을 나타내는 1 (N·s)이므로 이를 단위 임펄스 함수라고도 하는 것이다.

가진력으로서의 단위 임펄스(디랙 델타) 함수에 대한 응답은 초기 조건을 갖는 자유 진동 방정식으로 변환하여 해를 구한다. 즉, 단위 임펄스 함수의 영향이 초기 조건으로 바뀌는 것이다. 이를 위해 단위 임펄스가 가해지기 직전의 시간을 $t=0^-$, 직후의 시간을 $t=0^+$으로 두고 각각의 운동 상태를 알아보도록 하자[48]. $t=0^-$에서는 외부로부터의 영향이 전혀 없으므로 진동계에 초기 조건이 있었던 상태가 아니라면 변위와 속도에 대해 $x(0^-)=0$, $\dot{x}(0^-)=0$의 관계가 성립한다. 그런데, 단위 임펄스가 가해진 직후의 조건 $x(0^+)$ 및 $\dot{x}(0^+)$는 각각 다음과 같이 구해진다.

$$x(0^+) - x(0^-) = \int_{0^-}^{0^+} \dot{x}(t)dt = \dot{x}(c) \cdot \epsilon \approx 0 \rightarrow x(0^+) = 0 \tag{1.3.2a}$$

$$m\dot{x}(0^+) - m\dot{x}(0^-) = \int_{0^-}^{0^+} f(t)dt = \int_{0^-}^{0^+} \delta(t)dt = 1 \rightarrow \dot{x}(0^+) = \frac{1}{m} \tag{1.3.2b}$$

---

47) 디랙 델타(Dirac delta) 함수 또는 단위 임펄스 함수(unit impulse function)라고 부른다.

48) 임펄스 함수가 입력으로 주어진 경우, 초기($t=0^-$) 정적 상태의 진동계는 $t=0$에서 순간적으로 에너지를 입력 받아 $t=0^+$에서 어떤 값을 갖게 된다. 이 경우 $t=0$일 때 작용하는 임펄스 함수의 영향으로 인해 해는 $t=0$에서 불연속(finite discontinuity)이 된다.

식 (1.3.2a)에서 적분값의 평균정리(mean value theorem)을 이용하여 기호 c는 구간 $[0^-, 0^+]$에 속한 상수이며, ϵ은 구간의 크기가 되는 매우 작은 수를 의미한다. 식 (1.3.2b)에서는 동역학에서 배우는 선형 충격량-운동량의 원리(principle of linear impulse and momentum)로서 충격량은 운동량의 변화량과 같다는 사실을 적용하였다. 이를 통해 우리는 초기 조건 $x(0^-)=0, \dot{x}(0^-)=0$인 단위 임펄스가 가해지는 진동계의 응답을 초기 조건 $x(0^+)=0, \dot{x}(0^+)=1/m$인 자유 진동계의 응답을 구하는 문제로 변형한 것이다.

$$\begin{aligned} &m\ddot{x}(t)+c\dot{x}(t)+kx(t)=\delta(t) \\ &x(0^-)=0,\ \dot{x}(0^-)=0 \end{aligned} \quad \Rightarrow \quad \begin{aligned} &m\ddot{x}(t)+c\dot{x}(t)+kx(t)=0 \\ &x(0^+)=0,\ \dot{x}(0^+)=\frac{1}{m} \end{aligned} \tag{1.3.3}$$

따라서, 식 (1.1.13)을 이용하여 식 (1.3.3) (오른쪽 식)의 초기 조건을 대입하면 아래와 같으므로,

$$x(0^+)=A_2=0 \leftarrow x(t)=e^{-\zeta\omega_n t}(A_1\sin\omega_d t + A_2\cos\omega_d t) \tag{1.3.4a}$$

$$\dot{x}(0^+)=\omega_d A_1=\frac{1}{m} \leftarrow \dot{x}(t)=-\zeta\omega_n e^{-\zeta\omega_n t}(A_1\sin\omega_d t)+e^{-\zeta\omega_n t}(\omega_d A_1\cos\omega_d t) \tag{1.3.4b}$$

해 $x(t)$는 다음과 같이 구해진다.

$$x(t)=h(t)=\frac{1}{\omega_d m}e^{-\zeta\omega_n t}\sin\omega_d t \ \ (t \geq 0^+ \text{ 또는 } t>0) \tag{1.3.5}$$

위 식의 해는 단위 임펄스에 의한 응답이므로 단위 임펄스 응답 함수(IRF: impulse response function)라는 이름이 붙여졌으며, 이를 특히 $h(t)$로 나타낸다[49].

만약, 단위 임펄스 함수가 시간 지연 τ를 갖고 입력될 때($f(t)=\delta(t-\tau)$) 이에 대한 선형 진동계의 응답 $x(t)$ 역시 동일한 시간 τ만큼 지연되어 $h(t-\tau)$가 될 것이다. 또한, 충격량의 크기가 1이 아닌 $\hat{F}$ (N·s) 이라면($f(t)=\hat{F}\delta(t)$) 선형 진동계에 대해서는 그 응답 $x(t)$는 입력 크기에 비례하여 $\hat{F}h(t)$가 된다. 이 개념은 다음에 우리가 살펴 볼 내용인 일반적인 외력에 의한 응답을 구할 때 활용된다. 참고로, 1 자유도 진동계의 임펄스 응답에서와 같이 우변에 임펄스 함수를 갖는 일반적인 미분 방정식의 해법에 대해서는 부록의 [A.5 우변에 임펄스 함수를 갖는 미분 방정식의 풀이]를 참고하기 바란다.

49) 제2장의 푸리에 해석 또는 부록 A.6의 식 (A.6.41)에 나타낸 바와 같이, 단위 임펄스 함수 $h(t)$의 푸리에 변환은 식 (1.2.24)에서 살펴 본 주파수 응답 함수가 된다.

예제 1.3.1

진동계의 모드 특성(고유 진동수 및 고유모드[50]) 등)을 측정하기 위해서는 진동계를 가진 시켜야 하는데, 이 때 힘 센서(force sensor)가 내장된 충격 해머(impact hammer)를 많이 사용한다. 그런데, 실험에 능숙하지 않거나 부주의하게 가진을 하게 될 때 종종 이중 가진(double hit)을 하게 된다. 이중 가진력 $f(t)$를 다음과 같이 나타낼 수 있을 때의 응답을 구하고, 원래 제대로 된 가진력 $f_1(t)$에 대한 응답과 비교하시오.

$$f(t) = f_1(t) + f_2(t) = 0.2\delta(t) + 0.1\delta(t-0.5)$$

단, 측정 대상 진동계는 1 자유도계이고 m =2 kg, c =0.6 N·s/m, k =4.5 N/m이라고 가정하자.

풀이 및 설명

선형 진동계이므로 식 (1.3.5)를 이용하여 각각의 임펄스에 대한 응답을 구한 후 이를 더하면 우리가 원하는 해를 얻게 된다.

먼저, 식 (1.3.5)를 적용하기 위해 감쇠비 ζ, 비 감쇠 고유 진동수 ω_n (rad/s), 감쇠 고유 진동수 ω_d (rad/s)를 구하면 각각 다음과 같다.

$$\zeta = \frac{c}{2\sqrt{mk}} = \frac{0.6}{2\sqrt{9}} = 0.1,\ \omega_n = \sqrt{\frac{k}{m}} = \sqrt{\frac{4.5}{2}} = 1.5 \text{ (rad/s)} \tag{1}$$

$$\omega_d = \omega_n\sqrt{1-\zeta^2} = \sqrt{2.25}\sqrt{1-0.1^2} \approx 1.4925$$

(a) $f(t) = f_1(t) = 0.2\delta(t)$에 대한 응답

$$x_1(t) = \frac{0.2}{1.4925 \times 2} e^{-0.1\times 1.5t} \sin 1.4925t \tag{2}$$

(b) $f(t) = f_2(t) = 0.1\delta(t-0.5)$에 대한 응답

$$x_2(t) = \frac{0.1}{1.4925 \times 2} e^{-0.1\times 1.5(t-0.5)} \sin 1.4925(t-0.5) \tag{3}$$

따라서, 문제에서 구하고자 해는 다음과 같이 표현된다.

$(0 < t \le 0.5)$

$$x(t) = x_1(t) = \frac{0.2}{1.4925 \times 2} e^{-0.1\times 1.5t} \sin 1.4925t \tag{4}$$

$(t \ge 0.5)$

$$\begin{aligned} x(t) = x_1(t) + x_2(t) &= \frac{0.2}{1.4925 \times 2} e^{-0.1\times 1.5t} \sin 1.4925t \\ &+ \frac{0.1}{1.4925 \times 2} e^{-0.1\times 1.5(t-0.5)} \sin 1.4925(t-0.5) \end{aligned} \tag{5}$$

50) 고유 모드는 2 자유도 이상의 진동계부터 의미가 있다. 뒤에서 곧 다루게 될 내용이다.

그림 1.3.1에 식 (4) 및 (5)에 나타낸 응답 $x_1(t)$과 $x(t)=x_1(t)+x_2(t)$를 각각 나타내었다. 실선으로 표현된 부분이 원래 요구되는, 충격력 $0.2\delta(t)$에 의한 응답을 나타내며, 점선으로 표현된 이중 가진 $0.2\delta(t)+0.1\delta(t-0.5)$에 의한 응답 곡선에서는 두 번째 임펄스가 입력되는 0.5초에서 응답이 급격히 증가하는 것을 확인할 수 있다.

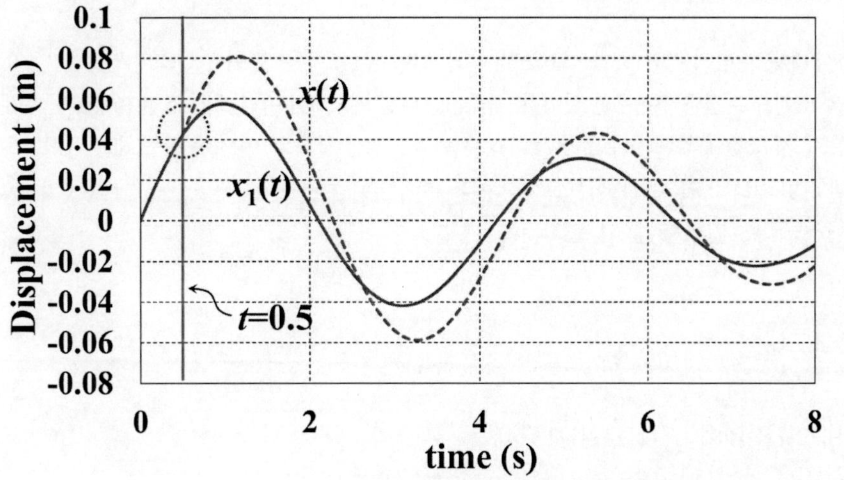

그림 1.3.1 (예제 1.3.1) 충격 해머의 이중 가진에 의한 임펄스 응답

예제 1.3.2

식 (1.3.5)는 초기 조건이 0 ($x(0^-)=0,\ \dot{x}(0^-)=0$)인 경우의 단위 임펄스 응답을 나타낸다. 초기 조건이 $x(0^-)=x_0,\ \dot{x}(0^-)=v_0$로 주어진 경우의 임펄스 응답을 구하여라.

풀이 및 설명

주어진 초기 조건을 이용하면 식 (1.3.2)는 다음과 같이 나타낼 수 있다.

$$x(0^+)=x(0^-)=x_0 \tag{1a}$$

$$m\dot{x}(0^+)-m\dot{x}(0^-)=1 \rightarrow \dot{x}(0^+)=\dot{x}(0^-)+\frac{1}{m}=v_0+\frac{1}{m} \tag{1b}$$

위의 초기 조건을 식 (1.1.13)에 대입하면 상수 A_1과 A_2는 아래와 같이 표현된다.

$$x(0^+)=A_2=x_0 \tag{2a}$$

$$\dot{x}(0^+)=-\zeta\omega_n A_2+\omega_d A_1=v_0+\frac{1}{m} \rightarrow A_1=\frac{1}{\omega_d m}+\frac{\zeta\omega_n x_0+v_0}{\omega_d} \tag{2b}$$

따라서, 초기 조건 $x(0^-)=x_0$, $\dot{x}(0^-)=v_0$을 고려한 단위 임펄스 응답은 다음과 같이 표현된다.

$$x(t)=e^{-\zeta\omega_n t}\left\{\left(\frac{1}{\omega_d m}+\frac{\zeta\omega_n x_0+v_0}{\omega_d}\right)\sin\omega_d t+x_0\cos\omega_d t\right\}\ (t>0) \tag{3}$$

위 식에서 초기 조건 $x(0^-)=x_0=0$, $\dot{x}(0^-)=v_0=0$을 대입하면, 다시 식 (1.3.5)를 얻을 수 있음은 자명하다.

한편, 식 (3)은 다음과 같은 방법으로 구할 수도 있다. 식 (1.3.5)는 단위 임펄스의 영향을 $t=0^+$에서의 초기 조건으로 전환하여 구한 것이다. 따라서, $t=0^-$에서 0이 아닌 초기 조건이 주어진 문제의 경우에는, 초기 조건에 의한 자유 진동 해의 상수 A_1과 A_2를 구하고, 이 자유 진동 해에 식 (1.3.5)를 더하기만 하면 된다[51]. 즉, 식 (1.1.13)의 자유 진동 해에 초기 조건 $x(0^-)=x_0$, $\dot{x}(0^-)=v_0$을 대입하여 우선 다음과 같이 상수 A_1과 A_2를 구한다.

$$x(0^-)=A_2=x_0 \tag{4a}$$

$$\dot{x}(0^-)=-\zeta\omega_n A_2+\omega_d A_1=v_0\rightarrow A_1=\frac{\zeta\omega_n x_0+v_0}{\omega_d} \tag{4b}$$

따라서, 자유 진동 해 $x_h(t)$는 다음과 같고,

$$x_h(t)=e^{-\zeta\omega_n t}\left(\frac{\zeta\omega_n x_0+v_0}{\omega_d}\sin\omega_d t+x_0\cos\omega_d t\right)\ (t\geq 0^-) \tag{5}$$

여기에 $t=0^-$에서의 초기 조건이 0인 경우의 단위 임펄스 응답을 나타내는 식 (1.3.5)을 더하면 위의 식 (3)을 얻을 수 있다.

$$x(t)=x_h(t)+h(t)\ \ (t>0) \tag{6}$$

위와 같은 방법이 가능한 이유는 $x_h(t)$가 정의되는 구간이 $t\geq 0^-$인 반면, $h(t)$는 $t<0^+$에서 정의되지 않기 때문이다. 따라서, $t=0^-$에서의 초기 조건은 $x_h(t)$에만 반영된다.

1.3.2 합성곱 적분(convolution integral)을 이용한 일반 가진에 의한 응답

시간 대 가진력의 그래프에서 일반적인 형상의 가진력에 대한 응답은 식 (1.3.5)의 단위 임펄스 응답 함수와 가진력에 대한 정보를 이용하여 구할 수 있다.

식 (1.3.1)에서 단위 임펄스에 의한 가진력을 $1\cdot\delta(t)$로 나타내었으므로, 임의 크기의 충격량 $\hat{F}$ (N·s)에 대한 가진력은 $f(t)=\hat{F}\delta(t)$로 나타낼 수 있다. 이에 따라, 입력 $1\cdot\delta(t)$에 대한 선형 진동

---

51) 식 (1.2.8) (또는 예제 1.2.3)에서 자유 진동 해와 강제 진동 해로 일반해를 구성한 후에 초기 조건을 대입하여 자유 진동 해의 적분 상수를 구했던 경우와는 다른 상황이다.

계의 응답이 $h(t)$ (단위 임펄스 응답 함수)라면, 입력 $\hat{F}\delta(t)$에 대해서는 응답이 $\hat{F}h(t)$가 된다. 또한, 가진력 $f(t)$에 대한 응답이 $x(t)$라면, 시간 지연 τ를 갖는 가진력 $f(t-\tau)$에 대해서는 응답도 동일한 시간 지연량을 가지므로 $x(t-\tau)$로 표현된다는 사실을 상기하자. 이는 진동계에 대해 선형성(linearity) 및 시불변성(time invariance)을 가정하기 때문에 가능한 것이다.

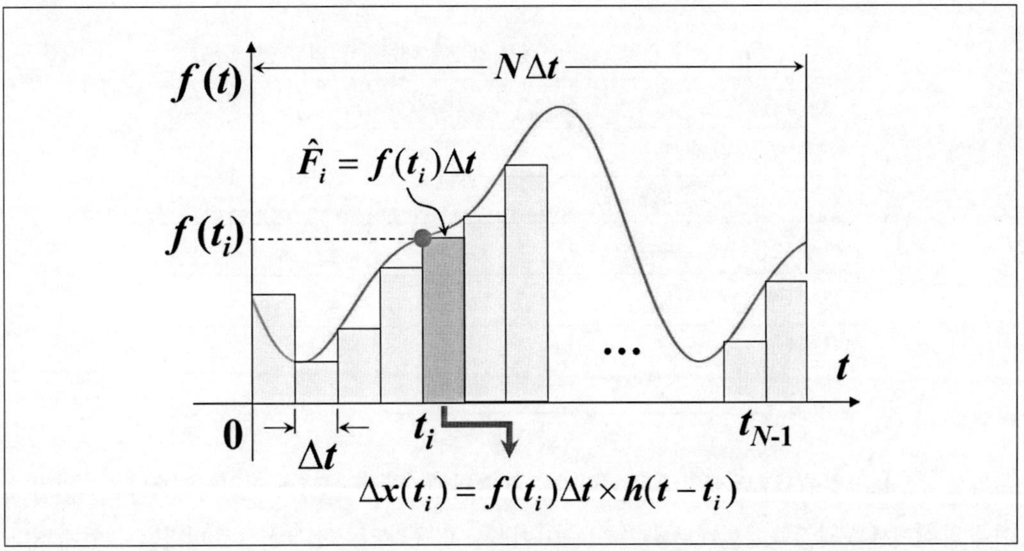

그림 1.3.2 미소 시간 구간에 대한 가진력 $f(t)$의 충격량(impulse) 및 응답에의 기여

그림 1.3.2에서와 같이 임의의 형상을 갖는 가진력이 있다고 하자. 이 가진력은 디랙 델타 함수(부록 A.4의 식 (A.4.20))의 특성을 이용하여 다음과 같이 나타낼 수도 있다.

$$f(t) = \int_{-\infty}^{\infty} f(\tau)\delta(t-\tau)d\tau = \int_{0}^{t} f(\tau)\delta(t-\tau)d\tau = \lim_{N\to\infty}\sum_{i=0}^{N-1}(f(t_i)\Delta t)\delta(t-t_i) \quad (1.3.6)$$

위 식에서 가진력 $f(t)$는 구간 $[0, t]$ 에서만 정의된다고 가정하였다. 위와 같이 표현된 가진력 $f(t)$에 대한 진동계의 응답은 $(f(t_i)\Delta t)\delta(t-t_i)$에 대한 응답의 중첩된 결과라고 간주할 수 있다. 그런데, $f(t_i)\Delta t$는 가진력이 가해지는 구간 $[0, t]$를 N 등분하였을때, 시간 $t = t_i$ (그림 1.3.2에서 진하게 칠해진 부분)에서의 미소 구간 면적임을 알 수 있는데 이는 충격량 $\hat{F}_i$ (N·s)를 나타낸다. 따라서, 단위 임펄스 응답 함수가 $h(t)$임을 고려하면, $t = t_i$에서의 충격량 $f(t_i)\Delta t$에 대한 진동계의 응답은 다음과 같이 나타낼 수 있으므로,

$$\Delta x(t_i) = f(t_i)\Delta t \times h(t-t_i) \quad (1.3.7)$$

N 등분된 전 구간에 걸친 충격량에 대한 응답은 다음과 같이 각각의 미소 구간이 나타내는 충격량에 대한 응답의 전체 합과 같다.

$$x_N(t) = \sum_{i=0}^{N-1} \Delta x(t_i) = \sum_{i=0}^{N-1} f(t_i)\Delta t \times h(t-t_i) \tag{1.3.8}$$

[표 1.3.1] 임펄스 또한 일반 가진에 대한 응답의 표현

입력 → 출력
$\delta(t) \;\rightarrow\; h(t)$
$\delta(t-\tau) \;\rightarrow\; h(t-\tau)$
$\hat{F}\delta(t-\tau) \;\rightarrow\; \hat{F}h(t-\tau)$
$f(t_i)\Delta t \times \delta(t-t_i) \;\rightarrow\; f(t_i)\Delta t \times h(t-t_i)$
$\sum_{i=0}^{N-1} f(t_i)\Delta t \times \delta(t-t_i) \;\rightarrow\; \sum_{i=0}^{N-1} f(t_i)\Delta t \times h(t-t_i)$

여기서 잠깐 1.3.1절에서부터 설명해 온 입력과 출력 간의 관계를 표 1.3.1에 정리하였으니 참고바란다. 이제 위 식에서 N의 값을 무한대로 하면 $\Delta t \rightarrow 0$이 되고 다음과 같이 적분식으로 나타낼 수 있게 된다.

$$x(t) = \int_0^t f(\tau)h(t-\tau)d\tau \;(t>0) \tag{1.3.9a}$$

위 식을 함수 $f(t)$와 $h(t)$의 합성곱 적분(convolution integral)이라고 하며, 합성곱 연산기호 '*'를 사용하여 $f(t)*h(t)$로 표시하기도 한다[52]. 한편, 위 식에서 $s = t-\tau$에 의한 치환 적분을 수행하면 $ds = -d\tau$이므로 식 (1.3.9a)는 또한 다음과 같이 표현할 수도 있다.

$$\begin{aligned} x(t) &= \int_t^0 f(t-s)h(s)(-ds) \\ &= \int_0^t f(t-s)h(s)ds = \int_0^t h(\tau)f(t-\tau)d\tau = h(t)*f(t) \end{aligned} \tag{1.3.9b}$$

52) $t<0$에서 $f(t)=0$이므로, 식 (1.3.9a)는 $\int_{-\infty}^{t} f(\tau)h(t-\tau)d\tau$로 쓸 수 있다. $h(t)$ 또한 $t>0$에서만 정의되어 있으므로, $t<\tau$에서는 $h(t-\tau)=0$이다. 따라서, 식 (1.3.9a)는 $\int_{-\infty}^{\infty} f(\tau)h(t-\tau)d\tau$가 되므로 모든 영역 $(-\infty, \infty)$에서 정의되고, 이를 $f(t)*h(t)$로 표기한다.

그렇다면, 부족 감쇠 진동계의 단위 임펄스 응답 $h(t)$가 식 (1.3.5)로 주어졌으므로, 이를 위 식들에 대입하면 일반적인 외력 $f(t)$에 대한 응답은 다음과 같이 나타낼 수 있다[53].

$$\begin{aligned} x(t) &= \frac{1}{\omega_d m}\int_0^t f(\tau)e^{-\zeta\omega_n(t-\tau)}\sin\omega_d(t-\tau)d\tau \\ &= \frac{1}{\omega_d m}\int_0^t f(t-\tau)e^{-\zeta\omega_n\tau}\sin\omega_d\tau d\tau \end{aligned} \tag{1.3.10}$$

그런데, 식 (1.3.9), (1.3.10)은 초기 조건이 0인 경우($x(0^-)=0,\ \dot{x}(0^-)=0$)에 해당한다는 사실에 유의하자. 초기 조건이 $x(0^-)=x_0$ 및 $\dot{x}(0^-)=v_0$로 주어진 경우에는 예제 1.3.2에서 살펴본 바와 같이, 우선 제차 방정식의 해에서 초기 조건을 고려하고 식 (1.3.10)에 의한 해를 더하면 된다. 즉, 이 경우 해 $x(t)$는 다음과 같이 나타낼 수 있다[54].

$$\begin{aligned} x(t) &= e^{-\zeta\omega_n t}\left(\frac{\zeta\omega_n x_0+v_0}{\omega_d}sin\omega_d t + x_0\cos\omega_d t\right) \\ &\quad + \frac{1}{\omega_d m}\int_0^t f(\tau)e^{-\zeta\omega_n(t-\tau)}\sin\omega_d(t-\tau)d\tau \quad (t>0) \end{aligned} \tag{1.3.11}$$

예제 1.3.3

식 (1.3.10)에 대해 $x(0)=0$ 및 $\dot{x}(0)=0$임을 보여라. 단, 이를 위해 다음의 Leibniz 식(Leibniz rule)을 이용하여라.

(Leibniz rule)

$$\frac{d}{dx}\left(\int_{a(x)}^{b(x)} f(x,t)dt\right) = f(x,b(x))\frac{db(x)}{dx} - f(x,a(x))\frac{da(x)}{dx} + \int_{a(x)}^{b(x)}\frac{\partial f(x,t)}{\partial x}dt$$

풀이 및 설명

식 (1.3.9a)에 $t=0$을 대입하면 $x(0)=0$임은 자명하다. $\dot{x}(0)$의 값을 구하기 위해 식 (1.3.9a)에 Leibniz 식을 적용하면 다음과 같다.

$$\dot{x}(t) = \frac{d}{dt}\left(\int_0^t f(\tau)h(t-\tau)d\tau\right) = f(t)h(0) + \int_0^t f(\tau)\dot{h}(t-\tau)d\tau \tag{1}$$

따라서, $\dot{x}(0)=f(0)h(0)$이 되고, 이는 $h(0)=0$에 의해 $\dot{x}(0)=0$이 됨을 알 수 있다.

53) 합성곱 적분에서 적분 인자에 단위 임펄스 응답이 포함되어 있는 경우 이를 두하멜 적분(Duhamel's integral)이라고도 한다.

54) 사실, $h(t)$가 수학적으로는 $t=0$에서 연속이므로, 식 (1.3.10)의 $t=0$에서의 함수 값과 미분 값이 모두 0이다(예제 1.3.3 참고). 따라서, 제차 방정식의 해에서 미리 $t=0^-$에서의 초기 조건을 만족시킨 후 식 (1.3.10)을 더하든, 제차 방정식의 해에 식 (1.3.10)을 더한 결과에 $t=0^-$에서의 초기 조건을 대입하든 그 결과는 같다.

예제 1.3.4

부족 감쇠 진동계에 다음과 같이 단위 계단 함수 형태의 가진이 입력될 때 응답을 구하여라. 단, 초기 조건은 모두 0이다.

$$m\ddot{x}(t)+c\dot{x}(t)+kx(t)=u(t)\ (x(0^-)=0,\ \dot{x}(0^-)=0)$$

풀이 및 설명

단위 계단 함수 형태의 가진에 대한 응답을 단위 계단 응답(unit step response)이라고 하며, 특히 제어(control) 등에서 많이 활용된다. 식 (1.3.11)에 의하면 주어진 미분 방정식의 해는 다음과 같다[55].

$$\begin{aligned} x(t) &= \frac{1}{\omega_d m}\int_0^t f(\tau)e^{-\zeta\omega_n(t-\tau)}\sin\omega_d(t-\tau)d\tau \\ &= \frac{1}{\omega_d m}e^{-\zeta\omega_n t}\int_0^t e^{\zeta\omega_n\tau}\sin\omega_d(t-\tau)d\tau \\ &= \frac{1}{k}-e^{-\zeta\omega_n t}\left(\frac{\zeta}{k\sqrt{1-\zeta^2}}\sin\omega_d t+\frac{1}{k}\cos\omega_d t\right) \\ &= \frac{1}{k}-\frac{e^{-\zeta\omega_n t}}{k\sqrt{1-\zeta^2}}\sin(\omega_d t+\theta),\ \theta=\tan^{-1}\left(\frac{\sqrt{1-\zeta^2}}{\zeta}\right) \end{aligned} \tag{1}$$

참고로, 위 식을 시간 t에 대해 미분하면 단위 임펄스 응답 $h(t)$를 얻을 수 있다. 이는 우변의 가진력들에 대한 $du(t)/dt=\delta(t)$의 관계에 의해서도 유추할 수 있다.

이 경우에는 가진력의 형태가 간단하므로, 사실 다음과 같이 해를 구할 수도 있었다. 즉, $t>0$의 범위에서 $u(t)=1$이이므로, 주어진 미분 방정식은 다음과 같이 제차 해와 단위 계단 함수에 대한 특별해 $1/k$로 구성된다.

$$x(t)=e^{-\zeta\omega_n t}(A_1\sin\omega_d t+A_2\cos\omega_d t)+\frac{1}{k}\ (t>0) \tag{2}$$

그런데, 미분 방정식의 우변이 단위 계단 함수이므로 $\ddot{x}(t)$는 단위 계단 함수를 포함해야 하고(부록 A.5 참고), 따라서 $x(t)$ 및 $\dot{x}(t)$는 $t=0$ 근처에서 연속함수가 되므로, $t=0^-$에서의 초기 조건을 이용하면 $t=0^+$에서의 초기 조건은 다음과 같음을 알 수 있다.

$$x(0^+)=\dot{x}(0^+)=0 \tag{3}$$

위 초기 조건을 식 (2)에 대입하면 다음과 같이 두 개의 연립 방정식을 얻게 되고,

$$x(0^+)=A_2+\frac{1}{k}=0,\ \dot{x}(0^+)=-\zeta\omega_n A_2+\omega_d A_1=0 \tag{4}$$

이로부터 식 (2)의 상수는 각각 다음과 같다.

---

55) 감쇠를 무시할 수 있는 경우, 식 (1)에 $\zeta=0$을 대입하면 $\theta=\pi/2$이므로 $x(t)=(1/k)(1-\cos\omega_n t)$가 되어 $x(t)$의 최대값은 $2/k$가 된다. 이 값은 단위 힘이 가해졌을 때발생하는 정적 변위인 $1/k$의 2배가 된다. 이는 예제 1.3.5에서 더 자세히 설명된다.

$$A_1 = -\frac{\zeta}{k\sqrt{1-\zeta^2}},\ A_2 = -\frac{1}{k} \tag{5}$$

이제 위의 결과를 식 (2)에 대입하면 식 (1)과 동일한 결과를 얻을 수 있음을 알 수 있다.

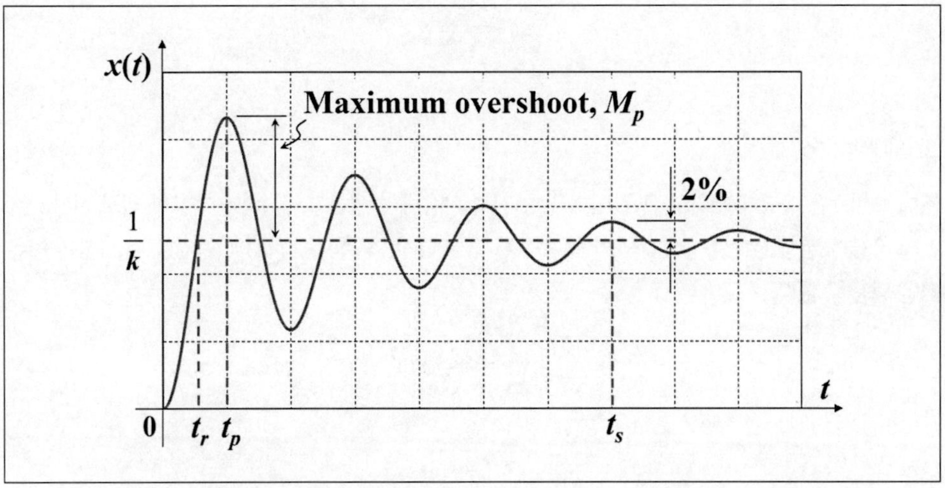

그림 1.3.3 (예제 1.3.4) 부족 감쇠 진동계의 단위 계단 응답(unit step response)

식 (1)에 나타낸 단위 계단 가진력에 대한 응답 $x(t)$를 특정 k, ζ, ω_n 값에 대해 그림 1.3.3에 나타내었다. 가진 후 매우 큰 응답(maximum overshoot)을 보이다가 $t \to \infty$ 일때의 정상 상태 응답 $1/k$를 중심으로 값이 진동하면서 수렴하는 것을 볼 수 있다. 단위 계단 응답을 통해 진동계 응답의 여러 특성 지표들을 확인할 수 있는데, 여기서는 그림 1.3.3에 표시한, 상승 시간(rise time, t_r), 피크 시간(peak time, t_p), 최대 오버슛(maximum overshoot, M_p), 정착 시간(settling time, t_s) 등에 대해서만 간단히 살펴보자.

① 상승 시간, t_r

그림 1.3.3에 나타낸 응답의 첫 사이클에서 정상 상태 응답 $1/k$에 이르기까지 걸린 시간을 상승 시간(rise time)이라고 하며 식 (1)을 이용하여 다음과 같이 계산된다. 즉, 식 (1)의 마지막 식에서 $\sin(\omega_d t + \theta) = 0$을 만족시키는 최소값 t가 상승 시간 t_r이 된다.

$$\sin(\omega_d t_r + \theta) = 0 \rightarrow t_r = \frac{\pi - \theta}{\omega_d},\ \theta = \tan^{-1}\left(\frac{\sqrt{1-\zeta^2}}{\zeta}\right) \tag{6}$$

② 피크 시간, t_p

그림에서 가장 큰 피크 값을 갖는 시간을 피크 시간(time to peak)이라고 하는데, 이를 구하기 위해 식 (1)을 미분하면 다음과 같은 식을 얻을 수 있다.

$$\dot{x}(t_p) = 0 \rightarrow \tan(\omega_d t_p + \theta) = \frac{\sqrt{1-\zeta^2}}{\zeta} \rightarrow \omega_d t_p + \theta = n\pi + \tan^{-1}\left(\frac{\sqrt{1-\zeta^2}}{\zeta}\right) \tag{7}$$

따라서, 식 (1)에서 $\theta = \tan^{-1}(\sqrt{1-\zeta^2}/\zeta)$이므로, 0이 아닌 가장 작은 t_p의 값은 다음과 같음을 알 수 있다.

$$t_p = \frac{\pi}{\omega_d} \tag{8}$$

③ 최대 오버슛, M_p

최대 오버슛은 응답에서 가장 큰 값이며 상승 시간 다음에 발생하고, 식 (8)에서 구한 피크 시간 t_p에서의 응답과 정상 상태 응답 $1/k$와의 차이가 된다. 따라서, 식 (8)을 식 (1)에 대입한 후 다음과 같은 식을 얻을 수 있다.

$$\begin{aligned} M_p &= x(t_p) - \frac{1}{k} = \frac{1}{k} - e^{-\zeta\omega_n t_p}\left(\frac{\zeta}{k\sqrt{1-\zeta^2}}\sin\omega_d t_p + \frac{1}{k}\cos\omega_d t_p\right) - \frac{1}{k} \\ &= \frac{1}{k}e^{-\zeta\omega_n \frac{\pi}{\omega_d}} = \frac{1}{k}e^{-\frac{\zeta\pi}{\sqrt{1-\zeta^2}}} \end{aligned} \tag{9}$$

④ 정착 시간, t_s

한편, 응답이 완전히 $1/k$에 도달하기 위해서는 매우 긴 시간이 필요하므로 현실적으로는 $1/k$ 대비 2% 또는 5% 이내의 값에 도달할 때까지의 시간을 정착 시간(settling time)으로 정의하여 사용한다. 감쇠비가 작아서(예를 들면, $\zeta < 0.1$) $\sqrt{1-\zeta^2} \approx 1$로 가정할 수 있다면, 식 (1)에서 $e^{-\zeta\omega_n t}$와 $1/k$과의 차이를 나타낸다. 따라서, $1/k$ 대비 2%를 고려한다면, 정착 시간 t_s는 다음과 같이 구할 수 있다.

$$e^{-\zeta\omega_n t_s} = 0.02 \rightarrow t_s = -\frac{\ln 0.02}{\zeta\omega_n} = \frac{3.91}{\zeta\omega_n} \approx \frac{4}{\zeta\omega_n} \tag{10}$$

식 (1.1.14) 아래의 각주에서, $\zeta\omega_n$은 부족 감쇠 1 자유도 진동계의 자유 진동에 대한 시상수로서 그 값이 크면 시간에 따른 자유 진동의 감쇠 정도가 크다고 언급한 바 있다(식 (1.1.14) 아래). 식 (10)에 제시된 바와 같이, 단위 계단 가진에 의한 응답에서도 정착 시간에 시상수가 그대로 포함되어 있으며, 역시 그 값이 클수록 정착 시간이 작아진다는 것을 알 수 있다.

예제 1.3.5

그림 1.3.4(a)에 나타낸 바와 같이 높이 h에서 질량 m인 물체가 낙하하여 길이 l, 단면적 A인 봉(rod)과 부딪힐 때 봉의 끝단 변위 $\delta(t)$의 최대값을 구하시오. 단, 봉이 압축 응력을 받아 변형을 일으킬 때 낙하된 물체와 봉은 순간적으로 함께 움직인다고 가정한다.

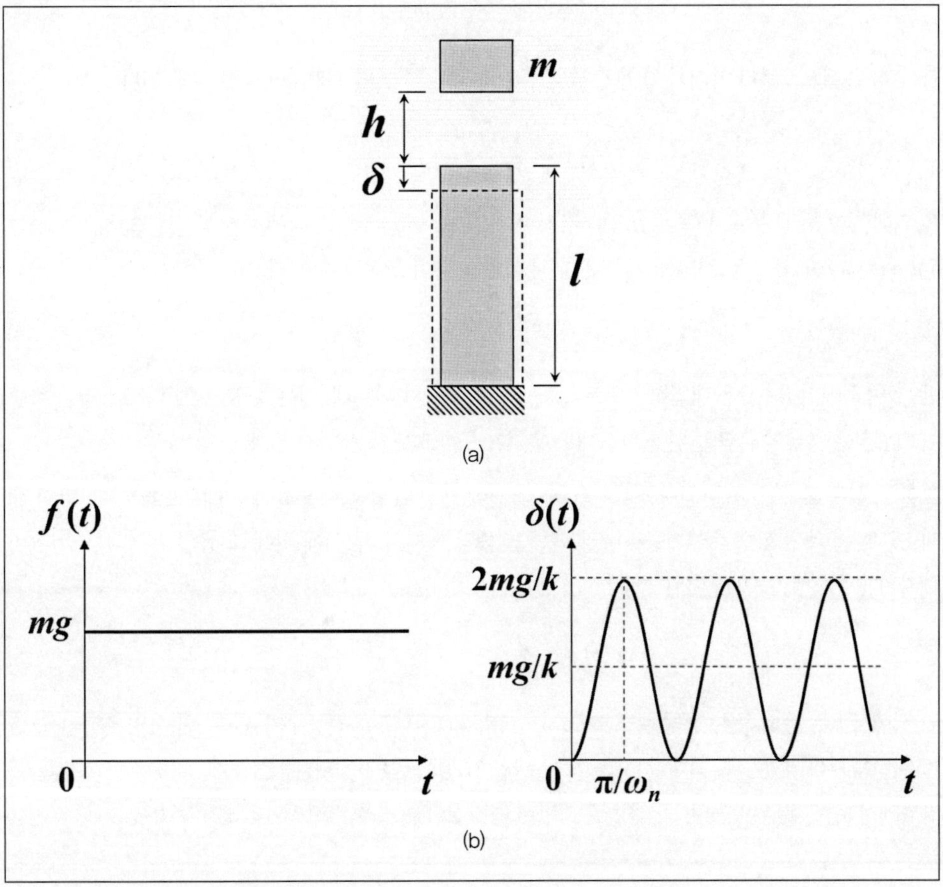

그림 1.3.4 (예제 1.3.5) (a) 높이 h에서 자유 낙하하는 질량 m과 길이 l인 봉(rod), (b) 크기 mg인 계단 함수 형태의 가진력 $f(t)$ 및 봉의 끝단 변위 $\delta(t)$의 거동

풀이 및 설명

먼저 고체 역학 이론을 바탕으로 우선 충격 직후의 변위 δ를 근사적으로 구해보자. 그림 1.3.4(a)에 의하면, 질량 m인 물체가 낙하하여 봉과 부딪힐 때 봉에 한 일은 봉에 저장되는 탄성에너지와 같다. 즉, 높이 h를 낙하하고 δ만큼 이동할때 감소되는 계의 중력에 의한 위치 에너지는 모두 봉의 탄성 에너지로 저장된다. 따라서, 다음과 같은 관계식을 얻을 수 있다.

$$mg(h+\delta) = \frac{1}{2}\int_V \sigma\epsilon dV = \frac{1}{2}Al\sigma\epsilon = \frac{EA\delta^2}{2l} \tag{1}$$

위 식에서 $\sigma = E\epsilon$ (σ: 응력(stress), ϵ: 변형률(strain), E: 탄성계수(Young's modulus)) 및 $\epsilon = \delta/l$의 관계식이 이용되었다. 식 (1)로부터 다음과 같이 δ에 대한 2차 방정식을 얻을 수 있고,

$$\delta^2 - \frac{2l}{EA}mg\delta - \frac{2l}{A}mgh = 0 \tag{2}$$

따라서, 위 식으로부터 아래와 같이 충격 직후의 봉 끝단의 변위 δ에 대한 식을 얻게 된다.

$$\delta = \frac{mgl}{EA} + \sqrt{\left(\frac{mgl}{EA}\right)^2 + 2h\frac{mgl}{EA}} \tag{3}$$

봉 위에 질량 m인 물체가 놓여 있을때 정적인 힘(무게, mg)에 의해 발생하는 봉 끝단의 정적 변위를 $\delta_{st}(= mgl/EA)$라고 놓으면[56], 위 식은 다시 아래와 같이 표현할 수 있다.

$$\delta = \delta_{st} + \sqrt{\delta_{st}^2 + 2h\delta_{st}} \tag{4}$$

만약, 위 식에서 $h = 0$을 대입하면 $\delta = \delta_{st} + \sqrt{\delta_{st}^2} = 2\delta_{st}$가 되는데, 이는 질량 m에 의해 급격한 하중이 가해지는 경우의 끝단 변위를 나타내고 우리가 구하고자 하는 해가 된다.

그런데, 이를 우리가 배운 계단 함수 형태의 가진에 대한 응답을 이용하여 구해보도록 하자. 앞의 예제 1.3.4에서 계단 함수의 크기를 mg라고 하면, 해당 예제의 식 (1)에 의해 그 응답은 아래와 같다(비감쇠의 경우로서 $\zeta = 0$을 대입).

$$x(t) = \frac{mg}{k}(1 - \cos\omega_n t) \tag{5}$$

위 식에서 k는 봉의 등가 강성($= EA/l$), ω_n은 봉의 (1차) 고유 진동수가 된다. 위 식의 결과를 그림 1.3.4(b)에 나타내었는데, 최대값은 $2mg/k = 2\delta_{st}$가 됨을 알 수 있다. 이를 통해, 고체 역학 기반 풀이 방법에서 $h = 0$의 의미는 바로 계단 함수 형태로 가진하는 것을 의미한다고 볼 수 있다.

56) 한쪽 끝이 고정된, 길이 l, 단면적 A인 봉의 다른 한 끝단에 축(길이) 방향 힘 F가 작용할 때, 발생한 끝단 변위를 δ라고 하자. 응력은 $\sigma = F/A$, 변형률은 $\epsilon = \delta/l$이므로, 응력-변형률 관계식 $\sigma = E\epsilon$에 이를 대입하면 $F/A = E\delta/l$가 된다. 이를 정리하면 $F = (EA/l)\delta$가 되어, 봉의 축 방향등가 강성은 EA/l로 표현할 수 있다.

예제 1.3.6

질량 $m(=20\,\text{kg})$과 스프링 $k(=200\,\text{N/m})$로 구성된 1 자유도 진동계가 그림 1.3.5(a)와 같은 하중에 의해 가진되고 있다. t_0의 값이 3초, 또는 6초인 경우에 대한 응답을 각각 구하시오. 단, $t=0$에서의 초기 조건은 $x(0)=\dot{x}(0)=0$이라고 가정한다.

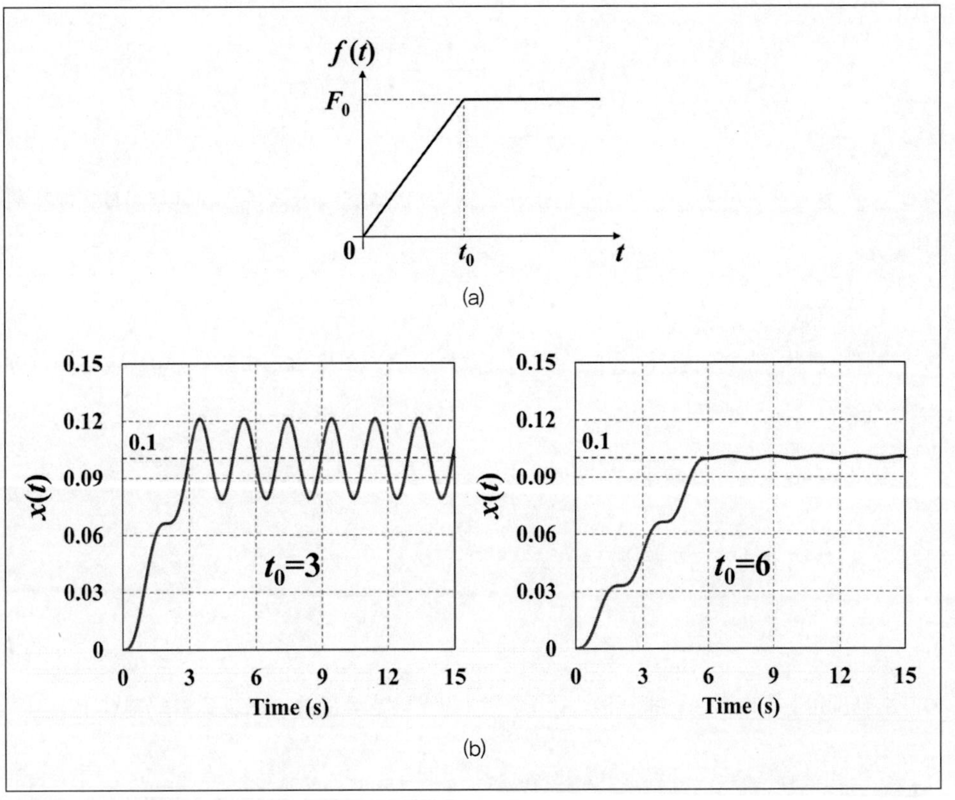

그림 1.3.5 (예제 1.3.6) 질량($m=20\,\text{kg}$)–스프링($k=200\,\text{N/m}$)으로 구성된 1 자유도 진동계의 응답: (a) 하중($F_0=20\,\text{N}$), (b) 서로 다른 t_0 값에 대한 비 감쇠 응답

풀이 및 설명

그림 1.3.5(a)의 하중은 선형으로 증가($0 \le t \le t_0$)한 후 일정한 값으로 유지($t \ge t_0$)되는 2개의 구간으로 나눌 수 있다. 따라서, 다음과 같이 각각의 구간에서의 해당 하중에 대한 응답을 구하면 된다.

($0 \le t \le t_0$)

먼저, 하중이 선형으로 증가하는 구간에 대한 운동 방정식은 다음과 같으므로,

$$m\ddot{x}_1 + kx_1 = \frac{F_0}{t_0}t \;(x_1(0)=\dot{x}_1(0)=0) \tag{1}$$

이에 대한 일반해는 다음과 같이 주어진다.

$$x_1(t) = A_1 \sin\omega_n t + B_1 \cos\omega_n t + \frac{F_0}{kt_0} t \tag{2}$$

따라서, 주어진 초기 조건을 대입하면 $A_1 = -F_0/\omega_n k t_0$, $B_1 = 0$이 되므로, 위 식은 아래와 같이 구해진다.

$$x_1(t) = \frac{F_0}{kt_0}\left(t - \frac{\sin\omega_n t}{\omega_n}\right) \tag{3}$$

$(t \geq t_0)$

이제 구간 $t \geq t_0$에 대한 응답을 구해 보도록 한다. 이 구간에서의 응답은 다음 미분 방정식의 해가 되는데,

$$m\ddot{x}_2 + kx_2 = F_0 \tag{4a}$$

이에 대한 초기 조건은 식 (3)을 이용하여 구한다. 즉, 초기 조건으로서 $x_2(t_0) = x_1(t_0)$와 $\dot{x}_2(t_0) = \dot{x}_1(t_0)$를 이용한다.

$$x_2(t_0) = \frac{F_0}{kt_0}\left(t_0 - \frac{\sin\omega_n t_0}{\omega_n}\right),\ \dot{x}_2(t_0) = \frac{F_0}{kt_0}(1 - \cos\omega_n t_0) \tag{4b}$$

따라서, 식 (4a)에 대한 해는 아래와 같으므로,

$$x_2(t) = A_2 \sin\omega_n t + B_2 \cos\omega_n t + \frac{F_0}{k} \tag{5}$$

여기에 식 (4b)의 초기 조건을 대입하여 A_2, B_2의 값을 구하면 식 (5)는 다음과 같이 구해진다.

$$x_2(t) = \frac{F_0}{kt_0\omega_n}(\cos\omega_n t_0 - 1)\sin\omega_n t - \frac{F_0}{kt_0\omega_n}\sin\omega_n t_0 \cos\omega_n t + \frac{F_0}{k} \tag{6}$$

식 (3) 및 (6)을 이용하여, 임의의 m, k, F_0 및 t_0에 대한 결과를 그림 1.3.5(b)에 나타내었다. 정적 하중이 F_0의 크기로 가해졌을 때의 정적 변위가 $\delta_{st} = 0.1\,\mathrm{m}\ (= F_0/k = 20/200)$임을 고려할 때, $t_0 = 3$ (s)인 경우가 $t_0 = 6$ (s)인 경우보다 크다. 앞의 예제에서 계단 하중에 대한 응답의 최대값이 정적 변위의 2배라는 사실을 확인한 바 있는데, 사실 t_0의 값이 진동계의 고유 주기($T = 2\pi/\omega_n \approx 1.99$ (s)) 보다 훨씬 작을 때에는 그림 1.3.5(a)의 하중은 계단 하중의 형태와 비슷해지고, 결국 이 경우 변위의 최대값도 $0.2\,\mathrm{m}$로 수렴하게 된다. 반면, 고유 주기 T의 값에 비해 t_0의 값이 매우 크면($t_0/T_0 \gg 1$), 식 (6)의 최대값은 F_0/k, 즉 정적 하중이 F_0의 크기로 가해졌을 때의 변위 값으로 수렴하게 된다. 이 사실로부터, 우리가 정역학이나 고체 역학에서 정적인 힘을 가한다는 것은 구조물의 고유 주기 T에 비해 적절하게 큰 t_0의 값을 가지고 그림 1.3.5(a)의 형태로 힘을 가한다는 것을 의미함을 알 수 있다.

예제 1.3.7

부족 감쇠 진동계가 그림 1.3.6(a)와 같은 직사각형 펄스(rectangular pulse) 형태의 가진을 받는 경우에 대한 응답을 구하여라.

$$m\ddot{x}(t)+c\dot{x}(t)+kx(t)=F_0u(t)-F_0u(t-t_0),\quad x(0)=\dot{x}(0)=0$$

단, 진동계는 1 자유도계이고 $m=2$ kg, $c=0.6$ N·s/m, $k=4.5$ N/m 및 $F_0=1$ (N)이라고 한다. 그리고, $t_0=1$ (s)과 $t_0=3$ (s)에 대한 결과를 비교하여라.

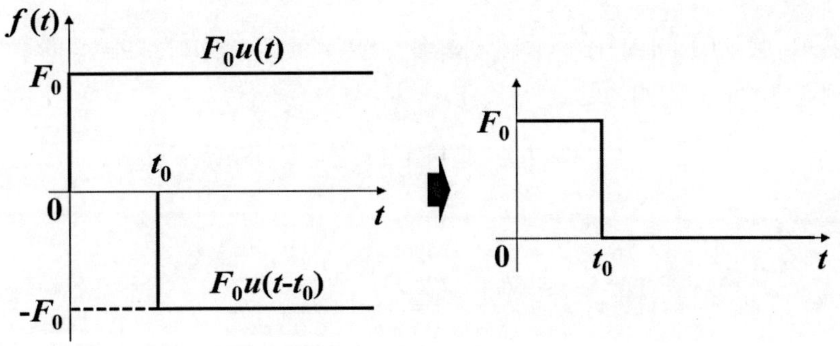

(a)

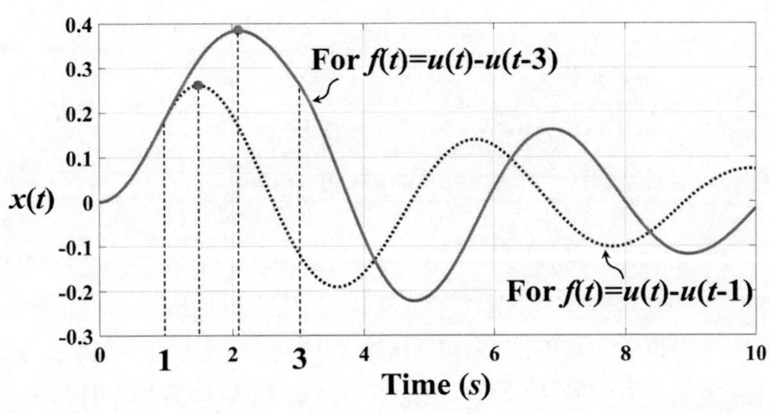

(b)

그림 1.3.6 (예제 1.3.7) (a) 2 개의 계단 함수의 중첩으로 표현된 직사각형 펄스(pulse) 가진력 및 (b) 응답($m=$ 2 kg, $c=0.6$ N · s/m, $k=4.5$ N/m 및 $F_0=1$ (N))

풀이 및 설명

그림 1.3.6(a)에 나타낸 직사각형 펄스 형태의 가진력은 2개의 계단 함수($f_1(t)=F_0u(t)$ 및 $f_2(t)=-F_0u(t-t_0)$)의 중첩으로 간주할 수 있다. 이 경우 각각에 대한 응답 $x_1(t)$ 및 $x_2(t)$를 구한

후 더하면 된다. 초기 조건이 모두 0으로 주졌으므로 예제 1.3.4의 식 (1)을 이용하여 $f_1(t) = F_0 u(t)$에 대한 응답 $x_1(t)$는 다음과 같이 구해진다.

$$x_1(t) = \frac{F_0}{k} - \frac{F_0 e^{-\zeta\omega_n t}}{k\sqrt{1-\zeta^2}} \sin(\omega_d t + \theta),\ \theta = \tan^{-1}\left(\frac{\sqrt{1-\zeta^2}}{\zeta}\right) \tag{1}$$

마찬가지로, $f_2(t) = -F_0 u(t-t_0)$에 대한 응답 $x_2(t)$는 다음과 같다. 가진력이 시간 t_0만큼 지연되어 입력되므로 시불변 진동계의 응답도 동일하게 t_0만큼 지연되어 발생한다.

$$x_2(t) = -\frac{F_0}{k} + \frac{F_0 e^{-\zeta\omega_n (t-t_0)}}{k\sqrt{1-\zeta^2}} \sin(\omega_d (t-t_0) + \theta)\ \ (t \geq t_0) \tag{2}$$

위 식에서 θ는 예제 1.3.4의 식 (1)에 나타낸 바와 같이 진동계의 감쇠비만의 항으로 나타나기에 가진의 종류에 관계없이 일정하다.

따라서, 이 예제의 응답은 식 (1)과 (2)의 결과를 더하여 다음과 같이 구할 수 있다.

$(0 \leq t \leq t_0)$

$$x(t) = x_1(t) = \frac{F_0}{k} - \frac{F_0 e^{-\zeta\omega_n t}}{k\sqrt{1-\zeta^2}} \sin(\omega_d t + \theta) \tag{3a}$$

$(t \geq t_0)$

$$\begin{aligned} x(t) &= x_1(t) + x_2(t) \\ &= \frac{F_0}{k} - \frac{F_0 e^{-\zeta\omega_n t}}{k\sqrt{1-\zeta^2}} \sin(\omega_d t + \theta) - \frac{F_0}{k} + \frac{F_0 e^{-\zeta\omega_n (t-t_0)}}{k\sqrt{1-\zeta^2}} \sin(\omega_d (t-t_0) + \theta) \\ &= \frac{F_0 e^{-\zeta\omega_n t}}{k\sqrt{1-\zeta^2}} \left(e^{\zeta\omega_n t_0} \sin(\omega_d (t-t_0) + \theta) - \sin(\omega_d t + \theta)\right) \end{aligned} \tag{3b}$$

그림 1.3.6(b)에 $t_0 = 1$초와 $t_0 = 3$초에 대한 각각의 결과를 그래프로 나타내었다. 직사각형 펄스 가진에 대해 참고로 알아둘 내용으로서, 펄스 구간 t_0의 크기 여부에 따라 응답 특성이 달라진다는 것이다. 즉, t_0가 진동계의 1/2 고유 주기 ($(1/2)\,T_n = \pi/\omega_n$)보다 작은 경우($t_0 < T_n/2$)에는 응답의 최대 크기가 t_0 이후 잔류 진동 시간에 발생하는 반면, t_0가 진동계의 1/2 고유 주기보다 크면 응답의 최대 크기가 t_0 이전에서 발생하고 응답의 크기도 매우 커진다. 이 예제에서는 1/2 고유 주기는 약 2.1초 ($T/2 = \pi/\sqrt{k/m} = \pi\sqrt{4.5/2}$)이다. 그림에서 확인할 수 있듯이, $t_0 = 1$초인 경우의 응답은 최대값이 $t_0 = 3$초일 경우보다 작으며, 또한 그 발생 지점도 $t_0 = 1$초 이후의 잔류 진동 영역($t = 1.5$초)에서 나타남을 알 수 있다. 그런데, $t_0 = 3$초인 경우의 응답은 최대값이 $t_0 = 1$초일 경우보다 크며, 그 발생 지점은 가진력이 존재하는 구간 중($t = 2.1$초)에 나타남을 알 수 있다. 이러한 내용은 진동계의 충격 응답 스펙트럼(SRS: shock response spectrum)과 관계가 있는데, 직사각형 펄스 입력에 대해서는 보충 설명 1.3.1을 참고하기 바란다.

예제 1.3.8

합성곱 적분을 이용하여 조화 가진력 $F_0\cos\omega t$에 대한 비 감쇠 진동계의 일반 응답을 구하여라. 단, 초기 조건은 $x(0)=0,\ \dot{x}(0)=v_0$이다.

$$m\ddot{x}(t)+c\dot{x}(t)+kx(t)=F_0\cos\omega t\ (c=0)$$

풀이 및 설명

비 감쇠 진동계에 대해서 식 (1.3.10)은 아래와 같이 표현된다.

$$x(t)=\frac{1}{\omega_n m}\int_0^t f(\tau)\sin\omega_n(t-\tau)d\tau \tag{1}$$

따라서, 위 식에 $f(\tau)=F_0\cos\omega\tau$를 대입하면 아래와 같은 식을 얻게 된다.

$$\begin{aligned} x(t)&=\frac{1}{\omega_n m}\int_0^t F_0\cos\omega\tau\cdot\sin\omega_n(t-\tau)d\tau \\ &=\frac{F_0}{2\omega_n m}\left[\frac{1}{\omega_n-\omega}\cos(\omega_n t-\omega_n\tau+\omega\tau)+\frac{1}{\omega_n+\omega}\cos(\omega_n t-\omega_n\tau-\omega\tau)\right]_0^t \\ &=\frac{F_0}{2\omega_n m}\left(\frac{2\omega_n}{\omega_n^2-\omega^2}\cos\omega t-\frac{2\omega_n}{\omega_n^2-\omega^2}\cos\omega_n t\right) \end{aligned} \tag{2}$$

그런데, 위 식은 초기값이 0인 경우($x(0)=0,\ \dot{x}(0)=0$)에 해당하므로, 이 문제의 해를 구하기 위해서는 예제 1.3.2 및 식 (1.3.11)에 제시된 바와 같이 제차 방정식의 해(자유 진동 해)에서 주어진 초기 조건($x(0)=0,\ \dot{x}(0)=v_0$)을 대입한 결과와 식 (2)를 더해야 한다. 즉, 비 감쇠 진동계의 자유 진동 해 $x_h(t)$는 식 (1.1.5)를 이용하면 다음과 같으므로,

$$x_h(t)=\frac{v_0}{\omega_n}\sin\omega_n t+x_0\cos\omega_n t \tag{3}$$

이 문제에서 요구하는 답은 다음과 같이 구해진다.

$$x(t)=\frac{v_0}{\omega_n}\sin\omega_n t+\left(x_0-\frac{F_0/m}{\omega_n^2-\omega^2}\right)\cos\omega_n t+\frac{F_0/m}{\omega_n^2-\omega^2}\cos\omega t \tag{4}$$

위 식은 감쇠가 없을 경우($\zeta=0$)의 식 (1.3.11)에 대한 결과이기도 하다. 또한, 이 결과는 식 (1.2.8)과도 같음을 확인할 수 있다.

보충설명 1.3.1 충격 응답 스펙트럼

충격 응답 스펙트럼이란, 충격력(shock)(진동계의 고유 주기 T_n보다 작은 가진 지속 시간(duration) t_0를 갖는 가진)에 대한 진동계의 응답의 최대값을 t_0/T_n의 함수로서 표현한 것을 말한다. 이 경우 최대 변위는 매우 짧은 시간 안에 발생하기 때문에 보통 감쇠비를 무시한 경우의 응답을 이용하여 표현하

는데, 예제 1.3.7의 경우 무차원화된 응답은 다음과 같이 표현된다(예제 1.3.7의 식 (3)에서 $\zeta=0$ 및 $\theta=\pi/2$를 대입).

$(0 \le t \le t_0)$

$$\frac{x(t)}{F_0/k} = 1-\cos\omega_n t = 1-\cos\left(2\pi\frac{t}{T_n}\right) \tag{1a}$$

$(t \ge t_0)$

$$\frac{x(t)}{F_0/k} = \cos\omega_n(t-t_0)-\cos\omega_n t = \cos\left(2\pi\frac{t-t_0}{T_n}\right)-\cos\left(2\pi\frac{t}{T_n}\right) \tag{1b}$$

예를 들어, 실제로 계산해보면, $t_0/T_n=1/8$인 직사각형 펄스에 대해서는 $t/T_n=0.31$에서 무차원 응답의 최대값 $(x(t)/(F_0/k))_{max}=0.7653$을, $t_0/T_n=1/4$에 대해서는 $t/T_n=0.37$에서 $(x(t)/(F_0/k))_{max}=1.4135$를, $t_0/T_n=2/5$에 대해서는 $t/T_n=0.45$에서 $(x(t)/(F_0/k))_{max}=1.9021$을, $t_0/T_n=4/5$에 대해서는 $t/T_n=0.50$에서 $(x(t)/(F_0/k))_{max}=2.0000$을 갖는다. 따라서, 이런 식으로 값을 계속 구하여 $(t_0/T_n, (x(t)/(F_0/k))_{max})$의 쌍을 좌표 평면에 그리면 충격 응답 스펙트럼이 된다. 그러나, 이런 방법은 매우 번거롭기 때문에 응답을 미분하여 최대가 되는 조건을 대입하여 충격 스펙트럼을 구한다.

즉, 우리가 지금 다루고 있는 직사각형 펄스의 경우 식 (1a)에 대해서는 $kx(t)/F_0$가 최대가 되는 t_p에 대해서 $d(kx(t_p)/F_0)/dx=\omega_n\sin\omega_n t_p=0$이 성립하므로 $t_p=\pi/\omega_n=T_n/2$이 된다. 그리고, 이를 다시 식 (1a)에 대입하면 $kx(t_p)/F_0=2$가 된다. 그런데, 이는 $t_p \le t_0$일 경우 성립하는 것이므로 $T_n/2 \le t_0$ 즉, $t_0/T_n \ge 0.5$인 경우이다.

식 (1b)에 대해서는 $d(kx(t)/F_0)/dx=0$을 만족시키는 t_p를 대입하여 $kx(t_p)/F_0=2\sin(\omega_n t_0/2)=2\sin(\pi t_0/T_n)$을 얻게 된다. 이 최대값은 t_0/T_n의 나머지 구간인 $t_0/T_n \le 0.5$에 대한 것이다.

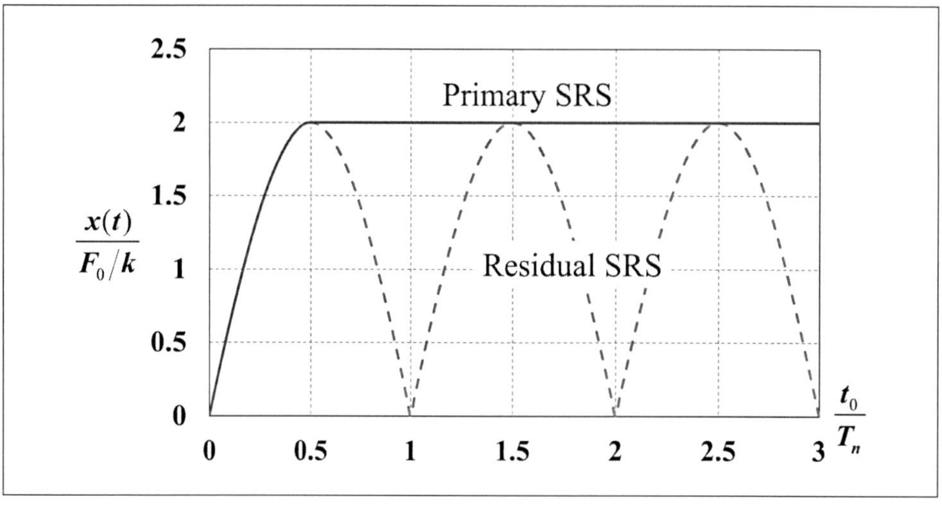

그림 1.3.7 직사각형 펄스(그림 1.3.6(a)) 가진에 의한 1 자유도 비감쇠 진동계의 충격 응답 스펙트럼

정리하면, 직사각형 펄스 가진에 의한 충격 응답에서 $t_0/T_n \leq 0.5$인 경우 $kx(t)/F_0$의 최대값은 $t \geq t_0$ (잔류 진동 영역)에서 발생하고 그 값은 $2\sin(\pi t_0/T_n)$가 된다. 이에 비해, $t_0/T_n \geq 0.5$인 경우에는 최대값이 $0 \leq t \leq t_0$ (충격력이 가해지는 시간 구간)에서 발생하고 $kx(t)/F_0$의 최대값은 항상 2가 된다 ($2\sin(\pi t_0/T_n)$보다 항상 크다). 그림 1.3.7에 지금까지 설명한 충격 응답 스펙트럼 결과를 그래프로 나타내었다. 그림에서의 점선은 $t_0/T_n \geq 0.5$인 경우의 잔류 진동 영역에서의 최대값을 나타낸다.

한편, 지금까지 살펴 본바와 같이 일반적인 외력에 대한 응답은 진동계의 단위 임펄스 응답 함수와 가진력과의 합성곱 적분에 의해 구할 수 있었다. 다음 절에서는 일반적인 수치 해석법을 이용하여 식 (1.1.2)의 응답을 시간 영역에서 구하는 매우 일반적인 방법을 알아보겠지만, 여기서 잠깐 합성곱 적분 공식을 이용한 근사적인 해법에 대해 언급할 것이 있다. 식 (1.3.11)을 이용하여 응답을 구하기 위해서는, 임의의 형태의 가진 함수 $f(t)$에 대해서도 식에 포함된 적분을 구할 수 있어야 한다는 제약이 있다. 따라서, MATLAB에서 제공되는 합성곱 함수를 이용하여 예제 1.3.7의 해를 구하는 m-file 작성 예를 아래에 제시하니 참고하기 바란다(그림 1.3.6(b)는 예제의 식 (3)을 직접 이용하여 나타낸 것인데, 이를 위해 사용한 m-file은 그 아래에 제시하였다). 합성곱 적분에 대한 더욱 자세한 설명은 보충 설명 1.3.2를 참고하기 바란다.

[MATLAB function m–file]

```
% Example 1.3.7 using 'conv' function
clear all, clc
m = 2;
c = 0.6;
k = 4.5;
zeta = c/(2*sqrt(m*k));
wn = sqrt(k/m);
wd = wn*sqrt(1-zeta^2);
theta =  atan2(sqrt(1-zeta^2),zeta);
F0 = 1;
t0 = 1;     % change the value to 3 for another problem
tf = 10;
delt = 0.01;
t = 0:delt:tf;
h = (1/(wd*m))*exp(-zeta*wn*t).*sin(wd*t);
f = F0*double(t<t0); % double(t<t0) is the same as 1-stepfun(t,t0)
x = conv(h,f)*delt;
x = x(1:end-length(h)+1);   %end=length(h)+length(f)-1
% same as x=x(1:length(t));
plot(t,x)
```

[MATLAB function m-file]

```
% Example 1.3.7 using Eq. (3) shown in the example
clear all, clc
m = 2;
c = 0.6;
k = 4.5;
zeta = c/(2*sqrt(m*k));
wn = sqrt(k/m);
wd = wn*sqrt(1-zeta^2);
theta =  atan2(sqrt(1-zeta^2),zeta);
F0 = 1;
t0 = 1;     % change the value to 3 for another problem
tf = 10;
t1 = 0:0.01:t0;
t2 = t0:0.01:tf;
x1 = (F0/k)-F0*exp(-zeta*wn*t1)/(k*sqrt(1-zeta^2)).*sin(wd*t1+theta);
x2 = F0*exp(-zeta*wn*t2)/(k*sqrt(1-zeta^2)).*(exp(zeta*wn*t0)*...
sin(wd*(t2-t0)+theta)-sin(wd*t2+theta));
plot(t1,x1,t2,x2)
```

보충설명 1.3.2 합성곱 적분

식 (1.3.9a)의 합성곱 적분에 대해 좀 더 자세히 알아보도록 하자. 본문에서와 같이 임의의 가진력 $f(t)$에 대한 응답은 진동계의 단위 임펄스 응답 함수 $h(t)$와 $f(t)$의 합성곱 적분에 의해 구할 수 있으며, 그 원리 및 근거는 앞에서 설명한 바와 같다. 여기서는 식 (1.3.9a) 자체의 의미에 대해서 살펴보도록 하자. 이를 위해 여기서는 설명의 편의상 식 (1.3.9a)보다 식 (1.3.9b)를 이용할 것이다(그럼에도 불구하고 아래에 설명될 내용은 식 (1.3.9a)에 대해서도 동일하게 적용된다).

단위 임펄스 함수 $h(t)$는 신호 및 시스템 분야에서의 필터(filter)와 같은 역할을 한다. 즉, 식 (1.3.9b)는 진동계 $h(t)$에 신호 $f(t)$가 입력되어 합성곱 적분을 통해 $x(t)$를 출력하는 것을 나타낸다.

먼저, 간단하게 그림 1.3.8(a)와 같이 2개의 이산 신호(discrete signal), $h[k]$와 $f[k]$ (k: 정수)를 고려해보자(진동계에서는 식 (1.3.9b)의 $h(t)$ 및 $f(t)$의 신호가 일반적으로 모두 $t \geq 0$에서 정의되는 것을 반영하여 이산 신호 역시 $k \geq 0$인 정수 범위에서만 정의되도록 하였다). 여기서 이산 신호는 단순하게 연속 신호를 정수 시간에서 추출한 값으로 보면 된다. 이 2개의 이산 신호에 대한 합성곱 결과 $x[n]$은 다음과 같이 정의된다.

$$x[n] = \sum_{k=-\infty}^{\infty} h[k]f[n-k] = \sum_{k=-\infty}^{\infty} f[k]h[n-k] \tag{1}$$

식 (1.3.9)와 비교해 보면, n이 t의 역할을, k가 τ의 역할을 한다고 볼 수 있다. 식 (1)의 첫 번째 형식에 관심을 가져보자. 합성곱이 수행될 $f[k]$ 및 $h[k]$가 그림 1.3.8(a)와 같이 주어졌다고 가정하자. 곱해질 $f[n-k]$는 그림 1.3.8(b)에 나타낸 바와 같이 신호 $f[k]$를 우선 원점에 대해 반전시킨 후 ($f[-k]$), 그 결과에 임의의 정수 n($x[n]$이 구해지는 위치)을 더한 것($f[-k+n]$)이 된다. 이제

$h[k]$를 고정된 위치에 놓고 정수 n에 따라서 $f[n-k]$의 위치를 옮겨가며 중복되는 위치의 두 신호를 곱하여 더하면 된다. 신호 $h[k]$와 반전된 신호 $f[n-k]$ 사이에 중복된 부분이 없을 때까지 계산을 수행하면 모든 n에 대한 $x[n]$의 값을 구할 수 있다(그림 1.3.8(c) 참고).

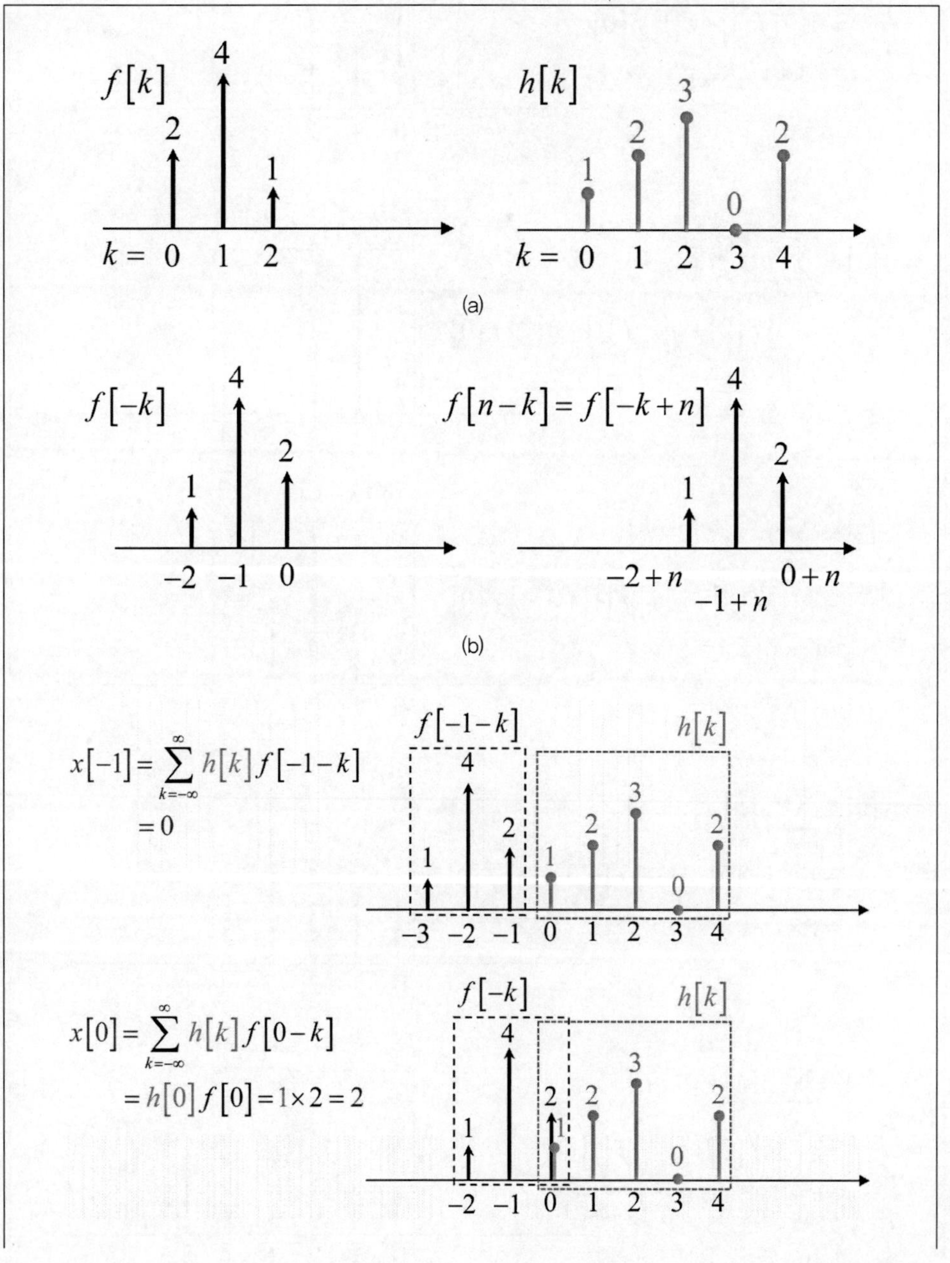

$$x[1]=\sum_{k=-\infty}^{\infty} h[k]f[1-k]$$
$$=h[0]f[1]+h[1]f[0]$$
$$=1\times4+2\times2=8$$

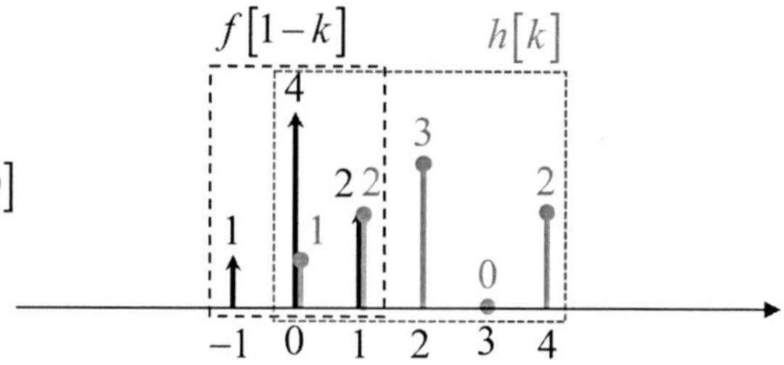

$$x[2]=\sum_{k=-\infty}^{\infty} h[k]f[2-k]$$
$$=h[0]f[2]+h[1]f[1]+h[2]f[0]$$
$$=1\times1+2\times4+3\times2=15$$

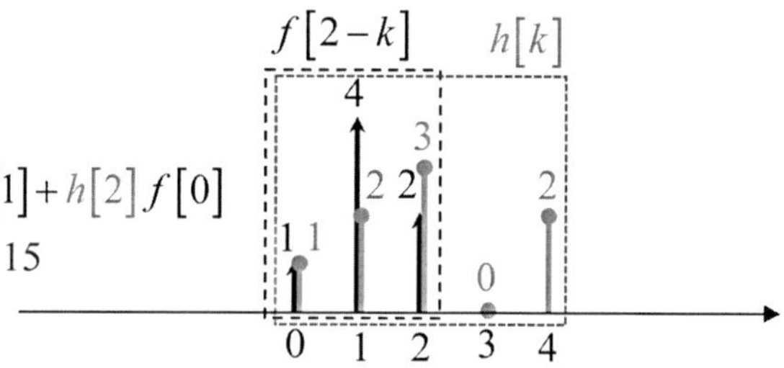

$$x[3]=\sum_{k=-\infty}^{\infty} h[k]f[3-k]$$
$$=h[1]f[2]+h[2]f[1]+h[3]f[0]$$
$$=2\times1+3\times4+0\times2=14$$

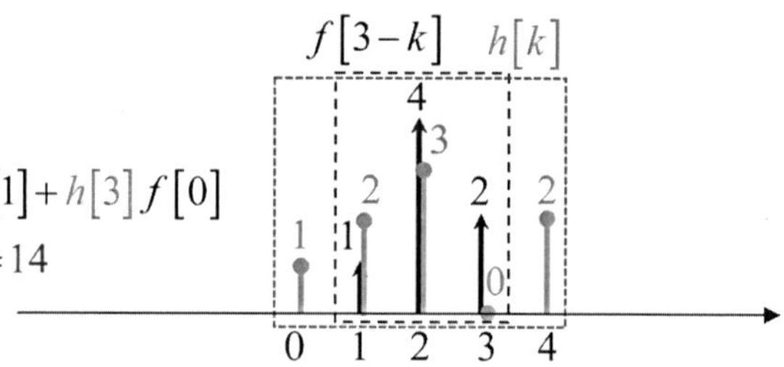

$$x[4]=\sum_{k=-\infty}^{\infty} h[k]f[4-k]$$
$$=h[2]f[2]+h[3]f[1]+h[4]f[0]$$
$$=3\times1+0\times4+2\times2=7$$

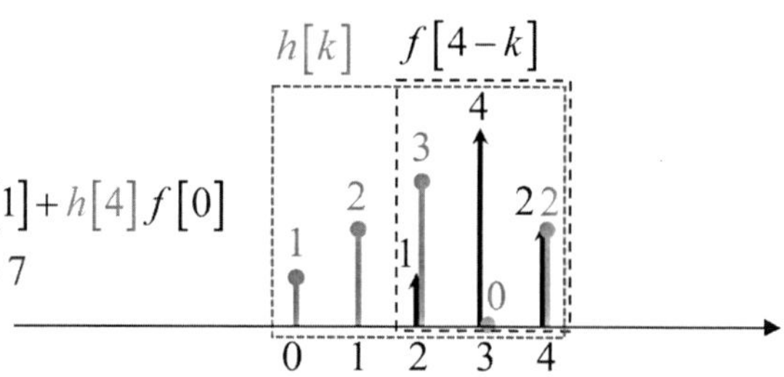

$$x[5]=\sum_{k=-\infty}^{\infty} h[k]f[5-k]$$
$$=h[3]f[2]+h[4]f[1]$$
$$=0\times1+2\times4=8$$

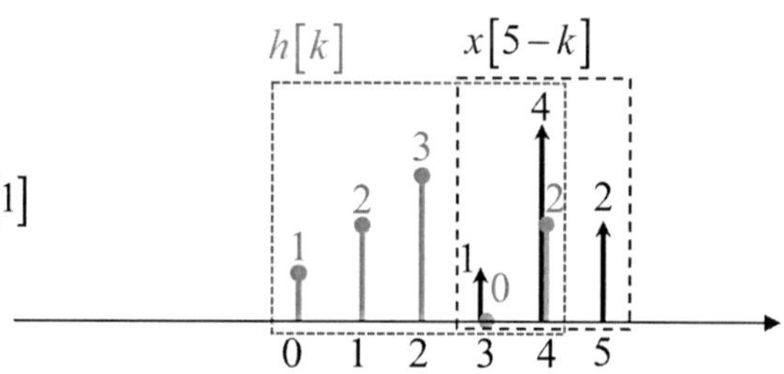

$$x[6]=\sum_{k=-\infty}^{\infty} h[k]f[6-k]$$
$$=h[4]f[2]$$
$$=2\times 1=2$$

$$x[7]=\sum_{k=-\infty}^{\infty} h[k]f[7-k]$$
$$=0$$

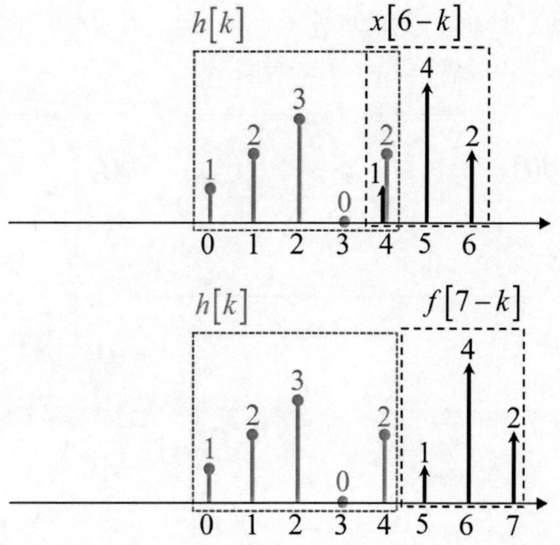

(c)

그림 1.3.8 이산 신호를 이용한 합성곱의 원리 개념: (a) 이산 신호 $f[k]$ 및 $h[k]$, (b) $f[k]$를 이용한 $f[n-k]$의 생성, (c) $x[n]$의 계산 과정

그림 1.3.8에 나타낸 계산 과정은 간단한 경우라서 직접 구할 수도 있지만,긴 시간에 걸친 이산 신호에 대해서는 다음과 같이 MATLAB을 이용하여 구해보자.

[MATLAB m–file]

```
% Calculation of a convolution
clear all, clc
h = [1, 2, 3, 0, 2];
f = [2, 4, 1];
x = conv(h, f)   % same as conv(f, h)
% length of x = length(h) + length(f) - 1
% The answer is x = [2, 8, 15, 14, 7, 8, 2]
```

이산 신호에 대한 합성곱의 원리를 살펴보았기에 이제 이를 염두에 두고 식 (1.3.9b)의 임의의 가진력에 대한 합성곱 적분을 살펴보자. 그림 1.3.9(a)에 임의의 가진력 $f(t)$와 단위 임펄스 응답 함수 $h(t)$를 나타내었으며, 바로 그 아래에 식 (1.3.9b)에 제시된 형태의 합성곱 적분에 의한 응답 결과를 나타내었다. 그림 1.3.9(b)에는 임의의 시간 $t_1(<0)$, $t_2(>0)$, $t_3(>t_2)$에서의 합성곱 수행 적분 과정을 나타내었다. 그 과정에서, 그림 1.3.9(a)의 가진력 그래프는 그림 1.3.9(b)에서 합성곱 적분 수행 시 반전(세로 축 대칭)되어 τ로 표현된 시간 축에서 시간 t_i만큼 평행 이동하게 된다. 이 때, 구간 $[0,t_i]$ 중 $f(\tau)$와 $h(\tau)$가 겹친 부분에서만 두 함수들이 서로 곱해져 적분된다. 정해진 진동계($h(t)$)에 신호($f(t)$)가 입력되면서 서로의 곱이 적분되어 시간 t의 흐름에 따라 출력($x(t)$)을 내는 것이다. 이 경우

엔 시간 t의 흐름에 따라 시간 축 값은 왼쪽에서 오른쪽으로 움직인다. 따라서, $\tau=0$ 축의 오른쪽에 위치해 있는 진동계($h(t)$)의 관점에서는 외부 입력 신호가 왼쪽 부분부터 들어와야 한다. 따라서, 입력 신호는 우선 반전되어야 하는 것이다.

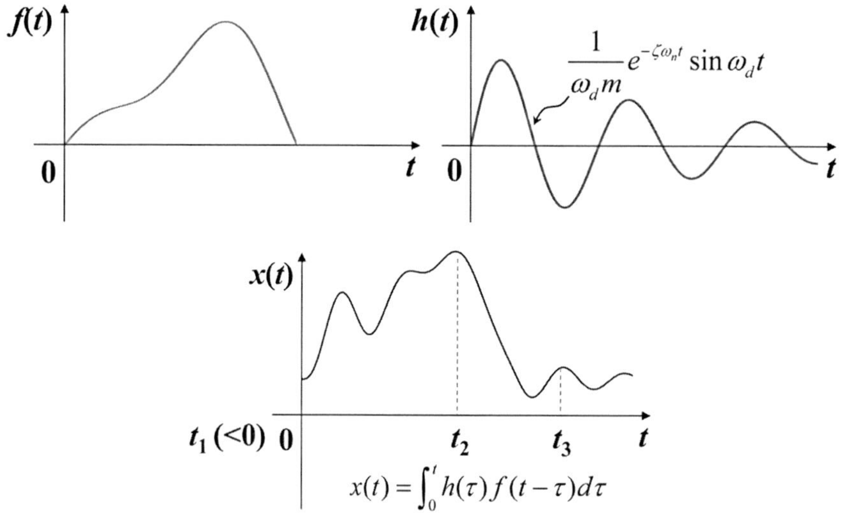

(a)

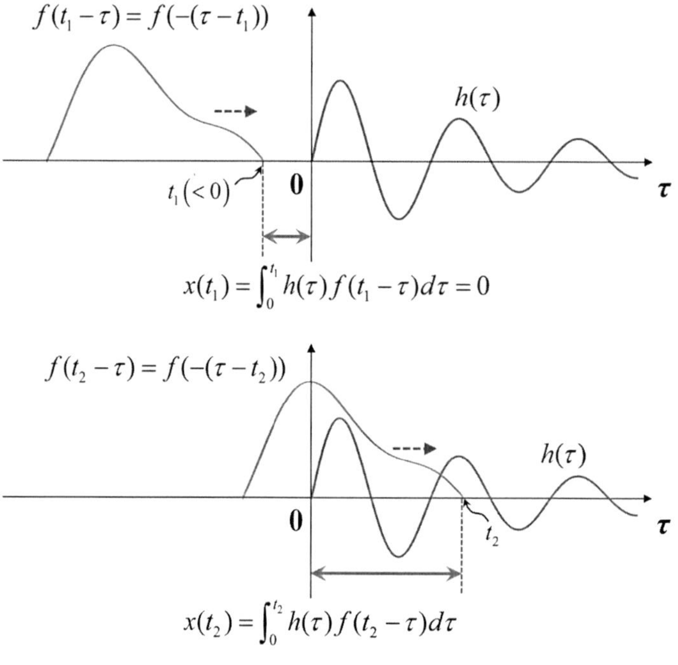

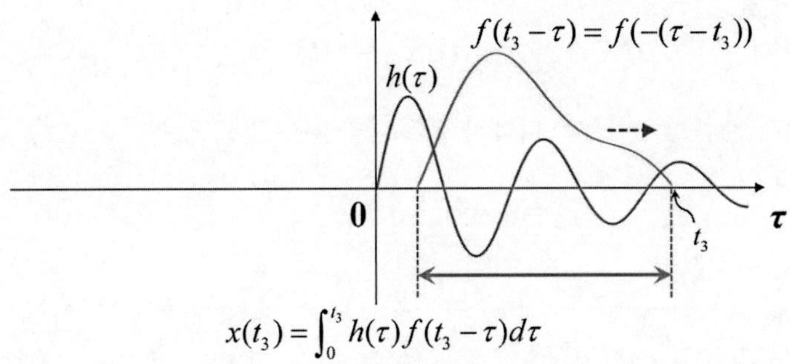

(b)

그림 1.3.9 연속 신호를 이용한 합성곱 적분의 원리: (a) 가진력 $f(t)$ 및 단위 임펄스 응답 함수 $h(t)$, (b) 응답 $x(t)$의 계산 과정

1.3.3 수치 해법을 이용한 1 자유도 진동계의 응답

지금까지 식 (1.1.2)에 나타낸 진동계의 응답을 가진력의 유무에 따라 또는, 감쇠의 유무에 따라 나눠 살펴보았고 또한, 조화 가진에 의한 주파수 영역에서의 응답 및 일반 외력에 의한 시간 영역에서의 응답에 대해서도 살펴보았다. 앞서 살펴본 합성곱 적분에 의한 해법 식 (1.3.11)은 일반적인 외력에 대한 응답을 구할 수 있는 장점이 있으나 적분을 수행하여 해석적인 해(analytical solution)를 구하는 방법이라는 측면에서는 여전히 제한적이다. 특히, 비선형 진동계에는 적용이 불가능하다.

여기서는 수치 해법을 통해 일반적인 가진력에 대한 식 (1.1.2)의 해를 시간 영역에서 구하는 것에 관해 알아보도록 하자. 이 방법은 비선형 진동계에도 적용된다. 식 (1.1.2)를 풀기 위한 수치 해법은 시간에 대한 미분을 유한 차분(finite difference)[57]으로 바꾸는 것을 기본으로 하는데, 여러 기법이 있으나 그 중에서도 Runge-Kutta 방법의 활용도가 제일 높다. 아래에서는 이를 기반으로 한 MATLAB의 'ode45'의 사용법에 대해서도 알아볼 것이다.

먼저, 초기 조건($x(0)=x_0,\ \dot{x}(0)=v_0$)을 포함하여 식 (1.1.2)에 수치 해법 적용을 위한 상태 방정식(state equation) 표현을 알아보자. 이는 상태 변수(state variable)를 정의하여 1개의 이계(second order) 미분 방정식을 2개의 일계(first order) 미분 방정식으로 표현하는 것이다. 식 (1.1.2)는 이계 미분

57) 예를 들면, 시간 함수 $x(t)$의 1차 및 2차 도함수인 $\dot{x}\ (=dx(t)/dt)$, $\ddot{x}\ (=d^2x(t)/dt^2)$에 대해 각각 $(x(t+h)-x(t))/h$와 $(x(t+2h)-2x(t+h)+x(t))/h^2$로 근사화하여 미분 방정식의 해를 구하는 방법을 전방 유한 차분법(forward finite difference method)라고 한다.

방정식이므로 상태 변수는 2개(x_1,x_2)로서 이들은 각각 다음과 같이 변위 $x(t)$ 및 속도 $\dot{x}(t)$가 된다.

$$x_1 = x(t),\ x_2 = \dot{x}(t) \tag{1.3.12}$$

위 식으로부터 상태 변수들의 미분은 다음과 같이 나타낼 수 있으므로,

$$\dot{x}_1 = \dot{x} = x_2 \rightarrow \dot{x}_1 = x_2 \tag{1.3.13a}$$

$$\dot{x}_2 = \ddot{x} = -\frac{c}{m}\dot{x} - \frac{k}{m}x + \frac{f}{m} \rightarrow \dot{x}_2 = -\frac{c}{m}x_2 - \frac{k}{m}x_1 + \frac{f}{m} \tag{1.3.13b}$$

이를 벡터-행렬을 이용하면 아래와 같이 표현된다.

$$\begin{Bmatrix} \dot{x}_1 \\ \dot{x}_2 \end{Bmatrix} = \begin{bmatrix} 0 & 1 \\ -\frac{k}{m} & -\frac{c}{m} \end{bmatrix} \begin{Bmatrix} x_1 \\ x_2 \end{Bmatrix} + \begin{Bmatrix} 0 \\ \frac{f}{m} \end{Bmatrix} \rightarrow \dot{\boldsymbol{x}} = \boldsymbol{Ax} + \boldsymbol{f} \tag{1.3.14}$$

위 식에서 $\boldsymbol{A}$를 상태 행렬(state matrix), 상태 변수들로 구성된 벡터 $\boldsymbol{x}$를 상태 벡터(state vector)라고 한다. 위와 같은 표현 및 이를 기반으로 한 수치 해석법의 장점은 비선형 방정식(예를 들면, 강성이 변위의 비선형 함수인 경우)의 풀이에도 적용 가능하다는 것이다. 또한, 비선형을 포함한 진동계의 평형 상태를 구하는 경우에도 활용된다. 이 경우 상태 벡터의 미분이 영이 되는 지점, 즉 $\dot{\boldsymbol{x}} = 0$을 만족하는 지점이 해당 진동계의 평형 상태가 된다. 상태 벡터의 미분이 영이라는 것은 식 (1.3.13)에 의하면 진동계의 속도와 가속도가 모두 영이 된다는 것을 의미한다.

예제 1.3.9

다음의 부족 감쇠 1 자유도 진동계를 나타내는 미분 방정식을 1) 상태 방정식의 형태로 나타내고, 2) MATLAB의 'ode45' 함수를 이용하여 시간 영역에서의 해를 그래프로 나타내어라.

$$m\ddot{x}(t) + c\dot{x}(t) + kx(t) = u(t) - u(t-1),\ x(0) = 0.1\ \text{(m)},\ \dot{x}(0) = -0.1\ \text{(m/s)}$$

단, 위 식에서 m =2 kg, c =0.6 N·s/m, k =4.5 N/m이라고 한다.

풀이 및 설명

1) 상태 변수는 다음과 같다.

$$x_1 = x(t),\ x_2 = \dot{x}(t) \tag{1}$$

따라서, 상태 변수들의 미분은 다음과 같이 나타낼 수 있으므로,

$$\dot{x}_1 = x_2 \tag{2a}$$

$$\dot{x}_2 = -0.3x_2 - 2.25x_1 + \frac{u(t) - u(t-1)}{2} \tag{2b}$$

이를 벡터-행렬을 이용하면 아래와 같이 표현된다.

$$\begin{Bmatrix} \dot{x}_1 \\ \dot{x}_2 \end{Bmatrix} = \begin{bmatrix} 0 & 1 \\ -2.25 & -0.3 \end{bmatrix} \begin{Bmatrix} x_1 \\ x_2 \end{Bmatrix} + \begin{Bmatrix} 0 \\ \dfrac{u(t)-u(t-1)}{2} \end{Bmatrix} \tag{3}$$

2) 아래는 MATLAB의 'ode45' 함수를 이용한 m-file 작성 예이다. 그 결과를 그림 1.3.10에 나타내었다.

[MATLAB function m–file] step_input.m

```
% function m-file for use in 'ode45'
function xdot = step_input(t,x)
ts = 1;            % where the second step function starts
xdot = zeros(2,1);
xdot(1) = x(2);    % representing Eq. (2a)
xdot(2) = -2.25*x(1)-0.3*x(2) + 0.5*double(t<ts);
% double(t<ts) is the same as 1-stepfun(t,ts)
```

[MATLAB script m–file]

```
% Example 1.3.9
clear all, clc
t0 = 0;     % starting for analysis
tf = 20;    % ending time for analysis
x0 = [0.1, -0.1];  % initial conditions
[t, x] = ode45('step_input', [t0, tf], x0);
dist = x(:, 1);    % displacement, first state variable x1
vel = x(:, 2);     % velocity, second state variable x2
plot(t, dist, t, vel)
```

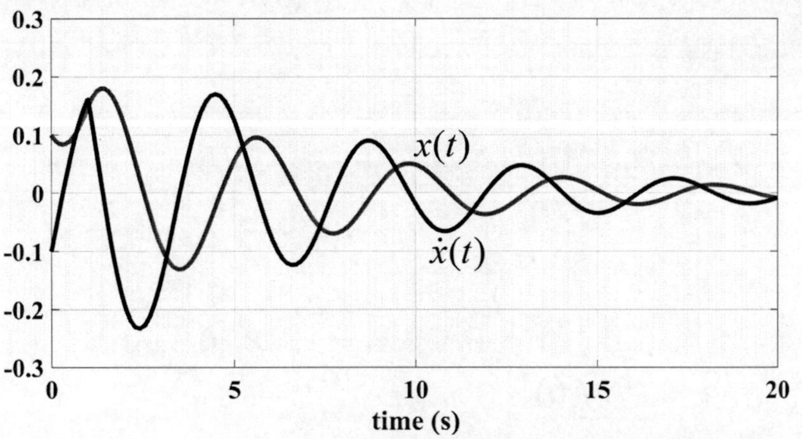

그림 1.3.10 (예제 1.3.9) 2개의 단위 계단 함수로 구성된 직사각형 펄스 가진력에 의한 부족 감쇠 진동계의 응답(변위 및 속도)

1.4. 다 자유도계의 진동

지금까지 1 자유도계의 진동을 통해 진동에 대한 기본 개념을 파악하였다. 고유 진동수, 감쇠비 등 외에도 진동 현상을 파악하는데 필요한 개념 중 '고유 모드(natural mode)' 또는 '모드 형상(mode shape)'이라는 것을 배울 차례가 되었다. 이는 다 자유도계(multiple degree-of-freedom system)에만 있는 것으로서 일반적인 진동계의 특성을 파악할 때 중요한 파라미터가 된다. 다 자유도계의 가장 간단한 형태인 2 자유도계를 통해 고유 모드에 대한 개념을 살펴보도록 하자. 2 자유도계를 이용하면 각각의 질량체 사이의 상대 운동 양상을 의미하는 고유 모드라는 개념을 도입하고 설명하기에 편리하다. 자유도의 개수에 따라 고유 진동수가 존재하므로, 따라서 2 자유도 진동계의 특징은 2개의 고유 진동수 및 이에 각각 대응하는 2개의 고유 모드가 존재한다는 것이다.

1.4.1 비 감쇠 2 자유도계의 진동

가장 간단한 2 자유도 진동계의 구성으로서, 서로 다른 2개의 방향으로 배열된 2개의 스프링에 연결된 단 1개 질량체의 병진 운동, 또는 병진 및 회전 자유도를 갖는 스프링으로 연결된 단 1개 질량체의 병진 및 회전 운동, 또는 스프링에 의해 연결된 2개 질량체의 스프링 길이 방향 상대 운동에 관련된 진동 특성 등을 생각할 수 있다. 이들 중 앞의 2가지 예는 각각 구조물의 평면상에서의 진동과 비행기 날개의 비틀림 및 굽힘 진동 등을 설명할 수 있다. 후자는 주로 자동차의 휠과 노면 사이 또는 차체와 휠 사이의 현가장치(suspension) 등을 모델링 하거나 동흡진기(DVA: dynamic vibration absorber) 등의 원리를 설명할 때 활용될 수 있다.

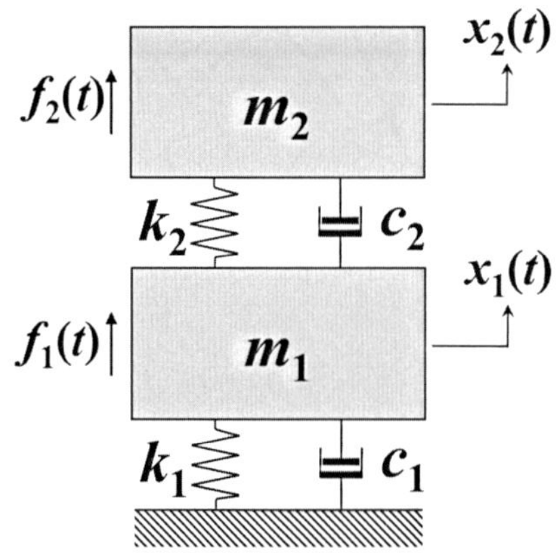

그림 1.4.1 2 자유도 진동계 모델: 스프링으로 연결된 2개 질량의 동일 방향 상대 운동

그림 1.4.1에 나타낸 대표적인 2 자유도계 질량-감쇠-스프링 모델에 대한 운동 방정식은 다음과 같다.

$$m_1\ddot{x}_1(t)+(k_1+k_2)x_1(t)-k_2x_2(t)=0 \tag{1.4.1a}$$

$$m_2\ddot{x}_2(t)-k_2x_1(t)+k_2x_2(t)=0 \tag{1.4.1b}$$

1 자유도계에서와 마찬가지로, 지금은 고유 진동수 및 고유 모드를 설명하는 단계이므로 위 식에서 감쇠와 외력은 무시하였다. 위 식에서 각각의 식은 $x_1(t)$과 $x_2(t)$를 모두 포함하고 있기 때문에 이를 연성(coupled)되었다고 한다. 위 식은다음과 같이 벡터 및 행렬을 이용하여 표시할 수 있는데, 이러한 표현은 다 자유도계로의 확장을 위해서도 필요하다.

$$\begin{bmatrix} m_1 & 0 \\ 0 & m_2 \end{bmatrix}\begin{Bmatrix} \ddot{x}_1(t) \\ \ddot{x}_2(t) \end{Bmatrix}+\begin{bmatrix} k_1+k_2 & -k_2 \\ -k_2 & k_2 \end{bmatrix}\begin{Bmatrix} x_1(t) \\ x_2(t) \end{Bmatrix}=\begin{Bmatrix} 0 \\ 0 \end{Bmatrix} \tag{1.4.2a}$$

$$\boldsymbol{M}\ddot{\boldsymbol{x}}+\boldsymbol{K}\boldsymbol{x}=0 \tag{1.4.2b}$$

위 식에서 $\boldsymbol{M}$과 $\boldsymbol{K}$를 각각 질량 행렬(mass matrix) 및 강성 행렬(stiffness matrix)이라고 하며 식 (1.4.2a)를 통해 확인할 수 있듯이 모두 대칭행렬이 된다($\boldsymbol{M}=\boldsymbol{M}^T$, $\boldsymbol{K}=\boldsymbol{K}^T$). 식 (1.4.2)를 풀기 위해 복소수 지수법을 사용하여 해를 다음과 같이 가정할 수 있다[58].

$$\begin{Bmatrix} x_1(t) \\ x_2(t) \end{Bmatrix}=\begin{Bmatrix} \phi_{,1} \\ \phi_{,2} \end{Bmatrix}e^{j\omega t}\ (\boldsymbol{x}=\boldsymbol{\phi}e^{j\omega t}) \tag{1.4.3}$$

위와 같은 형태로 해를 가정한다는 것은 2개의 질량이 모두 동일한 각 진동수 ω로 조화 진동하고 또한 동시에 평형 위치(equilibrium position)를 통과하는 운동을 고려한 것이다(이를 정규 모드(normal mode)라고 한다). 이제 위 식을 식 (1.4.2)에 대입하면 아래와 같은 관계를 얻을 수 있다.

$$\left(\begin{bmatrix} k_1+k_2 & -k_2 \\ -k_2 & k_2 \end{bmatrix}-\omega^2\begin{bmatrix} m_1 & 0 \\ 0 & m_2 \end{bmatrix}\right)\begin{Bmatrix} \phi_{,1} \\ \phi_{,2} \end{Bmatrix}=\begin{Bmatrix} 0 \\ 0 \end{Bmatrix} \tag{1.4.4a}$$

$$(\boldsymbol{K}-\omega^2\boldsymbol{M})\boldsymbol{\phi}=0 \tag{1.4.4b}$$

그런데, 위 식을 만족하는 영이 아닌 벡터 $\boldsymbol{\phi}$가 존재하기 위해서는 행렬 $\boldsymbol{K}-\omega^2\boldsymbol{M}$의 역행렬이 존재하지 않아야 한다. 따라서, 행렬 $\boldsymbol{K}-\omega^2\boldsymbol{M}$의 행렬식(determinant)은 다음과 같이 0이 되어야 하므로,

$$\det\begin{bmatrix} k_1+k_2-\omega^2m_1 & -k_2 \\ -k_2 & k_2-\omega^2m_2 \end{bmatrix}=0 \tag{1.4.5}$$

58) $\phi_{,1}$과 $\phi_{,2}$는 각각 벡터 $\boldsymbol{\phi}$의 첫 번째 성분 및 두 번째 성분을 나타낸다. 따라서, $\phi_{1,1}$은 벡터 $\boldsymbol{\phi}_1$의 첫 번째 성분을 의미한다.

이를 정리하면 다음과 같이 ω^2에 대한 2차 방정식(ω에 대한 4차 방정식)을 얻게 된다.

$$m_1 m_2 (\omega^2)^2 - (m_1 k_2 + m_2 k_1 + m_2 k_2)\omega^2 + k_1 k_2 = 0 \tag{1.4.6}$$

이제 근의 공식을 이용하여 위 식의 해를 다음과 같이 구한 후,

$$\omega_1^2 = \frac{m_1 k_2 + m_2 k_1 + m_2 k_2 - \sqrt{(m_1 k_2 + m_2 k_1 + m_2 k_2)^2 - 4 m_1 m_2 k_1 k_2}}{2 m_1 m_2} \tag{1.4.7a}$$

$$\omega_2^2 = \frac{m_1 k_2 + m_2 k_1 + m_2 k_2 + \sqrt{(m_1 k_2 + m_2 k_1 + m_2 k_2)^2 - 4 m_1 m_2 k_1 k_2}}{2 m_1 m_2} \tag{1.4.7b}$$

ω_1^2 및 ω_2^2을 다시 식 (1.4.4a)에 이를 대입하면 각각에 대해 벡터 ϕ_1 및 ϕ_2를 얻을 수 있다. 즉, 식 (1.4.4)의 해는 (ω_1, ϕ_1), (ω_2, ϕ_2)와 같이 2쌍의 ω 및 ϕ로 구성된다. 여기서 ω_1 및 ω_2를 진동계의 고유 진동수(natural frequency, eigen frequency), 그리고 ϕ_1 과 ϕ_2를 각각의 고유 진동수에 대응하는 고유 모드(natural mode, eigen mode) 또는 모드 형상(mode shape)이라고 한다.

한편 수학적으로는 $\phi_1 e^{-j\omega_1 t}$, $\phi_1 e^{j\omega_1 t}$, $\phi_2 e^{-j\omega_2 t}$, $\phi_2 e^{j\omega_2 t}$가 모두 식 (1.4.2)의 해가 되므로 일반해를 다음과 같이 나타낼 수 있다[59].

$$\begin{aligned} \boldsymbol{x}(t) &= a_1 \phi_1 e^{-j\omega_1 t} + a_2 \phi_1 e^{j\omega_1 t} + a_3 \phi_2 e^{-j\omega_2 t} + a_4 \phi_2 e^{j\omega_2 t} \\ &= \left(a_1 e^{-j\omega_1 t} + a_2 e^{j\omega_1 t}\right)\phi_1 + \left(a_3 e^{-j\omega_2 t} + a_4 e^{j\omega_2 t}\right)\phi_2 \\ &= A_1 \sin(\omega_1 t + \theta_1)\phi_1 + A_2 \sin(\omega_2 t + \theta_2)\phi_2 \end{aligned} \tag{1.4.8}$$

따라서, 위 식에 초기 조건 $\boldsymbol{x}_0$ 및 $\dot{\boldsymbol{x}}_0$을 대입하여 미지수 $A_1, A_2, \theta_1, \theta_2$를 구하면 2 자유도 비감쇠 진동계의 자유 진동 해를 얻게 된다[60].

예제 1.4.1

(예제 1.4.1) 그림 1.4.1의 진동계에서 $m_1 = 2m$, $m_2 = m$, $k_1 = k_2 = k$ $(c_1 = c_2 = 0)$일 때 고유 진동수 및 고유 모드를 구하고, 초기 조건 $x_1(0) = 1$ (mm), $x_2(0) = 0$ (mm), $\dot{x}_1(0) = 0$ (mm/s), $\dot{x}_2(0) = 0$ (mm/s)에 대한 자유 진동해를 구하여라.

59) 식 (1.4.8)에서 모드 형상은 실수이므로 응답 $\boldsymbol{x}(t)$가 실수이기 위해서는 $a_1 e^{-j\omega_1 t} + a_2 e^{j\omega_1 t}$가 실수가 되어야 하고, 따라서 $a_1 e^{-j\omega_1 t} = (a_2 e^{j\omega_1 t})^*$의 관계가 성립되어야 한다. 즉, a_1과 a_2는 서로 공액 복소수 관계이어야 하므로, $a_1 = \alpha + j\beta$로 두면 $a_2 = \alpha - j\beta$이고 $a_1 e^{-j\omega_1 t} + a_2 e^{j\omega_1 t}$는 $2\alpha\cos\omega_1 t + 2\beta\sin\omega_1 t$가 된다. 따라서, 이는 $A_1 \sin(\omega_1 t + \theta_1)$로 나타낼 수 있다.

60) 여기서 중요한 사실은, 임의의 시간에서의 운동은 모드 형상 벡터 ϕ_1, ϕ_2의 선형 결합이라는 것이다. 즉, 예를 들면, 평면상의 점을 나타내는 임의의 평면 벡터는 기본 단위 벡터 $\boldsymbol{e}_1 = (1,0)$, $\boldsymbol{e}_2 = (0,1)$를 이용하여 표현할 수 있듯이, 구조물의 운동은 모드 형상 벡터를 이용하여 완벽하게 기술할 수 있다. 이에 대해서는 1.4.3에서 다시 설명하였다.

풀이 및 설명

1) 운동 방정식 구하기

식 (1.4.2a)를 이용하면 이 진동계의 자유 진동에 대한 행렬 미분 방정식은 다음과 같다.

$$\begin{bmatrix} 2m & 0 \\ 0 & m \end{bmatrix} \begin{Bmatrix} \ddot{x}_1(t) \\ \ddot{x}_2(t) \end{Bmatrix} + \begin{bmatrix} 2k & -k \\ -k & k \end{bmatrix} \begin{Bmatrix} x_1(t) \\ x_2(t) \end{Bmatrix} = \begin{Bmatrix} 0 \\ 0 \end{Bmatrix} \tag{1}$$

2) 고유 진동수 구하기

정규 모드를 가정하여 $\boldsymbol{x} = \boldsymbol{\phi} e^{j\omega t}$를 대입하면 위 식은 아래와 같이 표현된다.

$$\begin{bmatrix} 2k-2m\omega^2 & -k \\ -k & k-m\omega^2 \end{bmatrix} \begin{Bmatrix} \phi_{,1} \\ \phi_{,2} \end{Bmatrix} = \begin{Bmatrix} 0 \\ 0 \end{Bmatrix} \tag{2}$$

따라서, 위 식이 영 벡터가 아닌 벡터 $\boldsymbol{\phi}$를 갖기 위해서는 다음과 같이 행렬 $\boldsymbol{K} - \omega^2 \boldsymbol{M}$의 행렬식이 0이 되어야 한다.

$$\begin{aligned} \det \begin{bmatrix} 2k-2m\omega^2 & -k \\ -k & k-m\omega^2 \end{bmatrix} &= (2k-2m\omega^2)(k-m\omega^2) - k^2 \\ &= 2m^2\omega^4 - 4km\omega^2 + k^2 = 0 \end{aligned} \tag{3}$$

위 식으로부터 2개의 고유 진동수 ω_1 (rad/s), ω_2 (rad/s)를 다음과 같이 구할 수 있다.

$$\omega_1 = \sqrt{\frac{2-\sqrt{2}}{2}\frac{k}{m}} = \sqrt{0.5412\frac{k}{m}}, \; \omega_2 = \sqrt{\frac{2+\sqrt{2}}{2}\frac{k}{m}} = \sqrt{1.3066\frac{k}{m}} \tag{4}$$

즉, ω_1 또는 ω_2의 각각의 고유 진동수에서 진동할 때, 2개의 질량은 동시에 평형점을 지나는 정규 모드를 형성한다는 것이다.

3) 모드 형상 구하기

식 (4)에서 구한 고유 진동수 ω_1 및 ω_2를 식 (2)에 대입하면 각각의 고유 진동수에 상응하는 모드 형상을 구할 수 있다. 그런데, 식 (2)에서 알 수 있는 바와 같이 $\boldsymbol{\phi}$가 해라면 임의의 상수 α가 곱해진 $\alpha\boldsymbol{\phi}$도 해가 됨을 알 수 있다. 따라서, 지금 당장은 모드 형상을 $\phi_{,1}/\phi_{,2}$의 비율 값으로 표시하거나, 간단하게는 모드 형상 벡터의 최대 성분의 크기가 1이 되도록 정한다.[61)]

즉, $\omega_1^2 = 0.5412(k/m)$ 인 경우,

$$\begin{bmatrix} \sqrt{2}k & -k \\ -k & k/\sqrt{2} \end{bmatrix} \begin{Bmatrix} \phi_{1,1} \\ \phi_{1,2} \end{Bmatrix} = \begin{Bmatrix} 0 \\ 0 \end{Bmatrix} \rightarrow \frac{\phi_{1,1}}{\phi_{1,2}} = \frac{1}{\sqrt{2}} \tag{5a}$$

$\omega_2^2 = 1.3066(k/m)$ 인 경우,

$$\begin{bmatrix} -\sqrt{2}k & -k \\ -k & -k/\sqrt{2} \end{bmatrix} \begin{Bmatrix} \phi_{2,1} \\ \phi_{2,2} \end{Bmatrix} = \begin{Bmatrix} 0 \\ 0 \end{Bmatrix} \rightarrow \frac{\phi_{2,1}}{\phi_{2,2}} = -\frac{1}{\sqrt{2}} \tag{5b}$$

또는, 고유 모드를 $\phi_1 = [1/\sqrt{2} \;\; 1]^T$, $\phi_2 = [-1/\sqrt{2} \;\; 1]^T$로 나타낼 수 있다. 그림 1.4.2에 2개 쌍의 고유 진동수 및 모드 형상을 나타내었다[62].

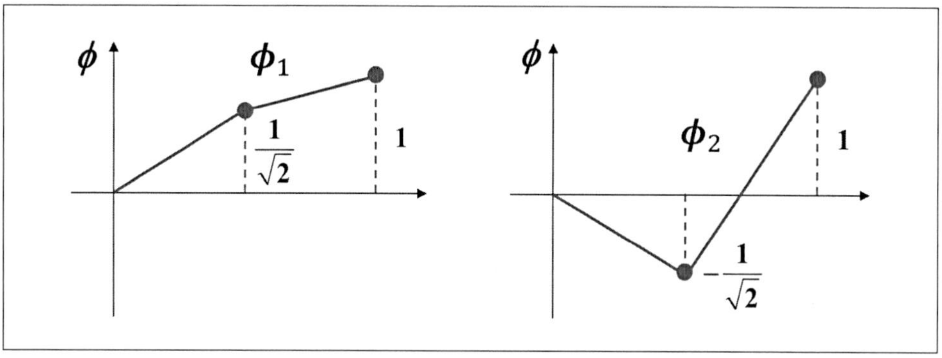

그림 1.4.2 (예제 1.4.1) 고유 진동수 ω_1 (좌측) 및 ω_2 (우측)에서의 모드 형상들

4) 자유 진동 해 구하기

주어진 질량 및 강성을 이용하여, 지금까지 그림 1.4.1의 2 자유도 진동계에 대한 고유 진동수 및 모드 형상을 구하였다. 이제 식 (1.4.8)을 이용하여 주어진 초기 조건에 대한 자유 진동 해를 구할 수 있다.

$$\begin{Bmatrix} x_1(t) \\ x_2(t) \end{Bmatrix} = A_1 \sin\left(\sqrt{0.5412\frac{k}{m}}\,t + \theta_1\right)\begin{Bmatrix} 1/\sqrt{2} \\ 1 \end{Bmatrix} + A_2 \sin\left(\sqrt{1.3066\frac{k}{m}}\,t + \theta_2\right)\begin{Bmatrix} -1/\sqrt{2} \\ 1 \end{Bmatrix} \qquad (6)$$

A_1, A_2, θ_1, θ_2의 값은 위 식에 초기 조건을 대입하여 얻게 되는 다음의 연립 방정식을 풀어서 구하면 된다.

$$\begin{Bmatrix} 1 \\ 0 \end{Bmatrix} = A_1 \sin\theta_1 \begin{Bmatrix} 1/\sqrt{2} \\ 1 \end{Bmatrix} + A_2 \sin\theta_2 \begin{Bmatrix} -1/\sqrt{2} \\ 1 \end{Bmatrix} \qquad (7a)$$

$$\begin{Bmatrix} 0 \\ 0 \end{Bmatrix} = \sqrt{0.5412\frac{k}{m}}\,A_1 \cos\theta_1 \begin{Bmatrix} 1/\sqrt{2} \\ 1 \end{Bmatrix} + \sqrt{1.3066\frac{k}{m}}\,A_2 \cos\theta_2 \begin{Bmatrix} -1/\sqrt{2} \\ 1 \end{Bmatrix} \qquad (7b)$$

1.4.2 동 흡진기

동 흡진기(DVA: Dynamic Vibration Absorber)[63]의 원리는 2 자유도 이상의 진동계에서 빠질 수 없는 주제이다. 단순히 자유도의 증가로 인해 문제의 복잡도가 증가되는 면을 넘어서서 이는 진동의 관

61) '1.4.3 고유값과 고유벡터'에서 질량 행렬 $\boldsymbol{M}$에 대해 정규화(normalization)하는 방법을 살펴볼 것이다.

62) 2 자유도 병진 운동만 존재하는 진동계에는 동 위상(같은 방향으로 움직임) 및 역 위상(서로 반대 방향으로 움직임) 고유 모드 2개가 존재할 뿐이다.

63) 동조 질량 감쇠기(TMD: tuned mass damper)라고도 한다.

리 및 제어 관점에서 매우 중요한 주제이기도 하다.

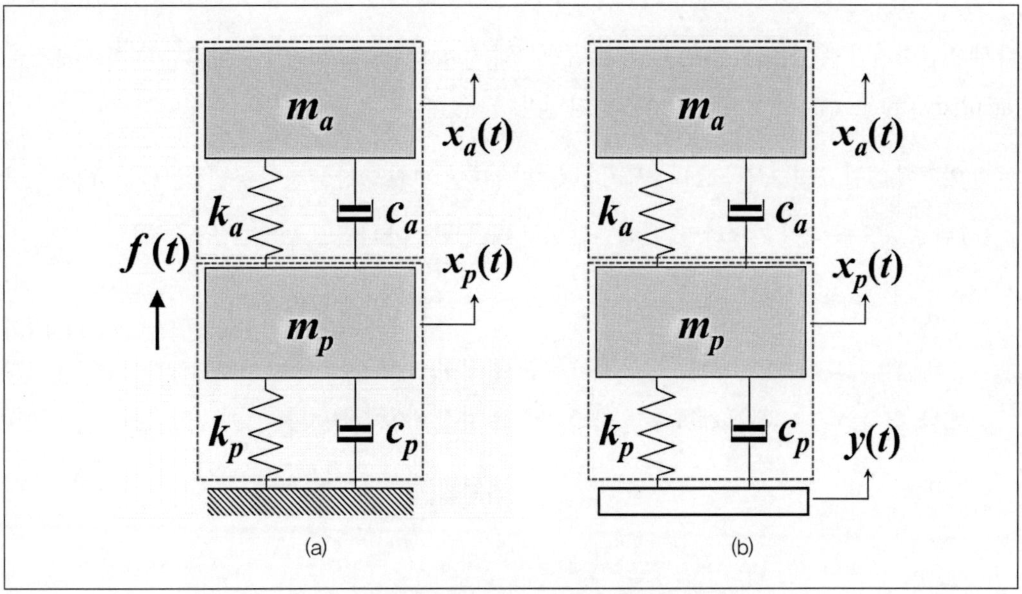

그림 1.4.3 (a) 외력 가진 및 (b) 기저 가진의 경우에 대한 동 흡진기

그림 1.4.3에 나타낸 바와 같이, 외력 $f(t)$ 또는 기저 운동 $y(t)$에 의해 가진되는 구조물(하첨자 p의 등가 질량 및 스프링으로 표현)이 있다고 한다. 여기에 하첨자 a로 표현된 또 다른 등가의 질량-스프링 계가 부착되어 있다. 이 추가된 질량-스프링 계를 동 흡진기라고 한다. 즉, 동 흡진기는 주 구조물(prmary structure)에 부가되는 구조물(auxiliary structure)로서, 일반적으로 부가 구조물의 고유 진동수를 주 구조물에 가해지는 가진력의 주파수에 맞추어 주 구조물의 진동을 최대한 억제하기 위해 사용된다. 동 흡진기는 주 구조물의 진동 에너지를 받아서 동 흡진기의 운동 에너지 또는 탄성 변형 에너지로 저장하지만, 동 흡진기로 유입된 진동 에너지는 결국 동 흡진기의 감쇠에 의해 소산되어야 한다. 따라서, 우선 감쇠가 없는(또는 감쇠가 무시할 수 있을 정도로 작은) 비 감쇠 동 흡진기를 통해 흡진 원리를 파악하고, 그 다음 감쇠를 포함한 경우에 대해 살펴보고자 한다. 동 흡진기를 적용할때 주 구조물의 감쇠는 진동 제어를 위한 주 수단이 아닌 것으로 가정하므로, 보통 주 구조물에서 감쇠를 제외한다($c_p = 0$).

1 비 감쇠 동 흡진기($c_a = 0$)

그림 1.4.3(a)의 외력 가진에 대한 경우의 2 자유도 진동계에 대한 운동 방정식은 다음과 같다.

$$\begin{bmatrix} m_p & 0 \\ 0 & m_a \end{bmatrix} \begin{Bmatrix} \ddot{x}_p(t) \\ \ddot{x}_a(t) \end{Bmatrix} + \begin{bmatrix} k_p + k_a & -k_a \\ -k_a & k_a \end{bmatrix} \begin{Bmatrix} x_p(t) \\ x_a(t) \end{Bmatrix} = \begin{Bmatrix} f(t) \\ 0 \end{Bmatrix} \tag{1.4.9}$$

다시 언급하지만, 위 식에서 하첨자 'p'는 주 구조물(primary structure)을 뜻하고, 'a'는 부 구조물(auxiliary structure)로서의 동 흡진기를 나타낸다.

이제 외력에 대한 조화 가진 $f(t) = F_0 e^{j\omega t}$ 및 이에 대한 변위의 정상 상태 응답 $x_p(t) = \widetilde{X}_p e^{j\omega t}$ 및 $x_a(t) = \widetilde{X}_a e^{j\omega t}$를 각각 가정하면[64], 식 (1.4.9)는 다음과 같이 나타낼 수 있다.

$$\begin{bmatrix} k_p + k_a - \omega^2 m_p & -k_a \\ -k_a & k_a - \omega^2 m_a \end{bmatrix} \begin{Bmatrix} \widetilde{X}_p \\ \widetilde{X}_a \end{Bmatrix} = \begin{Bmatrix} F_0 \\ 0 \end{Bmatrix} \tag{1.4.10}$$

따라서, 위 식을 $\widetilde{X}_p$, $\widetilde{X}_a$에 대해서 풀면 각각 다음과 같음을 알 수 있다.

$$\widetilde{X}_p = \frac{(k_a - \omega^2 m_a) F_0}{(k_p + k_a - \omega^2 m_p)(k_a - \omega^2 m_a) - k_a^2} \tag{1.4.11a}$$

$$\widetilde{X}_a = \frac{k_a F_0}{(k_p + k_a - \omega^2 m_p)(k_a - \omega^2 m_a) - k_a^2} \tag{1.4.11b}$$

위 식들 중에서 식 (1.4.11a)에 의하면 $\omega^2 = k_a/m_a$ (tuned frequency)일 때, 즉 동 흡진기의 고유 진동수가 가진력의 주파수와 일치할때 주 구조물의 변위는 $\widetilde{X}_p = 0$이 됨으로서 부 구조물은 동 흡진기로서의 역할을 하게 된다. 이 때 부 구조물의 변위는 식 (1.4.11b)에 $\omega^2 = k_a/m_a$을 대입하면 아래와 같음을 알 수 있다.

$$\widetilde{X}_a = \frac{F_0}{-k_a} \tag{1.4.12}$$

지금까지 설명한 결과를 시간 영역의 신호로 표기하기 위해, 가진력 $f(t) = F_0 e^{j\omega t}$에 대해 실수부를 취하면 $f(t) = F_0 \cos\omega t$가 되므로, 부 구조물의 변위는 $x_a(t) = -(F_0/k_a)\cos\omega t$로 나타내어진다. 이 경우 그림 1.4.4에 나타내었듯이 동 흡진기가 주 구조물에 가하는 힘은 $k_a x_a(t) = -F_0 \cos\omega t = -f(t)$가 되어 주 구주물에 가해지는 가진력과 상쇄되는 것이다.

64) 여기서는 감쇠가 무시되었으므로 $\widetilde{X}_p$와 $\widetilde{X}_a$가 복소수는 아니지만 부호가 있는 물리량이다. 이는 위상 관점에서는 0° 또는 180° 등의 위상 정보를 포함한 물리량으로 간주할 수 있으므로, 일관성을 위해 여전히 복소수 물리량을 나타내는 표기법 $(\widetilde{\cdot})$을 사용하였다.

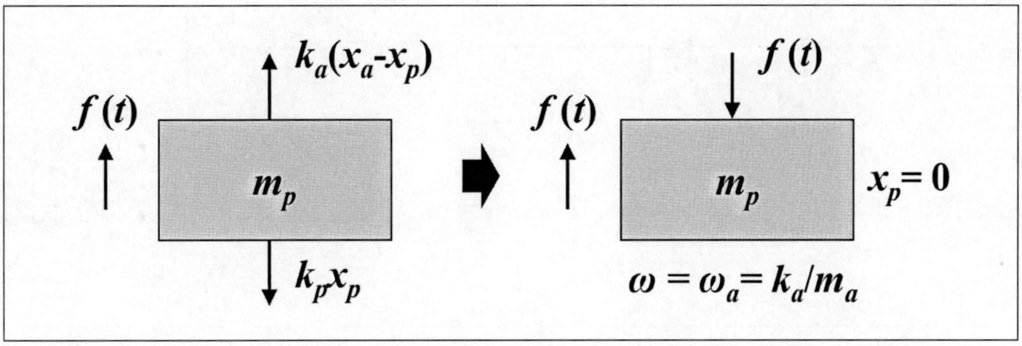

그림 1.4.4 가진력의 주파수가 $\omega = \sqrt{k_a/m_a}$ 가 될 때의 주 구조물에 대한 자유 물체도(관성력은 제외)

한편, 원래 1 자유도 진동계로서 1개의 고유 진동수($\omega_n = \sqrt{k_p/m_p}$)를 갖는 주 구조물에 부 구조물이 부가됨으로써 진동계는 이제 2 자유도가 되었다. 따라서, 고유 진동수도 2개의 값(이를 ω_1, ω_2 ($\omega_1 < \omega_2$)로 표기하도록 하자)을 갖게 되는데, 이를 고유 진동수의 분리(separation)라고도 한다. 고유 진동수가 분리되는 정도는 주 구조물과 부 구조물의 질량비에 따라 달라지는데 이에 따라 요구되는 부 구조물의 질량을 정할 수 있다. 이를 더욱 자세히 알아보기 위해 다음과 같은 매개 변수를 정의하여 식 (1.4.11)을 다시 표현해보자.

$$\text{질량비: } \mu = \frac{m_a}{m_p} \tag{1.4.13a}$$

$$\text{동 흡진기의 무차원 고유 진동수: } \beta = \frac{\omega_a}{\omega_p} \tag{1.4.13b}$$

$$\text{무차원 가진 주파수: } r = \frac{\omega}{\omega_p} \tag{1.4.13c}$$

위 식에서 $\omega_p = \sqrt{k_p/m_p}$ 와 $\omega_a = \sqrt{k_a/m_a}$ 는 주 구조물과 부 구조물이 각각 1 자유도 진동계일 때의 고유 진동수를 나타내며, 위에서 잠깐 언급한 ω_1과 ω_2와는 다름에 유의하자. ω_1과 ω_2는 주 구조물과 부 구조물이 연결되어 2 자유도 진동계를 구성했을 때의 고유 진동수들이다. 이제 식 (1.4.13)을 이용하여 식 (1.4.11)을 크기에 대해 정리하면 각각 다음과 같다.

$$\begin{aligned}\frac{X_p}{F_0/k_p} &= \left|\frac{\widetilde{X}_p}{F_0/k_p}\right| = \left|\frac{1-\omega^2/\omega_a^2}{\left(1+k_a/k_p-\omega^2/\omega_p^2\right)\left(1-\omega^2/\omega_a^2\right)-k_a/k_p}\right| \\ &= \left|\frac{1-r^2/\beta^2}{\left(1+\mu\beta^2-r^2\right)\left(1-r^2/\beta^2\right)-\mu\beta^2}\right| = \left|\frac{\beta^2-r^2}{r^4-\left\{\beta^2(1+\mu)+1\right\}r^2+\beta^2}\right|\end{aligned} \tag{1.4.14a}$$

$$\frac{X_a}{F_0/k_p} = \left|\frac{\widetilde{X}_a}{F_0/k_p}\right| = \left|\frac{1}{\left(1+k_a/k_p-\omega^2/\omega_p^2\right)\left(1-\omega^2/\omega_a^2\right)-k_a/k_p}\right| \\ = \left|\frac{1}{r^4-\{\beta^2(1+\mu)+1\}r^2+\beta^2}\right| \tag{1.4.14b}$$

위 식을 유도함에 있어서 $k_a/k_p = (\omega_a^2 m_a)/(\omega_p^2 m_p) = (m_a/m_p)(\omega_a^2/\omega_p^2) = \mu\beta^2$의 관계가 사용되었다.

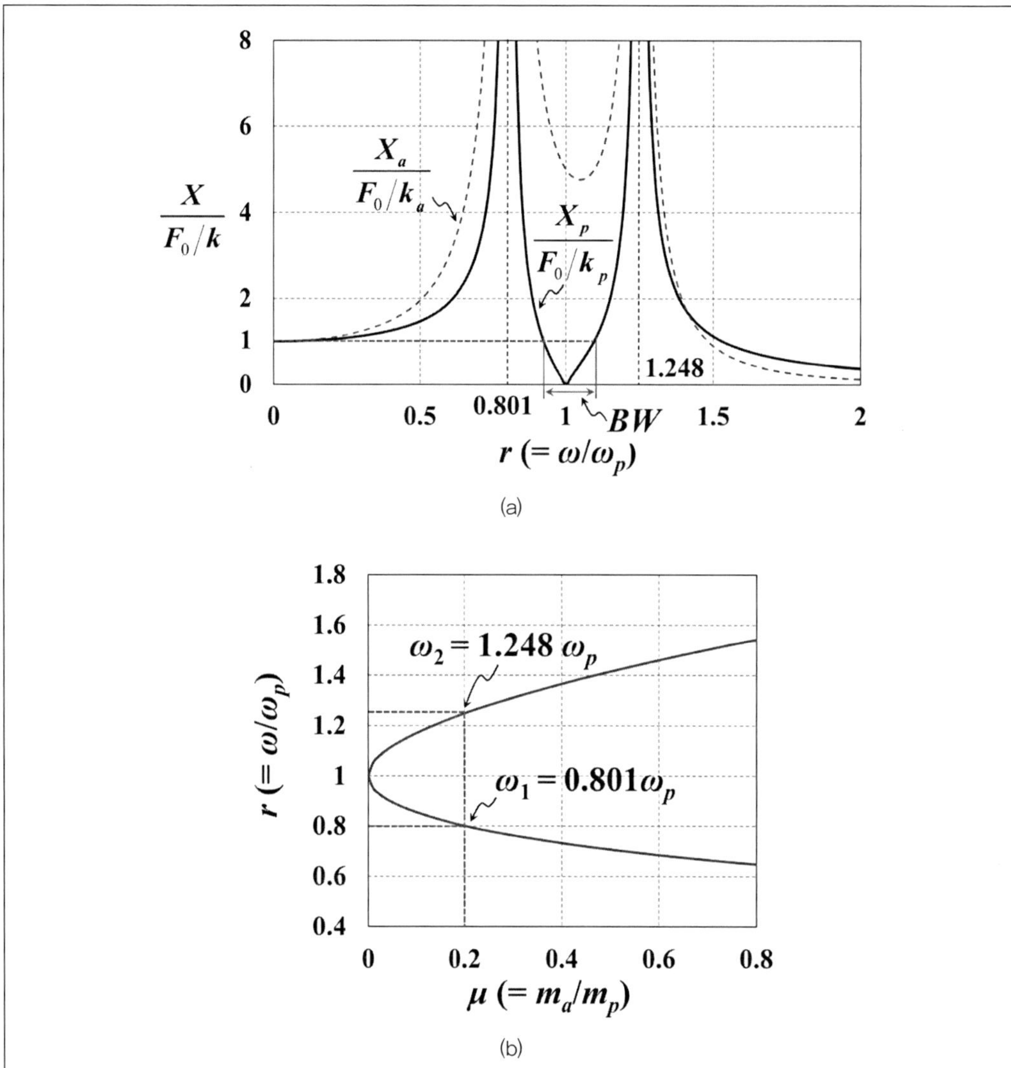

그림 1.4.5 (a) 주 구조물(실선)과 부 구조물(동 흡진기)(점선) 각각의 무차원화된 주파수 응답함수($\beta=1$, $\mu=0.2$) 및 (b) 질량비 μ에 따른 고유 진동수의 분리 경향($\beta=1$)

일례로, 식 (1.4.14)를 $\beta = 1$, $\mu = 0.2$에 대해 그래프로 나타내면 그림 1.4.5(a)와 같다. 이 그래프를 이용하여 $r = 1$에서의 상황을 설명하면 다음과 같다. 즉, 고유 진동수가 ω_p인 주 구조물이 외부 가진을 받아 공진 상태에 있었는데($\omega = \omega_p$), 이 때 흡진을 위해 외부 가진력의 주파수와 동일한 고유 진동수를 갖는 동 흡진기($\omega = \omega_a$)를 부착한 것이다. 따라서, 결국 $\beta = 1$의 값을 갖게 되는데, 만약 질량비 $\mu\,(= m_a/m_p)$의 값이 0.2라면 그래프에 나타낸 주파수 응답 특성을 보이게 된다. 주 구조물의 주파수 응답함수에의하면, 원래 가진력의 주파수이자 주 구조물과 동흡진기의 고유 진동수(각각 1 자유도 진동계로 존재할 경우)인 ω_p에서 이제 주 구조물의 진동 변위가 0이 되었으므로[65], 부 구조물이 동 흡진기로 작용한 셈이다. 다만, 가진 주파수($r = 1$)에서 동 흡진기의 변위 X_a는 유한한 값을 갖는데(동 흡진기가 주 구조물의 진동 에너지를 흡수한 결과이다), 질량비 μ의 값이 커질수록 작아지는 경향이 있다[66].

그리고, 앞서 언급한 바와 같이, 이제 주 구조물과 동 흡진기는 2 자유도 진동계가 되었으므로 전체 진동계의 고유 진동수가 2개로 된다. 이 고유 진동수들은 주파수 축에서 원래 주 구조물의 고유 진동수의 좌우에 생기면서 질량비가 커짐에 따라 그 값의 차이가 점점 커지면서 고유 진동수 분리 현상이 일어난다. 이 2개의 고유 진동수는 아래와 같이 식 (1.4.14)의 분모가 0이 되는 무차원 주파수 r을 구하여 확인할 수 있다.

$$r^4 - \{\beta^2(1+\mu)+1\}r^2 + \beta^2 = 0 \tag{1.4.15}$$

$$\rightarrow r^2 = \frac{\beta^2(1+\mu)+1}{2} \pm \frac{\sqrt{\{\beta^2(1+\mu)+1\}^2 - 4\beta^2}}{2}$$

위 식에서 $\beta = 1$인 경우에 대해 질량비 μ의 값에 따른 고유 진동수 분리 양상을 그림 1.4.5(b)에 나타내었다. 동 흡진기의 사용 가능 대역폭은 그림 1.4.5(a)에 나타낸 바와 같이 $X_p/(F_0/k_p)$의 값이 1보다 작은 영역(이를 동 흡진기의 대역폭이라고 하고, 그림에서는 BW(bandwidth)로 표기하였다)이 되는데, 대역폭을 넓히기 위해서는 고유 진동수 분리가 커져야 하므로 질량비의 값이 커져야 한다.

한편, 동 흡진기의 주 목적은 지금 살펴 본 바와 같이 주 구조물의 변위 $x_p(t)$의 크기를 최소화하는 것이다. 이는 $k_p x_p(t)$의 크기를 최소화하는 것과 같은데, 그림 1.4.4를 참고하면 $k_p x_p(t)$는 주 구조물이 고정된 바닥 기저에 전달하는 힘을 나타낸다. 따라서, 주 구조물의 변위 $x_p(t)$의 크기를 최소화하는

65) 반 공진(anti-resonance)이라고 하고, 반 공진이 발생한 ω_p를 반 공진 주파수라고 한다. 1 자유도 진동계일때의 주 구조물의 공진 주파수가 동 흡진기가 부가된 2자유도 진동계가 되면서 반 공진 주파수가 되었다. 4장을 공부하면서 보충 설명 4.1.2를 참고하기 바란다.

66) $\beta = 1$의 관계가 유지되므로, $\omega_a = \sqrt{k_a/m_a}$의 값 역시 유지된다. 따라서, $\mu(= m_a/m_p)$의 값이 커지면, k_a가 커진다는 의미이므로 X_a는 작아지기 마련이다.

것은 곧 힘 전달계수 $f_T(t)/f(t)$를 최소화하는 것과 같고, 이에 동 흡진기는 진동 절연(1.2.6절 참고)의 목적과도 부합한다. 그런데, 주파수 영역에서의 힘 전달계수는 k_pX_p/F_0로 표현되는데, 이는 식 (1.4.14a)와 같으므로 결국 우리가 지금까지 기술했던 내용은 주 구조물의 힘 전달계수를 최소화하기 위한 부 구조물의 진동 특성을 알아보는 경우에 대해서도 동일하게 적용된다는 것을 알 수 있다. 그림 1.4.5(a)의 동 흡진기 작동 주파수 대역폭이 $k_pX_p/F_0 < 1$인 영역이라는 것도 결국 힘 전달 계수가 1보다 작은 주파수 영역이라는 의미가 된다.

그림 1.4.3(b)에서와 같이 기저가 가진되는 경우에도, 앞서 설명한 내용이 그대로 적용된다. 이 경우 시간 영역에서의 연립 미분 방정식이 다음과 같이 유도되므로,

$$\begin{bmatrix} m_p & 0 \\ 0 & m_a \end{bmatrix} \begin{Bmatrix} \ddot{x}_p(t) \\ \ddot{x}_a(t) \end{Bmatrix} + \begin{bmatrix} k_p + k_a & -k_a \\ -k_a & k_a \end{bmatrix} \begin{Bmatrix} x_p(t) \\ x_a(t) \end{Bmatrix} = \begin{Bmatrix} k_p y(t) \\ 0 \end{Bmatrix} \tag{1.4.16}$$

기저의 운동 $y(t) = Ye^{j\omega t}$에 대한 두 구조물의 정상 상태 응답을 각각 $x_p(t) = \widetilde{X}_p e^{j\omega t}$, $x_a(t) = \widetilde{X}_a e^{j\omega t}$로 가정하면 위 식은 다음과 같이 표현된다,

$$\begin{bmatrix} k_p + k_a - \omega^2 m_p & -k_a \\ -k_a & k_a - \omega^2 m_a \end{bmatrix} \begin{Bmatrix} \widetilde{X}_p \\ \widetilde{X}_a \end{Bmatrix} = \begin{Bmatrix} k_p Y \\ 0 \end{Bmatrix} \tag{1.4.17}$$

따라서, 위 식을 $\widetilde{X}_p$, $\widetilde{X}_a$에 대해서 풀면 다음과 같다.

$$\widetilde{X}_p = \frac{(k_a - \omega^2 m_a) k_p Y}{(k_p + k_a - \omega^2 m_p)(k_a - \omega^2 m_a) - k_a^2} \tag{1.4.18a}$$

$$\widetilde{X}_a = \frac{k_a k_p Y}{(k_p + k_a - \omega^2 m_p)(k_a - \omega^2 m_a) - k_a^2} \tag{1.4.18b}$$

위 식들은 식 (1.4.13)의 매개 변수를 이용하여 표현하면 아래와 같은데,

$$\begin{aligned} \frac{X_p}{Y} &= \left| \frac{\widetilde{X}_p}{Y} \right| = \left| \frac{1 - \omega^2/\omega_a^2}{(1 + k_a/k_p - \omega^2/\omega_p^2)(1 - \omega^2/\omega_a^2) - k_a/k_p} \right| \\ &= \left| \frac{1 - r^2/\beta^2}{(1 + \mu\beta^2 - r^2)(1 - r^2/\beta^2) - \mu\beta^2} \right| = \left| \frac{\beta^2 - r^2}{r^4 - \{\beta^2(1+\mu) + 1\} r^2 + \beta^2} \right| \end{aligned} \tag{1.4.19a}$$

$$\begin{aligned} \frac{X_a}{Y} &= \left| \frac{\widetilde{X}_a}{Y} \right| = \left| \frac{1}{(1 + k_a/k_p - \omega^2/\omega_p^2)(1 - \omega^2/\omega_a^2) - k_a/k_p} \right| \\ &= \left| \frac{1}{r^4 - \{\beta^2(1+\mu) + 1\} r^2 + \beta^2} \right| \end{aligned} \tag{1.4.19b}$$

이는 식 (1.4.14)와 형태가 동일하므로, 외력이 가진으로 작용하는 경우(그림 1.4.3(a))와 동일한 결과를 갖는다. 식 (1.4.19)에 나타낸 무차원 주파수 응답 함수는 기저의 가진 변위 대비 주 구조물의 변위의 크기의 비율이므로 식 (1.4.19a)는 주 구조물의 변위 전달계수가 된다.

예제 1.4.2

식 (1.4.14a)를 이용하여 그림 1.4.5(a)에 표시된 대역폭을 구하시오.

풀이 및 설명

식 (1.4.14a)에서 $\beta=1$, $\mu=0.2$에 대해, 우선 다음 식의 해를 구한다.

$$\frac{X_p}{F_0/k_p}=\left|\frac{\beta^2-r^2}{r^4-\{\beta^2(1+\mu)+1\}r^2+\beta^2}\right|=\left|\frac{1-r^2}{r^4-2.2r^2+1}\right|=1 \tag{1}$$

따라서, $r^4-2.2r^2+1=1-r^2$ 및 $r^4-2.2r^2+1=-1+r^2$의 해를 구하면 $r=-1.0954,\ 0.9229,\ 1.0954,\ 1.5324$가 되는데 이 중에서 우리가 구하고자 하는 해는 $r_1=0.9229$ 및 $r_2=1.0954$가 된다. 즉, $0.9229\omega_p\le\omega\le1.0954\omega_p$가 구하는 주파수 대역폭이다. 이는 중심 주파수 대비 약 17%의 대역폭으로서 그다지 좋은 대역폭 특성은 아니다. 대역폭이 좁다면 가진 주파수가 조금만 변해도 주 구조물의 진폭이 증가한다.

② 감쇠 동 흡진기($c_a\neq0$)

동 흡진기를 이용하여 진동을 억제하고자 할 때 그 목적 상 주 구조물의 감쇠는 주요 고려 사항이 아니다[67]. 외부에서 유입된 진동 에너지는 주 구조물을 거쳐 주로 동 흡진기에서 운동 또는 탄성 에너지의 형태로 저장되면서 동 흡진기의 적절한 감쇠 기구를 통해 소산되기 때문이다. 또한, 앞서 비 감쇠 동 흡진기에서 살펴본 바와 같이, 고유 진동수 분리 이전 원래의 고유 진동수(가진 주파수, $r=1$)에서 동 흡진기의 변위는 존재하므로 감쇠를 통해 이를 낮추고 동시에 대역폭($X_p/(F_0/k)<1$인 주파수 영역)을 향상시키기 위해서도 동 흡진기의 감쇠는 필요하다.

여기서는 감쇠 동 흡진기가 부착된 주 구조물의 동특성에 대해서만 살펴보도록 하자. 이 때 주 구조물의 변위 $\widetilde{X}_p$는 식 (1.4.11a)를 직접 이용하여 k_a 대신 $k_a+j\omega c_a$를 대입하면 얻을 수 있다[68].

$$\widetilde{X}_p=\frac{(k_a+j\omega c_a-\omega^2m_a)F_0}{m_pm_a\omega^4-\{(m_p+m_a)(k_a+j\omega c_a)+m_ak_p\}\omega^2+k_p(k_a+j\omega c_a)} \tag{1.4.20}$$

67) 그리고, 특별한 감쇠 장치가 부착되지 않은 일반 구조물의 감쇠비는 무시할 수 있을 정도로 매우 작다고 가정한다.

68) 이를 위해, 식 (1.4.11a)의 분모를 $m_pm_a\omega^4-\{m_pk_a+m_a(k_p+k_a)\}\omega^2+k_pk_a$로 정리 후 대입하였다.

이제 감쇠를 추가로 고려함에 따라 위 식을 r, μ, β 및 새롭게 추가된 ζ_a의 네 가지 무차원 변수를 이용하여 표현해 보도록 하자. 위 식의 분자 및 분모를 $k_p k_a$로 나누어 무차원 주파수 응답 $\widetilde{X}_p/(F_0/k_p)$으로 표현하면 다음과 같은데,

$$\frac{\widetilde{X}_p}{F_0/k_p}=\frac{1+j\omega\dfrac{c_a}{k_a}-\dfrac{\omega^2}{\omega_a^2}}{\dfrac{\omega^4}{\omega_p^2\omega_a^2}-\left\{\dfrac{m_p+m_a}{k_p}\left(1+j\omega\dfrac{c_a}{k_a}\right)+\dfrac{1}{\omega_a^2}\right\}\omega^2+\left(1+j\omega\dfrac{c_a}{k_a}\right)} \tag{1.4.21a}$$

$c_a/k_a=(c_a/m_a)(m_a/k_a)=2\zeta_a/\omega_a=2\zeta_a/(\beta\omega_p)$임을 이용하면 최종 다음과 같이 정리할 수 있다.

$$\frac{\widetilde{X}_p}{F_0/k_p}=\frac{\beta^2-r^2+j2\zeta_a r\beta}{r^4-\left\{\left(\beta^2+j2\zeta_a r\beta\right)(1+\mu)+1\right\}r^2+\left(\beta^2+j2\zeta_a r\beta\right)} \tag{1.4.21b}$$

$$\rightarrow\ \frac{X_p}{F_0/k_p}=\left|\frac{\widetilde{X}_p}{F_0/k_p}\right|$$

사실 위 식은 감쇠가 없는 경우의 식 (1.4.14a)에서 β^2 대신 $\beta^2+j2\zeta_a r\beta$를 대입한 결과와도 같다.

이제 식 (1.4.21b)를 이용하면 2 자유도 진동계의 감쇠 고유 진동수를 구할 수 있다. 즉, 식 (1.4.15a)를 통해 감쇠가 없는 경우의 고유 진동수를 구한 방법과 동일하게 식 (1.4.21b)의 분모가 0이 되게 하는 해를 구하면 그 해가 2 자유도 진동계인, 동 흡진기가 부착된 주 구조물의 감쇠 고유 진동수가 된다[69].

$$r^4-\left\{\left(\beta^2+j2\zeta_a r\beta\right)(1+\mu)+1\right\}r^2+\beta^2+j2\zeta_a r\beta=0 \tag{1.4.22}$$

그림 1.4.6은 특정 β 및 μ 값에 대해서 몇 개의 동 흡진기의 감쇠비 값 ζ_a에 따른 식 (1.4.21b)의 거동을 보여주고 있다. 주목할 만한 특징으로서, 비 감쇠 동흡진기와는 달리 감쇠 동 흡진기가 부착된 주 구조물은 목표 주파수 $r=\beta$에서도 응답이 정확히 0이 되지 않는다. 또한, 동 흡진기의 감쇠비 값이 크다고 흡진 성능이 항상 좋은 것은 아니며, 또한 비례하지도 않는다. 따라서, 대역폭 및 주 구조물의 응답 진폭의 감소 정도에 대해 어떤 최적의 감쇠비가 존재할 것이라는 생각을 갖게 한다. 마지막으로 주목할 점은, β와 μ값이 정해지면 감쇠비의 값에 관계없이 주파수 응답 함수는 항상 동일한 두 점에서 만난다는 사실이다(이를 그림에서는 A, B로 나타내었다).

그렇다면, 이제 최적의 동 흡진 성능을 갖기 위한 세 개의 매개 변수 β, μ 및 ζ_a 사이의 관계에 대해 알아보자. 여러 방법이 있겠지만 이 책에서는 참고 문헌(de Silva (2000), Den Hartog(1956))의 방법을 소개하기로 한다[70]. 이 방법에서는 다음 두 개의 조건을 만족하도록 매개 변수 β, μ 및 ζ_a 사이의 관

69) 식 (1.4.22)에서 $\zeta_a=0$인 경우 식 (1.4.15a)가 됨을 확인하자.

계를 구한다.

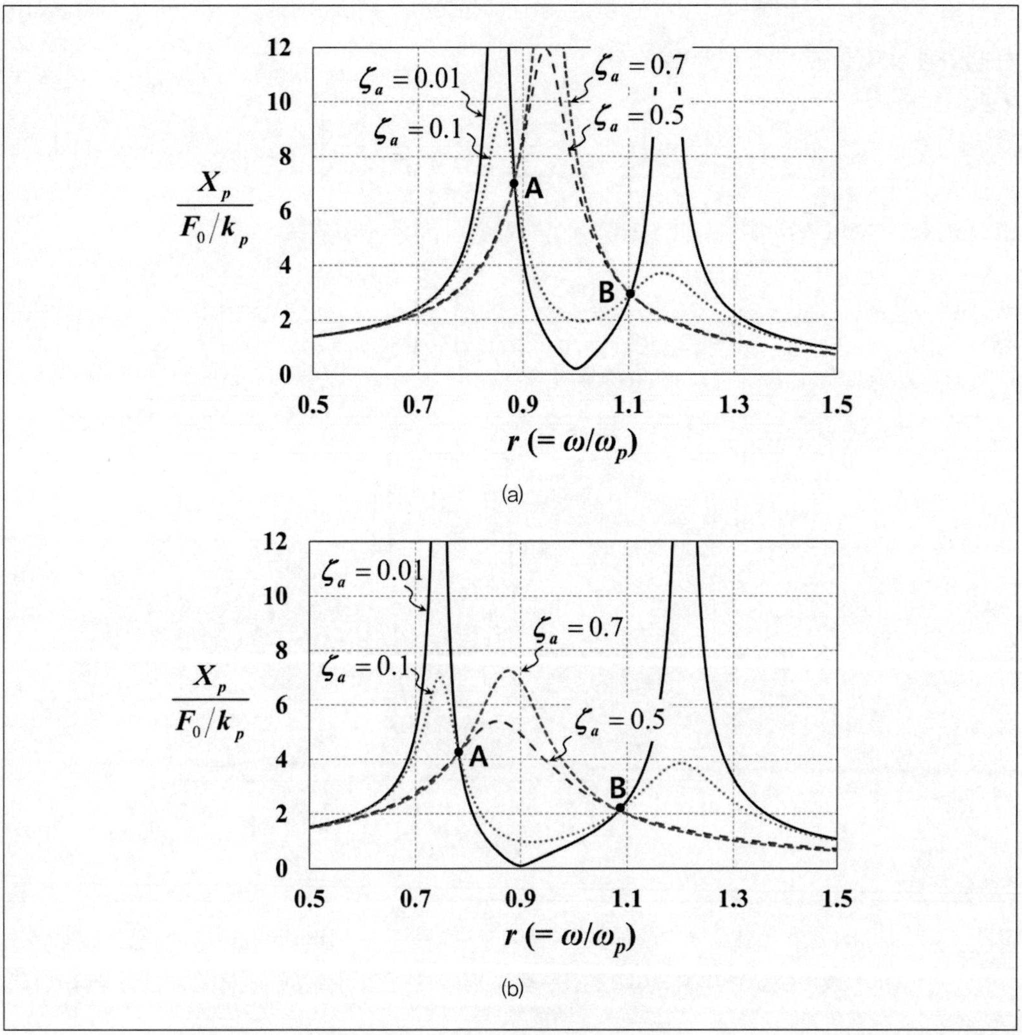

그림 1.4.6 감쇠 동 흡진기가 부착된 주 구조물의 무차원 주파수 응답 함수: (a) $\beta = 1$, $\mu = 0.1$, (b) $\beta = 0.9$, $\mu = 0.25$ ① A 지점과 B 지점에서 동일한 크기의 변위 응답을 갖는다. ② A 지점과 B 지점에서 공진, 즉 피크(peak) 값을 갖는다(A 지점과 B 지점에서의 접선의 기울기가 0이다).

먼저, 처음 조건을 만족하는 관계식을 찾기 위해 A, B에 해당하는 무차원 주파수 r_A 및 r_B를 찾아야 한다. 감쇠비의 값에 관계없이 주파수 응답 함수(식 (1.4.21b))는 항상 이 두 점을 지나므로 임의로 2개

---

70) 문헌에서는 식 (1.4.21b)의 감쇠비에 대해 $\zeta = c_a/(2m_a\omega_p)$ (Den Hartog (2000)), 또는 $\zeta_a = c_a/(2m_a\omega_a)$ (de Silva (2000))를 사용하고 있으나, 이 책에서는 후자의 방법을 선택하였다. 전자의 방법을 쓰면 $\zeta_a\beta = \zeta$의 관계가 성립하므로 식 (1.4.21b) 이하의 일부 식이 다소 간단해진다. 그렇지만, $\zeta_a = c_a/(2m_a\omega_a)$의 사용에 의해서 식이 크게 복잡해지지도 않고, 감쇠비가 동 흡진기에 의해 도입된 감쇠라는 것을 나타낸다는 의미에서 후자의 방법을 선택하였으니 참고바란다.

의 주파수 응답함수를 선정하여 그 교점을 구하면 될 것이다. 다만, 계산의 편의상 가장 간단한 경우로서 $\zeta_a = 0$과 $\zeta_a = \infty$에 대한 주파수 응답 곡선의 교점을 구하자. 먼저, $\zeta_a = 0$인 경우 식 (1.4.21b)는 다음과 같다(물론 식 (1.4.14a)와 같다).

$$\frac{X_p}{F_0/k_p} = \left| \frac{\beta^2 - r^2}{r^4 - \{\beta^2(1+\mu)+1\}r^2 + \beta^2} \right| \tag{1.4.23a}$$

그리고, $\zeta_a = \infty$인 경우에는 식 (1.4.21b)는 아래와 같이 표현된다.

$$\frac{X_p}{F_0/k_p} \approx \left| \frac{j2r\beta}{-j2r\beta(1+\mu)r^2 + j2r\beta} \right| = \left| \frac{1}{-(1+\mu)r^2+1} \right| \tag{1.4.23b}$$

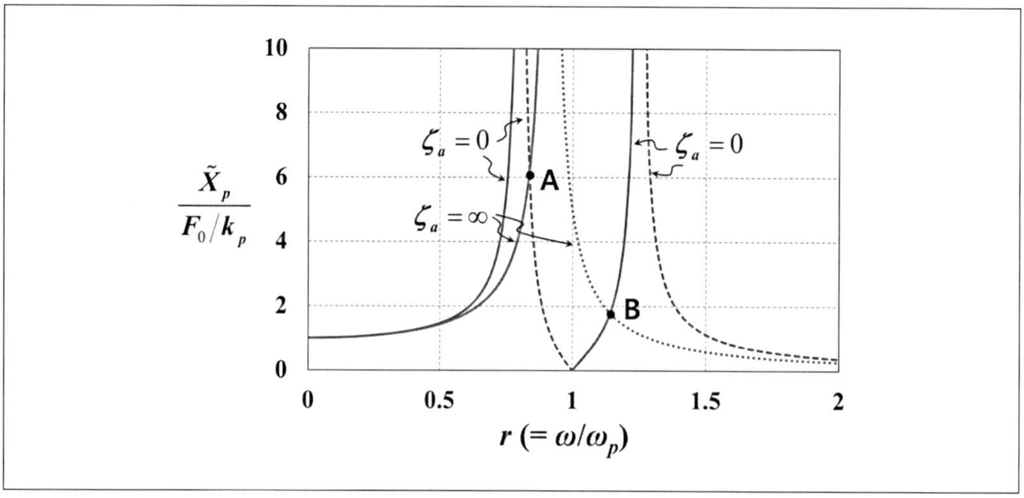

그림 1.4.7 감쇠비 $\zeta_a = 0$ 및 $\zeta_a = \infty$일때의 동 흡진기가 부착된 주 구조물의 무차원 주파수 응답 함수($\beta = 1$, $\mu = 0.2$): 실선은 양의 부호이고 점선은 음의 부호 부분(음의 세로축에 해당하는 부분)을 나타낸다.

참고로, 식 (1.4.23b)는 주 구조물의 질량(m_p)과 동 흡진기의 질량(m_a)이 하나가 되어 스프링 k_p에 의해 진동할 때의 1 자유도 진동계에 대한 주파수 응답 함수와 동일하다(보충 설명 1.4.1 참고). 이제, 식 (1.4.23)에 나타낸 두 무차원 주파수 응답 함수의 교점은 아래의 식을 이용하여 구할 수 있다.

$$\frac{\beta^2 - r^2}{r^4 - \{\beta^2(1+\mu)+1\}r^2 + \beta^2} = \frac{-1}{-(1+\mu)r^2+1} \tag{1.4.24}$$

위 식의 우변 항은 식 (1.4.23b)에 음수 기호가 붙은 결과인데, 이는 그림 1.4.7에서도 확인할 수 있듯이 교점에서는 서로 반대 부호이기 때문이다. 식 (1.4.24)를 이용하여 r_A 및 r_B를 직접 구하는 대신 우선 아래와 같은 관계를 얻을 수 있다.

$$r_A^2 + r_B^2 = \frac{2\{\beta^2(1+\mu)+1\}}{2+\mu},\ r_A^2 r_B^2 = \frac{2\beta^2}{2+\mu} \tag{1.4.25}$$

이제 여기서 ①의 조건을 이용할 때가 되었다. A 지점과 B 지점에서 동일한 크기의 변위 응답을 가져야 하므로, 보다 간단한 식 (1.4.23b)를 이용하여 r_A 및 r_B에서의 주파수 응답 함수 크기가 같음을 이용하면 된다. 이 경우 역시 그림 1.4.7의 $\zeta_a = \infty$ 에 대한 무차원 주파수 응답 함수 그래프의 위치 관계에 유의하자.

$$\frac{1}{-(1+\mu)r_A^2+1} = \frac{-1}{-(1+\mu)r_B^2+1} \tag{1.4.26}$$

위 식으로부터 아래와 같은 관계가 유도되는데,

$$r_A^2 + r_B^2 = \frac{2}{1+\mu} \tag{1.4.27}$$

이를 식 (1.4.25)의 첫 번째 식과 연립하여 풀면, 다음과 같이 ①의 조건을 만족하기 위해 성립해야 하는 관계를 얻게 된다.

$$\beta = \frac{1}{1+\mu} \tag{1.4.28}$$

다음으로 ②의 조건을 만족하기 위한 관계를 유도해보자. 그런데, A 지점과 B 지점에서 동시에 피크 값을 가질 수 없다. 따라서, 대안으로서 무차원 주파수 응답 함수가 A 지점에서 피크 값을 가질 때의 ζ_a에 대한 조건과 B 지점에서 피크 값을 가질 때의 ζ_a에 대한 조건을 다음과 같이 구한 후 이 둘 사이의 평균을 취한다.

$$\zeta_a^2 = \frac{\mu\left(3-\sqrt{\mu/(\mu+2)}\right)}{8(1+\mu)} \ \text{(A에서의 피크 조건)} \tag{1.4.29a}$$

$$\zeta_a^2 = \frac{\mu\left(3+\sqrt{\mu/(\mu+2)}\right)}{8(1+\mu)} \ \text{(B에서의 피크 조건)} \tag{1.4.29b}$$

위 식에 제시된, 무차원 주파수 응답 함수가 A 지점과 B 지점에서 각각 피크 값을 가질 ζ_a에 대한 조건은 유도 과정이 복잡하므로 여기서는 생략하기로 한다[71]. 이제 식 (1.4.29)에서 ζ_a^2에 대한 평균을 구하고, 이로부터 ζ_a를 구하면 다음과 같은 관계를 얻게 된다.

---

71) 식 (1.4.28)을 식 (1.4.24)에 대입하면, $r_A^2 = \left(1-\sqrt{\mu/(2+\mu)}\right)/(1+\mu)$, $r_B^2 = \left(1+\sqrt{\mu/(2+\mu)}\right)/(1+\mu)$를 얻게 된다. 이를 식 (1.4.21b)의 크기에 대한 식 $k_p X_p / F_0$에 각각 대입한 후 기울기가 0이 되도록 하는 ζ_a^2의 관계식을 구하면 식 (1.4.29)를 얻게 된다.

$$\zeta_a^2 = \frac{3\mu}{8(1+\mu)} \rightarrow \zeta_a = \sqrt{\frac{3\mu}{8(1+\mu)}} \tag{1.4.30}$$

지금까지의 과정을 다시 돌아보면, 세 개의 매개 변수 β, μ 및 ζ_a가 식 (1.4.28) 및 (1.4.30)의 관계를 가질 때 감쇠 동 흡진기가 부착된 주 구조물의 변위는 보다 넓은 주파수 대역에서 최소의 변위를 갖게 되는 것이다.

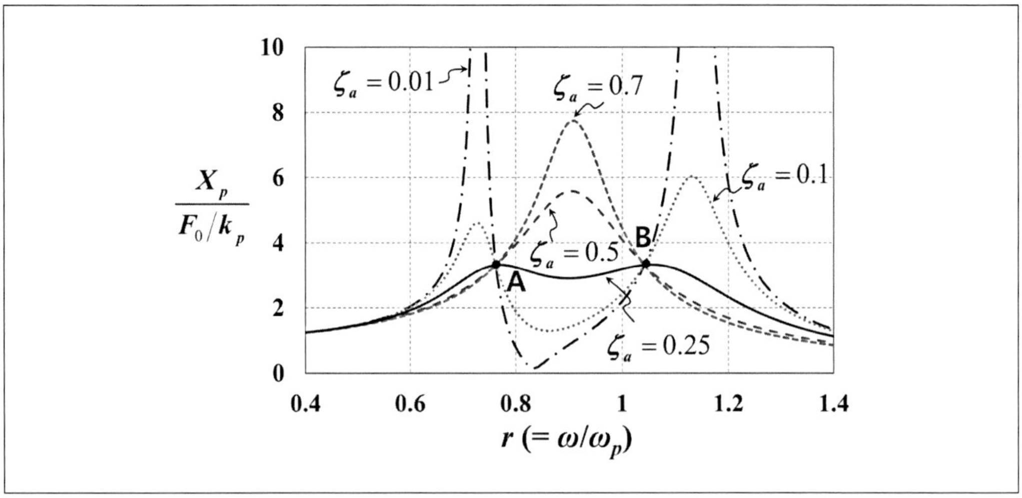

그림 1.4.8 $\mu = 0.2$, $\beta \approx 0.833$에 대한 감쇠 동흡진기 부착 주 구조물에 대한 무차원 주파수 응답 함수의 크기 ($\zeta_a = 0.25$가 최적의 감쇠비)

그림 1.4.8은 $\mu = 0.2$에 대해 감쇠 동흡진기가 부착된 주 구조물의 무차원 주파수 응답 함수의 크기를 나타내고 있다. $\beta(\approx 0.833)$값은 식 (1.4.28)을 이용하여 구했다. 이렇게 하면 주파수 응답 함수는 감쇠비의 값에 관계없이 A 지점과 B 지점에서 모두 동일한 크기의 변위 응답을 갖게 됨을 그림으로부터 확인할 수 있다. 또한, $\mu = 0.2$를 식 (1.4.30)에 대입하여 얻은 최적 감쇠비 값 $\zeta_a = 0.25$에 대한 그래프는 주파수 대역폭 및 응답 감소 측면에서 다른 감쇠비에 비해 유리함을 확인할 수 있다. 특히, $r = \beta$ 근처에서의 응답 진폭 감소 측면에서는 $\zeta_a = 0.01$, 0.1의 경우보다 유리하지 않지만, 꽤 넓은 주파수 대역폭에서 응답 진폭 감소 효과가 있는 것을 확인할 수 있다. 반면, $\zeta_a = 0.01$, 0.1의 경우에는 A 지점과 B 지점 사이의 주파수 대역을 벗어나자 마자 변위 응답이 급격히 증가되는 것을 확인할 수 있다.

지금까지 감쇠 동 흡진기에서 최적의 감쇠비를 구하는 과정을 알아보았지만, 현실적으로 추가로 고려해야 하거나 유의할 점을 정리하면 다음과 같다. 동 흡진기에 감쇠가 없는 경우에는 그림 1.4.5(a)에 나타낸 바와 같이 주 구조물의 변위가 0이 될 수 있지만, 동 흡진기에 감쇠가 있는 경우에는 주 구조물의 변위가 0이 될수 없다. 그리고, 일반적으로 작동 주파수 대역폭에서 주 구조물의 무차원 주파수 응답 함수 값은 대부분 1보다 크다. 다만, 비 감쇠 동 흡진기의 경우처럼 응답 진폭이 크게 증가하지 않으며, 보다 넓은 주파수 영역에 걸쳐서 최소의 응답 진폭을 나타낸다.

주 구조물의 진동 에너지를 최대한 많이 흡진하기 위해 동 흡진기의 질량은 클수록 좋으나 실제로는 주 구조물의 질량보다 작아야 하는데, 통상 질량비 μ의 값은 0.05~0.25 정도가 일반적이다.

보충설명 1.4.1 **$\zeta_a = \infty$인 경우의 주 구조물 및 동 흡진기의 거동**

동 흡진기가 스프링 등의 탄성 연성 없이 주 구조물에 강체로 부착되어 있을 때(물론 이 경우는 동 흡진기로서의 역할이 없고, 단순히 1개의 질량 $m_p + m_a$가 스프링 k_p에 연결된 1 자유도 진동계일 뿐이다), 운동 방정식은 다음과 같으므로

$$(m_p + m_a)\ddot{x}_p(t) + k_p x_p(t) = f(t) \tag{1}$$

무차원화된 주파수 응답함수는 아래와 같다.

$$\begin{aligned} \frac{\widetilde{X}_p}{F_0/k_p} &= \frac{k_p}{k_p - \omega^2(m_p + m_a)} = \frac{1}{1 - \omega^2\left(\dfrac{1}{\omega_p^2} + \dfrac{m_a}{m_p}\dfrac{m_p}{k_p}\right)} \\ &= \frac{1}{1 - \dfrac{\omega^2}{\omega_p^2}(1+\mu)} = \frac{1}{1 - r^2(1+\mu)} \\ &\rightarrow \frac{X_p}{F_0/k_p} = \left|\frac{1}{1 - r^2(1+\mu)}\right| \end{aligned} \tag{2}$$

위 식은 식 (1.4.23b)에 나타낸, 감쇠비 $\zeta_a = \infty$ 인 동 흡진기가 부착된 주 구조물의 무차원 주파수 응답 함수와 같다. 참고로, 식 (1)에 나타낸 진동계의 고유 진동수 ω_n을 동 흡진기에서 사용된 매개 변수를 이용하여 표현하면 아래와 같이 나타낼 수 있다.

$$\omega_n = \sqrt{\frac{k_p}{m_p + m_a}} = \frac{\omega_p}{\sqrt{1+\mu}} \tag{3}$$

1.4.3 고유 값과 고유 벡터

1.4.1절에서는 2 자유도 진동계의 자유 진동에 대해 정규 모드 조화 운동 형태의 해를 가정하고 이를 대입하여 고유 진동수와 모드 형상을 구하였다. 이 과정에서 식 (1.4.2)로 주어지는 행렬 미분 방정식을 식 (1.4.4)의 형태로 바꾸었다. 식 (1.4.4b)에서 ω^2을 λ로 바꾸면 아래와 같이 나타낼 수 있는데,

$$K\phi = \lambda M\phi \tag{1.4.31}$$

이와 같은 행렬 문제를 일반화 고유값 문제(generalized eigenvalue problem)[72]라고 하고, λ를 고유값(eigenvalue), ϕ를 고유 벡터(eigenvector)[73]라고 한다. 따라서, 우리가 다 자유도계 진동 구조물의 진동 특성을 파악하고자할 때 제일 먼저 해야 할 것은 질량 행렬과 강성 행렬을 구하고 이에 대한 고유값 문제를 푸는 일이다. 여기서는 고유 벡터 즉, 모드 형상을 구함에 있어서 예제 1.4.1의 식 (5)와 같이 최대 성분의 값이 1이 되도록 하는 것이 아니라 다른 방법으로 정규화하는 것을 알아보고 또한, 고유 벡터를 이용하여 다 자유도계의 운동 방정식을 비 연성(decoupled)된 형태로 표현하는 것에 대해 알아보고자 한다. 고유 벡터를 이용한 비 연성화는 감쇠가 포함된 경우의 일반적인 강제 진동에 대한 주파수 응답 함수를 효과적으로 구하기 위해 필수적인 절차이다. 그리고, 이 책에서는 식 (1.4.31)에서 고유 값 λ를 고유 진동수의 제곱 형태인 ω^2로 표현하여 고유값 문제를 다룰 것이다.

$$K\phi = \omega^2 M\phi \tag{1.4.32}$$

먼저 고유 벡터 즉, 고유 모드들간의 직교성(orthogonality)부터 알아보도록 하자. 식 (1.4.32)를 i 번째 고유 모드에 대해 표현한 식인 $K\phi_i = \omega^2{}_i M\phi_i$의 양변에 j 번째 고유 모드 ϕ_j^T를 곱하면 다음과 같고,

$$\phi_j^T K\phi_i = \omega^2{}_i \phi_j^T M\phi_i \tag{1.4.33a}$$

이제는 j 번째 고유 모드에 대한 식 $K\phi_j = \omega_j^2 M\phi_j$의 양변에 i 번째 고유 모드 ϕ_i^T를 곱하여 다음의 식을 얻는다.

$$\phi_i^T K\phi_j = \omega_j^2 \phi_i^T M\phi_j \tag{1.4.33b}$$

그런데, $\phi_j^T K\phi_i = \phi_i^T K\phi_j$ 및 $\phi_j^T M\phi_i = \phi_i^T M\phi_j$의 관계가 성립하므로[74], 식 (1.4.33a)와 (1.4.33b)의 양변을 서로 빼면 아래의 식을 얻게 된다.

$$0 = \left(\omega_i^2 - \omega_j^2\right)\phi_i^T M\phi_j \tag{1.4.34}$$

즉, 위 식에서 $\omega_i^2 \neq \omega_j^2$ 인 경우, 즉 서로 다른 고유 진동수에 대한 고유 모드들 ϕ_i, ϕ_j 사이에는 다음과

---

72) 이와 비교하여 $A\phi = \lambda\phi$로 주어지는 고유값 문제를 표준화 고유값 문제(standardized eigenvalue problem)라고 하며 고체역학, 탄성학 등에서는 주 응력(주 변형률) 문제에서 이를 접할 수 있다. 또한, 좌굴(buckling) 문제에서 선형 좌굴 하중 계수를 구할 때도 사용된다.

73) 고유 벡터, 고유 모드, 모드 형상(벡터) 등으로 불린다.

74) $\phi_i^T K\phi_j$는 스칼라(scalar) 양이므로 전치(transpose)를 해도 바뀌지 않는다. 즉, $(\phi_i^T K\phi_j)^T = \phi_i^T K\phi_j$가 성립하는데 좌변은 $(\phi_i^T K\phi_j)^T = \phi_j^T K^T \phi_i$ 이고, K는 대칭 행렬($K^T = K$)이므로 $\phi_j^T K\phi_i = \phi_i^T K\phi_j$의 관계가 성립한다. 대칭인 질량 행렬 M의 경우에 대해서도 동일하다.

같은 관계가 성립함을 알 수 있다.

$$\phi_i^T \boldsymbol{M} \phi_j = 0 \ (i \neq j) \tag{1.4.35a}$$

따라서, 식 (1.4.33b)에 의하면 다음의 관계도 자동으로 만족된다.

$$\phi_i^T \boldsymbol{K} \phi_j = 0 \ (i \neq j) \tag{1.4.35b}$$

식 (1.4.35)의 식들은 각각 질량 행렬 $\boldsymbol{M}$ 또는 강성 행렬 $\boldsymbol{K}$에 대한 고유 모드들간의 직교성 (orthogonal)을 설명해준다.

한편, 서로 같은 고유 모드 간에는 다음과 같은 관계식이 성립하게 되는데,

$$\phi_i^T \boldsymbol{M} \phi_i = m_i \tag{1.4.36a}$$

$$\phi_i^T \boldsymbol{K} \phi_i = k_i \tag{1.4.36b}$$

m_i 및 k_i를 각각 i번째 모드에서의 일반화 질량(generalized mass) 및 일반화 강성(generalized stiffness)이라고 하며, 식 (1.4.33)에 의하면 $\omega_i^2 = k_i / m_i$의 관계가 성립함을 알 수 있다. 이 중에서 식 (1.4.36a)를 이용하여 다음과 같은 관계식을 만족하도록 고유 모드를 정규화하는 것을 질량 정규화 (mass normalization)라고 한다.

$$\phi_i^T \boldsymbol{M} \phi_i = m_i \rightarrow \left(\frac{1}{\sqrt{m_i}} \phi_i \right)^T \boldsymbol{M} \left(\frac{1}{\sqrt{m_i}} \phi_i \right) = 1 \tag{1.4.37}$$

즉, 고유 모드 ϕ_i는 질량 행렬 $\boldsymbol{M}$에 대해 정규화가 되도록 $1/\sqrt{\phi_i^T \boldsymbol{M} \phi_i}$ 를 곱해준다. 이렇게 정규화된 고유 모드 $\hat{\phi}_i$는 질량 행렬 $\boldsymbol{M}$에 대해 정규직교(orthonormal)한다고 하며, 이 경우 식 (1.4.35) 및 (1.4.36)은 크로네커 델타(Kronecker delta)를 이용하여 다음과 같이 나타낼 수 있다.

$$\hat{\phi}_i^T \boldsymbol{M}_j \hat{\phi}_j = \delta_{ij} \tag{1.4.38a}$$

$$\hat{\phi}_i^T \boldsymbol{K}_j \hat{\phi}_j = \omega_i^2 \delta_{ij} \tag{1.4.38b}$$

위 식에서는 정규화된 고유 모드를 나타내기 위해 기호 '^'를 사용했지만, 이후 혼동의 여지가 없는 한 정규화된 고유 모드를 나타내기 위해 해당 기호를 사용하지 않을 것이다. 식 (1.4.38b)는 식 (1.4.33a)에 의해 $\hat{\phi}_j^T \boldsymbol{K}_i \hat{\phi}_i = \omega^{2_i} \hat{\phi}_j^T \boldsymbol{M}_i \hat{\phi}_i = \omega_i^2 \ (i \neq j)$의 관계로부터 유도된 것이다.

1.4.4 모드 행렬과 진동 방정식의 비 연성화

n개의 자유도를 갖는 진동계는 n개의 고유 진동수와 고유 모드를 갖는다. n개의 정규 직교 고유 모드 ϕ_i $(i=1, 2, \ldots, n)$를 열벡터로 하여 행렬을 $[\phi_1\ \phi_2 \cdots \phi_n]$와 같이 구성했을 때 이를 모드 행렬(modal matrix) $\boldsymbol{\Phi}$라고 하고, 식 (1.4.38)을 이용하면 행렬 $\boldsymbol{M}$ 및 $\boldsymbol{K}$에 대해 다음과 같은 관계식을 얻을 수 있다[75].

$$\boldsymbol{\Phi}^T\boldsymbol{M}\boldsymbol{\Phi}=\begin{bmatrix}\phi_1^T\\ \phi_2^T\\ \vdots\\ \phi_n^T\end{bmatrix}\boldsymbol{M}[\phi_1\ \phi_2\cdots\phi_n]=\boldsymbol{I} \tag{1.4.39a}$$

$$\boldsymbol{\Phi}^T\boldsymbol{K}\boldsymbol{\Phi}=diag(\omega_i^2)=\Lambda \tag{1.4.39b}$$

식 (1.4.39a)에서 $\boldsymbol{I}$는 $n\times n$ 단위 행렬을, $diag(\omega_i^2)$은 고유 진동수의 제곱 ω_i^2 $(i=1, 2, \ldots, n)$을 대각 원소로 하는 대각 행렬을 의미한다. 위 식에서 $\phi_i^T\boldsymbol{M}\phi_j$ 및 $\phi_i^T\boldsymbol{K}\phi_j$이 각각 행렬 $\boldsymbol{\Phi}^T\boldsymbol{M}\boldsymbol{\Phi}$ 및 $\boldsymbol{\Phi}^T\boldsymbol{K}\boldsymbol{\Phi}$의 i행 j열을 의미하기 때문이다.

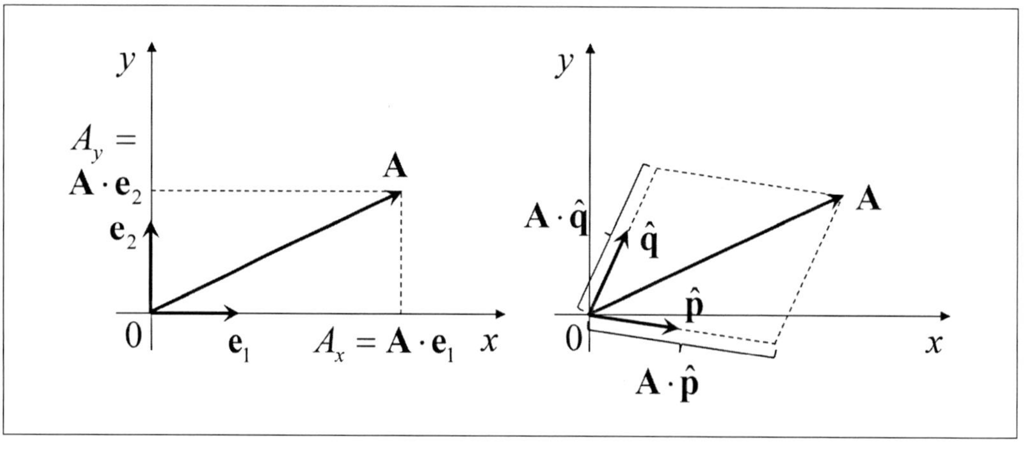

그림 1.4.9 단위 벡터((e_1, e_2) 또는 $(\hat{p}, \hat{q})$)를 이용한 평면 벡터 $\boldsymbol{A}$의 분해

이제 식 (1.4.2)와 같이 주어진 비 감쇠 진동계 행렬 미분 방정식의 비 연성화에 대한 준비가 되었다. 먼저, 그림 1.4.9를 살펴보자. 우리에게 매우 익숙한 평면 벡터의 성분에 대한 것으로서, 평면 벡터 $\boldsymbol{A}$는 좌표 평면상에서 x축 성분 A_x, y축 성분 A_y를 갖는다(왼쪽 그림). 그리고, 각각의 축 성분은 사실 벡터 $\boldsymbol{A}$와 기본 단위 벡터 $\boldsymbol{e}_1$, $\boldsymbol{e}_2$와의 내적에 의한 것이다. 이 때 좌표 평면상의 임의의 벡터(또는 벡

75) 이 표기를 이용하면 식 (1.4.32)는 $\boldsymbol{K\Phi}=\boldsymbol{M\Phi}\Lambda$로 표현할 수 있다.

터의 끝이 나타내는 점)는 $A_x\boldsymbol{e}_1$, $A_y\boldsymbol{e}_2$에서와 같이 모두 기본 단위 벡터 $\boldsymbol{e}_1, \boldsymbol{e}_2$와 해당 축 상의 성분을 이용하여 나타낼 수 있기 때문에, 좌표 평면은 기본 단위 벡터에 의해 생성(span)된다고 한다. 한편, 기본 단위 벡터 이외의서로 독립인 2개의 단위 벡터 $\hat{\boldsymbol{p}}$, $\hat{\boldsymbol{q}}$에 의해서도 임의의 벡터 $\boldsymbol{A}$를 나타낼 수 있다(오른쪽 그림 참고). 이처럼 좌표 평면 위의 모든 점은 다음과 같이 일정조건을 만족하는 2개의 단위 벡터를 이용하여 나타낼 수 있다.

$$\boldsymbol{A} = (\boldsymbol{A} \cdot \boldsymbol{e}_1)\boldsymbol{e}_1 + (\boldsymbol{A} \cdot \boldsymbol{e}_2)\boldsymbol{e}_2 = A_x\boldsymbol{e}_1 + A_y\boldsymbol{e}_2 \tag{1.4.40}$$

$$\boldsymbol{A} = (\boldsymbol{A} \cdot \hat{\boldsymbol{p}})\hat{\boldsymbol{p}} + (\boldsymbol{A} \cdot \hat{\boldsymbol{q}})\hat{\boldsymbol{e}} = A_p\hat{\boldsymbol{p}} + A_q\hat{\boldsymbol{q}}$$

즉, 위 식에서 벡터 $\boldsymbol{A}$는 서로 독립인 임의의 단위 벡터 2개를 이용하여 표현되었다.

동일한 개념에 의해 2 자유도 진동계의 해(변위) $\boldsymbol{x}(t) = [x_1(t)\; x_2(t)]^T$는 해당 진동계의 정규 직교 고유 모드의 선형 결합으로 표현할 수 있다. 단, 이 경우에 $\boldsymbol{x}$ 는 운동 변위이기 때문에 각각의 정규 직교 고유 모드에 곱해지는 계수는 운동 방정식을 통해 구해야 한다. 예제 1.4.1의 식 (6)은 이런 개념을 보여주고 있다. 따라서, 식 (1.4.2b)의 비 연성화는 변위를 나타내는 물리적 좌표 $\boldsymbol{x}$ 를 다음과 같이 정규 직교 고유 모드에 의해 표현하는 것으로부터 시작한다.

$$\begin{Bmatrix} x_1 \\ x_2 \end{Bmatrix} = z_1\boldsymbol{\phi}_1 + z_2\boldsymbol{\phi}_2 = [\boldsymbol{\phi}_1\; \boldsymbol{\phi}_2]\begin{Bmatrix} z_1 \\ z_2 \end{Bmatrix} \rightarrow \boldsymbol{x} = \boldsymbol{\Phi z} \tag{1.4.41}$$

위 식에서 $\boldsymbol{z}$ 를 모드 좌표(modal coordinates)라고 한다.

이제 식 (1.4.41)을 식 (1.4.2b)에 대입하면, 식 (1.4.2b)는 다음과 같이 표현되는데,

$$\boldsymbol{M\Phi}\ddot{\boldsymbol{z}} + \boldsymbol{K\Phi z} = 0 \tag{1.4.42}$$

여기에서 식의 양변에 $\boldsymbol{\Phi}^T$를 곱하면 다음과 같이 된다.

$$\boldsymbol{\Phi}^T\boldsymbol{M\Phi}\ddot{\boldsymbol{z}} + \boldsymbol{\Phi}^T\boldsymbol{K\Phi z} = 0 \tag{1.4.43}$$

마지막으로, 위 식에 식 (1.4.39)를 적용하면 다음과 같이 비 연성 행렬 미분 방정식을 얻게 된다.

$$\boldsymbol{I}\ddot{\boldsymbol{z}} + \boldsymbol{\Lambda z} = 0 \tag{1.4.44a}$$

$$\begin{bmatrix} 1 & 0 \\ 0 & 1 \end{bmatrix}\begin{Bmatrix} \ddot{z}_1(t) \\ \ddot{z}_2(t) \end{Bmatrix} + \begin{bmatrix} \omega_1^2 & 0 \\ 0 & \omega_2^2 \end{bmatrix}\begin{Bmatrix} z_1(t) \\ z_2(t) \end{Bmatrix} = \begin{Bmatrix} 0 \\ 0 \end{Bmatrix} \tag{1.4.44b}$$

따라서, 2개의 모드 좌표에 대한 비 연성 비감쇠 자유 진동 미분 방정식을 얻었으므로, 식 (1.1.5) 또는 $\zeta = 0$을 대입한 식 (1.1.14)를 이용하여 각각에 대한 해를 구하면 아래와 같다.

$$z_1(t) = \sqrt{z_{10}^2 + \left(\frac{\dot{z}_{10}}{\omega_1}\right)^2} \sin(\omega_1 t + \theta_1),\ \theta_1 = \tan^{-1}\left(\frac{z_{10}\omega_1}{\dot{z}_{10}}\right) \tag{1.4.45a}$$

$$z_2(t) = \sqrt{z_{20}^2 + \left(\frac{\dot{z}_{20}}{\omega_2}\right)^2} \sin(\omega_2 t + \theta_2),\ \theta_2 = \tan^{-1}\left(\frac{z_{20}\omega_2}{\dot{z}_{20}}\right) \tag{1.4.45b}$$

위 식에서 $z_{10}, \dot{z}_{10}$ 및 $z_{20}, \dot{z}_{20}$는 각각 모드 좌표 z_1과 z_2의 초기 조건이며, 이는 주어진 물리적 변위 x_0, v_0 (=$\dot{x}_0$)를 $\boldsymbol{z} = \boldsymbol{\Phi}^{-1}\boldsymbol{x} = \boldsymbol{\Phi}^T\boldsymbol{M}\boldsymbol{x}$에 대입하여 구한다[76].

모드 좌표계에서의 해 $z_1(t)$과 $z_2(t)$를 구했으면, 이를 다시 식 (1.4.41)에 대입하여 최종 해 $\boldsymbol{x}$를 구할 수 있다.

예제 1.4.3

그림 1.4.10에 나타낸 2 자유도 진동계의 고유 진동수와 고유 모드를 구하고, 주어진 초기 조건에 대한 자유 진동 해를 구하여라. 단, $m_1 = 1$ (kg), $m_2 = 4$ (kg), $k_1 = 10$ (N/m), $k_2 = 4$ (N/m)이고, 초기 조건은 계산 상 편의를 위해 $x_1(0) = 1$ (mm), $x_2(0) = -1$ (mm), $\dot{x}_1(0) = 0$ (mm/s), $\dot{x}_2(0) = 0$ (mm/s)로 주어진다.

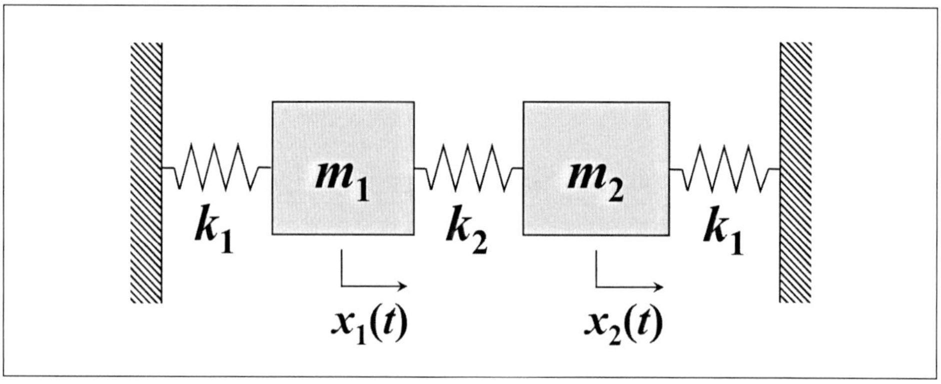

그림 1.4.10 (예제 1.4.3) 문제 정의

풀이 및 설명

예제 1.4.1에서 사용했던 절차와 동일하게 진행해보도록 하자.

1) 운동 방정식 구하기

식 (1.4.2a)를 유도했던 방법을 이용하여, 그림 1.4.10의 진동계에 대한 행렬 미분 방정식은 다음과 같이 나타낼 수 있다.

76) 식 (1.4.39a)로부터 $\boldsymbol{\Phi}^T\boldsymbol{M} = \boldsymbol{I}\boldsymbol{\Phi}^{-1} = \boldsymbol{\Phi}^{-1}$이므로, $\boldsymbol{x} = \boldsymbol{\Phi}\boldsymbol{z}$로부터 $\boldsymbol{z} = \boldsymbol{\Phi}^{-1}\boldsymbol{x} = \boldsymbol{\Phi}^T\boldsymbol{M}\boldsymbol{x}$의 관계식을 얻는다. 이를 이용하면 $\boldsymbol{x}$에 대한 초기 조건을 이용하여 $\boldsymbol{z}$의 초기 조건을 구할 수 있다($\boldsymbol{z}_0 = \boldsymbol{\Phi}^T\boldsymbol{M}\boldsymbol{x}_0$).

$$\begin{bmatrix} m_1 & 0 \\ 0 & m_2 \end{bmatrix}\begin{Bmatrix} \ddot{x}_1(t) \\ \ddot{x}_2(t) \end{Bmatrix}+\begin{bmatrix} k_1+k_2 & -k_2 \\ -k_2 & k_1+k_2 \end{bmatrix}\begin{Bmatrix} x_1(t) \\ x_2(t) \end{Bmatrix}=\begin{Bmatrix} 0 \\ 0 \end{Bmatrix} \tag{1a}$$

$$\begin{bmatrix} 1 & 0 \\ 0 & 4 \end{bmatrix}\begin{Bmatrix} \ddot{x}_1(t) \\ \ddot{x}_2(t) \end{Bmatrix}+\begin{bmatrix} 14 & -4 \\ -4 & 14 \end{bmatrix}\begin{Bmatrix} x_1(t) \\ x_2(t) \end{Bmatrix}=\begin{Bmatrix} 0 \\ 0 \end{Bmatrix} \tag{1b}$$

2) 고유 진동수 구하기

식 (1)에서 $\boldsymbol{K}-\omega^2\boldsymbol{M}$ 행렬을 구성하여 행렬식이 0이 되도록 한다.

$$\det\begin{bmatrix} 14-\omega^2 & -4 \\ -4 & 14-4\omega^2 \end{bmatrix}=0 \rightarrow (14-\omega^2)(14-4\omega^2)-16=0 \tag{2}$$

위 식으로부터 고유 진동수는 각각 $\omega_1 = 1.7697$ (rad/s), $\omega_2 = 3.7905$ (rad/s)로 계산되었다.

3) 고유 모드 구하기

위에서 구한 ω_1, ω_2를 각각 $(\boldsymbol{K}-\omega^2\boldsymbol{M})\boldsymbol{\phi}=0$에 대입하여 고유 모드 $\boldsymbol{\phi_1}, \boldsymbol{\phi_2}$를 구한다. 단, 고유 모드는 질량 행렬에 대해 정규화를 수행하여 구한다(식 (1.4.37)).

① $\omega_1 = 1.7697$ (rad/s)인 경우

$$\begin{bmatrix} 14-\omega_1^2 & -4 \\ -4 & 14-4\omega_1^2 \end{bmatrix}\begin{Bmatrix} \phi_{1,1} \\ \phi_{1,2} \end{Bmatrix}=\begin{bmatrix} 10.8681 & -4 \\ -4 & 1.4722 \end{bmatrix}\begin{Bmatrix} \phi_{1,1} \\ \phi_{1,2} \end{Bmatrix}=\begin{Bmatrix} 0 \\ 0 \end{Bmatrix} \tag{3a}$$

위 식으로부터 $\phi_{1,2} = (10.8681/4)\phi_{1,1}$의 관계식을 얻게 되고, 아래와 같이 $\boldsymbol{\phi_1^T M \phi_1} = 1$이 되도록 정규화하여 $\phi_{1,1}$의 값을 구한다.

$$\boldsymbol{\phi_1^T M \phi_1}=\begin{bmatrix} \phi_{1,1} & \dfrac{10.8681}{4}\phi_{1,1} \end{bmatrix}\begin{bmatrix} 1 & 0 \\ 0 & 4 \end{bmatrix}\begin{Bmatrix} \phi_{1,1} \\ \dfrac{10.8681}{4}\phi_{1,1} \end{Bmatrix}=\phi_{1,1}^2+\frac{10.8681^2}{4}\phi_{1,1}^2=1 \tag{3b}$$

여기서 구한 $\phi_{1,1} = 0.1810$을 다시 $\phi_{1,2} = (10.8681/4)\phi_{1,1}$에 대입하면, $\phi_{1,2} = 0.4917$을 얻게 된다. 따라서, $\omega_1 = 1.7697$ (rad/s)인 경우의 정규화된 고유 모드는 $\boldsymbol{\phi_1} = [0.1810 \;\; 0.4917]^T$이다.

② $\omega_2 = 3.7905$ (rad/s)인 경우

$$\begin{bmatrix} 14-\omega_2^2 & -4 \\ -4 & 14-4\omega_2^2 \end{bmatrix}\begin{Bmatrix} \phi_{2,1} \\ \phi_{2,2} \end{Bmatrix}=\begin{bmatrix} -0.3681 & -4 \\ -4 & -43.4722 \end{bmatrix}\begin{Bmatrix} \phi_{2,1} \\ \phi_{2,2} \end{Bmatrix}=\begin{Bmatrix} 0 \\ 0 \end{Bmatrix} \tag{4a}$$

위 식으로부터 $\phi_{2,2} = -(0.3681/4)\phi_{2,1}$의 관계식을 얻게 되고, 아래와 같이 $\boldsymbol{\phi_2^T M \phi_2} = 1$이 되도록 정규화하여 $\phi_{2,1}$의 값을 구한다.

$$\boldsymbol{\phi_2^T M \phi_2}=\begin{bmatrix} \phi_{2,1} & \dfrac{-0.3681}{4}\phi_{2,2} \end{bmatrix}\begin{bmatrix} 1 & 0 \\ 0 & 4 \end{bmatrix}\begin{Bmatrix} \phi_{2,1} \\ \dfrac{-0.3681}{4}\phi_{2,2} \end{Bmatrix}=\phi_{2,1}^2+\frac{0.3681^2}{4}\phi_{2,2}^2=1 \tag{4b}$$

여기서 구한 $\phi_{2,1} = 0.9835$를 다시 $\phi_{2,2} = -(0.3681/4)\phi_{2,1}$에 대입하면, $\phi_{2,2} = -0.0905$를 얻게 된

다. 따라서, $\omega_2 = 3.7905$ (rad/s)인 경우의 정규화된 고유 모드는 $\boldsymbol{\phi}_2 = [0.9835 \quad -0.0905]^T$이다.

4) 자유 진동 해 구하기

위에서 구한 정규 직교 고유 모드로 구성된 모드 행렬 $\boldsymbol{\Phi}$는 다음과 같다.

$$\boldsymbol{\Phi} = [\phi_1 \ \ \phi_2] = \begin{bmatrix} 0.1810 & 0.9835 \\ 0.4917 & -0.0905 \end{bmatrix} \tag{5}$$

따라서, $\boldsymbol{x} = \boldsymbol{\Phi z}$ (식 (1.4.41))를 이용하여 좌표 변환을 수행하면, 식 (1)은 다음과 같이 비 연성 행렬 미분 방정식으로 표현된다[77].

$$\begin{gathered} \boldsymbol{\Phi}^T \begin{bmatrix} 1 & 0 \\ 0 & 4 \end{bmatrix} \boldsymbol{\Phi} \begin{Bmatrix} \ddot{z}_1(t) \\ \ddot{z}_2(t) \end{Bmatrix} + \boldsymbol{\Phi}^T \begin{bmatrix} 14 & -4 \\ -4 & 14 \end{bmatrix} \boldsymbol{\Phi} \begin{Bmatrix} z_1(t) \\ z_2(t) \end{Bmatrix} = \begin{Bmatrix} 0 \\ 0 \end{Bmatrix} \\ \rightarrow \begin{bmatrix} 1 & 0 \\ 0 & 1 \end{bmatrix} \begin{Bmatrix} \ddot{z}_1(t) \\ \ddot{z}_2(t) \end{Bmatrix} + \begin{bmatrix} \omega_1^2 & 0 \\ 0 & \omega_2^2 \end{bmatrix} \begin{Bmatrix} z_1(t) \\ z_2(t) \end{Bmatrix} = \begin{Bmatrix} 0 \\ 0 \end{Bmatrix} \end{gathered} \tag{6}$$

모드 좌표 $\boldsymbol{z}$에 대한 초기값은 $\boldsymbol{z} = \boldsymbol{\Phi}^{-1}\boldsymbol{x} = \boldsymbol{\Phi}^T \boldsymbol{Mx}$에 의해 구하면 다음과 같다.

$$\begin{gathered} \begin{Bmatrix} z_{10} \\ z_{20} \end{Bmatrix} = \begin{bmatrix} 0.1810 & 0.4917 \\ 0.9835 & -0.0905 \end{bmatrix} \begin{bmatrix} 1 & 0 \\ 0 & 4 \end{bmatrix} \begin{Bmatrix} 1 \\ -1 \end{Bmatrix} = \begin{Bmatrix} -1.7858 \\ 1.3455 \end{Bmatrix} \text{(mm)} \\ \begin{Bmatrix} \dot{z}_{10} \\ \dot{z}_{20} \end{Bmatrix} = \begin{bmatrix} 0.1810 & 0.4917 \\ 0.9835 & -0.0905 \end{bmatrix} \begin{bmatrix} 1 & 0 \\ 0 & 4 \end{bmatrix} \begin{Bmatrix} 0 \\ 0 \end{Bmatrix} = \begin{Bmatrix} 0 \\ 0 \end{Bmatrix} \text{(mm/s)} \end{gathered} \tag{7}$$

이제 위의 결과 및 식 (1.4.45)를 이용하여 각 모드 좌표계에 대한 응답을 구하면 아래와 같으므로,

$$z_1(t) = z_{10}\sin(\omega_1 t + \theta_1) = -1.7858\sin\left(1.7697t + \frac{\pi}{2}\right) = -1.7858\cos(1.7697t) \tag{8a}$$

$$z_2(t) = z_{20}\sin(\omega_2 t + \theta_2) = 1.3455\sin\left(3.7905t + \frac{\pi}{2}\right) = 1.3455\cos(3.7905t) \tag{8b}$$

주어진 문제의 해 $\boldsymbol{x}$ (mm)는 다음과 같이 구할 수 있다.

$$\begin{aligned} \begin{Bmatrix} x_1(t) \\ x_2(t) \end{Bmatrix} &= [\phi_1 \ \phi_2] \begin{Bmatrix} z_1(t) \\ z_2(t) \end{Bmatrix} = \begin{bmatrix} 0.1810 & 0.9835 \\ 0.4917 & -0.0905 \end{bmatrix} \begin{Bmatrix} -1.7858\cos(1.7697t) \\ 1.3455\cos(3.7905t) \end{Bmatrix} \\ &= \begin{Bmatrix} -0.3232\cos(1.7697t) + 1.3233\cos(3.7905t) \\ -0.8781\cos(1.7697t) - 0.1218\cos(3.7905t) \end{Bmatrix} \end{aligned} \tag{9}$$

그림 1.4.11에 본 예제에서 수행한 결과를 나타내었다. 그림 1.4.11(a)에는 '3) 고유 모드 구하기'에서 구한 정규 직교화된 고유 모드를, 그리고 그림 1.4.11(b)에는 식 (9)의 초기 조건을 고려한 자유 진동해를 각각 나타내었다.

77) 모드 행렬과 질량 및 강성 행렬 등에 대해 직접 연산을 수행할 필요는 없다. 어차피 결과는 식 (1.4.44b)이 된다.

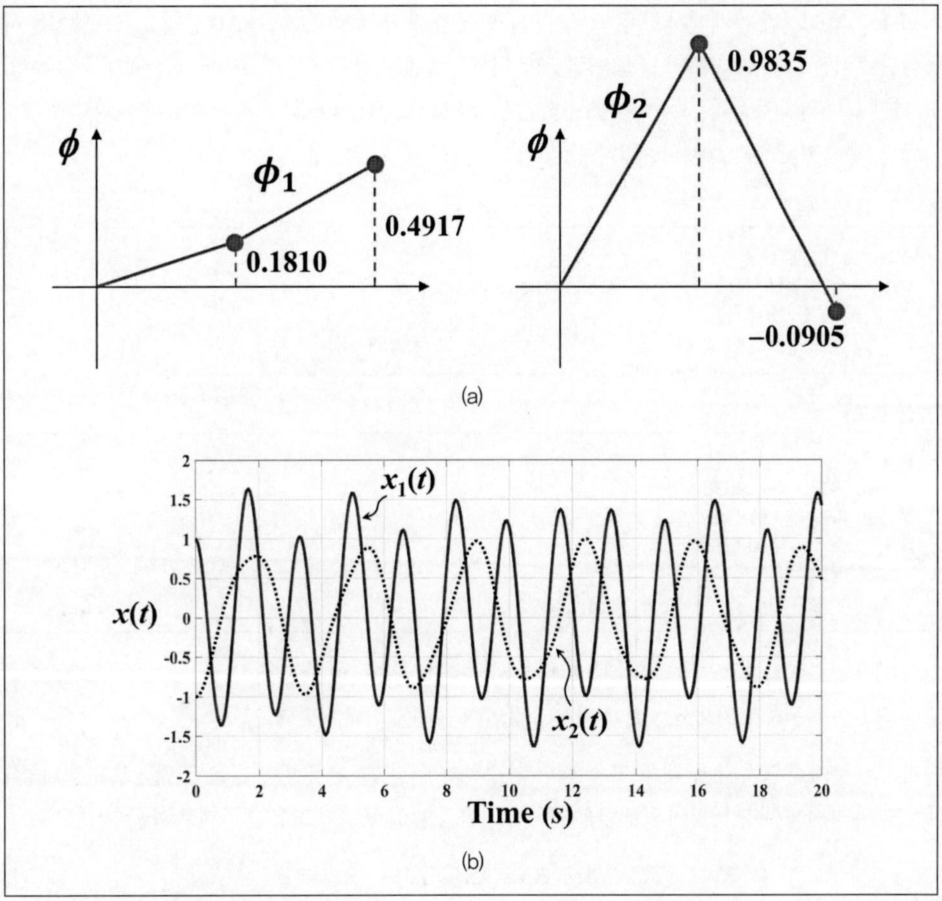

그림 1.4.11 (예제 1.4.3) (a) 정규 직교 고유 모드 및 (b) 자유 진동 해

보충설명 1.4.2 **고유 벡터의 정규화**

식 (1.4.32)의 고유값 문제에서 고유 벡터의 정규화에 대해 살펴보자. MATLAB 등의 소프트웨어를 사용하면 주어진 질량 행렬 $\boldsymbol{M}$과 강성 행렬 $\boldsymbol{K}$에 대한 고유값과 정규화된 고유벡터를 손쉽게 구할 수 있다. 예제 1.4.3의 고유값과 고유 벡터를 구하기 위한 MATLAB m-file 작성 예를 아래에 나타내었으며, 바로 그 밑에 계산 결과를 제시하였다.

[MATLAB m–file]

```
clear all, clc
matK = [14 -4; -4 14];          % stiffness matrix in ex. 1.4.3
matM = [1 0; 0 4];
[V, D] = eig(matK, matM)      % Don't change to eig(M-1K)
```

[계산 결과]

```
V =
    -0.1810   -0.9835
    -0.4917    0.0905
D =
     3.1319         0
          0   14.3681
```

위의 계산 결과에서 D는 고유값을 대각원소로 하는 대각 행렬이며 고유값 λ (ω^2)에 대한 결과이므로, 고유 진동수를 구하기 위해서는 위에 제시된 값의 제곱근을 취해야 한다.

여기서는 주어진 고유값에 대해 고유 벡터를 구하기 위한 꽤 유용한 방법을 소개하고자 한다. 식 (1.4.32)의 양변에 질량 행렬의 역행렬을 곱하면 다음과 같이 표준화 고유값 문제로 바꿀수 있다[78].

$$\boldsymbol{K}\phi=\omega^2\boldsymbol{M}\phi \rightarrow \boldsymbol{M}^{-1}\boldsymbol{K}\phi=\lambda\boldsymbol{M}^{-1}\boldsymbol{M}\phi \rightarrow \boldsymbol{A}\phi=\lambda\phi \tag{1}$$

따라서, 위 식의 마지막 관계식은 $(\boldsymbol{A}-\lambda\boldsymbol{I})\phi=0$로 표현할 수 있다. 편의상 이 관계식에서 행렬 $\boldsymbol{A}-\lambda\boldsymbol{I}$를 $\boldsymbol{B}$라고 하자. 그리고, $\boldsymbol{B}$의 역행렬은 다음과 같이 나타낼 수 있다.

$$\boldsymbol{B}^{-1}=\frac{1}{|\boldsymbol{B}|}\mathrm{adj}(\boldsymbol{B}) \tag{2}$$

위 식에서 $\mathrm{adj}(\boldsymbol{B})$는 행렬 $\boldsymbol{B}$의 수반 행렬(adjoint matrix)이라고 한다. 여기서 수반 행렬이라함은 행렬 $\boldsymbol{B}$에 대한 여인자 행렬(cofactor matrix)의 전치행렬이 된다[79]. 이제 식 (2)의 양변에 $|\boldsymbol{B}|\boldsymbol{B}$를 곱하면 다음의 관계식을 얻을 수 있다.

$$|\boldsymbol{B}|\boldsymbol{B}\boldsymbol{B}^{-1}=|\boldsymbol{B}|\boldsymbol{B}\frac{1}{|\boldsymbol{B}|}\mathrm{adj}(\boldsymbol{B}) \rightarrow |\boldsymbol{B}|\boldsymbol{I}=\boldsymbol{B}\mathrm{adj}(\boldsymbol{B}) \tag{3}$$

78) 여기서는 손으로 고유 벡터를 구할 때의 방법을 소개하고 있다. 소프트웨어 등을 이용하여 고유값 문제를 풀 때, 일반화 고유값 문제를 굳이 표준화 고유값 문제로 바꾸어 풀 필요가 없다.

79) 정사각 행렬의 i행과 j열을 제거한 나머지 행렬의 행렬식을 소행렬식(minor)이라 하고 M_{ij}라고 한다면 $C_{ij}=(-1)^{i+j}M_{ij}$를 원소로 하는 행렬 $\boldsymbol{C}$를 여인자 행렬(cofactor matrix)라고 한다.

따라서, 행렬 $\boldsymbol{B}$에 다시 $\boldsymbol{A}-\lambda \boldsymbol{I}$를 대입하면 아래와 같은데,

$$|\boldsymbol{A}-\lambda \boldsymbol{I}|\boldsymbol{I}=(\boldsymbol{A}-\lambda \boldsymbol{I})\,\mathrm{adj}\,(\boldsymbol{A}-\lambda \boldsymbol{I}) \tag{4}$$

만약 λ가 i번째 고유값 λ_i일 경우에는 $|\boldsymbol{A}-\lambda_i \boldsymbol{I}|=0$이 되므로 이 경우에 위 식은 다음과 같이 표현된다.

$$(\boldsymbol{A}-\lambda_i \boldsymbol{I})\,\mathrm{adj}\,(\boldsymbol{A}-\lambda_i \boldsymbol{I})=0 \tag{5}$$

그런데, 위 식과 $(\boldsymbol{A}-\lambda_i \boldsymbol{I})\phi_i=0$을 비교하면 $\mathrm{adj}(\boldsymbol{A}-\lambda_i \boldsymbol{I})$의 각각의 열은 모두 i번째 고유값에 대한 고유 벡터의 상수배라는 것을 알 수 있다. 따라서, 고유 벡터를 구할 때는 행렬 $\boldsymbol{A}$의 수반 행렬을 구하고 그 중 임의의 열을 선택한 다음 정규화를 수행하면 된다.

여기서 설명한 방법을 예제 1.4.3에 한번 적용해 보기로 하자. 주어진 질량 행렬 $\boldsymbol{M}$과 강성 행렬 $\boldsymbol{K}$를 이용하면 행렬 $\boldsymbol{A}$는 다음과 같다.

$$\boldsymbol{A}=\boldsymbol{M}^{-1}\boldsymbol{K}=\begin{bmatrix}14 & -4\\ -1 & 3.5\end{bmatrix} \tag{6}$$

그렇다면, $\lambda_1=\omega_1^2=(1.7697)^2=3.1319$에 대한 고유 벡터 $\boldsymbol{\phi}_1$는 $\boldsymbol{A}-\lambda_1\boldsymbol{I}$의 수반 행렬을 통해 구할 수 있다.

$$\boldsymbol{A}-\lambda_1\boldsymbol{I}=\begin{bmatrix}14 & -4\\ -1 & 3.5\end{bmatrix}-3.1319\begin{bmatrix}1 & 0\\ 0 & 1\end{bmatrix}=\begin{bmatrix}10.8681 & -4\\ -1 & 0.3681\end{bmatrix} \tag{7a}$$

$$\mathrm{adj}(\boldsymbol{A}-\lambda_1\boldsymbol{I})=\begin{bmatrix}0.3681 & 1\\ 4 & 10.8681\end{bmatrix}^T=\begin{bmatrix}0.3681 & 4\\ 1 & 10.8681\end{bmatrix} \tag{7b}$$

따라서, 정규화되지 않은 고유 벡터는 $[0.3681\ \ 1]^T$ (또는 $[4\ \ 10.8681]^T$)이 된다. 식 (1.4.37)에 의해 $1/\sqrt{\phi_1^T\boldsymbol{M}\phi_1}$의 값은 약 0.4917이 되므로 정규화된 고유 벡터 $\boldsymbol{\phi}_1=0.4917\times[0.3681\ \ 1]^T$ $=[0.1810\ \ 0.4917]^T$을 얻을 수 있다.

1.4.5 다 자유도 감쇠 진동계

그림 1.4.1에서 감쇠를 고려했을 때의 미분 방정식은 식 (1.4.1)에 점성 감쇠력을 포함하여 다음과 같이 표현된다.

$$m_1\ddot{x}_1(t)+(c_1+c_2)\dot{x}_1(t)-c_2\dot{x}_2(t)+(k_1+k_2)x_1(t)-k_2x_2(t)=f_1(t) \tag{1.4.46a}$$

$$m_2\ddot{x}_2(t)-c_2\dot{x}_1(t)+c_2\dot{x}_2(t)-k_2x_1(t)+k_2x_2(t)=f_2(t) \tag{1.4.46b}$$

따라서, 위 식은 벡터 및 행렬을 이용하여 아래와 같이 나타낼 수 있다.

$$\begin{bmatrix}m_1 & 0\\ 0 & m_2\end{bmatrix}\begin{Bmatrix}\ddot{x}_1(t)\\ \ddot{x}_2(t)\end{Bmatrix}+\begin{bmatrix}c_1+c_2 & -c_2\\ -c_2 & c_2\end{bmatrix}\begin{Bmatrix}\dot{x}_1(t)\\ \dot{x}_2(t)\end{Bmatrix}+\begin{bmatrix}k_1+k_2 & -k_2\\ -k_2 & k_2\end{bmatrix}\begin{Bmatrix}x_1(t)\\ x_2(t)\end{Bmatrix}=\begin{Bmatrix}f_1(t)\\ f_2(t)\end{Bmatrix} \tag{1.4.47a}$$

$$M\ddot{x}+C\dot{x}+Kx=F \tag{1.4.47b}$$

위 식들은 그림 1.4.1의 2 자유도 진동계에 대한 것이지만, 지금부터의 설명은 일반적인 n 자유도 진동계에 대해서도 성립한다. 앞에서 비 감쇠 문제를 풀었을 때와 마찬가지로 감쇠 진동계에 대해서도 식 (1.4.41)의 모드 좌표 변환을 이용하여 비 연성된 n개의 1 자유도 진동계 미분 방정식을 얻을 수 있다. 이를 위해 식 (1.4.47b)의 $\boldsymbol{x}$ 대신에 $\boldsymbol{x}=\boldsymbol{\Phi z}$ ($\boldsymbol{\Phi}$는 비 감쇠 진동계의 모드 행렬)의 관계식을 대입하고, 양변에 $\boldsymbol{\Phi}^T$ 를 곱하면 다음과 같은 식을 얻게 된다.

$$\boldsymbol{\Phi}^T\boldsymbol{M\Phi}\ddot{\boldsymbol{z}}+\boldsymbol{\Phi}^T\boldsymbol{C\Phi}\dot{\boldsymbol{z}}+\boldsymbol{\Phi}^T\boldsymbol{K\Phi z}=\boldsymbol{\Phi}^T\boldsymbol{F} \tag{1.4.48}$$

그런데, 위 식에서 $\boldsymbol{\Phi}^T\boldsymbol{M\Phi}$와 $\boldsymbol{\Phi}^T\boldsymbol{K\Phi}$는 식 (1.4.44b)에서와 같이 모두 대각 행렬이 되어 연성 미분 방정식을 비 연성화할 수 있는데, 감쇠 행렬 $\boldsymbol{\Phi}^T\boldsymbol{C\Phi}$는 일반적으로 대각 행렬이 되지 않는다. 따라서, 이를 해결하기 위해 감쇠 행렬 $\boldsymbol{C}$를 다음과 같이 질량 행렬과 강성 행렬의 선형 조합으로 표현하여 사용한다.

$$\boldsymbol{C}=\alpha\boldsymbol{M}+\beta\boldsymbol{K} \tag{1.4.49}$$

위와 같이 표현된 감쇠를 비례 감쇠(proportional damping) 또는 레일리 감쇠(Rayleigh damping)라고 한다[80]. 이 경우 이미 대각화가 가능한 질량 및 강성 행렬의 조합으로 구성되었으므로 감쇠 행렬의 대각화는 당연한 것이다. 따라서, 식 (1.4.48)은 다음과 같이 나타낼 수 있다.

$$\boldsymbol{I}\ddot{\boldsymbol{z}}+(\alpha\boldsymbol{I}+\beta\boldsymbol{\Lambda})\dot{\boldsymbol{z}}+\boldsymbol{\Lambda z}=\boldsymbol{\Phi}^T\boldsymbol{F} \tag{1.4.50a}$$

$$\ddot{z}_i+\left(\alpha+\beta\omega_i^2\right)\dot{z}_i+\omega_i^2 z=\boldsymbol{\phi}_i^T\boldsymbol{F}\,(i=1,2,\ldots,n) \tag{1.4.50b}$$

그런데, 감쇠비와 고유 진동수에 의해 표현된 1 자유도 진동계의 미분 방정식(식 (1.1.20))을 고려하면, 식 (1.4.50b)의 $\alpha+\beta\omega_i^2$은 $2\zeta_i\omega_i$로 대체할 수 있다.

$$2\zeta_i\omega_i=\alpha+\beta\omega_i^2 \tag{1.4.51}$$

이때 ζ_i는 i 번째 모드에서의 감쇠를 나타내는 모드 감쇠비(modal damping ratio)라고 한다. 위 식에서 미지수는 α와 β, 2개이므로 이들은 임의의 2개 모드에 대한 연립 방정식을 풀어서 다음과 같이 구해진다.

---

80) 고전 감쇠(classical damping)라고 불리는 부류에 포함된다. Caughey 등(1965)에 의하면 필요충분조건으로서 $\boldsymbol{CM}^{-1}\boldsymbol{K}=\boldsymbol{KM}^{-1}\boldsymbol{C}$을 만족하는 고전 감쇠의 경우 실수 정규 모드를 갖는다. 식 (1.4.49)의 비례 감쇠 행렬은 이 조건을 만족시키며, 비 감쇠 진동계의 (실수) 고유 모드를 이용하여 미분 방정식을 비 연성화한다. 만약, 이 조건을 만족시키기 않는다면 진동계는 복소수 고유 모드를 갖게 된다(이에 대해서 4장에서 다루게 될 것이다). 복소수 고유 모드는 비교적 감쇠비가 큰 감쇠 장치가 부착된 구조물 또는 구조물을 구성하는 재료 간에 에너지 흡수율의 차이가 큰 경우에 발생한다.

$$\alpha = \frac{2\omega_1\omega_2(\zeta_1\omega_2 - \zeta_2\omega_1)}{\omega_2^2 - \omega_1^2}, \beta = \frac{2(\zeta_2\omega_2 - \zeta_1\omega_1)}{\omega_2^2 - \omega_1^2} \tag{1.4.52}$$

고유 진동수 ω_i에서의 모드 감쇠비 ζ_i는 측정값(또는 추정값)을 대입한다. 그리고, 여기서 나타낸 하첨자 '1'과 '2'는 첫 번째 및 두 번째 모드를 의미하는 것이 아니고 임의로 선정된 2개 모드 중 그 어느 하나를 지칭하는 것임에 유의하자. 위 식에 의해 α와 β를 구하였으면, 이제 임의의 i 번째 모드에서의 감쇠비 ζ_i는 식 (1.4.51)을 이용하여 다음 식에 의해 구할 수 있다[81].

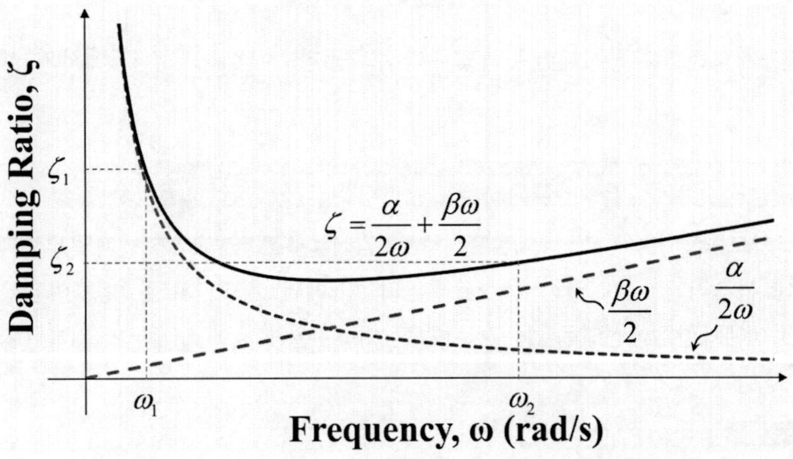

그림 1.4.12 식 (1.4.53)에 나타낸 비례 감쇠의 주파수 변화에 따른 양상

$$\zeta_i = \frac{\alpha}{2\omega_i} + \frac{\beta\omega_i}{2} \tag{1.4.53}$$

그런데, 식 (1.4.52)에 의해 구한 α와 β의 값은 지정된 모드 '1'과 '2'에서의 고유 진동수와 모드 감쇠비를 이용한 결과이므로, 식 (1.4.53)에 표시된 ζ_i의 값은 그 외의 모드에서는 근사적으로 보간된 (interpolated) 값임에 유의하자. 즉, 식 (1.4.53)은 좌표값 (ω_1, ζ_1) 및 (ω_2, ζ_2)를 지나지만 다른 진동수에서의 감쇠비는 보간된 값이다. 이를 그림 1.4.12에 나타내었으니 참고하기 바란다.

이제 식 (1.4.50b), (1.4.51)에 대한 응답을 구해보자. 즉, 일반적인 외력에 대한 식 (1.3.11)을 참고하면

81) $\alpha/(2\omega_i)$를 알파 감쇠(alpha damping) 또는 질량 감쇠(mass damping)라고 하고, $\beta\omega_i/2$를 베타 감쇠(beta damping) 또는 강성 감쇠(stiffnss damping)이라고도 부른다. 따라서, α와 β를 각각 질량 감쇠 계수(mass damping coefficient), 강성 감쇠 계수(stiffness damping coefficient)라고 부른다. 보통 α는 쿨롱 마찰과 같은 강체의 감쇠를 나타내며, 이에 반해 β는 내부 감쇠를 나타내므로 구조물의 탄성 변형에 관련하여서는 β만을 쓰는 경우도 많다. 이 경우 $\zeta_i = \beta\omega_i/2$가 되므로 감쇠가 주파수에 비례하게 된다.

모드 응답 $z_i(t)$는 다음과 같이 표현되므로[82]

$$z_i(t)=e^{-\zeta_i\omega_i t}\left(\frac{\zeta_i\omega_i z_{i0}+\dot{z}_{i0}}{\omega_{di}}\sin\omega_{di}t+z_{10}\cos\omega_{di}t\right)+\frac{1}{\omega_{di}}\int_0^t \boldsymbol{\phi}_i^T\boldsymbol{F}(\tau)e^{-\zeta_i\omega_i(t-\tau)}\sin\omega_{di}(t-\tau)d\tau \tag{1.4.54}$$

식 (1.4.47b)에 대한 응답은 $\boldsymbol{x}=\boldsymbol{\Phi z}$을 이용하여 구할 수 있다. 위 식에서 모드 좌표계 $\boldsymbol{z}$에 대한 초기 조건은 아래의 식을 이용하여 구한다. 이는 비 감쇠 다 자유도 진동계에서 살펴본 바와 동일하다.

$$\boldsymbol{z}_0=\boldsymbol{\Phi}^{-1}\boldsymbol{x}_0=\boldsymbol{\Phi}^T\boldsymbol{M}\boldsymbol{x}_0,\ \dot{\boldsymbol{z}}_0=\boldsymbol{\Phi}^{-1}\dot{\boldsymbol{x}}_0=\boldsymbol{\Phi}^T\boldsymbol{M}\dot{\boldsymbol{x}}_0 \tag{1.4.55}$$

다자유도 진동계의 조화 가진에 대한 응답 및 주파수 응답 함수에 대해서는 4장에서 자세히 다루기로 한다.

예제 1.4.4

예제 1.4.3의 그림 1.4.10에 나타낸 2 자유도 진동계의 감쇠를 측정하였더니, 첫 번째 및 두 번째 모드에서의 감쇠비가 각각 $\zeta_1=0.05$ 및 $\zeta_2=0.08$로 측정되었다. 예제 1.4.3의 자료를 이용하여 감쇠 행렬 $\boldsymbol{C}$를 구하고, 이에 대한 정상 상태 응답을 구하시오. 단, 외력은 질량 m_2에 $f_2(t)=2\cos(5t)$ (N)이 가해진다고 가정한다.

풀이 및 설명

이 문제에서 감쇠 행렬 그 자체를 구하는 것이 해를 구하기 위한 필수적인 사항은 아니지만, 이를 통해 비례 감쇠에 대한 개념을 복습해 보도록 하자. 예제 1.4.3에서 고유 진동수는 각각 $\omega_1=1.7697$ (rad/s), $\omega_2=3.7905$ (rad/s)이었다. 따라서, 식 (1.4.52)를 이용하면 질량 감쇠 및 강성 감쇠 계수는 각각 $\alpha=0.0573$ 및 $\beta=0.0382$로 계산되므로, 감쇠 행렬 $\boldsymbol{C}$는 다음과 같이 정해진다.

$$\boldsymbol{C}=\alpha\begin{bmatrix}1&0\\0&4\end{bmatrix}+\beta\begin{bmatrix}14&-4\\-4&14\end{bmatrix}=\begin{bmatrix}0.5924&-0.1529\\-0.1529&0.7642\end{bmatrix} \tag{1}$$

이제 해를 구하기에 앞서 식 (1.4.50b)에 나타낸 모드 좌표계 방정식에서의 외력(modal force)을 구한다.

$$\boldsymbol{\Phi}^T\boldsymbol{F}=\begin{bmatrix}0.1810&0.4917\\0.9835&-0.0905\end{bmatrix}\begin{Bmatrix}0\\2\cos5t\end{Bmatrix}=\begin{Bmatrix}0.9835\cos(5t)\\-0.1810\cos(5t)\end{Bmatrix} \tag{2}$$

따라서, 모드 좌표계에서 구해야 할 미분 방정식은 각각 다음과 같이 표현된다.

$$\ddot{z}_1+0.1770\dot{z}_1+3.1319z_1=0.9835\cos(5t) \tag{3a}$$

$$\ddot{z}_2+0.6065\dot{z}_2+14.3681z_2=-0.1810\cos(5t) \tag{3b}$$

82) 조화 가진력에 대해서는 식 (1.2.13)으로 표현된 일반해를 사용하는 것이 더욱 편리하다.

위 식에서 각각의 방정식에 대한 정상 상태의 응답은 식 (1.2.12)를 이용하면 아래와 같이 구할 수 있다.

$$z_1(t) = \frac{0.9835}{\sqrt{(3.1319-25)^2+(2\times 0.05\times 1.7697\times 5)^2}}\cos(5t-3.1012)$$
$$= 0.0449\cos(5t-3.1012) \tag{4a}$$

$$z_2(t) = \frac{-0.1810}{\sqrt{(14.3681-25)^2+(2\times 0.08\times 3.7905\times 5)^2}}\cos(5t-2.8638)$$
$$=-0.0164\cos(5t-2.8638) \tag{4b}$$

따라서, 정상 상태 응답은 좌표 변환 식 $\boldsymbol{x}=\boldsymbol{\Phi z}$를 이용하여 다음과 같이 구할 수 있다.

$$\begin{Bmatrix} x_1(t) \\ x_2(t) \end{Bmatrix} = [\boldsymbol{\phi}_1\,\boldsymbol{\phi}_2]\begin{Bmatrix} z_1(t) \\ z_2(t) \end{Bmatrix} = \begin{bmatrix} 0.1810 & 0.9835 \\ 0.4917 & -0.0905 \end{bmatrix}\begin{Bmatrix} 0.0449\cos(5t-3.1012) \\ -0.0164\cos(5t-2.8638) \end{Bmatrix}$$
$$= \begin{Bmatrix} 0.0081\cos(5t-3.1012)-0.0161\cos(5t-2.8638) \\ 0.0221\cos(5t-3.1012)+0.0015\cos(5t-2.8638) \end{Bmatrix} \tag{5}$$

예제 1.4.5

위의 예제 1.4.4에서 외력이 질량 m_2에 $f_2(t)=1\cdot\delta(t)$ (N)이 가해진다고 한다. 초기 조건은 모두 0이고 다른 조건은 모두 앞의 예제와 동일하다고 할 때, 질량 m_1 및 m_2의 충격 응답을 구하는 식을 유도해 보자.

풀이 및 설명

모드 좌표계 방정식에서의 외력(modal force)은 다음과 같이 나타낼 수 있다.

$$\boldsymbol{\Phi}^T\boldsymbol{f} = \begin{bmatrix} \boldsymbol{\phi}_1^T \\ \boldsymbol{\phi}_2^T \end{bmatrix}\begin{Bmatrix} f_1(t) \\ f_2(t) \end{Bmatrix} = \begin{bmatrix} \boldsymbol{\phi}_1^T \\ \boldsymbol{\phi}_2^T \end{bmatrix}\begin{Bmatrix} 0 \\ \delta(t) \end{Bmatrix} = \begin{bmatrix} \phi_{11} & \phi_{21} \\ \phi_{12} & \phi_{22} \end{bmatrix}\begin{Bmatrix} 0 \\ \delta(t) \end{Bmatrix} \tag{1}$$

위 식에서 ϕ_{ij}은 j번째 고유 벡터 $\boldsymbol{\phi}_j$의 i번째 원소를 의미한다. 따라서, 모드 좌표계에서의 미분 방정식은 다음과 같이 표현된다.

$$\ddot{z}_1+2\zeta_1\omega_1\dot{z}_1+\omega_1^2 z_1 = \phi_{21}\cdot\delta(t) \tag{2a}$$

$$\ddot{z}_2+2\zeta_2\omega_2\dot{z}_2+\omega_2^2 z_2 = \phi_{22}\cdot\delta(t) \tag{2b}$$

그리고, 각 모드에서의 감쇠 고유 진동수는 아래와 같으므로

$$\omega_{d1} = \omega_1\sqrt{1-\zeta_1^2},\ \omega_{d2} = \omega_2\sqrt{1-\zeta_2^2} \tag{3}$$

식 (2)의 방정식에 대한 응답은 식 (1.3.5)를 이용하면 아래와 같이 구할 수 있다.

$$z_1(t) = \frac{\phi_{21}}{\omega_{d1}} e^{-\zeta_1 \omega_1 t} \sin(\omega_{d1} t) \tag{4a}$$

$$z_2(t) = \frac{\phi_{22}}{\omega_{d2}} e^{-\zeta_2 \omega_2 t} \sin(\omega_{d2} t) \tag{4b}$$

따라서, 질량 m_2에 가해지는 단위 충격량에 의한 각 질량의 과도 응답 식은 $\boldsymbol{x} = \boldsymbol{\Phi z}$에 의해 다음과 같이 구할 수 있다.

$$\begin{Bmatrix} x_1(t) \\ x_2(t) \end{Bmatrix} = [\boldsymbol{\phi}_1\, \boldsymbol{\phi}_2] \begin{Bmatrix} z_1(t) \\ z_2(t) \end{Bmatrix} = \begin{bmatrix} \phi_{11} & \phi_{12} \\ \phi_{21} & \phi_{22} \end{bmatrix} \begin{Bmatrix} z_1(t) \\ z_2(t) \end{Bmatrix} = \begin{Bmatrix} \dfrac{\phi_{11}\phi_{21}}{\omega_{d1}} \sin\omega_{d1} t + \dfrac{\phi_{12}\phi_{22}}{\omega_{d2}} \sin\omega_{d2} t \\ \dfrac{\phi_{21}\phi_{21}}{\omega_{d1}} \sin\omega_{d1} t + \dfrac{\phi_{22}\phi_{22}}{\omega_{d2}} \sin\omega_{d2} t \end{Bmatrix} \tag{5}$$

위 식의 의미는, 다 자유도 구조물의 모드 매개 변수(고유 진동수, 감쇠비, 고유 모드 등)를 알면 해당 구조물의 충격 응답을 구할 수 있다는 것이다.

1.4.6 수치 해법을 이용한 다자유도계의 응답

우리는 이미 1.3.3절에서 수치 해석 기법을 이용하여 1 자유도 진동계의 응답을 구해보았다. 상태 변수를 도입하여 1개의 2계 미분 방정식을 2개의 1계 미분 방정식으로 변환하는 방법을 익혔으며, 이렇게 정리된 형태를 Runge-Kutta 수치 해석 기법에 적용하였다.

다 자유도 진동계의 일반 외력에 대한 응답을 구하는 방법 역시 관련 식들이 행렬로 표현된다는 것을 제외하고는 1.3.3에서 살펴본 내용과 대동소이하다. 식 (1.4.47)의 감쇠 강제 진동에 대한 행렬 미분 방정식에서 $\boldsymbol{y}_1 = \boldsymbol{x}$, $\boldsymbol{y}_2 = \dot{\boldsymbol{x}}$라고 두면 다음과 같은 2개의 식을 얻을 수 있다.

$$\dot{\boldsymbol{y}}_1 = \dot{\boldsymbol{x}} = \boldsymbol{y}_2 \tag{1.4.56a}$$

$$\begin{aligned} \dot{\boldsymbol{y}}_2 = \ddot{\boldsymbol{x}} &= -\boldsymbol{M}^{-1}\boldsymbol{C}\dot{\boldsymbol{x}} - \boldsymbol{M}^{-1}\boldsymbol{K}\boldsymbol{x} + \boldsymbol{M}^{-1}\boldsymbol{F} \\ &= -\boldsymbol{M}^{-1}\boldsymbol{C}\boldsymbol{y}_2 - \boldsymbol{M}^{-1}\boldsymbol{K}\boldsymbol{y}_1 + \boldsymbol{M}^{-1}\boldsymbol{F} \end{aligned} \tag{1.4.56b}$$

위 식은 $\boldsymbol{y} = [\boldsymbol{y}_1\, \boldsymbol{y}_2]^T$에 대해서 나타내면 다음과 같다.

$$\begin{Bmatrix} \dot{\boldsymbol{y}}_1 \\ \dot{\boldsymbol{y}}_2 \end{Bmatrix} = \begin{bmatrix} 0 & \boldsymbol{I} \\ (-\boldsymbol{M}^{-1}\boldsymbol{K}) & (-\boldsymbol{M}^{-1}\boldsymbol{C}) \end{bmatrix} \begin{Bmatrix} \boldsymbol{y}_1 \\ \boldsymbol{y}_2 \end{Bmatrix} + \begin{Bmatrix} 0 \\ \boldsymbol{M}^{-1}\boldsymbol{F} \end{Bmatrix}, \quad \begin{Bmatrix} \boldsymbol{y}_1(0) \\ \boldsymbol{y}_2(0) \end{Bmatrix} = \begin{Bmatrix} \boldsymbol{x}(0) \\ \dot{\boldsymbol{x}}(0) \end{Bmatrix} \tag{1.4.57}$$

만약, 대상 진동계가 n 자유도라면 위 식에서 $\boldsymbol{I}, \boldsymbol{M}^{-1}\boldsymbol{K}$ 및 $\boldsymbol{M}^{-1}\boldsymbol{C}$ 등은 $n\times n$ 행렬이 되고 $\boldsymbol{y}_1$과 $\boldsymbol{y}_2$는 각각 다음과 같음에 주의하자.

$$\boldsymbol{y}_1 = \begin{Bmatrix} x_1 \\ x_2 \\ \vdots \\ x_n \end{Bmatrix}, \boldsymbol{y}_2 = \begin{Bmatrix} \dot{x}_1 \\ \dot{x}_2 \\ \vdots \\ \dot{x}_n \end{Bmatrix} \tag{1.4.58}$$

위 식에서 $x_1, x_2, ..., x_n$ 등은 식 (1.3.12) 등에서 다룬 1 자유도 진동계의 상태 변수를 나타내는 것이 아니라 그림 1.4.10에 나타낸 바와 같이 실제 물리적 좌표계를 의미한다.

예제 1.4.6

예제 1.4.4에 제시된 문제의 응답을 수치 해석 기법을 사용하여 구해보자. 단, 여기서는 초기 조건을 고려한 일반해를 구해보도록 하자. 초기 조건은 $x_1(0)=1$ (mm), $x_2(0)=-1$ (mm), $\dot{x}_1(0)=0$ (mm/s), $\dot{x}_2(0)=0$ (mm/s)로 주어졌다고 가정하자.

풀이 및 설명

2 자유도 진동계이므로 상태 벡터 $\boldsymbol{y}_1$과 $\boldsymbol{y}_2$는 각각 다음과 같다.

$$\boldsymbol{y}_1 = \begin{Bmatrix} x_1 \\ x_2 \end{Bmatrix}, \boldsymbol{y}_2 = \begin{Bmatrix} \dot{x}_1 \\ \dot{x}_2 \end{Bmatrix} \tag{1}$$

그리고, 초기값은 다음과 같이 주어졌다.

$$\boldsymbol{y}_1(0) = \begin{Bmatrix} x_1(0) \\ x_2(0) \end{Bmatrix} = \begin{Bmatrix} 1 \\ -1 \end{Bmatrix} \text{ (mm)}, \boldsymbol{y}_2(0) = \begin{Bmatrix} \dot{x}_1(0) \\ \dot{x}_2(0) \end{Bmatrix} = \begin{Bmatrix} 0 \\ 0 \end{Bmatrix} \text{ (mm/s)} \tag{2}$$

식 (1.4.57)은 문제에서 주어진 수치를 이용하면 다음과 같이 나타낼 수 있다.

$$\begin{Bmatrix} \dot{x}_1 \\ \dot{x}_2 \\ \ddot{x}_1 \\ \ddot{x}_2 \end{Bmatrix} = \begin{bmatrix} 0 & 0 & 1 & 0 \\ 0 & 0 & 0 & 1 \\ -14 & 4 & -0.5924 & 0.1529 \\ 1 & -3.5 & 0.0382 & -0.1911 \end{bmatrix} \begin{Bmatrix} x_1 \\ x_2 \\ \dot{x}_1 \\ \dot{x}_2 \end{Bmatrix} + \begin{Bmatrix} 0 \\ 0 \\ 0 \\ 0.5 \end{Bmatrix} \cos(5t) \tag{3}$$

아래에 MATLAB의 'ode45' 함수를 이용한 m-file 작성 예를 제시하였으며, 그 결과를 그림 1.4.13에 나타내었다. 그림 1.4.13(b)는 초기 조건의 영향이 충분히 무시될 만한 시간에서의 응답(정상 상태 응답)을 나타내었다. 이는 예제 1.4.4의 식 (5)의 결과이기도 하다.

[MATLAB function m-file] twodof_ex146.m

```
% function m-file for use in 'ode45'
function xdot = twodof_ex146(t,x)

matM = [1 0;0 4];
matC = [0.5924 -0.1529; -0.1529 0.7642];
matK = [14 -4;-4 14];
vecf = [0;2];
w = 5;   % excitation frequency
matA = [zeros(2,2) eye(2,2);-inv(matM)*matK -inv(matM)*matC];
force = [zeros(2,1); inv(matM)*vecf*cos(w*t)];
xdot = matA*x+force;
```

[MATLAB script m-file]

```
clear all, clc
t0 = 0;      % starting for analysis
tf = 30;     % ending time for analysis
x0 = [1; -1; 0; 0];  % initial conditions
[t, x] = ode45('twodof_ex146', [t0, tf], x0);
dist_x1 = x(:, 1);     % displacement for x1
dist_x2 = x(:, 2);     % displacement for x2
figure(1)
plot(t, dist_x1, t, dist_x2)
```

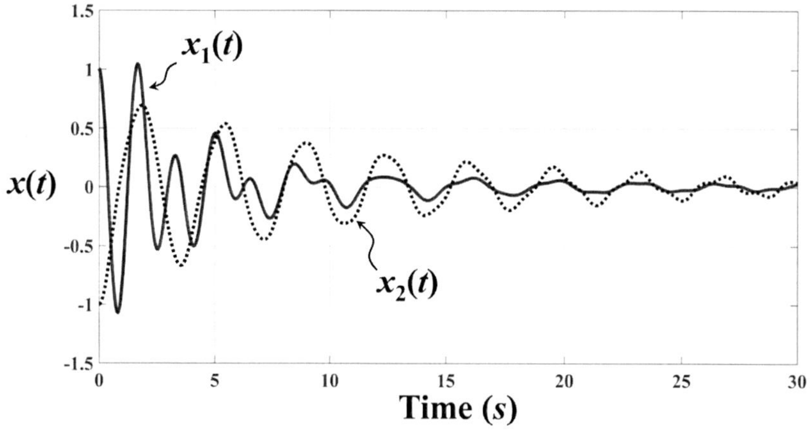

(a)

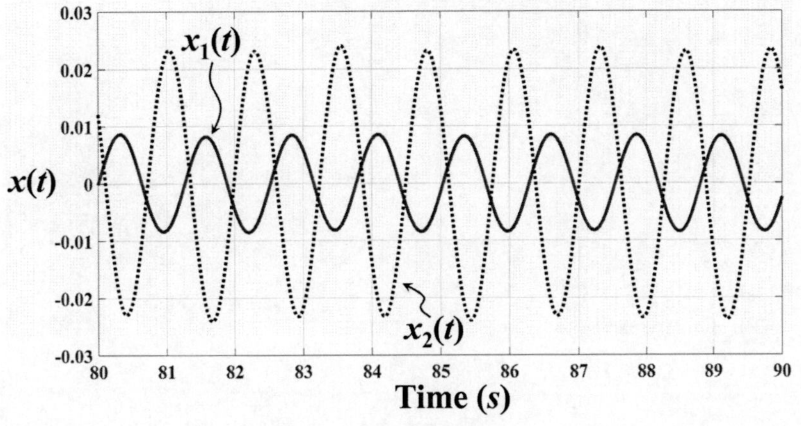

(b)

그림 1.4.13 (예제 1.4.6) (a) 감쇠 진동계의 초기 조건을 고려한 강제 진동 응답 및 (b) 정상 상태 응답

제 2 장

푸리에 해석(Fourier Analysis)

우리는 이런 얘기를 자주 하거나 듣곤 한다. 식사 시간이 다가오니 뱃속에서 신호를 보낸다. 외딴 곳으로 접어드니 휴대폰에 잡히는 신호가 약해진다. 기후 변화를 알리는 지구의 이상 신호이다 등등... 과연 신호(signal)란 무엇일까?

신호는 한 곳에서 다른 곳으로 전달되는 그 '무엇'으로 파악된다. 그 '무엇'인가가 바로 신호의 본질로서 '정보(information)'이다. 그리고, 그 정보는 몸짓, 소리, 그림, 영상, 전파 등의 여러 형태로 전달된다. 그렇기에 신호 해석이란 신호가 가지고 있는 정보를 어떤 활용 목적에 맞도록 적절히 처리하기 위한 방법 정도로 이해하면 좋을 듯하다.

신호[1]는 크게 결정론적(deterministic) 신호, 그리고 랜덤(random) 신호로 구분된다. 결정론적 신호란 임의의 시간 t에서의 신호 값이 이미 정해져 있는 신호를 의미하고, 따라서 미래의 값을 예측할 수 있다. 반면, 랜덤 신호는 주어진 특정한 시간에서 그 값을 미리 알 수 없기에 그 신호의 형태를 명확하게 식으로 표현하는 것이 불가능하다. 결정론적 신호는 다시 주기(periodic) 및 비 주기(aperiodic, non-periodic) 신호로 구분되며 이 신호들이 여기 2장에서 다뤄질 대상이다. 랜덤 신호는 진동 측정기에 의해 측정되는 가장 일반적인 진동 신호이기에 이 책이 궁극적으로 지향하는 바이나, 이전에 반드시 거쳐야 될 관문이 있는데 그 곳이 바로 여기 2장이다. 신호 해석을 공부하기 위해서는 푸리에(Fourier)의 위대한 업적을 지나치는 것이 불가능하기 때문이다.

2장에서는 주로 (1) 연속시간 주기 신호(continuous-time periodic signals)에 대한 푸리에 급수(Fourier series), (2) 연속 시간 비주기 신호에 대한 푸리에 변환(Fourier transform), (3) 이산 시간 주기 신호(discrete-time periodic signals)에 대한 이산 푸리에 급수, (4) 이산 시간 비 주기 신호에 대한 이산 시간 푸리에 변환(DTFT: Discrete-Time Fourier Transform) 및 (5) 유한 영역에서의 이산 시간 신호에 대한 이산 푸리에 변환(DFT: Discrete Fourier Transform)에 대해 다룬다. 그림 2.1에 이에 대한 개관을 나타내었는데, 얼뜻 보기에 상당히 복잡해 보인다. 따라서, 특히 2장에서는 소프트웨어(MATLAB) 실습용 예제를 되도록 많이 다루었으니, 이를 하나 하나 제대로 익혀서 임의의 시간 신호에 대해 능숙하게 푸리에 해석을 적용할 수 있는 능력자가 되기를 바란다. 그리고, 1장에서와는 달리, 2장에서는 주파수를 나타낼 때 각 진동수 ω (rad/s)보다는 대부분의 경우 헤르츠(Hz) 단위의 주파수 기호인 f를 사용하게 됨을 미리 말해둔다.

1) 연속 시간 신호는 시간 t의 함수로 표현되므로, 이 책에서는 경우에 따라 신호 또는 함수라는 용어가 같이 사용된다.

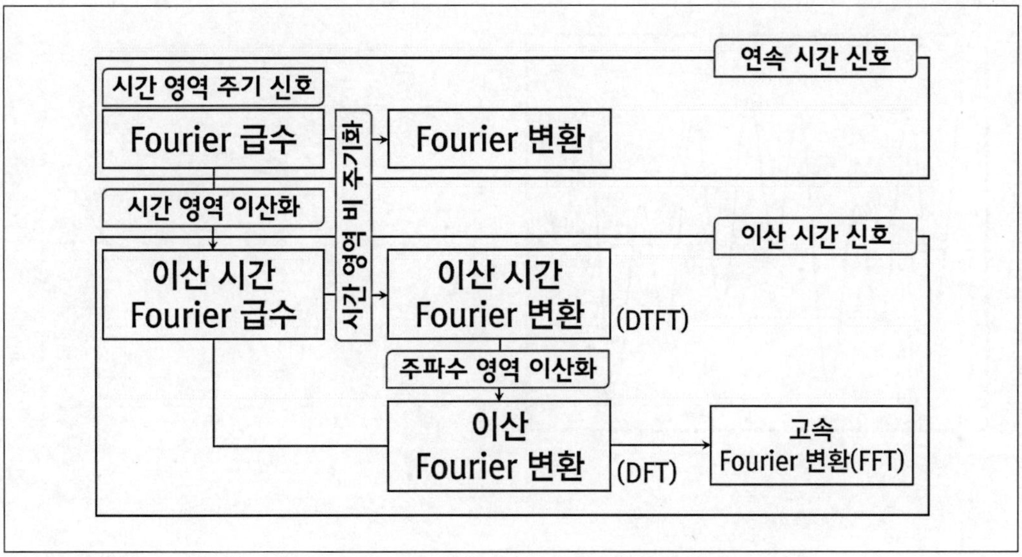

그림 2.1 시간 영역 신호의 연속성 및 주기성에 따른 푸리에 해석의 구분

2.1. 푸리에 급수(Fourier Series): 연속 시간 주기 신호

그림 2.1.1(a)에 나타낸 시간 신호를 고려해보자. 신호를 얘기할 때 '주기(period, T)'라는 용어를 많이 쓰게 된다. 주기란 신호가 반복되는 시간 간격(단위: s(초))을 의미한다. 그리고, 주파수(frequency, f)는 주기의 역수로서 1초의 시간 간격 안에 포함된 신호의 반복 횟수(단위: Hz)를 의미한다('1.1.1 주기, 진동수의 개념' 참고). 그렇다면, 그림 2.1.1(a)의 신호는 어떤 주기로 반복되고 있으며, 따라서 어떤 주파수를 갖고 있을까? 1개의 코사인(cos) 함수나 사인(sin) 함수로 나타낼 수 있는 신호라면 주기나 주파수가 1개로서 그 값을 쉽게 알아낼 수 있다. 그런데, 가만히 살펴보면, 그림 2.1.1(a)에 나타낸 신호의 경우에도 반복되는 시간 간격을 금방 알아낼 수 있고($T=1$ (s)), 따라서 주파수 ($f=1/T=1$ (Hz))를 알아내는 것이 어렵지 않게 보인다. 그러나, 그림의 신호는 실제로 3개의주파수를 포함한다. 사실 사인 함수나 코사인 함수보다는 더욱 복잡해 보이니 신호에 포함된 주파수가 과연 1개만 있을까라는 의구심도 있었을 것이다. 그렇다면, 해당 신호는 왜 주파수가 3개이며, 그리고 그 주파수들은 각각 어떤 값을 가질까? 미리 답하자면 그림 2.1.1(a)의 신호에 포함된 주파수는 1 Hz, 2 Hz, 4 Hz가 된다. 이는 그림 2.1.1(a)의 신호가 다음과 같이 3개의 코사인 함수로 구성되어져 있다는 것을 알고 각각의 코사인 함수의 주파수가 어떻게 되는지를 파악하면 알 수 있다.

$$x(t)=3\cos(2\pi\times1\times t)-2\cos(2\pi\times2\times t-\pi/3)+5\cos(2\pi\times4\times t) \tag{2.1.1}$$

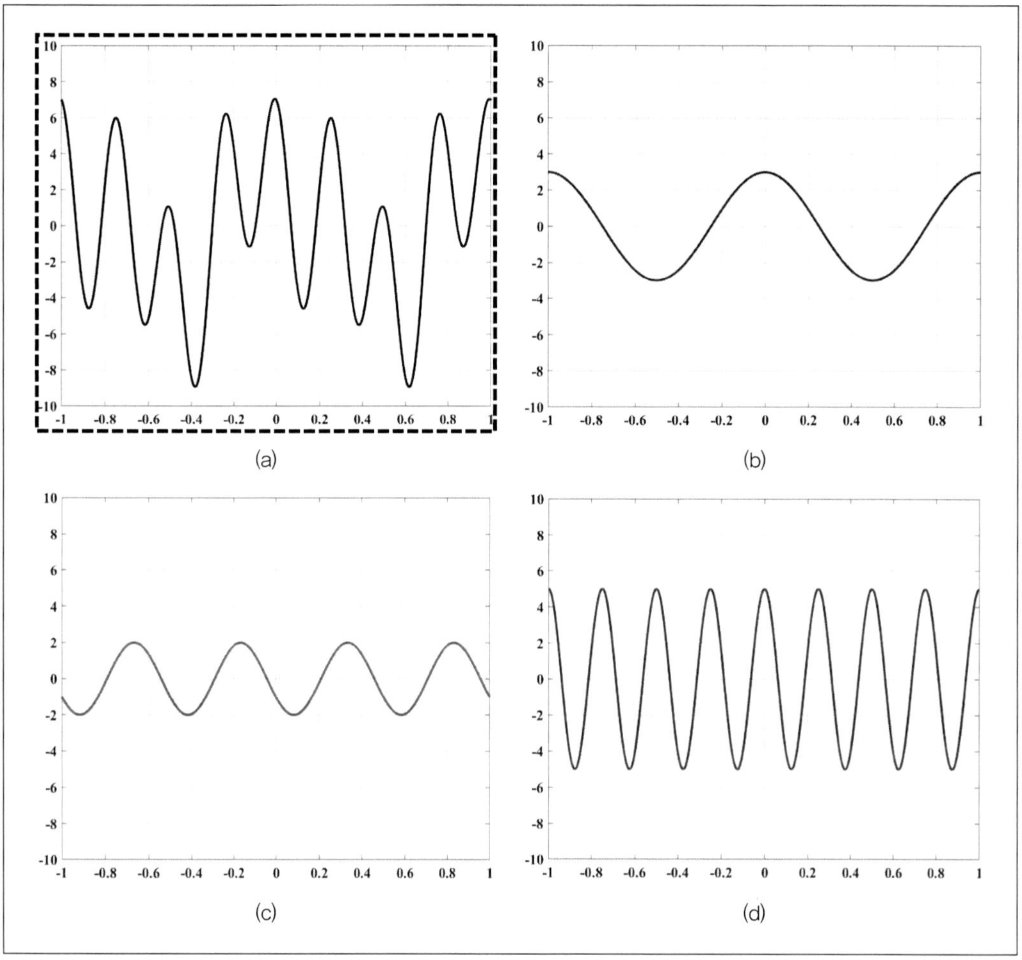

그림 2.1.1 임의의 주기 신호 $x(t)$ 및 구성 요소 신호 $x_i(t)$ $(i=1, 2, 3)$: (a) 주기 1 (s)인 신호 $x(t)$, (b) $x_1(t) = 3\cos(2\pi \times 1 \times t)$, (c) $x_2(t) = -2\cos(2\pi \times 2 \times t - \pi/3)$, (d) $x_3(t) = 5\cos(2\pi \times 4 \times t)$

즉, 그림 2.1.1(b), (c) 및 (d)에 나타낸 신호를 단순히 합하면 그 결과로서 그림 2.1.1(a)의 신호를 얻게 된다는 것이다.

우리는 분명히 함수 $3\cos(2\pi \times 1 \times t)$의 주파수는 1 Hz, $-2\cos(2\pi \times 2 \times t - \pi/3)$의 주파수는 2 Hz, 그리고 $5\cos(2\pi \times 4 \times t)$의 주파수는 4 Hz라는 것을 알고 있다. 따라서, 이들은 곧 그림 2.1.1(a)에 나타낸 신호의 성분 주파수들이다. 주기 함수들은 이처럼 코사인과 사인 함수의 합으로 나타낼 수 있다. 그렇다면, 그림 2.1.1(a)와 같은 임의의 연속 시간 주기 함수(continuous-time periodic signals)가 주어졌을 때, 어떻게 그 함수를 구성하는 코사인 또는 사인 함수를 구할 수 있을 것인가가 핵심이다. 푸리에 급수는 바로 이를 해결해 줄 방법을 제공한다.

2.1.1 코사인 함수와 사인 함수에 의한 전개

일반적으로 임의의 연속 시간 주기 신호는 상수, 코사인 함수 및 사인 함수에 의한 급수 전개(series expansion)로 표현할 수 있다. 이것이 바로 푸리에 급수이다. 기본 주기[2] T_0인 주기 함수 $x(t)$에 대해서 $x(t)=x(t\pm nT_0)$ (n: 정수)의 관계가 성립하며, 이러한 함수에 대한 푸리에 급수 표현은 다음과 같다[3].

$$\begin{aligned} x(t) &= \frac{a_0}{2}+\sum_{k=1}^{\infty}\left(a_k\cos(2\pi f_k t)+b_k\sin(2\pi f_k t)\right) \\ &= \frac{a_0}{2}+\sum_{k=1}^{\infty}\left(a_k\cos(2\pi k f_0 t)+b_k\sin(2\pi k f_0 t)\right) \end{aligned} \tag{2.1.2}$$

위 식에서 f_k는 k 번째 성분 주파수로서 $f_k = kf_0$ ($f_0 = 1/T_0$)의 관계가 성립한다[4]. 또한, 위 식에서 a_k 및 b_k는 푸리에 계수(Fourier coefficient)라고 하며, 다음과 같은 절차에 의해 구한다. 우선, a_0를 구하기 위해서는 식 (2.1.2)의 양변을 한 주기 구간에 대해 적분을 취한다.

$$\begin{aligned} \int_0^{T_0} x(t)dt &= \int_0^{T_0}\left(\frac{a_0}{2}+\sum_{k=1}^{\infty}\left(a_k\cos(2\pi k f_0 t)+b_k\sin(2\pi k f_0 t)\right)\right)dt \\ &= \int_0^{T_0}\frac{a_0}{2}dt = a_0\frac{T_0}{2} \end{aligned} \tag{2.1.3a}$$

따라서, 위 식으로부터 다음과 같이 a_0를 구하는 식을 얻을 수 있으며, 이 경우 $a_0/2$는 신호 $x(t)$의 평균을 의미하게 된다. 신호의 직류(DC) 성분을 나타낸다고 표현하기도 한다.

$$a_0 = \frac{2}{T_0}\int_0^{T_0} x(t)dt \tag{2.1.3b}$$

그리고, 식 (2.1.3a)의 결과를 구하기 위해 다음과 같은 특성을 이용하였다.

$$\int_0^{T_0}\sin(2\pi k f_0 t)dt = 0;\ \int_0^{T_0}\cos(2\pi k f_0 t)dt = 0 \tag{2.1.4}$$

식 (2.1.2)의 a_k를 구하기 위해서는 이젠 식의 양변에 $\cos(2\pi l f_0 t)$ ($l=1,2,\ldots$)를 곱한 후 한 주기 구간에서 다음과 같이 적분을 취한다.

---

2) 그림 2.1.1(a) 신호의 기본 주기는 1초이다.

3) 연속 시간 주기 함수 $x(t)$가 푸리에 급수 전개 가능(수렴)하기 위한 충분 조건으로서, 한 주기 안에서 함수 값이 유한해야 하고, 최대값 및 최소값의 갯수가 유한해야 하며, 불연속점이 존재해도 구간별 연속(piecewise continuous) 함수이어야 한다.

4) 푸리에 급수를 편의상 f_0 또는 T_0 또는 ω_0 ($=2\pi f_0$)에 의해 표현하는 것이 가능하나 이 책에서는 대부분의 경우 f_0를 이용하여 표현하기로 한다.

$$\begin{aligned}&\int_0^{T_0} x(t)\cos(2\pi l f_0 t)dt \\ &= \int_0^{T_0}\left(\frac{a_0}{2} + \sum_{k=1}^{\infty}\left(a_k\cos(2\pi k f_0 t) + b_k\sin(2\pi k f_0 t)\right)\right)\cos(2\pi l f_0 t)dt \\ &= \int_0^{T_0} a_l\cos(2\pi l f_0 t)\cos(2\pi l f_0 t)dt = a_l\frac{T_0}{2}\end{aligned} \tag{2.1.5a}$$

위 식을 a_l에 대해 정리한 후 l을 k로 바꾸면, 다음과 같이 a_k $(k = 1, 2, \ldots)$에 대한 식을 얻게 된다.

$$a_k = \frac{2}{T_0}\int_0^{T_0} x(t)\cos(2\pi k f_0 t)dt \tag{2.1.5b}$$

위 식의 결과를 구하기 위해서는 다음과 같은 특성을 이용하였다.

$$\begin{aligned}&\int_0^{T_0}\sin(2\pi k f_0 t)\cos(2\pi l f_0 t)dt = 0 \\ &\int_0^{T_0}\cos(2\pi k f_0 t)\cos(2\pi l f_0 t)dt = \frac{T_0}{2}\delta_{kl}\end{aligned} \tag{2.1.6}$$

위 식에서 δ_{kl}은 크로넥커 델타(Kronecker delta)를 의미한다.

마지막으로 식 (2.1.2)의 b_k는 위에서 수행했던 방법과 동일하게, 식의 양변에 $\sin(2\pi l f_0 t)$를 곱한 후 한 주기 구간에서 다음과 같이 적분을 취한다.

$$\begin{aligned}&\int_0^{T_0} x(t)\sin(2\pi l f_0 t)dt \\ &= \int_0^{T_0}\left(\frac{a_0}{2} + \sum_{k=1}^{\infty}\left(a_k\cos(2\pi k f_0 t) + b_k\sin(2\pi k f_0 t)\right)\right)\sin(2\pi l f_0 t)dt \\ &= \int_0^{T_0} b_l\sin(2\pi l f_0 t)\sin(2\pi l f_0 t)dt = b_l\frac{T_0}{2}\end{aligned} \tag{2.1.7a}$$

따라서, 위 식을 b_l에 대해 정리한 후 l을 k로 바꾸면, 다음과 같이 b_k $(k = 1, 2, \ldots)$에 대한 식을 얻게 된다.

$$b_k = \frac{2}{T_0}\int_0^{T_0} x(t)\sin(2\pi k f_0 t)dt \tag{2.1.7b}$$

위 식의 결과를 구하기 위해서는 다음과 같은 특성을 이용하였다.

$$\int_0^{T_0}\sin(2\pi k f_0 t)\sin(2\pi l f_0 t)dt = \frac{T_0}{2}\delta_{kl} \tag{2.1.8}$$

그런데, 식 (2.1.3b)는 식 (2.1.5b)에서 $k=0$을 대입한 결과와도 같고, 또한 위 식들의 유도 과정에서 적분 구간을 $[0,\ T_0]$ 이 아닌 임의의 다른 한 주기 구간 $[t_0, t_0+T_0]$ 을 취해도 동일한 결과를 얻게 되므로, 푸리에 계수에 대해서 다음과 같이 정리할 수 있다[5].

$$a_k = \frac{2}{T_0}\int_{t_0}^{t_0+T_0} x(t)\cos(2\pi k f_0 t)dt,\ (k=0,1,2,\dots) \tag{2.1.9a}$$

$$b_k = \frac{2}{T_0}\int_{t_0}^{t_0+T_0} x(t)\sin(2\pi k f_0 t)dt,\ (k=1,2,\dots) \tag{2.1.9b}$$

위 식의 a_k 및 b_k를 유도하는 과정을 잘 살펴보면, 이 푸리에 계수들은 푸리에 급수 전개 대상의 주기 함수 $x(t)$가 각각 $\cos(2\pi k f_0 t)$ 및 $\sin(2\pi k f_0 t)$와의 닮은 정도를 나타낸다고 볼 수 있다. 즉, 예를 들면 신호 $x(t)=\cos 2\pi f_0 t$가 주어진 경우, 식 (2.1.9)에 의하면 $a_1=1$이고 나머지 모든 푸리에 계수는 0이 된다. 식 (2.1.9a)에 의하면, $x(t)$는 a_1을 구할 때 $x(t)$에 곱해지는 $\cos 2\pi f_0 t$와 똑같기 때문이다.

정리 **푸리에 급수 전개 표현**

연속 시간 주기 신호 $x(t)$의 주기가 $T_0\,(=1/f_0)$인 경우 푸리에 급수 표현은 다음과 같다.

$$\begin{aligned} x(t) &= \frac{a_0}{2} + \sum_{k=1}^{\infty}\left(a_k\cos\left(\frac{2\pi}{T_0}kt\right) + b_k\sin\left(\frac{2\pi}{T_0}kt\right)\right) \\ &= \frac{a_0}{2} + \sum_{k=1}^{\infty}\left(a_k\cos(2\pi k f_0 t) + b_k\sin(2\pi k f_0 t)\right) \end{aligned}$$

위 식에서 푸리에 계수 a_k 및 b_k는 아래의 식을 이용하여 구한다.

$$\begin{aligned} a_k &= \frac{2}{T_0}\int_{t_0}^{t_0+T_0} x(t)\cos(2\pi k f_0 t)dt,\ (k=0,1,2,\dots) \\ b_k &= \frac{2}{T_0}\int_{t_0}^{t_0+T_0} x(t)\sin(2\pi k f_0 t)dt,\ (k=1,2,\dots) \end{aligned}$$

5) 식 자체의 정의가 a_k의 식에 $k=0$을 대입하면 a_0를 구하는 식이 된다는 것이지, a_k에 대한 식을 구한 후 그 식에 $k=0$을 대입하지는 말자. (예제 2.1.1)을 참고하기 바란다.

예제 2.1.1

다음의 연속 시간 주기 함수를 푸리에 급수 전개 하여라.

$$x(t)=\begin{cases}0, & -\pi<t\le 0\\ \pi-t, & 0\le t<\pi\end{cases}$$

풀이 및 설명

그림 2.1.2(a)를 참고하도록 한다. 문제에서 주어진 함수 $x(t)$의 기본 주기(T_0)는 2π (s)이고 따라서, 기본 주파수 $f_0=1/2\pi$ (Hz)이다. 식 (2.1.9)를 이용하면 푸리에 계수 a_k 및 b_k를 다음과 같이 구할 수 있다.

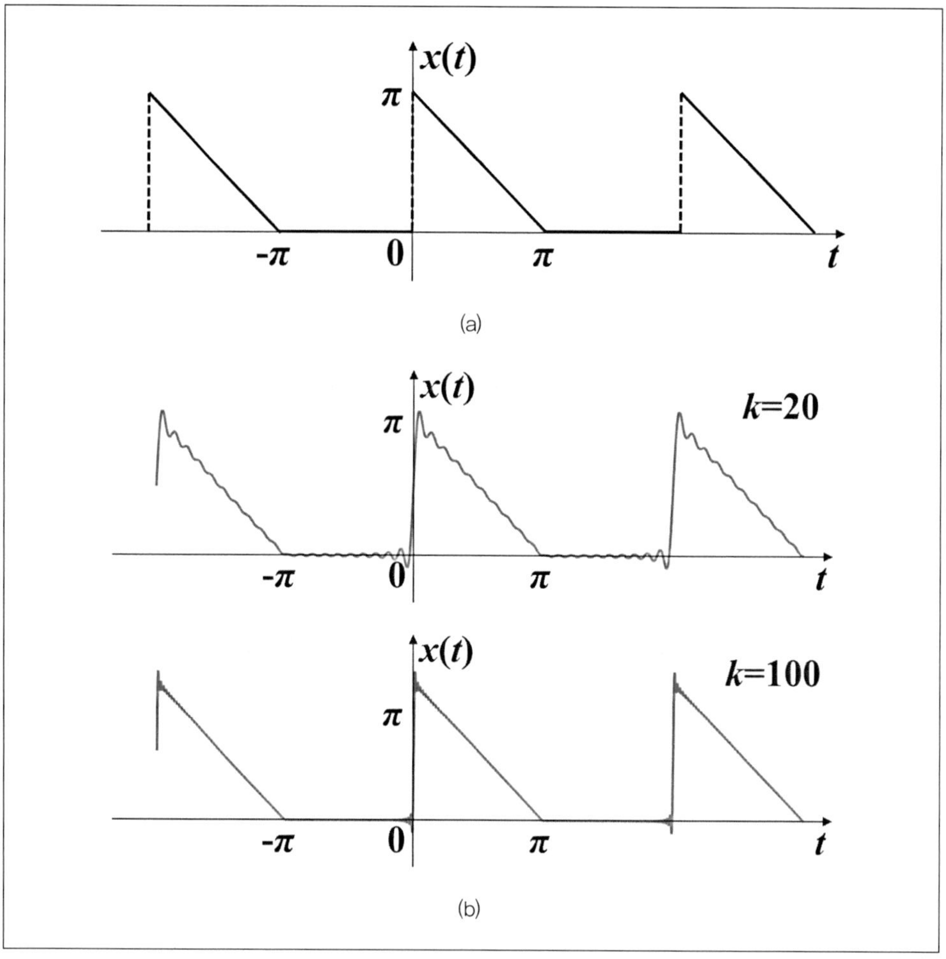

그림 2.1.2(a) (예제 2.1.1)의 연속 시간 주기 신호 $x(t)$ 및 (b) $k=20$ 및 100에 대한 푸리에 급수 표현

$$
\begin{aligned}
a_k &= \frac{2}{T_0}\int_{t_0}^{t_0+T_0} x(t)\cos(2\pi k f_0 t)dt = \frac{1}{\pi}\int_0^{\pi}(\pi - t)\cos(kt)dt \\
&= \frac{1}{\pi}(\pi - t)\left(\frac{\sin(kt)}{k}\right)\Bigg|_0^{\pi} - \frac{1}{\pi}\frac{\cos(kt)}{k^2}\Bigg|_0^{\pi} \\
&= \frac{1-\cos(k\pi)}{k^2\pi} = \frac{1-(-1)^k}{k^2\pi}
\end{aligned} \tag{1a}
$$

$$
\begin{aligned}
b_k &= \frac{2}{T_0}\int_{t_0}^{t_0+T_0} x(t)\sin(2\pi k f_0 t)dt = \frac{1}{\pi}\int_0^{\pi}(\pi - t)\sin(kt)dt \\
&= \frac{1}{\pi}(\pi - t)\left(-\frac{\cos(kt)}{k}\right)\Bigg|_0^{\pi} - \frac{1}{\pi}\frac{\sin(kt)}{k^2}\Bigg|_0^{\pi} = \frac{1}{k}
\end{aligned} \tag{1b}
$$

그런데, a_0는 위의 a_k에 대한 식에서 $k=0$을 대입하여 구할 수 없다(분모가 0이 된다). 즉, 식 (2.1.9) 앞의 각주에서 이미 언급한 바와 같이 a_0는 a_k의 정의 식에 $k=0$을 대입한 다음의 식을 이용하여 구하여야 한다.

$$
a_0 = \frac{2}{T_0}\int_{t_0}^{t_0+T_0} x(t)dt = \frac{1}{\pi}\int_0^{\pi}(\pi - t)dt = \frac{1}{\pi}\left(\pi t - \frac{t^2}{2}\right)\Bigg|_0^{\pi} = \frac{\pi}{2} \tag{2}
$$

따라서, $x(t)$의 푸리에 급수 전개는 다음과 같다.

$$
x(t) = \frac{a_0}{2} + \sum_{k=1}^{\infty}(a_k\cos(kt) + b_k\sin(kt)) = \frac{\pi}{4} + \sum_{k=1}^{\infty}\left(\frac{1-(-1)^k}{k^2\pi}\cos(kt) + \frac{1}{k}\sin(kt)\right) \tag{3}
$$

그림 2.1.2에 원래의 신호 $x(t)$와 더불어 위 식에서 제시된 푸리에 급수 전개 표현에 의한 신호를 나타내었다. 푸리에 급수 전개 대상의 함수가 불연속점이 없는 연속 함수라면 작은 수의 k에 대해서도 쉽게 원래의 신호에 수렴할 것을 기대할 수 있으나, 현재의 함수와 같이 불연속점이 있는 경우 ($t = n\pi$ (n은 정수)에서 불연속이다)에는 매우 큰 k에 대해서도 그 부분 근처에서 잔 물결 형상이 나타나며 이는 완전히 제거되지 않는다[6]. 참고로, 해당 불연속점에서의 푸리에 급수 전개식의 값은 원래 함수의 좌우 극한 값의 평균값으로 수렴한다. 즉, 이 문제에서 예를 들면, $t=0$에서의 푸리에 급수 전개된 신호의 수렴값은 $(x(0^-)+x(0^+))/2 = \pi/2$가 된다.

6) 이를 깁스 현상(Gibbs' phenomenon)이라고 한다.

예제 2.1.2

그림 2.1.3의 왼쪽에 나타낸 3가지 연속 시간 주기 함수에 대해 각각의 푸리에 급수 전개식을 구하여라.

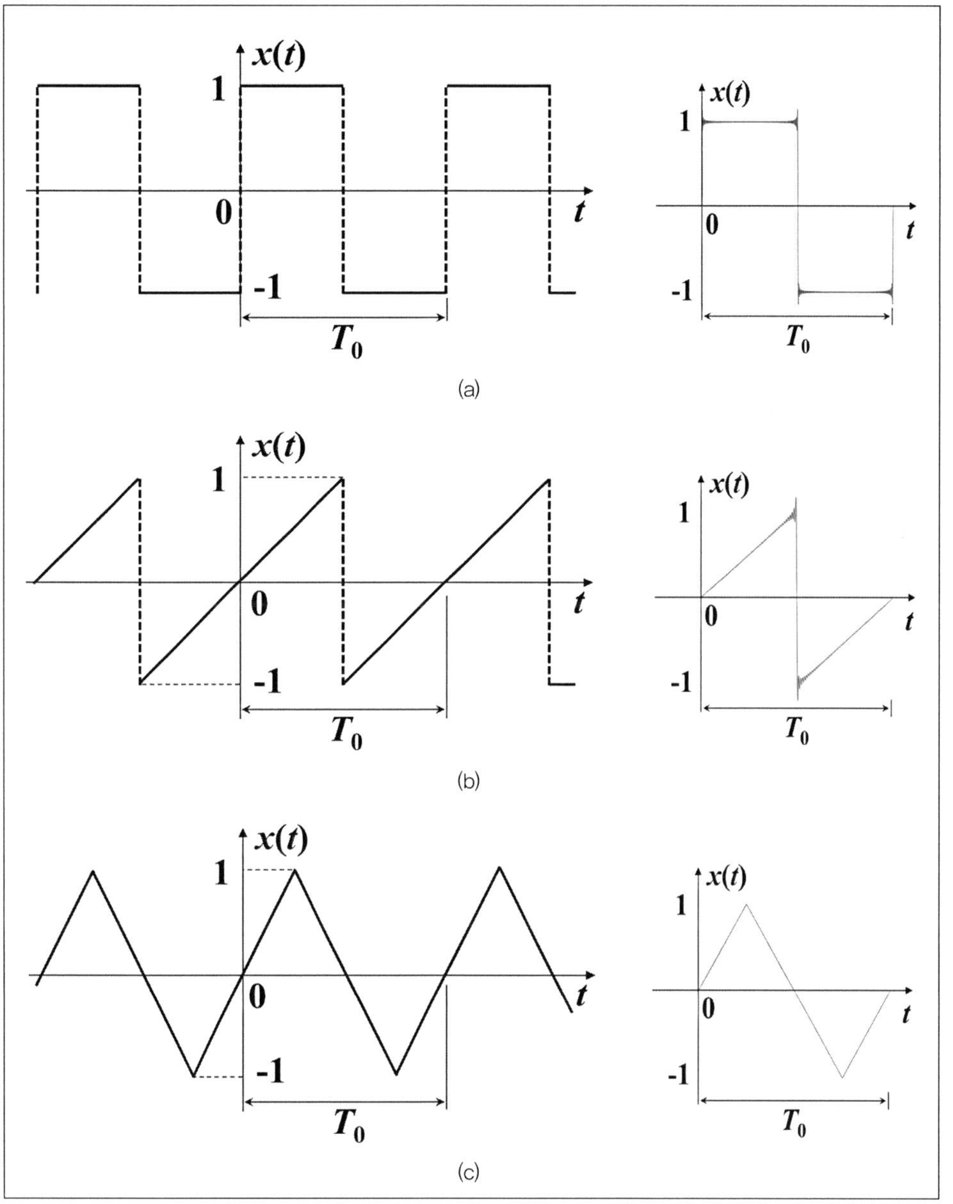

그림 2.1.3 (예제 2.1.2) (a) 직사각형 파형(rectangular wave) 함수(왼쪽) 및 푸리에 급수 전개 결과(오른쪽, $k=100$), (b) 톱니 파형(sawtooth wave) 함수(왼쪽) 및 푸리에 급수 전개 결과(오른쪽, $k=100$) 및 (c) 삼각 파형(triangular wave) 함수(왼쪽) 및 푸리에 급수 전개 결과(오른쪽, $k=100$): 기본 주기는 모두 T_0로 동일하다.

풀이 및 설명

위 함수들의 기본 주기는 $T_0\ (=1/f_0)$로서 서로 동일하다. 식 (2.1.2) 및 (2.1.9)를 이용하여 각각의 함수에 대한 푸리에 급수 전개 표현 식을 구해보자.

(a) 직사각형 파형(rectangular wave) 함수

$$\begin{aligned} a_k &= \frac{2}{T_0}\int_0^{T_0} x(t)\cos(2\pi k f_0 t)dt \\ &= \frac{2}{T_0}\int_0^{T_0/2}\cos(2\pi k f_0 t)dt - \frac{2}{T_0}\int_{T_0/2}^{T_0}\cos(2\pi k f_0 t)dt = 0 \end{aligned} \tag{1a}$$

$$\begin{aligned} b_k &= \frac{2}{T_0}\int_0^{T_0} x(t)\sin(2\pi k f_0 t)dt \\ &= \frac{2}{T_0}\int_0^{T_0/2}\sin(2\pi k f_0 t)dt - \frac{2}{T_0}\int_{T_0/2}^{T_0}\sin(2\pi k f_0 t)dt \\ &= \frac{2}{k\pi}(1-\cos k\pi) = \frac{2}{k\pi}(1-(-1)^k) = \frac{4}{k\pi}\sin^2\frac{k\pi}{2} \end{aligned} \tag{1b}$$

따라서, 그림 2.1.3(a)에 나타낸 직사각형 파형 함수 $x(t)$의 푸리에 급수 전개는 아래와 같다.

$$x(t) = \sum_{k=1}^{\infty}\frac{4}{k\pi}\sin^2\frac{k\pi}{2}\sin 2\pi k f_0 t \tag{2}$$

그런데, 식 (1b)에서 k가 홀수일 때만 $b_k \neq 0$이므로, 위 식은 아래와 같이 더욱 간단하게 나타낼 수도 있다.

$$x(t) = \sum_{k=1}^{\infty}\frac{4}{(2k-1)\pi}\sin 2\pi(2k-1)f_0 t \tag{3}$$

(b) 톱니 파형(sawtooth wave) 함수

$$\begin{aligned} a_k &= \frac{2}{T_0}\int_0^{T_0} x(t)\cos(2\pi k f_0 t)dt \\ &= \frac{2}{T_0}\int_0^{T_0/2}\frac{2t}{T_0}\cos(2\pi k f_0 t)dt + \frac{2}{T_0}\int_{T_0/2}^{T_0}\frac{2(t-T_0)}{T_0}\cos(2\pi k f_0 t)dt = 0 \end{aligned} \tag{4a}$$

$$\begin{aligned} b_k &= \frac{2}{T_0}\int_0^{T_0} x(t)\sin(2\pi k f_0 t)dt \\ &= \frac{2}{T_0}\int_0^{T_0/2}\frac{2t}{T_0}\sin(2\pi k f_0 t)dt + \frac{2}{T_0}\int_{T_0/2}^{T_0}\frac{2(t-T_0)}{T_0}\sin(2\pi k f_0 t)dt \\ &= -\frac{2}{k\pi}(-1)^k = \frac{2}{k\pi}(-1)^{k-1} \end{aligned} \tag{4b}$$

따라서, 그림 2.1.3(b)에 나타낸 톱니 파형 함수 $x(t)$의 푸리에 급수 전개는 아래와 같이 나타낼 수 있다.

$$x(t)=\sum_{k=1}^{\infty}\frac{2}{k\pi}(-1)^{k-1}\sin 2\pi k f_0 t \tag{5}$$

(c) 삼각 파형(triangular wave) 함수

$$\begin{aligned} a_k &= \frac{2}{T_0}\int_0^{T_0} x(t)\cos(2\pi k f_0 t)dt \\ &= \frac{2}{T_0}\int_0^{T_0/4}\frac{4t}{T_0}\cos(2\pi k f_0 t)dt - \frac{2}{T_0}\int_{T_0/4}^{3T_0/4}\frac{4}{T_0}(t-\frac{T_0}{2})\cos(2\pi k f_0 t)dt \\ &\quad + \frac{2}{T_0}\int_{3T_0/4}^{T_0}\frac{4}{T_0}(t-T_0)\cos(2\pi k f_0 t)dt = 0 \end{aligned} \tag{6a}$$

$$\begin{aligned} b_k &= \frac{2}{T_0}\int_0^{T_0} x(t)\sin(2\pi k f_0 t)dt \\ &= \frac{2}{T_0}\int_0^{T_0/4}\frac{4t}{T_0}\sin(2\pi k f_0 t)dt - \frac{2}{T_0}\int_{T_0/4}^{3T_0/4}\frac{4}{T_0}(t-\frac{T_0}{2})\sin(2\pi k f_0 t)dt \\ &\quad + \frac{2}{T_0}\int_{3T_0/4}^{T_0}\frac{4}{T_0}(t-T_0)\sin(2\pi k f_0 t)dt = \frac{8}{(k\pi)^2}(-1)^{\frac{k-1}{2}}\ (k:\text{홀수일 때}) \end{aligned} \tag{6b}$$

따라서, 그림 2.1.3(c)에 나타낸 함수 $x(t)$의 푸리에 급수 전개는 아래와 같이 표현된다.

$$x(t)=\frac{8}{\pi^2}\sum_{k=1}^{\infty}\frac{(-1)^{k-1}}{(2k-1)^2}\sin 2\pi(2k-1)f_0 t \tag{7}$$

식 (3), (5) 및 (7)에 대한 결과는 그림 2.1.3의 오른쪽에 나타내었다. 앞서 언급한 바와 같이 불연속 지점에서는 깁스 현상이 두드러지지만, 삼각파형과 같이 불연속 지점이 없는 함수는 푸리에 급수 전개된 식에 깁스 현상 없이 원래의 함수에 매우 잘 수렴함을 확인할 수 있다.

식 (2.1.2) 및 (2.1.9)에 나타낸 연속 시간 주기 함수에 대한 푸리에 급수 전개 표현은 삼각 함수의 합성법을 사용하면 코사인 또는 사인 함수만을 이용하여 표현할 수도 있다. 여기서는 편의상 코사인 함수로만 전개된 표현을 제시하고자 한다. 즉, 식 (2.1.2)는 삼각함수 합성법을 이용하여 다음과 같이 나타낼 수 있다.

$$\begin{aligned} x(t) &= \frac{a_0}{2}+\sum_{k=1}^{\infty}\left(a_k\cos 2\pi k f_0 t + b_k\sin 2\pi k f_0 t\right) \\ &= \frac{a_0}{2}+\sum_{k=1}^{\infty}\sqrt{a_k^2+b_k^2}\left(\frac{a_k}{\sqrt{a_k^2+b_k^2}}\cos 2\pi k f_0 t + \frac{b_k}{\sqrt{a_k^2+b_k^2}}\sin 2\pi k f_0 t\right) \\ &= \frac{a_0}{2}+\sum_{k=1}^{\infty}C_k\left(\cos\theta_k\cos 2\pi k f_0 t + \sin\theta_k\sin 2\pi k f_0 t\right) \\ &= \frac{a_0}{2}+\sum_{k=1}^{\infty}C_k\cos\left(2\pi k f_0 t+\theta_k\right) = \sum_{k=0}^{\infty}C_k\cos\left(2\pi k f_0 t+\theta_k\right) \end{aligned} \tag{2.1.10a}$$

위 식에서 C_k 및 θ_k는 아래와 같다.

$$C_k = \sqrt{a_k^2 + b_k^2}\ (k=1,2,3,\ \dots),\ C_0 = \frac{a_0}{2} \tag{2.1.10b}$$

$$\theta_k = -\tan^{-1}\left(\frac{b_k}{a_k}\right)\ (k=0,1,2,3,\ \dots)$$

보충설명 2.1.1 푸리에 계수 구하기

연속 시간 주기 함수 $x(t)$가 주어지면, 식 (2.1.9)를 이용하여 신호의 직류 성분($a_0/2$는 신호의 평균임을 기억하자), 코사인 및 사인 함수의 기여도(a_k, b_k)를 구할 수 있다. 특히, 식 (2.1.10b)를 이용하면 주어진 시간 함수에 포함된 코사인 성분의 크기를 성분 주파수별로 나타낼 수 있다.

(예제 2.1.2)의 그림 2.1.3(c)에서 다뤘던 삼각 파형 함수에 대한 푸리에 계수를 다시 살펴보도록 하자. 예제의 결과를 이용하면 이 함수의 푸리에 계수는 아래와 같이 구해진다(k의 값은 임의로 6으로 정하였다).

$$a_0 = 0 \tag{1a}$$

$$a_1 = a_2 = a_3 = a_4 = a_5 = a_6 = 0 \tag{1b}$$

$$b_1 = 8/\pi^2 \approx 0.81,\ b_2 = 0,\ b_3 = -8/9\pi^2 \approx -0.09,\ b_4 = 0 \tag{1c}$$

$$b_5 = 8/25\pi^2 \approx 0.03,\ b_6 = 0$$

따라서, 식 (2.1.10b)를 이용하여 코사인 함수의 성분 크기를 구하면 아래와 같다.

$$C_0 = 0,\ C_1 \approx 0.81,\ C_2 = 0,\ C_3 \approx 0.09,\ C_4 = 0,\ C_5 \approx 0.03,\ C_6 = 0 \tag{2}$$

기본 주기 T_0가 2인 시간 함수 $x(t)$와 더불어 위의 결과를 그림 2.1.4에 나타내었다. 그리고, 그 밑에 여기서 사용된 MATLAB m-파일 작성 예를 제시하였으니 참고하기 바란다. 그림을 통해 C_1, 즉 $k=1$인 경우의 주파수 성분 $f_1 = kf_0 = 1\times(1/2)$ (Hz)에서 푸리에 계수의 크기가 가장 큰 것을 확인할 수 있다. 참고로, 그림 2.1.4(a)에서 푸리에 전개에 의해 복원된 신호(retrieved signal)는 평균 항(a_0)을 제외하고 단지 6개($k=6$)의 항을 취하였기에 원래의 신호(original signal)와는 다소 차이가 있음을 확인할 수 있다.

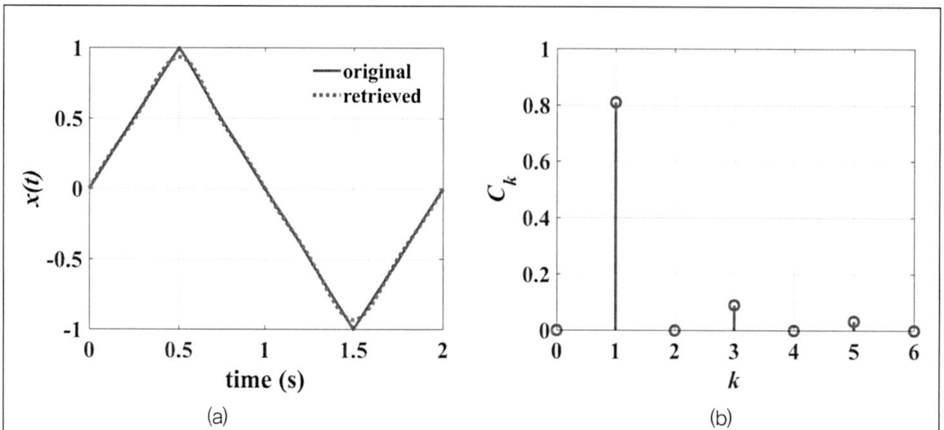

그림 2.1.4 (a) 삼각 파형 함수(예제 2.1.2(c), $T_0 = 2\,(s)$) 및 (b) 푸리에 계수(식 2.1.10(b))

[MATLAB m-file]

```
clear all, clc
%%% periodic time function to be analyzed  %%%
T0 = 2;   % fundamental period
t = 0:0.01:T0;
xt = (4*t/T0).*double(t<T0/4)-(4/T0)*(t-T0/2).*double(t>=T0/4 & t<3*T0/4 )...
     +(4/T0)*(t-T0).*double(t>=3*T0/4 & t<T0);
figure(1)
subplot(1,2,1), plot(t,xt)
axis([0 T0 -1 1])    % the given time signal: triangular function
xlabel('time (s)'), ylabel('x(t)')

%%% analytic Fourier coefficients %%%
kend = 6;
a0 = 0;
a = zeros(1,kend); % a_1, ... up to a_kend
b = zeros(1,kend); % b_1, ... up to b_kend

for k = 1:kend/2
  b(2*k-1) = (8/pi^2)*(-1)^(k-1)/(2*k-1)^2;
  b(2*k) = 0;
end

% retrieval of the time signal, Fourier series expansion
xt_s = a0/2;
for k = 1:kend
 xt_s = xt_s+a(k)*cos(2*pi*k*t/T0)+b(k)*sin(2*pi*k*t/T0);
end
hold on
plot(t,xt_s,'r--'), legend('original', 'retrieved')

c0=a0/2;          % Fourier coefficients to be plotted
```

```
c=sqrt(a.^2+b.^2);
subplot(1,2,2), stem([0:6], [c0, c])
xlabel('k'), ylabel('C_k')
```

그런데, 그림 2.1.4(b)의 결과는 식 (2.1.9)와 (2.1.10b)를 이용한 것으로서 직접 적분을 구해야 하는데, 임의의 함수 $x(t)$와 조화 함수의 곱의 적분을 구하는것이 항상 쉽지만은 않다. 따라서, 여기서는 계산용 소프트웨어를 이용하여 푸리에 계수를 좀 더 실용적으로 구하는 방법에 대해서 잠깐 알아보도록 하자. 다만, 나중에 다뤄질 이산 푸리에 변환을 익히고 나면 이 모든 문제는 더 쉽게 해결될 것이다.

먼저, 식 (2.1.9)의 푸리에 계수 a_k, b_k를 수치 적분을 이용하여 구하는 것이다. 이를 위해 기본 주기 T_0를 이용하여 식을 다시 표현하면 다음과 같다.

$$a_k = \frac{2}{T_0}\int_0^{T_0} x(t)\cos\left(\frac{2\pi}{T_0}kt\right)dt,\ (k=0, 1, 2,\ ...) \tag{3a}$$

$$b_k = \frac{2}{T_0}\int_0^{T_0} x(t)\sin\left(\frac{2\pi}{T_0}kt\right)dt,\ (k=1, 2,\ ...) \tag{3b}$$

따라서, 시간 구간 $[0, T_0]$를 N 등분하여 위의 식을 다음과 같이 이산화된 형식으로 바꿀 수 있다.

$$\begin{aligned} a_k &= \frac{2}{(N\Delta t)}\sum_{n=0}^{N-1} x(n\Delta t)\cos\left(\frac{2\pi}{N\Delta t}kn\Delta t\right)\Delta t \\ &= \frac{2}{N}\sum_{n=0}^{N-1} x(n\Delta t)\cos\left(\frac{2\pi}{N}nk\right),\ (k=0, 1, 2,\ ...) \end{aligned} \tag{4a}$$

$$b_k = \frac{2}{N}\sum_{n=0}^{N-1} x(n\Delta t)\sin\left(\frac{2\pi}{N}nk\right),\ (k=1, 2,\ ...) \tag{4b}$$

다음에 소개할 방법은 행렬법(matrix method)이라는 것으로서, 식 (2.1.2)를 몇 개의 표본 시간(sampling time)에서 계산한 결과를 이용하여 행렬 식을 구성 후 이로부터 푸리에 계수 a_k, b_k를 직접 구하는 것이다. 이를 위해 우선 기본 주기 T_0를 이용하여 식 (2.1.2)를 다시 표현하면 다음과 같다.

$$x(t) = \frac{a_0}{2} + \sum_{k=1}^{\infty}\left(a_k\cos\left(\frac{2\pi k}{T_0}t\right) + b_k\sin\left(\frac{2\pi k}{T_0}t\right)\right) \tag{5}$$

이젠 시간 구간 $[0, T_0]$를 N 등분하여 이산화된 시간 $t_n = n\Delta t\ (n=0, 1, ..., N-1)$에서 위 식의 값을 계산한다. 즉, $t=t_n$에서의 신호 $x(t)$의 값인 $x(t_n)$을 x_n이라고 표기하면 아래의 식을 얻게 된다.

$$\begin{aligned} x_n &= \frac{a_0}{2} + \sum_{k=1}^{N/2-1}\left(a_k\cos\left(\frac{2\pi}{N\Delta t}kn\Delta t\right) + b_k\sin\left(\frac{2\pi}{N\Delta t}kn\Delta t\right)\right) + b_{N/2}\sin\left(\frac{2\pi}{N\Delta t}\frac{N}{2}n\Delta t\right) \\ &= \frac{a_0}{2} + \sum_{k=1}^{N/2-1}\left(a_k\cos\left(\frac{2\pi n}{N}k\right) + b_k\sin\left(\frac{2\pi n}{N}k\right)\right) + b_{N/2}\sin(\pi n) \end{aligned} \tag{6}$$

예를 들면, $N=6\ (n=0 \sim 5)$에 대해 위 식은 다음과 같으므로,

$$\begin{aligned} x_n = \frac{a_0}{2} &+ a_1 \cos\left(\frac{2\pi n \times 1}{6}\right) + a_2 \cos\left(\frac{2\pi n \times 2}{6}\right) \\ &+ b_1 \sin\left(\frac{2\pi n \times 1}{6}\right) + b_2 \sin\left(\frac{2\pi n \times 2}{6}\right) + b_3 \sin\left(\frac{2\pi n \times 3}{6}\right) \end{aligned} \tag{7}$$

이를 행렬로 표현하면 다음과 같이 표현된다.

$$\begin{Bmatrix} x_0 \\ x_1 \\ x_2 \\ x_3 \\ x_4 \\ x_5 \end{Bmatrix} = \begin{bmatrix} 1 & \cos 0 & \cos 0 & \sin 0 & \sin 0 & \sin 0 \\ 1 & \cos\frac{2\pi}{6} & \cos\frac{4\pi}{6} & \sin\frac{2\pi}{6} & \sin\frac{4\pi}{6} & \sin\frac{6\pi}{6} \\ 1 & \cos\frac{4\pi}{6} & \cos\frac{8\pi}{6} & \sin\frac{4\pi}{6} & \sin\frac{8\pi}{6} & \sin\frac{12\pi}{6} \\ 1 & \cos\frac{6\pi}{6} & \cos\frac{12\pi}{6} & \sin\frac{6\pi}{6} & \sin\frac{12\pi}{6} & \sin\frac{18\pi}{6} \\ 1 & \cos\frac{8\pi}{6} & \cos\frac{16\pi}{6} & \sin\frac{8\pi}{6} & \sin\frac{16\pi}{6} & \sin\frac{24\pi}{6} \\ 1 & \cos\frac{10\pi}{6} & \cos\frac{20\pi}{6} & \sin\frac{10\pi}{6} & \sin\frac{20\pi}{6} & \sin\frac{30\pi}{6} \end{bmatrix} \begin{Bmatrix} a_0/2 \\ a_1 \\ a_2 \\ b_1 \\ b_2 \\ b_3 \end{Bmatrix} \tag{8}$$

위 식을 행렬을 나타내는 기호를 이용하여 $\boldsymbol{X} = \boldsymbol{FC}$로 표현하면, 양변에 $\boldsymbol{F}$의 역행렬을 곱한 후 $\boldsymbol{C} = \boldsymbol{F}^{-1}\boldsymbol{X}$에 의해 푸리에 계수 벡터 $\boldsymbol{C}$의 값을 구할 수 있다. 따라서, 식 (8)의 결과를 이용하면, 식 (2.1.10b)의 푸리에 계수 값은 아래의 관계식에 의해 구할 수 있다.

$$C_0 = a_0/2,\ C_1 = \sqrt{a_1^2 + b_1^2},\ C_2 = \sqrt{a_2^2 + b_2^2} \tag{9}$$

위 행렬법에서 a_k의 값은 a_2까지 구한 반면, b_k의 값은 b_3까지 구했어야 했는데, 이는 $\boldsymbol{F}$의 역행렬이 존재하기 위해 필요한 것이다.

위에서 소개한 수치 적분법 및 행렬법을 이용하여 푸리에 계수를 구하기 위한 MATLAB m-file 작성 예를 아래에 제시하였다. 그 결과는 그림 2.1.4(b)에 제시된 것과 거의 동일하다.

[MATLAB m-file]

```
clear all, clc
%%% Using the numerical integration %%%
T0 = 2;   % fundamental period
kend = 6;
N = 20;
dt = T0/N;
t = 0:dt:T0-dt;
xt = (4*t/T0).*double(t<T0/4)-(4/T0)*(t-T0/2).*double(t>=T0/4 & t<3*T0/4 )...
    +(4/T0)*(t-T0).*double(t>=3*T0/4 & t<T0);
a0 = 0;
a = zeros(1,kend); % a_1, ... up to a_kend
b = zeros(1,kend); % b_1, ... up to b_kend

for n=0:N-1
    a0 = a0+(2/N)*xt(n+1);    % xt(1)=x(0*dt), ..., xt(N)=x((N-1)*dt)
end

for k=1:kend
```

```
    for n=0:N-1
     a(k) = a(k)+(2/N)*xt(n+1)*cos(2*pi*k*n/N);
     b(k) = b(k)+(2/N)*xt(n+1)*sin(2*pi*k*n/N);
    end
end

c0_n=a0/2;
c_n=sqrt(a.^2+b.^2);
figure(1)
subplot(1,2,1), stem([0:6], [c0_n, c_n])
ylim([0 1]), xlabel('k'), ylabel('C_k'), title('Numerical integration')

%%% Using the matrix method %%%
N = 14;
dt = T0/N;
t = 0:dt:T0-dt;
xt = (4*t/T0).*double(t<T0/4)-(4/T0)*(t-T0/2).*double(t>=T0/4 & t<3*T0/4 )...
     +(4/T0)*(t-T0).*double(t>=3*T0/4 & t<T0);

matC = zeros(N,N);
for n = 0:N-1
      matC(n+1,1) = 1;                    % for k=0
    for k = 1:N/2-1
      matC(n+1, k+1) = cos(2*pi*n*k/N);
      matC(n+1, N/2+k) = sin(2*pi*n*k/N);
    end
      matC(n+1, N) = sin(2*pi*n/2);     % for k=N/2
end

F = inv(matC)*xt';

c0_ma = F(1);
c_ma = sqrt(F(2:N/2).^2+F(N/2+1:N-1).^2);
figure(1)
subplot(1,2,2), stem([0:6], [c0_ma, c_ma'])
ylim([0 1]), xlabel('k'), ylabel('C_k'), title('Matrix method')
```

2.1.2 코사인 함수 전개 또는 사인 함수 전개

여기서 기술하고자 하는 급수 전개는 새로운 것은 아니고, 식 (2.1.2)의 특별한 경우이다. 즉, 함수 $x(t)$의 우함수($x(t)=x(-t)$) 또는 기함수($-x(t)=x(-t)$) 여부에 따라 푸리에 급수를 좀 더 간결하게 표현할 수 있다는 것이다[7)].

기본 주기 T_0인 연속 시간 주기 함수 $x(t)$가 구간 $-T_0/2 < t < T_0/2$에서 우함수이면, 식 (2.1.9)

7) 2.1.1 뒷부분에서 언급한, 코사인 함수만에 의한 푸리에 급수 전개 표현과 혼동하지 말자. 여기서는 우함수 또는 기함수 특성에 의해 푸리에 계수 a_k 또는 b_k 중 어느 하나가 항상 0이 되는 경우를 의미한다.

의 푸리에 계수 중 b_k의 값은 항상 0이 되며[8], 이 때 a_k $(k=0, 1, \ldots)$는 다음의 식에 의해 구해진다.

$$a_k = \frac{2}{T_0}\int_{-T_0/2}^{T_0/2} x(t)\cos(2\pi k f_0 t)dt = \frac{4}{T_0}\int_0^{T_0/2} x(t)\cos(2\pi k f_0 t)dt \tag{2.1.11}$$

마찬가지로, 기본 기본 주기 T_0인 연속 시간 주기 함수 $x(t)$가 구간 $-T_0/2 < t < T_0/2$에서 기함수이면, 식 (2.1.9)의 푸리에 계수 중 a_k $(k=0, 1, \ldots)$의 값은 항상 0이 되며, b_k는 다음의 식에 의해 구해진다.

$$b_k = \frac{2}{T_0}\int_{-T_0/2}^{T_0/2} x(t)\sin(2\pi k f_0 t)dt = \frac{4}{T_0}\int_0^{T_0/2} x(t)\sin(2\pi k f_0 t)dt \tag{2.1.12}$$

따라서, 우함수의 경우 식 (2.1.11) 및 $b_k=0$, 그리고 기함수의 경우 $a_k=0$ 및 식 (2.1.12)를 이용하여 표현된 푸리에 급수 전개를 각각 푸리에 코사인 급수 전개 및 푸리에 사인 급수 전개라고 하며 각각 다음과 같이 정리할 수 있다.

$$\text{푸리에 코사인 급수 전개: } x(t) = \frac{a_0}{2} + \sum_{k=1}^{\infty} a_k \cos(2\pi k f_0 t) \tag{2.1.13a}$$

$$\text{푸리에 사인 급수 전개: } x(t) = \sum_{k=1}^{\infty} b_k \sin(2\pi k f_0 t) \tag{2.1.13b}$$

예제 2.1.3

함수 $x(t)=(t-1)^2$ $(0<t<1)$에 대해 다음의 지시에 따라 푸리에 급수 전개를 해보자.

(a) 기본 주기 $T_0=1$로 함수가 반복된다는 가정하에 위 함수를 푸리에 급수 전개하여라.

(b) $x(t)=\begin{cases}(t+1)^2, & -1<t\le 0\\ (t-1)^2, & 0\le t<1\end{cases}$로 정의되는 함수가 기본 주기 $T_0=2$로 반복된다는 가정하에 푸리에 코사인 급수 전개하여라.

(c) $x(t)=\begin{cases}-(t+1)^2, & -1<t\le 0\\ (t-1)^2, & 0\le t<1\end{cases}$로 정의되는 함수가 기본 주기 $T_0=2$로 반복된다는 가정하에 푸리에 사인 급수 전개하여라.

풀이 및 설명

(a) 식 (2.1.9)를 이용하여 푸리에 계수를 구해보자.

---

8) 우함수×기함수=기함수, 우함수×우함수=우함수, 기함수×기함수=우함수임을 기억하자. $x(t)$가 우함수이면, b_k를 구하는 식의 적분 인자 $x(t)\sin(2\pi k f_0 t)$는 기함수가 되므로 적분 구간 $-T_0/2<t<T_0/2$에서의 적분은 항상 0이 된다. 이는 $x(t)$가 우함수이므로, 기함수인 사인 함수에 의한 기여도가 없음을 의미한다.

$$
\begin{aligned}
a_0 &= \frac{2}{T_0}\int_0^{T_0} x(t)dt = 2\int_0^1 (t-1)^2 dt = \frac{2}{3} \\
a_k &= \frac{2}{T_0}\int_0^{T_0} x(t)\cos(2\pi k f_0 t)dt = 2\int_0^1 (t-1)^2 \cos(2\pi kt)dt = \frac{1}{(k\pi)^2} \\
b_k &= \frac{2}{T_0}\int_0^{T_0} x(t)\sin(2\pi k f_0 t)dt = 2\int_0^1 (t-1)^2 \sin(2\pi kt)dt = \frac{1}{k\pi}
\end{aligned} \tag{1}
$$

따라서, $f_0 = 1$이므로, (1)번 경우의 푸리에 급수 전개는 다음과 같이 표현된다.

$$
x(t) = \frac{1}{3} + \sum_{k=1}^{\infty}\left(\frac{1}{(k\pi)^2}\cos(2\pi kt) + \frac{1}{k\pi}\sin(2\pi kt)\right) \tag{2}
$$

(b) 정의된 함수가 우함수이므로, 식 (2.1.13a)를 이용하여 푸리에 코사인 전개의 계수를 구해보자.

$$
\begin{aligned}
a_0 &= \frac{4}{T_0}\int_0^{T_0/2} x(t)dt = 2\int_0^1 (t-1)^2 dt = \frac{2}{3} \\
a_k &= \frac{4}{T_0}\int_0^{T_0/2} x(t)\cos(2\pi k f_0 t)dt = 2\int_0^1 (t-1)^2 \cos(\pi kt)dt = \frac{4}{(k\pi)^2}
\end{aligned} \tag{3}
$$

따라서, $f_0 = 1/2$이므로, 함수 (b)에 대한 푸리에 급수 전개는 다음과 같다.

$$
x(t) = \frac{1}{3} + \sum_{k=1}^{\infty}\left(\frac{4}{(k\pi)^2}\cos(\pi kt)\right) \tag{4}
$$

(c) 이번에는 정의된 함수가 기함수이므로, 식 (2.1.13b)를 이용하여 푸리에 사인 전개의 계수를 구해보자.

$$
\begin{aligned}
b_k &= \frac{4}{T_0}\int_0^{T_0/2} x(t)\sin(2\pi k f_0 t)dt = 2\int_0^1 (t-1)^2 \sin(\pi kt)dt \\
&= \frac{2(k\pi)^2 + 4((-1)^k - 1)}{(k\pi)^3}
\end{aligned} \tag{5}
$$

따라서, $f_0 = 1/2$이므로, (c)번 경우의 푸리에 급수 전개는 다음과 같다.

$$
x(t) = \sum_{k=1}^{\infty}\left(\frac{2(k\pi)^2 + 4((-1)^k - 1)}{(k\pi)^3}\sin(\pi kt)\right) \tag{6}
$$

그림 2.1.5는 문제에서 주어진 원래의 함수 및 각각의 경우에 대한 푸리에 급수 전개 결과를 보여주고 있다. (b)의 경우에는 원래 함수에 불연속 구간이 없으므로 깁스 현상 없이 잘 수렴된 결과를 보여주고 있다.

위의 예제 (b), (c)의 경우에서와 같이 $0 < t < t_0$에서 정의된 함수를 $-t_0 < t < 0$인 구간으로 $x(t)$축 대칭 또는 원점 대칭으로 복사하여 각각 우함수 및 기함수를 만든 후 새롭게 확장된 주기 $T_0 = 2t_0$에 대해 푸리에 코사인 및 푸리에 사인 급수 전개하는 것을 반 구간 전개(half-range expansion)라고 한다.

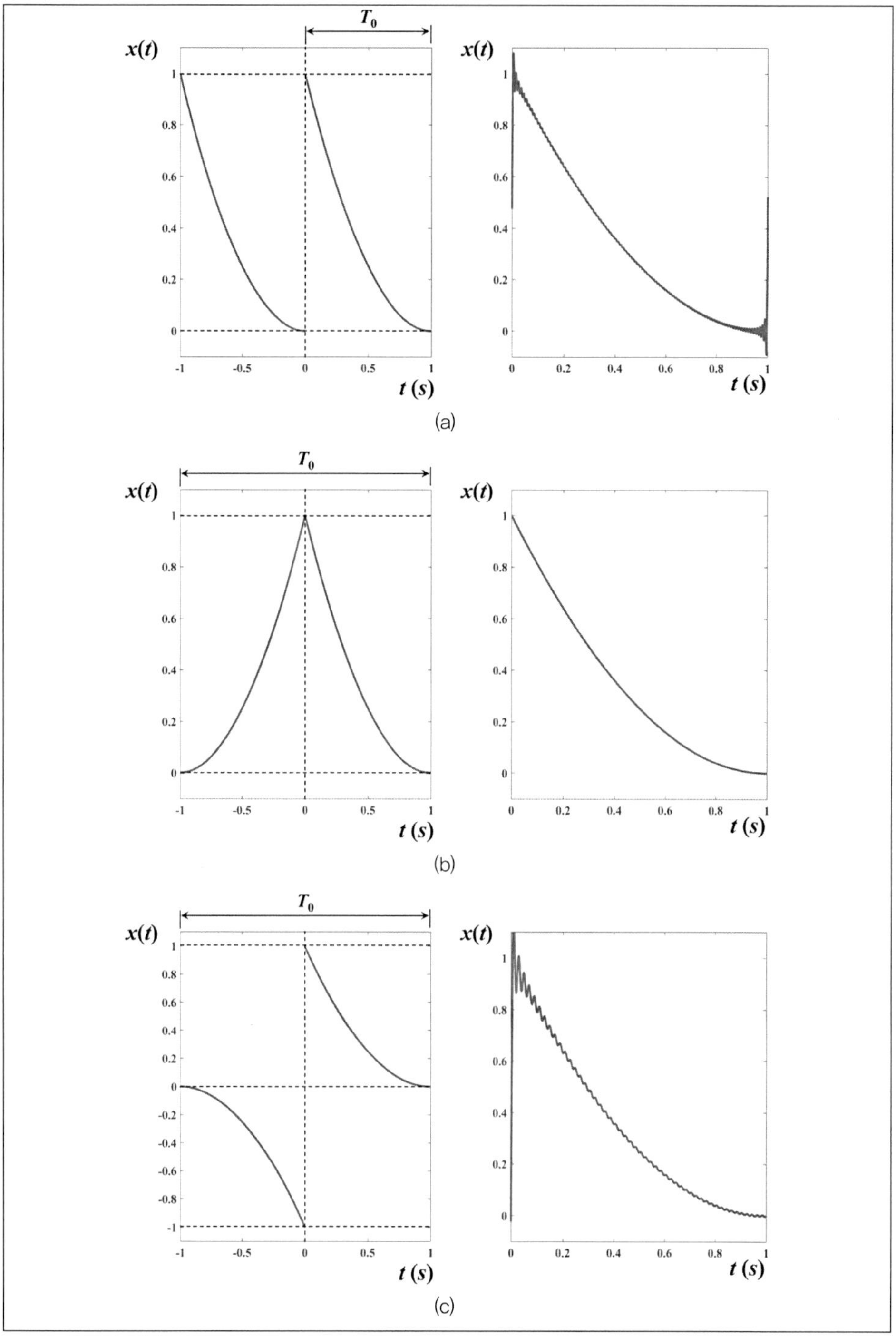

그림 2.1.5 (예제 2.1.3) (a), (b) 및 (c)에 주어진 원래의 시간 함수 형태(왼쪽) 및 각각의 경우에 대한 푸리에 급수 전개 결과($k = 100$)(오른쪽)

2.1.3 복소수 푸리에 급수 전개

연속 시간 주기 함수 $x(t)$에 대해 식 (2.1.9)를 이용하여 푸리에 계수를 구할 수 있고, 식 (2.1.2)에 의해 푸리에 급수 전개할 수 있음을 알아 보았다. 함수 $x(t)$가 우함수 또는 기함수인지의 여부에 따라 푸리에 급수 전개를 더욱 간결하게 구할 수 있음도 역시 살펴보았다. 여기서는 지금까지 살펴본 푸리에 급수 전개를 기저 함수(basis function)에 의한 함수의 전개라는 관점에서 살펴보자. 이를 통해 연속 시간 주기 함수를 코사인, 사인 함수가 아닌 복소수 지수 함수에 의해 급수 전개 가능함을 알아보고자 한다. 이로부터 결국 식 (2.1.2)가 다시 유도됨을 보일 것이다. 어떻게 생각해보면 연속 시간 주기 함수를 급수 전개함에 있어서 식 (2.1.2)에서와 같이 갑자기 코사인, 사인 함수가 등장했던 것에 대해 궁금했을 수도 있다. 여기서 이에 대한 답을 찾을 수 있을 것 같다.

평면 상에 있는 임의의 벡터 A는 기본 단위 벡터 $\mathrm{e}_1 = (1, 0)$과 $\mathrm{e}_2 = (0, 1)$을 이용하여 다음과 같이 나타낼 수 있다.

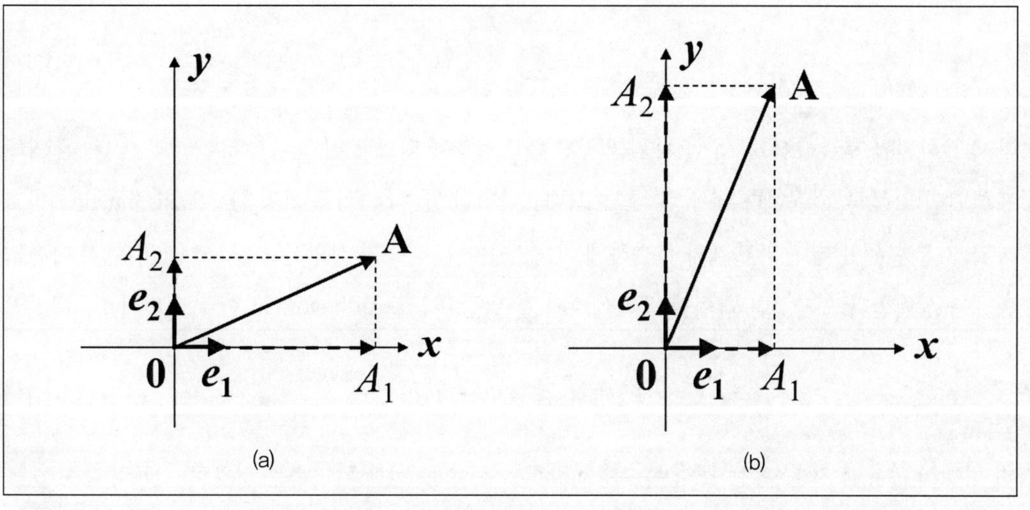

그림 2.1.6 기본 단위 벡터 e_1 및 e_2를 이용한 평면 벡터 A의 분해($x \leftrightarrow 1,\ y \leftrightarrow 2$): (a) x축 성분이 더 큰 경우 ($A_1 > A_2$), (b) y축 성분이 더 큰 경우($A_1 < A_2$)

$$\begin{aligned} \mathrm{A} &= A_1\mathrm{e}_1 + A_2\mathrm{e}_2 = \langle \mathrm{A}, \mathrm{e}_1 \rangle \mathrm{e}_1 + \langle \mathrm{A}, \mathrm{e}_2 \rangle \mathrm{e}_2 \\ &= \sum_{k=1}^{2} \langle \mathrm{A}, \mathrm{e}_k \rangle \mathrm{e}_k = \sum_{k=1}^{2} A_k \mathrm{e}_k \end{aligned} \tag{2.1.14}$$

위 식에서 기본 단위 벡터에 곱해지는 상수 A_k $(k=1, 2)$는 벡터 A의 x축 또는 y축 상의 성분으로서, 벡터 A와 기본 단위 벡터 e_k의 내적 $\langle \mathrm{A}, \mathrm{e}_k \rangle$에 의해 구할 수 있다. 여기에서는 추후 더욱 일반적인 개념의 함수 공간에서의 내적을 고려하기 위해 $\mathbf{A} \cdot \mathbf{e}_k$와 같은 표현법 대신 $\langle \mathbf{A}, \mathbf{e}_k \rangle$를 사용하였다. 보다 본질적인 것은 평면 상의 임의의 벡터는 기본 단위 벡터 및 해당 벡터에 대한 성분 크기를 이용하여 표현할 수 있다는 것이다. 이와 같은 성분 표현은 임의의 기본 단위 벡터 사이에 성립하는 $\langle \mathbf{e}_k, \mathbf{e}_l \rangle = \delta_{kl}$[9]과 같은 특성에 의해 더욱 용이하게 된다. 그림 2.1.6에 임의의 벡터 A 및 성분 등을 표현하였는데, 벡터 A가 x축에 가까이 있을수록 x축의 성분, 즉 $\mathbf{e}_1$의 계수 A_1이 A_2보다 큼을 알 수 있고, 벡터 A가 y축에 가까이 있을수록 y축의 성분, 즉 $\mathbf{e}_2$의 계수 A_2가 A_1보다 큼을 알 수 있다. 다시 말하면, 벡터 A는 상대적으로 보다 가까이 있는 축에 관련된 기본 단위 벡터의 성분이 더욱 크다. 즉, 벡터 A는 작은 성분의 기본 단위 벡터보다 큰 성분의 기본 단위 벡터와 더욱 닮았다고 말할 수 있다.

위의 방법 및 개념을 동일하게, 시간을 독립변수로 하는 함수 $x(t)$ (t의 값에 대응되는 무한 개수의 함수 값을 가지므로 무한대 차원의 벡터라고 생각하자)에 대해 적용해보자. 그렇다면, 함수 $x(t)$는 위에서 벡터 A와 같은 역할을 하여, 기본 단위 벡터와 동일한 역할을 하는 함수 $\phi_k(t)$가 있다면 그에 대한 성분 c_k와 함께 다음과 같이 나타낼 수 있다.

$$x(t) = \sum_{k=-\infty}^{\infty} c_k \phi_k(t) \tag{2.1.15}$$

다시 말하지만, 함수 $x(t)$는 무한 차원의 공간 벡터로 간주되므로 위 식에서 무한개의 $\phi_k(t)$에 의해 표현되었다(물론, 수렴한다는 가정이 필요하다). 이러한 함수 $\phi_k(t)$를 기저 함수(basis function)라고 하고, 기본 단위 벡터 간의 관계와 유사하게 이들 사이에는 함수가 정의된 구간 $t \in (a, b)$에서 다음의 관계가 성립한다고 가정하자(이를 벡터에서와 같이 정규 직교(orthonormal)한다고 한다).

$$\int_a^b \phi_k(t) \phi_l^*(t) dt = \delta_{kl} \tag{2.1.16}$$

위 식에서 사용된 기호 '*'는 공액 복수수(complex conjugate)를 의미하는 것으로서 고려 대상을 복소수 영역까지 확장하기 위해 필요하다.

이젠 식 (2.1.15)의 양변에 $\phi_l^*(t)$를 곱하고 이를 함수가 정의된 구간 (a, b)에서 적분해보자.

$$\int_a^b x(t) \phi_l^*(t) dt = \int_a^b \left(\sum_{k=-\infty}^{\infty} c_k \phi_k(t) \right) \phi_l^*(t) dt = \sum_{k=-\infty}^{\infty} c_k \int_a^b \phi_k(t) \phi_l^*(t) dt \tag{2.1.17}$$

위 식에 식 (2.1.16)의 정규 직교 특성을 이용하면, 식 (2.1.15)의 급수 전개에 사용된 기저 함수의 계수

9) δ_{kl}은 크로넥커 델타(Kronecker delta)를 나타내며, $k \neq l$인 경우 $\langle \mathbf{e}_k, \mathbf{e}_l \rangle = 0$으로서, 두 벡터는 직교(orthogonal)하고, $k = l$인 경우 $\langle \mathbf{e}_k, \mathbf{e}_k \rangle = 1$이 된다. 따라서, 기본 단위 벡터의 경우 정규 직교(orthonormal)한다고 한다.

c_k는 다음과 같이 구할 수 있다[10].

$$c_k = \int_a^b x(t)\phi_k^*(t)dt \tag{2.1.18}$$

즉, 신호 $x(t)$가 정의된 함수 공간에서 적절한 기저 함수 $\phi_k(t)$가 주어지면, 식 (2.1.18)에 의해 각 기저 함수에 해당하는 성분 c_k를 구할 수 있고, 식 (2.1.15)에 의하면 기저 함수의 선형 결합에 의해 신호 $x(t)$를 급수 전개식으로 표현할 수 있다는 것이다. 이때 성분 c_k의 크기는 벡터의 표현에서와 마찬가지로 신호 $x(t)$가 해당 기저 함수와의 닮은 정도를 나타낸다고 볼 수 있다. 그렇다면, 이제 적절한 기저 함수의 선택 문제가 남아 있게 된다.

푸리에 급수 전개는 바로 (직교) 기저 함수로서 $\phi_k(t) = e^{j2\pi k f_0 t}$ $(f_0 = 1/T_0)$를 선택하여 주기 함수를 급수 전개하는 것이다.

$$x(t) = \sum_{k=-\infty}^{\infty} c_k e^{j2\pi k f_0 t} \tag{2.1.19}$$

위 식에서 기저 함수 $\phi_k(t)$와 $\phi_l(t)$사이에는 다음과 같은 직교성이 존재한다.

$$\int_0^{T_0} \phi_k(t)\phi_l^*(t)dt = \int_0^{T_0} e^{j2\pi k f_0 t} e^{-j2\pi l f_0 t} dt = \int_0^{T_0} e^{j2\pi(k-l)f_0 t} dt = T_0 \delta_{kl} \tag{2.1.20}$$

따라서, 식 (2.1.19)의 계수 c_k를 구하기 위해서는 식의 양변에 $\phi_l^*(t)$ $(= e^{-j2\pi l f_0 t})$를 곱하고 한 주기 내에서 이를 적분하면 다음의 관계를 확인할 수 있다.

$$\begin{aligned} \int_0^{T_0} x(t)e^{-j2\pi l f_0 t}dt &= \int_0^{T_0} \left(\sum_{k=-\infty}^{\infty} c_k e^{j2\pi k f_0 t} \right) e^{-j2\pi l f_0 t} dt \\ &= \sum_{k=-\infty}^{\infty} c_k \int_0^{T_0} e^{j2\pi(k-l)f_0 t} dt = c_l T_0 \end{aligned} \tag{2.1.21}$$

따라서, 식 (2.1.19)에 나타낸 급수 전개 식의 계수 c_k는 다음의 식에 의해 구할 수 있으며, 이를 복소수 푸리에 계수라고 한다.

$$c_k = \frac{1}{T_0} \int_0^{T_0} x(t) e^{-j2\pi k f_0 t} dt \tag{2.1.22}$$

위의 식은 식 (2.1.19)와 함께 복소수 푸리에 급수 전개를 정의한다. 즉, 연속 시간 주기 신호 $x(t)$가 주

10) 식 (2.1.17)로부터 $c_l = \int_a^b x(t)\phi_l^*(t)dt$의 관계를 얻지만, 식 (2.1.15)에서 계수가 c_k로 표현되었기 때문에 이에 맞추어 하첨자를 l에서 다시 k로 바꾼 것이다.

어졌을 경우에 식 (2.1.22)에 의해 복소수 푸리에 계수 c_k를 구할 수 있으며, 이를 이용하여 식 (2.1.19)를 통한 복소수 푸리에 급수 전개가 가능하다. 식 (2.1.22)에 의하면, 결국 복소수 푸리에 계수 c_k는 연속 시간 주기 함수 $x(t)$가 해당 기저 함수 $e^{-j2\pi f_0 kt}$와 얼마나 닮아 있는가를 나타낸다고 볼 수 있으며, 이는 이미 언급한 바와 같이 벡터의 기본 단위 벡터 전개에서 설명한 개념과 동일하다. 또한, c_k는 기본 주파수 f_0의 k배 정수배인 주파수 f_k $(= kf_0)$에서의 주파수 성분을 나타낸다. 그리고, 식 (2.1.22)를 통해 시간 영역에서 연속 주기 신호는 주파수 영역에서는 이산 비 주기 신호가 됨을 확인할 수 있다.

그렇다면, 앞서 배웠던 코사인, 사인 형태로서의 푸리에 급수 전개식인 식 (2.1.2), (2.1.9)와 식 (2.1.19), (2.1.22)는 어떤 관계에 있는 것일까? 답을 미리 말하자면, 결국 서로 동일한 것이고 연속 시간 주기 함수 $x(t)$를 급수 전개하는 서로 다른 표현 방법일 뿐이다.

대부분의 경우에서와 같이 우리가 다루는 신호 $x(t)$가 실수라는 조건 하에서는, 다음의 식으로부터 식 (2.1.22)의 c_k와 c_{-k}는 상호 공액 복소수 관계가 되어야 하며($c_{-k} = c_k^*$), 따라서 c_0는 실수가 되어야 함을 알 수 있다.

$$\begin{aligned} x(t) &= \sum_{k=-\infty}^{\infty} c_k e^{j2\pi k f_0 t} \\ &= \cdots + c_{-2}e^{-j4\pi f_0 t} + c_{-1}e^{-j2\pi f_0 t} + c_0 + c_1 e^{j2\pi f_0 t} + c_2 e^{j4\pi f_0 t} + \cdots \end{aligned} \tag{2.1.23}$$

즉, $c_{-k}e^{-j2\pi k f_0 t} = \left(c_k e^{j2\pi k f_0 t}\right)^* = c_k^* e^{-j2\pi k f_0 t}$의 관계가 성립해야 하기 때문에, 식 (2.1.19)는 다음과 같이 나타낼 수 있다.

$$x(t) = \sum_{k=-\infty}^{\infty} c_k e^{j2\pi k f_0 t} = c_0 + 2\sum_{k=1}^{\infty} \mathrm{Re}\left\{c_k e^{j2\pi k f_0 t}\right\} \tag{2.1.24}$$

위 식에서 $\mathrm{Re}\{\bullet\}$는 복소수에 대해 실수부를 취하는 연산자를 나타낸다. 이제 위 식에서 복소수 계수 c_k를 임의로 $(a_k - jb_k)/2$로 놓으면[11] 다음의 식을 얻게 된다.

$$\begin{aligned} x(t) &= c_0 + 2\sum_{k=1}^{\infty} \mathrm{Re}\left\{\frac{a_k - jb_k}{2} e^{j2\pi k f_0 t}\right\} = c_0 + \sum_{k=1}^{\infty} \mathrm{Re}\left\{(a_k - jb_k) e^{j2\pi k f_0 t}\right\} \\ &= c_0 + \sum_{k=1}^{\infty} \left(a_k \cos(2\pi k f_0 t) + b_k \sin(2\pi k f_0 t)\right) \end{aligned} \tag{2.1.25}$$

그리고, 식 (2.1.22)에 의하면,

---

11) 식 (2.1.24)의 우변 식의 합 기호 앞에 상수 2가 곱해져 있어서 편의상 ()/2의 형태를 갖추고, 또한 복소수 계수 c_k와 $e^{j2\pi k f_0 t}$가 곱해진 후 편의상 실수부의 부호가 양이 되게 하기 위해(실수부가 되는 부분은 $(-jb_k/2) \times (j\sin 2\pi k f_0 t)$이다) 허수부 앞에 음의 부호를 붙였다.

$$c_k = \frac{a_k - jb_k}{2} = \frac{1}{T_0}\int_0^{T_0} x(t)e^{-j2\pi kf_0 t}dt$$
$$= \frac{1}{T_0}\int_0^{T_0} x(t)\left(\cos(2\pi kf_0 t) - j\sin(2\pi kf_0 t)\right)dt \tag{2.1.26}$$

이 성립하므로,

아래와 같은 관계식을 얻을 수 있다.

$$a_k = \frac{2}{T_0}\int_0^{T_0} x(t)\cos(2\pi kf_0 t)dt,\ b_k = \frac{2}{T_0}\int_0^{T_0} x(t)\sin(2\pi kf_0 t)dt \tag{2.1.27a}$$

위 식은 식 (2.1.9)에 나타낸 a_k, b_k와 같음을 확인할 수 있다.

그리고,

$$c_0 = \frac{a_0 - jb_0}{2} = \frac{a_0}{2} = \frac{1}{T_0}\int_0^{T_0} x(t)dt \tag{2.1.27b}$$

이므로, 식 (2.1.25)는 결국 다음과 같이 표현되고, 이는 식 (2.1.2)와 같음을 알 수 있다.

$$x(t) = \frac{a_0}{2} + \sum_{k=1}^{\infty}\left(a_k\cos(2\pi kf_0 t) + b_k\sin(2\pi kf_0 t)\right) \tag{2.1.28}$$

푸리에 계수 c_k는 기본 주파수 f_0 $(= 1/T_0)$의 정수배에 해당하는 주파수, 즉 k번째 주파수 f_k $(= kf_0)$에서의 주파수 성분을 나타내는 복소수이므로 k 값 대비 $|c_k|$의 그래프를 진폭 스펙트럼 (amplitude spectrum)이라고 한다. 참고로, 푸리에 계수 c_k는 $|c_k| = |c_{-k}|$의 관계에 의해 k에 대해서 우함수가 되며, 식 (2.1.10b)를 참고하면 $|c_k| = C_k/2$ $(k \neq 0)$, $|c_0| = C_0$의 관계가 있음을 알 수 있다. 또한, 복소수 계수 c_k의 편각 $-\tan^{-1}(b_k/a_k)$를 위상각(phase angle) θ_k로 정의하며, k 값 대비 θ_k의 그래프를 위상 스펙트럼(phase spectrum)이라고 한다. 이는 식 (2.1.10b)의 θ_k와 동일한 것이며, $\theta_{-k} = -\theta_k$가 되므로 k에 대해서는 기함수가 된다.

정리 **복소수 푸리에 급수 전개 표현**

연속 시간 주기 신호 $x(t)$의 주기가 $T_0\,(=1/f_0)$인 경우 복소수 푸리에 급수 표현은 다음과 같다.

$$x(t)=\sum_{k=-\infty}^{\infty}c_k e^{j2\pi k f_0 t}$$

위 식에서 복소수 푸리에 계수 c_k는 아래의 관계식을 이용하여 구한다.

$$c_k=\frac{1}{T_0}\int_t^{t+T_0}x(t)e^{-j2\pi k f_0 t}dt$$

보충설명 2.1.2 **코사인/사인 함수 전개에 의한 푸리에 급수 및 복소수 푸리에 급수 사이의 관계**

대부분의 학생들은 푸리에 급수를 배울 때 처음부터 식 (2.1.19) 및 (2.1.22)의 형태로 배우지 않았을 것이다. 일반적으로는 앞서 식 (2.1.2) 및 (2.1.9)에 나타낸 바와 같이 코사인 및 사인 함수를 이용한 급수 전개의 형태를 먼저 배우고 그 식을 이용하여 식 (2.1.19) 및 (2.1.22)를 유도하였다. 여기서 잠시 그 절차를 복습하도록 해보자.

먼저 오일러 공식(Euler's identity)을 이용하여 식 (2.1.2)의 코사인 및 사인 함수를 복소수 지수 함수로 대체하자.

$$\begin{aligned}x(t)&=\frac{a_0}{2}+\sum_{k=1}^{\infty}\left(a_k\cos(2\pi k f_0 t)+b_k\sin(2\pi k f_0 t)\right)\\&=\frac{a_0}{2}+\sum_{k=1}^{\infty}\left(\frac{a_k}{2}\left(e^{j2\pi k f_0 t}+e^{-j2\pi k f_0 t}\right)+\frac{b_k}{2j}\left(e^{j2\pi k f_0 t}-e^{-j2\pi k f_0 t}\right)\right)\\&=\frac{1}{2}\sum_{k=1}^{\infty}(a_k-jb_k)e^{j2\pi k f_0 t}+\frac{a_0}{2}+\frac{1}{2}\sum_{k=1}^{\infty}(a_k+jb_k)e^{-j2\pi k f_0 t}\\&=\frac{1}{2}\sum_{k=-\infty}^{-1}(a_{-k}+jb_{-k})e^{j2\pi k f_0 t}+\frac{a_0}{2}+\frac{1}{2}\sum_{k=1}^{\infty}(a_k-jb_k)e^{j2\pi k f_0 t}\end{aligned}\tag{1}$$

식 (2.1.9)로부터 $a_{-k}=a_k$, $b_{-k}=-b_k$ 및 $b_0=0$의 관계가 성립하므로, 위 식은 다음과 같이 바꿔 표현할 수 있다.

$$\begin{aligned}x(t)&=\frac{1}{2}\sum_{k=-\infty}^{-1}(a_k-jb_k)e^{j2\pi k f_0 t}+\frac{1}{2}(a_0-jb_0)+\frac{1}{2}\sum_{k=1}^{\infty}(a_k-jb_k)e^{j2\pi k f_0 t}\\&=\frac{1}{2}\sum_{k=-\infty}^{\infty}(a_k-jb_k)e^{j2\pi k f_0 t}=\sum_{k=-\infty}^{\infty}c_k e^{j2\pi k f_0 t}\end{aligned}\tag{2}$$

위 식으로부터 식 (2.1.2)에 의해 표현된 푸리에 급수 전개가 곧 식 (2.1.19)로 바꾸어 표현되었음을 확인할 수 있다. 즉, c_k를 복소수 푸리에 계수라고 하고 식 (2.1.9)를 이용하여 다음과 같이 정의한다. 이 또한 식 (2.1.22)와 같음을 알 수 있다.

$$c_k = \frac{a_k - jb_k}{2} = \frac{1}{T_0}\int_{t_0}^{t_0+T_0} x(t)\left(\cos(2\pi k f_0 t) - j\sin(2\pi k f_0 t)\right)dt$$
$$= \frac{1}{T_0}\int_{t_0}^{t_0+T_0} x(t)e^{-j2\pi k f_0 t}dt \ (k=0, \pm 1, \pm 2, ...) \quad (3)$$

예제 2.1.4

다음 그림의 신호 $x(t)$에 대한 주파수 스펙트럼을 구하시오.

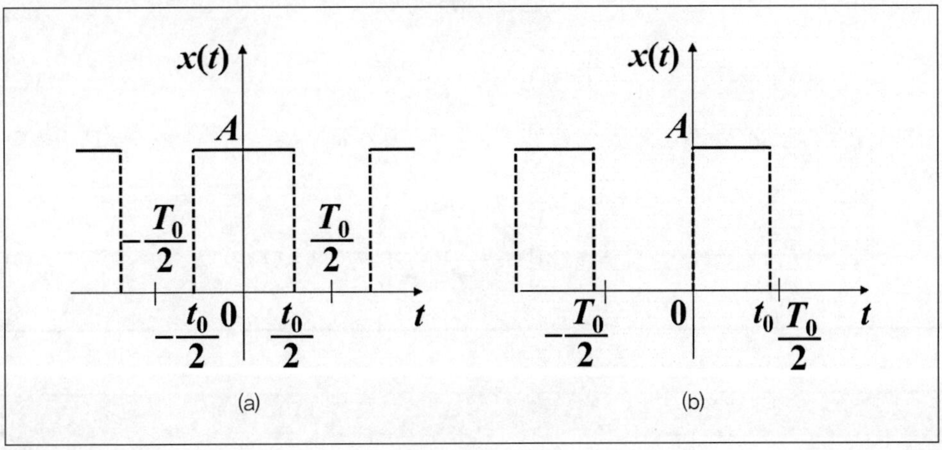

그림 2.1.7 (예제 2.1.4) (a) 기본 주기 T_0인 직사각형 함수와 (b) 시간 축 상으로 $\tau = t_0/2$만큼 이동한 신호

풀이 및 설명

먼저 그림 2.1.7(a)에 나타낸 신호 $x(t)$에 대해 식 (2.1.22)를 적용하여 보자.

$$c_k = \frac{1}{T_0}\int_{t_0}^{t_0+T_0} x(t)e^{-j2\pi k f_0 t}dt = \frac{1}{T_0}\int_{-T_0/2}^{T_0/2} x(t)e^{-j2\pi k f_0 t}dt$$
$$= \frac{A}{T_0}\int_{-t_0/2}^{t_0/2} e^{-j2\pi k f_0 t}dt = -\frac{A}{T_0}\frac{1}{j2\pi k f_0}e^{-j2\pi k f_0 t}\Big|_{-t_0/2}^{t_0/2} \quad (1)$$
$$= \frac{A}{j2\pi k}\left(e^{j\pi k f_0 t_0} - e^{-j\pi k f_0 t_0}\right) = \frac{A}{\pi k}sin(\pi k f_0 t_0) = f_0 t_0 A\frac{\sin(\pi k f_0 t_0)}{\pi k f_0 t_0}$$

따라서, 위 신호는 푸리에 계수 c_k의 값이 실수이므로(식 (2.1.22)를 통해 신호 $x(t)$가 우함수인 경우 c_k가 실수가 됨을 확인할 수 있다), 위상 스펙트럼은 모든 k에 대해 0이 된다.

그림 2.1.7(a)의 신호를 만약 시간 축 상에서 τ만큼 이동시킨다면, 이동시킨 그 신호에 대해 c_k의 크기 $|c_k|$에는 변함이 없으나 위상 θ_k의 값이 변하게 된다. 즉, 신호의 시간 축 상에서의 이동은 성분 주파수 및 해당 성분 주파수에서의 진폭 스펙트럼에는 영향을 주지 않지만, 위상은 변하게 된다. 이에 대해 잠깐 살펴보도록 하자. 신호 $x(t)$가 시간 축 상에서 τ만큼 이동한 신호 $x(t-\tau)$에 대한 푸리에

계수를 구하면 다음과 같다.

$$x(t)=\sum_{k=-\infty}^{\infty} c_k e^{j2\pi k f_0 t}$$
$$\rightarrow x(t-\tau)=\sum_{k=-\infty}^{\infty} c_k e^{j2\pi k f_0 (t-\tau)}=\sum_{k=-\infty}^{\infty} c_k e^{-j2\pi k f_0 \tau} e^{j2\pi k f_0 t} \tag{2}$$

위 식으로부터 $x(t-\tau)$에 대한 푸리에 계수 $c_k{}'=c_k e^{-j2\pi k f_0 \tau}$가 됨을 알 수 있다. 따라서, 시간 축 이동시킨 신호의 푸리에 계수 크기 및 위상에 대해 다음과 같은 관계식이 성립한다.

$$|c_k{}'|=|c_k e^{-j2\pi k f_0 \tau}|=|c_k|\,|e^{-j2\pi k f_0 \tau}|=|c_k| \tag{3a}$$

$$\theta_k{}'=\arg\{c_k e^{-j2\pi k f_0 \tau}\}=\arg\{c_k\}+\arg\{e^{-j2\pi k f_0 \tau}\}=-2\pi k f_0 \tau \tag{3b}$$

따라서, 만약 그림 2.1.7(b)와 같이 $\tau=t_0/2$인 경우에 푸리에 계수 $c_k{}'$는 $c_k e^{-j\pi k f_0 t_0}$가 되므로 진폭 및 위상각은 아래와 같다.

$$|c_k{}'|=|c_k|=f_0 t_0 A\left|\frac{\sin(\pi k f_0 t_0)}{\pi k f_0 t_0}\right|;\ \theta_k{}'=-\pi k f_0 t_0 \tag{4}$$

예제 2.1.5

다음의 신호 $x(t)$에 대한 복소수 푸리에 계수 c_k의 크기를 구하여라.

$$x(t)=100\sin(2\pi f_1 t)+100\sin(2\pi f_2 t-0.12)+100\sin(2\pi f_3 t+0.2)$$

(단, $f_1=500$ Hz, $f_2=1000$ Hz, $f_3=1500$ Hz)

풀이 및 설명

이 경우에는 신호 $x(t)$를 식 (2.1.22)에 직접 대입하여 구하는 것보다는 각 항에 포함된 사인 함수를 복소수 지수 함수로 먼저 표현해본다.

$$100\sin(2\pi f_1 t)=100\frac{e^{j2\pi f_1 t}-e^{-2\pi f_1 t}}{2j}=-50je^{j2\pi f_1 t}+50je^{-j2\pi f_1 t} \tag{1a}$$

$$\begin{aligned}100\sin(2\pi f_2 t-0.12)&=100\frac{e^{j(2\pi f_2 t-0.12)}-e^{-j(2\pi f_2 t-0.12)}}{2j}\\&=-50je^{j2\pi f_2 t}e^{-j0.12}+50je^{-j2\pi f_2 t}e^{j0.12}\end{aligned} \tag{1b}$$

$$\begin{aligned}100\sin(2\pi f_3 t+0.2)&=100\frac{e^{j(2\pi f_3 t+0.2)}-e^{-j(2\pi f_3 t+0.2)}}{2j}\\&=-50je^{j2\pi f_3 t}e^{j0.2}+50je^{-j2\pi f_3 t}e^{-j0.2}\end{aligned} \tag{1c}$$

그렇다면, 신호 $x(t)$를 다음과 같이 다시 쓸 수 있다.

$$x(t)=50je^{-j0.2}e^{-j2\pi f_3 t}+50je^{j0.12}e^{-j2\pi f_2 t}+50je^{-j2\pi f_1 t} \\ -50je^{j2\pi f_1 t}-50je^{-j0.12}e^{j2\pi f_2 t}-50je^{j0.2}e^{j2\pi f_3 t} \tag{2}$$

따라서, 신호 $x(t)$의 복소수 푸리에 급수 전개가 다음과 같으므로,

$$x(t)=\sum_{k=-\infty}^{\infty} c_k e^{j2\pi k f_0 t}=\sum_{k=-3}^{3} c_k e^{j2\pi f_k t} \\ =c_{-3}e^{-j2\pi f_3 t}+c_{-2}e^{-j2\pi f_2 t}+c_{-1}e^{-j2\pi f_1 t}+\cdots+c_1 e^{j2\pi f_1 t}+c_2 e^{j2\pi f_2 t}+c_3 e^{j2\pi f_3 t} \tag{3}$$

복소수 푸리에 계수 c_k는 다음과 같이 구해진다.

$$c_{-3}=50je^{-j0.2},\ c_{-2}=50je^{j0.12},\ c_{-1}=50j,\ c_0=0, \\ c_1=-50j,\ c_2=-50je^{-j0.12},\ c_3=-50je^{j0.2} \tag{4}$$

위 식에서 기본 주파수의 정수배인 kf_0를 f_k로 표현하였다.

그림 2.1.8에 신호 $x(t)$의 진폭 스펙트럼을 나타내었는데, 음의 주파수가 있어서 원래 신호 크기의 1/2이 각각 음 및 양의 주파수 성분으로 표현되어 있다(즉, 예를 들면, f_1에서의 진폭 100이 진폭 스펙트럼에서는 $-f_1$ 및 f_1 주파수에서 각각 50으로 배정되었다). 따라서, 절대값이 같은 음과 양의 주파수에 해당하는 진폭을 더하면 문제에 주어진 해당 주파수에서의 진폭이 구해진다.

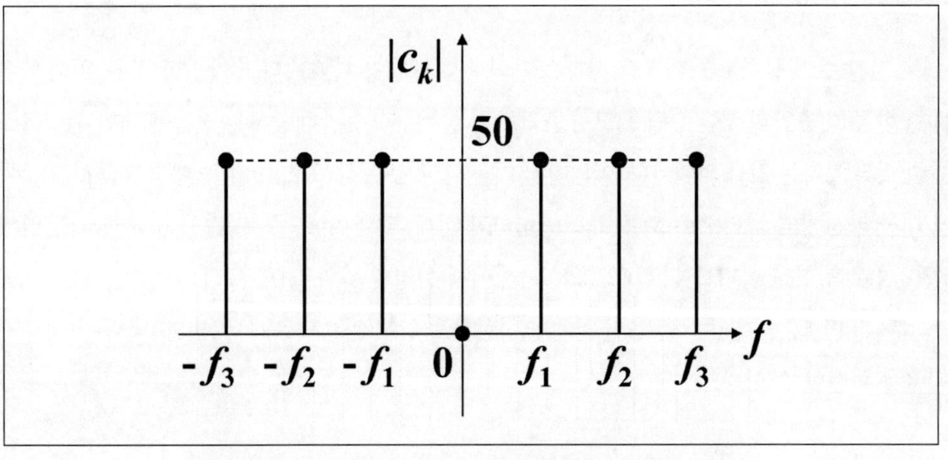

그림 2.1.8 (예제 2.1.5)에 나타낸 신호 $x(t)$의 진폭 스펙트럼

2.1.4 연속 시간 주기 함수에 대한 파시벌의 정리(Parseval's theorem)

연속 시간 주기 신호 $x(t)$가 만약 1 Ω 저항 양단의 순간 전압을 나타낸다고 할 때, 이 저항에서 소모되는 순간 전력은 $x^2(t)$으로 표현된다. 이 경우 한 주기 T_0초 동안의 평균 소모 전력은 $(1/T_0)\int_{t_0}^{t_0+T_0} x^2(t)dt$로 정의된다. 이를 주파수 영역에서 표현하기 위해 신호를 식 (2.1.19)와 같이 전개한 후 그 결과를 제곱하면 아래와 같은 관계식을 얻게 된다.

$$x^2(t) = x(t) \cdot x^*(t) = \sum_{k=-\infty}^{\infty} c_k e^{j2\pi k f_0 t} \cdot \sum_{l=-\infty}^{\infty} c_l^* e^{-j2\pi l f_0 t} \tag{2.1.29}$$

따라서, 연속 시간 주기 함수에 대해 다음의 관계식을 유도할 수 있다.

$$\begin{aligned}\frac{1}{T_0}\int_{t_0}^{t_0+T_0} x^2(t)dt &= \frac{1}{T_0}\int_{t_0}^{t_0+T_0}\left(\sum_{k=-\infty}^{\infty} c_k e^{j2\pi k f_0 t} \cdot \sum_{l=-\infty}^{\infty} c_l^* e^{-j2\pi l f_0 t}\right)dt \\ &= \frac{1}{T_0}\sum_{k=-\infty}^{\infty}\sum_{l=-\infty}^{\infty} c_k c_l^* \int_{t_0}^{t_0+T_0} e^{j2\pi(k-l)f_0 t}dt \\ &= \sum_{k=-\infty}^{\infty} c_k c_k^* = \sum_{k=-\infty}^{\infty} |c_k|^2\end{aligned} \tag{2.1.30}$$

즉, 연속 시간 주기 신호 $x(t)$가 1 Ω 저항 양단의 순간 전압을 나타낸다고 가정할 경우, 위의 식은 이에 대한 한 주기 동안의 평균 전력 소모량은 각각의 성분주파수에 해당하는 전압에 대한 전력 소모량을 합한 것과 같다는 것을 의미한다. 이러한 의미를 담고 있는 식 (2.1.30)의 관계를 연속 시간 주기 함수에 대한 파시벌의 정리(Parseval's theorem)라고 한다. 그 의미를 좀 더 자세히 알아보기 위해 식 (2.1.30)의 우측 항을 살펴보자. 식 (2.1.28) 아래에서 설명한 바와 같이, 우리는 이미 $|c_k| = |c_{-k}|$, $C_k = 2|c_k|$ 및 $C_0 = c_0\ (= a_0/2)$의 관계가 성립함을 알고 있으므로, 식 (2.1.30)의 우측 항은 다음과 같음을 확인할 수 있다.

$$\begin{aligned}\sum_{k=-\infty}^{\infty} |c_k|^2 &= \sum_{k=-\infty}^{-1} |c_k|^2 + \sum_{k=1}^{\infty} |c_k|^2 + |c_0|^2 \\ &= \sum_{k=1}^{\infty} |c_{-k}|^2 + \sum_{k=1}^{\infty} |c_k|^2 + |c_0|^2 \\ &= \sum_{k=1}^{\infty} 2|c_k|^2 + |c_0|^2 = \sum_{k=1}^{\infty} \frac{C_k^2}{2} + C_0^2\end{aligned} \tag{2.1.31}$$

한편, 식 (2.1.10a)에서 신호 $x(t)$를 구성하는 주파수 성분 중 $f_k = kf_0$에 해당하는 신호에 대한 유효 전력 소모량(1 Ω의 저항 양단에서)은 $C_k^2/2\ (k = 1, 2, \ldots)$ 또는 C_0^2이 된다[12]. 따라서, $\sum_{k=-\infty}^{\infty} |c_k|^2$

은 개별 주파수 성분에서의 유효 전력 소모량($1\,\Omega$의 저항 양단에서)을 모두 합한 것을 의미한다. 이러한 이유로 주파수 대비 $|c_k|^2$의 관계를 파워 스펙트럼(power spectrum)이라고 하는데, 이는 실수이므로 위상각이 없고, $|c_k|^2 = |c_{-k}|^2$이므로 우함수가 된다.

> **정리** **연속 시간 주기 함수에 대한 파시벌의 정리(Parseval's Theorem)**
>
> 연속 시간 주기 신호 $x(t)$에 대한 파시벌의 정리(Parseval's theorem)는 다음과 같다.
>
> $$\frac{1}{T_0}\int_{t_0}^{t_0+T_0} x^2(t)dt = \sum_{k=-\infty}^{\infty} |c_k|^2$$
>
> 위 식에서 $T_0\ (=1/f_0)$는 기본 주기이며, c_k는 신호 $x(t)$에 대한 복소수 푸리에 계수를 나타낸다.

2.2. 푸리에 변환(Fourier Transform): 연속 시간 비 주기 신호

2.2.1 푸리에 변환의 유도

앞서 우리가 다룬 신호 $x(t)$는 주기 신호로서, 일정한 시간 간격으로 신호가 되풀이 되는 경우이다. 그러나, 어느 특정 시간 동안만 존재하는 신호 등 주기를 갖고 있지 않은 신호가 더욱 일반적이다. 이런 경우에 신호의 주파수 성분 분석은 어떻게 할 것인가? 이에 대한 해답을 주는 것이 바로 푸리에 변환이다. 푸리에 변환은 기본적으로 주기 함수에 대한 푸리에 급수에서 주기 T_0를 무한대로 가정하여 유도된다. 그림 2.2.1에 기본 주기 T_0의 연속 시간 신호 $x(t)$로부터 비 주기 함수로의 근사화 과정을 나타내었다. 따라서, 여기에 식 (2.1.19) 및 (2.1.22)에 나타낸 복소수 푸리에 급수를 적용하면, 비 주기 함수에 대한 푸리에 변환을 유도할 수 있다.

먼저 식 (2.1.22)의 복소수 푸리에 계수 표현을 살펴보자. 복소수 푸리에 계수 c_k는 기본 주파수 f_0의 k 정수배인 $f_k = kf_0$에서만 값을 갖는 이산 함수이다. 따라서, 주파수를 나타내는 가로축에서 바로 이웃하는 주파수 사이의 간격 Δf는 다음과 같이 표현할 수 있다.

$$\Delta f = f_{k+1} - f_k = (k+1)f_0 - kf_0 = f_0 = \frac{1}{T_0} \tag{2.2.1}$$

12) $k \neq 0$일 때는 코사인 함수(식 (2.1.10a) 참고), 즉 교류신호이므로 $1\,\Omega$에서 소모되는 '유효' 전력은 (전압 진폭/$\sqrt{2}$)^2/$1\,\Omega$이 된다. 단, $k=0$인 경우에는 직류 성분이므로 (전압)^2/$1\,\Omega$이 된다.

즉, 신호의 기본 주파수 f_0가 바로 주파수 사이의 간격 $\triangle f$가 된다. 이제 위 식의 기호를 이용하여 식 (2.1.22)에 나타낸 복소수 푸리에 계수를 다음과 같이 나타내어 보자.

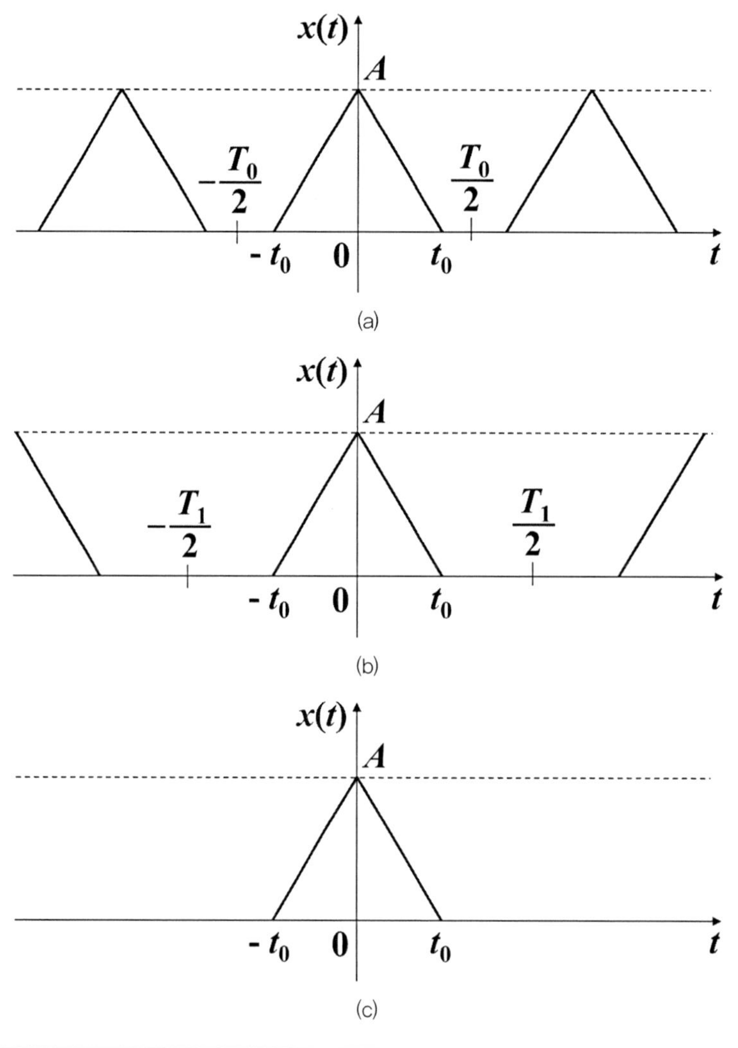

그림 2.2.1 비 주기 함수로의 근사화: (a) 기본 주기 T_0인 연속 시간 주기 신호 $x(t)$, (b) 기본 주기 T_1 ($T_1 > T_0$)인 연속 시간 주기 신호 $x(t)$, (c) 기본 주기 $T_0 \to \infty$에 의한 비 주기 함수로의 근사화

$$c_k = \frac{1}{T_0} \int_{-T_0/2}^{T_0/2} x(t) e^{-j2\pi k f_0 t} dt = \triangle f \int_{-T_0/2}^{T_0/2} x(t) e^{-j2\pi f_k t} dt \tag{2.2.2}$$

그런 다음에, 비 주기 신호를 나타내기 위해 그림 2.2.1에 나타낸 바와 같이 주기 신호의 기본 주기 T_0를 무한대로 크게 해보면($T_0 \to \infty$), 신호는 펄스 형태로 근사하게 됨을 확인할 수 있다. 따라서, 식

(2.2.1)을 고려하면 $T_0 \to \infty$ 에 의해 기본 주파수 또는 주파수 간격 $\triangle f$ 가 매우 작게 되어 f_k를 연속 변수인 f로 대체할 수 있게 된다. 그런데, 식 (2.2.2)에서 $\triangle f$ 가 적분 기호 앞에 곱해져 있기 때문에 이 경우 c_k의 극한값도 0이 되어 의미가 없다. 따라서, 식의 양변을 $\triangle f$ 로 나누고 그 결과인 $c_k / \triangle f$ 를 새롭게 $X(f_k)$로 정의한다. 이렇게 하면 $T_0 \to \infty$ 을 적용함에 따라 다음과 같은 식을 얻을 수 있다.

$$X(f) = \lim_{\triangle f \to 0} \frac{c_k}{\triangle f} = \lim_{\triangle f \to 0} X(f_k) = \int_{-\infty}^{\infty} x(t) e^{-j2\pi f t} dt \qquad (2.2.3)$$

위의 식은 연속 시간 비 주기 신호의 푸리에 변환(Fourier transform)에 대한 정의를 나타낸다. 푸리에 변환은 $c_k / \triangle f$ 의 극한 값이므로, 물리적으로 그 크기는 주파수 대비 진폭 밀도(amplitude density)를 나타낸다고 볼 수 있다. 한편, 식 (2.1.19)의 복소수 푸리에 급수 전개는 기본 주기 T_0 가 무한대로 커짐에 따라($T_0 \to \infty$), 또는 주파수 간격 $\triangle f$ 가 매우 작아짐에 따라 다음과 같이 바꿔쓸 수 있으며, 이를 푸리에 역 변환(Fourier inverse transform)이라고 한다.

$$\begin{aligned} x(t) &= \lim_{\triangle f \to 0} \sum_{k=-\infty}^{\infty} c_k e^{j2\pi f_k t} = \lim_{\triangle f \to 0} \sum_{k=-\infty}^{\infty} \triangle f \cdot X(f_k) e^{j2\pi f_k t} \\ &= \int_{-\infty}^{\infty} X(f) e^{j2\pi f t} df \end{aligned} \qquad (2.2.4)$$

푸리에 변환 관계를 나타낼 때 여기서는 식 (2.2.3) 및 (2.2.4)처럼 주파수 f를 사용하였으나, 각 주파수(angular frequeny, rad/s) $\omega\ (=2\pi f)$를 사용하는 경우도 있다. 주파수 변수로서 ω를 사용하는 경우에도 지금까지의 유도 과정을 동일하게 따르거나, 혹은 치환 적분을 이용하면 상수 인자($1/2\pi$ 또는 $1/\sqrt{2\pi}$)가 필요한 이유를 쉽게 확인할 수 있을 것이다[13]. 참고로, 다음은 각 주파수를 사용할 경우의 푸리에 변환 관계식들이다.

$$X(\omega) = \int_{-\infty}^{\infty} x(t) e^{-j\omega} dt \ \Leftrightarrow\ x(t) = \frac{1}{2\pi} \int_{-\infty}^{\infty} X(\omega) e^{j\omega t} d\omega \qquad (2.2.5a)$$

$$X(\omega) = \frac{1}{2\pi} \int_{-\infty}^{\infty} x(t) e^{-j\omega} dt \ \Leftrightarrow\ x(t) = \int_{-\infty}^{\infty} X(\omega) e^{j\omega t} d\omega \qquad (2.2.5b)$$

---

13) 보통은 주파수 변수로서 f (신호 분석 등)에 의해 표현된 푸리에 변환을 사용하거나 또는, 상수 인자로서 $1/2\pi$이 곱해진 ω (진동 역학, 랜덤 진동 등)로 표현된 푸리에 변환 식을 사용한다. 특히, 3장에서 다룰 랜덤 진동에 대한 문헌에서는 식 (2.2.5b)를 채택하는 경우가 많다. 이 경우 푸리에 변환 대상 시간 신호 $x(t)$에 $1/2\pi$를 곱한 신호를 새로운 시간 신호로 간주하는 경우도 있다. 이 책에서는 부록 A.6에서 몇 가지 중요한 함수에 대한 푸리에 변환을 다루었지만, 주파수 f로 표현된 식이 거의 대부분이다. 혹, 주파수 변수가 ω로 표현된 푸리에 변환을 구하고자 한다면 식 (2.2.5a)와 앞으로 기술될 푸리에 변환의 여러 특성을 이용할 수 있으나, 이미 f에 의해 표현된 푸리에 변환 식의 결과에 다음의 사항을 적용하여 구할 수도 있다.

- $2\pi f$를 모두 ω로 바꾼다.
- $\delta(f)$가 있는 경우에는 $2\pi\delta(\omega)$로 바꾼다.

$$X(\omega)=\frac{1}{\sqrt{2\pi}}\int_{-\infty}^{\infty}x(t)e^{-j\omega}dt \Leftrightarrow x(t)=\frac{1}{\sqrt{2\pi}}\int_{-\infty}^{\infty}X(\omega)e^{j\omega t}d\omega \qquad (2.2.5c)$$

보충설명 2.2.1 푸리에 변환의 수렴 조건

푸리에 급수 전개에서는 '연속 시간 주기 함수'라는 다소 제한적인 신호의 주파수 성분 분석을 할 수 있는데 반해, 이젠 푸리에 변환이라는 도구를 가지고 그 일을 비 주기 신호에까지 확장할 수 있다. 다만, 푸리에 급수도 모든 함수에 대해 푸리에 급수 전개가 가능한 것이 아닌 것처럼 푸리에 변환도 식 (2.2.3)의 적분값이 존재해야 그 결과를 구할 수 있는 것이다. 이처럼 푸리에 변환이 존재하기 위한 필요 조건(necessary condition)이 있다. 연속 시간 비 주기 신호 $x(t)$를 푸리에 변환 후 다시 식 (2.2.4)의 역변환을 통해 얻어지는 신호를 $x_{after}(t)$라고 하자. 다소 수학적이지만, 이 필요 조건은 다음과 같이 표현된다.

$$\int_{-\infty}^{\infty}|x_{after}(t)-x(t)|^2dt=0 \qquad (1)$$

위 식을 만족시키기 위해서는 연속 시간 비 주기 신호 $x(t)$는 다음의 조건을 만족시켜야 한다.

$$\int_{-\infty}^{\infty}|x(t)|^2dt<\infty \text{ 또는 } \int_{-\infty}^{\infty}|x(t)|dt<\infty \qquad (2)$$

또한, 푸리에 급수 전개에서와 마찬가지로 시간 함수 $x(t)$가 불연속인 지점에서는 유한한 함수 값을 가져야 한다. 불연속점 $t=t_0$에서 $x_{after}(t_0)=(x(t_0^+)+x(t_0^-))/2$의 관계가 성립한다.

정리 푸리에 변환 관계식

연속 시간 비 주기 신호 $x(t)$에 대한 푸리에 변환식은 다음과 같이 정의된다.

$$X(f)=\int_{-\infty}^{\infty}x(t)e^{-j2\pi ft}dt$$

위 식에서 f는 헤르츠(Hz) 단위의 주파수를 나타낸다. 이에 대해 푸리에 역 변환식은 다음과 같이 표현된다.

$$x(t)=\int_{-\infty}^{\infty}X(f)e^{j2\pi ft}df$$

2.2.2 연속 시간 비 주기 함수에 대한 파시벌의 정리(Parseval's theorem)

2.1.4에서는 연속 시간 주기 신호 $x(t)$에 대한 파시벌의 정리에 대해 기술한 바 있다. 여기서는 푸리에 변환과 관련하여, 연속 시간 비 주기 신호 $x(t)$에 대한 파시벌의 정리를 기술하고자 한다. 2.1.4에서와

동일하게, 연속 시간 비 주기 신호 $x(t)$가 1 Ω 저항 양단의 순간 전압을 나타낸다고 할 때, 이 저항에서 소모되는 전체 에너지는 $\int_{-\infty}^{\infty} x^2(t)dt$로 표현된다. 이를 주파수 영역에서 표현하면 다음과 같다.

$$\begin{aligned}
\int_{-\infty}^{\infty} x^2(t)dt &= \int_{-\infty}^{\infty} x(t)x^*(t)dt \\
&= \int_{-\infty}^{\infty}\left[\int_{-\infty}^{\infty} X(f_1)e^{j2\pi f_1 t}df_1 \cdot \int_{-\infty}^{\infty} X^*(f_2)e^{-j2\pi f_2 t}df_2\right]dt \\
&= \int_{-\infty}^{\infty}\int_{-\infty}^{\infty} X(f_1)X^*(f_2)\left[\int_{-\infty}^{\infty} e^{j2\pi(f_1-f_2)t}dt\right]df_2 df_1 \\
&= \int_{-\infty}^{\infty}\int_{-\infty}^{\infty} X(f_1)X^*(f_2)\delta(f_1-f_2)df_2 df_1 \\
&= \int_{-\infty}^{\infty} X(f_1)\int_{-\infty}^{\infty} X^*(f_2)\delta(f_1-f_2)df_2 df_1 \\
&= \int_{-\infty}^{\infty} X(f_1)X^*(f_1)df_1 = \int_{-\infty}^{\infty} |X(f)|^2 df
\end{aligned} \tag{2.2.6}$$

위 식에서 제시된, 시간 및 주파수 영역에서의 에너지 표현 식 사이의 관계를 '연속 시간 비 주기 신호에 대한 파시벌의 정리(Parseval's theorem)'라고 한다. 위 식의 유도 과정에서 복소수 지수 함수의 적분 형태로 정의되는 단위 임펄스 함수의 특성(부록 A.4의 식 (A.4.7) 참고)이 사용되었다. 식 (2.2.6)에서 주파수 영역에서의 표현식 $\int_{-\infty}^{\infty} |X(f)|^2 df$를 에너지 스펙트럼이라고 하고, $|X(f)|^2$를 에너지 스펙트럼 밀도(energy spectral density)라고 한다.

> **정리** **연속 시간 비 주기 함수에 대한 파시벌의 정리(Parseval's Theorem)**
>
> 연속 시간 비 주기 함수 $x(t)$에 대한 파시벌의 정리(Parseval's theorem)는 다음과 같이 표현된다.
>
> $$\int_{-\infty}^{\infty} x^2(t)dt = \int_{-\infty}^{\infty} |X(f)|^2 df$$
>
> 위 식에서 $X(f)$는 신호 $x(t)$의 푸리에 변환을 나타낸다.

2.2.3 푸리에 변환 연산자의 특성

앞에서 푸리에 변환 관계 정의 식을 알아보았으므로, 임의의 연속 시간 비 주기 신호 $x(t)$가 주어지면 그 식에 이를 직접 대입한 후 푸리에 변환을 구할 수 있다. 그러나, 모든 함수에 대한 푸리에 변환을 일일이 이런 방법을 이용하여 구하는 것은 비 효율적이며, 또한 경우에 따라서는 이런 방법으로는 직접 구할 수 없기도 하기에 여기서 푸리에 변환에 대한 특성을 좀 더 알아볼 필요가 있다. 몇몇 중요한 함수에 대해서는 그 푸리에 변환 관계를 부록 A.4에 기술하였기에 2.2절의 내용을 배우면서 필요한 부분은 반드시 같이 살펴보기 바란다.

푸리에 변환은 시간 영역의 신호 $x(t)$를 주파수 영역의 신호 $X(f)$로 변환하는 과정이므로 연산자로서 취급할 수 있다. 푸리에 변환 식의 정의를 살펴보면 아래와 같은 특성들이 있음을 확인할 수 있다.

① 선형성(linearity)

식 (2.2.3) 및 (2.2.4)를 통해 푸리에 변환은 선형 연산자(linear operator)임을 쉽게 확인할 수 있다. 즉, 2개의 연속 시간 비 주기 신호 $x(t)$ 및 $y(t)$에 대해 각각의 푸리에 변환이 $X(f)$ 및 $Y(f)$라고 하면, 이들 신호의 선형 결합인 $ax(t)+by(t)$ $(a, b$: 상수)에 대해 푸리에 변환은 $aX(f)+bY(f)$가 된다.

$$ax(t)+by(t) \underset{F^{-1}}{\overset{F}{\rightleftharpoons}} aX(f)+bY(f) \tag{2.2.7}$$

위 식에서 F 및 F^{-1}은 각각 푸리에 변환(식 (2.2.3)) 및 푸리에 역 변환(식 (2.2.4))을 나타낸다.

② 시간 이동(time shift)

연속 시간 비 주기 신호 $x(t)$가 시간 축 상에서 t_0만큼 이동한 신호 $x(t-t_0)$의 푸리에 변환을 구하기 위해 다음과 같이 식 (2.2.4)를 이용해보자.

$$x(t-t_0)=\int_{-\infty}^{\infty} X(f)e^{j2\pi f(t-t_0)}df=\int_{-\infty}^{\infty}\left(e^{-j2\pi f t_0}X(f)\right)e^{j2\pi ft}df \tag{2.2.8}$$

푸리에 역 변환 관계에 의해, 위 식으로부터 $x(t-t_0)$의 푸리에 변환은 다음과 같음을 알 수 있다.

$$x(t-t_0) \underset{F^{-1}}{\overset{F}{\rightleftharpoons}} e^{-j2\pi f t_0}X(f) \tag{2.2.9}$$

위 식으로부터 신호를 시간 축 상에서 t_0만큼 이동시킨 효과는 주파수 영역에서 위상 변화로 나타남을 확인할 수 있다. 즉, 시간 이동된 신호의 푸리에 변환은 원래 신호의 푸리에 변환과 비교하여 그 크기는 같지만 위상은 $-2\pi f t_0$ 만큼 변하게 된다.

③ 시간 확대 및 축소(time scaling)

연속 시간 비 주기 신호 $x(t)$에 대해 $x(at)$ $(a$: 상수)는 시간 축 상에서 확대($|a|<1$) 또는 축소($|a|>1$)된 신호를 나타낸다. 이 신호에 대한 푸리에 변환 관계는 다음과 같이 유도할 수 있다.

(a가 양수인 경우)

$$\begin{aligned} F\{x(at)\} &= \int_{-\infty}^{\infty} x(at)e^{-j2\pi ft}dt \\ &= \frac{1}{a}\int_{-\infty}^{\infty} x(\tau)e^{-j2\pi(f/a)\tau}d\tau = \frac{1}{a}X\left(\frac{f}{a}\right) \end{aligned} \tag{2.2.10a}$$

(a가 음수인 경우)

$$\begin{aligned} F\{x(at)\} &= \int_{-\infty}^{\infty} x(at)e^{-j2\pi ft}dt = \frac{1}{a}\int_{\infty}^{-\infty} x(\tau)e^{-j2\pi(f/a)\tau}d\tau \\ &= -\frac{1}{a}\int_{-\infty}^{\infty} x(\tau)e^{-j2\pi(f/a)\tau}d\tau = -\frac{1}{a}X\left(\frac{f}{a}\right) \end{aligned} \tag{2.2.10b}$$

위 식에서 $\tau = at$에 대한 치환 적분을 적용하였다. 따라서, 식 (2.2.10)을 다음과 같이 하나의 푸리에 변환 관계로 나타낼 수 있다.

$$x(at) \underset{F^{-1}}{\overset{F}{\rightleftarrows}} \frac{1}{|a|}X\left(\frac{f}{a}\right) \tag{2.2.11}$$

위 결과로부터 시간 축 상에서 신호의 확대(축소)는 주파수 축 상에서는 반대로 푸리에 변환된 신호를 축소(확대)하게 된다는 것을 확인할 수 있다.

4 쌍대성(Duality)

식 (2.2.3) 및 (2.2.4)에 나타낸 푸리에 변환 쌍을 아래에 다시 나타내었다.

$$x(t) = \int_{-\infty}^{\infty} X(f)e^{j2\pi ft}df \underset{F^{-1}}{\overset{F}{\rightleftarrows}} X(f) = \int_{-\infty}^{\infty} x(t)e^{-j2\pi ft}dt \tag{2.2.12a}$$

위 식을 살펴보면, 적분 기호 안의 복소수 지수에 포함된 음수 기호를 제외한 모든 부분에서 변수 't'와 'f'의 역할만 바꾼다면, 푸리에 변환 및 역 변환을 정의하는 식이 서로 동일해짐을 발견할 수 있다. 즉, $x(t) = \int_{-\infty}^{\infty} X(f)e^{j2\pi ft}df$에서 '$t$'의 부호를 바꾸면[14)]$x(-t) = \int_{-\infty}^{\infty} X(f)e^{-j2\pi ft}df$ 이 되고, 추가로 변수 't'와 'f'의 역할을 바꾸면 $x(-f) = \int_{-\infty}^{\infty} X(t)e^{-j2\pi ft}dt$이므로, 아래와 같은 관계를 얻을 수 있다.

$$X(t) \underset{F^{-1}}{\overset{F}{\rightleftarrows}} x(-f) \tag{2.2.12b}$$

14) 부호를 바꿀 때는 적분 변수가 아닌 변수의 부호를 바꾸어야 한다.

즉, $x(t)$의 푸리에 변환이 $X(f)$라는 것을 안다면, $X(t)$의 푸리에 변환은 $x(t)$의 변수 t에 $-f$를 대입하기만 하면 된다. 이와 같은 푸리에 변환 특성을 쌍대성(duality)이라고 하며, 이를 적절히 활용하면 푸리에 변환(또는 역 변환)을 구하는 작업을 훨씬 간단하게 할 수 있다. 간단한 예를 들면, 식 (A.6.1)에 의해 시간 영역의 상수 '1'의 푸리에 변환은 주파수 영역에서 단위 임펄스 함수가 된다. 또한, 식 (A.6.3)에 의하면 시간 영역에서의 단위 임펄스 함수는 주파수 영역에서는 상수 '1'이 된다. 즉, 시간 변수 't'와 주파수 변수 'f'의 역할이 서로 바뀐 셈이다.

예제 2.2.1

식 (A.6.18)을 참고하여 다음의 연속 시간 함수 $x(t)$에 대한 푸리에 변환을 구하되 쌍대성의 원리를 이용하여라.

$$x(t) = T_0 \frac{\sin(\pi T_0 t)}{\pi T_0 t}$$

풀이 및 설명

식 (A.6.18)에 의하면 직사각형 함수에 대한 푸리에 변환 관계는 다음과 같다.

$$\text{rect}(t/T_0) = \int_{-\infty}^{\infty} T_0 \frac{\sin \pi f T_0}{\pi f T_0} e^{j2\pi ft} df \tag{1}$$

위의 식에서 't'를 '$-t$'로 바꾼다.

$$\text{rect}(-t/T_0) = \int_{-\infty}^{\infty} T_0 \frac{\sin \pi f T_0}{\pi f T_0} e^{-j2\pi ft} df \tag{2}$$

이젠 위의 식에서 't'와 'f'의 역할을 서로 바꾼다.

$$\text{rect}(-f/T_0) = \int_{-\infty}^{\infty} T_0 \frac{\sin \pi T_0 t}{\pi T_0 t} e^{-j2\pi ft} dt \tag{3}$$

즉, 위 마지막 식에서 우측 항의 적분 인자는 문제에서 주어진 연속 시간 신호이고, 또한 우측 항은 그 신호의 푸리에 변환을 나타내므로, 이로부터 다음과 같은 푸리에 변환 관계를 얻을 수 있다.

$$T_0 \frac{\sin(\pi T_0 t)}{\pi T_0 t} \underset{F^{-1}}{\overset{F}{\rightleftharpoons}} \text{rect}(f/T_0) \tag{4}$$

위 식에서 우함수 특성을 이용하여 $\text{rect}(-f/T_0) = \text{rect}(f/T_0)$인 관계를 이용하였다.

5 합성곱 적분(convolution integral)의 푸리에 변환

2개의 신호에 대한 합성곱 적분은 시간 영역에서나 주파수 영역에서 중요한 의미를 갖는다. 1장에서 살펴본 바와 같이 시간 영역에서는 시스템을 나타내는 단위 임펄스 응답 함수와 입력 신호와의 합성곱 적분이 출력 응답이 됨을 확인하였다. 이는 주파수 영역에서 각각의 푸리에 변환의 곱과 같다. 한편, 이와는 반대로 쌍대성의 원리에 의해 주파수 영역에서의 2개의 신호에 대한 합성곱 적분은 시간 영역에서는 각각의 신호가 푸리에 역 변환된 시간 함수의 곱이 된다. 참고로, 시간 영역에서의 2개 함수의 곱은 신호 처리 관점에서는 표본화(sampling) 또는 변조(modulation) 등을 나타내는 중요한 연산이 된다.

먼저, 시간 영역에서의 2개 신호의 합성곱 적분은 주파수 영역에서 어떤 모습으로 나타나는지 확인해 보자. 2개 신호 $x(t)$ 및 $y(t)$에 대한 합성곱 적분의 푸리에 변환은 다음과 같다.

$$
\begin{aligned}
F\{x(t)*y(t)\} &= \int_{-\infty}^{\infty}\left[\int_{-\infty}^{\infty} x(\tau)y(t-\tau)d\tau\right]e^{-j2\pi ft}dt \\
&= \int_{-\infty}^{\infty} x(\tau)\left[\int_{-\infty}^{\infty} y(t-\tau)e^{-j2\pi ft}dt\right]d\tau \\
&= \int_{-\infty}^{\infty} x(\tau)e^{-j2\pi f\tau}\left[\int_{-\infty}^{\infty} y(t-\tau)e^{-j2\pi f(t-\tau)}d(t-\tau)\right]d\tau \\
&= \int_{-\infty}^{\infty} x(\tau)e^{-j2\pi f\tau}Y(f)d\tau = X(f)Y(f)
\end{aligned}
\tag{2.2.13}
$$

즉, 주파수 영역에서는 각각의 신호를 푸리에 변환한 결과를 단순히 곱한 것에 지나지 않는다.

이번에는 주파수 영역에서 2개 신호 간의 합성곱 적분이 시간 영역에서는 과연 각각의 푸리에 역 변환된 신호의 곱으로 나타나는지 확인해 보자. 이를 위해 시간 영역에서 2개의 신호 $x(t)$ 및 $y(t)$의 곱에 대한 푸리에 변환을 구해보자.

$$
\begin{aligned}
F\{x(t)y(t)\} &= \int_{-\infty}^{\infty} x(t)y(t)e^{-j2\pi ft}dt \\
&= \int_{-\infty}^{\infty}\left[\int_{-\infty}^{\infty} X(f')e^{j2\pi f't}df'\right]y(t)e^{-j2\pi ft}dt \\
&= \int_{-\infty}^{\infty} X(f')\left[\int_{-\infty}^{\infty} y(t)e^{-j2\pi ft}e^{j2\pi f't}dt\right]df' \\
&= \int_{-\infty}^{\infty} X(f')\left[\int_{-\infty}^{\infty} y(t)e^{-j2\pi(f-f')t}dt\right]df' \\
&= \int_{-\infty}^{\infty} X(f')Y(f-f')df' = X(f)*Y(f)
\end{aligned}
\tag{2.2.14}
$$

즉, 시간 영역에서 2개 신호의 곱 $x(t)y(t)$가 주파수 영역에서는 각각의 신호에 대한 푸리에 변환 결과를 합성곱 적분한 것과 같음을 알 수 있다.

식 (2.2.13) 및 (2.2.14)를 정리하면, 2개의 연속 시간 함수 $x(t)$ 및 $y(t)$에 대한 푸리에 변환을 각각 $X(f)$ 및 $Y(f)$라고 할 때, 합성곱 적분에 대한 푸리에 변환 관계는 다음과 같다.

$$x(t)*y(t) \underset{F^{-1}}{\overset{F}{\rightleftarrows}} X(f)Y(f) \tag{2.2.15a}$$

$$x(t)y(t) \underset{F^{-1}}{\overset{F}{\rightleftarrows}} X(f)*Y(f) \tag{2.2.15b}$$

예제 2.2.2

다음과 같은 2개 시간 함수의 곱에 대한 푸리에 변환을 구하여라.

$$y(t) = x(t)(A\cos(2\pi f_0 t))$$

풀이 및 설명

시간 함수 $x(t)$의 푸리에 변환을 $X(f)$라고 하고, 코사인 함수에 대한 푸리에 변환은 식 (A.6.22a)와 같으므로, 예제에서 주어지 시간 함수 $y(t)$의 푸리에 변환은 식 (2.2.15b)를 이용하여 다음과 같이 나타낼 수 있다.

$$\begin{aligned} Y(f) &= X(f)*A(\delta(f+f_0)+\delta(f-f_0))/2 \\ &= \frac{A}{2}\int_{-\infty}^{\infty} X(p)\delta(f+f_0-p)dp + \frac{A}{2}\int_{-\infty}^{\infty} X(p)\delta(f-f_0-p)dp \\ &= \frac{A}{2}\{X(f+f_0)+X(f-f_0)\} \end{aligned} \tag{1}$$

위의 푸리에 변환은 신호의 진폭 변조(amplitude modulation)에서 자주 사용된다. 즉, 이 경우 $x(t)$는 저주파 신호(envelope) (예: e^{-t}, t^2-6t+8, ...)가 되고, $A\cos(2\pi f_0 t)$는 고주파 신호(carrier)가 된다.

6 미분 및 적분 신호의 푸리에 변환

연속 시간 신호 $x(t)$를 미분한 결과인 $dx(t)/dt$에 대한 푸리에 변환을 구해보자. 주파수 영역에서의 신호 $X(f)$와 푸리에 역 변환 결과 신호 $x(t)$와의 관계가 식 (2.2.4)와 같으므로, 이 식의 양변을 시간 t에 대해 미분하면 다음과 같다.

$$\frac{dx(t)}{dt} = \int_{-\infty}^{\infty} (j2\pi f X(f))e^{j2\pi ft}df \tag{2.2.16}$$

즉, 신호 $x(t)$의 미분 신호인 $dx(t)/dt$의 푸리에 변환 결과는 미분 이전의 신호 $x(t)$의 푸리에 변환 $X(f)$에 $j2\pi f$를 곱한 $j2\pi fX(f)$가 됨을 확인할 수 있다.

$$\frac{dx(t)}{dt} \underset{F^{-1}}{\overset{F}{\rightleftarrows}} j2\pi fX(f) \tag{2.2.17}$$

다음으로 신호 $x(t)$의 적분 신호, 즉 $\int_{-\infty}^{t} x(\tau)d\tau$에 대한 푸리에 변환을 알아보자. 적분 신호의 푸리에 변환은 식 (A.4.16) 및 (A.6.6)의 결과를 이용하도록 한다. 먼저, 적분을 구하고자 하는 신호 $x(t)$와 단위 계단 함수 $u(t)$와의 합성곱 적분을 구한다.

$$x(t)*u(t) = \int_{-\infty}^{\infty} x(\tau)u(t-\tau)d\tau = \int_{-\infty}^{t} x(\tau)u(t-\tau)d\tau = \int_{-\infty}^{t} x(\tau)d\tau \qquad (2.2.18)$$

위 식에서 적분 구간이 바뀐 이유는 $\tau > t$ 구간에서 $u(t-\tau)=0$이기 때문이다. 이제 우리가 푸리에 변환을 구하고자 하는 함수는 신호 $x(t)$와 단위 계단 함수 $u(t)$와의 합성곱 적분이 되었다. 따라서, 합성곱 적분, 그리고 단위 계단 함수에 대한 각각의 푸리에 변환 결과를 이용하면 다음과 같은 관계를 얻게 된다.

$$\begin{aligned} F\left\{\int_{-\infty}^{t} x(\tau)d\tau\right\} &= F\{x(t)*u(t)\} \\ &= X(f)U(f) = X(f)\left(\frac{1}{j2\pi f} + \frac{1}{2}\delta(f)\right) \\ &= \frac{1}{j2\pi f}X(f) + \frac{1}{2}X(f)\delta(f) = \frac{1}{j2\pi f}X(f) + \frac{1}{2}X(0)\delta(f) \end{aligned} \qquad (2.2.19)$$

위 결과로부터 유의할 점은, 신호의 미분에 대한 푸리에 변환(식 (2.2.17) 참고)이 원래 신호의 푸리에 변환에 $j2\pi f$를 곱한 것임에 반해, 신호의 적분에 대한 푸리에 변환은 원래 신호의 푸리에 변환에 $j2\pi f$를 나눈 것만이 아닌 추가로 $X(0)\delta(f)/2$이 더해진다는 사실이다. 다만, 연속 시간 신호 $x(t)$의 직류 성분($X(0)$)이 0인 경우에는 식 (2.2.19)의 결과는 간단하게 $X(f)/j2\pi f$가 된다.

⑦ 공액 대칭성(complex conjugate symmetry)

일반적인 복소수 신호 $x(t)$의 공액 복소수(complex conjugate) $x^*(t)$의 푸리에 변환은 다음과 같다.

$$F\{x^*(t)\} = \int_{-\infty}^{\infty} x^*(t)e^{-j2\pi ft}dt = \int_{-\infty}^{\infty} \left(x(t)e^{j2\pi ft}\right)^* dt = \left(\int_{-\infty}^{\infty} x(t)e^{j2\pi ft}dt\right)^* \qquad (2.2.20)$$

신호 $x(t)$의 푸리에 변환을 $X(f)$라고 할 때, 위 식에서 우측 항은 $X^*(-f)\ (=(X(-f))^*)$를 표현하고 있음을 알 수 있다. 따라서, 다음의 관계가 성립한다.

$$x^*(t) \underset{F^{-1}}{\overset{F}{\rightleftarrows}} X^*(-f) \qquad (2.2.21)$$

그런데, 대부분의 경우에 있어서 우리가 다루는 신호는 실수이다(그러나, 푸리에 변환 결과는 언제나 복소수임을 명심하자). 이를 고려하면, 다음과 같은 공액 대칭성이라는 특성을 얻게 된다.

$$\begin{aligned} X^*(f) &= \left(\int_{-\infty}^{\infty} x(t) e^{-j2\pi ft} dt \right)^* \\ &= \int_{-\infty}^{\infty} x^*(t) e^{j2\pi ft} df = \int_{-\infty}^{\infty} x(t) e^{j2\pi ft} df = X(-f) \end{aligned} \tag{2.2.22}$$

즉, 신호 $x(t)$가 실수인 경우, 푸리에 변환의 공액 대칭성은 다음과 같이 정의된다.

$$X^*(f) = X(-f) \tag{2.2.23}$$

위 식을 이용하면 연속 시간 신호 $x(t)$가 실수일 경우에 대한 푸리에 변환 $X(f)$의 크기와 위상에 대한 유용한 특성을 얻게 된다. 즉, 푸리에 변환 $X(f)$는 크기 $|X(f)|$ 및 위상 $\theta(f)(=\angle X(f))$에 대한 기호를 이용하여 다음과 같이 표현할 수 있고,

$$X(f) = |X(f)| e^{j\theta(f)}, \ \theta(f) = \tan^{-1} \frac{\text{Im}\{X(f)\}}{\text{Re}\{X(f)\}} \tag{2.2.24}$$

또한,

$$X(f) = \int_{-\infty}^{\infty} x(t) e^{-j2\pi ft} dt = \int_{-\infty}^{\infty} x(t) \cos(2\pi ft) dt - j \int_{-\infty}^{\infty} x(t) \sin(2\pi ft) dt \tag{2.2.25}$$

이므로, 크기 및 위상에 대해 아래와 같은 관계를 얻을 수 있다.

$$|X(-f)| = |X^*(f)| = |X(f)| \tag{2.2.26a}$$

$$\theta(-f) = \tan^{-1} \frac{\text{Im}\{X(-f)\}}{\text{Re}\{X(-f)\}} = -\tan^{-1} \frac{\text{Im}\{X(f)\}}{\text{Re}\{X(f)\}} = -\theta(f) \tag{2.2.26b}$$

위 식으로부터 크기 $|X(f)|$ 및 위상 $\theta(f)$는 주파수 영역에서 각각 우함수 및 기함수가 됨을 알 수 있다. 더욱이 실수인 연속 시간 신호 $x(t)$가 우함수라면, 식 (2.2.25)로부터 $X(f)$는 실수가 됨을 확인할 수 있다.

예제 2.2.3

실수인 연속 시간 신호 $x(t)$의 푸리에 변환 결과인 $X(f)$의 실수부 및 허수부가 각각 우함수와 기함수가 됨을 밝혀라.

풀이 및 설명

임의의 실수인 연속 시간 신호 $x(t)$는 우함수 $x_{even}(t)$ $(=(x(t)+x(-t))/2)$와 기함수 $x_{odd}(t)$ $(=(x(t)-x(-t))/2)$의 합으로 표현된다.

$$x(t)=x_{even}(t)+x_{odd}(t) \tag{1}$$

따라서, 위 식을 식 (2.2.25)에 대입하면 다음과 같다.

$$\begin{aligned} X(f) &= \int_{-\infty}^{\infty} x(t)e^{-j2\pi ft}dt = \int_{-\infty}^{\infty} (x_{even}(t)+x_{odd}(t))e^{-j2\pi ft}dt \\ &= \int_{-\infty}^{\infty} x_{even}(t)e^{-j2\pi ft}dt + \int_{-\infty}^{\infty} x_{odd}(t)e^{-j2\pi ft}dt \\ &= \int_{-\infty}^{\infty} x_{even}(t)\cos(2\pi ft)dt - j\int_{-\infty}^{\infty} x_{odd}(t)\sin(2\pi ft)dt \end{aligned} \tag{2}$$

위 식의 유도 과정에서 $\int_{-\infty}^{\infty} x_{even}(t)\sin(2\pi ft)dt=0$ 및 $\int_{-\infty}^{\infty} x_{odd}(t)\cos(2\pi ft)dt=0$임을 이용하였다. 식 (2)로부터 실수인 연속 시간 신호 $x(t)$에 대한 $X(f)$의 실수부 및 허수부가 각각 우함수와 기함수임을 확인할 수 있다. 또한, 위 식에 의하면 우함수의 푸리에 변환은 주파수 영역에서 실수인 우함수가 되고, 기함수의 푸리에 변환은 허수인 기함수가 됨을 알 수 있다. 더불어, 위 식에 의해서 $X(-f)=X^*(f)$임을 알 수 있는데, 이는 식 (2.2.23)의 결과와도 같다.

2.3. 이산 푸리에 변환(DFT: Discrete Fourier Transform)

우리는 지금까지 연속 시간 주기 신호의 푸리에 급수, 그리고 연속 시간 비 주기 신호의 푸리에 변환에 대해 살펴보았다. 그런데, 식 (2.1.9) 및 (2.1.22)를 이용한 푸리에 급수의 계수 또는 식 (2.2.3)에 의해 푸리에 변환을 구하기 위해서는 연속 시간 신호 $x(t)$가 시간 t에 대한 함수의 형식으로 적절하게 표현되어 있어야 한다. 심지어 연속 시간 함수 $x(t)$가 잘 정의되어 있을지라도 적분을 구하기가 매우 어렵거나 불가능한 경우도 있다. 보다 현실적으로, 푸리에 급수 또는 푸리에 변환을 구하고자 하는 대상 시간 영역의 신호는 측정에 의한 것이 대부분으로서 단지 일정 간격의 시간에서 얻어진 값으로만 구성된 경우도 많다. 이러한 경우를 위해 주기 또는 비 주기 신호의 푸리에 급수 및 푸리에 변환 관계는 어떻게 수정되어 적용되어야 할까?

여기서는 이산 시간 신호의 처리에 대해서 알아볼 것이다. 특히, 2.3절의 후반부에 설명될 '이산 푸리에 변환(DFT: Discrete Fourier Transform)'은 일반적인 신호 분석을 위한 매우 실용적인 도구인 '고속 푸리에 변환(FFT: Fast Fourier Transform)'의 이론적 배경을 제공한다. 어쩌면 지금까지 설명한 내용들은 모두 결국 이산 푸리에 변환을 설명하기 위해 필요했을지도 모른다. 확실하게 잘 숙지하여 MATLAB[15)]등의 상용 소프트웨어를 사용하기 위한 충분한 이론적 배경을 갖추기를 바란다. 2.5절에는 이를 연습할 수 있도록 유용한 MATLAB 실습 예제를 다루었다.

2.3.1 이산 푸리에 급수: 이산 시간 주기 신호

실제로, 연속 시간 신호 $x(t)$에 포함된 주파수 성분을 구하기 위해서 사용되는 신호 값들은 시간 t에 의한 함수 형태로 주어지기보다는 그림 2.3.1에 나타낸 바와 같이 Δt 시간 간격에서 추출된 값들일 것이다. 신호 처리기는 시간 주기 T_0 $(=N\Delta t)$에 대해 N개의 신호 값을 추출한다. 즉, 연속 시간 신호 $x(t)$는 시간 $t=0, \Delta t, 2\Delta t, ..., (N-1)\Delta t$에서 측정된 이산 시간 신호가 된다. 이와 같은 이산 시간 주기 신호에 대한 푸리에 해석을 위해서는 연속 시간 주기 신호에 대한 푸리에 급수 전개식을 적절하게 수정할 필요가 있다.

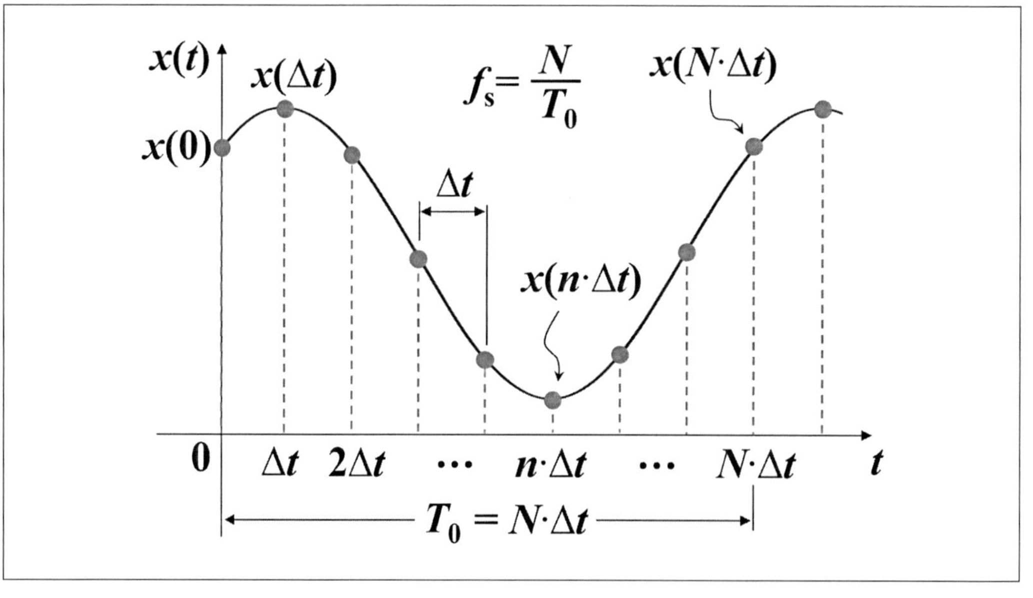

그림 2.3.1 이산 푸리에 급수를 위한 이산 시간 주기 신호: 한 주기 T_0 안에서 함수 $x(t)$로부터 N $(t=n\Delta t,$ $(n=0 \sim N-1))$개의 값을 추출(f_s: 이산 표본화 주파수(sampling frequency, sampling rate–초당 추출되는 자료의 개수를 의미)[16)]

15) 신호분석을 위한 대표적인 명령어로 'fft'가 있다. MATLAB m-file 예제를 통해 다룰 것이다.

우리는 앞에서 연속 시간 주기 신호 $x(t)$의 푸리에 급수 표현이 다음과 같음을 살펴본 바 있다.

$$x(t)=\sum_{k=-\infty}^{\infty} c_k e^{j2\pi k f_0 t}=\sum_{k=-\infty}^{\infty} c_k e^{j\frac{2\pi}{T_0}kt} \tag{2.3.1a}$$

위 식에서 c_k는 복소수 푸리에 계수로서 아래와 같다.

$$c_k=\frac{1}{T_0}\int_0^{T_0} x(t)e^{-j2\pi k f_0 t}dt=\frac{1}{T_0}\int_0^{T_0} x(t)e^{-j\frac{2\pi}{T_0}kt}dt \tag{2.3.1b}$$

이산 푸리에 급수 전개식의 유도를 위해, 위 식에서는 복소수 지수를 기본 주파수 f_0 대신 기본 주기 T_0에 의해 표현하였음에 유의하자. 이젠 시간 $t=n\Delta t\ (n=0,1,2,\ ...,N-1)$에서의 신호 값을 이용하여 이산 시간 주기 신호의 푸리에 급수 표현을 알아보자. 우선, 신호의 기본 주기 $T_0=N\Delta t$를 고려하면, 시간 $t=n\Delta t$에서의 신호 값에 대해 다음과 같은 관계가 성립함을 알수 있다.

$$x(t)=x(t+T_0)\rightarrow x(n\Delta t)=x(n\Delta t+N\Delta t) \tag{2.3.2}$$

식 (2.3.1b)에 $t=n\Delta t$를 대입하여 정리하면 아래와 같다.

$$c_k=\frac{1}{N\Delta t}\sum_{n=0}^{N-1} x(n\Delta t)e^{-j\frac{2\pi}{N\Delta t}kn\Delta t}\Delta t=\frac{1}{N}\sum_{n=0}^{N-1} x(n\Delta t)e^{-j\frac{2\pi}{N}nk} \tag{2.3.3}$$

이제 식 (2.3.1a)의 이산화된 형태를 구하기 전에 다음과 같이 c_k가 k에 대해 주기성을 갖고 있음을 확인하자.

$$c_{k+N}=\frac{1}{N}\sum_{n=0}^{N-1} x(n\Delta t)e^{-j\frac{2\pi}{N}n(k+N)}=\frac{1}{N}\sum_{n=0}^{N-1} x(n\Delta t)e^{-j\frac{2\pi}{N}nk}e^{-j2\pi n}=c_k \tag{2.3.4}$$

즉, c_k에 대해서 주기 N이 성립한다. 따라서, 식 (2.3.1a)에 대해서도 $t=n\Delta t$를 대입한 후 c_k의 주기성을 고려하면 다음과 같은 식을 얻게 된다.

$$x(n\Delta t)=\sum_{k=-\infty}^{\infty} c_k e^{j\frac{2\pi}{T_0}kn\Delta t}=\sum_{k=0}^{N-1} c_k e^{j\frac{2\pi}{N\Delta t}kn\Delta t}=\sum_{k=0}^{N-1} c_k e^{j\frac{2\pi}{N}kn} \tag{2.3.5}$$

위 식에서 k에 대한 합이 적용되는 범위가 $-\infty\sim\infty$에서 $0\sim N-1$로 바뀌었음에 유의하자. 즉, 식 (2.3.4)에 의해 k의 주기가 N임이 확인되었기 때문에 $k=N$ 이상과 $k=0$ 미만은 중복되어 의미가 없다(다소 어렵게 표현하자면, $e^{j2\pi kn/N}$은 $x(n\Delta t)$를 전개하기 위한 기저 함수이므로 상호 독립

16) 그림 또는 표시된 관계식($f_s=N/T_0$, $T_0=N\cdot\Delta t$)으로부터 $\Delta t=1/f_s$가 됨을 기억하자. 즉, 이산 표본화 주파수(sampling frequency)가 정해지면 신호값이 추출되는 시간 간격을 알 수 있다.

인 함수만 필요하다).

위에서 정리된 결과를 간결히 하기 위해 편의상 시간 및 주파수 영역에서의 이산 신호를 다음과 같이 표기하도록 하자.

$$x_n = x(n\Delta t); \quad X_k = N \cdot c_k \tag{2.3.6}$$

식 (2.3.3)과 달리 위의 식에서는 $X_k = N \cdot c_k$를 이산 푸리에 급수의 푸리에 계수로 정의하였다. 문헌마다 차이는 있지만 이 책에서는 이와 같은 표기법을 사용하였는데, 이는 곧 다루게 될 이산 푸리에 변환[17]에서 주로 사용하는 표기법과의 일관성을 위해서이며 또한 이러한 표기법은 MATALAB과 같은 상용 소프트웨어에서 이산 푸리에 변환을 다루는 방법과 동일하기 때문이다. 따라서, 이를 이용하면, 식 (2.3.3) 및 (2.3.5)는 각각 다음과 같이 나타낼 수 있다.

$$X_k = \sum_{n=0}^{N-1} x_n e^{-j\frac{2\pi}{N}nk} \tag{2.3.7a}$$

$$x_n = \frac{1}{N}\sum_{k=0}^{N-1} X_k e^{j\frac{2\pi}{N}kn} \tag{2.3.7b}$$

식 (2.3.7a)를 이용하여 이산 시간 주기 신호의 주파수 성분을 구할 때, k에 해당하는 실제 주파수 성분은 $k\Delta f$로서 복소수 지수 함수의 지수 $-j2\pi nk/N$를 다음과 같이 실제의 주파수 성분에 의한 요소들로 나타낼 수 있다.

$$-j\frac{2\pi nk}{N} = -j2\pi\left(\frac{k}{N\Delta t}\right)n\Delta t = -j2\pi(k\Delta f)n\Delta t \tag{2.3.8}$$

참고로, 그림 2.3.1로부터 아래와 같은 관계식을 확인할 수 있는데, 이는 이산 신호를 다룰 때 매우 유용한 개념이다[18]. 이에 대해서는 이산 푸리에 변환에서 다시 다룰 것이다.

$$\Delta f = f_0 = \frac{1}{T_0} = \frac{1}{N\Delta t}; \; T_0 = \frac{N}{f_s}; \; \Delta f = \frac{f_s}{N}; \; \Delta t = \frac{1}{f_s} \tag{2.3.9}$$

참고로, 실용적인 목적으로 X_k를 k에 대해 나타낼 때, 이는 $f_s = 1$로 가정한 것으로 볼 수도 있다. 즉, 위의 식에 의해 $\Delta f = 1/N$ 및 $\Delta t = 1$이 되고, 이 경우에도 식 (2.3.8)로부터 $-j2\pi(k\Delta f)n\Delta t$

---

17) 이산 푸리에 급수 전개 식과 이산 푸리에 변환 식은 본질적으로 동일하다. 즉, 이산 푸리에 변환에서 비 주기 신호를 T_0 (여기서는 기본 주기가 아님) 시간 동안 N개의 신호 값을 추출하는 것과 지금 배운 이산 푸리에 급수에서 기본 주기 T_0인 주기 신호에 대해 N개의 신호 값을 추출하는 것은 본질적으로 동일하다. 뒤에서 이산 푸리에 변환을 공부한 후 이를 다시 확인해 보자.

18) 식 (2.2.1)에 의하면 $\Delta f = f_0$이다.

는 다시 $-j2\pi nk/N$가 된다. 물리적인 주파수 성분으로서 $k\Delta f\ (=kf_0)$에 대해 X_k를 표현할 필요가 있으면 식 (2.3.9)의 $\Delta f = f_s/N$에 의해 Δf를 구하여야 한다.

지금까지 이산 시간 주기 신호에 대한 이산 푸리에 급수를 알아보았다. 신호는 일반적으로 t에 대한 함수의 형태로 주어지기 보다는 일정 시간 간격으로 추출 또는 기록되므로 여기에서 바로 이산 푸리에 급수의 활용도가 존재한다. 마지막으로, 이산 푸리에 급수에서 시간 영역의 신호는 이산 시간 주기 함수 특성을 가지고 있으며, 주파수 영역으로 변환된 신호(푸리에 계수)는 역시 동일하게 이산 주파수 주기 함수 특성을 가지고 있음을 다시 확인해 보자.

예제 2.3.1

복소수 지수 함수의 특성을 이용하여 식 (2.3.7a)로부터 식 (2.3.7b)를 직접 유도하여라.

풀이 및 설명

식 (2.3.7a)의 양변에 $e^{j\frac{2\pi}{N}mk}$를 곱한 후 그 결과를 $k=0$에서부터 $k=N-1$까지 합하여 보자.

$$\sum_{k=0}^{N-1} X_k e^{j\frac{2\pi}{N}mk} = \sum_{k=0}^{N-1}\sum_{n=0}^{N-1} x_n e^{-j\frac{2\pi}{N}nk} e^{j\frac{2\pi}{N}mk} = \sum_{k=0}^{N-1}\sum_{n=0}^{N-1} x_n e^{j\frac{2\pi}{N}(m-n)k} \tag{1}$$

그런데, 위 식에서 우변은 $n=m$인 경우와 $n\neq m$인 경우에 대해 각각 다음과 같이 나타낼 수 있으므로,

($n=m$인 경우)

$$\sum_{k=0}^{N-1}\sum_{n=0}^{N-1} x_n e^{j\frac{2\pi}{N}(m-n)k} = \sum_{k=0}^{N-1} x_m = Nx_m \tag{2a}$$

($n\neq m$인 경우)

$$\sum_{k=0}^{N-1}\sum_{n=0}^{N-1} x_n e^{j\frac{2\pi}{N}(m-n)k} = \sum_{n=0}^{N-1} x_n \sum_{k=0}^{N-1} e^{j\frac{2\pi}{N}(m-n)k} = \sum_{n=0}^{N-1} x_n \frac{1-e^{j\frac{2\pi}{N}(m-n)N}}{1-e^{j\frac{2\pi}{N}(m-n)}} = 0 \tag{2b}$$

식 (1)은 다음과 같이 표현할 수 있다.

$$\sum_{k=0}^{N-1} X_k e^{j\frac{2\pi}{N}mk} = Nx_m \tag{3}$$

이제 위 식에서 m을 n으로 바꾸고, 양변을 N으로 나누면 식 (2.3.7b)를 얻게 된다.

정리 **이산 푸리에 급수(Discrete Fourier Series)**

이산 시간 주기 신호 x_n의 푸리에 계수 X_k는 다음과 같고,

$$X_k = \sum_{n=0}^{N-1} x_n e^{-j\frac{2\pi}{N}nk}$$

신호 x_n을 복원하기 위한 역변환은 아래의 식에 의해 구한다.

$$x_n = \frac{1}{N}\sum_{k=0}^{N-1} X_k e^{j\frac{2\pi}{N}kn}$$

X_k는 주기 N(시간 영역에서의 추출 함수 값의 갯수)이 되므로, 시간 영역에서 이산 시간 주기 신호의 푸리에 계수는 주파수 영역에서도 역시 이산 주파수 주기 신호로 변환된다.

보충설명 2.3.1 **식 (2.1.2), (2.1.9)를 이용한 이산 푸리에 급수의 표현**

우리는 지금 복소수 푸리에 급수 전개식(식 (2.1.19) 및 (2.1.22))을 기반으로 이산 푸리에 급수를 알아보았다. 그런데, 주기 신호에 대한 푸리에 급수 전개는 식 (2.1.2) 및 (2.1.9)를 이용할 수도 있으므로, 당연히 이에 대한 이산 푸리에 급수 표현도 쉽게 유도할 수 있다.

$$\begin{aligned} a_k &= \frac{2}{T_0}\int_0^{T_0} x(t)\cos\left(k\frac{2\pi}{T_0}t\right)dt = \frac{2}{N\Delta t}\sum_{n=0}^{N-1} x(n\Delta t)\cos\left(k\frac{2\pi}{N\Delta t}n\Delta t\right)\Delta t \\ &= \frac{2}{N}\sum_{n=0}^{N-1} x(n\Delta t)\cos\left(\frac{2\pi}{N}nk\right) = \frac{2}{N}\sum_{n=0}^{N-1} x_n\cos\left(\frac{2\pi}{N}nk\right) \end{aligned} \tag{1a}$$

$$\begin{aligned} b_k &= \frac{2}{T_0}\int_0^{T_0} x(t)\sin\left(k\frac{2\pi}{T_0}t\right)dt = \frac{2}{N\Delta t}\sum_{n=0}^{N-1} x(n\Delta t)\sin\left(k\frac{2\pi}{N\Delta t}n\Delta t\right)\Delta t \\ &= \frac{2}{N}\sum_{n=0}^{N-1} x(n\Delta t)\sin\left(\frac{2\pi}{N}nk\right) = \frac{2}{N}\sum_{n=0}^{N-1} x_n\sin\left(\frac{2\pi}{N}nk\right) \end{aligned} \tag{1b}$$

위 식에서 a_0는 a_k의 식에 $k=0$을 대입한 결과라는 것은 자명하다. 그런데, 이를 이용한 이산 푸리에 급수는 이미 보충 설명 2.1.1에서 자세히 설명한 바 있다. 그런데, 곧 다루게 될 이산 푸리에 변환 및 이를 바탕으로 한 고속 푸리에 변환은 복소수 푸리에 급수 표현법을 기반으로 한다.

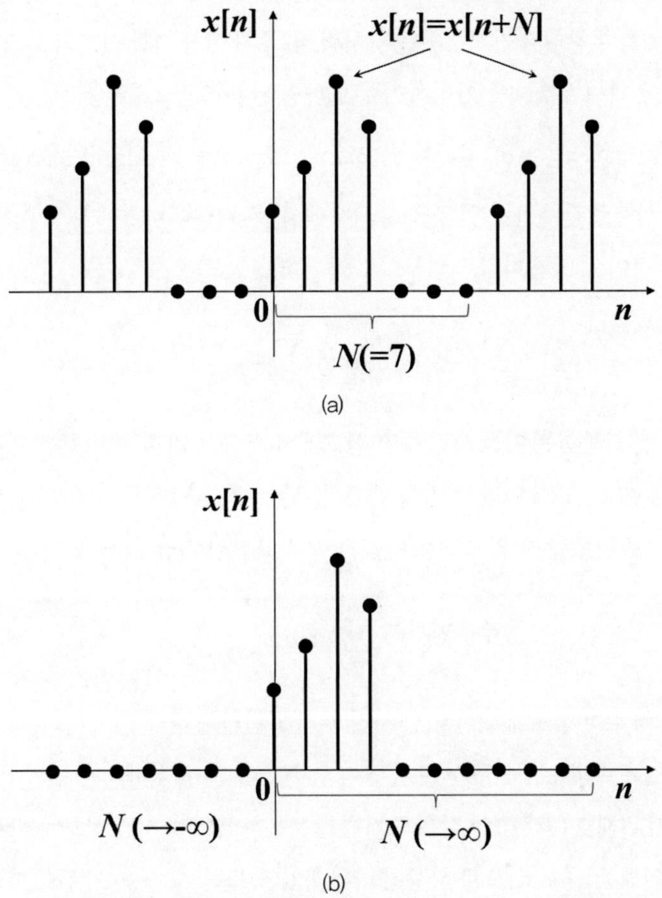

그림 2.3.2 이산 시간 푸리에 변환: (a) 이산 시간 주기 신호의 주기에 대해 $N \to \infty$ 을 취함으로써 (b) 이산 시간 비 주기 신호를 근사화

2.3.2 이산 시간 푸리에 변환[19]: 이산 시간 비 주기 신호

연속 시간 주기 신호의 푸리에 급수 표현을 이용하여, 일정한 시간 간격으로 추출된 신호 값 $x(t)$에 대한 푸리에 계수는 식 (2.3.7a)와 같이 유도됨을 알아보았다. 이 경우 신호에 대한 주기성은 각각 다음과 같았다.

$$x_n = x_{n+N},\ X_k = X_{k+N} \tag{2.3.10}$$

여기서는 비 주기 신호이면서 이산 시간 신호에 대한 푸리에 해석 기법을 알아보도록 할 것이다. 우리

19) 곧 다루게 될 '이산 푸리에 변환'과는 다른 것이니 혼동하지 않도록 하자.

가 앞서 연속 시간 비 주기 신호에 대한 푸리에 변환을 유도할 때 연속 시간 주기 신호에 대한 푸리에 급수 전개에서 주기를 무한대로 가정하였던 것처럼, 비 주기 이산 시간 신호의 푸리에 계수 역시 이산 시간 신호의 주기에 대해 무한대를 가정하여 유도하면 된다(그림 2.3.2 참고).

식 (2.3.9) 아래의 설명을 고려하면, 식 (2.3.7a)의 이산 시간 신호 x_n은 결국 이산 표본화 주파수 1 Hz에 의해 추출되는 신호로 간주될 수 있으므로, 지수에서 $k/N = k\Delta f = kf_0$로 대체 가능하다. 즉, 식 (2.3.7a)를 다음과 같이 적도록 하자.

$$X_k = \sum_{n=0}^{N-1} x_n e^{-j2\pi k f_0 n} = \sum_{n=0}^{N-1} x_n e^{-j2\pi k\Delta f n} \tag{2.3.11}$$

만약, $x_n = x_{n\pm N}$를 만족하는 이산 시간 주기 신호에서 $N\rightarrow\infty$ 가 되면 비 주기 이산 시간 신호로 간주될 수 있다. 이 경우에 식 (2.3.9)의 세 번째 관계식($\Delta f = f_s/N$)에 의해 $\Delta f \rightarrow 0$이 되어 $k\Delta f \rightarrow f$ (연속 주파수 변수)로 간주할 수 있으므로 다음과 같은 표현이 가능하다[20].

$$X(e^{j2\pi f}) = \sum_{n=-\infty}^{\infty} x[n] e^{-j2\pi f n} \tag{2.3.12}$$

위 식은 이산 시간 비 주기 신호에 대한 이산 시간 푸리에 변환을 나타내며, 따라서, 이산 시간 비 주기 신호의 푸리에 표현은 주파수 영역에서 주기 연속 함수가 된다. 위 식에서는 주파수 영역에서의 연속 함수임을 표현하기 위해 $X(e^{j2\pi f})$와 같은 표기법을 사용하였으며, 시간 신호는 비 주기 이산 시간 신호임을 표현하기 위해 x_n을 $x[n]$으로 바꾸어 나타내었다. 또한, $N\rightarrow\infty$ 이 됨에 따라 합의 범위가 무한대로 바뀌었음에 유의하자.

그리고, 이산 푸리에 급수에서 시간 영역으로의 역 변환식은 아래와 같았으므로,

$$x_n = \frac{1}{N}\sum_{k=0}^{N-1} X_k e^{j\frac{2\pi}{N}kn} = \frac{1}{N}\sum_{k=0}^{N-1} X_k e^{j2\pi k f_0 n} = \sum_{k=0}^{N-1} X_k e^{j2\pi k\Delta f n}\Delta f \tag{2.3.13}$$

식 (2.3.12)를 유도했을 때와 마찬가지로 $N\rightarrow\infty$ 에 의해 $\Delta f\rightarrow 0$이 되면, $k\Delta f\rightarrow f$로 간주되므로, 아래와 같은 결과를 얻게 된다.

$$x[n] = \lim_{N\rightarrow\infty}\sum_{k=0}^{N-1} X_k e^{j2\pi k\Delta f n}\Delta f = \int_0^1 X(e^{j2\pi f})e^{j2\pi f n}df = \int_{-1/2}^{1/2} X(e^{j2\pi f})e^{j2\pi f n}df \tag{2.3.14}$$

위 식에서 적분 구간에 대해서 간단히 살펴보자. k는 극한 이전에 합의 기호에서 $0 \sim N-1$의 범위를

20) n의 범위가 $(-\infty, \infty)$로 표현되었지만, 실제로는 측정 구간에서만 추출(측정)된 시간 신호이므로 $n=0$ 이상의 유한한 범위로 한정된다.

갖고 있으며, 따라서 식 (2.3.11)을 유도할 때 이용하였던 $k/N = k\triangle f = kf_0$의 관계식으로부터 $k\triangle f$는 $0/N \sim (N-1)/N$의 범위를 갖게 된다. 즉, $N \to \infty$ 에 의해 $\triangle f \to 0$이 되면, $k\triangle f \to f$가 되고, 합의 기호는 적분이 되면서 적분 구간이 $[0,1]$ 이 되는 것을 알 수 있다. 참고로, 주파수 영역에서 주기 함수가 되므로 적분 구간 $[-1/2, 1/2]$ 의 사용도 가능하다.

지금까지 이산 시간 푸리에 변환을 알아보았다. 이산 시간 푸리에 변환은 이산 시간 비 주기 신호에 대한 것으로서, 푸리에 변환된 결과는 주파수 영역에서 연속 주파수 주기 신호가 된다. 사실 진동학에서 이산 시간 푸리에 변환의 쓰임은 크지 않다. 그러나, 이제 곧 설명하게 될, 활용도가 높은 이산 푸리에 변환을 유도하고 설명하기 위해서 거쳐야 될 관문이다.

정리 **이산 시간 푸리에 변환(DTFT: Discrete–Time Fourier Transform)**

이산 시간 비 주기 신호 $x[n]$의 푸리에 변환은 다음과 같고,

$$X(e^{j2\pi f}) = \sum_{n=-\infty}^{\infty} x[n]e^{-j2\pi fn}$$

신호 $x[n]$을 복원하기 위한 역 변환은 아래의 식에 의해 구한다.

$$x[n] = \int_0^1 X(e^{j2\pi f})e^{j2\pi fn}df = \int_{-1/2}^{1/2} X(e^{j2\pi f})e^{j2\pi fn}df$$

$X(e^{j2\pi f})$는 주기 함수이므로, 시간 영역에서 이산 시간 비 주기 신호는 이산 시간 푸리에 변환에 의해 주파수 영역에서는 연속 주파수 주기 신호로 변환된다.

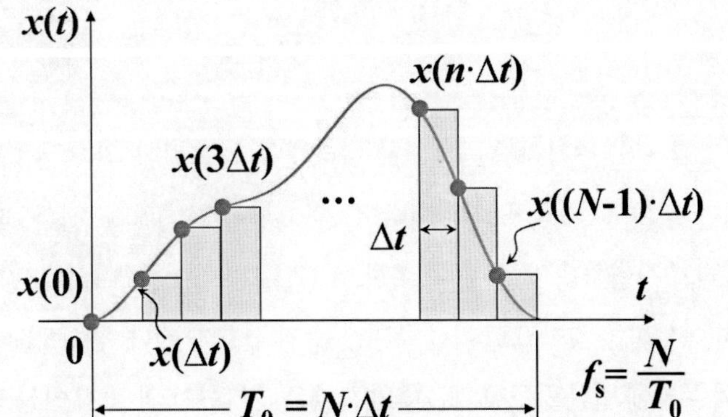

그림 2.3.3 이산 푸리에 변환: 이산 시간 비 주기 신호에 대한 임의의 시간 간격 $\triangle t$에서의 신호 값 추출(여기서 T_0는 주기가 아닌 분석 대상 시간을 의미한다)

2.3.3 이산 푸리에 변환: 이산 시간 푸리에 변환의 주파수 영역 이산 표본화

이산 시간 푸리에 변환(DTFT: Discrete-Time Fourier Transform)으로부터 이산 푸리에 변환(DFT: Discrete Fourier Transform)을 유도한다. 이산 시간 푸리에 변환은 식 (2.3.12)에 나타낸 바와 같이 주파수 영역에서는 연속 함수이다. 즉, 시간 영역에서 이산화된 비 주기 함수를 푸리에 변환한 결과이기에 주파수 영역에서는 연속 주기 함수가 된다(시간 영역에서 주기, 비 주기 함수는 주파수 영역에서 각각 이산, 연속 함수로 변환되고, 시간 영역에서 이산, 연속 함수는 주파수 영역에서 각각 주기, 비 주기 함수로 변환됨을 기억하자). 따라서, 주파수 영역에서 실용적으로 유용한 정보를 얻기 위해서는 특정 주파수 값에서 신호의 진폭 및 위상을 알아야 하므로 임의의 주파수 간격에서 추출된 값들이 필요하다.

먼저, 이산 시간 신호는 유한 영역에서만 존재하므로 그림 2.3.3에 나타낸 바와 같이 시간 신호에 대해 N개의 신호를 추출한다고 하자($n = 0 \sim N-1$). 따라서, 식 (2.3.12)에서 합 기호의 범위를 변경하여 다음과 같이 나타낼 수 있다.

$$X(e^{j2\pi f}) = \sum_{n=-\infty}^{\infty} x[n]e^{-j2\pi fn} \rightarrow X(e^{j2\pi f}) = \sum_{n=0}^{N-1} x[n]e^{-j2\pi fn} \tag{2.3.15}$$

이제 주파수 영역의 변수 f를 이산화시켜 보자. 이산 시간 신호 $x[n]$을 1초 마다의 시간 간격에 따른 추출 값이라고 하면, 이산 표본화 주파수 f_s는 1 (초)이 되고, 주파수 영역에서의 간격은 $f_s/N = 1/N$이 된다. 따라서, k번째의 주파수 f_k는 k/N가 되어 이를 이용하면 주파수 영역에서 이산 표본화된 식 (2.3.15)의 최종 형태는 다음과 같다.

$$X(e^{j2\pi f_k}) = \sum_{n=0}^{N-1} x[n]e^{-j2\pi f_k n} = \sum_{n=0}^{N-1} x_n e^{-j\frac{2\pi}{N}nk} \equiv X_k \tag{2.3.16}$$

위 식에서 $X(e^{j2\pi f_k})$ 및 $x[n]$을 각각 X_k, x_n으로 나타내었다. 그런데, 위 식은 2.3.1절에서도 언급한 바와 같이 이산 시간 주기 신호의 푸리에 계수 식 (2.3.7a)의 형태와도 같다. 따라서, 여기에서도 $X_k = X_{k+N}$의 관계가 성립함을 알 수 있다. 또한, 식 (2.3.16)은 식 (2.3.15)에서 화살표의 오른쪽 식을 주파수 영역에서 이산화한 것이므로 이산 주파수 주기 신호가 된다. 참고로, 식 (2.3.16)에서 이산 시간 비 주기 신호의 푸리에 변환을 구할 때, X_k의 값들은 언급한 바와 같이 이산 표본화 주파수 f_s가 1 (초)인 경우의 k/N ($k = 0, \ldots, N-1$)에 해당하므로 실제의 이산 표본화 주파수 f_s가 주어지면 X_k의 값($k = 0, \ldots, N-1$)은 $f_k = kf_s/N$에 대해 그려져야 한다.

한편, 원래의 이산 시간 비 주기 신호 x_n의 복원은 식 (2.3.7b)와 동일할 것이라는 예상을 할 수 있다.

X_k를 시간 영역으로 푸리에 역 변환하면 이산 시간 주기 신호가 되므로(주파수 영역에서의 이산화를 통해 X_k는 이산 주파수 주기 신호가 되었으므로), 결국 앞에서 다루었던 이산 시간 주기 신호의 푸리에 급수의 결과와 동일한 것이 된다.

$$x_n = \frac{1}{N}\sum_{k=0}^{N-1} X_k e^{j\frac{2\pi}{N}kn} \tag{2.3.17}$$

위 식을 역 이산 푸리에 변환(IDFT: Inverse DFT)이라고 한다.

우리는 지금까지 이산 시간 푸리에 변환의 식에서 주파수 영역에서의 이산 표본화를 통해 식 (2.3.16)을 유도하였다. 원래의 신호 x_n으로의 복원식(식 (2.3.17))은 다음과 같이 유도할 수 있는데, 이는 사실 예제 2.3.1의 이산 푸리에 급수에 대한 내용과 동일하다.

먼저, 식 (2.3.16)의 양변에 $e^{j2\pi mk/N}$을 곱하고 k의 범위에 대해 더해보자.

$$\sum_{k=0}^{N-1} X_k e^{j\frac{2\pi}{N}km} = \sum_{k=0}^{N-1}\sum_{n=0}^{N-1} x_n e^{j\frac{2\pi}{N}k(m-n)} = \sum_{n=0}^{N-1} x_n \sum_{k=0}^{N-1} e^{j\frac{2\pi}{N}k(m-n)} \tag{2.3.18}$$

위 식의 우변에서 $n=m$일 경우에 $\sum_{k=0}^{N-1} e^{j\frac{2\pi}{N}k(m-n)} = N$이 성립하여 우변은 Nx_m이 된다. 그리고, $n \neq m$일 경우에는 $\sum_{k=0}^{N-1} e^{j\frac{2\pi}{N}k(m-n)}$은 $\sum_{k=0}^{N-1}\left(e^{j\frac{2\pi}{N}(m-n)}\right)^k$로서 공비가 $e^{j\frac{2\pi}{N}(m-n)}$, 첫 항이 1인 등비 수열의 N항까지의 합을 의미하므로 다음과 같이 계산된다.

$$\sum_{k=0}^{N-1}\left(e^{j\frac{2\pi}{N}(m-n)}\right)^k = \frac{1-e^{j2\pi(m-n)}}{1-e^{j\frac{2\pi}{N}(m-n)}} = 0 \tag{2.3.19}$$

따라서, 위의 결과를 종합하면 다음과 같이 식 (2.3.17)을 유도할 수 있게 된다.

$$\frac{1}{N}\sum_{k=0}^{N-1} X_k e^{j\frac{2\pi}{N}km} = x_m \rightarrow x_n = \frac{1}{N}\sum_{k=0}^{N-1} X_k e^{j\frac{2\pi}{N}kn} \tag{2.3.20}$$

이산 푸리에 변환은 일반적인 비 주기 신호의 시간 영역에서의 추출 값(측정 값)에 대한 주파수 성분 분석에 매우 용이하며, 고속 푸리에 변환(FFT: Fast Fourier Transform)이라는 알고리듬을 이용하면 빠르게 그 결과를 계산할 수 있다. 고속 푸리에 변환은 이산 푸리에 변환을 효율적으로 계산하는 방법이므로 이 책에서는 자세한 내용을 기술하지 않는다. 다만, 고속 푸리에 변환 알고리듬을 이용하는 상용 소프트웨어(MATLAB)의 명령어 사용법에 대해 자세히 알아보고, 이를 이용하여 이산 푸리에 변환의 활용 방법에 대해 알아볼 것이다.

참고로, 지금까지 살펴본 푸리에 해석 기법을 해석 대상 신호의 시간 및 주파수 영역에서의 특성에 따라 표 2.3.1에 정리해 보았다. 그림 2.1과 함께 살펴보기 바란다.

[표 2.3.1] 푸리에 해석 방법에 따른 시간 및 주파수 영역에서의 신호 특성

	시간 영역		주파수 영역	
	연속성	주기성	주기성	연속성
푸리에 급수	연속	주기	비 주기	이산
푸리에 변환	연속	비 주기	비 주기	연속
이산 푸리에 급수	이산	주기	주기	이산
이산 시간 푸리에 변환	이산	비 주기	주기	연속
이산 푸리에 변환	이산	(비) 주기*	주기	이산

*비 주기 이산 시간 신호를 대상으로 하지만, 이산 푸리에 변환을 수행함으로써 시간 영역의 신호가 주기성을 갖게 된다.

위의 표에서 연속성 및 주기성은 시간 및 주파수의 영역에서 서로 대응 관계에 있다. 즉, 이산은 주기(또는, 주기는 이산)와, 연속은 비 주기(또는, 비 주기는 연속)와 대응 관계에 있다. 예를 들면, 시간 영역에서의 이산, 비주기 신호는 주파수 영역에서 각각 주기, 연속 신호로 바뀐다.

예제 2.3.2

이산 푸리에 변환식 (2.3.16) 및 (2.3.17)을 이용하여, 시간 및 주파수 영역에서의 이산 신호 x_n 및 X_k에 대한 파시벌의 정리(Parseval's theorem)가 다음과 같음을 유도하여라.

$$\sum_{n=0}^{N-1}|x_n|^2=\frac{1}{N}\sum_{k=0}^{N-1}|X_k|^2$$

풀이 및 설명

$$\begin{aligned}\sum_{n=0}^{N-1}|x_n|^2&=\sum_{n=0}^{N-1}x_nx_n^*=\sum_{n=0}^{N-1}\left(\frac{1}{N}\sum_{k=0}^{N-1}X_ke^{j\frac{2\pi}{N}kn}\right)x_n^*\\&=\frac{1}{N}\sum_{k=0}^{N-1}X_k\left(\sum_{n=0}^{N-1}x_n^*e^{j\frac{2\pi}{N}nk}\right)=\frac{1}{N}\sum_{k=0}^{N-1}X_kX_k^*=\frac{1}{N}\sum_{k=0}^{N-1}|X_k|^2\end{aligned} \tag{1}$$

위 식에서 다음과 같은 관계를 이용하였다(식 (2.3.16) 참고).

$$\sum_{n=0}^{N-1}x_n^*e^{j\frac{2\pi}{N}nk}=\left(\sum_{n=0}^{N-1}x_ne^{-j\frac{2\pi}{N}nk}\right)^*=X_k^* \tag{2}$$

참고

사인 함수(코사인 함수) 또는 이러한 함수를 조화 성분으로 갖는 함수 등의 크기를 규정하기 위해서, 평균값(average value), 피크값(peak value), 또는 파형 양쪽 진폭의 최대치(peak-to-peak value)를 사용하기도 하지만, 등가의 에너지 관점에서 아래와 같이 정의되는 실효값(rms: root mean square)을 자주 사용한다.

$$x_{rms} = \sqrt{\frac{1}{T_0}\int_0^{T_0} x^2(t)dt} = \sqrt{\frac{1}{N}\sum_{n=0}^{N-1} x^2(n\Delta t)} = \sqrt{\frac{1}{N}\sum_{n=0}^{N-1} x_n^2}$$

따라서, 신호 $x(t)$가 여러 조화 성분으로 구성된 실수 신호라면, 이의 실효값은 이 예제의 결과를 이용하여 다음과 같이 구할 수도 있다.

$$\sqrt{\frac{1}{N}\sum_{n=0}^{N-1} x_n^2} = \sqrt{\frac{1}{N^2}\sum_{k=0}^{N-1} |X_k|^2} = \sum_{k=0}^{N-1}\left|\frac{X_k}{N}\right|^2 \text{ 또는 } \frac{1}{N}\sqrt{\sum_{k=0}^{N-1} |X_k|^2}$$

한편, 식 (2.1.2)로 표현된 푸리에 급수를 이용하면, 여러 조화 성분으로 구성된 실수 신호 $x(t)$의 실효값은 다음과 같이 구할수도 있다.

$$x_{rms} = \sqrt{\left(\frac{a_0}{2}\right)^2 + \sum_{n=1}^{\infty}\left(\left(\frac{a_n}{\sqrt{2}}\right)^2 + \left(\frac{b_n}{\sqrt{2}}\right)^2\right)}$$

위의 식이 의미하는 것은, 주기 함수의 실효값의 제곱은 모든 구성 조화 함수의 실효값의 제곱과 신호의 평균값의 제곱을 모두 더한 것과 같다는 것이다($a_0/2$는 $(1/T_0)\int_0^{T_0} x(t)dt$로서 신호의 평균값을, $a_n/\sqrt{2}$ 또는 $b_n/\sqrt{2}$은 각각 구성 코사인 또는 사인 함수의 실효값임을 확인하자).

정리 **이산 푸리에 변환(DFT: Discrete Fourier Transform)**

이산 시간 비 주기 신호 x_n의 푸리에 변환 X_k 및 이의 역변환 관계는 다음과 같다.

$$X_k = \sum_{n=0}^{N-1} x_n e^{-j\frac{2\pi}{N}nk};\ x_n = \frac{1}{N}\sum_{k=0}^{N-1} X_k e^{j\frac{2\pi}{N}kn}$$

시간 영역에서 이산 시간 비 주기 신호의 푸리에 변환은 이산 시간 푸리에 변환이라고 하였으며, 주파수 영역에서 연속 주파수 주기 신호로 변환된다. 따라서, 푸리에 변환된 신호를 주파수 영역에서 이산 표본화한 결과가 이산 푸리에 변환이므로 이는 이산 주파수 주기 신호가 된다. 결국 이와 대응되는 시간 영역의 신호는 이산 시간 주기 신호가 되어야 하는데, 이는 애초에 시간 영역 대상 신호가 이산 시간 비 주기 신호라는 것과 모순되는 듯하다. 그러나, 이산 푸리에 변환에서 비 주기 신호를 T_0 (여기서는 기본 주기를 의미하는 것이 아니고 분석 대상 신호의 전체 시간) 시간 동안 N개의 신호 값을 추출하는 것은 기본 주기 T_0인 주기 신호에 대해 N개의 신호 값을 추출하는 것과 본질적으로 동일하다는 것을 상기해보자. 이는 또한 앞서 살펴본 바와 같이 이산 푸리에 급수 전개 식(식 (2.3.7))과 이산 푸리에 변환 식(식 (2.3.16), (2.3.17))은 본질적으로 동일하다는 것을 의미하기도 한다.

이제 이산 푸리에 변환 X_k (식 (2.3.16))와 연속 시간 푸리에 변환 $X(f)$ (식 (2.2.3))를 비교해 보자. 이미 앞서 다룬 바와 같이 연속 시간 비 주기 신호 $x(t)$에 대한 푸리에 변환은 다음과 같다.

$$X(f) = \int_{-\infty}^{\infty} x(t) e^{-j2\pi ft} dt$$

위 식에서 연속 시간 비 주기 신호 $x(t)$를 $t = n\Delta t$에 대해 표본화하고, 주파수 영역에서도 $f = k\Delta f$에 대해 표본화하면 다음과 같다.

$$\begin{aligned} X(f_k) &= \sum_{n=0}^{N-1} x(n\Delta t) e^{-j2\pi f_k n\Delta t} \Delta t = \sum_{n=0}^{N-1} x(n\Delta t) e^{-j2\pi k f_0 n\Delta t} \Delta t \\ &= \sum_{n=0}^{N-1} x(n\Delta t) e^{-jk\frac{2\pi}{T_0} n\Delta t} \Delta t = \sum_{n=0}^{N-1} x(n\Delta t) e^{-jk\frac{2\pi}{N\Delta t} n\Delta t} \Delta t \\ &= \sum_{n=0}^{N-1} x_n e^{-j\frac{2\pi}{N} nk} \Delta t = (\mathrm{DFT}) \cdot \Delta t = (\mathrm{DFT})/f_s \end{aligned}$$

위 식에서 DFT는 이산 푸리에 변환(식 (2.3.16))을 나타낸다. 또한, $X(f_k)$는 연속 푸리에 변환 결과에서 $f_k = k\Delta f$에서 추출한 결과를 나타낸다. 위 식이 의미하는 것은, 어떤 연속 시간 비 주기 신호 $x(t)$를 표본화한 후 식 (2.3.16)에 의해 이산 푸리에 변환 결과를 구하고, 그 결과를 식 (2.2.3)의 푸리에 변환 결과와 맞추기 위해서는 표본화 주파수 f_s로 나눠야 된다는 것이다. 또한, 이산 푸리에 급수와 이산 푸리에 변환 식이 동일하므로 이 식을 주기 함수에 대해 적용한다면, 식 (2.1.22)의 복소수 푸리에 계수와 맞추기 위해서는 식 (2.2.3)을 참고하여 추가로 Δf를 곱하여야 한다(또는 T_0로 나눈다). 결국 주기 함수에 대해서는 그 크기를 맞추기 위해 이산 푸리에 변환 결과를 $f_s \cdot T_0$로 나눠줘야 한다는 뜻인데, 이는 식 (2.3.9)를 이용하면 N으로 나눈다는 말이 된다. 주기 함수의 경우에는 식 (2.3.6)의 $X_k = Nc_k$ 관계식을 참고해도 된다.

즉, 시간 영역에서 비 주기 또는 주기 함수에 대해 이산 푸리에 변환을 수행 후 각각 푸리에 변환(식 (2.2.3)) 또는 복소수 푸리에 계수(식 (2.1.22))의 크기와 맞추기 위해서는 다음과 같은 관계식을 이용해야 한다.

$$\text{비 주기 시간 함수: } X(f_k) = \frac{(\mathrm{DFT})}{f_s}$$

$$\text{주기 시간 함수: } c_k = \frac{(\mathrm{DFT})}{f_s T_0} = \frac{(\mathrm{DFT})}{N}$$

2.4. 연속 시간 신호의 표본화(sampling) 및 누설(leakage)

2.4.1 애일리어싱(Aliasing)과 나이퀴스트(Nyquist) 주파수

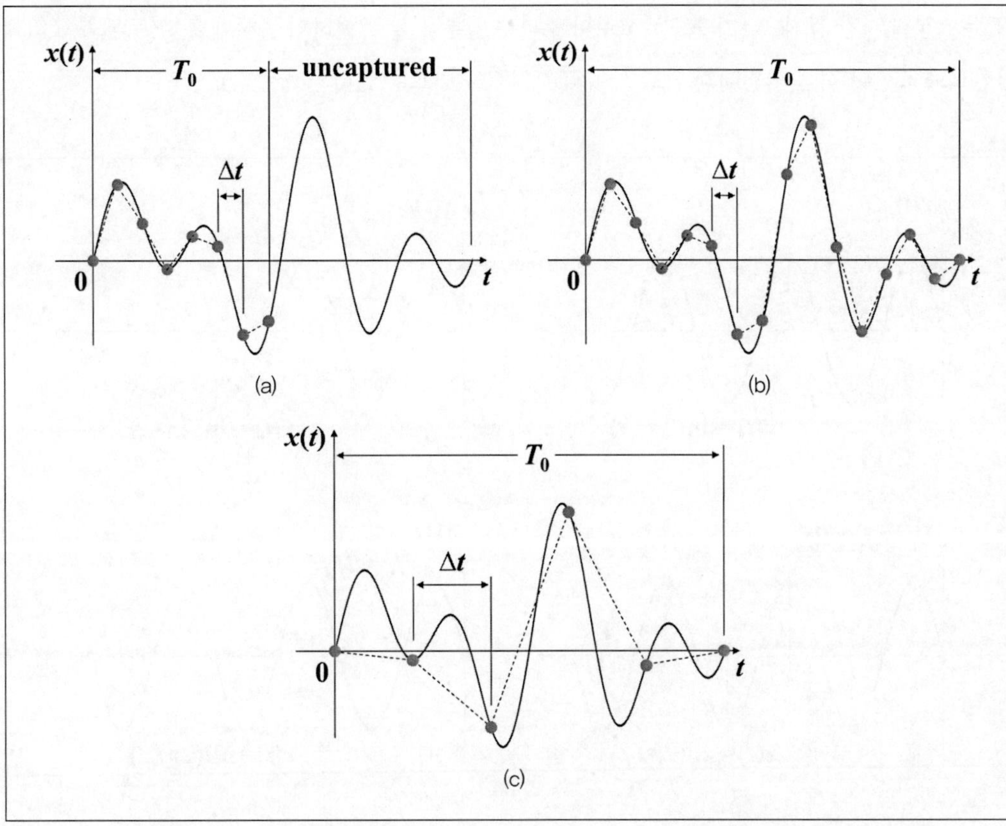

그림 2.4.1 표본화 주파수 및 전체 표본화 대상 시간 주기의 영향: (a) 표본화 대상 전체 시간 구간 T_0가 상대적으로 짧은 경우, (b) 표본화 시간 간격(Δt)을 유지한 상태에서표본화 대상 전체 시간 구간 T_0가를 증가시킨 경우 및 (c) 표본화 대상 전체 시간 구간 T_0는 충분하지만 표본화 시간 간격 Δt가 큰 경우(표본화 주파수가 작은 경우)

그림 2.3.3에 나타낸 바와 같이, 연속 시간 신호 $x(t)$의 이산 표본화된 신호 $x(n\Delta t)$ $(=x_n)$에 대해 식 (2.3.16)을 이용하여 이산 푸리에 변환을 수행할 때, N 및 Δt (또는 f_s)의 값이 필요하다. N은 분석하고자 하는 신호가 측정된 전체 시간 T_0에서 추출된 표본의 총 개수이며, Δt는 이산 표본화 시간 간격으로서 역수 $1/\Delta t$는 앞서 언급한 바와 같이 이산 표본화(sampling) 주파수 f_s가 된다. 표본화 전체 시간 구간 T_0 및 이산 표본화 주파수 f_s는 표본화된 신호가 연속 시간 신호의 원래 파형을 얼마나 잘 나타내는지를 결정해 준다.

그림 2.4.1(a)와 (b)에 나타낸 바와 같이, 동일한 이산 표본화 주파수 f_s에 대해 표본화가 수행되는 시간 간격 Δt가 같을지라도 표본화의 전체 시간 구간 T_0가 짧다면(또는 N이 작다면) 저주파 성분을 제대로 표현하지 못해 신호의 반복 가능성을 파악하기 힘들다. 또한, 그림 2.4.1(b)와 (c)에 나타낸 바와 같이, 표본화의 전체 시간 구간 T_0가 충분하면서 동일한 조건에서는 표본화 주파수 f_s가 작으면(또는 표본화 시간 간격 Δt가 크면), 고주파 주파수 성분을 잘 표현하기 못하게 된다(표본화에 의해 점선으로 표현된 직선과 원래의 신호 사이의 차이점을 비교 확인하기 바란다).

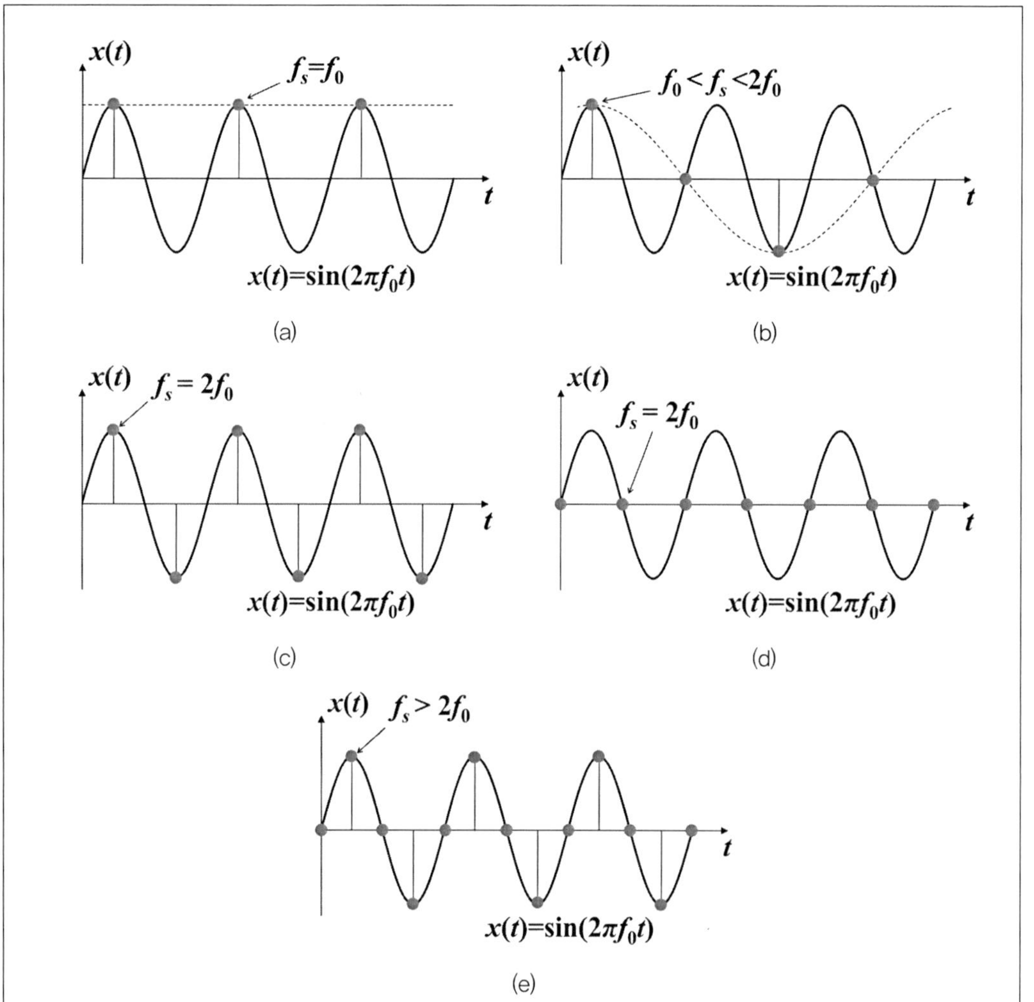

그림 2.4.2 표본화 주파수의 영향: (a) $f_s = f_0$, (b) $f_0 < f_s < 2f_0$, (c) $f_s = 2f_0$, (d) $f_s = 2f_0$ 및 (e) $f_s > 2f_0$

표본화 주파수 f_s가 충분히 크지 않아서 신호의 원래 형상을 잘 나타내지 못하는경우 이를 신호의 애일리어싱(aliasing)이라고 한다. 그렇다면, 적절한 표본화 주파수의 크기는 어느 정도 이상이 되어야 할까? 이와 관련된 개념으로서 나이퀴스트 주파수(Nyquist frequency, f_{Nyq})라는 용어가 있다. 이를 설명하기 위한 간단한 예제 신호로서 $x(t) = \sin(2\pi f_0 t)$의 경우를 그림 2.4.2에 나타내었다.

그림 2.4.2(a)에서 표본화 주파수 f_s가 신호의 기본 주파수 f_0와 같은 경우에는 표본화된 신호가 상수처럼 보일 것이다. 그리고, 그림 2.4.2(b)의 경우와 같이 표본화 주파수를 높이면 파형은 생성되지만 원래의 기본 주파수 f_0가 아닌 왜곡된 주파수를 나타내게 된다(점선으로 나타낸 곡선은 원래의 사인 함수가 아니다). 그런데, 표본화 주파수가 이제 원 신호 기본 주파수 f_0의 2배가 되는 경우에는 그림 2.4.2(c)의 경우에서와 같이 원 신호의 기본 주파수 f_0를 갖는 신호를 표현하게 된다. 다만, 이 경우에는 동일한 표본화 주파수 f_s에서도 표본화가 1/4주기 만큼 늦게 시작된다면 그림 2.4.2(d)와 같이 신호는 상수처럼 보이게 될 것이다. 따라서, 그림 2.4.2(e)와 같이 표본화 주파수 f_s가 적어도 신호의 기본 주파수 f_0의 2배 보다는 커야 비로소 원 신호의 기본 주파수를 정확히 파악할 수 있게 된다.
그런데, 지금까지는 설명을 간단히 하기 위해 신호의 주파수 성분이 기본 주파수 f_0로서 단 1개인 경우의 예를 제시하였다. 만약 어떤 측정 대상 신호의 주파수 성분이 여러 개인 경우는 어떠할까? 위에서 주파수 성분이 1개인 경우의 결과로부터 유추하여 결론부터 얘기하면, 주파수 f_s의 표본화에 의해 얻을 수 있는 원 신호에 포함된 가장 큰 주파수는 $f_s/2$보다 작다.

이제 일반적으로 신호의 주파수 성분이 여러 개인 경우에 대해 위의 결과를 확인해 보도록 하자. 이를 위해 부록 A.6.8의 임펄스 열 시간 신호에 대한 푸리에 변환을 먼저 복습할 필요가 있다. 그런 다음, 연속 시간 신호의 표본화를 위해 사용되는 개념으로서 다음과 같이 표본화 대상 함수인 연속 시간 함수 $x(t)$와 임펄스 열의 곱으로 정의되는 함수 $x_s(t)$를 고려하자.

$$\begin{aligned} x_s(t) &= x(t)\left(\sum_{n=-\infty}^{\infty}\delta(t-n\Delta t)\right) = \sum_{n=-\infty}^{\infty} x(t)\delta(t-n\Delta t) \\ &= \sum_{n=-\infty}^{\infty} x(n\Delta t)\delta(t-n\Delta t) \end{aligned} \tag{2.4.1}$$

위의 식에서 단위 임펄스 함수에 대한 특성 중 식 (A.4.17)이 사용되었다. 이 식에서 $x_s(t)$는 시간 $t = n\Delta t$ (n: 정수)에서의 $x(t)$의 함수 값을 크기로 갖는 임펄스 열로 구성된 시간 신호가 되므로 $t = n\Delta t$에서의 연속 시간 함수 $x(t)$의 표본화에 해당한다. 그래서, 의도적으로 식 (A.6.30)에서 기호 T_0 대신 Δt를 사용하였다.

이젠 위에 표시된 표본화 함수 $x_s(t)$의 주파수 특성을 살펴보기 위해 푸리에 변환 $X_s(f)$를 구해보

자. 시간 영역에서 2개 함수의 곱으로 이루어진 함수의 푸리에 변환은 앞서 식 (2.2.15b)에서 이미 알아본 바와 같이 각각의 푸리에 변환을 합성곱 적분을 하여 구한다. 그런데, 식 (2.4.1)에 나타낸 임펄스 열의 푸리에 변환은 식 (A.6.30)에서 살펴본 바와 같이 아래와 같다.

$$F\left\{\sum_{n=-\infty}^{\infty}\delta(t-n\Delta t)\right\}=\sum_{k=-\infty}^{\infty}\frac{1}{\Delta t}\delta(f-kf_s)=\sum_{k=-\infty}^{\infty}f_s\delta(f-kf_s) \tag{2.4.2}$$

위 식에서 $1/\Delta t=f_s$의 관계(식 (2.3.9))를 이용하였다. 따라서, $x_s(t)$의 푸리에 변환은 아래와 같이 구할수 있다.

$$\begin{aligned} X_s(f) &= X(f)*\sum_{k=-\infty}^{\infty}f_s\delta(f-kf_s)=f_s\sum_{k=-\infty}^{\infty}X(f)*\delta(f-kf_s) \\ &= f_s\sum_{k=-\infty}^{\infty}\int_{-\infty}^{\infty}X(p)\delta(f-kf_s-p)dp=f_s\sum_{k=-\infty}^{\infty}X(f-kf_s) \end{aligned} \tag{2.4.3}$$

즉, 연속 시간 함수 $x(t)$의 푸리에 변환 $X(f)$를 주파수 축 상에서 모든 k (정수)에 대해서 $f=kf_s$만큼 이동시킨 것의 합이 된다(물론, 진폭은 f_s만큼 변한다). 이에 대한 실례를 그림 2.4.3에 나타내었다.

그림 2.4.3(a)는 주파수 특성을 분석하고자 하는 대상 신호 $x(t)$의 연속 시간 푸리에 변환한 결과인 $X(f)$라고 가정하자. 그림에서 신호에 포함된 최대 주파수 성분을 $f_{\max}$로 표기하였다. 이산 시간 신호 $x_s(t)$는 원 신호 $x(t)$를 주파수 f_s로 표본화한 결과이며, 이에 대한 푸리에 변환 $X_s(f)$를 그림 2.4.3(b) 및 (c)에 나타내었다. 앞서 기술한 바와 같이 $X_s(f)$는 $X(f)$를 주파수 축상에서 f_s만큼 계속 무한하게 평행 이동한 결과가 된다. 이렇게 $X(f)$를 평행 이동시켰을 때, 그림 2.4.3(b)는 서로 중복되는 부분이 발생하게 된다. 이 경우 원 신호의 고주파 부분이 훼손되어 이로부터 표본화된 이산 신호 $x_s(t)$ 및 원 신호 $x(t)$를 제대로 복원하는 것이 불가능해 진다. 반면, 그림 2.4.3(c)의 경우에는 중첩되는 부분이 없어 차단 주파수(cut-off frequency)가 $f_{\max}$와 $f_s-f_{\max}$ 사이에 있는 저주파 통과 필터(low pass filter)를 사용하면 이론적으로는 $x_s(t)$를 완전히 복원할 수 있다[21]. 그러기 위해서는 그림 2.4.3(c)를 통해 아래와 같은 관계가 성립해야 함을 알 수 있다.

$$f_s-f_{\max}>f_{\max}\rightarrow f_s>2f_{\max}\text{ 또는 }\frac{f_s}{2}>f_{\max} \tag{2.4.4}$$

21) 간단한 예로, 다음과 같이 정의된 직사각형 함수를 사용하면 될 것이다.

$$H(f)=\begin{cases}1/f_s & ,-f_s/2<f<f_s/2\\ 0 & ,f<f_s/2\text{ or }f>f_s/2\end{cases}$$

그리고, $X(f)=X_s(f)H(f)$에 대해 푸리에 역 변환을 하여 원 신호 $x(t)$를 복원할 수 있다.

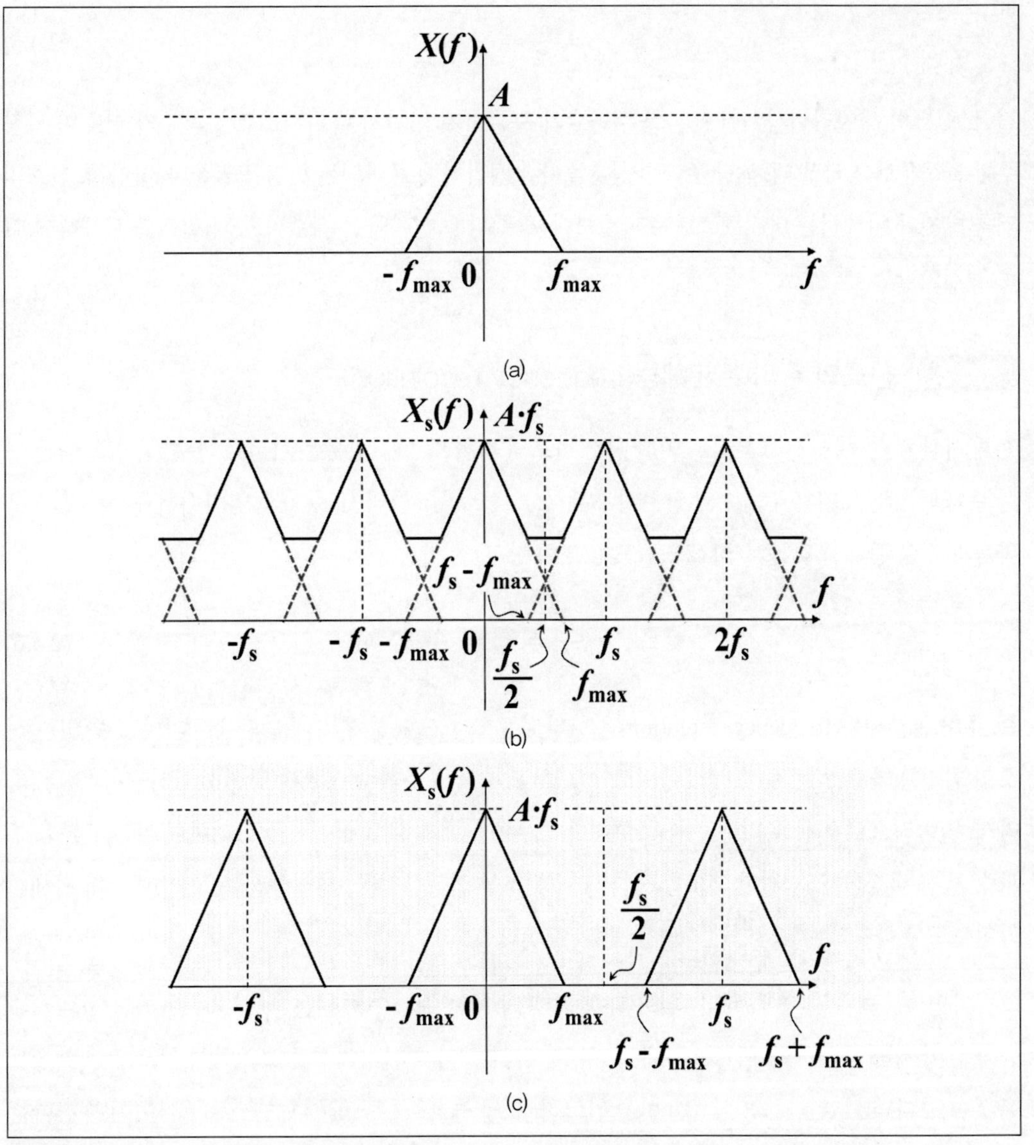

그림 2.4.3 표본화 나이퀴스트 주파수: (a) 원 신호 $x(t)$의 푸리에 변환 $X(f)$, (b) 표본화 주파수 f_s ($< 2f_{\max}$)로 표본화된 신호 $x_s(t)$의 푸리에 변환 결과: 애일리어싱 발생, (c) 표본화 주파수 f_s ($> 2f_{\max}$)로 표본화된 신호 $x_s(t)$의 푸리에 변환 결과

즉, 이산 표본화 주파수는 대상 신호에 포함된, 분석하고자 하는 최대 주파수 성분보다 최소 2배는 커야 한다는 것이다. 위 식에서 $f_s/2$를 나이퀴스트 주파수(Nyquist frequency) f_{Nyq}라고 하고 따라서 다음과 같은 관계를 만족한다.

$$f_{Nyq} = \frac{f_s}{2} = \frac{1}{2\Delta t} \tag{2.4.5}$$

결국, 신호의 애일리어싱이란 표본화 주파수가 충분하지 않아서 나이퀴스트 주파수가 신호의 특정 주파수 성분보다 작을 때, 해당 주파수 성분들이 부정확하게 표현되는 현상을 말한다. 따라서, 신호의 왜곡 방지를 위해서는 나이퀴스트 주파수보다 큰 주파수 성분들은 저주파 통과 필터를 사용하여 미리 제거한다.

2.4.2 신호의 주파수 분해능(frequency resolution)

전체 시간 구간 T_0에서 표본화된 이산 시간 신호의 최저 주파수 성분은 기본 주파수 f_0이고, 다른 이산 주파수 성분은 기본 주파수의 정수배가 된다($f_k = kf_0$). 따라서, 주파수 영역에서 주파수 간격은 다음과 같은 관계를 갖는다(식 (2.2.1) 및 (2.3.9) 참고).

$$\Delta f = \frac{f_s}{N} = f_0 = \frac{1}{T_0} \tag{2.4.6}$$

즉, 주파수 분해능(frequency resolution)을 나타내는 Δf가 이산 푸리에 변환에서 나타낼 수 있는 신호의 최소 주파수 성분 f_0를 나타내므로 Δf보다 더 작은 주파수 성분은 당연히 나타낼 수 없다. 따라서, 일반적으로 이산 푸리에 변환을 수행할 경우에 신호의 애일리어싱을 고려하여 이산 표본화 주파수 f_s를 결정한 후 적절한 Δf를 정하기 위해 N을 결정한다(이에 대해서는 2.5절에서 더 자세히 알아보도록 하자).

그렇다면, $f_1 = \Delta f\ (= f_0)$ 이후의 주파수 축 상의 이산 주파수 성분은 $f_2 = 2\Delta f$, $f_3 = 3\Delta f$, ... 등과 같이 계속 증가하되, 식 (2.4.4)에서 언급한 바와 같이 애일리어싱을 고려하여 최고 주파수 성분은 f_{Nyq}보다 작게 된다. 즉, 식 (2.4.6)을 참고하여 $f_k = k\Delta f < f_s/2\ (= N\Delta f/2)$이어야 한다는 사실로부터 이산 푸리에 변환에 의해 나타낼 수 있는 이산 주파수 성분들은 다음과 같음을 알 수 있다[22].

$$\{0, f_1, f_2, f_3, \ldots, f_{N/2-1}\} = \left\{0,\ \Delta f,\ 2\Delta f, 3\Delta f, \ldots, \left(\frac{N}{2} - 1\right)\Delta f\right\} \tag{2.4.7}$$

만약, 원 신호가 $k\Delta f$와 $(k+1)\Delta f$ 사이에 존재하는 주파수 성분을 갖고 있다면, 이 주파수 성분으로 인해 주변 주파수에서는 손실(loss)이 발생한다. 이와 관련하여, 이산 푸리에 변환에서의 각각의 주파수 성분은 원 신호에 실제로 포함되어 있는 주파수 성분들에 대하여 95%의 신뢰도로 약

22) 0부터 시작하여 총 $N/2$개의 이산 주파수 성분이 있다. 특별한 언급이 없는 한, N은 짝수로 가정한다.

$\pm \Delta f/2$ 정도의 불확실성을 갖고 있다고 알려져 있다.

2.4.3 표본화, 이산 푸리에 급수, 그리고 이산 푸리에 변환

앞에서 비 주기 신호의 이산 푸리에 변환 과정 중 T_0 (다시 언급하지만, 여기서는 기본 주기를 의미하는 것이 아니고 신호의 표본화 대상 전체 시간을 의미한다) 시간 동안 N개의 신호 값을 추출하는 것은 기본 주기 T_0인 주기 신호에 대해 N개의 신호 값을 추출하는 것과 본질적으로 동일하다고 하였다. 따라서, 이산 푸리에 급수 전개 식과 이산 푸리에 변환 식은 본질적으로 동일함을 확인한 바 있다. 또한, 연속 시간 함수에 대한 표본화(이산화)는 주파수 영역에서 푸리에 변환된 신호의 주기화를 가져온다는 것도 살펴보았다. 이젠 이를 더욱 확장하여 시간 및 주파수 영역에서의 표본화에 따른 신호의 이산화 및 주기화를 살펴보고, 이산 푸리에 급수 및 이산 푸리에 변환의 상호 관계를 더 알아보도록 하자.

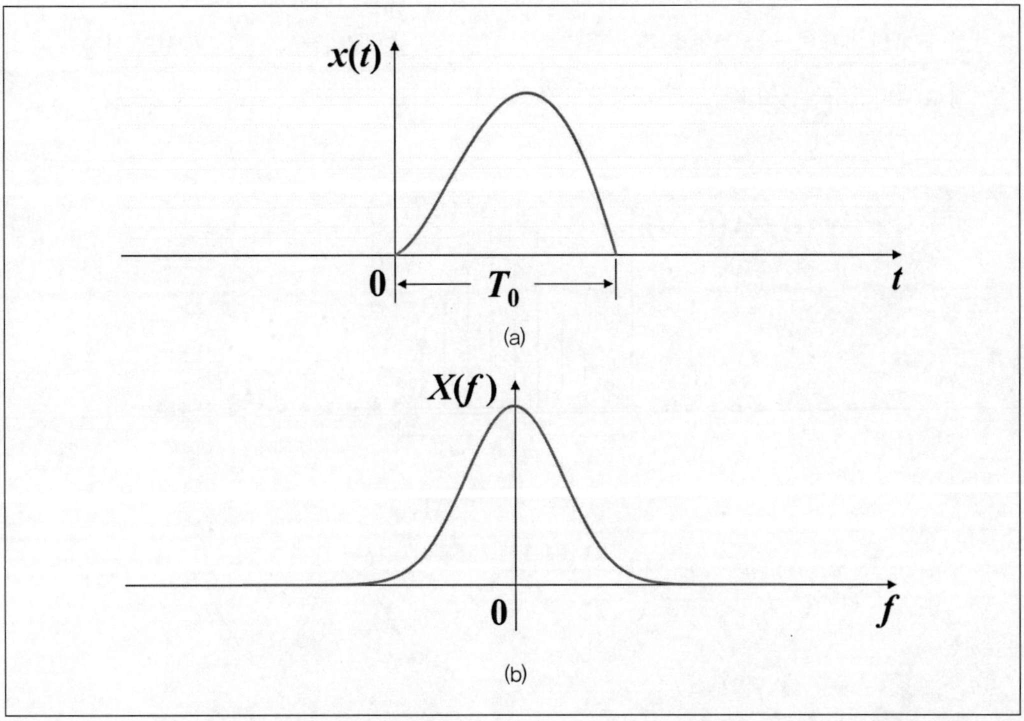

그림 2.4.4 (a) 연속 시간 비 주기 신호 $x(t)$ (T_0초 동안 신호 발생) 및 (b) 푸리에 변환 결과: 주파수 영역에서 연속이고 비 주기 함수이다.

그림 2.4.4는 임의의 연속 시간 신호 $x(t)$와 식 (2.2.3)에 의한 푸리에 변환 관계를 나타내고 있다. 연속 시간 비 주기 신호가 주파수 영역에서도 연속 주파수 비 주기 신호가 됨을 보이고 있다(여기서는 설명의 편의상 임의의 형태로 그렸기 때문에 그림 2.4.4(a)의 시간 신호의 연속 푸리에 변환 결과가 실

제로 정확히 2.4.4(b)의 형태가 되는지에 대해서는 신경 쓰지 않도록 하자).

이제 우리는 그림 2.4.5(a)에 나타낸 바와 같이 그림 2.4.4(a)의 연속 시간 신호에 대해 표본화 주기 Δt로 표본화를 수행하고자 한다. 이의 결과는 식 (2.4.3)에 의하면, 연속 시간 함수 $x(t)$의 푸리에 변환 결과를 주파수 축 상에서 모든 k (정수)에 대해서 $f = kf_s$ 만큼 이동시킨 것이 된다(그림 2.4.5(b) 참고). 시간 영역에서의 표본화로 인한 이산 시간 비 주기 신호가 주파수 영역에서 연속 주파수 주기 신호가 됨을 보여주고 있다. 시간 영역에서의 함수 $x(t)$가 일반적으로 연속 시간의 함수로 주어지지 않고 일정한 시간 간격 Δt를 두고 측정되므로, 이는 이산 시간 함수가 되고, 따라서 푸리에 변환에 의해 주파수 영역에서는 주기 함수가 된다. 다만, 아직 연속 주파수 함수이므로 주파수 영역에서 추가로 이를 표본화하여 사용한다. 그런데, 푸리에 변환은 쌍대성이 있으므로 시간 영역에서의 표본화가 주파수 영역에서의 주기화를 가져왔던 것처럼, 주파수 영역에서 표본화는 시간 영역의 신호를 주기 함수로 만든다. 이 과정을 그림 2.4.6에 나타내었다. 즉, 그림 2.4.6(a)에 나타낸 바와 같이 연속 시간 함수의 표본화에 의해 발생한 연속 주파수 주기 함수를 표본화하면, 그 결과는 그림 2.4.6(b)의 시간 신호의 주기화로 나타난다는 것이다.

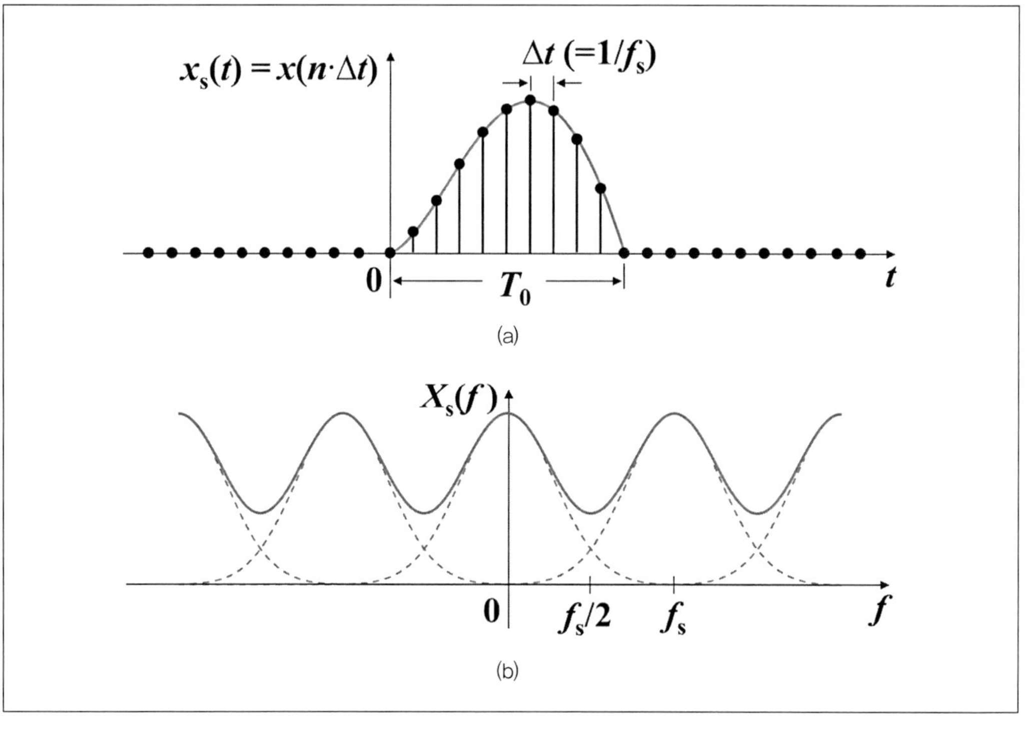

그림 2.4.5 (a) 그림 2.4.4(a)에 나타낸 연속 시간 비 주기 신호 $x(t)$의 표본화 (표본화 시간 구간 T_0) 및 (b) 푸리에 변환 결과: 주파수 영역에서 연속이고 주기 함수가 되었다.

결국 이산 푸리에 변환은 표본화된 연속 시간 신호에 대해 이산화된 주파수 성분 분포를 얻는 과정이므로, 이는 실질적으로는 그림 2.4.6에 보인 바와 같이 이산 시간 주기 신호에 대한 푸리에 계수를 얻는 과정이 되었다. 즉, 이는 곧 표본화 대상 시간 T_0를 주기로 하는 이산 주기 신호에 대한 이산 푸리에 급수를 구하는 과정과 동일하게 되며, 따라서 변환 관계식도 동일한 것이 된다. 이에 대한 내용은 연속 시간 신호의 표본화 과정에서 발생할 수 있는, 주파수 영역에서의 누설(leakage) 현상에 대한 이해에 많은 도움이 된다.

참고로, 그림 2.4.6에 나타낸 시간 및 주파수 영역에서의 표본화 크기(개수) N 및 N_f는 다음과 같이 서로 같아야 함을 알 수 있다. 즉, 그림에서 T_0 시간 안에서의 시간 신호에 대한 표본화 크기 N(=10)은 f_s 내에서의 주파수 신호에 대한 표본화 크기 N_f (=10)와 서로 같다.

$$N = \frac{T_0}{\Delta t} = \frac{1/f_0}{1/f_s} = \frac{f_s}{f_0} = \frac{f_s}{\Delta f} = N_f \tag{2.4.8}$$

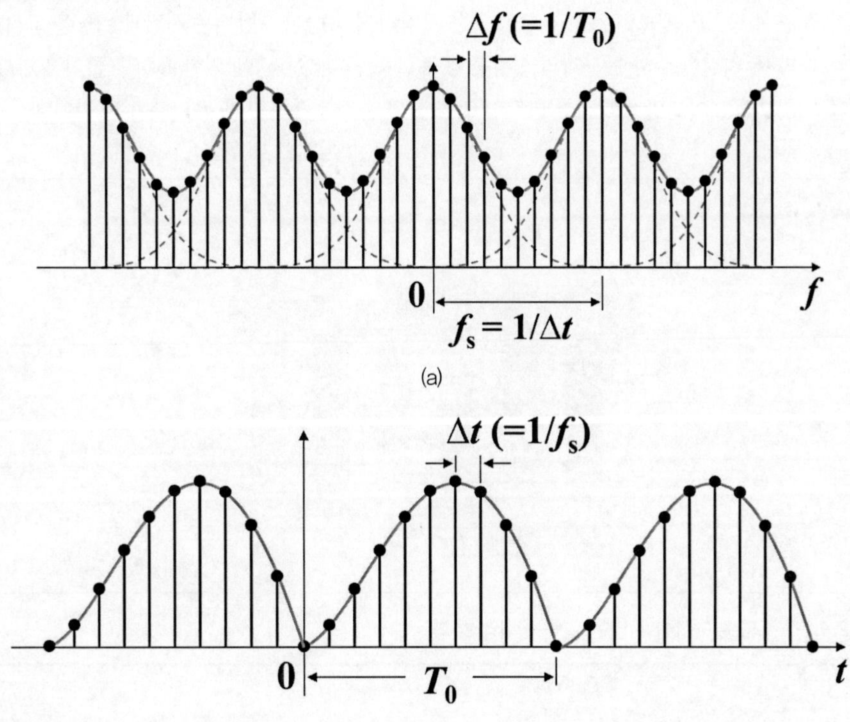

그림 2.4.6 (a) 그림 2.4.5(b)의 연속 주파수 신호에 대한 표본화 및 (b) 이로 인한 이산 시간 신호(그림 2.4.5(a))의 주기화

보충설명 2.4.1 **말뚝 울타리 효과(Picket fence effect)**

우리가 연속 푸리에 변환이 아닌 이산 푸리에 변환을 수행한다는 것은 주파수 영역에서의 이산화를 의미한다. 이 경우 푸리에 변환 신호의 진폭 및 위상은 다음과 같이 설정된 주파수 간격 $\triangle f$의 정수배에 해당하는 주파수에서만 파악할 수 있다.

$$\triangle f = f_0 = \frac{1}{T_0} = \frac{f_s}{N} \tag{1}$$

이는 연속 푸리에 변환 결과에 의한 연속 주파수 함수를 그림 2.4.7과 같이 말뚝 울타리(picket fence)의 틈을 통해 보는 것으로 간주할 수 있다. 따라서, 위 식에서 나타낸 이산 주파수 $f_k = k\triangle f$ (k: 정수) 이외에 주파수에서는 연속 푸리에 변환의 국소적인 극대값이 존재한다 할지라도 확인이 불가하다(점선으로 표시된 실제의 곡선과 말뚝 울타리 틈으로 보이는 점들을 연결한 직선과의 차이점을 비교하라). 이 경우 울타리 틈 사이의 간격 즉, 이산 주파수 간격 $\triangle f$를 줄이면 해결할 수 있고, 이를 위해 식 (1)을 고려하면 f_s의 값을 줄이거나 N의 값을 늘이면 된다.그런데, f_s의 값을 줄이면 나이퀴스트 주파수가 감소하여 관측할 수 있는 신호의 최대 주파수 성분이 감소하고 따라서 애일리어싱의 문제가 생길 수 있어 제한적이다. 또한, 표본화 크기 N을 증가시켜 측정 시간 T_0를 증가시킬 수도 있으나, 신호 측정 및 분석 장치의 메모리 용량의 증가 등을 포함하여 측정에 수반되는 시간과 비용을 고려해야만 한다. 따라서, 적절한 주파수 간격의 설정을 통해 말뚝 울타리 효과에 의한 오차를 줄여야 한다. 이는 비단 신호 분석 분야뿐만 아니라 일반적인 측정 실험 결과를 분석할 때 유의해야 될 점이다.

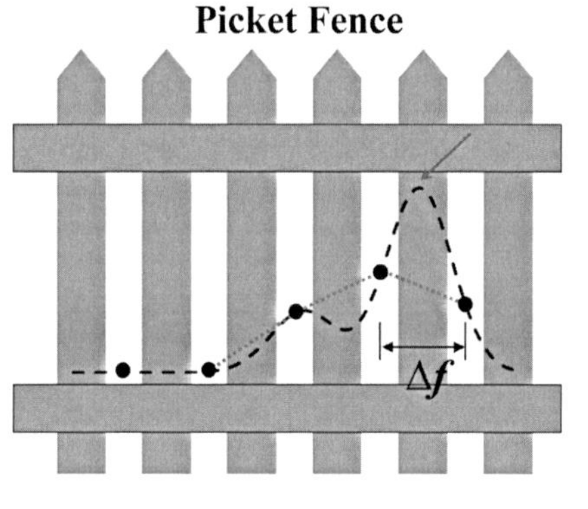

그림 2.4.7 주파수 이산화로 인한 말뚝 울타리 효과

2.4.4 누설(leakage)과 창(windowing) 함수

① 신호의 누설

이산 푸리에 변환도 결국 주파수 영역에서의 표본화에 의해 시간 영역에서의 이산 시간 신호에 대한 주기성을 내포하게 된다. 따라서, 시간 영역에서의 신호가 주기 함수이든 비 주기 함수이든 우리가 표본화를 수행하여 이산 푸리에 급수 또는 이산 푸리에 변환을 구할 때 대상 시간 함수의 주기성을 항상

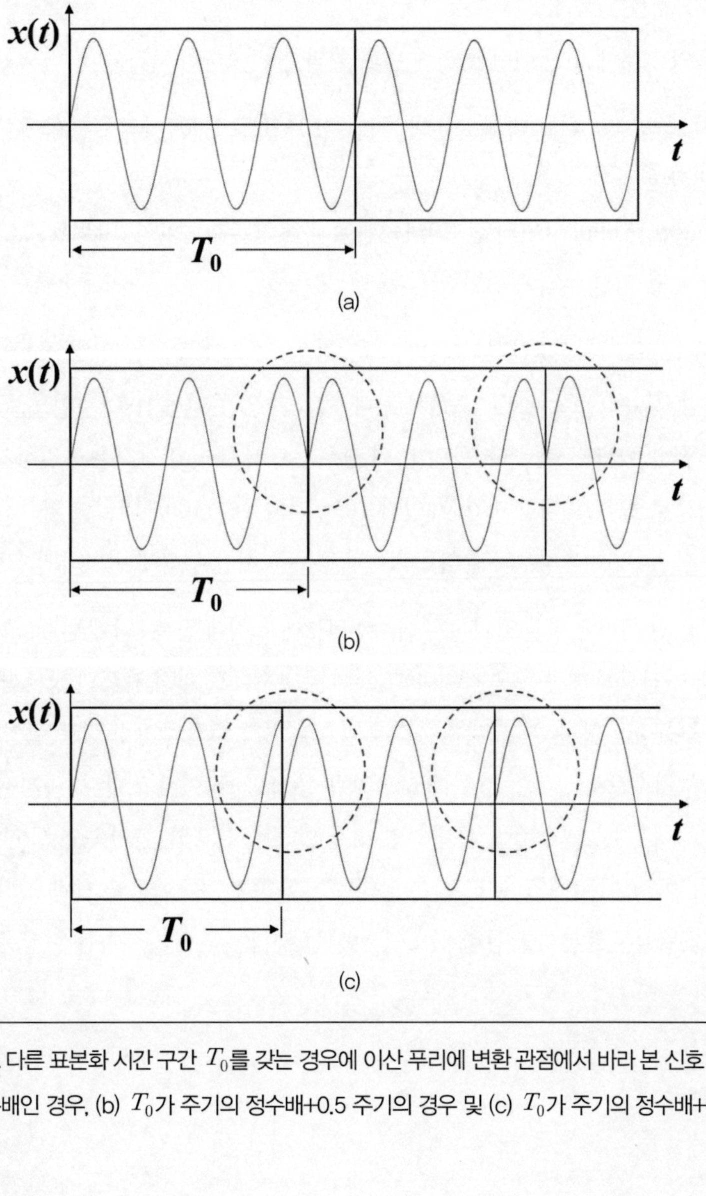

그림 2.4.8 서로 다른 표본화 시간 구간 T_0를 갖는 경우에 이산 푸리에 변환 관점에서 바라 본 신호: (a) T_0가 주기의 정수배인 경우, (b) T_0가 주기의 정수배+0.5 주기의 경우 및 (c) T_0가 주기의 정수배+0.25 주기의 경우

가정하여야 한다. 즉, 이산 푸리에 변환을 구할 때에도 시간 영역의 신호는 표본화 대상 시간 구간 T_0를 주기로 하여 되풀이 된다고 가정한다. 따라서, 그림 2.4.8(a)의 사인 함수일 경우라도 표본화 대상 시간을 어떻게 설정하느냐에 따라 우리가 이산 푸리에 변환을 구하고자 하는 대상 신호가 서로 다르게 된다는 것이다. 그림 2.4.8(a)는 표본화 시간이 주기 함수의 주기의 정수배이기 때문에 T_0 동안의 함수를 그 뒤에 붙여도 정확하게 원래의 함수가 된다. 반면 그림 2.4.8(b) 및 2.4.8(c)는 표본화 시간 구간 T_0 안에 주기 함수의 주기가 각각 정수배+0.5 주기 및 정수배+0.25주기가 포함되어 있다. 따라서, 표본화 시간 구간 T_0를 주기로 하여 이어 붙이면 원래의 사인 함수가 되지 않는데, 이는 이산 푸리에 변환의 결과에도 영향을 주어 어떤 특성이 반영되어진다.

예를 들어, 다음의 경우에 대한 이산 푸리에 변환 결과를 비교하여 보자.

(a) $x(t) = \sin(2\pi \times 1000t)$에 대해 표본화 주파수 10 kHz로 1,000개의 표본화에 대한 신호값을 이산 푸리에 변환한 경우

(b) $x(t) = \sin(2\pi \times 1000t)$ (위의 신호와 동일)에 대해 표본화 주파수 10 kHz로 1,005개의 표본화에 대한 신호값을 이산 푸리에 변환한 경우

위에서 a)의 경우는 표본화 시간 간격 $\Delta t\ (= 1/f_s)$가 10^{-4}초이고, 표본화 개수 N이 1,000개이므로 표본화 대상 시간 T_0는 0.1초$(= N \cdot \Delta t)$가 된다. 이 함수의 주기는 10^{-3}초이므로, 표본화 대상 시간 T_0안에 100개의 주기가 포함된다. 반면, b)의 경우는 표본화 시간 간격은 동일하지만 표본화 개수 N이 1,005개이므로, 표본화 대상 시간 T_0안에 100.5개의 주기(100개의 주기와 0.5개의 주기)가 포함된다(이는 그림 2.4.8(b)의 경우와 같다). 각각의 경우를 이산 푸리에 변환하면 그림 2.4.9와 같다.

그림 2.4.9(a)의 이산 푸리에 변환 결과는 주파수 1 kHz에서 최대 진폭 1임에 반해, 그림 2.4.9(b)는 주파수 1 kHz에서 여전히 최대 진폭을 갖지만 그 주변 주파수에도 일정 진폭의 성분이 생기면서 그 최대값이 줄어든 것을 확인할 수 있다. 이처럼 신호의 에너지가 주된 주파수 성분(여기서는 1 kHz 1개)으로부터 주변 주파수로 확산되는 경우를 신호의 누설(leakage)이라고 한다. 여기서 신호의 누설은 임의의 시간(T_0)에서 신호 추출이 중단되면서 발생하는 신호의 불연속으로 인해 생기며(그림 2.4.8(b) 및 (c)의 경우), 이는 애일리어싱과는 달리 표본화 주파수를 매우 크게 해도 피할 수 없는 현상이다. 즉, 신호의 누설은 표본화를 통한 신호의 이산성 자체에 의해 발생하는 현상은 아니다.

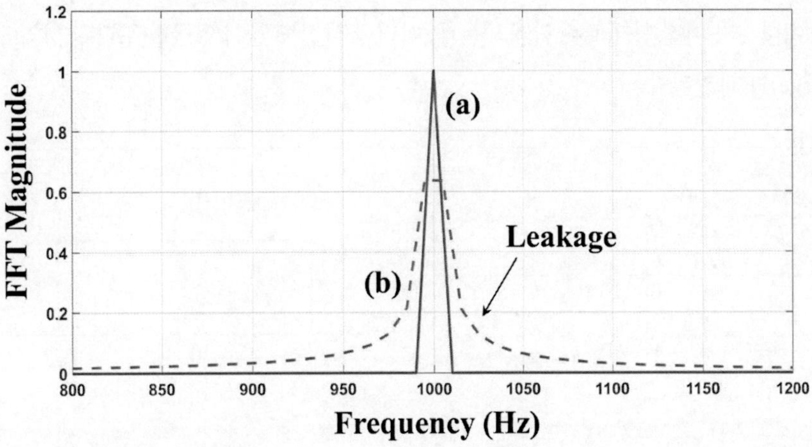

그림 2.4.9 서로 다른 표본화 시간 구간 T_0에 대한 이산 푸리에 변환 결과: (a) T_0가 주기의 정수배인 경우, (b) T_0가 주기의 정수배가 아닌 경우

이제 신호의 누설과 창 함수에 대해 좀 더 자세히 알아보도록 하자. 설명을 보다 용이하게 하기 위해 시간 영역의 함수로서 코사인 함수를 고려하되, 표본화를 수행하지 않은 연속 시간 신호를 고려하자. 우리가 코사인 함수를 구간 $[-T_0/2, T_0/2]$[23]에서만 고려한다는 것은 그림 2.4.10(a)와 같이 시간 영역에서 코사인 함수와 해당 구간에서만 영이 아닌 직사각형 함수를 곱한다고 생각할 수 있다. 그런데, 식 (2.2.15b)에 나타낸 바와 같이 시간 영역에서의 곱은 주파수 영역에서의 합성곱 적분과 같으므로, 식 (2.2.15b)의 아래 예제 2.2.2에서 제시한 바와 같이 구간 $[-T_0/2, T_0/2]$에 존재하는 신호(구간 $[-T_0/2, T_0/2]$에서 정의된 직사각형 함수와 곱해진 결과로서의 시간 영역 신호)의 푸리에 변환은 그림 2.4.10(b)의 마지막 그림이 된다. 전체 시간 영역에서 정의된 코사인 함수의 푸리에 변환(그림 2.4.10(b)의 첫번째 그림)과 직사각형 함수를 이용하여 구간 $[-T_0/2, T_0/2]$에서 추출한 코사인 함수의 푸리에 변환(그림 2.4.10(b)의 세번째 그림)을 비교해보자. 전체 시간 영역에서 정의된 코사인 함수의 푸리에 변환은 단위 임펄스 함수 표현에 의해 해당 주파수 $-\overline{f}$와 $\overline{f}$에서만 푸리에 성분이 나타남에 반해[24], 직사각형 함수를 이용해 특정 구간에서만 정의된 코사인 함수의 푸리에 변환은 해당 주파수에서 가장 큰 진폭을 갖기는 하지만[25] 그 주변 주파수로도 에너지가 퍼져 있음을 알 수 있다.

---

23) 신호를 $t=0$부터 T_0까지를 측정 시간으로 하면, 해당 구간에서의 직사각형 함수에 대한 푸리에 변환은 복소수가 된다. 그러나, 구간을 $[-T_0/2, T_0/2]$으로 하면 우함수가 되므로 이의 푸리에 변환은 실수가 된다. 설명의 편의상 이렇게 하고 있으나 개념상으로는 전혀 문제가 없다. 뒤에서 다른 여러 가지 창 함수를 설명할 때는 신호 측정 구간을 다시 $[0, T_0]$로 가정할 것이다.

24) 원래 신호이 진폭 A인 코사인 함수는 푸리에 변환에 의해 음, 양의 주파수 성분에 각각 $A/2$씩 할당됨을 상기하자.

25) 진폭이 음, 양의 주파수 성분에 각각 $AT_0/2$ 씩 배분되었으므로, 푸리에 변환 후 $2/T_0$를 곱하면 원래의 진폭이 복원되는 셈이다.

즉, 시간 영역에서 직사각형 함수와 곱해짐으로써 원래 임펄스 함수로 나타내어져야 하는 푸리에 변환 결과가 에너지가 퍼진 형태로 바뀌게 되는데, 이러한 사실도 앞서 언급한 주파수 영역에서의 신호 누설(leakage)과 관련된다.

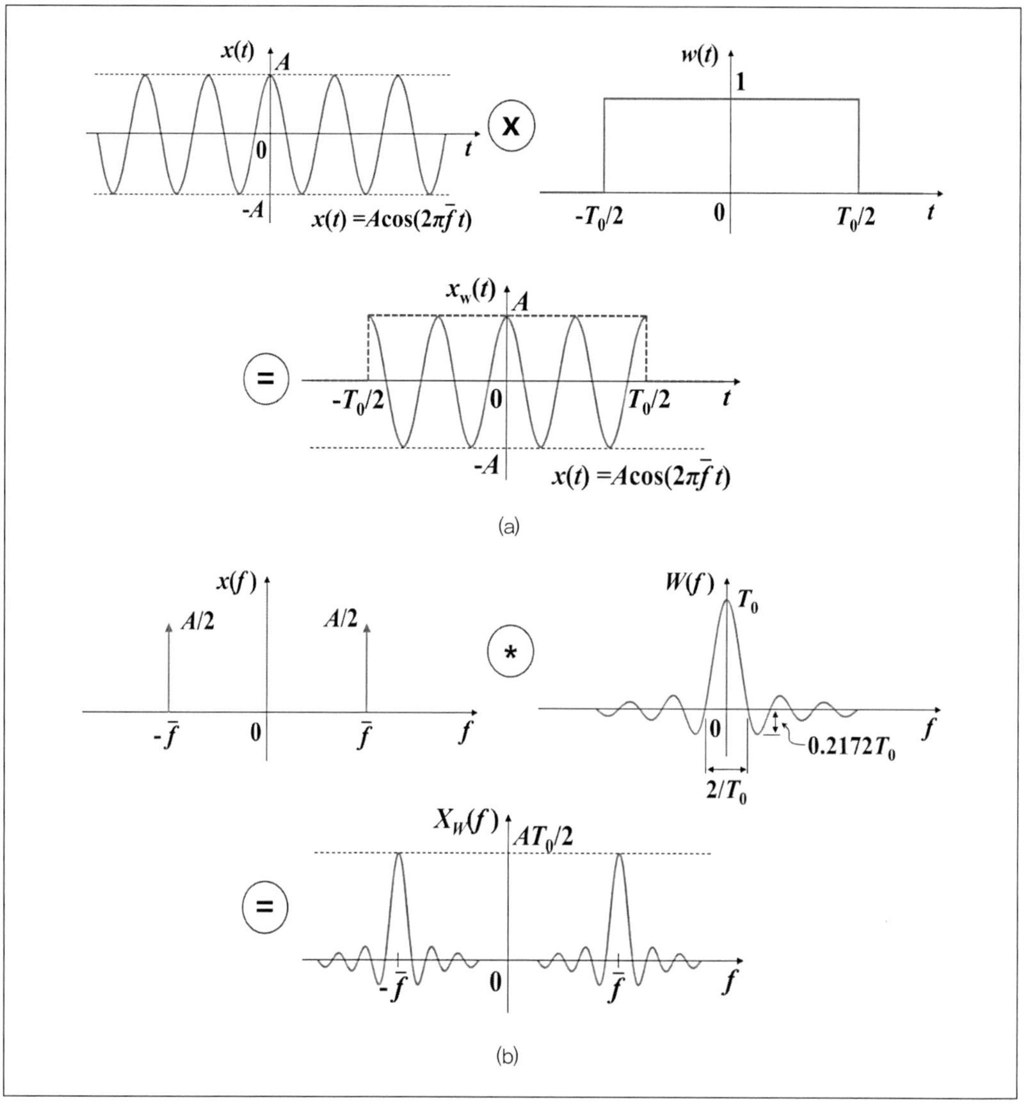

그림 2.4.10 직사각형 함수를 통해 신호를 추출하는 경우의 주파수 성분 영향: (a) 직사각형 함수를 통한 구간 $[-T_0/2, T_0/2]$에서의 신호 추출, (b) 각각의 신호에 대한 푸리에 변환 및 합성곱 적분을 통한 주파수 영역에서의 표현

이제 여기서 더 나아가 주파수 영역에서의 신호의 이산화(이산 푸리에 변환)에 따른 누설 현상을 확인하기 위해, 그림 2.4.10에 사용되었던 직사각형 함수의 푸리에 변환인 싱크(sinc) 함수[26]에 대해 살

펴보자. 그림 2.4.11(a)에 시간 구간 $[-T_0/2, T_0/2]$에서 정의된 직사각형 함수의 푸리에 변환 결과인 싱크 함수($f \geq 0$)를 나타내었다. 이 함수는 $f=0$에서 최대값 T_0 (직사각형 함수의 시간 구간 길이)를 갖는데, 특이한 점은 $\Delta f = 1/T_0$마다 마디를 갖는다는 것이다. 이런 특성으로 인해 그림 2.4.11(b)의 첫 번째 그림에서 볼 수 있듯이 코사인 함수의 주파수 $\bar{f}$가 Δf의 정수배이면

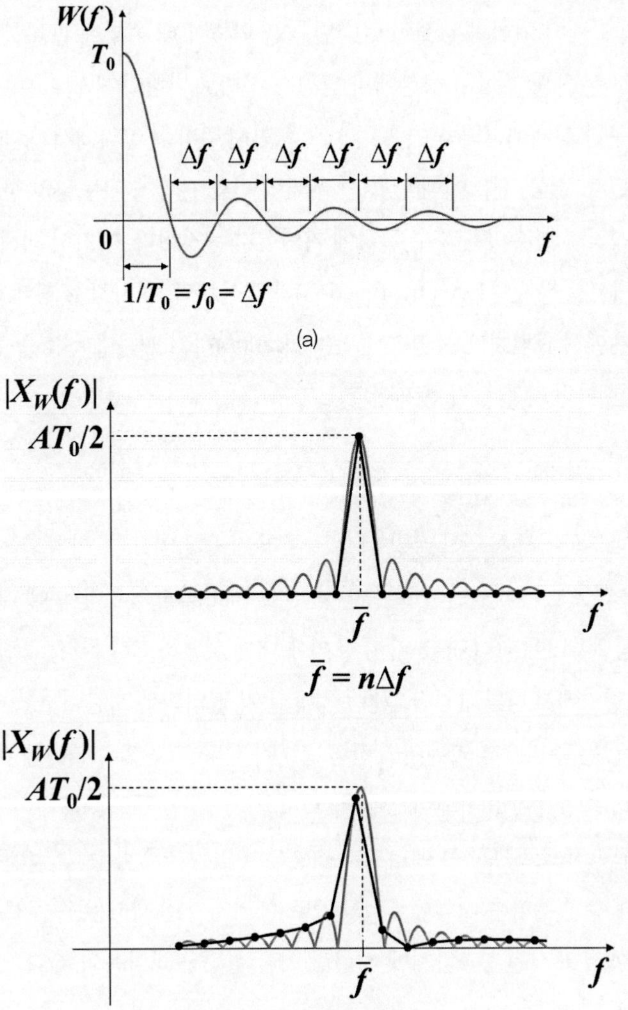

그림 2.4.11 (a) 싱크 함수(sinc function) ($f > 0$)의 주파수 특성 및 (b) 주파수 간격 Δf (또는, 시간 영역에서는 측정 구간 T_0)의 설정에 따른 이산 푸리에 변환의 누설 여부

26) 식 (A.6.18) 및 그림 A.6.4를 참고하기 바란다.

($\bar{f}= n\Delta f$), 주파수 영역에서의 신호 이산화(이산 푸리에 변환)로 인한 누설은 전혀 발생하지 않게 된다. 이는 $T_0 = n\bar{T}$와 같으므로 그림 2.4.9에서 언급한 바와 같이 측정 시간이 함수 주기의 정수배를 가지면 누설이 일어나지 않는다는 사실과 일치한다. 반면, 그림 2.4.11(b)의 두 번째 그림에서와 같이 $\bar{f}$가 Δf의 정수배가 되지 않으면($\bar{f} \neq n\Delta f$), 싱크 함수의 마디 이외의 점에서 값을 추출하게 되므로 신호의 누설이 발생하게 되어 그림 2.4.9(b)의 경우가 된다. 만약, 그림 2.4.11(a)에 나타낸 싱크 함수가 $f = 0$ 이외의 값에서 에너지 누설이 없다면, Δf의 정수배 여부에 관계없이 코사인 함수의 이산 푸리에 변환 결과는 해당 주파수 성분에서 임펄스 형태로 나타나게 될 것이다. 그러나, 직사각형 함수는 신호 추출 구간 경계에서의 불연속 특성으로 인해 주파수 영역에서 상대적으로 넓은 구간에서 에너지를 갖게 된다. 결국, 신호에 대한 이산 푸리에 변환 결과에서 누설의 정도는 측정 구간을 선택할 때 사용한 직사각형 함수의 주파수 특성에 기인한다는 것이다. 여기서 직사각형 함수는 신호의 구간 추출에 관련해서는 창 함수(window function)라고 불린다. 직사각형 형태의 창 함수는 분석 대상 신호를 구간 경계에서 급격하게 불연속 절단(truncation)하기 때문에 신호 누설이 많게 되는데, 이를 줄이기 위한 다른 여러 창 함수가 존재한다.

② 창 함수

신호의 주파수 특성 분석에서 사용하는 창 함수는 여러 가지가 있으나, 여기서는 가장 기본적이거나 또는 무난하게 사용되고 있는 것들을 주로 설명하였다. 먼저, 각각의 창 함수에 대한 특성을 설명하고 이해하기 위해 그림 2.4.12에 나타낸 몇 가지 용어에 대해 설명하고자 한다. 그림 2.4.12(a)에 일반적인 창 함수를 시간 영역에서 나타내었다. T_0는 창 함수가 정의되는 시간이자[27] 신호 측정 시간을 나타내며, 역수인 $1/T_0$은 주파수 영역에서의 간격 Δf가 된다. 그림 2.4.12(b)에는 주파수 영역에서의 창 함수에 대한 여러 특성들이 표시되어 있는데, 그 크기가 dB 단위로 나타내어져 있다. 주파수 영역에서의 창 함수는 일반적으로 가장 큰 에너지가 집중되어 있는 저주파수 대역의 주 로브(mainlobe)와 에너지 누설에 의해 주변 주파수 대역에 국소적으로 에너지가 존재하는 측 로브(sidelobe)들로 구성되어 있다[28]. 그림에서 표시된 총 7가지에 대한 용어를 설명하면 다음과 같다.

---

27) 이 책에서는 창 함수를 구간 $[0, T_0]$에서 정의하였다(필터 관점에서는 보통 구간 $[-T_0/2, T_0/2]$에서 정의한다). 이렇게 정의하는 것이 신호 측정 시작 시간을 $t = 0$으로 놓을 수 있어 보다 직관적이다. 다만, 이렇게 하면 푸리에 변환 결과는 복소수가 되지만 누설을 설명하는 과정에서 그 크기만을 언급하므로 구간의 이동과는 관계 없게 된다.

28) 엄밀하게, 측 로브의 존재로 인해 발생하는 신호의 왜곡을 누설이라 하고, 주 로브로 인해 발생하는 경우는 스미어링(smearing)이라고 한다.

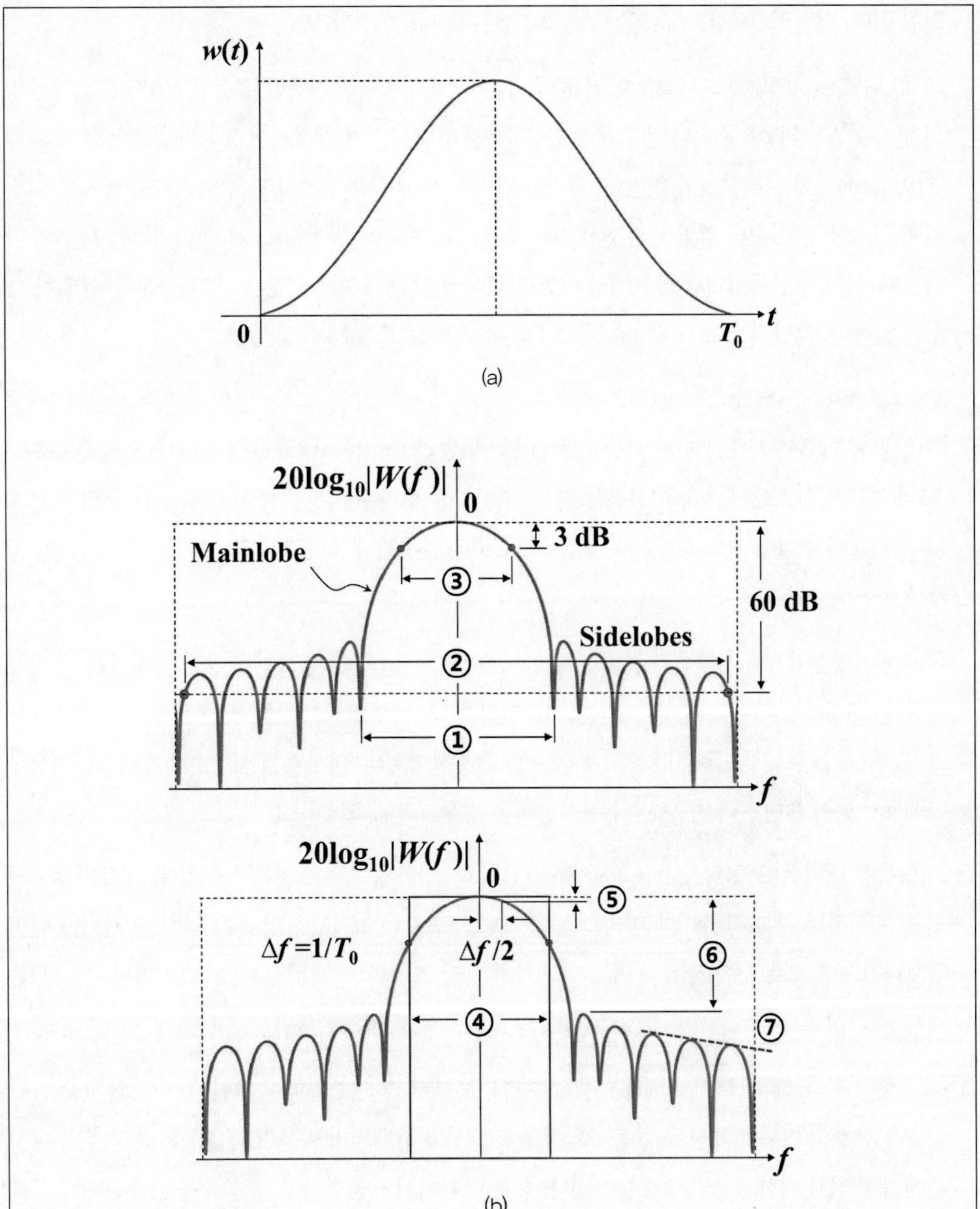

그림 2.4.12 (a) 시간 영역에서의 창 함수의 예 및 (b) 푸리에 변환된 주파수 영역에서의 창 함수(세로 축은 dB 단위로 표현)

① 주 로브의 폭(mainlobe width): 처음으로 측 로브가 생성되는, 양의 주파수 지점의 2배가 된다. 주 로브의 폭이 좁으면 신호에 포함된 조화 성분 사이의 주파수 간격이 좁은 경우 변별력이 있다는 장

점이 있다. 일반적으로 $1/T_0$ (또는 Δf)의 상수배로 표현한다.

② 60 dB 대역폭(60 dB bandwidth): 0 dB (중심 주파수에서의 최대 진폭값)로부터 60 dB 감소되는 양의 주파수 지점의 2배를 나타낸다. 60 dB는 대부분의 에너지가 감쇠되어 통과가 불가능한 저지 대역(stop band)의 시작점을 정의한다. 크기가 클수록 중심 주파수에서 먼 주변 주파수에서도 여전히 유의미한 창 함수의 영역이 존재한다는 것이므로 신호의 선택성(selectivity)이라는 특성이 나빠진다. 여기서 선택성이란 신호에서 다양한 진폭을 갖는 주파수 성분을 분리, 구분할 수 있는 특성을 말한다. 일반적으로 $1/T_0$ (또는 Δf)의 상수배로 표현한다.

③ 3 dB 대역폭(3 dB bandwidth): 0 dB (중심 주파수)로부터 3 dB 감소되는 양의 주파수 지점의 2배를 나타낸다. 3 dB는 최대값 대비 1/2 이상의 에너지 통과 대역(pass band)을 정의한다. 창 함수의 3 dB 대역폭은 신호에서 유사한 진폭을 갖는 서로 다른 주파수 성분을 구분할 수 있는 능력과 관계되며, 신호의 주파수 영역 분석 분해능(resolution)을 결정한다. 일반적으로 $1/T_0$ (또는 Δf)의 상수배로 표현한다.

위에서 설명한 60 dB 대역폭과 관련하여, 주파수 영역에서의 창 함수의 형상을 특징지을 때 형상 인자(shape factor)라는 것이 있다. 이는 3 dB 대역폭 대비 60 dB 대역폭의 비율 값으로 정의되는데, 그 값이 작을수록 3 dB 지점으로부터 60 dB지점까지의 경사가 급하며 창 함수의 선택성(selectivity)이 좋아진다. 형상 인자는 이상적인 경우 1의 값을 갖는다.

④ 등가 잡음 대역폭(ENBW: Equivalent Noise Bandwidth): 창 함수에서는 높이가 중심 주파수에서의 최대 진폭과 같고 곡선 아래 면적과 동일한 면적을 갖는 직사각형의 폭을 의미한다. 3 dB 대역폭보다 일반적으로 등가 잡음 대역폭의 크기가 약간 크지만 거의 비슷하다. 계산 방법 등 자세한 것은 보충 설명 2.4.3 및 개별 창 함수에 대한 설명을 참고하도록 하자.

⑤ 통과 대역 리플(ripple in pass band): 중심 주파수로부터 $\Delta f/2$ 떨어진 지점에서의 dB 값으로서, 리플은 신호의 진폭이 계산될 때 동반되는 불확실성과 관계되며 리플이 작을수록 특정 주파수 성분에 대한 진폭 계산의 정확도가 높아진다. 통과 대역에서의 리플이 큰 창 함수를 사용하면 진폭에 대한 최대 측정 오차가 커져서 말뚝 울타리 효과가 나타날 가능성이 커진다. 이런 경우에는 뒤에 설명될 Hann 창 함수, β 값이 큰 Kaiser 창 함수 및 Flat top 창 함수를 쓰면 유리하다.

⑥ 측 로브 최대값(highest sidelobe): 측 로브 중 봉우리가 제일 높은 부분의 dB 값을 말하며 절대값으로는 제일 작은 값이 된다. 중심 주파수로부터 주파수가 증가함에 따라 창 함수의 에너지 감소 정도를 나타내며, 이 값의 절대값이 크다는 것은 주파수가 증가하면서 에너지 감소가 크다는 것이므

로 이는 신호의 선택성이 좋아진다는 것을 의미한다.

⑦ 롤 오프(roll-off rate, fall-off rate): 주파수가 증가함에 따라 측 로브들의 최대값들이 감소하는 비율을 말한다. 엄밀하게는, 모든 측 로브의 최대값을 연결하는 선의 기울기가 아니고, 주파수가 증가할수록 고주파수 영역에서 수렴하게 되는, 측 로브들의 최대값을 연결하는 선의 기울기라고 보면 된다. 직사각형 창 함수는 롤 오프 값이 금방 수렴하므로 모든 측 로브의 최대값을 연결하는 선의 기울기라고 보아도 무방하다. 단위는 보통 dB/octave 또는 dB/decade[29]를 이용하며, 주파수 증가에 따른 에너지 감소 정도를 나타내므로, 신호의 선택성과 직접 관련이 있다.

지금부터는 위에서 제시한 여러 지표들을 이용하여, 개별 창 함수들이 갖는 특성을 설명할 것이다. 창 함수의 제일 중요한 특성 중의 하나인 선택성이란 다양한 진폭을 갖는 주파수 성분을 분리, 구분할 수 있는 능력에 대한 것으로서 위에서 설명한 측 로브의 크기, 롤 오프, 60 dB 대역폭 및 형상 인자(shape factor) 등이 중요한 결정 요소가 된다. 창 함수에 대한 여러 특성을 잘 인지하고 응용 분야에 따라 최적의 창 함수를 선택하여 주파수 분석에서 측정 오차를 줄일 수 있다.

i) 직사각형 창 함수

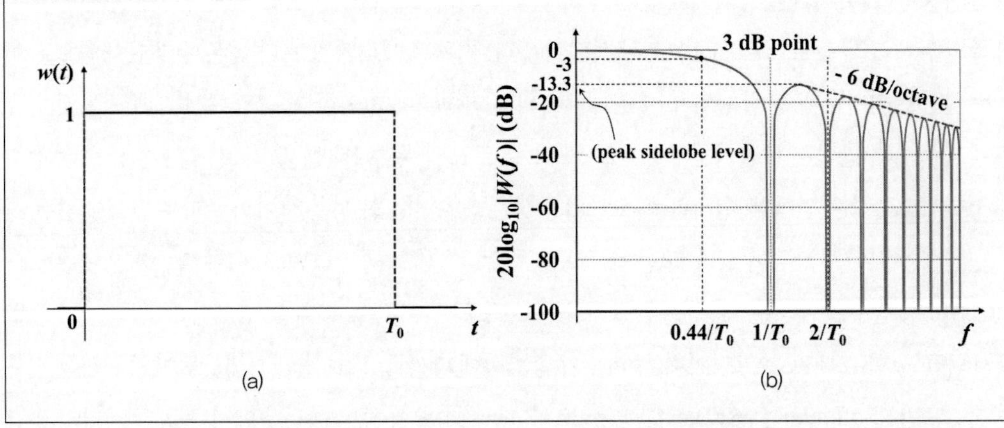

그림 2.4.13 (a) 직사각형 창 함수(rectangular window function) ($t \in [0, T_0]$) 및 (b) 푸리에 변환 결과(가로축은 로그 스케일)

앞에서 누설을 설명할 때 이미 직사각형 창 함수를 사용하였고, 일부 설명을 하였으나, 창 함수의 성능 및 특성을 언급할 때 주로 사용하는 지표 등을 사용하여 다른 창 함수와 비교할 목적으로 여기서 다

29) dB/octave는 주파수 2배 증가에 따른 dB 값의 변화율을, dB/decade는 주파수 10배 증가에 따른 dB 값의 변화율을 의미한다. 주파수 f_1, f_2 ($f_1 < f_2$)에 대해 f_2는 f_1보다 $\log_2(f_2/f_1)$ octave 높다고 한다. decade는 로그의 밑(base)을 '10'으로 바꾸면 된다.

시 한번 언급하고자 한다. 창 함수로 쓰이는 직사각형 함수는 다음과 같이 정의하며, 그림 2.4.13(a)에 나타내었다. 또한, 그림 2.4.13(b)의 푸리에 변환 결과는 싱크 함수(sinc function)로서 부록 A.6.4에서 설명하였으니 참고하기 바란다.

$$w(t) = 1,\ 0 \le t \le T_0 \tag{2.4.9a}$$

$$W(f) = T_0 \frac{\sin(\pi f T_0)}{\pi f T_0} e^{-j\pi f T_0} \tag{2.4.9b}$$

위의 식 (2.4.9b)에서 복소수 지수 함수가 추가된 이유는, 식 (A.6.19)의 직사각형 함수가 시간 축 상에서 $T_0/2$ 만큼 이동한 결과로서 얻어진 것이며(식 (2.2.9) 참고), 창 함수가 구간 $[-T_0/2, T_0/2]$에서 정의되면 포함되지 않는다. 여기서는 창 함수의 푸리에 변환 크기만을 고려하므로 2.4.4절의 앞부분에서 살펴본 내용과 동일하게 된다.

그림 2.4.13(b)는 그림 2.4.13(a)에 나타낸 직사각형 창 함수의 푸리에 변환 결과인 싱크 함수의 절대값을 dB 단위($20\log_{10}|W(f)|$)로 나타내었다. 주파수가 증가함에 따라 선형적인 에너지 감소 경향을 보이기 위해 가로축은 로그 스케일로 그려졌다. 앞서 언급한 바와 같이 주파수 영역에서의 창 함수는 가장 큰 에너지가 집중되어 있는 저주파수 대역의 주 로브(mainlobe)와 에너지 누설에 의한 주변 주파수 대역의 측 로브(sidelobe)로 구성되어 있다. 이처럼 에너지가 보다 높은 주파수 대역으로 퍼지는 현상은 직사각형 창 함수의 구간 경계에서의 불연속성에 기인한다. 그림에서 그래프가 첫 번째로 주파수 축과 만나는 지점이 $f = 1/T_0$이므로 주 로브의 폭은 2배인 $2/T_0$로서 다른 창 함수에 비해 상대적으로 좁은 편이다. 이러한 주 로브의 특성은 신호의 조화 성분 사이의 주파수 간격이 좁은 경우 변별력이 있다는 장점이 있다. 모든 측 로브의 폭은 $1/T_0$로 동일하며, 3 dB 주파수 대역폭은 0.88 $/T_0$로서 창 함수 중에서는 제일 좁다. 그러나, 측 로브의 최대값(첫번째 측 로브의 dB 값)은 -13.3 dB로서 다른 창 함수 대비 높은 편이며, 주파수가 증가함에 따라 측 로브들의 최대값들이 감소하는 비율인 롤 오프(roll-off rate)는 -6 dB/octave (=-20 dB/decade)로서 중심 주파수에서 누설된 에너지가 감소하는 비율이 상당히 느리다고 볼 수 있다. 측 로브 최대값이 크고, 롤 오프 크기가 작으며 또한, 60 dB 대역폭이 약 $643/T_0$로서 매우 크기 때문에 여러 개의 주파수 성분을 포함한 신호에서 주파수 성분을 분리하는 능력, 즉 선택성(selectivity)이 떨어진다고 볼 수 있다. 이외에도 리플의 크기도 3.92 dB로서 창 함수 중에서 제일 크기 때문에 진폭 크기에 대한 오차가 크다고 볼 수 있는 등 조화 신호의 주파수 분석을 위한 창 함수로서는 적합하지 않다.

그런데, 신호를 일정 시간 구간에서 단순히 추출할 때는 이는 이미 언급한 바와 같이 개념상 신호와 해당 구간 길이를 갖는 직사각형 창 함수를 곱한 것으로 간주할 수 있다. 따라서, 해당 구간에 포함된 신호만을 고려하게 되는 것이므로 굳이 창 함수를 사용하였다고 표현하지 않고 단순히 신호를 표본화했다고 표현하는 것(sampling of an unwindowed signal)이 더 일반적이다.

보충설명 2.4.2 롤 오프(roll-off rate)의 표현 방법

그림 2.4.13(b)의 그래프에서 롤 오프는 −6 dB/octave인데 이는 −20 dB/decade와도 같다. 이에 대해서는 문헌마다 선호하는 표기 방식이 서로 다르다. 그림 2.4.13(b)의 가로축(주파수 f)은 로그 스케일이므로 실제의 수치는 $\log_{10}f$로 나타낼 수 있는데, 따라서 세로축을 간단히 dB라고 표현한다면,롤 오프 직선의 관계식은 다음과 같이 나타낼 수 있다.

$$\mathrm{dB} = a\log_{10}f + b \tag{1}$$

따라서, f가 10배 증가함에 따라 dB 값이 20만큼 감소한다면,

$$(a\log_{10}10f + b) - (a\log_{10}f + b) = a = -20 \tag{2}$$

이 되어 위 직선 관계식의 기울기가 −20이라는 것을 확인할 수 있다. 그렇다면, a=-20을 이용하여 주파수가 2배가 되는 경우는

$$(-20\log_{10}2f + b) - (-20\log_{10}f + b) = -20\log_{10}2 \approx -6 \tag{3}$$

이 됨을 알 수 있다. 즉, -6 dB/octave와 −20 dB/decade는 동일한 대상을 나타내는 서로 표현법인 것이다. 또한, 식 (2)와 (3)으로부터 (dB/octave) $= \log_{10}2 \times$ (dB/decade) $\approx 0.3 \times$ (dB/decade)의 관계가 성립함을 확인할 수 있다.

ii) Bartlett 창 함수

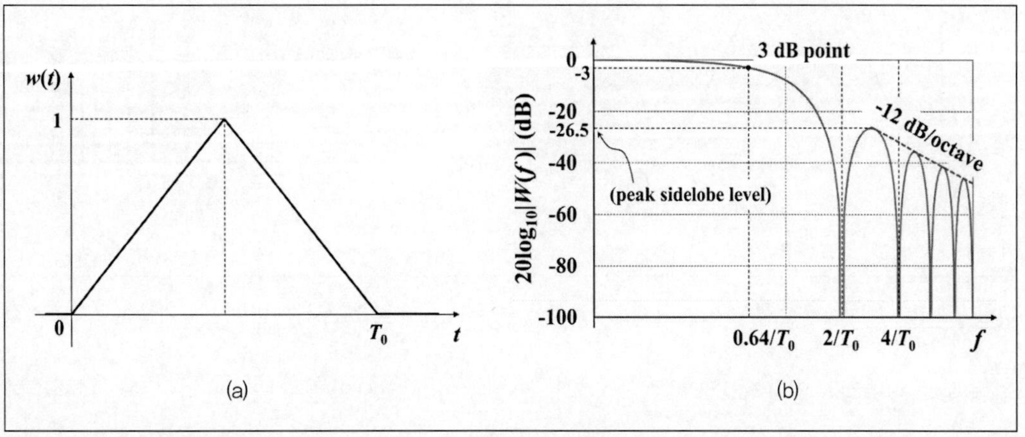

그림 2.4.14 (a) Bartlett 창 함수(Bartlett window function) ($t \in [0, T_0]$) 및 (b) 푸리에 변환 결과(가로축 로그 스케일)

창 함수의 구간 경계에서의 불연속 또는 급격한 변화는 주파수 영역에서 측 로브를 생성시켜 중심 주

파수 대비 주변 주파수로의 에너지 누설을 가져온다고 하였다. 따라서, 직사각형 창 함수의 단점을 보완하기 위해 가장 쉽게 생각할 수 있는 창 함수의 형태는 그림 2.4.14(a)에 나타낸 바와 같은 삼각형 함수일 것이다. 이를 Bartlett 창 함수라고 하고, 구간의 경계에서 좀 더 완만한 기울기를 갖게 된다. 구간 $[0, T_0]$ 에서 정의된 Bartlett 창 함수의 시간 영역에서의 정의와 푸리에 변환은 각각 다음과 같다.

$$w(t) = 1 - \frac{|t - T_0/2|}{T_0/2}, \quad 0 \le t \le T_0 \tag{2.4.10a}$$

$$W(f) = \frac{T_0}{2}\left(\frac{\sin(\pi f T_0/2)}{\pi f T_0/2}\right)^2 e^{-j\pi f T_0} \tag{2.4.10b}$$

그림 2.4.14(b)는 Bartlett 창 함수의 푸리에 변환의 절대값을 dB 단위($20\log_{10}|W(f)|$)로 나타내었으며, 가로축은 로그 스케일로 그려졌다. 주 로브의 폭은 $4/T_0$로서 직사각형 창 함수에 비해 상대적으로 넓으며, 3 dB 주파수 대역폭은 $1.27/T_0$로서 역시 직사각형 창 함수에 비해 상대적으로 넓다. 첫번째 측 로브의 dB 값은 –26.52 dB로서 직사각형 창 함수에 비해 로브 높이가 낮고, 롤 오프 값은 –12 dB/octave로서 중심 주파수에서 누설된 에너지가 감소하는 비율이 상당히 빠르므로 주파수 성분에 대한 선택성(selectivity)이 직사각형 창에 비해 많이 향상되었다고 볼 수 있다.

iii) Hann 창 함수[30)]

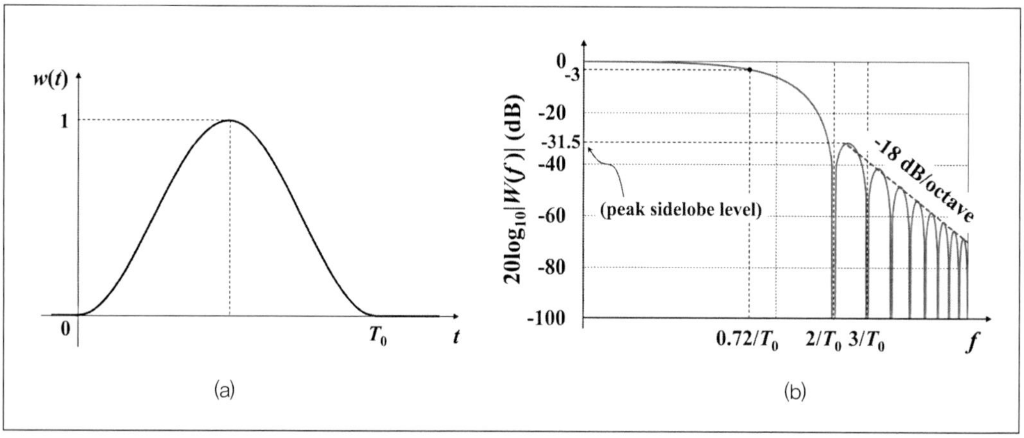

그림 2.4.15 (a) Hann 창 함수(Hann window function) ($t \in [0, T_0]$) 및 (b) 푸리에 변환 결과(가로축 로그 스케일)

진동 및 소음 측정시 일반적으로 자주 사용되는 창 함수이다. 코사인 함수를 이용하여 중심 주파수에서 멀어질수록 기울기가 완만하게 감소되며, 구간 경계에서는 진폭이 부드럽게 0이 된다. Hann 창은

30) Hanning 창 함수라고도 하는데, 바로 다음에 나오는 Hamming 창 함수와의 용어 혼동을 막기 위해 주로 Hann 창 함수로 불린다.

다음과 같이 정의되며, 그림 2.4.15에 이를 나타내었다.

$$w(t) = 0.5 - 0.5\cos(2\pi t / T_0),\ 0 \le t \le T_0 \tag{2.4.11a}$$

$$W(f) = \frac{T_0}{2}\frac{\sin(\pi f T_0)}{\pi f T_0\{1-(fT_0)^2\}}e^{-j\pi f T_0} \tag{2.4.11b}$$

그림 2.4.15(b)에 나타낸 바와 같이 주 로브의 폭은 $4/T_0$이고, 3 db 대역폭이 $1.44/T_0$로서 에너지의 대부분이 주 로브에 집중되어 있다. 구간 경계에서의 불연속이 없고 부드럽게 이어지기 때문에 첫 번째 측 로브의 dB 값은 −31.47 dB로서 앞의 2개의 창 함수에 비해 높이가 낮고, 롤 오프가 −18 dB/octave로서 모든 창 함수 중에서 기울기의 절대값이 제일 커서 에너지 누설이 적다. 큰 롤 오프 값으로 인해 60 dB 대역폭도 $13.30/T_0$으로서 상당히 좁다. 이로 인해 주파수 성분에 대한 구별 능력이 좋고 선택성이 상당히 좋아서, 직사각형 창 함수와는 달리 근접 주파수 성분 중 작은 신호가 큰 신호에 묻히는 경우가 거의 없다. 뒤에서 다룰 Flat top 창 함수 및 일부 Kaiser 창 함수를 제외하고는 리플의 값도 작아서 최대 진폭 측정 오차도 적다. 이와 같은 특성들에 의해 신호를 분석하는 대부분의 경우에 권장되며, 주파수 스펙트럼의 주파수 분해능과 진폭 측정에 대한 정확도 사이에서 상호 균형 있게 양호한 특성을 갖기 때문에 랜덤 신호의 창 함수로도 자주 사용되고, 램덤 가진 신호를 이용한 주파수 응답 함수(FRF)의 측정에 가장 좋은 창 함수로 여겨진다.

iv) Hamming 창 함수

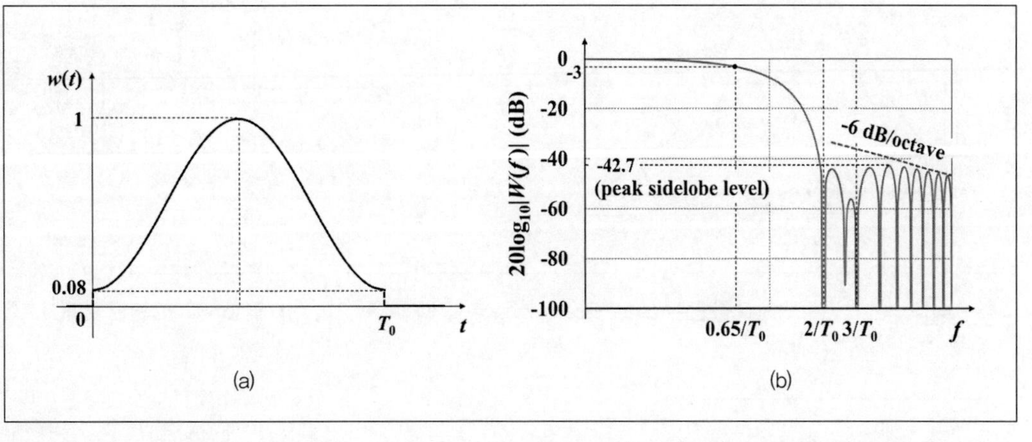

그림 2.4.16 (a) Hamming 창 함수(Hamming window function) ($t \in [0, T_0]$) 및 (b) 푸리에 변환 결과(가로축 로그 스케일)

Han (Hanning) 창 함수와 이름도 비슷하고, 동일하게 코사인 함수 형태를 가지고 있으나 Hamming 창은 그림 2.4.16(a)에 나타낸 바와 같이 구간 경계에서 정확히 '0'의 값을 갖지 않기에 신호 구간 경계에서 약간의 불연속이 있다. 따라서, 그림 2.4.16(b)의 주파수 영역에서도 측 로브의 형태가 특이하다. 즉, 주파수 영역 그래프가 가로축과 만나는 지점 $2/T_0$와 $3/T_0$ 사이에 작은 측 로브가 관찰된다. 그림에 제시된 Hamming 창은 시간 및 주파수 영역에서 각각 다음과 같이 정의된다[31].

$$w(t) = 0.54 - 0.46\cos\frac{2\pi t}{T_0},\ 0 \le t \le T_0 \tag{2.4.12a}$$

$$W(f) = \frac{\{0.54 - 0.08(fT_0)^2\}\sin(\pi f T_0)}{\pi f\{1-(fT_0)^2\}}e^{-j\pi f T_0} \tag{2.4.12b}$$

Hamming 창 함수는 주 로브의 폭이 $4/T_0$로서 Hann 창 함수와 동일하고, 3 db 대역폭은 $1.30/T_0$로서 약간 좁다. 제일 높은 측 로브의 dB 값은 -42.68 dB로서 $4/T_0$와 $5/T_0$ 사이에 존재하며 지금까지 설명한 창 함수 중에 측 로브의 높이가 제일 낮아서 잡음에 대한 특성이 좋다. 그러나, 구간 경계에서의 불연속으로 인해 60 dB 대역폭이 $95.02/T_0$로 상당히 넓고, 롤 오프도 -6 dB/octave로서 직사각형 창 함수와 동일하게 좋지 못하기에 에너지 누설 관점에서는 단점이 있다.

v) Kaiser-Bessel 창 함수[32]

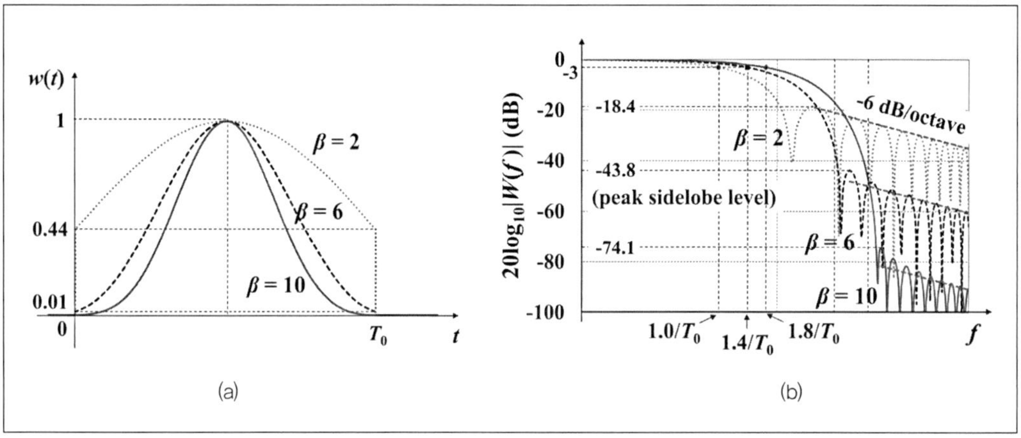

그림 2.4.17 (a) Kaiser-Bessel 창 함수(Kaiser-Bessel window function) ($t \in [0, T_0]$) 및 (b) 푸리에 변환 결과(가로축 로그 스케일)

31) 창 함수를 $w(t) = \alpha - (1-\alpha)\cos(2\pi t/T_0)$의 형태로 놓는다면, Hann 창 함수는 $\alpha = 0.5$, Hamming 창 함수는 $\alpha = 0.54$인 경우가 된다. 이런 관점에서 Hamming 창 함수를 Hann 창 함수의 확장된 형태로 보기도 한다. 더욱 일반적으로는 우리가 곧 다루게 될 Flat top 창 함수에서처럼 아래의 식과 같은 일반화된 형태의 창 함수를 가정하고 특정 창 함수의 특성을 갖도록 계수를 정하는 것이다.

$$w(t) = \sum_{k=0}^{4}(-1)^k a_k \cos(2k\pi t/T_0),\ 0 \le t \le T_0$$

32) 간단히 Kaiser 창 함수라고도 한다. 정의식에 포함된 β 값에 따라 다른 여러 창 함수를 근사적으로 표현할 수도 있다(예: $\beta = 0$: 직사각형 창, $\beta = 5$: 근사적인 Hamming 창, $\beta = 6$: 근사적인 Hann 창).

Kaiser가 베셀 함수(Bessel function)를 이용하여 구간 경계에서의 기울기를 완만하게 만든 것으로 β를 매개 변수(parameter)로하여 다음과 같이 정의된다.

$$w(t)=\frac{I_0\left(\beta\sqrt{1-4\left(\frac{t-T_0/2}{T_0}\right)^2}\right)}{I_0(\beta)} \tag{2.4.13a}$$

$$\begin{aligned} W(f)&=\frac{T_0}{I_0(\beta)}\frac{\sinh\left(\sqrt{\beta^2-(\pi f T_0)^2}\right)}{\sqrt{\beta^2-(\pi f T_0)^2}}e^{-j\pi f T_0} \\ &=\frac{T_0}{I_0(\beta)}\frac{\sin\left(\sqrt{(\pi f T_0)^2-\beta^2}\right)}{\sqrt{(\pi f T_0)^2-\beta^2}}e^{-j\pi f T_0} \end{aligned} \tag{2.4.13b}$$

위 식에서 I_0는 1종 0차 수정 베셀 함수(zeroth-order modified Bessel function)를 나타내며 다음과 같다.

$$I_0(x)=\sum_{k=0}^{\infty}\left\{\frac{(x/2)^k}{k!}\right\}^2 \tag{2.4.14}$$

식 (2.4.13)에서 β는 측 로브(sidelobe) 크기의 감소(attenuation) 정도를 결정하는 상수로서, 크기가 커질수록 주 로브의 폭이 넓어지며, 측 로브의 높이가 줄어든다. 특히, β의 값과 측 로브의 dB 크기(절대값, dBSL) 사이에는 다음과 같은 근사적인 관계가 성립한다.

$$\beta=\begin{cases}0 & \mathrm{dB_{SL}}\le 13.26 \\ 0.76608(\mathrm{dB_{SL}}-13.26)^{0.4}+0.09834(\mathrm{dB_{SL}}-13.26) & 13.26<\mathrm{dB_{SL}}\le 60 \\ 0.12438(\mathrm{dB_{SL}}+6.3) & 60<\mathrm{dB_{SL}}\le 120\end{cases} \tag{2.4.15}$$

그림 2.4.17에 나타낸 바와 같이, β의 값이 작으면 시간 영역의 함수는 Hamming 창 함수처럼 직사각형 창 함수위에 코사인 형태의 함수를 얹어놓은 형태가 되고, 따라서, 60 dB 대역폭이 상대적으로 넓고 측 로브 높이가 높아 좋은 특성을 갖지 못하지만 β의 값이 커질수록 측 로브의 높이가 낮아져서 60 dB 대역폭이 좁아진다(β의 값이 10일 경우 60 dB 대역폭이 창 함수 중 가장 좁다). 다만, 롤 오프는 β의 값에 관계없이 항상 −6 dB/octave의 값을 갖는다.

Kaiser 창 함수는 β의 값이 큰 경우 주파수 성분에 대한 선택성이 제일 좋은 창 함수로 알려져 있으며, 특히 진폭의 크기 차이가 있는 근접해 있는 주파수 성분을 분리하는데 매우 좋아 주기 신호의 분석에 매우 유리하다. 또한, 측 로브 높이, 거리 및 진폭의 정확도 등 창 함수의 여러 특성을 균형 있게 갖고 있어 대부분의 신호 분석기의 기본값으로 설정되어 있다.

vi) Flat top 창 함수

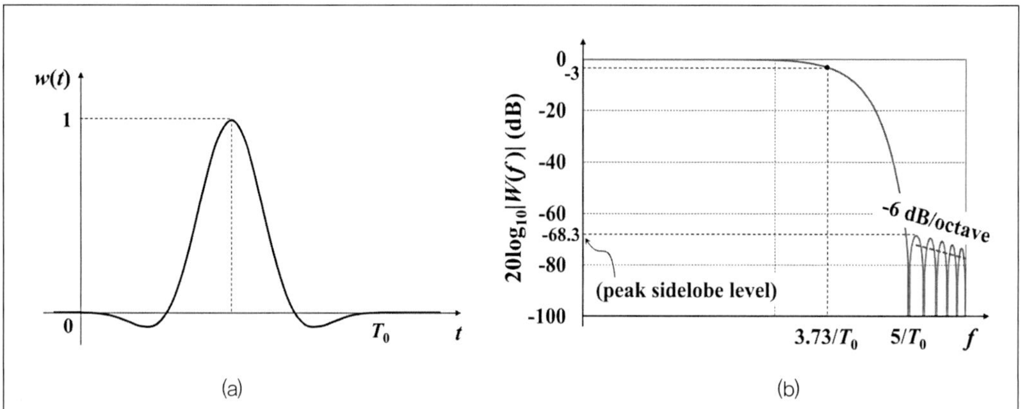

그림 2.4.18 (a) Flat top 창 함수(Flat top window function) ($t \in [0, T_0]$) 및 (b) 푸리에 변환 결과(가로축 로그 스케일)

Flat top 창 함수는 리플이 0.01 dB 내외로 다른 창 함수에 비해 매우 작다. 이 때문에 flat top 창 함수라는 이름이 붙여졌는데, 여기서 제시하는 flat top 창 함수는 다음과 같이 정의된다.

$$w(t) = \sum_{k=0}^{4}(-1)^k a_k \cos\left(\frac{2k\pi t}{T_0}\right),\ 0 \le t \le T_0 \tag{2.4.15a}$$

$$W(f) = \sum_{k=0}^{4}(-1)^k a_k \frac{f\sin(\pi f T_0)}{\pi\left\{f^2 - (k/T_0)^2\right\}} e^{-j\pi f T_0} \tag{2.4.15b}$$

위 식에서 상수 $a_0 \sim a_4$의 값은 각각 아래와 같다[33] (Brüel & Kjær, 1987).

$$a_0 = 1,\ a_1 = 1.93,\ a_2 = 1.29,\ a_3 = 0.388,\ a_4 = 0.0322 \tag{2.4.16}$$

그림 2.4.18(a)에 나타낸 바와 같이 flat top 창 함수는 특이하게 시간 영역에서 음의 값을 갖는 구간이 존재하고, 구간 경계에서 정확히 0이 아닌 매우 작은 양수 값을 갖기 때문에 구간 안에서 가로축(시간축)을 총 4번 지나게 된다. 주파수 영역에서는 주 로브의 폭이 창 함수 중에 가장 넓고 선택성과 관련된 주요 특성은 Kasier 창 함수($\beta = 10$)보다는 다소 나쁘다. 그런데, 60 dB 대역폭은 좁지 않으면서 3 dB 대역폭이 다소 넓어 형상 인자가 2.51로 매우 작은 값을 갖는 창 함수이다. 또한, 등가 잡음 대역폭

33) 여러 문헌 및 스펙트럼 신호 분석기 제조업체 등에서 제시하는 Flat top 창 함수의 종류는 매우 다양하다(Heinzel et al., 2002). 여기서는 참고문헌(Brüel & Kjær, 1987)에서 제시하는 flat top 창 함수에 대해 기술하였다. 참고로 MATLAB에서 제공하는 flat top 창 함수의 상수 값은 다음과 같다.
$a_0 = 0.21557895,\ a_1 = 0.41663158,\ a_2 = 0.277263158,\ a_3 = 0.083578947,\ a_4 = 0.006947368$
다만, 식 (2.4.16)에 주어진 상수는 위의 상수들을 a_0의 값으로 나눈 값들이다. 이렇게 하면 flat top 창 함수를 이용하여 신호의 이산 푸리에 변환(진폭 스펙트럼)을 구할 때, 창 함수의 사용으로 인해 추가적으로 해야되는 진폭 보정을 별도로 고려하지 않아도 된다.

$(3.77/T_0)$과 3 dB 대역폭$(3.73/T_0)$의 값이 거의 비슷하여 이상적인 필터와 가장 유사한 성능을 갖고 있다고 볼 수 있다.

앞서 언급하였지만, flat top 창 함수는 이름에서 유래하듯이 통과 대역에서 리플의 크기가 매우 작아서 다른 창 함수에 비해 신호의 실제 크기를 상대적으로 제일 잘 나타낸다. 따라서, 주요 주파수 성분에서의 신호의 크기가 관심사인 경우에 사용하면 유리하고, 이 때문에 조정(calibration) 목적으로 많이 사용된다. 그러나, 주파수 분해능, 누설 및 실시간 처리 속도 등의 관점에서는 flat top 창 함수보다 Hann 창 함수의 사용이 더 선호된다.

신호는 창 함수를 이용하여 측정 시간까지의 구간에서 표본화한 후 이산 푸리에 변환을 거친다. 즉, 이산 푸리에 변환은 창 함수의 연산이 가해진 이산 신호가 주기적으로 반복된다고 가정된 시간 신호에 대해 푸리에 변환을 수행하는 것이다. 이 경우 사용한 창 함수에 따라 주파수 영역에서 신호의 누설로 인해 특정 주파수 성분에서의 진폭 값이 정확하지 않을 수 있고, 또한 근접 주파수 성분 분리가 어려울 수 있다. 따라서, 창 함수의 특성을 잘 파악하고 분석하고자 하는 신호의 특성에 따라 적절하게 적용하는 것이 중요하다.

표 2-4-1에 지금까지 설명한 창 함수의 특성에 대해 요약해 놓았다. 수치로 표현된 주파수 영역 특성 지표들을 확인하여 각각의 창 함수가 가지고 있는 장·단점을 다시 한번 각자 비교해 보도록 하자. 그리고, 여기서 설명한 창 함수 외에도 주 로브 폭, 측 로브 높이 및 진폭의 정확도 등 주파수 특성을 개선하기 위해 특정 목적에 따라 다양한 창 함수가 존재하고 또, 설계하는 것이 가능하다는 것도 알아두자. 또한, 이 밖에도 과도 신호(transient signal)에 사용되는 창 함수로서 가진 창 함수(force window function)와 지수 창 함수(exponential window function) 등이 있는데, 이에 대해서는 5.2절에서 실습과 함께 살펴볼 기회가 있다. 이들은 앞서 다룬 창 함수와는 달리 주파수 영역에서의 로브 특성이 없으므로 별도로 다뤄진다.

[표 2.4.1] 창 함수의 특성 비교

window $w(t)$		주 로브의 폭 (mainlobe width) (Hz)	대역폭(bandwidth) (Hz)			형상 인자 (shape factor)
			60 dB	3 dB	등가 잡음 (ENBW)	
Rectangular		$2/T_0$	$642.98/T_0$	$0.88/T_0$	$1/T_0$	717.98
Bartlett		$4/T_0$	$38.41/T_0$	$1.27/T_0$	$1.34/T_0$	15.20
Hann		$4/T_0$	$13.30/T_0$	$1.44/T_0$	$1.50/T_0$	8.06
Hamming		$4/T_0$	$95.02/T_0$	$1.30/T_0$	$1.36/T_0$	70.08
Kaiser	$\beta=2$	$2.37/T_0$ a)	$352.94/T_0$	$0.99/T_0$	$1.05/T_0$	14.15
	$\beta=6$	$4.31/T_0$ a)	$19.44/T_0$	$1.40/T_0$	$1.47/T_0$	10.02
	$\beta=10$	$6.67/T_0$ a)	$6.35/T_0$	$1.75/T_0$	$1.85/T_0$	3.63
Flat top		$10/T_0$	$9.34/T_0$	$3.73/T_0$	$3.77/T_0$	2.51
Flat top[b)]		$10/T_0$	$8.63/T_0$	$3.72/T_0$	$3.77/T_0$	2.32

window $w(t)$		ripple in pass band (dB)	측 로브 최대값(dB)	롤 오프(rolloff rate)	
				dB/octave	dB/decade
Rectangular		3.92	−13.26	−6	−20
Bartlett		1.82	−26.52	−12	−40
Hann		1.42	−31.47	−18	−60
Hamming		1.75	−42.68	−6	−20
Kaiser	$\beta=2$	3.05	−18.43	−6	−20
	$\beta=6$	1.51	−43.79	−6	−20
	$\beta=10$	0.97	−74.10	−6	−20
Flat top		0.02	−68.31	−6	−20
Flat top[b)]		0.01	−95.06	−6	−20

a) $2\sqrt{1+(\beta/\pi)^2}/T_0$에 의해 계산

b) MATLAB에서 사용되는 flat top 창 함수

보충설명 2.4.3 **등가 잡음 대역폭(Equivalent Noise Bandwidth)**

그림 2.4.12(b)에 등가 잡음 대역폭을 나타내었고, 이는 개별 창 함수의 특성을 설명할 때 간단하게 언급되었다. 또한, 표 2.4.1에는 개별 창 함수에 대한 등가 잡음 대역폭의 수치 값이 제시되어 있다. 특정 창 함수에 대한 등가 잡음 대역폭은 다음과 같이 시간 영역의 함수 표현으로부터 쉽게 구할 수 있다. 등가 잡음 대역폭에 대한 다음의 정의에서 시작하자.

$$\mathrm{ENBW}=\frac{1}{|W_{\max}|^2}\int_{-\infty}^{\infty}|W(f)|^2 df \tag{1}$$

위 식에서 $|W_{\max}|$는 푸리에 변환된 창 함수의 최대값의 절대값인데, 이는 앞서의 창 함수들에 대한 그래프에서 확인할 수 있듯이 $f=0$에서의 창 함수의 절대값이 된다. 따라서, 위 식에서 다음과 같은 관계를 대입할 수 있고,

$$|W_{\max}|=|W(0)| \tag{2}$$

또한, 푸리에 변환 관계식으로부터

$$W(f)=\int_{-\infty}^{\infty}w(t)e^{-j2\pi ft}dt \rightarrow W(0)=\int_{-\infty}^{\infty}w(t)dt \tag{3}$$

이 성립하므로, 등가 잡음 대역폭에 대한 식 (1)은 다음과 같이 바꿔 쓸수 있다.

$$\begin{aligned}\mathrm{ENBW}&=\frac{1}{\left(\int_{-\infty}^{\infty}w(t)dt\right)^2}\int_{-\infty}^{\infty}w^2(t)dt \\ &=\frac{1}{\left(\int_{0}^{T_0}w(t)dt\right)^2}\int_{0}^{T_0}w^2(t)dt=\frac{1}{T_0}\left(\frac{w_{RMS}^2}{w_{AVG}^2}\right)\end{aligned} \tag{4}$$

위 식에서는 2.2.2절의 연속 시간 비 주기 함수에 대한 Parseval 정리가 이용되었다. 또한, 위 식에서 사용된 w_{AVG} 및 w_{RMS}는 각각 다음과 같이 정의된다.

$$w_{AVG}=\frac{1}{T_0}\int_0^{T_0}w(t)dt;\ w_{RMS}=\sqrt{\frac{1}{T_0}\int_{-\infty}^{\infty}w^2(t)dt} \tag{5}$$

이젠 위 식을 보다 실용적으로 사용하기 위해 다음과 같이 이산화된 형식으로 정리하면 된다.

$$\begin{aligned}\mathrm{ENBW}&=\frac{1}{\left(\sum_{n=0}^{N-1}w_n\Delta t\right)^2}\sum_{n=0}^{N-1}w_n^2\Delta t=\frac{1}{\Delta t\left(\sum_{n=0}^{N-1}w_n\right)^2}\sum_{n=0}^{N-1}w_n^2 \\ &=\frac{N}{T_0\left(\sum_{n=0}^{N-1}w_n\right)^2}\sum_{n=0}^{N-1}w_n^2\end{aligned} \tag{6}$$

위 식은 창 함수가 정의되는 구간 $[0,\ T_0]$을 N 등분한 결과로부터 얻어졌으며, 따라서 w_n은 $t=n\Delta t$ $(n=0,\dots,N-1)$에서의 창 함수의 값 $w(n\Delta t)$를 의미한다.

참고로, 위 식은 $\Delta f = 1/T_0$의 관계를 이용하면, 다음과 같이 표현할 수 있는데,

$$\text{ENBW} = \frac{N\Delta f}{\left(\sum_{n=0}^{N-1} w_n\right)^2} \sum_{n=0}^{N-1} w_n^2 \tag{7}$$

이 식을 다시 Δf로 나누어 아래와 같이 표현한 식을 정규화 등가 잡음 대역폭(NENBW: normalized equivalent noise bandwidth)이라고 한다,

$$\text{NENBW} = \frac{N}{\left(\sum_{n=0}^{N-1} w_n\right)^2} \sum_{n=0}^{N-1} w_n^2 = \frac{(1/N)\sum_{n=0}^{N-1} w_n^2}{\left((1/N)\sum_{n=0}^{N-1} w_n\right)^2} \tag{8}$$

위 식은 또한 창 함수가 적용된 신호의 주파수 영역의 진폭을 보정하는데도 사용 가능하다.

2.4.5 창 함수가 적용된 신호의 보정 방법

창 함수가 적용된 신호는 적용이 안된 신호(또는 직사각형 창 함수를 적용한 신호)에 비해 주파수 스펙트럼의 진폭과 에너지가 감소하기 때문에 이에 대한 보정이 필요하다. 보정 계수에 대한 유도 방식은 여러 가지가 있겠지만 여기서는 그림 2.4.10(b)를 참조하여 유도하도록 하겠다.

그림에 나타낸 연속 시간 신호 $x(t) = A\cos(2\pi \bar{f} t)$와 직사각형 창 함수 $w_{rect}(t) = 1$ $(t \in [-T_0/2, T_0/2])$의 곱에 대한 신호 $y(t) = w_{rect}(t)x(t)$의 연속 푸리에 변환 $Y_{rect}(f)$는 다음과 같다(예제 2.2.2 참고).

$$F\{w_{rect}(t)x(t)\} = Y_{rect}(f) = \frac{A}{2} W_{rect}(f + \bar{f}) + \frac{A}{2} W_{rect}(f - \bar{f}) \tag{2.4.17}$$

유도 과정에서 차이가 없을 것이기에, 식을 간단히 표기하기 위해 위 식을 다음과 같이 양의 주파수에 대해서만 표기하도록 하자.

$$Y_{rect}(f) = A\,W_{rect}(f - \bar{f}) = A\int_{-\infty}^{\infty} w_{rect} e^{-j2\pi(f-\bar{f})t} dt \tag{2.4.18}$$

같은 방법으로, 만약 동일한 연속 시간 신호 $x(t)$에 곱해지는 다른 창 함수 $w(t)$ $(t \in [-T_0/2, T_0/2])$를 고려하면 이에 대한 연속 푸리에 변환은 다음과 같다.

$$Y(f) = A\,W(f - \bar{f}) = A\int_{-\infty}^{\infty} w e^{-j2\pi(f-\bar{f})t} dt \tag{2.4.19}$$

따라서, 식 (2.4.18) 및 (2.4.19)에서 사용된 창 함수의 종류와 관계없이 $f=\overline{f}$에서의 진폭이 동일하기 위해서는 다음의 식이 만족되어야 한다(지금은 우함수인 창 함수를 가정하므로 푸리에 변환 결과가 실수라서 절대값을 사용하지 않았다).

$$Y_{rect}(\overline{f}) = \mathrm{ACF} \cdot Y(\overline{f}) \rightarrow \int_{-T_0/2}^{T_0/2} w_{rect}(t)dt = \mathrm{ACF} \cdot \int_{-T_0/2}^{T_0/2} w(t)dt \tag{2.4.20}$$

즉, 시간 영역에서 직사각형 창 함수와 다른 창 함수의 면적 사이에 대한 관계식이 도출된다. 위 식에서 둘 사이의 면적이 같게 하기 위해 상수 ACF를 사용하였으며, 이를 진폭 보정 계수(ACF: amplitude correction factor)라고 한다. 이는 창 함수(직사각형 창 함수 제외)를 적용한 신호의 이산 푸리에 변환에서 진폭이 감소하는 것을 보상해 준다. 식 (2.4.20)을 좀 더 사용하기 쉬운 형태로 다시 쓰면 다음과 같다.

$$\begin{aligned}\mathrm{ACF} &= \int_0^{T_0} w_{rect}(t)dt \Big/ \int_0^{T_0} w(t)dt \\ &= \sum_{n=0}^{N-1} w_{rect}(n\Delta t)\Delta t \Big/ \sum_{n=0}^{N-1} w(n\Delta t)\Delta t = \frac{N}{\sum_{n=0}^{N-1} w_n}\end{aligned} \tag{2.4.21}$$

위 식에서 적분 구간을 우리가 사용하는 실제 창 함수의 구간 $[0, T_0]$로 변경하였으며, $\sum_{n=0}^{N-1} w_{rect}(n\Delta t) = N$의 관계식을 이용하였다. 또한, 간결한 표기를 위해 $w(n\Delta t)$를 w_n으로 표현하였다. 결국 식 (2.4.21)에 나타낸 진폭 보정 계수는 적용 창 함수의 평균값의 역수를 의미한다.

진폭 보정 계수와 달리 에너지 보정 계수(ECF: energy correction factor)라는 것이 있는데, 이는 다음과 같이 에너지가 동일하도록 보정 계수를 계산하는 것이다.

$$Y_{rect}(f) = \mathrm{ECF} \cdot Y(f) \tag{2.4.22a}$$

$$\int_{-\infty}^{\infty} |Y_{rect}(f)|^2 df = \mathrm{ECF}^2 \cdot \int_{-\infty}^{\infty} |Y(f)|^2 df \tag{2.4.22b}$$

따라서, 식 (2.4.18) 및 (2.4.19)를 이용하면 다음과 같고,

$$\int_{-\infty}^{\infty} |W_{rect}(f-\overline{f})|^2 df = \mathrm{ECF}^2 \cdot \int_{-\infty}^{\infty} |W(f-\overline{f})|^2 df \tag{2.4.23}$$

Parseval의 정리를 이용하면 위 식은 다시 다음과 같이 쓸 수 있다.

$$\int_0^{T_0} w_{rect}^2(t)dt = \mathrm{ECF}^2 \cdot \int_0^{T_0} w^2(t)dt \tag{2.4.24}$$

따라서, 에너지 보정 계수는 다음과 같이 정의된다.

$$\begin{aligned}\mathrm{ECF} &= \frac{\sqrt{\int_0^{T_0} w_{rect}^2(t)dt}}{\sqrt{\int_0^{T_0} w^2(t)dt}} = \frac{\sqrt{\sum_{n=0}^{N-1} w_{rect}^2(n\Delta t)\Delta t}}{\sqrt{\sum_{n=0}^{N-1} w^2(n\Delta t)\Delta t}} \\ &= \sqrt{\frac{N}{\sum_{n=0}^{N-1} w^2(n\Delta t)}} = \sqrt{\frac{N}{\sum_{n=0}^{N-1} w_n^2}}\end{aligned} \tag{2.4.25}$$

위 식에서 결국 에너지 보정 계수는 적용 창 함수의 시간 영역에서의 RMS (root mean square) 값의 역수를 의미한다. 다시 언급하자면, 에너지 보정 계수는 푸리에 변환 계수의 절대값의 제곱에 대한 그래프에서 곡선 아래 면적이 동일하게 됨을 의미한다.

한편, 식 (2.4.21)과 (2.4.25)를 살펴보면, 진폭 보정 계수와 에너지 보정 계수는 앞서 보충 설명 2.4.2의 정규화 등가 잡음 대역폭과 다음과 같은 관계가 있음을 알수 있다.

$$\mathrm{NENBW} = \frac{(1/N)\sum_{n=0}^{N-1} w_n^2}{\left((1/N)\sum_{n=0}^{N-1} w_n\right)^2} = \frac{1/\mathrm{ECF}^2}{1/\mathrm{ACF}^2} = \left(\frac{\mathrm{ACF}}{\mathrm{ECF}}\right)^2 \tag{2.4.26a}$$

$$\mathrm{ECF} = \frac{\mathrm{ACF}}{\sqrt{\mathrm{NENBW}}} \tag{2.4.26b}$$

식 (2.4.21)의 진폭 보정과 식 (2.4.25)의 에너지 보정은 식에서 확인할 수 있듯이, 동일한 신호에 동시에 적용될 수 없다. 또한, 지금까지 살펴본 바에 의하면, 예를 들어, 특정 창 함수를 사용 후 진폭 보정을 통해 얻은 신호의 진폭 크기가 3개의 주파수 성분에 대해 각각 $|Y_1|$, $|Y_2|$, $|Y_3|$ 라면, 다음과 같은 식이 성립함을 알 수 있다.

$$\begin{aligned}\frac{|Y_1|^2 + |Y_2|^2 + |Y_3|^2}{\mathrm{NENBW}} &= \left(\frac{\mathrm{ECF}}{\mathrm{ACF}}\right)^2 (|Y_1|^2 + |Y_2|^2 + |Y_3|^2) \\ &= (\mathrm{ECF})^2 \frac{|Y_1|^2 + |Y_2|^2 + |Y_3|^2}{(\mathrm{ACF})^2} \\ &= |\hat{Y}_1|^2 + |\hat{Y}_2|^2 + |\hat{Y}_3|^2\end{aligned} \tag{2.4.27}$$

위 식에서 $\left|\hat{Y}_k\right|$ $(k=1,2,3)$는 창 함수가 적용된 신호의 에너지 보정된 진폭의 크기를 의미하는 것으로서, 결국 식 (2.4.27)은 진폭 및 에너지 보정된 진폭 간의 관계를 나타낸다.

식 (2.4.21)과 (2.4.25)를 이용하여, 앞에서 살펴 본 창 함수에 대한 진폭 및 에너지 보정 계수를 계산하고 그 결과를 표 2.4.2에 나타내었다.

[표 2.4.2] 창 함수의 보정 계수

<table>
<tr><th colspan="2" rowspan="2">window $w(t)$</th><th colspan="2">보정 계수</th></tr>
<tr><th>진폭 보정(ACF)</th><th>에너지 보정(ECF)</th></tr>
<tr><td colspan="2">Rectangular</td><td>1.00</td><td>1.00</td></tr>
<tr><td colspan="2">Bartlett</td><td>2.00</td><td>1.73</td></tr>
<tr><td colspan="2">Hann</td><td>2.00</td><td>1.63</td></tr>
<tr><td colspan="2">Hamming</td><td>1.85</td><td>1.59</td></tr>
<tr><td rowspan="3">Kaiser</td><td>$\beta=2$</td><td>1.26</td><td>1.23</td></tr>
<tr><td>$\beta=6$</td><td>2.00</td><td>1.65</td></tr>
<tr><td>$\beta=10$</td><td>2.56</td><td>1.88</td></tr>
<tr><td colspan="2">Flat top</td><td>1.00</td><td>0.52</td></tr>
<tr><td colspan="2">Flat top (MATLAB)</td><td>4.64</td><td>2.39</td></tr>
</table>

2.5. 푸리에 변환 실습

여기서는 우리가 앞에서 배워왔던 내용을 기반으로, 주어진 신호의 주파수 특성을 분석해 보는 기회를 갖도록 하겠다. 특히, 실용성에 주안점을 두어, 신호 분석에 많이 쓰이는 상용 소프트웨어 중 하나인 MATLAB의 이산 푸리에 변환을 위한 명령어인 'fft'를 중심으로 알아보겠다. 'fft'는 앞서 언급한 바와 같이 이산 푸리에 변환의 효율적인 연산을 위해 고속 푸리에 변환이라는 알고리듬(algorithm)을 사용한 것이다. 그 전에 그림 2.5.1을 통해 연속 시간 신호의 이산 표본화, 주파수 분해능, 애일리어싱 등에 관련된 용어와 기호를 다시 정리해 보자. 이와 관련하여 식 (2.2.1) 및 (2.3.9)도 다시 살펴보면 도움이 될 것이다.

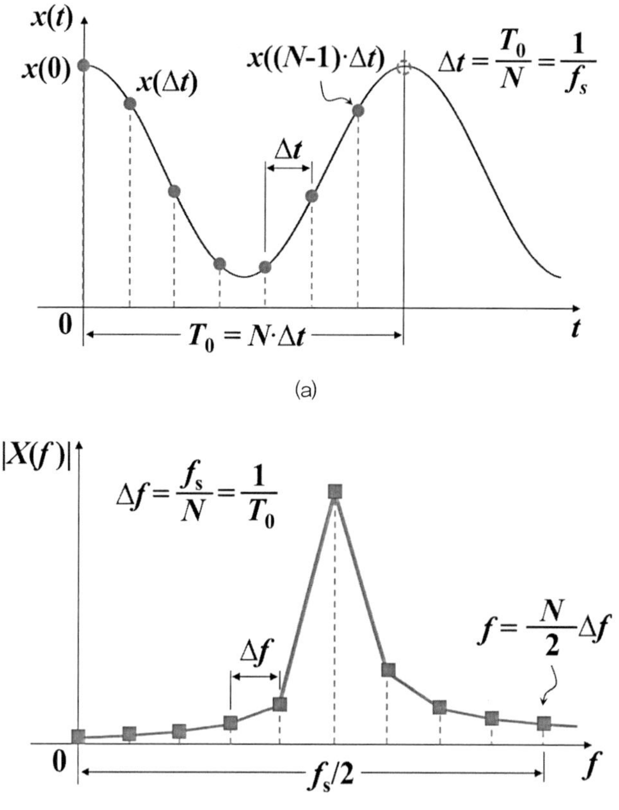

그림 2.5.1 이산 시간 신호 및 이산 푸리에 변환된 신호: (a) 시간 영역에서의 이산화 및 (b) 주파수 영역에서의 신호 및 이산화

- T_0: 연속 시간 신호의 주파수 특성 분석 대상 시간의 길이(주기 함수인 경우는 한 주기)로서 신호에 포함된 관심 저주파 신호를 재현할 수 있을 정도의 충분한 크기로 선정한다. T_0의 크기가 너무 작으면 측정 대상 신호의 저주파 성분을 제대로 표현하지 못할 수 있지만, 반대로 너무 크게 설정하면 분석 시간이 오래 걸리고, 측정기기의 메모리 용량에 의해 제약을 받게 된다.
- f_s: 표본화 주파수로서 분석하고자 하는 원 신호의 최대 주파수 성분의 2배보다 크도록 정하여야 한다. 앞서 $f_s/2$를 나이퀴스트 주파수라고 정의하였는데(식 (2.4.5) 참고), 이 용어를 이용하자면 '분석하고자 하는 신호의 최대 주파수는 나이퀴스트 주파수 보다 작다'라고 표현할 수 있다.
- Δt: 표본화 주파수 f_s가 정해지면 연속 시간 신호 $x(t)$의 이산 표본화 시간 간격 Δt는 $1/f_s$과 같다.
- N: 연속 시간 신호 $x(t)$를 표본화하기 위해 필요한 표본의 크기이다. 즉, 연속 시간 신호에서 T_0

시간 범위 내의 몇 개의 값을 추출하는 것인가를 나타낸다. 연속 시간 범위 $[0, T_0]$에서 N개의 값을 추출한다는 것은 $t=0, \Delta t, 2\Delta t, ..., (N-1)\Delta t$에서 연속 시간 신호 $x(t)$의 값을 추출한다는 뜻이다. $T_0 = N\Delta t$의 관계가 성립한다.

- Δf: 이산 푸리에 변환된 값들의 주파수 간격(주파수 분해능)을 나타내며, f_s/N와 같다. 주파수 영역에서 이산 푸리에 변환 결과를 구할 때, 표현할 수 있는 최대 주파수는 나이퀴스트 주파수($f_s/2$)이다. 따라서, 연속 주파수 범위 $[0, f_s/2]$ 내에서 주파수가 $f=0, \Delta f, 2\Delta f, ..., (N/2-1)\Delta f$에서의 이산 푸리에 변환 결과값을 표현한다. 표현 가능한 최대 주파수를 f_{max}(이를 주파수 대역폭(frequency bandwidth)이라고도 한다)라고 하면 $\Delta f = f_s/N = (f_s/2)/(N/2)$이라고 표현할 수 있으므로, f_{max}를 이용하여 주파수 간격을 표현하면 $\Delta f = f_{max}/(N/2)$이 된다.

위와 같은 내용을 숙지하면서, 상용 프로그램 MATLAB을 이용하여 몇 개의 예제 신호에 대한 주파수 특성 분석을 해보자

예제 2.5.1

이산 푸리에 변환을 적용하여 다음의 함수에 대한 주파수 성분 분석을 해보자.

$$x(t) = 2\cos(2\pi f_0 t),\ f_0 = 1\ \text{Hz}$$

단, 측정 시간 T_0는 2초로하고, 표본화 주파수(sampling frequency) f_s는 5 Hz로 설정한다.

풀이 및 설명

먼저, 주어진 함수에 대한 복소수 푸리에 계수 및 푸리에 변환 결과를 알아보도록 하자.

식 (2.1.22)를 직접 이용해도 되지만, 문제에 주어진 함수의 복소수 푸리에 계수는 아래와 같이 구할 수 있다. 즉,

$$2\cos(2\pi f_0 t) = 2\frac{e^{j2\pi f_0 t} + e^{-j2\pi f_0 t}}{2} = e^{-j2\pi f_0 t} + e^{j2\pi f_0 t} \tag{1}$$

이므로, $x(t) = \sum_{k=-\infty}^{\infty} c_k e^{j2\pi k f_0 t} = c_{-1}e^{j2\pi(-1)f_0 t} + c_1 e^{j2\pi(1)f_0 t}$에 의해 0이 아닌 복소수 푸리에 계수 c_k는 다음과 같다.

$$c_{-1} = 1,\ c_1 = 1 \tag{2}$$

한편, 부록의 식 (A.6.22a)에 의하면, 문제에서 주어진 함수의 푸리에 변환은 진폭이 2이므로 다음과 같다.

$$X(f) = \delta(f - f_1) + \delta(f + f_1) \tag{3}$$

이젠 이산 푸리에 변환을 이용하여 위 식들의 결과를 얻기 위해 MATLAB의 fft 함수를 이용하여 보자. 이산 푸리에 변환은 비 주기 뿐만 아니라 주기 함수에 대해서도 적용가능하다. 이는 이산 푸리에 변환 관계 식이 이산 주기 신호에 대한 이산 푸리에 급수의 식과 동일하기 때문이다. 이산 푸리에 변환을 수행하는 방법을 습득하기 위한 실습의 첫 단계이므로 MATLAB m 파일의 작성 예를 보기 전에 아래에서 설명하는 사항을 잘 알아두기 바란다.

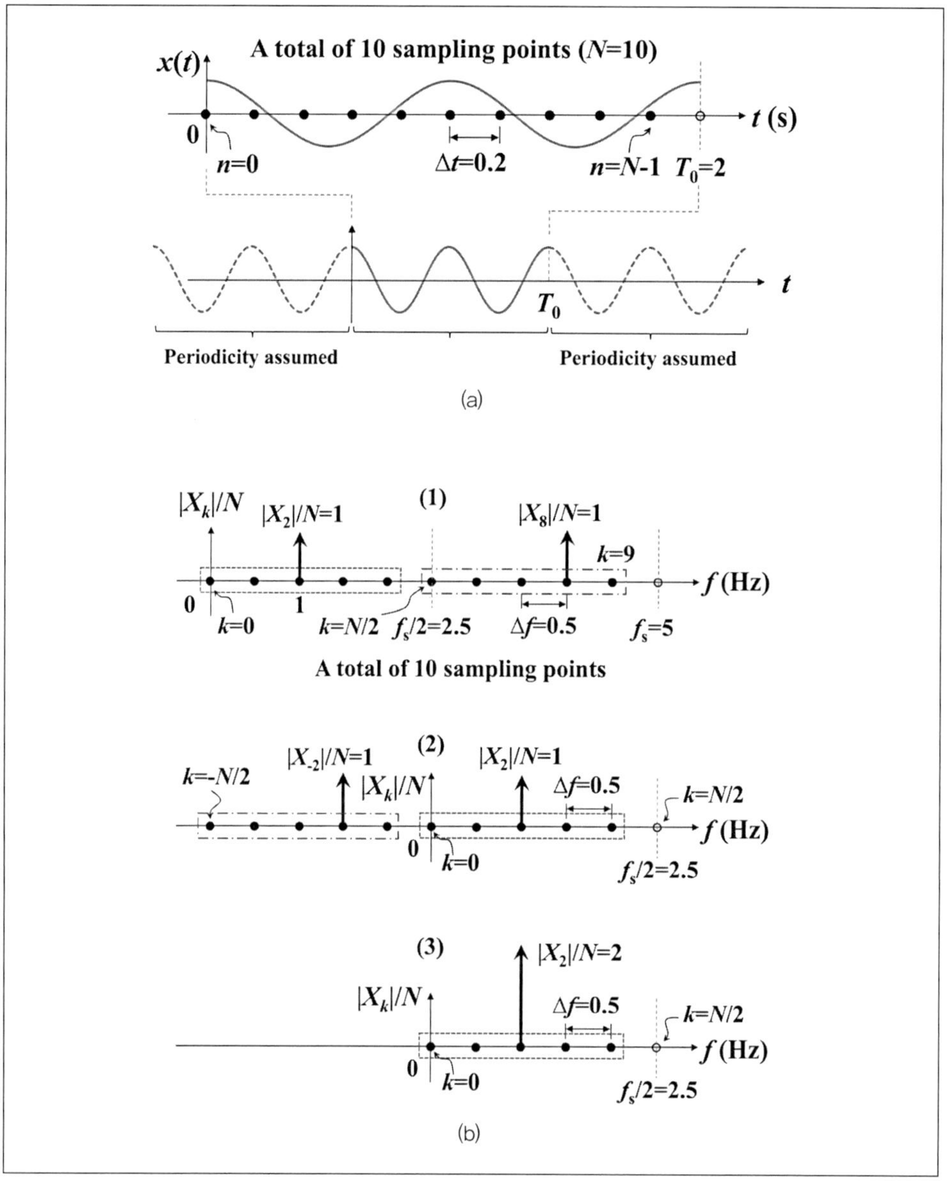

그림 2.5.2 (예제 2.5.1)의 (a) 시간 영역 함수 및 (b) 이산 푸리에 변환 과정: 실제 시간 영역 함수의 진폭을 맞추기 위한 과정, 나이퀴스트 주파수 처리 등이 포함되어 있다.

그림 2.5.2는 본 예제에 대한 MATALAB m 파일을 수행하는 과정을 설명해 준다. 그림 2.5.2(a)의 시간 영역의 함수는 표본화 주파수(sampling frequency) f_s가 5 Hz이므로, 표본화 주기(시간 영역에서의 표본화 간격) Δt는 0.2(s) (=$1/f_s$)가 된다. 또한, 전체 측정 시간 T_0가 2초이므로, 표본의 개수 N은 10개(=$T_0/\Delta t$)가 된다. 따라서, 그림에서와같이 시간 영역에서의 표본화는 $t = n\Delta t$ ($n = 0, 1, ..., N-1(=9)$)에서 이루어진다. 또한, 이산 푸리에 변환이 적용되면, 주파수 영역에서의 표본화로 인해 시간 영역에서는 측정 시간에 포함된 부분이 주기적으로 반복된다고 가정하게 된다.

이산 푸리에 변환을 고속 푸리에 변환(예: MATLAB의 fft) 알고리듬을 이용하여 구할 때 주파수 영역에서의 간격 Δf는 0.5 Hz (=$1/T_0$)가 되며, 주파수 영역에서의 표본화는 구간 [0, f_s]에서 시간 영역에서와 동일한 표본 개수 N으로 수행된다($f = k\Delta f$ ($k = 0, 1, ..., N-1(=9)$)). 그런데, 애일리어싱 관점에서 우리가 필요로 하는 부분은 나이퀴스트 주파수(=$f_s/2$) 미만의 주파수 영역이기 때문에 $f = k\Delta f$ ($k = 0,1,... N/2-1(=4)$)의 부분만 취하면 된다[34]. 그런데, 주어진 시간 신호는 주기 신호이고 이를 복소수 푸리에 전개하면 $|c_k| = |c_{-k}|$ 이므로, 양의 주파수 영역만을 고려하면 그 크기는 대응되는 음의 주파수에서의 동일한 크기 성분과 합하여 2배가 된다. 그 과정을 엄밀하게 따라가 보자. 즉, 그림 2.5.2(b)의 첫 번째 그림 (1)을 음의 주파수 영역까지 확장해보기로 하자. 그러기 위해, 표본화가 이루어진 주파수 영역 $f = k\Delta f$ ($k = 0,1,... N-1$)에 해당하는 부분이 주기 f_s로 반복된다(그림 2.5.2(b)의 첫 번째 그림 (1)에서 제일 우측의 f_s=5에 해당하는 지점은 제일 좌측의 k=0의 지점과 일치한다)는 것을 확인하자. 따라서, 음의 주파수 영역을 표현하고자 한다면, 그림 2.5.2(b)의 첫 번째 그림 (1)에서 $f = k\Delta f$ ($k = 0,1,... N-1$)에 해당하는 부분을 $k = 0$의 좌측 부분에 붙이면 된다. 그런데, 어차피 나이퀴스트 주파수 이상 부분은 우리가 필요로 하는 부분이 아니므로, 이는 그림 2.5.2(b)의 두 번째 그림 (2)에 나타낸 바와 같이 나이퀴스트 주파수 이상의 부분($f = k\Delta f$ ($k = N/2,... N-1$))을 k=0의 좌측 부분에 붙이는 것과도 같다(이러한 기능을 하는 것이 MATALB의 fftshift 함수 기능이다). 이렇게 하여, 그림 2.5.2(b)의 두 번째 그림 (2)에서 주파수 영역을 $f = k\Delta f$ ($k = -N/2, ..., -1, 0, 1, ..., N/2-1$)로 설정하면, 이제 음의 주파수 영역까지 포함하는 복소수 푸리에 계수 진폭 스펙트럼이 완성된다. 음의 주파수 영역까지 표현할 필요가 없다면 그림 2.5.2(b)의 세 번째 그림 (3)에서와 같이 $f = k\Delta f$ ($k = 0,1,... N/2-1$)의 부분에 대해서만 그래프를 그린 후, 표현하지 않는 음의 주파수 영역을 고려하여 해당 영역의 진폭에 대해서는 원래의 값에 2배를 하면 된다. 그림 2.5.3은 아래 제시된 MATLAB m 파일을 이용하여 실제의 결과를 출력한 것이다.

[MATLAB m-file]

```
% DFT of a cosine function
clear all, clc
f0 = 1;  % 1 Hz = frequency of the given cosine function
T0 = 2;  % measurement time
fs = 5;  % given sampling freq.
t = 0:1/fs:T0-1/fs;   % sampling period (time increment) = 1/fs
xt = 2*cos(2*pi*f0*t);   % function to be fast Fourier transformed
N = length(xt);      % sample size, a.k.a. block size
```

```
f_all = [0:N-1]*(fs/N);  % frequency points, del_f = fs/N
Xf_tmp = abs(fft(xt));  % magnitude of fft
Xf_all = Xf_tmp/N;   % adjusted to match the values from Fourier series
subplot(3,1,1)
stem(f_all, Xf_all)
title('Raw FFT of a cosine')
xlabel('Frequency (Hz)'), ylabel('|X(f)|')

% The above fft result includes all the components beyond the Nyquist frq.
% The following is for the negative frequency components by just shifting
% double-sided fft
Xf_d = fftshift(Xf_all);
f_d = [-N/2:N/2-1]*(fs/N); % double-sided
subplot(3,1,2)
stem(f_d, Xf_d)
title('Double-sided FFT of a cosine')
xlabel('Frequency (Hz)'), ylabel('|X(f)|')

% single-sided fft
Xf_s = Xf_all(1:N/2);
Xf_s(2:end) = 2*Xf_s(2:end);
f_s = [0:N/2-1]*(fs/N); % single-sided, excluding the Nyquist freq.
subplot(3,1,3)
stem(f_s, Xf_s)
title('Single-sided FFT of a cosine')
xlabel('Frequency (Hz)'), ylabel('|X(f)|')
```

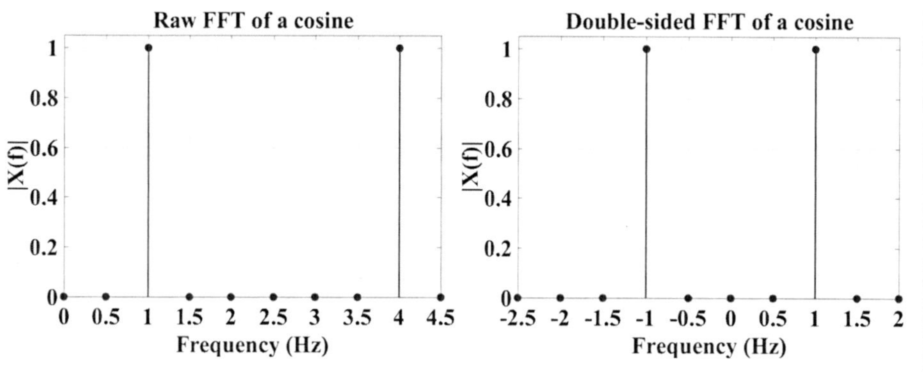

(a) (b)

34) 그림에 표현된 크기 1인 주파수 성분은 이산 푸리에 변환 결과를 표본의 개수 N (= $T_0 f_s$)로 나누어 구한 것이다(2.3절의 마지막 정리 참고). 그런데, 주어진 문제에서 시간 영역의 신호 크기는 2이다. 제시된 MATLAB m 파일은 양의 주파수 성분의 크기 2를 복원하는 일반적인 과정을 포함하고 있다.

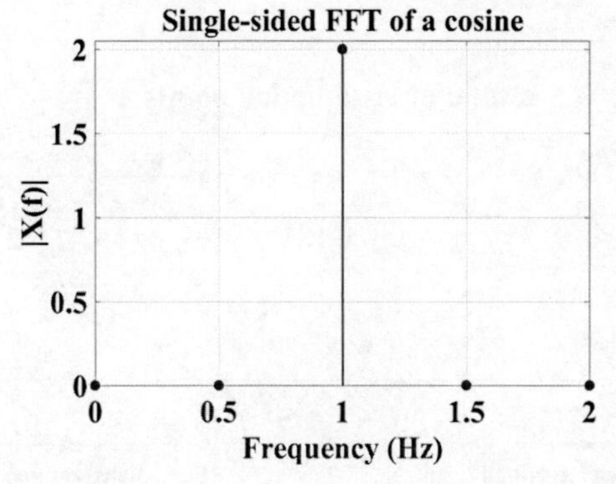

(c)

그림 2.5.3 (예제 2.5.1) MATLAB fft를 이용한 코사인 함수의 이산 푸리에 변환 결과: (a) $[0, f_s - \triangle f]$ 범위에서의 주파수 진폭 스펙트럼, (b) $[-f_s/2, f_s/2 - \triangle f]$ 범위에서의 주파수 진폭 스펙트럼(음의 주파수를 포함한 양측 스펙트럼) 및 (c) $[0, f_s/2 - \triangle f]$ 범위에서의 주파수 진폭 스펙트럼(음의 주파수 영역에서의 크기 성분을 고려한 단측 스펙트럼)

보충설명 2.5.1 N이 홀수인 경우 주기 함수의 이산 푸리에 변환

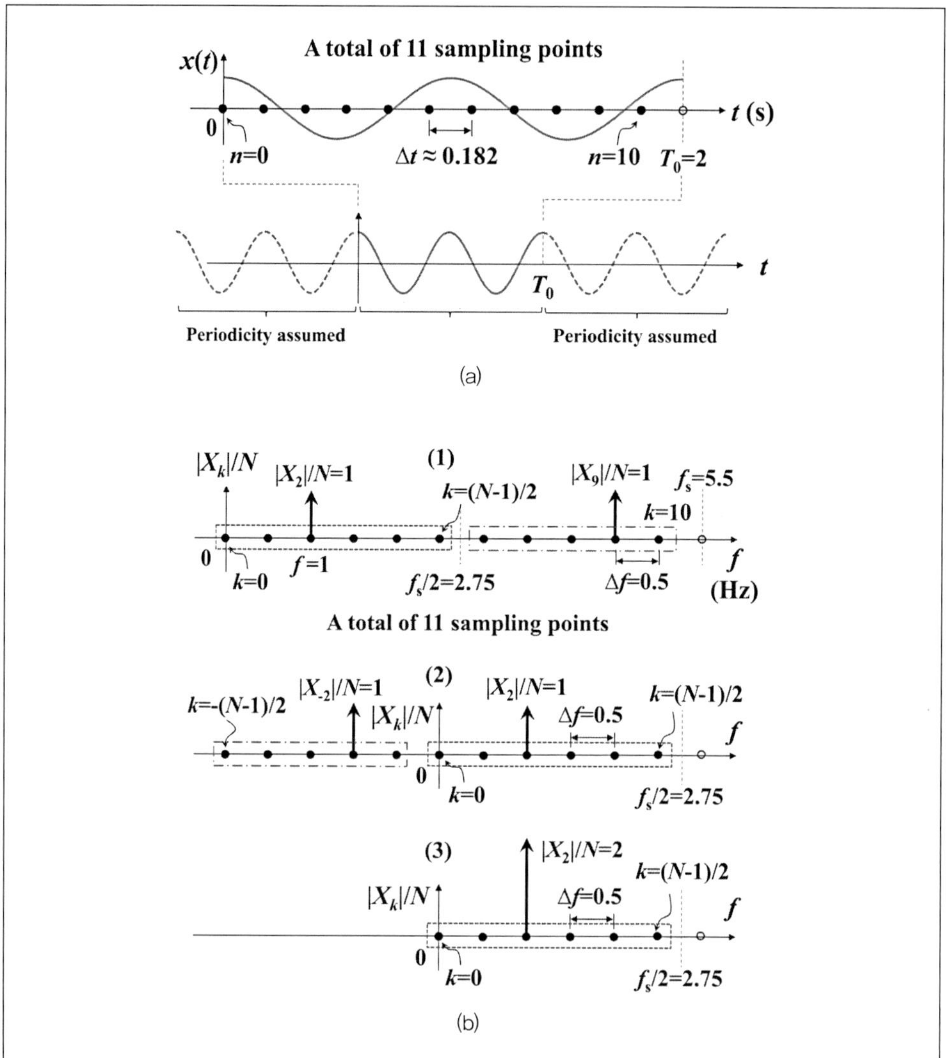

그림 2.5.4 예제 2.5.1의 보충 설명: N이 홀수인 경우

예제 2.5.1에 대해 앞서 설명한 내용은 N이 짝수인 경우에 해당한다. 그리고, N은 대부분 짝수인 경우, 특히 2의 거듭제곱인 경우가 일반적이다(fft 알고리듬은 N이 2의 거듭 제곱인 경우에 효율적인 것으로 알려져 있다. 임의의 크기를 갖는 표본의 크기를 '0' 채우기(zero padding) 등을 통해 2의 거듭제곱 크기로 만들어 주는 MATLAB 함수가 있다. 이에 대해서는 예제 2.5.5에서 다시 설명할 것이다). 그럼에도 불구하고 N이 홀수일 경우에는 그림 2.5.2에 대한 추가 설명이 필요하다. 그림 2.5.4는 N이 홀수일 경우에 대한 이산 푸리에 변환을 설명하고 있다. 이를 위해 예제 2.5.1을 다음과 같이 약간 바꾸어 보자.

$$x(t) = 2\cos(2\pi f_0 t),\ f_0 = 1\ \text{Hz}$$

단, 측정 시간 T_0는 2초로하고, 표본화 주파수(sampling frequency) f_s는 5.5 Hz로 설정한다.

위의 문제는 예제 2.5.1과 비교하여 표본화 주파수만 바뀌었다. 따라서, 표본화 주기 Δt는 약 0.182(s)로 바뀌었다. 그러나, 전체 측정 시간 T_0는 변함이 없으므로, 표본의 개수 N은 11개$(=T_0/\Delta t)$로서 홀수가 된다. 따라서, 시간 영역에서의 표본화는 그림 2.5.4(a)에서와 같이 이루어진다.

그림 2.5.4(b)의 첫 번째 그림 (1)에 보인 바와 같이, 이산 푸리에 변환을 위한 주파수 영역에서의 간격 Δf는 0.5 Hz $(=1/T_0)$로서 동일하지만, 주파수 영역에서의 표본화 구간 $[0, f_s]$이 조금 길어졌다. 그리고, 주목할 점은 N이 짝수인 앞에서의 경우와 달리 N이 홀수인 경우에는 나이퀴스트 주파수에서 주파수 표본화가 진행되지 않는다는 점이다. 그림 2.5.4(b)의 두 번째 그림 (2)에 나타낸 바와 같이 음의 주파수 영역을 표현할 경우에는 이 나이퀴스트 주파수 지점을 경계로 표본점들이 2개의 부분으로 나눈다(앞 부분이 뒷 부분보다 1개 더 많다). N이 짝수인 경우에서 설명한 것과 동일한 이유로 2개의 부분으로 나뉜 것 중 뒷 부분을 앞부분의 앞으로 옮기면 음의 주파수 영역까지 포함한 진폭 스펙트럼을 나타내게 된다. 이 경우 주파수 영역은 $f=k\Delta f$ $(k=-(N-1)/2,...,-1,0,1,...,(N-1)/2)$로 설정된다. 양의 주파수만 표현할 경우 $f=k\Delta f$ $(k=0,1,...,(N-1)/2)$ 영역만 선택하고 이 영역의 주파수 성분에 대한 진폭은 2배로 한다(그림 2.5.4(b)의 세 번째 그림 (3)). 이에 대해 그래프 부분만 생략된 MTLAB m 파일 작성 예를 아래에 제시하였으니, 참고하기 바란다.

[MATLAB m-file]

```
% DFT of a cosine function for the odd N
clear all, clc
f0 = 1;  % 1 Hz = frequency of the given cosine function
T0 = 2;  % measurement time
fs = 5.5;  % given sampling freq.
t = 0:1/fs:T0-1/fs;   % sampling period (time increment) = 1/fs
xt = 2*cos(2*pi*f0*t);   % function to be fast Fourier transformed
N = length(xt);      % sample size, block size

f_all = [0:N-1]*(fs/N);  % frequency points, del_f = fs/N
Xf_tmp = abs(fft(xt));  % magnitude of fft
Xf_all = Xf_tmp/N;   % scaled to match the Fourier series

% plotting part intentionally left out

% The above fft result includes the components beyond the Nyquist frq.
% The following is for the negative frequency components by just shifting
% double-sided fft
Xf_d = fftshift(Xf_all);
f_d = [-(N-1)/2:(N-1)/2]*(fs/N); % double-sided

% single-sided fft
Xf_s = Xf_all(1:(N-1)/2+1);
Xf_s(2:end) = 2*Xf_s(2:end);
f_s = [0:(N-1)/2]*(fs/N); % single-sided, excluding the Nyquist freq.
```

참고로, 위에서 N이 홀수인 경우에는, MATLAB 함수를 이용하여 $(N-1)/2$을 floor(N/2)로 대체할 수 있다. 이 경우 주파수 범위는 $f=k\Delta f$ (k=0,1,...,floor(N/2))가 된다. 이를 N이 짝수일 경우에도 그대로 쓰게 되면 $f=k\Delta f$ 에서 k의 범위가 k=0,1,...,$N/2$이 되어 나이퀴스트 주파수를 포함하게 된다. 그럼에도 불구하고, N의 홀수, 짝수 여부에 관계없이 간단하게 주파수 범위를 $f=k\Delta f$ (k =0,1,...,floor(N/2))로 설정할 수도 있다. 물론, 이렇게 하면 N이 짝수인 경우에는 주파수 범위가 $f_s/2$, 즉 나이퀴스트 주파수를 포함하게 된다는 것을 유념하면 말이다.

예제 2.5.2

3개의 신호 발생기(function generator)로부터 각각 500 Hz, 1,000 Hz 및 1,500 Hz의 사인파가 생성되었다. 각각의 신호의 진폭은 동일하도록 조정되었지만, 위상은 서로 일치하지 않는다고 한다. 발생된 신호에 대해 어떠한 정보도 갖고 있지 않은 실험자가 특정 지점에 1개의 마이크로폰을 설치하여 그 지점에서의 소리의 음압을 측정하였다. 이산 푸리에 변환을 통해 신호의 주파수 특성을 분석하되, 신호에 포함된 최대 주파수는 2,500 Hz로 가정하여라. 최소 주파수는 500 Hz임을 이미 알고 있다고 가정한다.

풀이 및 설명

Step 1: 표본화 주파수(sampling frequency) f_s를 결정한다. 이는 신호에 포함된 최대 주파수의 가정으로부터 구할 수 있다. $f_{\max}$가 2,500 Hz이므로, 식 (2.4.4)와 (2.4.5)에 의해, 표본화 주파수는 다음과 같다.

$$f_s = 2f_{Nyq} = 5{,}000 \text{ Hz} \tag{1}$$

Step 2: 측정 대상 신호의 가장 낮은 주파수 성분은 500 Hz이므로, 최소 주파수 분해능, 즉 주파수 영역에서의 이산 주파수 간격 Δf를 500으로 한다. 식 (2.3.9)에 의하면 $\Delta f = f_0$ (f_0: 신호의 기본 주파수($=1/T_0$))이다.

Step 3: 이산 시간 신호의 표본 개수(표본의 크기) N을 구한다. 최소 주파수 분해능 $\Delta f = 500$이므로, 다음과 같이 이산 시간 신호의 추출점 개수를 구할 수 있다.

$$N = \frac{f_s}{\Delta f} = \frac{5{,}000}{500} = 10 \tag{2}$$

Step 4: 연속 시간 신호의 표본화 시간 간격 Δt는 다음과 같이 구한다.

$$\Delta t = \frac{1}{f_s} = \frac{1}{50{,}000} = 0.2 \text{ (ms)} \tag{3}$$

위의 과정[35]에 의해 연속 시간 신호는 시간 간격 $\Delta t = 0.2$ ms로서 총 10개의 값이 추출되어야 하므로 전체 표본화 시간 T_0는 2 ms ($= N\Delta t = 10 \times 0.2 = 2.0$)가 된다. 따라서, 다음과 같이 음압을 측정하여 표로 기록하였다.

35) 여기서 제시한 Step들이 다른 모든 문제에 동일하게 적용될 수는 없을 것이다.

[표 2.5.1] 예제 2.5.2의 연속 시간 신호 $x(t)$의 표본화 수행 측정 값

Time (ms)	0	0.2	0.4	0.6	0.8	1.0	1.2	1.4	1.6	1.8
Voltage (mV)	7.896	236.6	89.47	4.900	60.01	−31.84	−55.13	46.61	−102.2	-256.2

이 문제는 예제 2.5.1과는 달리 시간 영역의 함수가 식의 형태로 주어지지 않고, 표본화 주기(sampling period) Δt에 의한 측정치로 주어진 것이다. 비교적 실용적인 예제로서, 표에 주어진 시간 영역의 측정치에 대해 주파수 성분 특성을 알아보도록 하자. 아래 MATLAB m 파일은 표 2.5.1의 측정치에 대한 이산 푸리에 변환을 구하기 위해 작성된 코드의 작성 예이다.

[MATLAB m-file]

```
% DFT of a signal from three independent sources
clear all, clc
fs = 5000;  % from the maximum freq. component
del_f = 500;      % from the minimum freq. component
del_t = 1/fs;    % sampling time interval, sampling period
N = fs/del_f;      % =10, No. of total samples
f = [0:N-1]*del_f;  % frequency points, del_f=fs/N
out_V=[7.896, 236.6, 89.47, 4.9, 60.01, -31.84, -55.13, 46.61, -102.2, -256.2];
Xf_all = abs(fft(out_V));  % yielding the magnitude

% double-sided fft
f_d = [-N/2:N/2-1]*(fs/N); % equal to –fs/2:del_f:fs/2-del_f
Xf_d = fftshift(Xf_all)/N;   % adjusted to match the amplitude of each signal

% single-sided fft
f_s = f(1:N/2);     % f(1:N/2) equal to 0:del_f:fs/2-del_f
Xf_s = Xf_all(1:N/2)/N;   % adjusted to match the amplitude of each signal
Xf_s(2:end) = 2*Xf_s(2:end); % in consideration of the negative freqs.

stem(f_s, Xf_s)
title('Single-sided FFT of the signal')
xlabel('Frequency (Hz)'), ylabel('¦X(f)¦')
```

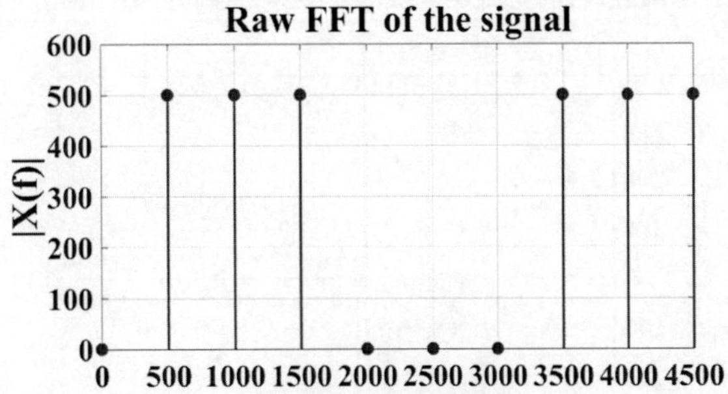

(a)

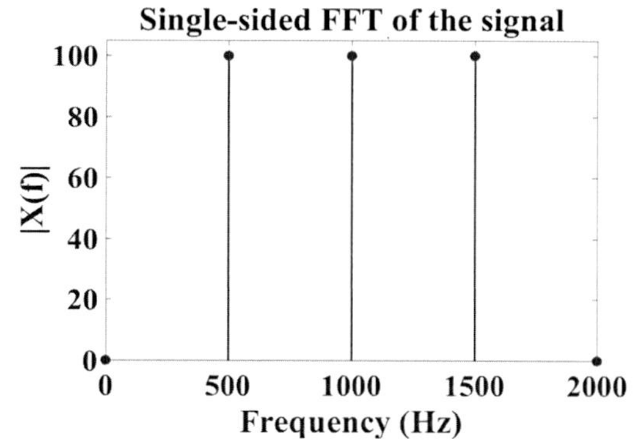

(b)

그림 2.5.5 (예제 2.5.2) 신호의 푸리에 변환: (a) $f=0\sim(N-1)\Delta f$ 범위에서의 주파수 진폭 스펙트럼 및 (b) 나이퀴스트 주파수를 고려한 $f=0\sim(N/2-1)\Delta f$ 범위에서의 진폭 스펙트럼

위에 제시된 MATLAB m-file을 수행한 결과를 그림 2.5.5에 나타내었다. 표본화 대상 전체 측정 시간 T_0 (2 ms)에 대한 표본 크기 N(=10)을 고려하여 수행한 결과가 그림 2.5.5(a)이고, 나이퀴스트 주파수를 고려하여 주파수 범위 $f=0\sim f_s/2-\Delta f$까지에 대한 결과가 그림 2.5.5(b)이다. 그런데, 그림 2.5.5(a)의 결과는 진폭에 대한 크기 조정을 취하지 않은 단계에서 그린 것이고, 그림 2.5.5(b)는 표본 크기 N으로 나누어 푸리에 전개에 의한 진폭 값을 복원한 후, 음의 주파수 성분을 고려하여 2배를 취한 후의 최종 값을 나타내고 있다.

참고로, 문제에 주어진 표 2.5.1의 측정값은 사실 다음의 함수에 대해 해당 시간 간격($\Delta t=0.2$ ms)에서 추출한 값이었다.

$$x(t)=100\sin(2\pi f_1 t)+100\sin(2\pi f_2 t-0.12)+100\sin(2\pi f_3 t+0.2) \quad (4)$$

$$(f_1=500\text{ Hz},\ f_2=1{,}000\text{ Hz},\ f_3=1{,}500\text{ Hz})$$

그리고, 그림 2.5.6은 위 식에 나타낸 연속 시간 신호에 대한 그래프를 보여주고 있다.

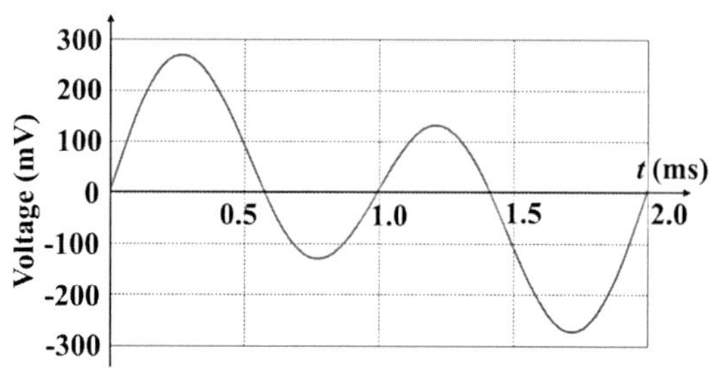

그림 2.5.6 예제 2.5.2의 연속 시간 신호 $x(t)$

따라서, 문제에서 주어진 신호의 주파수 성분은 500, 1,000, 1,500 Hz의 3개 성분만 있으므로, 그림 2.5.5(a)에서 나이퀴스트 주파수 f_{NYQ} (=$f_s/2$=2,500 Hz)이상의 성분은 버려야 한다는 것을 다시 한번 확인할 수 있다. 또한, 그림 2.5.5(b)는 음의 주파수 성분을 고려하여 나이퀴스트 주파수 이내의 주파수 구간 ($f = 0 \sim f_s/2 - \Delta f$)에서 스펙트럼 진폭을 2배한 결과인데, 신호의 원래 진폭의 크기인 100을 모두 잘 구현하고 있는 것을 볼 수 있다. 즉, 식 (2.3.6)에 의하면 이산 푸리에 변환의 X_k와 이산 푸리에 급수의 c_k와는 $X_k = Nc_k$의 관계가 있음을 알 수 있다. 따라서, $|c_k| = |X_k|/N = |X_k|/10 = 500/10$에 의해 $|c_1| = |c_2| = |c_3| = 50$이 된다. 또한, c_k는 $|c_k| = |c_{-k}|$의 특성과 함께 k가 음수인 경우에도 존재한다. 따라서, 양의 주파수만 고려할 경우에는 2배를 해야하므로, 해당 주파수에서 100의 진폭을 갖게 되는 것이다.

예제 2.5.3

다음과 같은 간단한 코사인 및 사인 함수에 대한 이산 푸리에 변환 결과를 살펴보기로 하자.

$$x_1(t) = \cos(2\pi \times 150t),\ x_2(t) = \sin(2\pi \times 150t)$$

풀이 및 설명

앞의 문제와 큰 차별성은 없으나 여러 개의 신호를 동시에 다루는 법을 알아보고 주파수 분해능 (frequency resolution)을 향상시켜 주기 신호에 대한 푸리에 변환 결과를 연속 함수의 형태로 출력하여 확인해 보도록 하자.

[MATLAB m-file]

```
% DFT of simple sine and cosine functions
clear all, clc
fs = 1000;    % sampling frequency of 1 kHz, should be higher than 150*2
del_t = 1/fs;      % sampling time interval
N = 1000;       % length of sampled signals
t = [0:N-1]*del_t;   % sampling points, same as 0:del_t:T-del_t

x1 = cos(2*pi*150*t); % 1 by N row vector
x2 = sin(2*pi*150*t);  % 1 by N row vector

x=[x1;x2];   % 2 by N matrix with 1st row for x1 and 2nd row for the other

% The following is just for what the signals look like in the time domain
for i = 1:2
subplot(2,1,i), plot(t(1:100), x(i,1:100))
title(['x', num2str(i), ' in the time domain'])
end

DFT = fft(x,[],2);     % same as [fft(x1); fft(x2)]
Xf_tmp = abs(DFT/N);  % for scaling
Xf_s = Xf_tmp(:, 1:N/2); % frequency of up to fs/2-del_f
Xf_s(:, 2:end)=2*Xf_s(:, 2:end); % for the actual amplitude
```

```
f = [0:N/2-1]*(fs/N);    % same as 0:fs/N:fs/2-del_f

% The following is just for what the signals look like in the frequency domain
figure(2)
for i = 1:2
subplot(2,1,i), plot(f, Xf_s), title(['x', num2str(i), ' in the frequency domain'])
end
```

위의 m-file의 결과를 그림 2.5.7에 나타내었다. 문제에 주어진 사인과 코사인 신호는 위상만 다를 뿐 주파수 성분 및 진폭이 동일하므로 이산 푸리에 변환 결과의 진폭도 동일한 크기와 동일한 주파수 성분을 갖고 있음을 확인할 수 있다.

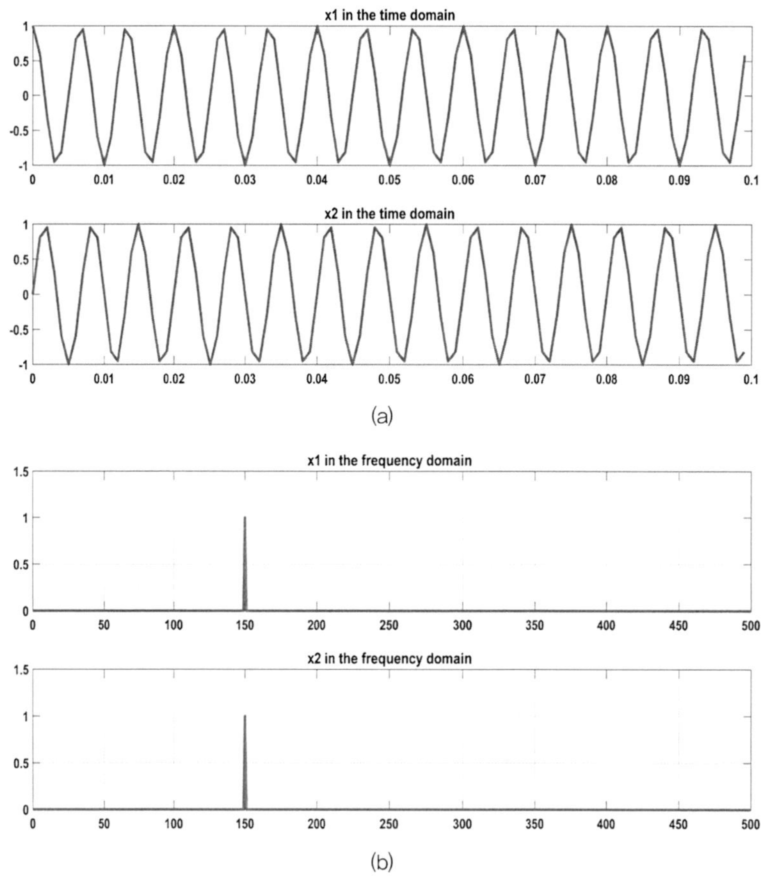

그림 2.5.7 (예제 2.5.3) (a) 연속 시간 신호 $x_1(t)$ (위) 및 $x_2(t)$ (아래), (b) 각각의 이산 푸리에 변환(이산 푸리에 변환 결과를 주어진 연속 시간 신호의 진폭에 맞도록 조정)

예제 2.5.4

다음과 같은 잡음이 포함된 신호에 대해 이산 푸리에 변환을 이용하여 잡음에 묻힌 신호의 주파수 성분을 찾아보자.

$$x(t) = 1.5\cos(2\pi \times 50t) + \cos(2\pi \times 120t) + N_x(t)$$

위 식에서 $N_x(t)$는 잡음 신호로서 여기서는 평균 0, 표준편차 2인 백색잡음(white noise, Gaussian noise)을 사용하였다.

풀이 및 설명

이 문제는 잡음이 포함된 신호의 주파수 성분을 찾는 것이다. 문제에서는 주파수 및 진폭이 서로 다른 2개의 코사인 함수와 가우스 분포의 백색 잡음이 포함된 신호가 제시되었다. 여기에서는 제시된 잡음 신호의 생성을 위해서 MATLAB의 'randn' 함수를 이용한다. MATLAB의 'randn' 함수는 평균 0, 표준편차 1인 정규 확률 밀도 함수를 갖는 확률 변수 값을 생성한다. 따라서, 임의의 평균값 μ_X 및 표준편차 σ_X를 갖는 정규 확률 분포의 랜덤 수(random number)를 생성하기 위해서는 $\sigma_X \times$randn$+\mu_X$를 이용하면 된다. 아래에는 주어진 문제를 해결하기 위한 MATLAB m-file의 작성 예가 제시되어 있으며, 그 결과를 그림 2.5.8에 나타내었다.

[MATLAB m-file]

```
% The effects of random noise on the DFT results
clear all, clc
fs = 1000;    % sampling frequency of 1 kHz
del_t = 1/fs;      % sampling time interval
N = 1500;       % length of sampled signals
t = 0:del_t:N/fs-del_t;  % sampling points

x = 1.5*cos(2*pi*50*t)+cos(2*pi*120*t); % 1 by N row vector, signal
Nx = 2*randn(1, N);    % noise signal (mean: 0, standard deviation: 2)

xn=x+Nx;  % generation of the signal with a noise

% The following is just for what the signals look like in the time domain
subplot(3,1,1)
plot(1000*t(1:50), xn(1:50))   % change the time unit to milliseconds
title('Signal with a white random noise')
xlabel('t (ms)'), ylabel('xn(t)')

% For comparison, the original signal without noise is analyzed
Xf_tmp = abs(fft(x)/N);  % scaled amplitude
Xf = Xf_tmp(:, 1:N/2); % frequency of up to fs/2-fs/N
Xf(:, 2:end)=2*Xf(:, 2:end); % for the actual amplitude

f = [0:N/2-1]*(fs/N);   % same as 0:fs/N:fs/2-fs/N

subplot(3,1,2)
```

```
plot(f, Xf)
title('x in the frequency domain (amplitude spectrum)')
xlabel('f (Hz)'), ylabel('¦X(f)¦')

% Now for the signal with noise
Xfn_tmp = abs(fft(xn)/N);  % scaled amplitude
Xfn = Xfn_tmp(:, 1:N/2); % frequency of up to fs/2-fs/N
Xfn(:, 2:end)=2*Xfn(:, 2:end); % for the actual amplitude

subplot(3,1,3)
plot(f, Xfn)
title('xn in the frequency domain (amplitude spectrum)')
xlabel('f (Hz)'), ylabel('¦X(f)¦')
```

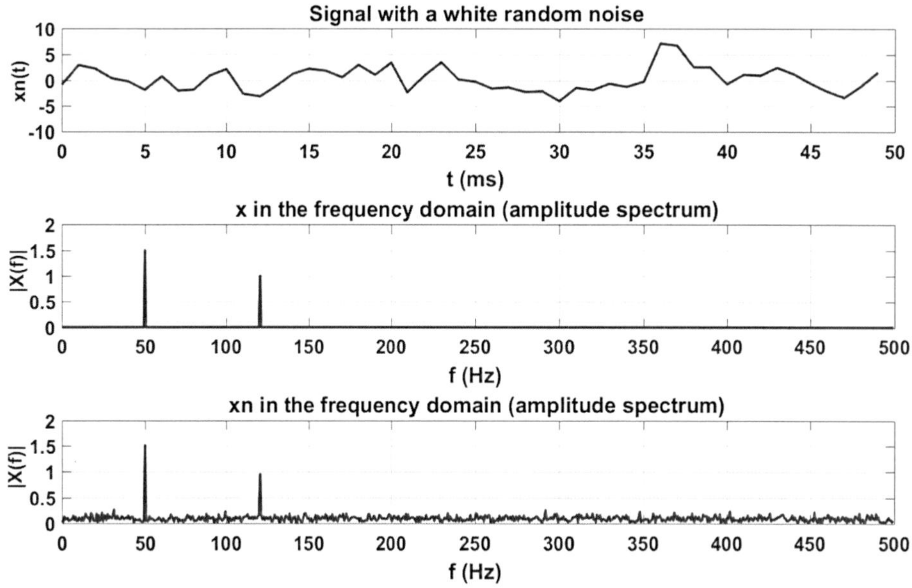

그림 2.5.8 (예제 2.5.4) 백색 잡음이 포함된 신호(첫번째 그림)와 이산 푸리에 변환 결과(두번째 그림): 비교를 위해 잡음이 포함되지 않은 신호의 푸리에 변환 결과(가운데 그림)를 포함하였다.

예제 2.5.5

다음과 같이 가우스 함수 형태로 주어진 펄스 신호에 대해 주파수 특성 분석을 하여 보자.

$$x(t) = \frac{1}{4}\frac{1}{\sqrt{2\pi}\,\sigma}e^{-t^2/(2\sigma^2)}\,,\ \sigma = \sqrt{0.01}$$

풀이 및 설명

지금까지는 주기 함수에 대한 이산 푸리에 변환 실습을 수행하였다. 이 예제는 비주기 함수로서 가우스 함수를 선택하였다.

참고로, 부록의 식 (A.6.34)에 의하면, 주어진 가우스 함수의 푸리에 변환은 다음과 같다.

$$\frac{1}{4}\frac{1}{\sqrt{2\pi}\,\sigma}e^{-t^2/(2\sigma^2)} \underset{F^{-1}}{\overset{F}{\rightleftarrows}} \frac{1}{4}e^{-(\sqrt{2}\pi\sigma f)^2} \tag{1}$$

이제 MATLAB fft를 이용한 이산 푸리에 변환 결과를 구하고 위의 연속 푸리에 변환 결과와 비교해 보자. 사용한 MATLAB m 파일은 아래에 제시하였으며, 그 결과를 그림 2.5.9에 나타내었다.

[MATLAB m–file]

```
% DFT of a Gaussian pulse
clear all, clc
fs = 100;    % sampling frequency
del_t = 1/fs;       % sampling time interval
t = -0.5:del_t:0.5-del_t;  % sampling points
N = length(t);       % length of sampled signals

x = (1/4)/sqrt(2*pi*0.01)*exp(-t.^2/(2*0.01)); % 1 by N row vector

% The following is just for what the signals look like in the time domain
subplot(2,1,1), plot(t, x)
title('Gaussian pulse in the time domain')
xlabel('Time (t)'), ylabel('x(t)')

n=2^nextpow2(N);   % for zero padding
                   % e.g., if N=5, nextpow2(N)=3, because 2^2 < 5 < 2^3
DFT = fft(x,n);     % [x, zeros(1, n-N)] are fast Fourier transformed
Xf_tmp = abs(DFT/fs);  % Be cautious! fs for the value of Fourier integral

f = [0:n/2-1]*(fs/n);   % n is used instead of N
Xf = Xf_tmp(1:n/2);

% The following is just for what the signals look like in the frequency domain
subplot(2,1,2)
plot(f, Xf)
title('Gaussian pulse in the frequency domain')
xlabel('Frequency (f)')
ylabel('¦X(f)¦')
```

```
% To compare with the continuous Fourier transform result
Xf_re = (1/4)*exp(-(sqrt(2*0.01)*pi*f).^2);
hold on
plot(f, Xf_re)
```

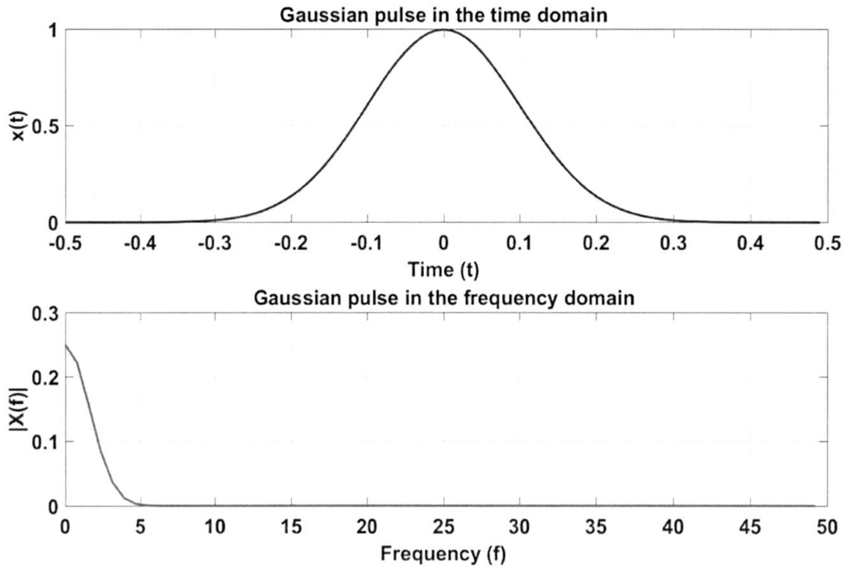

그림 2.5.9 (예제 2.5.5) 가우스 펄스 신호의 시간 영역 분포(위쪽) 및 이산 푸리에 변환을 통한 주파수 성분 분포(아래 쪽)

이 예제가 지금까지의 예제와 다른 점은 연속 시간 신호가 비 주기 함수이고 또한, 보충 설명 2.5.1에서 잠깐 언급했듯이 이 예제의 코드에서 '0' 채우기(zero padding)라는 것이 사용되었다는 점이다. 그리고, 연속 시간 비 주기 함수이므로 이산 푸리에 변환 결과의 진폭 크기를 실제의 푸리에 적분 결과와 맞추기 위해 코드에서 fft 실행 결과를 f_s로 나눈 것에 유의하자(주기 함수의 경우에는 fft 실행 결과를 N 또는 $T_0 f_s$로 나누어준다). '0' 채우기는 주파수 영역에서 더 부드러운 곡선으로 주파수 성분 분포를 나타낼 때 유용하다. 즉, 표본화 주파수 f_s는 유지한 채(따라서, 이미 표본화를 수행하여 이산 시간 자료를 추출한 상태), 추출한 이산 시간 함수 값의 뒤에 의미 없는 '0'을 추가하여 N을 증가시키는 효과를 통해 Δf (=f_s/N)를 감소(주파수 분해능 증가)시키는 것이다. 유의할 점은, 이는 이미 추출한 이산 시간 함수 값의 이산 푸리에 변환 값들을 부드럽게 보간(interpolation)하는 특징만 있지 실제의 Δf를 감소시켜 신호에 포함된 주파수 성분을 더욱 정밀하게 찾아줄 수 있는 것은 아니다(이런 목적을 달성하기 위해서는 $\Delta f = 1/T_0$에 의해 표본화 대상 측정 시간 T_0를 길게 잡아야 한다. 결국,

T_0의 크기가 클수록 말뚝 울타리 효과를 피해 특정 주파수 성분에서의 진폭 값을 더욱 정확하게 나타낼 수 있다). '0' 채우기를 위해 MATLAB에서는 m 파일 작성 예에서 확인할 수 있듯이 'nextpow2'라는 매우 유용한 함수를 제공한다. 작성 예에서는 원래의 표본 개수 N이 100개였으나 'nextpow2'에 의해 증가된 표본의 개수 n은 128개가 되어 28개의 '0'이 추가로 채워진 상태가 이산 푸리에 변환된 것이다. 또한, 그림 2.5.9의 하단 그림에는 식 (1)에 제시된 연속 푸리에 변환 결과를 포함하였는데, 이산 푸리에 변환 결과와 매우 유사하여 그래프 상으로는 겹쳐서 구분이 되지 않는다.

예제 2.5.6

0초에서 2초 사이에서 다음의 선형 chirp 신호를 생성하고 이 신호의 주파수 영역에서의 특성을 알아보자.

$$x(t) = \cos\left\{\phi_c + 2\pi\left(\frac{c}{2}t^2 + (f_0 - ct_0)t\right)\right\}$$

단, chirp 신호는 0초 및 2초에서 각각 0 Hz 및 2,000 Hz의 주파수 성분을 갖는다고 한다. 또한, 초기 위상 ϕ_c는 0 rad이라고 한다.

풀이 및 설명

Chirp 신호에 대해서는 이 예제 아래의 보충 설명 2.5.2를 참고하도록 하자. 먼저 상수 c의 값은 $(2{,}000-0)/(2-0)=1{,}000$이 된다. 위의 chirp 신호를 시간 영역에서 생성한 후 주파수 성분 분석을 하기 위한 MATLAB m 파일은 다음과 같이 작성되었다. 결과에 대해서는 그림 2.5.10을 참고하기 바란다.

[MATLAB m-file]

```
% Generation of a linear chirp signal in the time domain
clear all, clc
phi0 = 0;          % initial phase set equal to 0
t0 = 0;            % when the chirp starts
t1 = 2;            % when the chirp ends
f0 = 0;            % Hz at t=t0
f1 = 2000;         % Hz at t=t1
c = (f1-f0)/(t1-t0);     % chirpiness c=(2,000-0)/(2-0)=1,000
fs = 6000;         % three times of the max. freq. of 2,000 Hz

t = 0:1/fs:t1-1/fs;  % time axis
xt = cos(phi0+2*pi*(c*t.^2/2+(f0-c*t0)*t));  % generation of the linear chirp

% so far, same as chirp(t,f0,t1,f1) using the MATLAB built-in function

% The following is just for what the signals look like in the time domain
subplot(2,1,1), plot(t, xt)
title('Linear chirp in the time domain')
xlabel('t(s)'), ylabel('x(t)')
```

```
xlim([0, 0.2])    % for a enlarged view

%%% in the freq. domain through FFT
N = length(xt);   % the length of sampling points, block size
f = [0:N/2-1]*(fs/N);   % same as 0:fs/N:fs/2-fs/N

Xf_tmp = abs(fft(xt)/N);      % fast Fourier transform and scaled
Xf = Xf_tmp(:, 1:N/2);       % frequency of less than the Nyquist freq.
Xf(:, 2:end)=2*Xf(:, 2:end);   % for the actual amplitude

% the actual amplitude is (fs/N)*sqrt(1/c)=sqrt(1/((f1-f0)(t1-t0)))

% The following is just for what the signals look like in the frequency domain
subplot(2,1,2), plot(f, Xf)
title('Linear chirp in the frequency domain (amplitude spectrum)')
xlabel('f (Hz)'), ylabel('¦Xf¦')

% To compare with the nominal magnitude
Xf_re = ones(size(Xf))*sqrt(1/((t1-t0)*(f1-f0)));
hold on
plot(f, Xf_re)
```

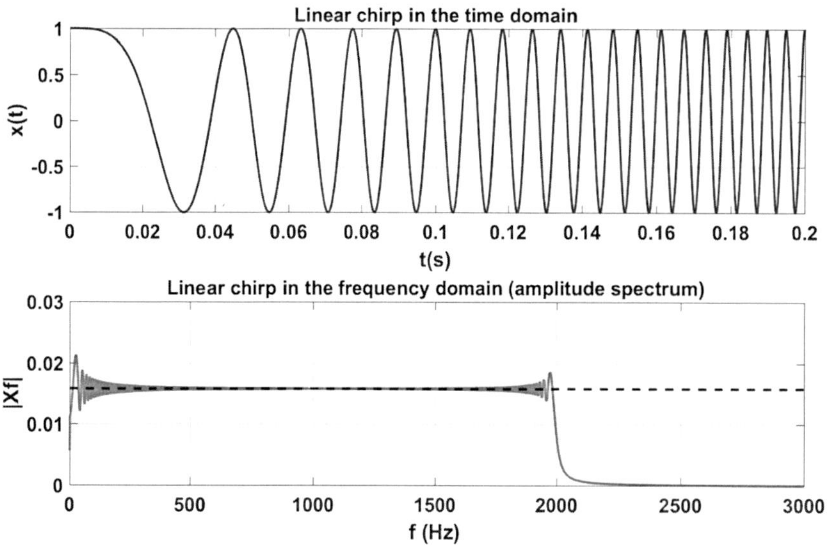

그림 2.5.10 (예제 2.5.6) 선형 chirp 신호의 시간 영역 분포(위쪽) 및 이산 푸리에 변환을 통한 주파수 성분 분포(아래 쪽): 점선은 $1/\sqrt{(t_1-t_0)(f_1-f_0)}$

참고로, chirp 신호의 주파수 영역에서의 스펙트럼 크기는 $(t_1-t_0)\times(f_1-f_0)$의 함수가 된다. 이 값이 크면, 스펙트럼의 리플(ripple)이 감소하고, 더욱 직사각형에 가까워진다.

보충설명 2.5.2 **Chirp 신호란?**

Chirp 신호는 주파수가 시간에 따라 증가 또는 감소하는 신호로서 sweep 신호라고도 불린다. 연속 시간 신호 $x(t)$가 시간 t의 함수인 위상 $\phi(t)$ (rad)에 의해 다음과 같이 정의된다고 하자.

$$x(t) = \cos(\phi(t)) \tag{1}$$

위 식에서 위상 $\phi(t)$ (rad)와 주파수 $f(t)$ (Hz)는 다음과 같은 관계를 갖는다.

$$\frac{d\phi}{dt} = \omega(t) = 2\pi f(t) \tag{2}$$

Chirp 신호는 주파수 $f(t)$의 시간 의존성 형태에 따라 선형(linear chirp), 이차(quadratic), 로그 chirp (logarihmic chirp)[36]으로 나뉜다. 먼저 선형 chirp 신호는 식 (2)에서 주파수 $f(t)$가 다음과 같이 시간에 대해 선형으로 변화한다고 가정한다.

$$f(t) = c(t - t_0) + f_0 \tag{3}$$

위 식에서 c (chirpiness, chirp rate)는 $(f_1 - f_0)/(t_1 - t_0)$로 정의되는 상수이며, 여기에서 f_0 및 f_1은 각각 $f(t_0)$ 및 $f(t_1)$을 의미한다. 식 (3)을 식 (2)에 대입하여 적분하면 위상 $\phi(t)$는 다음과 같이 구할 수 있다.

$$\frac{d\phi}{dt} = 2\pi c(t - t_0) + 2\pi f_0 \tag{4a}$$

$$\begin{aligned}\phi(t) &= \phi_0 + 2\pi\left(\frac{c}{2}t^2 + (f_0 - ct_0)t\right) - 2\pi\left(\frac{c}{2}t_0^2 + (f_0 - ct_0)t_0\right) \\ &= \phi_c + 2\pi\left(\frac{c}{2}t^2 + (f_0 - ct_0)t\right)\end{aligned} \tag{4b}$$

위 식에서 $t_0 = 0$인 경우에는 ϕ_c는 초기 위상 ϕ_0를 의미한다. 식 (4b)에서 위상은 시간의 제곱으로 표현되므로 선형 chirp 신호를 이차 위상 신호(quadratic-phase signal)로 부르기도 한다. 식 (4b)를 이용하면 식 (1)은 다음과 같이 표현된다.

$$x(t) = \cos\left\{\phi_c + 2\pi\left(\frac{c}{2}t^2 + (f_0 - ct_0)t\right)\right\} \tag{5}$$

로그 chirp 신호에서는 식 (3)에 나타낸 시간에 대한 선형 주파수 관계식이 다음과 같이 수정된다[37].

$$f(t) = f_0\left(\frac{f_1}{f_0}\right)^{\frac{t - t_0}{t_1 - t_0}} = f_0 k^{t - t_0} \tag{6}$$

즉, 주파수가 시간에 대해 지수 함수 형태로 증가한다. 위 식에서 $k = (f_1/f_0)^{1/(t_1 - t_0)}$는 주파수의 지수 변화율(exponential rate of change)을 의미한다. 이 경우 위상 $\phi(t)$는 다음과 같이 표현된다.

---

36) 지수형(exponential, geometric) chirp 신호라고도 한다.

37) log를 취한 값에 대한 선형식으로 보면 된다. 즉, $g(t) = \log_{10} f(t)$로 두고 $g(t)$에 대한 선형 관계식 $g(t) = \{(g_1 - g_0)/(t_1 - t_0)\}(t - t_0) + g_0$을 이용한다. 다시 $g(t) = \log_{10} f(t)$을 이용하여 $\log_{10} f(t)$에 대한 식으로 표현한 다음 로그 관계식을 이용하면 식 (6)을 얻을 수 있다.

$$\frac{d\phi}{dt} = 2\pi f_0 \left(\frac{f_1}{f_0}\right)^{\frac{t-t_0}{t_1-t_0}} \tag{7a}$$

$$\phi(t) = \phi_0 + 2\pi f_0 \int_{t_0}^{t} \left(\frac{f_1}{f_0}\right)^{\frac{t-t_0}{t_1-t_0}} dt = \phi_0 + 2\pi f_0 \frac{\left(\frac{f_1}{f_0}\right)^{\frac{t-t_0}{t_1-t_0}} - 1}{\ln\left(\frac{f_1}{f_0}\right)^{\frac{1}{t_1-t_0}}} \tag{7b}$$

식 (7b)를 이용하면 식 (1)은 로그 chirp 신호에 대해 다음과 같이 표현된다.

$$x(t) = \cos\left(\phi_0 + 2\pi f_0 \frac{\left(\frac{f_1}{f_0}\right)^{\frac{t-t_0}{t_1-t_0}} - 1}{\ln\left(\frac{f_1}{f_0}\right)^{\frac{1}{t_1-t_0}}}\right) \tag{8}$$

예제 2.5.7

이산 푸리에 변환을 이용하여 그림 2.4.15(a)에 나타낸 Hann 창 함수에 대한 푸리에 변환을 구해보자. 참고로, 그림 2.4.15(b)는 식 (2.4.11b)에 표현된 연속 푸리에 변환 결과를 그린 것이다(단, $T_0 = 1$로 가정하자).

풀이 및 설명

먼저, 아래에 제시된 코드 작성 예를 이용하여 그림 2.5.11과 같이 Hann 창 함수를 생성할 수 있다. MATLAB에서는 표본의 개수를 입력 인자로 하여 이산 함수 값을 생성하기 때문에 f_s=1로 가정하는 셈인데, 여기서는 $T_0 = 1$로 가정하여, 임의의 값 $N = 16$에 대해 $f_s = 16$이 되었다. 창 함수에 대해서는 그림에 나타낸 바와 같이 대칭형(symmetric)과 주기형(periodic) 2가지 선택을 할 수 있다. 여기에서는 Hann 함수 자체의 주파수 특성을 분석하기 위해 그림 2.5.11(b)의 주기형을 선택하였다. 참고로, 다음 예제 2.5.8에서와 같이 측정 데이터에 창 함수를 적용할 때는 대칭형을 사용한다.

[MATLAB m-file (1)]: 시간 영역

```
% Hann window function in the time domain
clear all, clc
fs = 16;      % f: [0 fs/2)
T0 = 1;       % [0, 1]
del_t = 1/fs;
N = T0/del_t;
w = hann(N, 'periodic');  % default is hann(N) or hann(N, 'symmetric')
figure(1)
plot([0:del_t:T0], [w',0])   % no value defined at T0=1, refer to the figure
```

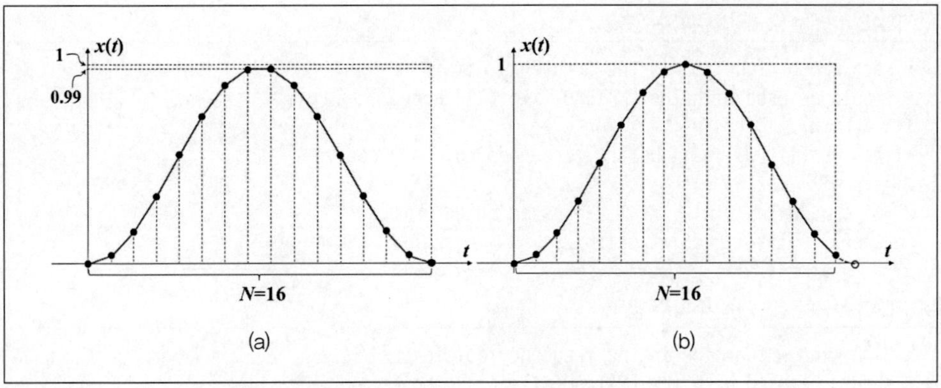

그림 2.5.11 MATLAB hann 명령어를 이용한 Hann 함수 생성 결과:
(a) hann(16) (또는 hann(16,'symmetric'), (b) hann(16,'periodic')

그림 2.5.11(b)의 Hann 함수에 대해 이산 푸리에 변환을 수행하고 그 결과를 그림 2.5.12에 나타내었다. 그림에는 2가지 방법에 의한 결과를 나타내었는데, 각각의 방법에 대한 코드 작성 예를 그 아래에 제시하였다. 현재의 Hann 함수는 측정 시간 T_0를 1로 설정하였으므로 Δf의 값이 1이 되므로, 주파수 분해능이 좋지 못하다. 따라서, 그림 2.5.12의 (2-1)에 나타낸 바와 같이 DC 성분과 1 Hz 성분만을 구분할 수 있지만, 그림 (2-2)에서는 '0' 채우기(zero-padding)를 이용하여 그림 2.4.15(b)와 거의 동일한 결과를 얻을 수 있었다. 이는 측정 시간 T_0 이후에 '0'을 실제의 측정치에 추가하여 형식적으로 측정 대상 시간 길이를 증가시킴으로써 주파수 분해능을 향상시킨 것이다. 이 경우 시간 영역의 함수는 $T_0+n\Delta t$를 주기로 하여 반복된다고 가정한다. 다시 언급하지만, 참고로 그림 2.4.15(b)는 식 (2.4.11b)의 연속 푸리에 변환 결과를 그린 것이었다.

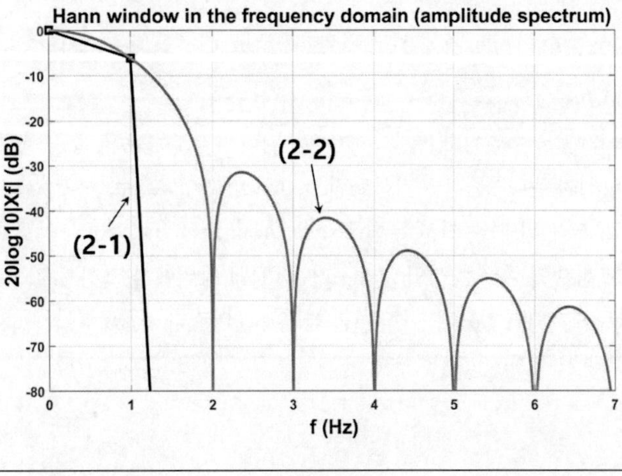

그림 2.5.12 Hann 창 함수에 대한 이산 푸리에 변환 결과

[MATLAB m-file (2-1)]: 주파수 영역

```
% Hann window function in the frequency domain
% should be used with the [MATLAB-file (1)] above
f_c = [0:N/2-1]*(fs/N);   % for even N
wf_c = abs(fft(w));   % before zero-padding, very coarse
wf_c = wf_c/max(wf_c);
dB_wf_c = 20*log10(wf_c);  % expressed in dB unit
figure(2), plot(f_c,dB_wf_c(1:N/2))
```

[MATLAB m-file (2-2)]: 주파수 영역

```
% Hann window function in the frequency domain
% should be used with the [MATLAB-file (1)] above
n=2^14;
f = [0:n/2-1]*(fs/n);
wf = abs(fft(w,n));   % after padding with n-N zeros
wf = wf/max(wf);
dB_wf = 20*log10(wf);
hold on, plot(f,dB_wf(1:n/2))
axis([0 7 -80 0])
title('Hann window in the frequency domain (amplitude spectrum)')
xlabel('f (Hz)'), ylabel('20log10¦Xf¦ (dB)')
```

보충설명 2.5.3 창 함수의 표현에 있어서의 사용 단위

창 함수를 시간 영역, 또는 주파수 영역에서 표현할 때 가로축의 단위로서 각각 표본(sample)의 개수를 이용하거나, 'rad/sample'을 이용하는 경우(MATLAB의 경우)가 있다. 여기서 잠깐 주파수 영역에서의 'rad/sample'의 단위에 대해 알아보자.

주파수 영역에서는 무차원 단위를 이용하면 가로축의 범위를 [0, 1]로 제한할 수 있는 간편함이 있다. 즉, 무차원 단위로서 $f_n = f/f_s$를 이용하면 되는데, 이 경우에는 표본화 주파수 f_s가 최대 주파수의 2배보다 커야 하므로 가로축의 범위가 [0, 1/2]이 된다. 따라서, $f_n = 2f/f_s$를 무차원 단위로 사용하면 가로축의 범위는 [0, 1]이 된다. 좀 더 추가하자면, ω (rad/s)=$2\pi f$되므로, $f_n = 2(\omega/2\pi)/f_s = \omega/\pi/f_s$에 의해 $f_n \times \pi = \omega/f_s$가 된다. 여기서 우변은 (rad/s)/(sample/s)=rad/sample의 무차원 단위가 된다. MATLAB에서는 창 함수의 주파수 영역 그래프가 [0, 1]의 범위에서 그려져 있고, 가로축의 단위가 '$\times\pi$ (rad/sample)'로 표기되어 있으니, 이 의미를 참고하기 바란다.

예제 2.5.8

다음의 신호에 대해 Hann 창 함수 적용 결과를 확인해보자. 문제는 예제 2.5.1과 거의 비슷하나 주파수 등 일부 세부 사항이 바뀌었다.

$$x(t) = 2\cos(2\pi f_0 t),\ f_0 = 5\ \text{Hz}$$

단, 측정 시간 T_0는 2초로하고, 표본화 주파수(sampling frequency) f_s는 50 Hz로 설정한다.

풀이 및 설명

여기서는 Hann 창 함수를 적용한 시간 신호의 주파수 영역 특성을 확인해 보고자 하였다. 창 함수를 적용함으로 인해 시간 영역에서는 함수의 형태가 창 함수의 진폭으로 변조되고, 그 결과 주파수 영역에서는 원래의 진폭 및 에너지가 줄어든다. 이를 보상하기 위한 도구로서, 2.4.5절에서 진폭 보정 계수(ACF)와 에너지 보정 계수(ECF)에 대해 알아본 바 있다. 원래 신호의 진폭 및 에너지가 변경되어 이를 다시 보정해주는 절차를 거쳐야 하는 불편함이 있음에도 창 함수를 사용하는 이유는 2.4.4절에서 이미 설명하였다. 여기서는 창 함수의 적용 결과와 보정 계수의 의미에 대해서만 다시 확인할 수 있도록 한다.

이 예제에 대한 MATLAB m 파일 작성 예는 아래에 제시하였으며, 그 결과를 그림 2.5.13에 나타내었다. 그림에서 확인할 수 있듯이 Hann 창 함수를 적용한 후 주파수 영역의 진폭이 줄어드는 것을 확인할 수 있다. 따라서, 진폭 보정 계수를 적용하면 원래의 진폭이 복원되는 반면 에너지는 더 늘어나는 것을 볼 수 있다. 따라서, 등가 에너지 관점에서는 진폭이 복원되지는 않더라도 에너지 보정 계수를 곱해서 사용해야 한다. 이는 선택의 문제이다.

[MATLAB m–file (예제 2.5.8)]

```
% similar to ex 2.5.1 except for the application of a window:
clear all, clc
f0 = 5;  % 1 Hz = frequency of the given cosine function
T0 = 2;  % measurement time
fs = 50;  % given sampling freq.
t = 0:1/fs:T0-1/fs;   % sampling period (time increment) = 1/fs
xt = 2*cos(2*pi*f0*t);   % function to be fast Fourier transformed
N = length(xt);       % sample size, block size
wxt = xt.*hann(N)';   % application of the Hann window
ACF = 2;    % amplitude correction factor for Hann window
ECF = 1.63;  % energy correction factor for Hann window
subplot(1,2,1), plot(t,xt), xlabel('time (s)'), ylabel('x(t)')
title('original time signal')
subplot(1,2,2), plot(t,wxt), xlabel('time (s)'), ylabel('wx(t)')
title('Hann-windowed time signal')

% single-sided fft
f=[0:N/2-1]*(fs/N);
Xf_tmp=abs(fft(xt))/N; Xf=Xf_tmp(1:N/2); Xf(2:end)=2*Xf(2:end);
```

```
Xfw_tmp=abs(fft(wxt))/N; Xfw=Xfw_tmp(1:N/2); Xfw(2:end)=2*Xfw(2:end);
ACF_Xfw = ACF*Xfw;    % amplitude-corrected Hann-windowed signal
ECF_Xfw = ECF*Xfw;    % energy-corrected Hann-windowed signal

figure(2)
plot(f,Xf,f,Xfw,f,ACF_Xfw,f,ECF_Xfw)
title('FFT of a cosine w/ or w/o a window')
xlabel('Frequency (Hz)'), ylabel('¦X(f)¦')
```

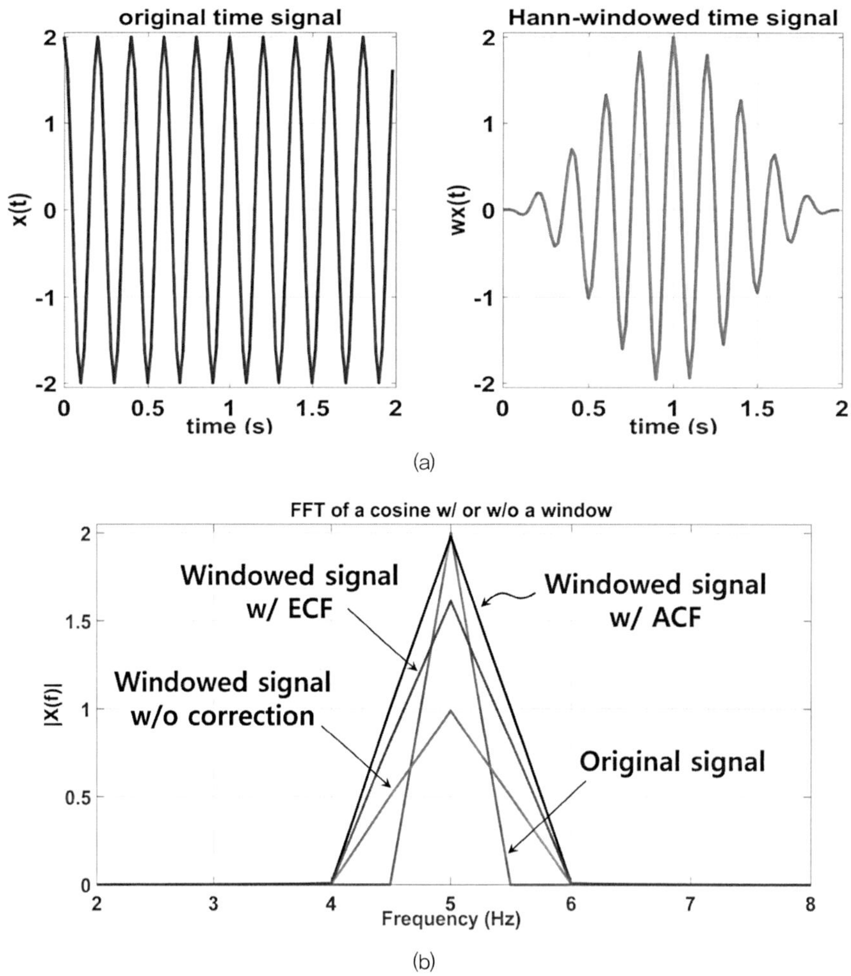

그림 2.5.13 (예제 2.5.8) Hann 창 함수의 사용 예: (a) 창 함수를 적용한 경우의 단일 주파수 시간 신호 및 (b) 창 함수를 적용한 경우의 보정 계수의 영향

예제 2.5.9

다음의 신호에 대해 Hann 창 함수를 적용한 결과와 그렇지 않은 결과를 주파수 영역에서 비교해 보자.

$$x(t) = -0.2 + \sin(2\pi f_1 t) + 0.001\sin(2\pi f_2 t) + \sin(2\pi f_3 t) - 0.0001\sin(2\pi f_4 t)$$

$$f_1 = 3\text{ Hz},\ f_2 = 6.25\text{ Hz},\ f_3 = 7\text{ Hz},\ f_4 = 12\text{ Hz}$$

풀이 및 설명

앞의 예제에서는 창 함수를 적용할 경우에 주파수 영역에서의 보정에 대해 알아 보았다. 일반적으로, 스펙트럼 분석기에서는 진폭 보정이 기본으로 되어 있는 경우가 많다. 다만, 주파수 영역에서 주파수 성분에 따른 진폭이 rms 값으로 설정된 경우에는 에너지 보정 계수가 적용되는 경우가 있다.

한편, Hann 창 함수는 진동 측정 신호의 주파수 분석에서 꽤나 자주 적용되는 창 함수이다. 이는 창 함수의 롤 오프가 창 함수 중 가장 크고 60 dB 대역폭도 상당히 좁아 에너지 누설이 매우 적기 때문이다. 따라서, 선택성이 뛰어나 주파수 성분에 대한 구별 능력이 좋고 근접 주파수 성분 중 작은 신호가 큰 신호에 묻히는 경우가 거의 없다. 이에 대한 간단한 실례로서 본 예제를 다루었으며, MATLAB m 파일 작성 예는 아래와 같다. 그림 2.5.14에 나타낸 바와 같이 창 함수를 적용하지 않는 경우(또는 동일한 결과로서 직사각형 창 함수를 적용한 경우)에 비해 Hann 창 함수를 적용하면 매우 작은 크기의 진폭을 갖는 주파수 성분($f_2 = 6.25$ Hz, $f_4 = 12$ Hz)도 구분할 수가 있다.

[MATLAB m–file]

```
clear all, clc
N=1024;     % No. of samples
del_t=0.02;   % sampling period, time interval
fs=1/del_t;    % sampling frequency
T0=N*del_t;   % measurement time
ECF = 1.63;  % energy correction factor for Hann window

t=0:1/fs:T0-1/fs;
f1=3; f2=6.25; f3=7; f4=12;
xt=-0.2+sin(2*pi*f1*t)+0.001*sin(2*pi*f2*t)+sin(2*pi*f3*t)-0.0001*sin(2*pi*f4*t);
xtw=xt.*hann(N)';    % use of Hann window function
figure(1)
subplot(1,2,1), plot(t,xt)           % original signal
subplot(1,2,2), plot(t,xtw)          % Hann-windowed signal

f=[0:N/2-1]*(fs/N);
Xf_tmp=abs(fft(xt))/N;
Xf=Xf_tmp(1:N/2);
Xf(2:end)=2*Xf(2:end);

Xfw_tmp=abs(fft(xtw))/N;
Xfw=Xfw_tmp(1:N/2);
Xfw(2:end)=2*Xfw(2:end);
ECF_Xfw = ECF*Xfw;    % energy-corrected Hann-windowed signal
```

```
figure(2)
plot(f,20*log10(Xf)), hold on
plot(f,20*log10(ECF_Xfw))
title('Signals in the frequency domain')
xlabel('f (Hz)'), ylabel('20log10¦Xf¦ (dB)')
```

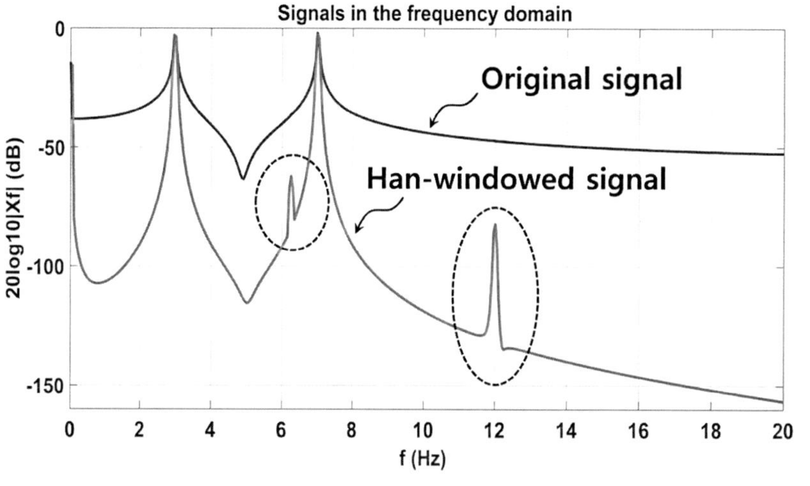

그림 2.5.14 (예제 2.5.9) Hann 창 함수의 적용 유무에 따른 주파수 분석 결과의 차이(점선 타원 안은 각각 $f_2 = 6.25$ Hz, $f_4 = 12$ Hz에서의 주파수 성분을 나타냄)

제 3 장

랜덤 진동[1](Random Vibrations)

1) 불규칙 진동, 확률 진동이라고도 하나 이 책에서는 랜덤 진동이라는 용어를 사용한다.

일반적으로 진동에 관련된 신호(가진 또는 응답)는 결정적(deterministic) 신호와 랜덤(random) 신호로 구분할 수 있는데, 결정적 신호는 다시 주기(periodic) 신호와 비 주기(non-periodic) 신호로 나뉘며, 랜덤 신호는 정상(stationary) 신호와 비 정상(non-stationary) 신호로 구분한다.

우리는 1장에서 조화 가진력 또는 일반적인 가진에 의한 진동에 대해 배웠으며, 2장에서는 시간 영역에서의 신호를 주파수 영역에서 바라보는 방법에 대해 알아보았다. 지금까지 다루었던 신호들은 원인에 대해 그 결과가 이미 정해져 있는 결정적 신호(deterministic)들이다. 특정 시간에서의 신호 값이 이미 어떤 식 또는 규칙으로 정해져 있기 때문에 그것을 안다면 우리는 해당 가진 또는 응답 신호의 특성을 쉽게 분석할 수 있다. 그러나, 이와는 달리 우리 주변에는 미리 예측하는 것이 불가능한 신호도 있다. 거친 길 위를 주행하는 자동차의 진동, 제트 엔진의 소음, 지진, 파도의 높이 등이 그러한 대표적인 예들로서, 해당 신호들은 사전에 값을 미리 알 수 없는 확률 현상을 포함하므로 특정 시간에서의 값을 결정하는 것이 불가능하다. 이와 같은 신호는 측정 시기에 따라 그 값이 무작위로 변화하기에 그 특성을 파악하기 위해서는 통계적 기법을 적용할 수밖에 없다.

3장에서는 랜덤 진동 신호를 다루는 방법들에 대해 살펴볼 것이다. 진동 신호를 측정하고 이를 적절히 분석하기 위해서는 랜덤 신호에 대한 부분을 간과할 수 없다. 이미 예측하고 있겠지만 우리가 측정하고자 하는 대부분의 진동 신호는 어쩌면 가진원조차 파악할 수 없는 랜덤 특성을 많이 지니고 있다. 랜덤 진동 신호를 분석하기 위해서는 확률 및 통계에 관한 지식이 필요하다. 그렇기에 내용 자체가 어렵게 느껴질수도 있다. 그러나, 진동 측정 실습에 꼭 필요한 내용들이 포함되어 있으니 끈기를 갖고 습득할 수 있기를 바란다. 그리고, 여기서는 진동 측정 및 분석을 위해 필요한 부분만을 요약해서 다루고자 했으므로, 랜덤 진동에 대한 심화 학습이 필요한 경우는 별도의 문헌을 참고하기 바란다(정호영 (2018), Jr. Peebles (2000), Shin and Hammond (2008), Wirsching et al. (2006))

3.1. 확률 변수 및 확률 분포

3.1.1 확률 변수(random variable, variate)의 개념

확률(probability)과 관련하여 우리 주변에서 쉽게 관찰할 수 있고, 또 자주 인용되는 예는 주사위 또는 동전 던지기이다. 주사위 1개를 던져서 나올 수 있는 경우의 수는 1부터 6까지 총 6가지이다. 한편, 동전 1개를 던져서 나올 수 있는 경우의 수는 앞면 또는 뒷면으로서 총 2가지이다. 이처럼 어떤 실험에서 발생 가능한 모든 결과를 모아 놓은 집합을 표본 공간(sample space)이라고 하고, 표본 공간의 각

요소들을 표본 단위(sample point)라고 한다. 한편, 표본 공간의 부분집합으로서 관심 있는 결과의 집합을 사건(event)이라고 한다. 예를 들면, 주사위를 한번 던졌을 때 짝수의 눈이 나오는 사건은 $\{2, 4, 6\}$의 총 3가지가 된다. 그리고, 이 사건의 발생 확률 P는 3/6=1/2이 된다고 배워왔다.

이처럼 표본공간을 S로 하는 어떤 실험이 동일한 조건하에 반복적으로 N번 실시되었다고 가정하자. 이때 표본 공간의 부분 집합인 사건 E가 발생한 횟수를 n번이라고 하면, 사건 E가 발생할 확률 $P(E)$를 아래와 같이 정의한다.

$$P(E) = \lim_{N \to \infty} \frac{n}{N} \tag{3.1.1}$$

위와 같이 정의된 확률은 어떤 사건의 발생 빈도에 대한 척도를 나타내는데, 확률에는 아래와 같이 3개의 공리(axiom)[2)]가 성립한다.

(1) 표본 공간 내의 임의의 사건 E에 대한 확률은 항상 $P(E) \geq 0$을 만족한다.
(2) 표본 공간 S에 대해서는 항상 $P(S) = 1$을 만족한다.
(3) 표본 공간 내의 상호 배반 사건 A, B (mutually exclusive, $A \cap B = \varnothing$)에 대해 항상 $P(A \cup B) = P(A) + P(B)$를 만족한다.

확률 변수(random variable)란 표본 공간을 정의역으로 하는 함수로서 어떤 특정 사건을 숫자로 대응시킨 것이다. 예를 들면, 주사위를 1번 던져서 나오는 숫자를 확률 변수(주사위 던지기에서는 표본 공간 자체가 이미 숫자로 되어 있는 경우이다) X라고 하면 X=$\{1, 2, 3, 4, 5, 6\}$이 된다[3)]. 또는, 주사위를 1번 던져서 나오는 숫자 중 짝수인 경우를 0, 홀수인 경우를 1에 대응시키는 확률 변수 Y를 정의할 수도 있다(그림 3.1.1(a)). 동전 던지기에서는 앞면이 나오는 경우는 0, 뒷면이 나오는 경우는 1로 대응시키는 확률 변수 Z를 정의할 수 있다(그림 3.1.1(b)). 이는 동전을 1회 던졌을 때의 표본공간 {앞면, 뒷면}에 확률 변수 Z=$\{0, 1\}$을 대응시킨 것이다. 확률 변수를 표현할 때는 앞서 설명한 바와 같이 대문자 X, Y, Z 등을 사용하고 실제의 숫자 실현 값은 소문자 x, y, z 등을 사용한다.

표본 공간은 이를 구성하는 원소의 특성에 따라 이산 표본 공간 및 연속 표본 공간으로 나뉜다. 이에 따라 표본 공간에서 정의된 확률 변수도 이산 확률 변수 및 연속 확률 변수로 나눌 수 있다. 그리고, 확률 변수는 취할 수 있는 모든 값에 대해 확률이 할당되며 따라서, 확률 변수는 이에 따른 확률 분포를

2) 증명없이 참으로 받아들이는 명제를 공리라고 한다.

3) 표본공간 S의 원소를 s_i라고 할 때, 확률 변수의 의미를 반영한다면 $X(s_i)$라고 표기하는 것이 더욱 적합하지만 간단히 X라고 표기한다.

갖게 된다. 이 책은 진동 측정 및 분석에 관한 내용을 다루므로 진동 신호의 일반적인 특성을 고려하여 연속 확률 변수에 대해서만 다룰 것이다. 따라서, 특별한 언급이 없는 한 앞으로 확률 변수라 함은 연속 확률 변수를 의미한다.

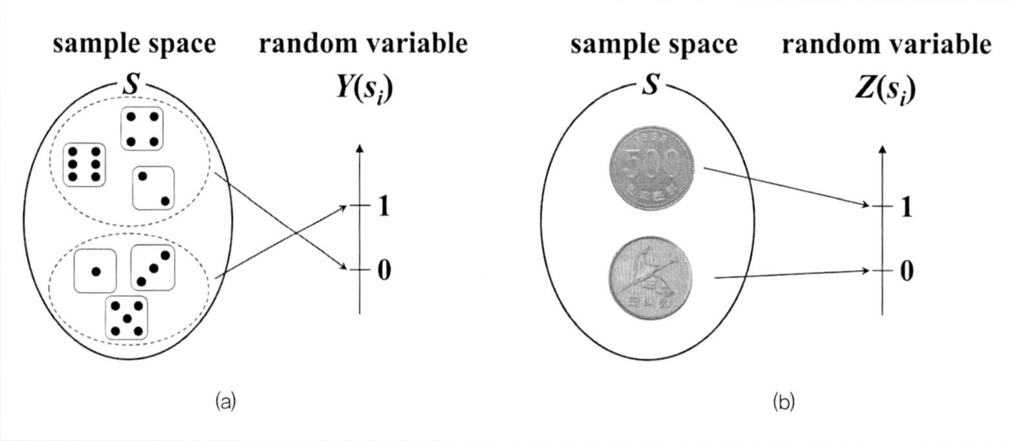

그림 3.1.2 표본 공간 및 확률 변수의 개념: (a) 주사위를 1번 던졌을때 짝수 또는 홀수의 눈이 나오는 경우 및 (b) 동전을 1번 던졌을때 앞면 또는 뒷면이 나오는 경우의 확률 변수 정의

3.1.2 확률 분포(probability distribution)

연속 확률 변수가 취할 수 있는 값은 무한개가 존재하므로 개개의 확률 변수 값들에 확률을 부여하면 앞에서 다루었던 확률 공리 (2)에 위배된다(무한개의 확률변수 값에 할당되는 확률을 더하면 무한대가 된다). 따라서, 연속 확률 변수에서는 미소 구간에 대한 확률을 고려하고 미소 구간당 확률을 확률 밀도 함수(PDF: probability density function)라고 정의하여 사용한다. 즉, 표본 공간에서 정의된 확률 변수 X에 대한 확률은 확률 밀도 분포를 나타내는 확률 밀도 함수를 이용하여 구한다. 확률 밀도 함수를 $f_X(x)$로 표기하면 이에 대한 확률의 공리 (1), (2)는 각각 다음과 같이 표현된다.

$$f_X(x) \geq 0; \int_{-\infty}^{\infty} f_X(x)dx = 1 \tag{3.1.2}$$

위와 같은 정의에 의하면 확률 변수 X의 값이 a와 b사이에 존재할 확률 $P(a < X \leq b)$은 확률 밀도 함수 $f_X(x)$를 이용하여 다음과 같이 구한다.

$$P(a < X \leq b) = \int_a^b f_X(x)dx \tag{3.1.3}$$

이는 그림 3.1.2(a)에 나타낸 바와 같이 구간 a와 b사이에서 확률 밀도 함수 곡선 아래의 면적을 의미한다. 따라서, 이와 같은 개념을 이용하면 미소 구간 dx에서 정의된 확률 $P(x < X \le x + dx)$는 다음과 같이 나타낼 수 있다.

$$P(x < X \le x + dx) = \int_{x}^{x + dx} f_X(x)dx \tag{3.1.4a}$$

확률 밀도 함수 $f_X(x)$가 불연속 없이 부드러운 곡선이라면 위 식은 $f_X(x)dx$로 표현할 수 있는데[4], 이 관계식은 뒤에서 설명할 누적 분포 함수(CDF: cumulative distribution function)에서 사용될 것이다.

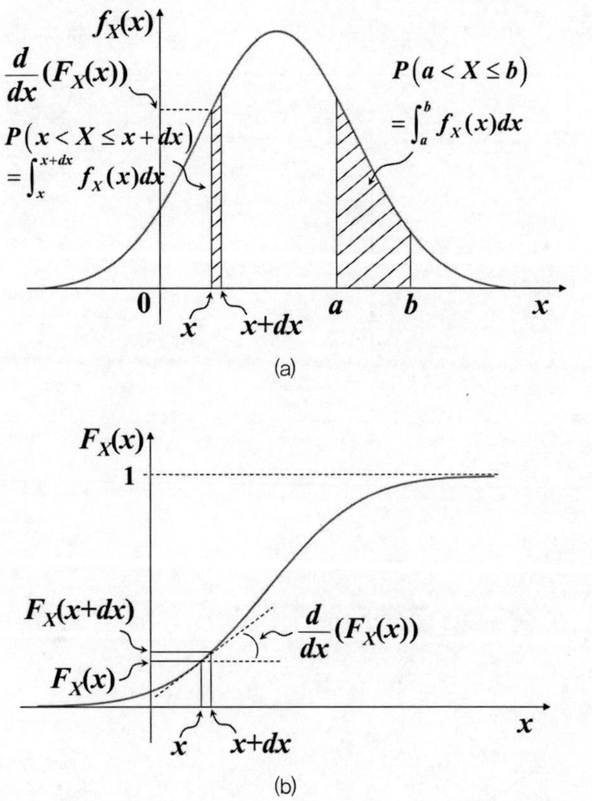

그림 3.1.2 (a) 확률 밀도 함수와 (b) 누적 분포 함수의 정의 및 개념

4) 적분의 평균값 정리에 의해 $\int_{x}^{x + dx} f_X(x)dx = (x + dx - x)f_X(c)$을 만족하는 c가 구간 $[x, x + dx]$에 존재한다. 또는, 구간 $[x, x + dx]$에서 $f_X(x)$는 상수로 간주할 수 있으므로, $f_X(x)dx$가 된다고 생각해도 무방하다.

$$P(x < X \le x + dx) \approx f_X(x)dx \tag{3.1.4b}$$

참고로, 연속 확률 변수의 확률 분포를 나타내는 분포 모델로는 균일 확률 분포(uniform distribution), 정규 확률 분포(normal distribution), 지수 분포(exponential distribution), 감마 분포(Gamma distribution), 와이블 분포(Weibull distribution), 레일리 분포(Rayleigh distribution), 베타 분포(beta distribution) 등이 있다. 이 책에서는 정상 확률 과정에서 인용이 자주 되는 균일 확률 분포 및 정규 확률 분포만 주로 다룰 것이다. 다만, 확률 분포의 통계량(평균, 분산 등), 확률 변수 값의 생성과 관련하여 몇 가지 추가 설명이 필요하니 이에 대해 먼저 알아본 후에 이 2개의 확률 분포들에 대해 살펴보도록 하자. 그림 3.1.3에는 앞서 언급한 다양한 확률 분포를 나타내었다. 바로 뒤에 보충 설명 3.1.1에는 그림의 확률 분포 함수를 생성하기 위해 사용한 간단한 MATLAB m 파일을 제시하였으니 참고하기 바란다.

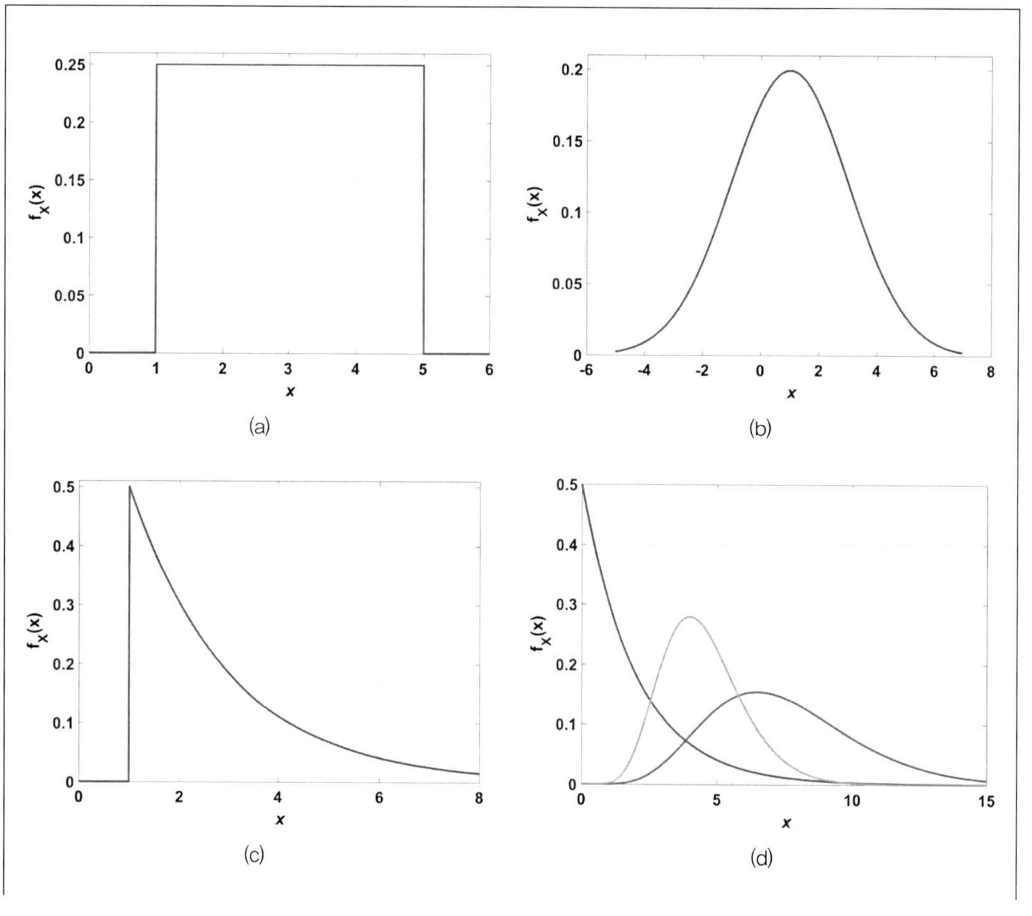

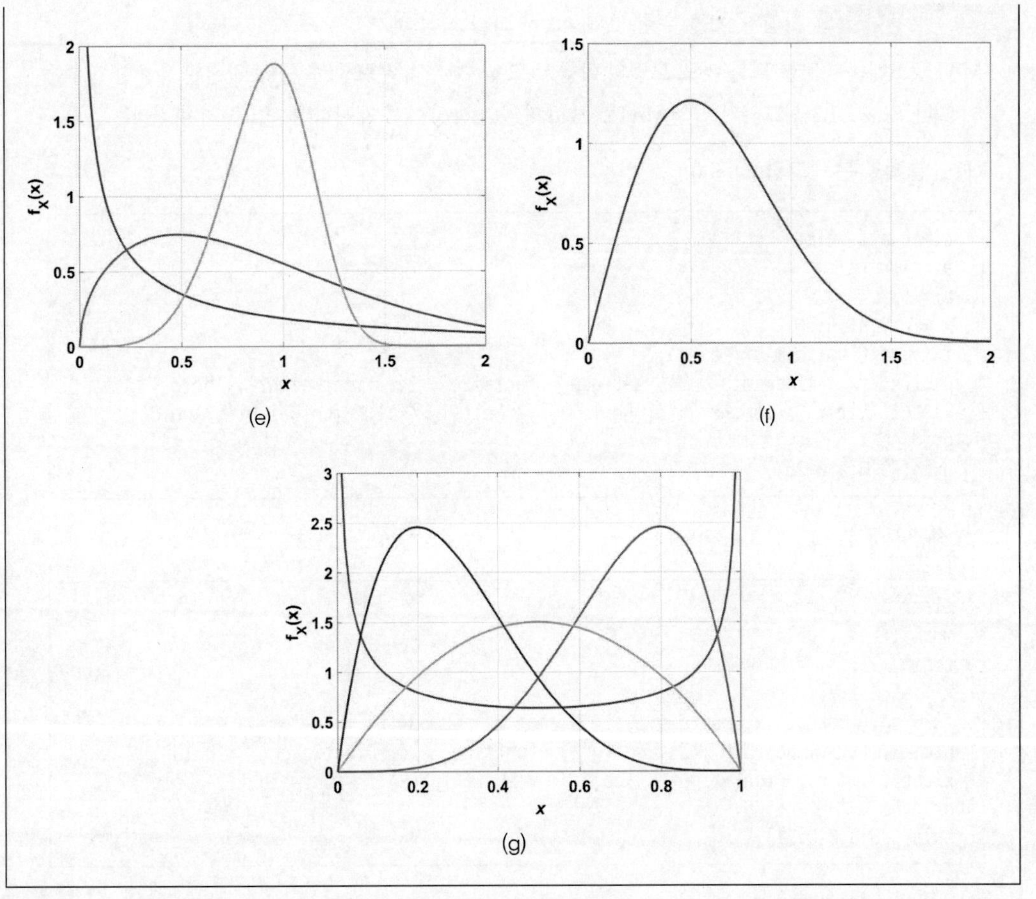

그림 3.1.3 확률 밀도 함수의 예: (a) 균일 확률 분포, (b) 정규 확률 분포, (c) 지수 확률 분포, (d) 감마 확률 분포, (e) 와이블 확률 분포, (f) 레일리 확률 분포, (g) 베타 확률 분포

보충설명 3.1.1 그림 3.1.3을 위한 MATLAB m 파일 작성 예

MATLAB에는 다양한 확률 분포 모델의 확률 밀도 함수, 누적 분포 함수 등에 관련된 유용한 함수들이 있다. 그림 3.1.3을 그리기 위한 MATLAB m 파일의 작성 예를 제시하니 참고하기 바란다.

(1) 균일 확률 분포(그림 3.1.3(a))

```
clear all, clc
a = 1;
b = 5;
x = 0:0.01:6;
fx = pdf('uniform',x, a, b);
plot(x, fx, 'linewidth', 3), set(gca, 'fontsize', 24, 'fontweight', 'bold')
xlabel('\it x', 'fontweight', 'bold'), ylabel('f_X(x)', 'fontweight', 'bold')
grid on
axis([0 6 0 0.26])
```

(2) 정규 확률 분포(그림 3.1.3(b))

```
clear all, clc
mu = 1;
sigma = 2;
x = -5:0.1:7;
fx = pdf('normal',x, mu, sigma);   % same as normpdf(x, mu, sigma)
plot(x, fx, 'linewidth', 3), set(gca, 'fontsize', 24, 'fontweight', 'bold')
xlabel('\it x', 'fontweight', 'bold'), ylabel('f_X(x)', 'fontweight', 'bold')
grid on
axis([-6 8 0 0.21])
```

(3) 지수 확률 분포(그림 3.1.3(c))

```
clear all, clc
a = 1;  % shifting in the horizontal direction
b = 2;
x = 0:0.01:10;
fx_tmp = pdf('exp', x, b);   % same as exppdf(x, b)
shift_length = find(x==a);
fx = [zeros(1, shift_length-1), fx_tmp(1:length(x)-shift_length+1)];
plot(x, fx, 'linewidth', 3), set(gca, 'fontsize', 24, 'fontweight', 'bold')
xlabel('\it x', 'fontweight', 'bold'), ylabel('f_X(x)', 'fontweight', 'bold')
grid on
axis([0 8 0 0.51])
```

(4) 감마 확률 분포(그림 3.1.3(d))

```
clear all, clc
a = [1 7.5 9];
b = [2 1 0.5];
x = 0:0.01:20;
for i = 1:length(a)
fx = pdf('gamma',x, a(i), b(i));   % same as gampdf(x, a, b)
```

```
plot(x, fx, 'linewidth', 3), hold on
end
set(gca, 'fontsize', 24, 'fontweight', 'bold')
xlabel('\it x', 'fontweight', 'bold'), ylabel('f_X(x)', 'fontweight', 'bold')
grid on
axis([0 15 0 0.5])
```

(5) 와이블 확률 분포(그림 3.1.3(e))

```
clear all, clc
a = [1 1 1];
b = [0.5 1.5 5];
x = 0:0.01:3;
for i = 1:length(a)
fx = pdf('weibull',x, a(i), b(i));  % same as wblpdf(x, a, b)
plot(x, fx, 'linewidth', 3), hold on
end
set(gca, 'fontsize', 24, 'fontweight', 'bold')
xlabel('\it x', 'fontweight', 'bold'), ylabel('f_X(x)', 'fontweight', 'bold')
grid on
axis([0 2 0 2])
```

(6) 레일리 확률 분포(그림 3.1.3(f))

```
clear all, clc
a = 0.5;
x = 0:0.01:2;
fx = pdf('Rayleigh',x, a);  % same as raylpdf(x, a)
plot(x, fx, 'linewidth', 3), set(gca, 'fontsize', 24, 'fontweight', 'bold')
xlabel('\it x', 'fontweight', 'bold'), ylabel('f_X(x)', 'fontweight', 'bold')
grid on
axis([0 2 0 1.5])
```

(7) 베타 확률 분포(그림 3.1.3(g))

```
clear all, clc
a = [0.5 5 2 2];
b = [0.5 2 2 5];
x = 0:0.01:1;
for i = 1:length(a)
fx = pdf('beta',x, a(i), b(i));   % same as betapdf(x, a, b)
plot(x, fx, 'linewidth', 3), hold on
end
set(gca, 'fontsize', 24, 'fontweight', 'bold')
xlabel('\it x', 'fontweight', 'bold'), ylabel('f_X(x)', 'fontweight', 'bold')
grid on
axis([0 1 0 3])
```

확률 변수 X가 어떤 특정 값 x보다 작거나 같은 확률 $P(X \leq x)$를 $F_X(x)$로 표현하고, 이를 누적 분포 함수(CDF: cumulative distribution function)라고 한다(그림 3.1.2(b) 참고). 따라서, 확률 밀도 함수 $f_X(x)$와는 다음과 같은 관계를 갖는다.

$$F_X(x) = \int_{-\infty}^{x} f_X(x)dx \tag{3.1.5}$$

또한, 위 식으로부터 누적 분포 함수의 미분은 확률 밀도 함수와 같음을 알 수 있다.

$$\frac{dF_X(x)}{dx} = f_X(x) \tag{3.1.6}$$

확률 밀도 함수와 누적 분포 함수와의 관계를 미소 구간($x < X \leq x + dx$)에서의 확률 관계를 이용하여 살펴 보도록 하자. 누적 분포 함수에 대한 정의를 이용하면, 구간 $x < X \leq x + dx$에서 확률 변수 X의 발생 확률 $P(x < X \leq x + dx)$는 다음과 같이 표현된다.

$$\begin{aligned} P(x < X \leq x + dx) &= P(X \leq x + dx) - P(X \leq x) \\ &= F_X(x + dx) - F_X(x) \end{aligned} \tag{3.1.7}$$

위의 식에서 $F_X(x + dx)$를 아래와 같이 테일러 급수 전개를 하여

$$F_X(x + dx) = F_X(x) + \frac{dF_X(x)}{dx}dx + O((dx)^2) \tag{3.1.8}$$

식 (3.1.7)에 대입하면 다음과 같은 관계를 얻게 된다.

$$P(x < X \leq x + dx) \approx \frac{dF_X(x)}{dx}dx \tag{3.1.9}$$

따라서, 누적 분포 함수의 미분은 다음과 같이 표현됨을 알 수 있다.

$$\frac{dF_X(x)}{dx} \approx \frac{P(x < X \leq x + dx)}{dx} \tag{3.1.10}$$

식 (3.1.6)과 비교하여 위 식의 우측 항은 바로 확률 밀도 함수 $f_X(x)$의 또 다른 표현임을 알 수 있으며, 이를 통해 $P(x < X \leq x + dx) \approx f_X(x)dx$의 관계가 성립함을 알 수 있다. 이는 식 (3.1.4b)에서 이미 언급한 바와 같다. 연속 확률 변수의 경우 특정 값에서의 확률이 정의되지 않고 구간에서 정의되기 때문에 확률 '밀도' 함수(1차원의 경우 단위 구간 당 확률)라는 용어가 사용됨을 상기하자.

3.1.3 확률 변수의 평균(mean), 분산(variance), 기대값(expectation)

주사위를 1번 던지는 실험에서 윗면에 나오는 숫자는 이산 확률 변수의 값이 된다. 이 경우 이산 확률 변수의 평균은 '확률 변수가 취할 수 있는 값×해당 확률 변수의 값이 나올 확률'의 총합이 된다. 즉, 1에서 6까지 총 6개의 숫자에서 각각의 숫자가 나올 확률은 1/6이므로 (1+2+⋯+6)×(1/6)=3.5가 된다. 이는 주사위를 1번 던졌을 때 평균적으로 3.5라는 값을 관측할 수 있다는 의미이다. 연속 확률 변수의 평균 역시 이와 마찬가지로 임의의 확률 변수 값 x에 그 값이 발생할 확률 $f_X(x)dx$을 곱한 것을 모두 합한, 즉 모든 구간에 대해 적분한 것이 된다. 이를 μ_X라 표기하고 확률 변수 X의 평균이라고 한다[5].

$$\mu_X = \int_{-\infty}^{\infty} x f_X(x) dx \tag{3.1.11}$$

또한, 확률 변수 X의 분산은 위 식에서 정의된 평균을 중심으로 하여 확률 변수의 값들이 분포된 정도를 나타내며, 다음과 같이 정의한다[6].

$$\sigma_X^2 = \int_{-\infty}^{\infty} (x - \mu_X)^2 f_X(x) dx \tag{3.1.12}$$

위 식의 제곱근 $\sqrt{\sigma_X^2}$ 은 확률 변수 X의 표준 편차 σ_X가 된다[7].

한편, 통계량을 나타내는 용어 중에 기대값(expectation)이라는 것이 있다. 확률 변수의 함수 $g(X)$의 기대값은 식 (3.1.11)과 유사하게 다음과 같이 정의하고, 기호로는 $E[g(X)]$ 라고 표기한다.

$$E[g(X)] = \int_{-\infty}^{\infty} g(x) f_X(x) dx \tag{3.1.13}$$

기대값의 정의를 이용하면 식 (3.1.11) 및 (3.1.12)에 각각 정의된 확률 변수 X의 평균 μ_X 및 분산 σ_X^2은 각각 다음과 같이 나타낼 수 있다.

$$\mu_X = E[X] \, ; \, \sigma_X^2 = E\left[(X - \mu_X)^2\right] \tag{3.1.14}$$

참고로, 확률 변수 자체에 대한 기대값은 일반적으로 평균이라고 하는 반면에, 확률 변수의 함수에 대한 기대값은 평균이라고 하지 않는다.

---

5) 확률 밀도 함수의 도심(centroid)의 가로축 상의 위치를 정의하는 식이기도 하다.

6) 확률 변수 X의 분산을 Var(X)로 표현하기도 한다.

7) 표준편차를 평균으로 무차원화한 값, 즉 σ_X/μ_X를 변동 계수(coefficient of variation)라고 한다.

기대값($E[\ \cdot\ ]$)은 선형 연산자이며, 확률 변수의 여러 다양한 함수에 대한 기대값 연산을 용이하게 한다. 선형 연산이라 함은 임의의 확률 변수의 함수 $g(X)$, $h(X)$에 대해 다음의 관계가 성립함을 의미한다.

$$E[ag(X)+bh(X)+c]=aE[g(X)]+bE[h(X)]+c \ (a,\, b,\, c\text{는 상수}) \tag{3.1.15}$$

위 식은 연산 인자를 기대값의 정의식 (3.1.13)을 이용하면 쉽게 증명할 수 있다. 또한, 위 식에 의하면 확률 변수 X의 분산에 대한 다음과 같은 관계식을 얻을 수 있다.

$$\begin{aligned}\sigma_X^2 &= E\left[(X-\mu_X)^2\right]=E\left[X^2-2\mu_X X+\mu_X^2\right]\\ &= E\left[X^2\right]-2\mu_X E[X]+\mu_X^2=E\left[X^2\right]-\mu_X^2\end{aligned} \tag{3.1.16}$$

위 식에서 $E\left[X^2\right]$은 확률 변수 X의 제곱 평균(mean-square value) 값을 뜻한다. 또한, 평균 μ_X가 0인 경우에는 $E\left[X^2\right]$은 분산과 동일하게 되어 표준편차 σ_X의 값이 곧 제곱 평균 제곱근(RMS: root mean square)[8)]값이 된다.

한편, 확률 변수 X의 선형 함수 형태로서, $Y=aX+b$로 정의되는 확률 변수 Y의 기대값과 분산도 자주 사용되는데 이는 각각 아래와 같이 나타낼 수 있다.

$$\mu_Y=E[Y]=E[aX+b]=aE[X]+b=a\mu_X+b \tag{3.1.17a}$$

$$\begin{aligned}\sigma_Y^2 &= E\left[(Y-\mu_Y)^2\right]=E\left[Y^2\right]-\mu_Y^2\\ &= E\left[(aX+b)^2\right]-(a\mu_X+b)^2\\ &= a^2E\left[X^2\right]+2ab\mu_X+b^2-(a\mu_X+b)^2\\ &= a^2\left(E\left[X^2\right]-\mu_X^2\right)=a^2\sigma_X^2\end{aligned} \tag{3.1.17b}$$

위의 관계식은 정규화된(normalized) 특정 확률 분포의 특성이 주어진 경우[9)], 그 확률 변수의 선형 함수 형태로 표현된 확률 분포를 다룰 때 유용하게 사용할 수 있다.

3.1.4 확률 분포 및 확률 변수의 생성

앞서 언급한 바와 같이 확률 분포 중 가장 간단한 균일 확률 분포와 그리고 가장 많이 쓰이는 정규 확률 분포에 대해 알아보도록 하자. 이러한 분포를 따르는 확률 변수를 각각 균일 확률 변수 및 정규 확률 변수라고 한다.

---

8) 우리말 표현은 어색하고 자주 쓰이지 않는다. 주로, rms 값이라고 한다.

9) 이제 곧 다루겠지만, 예를 들면, 구간 $[0, 1]$에서 정의된 균일 확률 분포의 확률 변수 X에 대해, 임의의 구간 $[a, b]$에서 정의되는 균일 분포는 확률 변수 $Y=(b-a)X+a$로 나타낼 수 있다. 식 (3.1.17)을 이용하면 이에 대한 평균 및 분산을 쉽게 구할 수 있다.

① 균일 확률 변수(uniform random variable)

균일 확률 변수는 다음과 같이 정의된 확률 밀도 함수 및 누적 분포 함수를 갖는다(그림 3.1.4(a) 참고).

(확률 밀도 함수)

$$f_X(x) = \begin{cases} \dfrac{1}{b-a} & a \le x \le b \\ 0 & x < a,\ x > b \end{cases} \tag{3.1.18a}$$

(누적 분포 함수)

$$F_X(x) = \begin{cases} 0 & x < a \\ \dfrac{x-a}{b-a} & a \le x < b \\ 1 & x \ge b \end{cases} \tag{3.1.18b}$$

위식을 식 (3.1.17)에 대입하면 균일 확률 변수 X의 평균 및 분산은 각각 다음과 같이 구해진다.

$$\mu_X = \int_{-\infty}^{\infty} x f_X(x) dx = \int_a^b x \frac{1}{b-a} dx = \frac{1}{b-a} \frac{1}{2} x^2 \Big|_a^b = \frac{a+b}{2} \tag{3.1.19a}$$

$$\begin{aligned} \sigma_X^2 &= E[(X-\mu_X)^2] = E[X^2] - \mu_X^2 = \int_a^b x^2 f_X(x) dx - \left(\frac{a+b}{2}\right)^2 \\ &= \frac{1}{b-a} \cdot \frac{1}{3} x^3 \Big|_a^b - \left(\frac{a+b}{2}\right)^2 = \frac{a^2 - 2ab + b^2}{12} = \frac{(b-a)^2}{12} \end{aligned} \tag{3.1.19b}$$

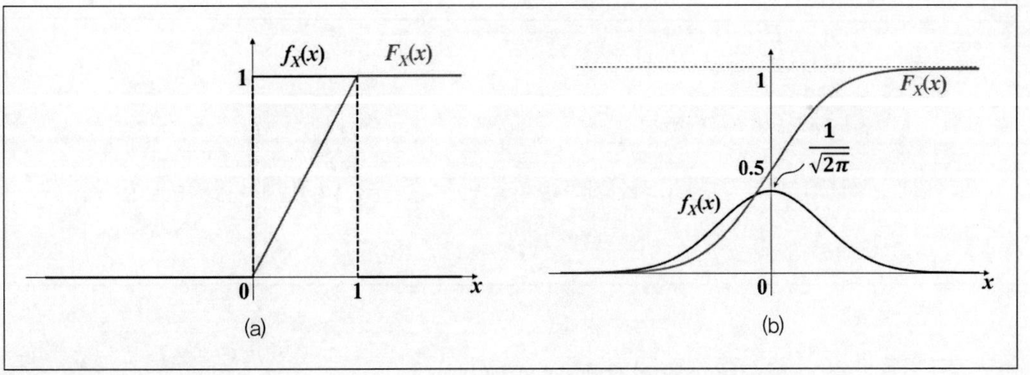

그림 3.1.4 (a) 균일 확률 분포 및 (b) 정규 확률 분포에 대한 확률 밀도 함수 및 누적 분포 함수($\mu_X = 0$, $\sigma_X = 1$인 경우)

예제 3.1.1

확률 변수 X가 구간 [0, 6]에서 균일한 확률 밀도 함수를 갖는다고 한다. 평균 μ_X 및 분산 σ_X^2을 구하여라.

풀이 및 설명

확률 밀도 함수 $f_X(x) = 1/6\ (0 \leq x \leq 6)$에 대해 평균 및 분산은 각각 다음과 같다.

$$\mu_X = \int_{-\infty}^{\infty} x \cdot f_X(x)dx = \int_0^6 x \cdot \frac{1}{6}dx = \frac{1}{12}x^2\bigg|_0^6 = 3 \tag{1}$$

$$\begin{aligned}\sigma_X^2 &= E[(X-\mu_X)^2] = E[X^2] - \mu_X^2 = \int_0^6 x^2 f_X(x)dx - 9 \\ &= \frac{1}{6} \cdot \frac{1}{3}x^3\bigg|_0^6 - 9 = 12 - 9 = 3\end{aligned} \tag{2}$$

예제 3.1.2

확률 변수 X가 구간 [0, 1]에서 균일 분포를 갖는다고 할 경우 $Z = (b-a)X + a$의 확률 분포 특성은 어떠한가?

풀이 및 설명

예제 3.1.1과 동일한 방법을 이용하여, 구간 [0, 1]에서 정의된 균일 분포의 확률 변수 X의 평균 및 분산은 각각 1/2 및 1/12이 됨을 쉽게 확인할 수 있다. 따라서, 새로운 확률 변수 Z에 대한 평균 μ_Z 및 분산 σ_Z^2은 각각 아래와 같이 구할 수 있다.

$$\mu_Z = E[(b-a)X + a] = (b-a)E[X] + a = \frac{b-a}{2} + a = \frac{a+b}{2} \tag{1}$$

$$\sigma_Z^2 = (b-a)^2\sigma_X^2 = \frac{(b-a)^2}{12} \tag{2}$$

위의 결과는 식 (3.1.19)와 같다. 즉, 사실 새로운 확률 변수 Z는 구간 $[a, b]$에서 정의된 균일 확률 분포를 따른다.

② 정규 확률 변수(normal (Gaussian) random variable)

정규 확률 분포는 가우스 확률 분포라고도 하는데, 통계에서는 매우 중요하고 자주 보게 되는 확률 분포이다. 대부분의 관측 및 실험 측정치는 그 분포가 평균을 중심으로하는 정규 확률 분포의 형태를 따른다. 랜덤 진동에서도 많은 확률 과정들을 근사적으로 정규확률 분포로 가정할 수 있는데, 정규 확률 분포는 유용한 분석 수단이 풍부하다는 장점이 있다.

정규 확률 분포를 따르는 확률 변수 X의 확률 밀도 함수 f_X는 다음과 같이 보기에는 다소 복잡한 식으로 표현된다.

$$f_X(x) = \frac{1}{\sqrt{2\pi}\,\sigma_X} e^{-(x-\mu_X)^2/2\sigma_X^2} \quad (-\infty < x < \infty) \tag{3.1.20}$$

위 식에서 μ_X 및 σ_X는 각각 확률 변수 X의 평균 및 표준 편차를 나타낸다. 누적 분포 함수 $F_X(x)$는 식 (3.1.20) 및 식 (3.1.5)의 정의를 이용하여 다음과 같이 나타낼 수 있다[10].

$$F_X(x) = \int_{-\infty}^{x} \frac{1}{\sqrt{2\pi}\,\sigma_X} e^{-(x-\mu_X)^2/2\sigma_X^2} dx \tag{3.1.21}$$

그림 3.1.4(b)는 각각 식 (3.1.20) 및 (3.1.21)에 의한 정규 확률 분포의 확률 밀도 함수와 누적 분포 함수를 나타낸 것이다. 이제 식 (3.1.21)을 이용하여 표준 정규 확률 분포(standard normal probability distribution)를 유도하여 보자. 위 식에서 적분 변수 α를 $z = (x-\mu_X)/\sigma_X$의 관계를 갖는 변수 z로 치환하면 식 (3.1.21)은 다음과 같이 나타낼 수 있다.

$$\begin{aligned} F_X(x) &= \int_{-\infty}^{(x-\mu_X)/\sigma_X} \frac{1}{\sqrt{2\pi}} e^{-z^2/2} dz = \int_{-\infty}^{(x-\mu_X)/\sigma_X} f_Z(z) dz \\ &= \int_{-\infty}^{z} f_Z(z) dz = F_Z(z) \end{aligned} \tag{3.1.22}$$

위 식의 적분인자 $f_Z(z)$는 평균 μ_Z가 0이고, 분산 σ_Z^2이 1인 표준 정규 분포를 따르는 확률 변수 Z의 확률 밀도 함수가 된다. 이 확률 밀도 함수는 $z=0$을 기준으로 대칭을 이루며 다음과 같은 특징을 갖는다[11].

$$F_Z(\infty) = \int_{-\infty}^{\infty} \frac{1}{\sqrt{2\pi}} e^{-z^2/2} dz = 1 \ \rightarrow \ \int_{0}^{\infty} \frac{1}{\sqrt{2\pi}} e^{-z^2/2} dz = \frac{1}{2} \tag{3.1.23a}$$

---

10) 관찰 또는 측정된 데이터에 대한 확률 분포 모형을 정할 때, 보통은 누적 분포 함수를 먼저 구하고, 식 (3.1.6)의 관계를 이용하여 확률 밀도 함수를 구한다.

11) 표준 정규 확률 분포의 누적 분포 함수 값은 오차 함수 $erf(x)$ (error function)를 이용하여 표현할 수 있고, 종종 실제 계산에도 이용된다. 오차 함수란 $erf(x) = \frac{2}{\sqrt{\pi}}\int_0^x e^{-u^2} du$로 정의되는데, 이를 이용하면 임의의 z에서의 누적 분포 함수 값은 아래와 같이 표현된다.

$$F_Z(z) = \int_{-\infty}^{0} \frac{1}{\sqrt{2\pi}} e^{-u^2/2} du + \int_0^z \frac{1}{\sqrt{2\pi}} e^{-u^2/2} du = \frac{1}{2} + \int_0^{z/\sqrt{2}} \frac{1}{\sqrt{\pi}} e^{-u^2} du = \frac{1}{2} + \frac{1}{2} erf\left(\frac{z}{\sqrt{2}}\right)$$

$$F_Z(z) = 1 - F(-z) = \frac{1}{2} + \int_0^z \frac{1}{\sqrt{2\pi}} e^{-u^2/2} du \quad (3.1.23b)$$

평균 μ_Z가 0이고, 분산 σ_Z^2 이 1인 정규 확률 분포에 대한 그림 3.1.4(b)는 결국 표준 정규 확률 분포에 대한 확률 밀도 함수와 누적 분포 함수를 나타낸 것이었다.

예제 3.1.3

표준 정규 확률 분포의 특성을 이용하여 계산하기 어려운 적분을 구할 수도 있다. 다음의 적분을 증명하여라.

$$\int_{-\infty}^{\infty} e^{-x^2} dx = \sqrt{\pi}$$

풀이 및 설명

표준 정규 확률 분포를 따르는 확률 밀도 함수의 전 구간에 대한 적분 결과가 1이라는 사실을 이용한다.

$$\int_{-\infty}^{\infty} f_Z(z) dz = \int_{-\infty}^{\infty} \frac{1}{\sqrt{2\pi}} e^{-z^2/2} dz = 1 \quad (1)$$

위 식에 대해 $z = \sqrt{2}\, u$에 의한 치환 적분을 이용하면 아래와 같이 표현되므로 주어진 문제에 대한 증명이 되었다.

$$\int_{-\infty}^{\infty} \frac{1}{\sqrt{2\pi}} e^{-u^2} \sqrt{2}\, du = 1 \rightarrow \int_{-\infty}^{\infty} e^{-u^2} du = \sqrt{\pi} \quad (2)$$

예제 3.1.4

확률 변수 X가 정규 확률 분포를 따를 때, 이 확률 변수의 기대값 $E[X]$ 및 분산 $E\left[(X-\mu_X)^2\right]$을 구하여라.

풀이 및 설명

정규 확률 분포의 확률 밀도 함수는 식 (3.1.20)과 같이 주어지므로, 확률 변수의 기대값 $E[X]$는 아래의 과정을 따라 유도된다.

$$E[X] = \int_{-\infty}^{\infty} x f_X(x) dx = \frac{1}{\sqrt{2\pi}\, \sigma_X} \int_{-\infty}^{\infty} x e^{-(x-\mu_X)^2/2\sigma_X^2} dx \quad (1)$$

치환 적분을 위해 $y = x - \mu_X$라고 놓으면 위 식의 결과는 아래와 같이 확률 변수 X의 평균을 나타내는 μ_X가 됨을 확인할 수 있다.

$$E(X) = \frac{1}{\sqrt{2\pi}\,\sigma_X}\int_{-\infty}^{\infty}(y+\mu_X)e^{-y^2/2\sigma_X^2}dy$$
$$= \frac{1}{\sqrt{2\pi}\,\sigma_X}\int_{-\infty}^{\infty} ye^{-y^2/2\sigma_X^2}dy + \frac{\mu_X}{\sqrt{2\pi}\,\sigma_X}\int_{-\infty}^{\infty} e^{-y^2/2\sigma_X^2}dy = \mu_X \tag{2}$$

위 식에서 $ye^{-y^2/2\sigma_X^2}$ 은 기함수(odd function) 이므로 $\int_{-\infty}^{\infty} ye^{-y^2/2\sigma_X^2}dy = 0$ 이고,

$(1/\sqrt{2\pi}\,\sigma_X)\int_{-\infty}^{\infty} e^{-y^2/2\sigma_X^2}dy$는 평균이 0인 정규 확률 분포 확률 밀도 함수의 전 구간 적분이므로 1의 값을 갖는다.

한편, 분산 $E\left[(X-\mu_X)^2\right]$ 에 대한 식은 다음과 같이 표현된다.

$$E[(X-\mu_X)^2] = \frac{1}{\sqrt{2\pi}\,\sigma_X}\int_{-\infty}^{\infty}(x-\mu_X)^2 e^{-(x-\mu_X)^2/2\sigma_X^2}dx \tag{3}$$

위 식을 $y = x - \mu_X$의 관계식에 의해 치환 적분하면 아래와 같이 나타낼 수 있다.

$$E\left[(X-\mu_X^2)\right] = \frac{1}{\sqrt{2\pi}\,\sigma_X}\int_{-\infty}^{\infty} y^2 e^{-y^2/2\sigma_X^2}dy = \frac{1}{\sqrt{2\pi}\,\sigma_X}\int_{-\infty}^{\infty}(y)(ye^{-y^2/2\sigma_X^2})dy \tag{4}$$

이제 $u = y,\ v' = ye^{-y^2/2\sigma_X^2}$ 을 이용하여 위 식에 포함된 적분에 대해 부분 적분을 수행하면,

$$\int_{-\infty}^{\infty}(y)(ye^{-y^2/2\sigma_X^2})dy = -\sigma_X^2 ye^{-y^2/2\sigma_X^2}\Big|_{-\infty}^{\infty} + \sigma_X^2\int_{-\infty}^{\infty} e^{-y^2/2\sigma_X^2}dy = \sigma_X^2\sqrt{2\pi}\,\sigma_X \tag{5}$$

이므로, 식 (4)는 다음과 같이 표현된다.

$$E\left[(X-\mu_X)^2\right] = \frac{1}{\sqrt{2\pi}\,\sigma_X}\int_{-\infty}^{\infty}(y)(ye^{-y^2/2\sigma_X^2})dy = \frac{1}{\sqrt{2\pi}\,\sigma_X}\sigma_X^2\sqrt{2\pi}\,\sigma_X = \sigma_X^2 \tag{6}$$

식 (5)에서 함수 $ye^{-y^2/2\sigma_X^2}$의 양 극한에서의 값이 0임을 이용하였으며, 부분 적분 수행 중에 $v = \int v'$에 대해서는 다음의 결과를 이용하였다. 즉, $v = \int ye^{-y^2/2\sigma_X^2}dy$에 대해 $u = -y^2/2\sigma_X^2$를 이용하여 치환 적분하면 $du = -y/\sigma_X^2 dy$이므로, 다음과 같은 결과를 얻을 수 있다.

$$v = \int ye^{-y^2/2\sigma_X^2}dy = -\sigma_X^2\int e^u du = -\sigma_X^2 e^u = -\sigma_X^2 e^{-y^2/2\sigma_X^2} \tag{7}$$

또한, $\int_{-\infty}^{\infty} e^{-y^2/2\sigma_X^2}dy$에 대해서는 치환 적분을 위해 $p = y/\sqrt{2}\,\sigma_X$로 두면 $dp = dy/\sqrt{2}\,\sigma_X$이므로 아래와 같은 결과를 이용하였다.

$$\int_{-\infty}^{\infty} e^{-y^2/2\sigma_X^2}dy = \sqrt{2}\,\sigma_X\int_{-\infty}^{\infty} e^{-p^2}dp = \sqrt{2\pi}\,\sigma_X \tag{8}$$

결국 이 예제는 식 (3.1.20)으로 주어진 확률 밀도 함수에 대한 평균 및 분산을 구해보니, 이들은 각각 확률 밀도 함수 식에 포함된 μ_X 및 σ_X^2임을 확인하는 문제가 되었다.

지금까지 균일 확률 분포와 정규 확률 분포의 특징에 대해서 알아보았다. 이제 이 2개의 확률 분포를 따르는 각각의 확률 변수의 값들을 생성하는 방법과 더불어 누적 분포 함수를 이용하여 일반적인 확률 변수의 값들을 생성하는 방법에 대해 간단히 언급하고자 한다.

균일 확률 변수 및 정규 확률 변수는 MATLAB의 함수를 이용하여 쉽게 생성할 수 있다. 특히, 균일 확률 변수 값의 생성은 다른 확률 변수를 생성하는데 기초가 된다. 즉, 예를 들면, 정규 확률 변수도 레일리 확률 변수[12] 및 균일 확률 변수의 사인(또는 코사인) 값과의 곱으로 생성할 수 있으나, 여기서는 간단히 MATALB에서 제공하는 함수를 사용하는 수준에서 설명하고자 한다.

MATLAB에서 rand()라는 함수는 구간 (0, 1)에서 균일 확률 밀도 함수를 갖는 확률 변수 값을 임의로 생성한다. 따라서, 이를 이용하여 일반적인 구간 (a, b)에서 생성되는 균일 확률 변수를 위해서는 예제 3.1.2를 참고해야 할 것이다. 이 예제에 의하면, 임의의 구간 (a, b)에서 균일 확률 밀도 함수를 갖는 임의의 확률 변수 값을 생성하기 위해서는 $(b-a)$*rand()+a를 이용하면 된다.

정규 확률 분포의 확률 변수 생성을 위해서는 randn() 명령어를 이용한다. 그런데, 이는 평균 0, 분산 1인 정규 확률 밀도 함수를 갖는 확률 변수 값을 생성한다. 따라서, 임의의 평균값 μ_X, 표준편차 σ_X를 갖는 정규 확률 분포를 생성하기 위해서는 σ_X*randn()+μ_X를 이용하면 된다. 이는 식 (3.1.22)의 바로 위에서 언급한 정규 확률 변수 X와 표준 정규 확률 변수 Z와의 관계식 $x = \sigma_X z + \mu_X$, 그리고 식 (3.1.17)에 기인한다.

한편, 임의의 확률 밀도 함수 $f_X(x)$를 갖는 확률 변수 X의 값을 생성시키는 방법에 대해 간략하게 알아보자. 우리는 확률 변수 X에 대한 누적 분포 함수 $F_X(x)$의 범위가 언제나 (0, 1)이 된다는 것을 알고 있다. 따라서, 구간 (0, 1)에서의 균일 분포를 갖는 임시 확률 변수 Y에 대해 $y = F_X(x)$를 정의하고, $x = F_X^{-1}(y)$에 의해 x를 구하면 이는 누적 분포 함수 $F_X(x)$를 갖는 확률 변수 X의 값들이 된다. 다만, 이 방법은 누적 분포 함수의 역함수를 구할 수 있는 경우로 한정된다.

12) 예제 3.1.5의 방법을 이용하면, 균일 확률 변수 값들을 이용하여 레일리 확률 변수 값들을 생성할 수 있다.

예제 3.1.5

확률 밀도 함수가 다음과 같이 정의되는 확률 변수 X를 생성해 보자.

$$f_X(x) = \begin{cases} 2x/9 & 0 \le x < 3 \\ 0 & x < 0, x \ge 3 \end{cases}$$

풀이 및 설명

구간 $0 \le x < 3$에서의 확률 변수 X에 대한 누적 분포 함수는 다음과 같이 구할 수 있다.

$$F_X(x) = \int_{-\infty}^{x} \frac{2}{9} u \, du = \frac{1}{9} u^2 \Big|_0^x = \frac{1}{9} x^2 \tag{1}$$

따라서, 구간 별로 정의된 누적 분포 함수는 다음과 같이 나타낼 수 있다.

$$F_X(x) = \begin{cases} 0 & x < 0 \\ \dfrac{x^2}{9} & 0 \le x < 3 \\ 1 & x \ge 3 \end{cases} \tag{2}$$

이제 구간 (0, 1)에서 균일 확률 분포를 갖는 확률 변수 Y를 생성시키고, 이에 대해 $y = F_X(x) = x^2/9 \ (0 \le x < 3)$를 정의하면, 확률 변수 X의 값은 $x = 3\sqrt{y}$ 에 의해 얻을 수 있다.

참고로 위의 확률 변수 X를 생성시키기 위한 MATLAB m 파일 작성 예는 다음과 같으며, 그 결과를 그림 3.1.5에 나타내었다.

[MATLAB m-file]

```
clear all, clc
len = 1000;  % generated number of the random variable, X
x = zeros(1, len);
s = rng;  % to return to the current settings of the random number
rng(s);     % generator,
y = rand(1, len);   % to generate the uniform random variable in (0, 1)
x = 3*sqrt(y);
figure(1)
subplot(2,1,1), plot(y), title('Uniform random variable')
set(gca, 'fontsize', 18)
xlabel('Length of random variable'), ylabel('Value of y')

subplot(2,1,2), histogram(y)
set(gca, 'fontsize', 18)
xlabel('y'), ylabel('Relative frequency')

figure(2)
subplot(2,1,1), plot(x), title('Random variable, X')
set(gca, 'fontsize', 18)
xlabel('Length of random variable'), ylabel('Value of x')

subplot(2,1,2), histogram(x)
set(gca, 'fontsize', 18)
xlabel('x'), ylabel('Relative frequency')
```

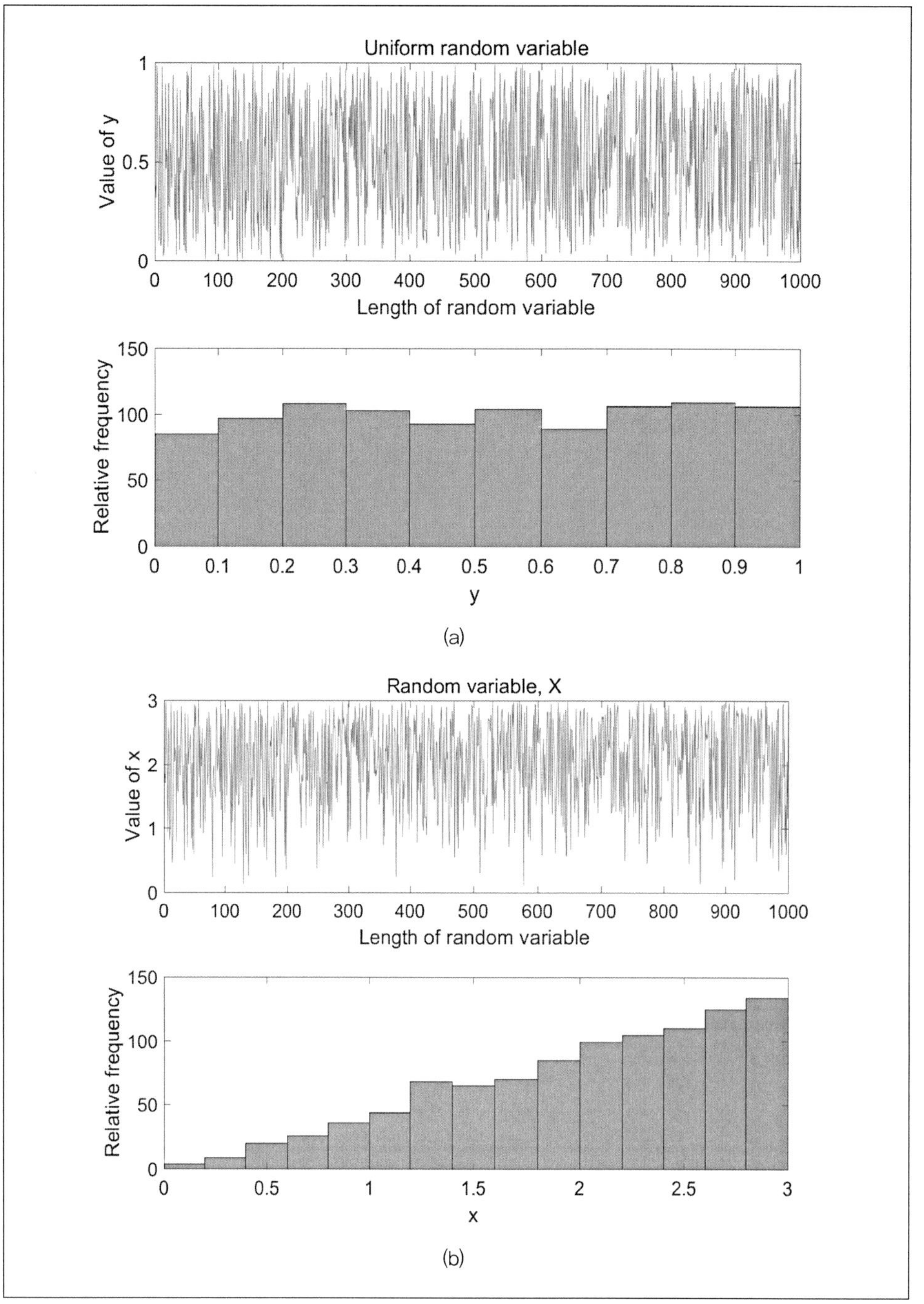

그림 3.1.5 (예제 3.1.5) (a) 균일 확률 분포 확률 변수 생성 결과(구간 $(0, 1)$, 1,000개의 값) 및 (b) 제시된 확률 변수 X의 생성 값 비교

3.1.5 2개의 확률 변수 및 결합 확률 분포

확률 변수란 표본 공간을 정의 역으로 하는 함수로서 표본 공간 내의 특정 사건을 숫자로 대응시키는 개념이라는 것을 앞서 언급한 바 있다. 확률 변수가 2개로 증가해도 동일하다. 즉, 예를 들면, 어떤 학교의 학생 중에서 임의로 한 명을 뽑아 그 학생의 몸무게와 키를 측정했을 때 표본 공간은 그 학교의 모든 재학생이 되고 확률 변수 X와 Y는 각각 몸무게와 키를 나타내는 실수로 대응될 것이다. 그런데, 이 두 개의 확률 변수는 서로 독립일 수도 있고(즉, 서로의 결과에 영향을 주지 않을 수 있고), 또는 밀접한 관계가 있을 수도 있다. 다른 예로서, 올림픽 경기에서 양궁 선수들이 과녁에 활을 쏘는 경우이다. 표본 공간은 과녁에 꽂힌 활의 위치가 될 것이며, 이 경우 확률 변수 X와 Y는 각각 활이 꽂힌 지점의 중심으로부터의 가로 방향 및 세로 방향 위치 즉, 좌표가 될 것이다. 이 경우 역시 확률 변수 X와 Y사이에는 어떤 관계가 존재할 수도 있고, 없을 수도 있다.

단일 확률 변수에서와 마찬가지로, 확률 변수 X와 Y의 값이 각각 구간 a와 b 그리고, c와 d사이에 존재할 확률 $P(a < X \le b, c < Y \le d)$은 결합 확률 밀도 함수(joint probability density function) $f_{XY}(x, y)$가 주어진 경우에 아래의 식을 이용하여 구할 수 있다.

$$P(a < X \le b, c < X \le d) = \int_c^d \int_a^b f_{XY}(x, y) dx dy \tag{3.1.24}$$

이는 확률 변수 X와 Y에 의해 정해지는 평면 위에서 구간 $a < X \le b, c < Y \le d$에 해당하는 곡면 $f_{XY}(x, y)$ 아래의 면적을 의미한다. 또한, 결합 확률 밀도 함수 $f_{XY}(x, y)$에 대해서는 확률의 공리에 대응하는 아래와 같은 특징이 있다.

$$f_{XY}(x, y) \ge 0; \int_{-\infty}^{\infty} \int_{-\infty}^{\infty} f_{XY}(x, y) dx dy = 1 \tag{3.1.25}$$

식 (3.1.24)에 의해 미소 구간 dx와 dy 에서의 확률은 다음과 같이 나타낸다.

$$P(x < X \le x + dx, y < Y \le y + dy) = \int_y^{y+dy} \int_x^{x+dx} f_{XY}(x, y) dx dy \tag{3.1.26}$$

한편, 확률 변수 X 및 Y가 각각 어떤 특정 값 x 및 y보다 작거나 같은 확률 $P(X \le x, Y \le y)$를 $F_{XY}(x, y)$로 표현하고, 이를 결합 누적 분포 함수(joint cumulative distribution function)라고 한다. 따라서, 확률 밀도 함수 $f_{XY}(x, y)$와는 다음과 같은 관계를 갖는다.

$$F_{XY}(x, y) = \int_{-\infty}^{y} \int_{-\infty}^{x} f_{XY}(x, y) dx dy \tag{3.1.27}$$

따라서, 위 식으로부터 결합 누적 분포 함수 $F_{XY}(x, y)$를 x 및 y에 대해 편미분하면 결합 확률 밀도 함수 $f_{XY}(x, y)$와 같아짐을 알 수 있다.

$$\frac{\partial F_{XY}(x, y)}{\partial y} = \int_{-\infty}^{x} f_{XY}(x, y) dx \;\rightarrow\; \frac{\partial^2 F_{XY}(x, y)}{\partial x \partial y} = f_{XY}(x, y) \tag{3.1.28}$$

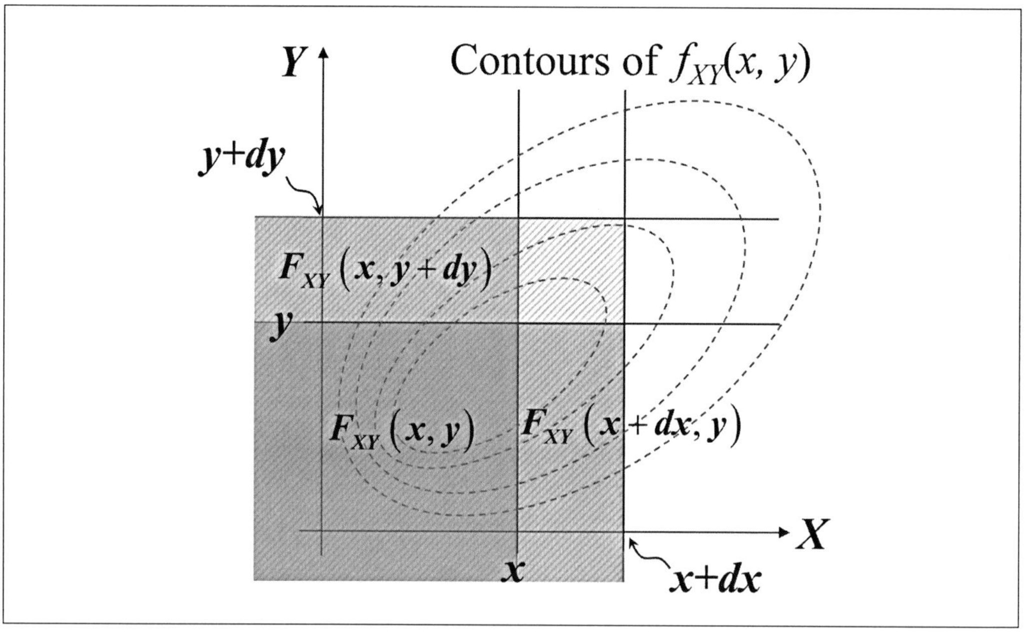

그림 3.1.6 결합 누적 분포 함수와 미소 구간 $x < X \le x+dx$, $y < Y \le y+dy$에서의 확률 $P(x < X \le x+dx, y < Y \le y+dy)$와의 관계

단일 확률 변수에서 살펴본 비와 같이, 결합 확률 밀도 함수와 결합 누적 분포 함수와의 관계를 미소 구간에서의 확률 관계를 이용하여 살펴보도록 하자. 결합 누적 분포 함수의 정의에 의하면 구간 $x < X \le x+dx$ 및 $y < Y \le y+dy$에 대한확률 변수의 발생 확률 $P(x < X \le x+dx, y < Y \le y+dy)$를 다음과 같이 표현할 수 있다(그림 3.1.6 참고).

$$\begin{aligned} &P(x < X \le x+dx, y < Y \le y+dy) \\ &= P(X \le x+dx,\ Y \le y+dy) - P(X \le x+dx,\ Y \le y) \\ &- P(X \le x,\ Y \le y+dy) + P(X \le x,\ Y \le y) \\ &= F_{XY}(x+dx, y+dy) - F_{XY}(x+dx, y) - F_{XY}(x, y+dy) + F_{XY}(x, y) \end{aligned} \tag{3.1.29}$$

위의 식에서 $F_{XY}(x+dx, y+dy)$, $F_{XY}(x+dx, y)$ 및 $F_{XY}(x, y+dy)$는 각각 아래와 같이 테일

러 급수 전개를 하여,

$$\begin{aligned} &F_{XY}(x+dx, y+dy) \\ &= F_{XY}(x,y) + \frac{\partial F_{XY}(x,y)}{\partial x}dx + \frac{\partial F_{XY}(x,y)}{\partial y}dy \\ &\quad + \frac{1}{2}\frac{\partial^2 F_{XY}(x,y)}{\partial x^2}(dx)^2 + \frac{1}{2}\frac{\partial^2 F_{XY}(x,y)}{\partial x^2}(dy)^2 + \frac{\partial^2 F_{XY}(x,y)}{\partial x \partial y}dxdy + \cdots \end{aligned} \tag{3.1.30a}$$

$$\begin{aligned} &F_{XY}(x+dx, y) \\ &= F_{XY}(x,y) + \frac{\partial F_{XY}(x,y)}{\partial x}dx + \frac{1}{2}\frac{\partial^2 F_{XY}(x,y)}{\partial x^2}(dx)^2 + \cdots \end{aligned} \tag{3.1.30b}$$

$$\begin{aligned} &F_{XY}(x, y+dy) \\ &= F_{XY}(x,y) + \frac{\partial F_{XY}(x,y)}{\partial y}dx + \frac{1}{2}\frac{\partial^2 F_{XY}(x,y)}{\partial y^2}(dy)^2 + \cdots \end{aligned} \tag{3.1.30c}$$

식 (3.1.29)에 대입하면 다음과 같은 관계를 얻게 된다.

$$P(x < X \le x+dx, y < Y \le y+dy) = \frac{\partial^2 F_{XY}(x,y)}{\partial x \partial y}dxdy \tag{3.1.31}$$

따라서, 누적 분포 함수의 미분은 다음과 같이 표현됨을 알 수 있다.

$$\frac{\partial^2 F_{XY}(x,y)}{\partial x \partial y} = \frac{P(x < X \le x+dx, y < Y \le y+dy)}{dxdy} \tag{3.1.32}$$

위 식을 식 (3.1.28)과 비교하면, 우측 항은 바로 결합 확률 밀도 함수 $f_{XY}(x,y)$의 또 다른 표현임을 알 수 있으며, 이를 통해 다음과 같은 관계가 성립함을 알 수 있다.

$$P(x < X \le x+dx, y < Y \le y+dy) = f_{XY}(x,y)dxdy \tag{3.1.33}$$

한편, 결합 확률 밀도 함수로부터 부분 확률 밀도 함수(marginal probability density function) $f_X(x)$를 다음과 같이 정의한다.

$$f_X(x) = \int_{-\infty}^{\infty} f_{XY}(x,y)dy \tag{3.1.34}$$

위 식은 적분 변수 y에 대한 전 구간에서의 적분이 되므로 해당 확률 변수 Y와는 관계가 없게 된다. 이에 대해 조금 더 식을 자세히 전개하여 살펴보도록 하자. 확률 변수 y에 대해서 전 구간에서 고려한다는 것은 식 (3.1.4)를 참고하면 다음과 같은 식을 의미한다.

$$f_X(x)dx = P(x < X \le x+dx, -\infty < Y < \infty) \tag{3.1.35a}$$

따라서,

$$f_X(x)dx = \int_{-\infty}^{\infty}\int_{x}^{x+dx} f_{XY}(x,y)dxdy = \int_{x}^{x+dx}\int_{-\infty}^{\infty} f_{XY}(x,y)dydx$$
$$= \int_{x}^{x+dx} dx \int_{-\infty}^{\infty} f_{XY}(x,y)dy = dx\int_{-\infty}^{\infty} f_{XY}(x,y)dy \qquad (3.1.35b)$$

이므로, 식 (3.1.34)를 얻게 된다. 위 식에서 $\int_{-\infty}^{\infty} f_{XY}(x,y)dy$는 x에 대한 함수가 되는데, x에 대한 적분 구간 $[x, x+dx]$에서는 상수로 간주할 수 있어서 적분 기호 밖으로 나간 것이다.

이제 2개의 확률 변수 X, Y에 대한 기대값(평균), 분산, 공분산(covariance) 등의 통계량에 대해 알아보도록 하자. 특히, 여러 개의 확률 변수를 고려할 때는 확률 변수 간의 상호 상관 관계에 대한 기술이 반드시 필요하다.

① 확률 변수 X와 Y의 기대값(평균) 및 분산

결합 확률 밀도 함수 $f_{XY}(x,y)$로부터 부분 확률 밀도 함수 $f_X(x)$를 구한 후 식 (3.1.11) 및 (3.1.12)를 이용하여 구한다.

$$\mu_X = E[X] = \int_{-\infty}^{\infty} x\left(\int_{-\infty}^{\infty} f_{XY}(x,y)dy\right)dx = \int_{-\infty}^{\infty} xf_X(x)dx \qquad (3.1.36a)$$

$$\sigma_X^2 = E\left[(X-\mu_X)^2\right] = \int_{-\infty}^{\infty}(x-\mu_X)^2\left(\int_{-\infty}^{\infty} f_{XY}(x,y)dy\right)dx$$
$$= \int_{-\infty}^{\infty}(x-\mu_X)^2 f_X(x)dx \qquad (3.1.36b)$$

분산에 대해서는 식 (3.1.16)이 성립함을 다시 한번 확인하기를 바란다. 이러한 관계들은 확률 변수 Y에 대해서도 동일하게 적용된다.

② 확률 변수의 합, $X+Y$의 기대값 $E[X+Y]$

확률 변수 X, Y에 대한 결합 확률 밀도 함수 $f_{XY}(x,y)$가 주어지면, 확률 변수의 합 $X+Y$의 기대값은 다음과 같이 구할 수 있다.

$$
\begin{aligned}
E[X+Y] &= \int_{-\infty}^{\infty}\int_{-\infty}^{\infty}(x+y)f_{XY}(x,y)dxdy \\
&= \int_{-\infty}^{\infty}\int_{-\infty}^{\infty}xf_{XY}(x,y)dxdy + \int_{-\infty}^{\infty}\int_{-\infty}^{\infty}yf_{XY}(x,y)dxdy \\
&= \int_{-\infty}^{\infty}x\left(\int_{-\infty}^{\infty}f_{XY}(x,y)dy\right)dx + \int_{-\infty}^{\infty}y\left(\int_{-\infty}^{\infty}f_{XY}(x,y)dx\right)dy \\
&= \int_{-\infty}^{\infty}xf_X(x)dx + \int_{-\infty}^{\infty}yf_Y(y)dy = E[X]+E[Y]
\end{aligned}
\tag{3.1.37}
$$

즉, 확률 변수 X, Y의 합에 대한 기대값은 각각의 기대값의 합과 같다.

③ 확률 변수의 곱, XY의 기대값 $E[XY]$

여기서는 조건부 확률 밀도 함수(conditional PDF)라는 용어를 정의하여 사용할 필요가 있다. 확률 변수 Y에 대한 확률 변수 X의 조건부 확률 밀도 함수란 '확률 변수 Y가 y값을 가진다는 가정 하'에 X가 x의 값을 가질 확률을 뜻하며 $f_{X|Y}(x|Y=y)$로 표기하고 아래와 같이 정의된다[13].

$$
f_{X|Y}(x|Y=y) = \frac{f_{XY}(x,y)}{f_Y(y)} \tag{3.1.38}
$$

위 식에서 $f_{XY}(x,y)$는 두 확률 변수의 결합 확률 밀도 함수를, $f_Y(y)$는 확률 변수 Y의 부분 확률 밀도 함수를 나타낸다. 그런데, 조건부 확률 밀도 함수로부터 2개의 확률 변수 사이의 '통계적 독립(statistically independent)'이라는 개념이 정의된다. 즉, 확률 변수 X와 Y가 통계적으로 독립이라는 것은 X의 조건부 확률 밀도 함수 값이 확률 변수 Y의 값에 전혀 영향을 받지 않는다는 것으로서, 이는 $f_{X|Y}(x|Y=y) = f_X(x)$로 나타낼 수 있다. 따라서, 식 (3.1.38)에 의하면 서로 독립인 두 확률 변수 X와 Y의 확률 밀도 함수 사이에는 필요 충분 조건으로서 다음과 같은 관계가 성립한다.

$$
f_{XY}(x,y) = f_X(x)f_Y(y) \tag{3.1.39}
$$

위에서 설명한 조건부 확률 밀도 함수 및 독립인 두 확률 변수에 대한 확률 밀도 함수 간의 관계를 염두에 두고, 이제 두 개의 확률 변수 X와 Y의 곱의 기대값 $E[XY]$에 대해 알아보도록 하자.

$$
\begin{aligned}
E[XY] &= \int_{-\infty}^{\infty}\int_{-\infty}^{\infty}xyf_{XY}(x,y)dxdy = \int_{-\infty}^{\infty}\int_{-\infty}^{\infty}xyf_X(x)f_Y(y)dxdy \\
&= \int_{-\infty}^{\infty}xf_X(x)\left(\int_{-\infty}^{\infty}yf_Y(y)dy\right)dx = E[Y]\int_{-\infty}^{\infty}xf_X(x)dx = E[X]E[Y]
\end{aligned}
\tag{3.1.40}
$$

위의 식에서 확률 변수 X와 Y는 서로 독립인 경우로서, 식 (3.1.39)를 가정하였다. 즉, 서로 독립인

---

13) 조건부 확률에 대해서 보충 설명 3.1.2를 참고하기 바란다.

두 확률 변수의 곱의 기대값은 각각의 기대값을 곱한 것과 같다. 참고로, 서로 독립이 아닌 경우에는 아래에서 설명하는 공분산 개념과 연관지어 살펴볼 필요가 있다.

④ 확률 변수 X 및 Y의 공분산

확률 변수 X와 Y의 공분산 σ_{XY} ($Cov(X, Y)$로 표현하기도 한다)는 다음과 같이 구할 수 있다.

$$\begin{aligned}\sigma_{XY} &= E[(X-\mu_X)(Y-\mu_Y)] = E[XY-\mu_X Y-\mu_Y X+\mu_X\mu_Y] \\ &= E[XY]-\mu_X E[Y]-\mu_Y E[X]+\mu_X\mu_Y \\ &= E[XY]-\mu_X\mu_Y = E[XY]-E[X]E[Y]\end{aligned} \tag{3.1.41}$$

위 식에서 $\sigma_{XY}=0$ 인 경우 두 확률 변수는 상관관계(correlation)가 없다고 한다. 이 경우 식 (3.1.41)에 의하면 $E[XY]=E[X]E[Y]$ 의 관계가 성립함을 알 수 있다. 이는 식 (3.1.40)에서도 관찰된 결과이지만 이와 관련하여 유의해야 할 사항이 있다. 즉, 서로 통계적으로 독립인 두 확률 변수는 상관관계가 없지만($f_{XY}(x,y)=f_X(x)f_Y(y)$이므로 $E[XY]=E[X]E[Y]$이 성립하고 따라서 $\sigma_{XY}=0$이 된다), 상관 관계가 없다고 해서 서로 독립인 것은 아니라는 사실이다 ($E[XY]=E[X]E[Y]$이 성립한다고 해서 반드시 $f_{XY}(x,y)=f_X(x)f_Y(y)$의 관계식을 보장하지 않는다). 즉, 서로 독립인 것보다 상관 관계가 없는 것이 더 큰 범위를 갖는다.

추가로, 식 (3.1.41)에 의하면, 평균이 0인 두 확률 변수 X 및 Y가 서로 상관 관계가 없다면 $E[XY]=0$이 성립함을 알 수 있다.

⑤ 두 확률 변수 X 및 Y의 선형 결합인 $Z=aX+bY$의 분산, σ_Z^2

새로운 확률 변수 $Z=aX+bY$에 대해서는 아래와 같은 관계가 성립한다.

$$\begin{aligned}E[Z] &= E[aX+bY]=aE[X]+bE[Y] \\ &= a\mu_X+b\mu_Y=\mu_Z\end{aligned} \tag{3.1.42}$$

따라서, $Z-\mu_Z=aX+bY-\mu_Z=aX+bY-a\mu_X-b\mu_Y=a(X-\mu_X)+b(Y-\mu_Y)$의 관계식이 성립하므로 Z의 분산은 다음의 식에 의해 쉽게 구할 수 있다.

$$\begin{aligned}\sigma_Z^2 &= E[(Z-\mu_Z)^2]=E[(a(X-\mu_X)+b(Y-\mu_Y))^2] \\ &= E[a^2(X-\mu_X)^2+b^2(Y-\mu_Y)^2+2ab(X-\mu_X)(Y-\mu_Y)] \\ &= a^2E[(X-\mu_X)^2]+b^2E[(Y-\mu_Y)^2]+2abE[(X-\mu_X)(Y-\mu_Y)] \\ &= a^2\sigma_X^2+b^2\sigma_Y^2+2ab\sigma_{XY}\end{aligned} \tag{3.1.43}$$

두 확률 변수 X 및 Y가 서로 상관 관계가 없다면 $\sigma_{XY}=0$이므로, 위 식은$Z=aX+bY$의 분산은 단지 각각의 확률 변수에 대해 상수배를 고려한 분산을 더하기만 하면 된다는 것을 보여준다 ($\sigma_Z^2 = a^2\sigma_X^2 + b^2\sigma_Y^2$).

⑥ 두 확률 변수 X 및 Y의 곱 $W = XY$의 분산, σ_W^2

두 확률 변수 X 및 Y의 곱 $W = XY$의 분산은 식 (3.1.41)의 공분산 σ_{XY}와는 다른 것이다[14]. 두 확률 변수의 곱에 대한 분산은 아래와 같이 나타낼 수 있다.

$$\begin{aligned}\sigma_W^2 &= E[(XY - E[XY])^2] = E[(XY)^2] - (E[XY])^2 \\ &= E[(XY)^2] - (\sigma_{XY} + \mu_X\mu_Y)^2\end{aligned} \tag{3.1.44}$$

두 확률 변수의 곱 XY의 분산은 XY를 마치 1개의 확률 변수로 간주하고 식 (3.1.16)을 적용한 후, 식 (3.1.41)의 결과를 대입하여 구한다. 위의 식을 좀 더 정리하기 위해 식 (3.1.41)의 사용을 더 고려해보도록 하자. 즉, 식 (3.1.41)을 두 확률 변수 X^2 및 Y^2에도 적용하면 $E[X^2Y^2] = \sigma_{X^2Y^2} + E[X^2]E[Y^2]$의 관계식을 얻을 수 있는데, 이를 식 (3.1.44)에 대입하면 아래와 같은 결과를 얻게 된다.

$$\begin{aligned}\sigma_W^2 &= E[(XY)^2] - (E[XY])^2 \\ &= \sigma_{X^2Y^2} + E[X^2]E[Y^2] - (\sigma_{XY} + \mu_X\mu_Y)^2 \\ &= \sigma_{X^2Y^2} + (\sigma_X^2 + \mu_X^2)(\sigma_Y^2 + \mu_Y^2) - (\sigma_{XY} + \mu_X\mu_Y)^2\end{aligned} \tag{3.1.45}$$

만약, 두 확률 변수 X와 Y의 상관 관계가 없다면 $\sigma_{XY} = 0$ (그리고, $\sigma_{X^2Y^2} = 0$)이므로, 식 (3.1.45)는 다음과 같이 더욱 간단하게 표현된다.

$$\sigma_W^2 = (\sigma_X^2 + \mu_X^2)(\sigma_Y^2 + \mu_Y^2) - (\mu_X\mu_Y)^2 = \sigma_X^2\sigma_Y^2 + \mu_X^2\sigma_Y^2 + \mu_Y^2\sigma_X^2 \tag{3.1.46}$$

⑦ 확률 변수 X 및 Y의 상관 계수(correlation coefficient), ρ_{XY}

식 (3.1.41)에 정의된 공분산의 상대적 크기를 나타내기 위해 각각의 확률 변수의 표준편차의 곱으로 무차원화, 정규화(normalized)한 식을 상관 계수라고 한다.

$$\rho_{XY} = \frac{\sigma_{XY}}{\sigma_X\sigma_Y} \tag{3.1.47}$$

위 식에서 상관 계수 ρ_{XY}를 $Corr(X, Y)$로 표현하기도 한다. 그리고, 위 상관계수는 항상 -1과 1 사이의 값을 가지며($-1 \le \rho_{XY} \le 1$), 사실은 다음과 같이 정규화된 확률 변수 X 및 Y의 곱에 대한

---

14) 여기서 σ_W^2은 공분산 σ_{XY}의 제곱, 즉 $(\sigma_{XY})^2$을 의미하지 않는다. 혼동을 피하기 위해 기호 σ_{XY}^2의 직접적인 사용을 피하였다.

기대값이 된다[15].

$$\rho_{XY} = \frac{E[(X-\mu_X)(Y-\mu_Y)]}{\sigma_X \sigma_Y} = E\left[\left(\frac{X-\mu_X}{\sigma_X}\right)\left(\frac{Y-\mu_Y}{\sigma_Y}\right)\right] \tag{3.1.48}$$

상관계수에 대해서는 3.1.6절에서 다시 한번 다룬다.

예제 3.1.6

확률 변수 X, Y에 대해 다음의 관계식을 유도하여라.

$$Corr(aX+b, cY+d) = \pm\, Corr(X, Y) \ (\text{단}, a, c \neq 0)$$

풀이 및 설명

식 (3.1.48)을 이용하기 위해 먼저 $E(aX+b) = aE(X)+b$, $E(cY+d) = cE(Y)+d$임을 상기하자. 또한, $\sigma^2_{aX+b} = a^2\sigma^2_X$, $\sigma^2_{cY+d} = c^2\sigma^2_Y$의 관계를 이용한다. 따라서, 이를 식 (3.1.48)에 대입하면 아래와 같음을 알 수 있다.

$$\begin{aligned} Corr(aX+b, cY+d) &= \frac{E[(aX+b-\mu_{aX+b})(cY+d-\mu_{cY+d})]}{\sigma_{aX+b}\sigma_{cY+d}} \\ &= \frac{acE[(X-\mu_X)(Y-\mu_Y)]}{|ac|\sigma_X\sigma_Y} \\ &= \frac{ac}{|ac|} Corr(X, Y) \end{aligned} \tag{1}$$

위의 결과로부터 $ac > 0$ (즉, a와 c의 부호가 같으면)이면, $Corr(aX+b, cY+d) = Corr(X, Y)$, $ac < 0$ (즉, a와 c의 부호가 다르면)이면, $Corr(aX+b, cY+d) = -Corr(X, Y)$의 관계가 성립함을 알 수 있다.

예제 3.1.7

확률 변수 Y는 다른 확률 변수 X 및 N과 다음과 같은 관계를 갖고 있다고 한다.

$$Y = aX+b+N \ (a, b\text{: 상수})$$

확률 변수 X와 Y의 공분산 및 상관계수를 구하여라. 단, 확률 변수 N의 평균은 0 ($\mu_N = 0$)이고, 확률 변수 X와 N의 상관 관계는 없다($\sigma_{XN} = 0$)고 한다.

풀이 및 설명

먼저, 확률 변수 X와 N의 상관 관계가 없으므로, $\sigma_{XN} = 0$이고, 따라서, $E[XN] = E[X]E[N]$이 성

15) 상관 계수 ρ_{XY}는 두 확률 변수 사이의 선형 관계를 나타낸다. 즉, 상관 계수의 값이 0이라는 것은 선형 상관 관계가 없다는 것이지 상관 관계 자체가 없다는 의미는 아니다. 상관 계수 ρ_{XY}는 두 확률 변수 사이에 존재하는 비 선형 관계 여부에 대해서는 판단하지 못한다.

립하는데, $E[N]=0$이므로 $E[XN]=0$이 된다. 이를 이용하여 확률 변수 Y의 평균과 분산은 각각 다음과 같이 구해진다.

$$\mu_Y = E[Y] = E[aX+b+N] = aE[X]+b+0 = a\mu_X + b \tag{1a}$$

$$\sigma_Y^2 = E[(aX+b+N)^2] - (a\mu_X+b)^2 = a^2\sigma_X^2 + \sigma_N^2 \tag{1b}$$

그리고, 확률 변수 X와 Y의 공분산 σ_{XY}는 다음과 같다.

$$\begin{aligned}\sigma_{XY} &= E[XY] - E[X]E[Y] = E[X(aX+b+N)] - \mu_X(a\mu_X+b) \\ &= aE[X^2] + b\mu_X - \mu_X(a\mu_X+b) = aE[X^2] - a\mu_X^2 \\ &= a\left(E[X^2]-\mu_X^2\right) = a\sigma_X^2\end{aligned} \tag{2}$$

따라서, 상관 계수 ρ_{XY}는 아래와 같이 표현된다.

$$\begin{aligned}\rho_{XY} &= \frac{\sigma_{XY}}{\sigma_X\sigma_Y} = \frac{a\sigma_X^2}{\sigma_X\sqrt{a^2\sigma_X^2+\sigma_N^2}} = \frac{a\sigma_X}{\sqrt{a^2\sigma_X^2+\sigma_N^2}} \\ &= \frac{|a|}{a}\frac{\sqrt{a^2\sigma_X^2}}{\sqrt{a^2\sigma_X^2+\sigma_N^2}} = \frac{|a|}{a}\sqrt{\frac{1}{1+\sigma_N^2/(a\sigma_X)^2}}\end{aligned} \tag{3}$$

참고로, 위 식에서 상관 계수 ρ_{XY}는 확률 변수 X의 선형 결합 확률 변수 $aX+b$의 분산($a^2\sigma_X^2$) 대비 확률 변수 N의 분산(σ_N^2)의 비율에 의해 표현되었다. 그런데, 확률 변수 X를 입력 신호, $aX+b$를 계의 출력 신호, 그리고 확률 변수 N을 신호에 섞인 잡음(noise)이라고 할 때, 이 비율은 신호대 잡음 비율(signal to noise ratio)의 역수로 간주할 수도 있다. 예를 들면, 잡음 신호가 없다면 $\sigma_N=0$이므로, $\rho_{XY}=1$ ($a>0$ 인 경우)로서 확률 변수 Y와 X는 정확한 선형 상관 관계가 있음을 나타낸다(실제로 잡음 신호가 없다면 $Y=aX+b$로서 선형 관계이다). 그런데, $a^2\sigma_X^2=\sigma_N^2$인 경우 잡음 신호 N의 분산이 신호 $aX+b$의 분산과 같게 되는데, 이 경우 $\rho_{XY}\approx 0.707$ ($a>0$ 인 경우)로서 확률 변수 Y와 X는 다소 상대적으로 약한 상관 관계를 갖게 된다. 이러한 내용은 3.3.3절에서 기여도 함수(coherence function)라는 용어를 통해 다시 한번 다뤄지게 될 것이다.

보충설명 3.1.2 **조건부 확률 및 조건부 확률 밀도 함수**

확률을 설명할 때 일반적으로 집합 이론의 설명으로부터 시작된다. 확률의 공리 자체가 집합에 대한 개념을 기본으로 한다. 표본 공간, 표본 공간의 부분 집합인 사건, 그리고 집합으로서의 사건들 사이의 합집합, 교집합 등에 대한 확률 표현을 공부하게 된다.

식 (3.1.38)에서 다룬 조건부 확률 밀도 함수와 관련하여 조건부 확률 등에 대해 잠깐 언급하고자 한다. 한 개의 사건이 발생할 확률이 다른 사건에 영향을 줄 경우가 많다. 확률론에서는 두 개의 사건 A와 B에 대해 사건 B가 일어난다는 가정하에 사건 A가 일어날 확률을 $P(A|B)$라고 쓰고, 이는 $P(A\cap B)/P(B)$를 이용하여 계산된다. 즉, 확률이 계산되는 전체 표본 공간이 B로 바뀌는 것이다.

여기서 좀 더 확장하여 그림 3.1.7에 나타낸 바와 같이 표본 공간이 k개의 배반 사건으로 구성되어 있을 경우($A_1 \cup A_2 \cup \cdots \cup A_k = S$, $A_i \cap A_j = \phi$ $(i \neq j)$), 특정 사건 B가 일어난다는 가정하에 사건 A_k가 일어날 확률은 $P(A_k|B)$라고 쓰고 $P(A_k \cap B)/P(B)$로 계산한다. 만약, 사건 A와 B가 독립이라면(즉, 서로의 발생 확률에 전혀 영향을 주지 않는 경우), $P(A|B) = P(A)$라고 쓸 수 있고, 따라서 $P(A \cap B) = P(A)P(B)$의 관계가 성립한다.

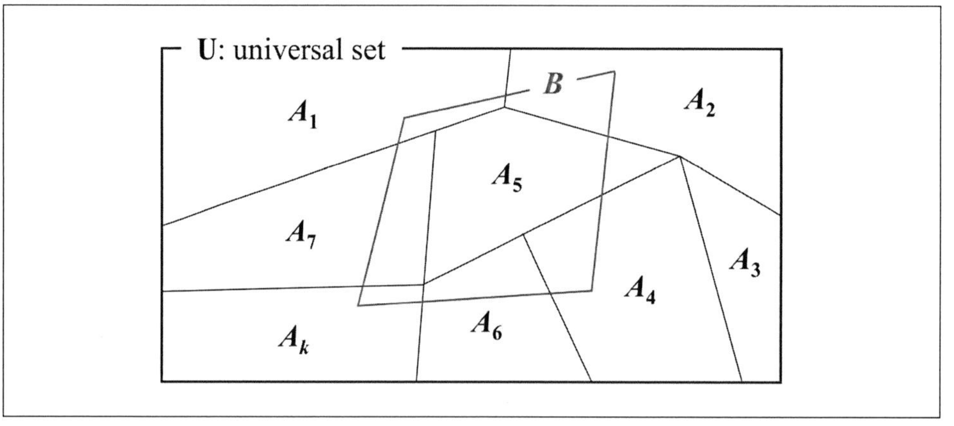

그림 3.1.7 배반 사건(mutually exclusive events)으로 구성된 표본 공간 및 조건부 확률

연속 확률 변수에서는 사건 A를 $\{X \leq x\}$, 사건 B를 $\{y < Y \leq y + dy\}$라고 하면, 조건부 확률 $P(A \mid B)$를 다음과 같이 나타낼 수 있다.

$$\begin{aligned} P(X \leq x | y < Y \leq y+dy) &= \frac{P(X \leq x, y < Y \leq y+dy)}{P(y < Y \leq y+dy)} \\ &= \frac{\int_y^{y+dy} \int_{-\infty}^{x} f_{XY}(x,y)\,dx\,dy}{\int_y^{y+dy} f_Y(y)\,dy} = \frac{\left(\int_{-\infty}^{x} f_{XY}(x,y)\,dx\right) \int_y^{y+dy} dy}{\int_y^{y+dy} f_Y(y)\,dy} \\ &= \frac{\left(\int_{-\infty}^{x} f_{XY}(x,y)\,dx\right) dy}{f_Y(y)\,dy} = \frac{\int_{-\infty}^{x} f_{XY}(x,y)\,dx}{f_Y(y)} \end{aligned} \tag{1}$$

한편, 식 (1)의 좌변 $P(X \leq x | y < Y \leq y+dy)$는 $F_{X|Y}(x \mid Y=y)$와 같으므로, 식 (1)의 마지막 식을 이용하여 이를 x에 대해 미분하면 아래와 같은 결과를 얻게 된다.

$$\begin{aligned} f_{X|Y}(x \mid Y=y) &= \frac{d}{dx} F_{X|Y}(x|Y=y) \\ &= \frac{d}{dx}\left(\int_{-\infty}^{x} f_{XY}(x,y)\,dx / f_Y(y)\right) = \frac{f_{XY}(x,y)}{f_Y(y)} \end{aligned} \tag{2}$$

위 식에서 $f_{X|Y}(x \mid Y=y)$는 확률 변수 Y가 y값을 가진다는 가정 아래에서 확률 변수 X가 x의 값을 가질 확률을 나타내는, 확률 변수 X의 조건부 확률 밀도 함수가 된다.

그림 3.1.8을 이용하여 위의 식 (2)에 대한 의미를 살펴보자. 연속 확률 변수에 대한 식이지만 간략한 설명을 위해 근사적으로 이산 확률 변수처럼 생각해보자(특정 연속 확률 변수 값에서의 확률은 실제로 '0'이라는 것을 상기하자). 그림의 왼쪽에는 부분 확률 밀도 함수 $f_{Y_j}(y_j)$가 예시되어 있다. 부분 확률 밀도 함수 $f_{Y_j}(y_j)$는 $y=y_j$에서 모든 x_i에 대한 확률을 더한 값이 된다. 즉, 예를 들면, $f_{Y_j}(y=y_5)$는 $y=y_5$에서의 모든 x_i에 대한 확률, $f(x_1,y_5)+f(x_2,y_5)+f(x_3,y_5)+f(x_4,y_5)+f(x_5,y_5)$ $=0.05+0.07+0.30+0.13+0.05=0.60$이 된다. 이런 식으로 $y=y_j$ 각각의 값에서 해당하는 모든 x_i에 대한 확률값을 더하면 부분 확률 밀도 함수 $f_{Y_j}(y_j)$가 되는 것이다.

우측 상단은 근사적으로 $y=y_5$에서의 결합 확률 밀도 함수 $f_{X_iY_j}(x_i,y_5)$를 보여주고 있다. 따라서, $f_{X_iY_j}(x_4,y_5)=0.13$의 값을 갖는다. 이를 이용하면, $y=y_5$일 때의 $x=x_4$일 조건부 확률 $f_{X_i \mid Y_j}(x_4 \mid y_5)$는 다음과 같이 계산한다. $y=y_5$일 때가 표본 공간이 되므로 이때의 모든 가능한 확률을 구하면 $\sum_{i=1}^{5} f(x_i,y_5)=0.60$이 된다. 즉, $f_{X_iY_j}(x_4,y_5)=0.13$은 전체의 표본 공간 $\sum_{i=1}^{5}\sum_{j=1}^{6} f_{X_iY_j}(x_i,y_j)=1$에 대한 것이지만, 조건부의 도입으로 표본 공간이 0.60의 확률을 갖게 되므로, $f_{X_i|Y_j}(x_4|y_5)=0.13/0.60$이 되는 것이다.

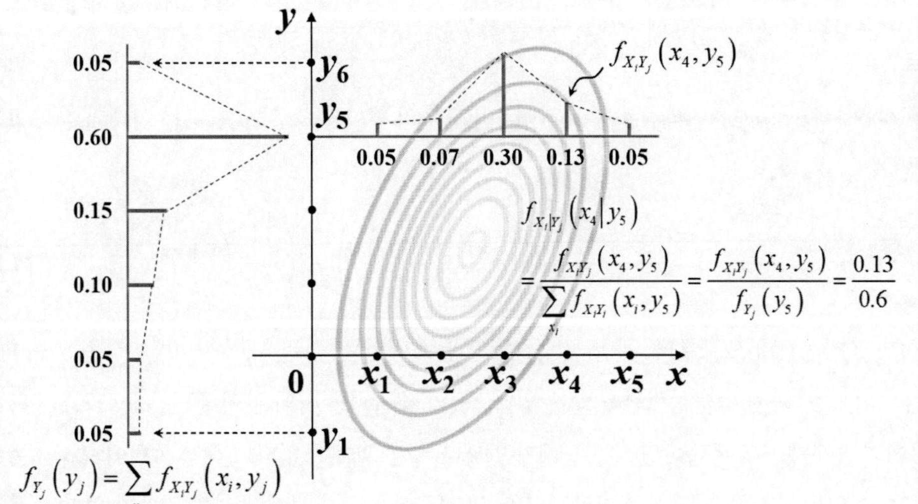

그림 3.1.8 조건부 확률의 개념: 부분 확률 밀도 함수 및 결합 확률 밀도 함수와의 관계

3.1.6 결합 정규 확률 분포(joint normal distribution)

확률 변수 X, Y가 다음과 같은 결합 확률 밀도 함수를 가지면 이들을 결합 정규 확률 변수라고 부른다[16].

$$f_{XY}(x,y)=\frac{1}{2\pi\sigma_X\sigma_Y\sqrt{1-\rho_{XY}^2}}\exp\left[-\frac{1}{2(1-\rho_{XY}^2)}\left\{\left(\frac{x-\mu_X}{\sigma_X}\right)^2 -2\rho_{XY}\left(\frac{x-\mu_X}{\sigma_X}\right)\left(\frac{y-\mu_Y}{\sigma_Y}\right)+\left(\frac{y-\mu_Y}{\sigma_Y}\right)^2\right\}\right] \tag{3.1.49}$$

위 식에서 ρ_{XY}는 확률 변수 X와 Y의 상관 계수를 나타낸다. 또한, μ_X, σ_X는 확률 변수 X의 평균 및 표준편차를 나타내고, μ_Y, σ_Y는 확률 변수 Y의 평균 및 표준편차를 나타낸다. 이들은 각각의 확률 변수에 대한 부분 확률 밀도 함수 $f_X(x)=\int_{-\infty}^{\infty}f_{XY}(x,y)dy$ 또는 $f_Y(y)=\int_{-\infty}^{\infty}f_{XY}(x,y)dx$를 이용하여 계산한다. 각각의 부분 확률 밀도 함수는 다음과 같이 1개의 확률 변수에 대한 정규 확률 밀도 함수와 그 형태가 같다(예제 3.1.8 참고).

$$f_X(x)=\frac{1}{\sqrt{2\pi}\,\sigma_X}\exp\left\{-\frac{(x-\mu_X)^2}{2\sigma_X^2}\right\};\ f_Y(y)=\frac{1}{\sqrt{2\pi}\,\sigma_Y}\exp\left\{-\frac{(y-\mu_Y)^2}{2\sigma_Y^2}\right\} \tag{3.1.50}$$

한편, 식 (3.1.49)에서 상관 계수 ρ_{XY}의 값이 0인 경우의 결합 확률 밀도 함수는 아래와 같이 표현된다.

$$f_{XY}(x,y)=\frac{1}{2\pi\sigma_X\sigma_Y}\exp\left[-\frac{1}{2}\left\{\left(\frac{x-\mu_X}{\sigma_X}\right)^2+\left(\frac{y-\mu_Y}{\sigma_Y}\right)^2\right\}\right] \tag{3.1.51}$$

위 식과 식 (3.1.50)으로부터 결합 정규 확률 분포에서는 상관 계수가 0인 경우 $f_{XY}(x,y)=f_X(x)f_Y(y)$의 관계가 성립함을 알 수 있다. 즉, 앞서 살펴본 바와 같이 일반적으로 2개의 확률 변수 사이의 관계가 서로 독립이면 상관 관계가 없으나, 상관 관계가 없다고 해서 독립이 보장되는 것은 아니었다. 그러나, 결합 정규 확률 분포에서만큼은 두 확률 변수 사이에 상관 관계가 없다는 것은 곧 독립인 관계라는 것을 의미한다. 상관 계수의 값에 따른 결합 정규 확률 밀도 함수의 등고선 그래프를 그림 3.1.9에 나타내었다. 상관 계수의 절대값이 커지면, 확률 변수 X의 값이 커짐에 따라 확률 변수 Y의 값도 더불어 커짐을 알 수 있다. 상관 계수가 음의 값을 가지면 상관 관계의 기울기가 달라진다.

16) 표준 결합 정규 확률 밀도함수는 식 (3.1.49)에 $\mu_X=\mu_Y=0$ 및 $\sigma_X=\sigma_Y=1$을 대입하면 얻을 수 있다.

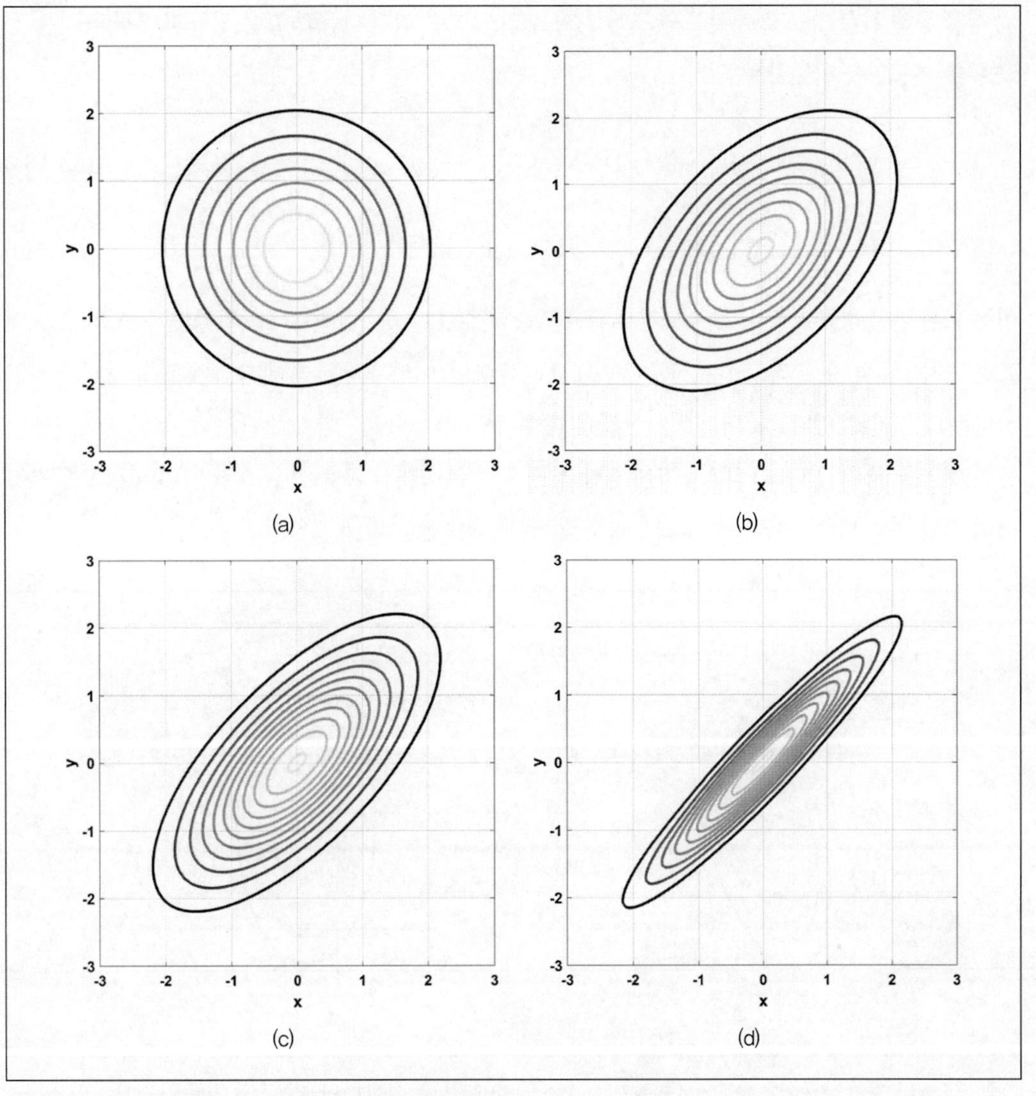

그림 3.1.9 상관 계수 ρ_{XY}의 값에 따른 결합 정규 확률 밀도 함수의 등고선 그래프(contour plot): (a) $\rho_{XY}=0$, (b) $\rho_{XY}=0.5$, (c) $\rho_{XY}=0.7$, (d) $\rho_{XY}=0.95$

확률 변수 X와 Y의 결합 정규 확률 분포에서 조건부 확률 밀도 함수는 다음과 같이 구해진다. 즉, 확률 변수 Y가 y 값을 가진다는 조건 하에서의 확률 변수 X의 확률은 다음과 같다(예제 3.1.9 참고).

$$f_{X|Y}(x|Y=y)=\frac{f_{XY}(x,y)}{f_Y(y)} \tag{3.1.52}$$
$$=\frac{1}{\sqrt{2\pi}\,\sigma_X\sqrt{1-\rho_{XY}^2}}\exp\left[-\frac{1}{2}\left\{\frac{x-\left(\mu_X+\rho_{XY}(\sigma_X/\sigma_Y)(y-\mu_Y)\right)}{\sigma_X\sqrt{1-\rho_{XY}^2}}\right\}^2\right]$$

위 식을 통해 결합 정규 확률 분포의 조건부 확률 밀도 함수 역시 다음과 같은 평균과 분산을 갖는 정규 확률 분포임을 확인할 수 있다.

$$\mu_{X|Y}(x|y) = \mu_X + \rho_{XY}\frac{\sigma_X}{\sigma_Y}(y - \mu_Y) \tag{3.1.53a}$$

$$\sigma^2_{X|Y}(x|y) = \sigma^2_X(1 - \rho^2_{XY}) \tag{3.1.53b}$$

이는 또한 결합 정규 확률 분포의 조건부 확률 밀도 함수 $f_{X|Y}(x|Y=y)$는 확률 변수 X의 평균 및 표준 편차(μ_X, σ_X), 그리고 상관 계수(ρ_{XY}) 값만 같다면, 어떤 $Y=y$ 값에 대해서도 그 형태가 동일하다는 것을 알 수 있다. 즉, 어떤 $Y=y$ 값에 대해서도 하나의 밀도 함수가 단지 X 축 상으로 평행이동한 것임을 알 수 있다. 그림 3.1.10은 결합 정규 확률 분포에서 확률 변수 Y가 임의의 값 y를 가질 때의 결합 정규 확률 밀도 함수 및 조건부 확률 밀도 함수를 나타내고 있다.

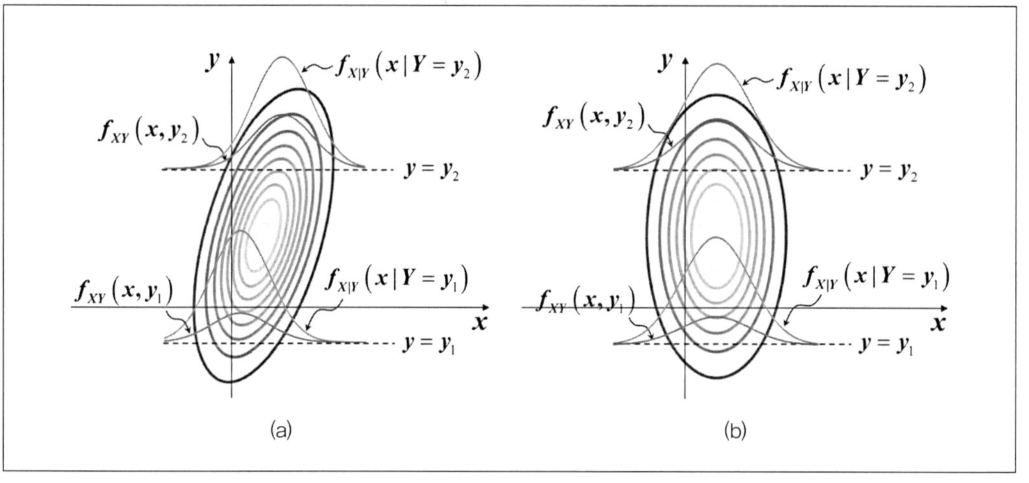

그림 3.1.10 결합 정규 확률 분포에서 확률 변수 Y가 임의의 값 y를 가질 때의 결합 정규 확률 밀도 함수 및 조건부 확률 밀도 함수: (a) $\rho_{XY} = 0.5$, (b) $\rho_{XY} = 0$

이제 좀 더 확률 변수의 개수를 늘려서 일반적인 n개의 정규 확률 변수 (확률 변수 벡터) $X_1, X_2, \ldots, X_n$에 대한 결합 정규 확률 분포에 대해 간단히 언급하고자 한다. 이에 대해서는 추후 확률 과정을 설명하는 부분에서 조금 더 자세히 알아볼 기회를 가질 것이다. 확률 변수 X_i $(i = 1, 2, \ldots, n)$의 평균 및 분산을 각각 μ_i, σ_i^2이라고 하고, 두 개의 확률 변수 X_i와 X_j의 공분산을 σ_{ij} $(i \neq j)$라고 하면, n개의 확률 변수 $X_1, X_2, \ldots, X_n$에 대한 결합 정규 확률 밀도 함수는 다음과 같이 표현된다.

$$f_{X_1X_2\cdots X_n}(x_1, x_2, \ldots, x_n) = \frac{1}{(2\pi)^{n/2}|\boldsymbol{S}|^{1/2}}\exp\left\{-\frac{1}{2}(\boldsymbol{x}-\boldsymbol{\mu})^T\boldsymbol{S}^{-1}(\boldsymbol{x}-\boldsymbol{\mu})\right\} \tag{3.1.54}$$

위 식에서 행렬 $\boldsymbol{S}$는 다음과 같이 정의되는 대칭행렬로서 주 대각원소는 각각의 확률 변수의 분산이, 비 대각 원소에는 해당 행과 열에 대응하는 2개 확률 변수 사이의 공분산이 위치하게 된다. 또한, $\boldsymbol{x}-\boldsymbol{\mu}$은 각각의 확률 변수 X_i에 대한 편차로 구성된 열벡터이다.

$$\boldsymbol{S}=\begin{bmatrix} \sigma_1^2 & \sigma_{12} & \cdots & \sigma_{1n} \\ \sigma_{12} & \sigma_2^2 & \cdots & \sigma_{2n} \\ \vdots & \vdots & \ddots & \vdots \\ \sigma_{1n} & \sigma_{2n} & \cdots & \sigma_n^2 \end{bmatrix};\ \boldsymbol{x}-\boldsymbol{\mu}=\begin{Bmatrix} x_1-\mu_1 \\ x_2-\mu_2 \\ \vdots \\ x_n-\mu_n \end{Bmatrix} \tag{3.1.55}$$

위 식에서 행렬 $\boldsymbol{S}$는 또한 $E\left[(\boldsymbol{X}-\boldsymbol{\mu})(\boldsymbol{X}-\boldsymbol{\mu})^T\right]$로 표현될 수 있음을 추가로 알아두자.

예제 3.1.8

두 개의 확률 변수 X, Y가 결합 정규 확률 분포를 따를 때, 확률 밀도 함수는 식 (3.1.49)와 같이 주어진다. 이를 이용하여 식 (3.1.50)의 부분 확률 밀도 함수 $f_X(x)$를 유도하여라.

풀이 및 설명

식 (3.1.49)를 다음과 같이 정리하여 보자.

$$\begin{aligned} f_{XY}(x,y) &= \frac{1}{2\pi\sigma_X\sigma_Y\sqrt{1-\rho_{XY}^2}}\exp\left[-\frac{1}{2\left(1-\rho_{XY}^2\right)}\left\{\left(-\rho_{XY}\frac{x-\mu_X}{\sigma_X}+\frac{y-\mu_Y}{\sigma_Y}\right)^2\right.\right. \\ &\qquad \left.\left. -\rho_{XY}^2\left(\frac{x-\mu_X}{\sigma_X}\right)^2+\left(\frac{x-\mu_X}{\sigma_X}\right)^2\right\}\right] \\ &= \frac{1}{2\pi\sigma_X\sigma_Y\sqrt{1-\rho_{XY}^2}}\exp\left[-\frac{1}{2\left(1-\rho_{XY}^2\right)}\left\{\left(-\rho_{XY}\frac{x-\mu_X}{\sigma_X}+\frac{y-\mu_Y}{\sigma_Y}\right)^2\right.\right. \\ &\qquad \left.\left. +\left(1-\rho_{XY}^2\right)\left(\frac{x-\mu_X}{\sigma_X}\right)^2\right\}\right] \\ &= \frac{1}{2\pi\sigma_X\sigma_Y\sqrt{1-\rho_{XY}^2}}\exp\left[-\frac{1}{2\left(1-\rho_{XY}^2\right)}\left(-\rho_{XY}\frac{x-\mu_X}{\sigma_X}+\frac{y-\mu_Y}{\sigma_Y}\right)^2\right. \\ &\qquad \left. -\frac{1}{2}\left(\frac{x-\mu_X}{\sigma_X}\right)^2\right] \end{aligned} \tag{1}$$

따라서, 부분 확률 밀도 함수는 $f_X(x)$는 다음과 같다.

$$\begin{aligned} f_X(x) &= \int_{-\infty}^{\infty} f_{XY}(x,y)dy \\ &= \frac{1}{2\pi\sigma_X\sigma_Y\sqrt{1-\rho_{XY}^2}}\exp\left\{-\frac{1}{2}\left(\frac{x-\mu_X}{\sigma_X}\right)^2\right\}\int_{-\infty}^{\infty} g(x,y)dy \end{aligned} \tag{2}$$

위 식에서 $\int_{-\infty}^{\infty} g(x,y)dy$는 아래와 같은데,

$$\int_{-\infty}^{\infty} g(x,y)dy = \int_{-\infty}^{\infty} \exp\left\{-\frac{1}{2}\left(\frac{1}{\sqrt{1-\rho_{XY}^2}}\frac{y-\mu_Y}{\sigma_Y} - \frac{\rho_{XY}}{\sqrt{1-\rho_{XY}^2}}\frac{x-\mu_X}{\sigma_X}\right)^2\right\}dy \tag{3}$$

$z=(y-\mu_Y)/\left(\sigma_Y\sqrt{1-\rho_{XY}^2}\right)$에 의한 치환 적분을 수행하면 $dy=\sigma_Y\sqrt{1-\rho_{XY}^2}\,dz$이므로, 식 (3)은 다음과 같이 정리된다.

$$\begin{aligned}\int_{-\infty}^{\infty} g(x,y)dy &= \int_{-\infty}^{\infty} \exp\left\{-\frac{1}{2}\left(z - \frac{\rho_{XY}}{\sqrt{1-\rho_{XY}^2}}\frac{x-\mu_X}{\sigma_X}\right)^2\right\}\sigma_Y\sqrt{1-\rho_{XY}^2}\,dz \\ &= \sigma_Y\sqrt{1-\rho_{XY}^2}\,\sqrt{2\pi}\end{aligned} \tag{4}$$

위 식에서는 표준 정규 확률 밀도 함수의 적분이 1이라는 결과를 이용하였다(예제 3.1.3 참고). 따라서, 위 식의 결과를 식 (2)에 대입하면 부분 확률 밀도에 대한 최종 표현식을 얻게 되고, 이로써 식 (3.1.50)이 증명되었다.

$$\begin{aligned}f_X(x) &= \frac{1}{2\pi\sigma_X\sigma_Y\sqrt{1-\rho_{XY}^2}}\exp\left\{-\frac{1}{2}\left(\frac{x-\mu_X}{\sigma_X}\right)^2\right\}\sigma_Y\sqrt{1-\rho_{XY}^2}\,\sqrt{2\pi} \\ &= \frac{1}{\sqrt{2\pi}\,\sigma_X}\exp\left\{-\frac{1}{2}\left(\frac{x-\mu_X}{\sigma_X}\right)^2\right\}\end{aligned} \tag{5}$$

예제 3.1.9

두 개의 확률 변수 X, Y가 결합 정규 확률 분포를 따를 때, 조건부 확률 밀도 함수는 식 (3.1.52)와 같이 주어진다. 이를 증명하여라.

풀이 및 설명

조건부 확률 밀도 함수 $f_{X|Y}(x|Y=y)$를 다음과 같이 유도해보자.

$$\begin{aligned}f_{X|Y}(x \mid Y=y) &= \frac{f_{XY}(x,y)}{f_Y(y)} \\ &= \frac{1}{\sqrt{2\pi}\,\sigma_X\sqrt{1-\rho_{XY}^2}}\exp\left[-\frac{1}{2}\left\{\frac{1}{1-\rho_{XY}^2}\left(\frac{x-\mu_X}{\sigma_X}\right)^2\right.\right. \\ &\qquad \left.\left. - \frac{2\rho_{XY}}{1-\rho_{XY}^2}\left(\frac{x-\mu_X}{\sigma_X}\right)\left(\frac{y-\mu_Y}{\sigma_Y}\right) + \frac{1}{1-\rho_{XY}^2}\left(\frac{y-\mu_Y}{\sigma_Y}\right)^2 - \left(\frac{y-\mu_Y}{\sigma_Y}\right)^2\right\}\right] \\ &= \frac{1}{\sqrt{2\pi}\,\sigma_X\sqrt{1-\rho_{XY}^2}}\exp\left[-\frac{1}{2}\left\{\frac{1}{1-\rho_{XY}^2}\left(\frac{x-\mu_X}{\sigma_X}\right)^2\right.\right. \\ &\qquad \left.\left. - \frac{2\rho_{XY}}{1-\rho_{XY}^2}\left(\frac{x-\mu_X}{\sigma_X}\right)\left(\frac{y-\mu_Y}{\sigma_Y}\right) + \frac{\rho_{XY}^2}{1-\rho_{XY}^2}\left(\frac{y-\mu_Y}{\sigma_Y}\right)^2\right\}\right]\end{aligned}$$

$$= \frac{1}{\sqrt{2\pi}\,\sigma_X\sqrt{1-\rho_{XY}^2}} \exp\left[-\frac{1}{2\left(1-\rho_{XY}^2\right)}\left\{\left(\frac{x-\mu_X}{\sigma_X}\right)^2 - 2\rho_{XY}\left(\frac{x-\mu_X}{\sigma_X}\right)\left(\frac{y-\mu_Y}{\sigma_Y}\right)\right.\right.$$
$$\left.\left. + \rho_{XY}^2\left(\frac{y-\mu_Y}{\sigma_Y}\right)^2\right\}\right]$$

$$= \frac{1}{\sqrt{2\pi}\,\sigma_X\sqrt{1-\rho_{XY}^2}} \exp\left[-\frac{1}{2\left(1-\rho_{XY}^2\right)}\left\{\rho_{XY}\left(\frac{y-\mu_Y}{\sigma_Y}\right) - \left(\frac{x-\mu_X}{\sigma_X}\right)\right\}^2\right]$$

$$= \frac{1}{\sqrt{2\pi}\,\sigma_X\sqrt{1-\rho_{XY}^2}} \exp\left[-\frac{1}{2}\left\{\frac{\rho_{XY}}{\sqrt{1-\rho_{XY}^2}}\left(\frac{y-\mu_Y}{\sigma_Y}\right) - \frac{1}{\sqrt{1-\rho_{XY}^2}}\left(\frac{x-\mu_X}{\sigma_X}\right)\right\}^2\right]$$

$$= \frac{1}{\sqrt{2\pi}\,\sigma_X\sqrt{1-\rho_{XY}^2}} \exp\left[-\frac{1}{2}\left\{\frac{\rho_{XY}((y-\mu_Y)/\sigma_Y) - ((x-\mu_X)/\sigma_X)}{\sqrt{1-\rho_{XY}^2}}\right\}^2\right]$$

$$= \frac{1}{\sqrt{2\pi}\,\sigma_X\sqrt{1-\rho_{XY}^2}} \exp\left[-\frac{1}{2}\left\{\frac{x-\left(\mu_X+\rho_{XY}(\sigma_X/\sigma_Y)(y-\mu_Y)\right)}{\sigma_X\sqrt{1-\rho_{XY}^2}}\right\}^2\right]$$

위의 결과에 의해 식 (3.1.52)가 증명되었다.

3.2. 확률 과정

제트 엔진의 소음, 지진, 비행기 날개 주변의 난류 흐름에 의한 진동 등은 랜덤 진동의 대표적인 예로서, 임의의 시간에서의 물리량이 확률적으로 관측되는 것이기에 특정 시간에서의 값을 사전에 결정하는 것이 불가하다. 이와 같은 랜덤 진동 신호는 측정 시간에 따라 그 값이 무작위로 변화하기에 그 특성을 파악하기 위해서는 통계적 기법을 적용하여 통계적 규칙을 찾아야 한다. 따라서, 우리는 이 랜덤 진동을 다루기 위해 앞에서 확률, 확률 변수, 확률 분포 등에 대한 것들을 간략하게라도 살펴보아야만 했다. 여기서는 랜덤 진동을 다루기 위해 확률 과정(random process, stochastic process)[17]이라는 개념을 도입하여야 한다. 확률 과정이라는 용어는 새롭지만 이미 확률 변수라는 것을 다루었기 때문에 그 개념을 시간에 대해 확장하기만 하면 된다.

확률 과정이란 한 마디로 시간의 함수인 확률 변수라고 말할 수 있다[18]. 앞서 살펴 본 바와 같이 확률 변수는 표본 공간 상의 어떤 사건과 대응하는데, 어떤 확률 변수 값이 관찰될지는 아무도 미리 알지 못하고 발생 확률에 의존하게 된다. 마찬가지로, 확률 과정에서는 표본 공간 상의 어떤 사건에 대응하는

17) 랜덤 시간 신호(random function of time)로서 랜덤 신호(random signal)로 불리기도 한다.

18) 각각의 시간에서 정의되는 확률 변수들로 구성된 확률 변수의 벡터이다.

것이 바로 시간의 함수인 것이다. 어떤 특정 사건 또는 그에 대응하는 어떤 시간의 함수가 관측될지는 아무도 미리 알지 못한다. 따라서, 확률 과정 또는 확률 과정이 다루는 랜덤 진동은 단지 관측되는 신호가 그림 3.2.1과 같이 불규칙한 신호만 포함되는 것은 아니다. 신호의 관측이 확률적이라는 것이지 신호 자체가 시간에 대한 불확실성을 포함해야 한다는 것은 아니다. 예를 들면, 진폭의 크기가 확률 변수인, 시간에 대한 사인 함수도 확률 과정에 포함된다. 이러한 신호는 시간 파형이 사인 함수로서 결정적 신호로 보일 수도 있지만, 진폭이 확률 변수가 되므로 엄연히 확률 과정의 신호가 된다.

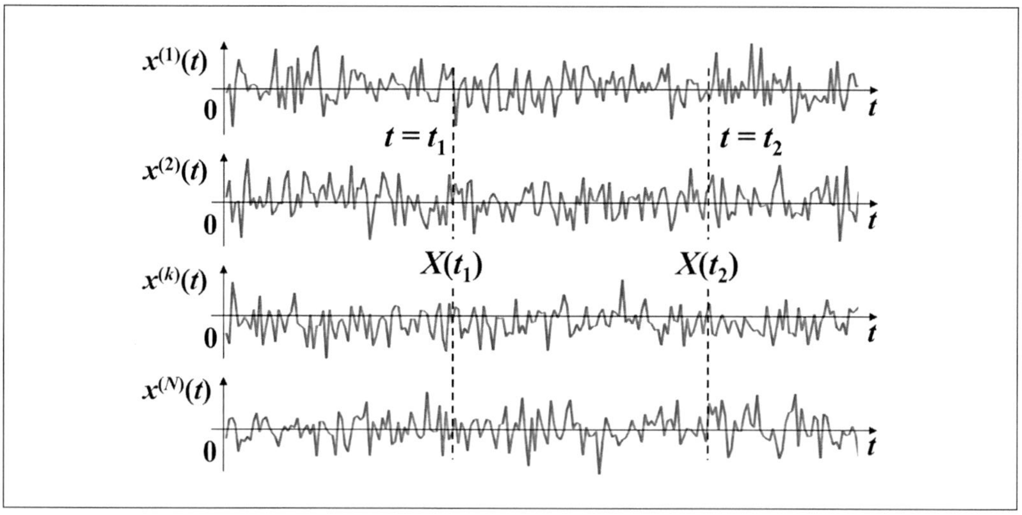

그림 3.2.1 랜덤 신호: 표본 함수(sample function) $x^{(k)}(t)$ ($k=1,2,\ldots,N$)로 구성된 확률 과정 $X(t)$의 앙상블(ensemble) $\{x^{(k)}(t)\}$

지금까지 설명한 개념을 바탕으로 생각해보면, 주사위를 1번 던졌을 때 1에서 6까지의 숫자 중 하나가 무작위로 관찰되는 것과 동일하게, 일정 시간(예를 들면, T_0초) 동안 측정되는 랜덤 진동 신호는 측정될 때마다 다를 것이다. 확률 과정에서는 이 경우 일정 시간 동안 측정되어 수집된 개별 신호들을 표본함수(sample function)라고 하고, 표본 함수의 전체 집합을 앙상블(ensemble)이라고 한다.

다시 정리하면, 확률 과정은 측정 가능한 신호의 모든 집합에 대해 개별 신호를 대응시키는 함수로서 시간 종속성을 갖는 확률 변수라고 생각할 수 있다. 시간의 함수임을 명확하게 하기 위해 확률 과정은 $X(t)$로 표현하며, 그림 3.2.1에 나타낸 바와 같이 k번째($k=1,2,\ldots,N$) 측정의 결과(표본 함수)를 $x^{(k)}(t)$로, 표본 함수의 전체 집합인 앙상블을 $\{x^{(k)}(t)\}$로 각각 나타낸다. 확률 과정의 개념에 의하면, 어떤 특정 시간 $t=t_1$에서의 확률 과정 $X(t_1)$는 표본 단위가 $x^{(k)}(t_1)$ ($k=1,2,\ldots,N$)으로 주어지는 확률 변수가 된다. 즉, 그림 3.2.1에서 표본 함수는 '횡 방향'과 관련된 개념이 되고, 확률 변수는 특정 시간에서의 표본 함수 값들을 의미하므로 '종 방향'과 관련된 개념이 된다.

3.2.1 확률 과정(random process)의 통계량

① 평균(ensemble average)

확률 과정 $X(t)$에서 임의의 특정 시간 $t = t_i$ $(i \in \{1, 2, 3, ...\})$에서 추출된 확률 변수 $X(t_i)$의 관측값들에 대한 평균 $\mu_X(t_i)$는 아래의 식에 의해 구할 수 있다.

$$\mu_X(t_i) = \lim_{N \to \infty} \hat{\mu}_X(t_i) = \lim_{N \to \infty} \frac{1}{N} \sum_{k=1}^{N} x^{(k)}(t_i) \tag{3.2.1a}$$

위 식에서 N은 앙상블을 구성하는 표본 함수의 개수를 나타내며, $\hat{\mu}_X(t_i)$를 $\mu_X(t_i)$의 불편 추정량(unbiased estimator)[19)]이라고 한다. 만약, 확률 변수 $X(t_i)$[20)]에 대한 확률밀도함수 $f_{X(t_i)}(x_i)$가 알려져 있다면 위의 평균은 또한 다음 식에 의해 정의된다.

$$\mu_X(t_i) = E[X(t_i)] = \int_{-\infty}^{\infty} x_i f_{X(t_i)}(x_i) dx_i \tag{3.2.1b}$$

식 (3.2.1)에 의하면 확률 과정 $X(t)$의 평균 $\mu_X(t_i)$는 일반적으로 특정 시간 $t = t_i$ $(i = 1, 2, 3, ...)$에 따라 달라지므로 시간 t의 함수가 됨을 알 수 있다. 이 식들에서 정의된 평균은 모든 표본 함수들을 대상으로 정의되므로 앙상블 평균(ensemble average)이라고 한다.

한편, 앙상블 평균과는 달리, 1개의 표본함수를 대상으로 시간에 대한 평균을 생각할 수도 있다. 즉, 특정 k번째 표본함수 $x^{(k)}(t)$를 T_0 (충분히 큰) 시간에 걸쳐서 측정을 했다고 하면, 이에 대한 시간 평균(temporal average)을 다음과 같이 정의한다[21)].

$$\mu_X(k) = \langle x^{(k)}(t) \rangle = \lim_{T_0 \to \infty} \frac{1}{T_0} \int_0^{T_0} x^{(k)}(t) dt \tag{3.2.2}$$

확률 과정의 앙상블 평균을 구할 때 현실적으로 모든 표본 함수를 고려하는 것이 매우 제한적인데, 확률 과정이 에르고딕 확률 과정(ergodic random process)으로 가정할 수 있을 때 앙상블 평균은 표본 함수의 시간 평균 값과 같게 된다. 이에 대해서는 3.2.3절에서 다시 다룰 것이다. 일반적으로, 시간 평균은 표본 함수에 따라 서로 다른 값을 갖게 되므로 k에 대한 함수가 된다.

---

19) $E[\widehat{\mu_X}(t_i)] = \mu_X(t_i)$일 때, $\widehat{\mu_X}(t_i)$를 $\mu_X(t_i)$의 불편 추정량이라고 한다. 일반 통계에서 표본 평균과 표본 분산은 각각 모평균과 모 분산의 불편 추정량이다(표준 편차는 불편 추정량이 아니다).

20) 이 책에서는 시간 $t = t_i$에서의 확률 과정 값 $X(t_i)$를 X_i로 표기하기도 한다,

21) 표본 함수가 정의된 시간 구간에 따라 적분 구간을 $[-T_0/2, T_0/2]$로 놓기도 한다.

② 자기 상관 함수(autocorrelation function)

평균은 꽤 익숙한 개념이지만, 자기 상관 함수에 대해서는 상대적으로 생소하게 느껴질 수 있다. 간단하게 얘기하자면, 자기 유사성에 관한 개념이다. 확률 과정 $X(t)$에서 서로 다른 시간 t_1, t_2에서 측정된 확률 변수 $X(t_1)$, $X(t_2)$에 대한 자기 상관 함수(autocorrelation function)는 $R_{XX}(t_1, t_2)$로 표현하고 아래의 식에 의해 구한다.

$$R_{XX}(t_1, t_2) = \lim_{N \to \infty} \hat{R}_{XX}(t_1, t_2) = \lim_{N \to \infty} \frac{1}{N} \sum_{k=1}^{N} x^{(k)}(t_1) x^{(k)}(t_2) \tag{3.2.3a}$$

위 식에서 $\hat{R}_{XX}(t_1, t_2)$를 $R_{XX}(t_1, t_2)$의 불편 추정량(unbiased estimator)이라고 한다. 그리고, 서로 다른 시간 t_1, t_2에서의 확률 변수 $X(t_1)$, $X(t_2)$에 대한 결합 확률밀도 함수 $f_{X(t_1)X(t_2)}(x_1, x_2)$[22)]가 알려져 있으면, 자기 상관 함수 $R_{XX}(t_1, t_2)$를 다음과 같이 정의한다.

$$R_{XX}(t_1, t_2) = E[X(t_1)X(t_2)] = \int_{-\infty}^{\infty} \int_{-\infty}^{\infty} x_1 x_2 f_{X(t_1)X(t_2)}(x_1, x_2) dx_1 dx_2 \tag{3.2.3b}$$

한편, 평균에서 설명한 것처럼, 자기 상관 함수 역시 한 개의 표본함수를 대상으로 정의할 수 있다. 즉, 서로 다른 시간 t_1, t_2에서 k번째 표본함수 $x^{(k)}(t)$의 값을 각각 $x^{(k)}(t_1)$ 및 $x^{(k)}(t_2)$라고 하면, 이에 대한 시간 자기 상관 함수(temporal autocorrelation function)를 다음과 같이 정의한다.

$$R_{XX}(t_1, t_2; k) = \langle x^{(k)}(t_1) x^{(k)}(t_2) \rangle = \lim_{T_0 \to \infty} \frac{1}{T_0} \int_{0}^{T_0} x^{(k)}(t_1) x^{(k)}(t_2) dt \tag{3.2.4}$$

위와 같이 자기 상관 함수는 두 시간 지점에서의 확률 과정 값들의 곱에 대한 평균이므로, 임의의 2개 시간에서 결정된 2개 확률 변수 간의 유사성을 확인하는 수단을 제공한다. 자기 상관 함수에 대한 좀 더 구체적인 특징은 뒤에서 다룰 정상 확률 과정에서 설명하기로 한다.

22) 확률 변수 $X(t_1)$, $X(t_2)$를 각각 X_1, X_2로 나타내기도 한다. 따라서, 여기에서는 해당 확률 변수의 관측값을 간략하게 각각 x_1, x_2로 나타내었다.

보충설명 3.2.1 **확률 과정의 통계량**

앞에서 확률 과정의 통계량으로서 평균과 자기 상관함수를 설명하였지만, 확률 변수에서와 마찬가지로 분산, 자기 공분산 및 상관 계수가 확률 과정에서도 정의된다. 특정 시간에서의 확률 과정은 하나의 확률 변수가 되기 때문이다. 확률 변수에서 다루었던 내용을 상기하면서 다시 한번 살펴보도록 하자.

(1) 분산(variance)

표본 함수의 앙상블에 대해 분산(앙상블 분산)은 다음과 같이 정의된다.

$$\begin{aligned}\sigma_X^2(t_i) &= \int_{-\infty}^{\infty}(x_i-\mu_X(t_i))^2 f_{X(t_i)}(x_i)dx_i \\ &= E\left[(X(t_i)-\mu_X(t_i))^2\right] = E\left[X^2(t_i)\right]-\mu_X^2(t_i)\end{aligned} \tag{1}$$

따라서, 시간 $t=t_i$ 에서의 앙상블 평균이 0일 때의 앙상블 분산은 제곱 평균과 같음을 알 수 있다.

(2) 자기 공분산 함수(autocovariance function)

서로 다른 시간 t_1, t_2에서 정의된 확률 변수 $X(t_1)$, $X(t_2)$에 대한 자기 공분산 함수(autocovariance) 함수는 다음과 같이 정의된다.

$$\begin{aligned}\sigma_{XX}(t_1,t_2) &= \int_{-\infty}^{\infty}\int_{-\infty}^{\infty}(x_1-\mu_X(t_1))(x_2-\mu_X(t_2))f_{X(t_1)X(t_2)}(x_1,x_2)dx_1dx_2 \\ &= E\left[(X(t_1)-\mu_X(t_1))(X(t_2)-\mu_X(t_2))\right] \\ &= E\left[X(t_1)X(t_2)\right]-\mu_X(t_1)\mu_X(t_2) \\ &= R_{XX}(t_1,t_2)-\mu_X(t_1)\mu_X(t_2)\end{aligned} \tag{2}$$

따라서, 시간 t_1, t_2에서의 앙상블 평균이 각각 0일 때의 자기 공분산 함수는 곧 자기 상관 함수가 됨을 알 수 있다. 그리고, $t_1=t_2$일 경우 식 (2)는 분산을 나타내는 식 (1)이 된다.

(3) 상관 계수(correlation coefficient)

서로 다른 시간 t_1, t_2에서 정의된 확률 변수 $X(t_1)$, $X(t_2)$에 대한 상관 계수는 다음과 같이 정의되는데, 자기 공분산 함수를 각각의 확률 변수에 대한 표준 편차의 곱으로 정규화(normalization)한 것이다.

$$\rho_{XX}(t_1,t_2) = \frac{\sigma_{XX}(t_1,t_2)}{\sigma_X(t_1)\sigma_X(t_2)} \tag{3}$$

자기 공분산 함수, 자기 상관 함수 및 상관 계수는 모두 확률 과정의 시간 t_1, t_2에서 정의된 확률 변수 $X(t_1)$, $X(t_2)$ 사이의 상호 관계를 정의하는 통계량이다. 이들 중에서 자기 상관 함수는 뒤에서 다룰 파워 스펙트럼 밀도 함수와 관련하여 더 자주 다뤄진다.

3.2.2 정상 확률 과정(stationary random process)

모든 물리적 현상의 설명 과정에서 행해지는 것처럼 랜덤 진동에 대한 확률 과정의 공부도 예외는 아니다. 즉, 이 책에서는 보다 쉽게 다룰 수 있는 정상 확률 과정(stationary random process)에 대한 설명을 통해 랜덤 진동에 대한 이해의 기초를 제공하고자 한다. 그렇지만, 정상 확률 과정은 실제의 랜덤 진동에 대한 이해 및 분석에 있어서도 매우 중요한 역할을 한다.

확률 과정에 있어서 앙상블 평균값이 시간에 관계 없이 항상 일정하고, 또한 자기 상관함수와 같은 통계적 특성이 특정 기준 시간(t_1, t_2) 자체의 값에는 관계 없이 오직 2개 시간의 상대적 차이 τ ($= t_2 - t_1$)에 의해서만 결정될 때, 이를 넓은 의미의 정상 확률과정(wide-sense stationary random process)이라고 한다. 이를 3.2.1에서 설명한 평균 및 자기 상관 함수를 이용하여 표현하면 다음과 같다[23].

$$\mu_X(t_i) = \mu_X \text{ (상수)} \tag{3.2.5a}$$

$$R_{XX}(t_1, t_2) = R_{XX}(t_1, t_1 + \tau) = R_{XX}(\tau) \tag{3.2.5b}$$

한편, 임의의 시간 $t = t_i$에서의 확률 과정 X, 즉 확률 변수 $X(t_i)$의 확률 밀도 함수 $f_{X(t_i)}(x_i)$가 시간 t_i의 값에 관계 없이 항상 일정할 때 이를 좁은 의미의 정상 확률 과정(strict-sense stationary random process)이라고 한다. 좁은 의미의 정상 확률 과정인 경우 확률 밀도 함수가 시간에 관계 없이 항상 일정하므로 식 (3.2.1b)에 의한 앙상블 평균은 $\mu_X(t_i) = \mu_X$로서 상수 값을 갖게 된다. 그런데, 좁은 의미의 확률 과정은 실제로 매우 드물기 때문에 정상 확률 과정이라 함은 주로 넓은 의미의 정상 확률 과정을 의미하는 경우가 많다.

확률 과정이 정상 확률 과정이 되면 랜덤 신호의 분석에 있어서 많은 유용한 측면들을 갖게 된다. 자기 상관 함수는 앞에서 설명한 바와 같이 임의의 두 시점에서 측정된 표본 함수의 값들 사이의 관계를 추정할 수 있는 척도를 제공해 주는데, 정상 확률 과정에서는 아래와 같은 주요 특징들이 있다.

(i) 임의의 실수 α_j ($j = 1, 2, \ldots, n$)에 대해, 임의의 시간 t_j, t_k에서의 자기 상관 함수 $R_{XX}(t_j, t_k)$는 다음과 같은 특징을 갖는다.

$$\sum_{j=1}^{n}\sum_{k=1}^{n} \alpha_j \alpha_k R_{XX}(t_j, t_k) \geq 0 \tag{3.2.6}$$

23) 정상 확률 과정에서는 $R_{XX}(0) = E[X^2(t)]$ 의 값이 상수가 되는데, 이는 보충 설명 3.2.1의 식 (1)에 의해 앙상블 분산 역시 상수가 된다는 것을 의미한다. 즉, 정상 확률 과정에서는 앙상블 평균, 앙상블 제곱평균, 앙상블 분산 모두 시간에 관계 없는 상수가 된다.

위 식을 증명하기 위해 $Y=\sum_{j=1}^{n}\alpha_j X(t_j)$로 정의된 새로운 확률 변수 Y를 고려해보자. 확률 변수에 대한 제곱 평균 $E[Y^2]$은 언제나 0보다 크거나 같기 때문에 다음의 관계가 성립한다.

$$\begin{aligned} E[Y^2] &= E\left[\left(\sum_{j=1}^{n}\alpha_j X(t_j)\right)\left(\sum_{k=1}^{n}\alpha_k X(t_k)\right)\right] \\ &= E\left[\sum_{j=1}^{n}\sum_{k=1}^{n}\alpha_j\alpha_k X(t_j)X(t_k)\right] = \sum_{j=1}^{n}\sum_{k=1}^{n}\alpha_j\alpha_k E[X(t_j)X(t_k)] \\ &= \sum_{j=1}^{n}\sum_{k=1}^{n}\alpha_j\alpha_k R_{XX}(t_j, t_k) \ge 0 \end{aligned} \tag{3.2.7}$$

이 특징은 정상 확률 과정을 포함한 일반적인 확률 과정에 모두 적용된다. 식 (3.2.6)에서 $n=2$ 및 $\alpha_1=1$, $\alpha_2=-1$에 대해 살펴본다면, $E[X^2(t_1)]-2R_{XX}(t_1,t_2)+E[X^2(t_2)]\ge 0$의 관계가 성립함을 알 수 있다. 이 식은 또한 정상 확률 과정에서는 $R_{XX}(\tau)\le E[X^2(t)]$가 됨을 알 수 있다. 정상 확률 과정에서 식 (3.2.6)은 $\sum_{j=1}^{n}\sum_{k=1}^{n}\alpha_j\alpha_k R_{XX}(t_k-t_j)\ge 0$으로 나타낼 수 있다.

(ii) 식 (3.2.5b)에 의하면 자기 상관 함수는 오직 2개 시간의 상대적 차이 $\tau\,(=t_2-t_1)$에 의해서만 결정되므로, $R_{XX}(\tau)$로 쓸 수 있고, 따라서, $R_{XX}(0)=E[X^2(t)]$의 관계가 성립한다. 즉, 제곱 평균의 값은 $\tau=0$에서의 자기 상관 함수의 값과 같다.

(iii) $x(t)\approx x(t+\tau)$를 만족하는 경우, 랜덤 신호의 시간에 따른 변동이 크지 않으므로 $R_{XX}(\tau)$ 역시 그 값의 변동이 크지 않다.

(iv) 식 (3.2.5)를 이용하여 보충 설명 3.2.1의 식 (3)의 상관 계수를 구하면 다음과 같으므로,

$$\begin{aligned} \rho_{XX}(t_1, t_1+\tau) &= \frac{\sigma_{XX}(t_1, t_1+\tau)}{\sigma_X(t_1)\sigma_X(t_1+\tau)} = \frac{E[(X(t_1)-\mu_X)(X(t_1+\tau)-\mu_X)]}{\sigma_X^2} \\ &= \frac{E[X(t_1)X(t_1+\tau)-\mu_X X(t_1)-\mu_X X(t_1+\tau)+\mu_X^2]}{\sigma_X^2} \\ &= \frac{E[X(t_1)X(t_1+\tau)]-\mu_X^2}{\sigma_X^2} = \frac{R_{XX}(\tau)-\mu_X^2}{\sigma_X^2} = \rho_{XX}(\tau) \end{aligned} \tag{3.2.8}$$

상관 계수 ρ_{XX}도 τ만의 함수 $\rho_{XX}(\tau)$가 된다. 또한, 상관 계수의 값의 범위가 $-1\le\rho_{XX}(\tau)\le 1$이므로, 위 식에 의해 $\mu_X^2-\sigma_X^2\le R_{XX}(\tau)\le\mu_X^2+\sigma_X^2$가 됨을 알 수 있다. 또한, 제곱 평균값은 $E[X^2(t)]=\mu_X^2+\sigma_X^2$ (보충 설명 3.2.1의 식 (1) 참고)이므로, $R_{XX}(\tau)\le E[X^2(t)]$ 임을 다시 한번 확인할 수 있다. 그리고, 앞의 $R_{XX}(0)=E[X^2(t)]$의 관계를 이용하면, 항상

$R_{XX}(\tau) \le R_{XX}(0)$이 성립함을 알 수 있다.

(v) 정상 확률 과정인 랜덤 신호의 불규칙성(randomness)이 크고, $E[X(t)]=0$인 경우, $R_{XX}(\tau)$는 $\tau=0$ 근처에서만 함수값이 두드러지게 크다. 그림 3.2.2에 정상 확률 과정의 불규칙 파형 및 그에 대한 자기 상관 함수를 나타내었다. $\tau=0$ 근처에서 자기 상관 함수의 값이 매우 크고 그 주변에서는 매우 작은 값을 나타내고 있음을 확인할 수 있다.

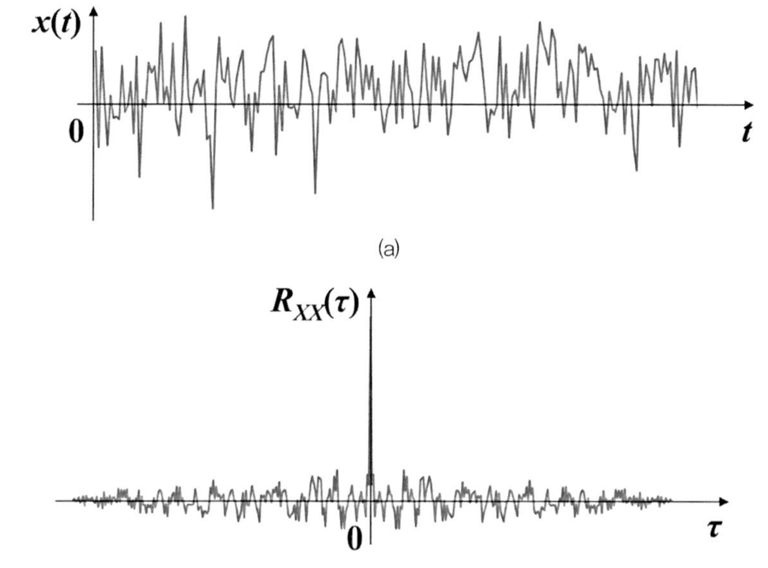

그림 3.2.2 (a) 정상 확률 과정의 임의의 표본 함수 $x(t)$ 및 (b) 그에 대한 자기 상관 함수 $R_{XX}(\tau)$

(vi) 자기 상관 함수 $R_{XX}(\tau)=E[X(t)X(t+\tau)]$의 값은 측정된 2개의 시간의 차이에만 의존하므로 이는 또한 $E[X(t)X(t-\tau)]=R_{XX}(-\tau)$와도 같다. 즉, 자기 상관 함수는 τ에 대한 우함수이다.

(vii) 2개 시간의 상대적 차이 τ의 값이 매우 크면 $t=t_1$ 및 $t=t_1+\tau$에서의 랜덤 신호 값들의 상관성이 매우 줄어든다. 따라서, $\lim_{\tau\to\infty}\rho_{XX}(\tau)=0$의 관계가 성립되어[24] 식 (3.2.8)에 의해 $\lim_{\tau\to\infty}R_{XX}(\tau)=\mu_X^2$의 관계를 얻게 된다.

24) 사인 또는 코사인 함수로 표현된 정상 확률 과정에 대한 자기 상관 함수의 경우는 예외이다.

그림 3.2.3에 위에서 언급한 정상 확률 과정에서의 자기 상관 함수 $R_{XX}(\tau)$의 전형적인 특징을 나타내었다.

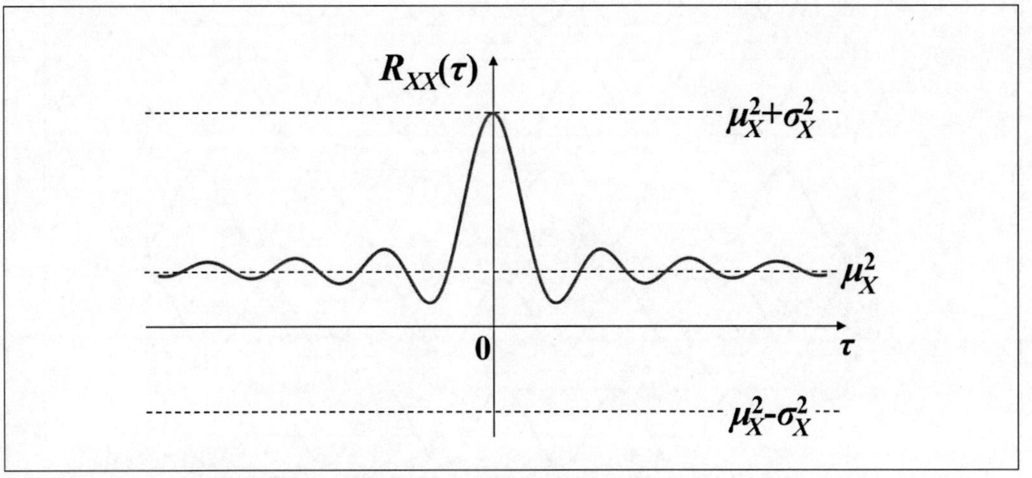

그림 3.2.3 정상 확률 과정에서의 자기 상관 함수 $R_{XX}(\tau)$의 특징

예제 3.2.1

다음의 확률 과정 $X(t)$에 대해, (a)와 (b)의 각각의 조건에서 앙상블 평균 및 자기 상관 함수 값을 구하여라.

$$X(t) = A\cos(2\pi f_0 t - \Theta)$$

(a) 위 식에서 Θ는 구간 $[0, 2\pi]$에서 정의된 확률 변수로서 균일 확률 분포를 갖는다.

(b) Θ는 구간 $[0, \pi/2]$에서 정의된 균일 확률 분포를 갖는 확률 변수이다.

풀이 및 설명

먼저 확률 과정은 신호의 파형 자체가 불규칙해야 함을 의미하는 것이 아님을 다시 한번 상기하자. 이 문제에서와 같이 신호를 정의하는 식에 포함된 확률 변수 Θ로 인해 특정 표본함수 $x^{(k)}(t)$가 어떤 확률값을 가지고 발생하기 때문에 시간 함수 자체는 코사인 파형의 부드러운 신호이지만 이 역시 확률 과정이 된다. 즉, 우리는 코사인 파형이 어떤 Θ값을 위상 인자로 가지고 발생할 것인지 미리 알지 못한다. 그림 3.2.4에 균일 확률 변수 Θ ($\theta \in [0, 2\pi]$)의 값에 따라 생성된 5개의 표본 함수($x^{(1)}(t)$, $x^{(2)}(t)$, ..., $x^{(5)}(t)$)를 나타내었다. 이러한 이해를 바탕으로 문제에서 요구하는 앙상블 평균 및 자기 상관 함수를 구해보자.

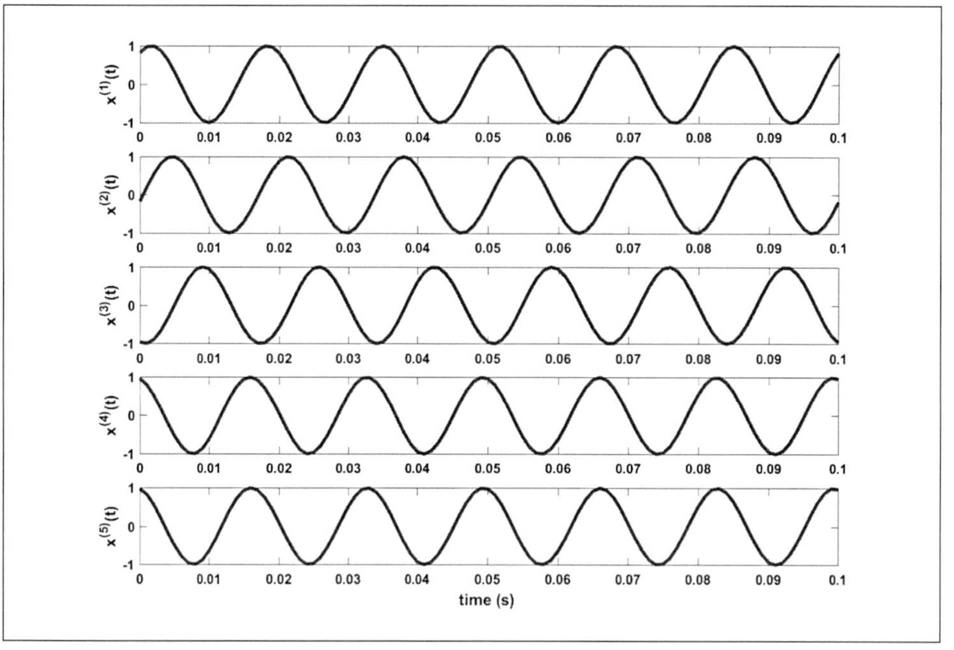

그림 3.2.4 확률 과정 $X(t)=A\cos(2\pi f_0 t-\Theta)$의 표본 함수 예: $A=1$, $f_0=60$ Hz, Θ는 구간 $[0,2\pi]$에서 정의된 균일 확률 분포를 갖는 확률 변수

(a) 확률 변수 Θ에 대한 확률 밀도 함수 $f_\Theta(\theta)$는 $1/2\pi$ $(0\le\theta\le2\pi)$이므로, 임의의 시간 $t=t_i$에서의 확률 변수 $X(t_i)$의 평균은 다음과 같다[25].

$$E[X(t_i)]=\int_{-\infty}^{\infty}x_i f_\Theta(\theta)d\theta=\int_0^{2\pi}A\cos(2\pi f_0 t_i-\theta)\frac{1}{2\pi}d\theta=0 \tag{1}$$

즉, 앙상블 평균은 시간에 관계없이 항상 상수 0이 된다는 것을 알 수 있다.

자기 상관 함수의 경우에는 다음과 같이 기대값의 연산 특성을 이용하여 더욱 쉽게 구할 수 있다.

$$\begin{aligned}R_{XX}(t_1,t_2)&=E\left[\left(A\cos(2\pi f_0 t_1-\Theta)\right)\left(A\cos(2\pi f_0 t_2-\Theta)\right)\right]\\&=\frac{A^2}{2}E\left[\cos(2\pi f_0(t_1+t_2)-2\Theta)+\cos\left(2\pi f_0(t_1-t_2)\right)\right]\\&=\frac{A^2}{2}\cos\left(2\pi f_0(t_1-t_2)\right)=\frac{A^2}{2}\cos(2\pi f_0\tau)=R_{XX}(\tau)\end{aligned} \tag{2}$$

위 식에서 확률 변수는 Θ이기 때문에 아래의 결과를 이용하였다.

$$\int_0^{2\pi}\frac{1}{2\pi}cos(2\pi f_0(t_1+t_2)-2\theta)d\theta=-\frac{1}{4\pi}\left[\sin(2\pi f_0(t_1+t_2)-2\theta)\right]_0^{2\pi}=0 \tag{3a}$$

25) t_i는 정해진 상수이므로 $x_i=A\cos(2\pi f_0 t_i-\theta)$는 확률 변수 θ만의 함수 $g(\theta)$가 된다.
따라서, $E[X(t_i)]=E[g(\theta)]=\int_0^{2\pi}g(\theta)f_\Theta(\theta)d\theta$가 되는 것이다.

$$\int_0^{2\pi} \frac{1}{2\pi}\cos(2\pi f_0(t_1-t_2))d\theta = 2\pi \times \frac{1}{2\pi}\cos(2\pi f_0(t_1-t_2)) \tag{3b}$$

식 (1)에 의하면 문제에서 주어진 확률 과정의 앙상블 평균은 상수값을 갖고, 또한 식 (2)를 통해서 자기 상관 함수는 t_1, t_2 오직 두 개 시간의 상대적 차이 $\tau(=t_2-t_1)$만의 함수임이 확인되었다. 따라서, 이 확률 과정은 (넓은 의미의) 정상 확률 과정이 된다. 이 예제에서 확인된 바와 같이 확률 과정이 사인 또는 코사인 함수로 표현된 정상 확률 과정의 자기 상관 함수는 코사인 주기 함수로서 τ의 값이 매우 커져도 자기 상관 함수의 값이 작아지지 않는다.

(b) 확률 변수 Θ에 대한 확률 밀도 함수 $f_\Theta(\theta)$가 이제는 $2/\pi$ $(0 \le \theta \le \pi/2)$이므로, 임의의 시간 $t=t_i$에서의 확률 변수 $X(t_i)$의 평균은 다음과 같다.

$$\begin{aligned} E[X(t_i)] &= \int_{-\infty}^{\infty} x_i f_\Theta(\theta)d\theta = \int_0^{\pi/2} A\cos(2\pi f_0 t_i - \theta)\frac{2}{\pi}d\theta \\ &= \frac{2A}{\pi}\{\cos(2\pi f_0 t_i) + \sin(2\pi f_0 t_i)\} \end{aligned} \tag{4}$$

확률 과정 $X(t)$의 자기 상관 함수는 기대값의 연산 특성을 이용하여 다음과 같이 구해진다.

$$\begin{aligned} R_{XX}(t_1,t_2) &= \frac{A^2}{2}E[\cos(2\pi f_0(t_1+t_2)-2\Theta) + \cos(2\pi f_0(t_1-t_2))] \\ &= \frac{A^2}{\pi}\sin(2\pi f_0(t_1+t_2)) + \frac{A^2}{2}\cos(2\pi f_0(t_1-t_2)) \end{aligned} \tag{5}$$

위 식에서 확률 변수 Θ에 대한 범위가 바뀌었으므로, 이번에는 아래의 결과를 이용하였다.

$$\int_0^{\pi/2} \frac{2}{\pi}\cos(2\pi f_0(t_1+t_2)-2\theta)d\theta = \frac{2}{\pi}\sin(2\pi f_0(t_1+t_2)) \tag{6a}$$

$$\int_0^{\pi/2} \frac{2}{\pi}\cos(2\pi f_0(t_1-t_2))d\theta = \frac{\pi}{2}\times\frac{2}{\pi}\cos(2\pi f_0(t_1-t_2)) \tag{6b}$$

식 (4)에 의하면 이 경우에는 앙상블 평균값이 시간의 함수가 됨을 확인할 수 있다. 또한 식 (5)를 통해서 자기 상관 함수는 $\tau(=t_2-t_1)$ 뿐만 아니라 기준 시간 t_1 (또는 t_2)에 대한 함수임이 확인되었다. 따라서, 이 확률 과정은 (넓은 의미의) 정상 확률 과정이 아니다.

이 예제에서는 코사인 함수로 표현된 간단한 확률 과정이지만, 인자로 포함된 확률 변수가 정의된 범위에 따라 정상 확률 과정 여부가 달라질 수 있다는 것을 보여준다.

예제 3.2.2

다음의 확률 과정 $X(t)$에 대해 앙상블 평균 및 자기 상관 함수 값을 구하여라.

$$X(t) = A\cos(2\pi f_0 t)$$

단, 진폭 A는 구간 $[0,p]$에서 정의된 확률 변수로서 균일 확률 분포를 갖는다.

풀이 및 설명

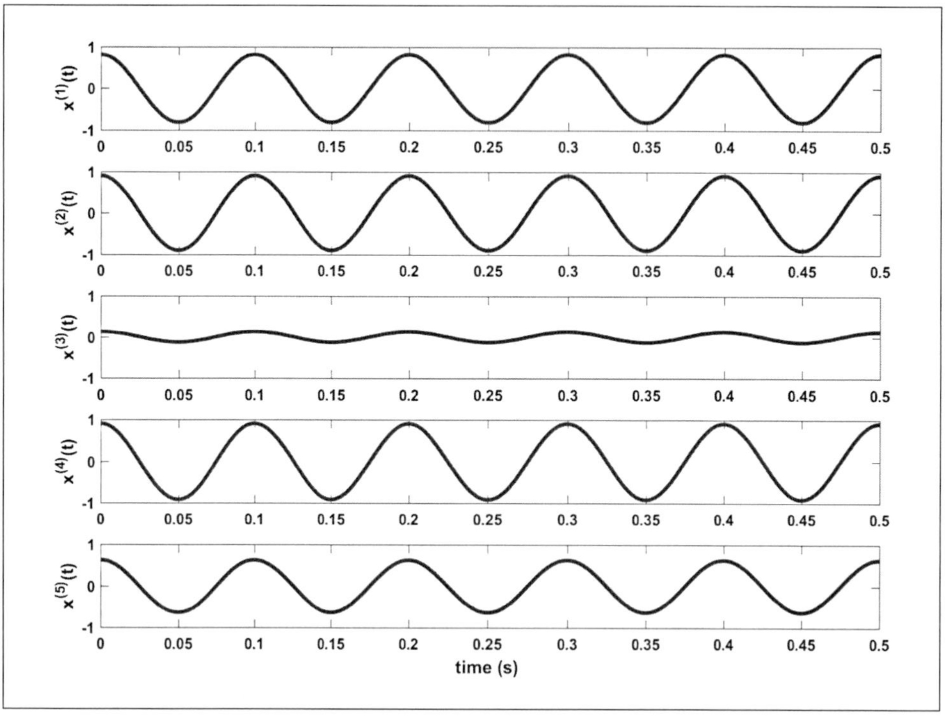

그림 3.2.5 확률 과정 $X(t)=A\cos(2\pi f_0)$의 표본 함수 예: $f_0=$ 10 Hz, A는 구간 $[0,1]$에서 정의된 균일 확률 분포를 갖는 확률 변수

그림 3.2.5에 확률 과정 $X(t)$의 표본 함수 5개($x^{(1)}(t)$, $x^{(2)}(t)$, ..., $x^{(5)}(t)$)를 나타내었다. 해당 확률 과정에 대한 평균 및 자기 상관 함수를 구해보자.

$$\begin{aligned} E[X(t)] &= \int_0^p a\cos(2\pi f_0 t) f_A(a)da = \frac{\cos(2\pi f_0 t)}{p}\int_0^p a da \\ &= \frac{p}{2}\cos(2\pi f_0 t) \end{aligned} \tag{1}$$

$$\begin{aligned} R_{XX}(t_1, t_1+\tau) &= E[X(t_1)X(t_1+\tau)] = E\left[A^2\cos(2\pi f_0 t_1)\cos(2\pi f_0(t_1+\tau))\right] \\ &= \cos(2\pi f_0 t_1)\cos(2\pi f_0(t_1+\tau))E[A^2] \\ &= \frac{p^2}{3}\cos(2\pi f_0 t_1)\cos(2\pi f_0(t_1+\tau)) \end{aligned} \tag{2}$$

위의 결과로부터 앙상블 평균 $E[X(t)]$이 시간에 대한 함수이고 또한 자기 상관 함수 역시 두 시점의 시간 차이 τ 뿐만 아니라 특정 시간 t_1의 함수이기도 하므로 주어진 확률 과정은 정상 확률 과정이 아니라는 것을 확인할 수 있다.

보충설명 3.2.2 **신호의 정상성(stationarity)**

신호의 정상성(stationarity)에 대해 좀 더 살펴보기로 하자. 일반적으로는 신호의 통계적 성질(statistical properties)이 시간에 따라 변하지 않을 때 그 신호를 정상 신호라고 하는데, 좀 더 엄밀하게는 랜덤 신호의 확률 밀도 함수 또는 결합 확률 밀도 함수에 의해 정의된다.

(1) 1차 정상 확률 과정(first order stationary random process)

확률 과정에서 임의의 시간에서의 표본 함수들의 값은 확률 변수가 된다. 이때 확률 변수에 대한 확률 밀도 함수가 시간에 관계 없이 항상 일정하다는 것은 임의의 시간 t_i에 대해 $f_{X(t_i)}(x_i) \equiv f_X(x)$의 관계가 성립한다는 것이고, 이는 확률 변수 $X(t_i)$가 t_i에 관계없이 동일한 분포를 갖는다는 의미이다. 이를 1차 정상 확률 과정이라고 한다. 따라서, 평균 $\mu_X(t_i)$와 분산 $\sigma_X^2(t_i)$ 역시 t_i에 무관하게 된다(동일한 분포를 갖는 확률 변수의 평균과 분산은 같다).

$$\begin{aligned} \mu_X(t_i) &= \int_{-\infty}^{\infty} x_i f_{X(t_i)}(x_i)dx \left(= \int_{-\infty}^{\infty} x_i f_X(x)dx\right) \\ &= \int_{-\infty}^{\infty} x_j f_{X(t_j)}(x_j)dx \left(= \int_{-\infty}^{\infty} x_j f_X(x)dx\right) = \mu_X(t_j) \equiv \mu_X(\text{상수}) \end{aligned} \tag{1a}$$

$$\begin{aligned} \sigma_X^2(t_i) &= \int_{-\infty}^{\infty} (x_i-\mu)^2 f_X(x)dx \\ &= \int_{-\infty}^{\infty} (x_j-\mu)^2 f_X(x)dx = \sigma_X^2(t_j) \equiv \sigma_X^2(\text{상수}) \end{aligned} \tag{1b}$$

(2) 2차 정상 확률 과정(second order stationary random process)

확률 과정에서 시간 $t=t_1$ 및 $t=t_2$에서 고려된, 두 개의 확률 변수에 대한 결합 확률 밀도 함수 $f_{X(t_1)X(t_2)}(x_1,x_2)$가 임의의 실수 Δt에 대해 $f_{X(t_1)X(t_2)}(x_1,x_2) = f_{X(t_1+\Delta t)X(t_2+\Delta t)}(x_1,x_2)$의 관계를 만족할 때, 이를 2차 정상 확률 과정이라고 한다. 이 경우 결합 확률 밀도 함수는 시간 t_1 및 t_2의 값 자체에 의존하지 않고 두 시간의 차이 τ $(=(t_2+\Delta t)-(t_1+\Delta t)=t_2-t_1)$만의 함수가 되어 $f_{X(t_1)X(t_1+\tau)}(x_1,x_2)$로 표현할 수 있고, 결과적으로 자기 상관 함수가 아래에 나타낸 바와 같이 τ만의 함수 $R_{XX}(\tau)$로 표현된다.

$$\begin{aligned} R_{XX}(t_1,t_2) &= \int_{-\infty}^{\infty}\int_{-\infty}^{\infty} x_1x_2 f_{X(t_1)X(t_2)}(x_1,x_2)dx_1dx_2 \\ &= \int_{-\infty}^{\infty}\int_{-\infty}^{\infty} x(t_1+\Delta t)x(t_2+\Delta t) f_{X(t_1+\Delta t)X(t_2+\Delta t)}(x_1,x_2)dx_1dx_2 \\ &= \int_{-\infty}^{\infty}\int_{-\infty}^{\infty} x(t_1)x(t_1+\tau) f_{X(t_1)X(t_1+\tau)}(x_1,x_2)dx_1dx_2 \\ &= R_{XX}(t_1+\Delta t, t_2+\Delta t) = R_{XX}(t_1,t_1+\tau) \equiv R_{XX}(\tau) \end{aligned} \tag{2}$$

2차 정상 확률 과정은 동시에 1차 정상 확률 과정이기도 하다.

(3) n차 정상 확률 과정(n-th order stationary random process)

확률 과정 $X(t)$의 n개의 시간 t_i $(i=1,...,n)$에서 추출한 확률 변수 $X(t_i)$에 대한 n차 결합 확률밀도함수가 다음과 같은 관계를 만족할 때 이를 n차 정상 확률 과정이라고 한다.

$$f_{X(t_1)X(t_2)\cdots X(t_n)}(x_1, x_2, ..., x_n) = f_{X(t_1+\Delta t)X(t_2+\Delta t)\cdots X(t_n+\Delta t)}(x_1, x_2, ..., x_n) \tag{3}$$

[좁은 의미(strict-sense)의 정상 확률 과정]

n 이하의 모든 차수에 대해 정상인 확률 과정을 좁은 의미의 확률 과정이라고 한다. 이 경우 n차 이하의 모든 확률 밀도 함수가 시간에 대해 무관하다. 이론상으로 가능하지만, 현실적으로는 거의 발견하기 힘들다.

[넓은 의미(wide-sense)의 정상 확률 과정]

좁은 의미의 정상 확률 과정이 현실적으로 의미가 없으므로 보통 2차 정상성까지를 고려하여, 확률 밀도 함수의 시간 의존성에 관계 없이 식 (3.2.5)의관계를 만족하는 경우를 넓은 의미의 정상 확률 과정이라고 한다. 식 (3.2.5a)는 1차 정상 확률 과정의 특징을, 식 (3.2.5b)는 2차 정상 확률 과정의 특징을 나타내는 것임을 알 수 있다. 다만, 넓은 의미의 정상 확률 과정이 반드시2차 정상 확률 과정 그 자체를 의미하지는 않는다.

3.2.3 에르고딕 확률 과정(ergodic random process)

식 (3.2.1) 및 (3.2.3) 등에 나타낸 앙상블 통계량을 구하기 위해서는 결국 무수히 많은 표본 함수를 수집해야 한다는 것을 의미하는데, 이는 매우 어려운 작업이고 경우에 따라 불가능하기도 하다. 따라서, 한 개의 특정 표본 함수에 대한 시간 평균 값을 이용하여 μ_X 및 $R_{XX}(\tau)$를 추정할 수 있는 방법이 있다면 그것이 훨씬 효율적일 것이다(여기서는 정상 확률 과정만을 대상으로 한다). 이를 위해 식 (3.2.2) 및 (3.2.4)의 양변에 앙상블에 대한 기대값을 취하면 아래와 같이 표현됨을 알 수 있다[26].

$$\begin{aligned} E[\mu_X(k)] &= E[\langle x^{(k)}(t) \rangle] \\ &= \lim_{T_0\to\infty} \frac{1}{T_0}\int_0^{T_0} E[X(t)]\,dt = \lim_{T_0\to\infty} \frac{1}{T_0}\int_0^{T_0} \mu_X dt = \mu_X \end{aligned} \tag{3.2.9a}$$

$$\begin{aligned} E[R_{XX}(\tau;k)] &= E[\langle x^{(k)}(t_1)x^{(k)}(t_1+\tau) \rangle] \\ &= \lim_{T_0\to\infty} \frac{1}{T_0}\int_0^{T_0} E[X(t_1)X(t_1+\tau)]\,dt_1 \\ &= \lim_{T_0\to\infty} \frac{1}{T_0}\int_0^{T_0} R_{XX}(\tau)dt_1 = R_{XX}(\tau) \end{aligned} \tag{3.2.9b}$$

26) 식 (3.2.9a)에서 임의의 표본 함수에 대한 앙상블 기대값이므로 $E[x^{(k)}(t)]$를 $E[X(t)]$로 표현하였다. 기대값 연산의 인자에는 확률 변수를 나타내는 대문자를 사용하는 것이 일반적이다.

위 식으로부터 한 개의 표본 함수에 대한 시간 평균 $\mu_X(k)$ 및 시간 자기 상관 함수 $R_{XX}(\tau;k)$가 각각 앙상블 평균 μ_X 및 앙상블 자기 상관 함수 $R_{XX}(\tau)$의 불편 추정량이 됨을 확인할 수 있다. 이 추정량들은 $T_0 \rightarrow \infty$ 일 때 각각 앙상블 통계량인 μ_X 및 $R_{XX}(\tau)$로 수렴하게 된다.

일반적인 확률 과정에서 시간 평균 및 시간 자기 상관 함수는 표본 함수에 따라 서로 다른 값을 갖게 되지만, 위와 같은 경우에는 앙상블을 구성하는 개별 표본 함수에 관계 없이 서로 같은 값을 갖게 된다. 즉, 어느 1개의 표본 함수에 대한 시간 평균 및 시간 자기 상관 함수 값이 앙상블 통계량과 같아지게 되는데[27], 이러한 확률 과정을 에르고딕 확률 과정(ergodic random process)이라고 한다. 따라서, 에르고딕 확률 과정의 앙상블 평균 및 자기 상관함수는 1개의 특정 표본 함수에 대해 충분히 긴 시간 동안 계산된 시간 통계량으로부터 얻을 수 있다.

$$\mu_X = E[X(t)] = \langle x(t) \rangle = \lim_{T_0 \rightarrow \infty} \frac{1}{T_0} \int_0^{T_0} x(t)dt \tag{3.2.10a}$$

$$R_{XX}(\tau) = E[X(t)X(t+\tau)] = \langle x(t)x(t+\tau) \rangle = \lim_{T_0 \rightarrow \infty} \frac{1}{T_0} \int_0^{T_0} x(t)x(t+\tau)dt \tag{3.2.10b}$$

시간 평균 및 시간 자기 상관 함수의 결과가 표본 함수에 따른 차이가 없으므로, 위 식에서 표본 함수에 대한 의존성을 의미하는 기호인 상첨자 (k)를 사용하지 않았다. 또한, 시간 평균 결과는 시간에 대한 함수도 아니므로 μ_X는 상수이며, $R_{XX}(\tau)$는 τ만의 함수임에 유의하자.

에르고딕 확률 과정으로 가정할 수 있다면, 분석을 매우 단순하게 할 수 있는 장점이 있다. 앙상블 평균을 구하기 위해 수 많은 표본 함수를 고려하지 않아도 되고, 하나의 표본 함수에 대한 시간 평균 값으로 대체할 수 있기 때문이다. 실제로 많은 정상 확률 과정이 평균 및 자기 상관 함수에 대해서 에르고딕 확률 과정인 경우가 많이 있다. 그러나, 모든 정상 확률 과정이 반드시 에르고딕 확률 과정은 아니다. 즉, 에르고딕 확률 과정은 정상 확률 과정에 포함된다.

예제 3.2.3

예제 3.2.1에서 넓은 의미의 정상 확률 과정의 예로서, $X(t) = A\cos(2\pi f_0 t - \Theta)$를 고려한 바 있다. 이에 대한 시간 평균 및 자기 상관 함수를 구하여라. 단, Θ는 구간 $[0, 2\pi]$ 에서 정의된 확률 변수로서 균일 확률 분포를 갖는다.

27) 엄밀하게는, $T_0 \rightarrow \infty$을 고려하지 않은 시간 통계량은 앙상블 통계량의 추정값이 되는 것이고, $T_0 \rightarrow \infty$ 일 때 앙상블 통계량으로 수렴하는 것이다.

풀이 및 설명

식 (3.2.10)을 이용하여 주어진 확률 과정의 시간 평균 및 자기 상관 함수를 구하면 각각 다음과 같다.

$$\begin{aligned}\langle x(t)\rangle &= \lim_{T_0\to\infty}\int_0^{T_0} A\cos(2\pi f_0 t-\theta)dt = \lim_{T_0\to\infty}\frac{A}{T_0}\frac{1}{2\pi f_0}\left[\sin(2\pi f_0 t-\theta)\right]_0^{T_0} \\ &= \lim_{T_0\to\infty}\frac{A}{T_0}\frac{1}{2\pi f_0}(\sin(-\theta)+\sin(\theta))=0\end{aligned} \tag{1}$$

$$\begin{aligned}\langle x(t)x(t+\tau)\rangle &= \lim_{T_0\to\infty}\frac{1}{T_0}\int_0^{T_0} A^2\cos(2\pi f_0 t-\theta)\cos(2\pi f_0(t+\tau)-\theta)dt \\ &= \lim_{T_0\to\infty}\frac{A^2}{2T_0}\left[\cos(2\pi f_0(2t+\tau)-2\theta)+\cos(2\pi f_0\tau)\right]_0^{T_0} \\ &= \frac{A^2}{2}\cos(2\pi f_0\tau)\end{aligned} \tag{2}$$

위의 결과들은 각각 예제 3.2.1의 식 (1) 및 (2)에 나타낸 정상 확률 과정의 앙상블 통계량과 같다. 따라서, 문제에 주어진 확률 과정은 에르고딕 확률 과정이 된다.

그림 3.2.6에 자기 상관 함수의 결과를 비교하여 나타내었다. 문제의 확률 과정은 정상 확률 과정임과 동시에 에르고딕 확률 과정이므로, 여기에는 식 (2)의 해석적인 해와 더불어 MATLAB을 이용한 앙상블 및 시간 통계량에 의한 결과가 모두 포함되었다. 그림에서 확인할 수 있듯이 3가지 경우의 결과가 모두 거의 비슷하여 그 차이를 구분하기 힘들다. 참고로, 그림 3.2.6 아래에 MATLAB m 파일 작성 예를 제시하였다.

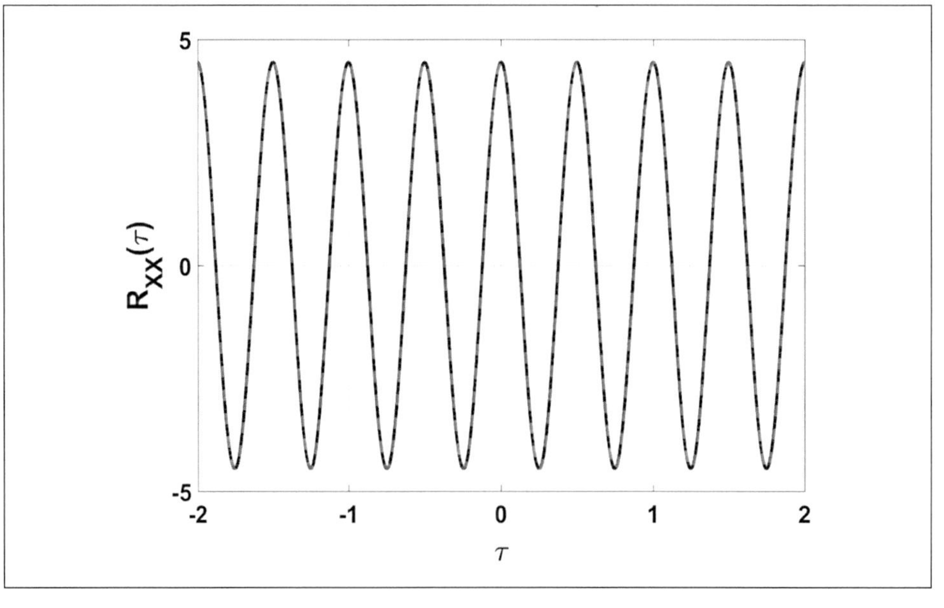

그림 3.2.6 (예제 3.2.3)의 자기 상관 함수의 그래프: 식 (2)와 수치 계산을 통해 얻은 앙상블 및 시간 통계량에 의한 자기 상관 함수 결과의 비교

[MATLAB m 파일 작성 예]

```
clear all, clc
A = 3;    % amplitude
f0 = 2;    % frequency (Hz)
fs = 500;  % sampling frequency
rng default   % random number generator, not essential here

maxlag_tau = 2;    % set the maximum value of tau to 2
tau = -maxlag_tau:1/fs:maxlag_tau;  % the range of tau
Rxx = (A^2/2)*cos(2*pi*f0*tau);    % analytic sol. for the auto-correlation

% ensemble auto-correlation starts here %
theta = 2*pi*rand(1000,1);  % generating the random number of theta
t = 0;                % arbitrarily set to zero, just for convenience
x1 = A*cos(2*pi*f0*t-theta);    % X(t1) for R(t1, t1+tau)
indx = 0;
Rxx_ensem(1:size(tau,2)) = 0;    % size(tau,2) = length(tau)
for lag_tau = tau
  x2 = A*cos(2*pi*f0*(t+lag_tau)-theta); % X(t1+tau) for R(t1, t1+tau)
  indx = indx+1;
  Rxx_ensem(indx) = mean(x1.*x2);    % E[X(t1)X(t1+tau)] for 1000 samples
end
% ensemble auto-correlation ends here %
% temporal auto-correlation starts here %
theta = 2*pi*rand(1,1);  % arbitrarily generated, no effect on the results
t = 0:1/fs:10-1/fs;
x = A*cos(2*pi*f0*t-theta);
[Rxx_time, lag] = xcorr(x, x, maxlag_tau*fs, 'unbiased');  % use 'xcorr'
tau_ergo = lag/fs;   % same as tau above

plot(tau,Rxx,'k',tau,Rxx_ensem,'b:',tau,Rxx_time,'--r')
```

3.2.4 가우스 확률 과정(Gaussian random process)

확률 과정의 특정 시간에서 추출된 확률 변수들 사이의 결합 확률 분포가 식 (3.1.54)의 정규 결합 확률 밀도 함수에 의해 표현될 수 있을 때, 이를 정규 확률 과정(normal random process) 또는 가우스 확률 과정(Gaussian random process)이라고 한다. 이 확률 과정은 이론적인 연구 모델로 적합한 확률 과정 모델이기도 하지만, 또한, 실제의 여러 랜덤 현상도 근사적으로 가우스 확률 과정으로 다룰 수 있는 경우도 있다.

n차 가우스 확률 과정에 대해서는, 식 (3.1.54) 및 (3.1.55)에서 제시하였던 확률 변수들간의 결합 정규 확률 분포에 관한 내용에서 확률 변수 X_i $(i=1, 2, ..., n)$를 확률 과정 $X(t)$로부터 구성된 확률 변수 $X(t_i)$ $(i=1, 2, ..., n)$로 대체하기만 하면 된다.

$$f_{X(t_1)X(t_2)\cdots X(t_n)}(x_1, x_2, \dots, x_n) = \frac{1}{(2\pi)^{n/2}|\boldsymbol{S}|^{1/2}} \exp\left\{-\frac{1}{2}(\boldsymbol{x}-\boldsymbol{\mu})^T \boldsymbol{S}^{-1}(\boldsymbol{x}-\boldsymbol{\mu})\right\} \quad (3.2.11)$$

위 식에서 행렬 $\boldsymbol{S}$와 $\boldsymbol{x}-\boldsymbol{\mu}$는 각각 다음과 같이 정의된 대칭 행렬 및 열 벡터이다.

$$\boldsymbol{S}=\begin{bmatrix} \sigma_X^2(t_1) & \sigma_{XX}(t_1,t_2) & \cdots & \sigma_{XX}(t_1,t_n) \\ \sigma_{XX}(t_1,t_2) & \sigma_X^2(t_2) & \cdots & \sigma_{XX}(t_2,t_n) \\ \vdots & \vdots & \ddots & \vdots \\ \sigma_{XX}(t_1,t_n) & \sigma_{XX}(t_2,t_n) & \cdots & \sigma_X^2(t_n) \end{bmatrix};\ \boldsymbol{x}-\boldsymbol{\mu}=\begin{Bmatrix} x_1-\mu_X(t_1) \\ x_2-\mu_X(t_2) \\ \vdots \\ x_n-\mu_X(t_n) \end{Bmatrix} \tag{3.2.12}$$

만약, 가우스 확률 과정이 넓은 의미의 정상 확률 과정이라면 평균과 분산은 시간에 관계없이 일정해야하므로 $\mu_X(t_1)=\mu_X(t_2)=\cdots=\mu_X(t_n)=\mu_X$ (상수), $\sigma_X^2(t_1)=\sigma_X^2(t_2)=\cdots=\sigma_X^2(t_n)=\sigma_X^2$ (상수)의 관계가 성립하고, 공분산은 시간 차이에만 의존하므로 $\sigma_{XX}(t_i,t_j)=\sigma_{XX}(t_j-t_i)$ $(i\neq j)$의 관계가 성립한다. 이 경우 식 (3.2.11)은 n차의 정상성(보충 설명 3.2.2의 식 (3))을 나타내므로 결국 좁은 의미의 정상 확률 과정을 나타내게 된다. 선형 진동계의 가진력이 이러한 가우스 확률 과정이라면 응답 역시 가우스 확률 과정이 된다(다만, 일반적으로 응답의 평균 및 공분산은 가진력의 평균 및 공분산과는 다르다).

평균이 $\mu_X(t_i)$이고, 공분산 행렬 $\boldsymbol{S}$인 가우스 확률 과정 $X(t)$에 대해 $t=t_i$ $(i=1,2,\ldots,n)$에서의 확률 변수 값 $X(t_i)$ ($\boldsymbol{X}=[x_1,x_2,\ \ldots,x_n]^T$)를 얻는 과정은 다음과 같다.

(i) 평균이 0이고, 분산이 1인 정규 확률 변수 Y의 값을 n개 생성한다. 이 경우 확률 변수 사이에는 상관관계가 없으므로 $E[Y_iY_j]=E[Y_i]E[Y_j]=0$ $(i\neq j)$의 관계가 성립하고, $E[Y_i^2]=1$ 임을 명심하자.

$$Y=[y_1,y_2,\ \ldots,y_n]^T \tag{3.2.13}$$

(ii) 그런 다음, $\boldsymbol{X}=[x_1,x_2,\ \ldots,x_n]^T$를 다음 식에 의해 구할 수 있다[28].

$$\boldsymbol{X}=\boldsymbol{S}^{1/2}\boldsymbol{Y}+\boldsymbol{\mu} \tag{3.2.14}$$

식 (3.2.14)는 평균 $\boldsymbol{\mu}=[\mu_X(t_1),\mu_X(t_2),\ldots,\mu_X(t_n)]$이고 공분산이 $\boldsymbol{S}$인, n개의 시간에서 추출한 확률 과정 값 $X(t_i)$를 생성하는 관계식을 보여주고 있다. 그렇다면, 식 (3.2.14)에 의해 얻은 벡터 $\boldsymbol{X}=[x_1,x_2,\ \ldots,x_n]^T$에 대해 $E[\boldsymbol{X}]$와 $E[(\boldsymbol{X}-\boldsymbol{\mu})(\boldsymbol{X}-\boldsymbol{\mu})^T]$을 구하여 이를 확인해 보자.

$$E[\boldsymbol{X}]=E[\boldsymbol{S}^{1/2}\boldsymbol{Y}+\boldsymbol{\mu}]=\boldsymbol{S}^{1/2}E[\boldsymbol{Y}]+\boldsymbol{\mu}=\boldsymbol{\mu} \tag{3.2.15a}$$

$$\begin{aligned} E[(\boldsymbol{X}-\boldsymbol{\mu})(\boldsymbol{X}-\boldsymbol{\mu})^T] &= E[\boldsymbol{S}^{1/2}\boldsymbol{Y}(\boldsymbol{S}^{1/2}\boldsymbol{Y})^T] \\ &= \boldsymbol{S}^{1/2}E[\boldsymbol{Y}\boldsymbol{Y}^T](\boldsymbol{S}^{1/2})^T \\ &= \boldsymbol{S}^{1/2}\boldsymbol{I}\boldsymbol{S}^{1/2}=\boldsymbol{S} \end{aligned} \tag{3.2.15b}$$

28) 양의 정부호(positive definite) 행렬 $\boldsymbol{S}$에 대해서는 촐레스키 분해(Cholesky decomposition)를 이용해도 된다($\boldsymbol{S}=\boldsymbol{L}\boldsymbol{L}^T$, $\boldsymbol{L}$: 하 삼각행렬(lower triangular matrix)). 이 경우 $\boldsymbol{X}=\boldsymbol{L}\boldsymbol{Y}+\boldsymbol{\mu}$로 놓을 수 있다. 예제 3.2.4를 참고하기 바란다.

위 식에서 행렬 $\boldsymbol{I}$는 $n\times n$ 단위행렬이고, $\boldsymbol{S}$가 대칭 행렬임을 이용하였다. 위 식에 의하면, 식 (3.2.14)에 의해 생성된 확률 변수 벡터 $\boldsymbol{X}=\left[x_1, x_2, \ldots, x_n\right]^T$의 평균과 공분산이 각각 $\boldsymbol{\mu}$와 $\boldsymbol{S}$이므로 이는 결합 정규 확률 분포(식 (3.2.11))를 따르는 확률 과정으로부터의 확률 변수 값을 생성하였다고 할 수 있는 것이다.

한편, 가우스 확률 과정 $X(t)$에 대해 $t=t_i$ $(i=1, 2, \ldots, n)$에서의 확률 변수 값 $X(t_i)$ $(\boldsymbol{X}=\left[x_1, x_2, \ldots, x_n\right]^T)$ 사이에 서로 상관 관계가 없는 경우를 살펴보자(결합 정규 확률 분포이므로 이는 또한 서로 독립인 것과 같다). 이 경우 식 (3.2.14)는 다음과 같으므로,

$$\boldsymbol{X}=\begin{bmatrix} \sigma_X(t_1) & 0 & 0 & 0 \\ 0 & \sigma_X(t_2) & 0 & 0 \\ 0 & 0 & \ddots & 0 \\ 0 & 0 & 0 & \sigma_X(t_n) \end{bmatrix}\boldsymbol{Y}+\begin{Bmatrix} \mu_X(t_1) \\ \mu_X(t_2) \\ \vdots \\ \mu_X(t_n) \end{Bmatrix} \tag{3.2.16}$$

이는 각각의 시간 $t=t_i$ $(i=1, 2, \ldots, n)$에서 평균이 $\mu_X(t_i)$이고, 분산이 $\sigma_X^2(t_i)$인 정규 확률 분포로부터 생성된 확률 변수 값을 나타낸다.

보충설명 3.2.3 공분산 행렬의 제곱근 (식 (3.2.14))

식 (3.2.14)에서 행렬의 지수에 분수가 사용되었다. 이를 위해서는 행렬의 대각화(diagonalization)에 대해 살펴볼 필요가 있다. 일반적으로 $n\times n$ 정사각 행렬(square matrix) $\boldsymbol{A}$에 대해 $\boldsymbol{P}^{-1}\boldsymbol{A}\boldsymbol{P}=\boldsymbol{D}$를 만족하는 행렬 $\boldsymbol{P}$와 대각 행렬 $\boldsymbol{D}$가 존재할 때 행렬 $\boldsymbol{A}$를 '대각화가 가능하다(diagonalizable)'고 한다. 이 경우 $\boldsymbol{A}=\boldsymbol{P}\boldsymbol{D}\boldsymbol{P}^{-1}$로 표현할 수 있다.

한편, $\boldsymbol{A}$가 실수인 대칭 행렬인 경우엔는 고유 벡터를 열로 하는 직교 행렬 $\boldsymbol{Q}$와 고유값을 대각원소로 하는 대각 행렬 $\boldsymbol{\Lambda}$를 이용하여 $\boldsymbol{A}=\boldsymbol{Q}\boldsymbol{\Lambda}\boldsymbol{Q}^{-1}=\boldsymbol{Q}\boldsymbol{\Lambda}\boldsymbol{Q}^T$로 나타낼 수 있다. 즉, 행렬 $\boldsymbol{A}$의 고유값 문제 $\boldsymbol{A}\boldsymbol{q}_i=\lambda_i\boldsymbol{q}_i$에서 모든 고유값을 대각 원소로 하는 대각 행렬을 $\boldsymbol{\Lambda}=diag(\lambda_i)$라 하고, 모든 고유 벡터 $\boldsymbol{q}_i$ $(\boldsymbol{q}_i^T\boldsymbol{q}_j=\delta_{ij}$, δ_{ij}는 Kronecker delta)를 열벡터 원소로 하는 행렬을 $\boldsymbol{\Lambda}=\left[\boldsymbol{q}_1\,\boldsymbol{q}_2\cdots\boldsymbol{q}_n\right]$라고 할 때, $\boldsymbol{A}\boldsymbol{Q}=\boldsymbol{Q}\boldsymbol{\Lambda}$가 성립하므로 $\boldsymbol{Q}^{-1}\boldsymbol{A}\boldsymbol{Q}=\boldsymbol{\Lambda}$ 또는 $\boldsymbol{A}=\boldsymbol{Q}\boldsymbol{\Lambda}\boldsymbol{Q}^{-1}$가 된다. 다만, 행렬 $\boldsymbol{Q}$는 직교 행렬 $(\boldsymbol{Q}^T=\boldsymbol{Q}^{-1})$이므로, $\boldsymbol{A}=\boldsymbol{Q}\boldsymbol{\Lambda}\boldsymbol{Q}^T$로 바꿔쓸 수 있다.

이 결과를 이용하면 임의의 정수 k에 대해 다음과 같은 관계가 있음을 확인할수 있다.

$$\begin{aligned}\boldsymbol{A}^k&=(\boldsymbol{Q}\boldsymbol{\Lambda}\boldsymbol{Q}^{-1})^k=(\boldsymbol{Q}\boldsymbol{\Lambda}\boldsymbol{Q}^{-1})(\boldsymbol{Q}\boldsymbol{\Lambda}\boldsymbol{Q}^{-1})\cdots(\boldsymbol{Q}\boldsymbol{\Lambda}\boldsymbol{Q}^{-1})\\&=\boldsymbol{Q}\boldsymbol{\Lambda}(\boldsymbol{Q}^{-1}\boldsymbol{Q})\boldsymbol{\Lambda}(\boldsymbol{Q}^{-1}\boldsymbol{Q})\cdots(\boldsymbol{Q}^{-1}\boldsymbol{Q})\boldsymbol{\Lambda}\boldsymbol{Q}^{-1}=\boldsymbol{Q}\boldsymbol{\Lambda}^k\boldsymbol{Q}^{-1}\end{aligned} \tag{1}$$

위 식에서 $\boldsymbol{\Lambda}^k$는 $diag(\lambda_i^k)$, 즉 대각 원소를 각각 k제곱한 것을 의미한다. 그리고, 위 관계식은 k가 임의의 실수인 경우에도 성립한다.

예제 3.2.4

가우스 확률 과정 $X(t)$로부터 1초 마다 신호를 측정하여 5초까지 5개의 신호값을 기록하였다. 이러한 과정을 무수히 많은 표본 함수에 대해 수행하여 각 시간 $t=t_i$ $(i=1,2,\ldots,5)$에서의 평균 및 자기 상관 함수의 값이 각각 다음과 같음을 알아내었다.

$$\mu_X(t_i)=1\ (t_1=1, t_2=2,\ \ldots, t_5=5)$$

$$R_{XX}(t_i,t_j)=4e^{-(t_i-t_j)^2}$$

공분산 행렬을 구하고, 확률 과정으로부터 표본 함수 3개를 임의로 추가 생성하여 보자. 또한, 이 예제의 결과를 매 시간 서로 독립인 가우스 확률 과정의 결과와도 비교하여 보자.

풀이 및 설명

확률 변수 간의 자기 상관 함수가 $R_{XX}(t_i,t_j)=4e^{-(t_i-t_j)^2}$로 주어졌기 때문에 공분산은 보충 설명 3.2.1의 식 (2)에 의해 다음과 같다.

$$\begin{aligned}\sigma_{XX}(t_i,t_j)&=R_{XX}(t_i,t_j)-\mu_X(t_i)\mu_X(t_j)\\&=4e^{-(t_i-t_j)^2}-1\end{aligned}\tag{1}$$

따라서, 공분산 행렬은 다음과 아래와 같다.

$$\begin{aligned}S&=\begin{bmatrix}\sigma_X^2(t_1) & \sigma_{XX}(t_1,t_2) & \sigma_{XX}(t_1,t_3) & \sigma_{XX}(t_1,t_4) & \sigma_{XX}(t_1,t_5)\\ \sigma_{XX}(t_1,t_2) & \sigma_X^2(t_2) & \sigma_{XX}(t_2,t_3) & \sigma_{XX}(t_2,t_4) & \sigma_{XX}(t_2,t_5)\\ \sigma_{XX}(t_1,t_3) & \sigma_{XX}(t_2,t_3) & \sigma_X^2(t_3) & \sigma_{XX}(t_3,t_4) & \sigma_{XX}(t_3,t_5)\\ \sigma_{XX}(t_1,t_4) & \sigma_{XX}(t_2,t_4) & \sigma_{XX}(t_3,t_4) & \sigma_X^2(t_4) & \sigma_{XX}(t_4,t_5)\\ \sigma_{XX}(t_1,t_5) & \sigma_{XX}(t_2,t_5) & \sigma_{XX}(t_3,t_5) & \sigma_{XX}(t_4,t_5) & \sigma_X^2(t_5)\end{bmatrix}\\&=\begin{bmatrix}4-1 & (4/e-1) & (4/e^4-1) & (4/e^9-1) & (4/e^{16}-1)\\ (4/e-1) & 4-1 & (4/e-1) & (4/e^4-1) & (4/e^9-1)\\ (4/e^4-1) & (4/e-1) & 4-1 & (4/e-1) & (4/e^4-1)\\ (4/e^9-1) & (4/e^4-1) & (4/e-1) & 4-1 & (4/e-1)\\ (4/e^{16}-1) & (4/e^9-1) & (4/e^4-1) & (4/e-1) & 4-1\end{bmatrix}\end{aligned}\tag{2}$$

평균 $\boldsymbol{\mu}$, 공분산 $\boldsymbol{S}$가 구해졌으므로, 위에서 설명한 절차(식 (3.2.13) 및 (3.2.14))에 따라 가우스 결합 확률 과정을 생성할 수 있다. 아래 MATALB m 파일 작성 예를 제시하였으며, 이에 따른 결과를 그림 3.2.7에 나타내었다.

[MATLAB m 파일 작성 예]

```
clear all, clc
mu = 1;     % stationary process with the same value of average
sigma = sqrt(3);   % stationary process with identical values of STD
mu_vec = mu*ones(5,3);  % five time points
S = zeros(5,5); % S(1:5,1:5)=0 is more memory-efficient for large matrices
for m = 1:4    % for the symmetric matrix S
```

```
    for n = m+1:5
     S(m,n) = 4*exp(-(m-n)^2)-mu^2;
    end
end
S = S + S' + diag(sigma^2*ones(5,1));
L = chol(S,'lower');  % Cholesky decomposition for a second option
s_rng = rng;   % initial setting of the random number generator
Y = randn(5,3);  % standard Gaussian
X1 = S^(1/2)*Y + mu_vec; % option 1
X2 = L*Y + mu_vec;       % option 2
rng(s_rng);     % after this, randn(5,3) below will yield the same as above
X_indep = sigma*randn(5,3) + mu_vec;
plot(X1,'-o r'), hold on, plot(X2, '-s b'), plot(X_indep, '--d k')
title('Gaussian random process', 'fontweight', 'bold')
xlabel('t', 'fontweight', 'bold'), ylabel('X(t)', 'fontweight', 'bold')
set(gca, 'fontsize', 16, 'fontweight', 'bold')
grid on
```

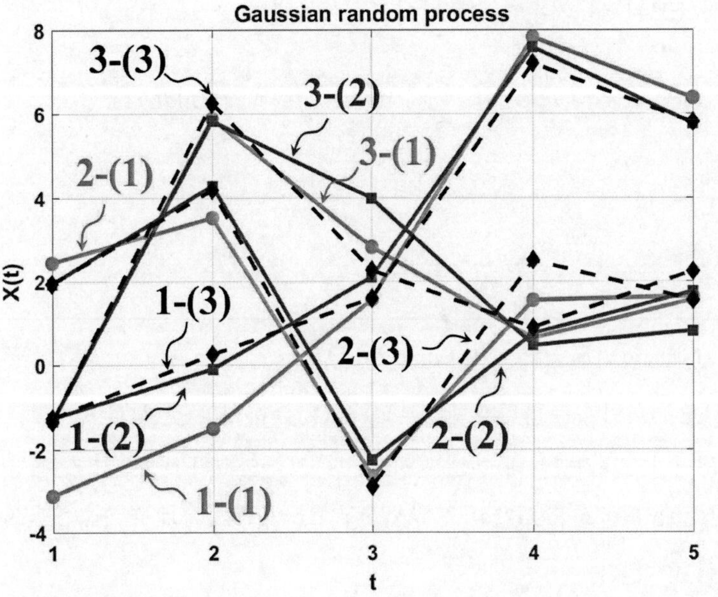

그림 3.2.7 (예제 3.2.4)의 가우스 확률 과정($t = t_1, t_2, t_3, t_4, t_5$)에 의한 3개 표본 함수의 예: (1) $S^{1/2}$ (식 3.2.14)을 이용한 경우(–●–), (2) 촐레스키 분해의 하 삼각행렬 L을 이용한 경우(–■–) 및 (3) 상호 독립적인 표준 정규 분포를 이용한 경우(–◆–)

3.2.5 파워 스펙트럼 밀도 함수(Power spectral density function)

랜덤 신호의 주파수 특성을 파악하기 위해서는 이에 대한 푸리에 변환이 필요하다. 그런데, 결정적(deterministic) 신호와는 달리 대부분의 랜덤 신호 그 자체에 대해서는 푸리에 변환이 존재하지 않는다. 따라서, 랜덤 신호의 특성을 잘 나타낼 수 있는 다른 함수를 고려하고 이에 대한 푸리에 변환을 이용한다.

앙상블의 표본 함수의 하나로서 랜덤 신호 $x(t)$ (임의의 k번째 표본 함수$x^{(k)}(t)$를 간단히 $x(t)$로 쓰도록 하자)를 측정하고 특정 구간 $(-T_c/2,\ T_c/2)$에 해당하는 부분만을 고려하여 다음과 같은 함수 $x_{T_c}(t)$를 정의하자.

$$x_{T_c}(t) = \begin{cases} x(t) & |t| < T_c/2 \\ 0 & |t| \geq T_c/2 \end{cases} \tag{3.2.17}$$

위 식에서 정의된 신호 $x_{T_c}(t)$를 단위 저항 양단의 전위차라고 한다면, $x_{T_c}^2(t)$은 파워[29]를 나타내므로 전 구간에서 소모된 에너지는 다음과 같이 표현할 수 있다.

$$E(T_c) = \int_{-\infty}^{\infty} x_{T_c}^2(t)dt = \int_{-T_c/2}^{T_c/2} x^2(t)dt \tag{3.2.18}$$

따라서, 평균 파워는 다음과 같은 식으로 나타낼 수 있다.

$$P(T_c) = \frac{1}{T_c}\int_{-T_c/2}^{T_c/2} x^2(t)dt \tag{3.2.19}$$

그런데, 위의 식에서 단지 특정 구간 $|t| < T_c/2$에서의 $x(t)$만을 고려한 것이므로, 사실 $P(T_c)$는 원래의 랜덤 신호 $x(t)$의 평균 파워를 제대로 나타낸 것은 아니다. 또한, 평균 파워를 임의의 표본 함수 한 개에 대해서만 고려하였는데, 현재는 신호 $x(t)$의 에르고딕 특성을 가정한 것이 아니다. 따라서, 위 사항들을 고려하여 다음과 같이 $T_c \rightarrow \infty$와 더불어 앙상블에 대한 기대값을 취하여 이를 평균 파워 P_{XX}로 삼아야 한다.

$$P_{XX} = \lim_{T_c \rightarrow \infty} E[P(T_c)] = \lim_{T_c \rightarrow \infty} \frac{1}{T_c}\int_{-T_c/2}^{T_c/2} E\left[X^2(t)\right]dt \tag{3.2.20}$$

위 식에서 확률 과정 앙상블 전체에 대한 기대값을 사용하기에 개별 표본 신호에 대한 기호 $x(t)$ 대신

29) 단위 저항 양단의 소모 전력을 나타낸다. 전력(power)이라는 용어를 쓰는 것이 더욱 적절할지도 모르겠으나, 뒤에서 나올 파워 스펙트럼 밀도 함수를 유도하기 위한 과정이므로 파워라는 용어를 그대로 사용하였다. 진동에서는 전력 스펙트럼 밀도보다는 파워 스펙트럼 밀도라는 용어를 더 자주 사용하는 경향이 있다.

확률 과정을 나타내는 기호 $X(t)$를 사용하였다. 만약 확률 과정 $X(t)$가 넓은 의미의 정상 확률 과정이라면 자기 상관 함수 $R_{XX}(t_1, t_2)$가 시간 t_1과 t_2의 상대적 차이 $\tau(=t_2-t_1)$만의 함수 $R_{XX}(\tau)$가 되고(식 (3.2.5b)), 따라서 $R_{XX}(0)$은 상수이다. 그런데, $R_{XX}(0)$은 $E[X^2(t)]$과 같으므로, 이는 역시 상수가 되고 따라서 식 (3.2.20)의 앙상블 평균 파워 역시 상수가 됨을 알 수 있다[30].

$$P_{XX}=E[X^2(t)]=R_{XX}(0) \tag{3.2.21}$$

예제 3.2.5

다음의 확률 과정에 대해 앙상블 평균 파워 P_{XX}를 구하여라.

$$X(t)=A\cos(2\pi f_0 t-\Theta)$$

단, 위 식에서 Θ는 균일 확률 분포를 갖는 확률 변수로서 그 범위가 구간 (a) $[0, 2\pi]$에 정의된 경우와 (b) $[0, \pi/2]$에서 정의된 경우를 구분하여 구해보자.

풀이 및 설명

(a) Θ가 구간 $[0, 2\pi]$에 정의된 균일 확률 분포의 확률 변수인 경우, 기대값에 대한 연산을 이용하여 $E[X^2(t)]$을 구하면 다음과 같다.

$$\begin{aligned}E[X^2(t)]&=E[A^2\cos^2(2\pi f_0 t-\Theta)]\\&=\frac{A^2}{2}+\frac{A^2}{2}\frac{1}{2\pi}\int_0^{2\pi}\cos(4\pi f_0 t-2\theta)d\theta\\&=\frac{A^2}{2}\end{aligned} \tag{1}$$

주어진 구간의 θ에 대해서는 확률 과정 $X(t)$가 정상 확률 과정이므로 $E[X^2(t)]$의 값이 시간 t에 관계없이 상수가 됨을 확인할 수 있다. 이제 식 (1)의 결과를 이용하여 앙상블 평균 파워 P_{XX}를 구하면 다음과 같다[31].

$$P_{XX}=\lim_{T_c\to\infty}\frac{1}{T_c}\int_{-T_c/2}^{T_c/2}\frac{A^2}{2}dt=\frac{A^2}{2} \tag{2}$$

위 식의 결과들로부터 주어진 확률 과정 $X(t)$의 앙상블 평균 파워 P_{XX}가 상수로 표현됨을 알 수 있다.

(b) 이 경우에 대한 $E[X^2(t)]$을 구하면 다음과 같다.

$$\begin{aligned}E[X^2(t)]&=E[A^2\cos^2(2\pi f_0 t-\Theta)]\\&=\frac{A^2}{2}+\frac{A^2}{2}\frac{2}{\pi}\int_0^{\pi/2}\cos(4\pi f_0 t-2\theta)d\theta\\&=\frac{A^2}{2}+\frac{A^2}{\pi}\sin(4\pi f_0 t)\end{aligned} \tag{3}$$

30) 보충 설명 3.2.2의 식 (1)에 나타낸 1차 정상성에 의해서도 $E[X^2(t)]$은 상수임을 알 수 있다.

위 식에 의하면 $E[X^2(t)]$의 값이 시간 t에 대한 함수로 표현되므로, 이 경우의 확률 과정 $X(t)$는 정상 확률 과정이 아님을 다시 한번 확인할 수 있다. 식 (3)의 결과를 이용하여 앙상블 평균 파워 P_{XX}를 구하면 다음과 같다.

$$\begin{aligned} P_{XX} &= \lim_{T_c \to \infty} \frac{1}{T_c} \int_{-T_c/2}^{T_c/2} \left(\frac{A^2}{2} + \frac{A^2}{\pi} \sin 4\pi f_0 t \right) dt \\ &= \lim_{T_c \to \infty} \frac{1}{T_c} \left(\frac{A^2}{2} T_c + \frac{A^2}{\pi} \left[-\frac{1}{4\pi f_0} \cos 4\pi f_0 t \right]_{-T_c/2}^{T_c/2} \right) \\ &= \lim_{T_c \to \infty} \frac{1}{T_c} \left(\frac{A^2}{2} T_c - \frac{A^2}{4 f_0 \pi^2} (\cos 2\pi f_0 T_c - \cos 2\pi f_0 T_c) \right) = \frac{A^2}{2} \end{aligned} \quad (4)$$

위 식의 결과들로부터 확률 과정 $X(t)$는 정상 확률 과정은 아니지만 앙상블 평균 파워 P_{XX}가 상수로 표현됨을 알 수 있다.

이제 앙상블 평균 파워를 주파수 영역에서 표현해 보자. 먼저, 식 (3.2.17)에서 정의된 함수 $x_{T_c}(t)$의 푸리에 변환 $X_{T_c}(f)$는 다음과 같음을 알 수 있다.

$$X_{T_c}(f) = \int_{-\infty}^{\infty} x_{T_c}(t) e^{-j2\pi f t} dt = \int_{-T_c/2}^{T_c/2} x(t) e^{-j2\pi f t} dt \quad (3.2.22)$$

그런데, 식 (3.2.19)는 연속 푸리에 변환에서의 Parseval 정리를 이용하여 다음과 같이 나타낼 수 있다.

$$P(T_c) = \frac{1}{T_c} \int_{-T_c/2}^{T_c/2} x^2(t) dt = \frac{1}{T_c} \int_{-\infty}^{\infty} x_{T_c}^2(t) dt = \frac{1}{T_c} \int_{-\infty}^{\infty} |X_{T_c}(f)|^2 df \quad (3.2.23)$$

따라서, 앙상블 평균 파워 P_{XX}는 주파수 영역에서 다음과 같이 나타낼 수 있다.

$$P_{XX} = \lim_{T_c \to \infty} E[P(T_c)] = \lim_{T_c \to \infty} \int_{-\infty}^{\infty} \frac{E\left[|X_{T_c}(f)|^2 \right]}{T_c} df \equiv \int_{-\infty}^{\infty} S_{XX}(f) df \quad (3.2.24)$$

위 식에서 $S_{XX}(f)$는 파워 스펙트럼 밀도(PSD: power spectral density)[32] 함수라고 정의되며, 아래와 같이 표현된다[33].

31) θ가 정의되는 구간이 예제 3.2.1에서와 같이 $[0, 2\pi]$가 되면, 정상 확률 과정이 되고, 예제 3.2.1의 식 (2)에 $\tau = 0$을 대입하여 $E[X^2(t)] = A^2/2$이 된다. 따라서, 앙상블 평균 파워는 식 (3.2.21)에 의해 $P_{XX} = A^2/2$이 됨을 확인할 수 있다.

32) P_{XX} 및 $S_{XX}(f)df$가 파워의 단위를 가지므로 $S_{XX}(f)$는 단위 주파수당 파워, 즉 파워 밀도를 나타낸다. 따라서, 주파수에 대한 파워 밀도이므로 파워 스펙트럼 밀도라는 용어가 주어졌다.

33) 파워 스펙트럼 밀도 함수의 개념을 나타내는 정의 식이다. 이제 곧 나오겠지만 실용적으로 파워 스펙트럼 밀도 함수는 자기상관함수의 푸리에 변환임을 이용하여 구한다.

$$S_{XX}(f) = \lim_{T_c \to \infty} \frac{E\left[\left|X_{T_c}(f)\right|^2\right]}{T_c} \tag{3.2.25}$$

예제 3.2.6

다음의 확률 과정에 대해 파워 스펙트럼 밀도 함수 $S_{XX}(f)$를 구하고 이를 이용하여 앙상블 평균 파워 P_{XX}를 구하여라.

$$X(t) = A\cos(2\pi f_0 t - \Theta)$$

단, 위 식에서 Θ는 균일 확률 분포를 갖는 확률 변수로서 그 범위가 구간 (a) $[0, 2\pi]$에 정의된 경우와 (b) $[0, \pi/2]$에서 정의된 경우를 구분하여 구해보자.

풀이 및 설명

(a) 식 (3.2.25)를 이용하여 파워 스펙트럼 밀도 함수를 구한 후, 식 (3.2.24)를 이용하여 앙상블 평균 파워를 구하는 문제이다. 먼저 $X_{T_c}(f)$부터 시작하여 차근차근 구해보도록 하자.

$$\begin{aligned} X_{T_c}(f) &= \int_{-T_c/2}^{T_c/2} A\cos(2\pi f_0 t - \theta) e^{-j2\pi f t} dt \\ &= \frac{A}{2} e^{-j\theta} \int_{-T_c/2}^{T_c/2} e^{j2\pi(f_0 - f)t} dt + \frac{A}{2} e^{j\theta} \int_{-T_c/2}^{T_c/2} e^{-j2\pi(f_0+f)t} dt \\ &= \frac{A}{2} T_c e^{-j\theta} \frac{\sin\pi(f-f_0)T_c}{\pi(f-f_0)T_c} + \frac{A}{2} T_c e^{j\theta} \frac{\sin\pi(f+f_0)T_c}{\pi(f+f_0)T_c} \end{aligned} \tag{1}$$

위 식으로부터 $\left|X_{T_c}(f)\right|^2$은 다음과 같으므로,

$$\begin{aligned} \left|X_{T_c}(f)\right|^2 &= X_{T_c}(f) X^*_{T_c}(f) \\ &= \frac{A^2}{4} T_c^2 \left(\frac{\sin\pi(f-f_0)T_c}{\pi(f-f_0)T_c}\right)^2 + \frac{A^2}{4} T_c^2 \left(\frac{\sin\pi(f+f_0)T_c}{\pi(f+f_0)T_c}\right)^2 \\ &\quad + \frac{A^2}{4} T_c^2 e^{j2\theta} \left(\frac{\sin\pi(f-f_0)T_c}{\pi(f-f_0)T_c}\right)\left(\frac{\sin\pi(f+f_0)T_c}{\pi(f+f_0)T_c}\right) \\ &\quad + \frac{A^2}{4} T_c^2 e^{-j2\theta} \left(\frac{\sin\pi(f-f_0)T_c}{\pi(f-f_0)T_c}\right)\left(\frac{\sin\pi(f+f_0)T_c}{\pi(f+f_0)T_c}\right) \end{aligned} \tag{2}$$

$E\left[\left|X_{T_c}(f)\right|^2\right]$은 아래와 같이 표현된다.

$$E\left[\left|X_{T_c}(f)\right|^2\right] = \frac{A^2}{4} T_c^2 \left\{\left(\frac{\sin\pi(f-f_0)T_c}{\pi(f-f_0)T_c}\right)^2 + \left(\frac{\sin\pi(f+f_0)T_c}{\pi(f+f_0)T_c}\right)^2\right\} \tag{3}$$

식 (2)로부터 식 (3)을 유도하는 과정에서 다음의 관계식이 적용되었다.

$$E\left[e^{j2\theta}\right] = \int_0^{2\pi} \frac{1}{2\pi} e^{j2\theta} d\theta = 0;\ E\left[e^{-j2\theta}\right] = \int_0^{2\pi} \frac{1}{2\pi} e^{-j2\theta} d\theta = 0 \tag{4}$$

따라서, 식 (3)으로부터 파워 스펙트럼 밀도함수는 다음과 같이 구할 수 있다.

$$\begin{aligned} S_{XX}(f) &= \lim_{T_c \to \infty} \frac{E\left[\left|X_{T_c}(f)\right|^2\right]}{T_c} \\ &= \lim_{T_c \to \infty} \frac{A^2}{4} T_c \left\{ \left(\frac{\sin\pi(f-f_0)T_c}{\pi(f-f_0)T_c} \right)^2 + \left(\frac{\sin\pi(f+f_0)T_c}{\pi(f+f_0)T_c} \right)^2 \right\} \\ &= \frac{A^2}{4}\delta(f-f_0) + \frac{A^2}{4}\delta(f+f_0) \end{aligned} \tag{5}$$

위 식의 마지막 결과는 부록의 식 (A.4.6)을 이용하였다. 이제 마지막으로 식 (5)의 결과를 이용하여 앙상블 평균 파워 P_{XX}를 다음과 같이 구할 수 있다.

$$P_{XX} = \int_{-\infty}^{\infty} S_{XX}(f)df = \int_{-\infty}^{\infty} \left(\frac{A_0^2}{4}\delta(f_0 - f) + \frac{A_0^2}{4}\delta(f_0 + f) \right) df = \frac{A_0^2}{2} \tag{6}$$

(b) 균일 확률 분포의 확률 변수 θ가 구간 $[0, \pi/2]$ 에서 정의된 경우는 식 (4)에 대해 다음의 결과로 대체하고 나머지 과정을 동일하게 수행하면 된다.

$$E[e^{j2\theta}] = \int_0^{\pi/2} \frac{2}{\pi} e^{j2\theta} d\theta = -\frac{2}{j\pi};\ E[e^{-j2\theta}] = \int_0^{\pi/2} \frac{2}{\pi} e^{-j2\theta} d\theta = \frac{2}{j\pi} \tag{7}$$

그런데, 위의 결과에 의해 식 (2)에서 θ가 포함된 식이 모두 상쇄되어 없어지므로 결국 이 경우의 파워 스펙트럼 밀도 및 앙상블 평균 파워는 각각 식 (5) 및 (6)과 동일하게 된다.

지금까지 파워 스펙트럼 밀도 함수의 개념을 설명하였다. 파워 스펙트럼 밀도 함수가 필요한 이유는 다음과 같다. 랜덤 신호를 직접 푸리에 변환하여 주파수 영역에서 분석하기를 원하지만, 랜덤 신호 자체는 일반적으로 푸리에 변환이 가능하지 않다. 따라서, 제한된 구간에서만 고려된 랜덤 신호의 푸리에 변환과 이 신호의 앙상블 평균 파워와의 관계를 이용하여 파워 스펙트럼 밀도 함수를 유도하고, 주파수 영역에서는 랜덤 신호 그 자체 대신에 파워 스펙트럼 밀도 함수를 분석의 기본 단위로 삼는다. 그런데, 식 (3.2.25)와 같은 개념적 형식의 정의로는 주어진 랜덤 신호의 파워 스펙트럼 밀도 함수를 구하는 것이 매우 제한적이다. 따라서, 지금부터는 이를 해결하기 위한 실용적인 방법에 대해서 설명하고자 한다. 미리 얘기하자면, 파워 스펙트럼 밀도 함수는 자기 상관 함수의 푸리에 변환이 된다. 식 (3.2.25)를 이용하여, 다음과 같이 그 관계를 자세히 알아보도록 하자.

$$
\begin{aligned}
S_{XX}(f) &= \lim_{T_c \to \infty} \frac{E\left[\,|X_{T_c}(f)|^2\right]}{T_c} = \lim_{T_c \to \infty} E\left[\frac{1}{T_c} X^*_{T_c}(f) X_{T_c}(f)\right] \\
&= \lim_{T_c \to \infty} E\left[\frac{1}{T_c}\int_{-T_c/2}^{T_c/2} x(t_1) e^{j2\pi f t_1} dt_1 \int_{-T_c/2}^{T_c/2} x(t_2) e^{-j2\pi f t_2} dt_2\right] \\
&= \lim_{T_c \to \infty} \frac{1}{T_c}\int_{-T_c/2}^{T_c/2}\int_{-T_c/2}^{T_c/2} E[X(t_1)X(t_2)]\, e^{-j2\pi f(t_2 - t_1)} dt_2 dt_1 \\
&= \int_{-\infty}^{\infty}\left\{\lim_{T_c \to \infty}\frac{1}{T_c}\int_{-T_c/2}^{T_c/2} R_{XX}(t_1, t_1+\tau) dt_1\right\} e^{-j2\pi f\tau} d\tau \\
&= \int_{-\infty}^{\infty} \langle R_{XX}(t, t+\tau)\rangle e^{-j2\pi f\tau} d\tau
\end{aligned}
\tag{3.2.26}
$$

위 식의 유도 과정에서 $R_{XX}(t_1, t_2) = E[X(t_1)X(t_2)]$ 의 관계를 이용하였으며 치환 적분을 위해 $\tau = t_2 - t_1$, $dt_2 = d\tau$을 적용하였다. 물론, $\langle \cdot \rangle$은 시간 평균을 의미한다. 따라서, 위의 식 (3.2.26)으로부터 파워 스펙트럼 밀도 함수 $S_{XX}(f)$와 자기 상관 함수 $R_{XX}(t, t+\tau)$의 관계를 아래와 같이 정리할 수 있다.

$$
S_{XX}(f) = \int_{-\infty}^{\infty} \langle R_{XX}(t, t+\tau)\rangle e^{-j2\pi f\tau} d\tau \tag{3.2.27a}
$$

$$
\langle R_{XX}(t, t+\tau)\rangle \underset{F^{-1}}{\overset{F}{\rightleftharpoons}} S_{XX}(f) \tag{3.2.27b}
$$

이제 식 (3.2.27)이 넓은 의미의 정상 확률 과정 $X(t)$에 대해서는 어떻게 더욱 간단하게 정리될 수 있는지 살펴보자. 식 (3.2.26)의 세 번째 식에서 $E[X(t_1)X(t_2)]$ 는 넓은 의미의 정상 확률 과정에서 $R_{XX}(\tau)$로 바꿔쓸 수 있다. 따라서,

$$
\begin{aligned}
S_{XX}(f) &= \lim_{T_c \to \infty} \frac{1}{T_c}\int_{-T_c/2}^{T_c/2}\int_{-T_c/2}^{T_c/2} R_{XX}(t_1, t_2) e^{-j2\pi f(t_2 - t_1)} dt_2 dt_1 \\
&= \lim_{T_c \to \infty} \frac{1}{T_c}\int_{-T_c/2}^{T_c/2}\int_{-T_c/2}^{T_c/2} R_{XX}(\tau) e^{-j2\pi f\tau} dt_2 dt_1
\end{aligned}
\tag{3.2.28}
$$

가 되고, 계산의 편의를 위해 위 식에서 적분 인자를 $f(\tau) = R_{XX}(\tau)e^{-j2\pi f\tau}$로서 고려하도록 하자 (현재 $\tau = t_2 - t_1$의 관계가 있음에 유의하자). 그렇다면, 위 식은 그림 3.2.8에서 표현된 정사각형 영역에서 $f(\tau)$를 적분한 결과를 이용하는 것이 된다. 그림에서 빗금친 미소 면적은 $\tau > 0$인 경우 및 $\tau < 0$인 경우에 각각 다음과 같이 표현됨을 알 수 있다.

[$\tau > 0$인 경우]

$$\begin{aligned} dA &= \frac{1}{2}\left\{(T_c - \tau)^2 - (T_c - \tau - \Delta\tau)^2\right\} \\ &= \frac{1}{2}\left\{(T_c - \tau)^2 - (T_c - \tau)^2 - (\Delta\tau)^2 + 2(T_c - \tau)\Delta\tau\right\} \approx (T_c - \tau)\Delta\tau \end{aligned} \tag{3.2.29a}$$

[$\tau < 0$인 경우]

$$\begin{aligned} dA &= \frac{1}{2}\left\{(T_c + \tau + \Delta\tau)^2 - (T_c + \tau)^2\right\} \\ &= \frac{1}{2}\left\{(T_c + \tau)^2 + (\Delta\tau)^2 + 2(T_c + \tau)\Delta\tau - (T_c + \tau)^2\right\} \approx (T_c + \tau)\Delta\tau \end{aligned} \tag{3.2.29b}$$

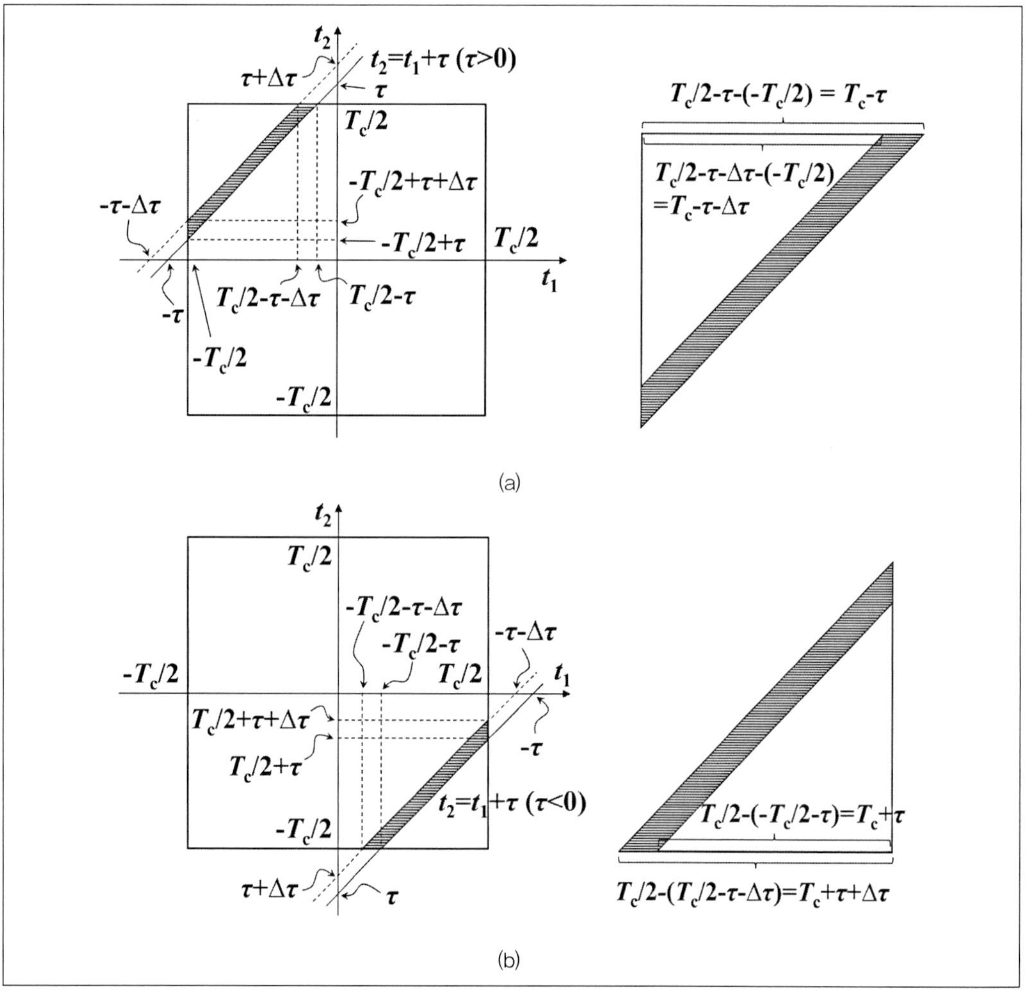

그림 3.2.8 $f(\tau) = R_{XX}(\tau)e^{-j2\pi f\tau}$의 적분 $f(\tau)dt_2dt_1$ ($\tau = t_2 - t_1$)을 위한 미소 면적 dA: (a) $\tau > 0$인 경우 및 (b) $\tau < 0$인 경우

따라서, $f(\tau)dt_2dt_1 \approx f(\tau)(T_c - |\tau|)\Delta\tau$로 쓸 수 있으므로 식 (3.2.28)은 다음과 같이 우리가 원하는 형태로 나타낼 수 있다.

$$\begin{aligned} S_{XX}(f) &= \lim_{T_c \to \infty} \frac{1}{T_c} \int_{-T_c/2}^{T_c/2} \int_{-T_c/2}^{T_c/2} R_{XX}(\tau) e^{-j2\pi f\tau} dt_2 dt_1 \\ &= \lim_{T_c \to \infty} \frac{1}{T_c} \int_{-T_c}^{T_c} f(\tau)(T_c - |\tau|) d\tau = \lim_{T_c \to \infty} \int_{-T_c}^{T_c} f(\tau)(1 - |\tau| / T_c) d\tau \\ &= \int_{-\infty}^{\infty} f(\tau) d\tau = \int_{-\infty}^{\infty} R_{XX}(\tau) e^{-j2\pi f\tau} d\tau \end{aligned} \tag{3.2.30}$$

위 식의 전개 과정 중 τ에 대한 적분 구간이 $[-T_c, T_c]$로 바뀌었음에 유의하자(그림 3.2.8 참고). 따라서, 넓은 의미의 정상 확률 과정인 경우에 시간 영역에서의 자기 상관 함수 $R_{XX}(\tau)$와 파워 스펙트럼 밀도 함수 $S_{XX}(f)$는 서로 푸리에 변환 관계에 있음을 확인할 수 있다[34).

$$S_{XX}(f) = \int_{-\infty}^{\infty} R_{XX}(\tau) e^{-j2\pi f\tau} d\tau;\ R_{XX}(\tau) = \int_{-\infty}^{\infty} S_{XX}(f) e^{j2\pi f\tau} df \tag{3.2.31a}$$

$$R_{XX}(\tau) \underset{F^{-1}}{\overset{F}{\rightleftarrows}} S_{XX}(f) \tag{3.2.31b}$$

위의 식 (3.2.31a)로 표현되는 관계를 '위너-킨친의 정리(Wiener-Khinchin theorem)'라고 한다[35). 이를 이용하면 다음과 같은 유용한 관계를 얻을 수 있다.

$$R_{XX}(0) = E[X^2(t)] = \int_{-\infty}^{\infty} S_{XX}(f) df = P_{XX} \tag{3.2.32}$$

위의 관계식은 식 (3.2.21) 및 (3.2.24)를 통해 이미 확인한 바 있다.

우리는 앞에서 정상 확률 과정인 $X(t)$에 대해 자기 상관 함수 $R_{XX}(\tau)$는 우함수라는 것을 확인한 바 있다. 연속 푸리에 변환에서 우함수의 푸리에 변환은 실수인 우함수이기 때문에, 자기 상관 함수의 푸리에 변환인 파워 스펙트럼 밀도 함수 $S_{XX}(f)$도 역시 실수인 우함수가 된다는 것을 알 수 있다

---

34) 자기 상관함수의 푸리에 변환이므로, 뒤에서 다룰 상호 파워 스펙트럼 밀도 함수와 구분하여 자기 파워 스펙트럼 밀도 함수(auto-power spectral density function)라고 해야 하나, 일반적으로 이를 그냥 파워 스펙트럼 밀도 함수라고 말한다.

35) 정상 확률 과정의 $S_{XX}(f)$가 존재하기 위해서는 자기 상관함수의 푸리에 변환이 존재하여야 하므로 $\int_{-\infty}^{\infty} |R_{XX}(\tau)| d\tau < \infty$를 만족하여야 한다. 그런데, 자기 상관함수 $R_{XX}(\tau)$에 대해 $\lim_{\tau \to \infty} R_{XX}(\tau) = \mu_X^2$의 관계식이 성립하므로 $\mu_X \neq 0$이라면 적분값이 존재하지 않게 되고, 따라서 파워 스펙트럼 밀도 함수가 존재하지 않는다. 따라서, 파워 스펙트럼 밀도 함수를 구할 경우 $\hat{x}(t) = x(t) - \mu_X$를 확률 과정의 표본 함수로 설정하고 $\hat{x}(t)$를 편의상 $x(t)$로 쓰기도 한다. 이 경우 자기 상관 함수 $R_{XX}(\tau)$는 자기 공분산 $\sigma_{XX}(\tau)$와 같다.

$(S_{XX}(f) = S_{XX}(-f))$[36]. 따라서, 이를 이용하면 $S_{XX}(f)$는 다음과 같이 나타낼 수도 있다.

$$S_{XX}(f) = \int_{-\infty}^{\infty} R_{XX}(\tau)e^{-j2\pi f\tau}d\tau = 2\int_{0}^{\infty} R_{XX}(\tau)\cos(2\pi f\tau)d\tau \tag{3.2.33}$$

만약, 음의 주파수 영역을 제외하고 파워 스펙트럼 밀도 함수를 표현하고자 한다면, 다음과 같이 단측 스펙트럼 밀도 함수(one-sided power spectral density function)를 정의하여 사용하기도 한다[37].

$$G_{XX}(f) = \begin{cases} 2S_{XX}(f) & f > 0 \\ S_{XX}(f) & f = 0 \\ 0 & f < 0 \end{cases} \tag{3.2.34}$$

단측 스펙트럼 밀도 함수에 대해서는 뒤에서 좀 더 다룰 기회가 있다.

예제 3.2.7

그림 3.2.9에 나타낸 정상 확률 과정 $X(t)$의 파워 스펙트럼 밀도 함수에 대해 자기 상관 함수 $R_{XX}(\tau)$ 및 제곱 평균 $E[X^2(t)]$을 구하여라.

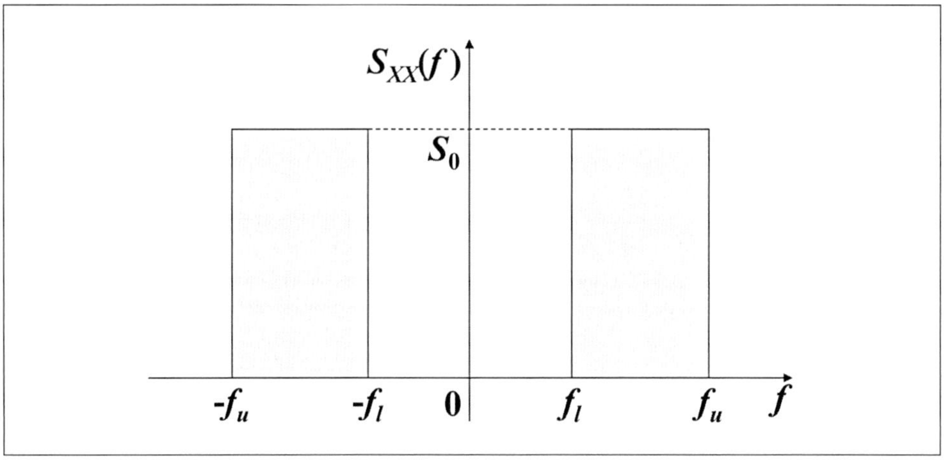

그림 3.2.9 (예제 3.2.7)의 정상 확률 과정의 파워 스펙트럼 밀도 함수 $S_{XX}(f)$

풀이 및 설명

자기 상관 함수 $R_{XX}(\tau)$는 파워 스펙트럼 밀도 함수 $S_{XX}(f)$의 역 푸리에 변환이므로 다음과 같이 구한다.

---

36) 따라서, 위상 정보를 포함하지 않는다. 그리고, 파워 스펙트럼 밀도 함수는 항상 양의 값을 갖는다.

37) $G_{XX}(f)$ 대신 $W_{XX}(f)$로 표기하기도 한다. 이 책에서는 단측 스펙트럼 밀도 함수를 표기할 때 $G_{XX}(f)$를 사용하기로 한다.

$$
\begin{aligned}
R_{XX}(\tau) &= \int_{-\infty}^{\infty} S_{XX}(f) e^{j2\pi f\tau} df = 2\int_{0}^{\infty} S_{XX}(f)\cos(2\pi f\tau)df \\
&= 2S_0 \int_{f_l}^{f_u} \cos(2\pi f\tau)df = \left[2S_0 \frac{1}{2\pi\tau} sin(2\pi f\tau)\right]_{f_l}^{f_u} \\
&= \frac{S_0}{\pi\tau}(\sin(2\pi f_u\tau) - \sin(2\pi f_l\tau)) \\
&= \frac{2S_0}{\pi\tau}\cos\{\pi(f_u+f_l)\tau\}\sin\{\pi(f_u-f_l)\tau\}
\end{aligned} \tag{1}
$$

위 식에서 $S_{XX}(f)$가 우함수인 특성을 이용하였다. 그리고, 제곱 평균 $E[X^2(t)]$는 다음과 같다.

$$
E[X^2(t)] = \int_{-\infty}^{\infty} S_{XX}(f)df = 2\int_{f_l}^{f_u} S_0 df = 2S_0(f_u - f_l) \tag{2}
$$

또는, 식 (1)에 $\tau = 0$을 대입하면 $E[X^2(t)] = R_{XX}(0)$과 같으므로 아래와 같다.

$$
E[X^2(t)] = \lim_{\tau\to 0} R_{XX}(\tau) = \frac{2S_0}{\pi}\lim_{\tau\to 0}\frac{\sin\{\pi(f_u - f_l)\tau\}}{\tau} = 2S_0(f_u - f_l) \tag{3}
$$

이 예제에서와 같이 파워 스펙트럼 밀도 함수가 특정 주파수 범위($[f_l, f_u]$)에서 상수인 경우를 대역 제한 백색 잡음(band-limited white noise)이라고 한다. 반면, 모든 주파수 범위에서 일정한 상수 값을 갖는 확률 과정을 백색 잡음(white noise)이라고 하는데, 일정 범위가 아닌 모든 주파수 범위에서 상수 값을 갖는 것은 현실적으로 불가능하다. 이 경우 곡선 아래 면적이 무한대이므로 제곱 평균 값이 무한대가 되는데 이는 파워가 무한대라는 의미이므로 물리적으로 불가능하다.

보충설명 3.2.4 에르고딕 확률 과정에서의 스펙트럼 밀도 함수

확률 과정 $X(t)$의 파워 스펙트럼 밀도 함수는 자기 상관 함수의 푸리에 변환이다. 그리고, 이는 다음과 같은 의미를 갖는다고 하였다(식 (3.2.26) 참고).

$$
S_{XX}(f) = \lim_{T_c\to\infty}\frac{E\left[|X_{T_c}(f)|^2\right]}{T_c} = \lim_{T_c\to\infty} E\left[\frac{1}{T_c} X^*_{T_c}(f) X_{T_c}(f)\right] \tag{1}
$$

그런데, 위 식의 대상을 에르고딕 확률 과정으로 좁힌다면 그 의미가 조금 더 명확해진다. 주기 함수 $x(t)$에 대해 Parseval 정리는 다음과 같음을 이미 알고 있다.

$$
\frac{1}{T_0}\int_{-T_0/2}^{T_0/2} x^2(t)dt = \sum_{k=-\infty}^{\infty} |c_k|^2 \tag{2}
$$

이는 신호 $x(t)$가 단위 저항의 양단 전압이라고 하면 $x^2(t)$는 파워의 단위이므로, 시간 및 주파수 영역에서의 파워가 서로 같음을 보여준 것이다. 여기서 $|c_k|^2$을 $f = f_k$에서의 파워 성분 $P_{XX}(f_k)$라고 두자. 그리고, $\Delta f = kf_0 - (k-1)f_0 = f_0$에 대해 다음과 같이 정의하면,

$$S_{XX}(f_k) = \frac{P_{XX}(f_k)}{\triangle f} \tag{3}$$

식 (2)는 다음과 같이 정리할 수 있다.

$$\frac{1}{T_0}\int_{-T_0/2}^{T_0/2} x^2(t)dt = \sum_{k=-\infty}^{\infty} P_{XX}(f_k) = \sum_{k=-\infty}^{\infty} S_{XX}(f_k)\triangle f \tag{4}$$

위 식에서 $S_{XX}(f_k)$는 단위 주파수 간격 당 파워이므로 앞에서 사용되어 왔던 기호와 마찬가지로 스펙트럼 밀도 함수가 된다. 만약, 무한히 긴 주기 $T_0 \to \infty$에 대해서는, $\triangle f \to 0$로 쓸 수 있으므로 식 (4)는 다음과 같이 나타낼 수 있으며, 이는 제곱 평균값이 된다.

$$\overline{x^2} = \lim_{T_0\to\infty}\frac{1}{T_0}\int_{-T_0/2}^{T_0/2} x^2(t)dt = \lim_{\triangle f\to 0}\sum_{k=-\infty}^{\infty} S_{XX}(f_k)\triangle f = \int_{-\infty}^{\infty} S_{XX}(f)df \tag{5}$$

위 식은 식 (3.2.32)의 결과와 동일하다.

한편, 에르고딕 확률 과정에서는 식 (3.2.31)의 '위너-킨친의 정리'를 다음과 같이 유도할 수도 있다. 즉, 다음 식에서와 같이 제곱 평균에 대한 식에서 비 주기 함수에서의 파시벌의 정리(Parseval's theorem)를 이용한다.

$$\begin{aligned}\overline{x^2} &= \lim_{T_0\to\infty}\frac{1}{T_0}\int_{-T_0/2}^{T_0/2} x^2(t)dt = \lim_{T_0\to\infty}\frac{1}{T_0}\int_{-\infty}^{\infty} x^2(t)dt \\ &= \lim_{T_0\to\infty}\frac{1}{T_0}\int_{-\infty}^{\infty} X^*(f)X(f)df = \int_{-\infty}^{\infty}\lim_{T_0\to\infty}\frac{1}{T_0}X^*(f)X(f)df\end{aligned} \tag{6}$$

따라서, 식 (5)와 비교하여 파워 스펙트럼 밀도함수를 아래와 같이 나타낼 수 있다.

$$S_{XX}(f) = \lim_{T_0\to\infty}\frac{1}{T_0}X^*(f)X(f) \tag{7}$$

그런데, 에르고딕 확률 과정에서의 자기 상관 함수는 아래와 같이 전개되므로,

$$\begin{aligned}R_{XX}(\tau) &= \lim_{T_0\to\infty}\frac{1}{T_0}\int_{-T_0/2}^{T_0/2} x(t)x(t+\tau)dt \\ &= \lim_{T_0\to\infty}\frac{1}{T_0}\int_{-T_0/2}^{T_0/2} x(t)\left(\int_{-\infty}^{\infty} X(f)e^{j2\pi f(t+\tau)}df\right)dt \\ &= \int_{-\infty}^{\infty}\lim_{T_0\to\infty}\frac{1}{T_0}\left(\int_{-\infty}^{\infty} x(t)e^{j2\pi ft}dt\right)X(f)e^{j2\pi f\tau}df \\ &= \int_{-\infty}^{\infty}\lim_{T_0\to\infty}\frac{1}{T_0}X^*(f)X(f)e^{j2\pi f\tau}df = \int_{-\infty}^{\infty} S_{XX}(f)e^{j2\pi f\tau}df\end{aligned} \tag{8}$$

식 (3.2.31)의 관계가 에르고딕 확률 과정에서는 좀 더 간결하게 유도가 된다.

3.3. 확률 과정의 입·출력 관계

3.3.1 시간 영역에서의 두 확률 과정의 상호 관계: 상호 상관함수(cross-correlation function)

지금까지는 1개의 확률 과정에서 서로 다른 두 개의 시간 $t=t_1$ 및 $t=t_2$에서 측정된 표본 함수들의 값의 상관 관계로서 자기 상관 함수(autocorrelation function)를 고려하였다. 그런데, 질량-감쇠-스프링 등으로 대변되는 진동계에 랜덤 신호가 입력되면(랜덤 가진) 출력 역시 랜덤 신호가 된다. 따라서, 서로 다른 두 개의 랜덤 신호간의 상관 관계를 파악할 수 있는 수단이 필요하다. 이에 서로 다른 확률 과정 $X(t)$와 $Y(t)$에 대해 다음과 같이 상호 상관 함수(cross- correlation function)라는 것을 정의하여 사용한다.

$$R_{XY}(t_1,t_2)=E[X(t_1)Y(t_2)]=\int_{-\infty}^{\infty}\int_{-\infty}^{\infty}x_1y_2f_{X(t_1)Y(t_2)}(x_1,y_2)dx_1dy_2 \tag{3.3.1}$$

만약, 위 식에서 확률 과정 $X(t)$와 $Y(t)$가 모두 정상 확률 과정이라면 상호 상관함수 $R_{XY}(t_1,t_2)$는 다음과 같이 $\tau\,(=t_2-t_1)$만의 함수가 된다.

$$R_{XY}(t_1,t_2)=R_{XY}(t_1,t_1+\tau)=E[X(t_1)Y(t_1+\tau)]=R_{XY}(\tau) \tag{3.3.2}$$

상호 상관 함수에서는 하첨자의 순서가 중요하다. 하첨자의 순서를 바꾸어 쓴 상호 상관 함수 $R_{YX}(\tau)$는 아래와 같은 의미를 갖는다.

$$R_{YX}(\tau)=E[Y(t_1)X(t_1+\tau)] \tag{3.3.3}$$

그런데, 위의 식은 $E[Y(t_1-\tau)X(t_1)]=E[X(t_1)Y(t_1-\tau)]$와 같이 바꿔 쓸 수 있으므로 상호 상관 함수는 아래와 같은 특징을 갖는다는 것을 확인할 수 있다.

$$R_{YX}(\tau)=R_{XY}(-\tau)\ \text{또는,}\ R_{XY}(\tau)=R_{YX}(-\tau) \tag{3.3.4}$$

즉, 하첨자의 순서가 바뀌면 인자의 부호도 바뀌게 된다.

한편, 식 (3.2.8)을 현재의 경우에 적용하면 아래와 같은 결과를 유도할 수 있다.

$$\rho_{XY}(t_1, t_1+\tau) = \frac{\sigma_{XY}(t_1, t_1+\tau)}{\sigma_X(t_1)\sigma_Y(t_1+\tau)} = \frac{E[(X(t_1)-\mu_X)(Y(t_1+\tau)-\mu_Y)]}{\sigma_X\sigma_Y}$$
$$= \frac{E[X(t_1)Y(t_1+\tau)-\mu_Y X(t_1)-\mu_X Y(t_1+\tau)+\mu_X\mu_Y]}{\sigma_X\sigma_Y} \tag{3.3.5}$$
$$= \frac{E[X(t_1)Y(t_1+\tau)]-\mu_X\mu_Y}{\sigma_X\sigma_Y} = \frac{R_{XY}(\tau)-\mu_X\mu_Y}{\sigma_X\sigma_Y} = \rho_{XY}(\tau)$$

위 식에서 상관 계수의 값의 범위가 $-1 \le \rho_{XY}(\tau) \le 1$ 라는 사실을 적용하면, $\mu_X\mu_Y - \sigma_X\sigma_Y \le R_{XY}(\tau) \le \mu_X\mu_Y + \sigma_X\sigma_Y$의 관계를 유도할 수 있다.

상호 상관 함수는 시스템의 입출력 신호가 확률 과정일 때 상호 관계를 설명하는데 유용하다. 이제 이에 대한 주파수 영역에서의 기술에 대해 알아보도록 하자.

예제 3.3.1

확률 과정 $Z(t)$는 다음과 같이 두 개의 정상 확률 과정 $X(t)$ 및 $Y(t)$의 합으로 표현된다고 한다. 이 경우 $Z(t)$와 $X(t)$의 상호 상관 함수 $R_{ZX}(\tau)$를 구하여라.

$$Z(t) = X(t) + Y(t)$$

풀이 및 설명

2개의 확률 과정 $Z(t)$와 $X(t)$에 대한 상호 상관함수 $R_{ZX}(t_1, t_2)$는 다음과 같이 $\tau\,(=t_2-t_1)$만의 함수가 된다.

$$\begin{aligned} R_{ZX}(\tau) &= E[Z(t_1)X(t_1+\tau)] = E[X(t_1)X(t_1+\tau) + Y(t_1)X(t_1+\tau)] \\ &= R_{XX}(\tau) + R_{YX}(\tau) \end{aligned} \tag{1}$$

참고로 확률 과정 $Z(t)$의 자기 상관 함수를 구해보자.

$$\begin{aligned} R_{ZZ}(t_1,t_1+\tau) &= E[Z(t_1)Z(t_1+\tau)] = E[(X(t_1)+Y(t_1))(X(t_1+\tau)+Y(t_1+\tau))] \\ &= E[X(t_1)X(t_1+\tau)+X(t_1)Y(t_1+\tau)+Y(t_1)X(t_1+\tau)+Y(t_1)Y(t_1+\tau)] \\ &= R_{XX}(\tau)+R_{XY}(\tau)+R_{YX}(\tau)+R_{YY}(\tau) = R_{ZZ}(\tau) \end{aligned} \tag{2}$$

위 식을 통해 정상 확률 과정의 합도 정상 확률 과정이 됨을 알 수 있다.

만약, 확률 과정 $X(t)$와 $Y(t)$에 대한 상호 상관함수에 대해 $R_{XY}(\tau)=0$을 만족하면, 식 (1)과 (2)로부터 각각 다음과 같은 관계를 얻게 된다.

$$R_{ZX}(\tau) = R_{XX}(\tau);\; R_{ZZ}(\tau) = R_{XX}(\tau) + R_{YY}(\tau) \tag{3}$$

보충설명 3.3.1 **상관 함수의 대소 관계에 대한 정리**

1개의 정상 확률 과정 $X(t)$에서 서로 다른 시점에서의 표본 함수들 값에 대한 자기 상관 함수 $R_{XX}(\tau)$, 그리고, 서로 다른 두 정상 확률 과정 $X(t)$, $Y(t)$에서 서로 다른 두 시점에서의 각각의 표본 함수들 값에 대한 상호 상관 함수 $R_{XY}(\tau)$의 대소 관계에 대해 알아보자. 먼저 아래와 같은 다소 작위적인 관계식을 생각해 볼 수 있다.

$$\begin{aligned} E[(X(t)+Y(t+\tau))^2] &= E[X^2(t)+2X(t)Y(t+\tau)+Y^2(t+\tau)] \\ &= E[X^2(t)]+2E[X(t)Y(t+\tau)]+E[Y^2(t+\tau)] \\ &= R_{XX}(0)+2R_{XY}(\tau)+R_{YY}(0) \ge 0 \end{aligned} \tag{1}$$

위의 부등식의 양변에 $R_{XX}(0)$ (제곱 평균이므로 항상 양의 부호를 갖는다)을 곱하면 아래와 같다.

$$R_{XX}^2(0)+2R_{XX}(0)R_{XY}(\tau)+R_{XX}(0)R_{YY}(0) \ge 0 \tag{2}$$

$$\rightarrow (R_{XX}(0)+R_{XY}(\tau))^2 - R_{XY}^2(\tau)+R_{XX}(0)R_{YY}(0) \ge 0$$

$$\rightarrow (R_{XX}(0)+R_{XY}(\tau))^2 \ge R_{XY}^2(\tau)-R_{XX}(0)R_{YY}(0)$$

따라서, 위 식으로부터 $R_{XY}^2(\tau)-R_{XX}(0)R_{YY}(0) \le 0$이 성립하므로 상관 함수들 간의 대소 관계는 다음과 같이 쓸 수 있다.

$$R_{XY}^2(\tau) \le R_{XX}(0)R_{YY}(0) \tag{3}$$

3.3.2 주파수 영역에서의 두 확률 과정의 상호 관계: 상호 스펙트럼 밀도함수 (cross-power spectral density function)

식 (3.2.31)에 나타낸 자기 상관 함수와 파워 스펙트럼 밀도 함수와의 관계에서 처럼, 상호 상관 함수의 푸리에 변환을 상호 스펙트럼 밀도 함수라고 정의한다.

$$S_{XY}(f)=\int_{-\infty}^{\infty} R_{XY}(\tau)e^{-j2\pi f\tau}d\tau;\ R_{XY}(\tau)=\int_{-\infty}^{\infty} S_{XY}(f)e^{j2\pi f\tau}df \tag{3.3.6a}$$

$$R_{XY}(\tau) \underset{F^{-1}}{\overset{F}{\rightleftarrows}} S_{XY}(f) \tag{3.3.6b}$$

하첨자가 다른 문자로 대체된 것 외에는 식 (3.2.29)에서 살펴본 관계식들과 동일하다. 다만, 이미 언급하였듯이 자기 상관 함수가 우함수임에 따라 파워 스펙트럼 밀도 함수는 실함수가 되었지만, 상호 상관 함수는 일반적으로 우함수가 아니기 때문에 그 푸리에 변환인 상호 스펙트럼 밀도 함수는 위상 정보를 가진 복소수가 된다. 이를 확인하기 위해 파워 스펙트럼 밀도 함수에서 살펴본 바와 같이 2개의 랜덤 신호 $x(t)$ 및 $y(t)$로부터 다음과 같은 신호 $x_{T_c}(t)$ 및 $y_{T_c}(t)$에 대해 생각해보자.

$$x_{T_c}(t) = \begin{cases} x(t) & |t| < T_c/2 \\ 0 & |t| \geq T_c/2 \end{cases}; \; y_{T_c}(t) = \begin{cases} y(t) & |t| < T_c/2 \\ 0 & |t| \geq T_c/2 \end{cases} \tag{3.3.7}$$

위 식에 정의된 신호 $x_{T_c}(t)$ 및 $y_{T_c}(t)$의 푸리에 변환을 각각 $X_{T_c}(f)$ 및 $Y_{T_c}(f)$라고 하면, $x(t)$와 $y(t)$의 상호 스펙트럼 밀도 함수는 파워 스펙트럼 밀도 함수가 정의된 방식(식 (3.2.25))과 동일하게 다음과 같이 정의된다.

$$S_{XY}(f) = \lim_{T_c \to \infty} \frac{E\left[X^*_{T_c}(f)\, Y_{T_c}(f)\right]}{T_c} \tag{3.3.8}$$

상호 스펙트럼 밀도 함수는 복소수이므로 다음과 같이 표현할 수 있으며,

$$S_{XY}(f) = |S_{XY}(f)| e^{j\theta_{S_{XY}}(f)} \tag{3.3.9a}$$

$\theta_X(f)$ 및 $\theta_Y(f)$를 각각 $X_{T_c}(f)$ 및 $Y_{T_c}(f)$의 위상이라고 하면, $S_{XY}(f)$ 위상 $\theta_{S_{XY}}(f)$는 식 (3.3.8)의 관계를 참고하여 다음과 같이 나타낼 수 있다.

$$\theta_{S_{XY}}(f) = -\theta_X(f) + \theta_Y(f) \tag{3.3.9b}$$

만약, 음의 주파수 영역을 제외하고 상호 스펙트럼 밀도 함수를 표현하고자 한다면, 다음과 같이 단측 상호 스펙트럼 밀도 함수(one-sided cross-spectral density function)를 정의하여 사용한다.

$$G_{XY}(f) = \begin{cases} 2S_{XY}(f) & f > 0 \\ S_{XY}(f) & f = 0 \\ 0 & f < 0 \end{cases} \tag{3.3.10}$$

위 식에서 $f > 0$에서의 단측 스펙트럼 $G_{XY}(f)$은 다음과 같이 나타낼 수 있다.

$$\begin{aligned} G_{XY}(f) &= 2\int_{-\infty}^{\infty} R_{XY}(\tau) e^{-j2\pi f\tau} d\tau = 2\int_{-\infty}^{\infty} R_{XY}(\tau)(\cos(2\pi f\tau) - j\sin 2\pi f\tau) d\tau \\ &= 2\int_{-\infty}^{\infty} R_{XY}(\tau)\cos(2\pi f\tau) d\tau - j\left(2\int_{-\infty}^{\infty} R_{XY}(\tau)\sin(2\pi f\tau) d\tau\right) \\ &= C_{XY}(f) - jQ_{XY}(f) \end{aligned} \tag{3.3.11}$$

위 식에서 $C_{XY}(f)$를 코 스펙트럼 밀도 함수(co-spectrum, coincident spectral density function), $Q_{XY}(f)$를 쿼드 스펙트럼 밀도 함수(quad-spectrum, quadrature spectral density function)라고 부르고 각각 다음과 같이 정의됨을 알 수 있다.

$$C_{XY}(f) = 2\int_{-\infty}^{\infty} R_{XY}(\tau)\cos(2\pi f\tau) d\tau \tag{3.3.12a}$$

$$Q_{XY}(f) = 2\int_{-\infty}^{\infty} R_{XY}(\tau)\sin(2\pi f\tau)d\tau \tag{3.3.12b}$$

위 식을 통해 $C_{XY}(-f) = C_{XY}(f)$ 및 $Q_{XY}(-f) = -Q_{XY}(f)$임을 확인할 수 있으며, 따라서, $C_{XY}(f)$ 및 $Q_{XY}(f)$는 주파수 영역에서 각각 우함수 및 기함수가 된다. 그리고, 식 (3.3.9)에서의 방법과 동일하게, 단측 스펙트럼 $G_{XY}(f)$ 역시 크기와 위상 정보를 이용하여 다음과 같이 표현할 수 있다.

$$G_{XY}(f) = |G_{XY}(f)|e^{-j\theta_{G_{XY}}(f)} \tag{3.3.13a}$$

$$|G_{XY}(f)| = \sqrt{(C_{XY}(f))^2 + (Q_{XY}(f))^2}\ ;\ \theta_{G_{XY}}(f) = \tan^{-1}\left(\frac{Q_{XY}(f)}{C_{XY}(f)}\right) \tag{3.3.13b}$$

한편, 식 (3.3.12)에서 적분 인자의 상호 상관함수 $R_{XY}(\tau)$를 다음과 같이 우함수 성분 $R_{XY}^{even}(\tau)$과 기함수 성분 $R_{XY}^{odd}(\tau)$으로 나누어 표현하여 보자[38].

$$\begin{aligned} R_{XY}(\tau) &= R_{XY}^{even}(\tau) + R_{XY}^{odd}(\tau) \\ &= \frac{R_{XY}(\tau) + R_{XY}(-\tau)}{2} + \frac{R_{XY}(\tau) - R_{XY}(-\tau)}{2} \\ &= \frac{R_{XY}(\tau) + R_{YX}(\tau)}{2} + \frac{R_{XY}(\tau) - R_{YX}(\tau)}{2} \end{aligned} \tag{3.3.14}$$

위 식에서 $R_{YX}(\tau) = R_{XY}(-\tau)$ (식 (3.3.4))의 관계가 이용되었다. 이제 식 (3.3.12)에 위 식의 결과를 대입하여 $C_{XY}(f)$ 및 $Q_{XY}(f)$를 다음과 같이 나타낼 수 있다.

$$\begin{aligned} C_{XY}(f) &= 2\int_{-\infty}^{\infty} R_{XY}(\tau)\cos(2\pi f\tau)d\tau \\ &= 2\int_{-\infty}^{\infty} \left(R_{XY}^{even}(\tau) + R_{XY}^{odd}(\tau)\right)\cos(2\pi f\tau)d\tau \\ &= 4\int_{0}^{\infty} R_{XY}^{even}(\tau)\cos(2\pi f\tau)d\tau \\ &= 2\int_{0}^{\infty} (R_{XY}(\tau) + R_{YX}(\tau))\cos(2\pi f\tau)d\tau \end{aligned} \tag{3.3.15a}$$

38) 임의의 함수 $x(t)$는 우함수 $x_{even}(t)$와 기함수 $x_{odd}(t)$의 합으로 표현할 수 있는데, 이때 $x_{even}(t) = (x(t)+x(-t))/2$ 및 $x_{odd}(t) = (x(t)-x(-t))/2$로 표현된다.

$$
\begin{aligned}
Q_{XY}(f) &= 2\int_{-\infty}^{\infty} R_{XY}(\tau)\sin(2\pi f\tau)d\tau \\
&= 2\int_{-\infty}^{\infty} \left(R_{XY}^{even}(\tau) + R_{XY}^{odd}(\tau)\right)\sin(2\pi f\tau)d\tau \\
&= 4\int_{-\infty}^{\infty} R_{XY}^{odd}(\tau)\sin(2\pi f\tau)d\tau \\
&= 2\int_{0}^{\infty} \left(R_{XY}(\tau) - R_{YX}(\tau)\right)\sin(2\pi f\tau)d\tau
\end{aligned}
\tag{3.3.15b}
$$

예제 3.3.2

상호 스펙트럼 밀도 함수에 대해 다음의 관계를 증명하여보자.

(a) $S_{XY}(f) = S_{YX}(-f)$

(b) $S_{XY}(f) = S_{YX}^{*}(f)$

풀이 및 설명

상호 스펙트럼 밀도 함수 $S_{XY}(f)$는 다음과 같이 바꿔쓸 수 있다.

$$
\begin{aligned}
S_{XY}(f) &= \int_{-\infty}^{\infty} R_{XY}(\tau)e^{-j2\pi f\tau}d\tau = \int_{-\infty}^{\infty} R_{YX}(-\tau)e^{-j2\pi f\tau}d\tau \\
&= \int_{\infty}^{-\infty} R_{YX}(t)e^{j2\pi ft}(-dt) = \int_{-\infty}^{\infty} R_{YX}(t)e^{j2\pi ft}dt \\
&= S_{YX}^{*}(f) = S_{YX}(-f)
\end{aligned}
\tag{1}
$$

위 식으로부터 각각 (a)와 (b)가 증명되었는데, 이를 위해 식 (3.3.4)의 상호 상관 함수에 대한 관계식이 이용되었다. 상호 상관 함수에서와 같이 상호 스펙트럼 밀도 함수에서도 하첨자의 순서가 바뀌면 인자의 부호가 바뀐다는 것을 확인할 수 있다.

보충설명 3.3.2 **스펙트럼 밀도 함수의 대소 관계에 대한 정리**

보충 설명 3.3.1에서 상관 함수들간의 대소 관계에 대해 기술하였다. 여기서는 파워 스펙트럼 밀도 함수 및 상호 스펙트럼 밀도 함수의 대소 관계에 대해 언급하고자 한다. 스펙트럼 밀도 함수는 식 (3.2.17) 및 (3.3.7)의 $x_{T_c}(t)$ 및 $y_{T_c}(t)$에 대한 푸리에 변환 $X_{T_c}(f)$ 및 $Y_{T_c}(f)$을 이용하여 정의되었으므로, 다음과 같이 임의의 복소수 a_1, a_2를 이용한 이들의 선형 조합 $Z_{T_c}(f)$를 고려해보자.

$$Z_{T_c}(f) = \left[X_{T_c}(f)\ Y_{T_c}(f)\right]\begin{Bmatrix} a_1 \\ a_2 \end{Bmatrix};\ Z^*_{T_c}(f) = \left[a_1^*\ a_2^*\right]\begin{Bmatrix} X^*_{T_c}(f) \\ Y^*_{T_c}(f) \end{Bmatrix} \tag{1}$$

위 식에서 복소수 벡터에 대한 연산 (*)은 공액 복소수를 취하면서 행와 열의 위치를 바꾸는 것을 의미한다. 그렇다면, $Z^*_{T_c}(f)Z_{T_c}(f)$의 결과는 아래와 같다.

$$\begin{aligned} Z^*_{T_c}(f)Z_{T_c}(f) &= \left[a_1^*\ a_2^*\right]\begin{Bmatrix} X^*_{T_c}(f) \\ Y^*_{T_c}(f) \end{Bmatrix}\left[X_{T_c}(f)\ Y_{T_c}(f)\right]\begin{Bmatrix} a_1 \\ a_2 \end{Bmatrix} \\ &= \left[a_1^*\ a_2^*\right]\begin{bmatrix} X^*_{T_c}(f)X_{T_c}(f) & X^*_{T_c}(f)Y_{T_c}(f) \\ Y^*_{T_c}(f)X_{T_c}(f) & Y^*_{T_c}(f)Y_{T_c}(f) \end{bmatrix}\begin{Bmatrix} a_1 \\ a_2 \end{Bmatrix} \end{aligned} \tag{2}$$

위의 식을 이용하면 $Z(t)$의 파워 스펙트럼 밀도 함수 $S_{ZZ}(f)$에 대한 정의 식은 다음과 같이 정리할 수 있다.

$$\begin{aligned} S_{ZZ}(f) &= \lim_{T_c\to\infty}\frac{E\left[Z^*_{T_c}(f)Z_{T_c}(f)\right]}{T_c} \\ &= \left[a_1^*\ a_2^*\right]\begin{bmatrix} \lim\limits_{T_c\to\infty}\dfrac{E\left[X^*_{T_c}(f)X_{T_c}(f)\right]}{T_c} & \lim\limits_{T_c\to\infty}\dfrac{E\left[X^*_{T_c}(f)Y_{T_c}(f)\right]}{T_c} \\ \lim\limits_{T_c\to\infty}\dfrac{E\left[Y^*_{T_c}(f)X_{T_c}(f)\right]}{T_c} & \lim\limits_{T_c\to\infty}\dfrac{E\left[Y^*_{T_c}(f)Y_{T_c}(f)\right]}{T_c} \end{bmatrix}\begin{Bmatrix} a_1 \\ a_2 \end{Bmatrix} \\ &= \left[a_1^*\ a_2^*\right]\begin{bmatrix} S_{XX}(f) & S_{XY}(f) \\ S_{YX}(f) & S_{YY}(f) \end{bmatrix}\begin{Bmatrix} a_1 \\ a_2 \end{Bmatrix} = \boldsymbol{a}^*\boldsymbol{S}\boldsymbol{a} \end{aligned} \tag{3}$$

그런데, 0이 아닌 임의의 복소수 벡터 $\boldsymbol{a}$에 대해 $\boldsymbol{a}^*\boldsymbol{S}\boldsymbol{a}$의 값은 항상 0보다 크거나 같은데(이 경우 행렬 $\boldsymbol{S}$를 양의 반 정부호 행렬(positive semi-definite matrix)이라고 한다), 이 경우 행렬 $\boldsymbol{S}$의 행렬식도 0보다 크거나 같게 된다.

$$\begin{vmatrix} S_{XX}(f) & S_{XY}(f) \\ S_{YX}(f) & S_{YY}(f) \end{vmatrix} = S_{XX}(f)S_{YY}(f) - S_{XY}(f)S_{YX}(f) \geq 0 \tag{4}$$

따라서, $S_{YX}(f) = S_{XY}(-f) = S^*_{XY}(f)$의 관계를 이용하면, 위 식은 다음과 같이 나타낼 수 있다.

$$\begin{aligned} &S_{XY}(f)S_{YX}(f) \leq S_{XX}(f)S_{YY}(f) \\ &\to S_{XY}(f)S^*_{XY}(f) \leq S_{XX}(f)S_{YY}(f) \end{aligned} \tag{5}$$

3.3.3 선형 시스템과 입 · 출력 랜덤 신호

우리는 3.2.5절에서 파워 스펙트럼 밀도 함수라는 것을 정의하였고 3.3절에서는 지금까지 서로 다른 확률 과정 간의 관계를 기술하는 것에 대해 다루었다. 파워 스펙트럼 밀도 함수를 정의한 이유는 일반적인 랜덤 신호의 푸리에 변환이 존재하지 않기 때문에 확률 과정의 입·출력에 대한 주파수 영역에서의 분석을 위해서 필요하였다. 여기에서는 확률 과정의 스펙트럼 밀도 함수들과 주파수 응답 함수와의 관계를 설명한다. 그러기 위해, 이들의 시간 영역에서의 관계에 대해 먼저 살펴보도록 할 것이다. 지금까지는 임의의 두 개의 확률 과정에 대해 기호 $X(t)$, $Y(t)$를 사용하였지만, 여기에서는 실제 진동계를 염두에 두고 입력 신호(가진)의 확률 과정을 $F(t)$ (표본 함수 또는 개별 랜덤 신호는 $f(t)$), 출력 신호(응답)의 확률 과정을 $X(t)$ (표본 함수 또는 개별 랜덤 신호는 $x(t)$)로 각각 표현하였다. 참고로, 여기에서는 1장에서 사용했던 단위 임펄스 응답 함수 $h(t)$ (식 (1.3.5)) 및 주파수 응답 함수(식 (1.2.24))를 모두 Hz 단위의 주파수 기호 f를 이용하여 나타내었다.

1 임펄스 응답 함수와 주파수 응답 함수

진동계의 단위 임펄스 응답 함수(unit impulse response function) $h(t)$가 주어지면 임의의 가진력 $f(t)$ $(t \geq 0)$에 대한 응답 $x(t)$가 다음과 같음을 이미 1장에서 알아보았다(초기 조건이 0인 경우).

$$x(t) = \int_0^t f(\tau)h(t-\tau)d\tau \tag{3.3.16}$$

위 식에서 질량(m), 감쇠(c), 스프링(k)으로 구성된 1 자유도 진동계에 대한 단위 임펄스 응답 함수 $h(t)$는 아래와 같다.

$$h(t) = \frac{1}{2\pi f_d m} e^{-\zeta 2\pi f_n t} \sin(2\pi f_d t) \quad (t > 0) \tag{3.3.17}$$

위 식에서 ζ는 감쇠비, f_n $(= (1/2\pi)\sqrt{k/m})$은 고유 진동수(Hz), 그리고 f_d $(= f_n\sqrt{1-\zeta^2})$는 감쇠 고유 진동수(Hz)를 나타낸다.

그런데, 식 (3.3.16)에서 $\tau < 0$인 경우 $f(\tau) = 0$이므로, 아래 적분 구간을 바꾸어 $\int_{-\infty}^t f(\tau)h(t-\tau)d\tau$로 표현해도 동일한 것이 된다. 또한, $h(t)$는 가진 이후의 시간 $t > 0$에서만 정의된다면 $\tau > t$의 범위에서는 $h(t-\tau) = 0$이 된다. 따라서, 이 모든 경우를 고려하면 식 (3.3.16)은 적분 구간을 모두 바꾸어서 다음과 같이 표현해도 무방하다.

$$x(t) = \int_{-\infty}^{\infty} f(\tau)h(t-\tau)d\tau \tag{3.3.18a}$$

또한, f와 h를 바꾸어 아래와 같이 표현할 수 있는데, 이는 1장에서 살펴 본 바와 같이 치환 적분을 통해 쉽게 증명이 가능하다[39].

$$x(t) = \int_{-\infty}^{\infty} h(\tau)f(t-\tau)d\tau \tag{3.3.18b}$$

한편, 식 (3.3.18a)에 표현된 관계는 $f(t)$와 $h(t)$의 합성곱 적분, $x(t) = f(t)*h(t)$을 의미하고, 이에 대한 푸리에 변환은 식 (2.2.15)에 나타낸 바와 같이 각각의 푸리에 변환의 곱과 같다. 즉, $f(t)$와 $h(t)$의 푸리에 변환을 각각 $F(f)$와 $H(f)$라고 하면 응답 $X(f)$와의 주파수 영역 관계식은 다음과 같다[40].

$$X(f) = H(f)F(f) \tag{3.3.19}$$

위 식에서 $H(f)$를 주파수 응답 함수(frequency response function) (식 (1.2.24))라고 하며 주파수 영역에서의 입출력 관계를 나타낸다. 이는 식 (3.3.17)의 푸리에 변환으로서, 자세한 유도 과정은 부록 A.6.10을 참고하기 바란다.

$$H(f) = \frac{1}{k - 4\pi^2 f^2 m + 2j\pi f c} \tag{3.3.20}$$

참고로, 단위 임펄스 응답 함수 $h(t)$의 푸리에 변환이 $H(f)$이므로 다음과 같은 관계가 있음을 알 수 있는데,

$$H(0) = \int_{-\infty}^{\infty} h(t)dt \tag{3.3.21}$$

이는 식 (3.3.20)으로부터 $1/k$이 된다. 따라서, 아래와 같은 적분 관계식을 유도할 수 있다.

$$\frac{1}{2\pi f_d m}\int_{-\infty}^{\infty}\left(e^{-\zeta 2\pi f_n t}\sin(2\pi f_d t)\right)dt = \frac{1}{k} \tag{3.3.22}$$

한편, 식 (3.3.19)를 이용하면 가진력 $f(t)$ 및 응답 $x(t)$의 에너지 스펙트럼 밀도 $|F(f)|^2$ 및 $|X(f)|^2$의 관계식은 다음과 같이 표현할 수 있다.

$$|X(f)| = |H(f)F(f)| = |H(f)||F(f)| \rightarrow |X(f)|^2 = |H(f)|^2|F(f)|^2 \tag{3.3.23}$$

39) $s = t-\tau$로 치환 적분을 수행하면, $ds = -d\tau$의 관계가 성립하고 식 (3.3.18a)는 $\int_{\infty}^{-\infty} f(t-s)h(s)(-ds) = \int_{-\infty}^{\infty} f(t-s)h(s)ds$가 되므로 이는 식 (3.3.18b)와 같게 된다.

40) 여기에서는 식 (1.2.24)에서와는 달리, 다른 기호와의 통일성을 위해 $H(f)$가 복소수임을 나타내는 '$\tilde{}$' 기호를 생략하였다.

예제 3.3.3

1 자유도 진동계의 가진 입력 $f(t)=e^{j2\pi ft}$에 대한 응답이 $x(t)=H(f)e^{j2\pi ft}$임을 보이고, 이를 이용하여 단위 임펄스 응답 함수 $h(t)$의 푸리에 변환이 $H(f)$가 됨을 보여라.

풀이 및 설명

1장의 결과로부터, 주파수 응답 함수가 $H(f)$인 1 자유도 진동계의 조화 가진력 $f(t)=F_0e^{j2\pi ft}$에 대한 응답은 $x(t)=Xe^{j2\pi ft}$로 표현됨을 알고 있다. 즉, 다음과 같은 관계에 대해,

$$Xe^{j2\pi ft}=H(f)F_0e^{j2\pi ft}\rightarrow x(t)=H(f)f(t) \tag{1}$$

위 식에 $f(t)=e^{j2\pi ft}$를 대입하면 $x(t)=H(f)e^{j2\pi ft}$가 성립함을 알 수 있다[41].

한편, 식 (3.3.18b)에 $f(t)=e^{j2\pi ft}$를 대입하면 아래와 같다.

$$\begin{aligned}x(t)&=\int_{-\infty}^{\infty}h(\tau)f(t-\tau)d\tau=\int_{-\infty}^{\infty}h(\tau)e^{j2\pi f(t-\tau)}d\tau\\&=e^{j2\pi ft}\int_{-\infty}^{\infty}h(\tau)e^{-j2\pi f\tau}d\tau=e^{j2\pi ft}F\{h(t)\}\end{aligned} \tag{2}$$

즉, 식 (1)을 통해 증명한 $x(t)=H(f)e^{j2\pi ft}$과 위 식을 비교하면, 단위 임펄스 응답 함수 $h(t)$의 푸리에 변환은 식 (3.3.20)에 나타낸 주파수 응답 함수 $H(f)$가 됨을 확인할 수 있다.

이미 부록 A.6.10에서 단위 임펄스 응답 함수 $h(t)$의 푸리에 변환이 주파수 응답 함수 $H(f)$가 되는 것을 직접 보였지만, 이 예제에서는 다른 방법으로 이를 확인한 것이다. 또한, 다음과 같은 방법이 고려될 수도 있을 것이다.

주파수 응답 함수에 대한 $X(f)=H(f)F(f)$의 관계식에 대해 역 푸리에 변환은 다음과 같이 표현된다.

$$x(t)=\int_{-\infty}^{\infty}X(f)e^{j2\pi ft}df=\int_{-\infty}^{\infty}H(f)F(f)e^{j2\pi ft}df \tag{3}$$

따라서, 입력 가진이 단위 임펄스 함수로서 $f(t)=\delta(t)$라면 이에 대한 푸리에 변환은 $F(f)=1$이므로, 위 식으로부터 단위 임펄스 응답 $x(t)$ (=$h(t)$)는 다음과 같이 나타낼 수 있다.

$$h(t)=x(t)=\int_{-\infty}^{\infty}H(f)e^{j2\pi ft}df \tag{4}$$

위 식으로부터 단위 임펄스 응답 함수 $h(t)$와 주파수 응답 함수 $H(f)$는 서로 푸리에 변환 관계에 있음을 알 수 있다.

41) 신호 처리 분야에서는 이러한 $e^{j2\pi ft}$를 형태 불변 신호(eigen signal)라고 한다. 모든 선형 시불변계에 있어서 복소수 지수 시간 함수는 형태 불변 신호가 된다.

② 정상 확률 과정의 가진력에 대한 선형 진동계의 응답

선형 진동계의 가진력이 정상 확률 과정이면, 응답 역시 정상 확률 과정이 되는데 그 이유 및 관계를 알아보자. 먼저, 정상 확률 과정의 랜덤 가진 $f(t)$의 앙상블 평균 및 응답 $x(t)$의 앙상블 평균 사이의 관계는 비교적 쉽게 구할 수 있다. 즉, 식 (3.3.18b)의 양변에 앙상블 평균을 취하면 다음과 같다.

$$\begin{aligned}\mu_X = E[X(t)] &= \int_{-\infty}^{\infty} h(\tau)E[F(t-\tau)]\,d\tau \\ &= \left(\int_{-\infty}^{\infty} h(\tau)d\tau\right)E[F(t)] = H(0)E[F(t)] = H(0)\mu_F\end{aligned} \tag{3.3.24}$$

위 식에서 가진 신호는 정상 확률 과정으로 가정하였으므로, $E[F(t-\tau)] = E[F(t)]$는 시간에 무관한 상수 μ_F가 됨을 잊지 않도록 하자. 식 (3.3.24)에 의하면 정상 확률 과정의 가진력에 의한 응답의 앙상블 평균은 단위 임펄스 응답 함수의 적분(또는 $H(0)$)과 가진력의 앙상블 평균과의 곱으로 계산될 수 있음을 보여주고 있는데, $H(0)$의 값 역시 상수이므로 응답의 앙상블 평균 역시 상수 μ_X가 됨을 알 수 있다.

이제 정상 확률 과정의 랜덤 가진 $f(t)$에 대한 응답 $x(t)$의 자기 상관 함수에 대해 알아보자. 식 (3.3.18b)를 $x(t+\tau) = \int_{-\infty}^{\infty} h(\theta)f(t+\tau-\theta)d\theta$로 표현할 수 있으므로, $R_{XX}(t_1, t_1+\tau)$는 다음과 같이 나타낼 수 있다.

$$\begin{aligned}R_{XX}(t_1, t_1+\tau) &= E[X(t_1)X(t_1+\tau)] \\ &= E\left[\int_{-\infty}^{\infty} h(\theta_1)F(t_1-\theta_1)d\theta_1 \int_{-\infty}^{\infty} h(\theta_2)F(t_1+\tau-\theta_2)d\theta_2\right] \\ &= \int_{-\infty}^{\infty}\int_{-\infty}^{\infty} h(\theta_1)h(\theta_2)E[F(t_1-\theta_1)F(t_1+\tau-\theta_2)]\,d\theta_1 d\theta_2 \\ &= \int_{-\infty}^{\infty}\int_{-\infty}^{\infty} h(\theta_1)h(\theta_2)E[F(t_1)F(t_1+\tau+\theta_1-\theta_2)]\,d\theta_1 d\theta_2 \\ &= \int_{-\infty}^{\infty}\int_{-\infty}^{\infty} h(\theta_1)h(\theta_2)R_{FF}(\tau+\theta_1-\theta_2)dt\end{aligned} \tag{3.3.25}$$

위 식에서 랜덤 가진 $f(t)$가 정상 확률 과정이라는 가정하에 식을 정리하면서 $E[F(t_1)F(t_1+\tau+\theta_1-\theta_2)]$을 $R_{FF}(\tau+\theta_1-\theta_2)$로 바꿔 표현할 수 있었다. 이 경우 식 (3.3.25)의 결과에 의하면, 응답 $x(t)$에 대한 자기 상관 함수 $R_{XX}(t_1, t_1+\tau)$ 역시 자기 상관함수가 계산되는 두 시점의 차이 τ만의 함수 $R_{XX}(\tau)$가 되는 것을 확인할 수 있다. 따라서, 식 (3.3.24) 및 (3.3.25)로부터 정상 확률 과정의 가진에 대한 응답은 정상 확률 과정이 되는 것을 알 수 있다.

예제 3.3.4

합성곱 적분을 이용하여 식 (3.3.25)를 다음과 같이 나타낼 수 있음을 보여라.

$$R_{XX}(\tau) = R_{FF}(\tau)*h(-\tau)*h(\tau)$$

풀이 및 설명

문제에서 주어진 관계식은 정상 확률 과정의 가진 $f(t)$의 자기 상관 함수와 응답으로서의 정상 확률 과정 $x(t)$의 자기 상관 함수간의 관계를 나타낸다. 우선, $h(-\tau)*h(\tau)$를 $g(\tau)$라고 하고, $R_{FF}(\tau)*g(\tau)$의 결과가 $R_{XX}(\tau)$임을 알아보자. 즉,

$$g(\tau) = h(-\tau)*h(\tau) = \int_{-\infty}^{\infty} h(-\theta_1)h(\tau-\theta_1)d\theta_1 \tag{1}$$

이므로, 이를 이용하면 $R_{XX}(\tau)$에 대해 다음과 같은 결과를 얻을 수 있다.

$$\begin{aligned} R_{XX}(\tau) = R_{FF}(\tau)*g(\tau) &= \int_{-\infty}^{\infty} R_{FF}(\beta)g(\tau-\beta)d\beta \qquad (2) \\ &= \int_{-\infty}^{\infty} R_{FF}(\beta)\left\{\int_{-\infty}^{\infty} h(-\theta_1)h(\tau-\beta-\theta_1)d\theta_1\right\}d\beta \\ &= \int_{-\infty}^{\infty}\int_{-\infty}^{\infty} h(-\theta_1)h(\tau-\beta-\theta_1)R_{FF}(\beta)d\theta_1 d\beta \\ &= \int_{-\infty}^{\infty}\int_{-\infty}^{\infty} h(\theta_1)h(\tau-\beta+\theta_1)R_{FF}(\beta)d\theta_1 d\beta \leftarrow \theta_2 = \tau-\beta+\theta_1, d\theta_2 =- d\beta \\ &= \int_{-\infty}^{\infty}\int_{-\infty}^{\infty} h(\theta_1)h(\theta_2)R_{FF}(\tau+\theta_1-\theta_2)d\theta_1 d\theta_2 \end{aligned}$$

위 식의 결과는 식 (3.3.25)와 같으므로 이로써 $R_{XX}(\tau) = R_{FF}(\tau)*h(-\tau)*h(\tau)$의 관계가 성립함이 확인되었다.

그런데, 식 (3.3.25)에 의해 응답의 자기 상관 함수를 구하는 것이 매우 복잡해 보인다. 그리고, 일반적으로 진동계의 랜덤 가진 입력 $f(t)$에 대한 정보 역시 자기 상관 함수 $R_{FF}(\tau)$보다는 이에 대한 스펙트럼 밀도 함수 $S_{FF}(f)$로부터 더 많이 얻을 수 있다. 따라서, 주파수 영역에서의 입·출력 관계를 알아보기 위해 정상 확률 과정의 응답 $x(t)$의 스펙트럼 밀도 함수를 이용해보자. 식 (3.3.25)의 $R_{XX}(\tau)$를 푸리에 변환하면 다음과 같이 랜덤 응답 신호 $x(t)$의 파워 스펙트럼 밀도 함수에 대한 관계식을 얻게 된다.

$$\begin{aligned} S_{XX}(f) &= \int_{-\infty}^{\infty} R_{XX}(\tau)e^{-j2\pi f\tau}d\tau \\ &= \int_{-\infty}^{\infty} e^{-j2\pi f\tau}\left[\int_{-\infty}^{\infty}\int_{-\infty}^{\infty} h(\theta_1)h(\theta_2)R_{FF}(\tau+\theta_1-\theta_2)d\theta_1 d\theta_2\right]d\tau \end{aligned} \tag{3.3.26a}$$

이제 위의 식에서 $R_{FF}(\tau+\theta_1-\theta_2)$ 대신 이에 대한 푸리에 역변환 관계식인 $\int_{-\infty}^{\infty} S_{FF}(f)e^{j2\pi f(\tau+\theta_1-\theta_2)}df$ 을 대입하여 아래와 같이 전개하여 보자.

$$S_{XX}(f) \tag{3.3.26b}$$

$$\begin{aligned}
&= \int_{-\infty}^{\infty} e^{-j2\pi f\tau}\left[\int_{-\infty}^{\infty}\int_{-\infty}^{\infty} h(\theta_1)h(\theta_2)\left\{\int_{-\infty}^{\infty} S_{FF}(f)e^{j2\pi f(\tau+\theta_1-\theta_2)}df\right\}d\theta_1 d\theta_2\right]d\tau \\
&= \int_{-\infty}^{\infty} e^{-j2\pi f\tau}\left[\int_{-\infty}^{\infty} S_{FF}(f)\left\{\int_{-\infty}^{\infty} h(\theta_1)e^{j2\pi f\theta_1}d\theta_1\int_{-\infty}^{\infty} h(\theta_2)e^{-j2\pi f\theta_2}d\theta_2\right\}e^{j2\pi f\tau}df\right]d\tau \\
&= \int_{-\infty}^{\infty} e^{-j2\pi f\tau}\left\{\int_{-\infty}^{\infty} S_{FF}(f)H^*(f)H(f)e^{j2\pi f\tau}df\right\}d\tau \\
&= \int_{-\infty}^{\infty}\left\{\int_{-\infty}^{\infty} |H(f)|^2 S_{FF}(f)e^{j2\pi f\tau}df\right\}e^{-j2\pi f\tau}d\tau
\end{aligned}$$

따라서, 위 식과 $S_{XX}(f)=\int_{-\infty}^{\infty} R_{XX}(\tau)e^{-j2\pi f\tau}d\tau$의 푸리에 변환 관계식을 비교하면 아래와 같은 관계를 얻게 된다.

$$R_{XX}(\tau)=\int_{-\infty}^{\infty} |H(f)|^2 S_{FF}(f)e^{j2\pi f\tau}df \tag{3.3.27}$$

또한, 여기에 $R_{XX}(\tau)=\int_{-\infty}^{\infty} S_{XX}(f)e^{j2\pi f\tau}df$ 의 푸리에 변환 관계식을 이용하면, 정상 확률 과정인 응답과 가진 신호의 파워 스펙트럼 밀도 함수 사이에는 다음과 같은 관계가 성립함을 알 수 있다.

$$S_{XX}(f)=|H(f)|^2 S_{FF}(f) \tag{3.3.28}$$

한편, 식 (3.3.27)을 이용하면, 정상 확률 과정의 랜덤 가진에 의한 제곱 평균 응답을 구할 수 있다. 즉, $R_{XX}(0)=E[X^2(t)]$ 이므로 식 (3.3.27)의 양변에 $\tau=0$을 대입하면 제곱 평균 응답은 아래와 같이 표현된다.

$$E[X^2(t)]=\int_{-\infty}^{\infty} |H(f)|^2 S_{FF}(f)df \tag{3.3.29}$$

위 식은 식 (3.3.28)을 식 (3.2.32)에 대입하여 쉽게 구할 수 있다.

예제 3.3.5

다음 식으로 표현된 1 자유도 진동계에 대해 (a) 응답의 자기 상관 함수 $R_{XX}(\tau)$, (b) 제곱 평균 응답과 (c) 응답의 파워 스펙트럼 밀도 함수를 구하여라. 단, 가진력은 백색 확률 과정(white random process)으로서 스펙트럼 밀도 함수는 $S_{FF}(f) = S_0$ (상수)로 표현된다.

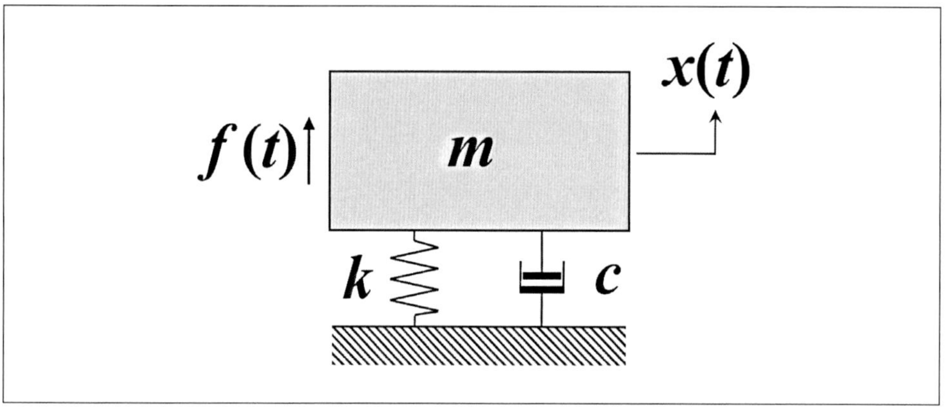

그림 3.3.1 (예제 3.3.5)의 문제 정의

$$m\ddot{x}(t) + c\dot{x}(t) + kx(t) = f(t)$$

풀이 및 설명

가진력 $f(t)$의 확률 과정 $F(t)$가 정상 확률 과정 (또는 에르고딕 확률 과정)이면 응답 $x(t)$의 확률 과정 $X(t)$도 정상 확률 과정 (또는 에르고딕 확률 과정)이 된다. 참고로, 확률 과정 $F(t)$의 파워 스펙트럼 밀도 함수 $S_{FF}(f)$가 모든 주파수 범위에서 일정한 상수값을 가질 때 이를 백색 확률 과정42)이라고 한다. 만약 문제에서와 같이 $S_{FF}(f) = S_0$ (상수)라고 하면, 자기 상관함수는 이의 역 푸리에 변환이 되므로 다음과 같이 구해진다.

$$R_{FF}(\tau) = \int_{-\infty}^{\infty} S_{FF}(f) e^{j2\pi f\tau} df = S_0 \int_{-\infty}^{\infty} e^{j2\pi f\tau} df = S_0 \delta(\tau) \tag{1}$$

(a) 먼저 응답 $x(t)$의 자기 상관 함수 $R_{XX}(\tau)$를 구해보자. 이 선형 진동계의 단위 임펄스 함수 $h(t)$는 다음과 같으므로,

$$h(t) = \frac{1}{\omega_d m} e^{-\zeta\omega_n t} \sin(\omega_d t) \tag{2}$$

응답 $x(t)$의 자기 상관 함수 $R_{XX}(\tau)$는 식 (3.3.25)에 의해 구할 수 있다.

42) 빛의 삼원색인 적색(red), 녹색(green), 청색(blue)을 모두 합하면 백색이 되고 백색광은 모든 주파수의 빛을 포함한다. 파워 스펙트럼 밀도 함수가 모든 주파수 대역에서 상수 값을 가지므로 백색 확률 과정이라는 용어가 붙여졌다.

$$
\begin{aligned}
R_{XX}(\tau) &= \int_{-\infty}^{\infty}\int_{-\infty}^{\infty} h(\theta_1)h(\theta_2)R_{FF}(\tau+\theta_1-\theta_2)d\theta_1 d\theta_2 \\
&= \int_0^{\infty}\int_0^{\infty} \frac{e^{-\zeta\omega_n(\theta_1+\theta_2)}}{\omega_d^2 m^2}\sin(\omega_d\theta_1)\sin(\omega_d\theta_2)S_0\delta(\tau+\theta_1-\theta_2)d\theta_1 d\theta_2 \\
&= \frac{S_0}{\omega_d^2 m^2}\int_0^{\infty} e^{-\zeta\omega_n(2\theta_1+\tau)}\sin(\omega_d\theta_1)\sin(\omega_d\theta_1+\omega_d\tau)d\theta_1 \\
&= \frac{S_0}{2\omega_d^2 m^2}e^{-\zeta\omega_n\tau}\int_0^{\infty} e^{-2\zeta\omega_n\theta_1}(\cos(\omega_d\tau)-\cos(2\omega_d\theta_1+\omega_d\tau))d\theta_1 \\
&= \frac{S_0}{2\omega_d^2 m^2}e^{-\zeta\omega_n\tau}\left\{\left(\frac{1}{2\zeta\omega_n}-\frac{\zeta}{2\omega_n}\right)\cos(\omega_d\tau)+\frac{\omega_d}{2\omega_n^2}\sin(\omega_d\tau)\right\} \\
&= \frac{S_0}{2\omega_n^2(1-\zeta^2)m^2}e^{-\zeta\omega_n\tau}\left\{\frac{1-\zeta^2}{2\zeta\omega_n}\cos(\omega_d\tau)+\frac{\sqrt{1-\zeta^2}}{2\omega_n}\sin(\omega_d\tau)\right\} \\
&= \frac{S_0}{4\zeta\omega_n^3 m^2}e^{-\zeta\omega_n\tau}\left\{\cos(\omega_d\tau)+\frac{\zeta}{\sqrt{1-\zeta^2}}\sin(\omega_d\tau)\right\}
\end{aligned} \tag{3}
$$

위 식에서 단위 임펄스 응답 함수가 $\theta_1, \theta_2 < 0$의 범위에서는 존재하지 않는다는 사실을 이용하였다($-\infty < \theta_1, \theta_2 < \infty$의 전 범위에서는 적분 값이 존재하지 않는다).

제곱 평균 응답 및 응답의 파워 스펙트럼 밀도 함수는 각각 식 (3.3.29) 및 (3.3.28)에 의해 구한다. 이 진동계의 주파수 응답 함수는 식 (3.3.20)에 제시되어 있다.

(b) 제곱 평균 응답, $E[X^2(t)]$

제곱 평균 응답 $E[X^2(t)]$은 $R_{XX}(\tau)$에 대한 식 (3)에서 직접 $\tau=0$을 대입하거나, $R_{XX}(\tau)=\int_{-\infty}^{\infty}S_{XX}(f)e^{j2\pi f\tau}df$를 이용하여 $R_{XX}(0)=\int_{-\infty}^{\infty}S_{XX}(f)df$에 의해 구할 수도 있다. 그런데, $S_{XX}(f)=|H(f)|^2 S_{FF}(f)$이므로 두 번째 방법은 결국 식 (3.3.29)를 이용하는 것과 같다. 먼저, 위의 식 (3)에 직접 $\tau=0$을 대입하면 제곱 평균 응답은 다음과 같음을 확인할 수 있다.

$$
E[X^2(t)] = R_{XX}(0) = \frac{S_0}{4\zeta\omega_n^3 m^2} = \frac{2m\omega_n S_0}{4c\omega_n^3 m^2} = \frac{S_0}{2c\omega_n^2 m} = \frac{S_0}{2kc} \tag{4}
$$

또는, 식 (3.3.29)를 이용하면 다음과 같다.

$$
\begin{aligned}
E[X^2(t)] &= \int_{-\infty}^{\infty}|H(f)|^2 S_{FF}(f)df \\
&= S_0\int_{-\infty}^{\infty}\left|\frac{1}{k-4\pi^2 f^2 m+2j\pi fc}\right|^2 df = \frac{S_0}{2kc}
\end{aligned} \tag{5}
$$

위 식에서 $\int_{-\infty}^{\infty}|H(f)|^2 df$을 구하기 위해 아래의 공식을 적용하였다(Rao SS, 2003).

$$
\int_{-\infty}^{\infty}\left|\frac{j2\pi fB_1+B_0}{-4\pi^2 f^2 A_2+j2\pi fA_1+A_0}\right|^2 df = \frac{(B_0^2/A_0)A_2+B_1^2}{2A_1A_2} \tag{6}
$$

(c) 응답의 파워 스펙트럼 밀도 함수, $S_{XX}(f)$는 다음과 같이 구할 수 있다.

$$\begin{aligned} S_{XX}(f) &= |H(f)|^2 S_{FF}(f) \\ &= S_0 \left| \frac{1}{k-4\pi^2 f^2 m + 2j\pi fc} \right|^2 = \frac{S_0}{(k-4\pi^2 f^2 m)^2 + (2\pi fc)^2} \end{aligned} \tag{7}$$

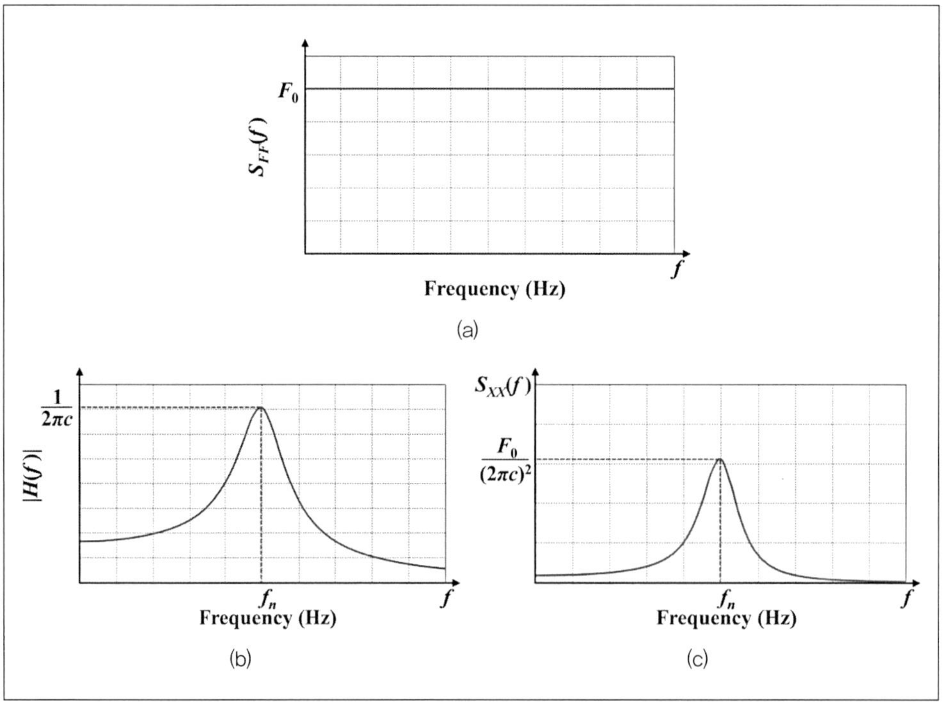

그림 3.3.2 (예제 3.3.5) (a) 가진력에 대한 파워 스펙트럼 밀도 함수, (b) 주파수 응답 함수의 크기, (c) 응답에 대한 파워 스펙트럼 밀도 함수

그림 3.3.2에 가진력의 파워 스펙트럼, 진동계의 주파수 응답 함수 및 응답의 파워 스펙트럼을 나타내었다.

만약, 이 예제에서 응답 함수의 앙상블 평균이 0인($E[X(t)]=0$) 정규 확률 과정이었다면, $R_{XX}(0) = E[X^2(t)] = \sigma_X^2(t) + (E[X(t)])^2 = \sigma_X^2(t) = S_0/2kc$이 성립하므로, $\mu_X = 0$, $\sigma_X = \sqrt{S_0/2kc}$ 인 정규 확률 밀도 함수에 의해 확률 과정이 생성될 수 있다.

예제 3.3.6

앞의 예제 3.3.5의 가진력이 $f(t) = A\cos(2\pi f_0 t - \Theta)$ (Θ: 균일 확률변수, 구간 $[0, 2\pi]$)로 표현되면 이는 예제 3.2.3에서 에르고딕 과정임을 알아본 바 있다. 이 경우 앞의 예제 3.3.5에 대해 제곱 평균 응답

$E[X^2(t)]$ 을 구해보자.

풀이 및 설명

가진력이 에르고딕 확률 과정이므로 $R_{FF}(\tau)$를 다음과 같이 구할 수 있다.

$$R_{FF}(\tau)=\lim_{T_0\to\infty}\frac{1}{T_0}\int_{-T_0/2}^{T_0/2}f(t)f(t+\tau)dt \tag{1}$$

위 식에서 적분은 아래와 같이 구해지므로

$$\begin{aligned}\int_{-T_0/2}^{T_0/2}f(t)f(t+\tau)dt &= A^2\int_{-T_0/2}^{T_0/2}\cos(2\pi f_0 t-\theta)\cos(2\pi f_0(t+\tau)-\theta)dt\\ &=\frac{A^2}{2}\int_{-T_0/2}^{T_0/2}(\cos(4\pi f_0 t+2\pi f\tau-2\theta)+\cos(2\pi f_0\tau))dt\\ &=\frac{A^2}{2}T_0\cos(2\pi f_0\tau)\end{aligned} \tag{2}$$

$R_{FF}(\tau)=(A^2/2)\cos(2\pi f_0\tau)$가 된다. 따라서, 가진력의 파워 스펙트럼 밀도 함수는 다음과 같다.

$$\begin{aligned}S_{FF}(f)&=\int_{-\infty}^{\infty}R_{FF}(\tau)e^{-j2\pi f\tau}d\tau\\ &=\frac{A^2}{2}\int_{-\infty}^{\infty}\cos(2\pi f_0\tau)e^{-j2\pi f\tau}d\tau=\frac{A^2}{2}\int_{-\infty}^{\infty}\frac{e^{j2\pi f_0\tau}+e^{-j2\pi f_0\tau}}{2}e^{-j2\pi f\tau}d\tau\\ &=\frac{A^2}{4}\int_{-\infty}^{\infty}\left(e^{-j2\pi(f-f_0)\tau}+e^{-j2\pi(f+f_0)\tau}\right)d\tau=\frac{A^2}{4}(\delta(f-f_0)+\delta(f+f_0))\end{aligned} \tag{3}$$

따라서, 제곱 평균 응답 $E[X^2(t)]$은 아래와 같이 구할 수 있다.

$$\begin{aligned}E[X^2(t)]&=R_{XX}(0)=\int_{-\infty}^{\infty}S_{XX}(f)df=\int_{-\infty}^{\infty}|H(f)|^2S_{FF}(f)df\\ &=\frac{A^2}{4}\int_{-\infty}^{\infty}\frac{1}{(k-4\pi^2f^2m)^2+(2\pi fc)^2}(\delta(f-f_0)+\delta(f+f_0))df\\ &=\frac{A^2}{2}\frac{1}{(k-4\pi^2f_0^2m)^2+(2\pi f_0c)^2}\end{aligned} \tag{4}$$

위 식에서 $f_0=f_n$(고유 진동수)이면, 제곱 평균 응답은 아래와 같다.

$$E[X^2(t)]=\frac{A^2}{2}\frac{1}{(2\pi f_n)^2c^2}=\frac{A^2}{2}\frac{m}{kc^2} \tag{5}$$

위 식의 제곱 평균 응답을 살펴보면 예제 3.3.5의 결과와 차이가 있다는 것을 확인할 수 있다. 즉, 앞 예제에서는 제곱 평균 응답이 $F_0/2kc$로서 감쇠에 반비례함을 보여주는 반면, 이 예제와 같이 코사인/사인파 가진의 경우에는 고유 진동수에서의 제곱 평균 응답은 감쇠의 제곱에 반비례하는 것을 보여주고 있다.

예제 3.3.7

그림 3.3.3에 나타낸 바와 같이 1 자유도 진동계의 기저가 가진되고 있다.

$$m\ddot{z}(t)+c\dot{z}(t)+kz(t)=-m\ddot{y},\ z(t)=x(t)-y(t)$$

단, 기저의 가진 가속도는 백색 확률 과정(white random process)으로서 스펙트럼 밀도 함수는 $S_{A_yA_y}(f)=S_0$ (상수)로 표현된다.

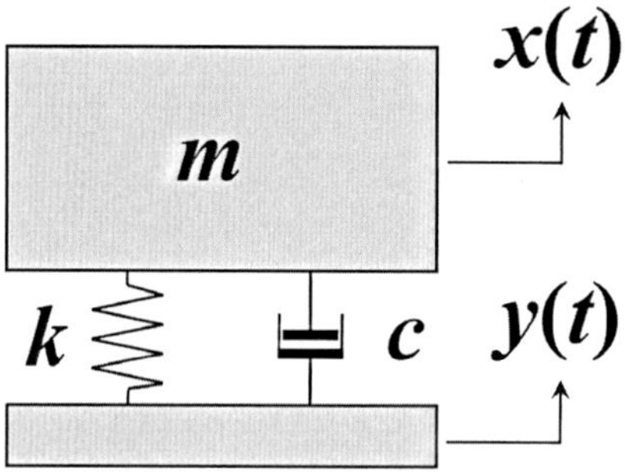

그림 3.3.3 (예제 3.3.7)의 문제 정의

풀이 및 설명

이 문제는 가진원만 다를 뿐 사실 예제 3.3.5와 크게 다른 점은 없다. 다만, 여기서는 기저의 변위가 아닌 가속도가 입력의 확률 과정으로 주어졌음에 유의하자. 기저의 가진 가속도 $\ddot{y}$가 정상 에르고딕 확률 과정으로부터의 표본 함수라면 응답(기저와의 상대 변위) $z(t)$ $(=x(t)-y(t))$도 정상 에르고딕 확률 과정이 된다.

$\ddot{y}=e^{j2\pi ft}$에 대해 $z(t)=H(f)e^{j2\pi ft}$가 되므로, 이를 대입하면 아래의 식을 얻게 된다.

$$\left(k-(2\pi f)^2m+j2\pi fc\right)H(f)=-m \tag{1}$$

따라서, 이 경우의 주파수 응답함수 $H(f)$는 다음과 같이 표현된다.

$$H(f)=\frac{-m}{k-(2\pi f)^2m+j2\pi fc} \tag{2}$$

참고로, $S_{A_yA_y}(f)=S_0$ 이므로 $R_{A_yA_y}(\tau)=\int_{-\infty}^{\infty}S_{A_yA_y}e^{j2\pi f\tau}df=S_0\int_{-\infty}^{\infty}e^{j2\pi f\tau}df=S_0\delta(\tau)$ 이고, 단위 임펄스 응답 함수 $h(t)$는 다음과 같다.

$$h(t)=\frac{-1}{2\pi f_d}e^{-\zeta(2\pi f_n)t}\sin(2\pi f_dt) \tag{3}$$

이제 응답의 제곱 평균 및 파워 스펙트럼 밀도 함수를 구하면 각각 다음과 같음을 확인할 수 있다.

$$E[Z^2(t)] = \int_{-\infty}^{\infty} |H(f)|^2 S_{A_yA_y}(f)df$$
$$= S_0\int_{-\infty}^{\infty} \left|\frac{-m}{k-4\pi^2 f^2 m + 2j\pi fc}\right|^2 df = \frac{m^2 S_0}{2kc} \qquad (4)$$
$$S_{ZZ}(f) = |H(f)|^2 S_{A_yA_y}(f)$$
$$= S_0\left|\frac{-m}{k-4\pi^2 f^2 m + 2j\pi fc}\right|^2 = \frac{m^2 S_0}{(k-4\pi^2 f^2 m)^2 + (2\pi fc)^2} \qquad (5)$$

3 단위 임펄스 응답 함수를 통한 선형 진동계 입·출력 랜덤 신호의 상관 관계

식 (3.3.28)에 의하면, 정상 확률 과정의 가진력에 대한 스펙트럼 밀도 함수와 주파수 응답 함수가 주어지면 응답의 스펙트럼 밀도 함수를 구할 수 있다. 또한, 예제 3.3.4의 관계식은 시간 영역에서의 동등한 관계를 보여주고 있다. 즉, 가진력에 대한 자기 상관 함수 및 단위 임펄스 응답 함수를 이용하여 응답의 자기 상관 함수를 구할수 있음을 보여준다.

여기서는 가진력과 응답간의 상호 상관 함수, 단위 임펄스 응답 함수 및 자기 상관 함수들 간의 관계에 대해 더 알아보도록 하자. 이제 2개의 정상 확률 과정로서 가진 입력 $F(t)$와 응답 $X(t)$의 상호 상관 함수에 대해 알아보자. 먼저, 가진력의 자기 상관 함수와 가진력/응답의 상호 상관 함수간의 관계는 다음과 같이 유도되어 진다.

$$R_{FX}(t_1, t_1+\tau) = E[F(t_1)X(t_1+\tau)] = E\left[F(t_1)\int_{-\infty}^{\infty} h(\theta)F(t_1+\tau-\theta)d\theta\right] \qquad (3.3.30)$$
$$= \int_{-\infty}^{\infty} h(\theta)E[F(t_1)F(t_1+\tau-\theta)]d\theta$$
$$= \int_{-\infty}^{\infty} h(\theta)R_{FF}(\tau-\theta)d\theta = h(\tau)^* R_{FF}(\tau) = R_{FX}(\tau)$$

위 관계식으로부터 정상 확률 과정인 $F(t)$에 대해 $R_{FX}(t_1, t_1+\tau)$ 역시 t_1과 t_2 $(=t_1+\tau)$ 두 시점의 시간 차이 τ만의 함수가 됨을 확인할 수 있다. 참고로, 위의 식에서 상호 상관 함수의 첨자 순서를 바꾼 $R_{XF}(t_1, t_1+\tau)$는 다음과 같이 표현된다.

$$R_{XF}(t_1, t_1+\tau) = E[X(t_1)F(t_1+\tau)] = E\left[F(t_1+\tau)\int_{-\infty}^{\infty} h(\theta)F(t_1-\theta)d\theta\right] \qquad (3.3.31)$$
$$= \int_{-\infty}^{\infty} h(\theta)E[F(t_1-\theta)F(t_1+\tau)]d\theta$$
$$= \int_{-\infty}^{\infty} h(\theta)R_{FF}(\tau+\theta)d\theta = h(-\tau)^* R_{FF}(\tau) = R_{XF}(\tau)$$

식 (3.3.30)과 (3.3.31)은 가진 입력 신호의 자기 상관 함수와 가진/응답의 상호 상관 함수간의 관계 ($R_{FX}(\tau) \leftrightarrow R_{FF}(\tau)$, $R_{XF}(\tau) \leftrightarrow R_{FF}(\tau)$)를 나타내고 있다. 이는 가진 입력 $F(t)$와 응답 $X(t)$에 대한 결합 정상 확률 과정(jointly stationary random process)의 특성을 보여주고 있는데, 선형 시불변계의 특성이 된다.

이젠 위의 결과들을 이용하여 가진과 응답의 상호 상관 함수와 응답의 자기 상관 함수간의 관계 ($R_{XX}(\tau) \leftrightarrow R_{FX}(\tau)$, $R_{XX}(\tau) \leftrightarrow R_{XF}(\tau)$)를 알아보도록 하자.

식 (3.3.30)을 이용하면 $R_{FX}(\tau+\theta_1) = \int_{-\infty}^{\infty} h(\theta_2) R_{FF}(\tau+\theta_1-\theta_2)d\theta_2$ 의 관계식을 얻게 되는데, 이를 식 (3.3.25)에 대입하면 아래와 같은 식을 유도할 수 있다.

$$\begin{aligned} R_{XX}(\tau) &= \int_{-\infty}^{\infty} h(\theta_1) \int_{-\infty}^{\infty} h(\theta_2) R_{FF}(\tau+\theta_1-\theta_2) d\theta_2 d\theta_1 \\ &= \int_{-\infty}^{\infty} h(\theta_1) R_{FX}(\tau+\theta_1) d\theta_1 = h(-\tau) * R_{FX}(\tau) \end{aligned} \tag{3.3.32}$$

마찬가지로, 식 (3.3.31)의 $R_{XF}(\tau-\theta_2) = \int_{-\infty}^{\infty} h(\theta_1) R_{FF}(\tau+\theta_1-\theta_2)d\theta_1$ 를 식 (3.3.25)에 대입하면 $R_{XX}(\tau)$를 다음과 같이 표현할 수도 있다.

$$\begin{aligned} R_{XX}(\tau) &= \int_{-\infty}^{\infty} h(\theta_2) \int_{-\infty}^{\infty} h(\theta_1) R_{FF}(\tau+\theta_1-\theta_2) d\theta_1 d\theta_2 \\ &= \int_{-\infty}^{\infty} h(\theta_2) R_{XF}(\tau-\theta_2) d\theta_2 = h(\tau) * R_{XF}(\tau) \end{aligned} \tag{3.3.33}$$

여기서 살펴 본 단위 임펄스 응답 함수를 매개로 한 가진 입력 및 응답 신호의 상관 함수간의 관계는 시간 영역에 대한 것이었다. 이와 동등한 관계가 각 관계식의 푸리에 변환 결과에 대해 적용된다. 주파수 영역에서 이들 간의 관계를 알아보기 전 앞에서 배운 내용을 정리해 보도록 하자.

정리 **복소수 푸리에 급수 전개 표현**

- $R_{FF}(\tau)$의 관계(예제 3.3.4)

$$R_{XX}(\tau) = R_{FF}(\tau) * h(-\tau) * h(\tau) \tag{1}$$

- $R_{FX}(\tau)$와 $R_{FF}(\tau)$의 관계(식 3.3.30)

$$R_{FX}(\tau) = h(\tau) * R_{FF}(\tau) \tag{2}$$

- $R_{XF}(\tau)$와 $R_{FF}(\tau)$의 관계(식 3.3.31)

$$R_{XF}(\tau) = h(-\tau) * R_{FF}(\tau) \tag{3}$$

- $R_{XX}(\tau)$와 $R_{FX}(\tau)$의 관계(식 3.3.32)

$$R_{XX}(\tau) = h(-\tau) * R_{FX}(\tau) \tag{4}$$

- $R_{XX}(\tau)$와 $R_{XF}(\tau)$의 관계(식 3.3.33)

$$R_{XX}(\tau) = h(\tau) * R_{XF}(\tau) \tag{5}$$

위의 식들에서 제시된 관계를 그림 3.3.4에 나타내었다.

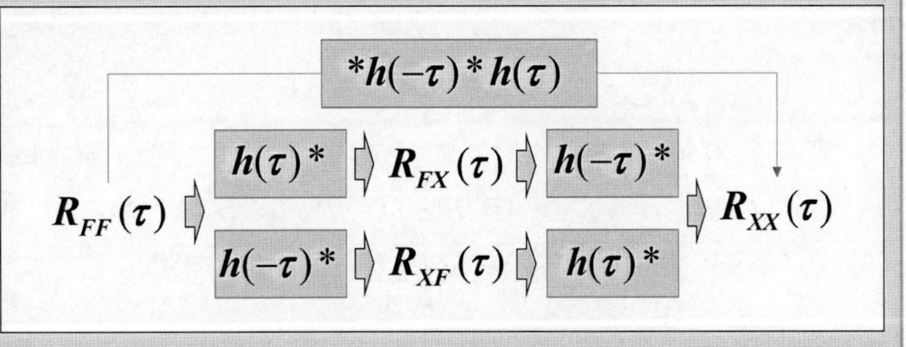

그림 3.3.4 $R_{FF}(\tau)$, $R_{XF}(\tau)$, $R_{FX}(\tau)$와 $R_{XX}(\tau)$의 관계

④ 주파수 응답 함수를 통한 선형 진동계 입·출력 랜덤 신호의 상관 관계

정상 확률 과정의 입·출력 신호에 대한 스펙트럼 밀도 함수들 사이의 관계는 선형 진동계의 주파수 응답 함수를 추정하기 위해 필요하며, 진동 신호의 측정 결과에 대한 신뢰도를 확인할 수 있는 수단을 제공한다. 따라서, 여기에서는 입·출력 신호의 상호 스펙트럼 밀도 함수들간의 관계에 대해 알아보도록 한다.

먼저, $S_{FX}(f)$와 $S_{XX}(f)$의 관계를 알아보도록 하자. 이를 위해 식 (3.3.30)의 결과를 이용하여

$R_{FX}(\tau)$의 푸리에 변환 $S_{FX}(f)$는 다음과 같이 나타낼 수 있다.

$$\begin{aligned} S_{FX}(f) &= \int_{-\infty}^{\infty} R_{FX}(\tau) e^{-j2\pi f\tau} d\tau \\ &= \int_{-\infty}^{\infty} \left[\int_{-\infty}^{\infty} h(\theta) R_{FF}(\tau-\theta) d\theta \right] e^{-j2\pi f\tau} d\tau \\ &= \int_{-\infty}^{\infty} \left[\int_{-\infty}^{\infty} h(\theta) \left\{ \int_{-\infty}^{\infty} S_{FF}(f) e^{j2\pi f(\tau-\theta)} df \right\} d\theta \right] e^{-j2\pi f\tau} d\tau \\ &= \int_{-\infty}^{\infty} \left[\int_{-\infty}^{\infty} S_{FF}(f) \left\{ \int_{-\infty}^{\infty} h(\theta) e^{-j2\pi f\theta} d\theta \right\} e^{j2\pi f\tau} df \right] e^{-j2\pi f\tau} d\tau \\ &= \int_{-\infty}^{\infty} \left\{ \int_{-\infty}^{\infty} S_{FF}(f) H(f) e^{j2\pi f\tau} df \right\} e^{-j2\pi f\tau} d\tau \end{aligned} \tag{3.3.34}$$

위의 식으로부터 $R_{FX}(\tau)$는 아래와 같음을 알 수 있으며,

$$R_{FX}(\tau) = \int_{-\infty}^{\infty} S_{FF}(f) H(f) e^{j2\pi f\tau} df \tag{3.3.35}$$

또한, $R_{FX}(\tau) = \int_{-\infty}^{\infty} S_{FX}(f) e^{j2\pi f\tau} df$이므로 이를 위의 식과 비교하면 아래와 같은 관계를 얻게 된다.

$$S_{FX}(f) = H(f) S_{FF}(f) \tag{3.3.36}$$

사실 위 식은 식 (3.3.30)의 푸리에 변환의 결과이기도 하다. 한편, 위 식을 이용하면, $S_{FX}(-f) = H(-f) S_{FF}(-f)$ 그리고 $H(-f) = H^*(f)$, $S_{FX}(f) = S_{XF}(-f)$ 및 $S_{FF}(f) = S_{FF}(-f)$로부터 $S_{XF}(f) = H^*(f) S_{FF}(f)$의 관계식을 유도할 수 있다.

다음으로, $S_{XX}(f)$와 $S_{XF}(f)$의 관계를 알아보도록 하자. 이 경우에는 $R_{XX}(\tau)$에 대한 푸리에 변환식에 식 (3.3.33)을 대입하면 아래와 같은데

$$\begin{aligned} S_{XX}(f) &= \int_{-\infty}^{\infty} R_{XX}(\tau) e^{-j2\pi f\tau} d\tau \\ &= \int_{-\infty}^{\infty} \left[\int_{-\infty}^{\infty} h(\theta) R_{XF}(\tau-\theta) d\theta \right] e^{-j2\pi f\tau} d\tau \\ &= \int_{-\infty}^{\infty} \left[\int_{-\infty}^{\infty} h(\theta) \left\{ \int_{-\infty}^{\infty} S_{XF}(f) e^{j2\pi f(\tau-\theta)} df \right\} d\theta \right] e^{-j2\pi f\tau} d\tau \\ &= \int_{-\infty}^{\infty} \left[\int_{-\infty}^{\infty} S_{XF}(f) \left\{ \int_{-\infty}^{\infty} h(\theta) e^{-j2\pi f\theta} d\theta \right\} e^{j2\pi f\tau} df \right] e^{-j2\pi f\tau} d\tau \\ &= \int_{-\infty}^{\infty} \left\{ \int_{-\infty}^{\infty} S_{XF}(f) H(f) e^{j2\pi f\tau} df \right\} e^{-j2\pi f\tau} d\tau \end{aligned} \tag{3.3.37}$$

위 식으로부터 다음과 같은 관계를 얻게 된다.

$$R_{XX}(\tau)=\int_{-\infty}^{\infty} S_{XF}(f)H(f)e^{j2\pi f\tau}df \tag{3.3.38}$$

또한, $R_{XX}(\tau)=\int_{-\infty}^{\infty} S_{XX}(f)e^{j2\pi f\tau}df$ 이므로 아래와 같은 식을 얻게 된다.

$$S_{XX}(f)=H(f)S_{XF}(f) \tag{3.3.39}$$

위 식은 $H(-f)=H^*(f)$, $S_{FX}(f)=S_{XF}(-f)$, 또는 $S_{XX}(f)=S_{XX}(-f)$의 관계에 의해 아래와 같이 표현할 수도 있다.

$$S_{XX}(f)=H^*(f)S_{FX}(f) \tag{3.3.40}$$

이제 식 (3.3.36) 및 (3.3.39)를 이용하여 입·출력 랜덤 신호의 상관성에 대한 것을 언급하고자 한다. 식 (3.3.36)에 의하면 $S_{FX}(f)=H(f)S_{FF}(f)=S^*_{XF}(f)$이고, 식 (3.3.39)에 의하면 $S_{XF}(f)=(1/H(f))S_{XX}(f)$이 성립함을 알 수 있다. 따라서, 이 2개의 식으로부터 다음과 같은 관계를 얻게 된다.

$$S^*_{XF}(f)S_{XF}(f)=|S_{XF}(f)|^2=S_{FF}(f)S_{XX}(f) \tag{3.3.41}$$

위 식은 $|S_{XF}(f)|^2/(S_{FF}(f)S_{XX}(f))=1$의 형태로 쓸 수 있는데, 이 식을 얻을 수 있게 된 배경에는 정상 확률 과정 $F(t)$ 및 $X(t)$가 단위 임펄스 함수 $h(t)$를 갖는 선형 진동계에서의 선형 입출력 관계를 갖기 때문이다. 만약, 이러한 관계에서 벗어난 두 개의 확률 과정을 고려한다면 $|S_{XF}(f)|^2/(S_{FF}(f)S_{XX}(f))$의 값은 1이 되지 않는다. 따라서, 이를 고려하여 2개의 랜덤 신호간의 상관 관계를 파악하기 위해 아래와 같이 기여도 함수(coherence function) $\gamma^2_{FX}(f)$를 정의하여 사용한다.

$$\gamma^2_{FX}(f)=\frac{|S_{FX}(f)|^2}{S_{FF}(f)S_{XX}(f)} \tag{3.3.42}$$

위와 같이 정의된 기여도 함수 값의 범위는 보충 설명 3.3.2의 식 (5)를 이용하면 $0 \le \gamma^2_{FX}(f) \le 1$이 되는 것을 쉽게 확인할 수 있다[43].

기여도 함수 값의 범위와 관련하여, 입력 또는 출력 신호에 측정 오차 등의 잡음이 있는 경우에는 기여

43) 파워 스펙트럼 밀도 함수는 항상 양의 부호를 가지므로 분모는 항상 양의 부호를 갖는다.

도 함수의 값이 1이 되지 않는다. 이에 대해서는 다음의 주파수 응답 함수의 추정 방법에서 더 자세히 살펴볼 것이지만, 여기서는 측정 오차 등의 잡음이 스펙트럼 밀도 함수에 미치는 영향을 간단히 알아보자.

가진 신호의 측정 결과를 $f_m(t) = f(t) + n_f(t)$로 표현하고, 측정된 응답 신호를 $x_m(t) = x(t) + n_x(t)$라고 하자(여기서 하첨자 m은 측정값(measurement)을 의미하며, $f_m(t)$ 및 $x_m(t)$ 등은 측정 오차 $n_f(t)$, $n_x(t)$ 등 신호에 포함된 여러 가지 잡음 요소를 고려한 것이다). 이 경우 응답 신호에 대한 자기 상관 함수는 아래와 같이 표현된다,

$$\begin{aligned} R_{X_mX_m}(\tau) &= E[X_m(t)X_m(t+\tau)] \\ &= E[(X(t)+N_x(t))(X(t+\tau)+N_x(t+\tau))] \\ &= E[X(t)X(t+\tau)] + E[X(t)N_x(t+\tau)] + E[N_x(t)X(t+\tau)] + E[N_x(t)N_x(t+\tau)] \\ &= R_{XX}(\tau) + R_{N_xN_x}(\tau) \end{aligned} \tag{3.3.43}$$

위 식에서 $E[N_x(t)] = 0$이고, 응답 신호 $x(t)$와 잡음 신호 $n_x(t)$와의 상관 관계가 없으므로, $E[X(t)N_x(t+\tau)] = 0$ 및 $E[N_x(t)X(t+\tau)] = 0$임을 이용하였다. 따라서, 응답 신호에 대한 파워 스펙트럼 밀도 함수 $S_{X_mX_m}(f)$는 다음과 같이 나타낼 수 있다.

$$\begin{aligned} S_{X_mX_m}(f) &= \int_{-\infty}^{\infty} R_{X_mX_m}(\tau)e^{-j2\pi f\tau}d\tau \\ &= \int_{-\infty}^{\infty} R_{XX}(\tau)e^{-j2\pi f\tau}d\tau + \int_{-\infty}^{\infty} R_{N_xN_x}(\tau)e^{-j2\pi f\tau}d\tau = S_{XX}(f) + S_{N_xN_x}(f) \end{aligned} \tag{3.3.44}$$

위와 동일한 방법으로 아래의 관계식 역시 쉽게 유도할 수 있다.

$$S_{F_mF_m}(f) = S_{FF}(f) + S_{N_fN_f}(f) \tag{3.3.45}$$

$$S_{F_mX_m}(f) = S_{FX_m}(f) = S_{F_mX}(f) = S_{FX}(f) \tag{3.3.46}$$

5 스펙트럼 밀도 함수를 이용한 주파수 응답 함수의 추정

스펙트럼 밀도 함수와 주파수 응답 함수와의 관계를 나타내는 식 (3.3.36)과 (3.3.39)를 이용하여 선형 진동계의 주파수 응답 함수 $H(f)$ ($X(f) = H(f)F(f)$)를 추정할 수 있다. 이를 위해 가진($f(t)$) 및 응답 신호($x(t)$)에 대한 확률 과정으로부터 각각 N개의 표본 함수를 얻은 후 최소 제곱법(method of least squares) 기반의 회귀 기법(regression analysis)을 이용한다. 각각 가진 또는 응답 신호의 오차를 최소화하는 2가지의 방법에 대해서 기술하기로 한다.

[MTEHOD 1] 응답 신호에 대한 오차를 최소화하는 방법

측정된 가진 신호의 푸리에 변환을 $F_m(f)$라고 하고, 측정된 응답의 푸리에 변환을 $X_m(f)$라고 할 때, 응답 신호에 대한 오차 e_{out}를 다음과 같이 정의할 수 있다.

$$e_{out} = X_m(f) - H(f)F_m(f) \tag{3.3.47}$$

따라서, $H(f)$를 변수로 하여 다음과 같이 최소화 목적 함수 J_1을 설정할 수 있다.

$$\begin{aligned} J_1 &= \sum_{i=1}^{N} e^*_{out,i} e_{out,i} = \sum_{i=1}^{N} |e_{out,i}|^2 = \sum_{i=1}^{N} |X_{m,i}(f) - H(f)F_{m,i}(f)|^2 \\ &= \sum_{i=1}^{N} \left(X_{m,i}(f) - H(f)F_{m,i}(f)\right)^* \left(X_{m,i}(f) - H(f)F_{m,i}(f)\right) \\ &= \sum_{i=1}^{N} \left(|X_{m,i}(f)|^2 - X^*_{m,i}(f)H(f)F_{m,i}(f) - X_{m,i}(f)H^*(f)F^*_{m,i}(f) + |H(f)|^2 |F_{m,i}(f)|^2\right) \end{aligned} \tag{3.3.48}$$

위 식에서 $H(f) = \mathrm{Re}\{H(f)\} + j\,\mathrm{Im}\{H(f)\} = H_{\mathrm{re}}(f) + jH_{\mathrm{im}}(f)$로 나타낼 수 있으므로, 위 식을 각각 주파수 응답 함수의 실수부 $H_{\mathrm{re}}(f)$ 및 허수부 $H_{\mathrm{im}}(f)$로 편미분하면 다음과 같이 두 개의 방정식을 얻게 된다[44].

$$\left.\frac{\partial J_1}{\partial H_{\mathrm{re}}}\right|_{\hat{H}_{1,\mathrm{re}}} = \sum_{i=1}^{N} \left(-X^*_{m,i}F_{m,i} - X_{m,i}F^*_{m,i} + 2\hat{H}_{1,\mathrm{re}}|F_{m,i}|^2\right) = 0 \tag{3.3.49a}$$

$$\left.\frac{\partial J_1}{\partial H_{\mathrm{im}}}\right|_{\hat{H}_{1,\mathrm{im}}} = \sum_{i=1}^{N} \left(-jX^*_{m,i}F_{m,i} + jX_{m,i}F^*_{m,i} + 2\hat{H}_{1,\mathrm{im}}|F_{m,i}|^2\right) = 0 \tag{3.3.49b}$$

위 식에서 $\hat{H}_1(f)\left(= \hat{H}_{1,\mathrm{re}}(f) + j\hat{H}_{1,\mathrm{im}}(f)\right)$는 응답 신호에 대한 오차를 최소화할때의 $H(f)$에 대한 추정량(estimator)을 나타낸다. 식 (3.3.49b)의 양변에 허수 단위(j)를 곱한 후 식 (3.3.49a)와 더하면 다음과 같은 결과를 얻게 된다.

$$\sum_{i=1}^{N} \left(-2X_{m,i}F^*_{m,i} + 2\hat{H}_1|F_{m,i}|^2\right) = 0 \tag{3.3.50}$$

이를 이용하면 주파수 응답 함수의 추정량 $\hat{H}_1(f)$를 다음과 같이 나타낼 수 있다.

---

44) 다음과 같은 미분 결과가 이용되었다.

$\frac{\partial}{\partial H_{\mathrm{re}}}(H(f)) = 1$; $\frac{\partial}{\partial H_{\mathrm{im}}}(H(f)) = j$; $\frac{\partial}{\partial H_{\mathrm{re}}}(H^*(f)) = 1$; $\frac{\partial}{\partial H_{\mathrm{im}}}(H^*(f)) = -j$; $\frac{\partial}{\partial H_{\mathrm{re}}}(|H(f)|^2) = 2H_{\mathrm{re}}$;
$\frac{\partial}{\partial H_{\mathrm{im}}}(|H(f)|^2) = 2H_{\mathrm{im}}$

$$\hat{H}_1(f) = \frac{\sum_{i=1}^{N} X_{m,i} F_{m,i}^*}{\sum_{i=1}^{N} |F_{m,i}|^2} = \frac{(1/N)\sum_{i=1}^{N} F_{m,i}^* X_{m,i}/T_c}{(1/N)\sum_{i=1}^{N} |F_{m,i}|^2/T_c} = \frac{\hat{S}_{F_m X_m}}{\hat{S}_{F_m F_m}}$$
$$\approx \frac{\lim_{T_c \to \infty} E[F_{m,i}^* X_{m,i}]/T_c}{\lim_{T_c \to \infty} E[|F_{m,i}|^2]/T_c} = \frac{S_{F_m X_m}}{S_{F_m F_m}} \tag{3.3.51}$$

만약, 위의 식에서 응답 신호 $x(t)$에만 잡음이 포함되어 있고 가진 신호 $f(t)$에 대한 측정 오차는 무시할 수 있을 정도로 작다면($F_m(f) = F(f)$), 다음의 식에 나타낸 바와 같이 $\hat{H}_1(f)$는 진동계의 주파수 응답 함수 $H(f)$의 불편 추정량(unbiased estimator)이 됨을 알 수 있다(식 (3.3.36) 참고).

$$\hat{H}_1(f) \approx \frac{S_{F_m X_m}(f)}{S_{F_m F_m}(f)} = \frac{S_{FX_m}(f)}{S_{FF}(f)} = \frac{S_{FX}(f)}{S_{FF}(f)} = H(f) \tag{3.3.52}$$

위의 경우에 대해 기여도를 알아보자. 식 (3.3.28)을 (3.3.44)에 대입하면 잡음이 포함된 응답 신호의 파워 스펙트럼 밀도함수 $S_{X_m X_m}(f)$는 아래와 같이 나타낼 수 있으며,

$$S_{X_m X_m}(f) = S_{XX}(f) + S_{N_x N_x}(f) = |H(f)|^2 S_{FF}(f) + S_{N_x N_x}(f) \tag{3.3.53a}$$

식 (3.3.36)을 식 (3.3.46)에 대입하면 잡음이 포함된 응답 신호와 가진 신호의 상호 스펙트럼 밀도 함수 $S_{FX_m}(f)$는 아래와 같다.

$$S_{FX_m}(f) = S_{FX}(f) = H(f) S_{FF}(f) \tag{3.3.53b}$$

따라서, 식 (3.3.53)의 결과를 식 (3.3.42)의 기여도 함수 정의 식에 대입하면 다음과 같은 결과를 얻게 된다[45].

$$\gamma_{FX_m}^2(f) = \frac{|S_{FX_m}(f)|^2}{S_{FF}(f) S_{X_m X_m}(f)} = \frac{|S_{FX}(f)|^2}{S_{FF}(f)\left(S_{XX}(f) + S_{N_x N_x}(f)\right)}$$
$$= \frac{|H(f)|^2 |S_{FF}(f)|^2}{S_{FF}(f)\left(|H(f)|^2 S_{FF}(f) + S_{N_x N_x}(f)\right)}$$
$$= \frac{|H(f)|^2 S_{FF}(f)}{|H(f)|^2 S_{FF}(f) + S_{N_x N_x}(f)}$$
$$= \frac{S_{XX}(f)}{S_{XX}(f) + S_{N_x N_x}(f)} = \frac{S_{XX}(f)}{S_{X_m X_m}(f)} \tag{3.3.54}$$

45) 파워 스펙트럼 밀도 함수 $S_{FF}(f)$ 및 $S_{XX}(f)$는 실수 함수이면서 우함수이다.

위의 식은 측정 오차를 무시할 수 있는 가진에 의한 응답 신호의 파워 스펙트럼 밀도 함수 $S_{XX}(f)$는 $\gamma^2_{FX_m}(f)S_{X_mX_m}(f)$에 의해 계산될 수 있음을 보여주고 있다. 또한, 위 식의 마지막 식은 다음과 같이 나타낼 수 있는데,

$$\begin{aligned}\gamma^2_{FX_m}(f) &= \frac{S_{XX}(f)}{S_{XX}(f)+S_{N_xN_x}(f)} \\ &= \frac{1}{1+\left(S_{N_xN_x}(f)/S_{XX}(f)\right)} = \frac{1}{1+(1/(SNR)_{output})}\end{aligned} \tag{3.3.55}$$

$(SNR)_{output}$의 값이 크면 기여도 함수 $\gamma^2_{FX_m}(f)$의 값은 1에 가까워지며, 그 값이 작을수록 기여도 함수의 값은 0에 가까워진다. 위의 식에서 $(SNR)_{output}$은 응답 신호 $x(t)$의 잡음 대비 신호 비율(signal to noise ratio)로서 응답 신호에 포함된 잡음이 작을수록 이 비율 값이 커진다.

한편, 지금까지 살펴본 경우와는 달리 만약 가진 신호 $f(t)$에 대해서만 잡음을 고려하고, 응답 신호 $x(t)$에 대한 측정 오차는 무시할 수 있을 정도로 작다고 가정할 경우에는($X_m(f) = X(f)$), 다음과 같이 $\hat{H}_1(f)$는 진동계의 주파수 응답 함수 $H(f)$의 불편 추정량이 되지 못함을 확인할 수 있다.

$$\begin{aligned}\hat{H}_1(f) &\approx \frac{S_{F_mX_m}(f)}{S_{F_mF_m}(f)} = \frac{S_{F_mX}(f)}{S_{F_mF_m}(f)} = \frac{S_{FX}(f)}{S_{FF}(f)+S_{N_fN_f}(f)} \\ &= \frac{H(f)S_{FF}(f)}{S_{FF}(f)+S_{N_fN_f}(f)} \\ &= \frac{H(f)}{1+S_{N_fN_f}(f)/S_{FF}(f)} = \frac{H(f)}{1+1/(SNR)_{input}}\end{aligned} \tag{3.3.56}$$

위 식으로부터 $\hat{H}_1(f)$는 원래의 주파수 응답 함수 $H(f)$보다 작은 값을 추정하게 되는 것을 확인할 수 있다. 식 (3.3.56)에서 $(SNR)_{input}$은 가진 신호 $f(t)$의 잡음대비 신호 비율(signal to noise ratio)로서 가진 신호에 포함된 잡음이 작을수록 이 비율 값이 커지며 이 경우에는 $\hat{H}_1(f) \approx H(f)$의 관계를 달성할 수 있다. 또한, 가진 신호 $f(t)$ 및 잡음 $n_f(t)$가 모두 백색 잡음(white noise)인 경우에는 식 (3.3.56)에서 $S_{N_fN_f}(f)/S_{FF}(f)$의 값이 주파수에 무관한 상수 값 C가 되므로, 다음과 같이 추정된 주파수 응답 함수 $\hat{H}_1(f)$는 항상 원래 주파수 응답 함수 $H(f)$의 상수배가 된다.

$$\hat{H}_1(f) \approx \frac{H(f)}{1+S_{N_fN_f}(f)/S_{FF}(f)} = \left(\frac{1}{1+C}\right)H(f) \tag{3.3.57}$$

[MTEHOD 2] 가진 신호에 대한 오차를 최소화하는 방법

이번에는 최소화 대상이 가진 신호에 대한 오차이다. 즉, 실제로 측정된 가진 신호의 푸리에 변환 $F_m(f)$과 응답 신호 $X_m(f)$ 및 주파수 응답함수에 의해 간접적으로 표현된 가진 신호와의 오차 e_{in}를 다음과 같이 정의할 수 있다.

$$e_{in} = F_m(f) - X_m(f)/H(f) \tag{3.3.58}$$

따라서, $H(f)$를 변수로 하여 다음과 같이 최소화 목적 함수 J를 설정한다.

$$\begin{aligned} J_2 &= \sum_{i=1}^{N} e_{in,i}^{*} e_{in,i} = \sum_{i=1}^{N} |e_{in,i}|^2 = \sum_{i=1}^{N} |F_{m,i}(f) - X_{m,i}(f)/H(f)|^2 \\ &= \sum_{i=1}^{N} (F_{m,i}(f) - X_{m,i}(f)/H(f))^{*} (F_{m,i}(f) - X_{m,i}(f)/H(f)) \\ &= \sum_{i=1}^{N} \big(|F_{m,i}(f)|^2 - F_{m,i}^{*}(f) X_{m,i}(f)/H(f) \\ &\qquad - X_{m,i}^{*}(f) F_{m,i}(f)/H^{*}(f) + |X_{m,i}(f)|^2/|H(f)|^2\big) \end{aligned} \tag{3.3.59}$$

이제 앞에서 했던 방법과 동일하게 위 식에 대해 주파수 응답 함수 $H(f)$의 실수부 $H_{\text{re}}(f)$ 및 허수부 $H_{\text{im}}(f)$로 각각 편미분하면 다음과 같이 2개의 식을 얻게 된다(보충 설명 3.3.3 참고).

$$\begin{aligned} &\left.\frac{\partial J_2}{\partial H_{\text{re}}}\right|_{\hat{H}_{2,\text{re}}} \\ &= \sum_{i=1}^{N} \left(F_{m,i}^{*} X_{m,i} \frac{(\hat{H}_{2,\text{re}} - j\hat{H}_{2,\text{im}})^2}{|\hat{H}_2|^4} + X_{m,i}^{*} F_{m,i} \frac{(\hat{H}_{2,\text{re}} + j\hat{H}_{2,\text{im}})^2}{|\hat{H}_2|^4} - |X_{m,i}|^2 \frac{2\hat{H}_{2,\text{re}}}{|\hat{H}_2|^4} \right) = 0 \end{aligned} \tag{3.3.60a}$$

$$\begin{aligned} &\left.\frac{\partial J_2}{\partial H_{\text{im}}}\right|_{\hat{H}_{2,\text{im}}} \\ &= \sum_{i=1}^{N} \left(F_{m,i}^{*} X_{m,i} \frac{(\hat{H}_{2,\text{re}} - j\hat{H}_{2,\text{im}})(\hat{H}_{2,\text{im}} + j\hat{H}_{2,\text{re}})}{|\hat{H}_2|^4} \right. \\ &\qquad \left. + X_{m,i}^{*} F_{m,i} \frac{(\hat{H}_{2,\text{re}} + j\hat{H}_{2,\text{im}})(\hat{H}_{2,\text{im}} - j\hat{H}_{2,\text{re}})}{|\hat{H}_2|^4} - |X_{m,i}|^2 \frac{2\hat{H}_{2,\text{im}}}{|\hat{H}_2|^4} \right) = 0 \end{aligned} \tag{3.3.60b}$$

위의 두 식은 각각 아래와 같이 조금 더 간단하게 다시 정리할 수 있다.

$$\begin{aligned} &\sum_{i=1}^{N} \big(F_{m,i}^{*} X_{m,i} (\hat{H}_{2,\text{re}} - j\hat{H}_{2,\text{im}})^2 \\ &\qquad + X_{m,i}^{*} F_{m,i} (\hat{H}_{2,\text{re}} + j\hat{H}_{2,\text{im}})^2 - 2|X_{m,i}|^2 \hat{H}_{2,\text{re}} \big) = 0 \end{aligned} \tag{3.3.61a}$$

$$\sum_{i=1}^{N}\Big(F_{m,i}^{*}X_{m,i}\big(\hat{H}_{2,\mathrm{re}}-j\hat{H}_{2,\mathrm{im}}\big)\big(\hat{H}_{2,\mathrm{im}}+j\hat{H}_{2,\mathrm{re}}\big) \tag{3.3.61b}$$
$$+X_{m,i}^{*}F_{m,i}\big(\hat{H}_{2,\mathrm{re}}+j\hat{H}_{2,\mathrm{im}}\big)\big(\hat{H}_{2,\mathrm{im}}-j\hat{H}_{2,\mathrm{re}}\big)-2|X_{m,i}|^2\hat{H}_{2,\mathrm{im}}\Big)=0$$

위 식에서 $\hat{H}_2(f)\big(=\hat{H}_{2,\mathrm{re}}(f)+j\hat{H}_{2,\mathrm{im}}(f)\big)$는 가진 신호의 측정 오차를 최소화하였을 때의 $H(f)$에 대한 추정량을 의미한다. 식 (3.3.61b)의 양변에 허수 단위(j)를 곱한 후 두 개의 식을 더하면 다음과 같은 관계식을 얻게 된다.

$$\sum_{i=1}^{N}\Big(2X_{m,i}^{*}F_{m,i}\hat{H}^2-2|X_{m,i}|^2\hat{H}_2\Big)=0 \tag{3.3.62}$$

따라서, 위의 식으로부터 $\hat{H}_2(f)$를 다음과 같이 구할 수 있다.

$$\hat{H}_2(f)=\frac{\sum_{i=1}^{N}|X_{m,i}|^2}{\sum_{i=1}^{N}X_{m,i}^{*}F_{m,i}}=\frac{(1/N)\sum_{i=1}^{N}|X_{m,i}|^2/T_c}{(1/N)\sum_{i=1}^{N}X_{m,i}^{*}F_{m,i}/T_c}=\frac{\hat{S}_{X_mX_m}}{\hat{S}_{X_mF_m}}$$
$$\approx\frac{\lim_{T_c\to\infty}E\big[|X_{m,i}|^2\big]/T_c}{\lim_{T_c\to\infty}E\big[X_{m,i}^{*}F_{m,i}\big]/T_c}=\frac{S_{X_mX_m}}{S_{X_mF_m}} \tag{3.3.63}$$

위의 식에서 만약 응답 신호 $x(t)$에 측정 오차가 무시할 수 있을 정도로 매우 작다고 가정할 수 있다면($X_m(f)=X(f)$), 아래에 나타낸 바와 같이 $\hat{H}_2(f)$는 진동계의 주파수 응답 함수인 $H(f)$의 불편 추정량이 됨을 확인할 수 있다(식 (3.3.39) 참고).

$$\hat{H}_2(f)\approx\frac{S_{X_mX_m}(f)}{S_{X_mF_m}(f)}=\frac{S_{XX}(f)}{S_{XF_m}(f)}=\frac{S_{XX}(f)}{S_{XF}(f)}=H(f) \tag{3.3.64}$$

위와 같이 가진 신호에만 잡음이 포함된 경우, 즉 가진 신호 $f_m(t)$ ($=f(t)+n_f(t)$)와 응답 신호 $x(t)$에 대한 기여도를 알아보자. 식 (3.3.42)의 기여도는 다음과 같이 나타낼 수 있다.

$$\gamma_{F_mX}^2(f)=\frac{|S_{F_mX}(f)|^2}{S_{F_mF_m}(f)S_{XX}(f)}=\frac{|S_{FX}(f)|^2}{\big(S_{FF}(f)+S_{N_fN_f}(f)\big)S_{XX}(f)}$$
$$=\frac{|H(f)|^2|S_{FF}(f)|^2}{\big(S_{FF}(f)+S_{N_fN_f}(f)\big)|H(f)|^2S_{FF}(f)} \qquad 3.3.65)$$
$$=\frac{S_{FF}(f)}{S_{FF}(f)+S_{N_fN_f}(f)}=\frac{S_{FF}(f)}{S_{F_mF_m}(f)}$$

위에서 마지막 식은 다음과 같이 나타낼 수 있는데,

$$\begin{aligned}\gamma^2_{F_mX}(f) &= \frac{S_{FF}(f)}{S_{FF}(f)+S_{N_fN_f}(f)} \\ &= \frac{1}{1+\left(S_{N_fN_f}(f)/S_{FF}(f)\right)} = \frac{1}{1+\left(1/(SNR)_{input}\right)}\end{aligned} \tag{3.3.66}$$

$(SNR)_{input}$의 값이 크면 기여도 함수 $\gamma^2_{F_mX}(f)$의 값은 1에 가까워지며, 그 값이 작을수록 기여도 함수의 값은 0에 가까워진다.

한편, 위에서 살펴본 경우와는 반대로, 만약 응답 신호 $x(t)$에 대해서만 잡음을 고려하고, 가진 신호 $f(t)$에 대한 측정 오차는 무시할 수 있을 정도로 작다고 가정할 경우에는($F_m(f)=F(f)$), 다음과 같이 $\widehat{H}_2(f)$가 진동계의 주파수 응답 함수 $H(f)$의 불편 추정량이 되지 못함을 확인할 수 있다.

$$\begin{aligned}\widehat{H}_2(f) &\approx \frac{S_{X_mX_m}(f)}{S_{X_mF_m}(f)} = \frac{S_{XX}(f)+S_{N_xN_x}(f)}{S_{X_mF}(f)} = \frac{S_{XX}(f)+S_{N_xN_x}(f)}{S_{XF}(f)} \\ &= \frac{S_{XX}(f)+S_{N_xN_x}(f)}{S_{XX}(f)/H(f)} \\ &= H(f)\left(1+\frac{S_{N_xN_x}(f)}{S_{XX}(f)}\right) = H(f)\left(1+\frac{1}{(SNR)_{output}}\right)\end{aligned} \tag{3.3.67}$$

위 식에 의하면, $\widehat{H}_2(f)$는 원래의 주파수 응답함수 $H(f)$보다 큰 값을 추정하게 된다. 위 식에서 $(SNR)_{output}$ 값이 커질수록 $\widehat{H}_2(f)\approx H(f)$의 관계를 달성할 수 있음을 알 수 있다. 일반적으로 공진 주파수에서는 $(SNR)_{output}$의 값이 크기 때문에 $\widehat{H}_2(f)$를 사용하는 것이 더욱 적절하다. 반면, 반공진 수파수에서는 $\widehat{H}_1(f)$를 사용하는 것이 보다 적합하다.

지금까지 주파수 응답 함수를 추정하는 방법으로서 식 (3.3.36)에 의한 주파수 응답 함수 $H(f)$를 추정한 $\widehat{H}_1(f)$, 그리고, 식 (3.3.39)에 의한 주파수 응답 함수 $H(f)$를 추정한 $\widehat{H}_2(f)$에 대해 알아보았다. 이들 주파수 응답 함수 추정량은 각각 응답 함수에만 잡음이 있다고 가정할 경우($\widehat{H}_1(f)$), 또는 가진 함수에만 잡음이 있다고 가정할 경우($\widehat{H}_2(f)$)에는 모두 $H(f)$의 불편 추정량이 됨을 알아보았다.

보충설명 3.3.3 **식 (3.3.60)의 유도 과정에 사용된 미분 관계식**

식 (3.3.60)을 유도하기 위해 다음과 같은 미분 관계식이 적용되었다. 관련식의 유도 과정이 다소 복잡하게 보이지만 차근차근 직접 유도하여 보기를 바란다.

$$\frac{\partial}{\partial H_{\rm re}}\left(\frac{1}{H(f)}\right)=-\frac{(H_{\rm re}-jH_{\rm im})^2}{\left(H_{\rm re}^2+H_{\rm im}^2\right)^2}=-\frac{(H_{\rm re}-jH_{\rm im})^2}{|H|^4} \tag{1}$$

$$\frac{\partial}{\partial H_{\rm im}}\left(\frac{1}{H(f)}\right)=-\frac{(H_{\rm re}-jH_{\rm im})(H_{\rm im}+jH_{\rm re})}{\left(H_{\rm re}^2+H_{\rm im}^2\right)^2}=-\frac{(H_{\rm re}-jH_{\rm imI})(H_{\rm im}+jH_{\rm re})}{|H|^4} \tag{2}$$

$$\frac{\partial}{\partial H_{\rm re}}\left(\frac{1}{H^*(f)}\right)=-\frac{(H_{\rm re}+jH_{\rm im})^2}{\left(H_{\rm re}^2+H_{\rm im}^2\right)^2}=-\frac{(H_{\rm re}+jH_{\rm im})^2}{|H|^4} \tag{3}$$

$$\frac{\partial}{\partial H_{\rm im}}\left(\frac{1}{H^*(f)}\right)=-\frac{(H_{\rm re}+jH_{\rm im})(H_{\rm im}-jH_{\rm re})}{\left(H_{\rm re}^2+H_{\rm im}^2\right)^2}=-\frac{(H_{\rm re}+jH_{\rm im})(H_{\rm im}-jH_{\rm re})}{|H|^4} \tag{4}$$

$$\frac{\partial}{\partial H_{\rm re}}\left(\frac{1}{|H(f)|^2}\right)=-\frac{2H_{\rm re}}{\left(H_{\rm re}^2+H_{\rm im}^2\right)^2}=-\frac{2H_{\rm re}}{|H|^4} \tag{5}$$

$$\frac{\partial}{\partial H_{\rm im}}\left(\frac{1}{|H(f)|^2}\right)=-\frac{2H_{\rm im}}{\left(H_{\rm re}^2+H_{\rm im}^2\right)^2}=-\frac{2H_{\rm im}}{|H|^4} \tag{6}$$

제 4 장

진동 측정의 기초
(Fundamentals on Vibration Measurement)

1장에서 배운 진동학에 대한 기초 내용을 바탕으로 3장까지는 신호 분석, 랜덤 진동에 대해 살펴보았다. 4장에서는 실험 모드 해석(experimental modal analysis)[1)]에 대한 내용을 중심으로 하여 진동 측정의 기초에 대해 알아볼 것이다. 주파수 영역에서의 신호를 이용하여 고유 진동수, 감쇠비 및 모드 형상 등의 모드 매개 변수(modal parameter)를 추출하는 방법을 배우고, 이에 대한 실습을 위해 MATLAB 소프트웨어용 예제를 이용한다. 이 장의 후반부에서는 진동 신호를 측정하기 위한 가진 및 측정 장비 등에 대한 기초를 다룰 것이다.

여기서 설명된 개별 기법들은 5장에서 추가로 기술되는 내용들과 함께 다시 종합적으로 다뤄질 것이므로 잘 익혀두기 바란다.

4.1. 모드 해석-모드 매개 변수의 추출

진동 해석(vibration analysis)이라 함은 진동계의 질량(m), 감쇠(c) 및 강성 계수(k)(다 자유도의 경우 이들은 각각 행렬 $\boldsymbol{M}$, $\boldsymbol{C}$, $\boldsymbol{K}$로 표현된다)를 파악하고(saptial model), 이 진동계 모델로부터 감쇠비(ζ), 고유 진동수(ω_n) 및 고유 모드(ϕ)와 같은 모드 매개변수(modal parameter)를 추출한 후(modal model), 외부 가진력에 대한 주파수 응답 또는 임펄스 응답(response model)을 구하는 것을 의미한다(Ewins, 2000). 이에 반해 모드 실험(modal testing) 또는 실험 모드 해석(experimental modal analysis)이라 함은 위의 과정을 거꾸로 되짚어 가는 과정을 말한다. 즉, 진동 측정을 통해 주파수 응답 특성을 얻고 이로부터 모드 매개변수를 추정하여 특정 진동계를 규명하는 것이다.

우리는 지금까지 이미 모드 해석을 이해하기 위한 대부분의 기초 지식을 쌓아왔다. 여기서는 1 자유도를 포함하여 다 자유도 진동계에 대한 모드 해석의 내용을 이해하고, 이에 대한 실습을 수행하기 위한 다양한 기반 지식과 실용 지식 등을 더 알아보도록 하자.

4.1.1 1 자유도 진동계 주파수 응답의 표현 및 모드 매개 변수

그림 1.1.6(a)의 1 자유도 진동계에 대한 모드 해석의 단계 별 모델(spatial, modal, response model)을 확인하여 보자. 우리는 이미 해당 진동계는 식 (1.1.2)의 2계 상미분 방정식에 의해 표현될 수 있음을

1) 운용 중 모드 해석(operational modal analysis)이라는 분야가 있다. 구조물이 실제로 작동할 때의 미지의 가진력을 고려한 것이라면, 여기서의 실험 모드 해석은 의도된 가진력에 대한 응답을 이용하여 모드 매개 변수를 추출하는 것이다. 이 책에서 모드 해석이라 함은 실험 모드 해석을 의미한다.

알고 있다.

$$m\ddot{x}(t)+c\dot{x}(t)+kx(t)=f(t) \tag{1.1.2}$$

위 식에는 특정 진동계의 질량(m), 감쇠(c) 및 강성 계수(k)가 포함되어 있다(spatial model). 이 진동계가 비감쇠 자유 진동을 할 경우($c=0,\ f(t)=0$), 해를 $x(t)=Xe^{j\omega_n t}$로 가정하여 대입하면 식 (1.1.2)는 다음과 같이 표현되므로,

$$\left(-\omega_n^2 m+k\right)X=0 \tag{4.1.1}$$

고유 진동수에 대한 관계식, $\omega_n=\sqrt{k/m}$을 얻게 된다. 그리고, 감쇠 자유 진동에 대한 식에서 임계 감쇠(c_{cr}) 대비 감쇠 계수의 값으로 정의되는 감쇠비 ζ를 구할 수 있다(modal model).

$$\zeta=\frac{c}{c_{cr}}=\frac{c}{2m\omega_n}=\frac{c}{2\sqrt{mk}} \tag{1.1.9}$$

한편, 가진력 $f(t)\ (=F_0e^{j\omega t})$에 대한 정상 상태 변위 $x(t)\ (=\widetilde{X}_pe^{j\omega t})$를 나타내는 주파수 응답 함수 $\widetilde{H}(\omega)$는 복소수 지수법을 이용하여 다음과 같이 표현된다.

$$\widetilde{H}(\omega)=\frac{\widetilde{X}_p}{F_0}=\frac{X_pe^{-j\phi}}{F_0}=\frac{1}{k-\omega^2m+j\omega c} \tag{1.2.24}$$

위 식에 나타낸 변위에 대한 주파수 응답 함수를 특히, 리셉턴스 주파수 응답 함수(receptance FRF (frequency response function))라고 하며, 이의 크기 $|\widetilde{H}(\omega)|$와 위상 $\angle\widetilde{H}(\omega)$는 각각 다음과 같다.

$$|\widetilde{H}(\omega)|=H(\omega)=\frac{1}{\sqrt{(k-\omega^2m)^2+(\omega c)^2}} \tag{4.1.2a}$$

$$\angle\widetilde{H}(\omega)=-\tan^{-1}\frac{\omega c}{k-\omega^2m}=-\phi \tag{4.1.2b}$$

위 식에서 $\angle\widetilde{H}(\omega)$와 식 (1.2.24) (또는 식 (1.2.22))의 ϕ의 부호가 서로 다름에 유의해야 한다. ϕ는 가진력 대비 응답의 위상 지연(phase lag)을 나타내므로, 식 (1.2.24)에서 이미 마이너스 기호가 붙어 있다.

한편, 리셉턴스 주파수 응답 함수는 다음과 같이 정규화된 형태로 나타내기도 한다.

$$k\widetilde{H}(\omega)=\frac{\widetilde{X}_p}{F_0/k}=\frac{1}{1-r^2+j2\zeta r} \tag{4.1.3}$$

위 식에서 r은 고유 진동수 대비 가진 진동수의 비율(ω/ω_n)을 나타낸다(식 (1.2.33) 참고).

이 외에도 실험 모드 해석에서는 가진력 대비 속도를 나타내는 모빌리티 주파수 응답함수(mobility FRF), $\widetilde{Y}(\omega)$ 및 가진력 대비 가속도를 나타내는 이너턴스 주파수 응답함수(inertance FRF), $\widetilde{A}(\omega)$를 사용하기도 하는데, 이는 진동계의 모드 매개 변수를 추정함에 있어서 경우에 따라 리셉턴스 주파수 응답함수보다 더 좋은 장점을 갖고 있다.

$$\widetilde{Y}(\omega)=\frac{\widetilde{V}_p}{F_0}=\frac{j\omega\widetilde{X}_p}{F_0}=\frac{V_pe^{-j\phi_v}}{F_0}=\frac{j\omega}{k-\omega^2m+j\omega c}=j\omega\widetilde{H}(\omega) \tag{4.1.4}$$

$$\widetilde{A}(\omega)=\frac{\widetilde{A}_p}{F_0}=\frac{-\omega^2\widetilde{X}_p}{F_0}=\frac{A_pe^{-j\phi_a}}{F_0}=\frac{-\omega^2}{k-\omega^2m+j\omega c}=-\omega^2\widetilde{H}(\omega) \tag{4.1.5}$$

위에서 언급한 주파수 응답 함수를 그래프로 나타내는 방법에는 크게 3가지가 있다. 그림 1.2.4에서 이미 살펴본 바와 같이 주파수 응답 함수를 크기 및 위상으로 구분하여 표현하는 가장 일반적인 방법이 있다(이렇게 표현한 그래프를 보드 선도(Bode plot)라고 한다). 그리고, 주파수 응답 함수가 복소수이므로 주파수 대비 실수부 및 허수부를 분리해서 그래프를 그리는 방법(real and imaginary plots)이 있으며, 마지막으로 실수부를 가로축에, 허수부를 세로축에 그리는, 즉 복소 평면상에 주파수 응답 함수를 그리는 나이퀴스트 선도(Nyquist plot)가 있다. 진동계의 주파수 응답을 분석하기 위한 대부분의 진동 측정 기기(주파수 분석기, spectrum analyzer)에서는 이 3가지 기능을 모두 제공하고 있으며, 곧 살펴볼 각각의 장점에 따라 선택하여 모드 특성을 분석할 수 있다.

1 보드 선도 및 주파수 특성

1) 리셉턴스(receptance)

앞서 이미 설명한 대로 가진력 대비 변위에 대한 주파수 응답 함수를 말한다. 전기 회로 등의 분야에서는 어드미턴스(admittance)라는 용어를 사용하기도 하며, 이의 역수는 동적 강성(dynamic stiffness)을 의미한다. 1 자유도 진동계의 리셉턴스(식 (1.2.24))에 대한 보드 선도를 그리기 위해 필요한 크기 및 위상은 식 (4.1.2)에 제시되어 있다. 그림 4.1.1에 임의의 진동계에 대한 보드 선도를 나타내었는데, 위상과 관련해서는 주파수 응답 함수 자체의 위상 $\angle\widetilde{H}(\omega)$과 외력에 대한 위상 지연량 ϕ를 모두 나타내었다[2].

2) 모빌리티 및 이너턴스에 대한 그림에서도 동일하게 적용되었다.

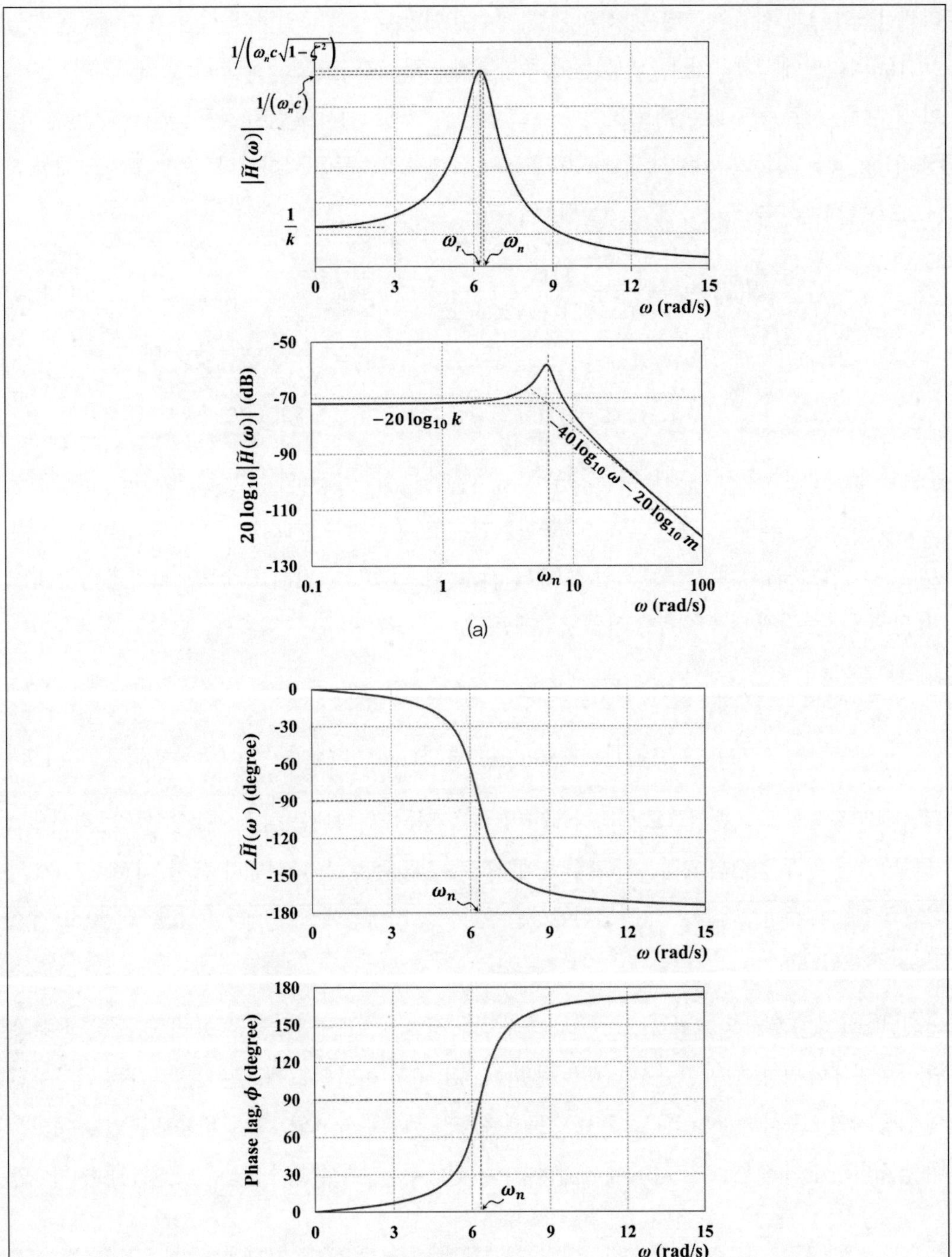

그림 4.1.1 1 자유도 진동계의 리셉턴스 주파수 응답함수에 대한 보드 선도(Bode plot): (a) 선형 눈금(상단) 및 로그 눈금 표현(하단) 주파수에 대한 리셉턴스 주파수 응답 함수의 크기 $|\tilde{H}(\omega)|$, (b) 리셉턴스 주파수 응답 함수의 위상 $\angle\tilde{H}(\omega)$ (상단) 및 변위 응답의 위상 지연 ϕ (하단)

리셉턴스의 크기 선도의 특징은 1장의 확대 계수에 대한 내용과 동일하다. 다만, 여기에서는 그림 4.1.1(a)의 하단에 그래프가 추가되었는데, 주파수에 대해 로그 눈금(log scale)으로 처리되어 있다[3]. 이 경우에는 세로축도 dB 단위로 하였다. 로그 눈금의 그래프에서 표현된 점근선인 $-20\log_{10}k$ 및 $-40\log_{10}\omega-20\log_{10}m$은 각각 $\omega\to0$ 및 $\omega\to\infty$ 에서의 거동을 나타낸다. 즉, 리셉턴스 대한 식 (1.2.24)를 아래와 같이 나타낼 수 있는데,

$$\widetilde{H}(\omega)=\frac{1/k}{1-(\omega/\omega_n)^2+j2\zeta\omega/\omega_n} \tag{4.1.6a}$$

$$\widetilde{H}(\omega)=\frac{1/m}{\omega_n^2-\omega^2+j2\zeta\omega_n\omega}=\frac{1/(\omega^2 m)}{(\omega_n/\omega)^2-1+j2\zeta\omega_n/\omega} \tag{4.1.6b}$$

주파수가 고유 진동수 대비 매우 작을 경우($\omega\ll\omega_n$)에는 식 (4.1.6a)에 의하면 $\widetilde{H}(\omega)\to1/k$의 거동을, 주파수가 고유 진동수보다 충분히 큰 영역($\omega\gg\omega_n$)에서는 식 (4.1.6b)에 의해 $\widetilde{H}(\omega)\to-1/(\omega^2m)$의 거동을 보인다[4]. 따라서, 그림 4.1.1(a) 하단의 그래프에 나타낸 바와 같이 dB 단위에서는 각각 다음의 극한 거동을 갖게 된다.

$$20\log_{10}|\widetilde{H}(\omega)|\to-20\log_{10}k\ (\omega\ll\omega_n) \tag{4.1.7a}$$

$$20\log_{10}|\widetilde{H}(\omega)|\to-40\log_{10}\omega-20\log_{10}m\ (\omega\gg\omega_n) \tag{4.1.7b}$$

그런데, 가로축을 로그 눈금으로 설정함에 따라 극한 거동을 나타내는 점근선이 상수 또는 직선으로 표현되었다. 위 두 직선의 교점은 주파수 축에서 고유 진동수 ω_n을 나타낸다. 또한, 식 (4.1.7b)에 의하면 공진 이후 주파수가 충분히 큰 범위에서는 주파수가 10배 증가함에 따라 리셉턴스는 40 dB 감소함을 알 수 있다[5].

리셉턴스에 대한 위상은 그림 4.1.1(b)에 나타내었다. 상단의 그래프는 복소수인 리셉턴스 주파수 응답 함수 자체의 위상 $\angle\widetilde{H}(\omega)$를 나타내는 반면(식 (4.1.2(b)), 하단의 그래프는 가진력 대비 변위 응답의 위상 지연 ϕ를 나타낸다(식 (1.2.24)). 진동계는 공진 전후 위상이 약 180° 바뀜을 확인할 수 있으며(감쇠비의 값이 작을수록 180° 에 가깝다), 고유 진동수 ω_n에서 변위 응답은 가진력 대비 90° 만

3) 로그 스케일의 장점은 로그 함수의 특성상 낮은 숫자 범위의 영역에서 함수의 거동을 자세히 볼수 있게 한다. 진동은 대부분 저주파수 대역의 거동이 중요한 경우가 많으므로 주파수 영역을 로그 눈금으로 그리면 선형 눈금(linear scale)으로 그렸을 때 잘 확인이 되지 않는 특성을 보여주기도 한다. MATLAB에서는 'semilogx', Microsoft Excel 등에서는 로그 눈금 설정을 통해 로그 눈금의 그래프를 그릴 수 있다. 추가 설명은 보충 설명 4.1.1을 참고하기 바란다.

4) 이러한 이유로 공진 이전의 주파수 영역에서는 강성에 의한 영향이 크고(stiffness-controlled), 공진 이후의 주파수 영역에서는 질량에 의한 영향이 상대적으로 더 크다(mass-controlled). 이는 진동계의 동특성 변경시 주요 착안점이 된다.

5) 이를 -40 dB/decade로 표현한다.

큼 위상 지연을 갖고 발생한다.

2) 모빌리티(mobility)

식 (4.1.4)에 나타낸 바와 같이, 가진력 대비 속도에 대한 주파수 응답 함수를 말한다. 모빌리티의 역수는 역학 임피던스(mechanical impedance)라고도 하며, 이는 전기 회로 분야에서 주파수 영역의 전류 대비 전압을 의미하는 임피던스와 동일한 개념을 갖는다. 보드 선도를 그리기 위한 모빌리티의 크기 및 위상은 각각 다음과 같이 표현된다.

$$|\widetilde{Y}(\omega)| = Y(\omega) = \frac{\omega}{\sqrt{(k-\omega^2 m)^2 + (\omega c)^2}} \tag{4.1.8a}$$

$$\angle \widetilde{Y}(\omega) = \frac{\pi}{2} - \tan^{-1}\frac{\omega c}{k-\omega^2 m} = -\phi_v \tag{4.1.8b}$$

리셉턴스 주파수 응답 함수에서와 마찬가지로 그림 4.1.2에 선형 주파수 눈금, 로그 주파수 눈금 각각에 대한 dB 단위 그래프 및 위상 등을 나타내었다. 모빌리티 응답함수의 크기는 리셉턴스와는 달리 고유 진동수 ω_n에서 최대값을 갖고[6], 이 때의 함수 값은 $1/c$이 된다. 식 (4.1.6)에서와 같이 주파수가 고유 진동수와 비교하여 매우 작을 때와 클 때의 거동을 살펴보기 위해 식 (4.1.4)를 다음과 같이 나타낼 수 있다.

$$\widetilde{Y}(\omega) = \frac{j\omega/k}{1-(\omega/\omega_n)^2 + j2\zeta\omega/\omega_n} \tag{4.1.9a}$$

$$\widetilde{Y}(\omega) = \frac{j/(\omega m)}{(\omega_n/\omega)^2 - 1 + j2\zeta\omega_n/\omega} \tag{4.1.9b}$$

따라서, 위 식들에 의하면 주파수가 고유 진동수 대비 매우 작을 경우($\omega \ll \omega_n$)에는 $\widetilde{Y}(\omega) \to j\omega/k$의 거동을, 주파수가 고유 진동수보다 충분히 큰 영역($\omega \gg \omega_n$)에서는 $\widetilde{Y}(\omega) \to -j/(\omega m)$의 거동을 확인할 수 있다[7]. 따라서, 이러한 거동은 로그 주파수 눈금에서 dB 단위로 표현된 모빌리티에서는 다음과 같은 직선으로 나타나는데 이를 그림 4.1.2(a) 하단에 나타내었다.

$$20\log_{10}|\widetilde{Y}(\omega)| \to 20\log_{10}\omega - 20\log_{10}k \ (\omega \ll \omega_n) \tag{4.1.10a}$$

$$20\log_{10}|\widetilde{Y}(\omega)| \to -20\log_{10}\omega - 20\log_{10}m \ (\omega \gg \omega_n) \tag{4.1.10b}$$

---

6) 리셉턴스 주파수 응답 함수는 $\omega = \omega_n\sqrt{1-2\zeta^2}$ 에서 최대값을 가짐을 상기하자.

7) 사실 $\widetilde{Y}(\omega) = j\omega\widetilde{H}(\omega)$의 관계가 있으므로, 앞서 살펴본 $\omega \ll \omega_n$ 및 $\omega \gg \omega_n$ 에서의 $\widetilde{H}(\omega)$의 거동인 $\widetilde{H}(\omega) \to 1/k$ 및 $\widetilde{H}(\omega) \to -1/(\omega^2 m)$에 $j\omega$를 곱하면 된다.

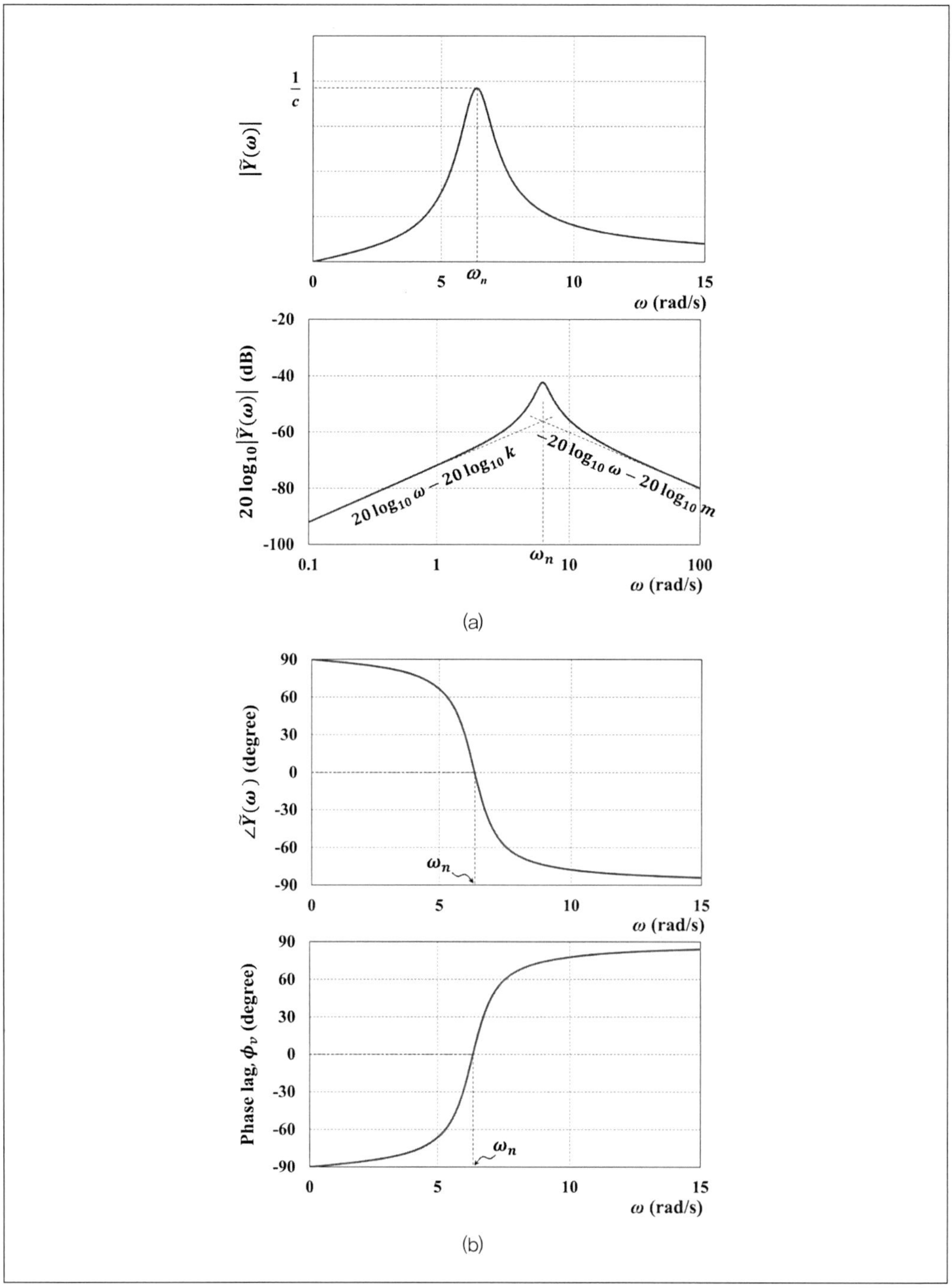

그림 4.1.2 1 자유도 진동계의 모빌리티 주파수 응답 함수에 대한 보드 선도(Bode plot): (a) 선형 눈금(상단) 및 로그 눈금 표현(하단) 주파수에 대한 모빌리티의 크기 $|\widetilde{Y}(\omega)|$, (b) 모빌리티의 위상 $\angle\widetilde{Y}(\omega)$ (상단) 및 속도 응답의 위상 지연 ϕ_v (하단)

위 식으로부터 모빌리티 크기의 그래프에서는 극한 거동이 각각 주파수가 10배 증가함에 따라 20 dB 씩 증가(20 dB/decade) 또는 감소(-20 dB/decade)함을 알 수 있는데(고유 진동수 ω_n을 중심으로 좌우 극한 거동의 기울기가 같다), 이는 앞에서 살펴본, 고 주파수 영역에서의 리셉턴스 주파수 응답 함수의 기울기보다 그 크기가 1/2배 작다. 이는 다음에 살펴볼 이너턴스의 저주파수 영역에서의 40 dB/decade 보다 역시 작다. 이러한 특성들로 인해 보드 선도를 통해 진동계의 특성을 살펴 볼 경우 모빌리티를 선호하는 경향이 있다.

모빌리티에 대한 위상은 그림 4.1.2(b)에 나타내었다. 식 (4.1.8b)를 참고하여, 상단은 모빌리티 $\angle \widetilde{Y}(\omega)$ 자체의 위상을, 하단의 그래프는 가진력 대비 속도 응답의 위상 지연 ϕ_v를 나타낸다. 1장에서 언급한 바와 같이 공진에서는 가진력과 속도가 동 위상(in phase)임을 확인할 수 있다.

3) 이너턴스(inertance)

이너턴스는 액셀레런스(accelerance)라고도 하며 이의 역수는 겉보기 질량(apparent mass)이라고 한다. 식 (4.1.5)에 표현된 이너턴스의 크기 및 위상은 각각 다음과 같이 표현된다.

$$|\widetilde{A}(\omega)| = A(\omega) = \frac{\omega^2}{\sqrt{(k-\omega^2 m)^2 + (\omega c)^2}} \tag{4.1.11a}$$

$$\angle \widetilde{A}(\omega) = \pi - \tan^{-1}\frac{\omega c}{k-\omega^2 m} = -\phi_a \tag{4.1.11b}$$

앞의 2개의 주파수 응답 함수에서와 마찬가지로 그림 4.1.3에 선형 주파수 눈금, 로그 주파수 눈금에 대한 dB 단위 그래프 및 위상 등을 각각 나타내었다. 이너턴스는 고유 진동수 ω_n에서 ω_n/c의 값을 갖는데, 이들은 감쇠비가 작을 경우각각 식 (4.1.11a)가 최대값이 되는 주파수 $\omega_n/\sqrt{1-\zeta^2}$ 및 그 때의 최대값 $\omega_n/(c\sqrt{1-\zeta^2})$과 근사적으로 같다고 볼 수 있다.

주파수가 고유 진동수와 비교하여 매우 작을 때와 클 때의 거동을 살펴보기 위해 식 (4.1.5)를 다음과 같이 나타낼 수 있다.

$$\widetilde{A}(\omega) = \frac{-\omega^2/k}{1-(\omega/\omega_n) + j2\zeta\omega/\omega_n} \tag{4.1.12a}$$

$$\widetilde{A}(\omega) = \frac{-1/m}{(\omega_n/\omega)^2 - 1 + j2\zeta\omega_n/\omega} \tag{4.1.12b}$$

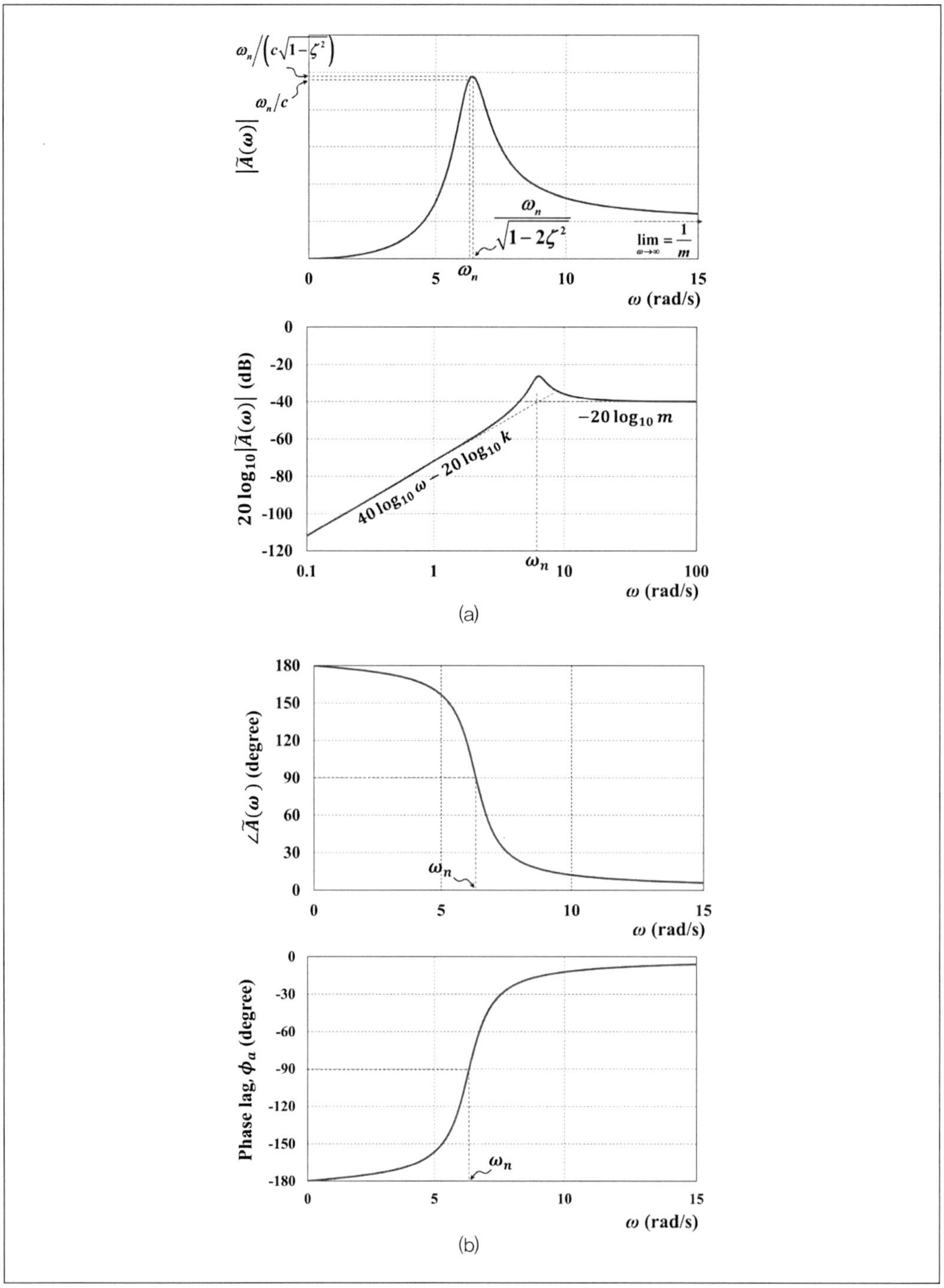

그림 4.1.3 1 자유도 진동계의 이너턴스 주파수 응답 함수에 대한 보드 선도(Bode plot): (a) 선형 눈금(상단) 및 로그 눈금 표현(하단) 주파수에 대한 이너턴스의 크기 $|\tilde{A}(\omega)|$, (b) 이너턴스의 위상 $\angle\tilde{A}(\omega)$ (상단) 및 가속도 응답의 위상 지연 ϕ_a (하단)

따라서, 위 식들을 이용하면 이너턴스는 주파수가 고유 진동수 대비 매우 작을 경우($\omega \ll \omega_n$)에는 $\widetilde{A}(\omega) \to -\omega^2/k$의 거동을, 주파수가 고유 진동수보다 충분히 큰 영역($\omega \gg \omega_n$)에서는 $\widetilde{A}(\omega) \to 1/m$의 거동을 보인다고 말할 수 있다. 따라서, 이러한 거동은 로그 주파수 눈금에서 dB 단위로 표현된 이너턴스에서는 다음과 같이 직선 및 상수로 나타나는데 이를 그림 4.1.3(a) 하단에 나타내었다.

$$20\log_{10}|\widetilde{A}(\omega)| \to 40\log_{10}\omega - 20\log_{10}k \ (\omega \ll \omega_n \qquad (4.1.13a)$$

$$20\log_{10}|\widetilde{A}(\omega)| \to -20\log_{10}m \ (\omega \gg \omega_n) \qquad (4.1.13b)$$

위 식으로부터 이너턴스 크기의 그래프에서는 고유 진동수보다 매우 작은 주파수 영역에서 주파수가 10배 증가함에 따라 40 dB씩 증가(40 dB/decade) 증가하고 고유 진동수 보다 매우 큰 주파수 영역에서는 $-20\log_{10}m$으로 수렴하는 것을 확인할 수 있다.

이너턴스 대한 위상은 그림 4.1.3(b)에 나타내었다. 상단은 이너턴스 $\angle\widetilde{A}(\omega)$ 자체의 위상을, 하단의 그래프는 가진력 대비 가속도 응답의 위상 지연 ϕ_a를 나타낸다. 복소수 지수법에서 속도는 변위에 $j\omega$를, 가속도는 속도에 $j\omega$를 각각 곱한 것임을 숙지하고 있다면, 그림 4.1.1(b), 4.1.2(b) 및 4.1.3(b)에서 서로 위상이 90° 만큼 차이가 나는 것을 확인할 수 있다. 즉, 응답 위상 지연의 관점에서는 가진력 대비 변위의 위상 지연 ϕ에 비해, 속도(ϕ_v)와 가속도(ϕ_a)는 각각 90° 씩 위상이 앞서게 되므로, 가속도의 경우 위상 지연이 모든 영역에서 음수가 된다. 이는 가진력 대비 가속도의 위상은 항상 앞서기 때문이다.

보충설명 4.1.1 **로그 눈금(log scale)**

자료를 그래프로 표현할 때, 일반적으로는 가로축 및 세로축에 선형 눈금(linear scale)을 사용한다. 우리가 늘 사용하는 자의 눈금 그대로이다. 이러한 표현에서는 숫자의 '차이'가 같으면 같은 길이를 갖는다. 즉, 예를 들면, 3과 6 사이의 거리는 110과 113 사이의 거리하고 같다.

진동학 뿐만 아니라 다른 모든 학문에서 로그 눈금(log scale)의 사용은 매우 유익한 정보를 주는 경우가 많다. 로그 눈금은 선형 좌표축의 위치 값에 상용 로그를 취하지만 그 숫자를 그대로 사용하는 것이다. 그림 4.1.4에 로그 눈금 설명을 위한 상용 로그의 함수 관계를 나타내었다. 왼쪽 그림에서와 같이 숫자 사이의 간격이 동일한 2, 4, 6, 8, 10에 상용 로그를 취해보자. 여기서 로그 눈금이란, 숫자는 2, 4, 6, 8, 10을 사용하지만 이들 숫자의 위치는 세로축의 눈금 간격을 사용하는 것이다. 로그 함수의 특성상 함수 인자에 해당하는 숫자가 커질수록, 같은 차이를 갖는 숫자들의 로그 함수 값 사이의 간격은 점점 작아진다. 반면, 오른쪽 그림에서와 같이 선형 눈금에서는 비율이 같은 숫자 사이의 간격은 숫자가 커질수록 커진다. 그러나, 이에 대한 상용 로그 값들 사이의 간격은 동일함을 알 수 있다. 즉, 선형 눈금에서 2, 4, 8, 16의 연속된 숫자들 사이의 간격은 점점 커지지만, 그 비율은 2로 일정하므로 이에 대한 상용 로그 값들 사이의 간격은 일정하게 된다. 따라서, 비율이 같은 숫자들 사이의 간격은 로그 눈금에서는 일정하게 된다. 일반적으로 로그 눈금에서는 0.01, 0.1, 1, 10, 100 등 10의 거듭 제곱이 많이 사용되는데, 이들 사이는 10배씩 비율이 동일하게 커지므로 로그 눈금에서 동일한 간격을 나타낸다.

로그 눈금에서는 로그 함수의 특성에 의해, 동일한 숫자 차이에 대해서는 크기가 큰 숫자 영역에서보다 작은 크기의 숫자 영역에서 그 간격이 더 넓다(위 그림을 예로 들면, 2와 4사이와 8과 10사이는 모두 차이가 2이지만, 그 간격은 2와 4사이가 더 넓다). 이는 진동학에서는 낮은 주파수 대역을 좀더 자세히 살필 수 있는 장점을 제공한다. 진동학에서 관심을 갖는 주파수 대역은 저 주파수 대역이 대부분이기 때문이다.

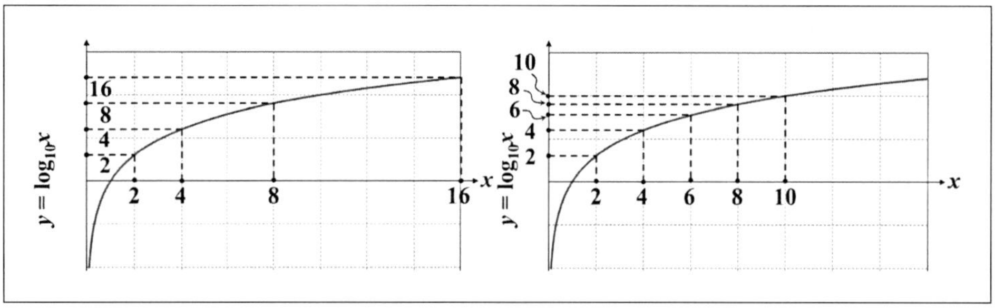

그림 4.1.4 상용 로그 $\log_{10}x$ 및 로그 눈금

그림 4.1.5는 2개 변수의 관계에서 독립변수 x, 종속 변수 y에 대해 모두 로그 눈금을 사용했을 경우의 $x'y'$ 좌표계를 나타낸다. 그림에서와 같이 독립 변수 및 종속 변수에 대해 각각 $\log_{10}x$ 및 $\log_{10}y$의 눈금을 사용하되 새로운 좌표축에 대해서는 원래의 숫자를 그대로 사용한다. 예시로서 $(x, y) = (8, 4)$를 그림에 표시하였다.

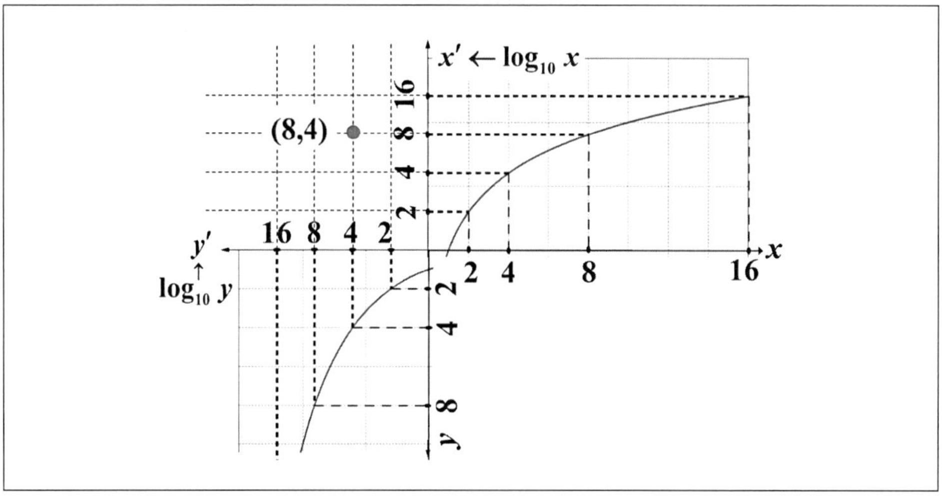

그림 4.1.5 독립변수 및 종속변수 모두에 대해 상용 로그를 이용한 로그 눈금

보충 설명을 마무리하면서, 이해도를 점검할 겸 아래와 질문에 대한 답을 고민해보자: 그림 4.1.5와 같은 로그-로그 눈금에서 직선으로 표현되는 독립변수와 종속 변수의 관계는 어떤 관계식의 함수일까?

정답: $y = Cx^a$ (C: 양의 상수)

왜? $y' = ax' + b$

$$\log_{10}y = alog_{10}x + b = \log_{10}x^a + \log_{10}10^b = \log_{10}10^b x^a \rightarrow y = 10^b x^a$$

2 실수부 및 허수부 선도

주파수 성분 분석기 등을 이용하여 실험 모드 해석을 수행할 때, 보드 선도를 주로 사용하게 되지만, 공진 주파수 등의 파악이 애매한 경우에 실수부 및 허수부 선도의 사용은 매우 훌륭한 대안이 될 수 있다. 여기서는 리셉턴스, 모빌리티 및 이너턴스에 대한 각각의 실수부/허수부 선도의 특성이 어떠한지 알아보도록 하자.

1) 리셉턴스(receptance)

식 (1.2.24)의 리셉턴스 응답함수를 다음과 같이 실수부 및 허수부로 나누어 보자.

$$\mathrm{Re}\{\widetilde{H}(\omega)\} = \frac{k - \omega^2 m}{(k - \omega^2 m)^2 + (\omega c)^2} \tag{4.1.14a}$$

$$\mathrm{Im}\{\widetilde{H}(\omega)\} = \frac{-\omega c}{(k - \omega^2 m)^2 + (\omega c)^2} \tag{4.1.14b}$$

위 식의 결과를 그림 4.1.6에 각각 나타내었는데, 리셉턴스 실수부 및 허수부 선도의 가장 큰 특징으로서, 실수부와 가로축(주파수 축)과 만나는 지점이 고유 진동수 ω_n을 나타내고[8], 허수부에서는 감쇠비가 작은 경우 근사적으로 최대 절대값을 갖는 지점이 고유 진동수 ω_n을 나타낸다는 것이다(엄밀하게는 ω_n 보다 약간 작은 주파수에서 최대 크기를 갖는다). 이는 주파수 응답 함수를 통해 진동계의 고유 진동수를 구할 때 큰 장점이 되는데, 이러한 특성은 모빌리티와 이너턴스의 실수부/허수부 선도에서도 나타난다.

8) 참고로, 그림 4.1.6(a)에서 최대 및 최소값을 갖는 주파수는 각각 $\omega = \omega_n\sqrt{1-2\zeta}$ 및 $\omega = \omega_n\sqrt{1+2\zeta}$가 되는데 감쇠비가 작을 경우 이는 다시 각각 $\omega \approx \omega_n(1-\zeta)$ 및 $\omega \approx \omega_n(1+\zeta)$로 나타낼 수 있다. 즉, 감쇠비가 작을 경우 리셉턴스 실수부의 최대 및 최소값은 반 동력점에서 발생하는데, 이러한 사실은 감쇠비를 계산하기 위해 사용될 수 있다.

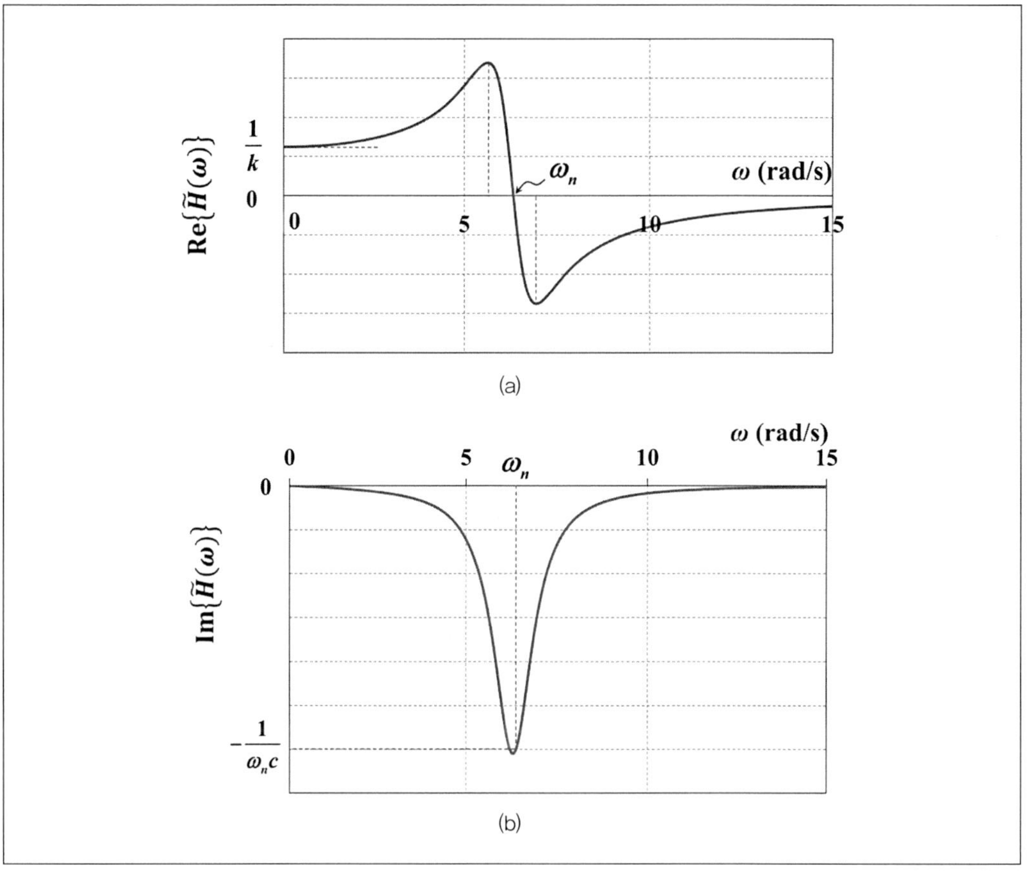

그림 4.1.6 1 자유도 진동계의 리셉턴스 주파수 응답함수 $\widetilde{H}(\omega)$에 대한 (a) 실수부 $\mathrm{Re}\{\widetilde{H}(\omega)\}$ 및 (b) 허수부 $\mathrm{Im}\{\widetilde{H}(\omega)\}$ 선도

2) 모빌리티(mobility)

식 (4.1.4)에 나타낸 모빌리티 주파수 응답 함수의 실수부와 허수부는 각각 다음과 같다.

$$\mathrm{Re}\{\widetilde{Y}(\omega)\} = \frac{\omega^2 c}{(k-\omega^2 m)^2 + (\omega c)^2} \tag{4.1.15a}$$

$$\mathrm{Im}\{\widetilde{Y}(\omega)\} = \frac{\omega(k-\omega^2 m)}{(k-\omega^2 m)^2 + (\omega c)^2} \tag{4.1.15b}$$

그리고, 위 식에 대한 각각의 그래프를 그림 4.1.7에 나타내었는데, 그림 4.1.6의 리셉턴스에 대한 실수부/허수부 선도와 비교하자면, 리셉턴스의 허수부는 부호를 바꿔서 모빌리티의 실수부 형상이 되었고, 리셉턴스의 실수부는 모빌리티의 허수부 형상과 비슷하게 되었다. 모빌리티 실수부는 정확하게 고유 진동수 ω_n 에서 최대값 $1/c$를 가지며, 허수부는 고유 진동수 ω_n 에서 주파수 축과 만나게 된다[9].

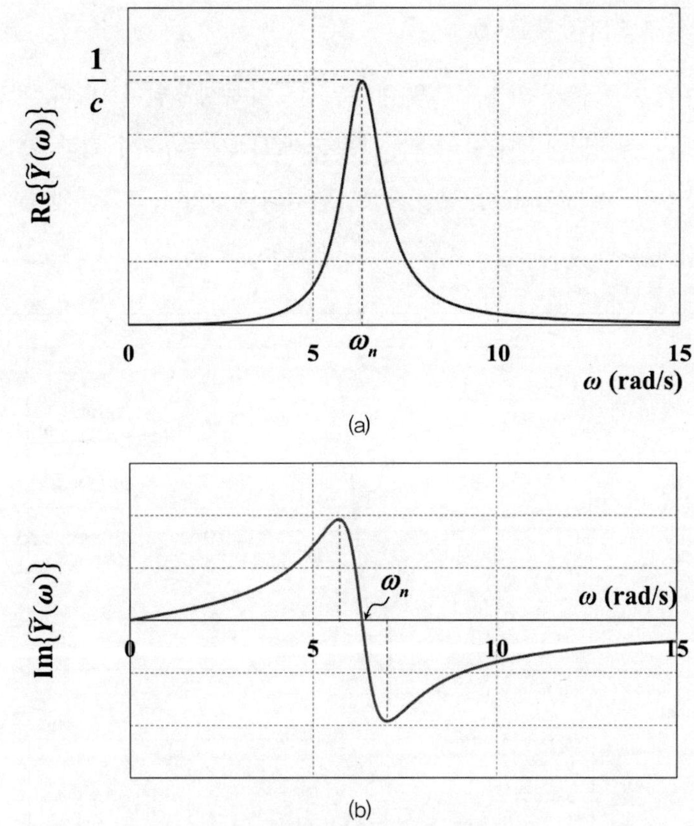

그림 4.1.7 1 자유도 진동계의 모빌리티 주파수 응답함수 $\widetilde{Y}(\omega)$에 대한 (a) 실수부 $\mathrm{Re}\{\widetilde{Y}(\omega)\}$ 및 (b) 허수부 $\mathrm{Im}\{\widetilde{Y}(\omega)\}$ 선도

3) 이너턴스(inertance)

식 (4.1.5)에 나타낸 이너턴스 주파수 응답 함수의 실수부와 허수부는 각각 다음과 같다.

$$\mathrm{Re}\{\widetilde{A}(\omega)\} = \frac{-\omega^2(k-\omega^2 m)}{(k-\omega^2 m)^2 + (\omega c)^2} \tag{4.1.16a}$$

$$\mathrm{Im}\{\widetilde{A}(\omega)\} = \frac{\omega^3 c}{(k-\omega^2 m)^2 + (\omega c)^2} \tag{4.1.16b}$$

9) 모빌리티 허수부의 최대 및 최소는 각각 $\omega = -\zeta\omega_n + \omega_n\sqrt{1+\zeta^2}$ 및 $\omega = \zeta\omega_n + \omega_n\sqrt{1+\zeta^2}$ 에서 발생하는데, 감쇠비가 작을 경우 이는 다시 각각 $\omega \approx -\zeta\omega_n + \omega_n$ 및 $\omega \approx \zeta\omega_n + \omega_n$ 으로 나타낼 수 있다. 즉, 감쇠비가 작을 경우 모빌리티 허수부의 최대 및 최소값은 반 동력점에서 발생하므로 이를 이용하여 감쇠비를 계산할 수 있다.

그림 4.1.8(a)에 나타낸 이너턴스의 실수부는 고유 진동수 ω_n 일 때 가로축(주파수 축)과 만나며[10], 허수부에서는 감쇠비가 작은 경우 역시 고유 진동수 ω_n 에서 근사적인 최대값 ω_n/c 를 갖는다(실제의 최대값은 고유 진동수 보다 약간 크다).

지금까지 3가지 주파수 응답함수의 실수부 및 허수부 선도의 특성을 알아보았다. 이 3가지 중에 어떤 주파수 응답 함수를 관찰하던지 극대 및 극소를 갖는 그래프에서는 주파수 축과 교차하는 지점, 그리고 단일 피크만 있는 경우에는 최대값을 갖는 지점이 관심의 대상이다. 그 지점의 주파수가 바로 고유 진동수 ω_n 임을 잊지 말자.

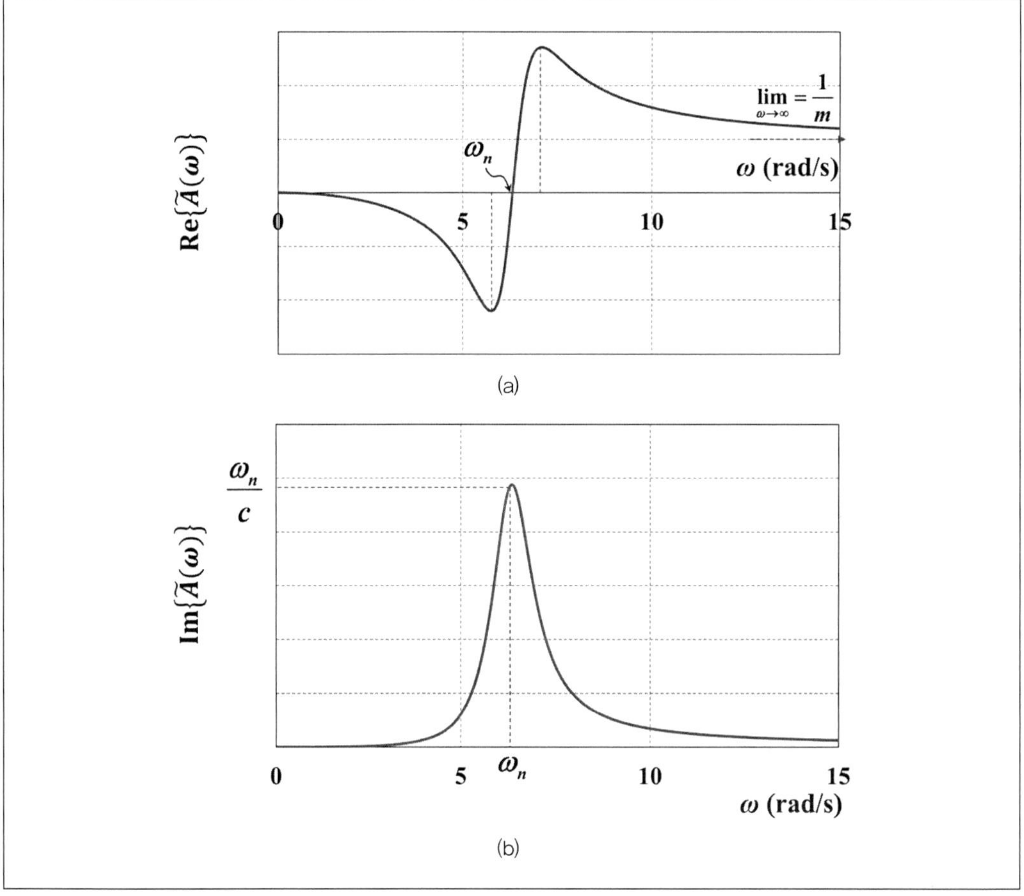

그림 4.1.8 1 자유도 진동계의 이너턴스 주파수 응답함수 $\widetilde{A}(\omega)$에 대한 (a) 실수부 $\mathrm{Re}\{\widetilde{A}(\omega)\}$ 및 (b) 허수부 $\mathrm{Im}\{\widetilde{A}(\omega)\}$ 선도

10) 이너턴스 실수부의 최소 및 최대는 각각 $\omega=\omega_n/\sqrt{1+2\zeta}$ 및 $\omega=\omega_n/\sqrt{1-2\zeta}$ 에서 발생하는데 감쇠비가 작을 경우 이는 다시 각각 $\omega\approx\omega_n-\zeta\omega_n$ 및 $\omega\approx\omega_n+\zeta\omega_n$ 으로 나타낼 수 있다. 즉, 감쇠비가 작을 경우 이너턴스 실수부의 최소 및 최대값은 반 동력점에서 발생하므로 이를 이용하여 감쇠비를 계산할 수도 있다.

③ 나이퀴스트 선도

마지막으로 살펴볼, 주파수 응답함수에 대한 그래프 표현법은 나이퀴스트 선도로서 실수부와 허수부를 복소 평면 위에 표현하는 것이다. 이 경우 실수부와 허수부는 각각 주파수의 함수이므로 복소 평면상에서 주파수의 변화에 따라 궤적을 그리게 되는데, 원형 또는 원과 비슷한 형태를 보인다.

1) 리셉턴스(receptance)

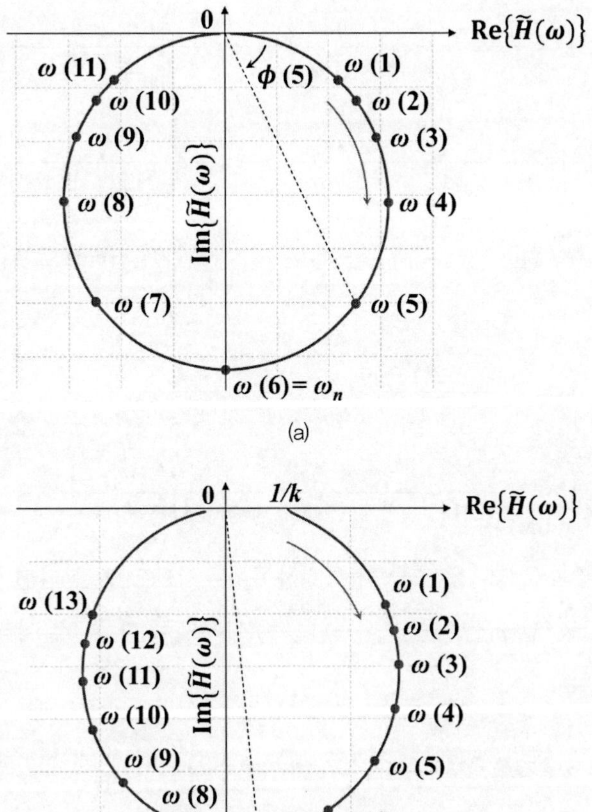

그림 4.1.9 1 자유도 진동계의 리셉턴스 주파수 응답 함수 $\tilde{H}(\omega)$에 대한 나이퀴스트 선도: (a)가 나타내는 진동계의 감쇠비 값이 (b)의 진동계보다 10배 작으며 질량 및 강성은 모두 동일함

그림 4.1.9에 식 (4.1.14)에 제시된 리셉턴스의 나이퀴스트 선도를 나타내었다. 먼저, 리셉턴스가 복소 평면상에서 주파수가 변함에 따라 어떠한 궤적을 나타내는지 식을 통해 알아보자. 미리 알아둘 것

은 리셉턴스의 실수부와 허수부는 정확한 원을 나타내지는 않지만[11], 감쇠비가 작을 경우에는 원형 궤적으로 근사할 수 있다는 사실이다.

식 (4.1.14)에서 $\mathrm{Re}\{\widetilde{H}(\omega)\}$와 $\mathrm{Im}\{\widetilde{H}(\omega)\}$의 관계를 구하기 위해 ω를 소거해야 하지만 이렇게 하면 식의 전개가 상당히 복잡해진다. 따라서, 근사적인 접근 방법으로서 무차원 주파수 $r=\omega/\omega_n$을 이용하고, $r\approx 1$ 근처에서의 관계를 유도해보도록 하자. 먼저 무차원 주파수 r을 이용하여 식 (4.1.14)를 다음과 같이 바꿔 표현해보자.

$$\mathrm{Re}\{\widetilde{H}(\omega)\}=\frac{1}{m}\frac{\omega_n^2-\omega^2}{\left(\omega_n^2-\omega^2\right)^2+\left(2\zeta\omega_n\omega\right)^2}=\frac{1}{k}\frac{1-r^2}{\left(1-r^2\right)^2+(2\zeta r)^2} \tag{4.1.17a}$$

$$\mathrm{Im}\{\widetilde{H}(\omega)\}=\frac{1}{m}\frac{-2\zeta\omega_n\omega}{\left(\omega_n^2-\omega^2\right)^2+\left(2\zeta\omega_n\omega\right)^2}=-\frac{1}{k}\frac{2\zeta r}{\left(1-r^2\right)^2+(2\zeta r)^2} \tag{4.1.17b}$$

$r\approx 1$에 대해서 $1-r^2=(1+r)(1-r)\approx 2(1-r)$의 관계가 성립하므로, 위 식은 다음과 같이 나타낼 수 있다.

$$\mathrm{Re}\{\widetilde{H}(\omega)\}\approx\frac{1}{k}\frac{2(1-r)}{4(1-r)^2+(2\zeta)^2}=\frac{1}{k}\frac{1-r}{2\left\{(1-r)^2+\zeta^2\right\}} \tag{4.1.18a}$$

$$\mathrm{Im}\{\widetilde{H}(\omega)\}\approx-\frac{1}{k}\frac{2\zeta}{4(1-r)^2+(2\zeta)^2}=-\frac{1}{k}\frac{\zeta}{2\left\{(1-r)^2+\zeta^2\right\}} \tag{4.1.18b}$$

한편, $r\approx 1$ 근처의 주파수 영역을 조금 더 특정하여 $r=1\pm\zeta$라고 한다면[12], 위 관계식은 각각 $\mathrm{Re}\{\widetilde{H}(\omega)\}\approx\pm 1/(4k\zeta^2)$, $\mathrm{Im}\{\widetilde{H}(\omega)\}\approx-1/(4k\zeta)$가 되므로, 다음과 같이 국소적으로 원의 방정식을 만족함을 알 수 있다.

$$\left(\mathrm{Re}\{\widetilde{H}(\omega)\}\right)^2+\left(\mathrm{Im}\{\widetilde{H}(\omega)\}+\frac{1}{4k\zeta}\right)^2=\left(\frac{1}{4k\zeta}\right)^2 \tag{4.1.19}$$

그림 4.1.9에서 $\omega(i)$ $(i=1,2,3,\ \ldots)$는 시계 방향으로 증가하는 '등간격 주파수'를 나타내는데, 주파수 $\omega(i)$에서의 리셉턴스를 나타내는 지점들 사이는 '등간격'이 아님을 확인할 수 있다. 이미 식 (4.1.19)를 통해 유추할수 있지만, 감쇠비가 작은 경우의 리셉턴스는 그림 4.1.9(a)와 같이 거의 원형의 궤적을 갖는데 비해 감쇠비가 클수록 그림 4.1.9(b)와 같이 정확한 원이 되지 않고 중심이 허수축에

11) 뒤에서 살펴 보겠지만, 모빌리티 주파수 응답함수의 궤적은 정확하게 원을 나타낸다. 또한, 감쇠 모델이 점성 감쇠가 아닌 구조 감쇠일 경우에 리셉턴스 주파수 응답함수의 궤적은 정확하게 원을 나타낸다.

12) 식 (1.2.41)에 의하면 반 동력점 주파수일때를 의미한다. 즉, $\omega=\omega_n\pm\zeta\omega_n$이 되고 이들은 앞의 각주 8)에서 설명한 바와 같이 리셉턴스 실수부의 최대 및 최소값이 발생하는 지점이므로 나이퀴스트 선도에서는 수평 반지름 위의 2개 지점을 나타낸다.

서 점점 멀어지게 되고 그 원의 크기도 점점 작아지게 된다. 그림에서는 동일한 크기로 표현되었지만 실제로는 그림 4.1.9(b)는 4.1.9(a)에 비해 상당히 작으며, 작은 그림을 동일한 크기로 그림에 따라 시작점($\omega = 0$)이 원점에서 시작하지 않고 $(1/k, 0)$에서 시작하고 있음을 분명하게 보여주고 있다. 그리고, 식 (4.1.14) 및 그림 4.1.6을 통해, 주파수가 매우 큰 영역에서는 리셉턴스의 실수부 및 허수부는 모두 0으로 수렴함을 알 수 있는데, 이는 주파수가 커질수록 리셉턴스의 나이퀴스트 선도가 원점으로 수렴함을 보여준다.

리셉턴스의 나이퀴스트 선도로부터 얻을 수 있는 모드 특성들은 다음과 같이 정리할 수 있다[13].

(1) 원점에서 나이퀴스트 원 위의 임의의 점까지 이은 선분이 실수축과 이루는 각도는 음의 $\angle \widetilde{H}(\omega)$를 나타내므로, 식 (4.1.2b)의 ϕ (변위 응답 위상 지연)를 나타낸다.

(2) 나이퀴스트 원이 허수축과 만나는 지점이 고유 진동수 ω_n에 해당한다. 식 (4.1.14a)에 의하면 실수부는 고유 진동수 ω_n에서 0의 값을 갖기 때문이다.

(3) 나이퀴스트 원 위의 점 중에서 원점에서 가장 먼 거리에 있는 점이 공진 주파수 ω_r에 해당한다(그림 4.1.9(b)의 $\omega(7)$의 경우). 이는 실수부와 허수부의 제곱의 합의 제곱근 즉, 리셉턴스의 진폭이 가장 큰 지점을 의미하기 때문이다. 감쇠비가 작을 경우 리셉턴스를 나타내는 나이퀴스트 원의 중심은 허수축에 매우 근접하게 되므로, 이는 곧 공진 주파수 ω_r이 위의 (2)에서 언급한 허수축과 만나는 지점 ω_n과 거의 일치하게 됨을 의미한다($\omega_n \approx \omega_r$). 또한, 이들은 감쇠비가 작을 경우에는 근사적으로 모두 동시에 실수축과 가장 먼 거리에 있는 지점들이기도 하다.

(4) 다 자유도 진동계에서는 대체로 모드 1개당 1개씩, 허수축을 벗어난 중심을 갖는 여러 개의 원이 생성된다. 이에 대해서는 나중에 다시 살펴볼 기회를 갖도록 하자.

(5) 그림 4.1.9에서 알 수 있듯이 등 간격 주파수에서의 리셉턴스의 실수부, 허수부 쌍들을 나타내는 지점 사이의 원호 길이는 공진 주파수(또는 고유 진동수)에 접근할수록 길어지다가 다시 짧아진다. 이로부터 등 간격 주파수 지점들 사이의 원호 중 가장 긴 길이의 중간 지점이 고유 진동수의 지점이 된다[14]. 이 방법은 다른 모드에 의한 영향이 상대적으로 더욱 작기 때문에, 특히 다 자유도 구조물의 실험 모드 해석에서 사용하기에 적합하다.

---

13) 아래 열거된 내용 중 허수축과 만나는 점, 실수 축으로부터 가장 먼 거리에 있는 점, 원점으로부터 먼 거리에 있는 점, 등간격 주파수 지점 중 원호 길이가 가장 큰 곳의 중간 지점 등이 감쇠비가 작은 경우의 고유 진동수를 결정하는 기준이다. 그러나, 복소 모드가 있거나 다 자유도 진동계에서 인접 모드의 영향이 있을 경우에는 이 기준에 의한 지점이 서로 조금씩 달라진다. 참고로, 다 자유도 진동계에서는 인접 모드의 영향이 상대적으로 적은 원호 길이 기준을 주로 사용한다.

14) 이에 대한 근거는 식 (4.1.29)부터 시작되는 부분에서 설명된다.

2) 모빌리티(mobility)

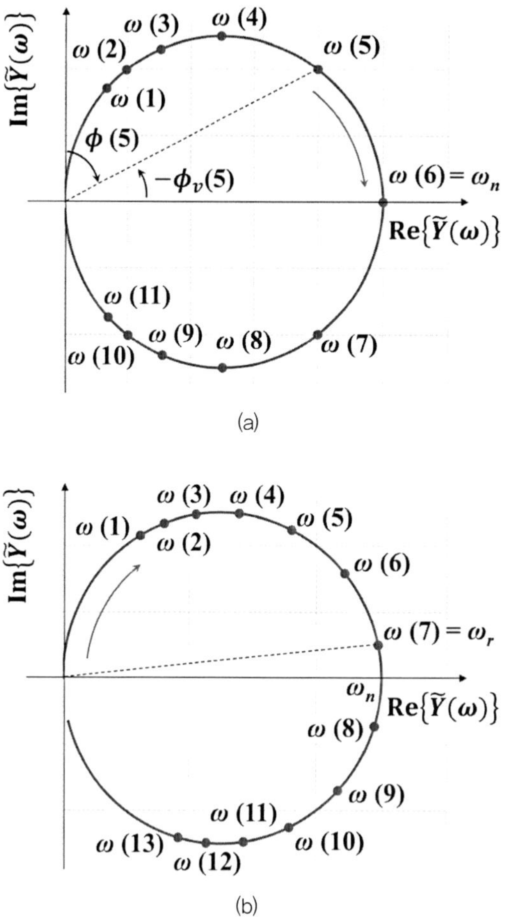

그림 4.1.10 1 자유도 진동계의 모빌리티 주파수 응답함수 $\widetilde{Y}(\omega)$에 대한 나이퀴스트 선도: (a)가 나타내는 진동계의 감쇠비 값이 (b)의 진동계보다 10배 작으며 질량 및 강성은 모두 동일함

식 (4.1.15)에 나타낸 모빌리티 주파수 응답 함수의 실수부와 허수부의 관계는 다음과 같이 정확히 원의 방정식을 이룬다.

$$\left(\mathrm{Re}\{\widetilde{Y}(\omega)\}-\frac{1}{2c}\right)^2+\left(\mathrm{Im}\{\widetilde{Y}(\omega)\}\right)^2=\left(\frac{1}{2c}\right)^2 \tag{4.1.20}$$

이는 그림 4.1.10에 나타낸 바와 같이 실수축에 중심을 갖고 반지름 $1/(2c)$인 원을 나타낸다[15]. 따라

15) 모빌리티 주파수 응답함수의 실수부와 허수부가 완전한 원을 나타냄에도 불구하고, 그림 4.1.10(b)의 실수축 아래 부분에서 원의 마지막 부분이 원점까지 이르지 못한 이유는 단지 충분한 주파수 상한을 고려하지 않아 그래프가 끝까지 그려지지 않았기 때문이다. 예를 들면, 관심 주파수 영역에 따라 나이퀴스트 원은 3/4만 그려질 수도 있다. 추가로, 모빌리티 나이퀴스

서, 실수축 중심이 $1/(2c)$이므로 실수축과 만나는 지점이 $1/c$이 되는데, 이러한 사실은 진동계의 감쇠 계수를 구할 수 있는 유용한 수단을 제공한다. 모빌리티를 제외한 다른 두 주파수 응답 함수는 정확한 원을 나타내지 않으므로 측정된 주파수 응답 함수로부터 $j\omega$를 곱하거나 나누어 모빌리티 주파수 응답 함수를 생성한 후 나이퀴스트 선도를 사용하게 된다.

리셉턴스에서와 마찬가지로 나이퀴스트 원은 원점에서 시계 방향으로 출발하여, 등간격 주파수에 따라 그려진다. 그러나, 주파수 $\omega(i)$에서의 모빌리티를 나타내는 지점들 사이는 역시나 간격이 동일하지 않음을 확인할 수 있다. 원점에서 원 위의 임의의 점까지 이은 선분이 실수축과 이루는 각도는 모빌리티 위상 $\angle \widetilde{Y}(\omega)$ 자체를 의미하므로(식 (4.1.8b) 참고), 이는 가진력 대비 속도 응답 위상 지연 ϕ_v에 음의 부호를 붙인 결과가 된다. 예로서, 그림 4.1.10(a)에 5번째 주파수 값에 대한 위상을 표기하였다. 또한, 식 (4.1.15)에서 고유 진동수 ω_n에서의 실수부 및 허수부 값은 각각 $1/c$ 및 0이 됨을 알 수 있는데(그림 4.1.7 참고), 이는 그림 4.1.10(a)에 나타낸 바와 같이 모빌리티 나이퀴스트 원이 실수축과 만나는 지점이 된다. 참고로, 그림 4.1.10(b)에는 이미 알고 있는 진동계의 공진 주파수 ω_r을 추가로 나타내었으나, 모빌리티 주파수 응답 함수의 실수부/허수부를 이용하여 공진 주파수 ω_r을 직접 알아내기는 어렵다.

모빌리티 나이퀴스트 원에서 마지막으로 주목해야 할 특징으로서, 허수축 방향으로의 최대 및 최소에 해당하는 지점은 반 동력점을 나타낸다는 것이다[16]. 이를 다음과 같이 유도해보자. 반지름이 $1/(2c)$인 원이므로 허수부의 최대 및 최소는 다음과 같이 구한다.

$$\mathrm{Im}\{\widetilde{Y}(\omega)\} = \frac{\omega(k-\omega^2 m)}{(k-\omega^2 m)^2 + (\omega c)^2} = \frac{1}{2c} \tag{4.1.21}$$

위 식을 무차원 주파수 r을 이용하여 표현하면 다음과 같은데,

$$(1-r^2)^2 + (2\zeta r)^2 = 4\zeta r(1-r^2) \tag{4.1.22}$$

$r = 1\ (\omega = \omega_n)$ 근처에서는 $1 - r^2 \approx 2(1-r)$로 간주할 수 있으므로, 위 식은 다음과 같이 정리할 수 있다.

$$(1-r)^2 + \zeta^2 = 2\zeta(1-r) \rightarrow ((1-r) - \zeta)^2 = 0 \tag{4.1.23}$$

즉, 위 식의 해는 $r = 1 - \zeta$이므로 이는 $\omega = \omega_n - \zeta\omega_n$이 되고, 마찬가지 방법으로 식 (4.1.21)을 최소

트 원의 반지름은 $1/(2c)$이므로 감쇠가 클수록 반지름이 작아진다. 그림 4.1.10(b)는 그림 4.1.10(a)보다 감쇠비가 큰 경우로서 동일한 크기로 그렸으나 실제로는 원의 반경이 더 작다. 이는 리셉턴스 나이퀴스트 원의 경우에서와 같다.

16) 앞에서 이미 살펴본 리셉턴스 나이퀴스트 선도에서 실수축 방향으로의 최대 최소와 동일하다.

값인 $-1/(2c)$에 대해서 풀면 $\omega = \omega_n + \zeta\omega_n$을 얻게 된다. 이는 반 동력점을 나타내는 것으로서 그림 4.1.7(b)와 각주 9)에서 이미 언급한 내용과 동일하다.

앞서 언급한 바와 같이 다 자유도 구조물의 진동에서는 나이퀴스트 원이 모드의 개수만큼 발생하기 때문에 각각의 고유 진동수 부근 주파수 영역 별로 분석을 해야 한다. 또한, 측정 결과에 따라 잡음 및 측정 오차에 의해 나이퀴스트 원이 상당히 불완전하게 그려질 수 있다. 이러한 경우에 필요한 원 근사법(circle fitting) 등에 대해서는 다 자유도에 대한 주파수 응답 표현 등을 알아본 다음에 살펴보도록 하자. 참고로 그림 4.1.11에 이너턴스에 대한 나이퀴스트 선도를 제시하였으니 참고하기 바란다.

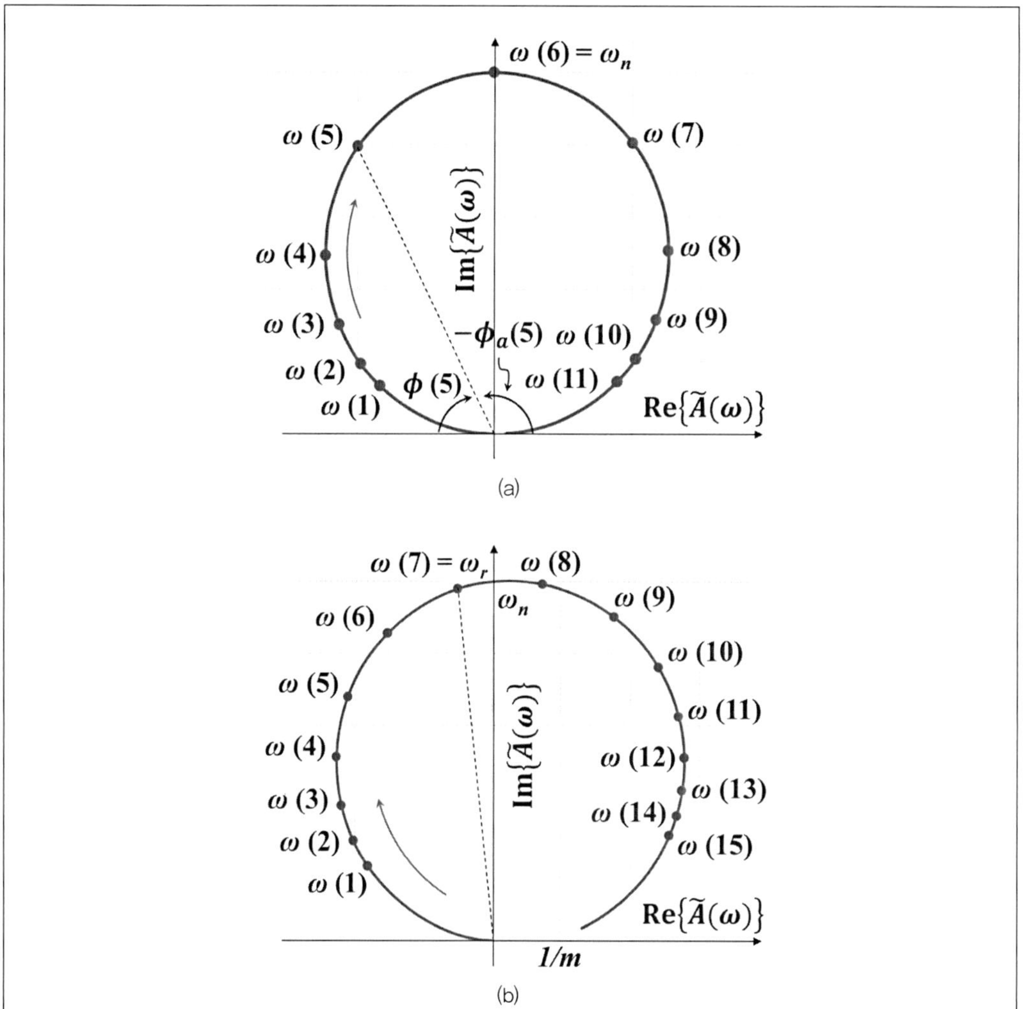

그림 4.1.11 1 자유도 진동계의 이너턴스 주파수 응답함수 $\widetilde{A}(\omega)$에 대한 나이퀴스트 선도: (a)가 나타내는 진동계의 감쇠비 값이 (b)의 진동계보다 10배 작으며 질량 및 강성은 모두 동일함

4.1.2 구조 감쇠 모델의 주파수 응답

1장의 예제 1.2.4에서 감쇠력 $f_d(t)$가 속도 $\dot{x}(t)$에 비례하는 점성 감쇠와 달리 변위 $x(t)$에 비례하여 $f_d(t)=jhx(t)$와 같이 표현되는 감쇠를 구조 감쇠라고 하였다. 따라서, 구조 감쇠를 고려한 1 자유도 진동계의 미분 방정식은 다음과 같이 표현된다[17].

$$m\ddot{x}(t)+jhx(t)+kx(t)=m\ddot{x}(t)+k(1+j\eta)x(t)=f(t) \tag{4.1.24}$$

위 식에서 손실 계수(loss factor) η $(=h/k)$를 이용하면 구조 감쇠의 진동계는 복소수 강성 $k(1+j\eta)$를 갖게 된다. 따라서, 가진력 $f(t)=F_o e^{j\omega t}$에 대한 리셉턴스는 다음과 같이 구할 수 있다.

$$\widetilde{H}(\omega)=\frac{\widetilde{X}_p}{F_0}=\frac{1}{k-\omega^2 m+jh}=\frac{1}{k-\omega^2 m+jk\eta} \tag{4.1.25}$$

이러한 구조 감쇠 모델은 1장의 식 (1.2.48) 및 예제 1.2.4를 통해 등가의 점성 감쇠 모델로 대체될 수 있으며, 이 경우 $c_{eq}=h/\omega$의 관계가 성립함을 살펴본바 있다. 따라서, 고유 진동수에서는 $c_{eq}=h/\omega_n$이 성립하므로 이 경우 다음과 같은 관계를 얻을 수 있다.

$$\zeta_{eq}=\frac{c_{eq}}{c_{cr}}=\frac{h/\omega_n}{2m\omega_n}=\frac{k\eta}{2m\omega_n^2}=\frac{\eta}{2} \tag{4.1.26}$$

그런데, 이는 또한 $\omega=\omega_n$에서의 리셉턴스의 크기(점성 감쇠: $1/(\omega_n c)$, 구조 감쇠: $1/(k\eta)$)를 서로 같게 놓으면 구할 수 있는 결과이기도 하다. 즉, 이 경우 고유 진동수에서의 리셉턴스 진폭의 크기가 서로 같게 되는 등가 감쇠가 된다.

그림 4.1.12에 동일한 질량, 강성을 갖고 등가 감쇠의 크기가 같은 점성 감쇠 및 구조 감쇠의 리셉턴스 크기를 나타내었다. 점성 감쇠 모델에서는 공진 주파수 ω_r이 식 (1.2.36)으로 표현되는데 이는 일반적으로 진동계의 고유 진동수 ω_n과는 다르다. 다만, 감쇠비가 작을 경우에 $\omega_n \approx \omega_r$의 관계식이 성립하였다. 그런데, 식 (4.1.25)에서 알수 있듯이 구조 감쇠의 감쇠는 주파수와 무관하므로 주파수 응답 함수의 최대값은 감쇠비와 관계없이 항상 고유 진동수 ω_n에서 발생하고 그 값은 $1/(k\eta)$ (또는 $1/h$)이 된다. 참고로, 점성 감쇠 모델은 공진 주파수 ω_r에서 최대값 $1/(2k\zeta\sqrt{1-\zeta^2})$을 갖는다(식 (1.2.37) 참고).

---

17) 구조 감쇠는 복소수 고유값을 갖는다. 외력이 없는 식 (4.1.24)에 $x(t)=\widetilde{X}e^{j\lambda t}$를 대입하면 $(k(1+j\eta)-\lambda^2 m)\widetilde{X}=0$이 되어 $\lambda^2=k(1+j\eta)/m=\omega_n^2(1+j\eta)$을 얻게 된다. λ를 복소수 고유값이라고 한다.

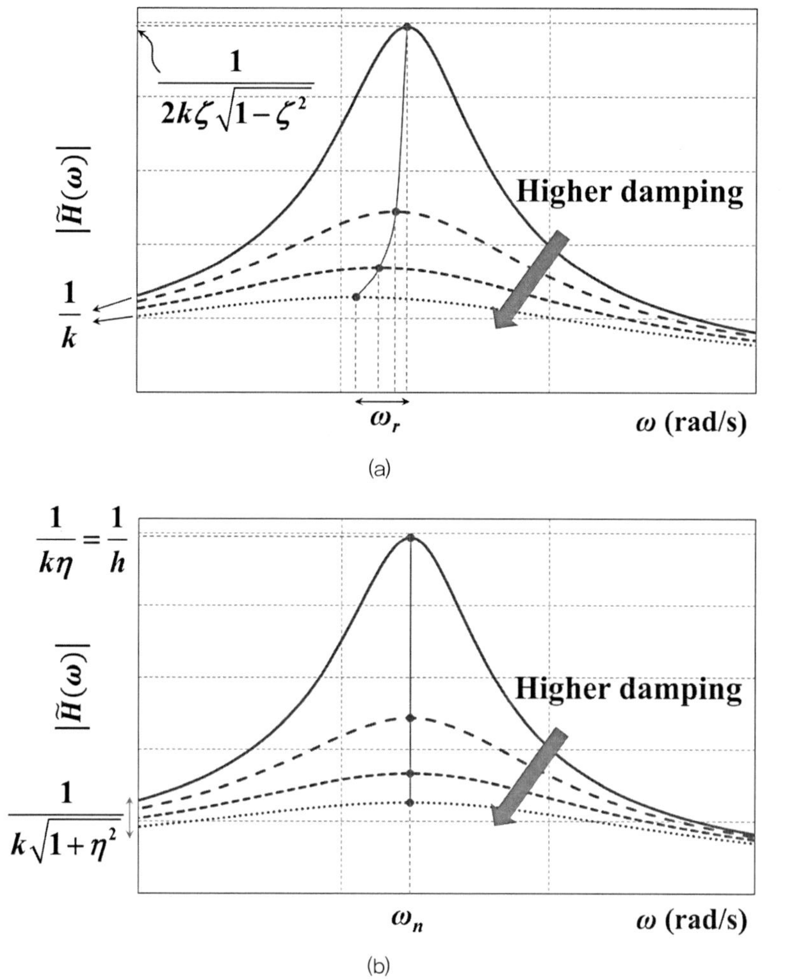

그림 4.1.12 감쇠 모델에 따른 리셉턴스 주파수 응답함수의 크기 비교: (a) 점성 감쇠 모델 및 (b) 구조 감쇠 모델

한편, 식 (4.1.25)에 제시된 구조 감쇠 모델의 리셉턴스의 실수부 및 허수부는 다음과 같다.

$$\mathrm{Re}\{\widetilde{H}(\omega)\} = \frac{k-\omega^2 m}{(k-\omega^2 m)^2 + h^2} = \frac{k-\omega^2 m}{(k-\omega^2 m)^2 + (k\eta)^2} \tag{4.1.27a}$$

$$\mathrm{Im}\{\widetilde{H}(\omega)\} = \frac{-h}{(k-\omega^2 m)^2 + h^2} = \frac{-k\eta}{(k-\omega^2 m)^2 + (k\eta)^2} \tag{4.1.27b}$$

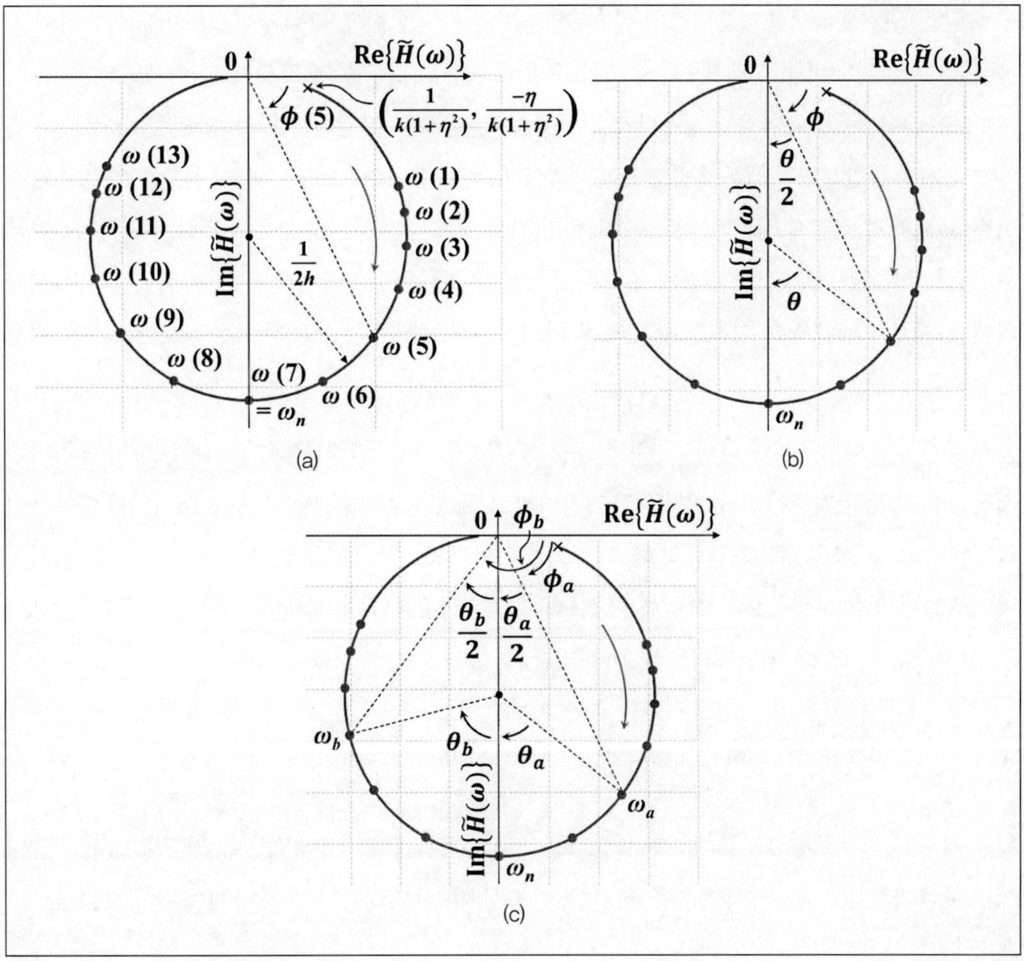

그림 4.1.13 구조 감쇠 모델의 리셉턴스에 대한 나이퀴스트 선도

따라서, 점성 감쇠 모델의 리셉턴스와는 달리, 위 식에 나타낸 실수부와 허수부는 다음과 같이 정확히 원의 방정식을 나타냄을 확인할 수 있다.

$$\left(\mathrm{Re}\{\widetilde{H}(\omega)\}\right)^2+\left(\mathrm{Im}\{\widetilde{H}(\omega)\}+\frac{1}{2h}\right)^2=\left(\frac{1}{2h}\right)^2 \tag{4.1.28}$$

즉, 구조 감쇠 모델에 대한 리셉턴스의 실수부와 허수부는 복소 평면상에서 중심 $(0,\ -1/(2h))$, 반지름 $1/(2h)$인 원을 구성한다. 이를 그림 4.1.13(a)에 나타내었는데, 원이 허수축과 만나는 지점이 고유 진동수 ω_n을 나타낸다. 그리고, 식 (4.1.27)을 통해 알 수 있듯이 $\omega=0$에서의 실수부와 허수부는 각각 $1/\{k(1+\eta^2)\}$ 및 $-\eta/\{k(1+\eta^2)\}$가 되므로, 구조 감쇠 모델 리셉턴스의 나이퀴스트 원은 원점에서 시작하지 않는다는 것을 알 수 있다.

구조 감쇠 진동계에 대한 리셉턴스의 실수부와 허수부는 정확한 원을 나타내므로 이를 이용하여 고유 진동수 및 감쇠비를 효과적으로 추출할 수 있다. 이에 대해 좀 더 자세히 살펴 보도록 하자. 식 (4.1.25)에 나타낸 주파수 응답 함수에서 확인할 수 있듯이, 구조 감쇠 모델의 최대값은 고유 진동수 ($\omega = \omega_n$)에서 발생하기 때문에 공진 주파수와 고유 진동수를 별도로 구분해야 하는 번거로움도 줄어든다(물론 점성 감쇠 진동계에서도 감쇠비가 작은 경우에는 특별히 구분할 필요가 없었다). 그리고, 점성 감쇠와는 달리 구조 감쇠가 주파수에 무관한 특성은 있지만 공진 근처에서는 식 (4.1.26)에 의해 두 감쇠 모델을 상호 대체할 수 있기에, 여기서 추가 설명하는 내용은 점성 감쇠에 그대로 적용 가능하다.

앞서 등간격 주파수에 따라 나이퀴스트 선도를 그릴 경우 가장 거리가 긴 호를 이루는 등간격 주파수 지점 사이의 중간 지점이 고유 진동수의 지점이라고 하였는데 그 이유는 그림 4.1.13(b)를 이용하여 설명될 수 있다. 식의 유도를 간단히 하고 고유 진동수 근처에서의 거동을 살펴보기 위해 θ의 위치를 임의로 그림과 같이 정해 보자. 그렇다면, 식 (4.1.25)의 실수부와 허수부는 각각 식 (4.1.27)과 같으므로, 그림으로부터 다음의 관계식을 얻을 수 있다.

$$\tan\frac{\theta}{2} = \tan(90^\circ - \phi) = \cot\phi = \frac{\omega_n^2 - \omega^2}{\eta\omega_n^2} \tag{4.1.29}$$

위 식에서 $\tan\phi = k\eta/(k - \omega^2 m) = \eta\omega_n^2/(\omega_n^2 - \omega^2)$의 관계가 이용되었는데, 가진력 대비 응답의 위상 지연 각도 ϕ의 부호에 유의하기 바란다. 따라서, 위 식은 다음과 같이 바꿔쓸 수 있으므로,

$$\omega^2 = \omega_n^2 - \eta\omega_n^2 \tan\frac{\theta}{2} \tag{4.1.30}$$

이를 θ에 대해 미분하면 아래와 같다.

$$\frac{d(\omega^2)}{d\theta} = -\frac{\eta\omega_n^2}{2} sec^2\frac{\theta}{2} = -\frac{\eta\omega_n^2}{2}\left(1 + \tan^2\frac{\theta}{2}\right) = -\frac{\eta\omega_n^2}{2}\left(1 + \left(\frac{\omega_n^2 - \omega^2}{\eta\omega_n^2}\right)^2\right) \tag{4.1.31}$$

따라서, $d\theta/d(\omega^2)$은 다음과 같으므로,

$$\frac{d\theta}{d(\omega^2)} = -\frac{2}{\eta\omega_n^2}\frac{(\eta\omega_n^2)^2}{(\eta\omega_n^2)^2 + (\omega_n^2 - \omega^2)^2} \tag{4.1.32}$$

θ의 ω^2에 대한 변화율이 최대인 지점은 고유 진동수($\omega = \omega_n$)가 된다. 각 주파수 ω는 양수이므로 고유 진동수 ω_n은 역시 ω에 대한 θ의 변화율($d\theta/d\omega$)이 최대가 되는 주파수가 된다. 즉, 동일한 주파수

간격으로 나이퀴스트 선도를 그릴 때 인접 주파수 지점 간의 θ의 변화가 가장 큰 곳이 고유 진동수가 되는 것이다.

한편, 구조 감쇠 진동계의 나이퀴스트 선도를 이용한 일반적인 감쇠비 추출 방법은 다음과 같다. 식 (4.1.29)를 이용하면, 그림 4.1.13(c)의 θ_a에 대한 관계식은 다음과 같이 나타낼 수 있다.

$$\tan\frac{\theta_a}{2} = \cot\phi_a = \frac{\omega_n^2 - \omega_a^2}{\eta\omega_n^2} = -\frac{\mathrm{Re}\{\widetilde{H}(\omega_a)\}}{\mathrm{Im}\{\widetilde{H}(\omega_a)\}} \tag{4.1.33}$$

마찬가지로, $\tan\phi_b = k\eta/(k-\omega_b^2 m) = \eta\omega_n^2/(\omega_n^2 - \omega_b^2)$을 이용하여 다음의 관계를 얻을 수 있다.

$$\tan\frac{\theta_b}{2} = \tan(\phi_b - 90^\circ) = -\cot\phi_b = -\frac{\omega_n^2 - \omega_b^2}{\eta\omega_n^2} = \frac{\mathrm{Re}\{\widetilde{H}(\omega_b)\}}{\mathrm{Im}\{\widetilde{H}(\omega_b)\}} \tag{4.1.34}$$

따라서, 식 (4.1.33)과 (4.1.34)를 더하면 아래와 같으므로,

$$\tan\frac{\theta_a}{2} + \tan\frac{\theta_b}{2} = \frac{\omega_n^2 - \omega_a^2}{\eta\omega_n^2} - \frac{\omega_n^2 - \omega_b^2}{\eta\omega_n^2} = \frac{\omega_b^2 - \omega_a^2}{\eta\omega_n^2} \tag{4.1.35}$$

손실 계수 η에 대한 다음의 식을 얻게 된다.

$$\eta = \frac{\omega_b^2 - \omega_a^2}{\omega_n^2\left(\tan\dfrac{\theta_a}{2} + \tan\dfrac{\theta_b}{2}\right)} \tag{4.1.36}$$

따라서, 나이퀴스트 선도에서 임의의 두 지점에 대한 주파수 값 및 각도, 그리고 고유 진동수를 알면 해당 진동계의 손실 계수를 구할 수 있다. 만약, ω_a와 ω_b가 반동력점 주파수라면 $\theta_a = \theta_b = 90^\circ$가 되므로(예제 4.1.1 참고), 위 식은 아래와 같이 표현된다.

$$\eta = \frac{\omega_b^2 - \omega_a^2}{2\omega_n^2} \tag{4.1.37}$$

또한, 감쇠가 작다면 $2\omega_n = \omega_a + \omega_b$ (예제 4.1.1)이므로, 위 식은 아래와 같이 나타낼 수 있다.

$$\eta = \frac{(\omega_b - \omega_a)(\omega_b + \omega_a)}{2\omega_n^2} = \frac{2\omega_n(\omega_b - \omega_a)}{2\omega_n^2} = \frac{\omega_b - \omega_a}{\omega_n} \tag{4.1.38}$$

위 식은 식 (4.1.26)의 관계를 고려하면 식 (1.2.44)와 같은 식이 된다.

예제 4.1.1

식 (4.1.25)의 주파수 응답 함수를 참고하여 1 자유도 구조 감쇠 진동계에서의 반동력점(half-power point) 주파수를 구하여라.

풀이 및 설명

식 (4.1.25)를 좀 더 간편하게 다음과 바꿔쓰면

$$\widetilde{H}(\omega)=\frac{1}{m\left(\omega_n^2-\omega^2+j\eta\omega_n^2\right)} \tag{1}$$

위 리셉턴스 크기의 최대값은 $\omega=\omega_n$에서 $1/(m\eta\omega_n^2)$이 된다. 따라서, 반동력점 주파수는 $|\widetilde{H}(\omega)|=1/(\sqrt{2}\,m\eta\omega_n^2)$를 만족하는 ω가 된다.

$$\frac{1}{m\sqrt{\left(\omega_n^2-\omega^2\right)^2+\left(\eta\omega_n^2\right)^2}}=\frac{1}{\sqrt{2}\,m\,\eta\omega_n^2} \tag{2}$$

위 식의 해를 ω_a, ω_b $(\omega_a<\omega_b)$라고 하면 각각 다음과 같이 구해진다.

$$\omega_a=\omega_n\sqrt{1-\eta}\,,\ \omega_b=\omega_n\sqrt{1+\eta} \tag{3}$$

그리고, 손실 계수 η의 값이 매우 작다면 위 식은 각각 근사적으로 다음과 같이 나타낼 수 있다.

$$\omega_a=\omega_n-\frac{\eta}{2}\omega_n,\ \omega_b=\omega_n+\frac{\eta}{2}\omega_n \tag{4}$$

참고로, 식 (4.1.26)의 관계를 고려하면, 위 식의 결과는 식 (1.2.44)와 같아진다. 또한, 식 (4.1.27a)의 실수부의 최대값 및 최소값은 식 (3)으로 표현된 반공진 주파수에서 발생하는데 이는 리셉턴스 나이퀴스트 선도에서 실수축 방향 지름의 양쪽 끝 지점에 해당한다.

4.1.3 고유 진동수 측정: 1 자유도 진동계

실험 모드 해석의 가장 큰 목표는 진동계의 모드 매개변수, 즉 고유 진동수(또는 공진주파수), 감쇠비 및 모드 등을 측정하고 분석하는 것이다[18]. 앞에서는 1 자유도 진동계에 대한 3가지 주파수 응답 함수(리셉턴스, 모빌리티, 이너턴스)를 살펴보았고, 이들을 표현하는 여러 방법(보드 선도, 실수부/허수부 선도, 나이퀴스트 선도)에 대해서도 살펴보았다. 그렇게 하면서, 1 자유도 진동계의 고유 진동수를 추출하는 방법을 같이 설명하였으며, 경우에 따라 감쇠비를 효과적으로 추출하는 방법도 제시한 바 있다. 감쇠비 추출에 대해서는 바로 다음에 다시 설명하기로 하고 여기서는 앞서 다룬 고유 진동수 추출에 대해 간단하게 정리를 하도록 하자.

18) 지금은 1 자유도를 다루고 있으므로 모드에 대해서 논의할 수 없다. 고유 모드에 대해서는 나중에 다 자유도 진동계에서 다루도록 하자.

가장 기본적이면서도 다루기 쉬운 방법은 리셉턴스의 보드 선도를 이용하는 것이었다. 리셉턴스 크기를 최대로 하는 지점이 공진 주파수(감쇠비가 작은 경우는 고유 진동수)이며, 위상 선도에서 공진 전후로 위상이 180° 바뀌는 것을 확인한다.

실수부/허수부 선도는 고유 진동수를 찾아내는데 효과적인 수단을 제공한다. 리셉턴스, 모빌리티 및 이너턴스 등 어떤 것을 사용하든지, 실수부 및 허수부 등 어떤 것을 사용하든지 가로축과의 교점이거나 또는 최대 크기를 갖는 지점이 고유 진동수를 나타낸다.

나이퀴스트 선도는 보드 선도, 실수부/허수부 선도로 파악하기 어려운 고유 진동수를 찾는데 도움을 줄 수 있다. 리셉턴스, 모빌리티 및 이너턴스 등 어떤 것을 사용하든지 나이퀴스트 원이 실수축 또는 허수축과 만나는 지점이 고유 진동수를 나타낸다. 그리고, 나이퀴스트 선도는 주파수 대역폭을 추출하고 나아가서는 이를 통해 감쇠비를 구하는 경우에도 유용하게 활용되며, 특히 다 자유도 진동계에서 원 근사법(circle fitting)[19]을 통해 모드 매개변수를 추출하는데 사용된다.

4.1.4 감쇠비 측정: 1 자유도 진동계

우리가 다뤄야 하는 진동계는 대부분 다 자유도이므로 지금까지 언급한 모드 매개 변수의 추출법은 다 자유도 진동계의 경우를 고려하여 확장될 부분이 있을 것이다. 그럼에도 불구하고, 1 자유도 진동계에 대한 추출법은 다 자유도 진동계에 대한 기초 지식을 제공하는 단계에서 그치지 않고 그 자체로서도 매우 유용한 수단을 제공한다. 실제로 간단하게는 보(beam)의 경우와 같이 관심 주파수 영역에서 1개의 모드만이 존재하여 1 자유도로 훌륭하게 근사할 수 있는 경우도 꽤 있다. 또는, 구조물의 기본 구성 요소에 대한 진동 특성을 파악하기 위한 실험 모드 해석에서도 그러하다.

① 반 동력점을 이용한 방법

구조물의 감쇠비는 주파수 응답 함수에서 반 동력점을 추출 후 대역폭을 계산하여 구하는 방법이 대개 일반적이다. 이에 대해서는 1.2.4절 및 부록 A.2를 참고하기 바란다. 다만, 반 동력점을 추출하는 방법으로서 1장에서 언급한 방법 이외에도 앞서 설명된 실수부/허수부 선도 또는 나이퀴스트 선도를 사용할 수도 있다. 예를 들면, 리셉턴스의 실수부, 모빌리티의 허수부, 이너턴스의 실수부 각각의 최대, 최소를 나타내는 지점은 반 동력점을 나타낸다. 또한, 동일한 관점에서 리셉턴스 나이퀴스트선도 수평 방향 지름의 양 끝에 있는 지점의 주파수들은 반 동력점 주파수가 된다. 모빌리티 나이퀴스트 원

19) 원 근사법을 이용하지 않고, 주파수 응답 함수의 보드 선도에서 직접 공진점(peak), 반 동력점 등을 측정하여 모드 매개 변수를 추출하는 것을 피크 피킹(peak picking) 방법이라고 부른다.

의 수직 방향 지름의 양 끝과 이너턴스 나이퀴스트 원의 수평 방향 지름의 양 끝의 위치를 사용해도 된다.

② 확대 계수를 이용한 방법

주파수 영역에서 감쇠비를 추출하는 또 하나의 다른 방법은 확대 계수(magnification factor) (식 (1.2.34a))를 이용한 방법이다. 1 자유도 진동계의 리셉턴스 주파수 응답 함수의 크기 $|\widetilde{H}(\omega)|$와 확대 계수 $\hat{H}(r)$ 사이에는 다음과 같은 관계가 있다.

$$|\widetilde{H}(\omega)| = \left|\frac{\widetilde{X}_p}{F_0}\right| = \frac{1}{k}\left|\frac{\widetilde{X}_p}{F_0/k}\right| = \frac{1}{k}\hat{H}(r) = \frac{1}{k}\frac{1}{\sqrt{(1-r^2)^2+(2\zeta r)^2}} \tag{4.1.39}$$

한편, 식 (1.2.34a)에 의하면 확대 계수는 $r = \sqrt{1-2\zeta^2}$ $(\zeta < 1/\sqrt{2})$에서 다음과 같은 최대값을 갖는다.

$$\begin{aligned}\hat{H}(r=\sqrt{1-2\zeta^2}) &= \left.\frac{1}{\sqrt{(1-r^2)^2+(2\zeta r)^2}}\right|_{r=\sqrt{1-2\zeta^2}} \\ &= \frac{1}{\sqrt{(2\zeta^2)^2+(2\zeta)^2(1-2\zeta^2)}} = \frac{1}{2\zeta\sqrt{1-\zeta^2}}\end{aligned} \tag{4.1.40}$$

그런데, 식 (4.1.29)에 의하면, 리셉턴스 주파수 응답 함수의 크기 $|\widetilde{H}(\omega)|$는 확대 계수 $\hat{H}(r)$의 상수배($1/k$배)이므로, $\omega = 0$에서의 $|\widetilde{H}(\omega)|$의 값이 '1' ($\hat{H}(0) = 1$임을 상기하자)이 되도록 수직 방향 위치를 조정하면 이는 곧 결과적으로 확대 계수에 대한 그래프 $\hat{H}(r)$이 됨을 알 수 있다. 이 때 최대값의 크기 M을 측정하였다면 감쇠비는 식 (4.1.40)에 의해 계산될 수 있을 것이다. 그런데, 실용적으로는 작은 감쇠비에 대해 식 (4.1.40)의 마지막 결과를 $1/(2\zeta)$ (이는 품질 계수 Q의 값이기도 하다)로 간주할 수 있기에 $\zeta = 1/(2M)$에 의해 감쇠비를 구할 수도 있다.

③ 시간 영역의 신호에서 감쇠비를 추출하는 방법

1 자유도 진동계의 감쇠비를 시간 영역의 신호를 이용하는 방법으로서 감쇠 자유 진동 응답의 포락선(envelope)을 이용하는 방법과 대수 감소법이 있다. 이 중 대수 감소법은 많은 진동학 기본 교재에서 설명되고 있는 방법으로서, 실험의 정확도에 유의한다면 감쇠비를 구하는 좋은 대안이 될 수 있다.

1) 감쇠 자유 진동 응답의 포락선을 이용하는 방법

1 자유도 진동계에 초기 조건($x(0) = x_0$, $\dot{x}(0) = v_0$)이 주어진 경우의 부족 감쇠 자유 진동 응답은 식 (1.1.14)에 의해 주어진다. 그림 4.1.14는 초기 조건으로서 초기 속도($x(0) = 0$, $\dot{x}(0) = v_0$)만 주

어진 경우의 자유 진동을 나타내는데, 극대 및 극소점을 지나는 포락선에 의해 감쇠의 정도를 파악할 수 있다. 이 방법을 이용하기 위해서는 우선 초기 조건을 부가하여 자유 진동을 발생시킨 후 시간의 경과에 따라 기록된 변위 그래프에서 극대(또는 극소)점의 값을 측정한다(예를 들면, 그림에서는 극대값으로서 $x(t_1), x(t_2), x(t_3)$,...를 추출). 그 다음에는 이를 이용하여 곡선 $\alpha e^{-\beta t}$로 커브 피팅(curve fitting)을 하면, α와 β의 값을 구할 수 있다. 원래 1 자유도 부족 감쇠 진동계의 포락선은 식 (1.1.13)에 의하면 $Ae^{-\zeta\omega_n t}$로 표현되므로, 만약 진동계의 질량과 강성, 또는 고유 진동수를 사전에 알고 있다면, $\zeta=\beta\sqrt{m/k}$ 또는 $\zeta=\beta/\omega_n$에 의해 감쇠비를 구할 수 있다.

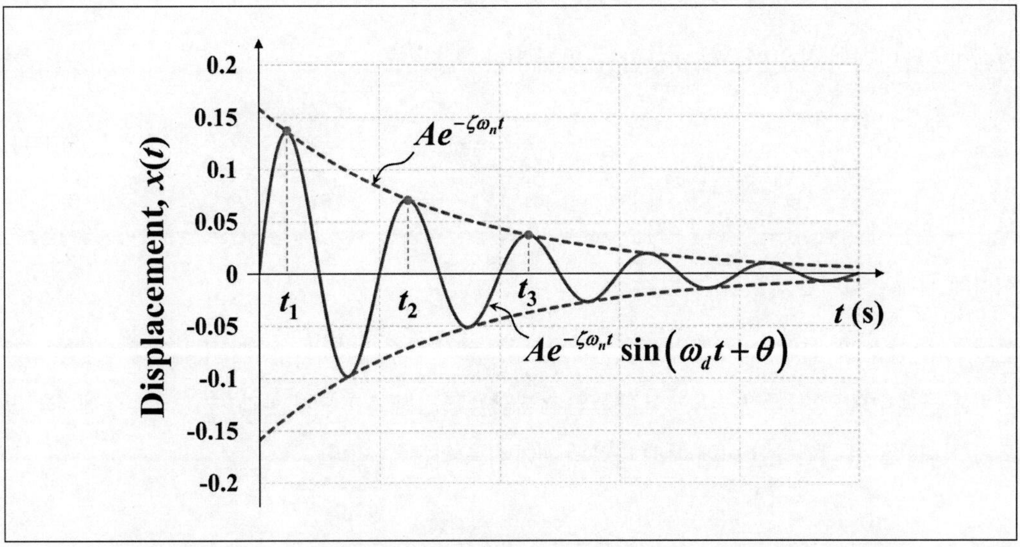

그림 4.1.14 1 자유도 진동계의 감쇠 자유 진동(초기 조건으로서 속도만 주어진 경우)

2) 대수 감소법(logarithmic decrement method)

그림 4.1.14에 나타낸 바와 같이 부족 감쇠 진동계의 어느 한 극대값(진폭의 최대값) 지점($t=t_i$)에서의 진폭과 한 주기 T_d 이후에 발생한 극대값 지점($t=t_{i+1}=t_i+T_d$)에서의 진폭 비에 자연 로그를 취한 값을 이용한다[20].

$$\delta=\ln\frac{x(t_i)}{x(t_{i+1})}=\ln\frac{x(t_i)}{x(t_i+T_d)} \tag{4.1.41}$$

위 식에서 T_d는 부족 감쇠 자유 진동의 주기($=2\pi/\omega_d$)를 나타낸다. 식 (1.1.13)에 의하면 부족 감쇠계의 자유 진동에 의한 변위 $x(t)$는 $Ae^{-\zeta\omega_n t}\sin(\omega_d t+\theta)$로 표현되므로, 위 식은 다음과 같이 나타낼

20) 시간의 경과에 따라 감소하는 진폭들 사이의 비율에 로그(대수)를 취한 값을 이용하기 때문에 흔히들 대수 감소법이라고 부른다.

수 있다.

$$\delta = \ln \frac{Ae^{-\zeta\omega_n t_i}\sin(\omega_d t_i + \theta)}{Ae^{-\zeta\omega_n(t_i + T_d)}\sin(\omega_d t_i + \omega_d T_d + \theta)} = \ln \frac{1}{e^{-\zeta\omega_n T_d}} = \zeta\omega_n T_d \tag{4.1.42}$$

위 식에서 T_d는 부족 감쇠 자유 진동의 주기를 나타내므로($\omega_d T_d = 2\pi$), $\sin(\omega_d t_i + \theta) = \sin(\omega_d t_i + \omega_d T_d + \theta)$의 관계를 이용하였다. 따라서, 위 식을 좀 더 정리하면 다음과 같으므로,

$$\delta = \zeta\omega_n \frac{2\pi}{\omega_d} = \zeta\omega_n \frac{2\pi}{\omega_n\sqrt{1-\zeta^2}} = \frac{2\pi\zeta}{\sqrt{1-\zeta^2}} \tag{4.1.43}$$

감쇠비 ζ는 아래의 식을 이용하여 구할 수 있게 된다.

$$\zeta = \frac{\delta}{\sqrt{4\pi^2 + \delta^2}} \tag{4.1.44}$$

또는, 감쇠비가 작은 경우 식 (4.1.43)은 $\delta \approx 2\pi\zeta$로 근사화할수 있으므로, 이 경우 $\zeta \approx \delta/(2\pi)$의 관계식에 의해 감쇠비를 구할 수도 있다.

한편, 대수 감소 방법의 정확도를 높이기 위한 방안으로서 정수배 주기 사이의 극대값을 측정하여 감쇠비를 구할 수도 있다. 즉, $t = t_i$에서 진폭의 최대값을 측정하고 n 주기 후인 $t = t_i + nT_d$에서의 진폭의 최대값을 측정했다면 이에 대해 다음의 관계식을 얻을 수 있다.

$$\begin{aligned}\frac{x(t_i)}{x(t_i + nT_d)} &= \frac{x(t_i)}{x(t_{i+1})} \times \frac{x(t_{i+1})}{x(t_{i+2})} \times \cdots \times \frac{x(t_{i+n-1})}{x(t_{i+n})} \\ &= \frac{x(t_i)}{x(t_i + T_d)} \times \frac{x(t_i + T_d)}{x(t_i + 2T_d)} \times \cdots \times \frac{x(t_i + (n-1)T_d)}{x(t_i + nT_d)} = e^{n\delta}\end{aligned} \tag{4.1.45}$$

위 식에서는 식 (4.1.31)에 의하면, $x(t_i + (k-1)T_d)/x(t_i + kT_d) = e^{\delta}$ $(k = 1, 2, ..., n)$의 관계를 이용하였다. 따라서, 이 경우의 대수 감소 δ는 다음과 같이 나타낼 수 있다.

$$\begin{aligned}\delta &= \frac{1}{n}\ln\frac{x(t_i)}{x(t_i + nT_d)} = \frac{1}{n}\ln\frac{Ae^{-\zeta\omega_n t_i}\sin(\omega_d t_i + \theta)}{Ae^{-\zeta\omega_n(t_i + nT_d)}\sin(\omega_d t_i + \omega_d nT_d + \theta)} \\ &= \frac{1}{n}\ln\frac{1}{e^{-\zeta\omega_n nT_d}} = \zeta\omega_n T_d\end{aligned} \tag{4.1.46}$$

위 식은 식 (4.1.42)와 같으므로 그 후에 유도된 식 (4.1.44) 및 근사적인 식 $\zeta \approx \delta/(2\pi)$을 동일하게 사용할 수 있다. 즉, 어느 한 극대 지점에서의 진폭을 구한 후, 그 다음의 진폭 측정 지점은 1 주기 후이든지, n 주기 후이든지에 관계가 없다는 것이다.

예제 4.1.2

끝단 질량이 달린 외팔보의 고유 진동수 및 감쇠비를 측정하기 위해 시간 및 주파수 영역에서의 변위 응답을 측정하였다. 그림 4.1.15(a)의 시간 영역 신호는 끝단 질량에 초기 속도를 주어 일정 시간 동안 끝단 질량의 자유 진동 변위 응답을 측정한 것이고, 그림 4.1.15(b) 및 (c)의 주파수 영역 신호는 첫 번째 모드가 포함된 주파수 영역에서 사인파 가진에 의해 얻은 리셉턴스를 나타낸 것이다(보드 선도 및 실수부/허수부 선도). 이를 이용하여 외팔보의 첫 번째 고유 진동수 및 감쇠비를 구하여라. 단, 그림 4.1.15(a)에서 일정 주기마다 반복되는 최대 진폭을 측정하였더니 표 4.1.1과 같았다.

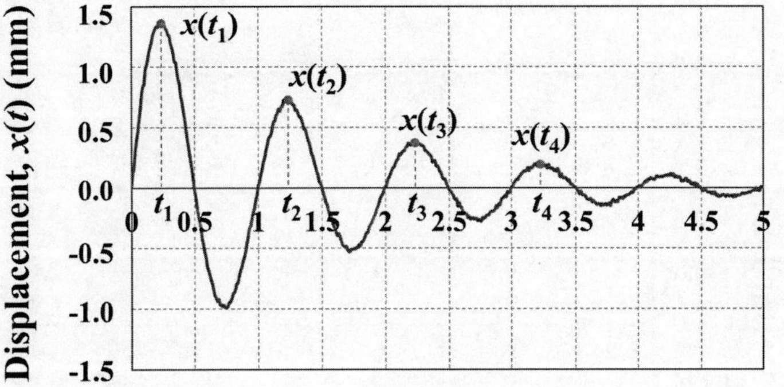

(a)

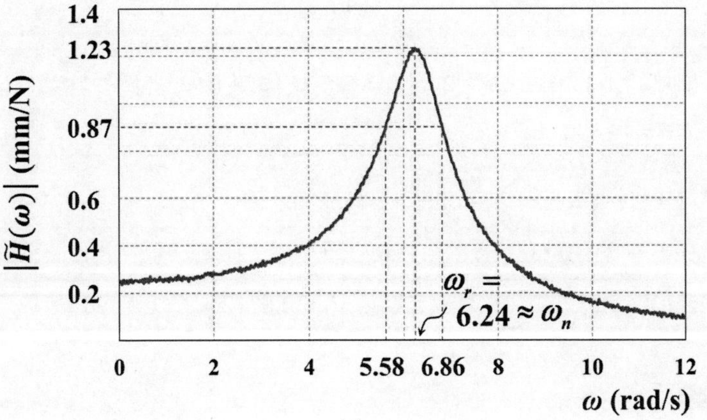

(b)

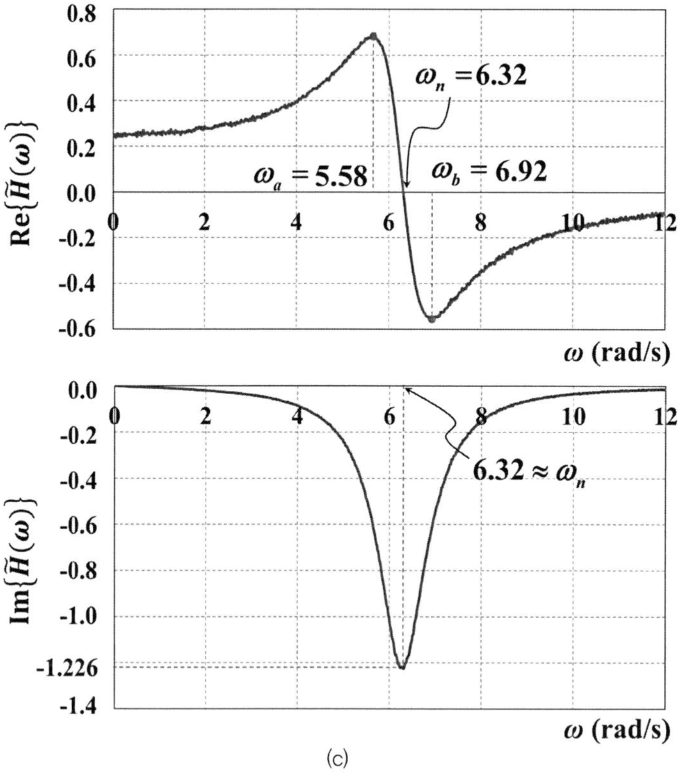

그림 4.1.15 (예제 4.1.1) 1 자유도 진동계의 (a) 자유 진동 시간 이력, (b) 리셉턴스 크기 및 (c) 실수부(좌측)/허수부(우측) 선도

[표 4.1.1] (예제 4.1.2) 부족 감쇠 자유 진동의 최대 진폭

시간 t (sec)	$t_1=0.23$	$t_2=1.20$	$t_3=2.21$	$t_4=3.19$	$t_5=4.26$
변위 $x(t)$ (mm)	1.375	0.724	0.384	0.196	0.117

풀이 및 설명

먼저, 자유 진동에 대한 시간 영역에서의 신호(그림 4.1.15(a))를 이용하여 고유 진동수 및 감쇠비를 구해보자. 극대값이 발생하는 이웃한 지점 간의 거리가 감쇠 고유 주기 T_d가 되므로, 감쇠 고유 진동수 ω_d는 $2\pi/\omega_d$ ($\omega_d=\omega_n\sqrt{1-\zeta^2}$)에 의해 구할 수 있다. 또한, 감쇠비가 작은 경우에는 이러한 신호로부터 근사적인 고유 진동수 ω_n을 구할 수 있다. 표 4.1.1로부터 주기는 각각 0.97, 1.01, 0.98, 1.07 초(s)로 계산되므로 이들의 평균을 이용하면 감쇠 고유 주기의 평균은 $\overline{T}_d=1.0075$ (s)가 된다. 이로부터 고유 진동수는 $\omega_n\approx\omega_d=2\pi/\overline{T}_d=6.236$ rad/s로 계산된다.

이제 감쇠 자유 진동계의 포락선이나 대수 감소법을 이용하여 감쇠비를 구해보자. 표 4.1.1에 주어진 시간 및 변위는 극대값을 나타내므로, 이들 좌표를 이용하여 $\alpha e^{-\beta t}$로 커브 피팅(curve fitting)을 한다. 그런데, 지수 함수 커브 피팅을 제공하지 않는 소프트웨어를 사용한다면, 다음과 같이 양변에 자연 로그를 취하여 선형 관계식을 도출 후 이에 대해 선형 다항식을 이용하여 커브 피팅을 수행할 수도 있다.

$$X_m = \alpha e^{-\beta t} \rightarrow \ln(X_m) = -\beta t + \ln(\alpha) \tag{4.1.47}$$

위의 식은 $y = p_1 \cdot x + p_2$의 형태이므로 소프트웨어를 이용하지 않고도 단순 선형회귀(simple linear regression) 방법을 이용하여 β와 $\ln(\alpha)$의 값을 구할 수 있다($\beta = -p_1$, $\alpha = e^{p_2}$). 여기서는 MATLAB의 회귀 도구인 'cftool'을 이용하여 구했으며, 이 경우 $\beta = 0.6198$을 얻을 수 있었다. 따라서, $\zeta = 0.6198/\omega_n = 0.6198/6.236 = 0.0994$가 된다.

또는, 직접 비선형 커브 피팅을 이용할 수도 있다. 이는 주어진 데이터를 $\alpha e^{-\beta t}$로 직접 커브 피팅 하는 것으로서 이 경우 $\beta = 0.6476$을 얻을 수 있었다. 따라서, 이 경우에는 $\zeta = 0.6476/\omega_n = 0.6476/6.236 = 0.1039$가 된다(계산에 사용된 MATLAB m-파일 작성 예를 문제 풀이의 제일 마지막 부분에 제시하였으니 참고하기 바란다).

이제 대수 감소를 이용하여 감쇠비를 구해보자. 먼저, 식 (4.1.42) 또는 (4.1.46)을 이용하여 대소 감소를 계산해보자.

$$\delta = \ln\frac{x(t_1)}{x(t_2)} = \ln\frac{1.375}{0.724} \approx 0.6414 \text{ 또는 } \delta = \frac{1}{4}\ln\frac{x(t_1)}{x(t_5)} = \ln\frac{1.375}{0.117} \approx 0.6160 \tag{4.1.48}$$

따라서, 식 (4.1.44)를 이용하면 감쇠비는 각각 $\zeta = 0.10$ 또는 0.098로 계산됨을 확인할 수 있다. 식의 유도 과정에서는 고유 진동수가 사용되었지만, 위의 계산 과정을 통해 대수 감소법을 이용하여 실제 감쇠비를 계산할 때는 고유 진동수에 대한 정보가 전혀 필요하지 않음을 알 수 있다.

지금까지 시간 영역의 신호를 이용하였지만 이제 그림 4.1.15(b)와 (c)에 나타낸 주파수 영역의 정보를 가지고 고유 진동수 및 감쇠비를 구하고 이를 위에서 계산한 결과와 비교해 보자.

먼저, 리셉턴스 크기를 나타낸 그림 4.1.15(b) 또는 실수부/허수부를 나타낸 그림 4.1.15(c)를 통해 고유 진동수를 파악해 보자. 리셉턴스 크기가 최대값을 갖는 주파수가 공진 주파수 $\omega_r = \omega_n\sqrt{1-2\zeta^2}$이 되지만, 이는 감쇠비가 작을 경우 고유 진동수로 간주 할 수 있음을 알고 있다. 현재의 경우 리셉턴스 크기의 최대값이 위치하는 지점으로부터 고유 진동수는 $\omega_n \approx 6.24$ rad/s로 파악되었다. 리셉턴스의 실수부/허수부를 통해 고유 진동수를 파악해보자. 그림 4.1.15(c)의 실수부 선도가 실수축과 만나는 지점이 고유 진동수이므로 $\omega_n = 6.32$ rad/s로 측정되었다. 리셉턴스 크기의 최대값으로부터 구한 $\omega_n \approx 6.24$보다는 다소 큰데 이는 감쇠비의 영향 때문이다. 리셉턴스의 허수부 크기의 최대값도 6.32 rad/s에서 발생한다. 그런데, 허수부 크기의 최대값도 고유 진동수 ω_n에서 발생하지 않지만[21], 감쇠비

21) 공진주파수 ω_r도 아니다. 식이 다소 복잡할뿐더러 유용하거나 자주 사용되는 관계식이 아니므로 여기서는 굳이 제시하지 않았다.

가 작은 경우 ω_n으로 간주할 수 있다. 그럼에도 불구하고 이 문제에서는 실수부 선도를 통해 파악된 ω_n의 값과 매우 비슷하다.

이젠 감쇠비를 구하기 위해 그림 4.1.15(b)로부터 반 동력점 주파수를 구하거나 그림 4.1.15(c)의 실수부로부터 극대/극소값이 발생하는 주파수로부터 반 동력점 주파수를 얻을 수 있다. 그림 4.1.15(b)의 최대값으로부터 $1/\sqrt{2}$가 되는 고유 진동수 양 쪽에 위치한 반 동력점 주파수는 각각 $\omega_a = 5.58$ rad/s, $\omega_b = 6.86$ rad/s임에 반해[22], 그림 4.1.15(c)의 실수부 선도로부터는 각각 $\omega_a = 5.58$ rad/s, $\omega_b = 6.92$ rad/s를 얻었다. 이들 자료를 이용하여 식 (1.2.44)에 대입하면 감쇠비가 각각 다음과 같이 계산된다.

$$\zeta = \frac{\omega_b - \omega_a}{2\omega_n} = \frac{6.86 - 5.58}{2 \times 6.24} \approx 0.103 \quad \text{(그림 4.1.15(b) 이용)} \tag{4.1.49a}$$

$$\zeta = \frac{6.92 - 5.58}{2 \times 6.32} \approx 0.106 \quad \text{(그림 4.1.15(c)의 실수부 선도 이용)} \tag{4.1.49b}$$

나이퀴스트 원을 이용한 방법은 일부러 여기서 다루지 않았다. 다 자유도에 대한 모드 해석 기초를 다룬 후에 나이퀴스트 선도를 이용한 원 근사법(circle fitting)에 대해서는 나중에 별도로 자세히 알아보도록 하자.

참고로, 이 문제의 신호는 고유 진동수 $\omega_n \approx 6.325$ rad/s, 감쇠비 $\zeta \approx 0.103$인 1 자유도 진동계의 응답에 인위적인 잡음 신호를 추가해서 생성한 것이다.

[MATLAB m-file: 선형 피팅]

```
% linear curve fitting
% Xm = a*exp(-b*t) --> ln(Xm) = ln(a)-b*t
% y = p1*x + p2: p1=-b & p2=ln(a) --> a=exp(p2)
clear all, clc
wn = 6.236; % assumed, given, or identified
t = [0.23; 1.20; 2.21; 3.19; 4.26];
Xm = [1.375; 0.724; 0.384; 0.196; 0.117];
y = log(Xm);
ft = fittype('poly1');  % fitting using the first order polynomial, y=p1*x+p2
[fitresult, gof] = fit(t, y, ft);
adjR2 = gof.adjrsquare  % adjusted R squred value for goodness of fit
b = (-1)*fitresult.p1   % the value of zeta times wn
A = exp(fitresult.p2)   % the other result, but not used here
zeta = b/wn    % given wn, this should yield the value of 0.0994
```

[MATLAB m-file: 비선형 피팅]

```
% nonlinear curve fitting
clear all, clc
wn = 6.236; % assumed, given, or identified
t = [0.23 1.20 2.21 3.19 4.26];
```

22) 최대값의 $1/\sqrt{2}$ 지점에 반드시 리셉턴스가 측정된 주파수가 존재하지는 않는다. 주파수의 해상도가 충분하다면 근처의 값을 이용하거나 아니면 보간(interpolation)하여 사용한다.

```
x = [1.375 0.724 0.384 0.196 0.117];
fun = @(p, t) p(1)*exp(-p(2)*t);

p0 = [1 1];  % p0(1)=A, p0(2)=zeta*wn
[p, resnorm,~,exitflag, output] = lsqcurvefit(fun, p0, t, x);
plot(t, x, 'ko', t, fun(p, t), 'r')
zeta = p(2)/wn
```

4.1.5 다 자유도 진동계의 주파수 응답 표현 방법

다 자유도 진동계의 진동 방정식 및 해법, 고유 진동수 및 고유 모드에 대해서는 이미 1장에서 살펴보았다. 이 절의 앞부분에서 설명되는 내용은 이와 약간 중복되는 면도 있으나 다 자유도 진동계의 주파수 응답 및 모드 매개 변수에 대한 설명을 위해 필요한 부분이니 다시 한번 상기하면서 읽어보기 바란다.

1 자유도 진동계에 대한 식 (1.1.2)를 확장하여 일반적인 n 자유도 진동계에 대한 운동 방정식은 다음과 같이 나타내었다.

$$\boldsymbol{M}\ddot{\boldsymbol{x}} + \boldsymbol{C}\dot{\boldsymbol{x}} + \boldsymbol{K}\boldsymbol{x} = \boldsymbol{f} \tag{1.4.47b}$$

위 식에서 $\boldsymbol{M}$, $\boldsymbol{C}$, $\boldsymbol{K}$는 각각 질량, 감쇠, 강성 행렬($n \times n$ 행렬)을 나타내고, $\boldsymbol{x}$와 $\boldsymbol{f}$는 각각 변위 응답 및 가진력 열벡터($n \times 1$ 행렬)를 나타낸다.

① 비 감쇠 진동계의 모드 매개 변수 및 주파수 응답 함수

비 감쇠 진동계의 고유 진동수 및 고유 모드는 식 (1.4.47b)에서 $\boldsymbol{C} = 0$ 및 $\boldsymbol{f} = 0$에 대한 다음의 식을 이용하여 구한다.

$$\boldsymbol{M}\ddot{\boldsymbol{x}} + \boldsymbol{K}\boldsymbol{x} = 0 \tag{1.4.2b}$$

위 식에서 변위 $\boldsymbol{x}$에 대해 정규 모드 $\boldsymbol{x} = \phi e^{j\omega t}$를 가정하면, 아래와 같이 일반화 고유값 문제를 얻을 수 있었다.

$$(\boldsymbol{K} - \omega^2 \boldsymbol{M})\phi = 0 \tag{1.4.4b}$$

위 식에서 유의미한 ϕ를 얻기 위해서는 $\boldsymbol{K} - \omega^2\boldsymbol{M}$의 역행렬이 존재하지 않아야 하므로, $|\boldsymbol{K} - \omega^2\boldsymbol{M}| = 0$의 관계를 이용하여 n개의 고유 진동수와 고유 모드의 쌍 (ω_i, ϕ_i) $(i = 1, 2, 3, \ldots, n)$를 얻을 수 있다. 식 (1.4.4b)의 관계는 고유 진동수의 제곱 값을 대각 원소로 하는 대각 행렬 $diag(\omega_i^2)$과 모드 행렬 $\boldsymbol{\Phi} = [\phi_1\, \phi_2 \cdots \phi_n]$을 이용하여 아래와 같이 표현한다.

$$\boldsymbol{K}[\phi_1\ \phi_2 \cdots \phi_n] = \boldsymbol{M}[\phi_1\ \phi_2 \cdots \phi_n]\begin{bmatrix} \omega_1^2 & 0 & \cdots & 0 \\ 0 & \omega_2^2 & \cdots & 0 \\ \vdots & \vdots & \ddots & \vdots \\ 0 & 0 & \cdots & \omega_n^2 \end{bmatrix} \rightarrow \boldsymbol{K\Phi} = \boldsymbol{M\Phi\Lambda} \tag{4.1.50}$$

그리고, 고유 벡터 $\phi_i\ (i=1, 2, 3, \ ..., n)$들 간에는 질량 행렬과 강성 행렬에 대해 다음과 같은 직교성이 성립한다[23].

$$\phi_i^T \boldsymbol{K} \phi_j = k_i \delta_{ij} \tag{4.1.51a}$$

$$\phi_i^T \boldsymbol{M} \phi_j = m_i \delta_{ij} \tag{4.1.51b}$$

또는, 위 관계식들은 모드 행렬을 이용하여 다음과 같이 나타낼수 있다[24].

$$\boldsymbol{\Phi}^T \boldsymbol{K\Phi} = diag(k_i) = \begin{bmatrix} k_1 & 0 & \cdots & 0 \\ 0 & k_2 & \cdots & 0 \\ \vdots & \vdots & \ddots & \vdots \\ 0 & 0 & \ldots & k_n \end{bmatrix} \tag{4.1.52a}$$

$$\boldsymbol{\Phi}^T \boldsymbol{M\Phi} = diag(m_i) = \begin{bmatrix} m_1 & 0 & \cdots & 0 \\ 0 & m_2 & \cdots & 0 \\ \vdots & \vdots & \ddots & \vdots \\ 0 & 0 & \ldots & m_n \end{bmatrix} \tag{4.1.52b}$$

따라서, 식 (1.4.4b)에 의하면 $\phi_i^T \boldsymbol{K} \phi_i = \omega_i^2 \phi_i^T \boldsymbol{M} \phi_i$, 즉 각각의 모드에 대해 $w_i^2 = k_i / m_i$의 관계식이 성립하므로, 식 (4.1.50)을 다음과 같이 표현할 수 있다.

$$\boldsymbol{\Lambda} = \begin{bmatrix} \omega_1^2 & 0 & \cdots & 0 \\ 0 & \omega_2^2 & \cdots & 0 \\ \vdots & \vdots & \ddots & \vdots \\ 0 & 0 & \ldots & \omega_n^2 \end{bmatrix} = \begin{bmatrix} m_1 & 0 & \cdots & 0 \\ 0 & m_2 & \cdots & 0 \\ \vdots & \vdots & \ddots & \vdots \\ 0 & 0 & \ldots & m_n \end{bmatrix}^{-1} \begin{bmatrix} k_1 & 0 & \cdots & 0 \\ 0 & k_2 & \cdots & 0 \\ \vdots & \vdots & \ddots & \vdots \\ 0 & 0 & \ldots & k_n \end{bmatrix} \tag{4.1.53}$$

이제 비 감쇠 진동계의 주파수 응답 함수를 구하기 위해 식 (1.4.2b)에서 외력 $\boldsymbol{F}$가 포함된 아래의 운동 방정식을 고려해보자.

---

23) 질량 정규화(식 (1.4.37) 참고)를 수행하지 않은 고유 모드(식 (1.4.36) 참고)에 대한 직교성을 의미한다. 질량 정규화를 수행하면 식 (4.1.51)은 식 (1.4.38)과 같이 표현된다. 실험 모드 해석에서는 정규화를 수행하지 않은 고유 모드를 사용하는 경우가 많다. 반면, 유한요소 해석에서는 대부분의 경우 질량 정규화를 수행한 고유 모드를 사용한다. 질량 정규화의 사용 유무에 따라 $i=j$인 경우 적절히 $k_i \longleftrightarrow \omega_i^2$, $m_i \longleftrightarrow 1$의 대체 관계를 이용한다.

24) 질량 정규화 고유 모드를 이용하지 않고 모드 좌표 변환 관계식 $\boldsymbol{x} = \boldsymbol{\Phi z}$를 적용하면 식 (1.4.2b)는 $m_i \ddot{z}_i + k_i z_i = 0$로 표현되므로 각각의 모드 방정식들은 1장에서 살펴본 1 자유도 진동계의 방정식과 동일한 모습을 갖게 된다. 따라서, m_i 및 k_i를 각각 모드 질량(modal mass) 및 모드 강성(modal stiffness)라고도 한다.

$$M\ddot{x}+Kx=F \tag{4.1.54}$$

위 식은 복소수 지수법을 사용하여 외력 $F=F_0 e^{j\omega t}$ 에 대한 응답 $x=Xe^{j\omega t}$ 을 가정하면 다음과 같이 표현되므로,

$$(K-\omega^2 M)X=F_0 \tag{4.1.55}$$

X는 아래와 같이 구할 수 있다.

$$X=(K-\omega^2 M)^{-1}F_0=\widetilde{H}(\omega)F_0 \tag{4.1.56}$$

위 식에서 $\widetilde{H}(\omega)$는 1 자유도 감쇠 진동계에서 정의되었던, 식 (1.2.24)와 동일한 의미를 갖는 다 자유도 진동계의 리셉턴스 행렬을 나타낸다[25]. 그런데, 이를 모드 매개 변수에 의해 표현하기 위해 다음과 같은 관계식에 대해

$$(\widetilde{H}(\omega))^{-1}=K-\omega^2 M \tag{4.1.57a}$$

양변에 모드 행렬을 곱하고

$$\Phi^T(\widetilde{H}(\omega))^{-1}\Phi=\Phi^T(K-\omega^2 M)\Phi \tag{4.1.57b}$$

식 (4.1.52)의 관계를 이용하면 아래와 같으므로,

$$\Phi^T(\widetilde{H}(\omega))^{-1}\Phi=\begin{bmatrix}\ddots & 0 & 0\\ 0 & k_i-\omega^2 m_i & 0\\ 0 & 0 & \ddots\end{bmatrix} \tag{4.1.57c}$$

리셉턴스 행렬은 다음과 같이 나타낼 수 있다[26].

$$\widetilde{H}(\omega)=\Phi\, diag\left(\frac{1}{k_i-\omega^2 m_i}\right)\Phi^T=\sum_{i=1}^{n}\frac{1}{k_i-\omega^2 m_i}\phi_i\phi_i^T \tag{4.1.58}$$

위 식으로부터 리셉턴스 행렬의 p행 q열의 요소는 다음과 같이 나타낼 수 있음을 알수 있다[27].

---

25) 감쇠가 없는 경우 $\widetilde{H}(\omega)$는 복소수가 아니지만, 감쇠가 있는 경우와의 일관성을 위해 tilde 기호 '~'의 사용을 그대로 유지하였다. 사실 외관상 복소수는 아니더라도 위상 정보를 갖고 있기에(부호가 바뀜) tilde 기호를 사용하는 것이 전혀 어색하지 않다.

26) 정사각행렬 A, B, C에 대해 $(ABC)^{-1}=C^{-1}B^{-1}A^{-1}$임을 이용하였다.

27) 식 (4.1.56) 및 (4.1.58)에 의하면 $\widetilde{X}_p$ (p 지점의 변위)$=\sum_{i=1}^{n}\frac{\phi_{i,p}}{k_i-\omega^2 m_i}\phi_i^T F_0$로 나타낼 수 있는데, 이 식에 의하면 $\widetilde{X}_p$는 모드 힘 $\phi_i^T F_0$에 대한 각 모드의 기여 응답의 합이라고 볼 수 있으므로 $\phi_{i,p}/(k_i-\omega^2 m_i)$를 i 번째 모드의 기여 인자(modal participation factor)라고 한다. 이와 관련된 내용은 부록 A.7을 참고하기 바란다.

$$\widetilde{H}_{pq}=\sum_{i=1}^{n}\frac{\phi_{i,p}\phi_{i,q}}{k_i-\omega^2 m_i}=\sum_{i=1}^{n}\frac{\varPhi_{pi}\varPhi_{qi}}{k_i-\omega^2 m_i}=\frac{\widetilde{X}_p}{F_q} \tag{4.1.59}$$

위 식에서 $\phi_{i,p}(\phi_{i,q})$는 i번째 고유 모드 벡터의 p번째(q번째) 요소를 나타내고, $\varPhi_{pi}(\varPhi_{qi})$는 모드 행렬 $\boldsymbol{\varPhi}$의 p행 i열(q행 i열)을 나타낸다. 식 (4.1.59)는 가진점 q에만 단위 외력이 가해졌을 때 응답점 p에서의 복소수 변위 응답을 나타낸다. 일반적으로 단지 몇 개의 가진점 또는 응답점에 대한 주파수 응답만이 측정 가능하거나 또는 필요한 경우가 대부분이므로 실험 모드해석에서는 행렬 요소 전체를 모두 구해야 하는 식 (4.1.58)보다는 식 (4.1.59)를 이용하는 것이 훨씬 효율적이다.

한편, 식 (4.1.59)는 모드 매개 변수를 이용하여 표현하면 다음과 같다.

$$\begin{aligned}\widetilde{H}_{pq}=\frac{\widetilde{X}_p}{F_q}&=\sum_{i=1}^{n}\frac{\phi_{i,p}\phi_{i,q}}{m_i\left(\omega_i^2-\omega^2\right)}\\&=\sum_{i=1}^{n}\frac{1}{m_i\left(\omega_i^2-\omega^2\right)}\begin{bmatrix}\phi_{i,1}\phi_{i,1} & \phi_{i,1}\phi_{i,2}\cdots & \phi_{i,1}\phi_{i,n}\\ \phi_{i,2}\phi_{i,1} & \phi_{i,2}\phi_{i,2}\cdots & \phi_{i,2}\phi_{i,n}\\ \vdots & \vdots\quad\ddots & \vdots\\ \phi_{i,n}\phi_{i,1} & \phi_{i,n}\phi_{i,2}\cdots & \phi_{i,n}\phi_{i,n}\end{bmatrix}\end{aligned} \tag{4.1.60}$$

위 식에서 $\phi_{i,p}\phi_{i,q}=\phi_{i,q}\phi_{i,p}$이므로, 리셉턴스 주파수 응답 함수 행렬은 대칭 행렬($\widetilde{H}_{pq}=\widetilde{H}_{qp}$)이 됨을 알 수 있다. 이는 또한 $\widetilde{X}_p/F_q=\widetilde{X}_q/F_p$을 의미하는데, 이는 가진점과 응답점의 위치를 바꾸어도 그 결과가 동일하다는 것이다. 이를 맥스웰의 상반 정리(Maxwell's reciprocal theorem)라고 한다. 이에 대해서는 감쇠 진동계를 통해 좀 더 살펴보도록 하자.

2 비례 점성 감쇠 진동계의 모드 매개 변수 및 주파수 응답 함수

1장에서 알아본 바와 같이 진동계는 진동을 하면서 반드시 에너지 소산을 하게 되며, 이를 점성 감쇠 또는 구조 감쇠 등을 이용하여 나타낸다. 비례 감쇠란 다분히 수학적인 편의성을 위해 개발된 모델로서 이를 이용하면 감쇠 진동계는 비감쇠 진동계와 동일한 실수 모드를 갖게 되므로 해석에 있어서 상당한 편리함이 있다. 유한요소 해석 소프트웨어에서도 진동계의 해석을 위해 주로 비례 감쇠 모델이 사용된다. 다만, 이는 일반적으로 실제 구조물의 감쇠와는 차이가 있으므로 실험 결과에 따라 뒤에서 다룰 일반 감쇠 모델을 고려해야 할 경우도 있다.

식 (4.1.55)에 대한 점성 감쇠 모델은 다음과 같이 표현된다[28].

28) 다 자유도 진동계에서 복소수 조화 가진 응답을 구한 후 실제의 응답은 실수부를 취하여야 한다. 예를 들면, 2 자유도 진동계에서 $\widetilde{\boldsymbol{X}}=[1+j\ \ 2-j]^T$로 구해졌으면, 각 지점의 조화 응답은 $\boldsymbol{x}(t)=\left[\mathrm{Re}\{(1+j)e^{j\omega t}\}\ \ \mathrm{Re}\{(2-j)e^{j\omega t}\}\right]^T=\left[\cos\omega t-\sin\omega t\ \ 2\cos\omega t+\sin\omega t\right]^T$가 된다. 복소수 응답의 크기는 각 지점에서의 최대 응답으로서, 동일한 시간에 발생하는 응답을 나타내는 것이 아니라는 것을 기억하자.

$$(\boldsymbol{K}-\omega^2\boldsymbol{M}+j\omega\boldsymbol{C})\widetilde{\boldsymbol{X}}=\boldsymbol{F}_0 \tag{4.1.61}$$

따라서, 식 (4.1.57a)의 리셉턴스 행렬의 역행렬 $(\widetilde{\boldsymbol{H}}(\omega))^{-1}$은 $\boldsymbol{K}-\omega^2\boldsymbol{M}+j\omega\boldsymbol{C}$가 된다. 여기서 감쇠 행렬 $\boldsymbol{C}$를 비례 감쇠로 가정하여 $\alpha\boldsymbol{M}+\beta\boldsymbol{K}$로 두면 다음의 관계를 얻을 수 있으므로[29],

$$\boldsymbol{\phi}^T(\alpha\boldsymbol{M}+\beta\boldsymbol{K})\boldsymbol{\phi}=\begin{bmatrix}\ddots & 0 & 0\\ 0 & \alpha m_i & 0\\ 0 & 0 & \ddots\end{bmatrix}+\begin{bmatrix}\ddots & 0 & 0\\ 0 & \beta k_i & 0\\ 0 & 0 & \ddots\end{bmatrix}=\begin{bmatrix}\ddots & 0 & 0\\ 0 & 2\zeta_i\omega_i m_i & 0\\ 0 & 0 & \ddots\end{bmatrix} \tag{4.1.62}$$

식 (4.1.57)의 나머지 관계식과 동일한 절차를 수행하면 리셉턴스 행렬 $\widetilde{\boldsymbol{H}}(\omega)$ 및 리셉턴스 주파수 응답함수 $\widetilde{H}_{pq}$는 각각 다음과 같이 표현된다.

$$\widetilde{\boldsymbol{H}}(\omega)=\sum_{i=1}^{n}\frac{\boldsymbol{\phi}_i\boldsymbol{\phi}_i^T}{m_i(\omega_i^2-\omega^2+j2\zeta_i\omega_i\omega)} \tag{4.1.63}$$

$$\widetilde{H}_{pq}=\frac{\widetilde{X}_p}{F_q}=\sum_{i=1}^{n}\frac{\phi_{i,p}\phi_{i,q}}{m_i(\omega_i^2-\omega^2+j2\zeta_i\omega_i\omega)} \tag{4.1.64}$$

위 식에서 $\boldsymbol{\phi}_i$는 비 감쇠 진동계의 i번째 고유 모드를 나타낸다.

맥스웰의 상반 정리 및 고유 모드의 추출

실험 모드 해석을 수행할때 가진점과 응답점을 달리하여 유효 질량, 유효 강성 및 고유 모드 형상을 파악하게 된다. 앞서 비 감쇠 진동계에서 언급한 맥스웰의 상반 정리는 리셉턴스 행렬의 구성을 빠르게 할뿐 아니라[30], 주파수 응답함수 $\widetilde{H}_{pq}$를 구할 경우 가진과 응답의 위치를 바꾸어서 구할 수도 있다 ($\widetilde{H}_{pq}=\widetilde{H}_{qp}$).

응답점을 고정하고 가진점을 옮겨가며 $\widetilde{H}_{pq}$을 구하는 경우에는 리셉턴스 행렬 $\widetilde{\boldsymbol{H}}(\omega)$의 1개 행의 값(또는 그 일부)을 구하는 것이 된다. 그림 4.1.16(a)의 경우와 같이 충격 해머(impact hammer)의 가진점을 옮겨가며 고정된 응답점에 설치된 가속도 센서의 출력을 측정하는 경우가 된다. 그림에서와 같이 3개의 가진점 및 측정점만을 고려하여(해당 구조물은 3 자유도가 된다) 주파수 응답 함수를 구해 보자.

---

29) 질량 정규화된 $\boldsymbol{\phi}$에 대해서는 다음과 같다(식 (1.4.50 참고).

$$\boldsymbol{\phi}^T(\alpha\boldsymbol{M}+\beta\boldsymbol{K})\boldsymbol{\phi}=\begin{bmatrix}\ddots & 0 & 0\\ 0 & \alpha & 0\\ 0 & 0 & \ddots\end{bmatrix}+\begin{bmatrix}\ddots & 0 & 0\\ 0 & \beta\omega_i^2 & 0\\ 0 & 0 & \ddots\end{bmatrix}=\begin{bmatrix}\ddots & 0 & 0\\ 0 & 2\zeta_i\omega_i & 0\\ 0 & 0 & \ddots\end{bmatrix}$$

30) 상반 정리는 곧 리셉턴스 행렬 $\widetilde{\boldsymbol{H}}(\omega)$이 대칭행렬임을 의미하는 것이므로 대각 원소, 비 대각 원소의 절반에 대한 값을 확인하면 된다.

가진력의 주파수가 $\omega = \omega_1$ (첫번째 고유진동수)이라면, 식 (4.1.64)에서 $\widetilde{H}_{pq}$은 각각 다음과 같이 표현된다.

$$\widetilde{H}_{11}(\omega_1) = \frac{\widetilde{X}_1}{F_1} = \frac{\phi_{1,1}\phi_{1,1}}{m_1\left(j2\zeta_1\omega_1^2\right)} + \cdots \tag{4.1.65a}$$

$$\widetilde{H}_{12}(\omega_1) = \frac{\widetilde{X}_1}{F_2} = \frac{\phi_{1,1}\phi_{1,2}}{m_1\left(j2\zeta_1\omega_1^2\right)} + \cdots \tag{4.1.65b}$$

$$\widetilde{H}_{13}(\omega_1) = \frac{\widetilde{X}_1}{F_3} = \frac{\phi_{1,1}\phi_{1,3}}{m_1\left(j2\zeta_1\omega_1^2\right)} + \cdots \tag{4.1.65c}$$

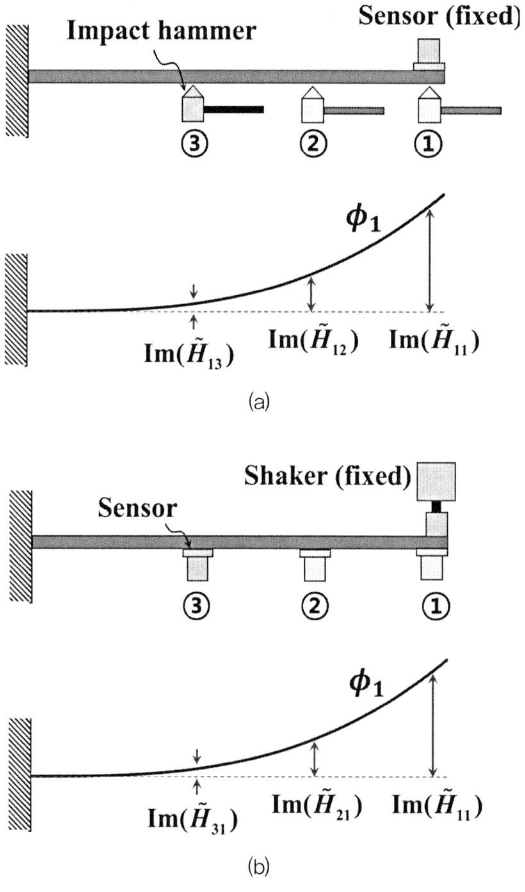

그림 4.2.16 주파수 응답 함수 $\widetilde{H}_{pq}(p=1,2,3\,;\ q=1,2,3)$의 측정: (a) 응답점을 고정하고 가진점을 옮겨가며 측정하는 경우와 (b) 가진점을 고정하고 응답점을 옮겨가며 측정하는 경우

각각의 모드들이 잘 분리되어 있다는 가정(즉, 고유 진동수간의 간격이 어느 정도 이상 충분함)하에서는 식 (4.1.64)에서 가진 주파수 근처의 고유 진동수를 포함한 항이 우세하므로, 위 식에서 표시된 항을 제외한 나머지 항은 무시할 수 있을 정도로 작다고 가정할 수 있다. 따라서, $\omega = \omega_1$에서 이들 주파수 응답 함수의 허수부의 비율은 다음과 같이 첫 번째 고유 모드의 성분비와 같게 된다[31].

$$\mathrm{Im}\left\{\widetilde{H}_{11}(\omega_1)\right\}:\mathrm{Im}\left\{\widetilde{H}_{12}(\omega_1)\right\}:\mathrm{Im}\left\{\widetilde{H}_{13}(\omega_1)\right\}=\phi_{1,1}:\phi_{1,2}:\phi_{1,3} \tag{4.1.66}$$

이제 가진점을 고정하고 응답점을 옮겨가며 $\widetilde{H}_{pq}$를 구하는 경우에 대해 알아보자. 이 경우는 리셉턴스 행렬 $\widetilde{\boldsymbol{H}}(\omega)$의 1개 열의 값(또는 그 일부)을 구하는 것이 된다. 그림 4.1.16(b)의 경우와 같이 가진기(shaker)의 위치를 고정하고 가속도 센서가 설치되는 응답점의 위치를 옮겨가며 출력을 측정하는 경우가 된다. 앞에서와 마찬가지로 가진력의 주파수가 $\omega = \omega_1$이라면, 주파수 응답 함수 $\widetilde{H}_{pq}$는 각각 다음과 같이 표현된다.

$$\widetilde{H}_{11}(\omega_1)=\frac{\widetilde{X}_1}{F_1}=\frac{\phi_{1,1}\phi_{1,1}}{m_1\left(j2\zeta_1\omega_1^2\right)}+\cdots \tag{4.1.67a}$$

$$\widetilde{H}_{21}(\omega_1)=\frac{\widetilde{X}_2}{F_1}=\frac{\phi_{1,2}\phi_{1,1}}{m_1\left(j2\zeta_1\omega_1^2\right)}+\cdots \tag{4.1.67b}$$

$$\widetilde{H}_{31}(\omega_1)=\frac{\widetilde{X}_3}{F_1}=\frac{\phi_{1,3}\phi_{1,1}}{m_1\left(j2\zeta_1\omega_1^2\right)}+\cdots \tag{4.1.67c}$$

이들 주파수 응답 함수의 허수부의 비율은 다음과 같이 첫 번째 고유 모드 성분의 비율이 되는데, 결국 맥스웰 상반 정리에 의해 식 (4.1.66)과 동일한 결과를 얻게 된다.

$$\mathrm{Im}\left\{\widetilde{H}_{11}(\omega_1)\right\}:\mathrm{Im}\left\{\widetilde{H}_{21}(\omega_1)\right\}:\mathrm{Im}\left\{\widetilde{H}_{31}(\omega_1)\right\}=\phi_{1,1}:\phi_{1,2}:\phi_{1,3} \tag{4.1.68}$$

31) $\left|\widetilde{H}_{11}(\omega_1)\right|:\left|\widetilde{H}_{12}(\omega_1)\right|:\left|\widetilde{H}_{13}(\omega_1)\right|=|\phi_{1,1}|:|\phi_{1,2}|:|\phi_{1,3}|$도 성립이 되나, 부호를 정할 수 없게 된다. 이 경우 위상 선도의 정보를 추가하여 구할 수 있다. 예제 4.1.3을 통해 구체적으로 알아보자.

예제 4.1.3

그림 1.4.10에 나타낸 2 자유도 진동계에 대해, 주파수 응답 함수 $\widetilde{H}_{11}$, $\widetilde{H}_{12}$의 크기 및 위상 선도를 그림 4.1.17에 제시하였다. 2 자유도 진동계이므로 공진 피크는 2개가 존재하며, 앞에서 배웠던 방법을 이용하여 고유 진동수 및 감쇠비를 측정 또는 계산하였더니 아래와 같았다고 한다.

$$\omega_1 = 1.7697 \text{ rad/s}, \zeta_1 = 0.01;\ \omega_2 = 3.7905, \zeta_2 = 0.015$$

각각의 고유 모드를 구하여라.

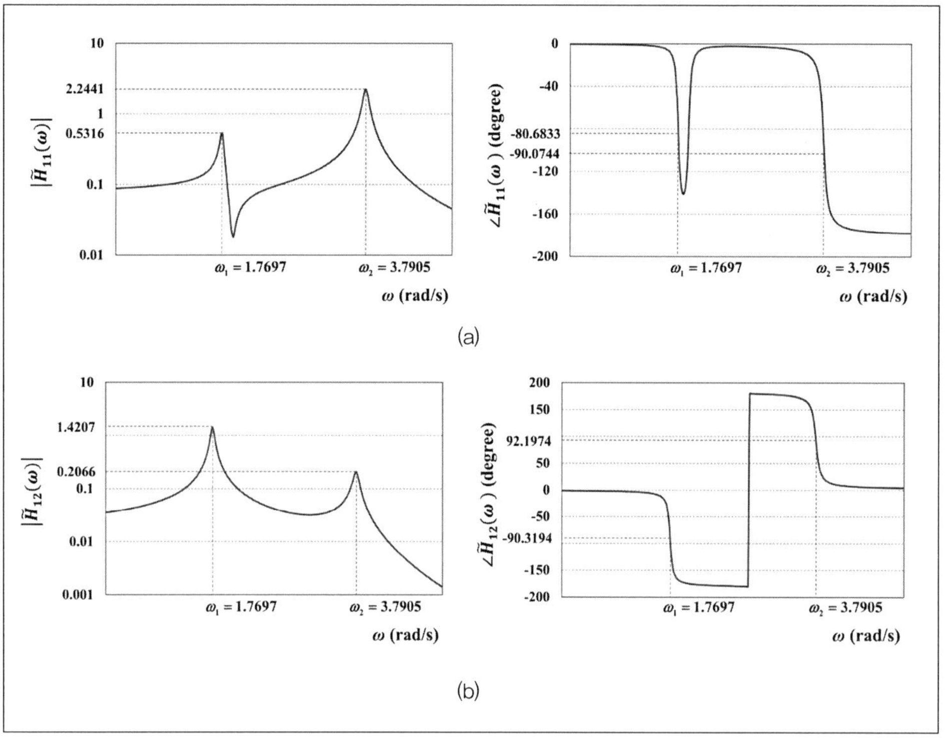

그림 4.1.17 (예제 4.1.3) (a) 리셉턴스 $\widetilde{H}_{11}$ 및 (b) $\widetilde{H}_{12}$의 크기 및 위상 선도(크기는 로그–로그 눈금, 위상은 주파수 축만 로그 눈금을 적용)

풀이 및 설명

식 (4.1.66)을 이용하기 전에 식 (4.1.65)를 직접 이용하여 모드를 구해보도록 하자. 구하고자 하는 고유 모드 벡터를 각각 $\boldsymbol{\phi}_1 = [\phi_{1,1}\ \ \phi_{1,2}]^T \boldsymbol{\phi}_2 = [\phi_{2,1}\ \ \phi_{2,2}]^T$로 두자. 각각의 고유 진동수에서 식 (4.1.65)를 적용시켜보자.

우선 고유 진동수 $\omega = \omega_1$에서 식 (4.1.65)는 다음과 같이 표현된다.

$$\widetilde{H}_{11}(\omega_1) \approx \frac{\phi_{1,1}\phi_{1,1}}{j2\zeta_1\omega_1^2};\ \widetilde{H}_{12}(\omega_1) \approx \frac{\phi_{1,1}\phi_{1,2}}{j2\zeta_1\omega_1^2} \tag{1}$$

위 식에서 $m_1 = 1$로 가정하였는데, 이는 모드 질량이 1이므로 질량 정규화된 고유 벡터를 구한다는 것과 같다[32]. 따라서, 문제에서 주어진 감쇠비와 고유 진동수 및 그림 4.1.17에 나타낸 $\omega = \omega_1$에서의 주파수 응답 함수의 크기를 위 식에 대입하면 첫 번째 고유 모드의 성분의 크기는 각각 다음과 같이 구할 수 있다.

$$|\widetilde{H}_{11}(\omega_1)| = \frac{|\phi_{1,1}\phi_{1,1}|}{2\zeta_1\omega_1^2} \rightarrow |\phi_{1,1}| = \sqrt{2\zeta_1\omega_1^2 |\widetilde{H}_{11}(\omega_1)|} = 0.1825 \tag{2a}$$

$$|\widetilde{H}_{12}(\omega_1)| = \frac{|\phi_{1,1}\phi_{1,2}|}{2\zeta_1\omega_1^2} \rightarrow |\phi_{1,2}| = 2\zeta_1\omega_1^2 |\widetilde{H}_{12}(\omega_1)| / |\phi_{1,1}| = 0.4877 \tag{2b}$$

이제 성분의 크기를 구했으니 부호를 정해야 한다. 식 (1)에서 우변 식은 $-j\phi_{i,p}\phi_{i,q}/(2\zeta_i\omega_i^2)$와 같고 $\phi_{i,p}\phi_{i,q}$ 의 부호에 따라 위상은 $+90°$ 또는 $-90°$ 가 된다[33]. 따라서, 위상 선도에서 $\angle \widetilde{H}_{pq}(\omega_i)$가 양의 부호이면[34] $\phi_{i,p}\phi_{i,q}$의 부호는 음이 되어야 하고, 반대로 $\angle \widetilde{H}_{pq}(\omega_i)$가 음의 부호이면 $\phi_{i,p}\phi_{i,q}$의 부호는 양이 되어야 한다. 그림 4.1.7에 의하면 $\omega = \omega_1$에서 $\angle \widetilde{H}_{11}(\omega_1) = -80.7°$, $\angle \widetilde{H}_{12}(\omega_1) = -90.3°$로서 2개 모두 음의 부호이다. 따라서, $\phi_{1,1}\phi_{1,1}$와 $\phi_{1,1}\phi_{1,2}$ 모두 양의 부호여야 하므로 $\phi_{1,1}$과 $\phi_{1,2}$는 모두 양의 부호이거나 음의 부호이어야 한다. 이 경우는 두 경우 모두 가능하지만 양의 부호를 선택하여 첫 번째 고유 모드로서 $\boldsymbol{\phi}_1 = [0.1825 \quad 0.4877]^T$을 얻게 된다. 참고로, 예제 1.4.3에서 구한 고유 모드는 $\boldsymbol{\phi}_1 = [0.1810 \quad 0.4917]^T$이 된다.

이제 남은 고유 모드 $\boldsymbol{\phi}_2$를 구해보자. 고유 진동수 $\omega = \omega_2$에서 식 (4.1.65)는 다음과 같다.

$$\widetilde{H}_{11}(\omega_2) \approx \frac{\phi_{2,1}\phi_{2,1}}{j2\zeta_2\omega_2^2}; \ \widetilde{H}_{12}(\omega_2) \approx \frac{\phi_{2,1}\phi_{2,2}}{j2\zeta_2\omega_2^2} \tag{3}$$

따라서, 두 번째 고유 모드의 성분의 크기는 각각 다음과 같이 구할 수 있다.

$$|\widetilde{H}_{11}(\omega_2)| = \frac{|\phi_{2,1}\phi_{2,1}|}{2\zeta_2\omega_2^2} \rightarrow |\phi_{2,1}| = \sqrt{2\zeta_2\omega_2^2 |\widetilde{H}_{11}(\omega_2)|} = 0.9835 \tag{4a}$$

$$|\widetilde{H}_{12}(\omega_2)| = \frac{|\phi_{2,1}\phi_{2,2}|}{2\zeta_2\omega_2^2} \rightarrow |\phi_{2,2}| = 2\zeta_2\omega_2^2 |\widetilde{H}_{12}(\omega_2)| / |\phi_{2,1}| = 0.0905 \tag{4b}$$

그리고, 그림 4.1.7에 의하면 $\omega = \omega_2$에서 $\angle \widetilde{H}_{11}(\omega_2) = -90.1°$, $\angle \widetilde{H}_{12}(\omega_2) = 92.2°$이기 때문에, $\phi_{2,1}\phi_{2,2}$는 음의 부호여야 한다. 따라서, $\phi_{2,2}$를 음의 부호로 하면 $\phi_{2,1}$는 양의 부호여야 한다. 결국 두

32) 모드 질량은 어떤 수로 가정해도 결과에는 영향을 주지 않는다. 어떤 수로 가정하여도 그 수의 제곱근으로 고유 모드를 나누면 질량 정규화 고유 모드가 된다.

33) 실제 위상이 $\pm 90°$ 는 아니다. 식 (4.1.65) 또는 (4.1.67)은 근사화 식이므로 이 식으로부터 직접 위상을 구하지는 않고 다만 부호 판별에만 사용한다.

34) $\angle \widetilde{H}_{pq}(\omega_i)$의 부호는 $-90°$ 또는 $90°$ 가 되어야 하지만, 다자유도계에서는 인접 모드 등의 영향으로 인해 정확히 이들 값을 갖지 않는다.

번째 고유 모드로서 $\phi_2 = [0.9835 \quad -0.0905]^T$를 얻게 되는데, 이는 예제 1.4.3에서 구한 두 번째 고유 모드와 거의 동일한 값이다.

한편, 식 (4.1.66)에 나타낸 리셉턴스 허수부의 비에 의해 모드 형상을 구할 수도 있는데, 이 경우에는 질량 정규화된 고유 모드를 구할 수 없다. 그림 4.1.7을 이용하면 허수부 선도($|\widetilde{H}_{pq}|\sin(\angle|\widetilde{H}_{pq}|)$)를 구할 수 있는데, 이를 이용하면 고유 모드의 형상 벡터를 다음과 같이 구할수 있다.

$$\text{Im}\{\widetilde{H}_{11}(\omega_1)\}:\text{Im}\{\widetilde{H}_{12}(\omega_1)\} = \phi_{1,1}:\phi_{1,2} = -0.5246 : -1.4207 \tag{5a}$$

$$\text{Im}\{\widetilde{H}_{11}(\omega_2)\}:\text{Im}\{\widetilde{H}_{12}(\omega_2)\} = \phi_{2,1}:\phi_{2,2} = -2.2441 : 0.2064 \tag{5b}$$

각각의 모드에 대해 두 번째 요소의 크기를 1로 정규화하면 $\phi_1 = [0.3692 \quad 1]^T$, $\phi_2 = [-10.8726 \quad 1]^T$이 된다. 참고로 예제 1.4.3에서 구한 질량 정규화된 고유 모드를 지금과 같이 정규화하면 $\phi_1 = [0.3681 \quad 1]^T$, $\phi_2 = [-10.8674 \quad 1]^T$이 된다. 주변 모드의 영향을 고려하지 않고 식 (4.1.65) 또는 (4.1.67)과 같이 근사화를 할 때는 리셉턴스의 크기를 사용하는 것이 허수부를 사용하는 것보다 정확도가 다소 높다.

유효 질량 및 유효 강성

식 (4.1.64)의 주파수 응답함수를 다음과 같이 나타내기도 한다.

$$\widetilde{H}_{pq} = \frac{\widetilde{X}_p}{F_q} = \sum_{i=1}^{n} \frac{A_{pq}^{(i)}}{\omega_i^2 - \omega^2 + j2\zeta_i\omega_i\omega} \tag{4.1.69}$$

위의 식에서 $A_{pq}^{(i)}$를 i번째 모드 상수(modal constant)라고 하며, 식 (4.1.64)와 비교하면 이는 $\phi_{i,p}\phi_{i,q}/m_i$와 같다는 것을 확인할 수 있다. 또한, 식 (4.1.65) 및 (4.1.67)에 의하면 모드 상수의 비가 고유 모드 벡터의 성분비와 같다는 것을 알 수 있다.

한편, 1 자유도 진동계에 대한 리셉턴스를 나타내는 식 (1.2.24)는 다음과 같이 나타낼 수 있는데,

$$\widetilde{H}(\omega) = \frac{1}{m(\omega_n^2 - \omega^2 + j2\zeta\omega_n\omega)} \tag{4.1.70}$$

이에 착안하여 식 (4.1.64)에서 각각의 모드에 대한 식은 등가의 1 자유도 진동계에 대한 식을 이용하여 다음과 같이 표현할 수 있다,

$$\widetilde{H}_{pq} = \sum_{i=1}^{n} \frac{\phi_{i,p}\phi_{i,q}}{m_i(\omega_i^2 - \omega^2 + j2\zeta_i\omega_i\omega)} = \sum_{i=1}^{n} \frac{1}{m_{pq}^{(i)}(\omega_i^2 - \omega^2 + j2\zeta_i\omega_i\omega)} \tag{4.1.71}$$

위 식에서 $m_{pq}^{(i)}$을 i 번째 모드에서 측정된 가진점 q와 응답점 p사이의 유효 질량(effective mass)이라고 하며, 유효 질량, 모드 질량(modal mass) m_i 및 고유 모드 ϕ_i 사이에는 다음과 같은 관계가 있음을 확인할 수 있다[35].

$$1/m_{pq}^{(i)} = \phi_{i,p}\phi_{i,q}/m_i \rightarrow m_i = m_{pq}^{(i)}\phi_{i,p}\phi_{i,q} \tag{4.1.72}$$

따라서, 유효 강성(effective stiffness) $k_{pq}^{(i)}$은 아래와 같이 구할 수 있으며,

$$k_{pq}^{(i)} = \omega_i^2 m_{pq}^{(i)} \tag{4.1.73}$$

$m_{pq}^{(i)}$와 $k_{pq}^{(i)}$가 정해졌으므로 진동계의 i 번째 모드에서의 가진점 q와 응답점 p사이의 유효 점성 감쇠 계수(effective damping coefficient) $c_{pq}^{(i)}$는 다음의 식에 의해 구한다.

$$c_{pq}^{(i)} = 2\zeta_i\omega_i m_{pq}^{(i)} \tag{4.1.74}$$

만약, 고유 모드가 질량 정규화된 것이라면 식 (4.1.72)에서 가진점 q와 응답점 p사이의 유효 질량은 간단하게 다음과 같이 표현된다[36].

$$m_{pq}^{(i)} = 1/\left(\phi_{i,p}\phi_{i,q}\right) \tag{4.1.75}$$

앞의 예제 4.1.3에서 다루었던 진동계에 대해 각 모드에서의 유효 질량, 유효 강성 및 유효 감쇠와 같은 등가 파라미터들을 그림 4.1.18에 표현하였다. 그림에서 2 자유도 진동계의 리셉턴스 $\widetilde{H}_{12}$의 크기 선도는 유효 질량, 유효 강성 및 유효 감쇠로 구성된 2개 1 자유도 진동계에 대한 개별 리셉턴스 크기 선도의 중첩으로 표현될수 있음을 보여주고 있다[37].

앞서 리셉턴스 $\widetilde{H}_{pq}$로부터 고유 모드를 추출하는 법을 살펴본 바 있다. 사실 고유 모드를 추출하면 식 (4.1.65)에 의해 각 모드에서의 유효 질량을 계산할 수 있고, 이어 식 (4.1.63) 및 (4.1.64)에 의해 유효 강성 및 유효 감쇠를 구할 수 있다. 이는 반대로, 측정된 주파수 응답 곡선으로부터 식 (4.1.61)에 의한 곡선 피팅(curve fitting)으로부터 각 모드에서의 유효 질량을 추출할 수 있고, 이를 통해 고유 모드를 구할 수 있다는 얘기가 된다. 다만, 이 방법은 피팅이라는 번거로운 과정을 수행해야 하며, 유효 질량에 대해 피팅 오차를 수반하는 주파수 구간이 생길 수 있다.

---

35) 따라서, 모드 상수 $A_{pq}^{(i)}(=\phi_{i,p}\phi_{i,q}/m_i)$는 유효 질량 $m_{pq}^{(i)}$에 반비례한다.

36) 임의의 모드 질량 값 m_i로 두고 풀어도 결과는 동일하다.

37) 참고로, 그림에 표현된 등가 파라미터의 값들은 다음과 같다.
$m_{12}^{(1)} = 11.24$ (kg), $k_{12}^{(1)} = 35.19$ (N/m), $c_{12}^{(1)} = 0.40$ (kg/s)
$m_{12}^{(2)} = -11.24$ (kg), $k_{12}^{(2)} = -161.43$ (N/m), $c_{12}^{(2)} = -1.28$ (kg/s)

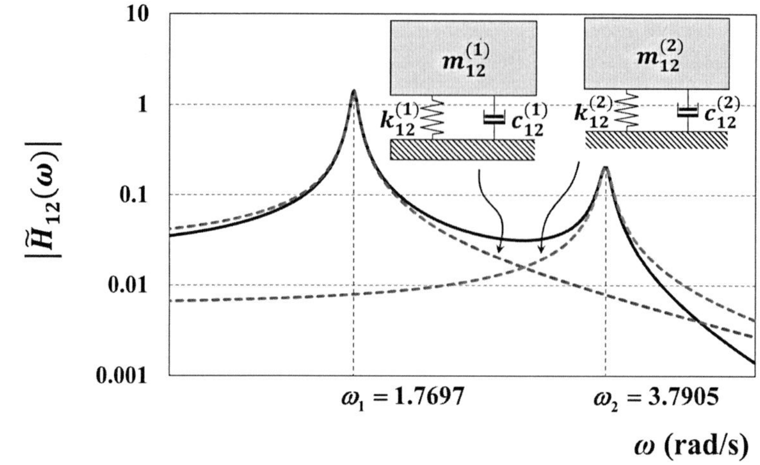

그림 4.1.18 (예제 4.1.3)의 리셉턴스 $\tilde{H}_{12}$의 크기 선도(로그-로그 눈금) (실선: 2 자유도 진동계의 리셉턴스 크기, 점선: 각 모드에서의 등가 1 자유도 진동계)

예제 4.1.4

예제 4.1.3에서 다루었던 문제에 대해 유효 질량을 구하고 이를 이용하여 고유 모드를 구해보자. 앞선 예제에서와 같이 고유 진동수 및 감쇠비는 이미 측정 또는 계산을 통해 구했다고 가정한다.

풀이 및 설명

3개의 리셉턴스 $\tilde{H}_{11}$, $\tilde{H}_{12}$, $\tilde{H}_{22}$의 크기 선도를 이용하여 각각의 고유 진동수 근처에서 진동계의 리셉턴스(식 (4.1.61))를 가장 잘 나타낼 수 있는 $m_{pq}^{(i)}$를 구한다. 그림 4.1.18을 통해 확인할 수 있듯이 각각의 고유 진동수 근처에서 식 (4.1.70)을 피팅시킬 경우, 고유 진동수에서 멀어질수록 1 자유도 진동계의 주파수 응답함수와는 그 차이가 점점 커진다. 따라서, 예를 들면, 반동력점 주파수를 고려한 대역폭 내의 주파수 범위에서만 피팅을 수행한다. 참고로, 예제 후반에 이 예제에서 사용한 MATLAB m 파일 작성 예를 제시하였으며 이를 통한 각각의 피팅 결과를 그림 4.1.19에 나타내었다.

일련의 유효 질량에 대한 피팅 과정을 수행하였으면, 식 (4.1.75)에 의해 고유 모드를 계산한다. 제시된 MATLAB m 파일을 수행하면 첫 번째 모드에서 $m_{11}^{(1)}$, $m_{12}^{(1)}(=m_{21}^{(1)})$, $m_{22}^{(1)}$의 값을, 두 번째 모드에서는 $m_{11}^{(2)}$, $m_{12}^{(2)}(=m_{21}^{(2)})$, $m_{22}^{(2)}$의 값을 얻을 수 있다. 이들 값을 이용하여 고유 모드를 계산하기 위해서는 2 자유도 진동계이므로 각각 최소 2개씩의 유효 질량이 필요하다. 따라서, 이 문제에서는 각 모드에서 피팅 오차가 제일 적은 $m_{12}^{(1)}$, $m_{22}^{(1)}$ 및 $m_{11}^{(2)}$, $m_{12}^{(2)}$를 이용하여 다음과 같이 고유 모드를 계산하였다.

$$\phi_{1,2} = 1/\sqrt{m_{22}^{(1)}} = 1/\sqrt{4.1362} = 0.4917 \quad \text{(1a)}$$

$$\phi_{1,1} = 1/\left(m_{12}^{(1)}\phi_{1,2}\right) = 1/(11.2359 \times 0.4917) = 0.1810 \quad \text{(1b)}$$

$$\phi_{2,1} = 1/\sqrt{m_{11}^{(2)}} = 1/\sqrt{1.0339} = 0.9835 \tag{1c}$$

$$\phi_{2,2} = 1/\left(m_{12}^{(2)}\phi_{2,1}\right) = 1/(11.2188 \times 0.9835) = 0.0906 \tag{1d}$$

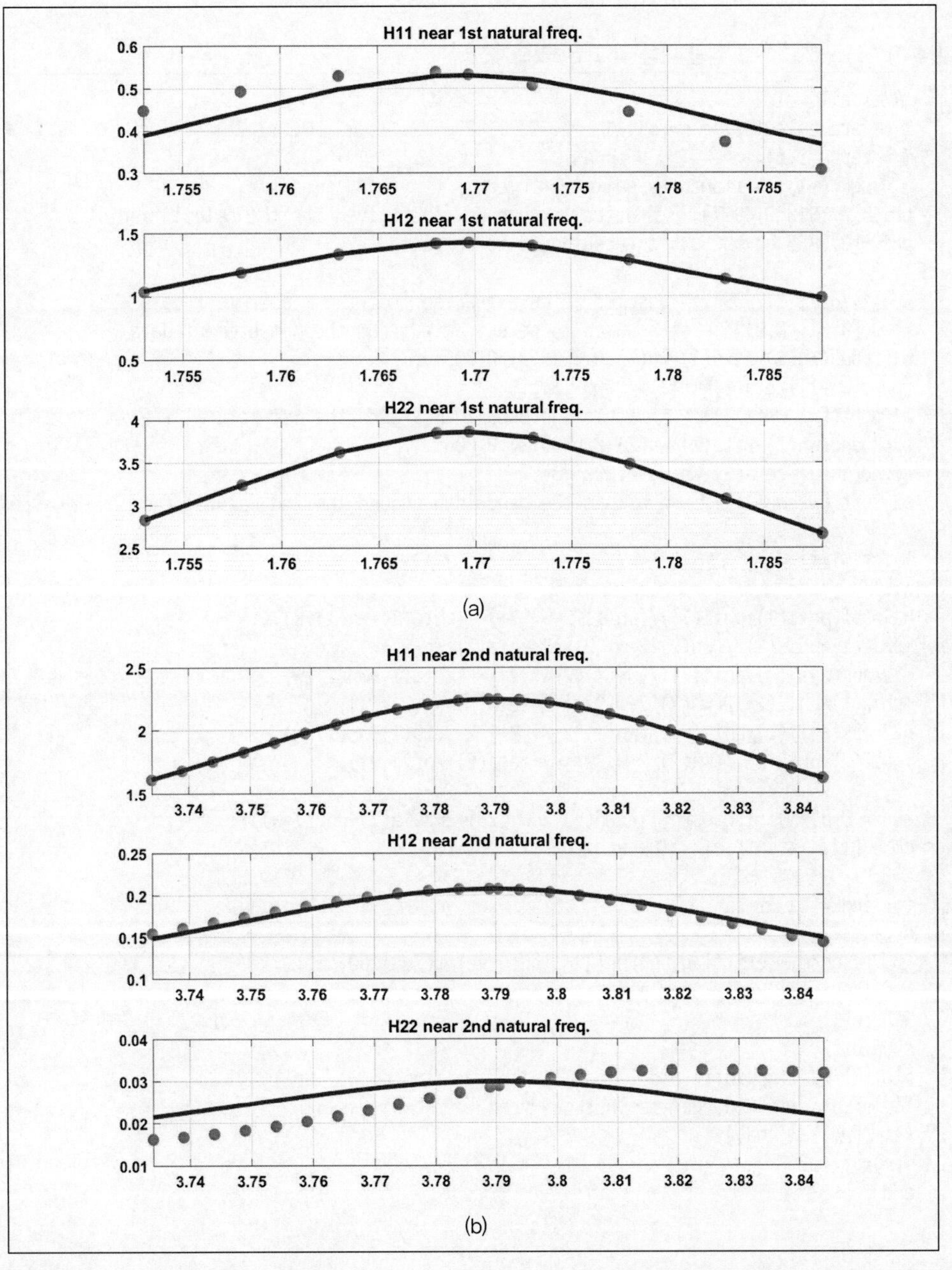

그림 4.1.19 (예제 4.1.4)의 리셉턴스 $\widetilde{H}_{11}$, $\widetilde{H}_{12}$, $\widetilde{H}_{22}$의 크기 선도에 대한 1 자유도 진동계 리셉턴스의 피팅 (식 (4.1.70)) 결과: (a) $\omega = \omega_1$ 근처 및 (b) $\omega = \omega_2$ 근처의 주파수 대역

따라서, 예제 4.1.3에서 설명된 방법에 의해 위상 선도를 이용하여 부호를 정하면 다음과 같이 고유 모드를 구할 수 있다.

$$\phi_1 = [0.1810 \;\; 0.4917]^T;\ \phi_2 = [0.9835 \;\; -0.0906]^T \tag{2}$$

[MATLAB m-file: 유효 질량 피팅 및 고유 모드 계산]

```
clear all, clc
% we are calculating m=[m1,11, m1,12, m1,22, m2,11, m2,12, m2,22]
m = zeros(1,6);
j = sqrt(-1); % imaginary unit confirmed
phi1=[0.1810 0.4917];   % actually unknown, just given for the calculation of
phi2=[0.9835 -0.0905];  % receptances to be fitted

wn=[1.7697, 3.7905]; % assumed to be extracted from the measurement data
zeta=[0.01, 0.015];   % assumed to be extracted from the measurement data
w1=round(wn(1)-zeta(1)*wn(1)+0.0005,3):0.005:...
round(wn(1)+zeta(1)*wn(1)+0.0005,3);
w1=sort([w1 wn(1)]);   % within the bandwidth around the 1st natural freq.
w2=round(wn(2)-zeta(2)*wn(2)+0.0005,3):0.005:...
round(wn(2)+zeta(2)*wn(2)-0.0005,3);
w2=sort([w2 wn(2)]);   % within the bandwidth around the 2nd natural freq.

% for m1,ij
w=w1;
H11=abs(phi1(1)*phi1(1)./(wn(1)^2-w.^2+j*2*zeta(1)*wn(1)*w)...
+phi2(1)*phi2(1)./(wn(2)^2-w.^2+j*2*zeta(2)*wn(2)*w));
H12=abs(phi1(1)*phi1(2)./(wn(1)^2-w.^2+j*2*zeta(1)*wn(1)*w)...
+phi2(1)*phi2(2)./(wn(2)^2-w.^2+j*2*zeta(2)*wn(2)*w));
H22=abs(phi1(2)*phi1(2)./(wn(1)^2-w.^2+j*2*zeta(1)*wn(1)*w)...
+phi2(2)*phi2(2)./(wn(2)^2-w.^2+j*2*zeta(2)*wn(2)*w));

fun = @(p, w) (1./abs(p(1)*(wn(1)^2-w.^2+j*2*zeta(1)*wn(1)*w)));
p0 = [1];  % initial value arbitrarily set to one
n=0;
for indx=[11 12 22]
n=n+1;
[p, resnorm,~,exitflag, output] = lsqcurvefit(fun, p0, w,...
eval(sprintf('H%d', indx)));
figure(1)
subplot(3,1,n)
plot(w, eval(sprintf('H%d', indx)), 'ko', w, fun(p, w), 'r')
title(sprintf('H%d near 1st natural freq.', indx))
xlim([w(1) w(end)])
m(n)=p;
end

% for m2,ij
w=w2;
H11=abs(phi1(1)*phi1(1)./(wn(1)^2-w.^2+j*2*zeta(1)*wn(1)*w)...
+phi2(1)*phi2(1)./(wn(2)^2-w.^2+j*2*zeta(2)*wn(2)*w));
```

```
H12=abs(phi1(1)*phi1(2)./(wn(1)^2-w.^2+j*2*zeta(1)*wn(1)*w)...
+phi2(1)*phi2(2)./(wn(2)^2-w.^2+j*2*zeta(2)*wn(2)*w));
H22=abs(phi1(2)*phi1(2)./(wn(1)^2-w.^2+j*2*zeta(1)*wn(1)*w)...
+phi2(2)*phi2(2)./(wn(2)^2-w.^2+j*2*zeta(2)*wn(2)*w));

fun = @(p, w) (1./abs(p(1)*(wn(2)^2-w.^2+j*2*zeta(2)*wn(2)*w)));
p0 = [1];  % initial value arbitrarily set to one
n=0;
for indx=[11 12 22]
n=n+1;
[p, resnorm,~,exitflag, output] = lsqcurvefit(fun, p0, w,...
eval(sprintf('H%d', indx)));
figure(2)
subplot(3,1,n)
plot(w, eval(sprintf('H%d', indx)), 'ko', w, fun(p, w), 'r')
title(sprintf('H%d near 2nd natural freq.', indx))
xlim([w(1) w(end)])
m(n+3)=p;
end
sprintf('[m1,11  m1,12  m1,22  m2,11  m2,12  m2,22] = [%f  %f  %f  %f  %f  %f ]', m)

% for the calculation of the mode shapes
res_phi1(2)=1/sqrt(m(3));
res_phi1(1)=1/(res_phi1(2)*m(2));
res_phi2(1)=1/sqrt(m(4));
res_phi2(2)=1/(res_phi2(1)*m(5));
[res_phi1' res_phi2']  % modal matrix
```

보충설명 4.3.2 **반 공진**(antiresonance)

가진력의 주파수와 진동계의 고유 진동수가 일치하는 공진 지점에서 주파수 응답 함수 크기는 최대값을 가지며 이를 공진(resonance)이라고 하였다. 반면, 다 자유도 진동계에서는 그림 4.1.17(a)의 첫 번째 고유 진동수 ω_1을 지난 지점에서와 같이 응답의 크기가 매우 작아지는 곳이 있는데(감쇠 및 인접 모드의 영향으로 0이 되지는 않는다), 마치 고유 진동수 근처의 피크 부분을 거꾸로 뒤집어 놓은 것처럼 보인다. 이를 반공진(antiresonance)이라고 부르며 반공진이 일어나는 주파수를 반공진 주파수라고 한다. 반공진은 항상 관찰되는 것은 아니지만 언제, 그리고 어떻게 해서 생기는지 살펴보도록 하자.

식 (4.1.69)로 표현된 주파수 응답 함수는 주파수 영역 $\omega_i < \omega < \omega_{i+1}$에서 다음과 같이 근사할 수 있는데,

$$\widetilde{H}_{pq} \approx \frac{A_{pq}^{(i)}}{\omega_i^2 - \omega^2 + j2\zeta_i\omega_i\omega} + \frac{A_{pq}^{(i+1)}}{\omega_{i+1}^2 - \omega^2 + j2\zeta_{i+1}\omega_{i+1}\omega} \tag{1}$$

이를 실수부와 허수부로 묶어서 다시 쓰면 다음과 같다.

$$\widetilde{H}_{pq} \approx \frac{A_{pq}^{(i)}\left(\omega_i^2-\omega^2\right)}{\left(\omega_i^2-\omega^2\right)^2+\left(2\zeta_i\omega_i\omega\right)^2}+\frac{A_{pq}^{(i+1)}\left(\omega_{i+1}^2-\omega^2\right)}{\left(\omega_{i+1}^2-\omega^2\right)^2+\left(2\zeta_{i+1}\omega_{i+1}\omega\right)^2}$$
$$-j\left(\frac{A_{pq}^{(i)}2\zeta_i\omega_i\omega}{\left(\omega_i^2-\omega^2\right)^2+\left(2\zeta_i\omega_i\omega\right)^2}+\frac{A_{pq}^{(i+1)}2\zeta_{i+1}\omega_{i+1}\omega}{\left(\omega_{i+1}^2-\omega^2\right)^2+\left(2\zeta_{i+1}\omega_{i+1}\omega\right)^2}\right) \quad (2)$$

그런데, $\omega_i < \omega < \omega_{i+1}$의 영역에서는 실수부 2개 항의 분자에서 $\omega_i^2-\omega^2$와 $\omega_{i+1}^2-\omega^2$의 부호가 서로 반대이므로 모드 상수 $A_{pq}^{(i)}$ $(=\phi_{i,p}\phi_{i,q}/m_i)$와 $A_{pq}^{(i+1)}$ $(=\phi_{i+1,p}\phi_{i+1,q}/m_{i+1})$의 부호가 서로 같으면 크기가 줄어들어 반공진이 생기게 된다. 반면에, 모드 상수 $A_{pq}^{(i)}$와 $A_{pq}^{(i+1)}$의 부호가 서로 다르면 해당 주파수 영역에서 반공진은 발생하지 않는다.

리셉턴스 $\widetilde{H}_{pq}$에서 $p \neq q$인 경우를 트랜스퍼 리셉턴스(transfer receptance)라고 하는데 이는 가진점과 응답점이 다른 경우이다. 이 경우 p와 q에 따라 모드 상수간의 부호가 달라진다면 반공진은 생기지 않는다. 그림 4.1.17(b)는 트랜스퍼 리셉턴스를 나타내는데, $A_{12}^{(1)} > 0$, $A_{12}^{(2)} < 0$ 이므로 반공진이 발생하지 않았다. 일반적으로 트랜스퍼 주파수 응답 함수에서 반공진은 모드 상수의 부호에 따라 있을 수도 있고 없을 수도 있다.

반면, $\widetilde{H}_{pq}$에서 $p=q$인 경우를 포인트 리셉턴스((driving) point receptance)라고 하는데 이는 가진점과 응답점이 같은 경우로서 i번째 모드의 모드 상수 $A_{pp}^{(i)}$는$(\phi_{i,p})^2/m_i$로서 언제나 양수이다. 따라서, 포인트 리셉턴스의 크기 선도에서는 모든 모드 공진 주파수 사이의 주파수 영역에서 언제나 반공진이 생긴다. 그림 4.1.17(a)에 나타낸 $\left|\widetilde{H}_{11}\right|$은 포인트 리셉턴스의 크기 선도로서, $A_{11}^{(1)} > 0$ 및 $A_{11}^{(2)} > 0$이므로 첫 번째와 두 번째 모드 사이의 주파수 영역에서 반공진이 관찰된다. 또한, $A_{11}^{(1)} < A_{11}^{(2)}$ $(0.0328 < 0.9673)$이므로 ω_1 근처에서 발생하였다. 동일한 이유로 $\left|\widetilde{H}_{22}\right|$에 대한 그래프에서는 $A_{22}^{(1)} > A_{22}^{(2)}$ $(0.2418 > 0.0082)$에 의해 ω_2 근처에서 반공진이 발생한다.

포인트 리셉턴스에 대한 반공진 주파수는 물리적으로는 가진점 자유도(=응답점 자유도)가 구속된 상태의 구조물의 고유 진동수를 나타낸다. 이를 설명하기 위해 다음을 고려해 보자.

식 (4.1.61)을 이용하여 식 (4.1.63)의 리셉턴스를 직접 나타내면 다음과 같으므로(반공진은 감쇠의 영향을 적게 받으므로 식에서 감쇠항은 무시하였다.),

$$\widetilde{\boldsymbol{H}}(\omega) = \left(\boldsymbol{K}-\omega^2\boldsymbol{M}\right)^{-1} \quad (1)$$

어드조인트 행렬(adjoint matrix)을 이용하여 위의 식을 다음과 같이 나타낼 수 있다.

$$\widetilde{\boldsymbol{H}}(\omega) = \frac{\mathrm{adj}\left(\boldsymbol{K}-\omega^2\boldsymbol{M}\right)}{\det\left(\boldsymbol{K}-\omega^2\boldsymbol{M}\right)} \quad (2)$$

위 식에서 분자에 있는 행렬의 p행 q열은 $(-1)^{p+q}\det\left(\boldsymbol{K}_{p.q}-\omega^2\boldsymbol{M}_{p.q}\right)$로 나타낼 수 있는데, 여기서 $\boldsymbol{K}_{p.q}$ (또는 $\boldsymbol{M}_{p.q}$)는 행렬의 p행 q열을 제거하고 난 다음의 행렬을 의미한다. 이를 이용하여 식 (2)의 요소별 성분은 다음과 같이 표현된다.

$$\widetilde{H}_{pq}(\omega)=\frac{(-1)^{p+q}\det\left(\boldsymbol{K}_{p.q}-\omega^2\boldsymbol{M}_{p.q}\right)}{\det\left(\boldsymbol{K}-\omega^2\boldsymbol{M}\right)} \tag{3}$$

그런데, 반공진점은 주파수 응답 함수의 영점(zero)을 의미하므로 위 식에서 $\det\left(\boldsymbol{K}_{p.q}-\omega^2\boldsymbol{M}_{p.q}\right)=0$이 되는 ω를 구하는 것이다. 이는 $\left(\boldsymbol{K}_{p.q}-\omega^2\boldsymbol{M}_{p.q}\right)\boldsymbol{\phi}=\boldsymbol{0}$으로 표현된 고유값 문제를 푸는 것과 같은데, 만약, $p=q$인 경우에는 자유도 p를 구속한 구조물의 고유값 문제를 의미한다. 따라서, $\left|\widetilde{H}_{pp}(\omega)\right|$의 반공진은 자유도 p를 구속한 구조물의 첫 번째, 두 번째 등의 고유 진동수에서 발생한다. 그림 4.1.17(a)에서 관찰되는 반공진 주파수는 그림 1.4.10에서 변위 x_1을 구속시켰을때의 고유 진동수 $\sqrt{(k_1+k_2)/m_2}=\sqrt{14/4}\approx 1.87$ (rad/s)가 된다.

③ 구조 감쇠 진동계의 주파수 응답 함수

식 (4.1.24)의 1 자유도 구조 감쇠 진동계와 동일한 형태로서, 구조 감쇠로 모델링된 다 자유도 진동계의 운동 방정식은 아래와 같이 표현된다.

$$\boldsymbol{M}\ddot{\boldsymbol{x}}(t)+j\boldsymbol{h}\boldsymbol{x}(t)+\boldsymbol{K}\boldsymbol{x}(t)=\boldsymbol{f}(t) \tag{4.1.76}$$

일반적인 구조 감쇠 진동계는 복소수 고유값 및 복소수 고유 모드를 갖지만, 앞의 점성 감쇠에서와 마찬가지로 비례 감쇠를 가정하면 실수 고유값과 실수 고유 모드를 갖게 된다. 따라서, 비례 감쇠로 가정한 구조 감쇠 $\boldsymbol{h}=\alpha\boldsymbol{M}+\beta\boldsymbol{K}$에 대해 아래의 관계식이 성립하므로,[38)]

$$\boldsymbol{\Phi}^T\boldsymbol{h}\boldsymbol{\Phi}=\boldsymbol{\Phi}^T(\alpha\boldsymbol{M}+\beta\boldsymbol{K})\boldsymbol{\Phi}=\begin{bmatrix}\ddots&0&0\\0&\alpha m_i&0\\0&0&\ddots\end{bmatrix}+\begin{bmatrix}\ddots&0&0\\0&\beta k_i&0\\0&0&\ddots\end{bmatrix}=\begin{bmatrix}\ddots&0&0\\0&\eta_i\omega_i^2 m_i&0\\0&0&\ddots\end{bmatrix} \tag{4.1.77}$$

4.1.5절에서 점성 감쇠 모델의 주파수 응답 함수를 유도했을 때 사용했던 절차를 동일하게 적용하면, 구조 감쇠 모델의 리셉턴스 행렬 $\widetilde{\boldsymbol{H}}(\omega)$ 및 리셉턴스 주파수 응답함수 $\widetilde{H}_{pq}$는 각각 다음과 같이 표현된다.

$$\widetilde{\boldsymbol{H}}(\omega)=\sum_{i=1}^{n}\frac{\boldsymbol{\phi}_i\boldsymbol{\phi}_i^T}{m_i\left(\omega_i^2-\omega^2+j\eta_i\omega_i^2\right)} \tag{4.1.78}$$

$$\widetilde{H}_{pq}=\frac{\widetilde{X}_p}{F_q}=\sum_{i=1}^{n}\frac{\phi_{i,p}\phi_{i,q}}{m_i\left(\omega_i^2-\omega^2+j\eta_i\omega_i^2\right)} \tag{4.1.79}$$

위 식에서 ω_i는 비감쇠 진동계의 고유 진동수이고, $\boldsymbol{\phi}_i$는 질량 정규화를 수행하지 않은 비감쇠 진동계

38) 1 자유도 구조 감쇠 진동계를 기억해보자. $m\ddot{x}+jhx+kx=f$에서 $h=\eta k=\eta\omega_n^2 m$의 관계가 성립한다. 따라서, 다 자유도 비례 구조 감쇠 진동계에 대해서는 i번째 모드에서 $h_i=\eta_i k_i=\eta_i\omega_i^2 m_i$의 관계가 성립한다.

의 고유 모드를 나타낸다.

한편, 비례 감쇠를 가정하지 않은 구조 감쇠 진동계에 대해서는 다음의 식을 만족하는 복소수 고유 값 λ_i와 고유 벡터 $\widetilde{\phi}_i$가 존재하는데,

$$(\boldsymbol{K}+jh)\widetilde{\boldsymbol{\phi}}_i=\lambda_i^2\boldsymbol{M}\widetilde{\boldsymbol{\phi}}_i \tag{4.1.80}$$

복소수 고유 벡터는 아래와 같은 직교성을 만족한다[39].

$$\widetilde{\boldsymbol{\Phi}}^T\boldsymbol{M}\widetilde{\boldsymbol{\Phi}}=\begin{bmatrix}\ddots & 0 & 0\\ 0 & m_i & 0\\ 0 & 0 & \ddots\end{bmatrix} \tag{4.1.81a}$$

$$\widetilde{\boldsymbol{\Phi}}^T(\boldsymbol{K}+jh)\widetilde{\boldsymbol{\Phi}}=\begin{bmatrix}\ddots & 0 & 0\\ 0 & \hat{k}_i & 0\\ 0 & 0 & \ddots\end{bmatrix}=\begin{bmatrix}\ddots & 0 & 0\\ 0 & m_i\hat{\omega}_i^2(1+j\eta_i) & 0\\ 0 & 0 & \ddots\end{bmatrix} \tag{4.1.81b}$$

위 식에서 복소수 모드 행렬 $\widetilde{\boldsymbol{\Phi}}$의 열을 구성하는 복소수 고유 모드 $\widetilde{\phi}_i$는 질량 정규화를 수행하지 않는 상태를 나타낸다[40].

이 경우의 리셉턴스 역시 앞서의 방법과 동일하게 다음과 같이 유도되어진다. 즉, 복소수 지수법을 사용하여 식 (4.1.76)은 외력 $\boldsymbol{f}=\boldsymbol{F}e^{j\omega t}$에 대한 응답 $\boldsymbol{x}=\widetilde{\boldsymbol{X}}e^{j\omega t}$을 가정하면 다음과 같이 표현된다.

$$\left(\boldsymbol{K}+jh-\omega^2\boldsymbol{M}\right)\widetilde{\boldsymbol{X}}=\boldsymbol{F} \tag{4.1.82}$$

따라서, 위 식으로부터 응답 $\widetilde{\boldsymbol{X}}$는 다음과 같이 나타낼 수 있다.

$$\widetilde{\boldsymbol{X}}=\left(\boldsymbol{K}+jh-\omega^2\boldsymbol{M}\right)^{-1}\boldsymbol{F}=\widetilde{\boldsymbol{H}}(\omega)\boldsymbol{F} \tag{4.1.83}$$

이제 식 (4.1.81)을 이용하여 리셉턴스 $\widetilde{\boldsymbol{H}}(\omega)$를 모드 매개 변수에 의해 표현하여 보자. 위 식으로부터 다음과 같은 관계를 얻을 수 있는데,

$$\left(\widetilde{\boldsymbol{H}}(\omega)\right)^{-1}=\boldsymbol{K}+jh-\omega^2\boldsymbol{M} \tag{4.1.84a}$$

위 식의 양변에 복소수 모드 행렬을 다음과 같이 곱한다.

---

39) 외력이 없는 식 (4.1.76)에 $\boldsymbol{x}(t)=\widetilde{\boldsymbol{\phi}}e^{j\lambda t}$를 대입하면 식 (4.1.80)을 얻게 된다. 또한, 참고로 여기서의 전치 행렬은 공액 전치 행렬(complex conjugate, Hermitian)이 아니고, 행렬 요소의 위치만 바꾼 전치 행렬임에 유의하자. 복소수 고유 모드에 대해서는 보충설명 4.1.3을 참고하기 바란다.

40) 식 (4.1.80b)에서 $\widetilde{\phi}_i$는 비감쇠 진동계의 고유 모드가 아니고 복소수 고유 모드이기 때문에 $\widetilde{\boldsymbol{\phi}}_i^T\boldsymbol{K}\widetilde{\boldsymbol{\phi}}_i=m_i\omega_i^2$일리가 없다. 엄밀하게는 ω_i와 유사한 값을 갖는 $\hat{\omega}_i$에 대해 $\widetilde{\boldsymbol{\phi}}_i^T\boldsymbol{K}\widetilde{\boldsymbol{\phi}}_i=m_i\hat{\omega}_i^2$이 성립한다. 그리고, $\hat{\omega}_i$를 구조 감쇠 진동계의 고유 진동수라고 한다. 식 (4.1.80) 및 (4.1.81)에 의하면 $\lambda_i^2=\hat{\omega}_i^2(1+j\eta_i)$의 관계가 있음을 알 수 있다.

$$\widetilde{\boldsymbol{\Phi}}^T\left(\widetilde{\boldsymbol{H}}(\omega)\right)^{-1}\widetilde{\boldsymbol{\Phi}}=\widetilde{\boldsymbol{\Phi}}^T\left(\boldsymbol{K}+j\boldsymbol{h}-\omega^2\boldsymbol{M}\right)\widetilde{\boldsymbol{\Phi}} \tag{4.1.84b}$$

이는 식 (4.1.81)의 관계를 이용하면 아래와 같이 나타낼 수 있으므로,

$$\widetilde{\boldsymbol{\Phi}}^T\left(\widetilde{\boldsymbol{H}}(\omega)\right)^{-1}\widetilde{\boldsymbol{\Phi}}=\begin{bmatrix}\ddots & 0 & 0\\ 0 & m_i\left(\hat{\omega}_i^2-\omega^2+j\eta_i\hat{\omega}_i^2\right) & 0\\ 0 & 0 & \ddots\end{bmatrix} \tag{4.1.84c}$$

리셉턴스 행렬은 다음과 같이 표현된다.

$$\widetilde{\boldsymbol{H}}(\omega)=\widetilde{\boldsymbol{\Phi}}\begin{bmatrix}\ddots & 0 & 0\\ 0 & m_i\left(\hat{\omega}_i^2-\omega^2+j\eta_i\hat{\omega}_i^2\right) & 0\\ 0 & 0 & \ddots\end{bmatrix}^{-1}\widetilde{\boldsymbol{\Phi}}^T=\sum_{i=1}^{n}\frac{1}{m_i\left(\hat{\omega}_i^2-\omega^2+j\eta_i\hat{\omega}_i^2\right)}\tilde{\phi}_i\tilde{\phi}_i^T \tag{4.1.85}$$

따라서, 위 식으로부터 리셉턴스 행렬의 p행 q열의 요소는 다음과 같이 나타낼 수 있음을 알 수 있다.

$$\widetilde{H}_{pq}=\frac{\widetilde{X}_p}{F_q}=\sum_{i=1}^{n}\frac{\widetilde{\Phi}_{pi}\widetilde{\Phi}_{qi}}{m_i\left(\hat{\omega}_i^2-\omega^2+j\eta_i\hat{\omega}_i^2\right)}=\sum_{i=1}^{n}\frac{\tilde{\phi}_{i,p}\tilde{\phi}_{i,q}}{m_i\left(\hat{\omega}_i^2-\omega^2+j\eta_i\hat{\omega}_i^2\right)} \tag{4.1.86}$$

위 식에서 $\hat{\omega}_i$를 i번째 모드의 고유 진동수라고 하고, $\lambda_i^2=\hat{\omega}_i^2(1+j\eta_i)$로 표현되는 λ_i를 i번째 모드의 고유 값이라고 한다.

보충설명 4.1.3 **복소수 모드(complex mode)**

비감쇠 또는 비례 감쇠를 갖는 진동계의 고유 모드는 각 자유도 지점에서 평형점을 동시에 지난다. 이는 또한 각 지점마다 최대 변위에 도달하는 위상이 동일하다는 의미도 포함된다. 이러한 고유 모드를 정규형 모드라고 하고 외력을 0으로 두었을 때의 비감쇠 운동 방정식에 $\boldsymbol{x}(t)=\phi e^{j\omega t}$를 대입하여 구하였다. 정규형 모드는 실수로서 모드 벡터의 구성 성분은 양 또는 음의 부호만을 갖는데, 이는 또한 위상이 0° 또는 180°의 값만 갖는다는 것을 의미하기도 한다($e^{j0}=1,\ e^{j180^\circ}=-1$). 그런데, 식 (4.1.80)에 나타낸 바와 같이 복소수 강성 즉, 구조 감쇠(비례 감쇠를 가정하지 않는다면)를 갖는 진동계는 복소수 고유값 및 복소수 고유 모드를 갖게 된다. 복소수 고유 모드에서는 벡터의 각 성분이 모두 복소수이므로 크기 뿐만 아니라 임의의 위상 값을 갖게 된다. 따라서, 위에서 언급한, 정규 모드에서 보이는 운동 양상은 더 이상 관찰되지 않는다. 더불어, 각각의 모드에서 변위가 0인 지점을 노드(node)라고 하는데, 실수 모드에서는 노드의 위치가 일정한 반면 복소수 모드에서는 일정하지 않다. 따라서, 실수 모드가 정재파(standing wave)의 특성을 갖는 반면, 복소수 모드는 진행파(travelling wave)처럼 한 방향으로 이동해가는 모양을 보여준다.

좀더 구체적인 예를 들기 위해 그림 4.1.20의 문제를 살펴보자. 그림에서 질량 및 강성은 다음과 같이 주어지는데, 강성은 복소수 강성을 갖게 되어 구조 감쇠의 특성을 갖는다고 한다.

[질량] $m_1 = 400$ kg, $m_2 = 2{,}000$ kg, $m_3 = 8{,}000$ kg

[복소수 강성] $k_1 = 300{,}000 + j18{,}000$ N/m, $k_2 = 80{,}000 + j48{,}000$ N/m,

$k_3 = 800{,}000 + j40{,}000$ N/m

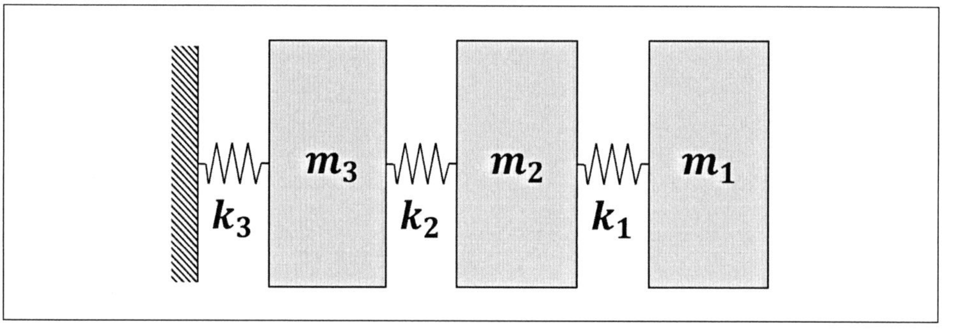

그림 4.1.20 3 자유도 구조 감쇠 진동계

본 보충 설명의 마지막에 제시된 MATLAB m 파일 작성 예를 이용하여 그림 4.1.20의 고유값, 고유 진동수 및 손실 계수를 구하고 그 결과를 표 4.1.2에 나타내었다.

[표 4.1.2] (보충설명 4.1.3) 고유값, 고유 진동수 및 손실 계수

모드	고유값(λ_i^2) (rad/s)2	고유 진동수($\hat{\omega}_i$) (rad/s)	비감쇠 고유 진동수(ω_i) (rad/s)	손실 계수(η_i)
1st	$30.7 + j14.64$	5.5410	5.3872	0.4769
2nd	$112.4 + j15.95$	10.6017	10.6755	0.1419
3rd	$906.9 + j58.4$	30.1148	30.1166	0.0644

또한, 표 4.1.3에는 비감쇠 진동계 및 구조 감쇠 진동계의 두 번째 고유 모드를 비교해 놓았다. 비교의 편의상 비감쇠 진동계의 m_3 위치에서의 모드 성분 $\phi_{2,3}$이 '-1'의 값을 갖도록 정규화하였고, 구조 감쇠 진동계의 복소수 고유 모드에 대해서도 역시 $\tilde{\phi}_{2,3}$의 실수부가 $\phi_{2,3}$와 같도록 정규화한 값으로 수정하여 비교하였다.

[표 4.1.3] (보충 설명 4.1.3) 두 번째 고유 모드의 수치 비교

고유 모드	$\phi_{2,1}$ ($\tilde{\phi}_{2,1}$)	$\phi_{2,2}$ ($\tilde{\phi}_{2,2}$)	$\phi_{2,3}$ ($\tilde{\phi}_{2,3}$)
비감쇠 진동계	0.4679	0.3945	-1
구조 감쇠 진동계	$0.4941 + j0.2607$	$0.4229 + j0.2154$	$-1 + j0.1094$

그림 4.1.21에는 표 4.1.3에 나타낸 고유 모드를 비교하였다. 복소수 지수법에서 시간에 따른 실제의 신호 값은 실수부를 취하므로, 고유 모드의 형상 역시 $\mathrm{Re}\{\tilde{\phi}_i e^{j\omega t}\}$에 의해 계산된다는 것에 유의하자. 예를 들면, 구조 감쇠 진동계의 복소 고유 모드 성분 중 $\tilde{\phi}_{2,1}$은 다음과 같이 계산된다.

$$\mathrm{Re}\{\tilde{\phi}_{2,1}e^{j\omega t}\}=\mathrm{Re}\{0.5587e^{j27.82^\circ}e^{j\omega t}\}=\mathrm{Re}\{0.5587e^{j(\omega t+27.82^\circ)}\}) \quad (1)$$

그림에서는 $\omega t = 0^\circ$, 45°, 90°, 96.2°, 135°, 180° 등 6개의 임의의 위상에 대해 나타내었다. 96.2° 의 값은 해당 위상 범위 내에서 구속지점을 제외하고 처음으로 복소수 고유 모드의 성분이 0인 값이 나타나는 위상이기 때문에 선택하였다. 평형점을 모두 동시에 지나는 실수 정규형 모드와는 달리 복소수 모드에서는 평형점을 지나는 위상 값이 모두 다르다는 것을 확인할 수 있다.

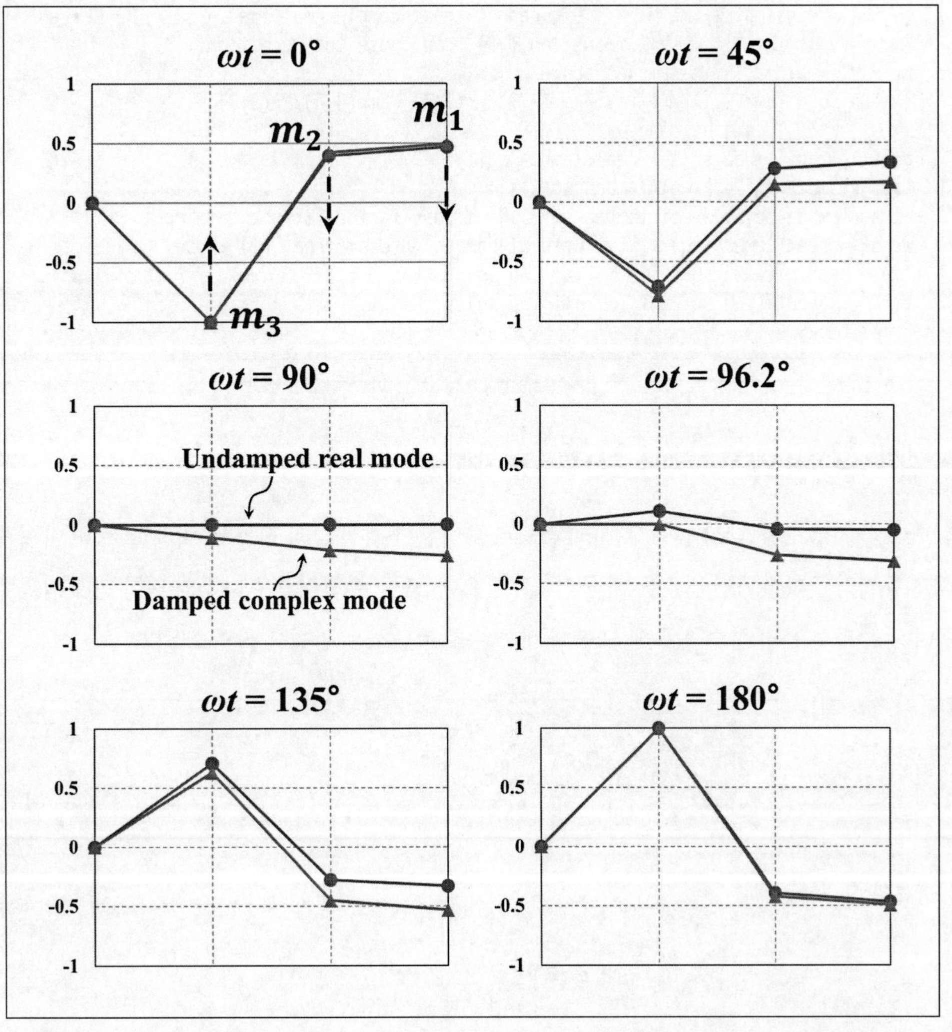

그림 4.1.21 3 자유도 구조 감쇠 진동계(그림 4.1.20)의 고유 모드(비감쇠 및 구조 감쇠 모드)의 비교

[MATLAB m-file: 구조 감쇠 복소수 모드의 계산]

```
clear all, clc
j = sqrt(-1);   % imaginary unit redefined just in case
matM = 1e3*diag([0.4 2 8]);    % mass matrix
```

```
matK = 1e4*[30 -30 0; -30 38 -8; 0 -8 88];   % stiffness matrix
[V, D] = eigs(matK, matM);  % same as eig(matK, matM),
                            % eigs yields six largest ones
wn_sq = diag(D);       % squared undamped natural frequencies
wn = sqrt(diag(D));      % undamped natural frequencies
Vn = V;                % undamped natural modes
math = 1e3*[18 -18 0; -18 66 -48; 0 -48 88];  % h damping matrix
matKm = matK+j*math;   % complex stiffness
[V, D] = eigs(matKm, matM);  % eig cannot treat complex matrices
Kmr = V.'*matKm*V;   % V.' means conj(V'), Don't use the Hermitian V'
Mr = V.'*matM*V;   % same as above
lambda_sq = [Kmr(1,1)/Mr(1,1), Kmr(2,2)/Mr(2,2), Kmr(3,3)/Mr(3,3)]
            % same as diag(D)
eta = [imag(lambda_sq(1))/real(lambda_sq(1)),...
 imag(lambda_sq(2))/real(lambda_sq(2)),...
 imag(lambda_sq(3))/real(lambda_sq(3))]  % loss factor for the i-th mode
wd_sq = real(lambda_sq);  % structural-damped natural freq. cf) wn_sq
tmp1 = sprintf('wn_sq   %f  %f  %f',wn_sq);
tmp2 = sprintf('wd_sq   %f  %f  %f',wd_sq);
[tmp1;tmp2]
```

4* 일반 점성 감쇠 진동계의 주파수 응답 함수: 비 비례 감쇠

지금까지 다 자유도 비 감쇠 진동계, 비례 감쇠로 모델링한 점성 감쇠 진동계, 비례 또는 비 비례 구조 감쇠 진동계의 주파수 응답 함수에 대해 알아보았으며, 또한, 수학적으로 다루기 편한 비례 점성 감쇠 진동계의 주파수 응답 함수를 통해 모드 매개 변수를 추출하는 방법을 살펴보았다.

[비 감쇠 진동계]

$$\widetilde{H}_{pq} = \frac{\widetilde{X}_p}{F_q} = \sum_{i=1}^{n} \frac{\phi_{i,p}\phi_{i,q}}{m_i\left(\omega_i^2 - \omega^2\right)} \tag{4.1.87}$$

[비례 점성 감쇠 진동계]

$$\widetilde{H}_{pq} = \frac{\widetilde{X}_p}{F_q} = \sum_{i=1}^{n} \frac{\phi_{i,p}\phi_{i,q}}{m_i\left(\omega_i^2 - \omega^2 + j2\zeta_i\omega_i\omega\right)} \tag{4.1.88}$$

[비례 구조 감쇠 진동계]

$$\widetilde{H}_{pq} = \frac{\widetilde{X}_p}{F_q} = \sum_{i=1}^{n} \frac{\phi_{i,p}\phi_{i,q}}{m_i\left(\omega_i^2 - \omega^2 + j\eta_i\omega_i^2\right)} \tag{4.1.89}$$

[일반 비 비례 구조 감쇠 진동계]

$$\widetilde{H}_{pq} = \frac{\widetilde{X}_p}{F_q} = \sum_{i=1}^{n} \frac{\widetilde{\phi}_{i,p}\widetilde{\phi}_{i,q}}{m_i\left(\hat{\omega}_i^2 - \omega^2 + j\eta_i\hat{\omega}_i^2\right)} \tag{4.1.90}$$

여기서는 다 자유도 점성 감쇠 진동계를 다루지만, 앞에서와는 달리 비례 감쇠로 가정되지 않은 일반적인 경우에 대해 살펴보도록 하겠다. 이를 위해 1.5.4에서 다루었던 내용을 복습하는 것도 도움이 될 것이다.

일반적인 n 자유도 진동계에 대한 운동 방정식은 다음과 같다.

$$\boldsymbol{M}\ddot{\boldsymbol{x}} + \boldsymbol{C}\dot{\boldsymbol{x}} + \boldsymbol{K}\boldsymbol{x} = \boldsymbol{F} \tag{1.4.47b}$$

위 식에서 $\boldsymbol{M}$, $\boldsymbol{C}$, $\boldsymbol{K}$는 각각 질량, 감쇠, 강성 행렬($n \times n$ 행렬)을 나타내고, $\boldsymbol{x}$와 $\boldsymbol{f}$는 각각 변위 응답 및 가진력 열벡터($n \times 1$ 행렬)를 나타낸다. 감쇠 행렬 $\boldsymbol{C}$는 여기서는 비례 감쇠로 가정하기 않기에, 앞에서와 같이 비 감쇠 진동계의 고유 모드를 이용하여 비 연성화할 수 없다. 따라서, 다음과 같이 변위 응답 $\boldsymbol{x}$와 속도 응답 $\dot{\boldsymbol{x}}$로 구성된 새로운 상태 변수 벡터 $\boldsymbol{y}$를 정의한다.

$$\boldsymbol{y} = \begin{Bmatrix} \boldsymbol{x} \\ \dot{\boldsymbol{x}} \end{Bmatrix} \tag{4.1.91}$$

그렇다면, 식 (1.4.47b)는 다음과 같이 나타낼 수 있으므로,

$$\begin{bmatrix} \boldsymbol{C} & \boldsymbol{M} \\ \boldsymbol{M} & 0 \end{bmatrix} \begin{Bmatrix} \dot{\boldsymbol{x}} \\ \ddot{\boldsymbol{x}} \end{Bmatrix} + \begin{bmatrix} \boldsymbol{K} & 0 \\ 0 & -\boldsymbol{M} \end{bmatrix} \begin{Bmatrix} \boldsymbol{x} \\ \dot{\boldsymbol{x}} \end{Bmatrix} = \begin{Bmatrix} \boldsymbol{F} \\ 0 \end{Bmatrix} \tag{4.1.92}$$

이는 식 (4.1.91)을 이용하여 다음과 같이 표현할 수 있다.

$$\boldsymbol{A}\dot{\boldsymbol{y}} + \boldsymbol{B}\boldsymbol{y} = \boldsymbol{P} \tag{4.1.93}$$

위 식에서 행렬 $\boldsymbol{A}$와 $\boldsymbol{B}$는 아래와 같이 정의된 $2n \times 2n$ 행렬이고, $\boldsymbol{P}$는 $2n \times 1$ 벡터를 나타낸다.

$$\boldsymbol{A} = \begin{bmatrix} \boldsymbol{C} & \boldsymbol{M} \\ \boldsymbol{M} & 0 \end{bmatrix}, \boldsymbol{B} = \begin{bmatrix} \boldsymbol{K} & 0 \\ 0 & -\boldsymbol{M} \end{bmatrix}; \boldsymbol{P} = \begin{Bmatrix} \boldsymbol{F} \\ 0 \end{Bmatrix} \tag{4.1.94}$$

먼저, 비비례 점성 감쇠 진동계의 모드 매개 변수를 구하기 위해, 외력을 고려하지 않은 자유 진동에 대해 해 $\boldsymbol{x} = \tilde{\boldsymbol{\phi}} e^{\tilde{\lambda} t}$ ($\dot{\boldsymbol{x}} = \tilde{\lambda}\tilde{\boldsymbol{\phi}} e^{\tilde{\lambda} t}$ 이므로 $\boldsymbol{y} = \left[\tilde{\boldsymbol{\phi}} \;\; \tilde{\lambda}\tilde{\boldsymbol{\phi}}\right]^T e^{\tilde{\lambda} t} = \tilde{\boldsymbol{\psi}} e^{\tilde{\lambda} t}$)를 가정하고, 식 (4.1.93)에 이를 대입하여 다음의 식을 얻는다.

$$(\tilde{\lambda}\boldsymbol{A} + \boldsymbol{B})\tilde{\boldsymbol{\psi}} = 0 \tag{4.1.95}$$

따라서, 위 식의 고유값은 $\det(\tilde{\lambda}\boldsymbol{A}+\boldsymbol{B})=0$을 풀어서 얻을 수 있으며, 다음과 같이 $2n$개의 복소수 고유값과 각 고유값에 해당하는 $2n$개의 복소수 고유 벡터를 얻게 된다.

$$\tilde{\lambda}_i \longleftrightarrow \tilde{\psi}_i = \begin{Bmatrix} \tilde{\phi}_i \\ \tilde{\lambda}_i\tilde{\phi}_i \end{Bmatrix} \ (i=1,2,\dots,n) \tag{4.1.96a}$$

$$\tilde{\lambda}_i = \left(\tilde{\lambda}_{i-n}\right)^* \longleftrightarrow \tilde{\psi}_i = \left(\tilde{\psi}_{i-n}\right)^* = \begin{Bmatrix} \left(\tilde{\phi}_{i-n}\right)^* \\ \left(\tilde{\lambda}_{i-n}\tilde{\phi}_{i-n}\right)^* \end{Bmatrix} \ (i=n+1, n+2,\dots, 2n) \tag{4.1.96b}$$

n개의 고유값 및 고유 벡터는 다른 n개와는 공액 복소수 쌍(complex conjugate pairs)의 관계를 가지며, 위 식에서 공액 복소수 관계는 기호 '*'를 이용하여 표현되었다. 식 (4.1.96)을 이용하여 $2n\times 2n$ 복소수 모드 행렬 $\tilde{\boldsymbol{\Psi}}$는 다음과 같이 표현한다.

$$\tilde{\boldsymbol{\Psi}} = \left[\tilde{\psi}\ \tilde{\psi}^*\right] = \begin{bmatrix} \tilde{\boldsymbol{\Phi}} & \tilde{\boldsymbol{\Phi}}^* \\ \tilde{\lambda}\tilde{\boldsymbol{\Phi}} & \tilde{\lambda}^*\tilde{\boldsymbol{\Phi}}^* \end{bmatrix} = \begin{bmatrix} \tilde{\phi}_1 & \cdots & \tilde{\phi}_n & \tilde{\phi}_1^* & \cdots & \tilde{\phi}_n^* \\ \tilde{\lambda}_1\tilde{\phi}_1 & \dots & \tilde{\lambda}_n\tilde{\phi}_n & \tilde{\lambda}_1\tilde{\phi}_1^* & \cdots & \tilde{\lambda}_n^*\tilde{\phi}_n^* \end{bmatrix} \tag{4.1.97}$$

한편, 식 (4.1.96)의 고유 벡터는 다음과 같은 직교성을 갖게 되는데,

$$\tilde{\psi}_i^T\boldsymbol{A}\tilde{\psi}_j = a_i\delta_{ij}\ (\tilde{\psi}_i^{*\,T}\boldsymbol{A}\tilde{\psi}_j^* = a_i^*\delta_{ij}) \tag{4.1.98a}$$

$$\tilde{\psi}_i^T\boldsymbol{B}\tilde{\psi}_j = b_i\delta_{ij}\ (\tilde{\psi}_i^{*\,T}\boldsymbol{B}\tilde{\psi}_j^* = b_i^*\delta_{ij}) \tag{4.1.98b}$$

이를 모드 행렬 $\tilde{\boldsymbol{\Psi}}$를 이용하여 아래와 같이 나타낼 수 있다.

$$\tilde{\boldsymbol{\Psi}}^T\boldsymbol{A}\tilde{\boldsymbol{\Psi}} = \begin{bmatrix} \ddots & 0 & 0 & \cdots & 0 \\ 0 & a_i & 0 & \cdots & 0 \\ 0 & 0 & \ddots & 0 & 0 \\ \vdots & \vdots & \vdots & a_i^* & \vdots \\ 0 & 0 & 0 & \cdots & \ddots \end{bmatrix},\ \tilde{\boldsymbol{\Psi}}^T\boldsymbol{B}\tilde{\boldsymbol{\Psi}} = \begin{bmatrix} \ddots & 0 & 0 & \cdots & 0 \\ 0 & b_i & 0 & \cdots & 0 \\ 0 & 0 & \ddots & 0 & 0 \\ \vdots & \vdots & \vdots & b_i^* & \vdots \\ 0 & 0 & 0 & \cdots & \ddots \end{bmatrix} \tag{4.1.99}$$

따라서, 식 (4.1.95)에 의해 $-\tilde{\boldsymbol{\Psi}}^T\boldsymbol{B}\tilde{\boldsymbol{\Psi}} = \tilde{\lambda}\tilde{\boldsymbol{\Psi}}^T\boldsymbol{A}\tilde{\boldsymbol{\Psi}}$의 관계식을 이용하면 고유값에 대해 다음의 관계가 성립함을 알 수 있다.

$$\tilde{\lambda}_i = -\frac{b_i}{a_i}\ (i=1,2,\dots,n) \tag{4.1.100a}$$

$$\tilde{\lambda}_i = \left(\tilde{\lambda}_{i-n}\right)^* = -\left(\frac{b_{i-n}}{a_{i-n}}\right)^*\ (i=n+1, n+2,\dots, 2n) \tag{4.1.100b}$$

이제 지금까지 구한 모드 매개 변수들을 이용하여 일반 점성 감쇠 진동계의 리셉턴스 주파수 응답 함

수를 구해보자. 복소수 지수법을 사용하여 외력 $\boldsymbol{F}=\boldsymbol{F}_0 e^{j\omega t}$에 대한 응답 $\boldsymbol{x}=\widetilde{\boldsymbol{X}}e^{j\omega t}$을 가정하면 상태 변수 벡터 $\boldsymbol{y}$와 미분 $\dot{\boldsymbol{y}}$는 다음과 같이 표현되므로,

$$\boldsymbol{y}=\begin{Bmatrix}\widetilde{\boldsymbol{X}}\\ j\omega\widetilde{\boldsymbol{X}}\end{Bmatrix}e^{j\omega t}=\widetilde{\boldsymbol{Y}}e^{j\omega t},\ \dot{\boldsymbol{y}}=\begin{Bmatrix}j\omega\widetilde{\boldsymbol{X}}\\ -\omega^2\widetilde{\boldsymbol{X}}\end{Bmatrix}e^{j\omega t}=j\omega\widetilde{\boldsymbol{Y}}e^{j\omega t} \tag{4.1.101}$$

식 (4.1.93)은 아래와 같이 나타낼 수 있다.

$$j\omega\boldsymbol{A}\widetilde{\boldsymbol{Y}}+\boldsymbol{B}\widetilde{\boldsymbol{Y}}=\boldsymbol{P}_0=\begin{Bmatrix}\boldsymbol{F}_0\\ \boldsymbol{0}\end{Bmatrix} \tag{4.1.102}$$

위 식에서 모드 좌표 변환 $\widetilde{\boldsymbol{Y}}=\widetilde{\boldsymbol{\Psi}}\widetilde{\boldsymbol{Z}}$을 적용한 후 양변에 $\widetilde{\boldsymbol{\Psi}}^T$를 곱하면 다음과 같으므로

$$j\omega\widetilde{\boldsymbol{\Psi}}^T\boldsymbol{A}\widetilde{\boldsymbol{\Psi}}\widetilde{\boldsymbol{Z}}+\widetilde{\boldsymbol{\Psi}}\boldsymbol{B}\widetilde{\boldsymbol{\Psi}}=\widetilde{\boldsymbol{\Psi}}^T\boldsymbol{P}_0 \tag{4.1.103}$$

식 (4.1.99)의 관계를 적용하면 아래와 같다.

$$\begin{aligned}&j\omega\begin{bmatrix}\ddots & 0 & 0 & \cdots & 0\\ 0 & a_i & 0 & \cdots & 0\\ 0 & 0 & \ddots & 0 & 0\\ \vdots & \vdots & \vdots & a_i^* & \vdots\\ 0 & 0 & 0 & \cdots & \ddots\end{bmatrix}\widetilde{\boldsymbol{Z}}+\begin{bmatrix}\ddots & 0 & 0 & \cdots & 0\\ 0 & b_i & 0 & \cdots & 0\\ 0 & 0 & \ddots & 0 & 0\\ \vdots & \vdots & \vdots & b_i^* & \vdots\\ 0 & 0 & 0 & \cdots & \ddots\end{bmatrix}\widetilde{\boldsymbol{Z}}\\ &=\begin{bmatrix}\ddots & 0 & 0 & \cdots & 0\\ 0 & j\omega a_i+b_i & 0 & \cdots & 0\\ 0 & 0 & \ddots & 0 & 0\\ \vdots & \vdots & \vdots & j\omega a_i^*+b_i^* & \vdots\\ 0 & 0 & 0 & \cdots & \ddots\end{bmatrix}_{2n\times 2n}\widetilde{\boldsymbol{Z}}=\widetilde{\boldsymbol{\Psi}}^T\boldsymbol{P}_0\end{aligned} \tag{4.1.104}$$

즉, $\widetilde{\boldsymbol{Z}}$는 다음의 식을 이용하여 구할 수 있으므로

$$\widetilde{\boldsymbol{Z}}=\begin{bmatrix}\ddots & 0 & 0 & \cdots & 0\\ 0 & \dfrac{1}{j\omega a_i+b_i} & 0 & \cdots & 0\\ 0 & 0 & \ddots & 0 & 0\\ \vdots & \vdots & \vdots & \dfrac{1}{j\omega a_i^*+b_i^*} & \vdots\\ 0 & 0 & 0 & \cdots & \ddots\end{bmatrix}_{2n\times 2n}\widetilde{\boldsymbol{\Psi}}^T\boldsymbol{P}_0 \tag{4.1.105}$$

결국, 식 (4.1.102)의 해 $\widetilde{\boldsymbol{Y}}$는 위 식의 결과를 $\widetilde{\boldsymbol{Y}}=\widetilde{\boldsymbol{\Psi}}\widetilde{\boldsymbol{Z}}$에 다시 대입하여 얻게 된다.

$$\widetilde{\boldsymbol{Y}} = \widetilde{\boldsymbol{\Psi}} \begin{bmatrix} \ddots & 0 & 0 & \cdots & 0 \\ 0 & \dfrac{1}{j\omega a_i + b_i} & 0 & \cdots & 0 \\ 0 & 0 & \ddots & 0 & 0 \\ \vdots & \vdots & \vdots & \dfrac{1}{j\omega a_i^* + b_i^*} & \vdots \\ 0 & 0 & 0 & \cdots & \ddots \end{bmatrix}_{2n\times 2n} \widetilde{\boldsymbol{\Psi}}^T \boldsymbol{P}_0 \tag{4.1.106}$$

이제 원래의 응답 $\boldsymbol{x} = \widetilde{\boldsymbol{X}} e^{j\omega t}$에서 $\widetilde{\boldsymbol{X}}$를 구하기 위해, 위의 식에 식 (4.1.97)과 (4.1.100)을 대입하면 아래와 같으므로,

$$\widetilde{\boldsymbol{Y}} = \begin{Bmatrix} \widetilde{\boldsymbol{X}} \\ j\omega\widetilde{\boldsymbol{X}} \end{Bmatrix} = \begin{bmatrix} \widetilde{\boldsymbol{\Phi}} & \widetilde{\boldsymbol{\Phi}}^* \\ \widetilde{\lambda}\widetilde{\boldsymbol{\Phi}} & \widetilde{\lambda}^*\widetilde{\boldsymbol{\Phi}}^* \end{bmatrix} \begin{bmatrix} \ddots & 0 & 0 & \cdots & 0 \\ 0 & \dfrac{1}{a_i(j\omega - \lambda_i)} & 0 & \cdots & 0 \\ 0 & 0 & \ddots & 0 & 0 \\ \vdots & \vdots & \vdots & \dfrac{1}{a_i^*(j\omega - \lambda_i^*)} & \vdots \\ 0 & 0 & 0 & \cdots & \ddots \end{bmatrix}_{2n\times 2n} \begin{bmatrix} \widetilde{\boldsymbol{\Phi}}^T & \widetilde{\lambda}\widetilde{\boldsymbol{\Phi}}^T \\ \widetilde{\boldsymbol{\Phi}}^{*T} & \widetilde{\lambda}^*\widetilde{\boldsymbol{\Phi}}^{*T} \end{bmatrix} \begin{Bmatrix} \boldsymbol{F}_0 \\ 0 \end{Bmatrix} \tag{4.1.107}$$

위 식으로부터 응답 $\widetilde{\boldsymbol{X}}$는 아래와 같이 표현됨을 알 수 있다.

$$\widetilde{\boldsymbol{X}} = \left(\widetilde{\boldsymbol{\Phi}} \begin{bmatrix} \ddots & 0 & 0 \\ 0 & \dfrac{1}{a_i(j\omega - \lambda_i)} & 0 \\ 0 & 0 & \ddots \end{bmatrix}_{n\times n} \widetilde{\boldsymbol{\Phi}}^T + \widetilde{\boldsymbol{\Phi}}^* \begin{bmatrix} \ddots & 0 & 0 \\ 0 & \dfrac{1}{a_i^*(j\omega - \lambda_i^*)} & 0 \\ 0 & 0 & \ddots \end{bmatrix}_{n\times n} \widetilde{\boldsymbol{\Phi}}^{*T} \right) \boldsymbol{F}_0 \tag{4.1.108}$$

따라서, 위 식을 성분으로 표현하면 다음과 같다.

$$\widetilde{X}_p = \sum_{i=1}^{n} \frac{\phi_p \phi_i^T \boldsymbol{F}}{a_i(j\omega - \lambda_i)} + \sum_{i=n+1}^{2n} \frac{\phi_p^* \phi_i^{*T} \boldsymbol{F}}{a_i^*(j\omega - \lambda_i^*)} \tag{4.1.109}$$

결국, 일반 점성 감쇠 진동계에 대한 리셉턴스 주파수 응답 함수 $\widetilde{H}_{pq}$는 다음과 같이 나타낼 수 있다.

$$\widetilde{H}_{pq} = \frac{\widetilde{X}_p}{F_q} = \sum_{i=1}^{n} \frac{\phi_{i,p}\phi_{i,q}}{a_i(j\omega - \lambda_i)} + \sum_{i=n+1}^{2n} \frac{\phi_{i,p}^*\phi_{i,q}^*}{a_i^*(j\omega - \lambda_i^*)} \tag{4.1.110}$$

4.1.6 원 근사법(circle fitting)에 의한 다 자유도 진동계의 모드 매개 변수 추출

1 자유도 진동계에 대한 주파수 응답 함수의 실수부와 허수부의 값을 등 주파수 간격으로 복소 평면에 표시하면, 원(또는 근사적인 원)을 이루고 이 나이퀴스트 원을 통해 고유 진동수 및 반동력점 주파

수 등을 추출할 수 있음을 알아본바 있다. 그런데, 다 자유도 진동계에서는 원이 1개가 아니고 자유도의 개수만큼 생성되며, 앞서 살펴보았던 모드 매개 변수의 추출법을 명확하게 적용하기 어려운 경우도 발생한다. 또한, 측정된 주파수 응답 함수의 실수부/허수부 값들에 대한 데이터가 충분하지 않을 경우에 대한 해결 방안도 필요하다. 이에 여기서는 '원 근사법'이라는 것을 이용하여 다 자유도 진동계의 모드 매개 변수를 추출하기 위한 여러 사항을 자세히 알아보고자 한다.

측정된 주파수 응답 함수의 실수부/허수부 값들에 대한 데이터가 충분하지 않을 경우에는 원 근사법을 이용하여 나이퀴스트 원을 생성한다. 해당 원으로부터 모드 매개 변수를 추출하기 위해 우리가 대상으로 하는 주파수 응답 함수는 점성 감쇠의 모빌리티이거나 또는 구조 감쇠의 리셉턴스이다. 여기서는 구조 감쇠의 리셉턴스를 이용하여 설명하고자 한다[41].

식 (4.1.79)에 나타낸 구조 감쇠 진동계의 리셉턴스는 인접 모드의 영향을 고려하여 다음과 같이 관심 모드인 i 번째 모드에 대한 항 및 그 외의 다른 항으로 분리할 수 있다. 이는 공진 주파수 부근에서 해당 관심 모드의 영향이 상대적으로 매우 크기 때문이다.

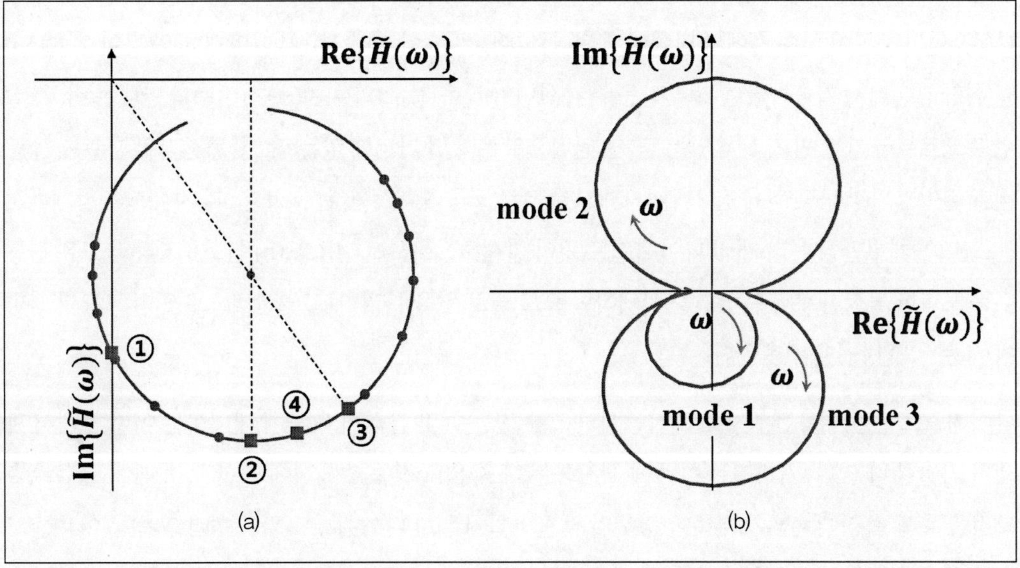

그림 4.1.22 (a) 다 자유도 진동계의 관심 모드 1개에 대한 나이퀴스트 원 및 고유 진동수의 위치 변화, (b) 다 자유도 진동계의 나이퀴스트 원

41) 점성 감쇠 모델의 경우에는 모빌리티($\tilde{Y}(\omega) = j\omega\tilde{H}(\omega)$, $\tilde{H}(\omega)$는 리셉턴스 주파수 응답함수)에 대한 나이퀴스트 원을 이용하여 이하 여기서 설명하는 방법을 동일하게 적용하면 된다.

$$\widetilde{H}_{pq} = \frac{\widetilde{X}_p}{F_q} = \frac{\phi_{i,p}\phi_{i,q}}{m_i\left(\omega_i^2 - \omega^2 + j\eta_i\omega_i^2\right)} + \sum_{\substack{k=1 \\ k \neq i}}^{n} \frac{\phi_{k,p}\phi_{k,q}}{m_k\left(\omega_k^2 - \omega^2 + j\eta_k\omega_k^2\right)}$$
$$= \frac{A_{pq}^{(i)}}{\omega_i^2 - \omega^2 + j\eta_i\omega_i^2} + \sum_{\substack{k=1 \\ k \neq i}}^{n} \frac{A_{pq}^{(k)}}{\omega_k^2 - \omega^2 + j\eta_k\omega_k^2} \tag{4.1.111}$$

위 식에서 $A_{pq}^{(i)}$는 식 (4.1.69)에서 이미 정의한 바와 같이 i 번째 모드의 모드 상수(modal constant)를 나타낸다.

만약, 인접 모드의 영향이 비교적 작은 경우 관심 모드외의 항은 일정한 것으로 간주하여 식 (4.1.111)을 다음과 같이 표현할 수 있다.

$$\widetilde{H}_{pq} = \frac{\widetilde{X}_p}{F_q} = \frac{\phi_{i,p}\phi_{i,q}}{m_i\left(\omega_i^2 - \omega^2 + j\eta_i\omega_i^2\right)} + R_i = \frac{A_{pq}^{(i)}}{\omega_i^2 - \omega^2 + j\eta_i\omega_i^2} + R_i \tag{4.1.112}$$

위 식에서 R_i는 일반적으로 복소수로서 다 자유도 진동계에서 관심 모드 i에 대한 인접 모드들의 영향을 나타내며, 복소 평면 상에서는 관심 모드에 대한 나이퀴스트 원의 중심을 이동시키는 역할을 한다(즉, 원의 중심이 허수 축에서 멀어지게 된다). 따라서, 그림 4.1.22(a)에 나타낸 바와 같이, 각주 13) 및 해당 본문에서 기술하였던 고유 진동수(감쇠비가 작을 경우)의 위치(① 허수축과 만나는 점, ② 실수 축으로부터 가장 먼 거리에 있는 점, ③ 원점으로부터 먼 거리에 있는 점, ④ 등간격 주파수 지점 중 원호 길이가 가장 큰 곳의 중간 지점 등)가 모두 서로 조금씩 다르게 된다. 또한, 다 자유도 진동계에서는 모드의 개수만큼 여러 개의 나이퀴스트 원이 발생하므로(그림 4.1.22(b) 참고), 각각의 고유 진동수를 포함한 적절한 주파수 영역을 선택하여 모드 별로 원을 분리하고, 일반적으로 인접 모드의 영향이 작은 ④의 방법을 선택한다.

나이퀴스트 원을 이용한 1 자유도 진동계의 고유 진동수 및 감쇠비 추출에 대해서는 이미 앞에서 자세히 기술한 바 있다. 여기서는 아래에 제시하는 다 자유도 진동계 예제에 대한 모드 매개 변수 추출 과정을 통해, 측정 데이터가 부족한 경우의 원 근사법에 의한 나이퀴스트 원 생성과 그 원을 이용한 모드 추출법을 추가로 설명하고자 한다.

그림 4.1.23(a)는 네 부분의 모서리가 모두 고정(clamped)되어 있는 평판 구조물을 나타낸다. 모드 매개 변수를 추출하기 위해 그림 4.1.23(b)에 나타낸 바와 같이 측정점 및 가진점을 선정하고 관심 주파수 대역(500 Hz ~ 1,500 Hz)에서 10 Hz의 간격으로 리셉턴스 주파수 응답 함수를 측정하였다. 그 중 하나의 예로서 $\widetilde{H}_{15}$에 대한 나이퀴스트 원을 그림 4.1.23(c)에 나타내었다. 나이퀴스트 원이 3개이므

로 관심 주파수 영역에서는 3개의 모드가 존재함을 알 수 있다[42]. 참고로 실험 모드 해석의 결과와 비교하기 위해 해당 구조물에 대한 고유 모드의 해석 결과를 그림 4.1.23(d)에 나타내었다. 실험에 의한 오차를 고려하지 않기 위해 리셉턴스 측정 자료는 해석 결과를 이용하였다.

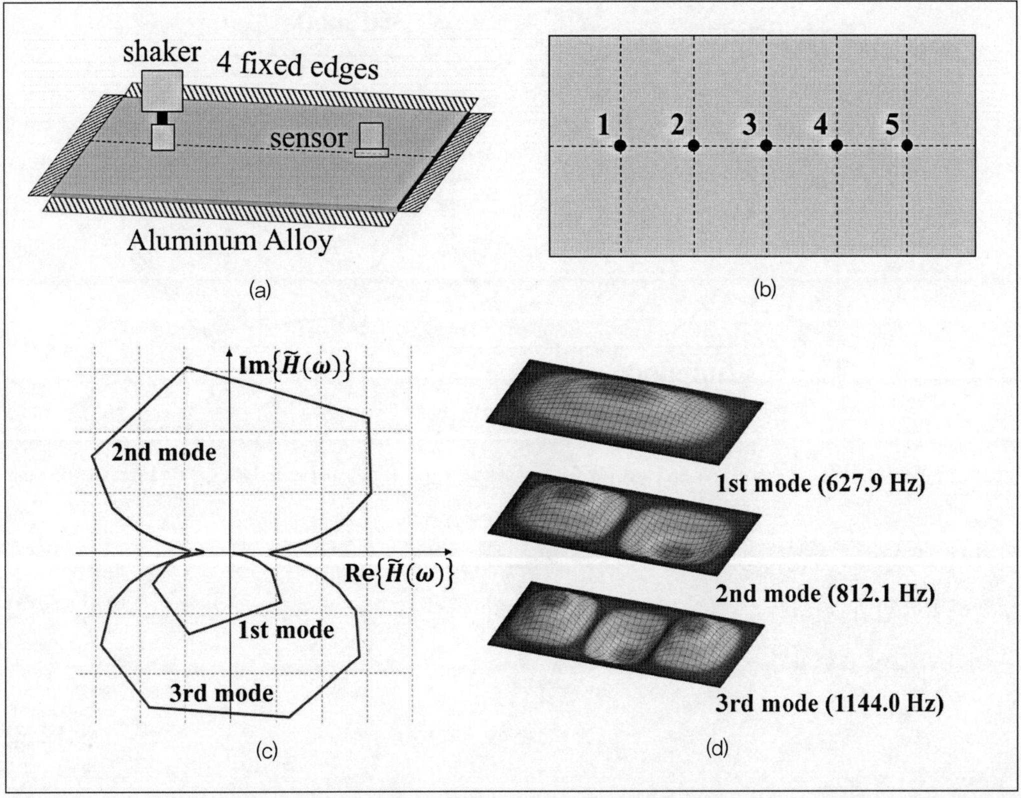

그림 4.1.23 (a) 모서리 면이 모두 고정된 평판 구조물, (b) 가진점 및 측정점의 위치, (c) 관심 주파수 영역에서의 주파수 응답 함수 $\widetilde{H_{15}}$에 대한 나이퀴스트 선도, (d) 해당 구조물의 첫 3개 고유 모드(해석 결과)

❶ 나이퀴스트 원의 분리 및 원 근사법(circle fitting)

그림 4.1.23(c)에 나타내었듯이 다 자유도 진동계의 실수부/허수부에 대한 나이퀴스트 선도는 모드의 개수에 따라 여러 개의 나이퀴스트 원이 그려진다. 식 (4.1.112)를 고려하여 '4.1.2 구조 감쇠 모델의 주파수 응답'에서 살펴보았던 모드 매개 변수 추출법을 적용하기 위해서는 모드 별로 나이퀴스트 원을 구분하여야 한다. 그림 4.1.23(c)에 나타낸 나이퀴스트 선도에 대해 모드 별로 구분한 결과를 그림 4.1.24에 나타내었다. 앞서 기술한 바와 같이 나이퀴스트 선도는 등 주파수 간격에 대해 모드 고유 진동수 근처에서 더욱 원형에서 벗어난 다각형의 형태가 된다. 더욱이, 측정된 주파수 응답 함수의 주파

42) 모드별 나이퀴스트 원의 궤적은 항상 시계방향이다.

수 해상도가 충분하지 않을 경우에는 그 정도가 더욱 심해지기 때문에 이를 그대로 사용한다면 정확한 모드 매개 변수의 추출이 어려워진다.

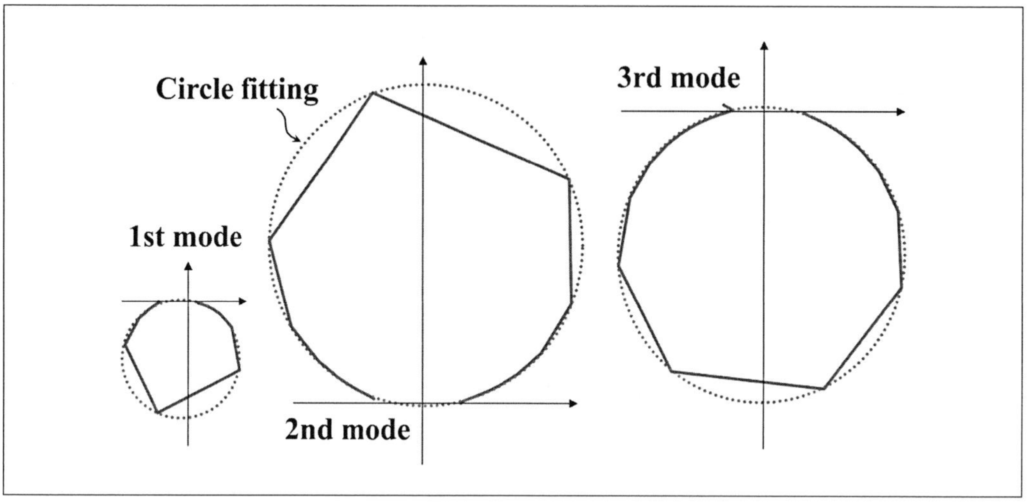

그림 4.1.24 주파수 응답 함수 $\widetilde{H_{15}}$에 대한 나이퀴스트 선도(그림 4.1.23(c))의 모드 별 분리 및 원 근사법의 적용

따라서, 모드 별로 적절히 분리된 각각의 나이퀴스트 원에 대해 아래와 같은 절차에 의해 원 근사법을 수행하여야 한다. 편의상 실수축을 x축이라하고, 허수축을 y축이라고 하자. 일반적인 원의 방정식은 아래와 같이 표현할 수 있다.

$$x^2 + y^2 + ax + by + c = 0 \tag{4.1.113}$$

위 식은 아래와 같이 변형되어 중심이 $(x_c, y_c) = (-a/2, -b/2)$이고 반지름 r이 $\sqrt{(a/2)^2 + (b/2)^2 - c}$ 인 원의 방정식을 나타낸다는 것을 보여준다.

$$\left(x + \frac{a}{2}\right)^2 + \left(y + \frac{b}{2}\right)^2 = \left(\frac{a}{2}\right)^2 + \left(\frac{b}{2}\right)^2 - c = r^2 \tag{4.1.114}$$

따라서, 복소 평면 위의 데이터 쌍 (x_i, y_i)의 궤적이 근사적으로 원의 형태를 갖는다면 식 (4.1.113)에 의해 $x_i^2 + y_i^2 + ax_i + by_i + c = \epsilon_i$ (ϵ_i: 오차)의 식을 만족하게 된다. 그리고, (x_i, y_i)가 모두 동일한 원 위의 점이라면 $x_i^2 + y_i^2 + ax_i + by_i + c = 0$의 관계를 만족하게 될 것이다. 따라서, 데이터 쌍 (x_i, y_i)에 근사적으로 적합한 원의 방정식은 다음의 식을 최소화하는 a, b, c를 구하는 것이다[43].

$$L = \sum_{i=1}^{n} \epsilon_i^2 = \sum_{i=1}^{n} \left(x_i^2 + y_i^2 + ax_i + by_i + c\right)^2 \tag{4.1.115}$$

43) 이를 최소제곱법(method of least squares)이라고 한다. 커브 피팅은 대부분 최소 제곱법에 의해 수행된다.

위 식에서 n은 데이터 쌍의 개수이다. 위 식을 최소로 하는 a, b, c를 구하기 위해서는 다음과 같이 각각의 상수에 대한 편미분 결과를 0이 되게 한다.

$$\frac{\partial L}{\partial a} = \sum_{i=1}^{n} 2x_i\left(x_i^2 + y_i^2 + ax_i + by_i + c\right) = 0 \tag{4.1.116a}$$

$$\rightarrow \sum_{i=1}^{n}\left(ax_i^2 + bx_iy_i + cx_i\right) = -\sum_{i=1}^{n}\left(x_i^3 + x_iy_i^2\right)$$

$$\frac{\partial L}{\partial b} = \sum_{i=1}^{n} 2y_i\left(x_i^2 + y_i^2 + ax_i + by_i + c\right) = 0 \tag{4.1.116b}$$

$$\rightarrow \sum_{i=1}^{n}\left(ax_iy_i + by_i^2 + cy_i\right) = -\sum_{i=1}^{n}\left(x_i^2y_i + y_i^3\right)$$

$$\frac{\partial L}{\partial c} = \sum_{i=1}^{n} 2\left(x_i^2 + y_i^2 + ax_i + by_i + c\right) = 0 \tag{4.1.116c}$$

$$\rightarrow \sum_{i=1}^{n}\left(ax_i + by_i + c\right) = -\sum_{i=1}^{n}\left(x_i^2 + y_i^2\right)$$

위 식은 미지수 a, b, c에 대해서 정리하면 다음과 같은 행렬 방정식으로 나타낼 수 있다.

$$\begin{bmatrix} \sum_{i=1}^{n} x_i^2 & \sum_{i=1}^{n} x_iy_i & \sum_{i=1}^{n} x_i \\ \sum_{i=1}^{n} x_iy_i & \sum_{i=1}^{n} y_i^2 & \sum_{i=1}^{n} y_i \\ \sum_{i=1}^{n} x_i & \sum_{i=1}^{n} y_i & n \end{bmatrix} \begin{Bmatrix} a \\ b \\ c \end{Bmatrix} = \begin{Bmatrix} -\sum_{i=1}^{n}\left(x_i^3 + x_iy_i^2\right) \\ -\sum_{i=1}^{n}\left(x_i^2y_i + y_i^3\right) \\ -\sum_{i=1}^{n}\left(x_i^2 + y_i^2\right) \end{Bmatrix} \tag{4.1.117}$$

위 식의 양변에 미지수에 대한 계수 행렬의 역행렬을 양변에 곱하여 미지수 a, b, c의 값을 구한다. 이 절의 마지막 부분에 그림 4.1.23의 예제에 대한 MATLAB m 파일 작성 예를 제시하였으니, 원 근사법에 대한 부분을 확인하기 바란다.

② 모드별 고유 진동수의 추출

모드별 고유 진동수 추출은 그림 4.1.22(a)에 나타낸 4개 중 어떠한 방법을 쓰는 것도 가능하나 일반적으로 다 자유도 진동계에서는 인접 모드의 영향을 고려하여 등 주파수 간격에 대해 가장 긴 나이퀴스트 원호 구간의 중간 지점을 고유 진동수로 정하도록 한다(그림에서는 ④번).

식 (4.1.32)는 고유 진동수에서의 나이퀴스트 각도 변화율이 제일 크다는 이론적인 설명 식이므로 실제 나이퀴스트 원에서 적용하기에는 무리가 있다. 따라서, 여기서는 그림 4.1.25에서 나타낸 방식을 이용하였다. 즉, 등 주파수 간격에서 θ의 변화량이 가장 큰 곳이 고유 진동수가 되는데, $\theta/2$는 θ에 비례하므로 $\theta/2$의 변화량이 가장 큰 곳을 다음과 같이 선정한다.

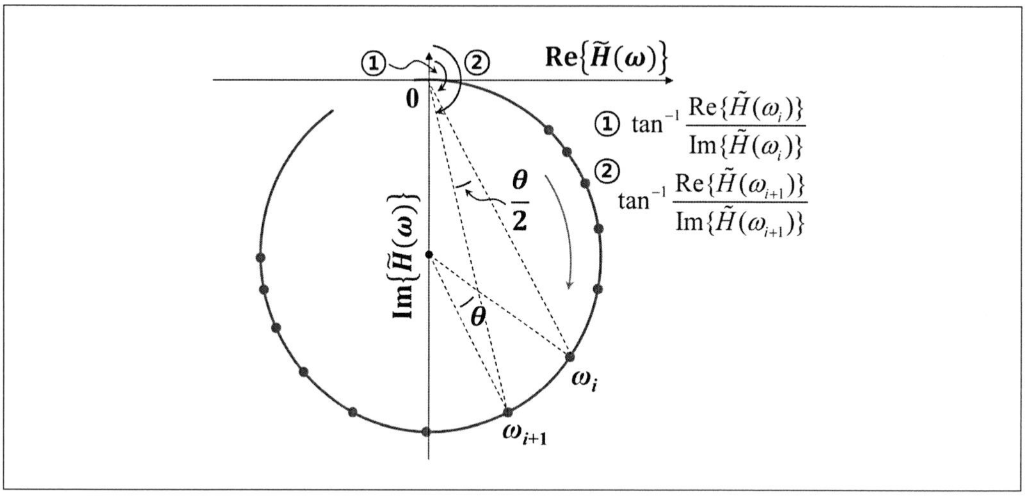

그림 4.1.25 나이퀴스트 원을 이용한 고유 진동수의 결정

$$\frac{\theta}{2} = \tan^{-1}\frac{\mathrm{Re}\{\widetilde{H}(\omega_{i+1})\}}{\mathrm{Im}\{\widetilde{H}(\omega_{i+1})\}} - \tan^{-1}\frac{\mathrm{Re}\{\widetilde{H}(\omega_{i})\}}{\mathrm{Im}\{\widetilde{H}(\omega_{i})\}} \quad (4.1.118)$$

따라서, $\theta/2$가 최대가 되는 ω_{i+1} 및 ω_i를 찾은 후 그 중간 지점인 $(\omega_{i+1}+\omega_i)/2$가 고유 진동수가 된다.

[표 4.1.1] 고유 진동수(Hz) 결과 비교(그림 4.1.23)

	$\widetilde{H}_{11}(\omega)$	$\widetilde{H}_{12}(\omega)$	$\widetilde{H}_{13}(\omega)$	$\widetilde{H}_{14}(\omega)$	$\widetilde{H}_{15}(\omega)$	해석
첫 번째 모드	625	625	625	625	625	627.9
두 번째 모드	815	815	N/A	805	805	812.1
세 번째 모드	1145	1145	1135	1145	1145	1144.0

이 방법을 이용하여 그림 4.1.23의 평판에 대한 고유 진동수를 표 4.1.1과 같이 구할 수 있었다. 5개의 리셉턴스를 측정한 후 각각에 대해 추출한 고유 진동수를 나타내었으며, 해석 결과와 비교할 수 있도록 하였다. 우선 해석 결과와의 차이는 많은 부분 리셉턴스의 주파수 해상도에 기인한다. 10 Hz의 등 주파수 간격에 의해 측정하였으므로 정확도에 한계가 있으며, 몇 개의 일부 리셉턴스에서 서로 차이가 있는 이유는 인접 모드의 영향으로 인해 나이퀴스트 원의 중심이 허수축에서 벗어나 있기 때문이다. 그러나, 실제의 측정 주파수 해상도를 높이거나, 또는 원 근사법에 의한 원의 방정식을 이용하여

측정되지 않는 주파수에서의 실수부 및 허수부를 이용하면 더욱 정확한 모드 별 고유 진동수 값을 얻을 수 있다.

참고로, 관심 주파수 영역에서 $\widetilde{H}_{13}(\omega)$에 대한 나이퀴스트 원은 첫 번째 및 세 번째 모드에 대한 것만 존재하기 때문에 표 4.1.1에 두 번째 모드의 고유진동수는 제시되지 않았다. '3'번 지점은 두 번째 모드의 노드 지점이기 때문에 해당 주파수 영역에서는 리셉턴스 측정이 되지 않는다.

3 모드별 손실 계수의 추출

식 (4.1.33), (4.1.34) 및 (4.1.36)을 이용하면, 다음과 같이 i 번째 고유 모드에 대한 모드 손실 계수 η_i를 계산할 수 있다.

$$\eta_i = \frac{\omega_b^2 - \omega_a^2}{\omega_i^2\left(\frac{\mathrm{Re}\{\widetilde{H}(\omega_b)\}}{\mathrm{Im}\{\widetilde{H}(\omega_b)\}} - \frac{\mathrm{Re}\{\widetilde{H}(\omega_a)\}}{\mathrm{Im}\{\widetilde{H}(\omega_a)\}}\right)} \tag{4.1.119}$$

위 식을 이용하여 그림 4.1.23에 제시된 구조물의 손실 계수를 계산하고 이를 표 4.1.2에 나타내었다. 참고로, 해석 계산 결과는 3개 모드 모두에 대해 손실 계수 0.03을 가정한 것이다.

[표 4.1.2] 손실 계수 결과 비교(그림 4.1.23)

	$\widetilde{H}_{11}(\omega)$	$\widetilde{H}_{12}(\omega)$	$\widetilde{H}_{13}(\omega)$	$\widetilde{H}_{14}(\omega)$	$\widetilde{H}_{15}(\omega)$	해석
첫 번째 모드	0.026	0.029	0.031	0.031	0.032	0.03
두 번째 모드	0.031	0.029	N/A	0.029	0.031	0.03
세 번째 모드	0.030	0.029	0.030	0.030	0.030	0.03

4 모드 형상의 추출

식 (4.1.28)을 유도하였던 과정을 동일하게 적용하면, 식 (4.1.112)의 i 번째 모드에 대한 리셉턴스 $\widetilde{H}_{pq} \approx A_{pq}^{(i)}/(\omega_i^2 - \omega^2 + j\eta_i\omega_i^2)$에 대해 다음의 식이 성립함을 알 수 있다.

$$\left(\mathrm{Re}\{\widetilde{H}_{pq}(\omega)\}\right)^2 + \left(\mathrm{Im}\{\widetilde{H}_{pq}(\omega)\} + \frac{A_{pq}^{(i)}}{2\eta_i\omega_i^2}\right)^2 = \left(\frac{A_{pq}^{(i)}}{2\eta_i\omega_i^2}\right)^2 \tag{4.1.120}$$

그런데, 원 근사법의 적용을 통해 각 리셉턴스 $\widetilde{H}_{pq}$에서 각각의 모드에 대한 나이퀴스트 원의 반지름은 이미 구한 바 있다. 이에 대한 나이퀴스트 원의 직경을 $D_{pq}^{(i)}\ (= 2\sqrt{(a/2)^2 + (b/2)^2 - c}\,)$라고 하

면 위 식으로부터 $\left|A_{pq}^{(i)}\right|/(\eta_i\omega_i^2)$와 같다는 것을 확인할 수 있다. 따라서, 이 관계를 이용하여 모드 상수 또는 고유 모드를 다음과 같이 표현할 수 있다.

$$\left|A_{pq}^{(i)}\right| = D_{pq}^{(i)}\eta_i\omega_i^2 \text{ 또는 } \left|\phi_{i,p}\phi_{i,q}\right| = m_i D_{pq}^{(i)}\eta_i\omega_i^2 \tag{4.1.121}$$

위 식에서 $\phi_{i,p}\phi_{i,q}$ (또는, 모드 상수 $A_{pq}^{(i)}$)는 모드의 성분에 따라 양 또는 음의 부호가 될 수도 있는데, 이를 고려하여 다음과 같이 바꿔쓰자.

$$\phi_{i,p}\phi_{i,q} = m_i D_{pq}^{(i)}\eta_i\omega_i^2 \ (\phi_{i,p}\text{와 } \phi_{i,q}\text{의 위상이 같은 경우}) \tag{4.1.122a}$$

$$\phi_{i,p}\phi_{i,q} = - m_i D_{pq}^{(i)}\eta_i\omega_i^2 \ (\phi_{i,p}\text{와 } \phi_{i,q}\text{의 위상이 반대인 경우}) \tag{4.1.122b}$$

그런데, $\widetilde{H}_{pq}$에 대한 i 번째 모드의 나이퀴스트 원에서 허수축 중심 y_c가 음수일 때(즉, 원의 중심이 실수축 아래 부분에 위치할 때) $\phi_{i,p}$와 $\phi_{i,q}$의 위상이 같은 경우이고, 중심 좌표 y_c가 양수일 때(즉, 원의 중심이 실수축 윗 부분에 위치할 때) $\phi_{i,p}$와 $\phi_{i,q}$의 위상이 다른 경우가 된다[44]. 따라서, 이를 다음과 같이 바꾸어 적용하도록 하자.

" $\phi_{i,p}\phi_{i,q} = m_i D_{pq}^{(i)}\eta_i\omega_i^2$의 관계식을 이용하되 해당 모드의 나이퀴스트 원의 중심이 실수축 아래에 있으면 $D_{pq}^{(i)}$는 양의 부호를 갖는 직경이고, 원의 중심이 실수축 위에 있으면 $D_{pq}^{(i)}$는 음의 부호를 갖는 직경이 된다."

따라서, 위 사항을 염두에 두고 관계식 $\phi_{i,p}\phi_{i,q} = m_i D_{pq}^{(i)}\eta_i\omega_i^2$을 이용하면, 모드 형상을 다음과 같이 구할 수 있다. 즉, 예를 들어 측정점이 3개라면 $\phi_{i,1}\phi_{i,1} = m_i D_{11}^{(i)}\eta_i\omega_i^2$, $\phi_{i,1}\phi_{i,2} = m_i D_{12}^{(i)}\eta_i\omega_i^2$, $\phi_{i,1}\phi_{i,3} = m_i D_{13}^{(i)}\eta_i\omega_i^2$이므로 i 번째 모드에 대해서는 다음의 관계가 성립함을 알 수 있다.

$$\phi_{i,1} : \phi_{i,2} : \phi_{i,3} = D_{11}^{(i)} : D_{12}^{(i)} : D_{13}^{(i)} \tag{4.1.123}$$

그림 4.1.23의 구조물에 대해 측정된 5개의 리셉턴스($\widetilde{H}_{11}(\omega)$, $\widetilde{H}_{12}(\omega)$, $\widetilde{H}_{13}(\omega)$, $\widetilde{H}_{14}(\omega)$, $\widetilde{H}_{15}(\omega)$)를 이용하여, 각 모드별로 원 근사법을 적용하여 나이퀴스트 원의 직경을 구하였다. 이를 표 4.1.3에 나타내었는데, 위에서 언급한 대로 나이퀴스트 원의 위치에 따라 부호를 추가하였다. 식 (4.1.123)에 의하면 이들의 비가 고유 모드의 비가 되는데 그림 4.1.26에는 모드별 가장 큰 성분의 크기를 1로 정규화한 모드 형상을 나타내었다.

---

44) 그림 4.1.23에서 $\widetilde{H}_{15}$의 두 번째 모드에 대한 나이퀴스트 원은 중심이 양의 허수축에 있다. 우측의 모드 그림에서 알 수 있듯이 '1' 지점과 '5' 지점은 두 번째 모드에서만 상호 180° 위상(실수 모드)이므로 $\phi_{2,1}\phi_{2,5}$의 부호는 음수가 된다.

[표 4.1.3] 나이퀴스트 원의 직경 $D_{pq}^{(i)}$ (그림 4.1.23)

	$D_{11}^{(i)}$	$D_{12}^{(i)}$	$D_{13}^{(i)}$	$D_{14}^{(i)}$	$D_{15}^{(i)}$
첫 번째 모드	0.028	0.066	0.082	0.067	0.029
두 번째 모드	0.063	0.086	0	−0.087	−0.064
세 번째 모드	0.057	0.013	−0.060	0.013	0.058

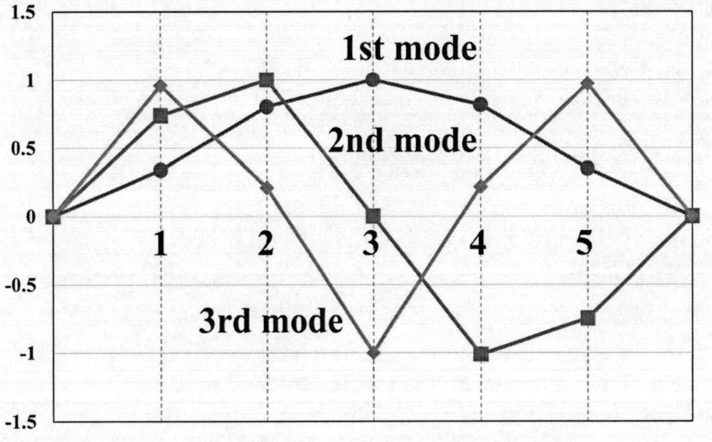

그림 4.1.26 나이퀴스트 원 근사법 적용을 통한 모드 형상의 추출 결과(그림 4.1.23)

[MATLAB m-file: 나이퀴스트 원 근사법 적용]

```
% format of an input file used here%
% freq     real          imag
% 510     1.0268E-02    -5.3434E-04
% 520     1.0581E-02    -5.8225E-04
% ...       ...            ...
clear all, clc
pt_ref = [11 12 13 14 15];
pt = input('Identify the excitation-measurement point for the following number: [11 12 13 14
15]: ');
if isempty(pt) | ~ismember(pt, pt_ref)
    statement = sprintf('Improper or no inputs');
    error(statement)
end

mode_ref = [1 2 3];
mode = input('Input the mode number for the following: [1 2 3]: ');
if isempty(mode) | ~ismember(mode, mode_ref)
    statement = sprintf('Improper or no inputs');
```

```
    error(statement)
end
% assuming, mode separations performed in advance
T = readtable(sprintf('H%d_mode%d.txt', pt, mode));
fq = T.freq; Hr = T.real; Hi = T.imag;
figure(1)
plot(Hr, Hi)      % Nyquist plot for the separated mode

% circle fitting
N = length(fq);
A(1,1) = dot(Hr, Hr);
A(2,1) = dot(Hr, Hi);
A(3,1) = sum(Hr);
A(2,2) = dot(Hi, Hi);
A(3,2) = sum(Hi);
A(3,3) = N;
A(1,2) = A(2,1); A(1,3) = A(3,1); A(2,3) = A(3,2);

B(1,1) = -sum(Hr.^3)-dot(Hr, Hi.^2);
B(2,1) = -dot(Hr.^2, Hi)-sum(Hi.^3);
B(3,1) = -dot(Hr, Hr)-dot(Hi, Hi);

p=A\B;            % same as inv(A)*B
xc=-p(1)/2;        % x coordinate of the circle center
yc=-p(2)/2;        % y coordinate of the circle center
r=sqrt((p(1)/2)^2+(p(2)/2)^2-p(3));   % radius

ang=0:0.01:2*pi;
x=xc+r*cos(ang); y=yc+r*sin(ang);
hold on
plot(x,y), axis square, grid on   % check the fitted circles

% mode frequency extraction
for k = 1:N-1
    if atan2(Hr(k), Hi(k))<0      % since -pi<=atan2<pi
        theta1 = 2*pi+atan2(Hr(k), Hi(k));
    else
        theta1 = atan2(Hr(k), Hi(k));
    end
    if atan2(Hr(k+1), Hi(k+1))<0
        theta2 = 2*pi+atan2(Hr(k+1), Hi(k+1));
    else
        theta2 = atan2(Hr(k+1), Hi(k+1));
    end
    d_theta(k+1) = theta2-theta1;
end
[v, indx] = max(d_theta);
mode_freq = (fq(indx)+fq(indx-1))/2;

% damping loss factor extraction
mode_damp = (fq(indx)^2-fq(indx-1)^2) ...
/(mode_freq^2*(Hr(indx)/Hi(indx)-Hr(indx-1)/Hi(indx-1)));
```

```
figure(1)
title(sprintf('Frequency: %5.1f, Loss factor: %6.3f',mode_freq, mode_damp))

% for mode shape extraction
D = 2*r*(-sign(yc));  %
format long
sprintf('Mode frequency, loss factor, %dst/nd/rd/th mode component of the %dst/nd/rd/th mode
are, respectively,', rem(pt,10), mode)
res = sprintf('[%5.1f,  %6.3f,   %f]', mode_freq, mode_damp, D);
disp(res)
```

4.1.7 운전 중 변형 형상(ODS: Operational Deflection Shape)

식 (4.1.61)의 점성 감쇠 모델에 대한 리셉턴스는 식 (4.1.63)과 같이 표현되었다. 따라서, 조화 가진에 대한 정상 상태의 응답 $\widetilde{\boldsymbol{X}}$는 다음과 같이 나타낼 수 있으며,

$$\widetilde{\boldsymbol{X}}(\omega)=\widetilde{\boldsymbol{H}}(\omega)\boldsymbol{F}(\omega)=\sum_{i=1}^{n}\frac{\boldsymbol{\phi}_i\boldsymbol{\phi}_i^T\boldsymbol{F}}{m_i\left(\omega_i^2-\omega^2+j2\zeta_i\omega_i\omega\right)} \tag{4.1.124}$$

위 식을 이용하여 임의의 시간 t에서의 정상 상태 응답은 다음과 같이 표현된다.

$$\boldsymbol{x}(t)=\mathrm{Re}\{\widetilde{\boldsymbol{X}}e^{j\omega t}\}=\mathrm{Re}\{\widetilde{\boldsymbol{X}}\}\cos\omega t-\mathrm{Im}\{\widetilde{\boldsymbol{X}}\}\sin\omega t \tag{4.1.125a}$$

또는, 식 (4.1.124)를 이용하면 아래와 같이 나타낼 수도 있다.

$$\boldsymbol{x}(t)=\sum_{i=1}^{n}\frac{\boldsymbol{\phi}_i\boldsymbol{\phi}_i^T\boldsymbol{F}\left\{\left(\omega_i^2-\omega^2\right)\cos\omega t+\left(2\zeta_i\omega_i\omega\right)\sin\omega t\right\}}{m_i\left\{\left(\omega_i^2-\omega^2\right)^2+\left(2\zeta_i\omega_i\omega\right)^2\right\}} \tag{4.1.125b}$$

위 식은 외부 조화 가진력 $\boldsymbol{f}(t)=\boldsymbol{F}e^{j\omega t}$에 대해 임의의 시간 t에서의 정상 상태 응답(변위)을 나타내는데, 이를 운전 중 변형 형상(ODS: operational deflection shape)이라고 한다. 위 식은 변위를 나타내고 있지만, 속도 $\boldsymbol{v}(t)$ 및 가속도 $\boldsymbol{a}(t)$에 대한 운전 중 변형 형상도 동일한 방법을 사용하여 아래와 같이 나타낼 수 있다.

$$\boldsymbol{v}(t)=\mathrm{Re}\{j\omega\widetilde{\boldsymbol{X}}e^{j\omega t}\}=\omega\sum_{i=1}^{n}\frac{\boldsymbol{\phi}_i\boldsymbol{\phi}_i^T\boldsymbol{F}\left\{\left(2\zeta_i\omega_i\omega\right)\cos\omega t-\left(\omega_i^2-\omega^2\right)\sin\omega t\right\}}{m_i\left\{\left(\omega_i^2-\omega^2\right)^2+\left(2\zeta_i\omega_i\omega\right)^2\right\}} \tag{4.1.126}$$

$$\boldsymbol{a}(t)=\mathrm{Re}\{-\omega^2\widetilde{\boldsymbol{X}}e^{j\omega t}\}=-\omega^2\sum_{i=1}^{n}\frac{\boldsymbol{\phi}_i\boldsymbol{\phi}_i^T\boldsymbol{F}\left\{\left(\omega_i^2-\omega^2\right)\cos\omega t+\left(2\zeta_i\omega_i\omega\right)\sin\omega t\right\}}{m_i\left\{\left(\omega_i^2-\omega^2\right)^2+\left(2\zeta_i\omega_i\omega\right)^2\right\}} \tag{4.1.127}$$

그런데, 일반적으로 운전 중 변형 형상은 조화 운동의 특성 상 임의의 시간 t에 대한 식보다는 사인 및

코사인 함수의 인자인 ωt를 θ로 대체하여 임의의 위상각에 대해서 확인한다[45].

위에 제시된 식 (4.1.125), (4.1.126) 및 (4.1.127)에서 확인할 수 있듯이 운전 중 변형 형상은 고유 모드와는 다른 것이다. 말 그대로 운전 중 변형 형상은 운전 중 임의의 위치에 가해지는 임의의 크기를 갖는 조화 가진에 대한 정상 상태의 실제 응답을 의미하는 것임에 반해, 모드는 외부 하중과는 무관한, 특정 주파수에서의 구조물 자체의 고유 변형 모습인 것이다. 다만, 식 (4.1.125b)에 의하면, 외부 가진력의 주파수가 어느 하나의 고유 진동수 ω_i와 같고 ζ_i의 값이 작다면, 운전 중 변형 형상은 해당 고유 진동수에 해당하는 고유 모드의 형상과 비슷해진다. 또한, 흥미로운 현상으로서 특정 모드(예를 들면, i 번째 모드 $\boldsymbol{\phi}_i$)와 조화 가진력 벡터($\boldsymbol{F}$)가 직교하면($\boldsymbol{\phi}_i^T\boldsymbol{F}=0$), 식 (4.1.125b)의 응답 $\boldsymbol{x}(t)$에는 i 번째 모드에 의한 기여가 없게 된다. 즉, 가진력의 특성(작용 위치, 모드와의 위상 관계 등)에 의해 운전 중 변형 형상의 양상이 달라지게 된다.

그림 4.1.27은 모드와 운전 중 변형 형상의 차이에 대해서 나타내고 있다. 그림 4.1.27(a)는 외팔보의 한 지점에 외력을 가했을 경우 끝단 지점에서의 주파수 응답을 나타내고 있는데, 고유 진동수에 해당하는 주파수에서 외팔보의 고유 모드를 같이 보여주고 있다. 이 고유 모드는 언급한 바와 같이 외력이 얼마나, 어디에 작용하는가와는 무관하다. 그림 4.1.27(b)의 좌측 그림은 외력이 그림 4.1.27(a)와 동일하게 작용할 경우 주파수 200 Hz에서의 운전 중 변형 형상을 몇 개의 특정 위상각에 대해 나타낸 것이다.

그림 4.1.27(a)에 의하면 200 Hz는 첫 번째와 두 번째 고유 진동수 사이에 위치하기 때문에, 대략 첫 번째 모드와 두 번째 모드의 영향이 제일 크게 반영된다. 반면, 그림 4.1.27(b)의 우측 그림은 외력이 두 번째 모드와 직교하도록 설정되어 총 6개 지점에 가해질 경우의 운전 중 변형 형상을 나타내고 있는데, 좌측 그림과 동일한 주파수임에도 불구하고 완전히 다른 양상을 보이고 있다. 특히, $\boldsymbol{\phi}_2^T\boldsymbol{F}=0$이 됨에 따라 두 번째 모드의 특성은 보이지 않고 첫 번째 모드의 특성만 관찰됨을 알 수 있다. 이처럼 운전 중 변형 형상은 동일한 주파수에서도 가진력의 특성에 따라 아주 다른 양상을 보일 수 있다.

---

45) 유한 요소 해석을 통해 임의의 주파수를 갖는 조화 가진에 대한 진동 구조물의 정상 상태 응답을 구할 경우 응답 물리량 자체가 복소수이므로 주의가 필요하다. 특정 주파수에서 구조물 각 지점(유한 요소 절점(node))의 복소수 응답(변위, 변형률, 응력 등)의 절대값(변위의 경우 $|\tilde{\boldsymbol{X}}|$)들은 해당 물리량의 최대값이지 동일 시간에 각 지점에서 발생한 물리량의 크기들이 아니다. 동일 시간에 발생한 응답은 운전 중 변형 형상 및 이로부터 유도된 물리량으로 확인해야 하고 이를 위해서는 어떤 위상값 θ에 대한 것인지 미리 설정하여야 한다.

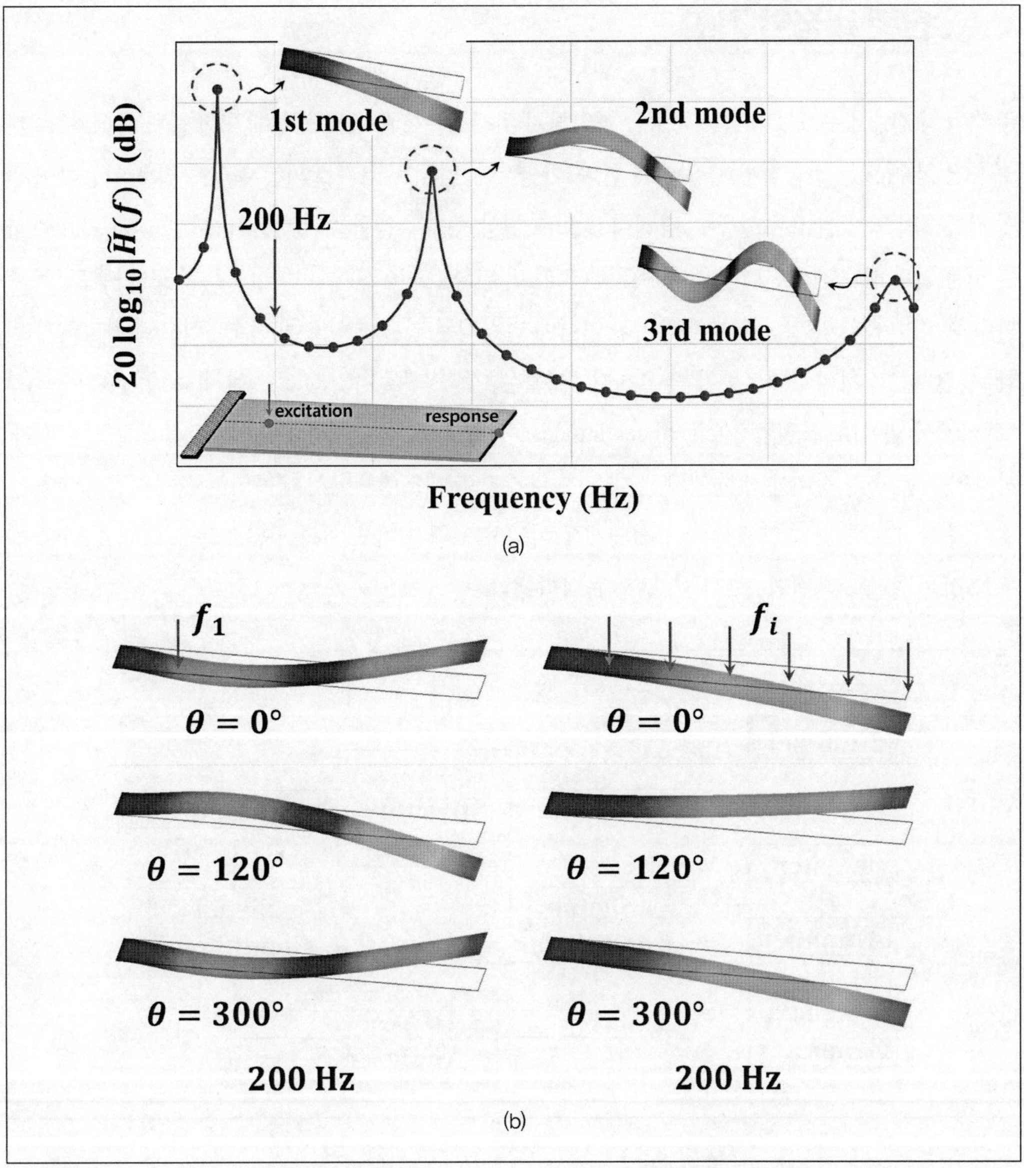

그림 4.1.27 (a) 외팔보의 주파수 응답 함수 및 고유 모드, (b) 가진력의 특성에 따른 운전 중 변형 형상의 비교

4.2. 진동 측정의 기초

주파수 영역에서 구조물의 진동 특성을 파악하기 위해서는 진동계의 입력에 대한 출력 특성, 즉 주파수 응답 함수(또는 전달함수)를 알아야 한다. 이를 알면 앞서 우리가 살펴본 여러 방법을 이용하여 관심 진동계의 모드 별 고유 진동수, 감쇠비 및 모드 형상 등을 추출할 수 있다. 따라서, 우리가 필요로 하는 것은 입력 신호인 가진력의 주파수 특성(크기 및 위상), 출력 신호인 변위(또는 속도, 가속도)의 주파수 특성이다. 그리고 신호 처리 장치와 여기에 입력되는 입출력 신호들을 효과적으로 처리하기 위한 사전 신호 처리 장치 등이 필요하다. 이들은 각각 가진기(exciter), 센서(sensor)[46], 증폭기(amplifier) 및 신호 조절 장치(signal conditioner), 신호 분석기(spectrum analyzer) 등으로 구현된다. 각각의 진동 측정 장비에 대한 자세한 내용 등은 각각의 제조업체에서 제공되는 설명서를 참고하는 것이 좋겠지만, 그러기 위해서는 그 설명서를 이해하기 위한 기초 지식이 필요하다. 그림 4.2.1은 진동 측정을 위한 기본적인 하드웨어 구성을 나타낸다.

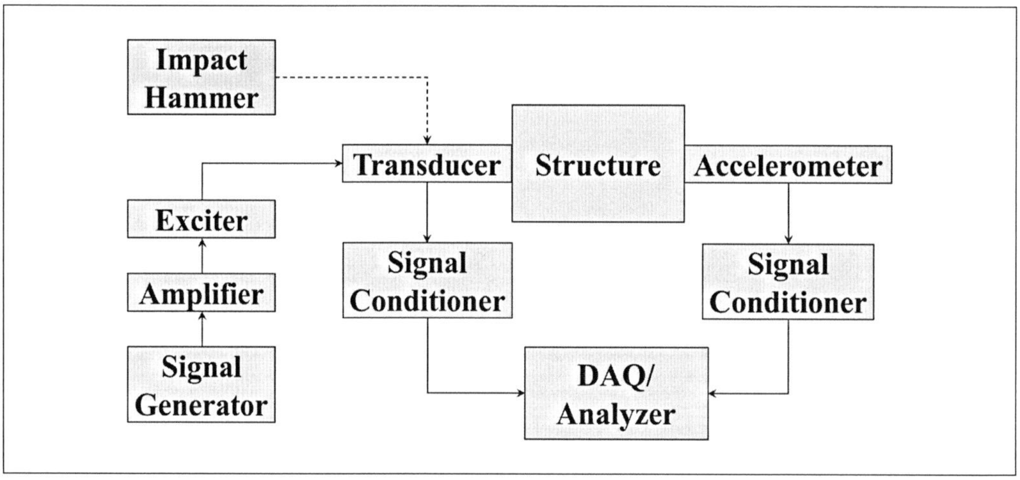

그림 4.2.1 진동 측정을 위한 하드웨어 구성

이제 진동 측정 관련 장비의 기본적인 원리부터 알아보자.

46) 가진기 또는 센서는 해당 물리량을 전압 등의 전기 신호로 변환시켜주는 부분을 포함하여 트랜스듀서(transducer)라고도 표현한다.

4.2.1 진동 측정 원리 및 진동 가속도 센서(가속도계)[47]

1 진동 측정의 원리

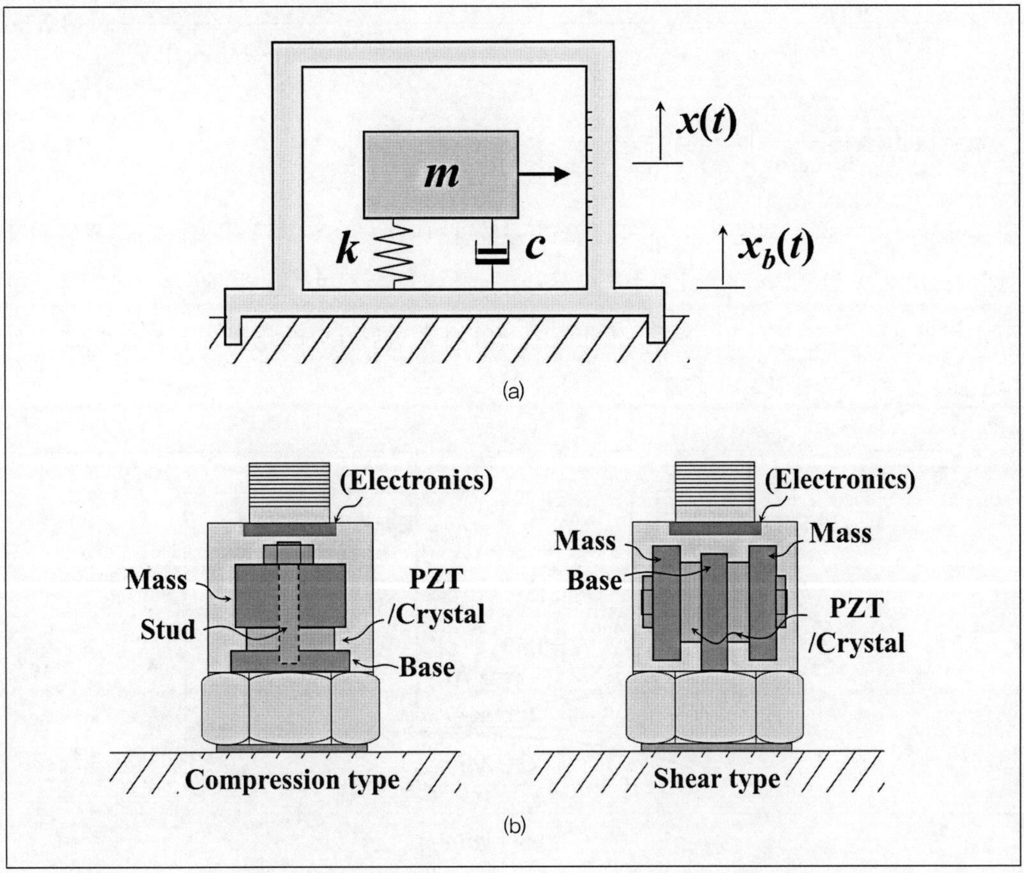

그림 4.2.2 (a) 진동 측정계(변위계, 가속도계)의 기본 원리 및 (b) 압전 가속도 센서(압축형, 전단형)의 예

진동 측정의 원리는 그림 4.2.2(a)에 나타낸 바와 같이 진동하는 구조물에 부착된 1 자유도 진동계를 이용하여 설명될 수 있다. 또한, 이 원리에 기초한 압전 가속도 센서의 실례를 그림 4.2.2(b)에 나타내었다[48]. 그림에서 동일한 기준 좌표계에 대해 질량 m의 수직 방향 변위를 $x(t)$, 진동하는 구조물의 수직 방향 변위를 $x_b(t)$라고 하면, 질량 m의 상대 변위 $z(t)$ $(= x(t) - x_b(t))$를 이용한 운동 방정식은 다음과 같다.

$$m\ddot{z}(t) + c\dot{z}(t) + kz(t) = -m\ddot{x}_b(t) \tag{4.2.1}$$

47) 진동 변위 센서, 속도 센서, 가속도 센서를 각각 변위계, 속도계, 가속도계라고 부르기도 한다.

48) 압전 가속도 센서에 대한 설명은 이 다음에 이어진다.

위 식에 진동 구조물의 변위 $x_b(t) = X_b e^{j\omega t}$ 및 상대 변위 $z(t) = \tilde{Z}e^{j\omega t}$ ($\tilde{Z} = Ze^{-j\phi}$)를 대입하면 상대 변위 $\tilde{Z}$의 진폭의 크기 Z 및 위상 ϕ는 각각 다음과 같이 표현된다.

$$Z = \frac{\omega^2 m X_b}{\sqrt{(k-\omega^2 m)^2 + (\omega c)^2}} = \frac{\omega^2 X_b}{\sqrt{(\omega_n^2 - \omega^2)^2 + (2\zeta\omega_n\omega)^2}} = \frac{r^2 X_b}{\sqrt{(1-r^2)^2 + (2\zeta r)^2}} \tag{4.2.2a}$$

$$\phi = \tan^{-1}\left(\frac{\omega c}{k-\omega^2 m}\right) = \tan^{-1}\left(\frac{2\zeta\omega_n\omega}{\omega_n^2 - \omega^2}\right) = \tan^{-1}\left(\frac{2\zeta r}{1-r^2}\right) \tag{4.2.2b}$$

위 식에서 $c/m = 2\zeta\omega_n$의 관계가 사용되었으며, 무차원 변수 $r = \omega/\omega_n$이 적용되었다. 진폭 및 위상 모두 감쇠비 ζ 및 진동수 비 r만의 함수로 표현되었는데, 이제 곧 설명하게 될 진동 측정계의 특성 및 종류(변위 센서, 속도 센서 및 가속도 센서 등)는 r의 사용 범위에 따라 정해진다. 그림 4.2.3에 식 (4.2.2)를 몇 개의 특정 감쇠비 값에 대해 나타내었다.

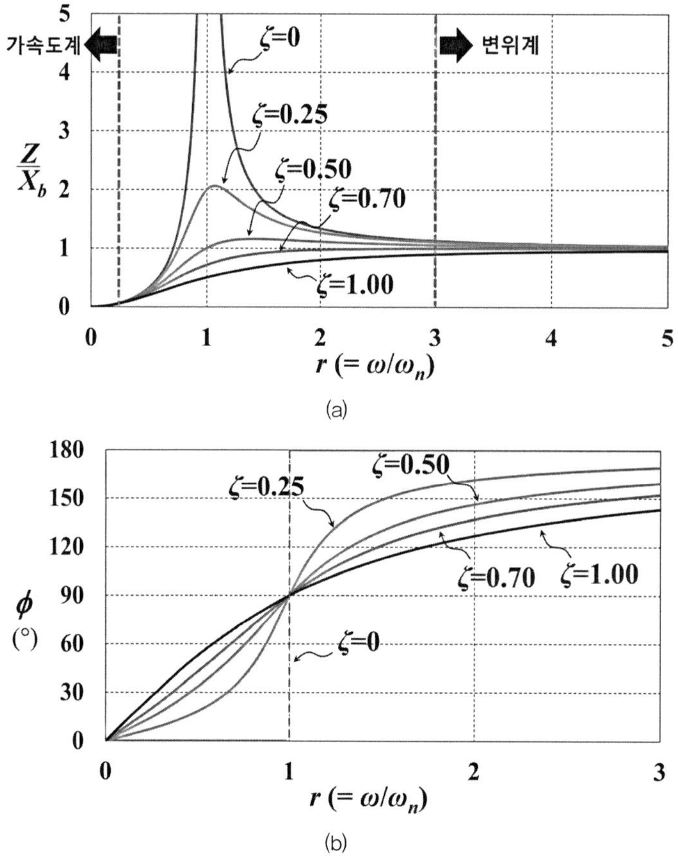

그림 4.2.3 진동 측정계의 (a) 상대 진폭 비 및 (b) 위상에 대한 주파수 응답 함수

[진동 변위계]

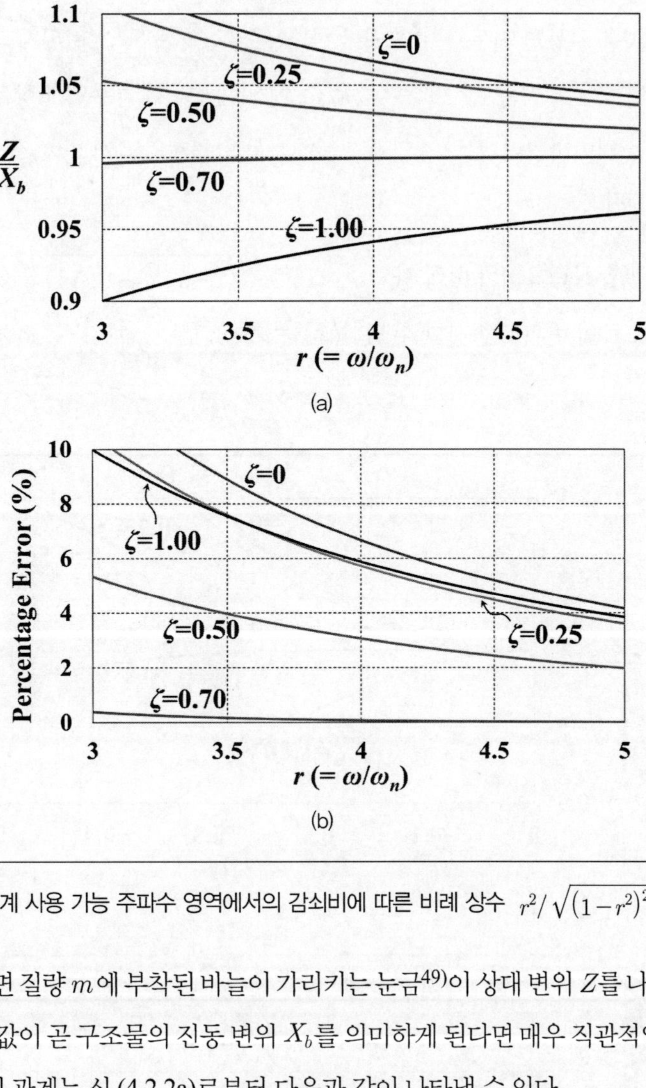

그림 4.2.4 변위계 사용 가능 주파수 영역에서의 감쇠비에 따른 비례 상수 $r^2/\sqrt{(1-r^2)^2+(2\zeta r)^2}$ 의 변화

그림 4.2.2에 의하면 질량 m에 부착된 바늘이 가리키는 눈금[49]이 상대 변위 Z를 나타내게 되므로, 식 (4.2.2a)에서 Z의 값이 곧 구조물의 진동 변위 X_b를 의미하게 된다면 매우 직관적일 것이다. 이를 고려하면, $Z \approx X_b$의 관계는 식 (4.2.2a)로부터 다음과 같이 나타낼 수 있다.

$$\frac{r^2}{\sqrt{(1-r^2)^2+(2\zeta r)^2}} \approx 1 \tag{4.2.3}$$

위의 식에 대해, 일반적으로 $r > 3$인 경우를 변위계로 사용하기 적절한 진동수 영역으로 간주한다. $r > 3$인 진동수 영역에에서의 진폭비 Z/X_b를 그림 4.2.4(a)에 나타내었으며, 그림 4.2.4(b)에는 이

49) 개념적인 설명이고, 실제로는 저항, 전자기 유도, 정전 용량, 압전 등의 현상을 이용하여 상대 변위에 비례하는 전압을 출력하게 된다.

진폭비에 대해 1과의 상대적인 차이를 백분율로 나타내었다. 대부분의 경우 10% 내의 오차를 보이며, 특히, 감쇠비 $\zeta = 0.7$의 경우 거의 1에 가까운 상대 진폭 비율을 보여주고 있다.

그런데, 변위계로 사용 가능한 진동수 비가 커야 한다는 것은($\omega > 3\omega_n$) 변위계의 고유 진동수가 작아야 한다는 것을 의미한다. 이는 다시 $\omega_n = \sqrt{k/m}$ 에 의해 변위계의 수직 방향 강성이 작거나 질량이 커야 한다는 것을 의미하는데, 질량이 커지기 위해서는 변위계의 크기 또한 커져야하므로 많은 경우 실용성이 떨어진다.

r의 값이 크지 않다면, 식 (4.2.3)의 비례 계수 $c_{vd} \equiv r^2/\sqrt{(1-r^2)^2 + (2\zeta r)^2}$ 를 활용하여 상대 변위 Z의 값을 진동 구조물의 변위로 환산할 수 있다($X_b = Z/c_{vd}$).

[진동 가속도계]

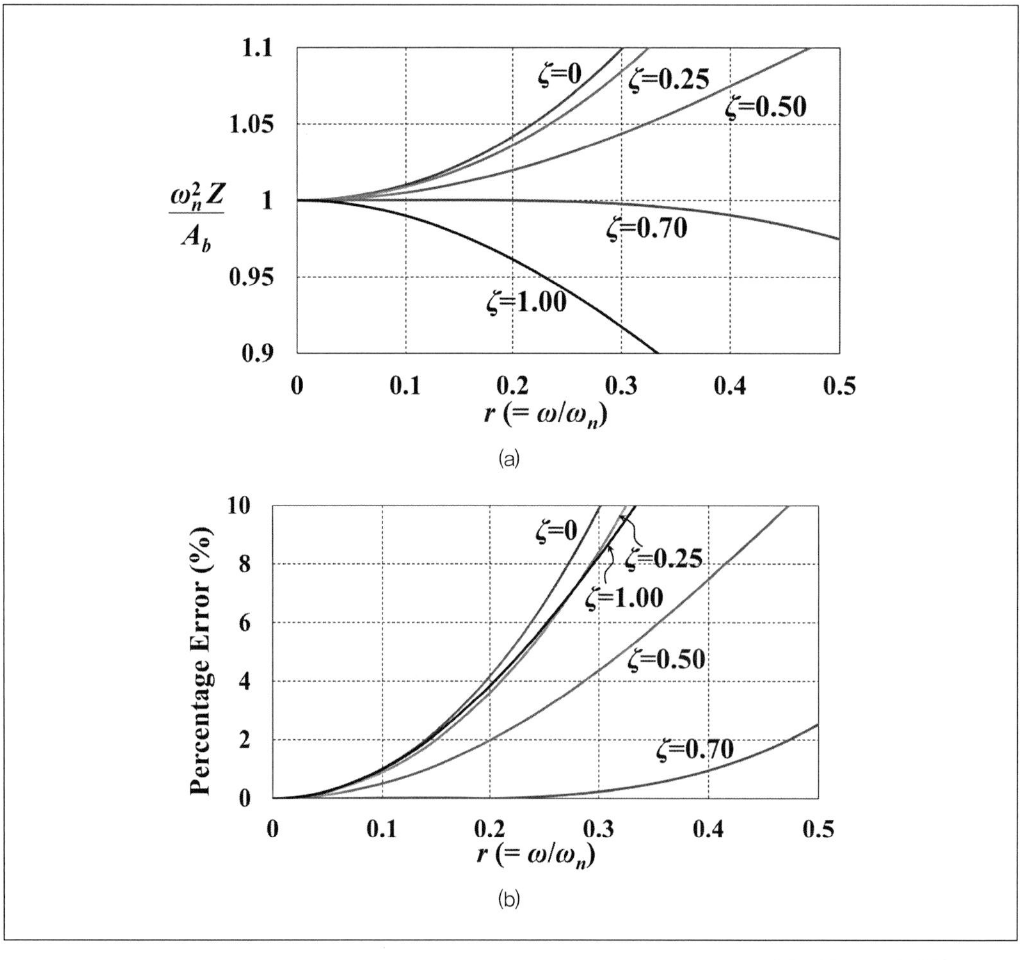

그림 4.2.5 가속도 센서 사용 가능 주파수 영역에서의 감쇠비에 따른 비례 상수 $1/\sqrt{(1-r^2)^2 + (2\zeta r)^2}$ 의 변화

식 (4.2.2a)의 양변에 고유 진동수 ω_n^2을 곱하면 다음과 같다.

$$\omega_n^2 Z = \frac{\omega^2 X_b}{\sqrt{(1-r^2)^2 + (2\zeta r)^2}} = \frac{A_b}{\sqrt{(1-r^2)^2 + (2\zeta r)^2}} \tag{4.2.4}$$

위 식에서 A_b는 진동 측정계가 부착된 진동 구조물의 가속도 크기를 나타낸다. 따라서, r의 값이 매우 작을 경우에는 분모가 1의 값에 가까우므로 진동 구조물의 가속도 A_b와 $\omega_n^2 Z$ ($\omega_n^2 \times$질량 m에 부착된 바늘이 가리키는 눈금(상대 변위 Z))이 거의 같게 된다. 일반적으로, 식 (4.2.4)에 의하면 일반적으로 $r < 0.2$인 경우를 가속도 센서로 사용하기 적절한 진동수 영역으로 간주한다. 그림 4.2.5에 진동 구조물의 가속도 A_b 대비 $\omega_n^2 Z$의 비율, 즉 비례 계수 $1/\sqrt{(1-r^2)^2 + (2\zeta r)^2}$의 감쇠비에 따른 거동과 함께 1과의 상대적인 차이를 백분율로 나타내었다. 모두 10% 내의 오차를 보이며, 특히, 감쇠비 $\zeta = 0.7$의 경우 $r < 0.2$의 범위에서 거의 1에 가까운 비례 계수 값을 보여주고 있다. 이처럼 변위계에서와는 달리 가속도 센서로 사용 가능한 진동수 비는 매우 작아야 하는데, 이는 가속도 센서의 고유 진동수가 상당히 커야 함을 의미한다. 따라서, 가속도 센서는 $\omega_n = \sqrt{k/m}$에 의해 수직 방향 강성이 크거나 질량이 작아야 하고, 이로 인해 가속도 센서의 크기는 작아지게 되며, 사용 진동수의 범위도 넓어져서 다른 진동 측정계보다 선호된다. 예를 들면, 일반적으로 많이 사용하는 압전 가속도 센서의 고유 진동수는 수십 kHz 정도가 되는데, 이는 측정 가능한 가속도의 진동수 범위가 수 kHz 이상이 된다는 것을 의미한다.

변위계에서와 같이 가속도 센서에서도 r의 값이 매우 작지 않을 경우에는 식 (4.2.4)의 비례 계수 $c_{va} \equiv 1/\sqrt{(1-r^2)^2 + (2\zeta r)^2}$을 이용하여 $\omega_n^2 Z$의 값을 진동 구조물의 가속도로 환산할 수 있다 ($A_b = \omega_n^2 Z / c_{va}$).

보충설명 4.1.1 변위계, 속도계, 가속도계의 원리

식 (4.2.2a)는 $r \gg 1$인 경우 다음과 같이 나타낼 수 있다.

$$Z = \frac{1}{\sqrt{(1/r^2 - 1)^2 + (2\zeta/r)^2}} X_b \approx X_b \tag{1}$$

또한, 식 (4.2.2b)의 위상 역시 같은 방법을 이용하여 $r \gg 1$인 영역에서는 아래와 같이 근사화할 수 있기 때문에,

$$\phi = \tan^{-1}\left(\frac{2\zeta r}{1-r^2}\right) = \tan^{-1}\left(\frac{2\zeta/r}{1/r^2 - 1}\right) \approx 180^\circ \tag{2}$$

상대 변위 z는 다음과 같이 표현된다.

$$z = Z\cos(\omega t - \phi) \approx X_b\cos(\omega t - 180^\circ) = -X_b\cos\omega t = -x_b(t) \tag{3}$$

따라서, 본문에서 전술한 바와 같이 이 영역에서는 진동 변위계로 사용되며, 질량 m에 부착된 바늘(그림 4.2.2a)이 가리키는 눈금은 기저의 변위와 반대 위상의 동일한 크기를 나타내게 된다.

반면, $r \ll 1$인 경우 상대 변위의 크기(식 (4.2.2a)) 및 위상(식 (4.2.2b))은 각각 다음과 같이 표현되므로,

$$\begin{aligned} Z &= \frac{r^2}{\sqrt{(1-r^2)^2 + (2\zeta r)^2}} X_b = \frac{(\omega/\omega_n)^2}{\sqrt{(1-r^2)^2 + (2\zeta r)^2}} X_b \\ &= \frac{1/\omega_n^2}{\sqrt{(1-r^2)^2 + (2\zeta r)^2}} \omega^2 X_b \approx \frac{1}{\omega_n^2}\omega^2 X_b \end{aligned} \tag{4}$$

$$\phi = \tan^{-1}\left(\frac{2\zeta r}{1-r^2}\right) \approx 0^\circ \tag{5}$$

상대 변위 z는 다음과 같이 표현된다.

$$z = Z\cos(\omega t - \phi) \approx \frac{1}{\omega_n^2}\omega^2 X_b\cos\omega t = \frac{1}{\omega_n^2} A_b\cos\omega t = -\frac{1}{\omega_n^2} a_b(t) \tag{6}$$

위 식에서 $a_b(t)$는 기저의 가속도를 나타내며, A_b $(=\omega^2 X_b)$는 기저의 가속도 크기를 나타낸다 $(a_b(t) = -\omega^2 X_b\cos\omega t = -A_b\cos\omega t)$. 따라서, 이 영역에서는 질량 m에 부착된 바늘이 기저의 가속도와 관련된 물리량을 나타내게 된다.

마지막으로, $r \approx 1$인 경우에 대해서는 상대 변위의 크기와 위상은 각각 다음과 같이 근사화되므로,

$$\begin{aligned} Z &= \frac{r^2}{\sqrt{(1-r^2)^2 + (2\zeta r)^2}} X_b = \frac{(1/\omega_n) r}{\sqrt{(1-r^2)^2 + (2\zeta r)^2}} \omega X_b \\ &\approx \frac{1/\omega_n}{2\zeta} \omega X_b = \frac{1}{2\zeta\omega_n} \omega X_b \end{aligned} \tag{7}$$

$$\phi = \tan^{-1}\left(\frac{2\zeta r}{1-r^2}\right) \approx 90^\circ \tag{8}$$

상대 변위 z는 다음과 같이 표현된다.

$$\begin{aligned} z &= Z\cos(\omega t - \phi) \approx \frac{1}{2\zeta\omega_n} \omega X_b\cos(\omega t - 90^\circ) = \frac{1}{2\zeta\omega_n} V_b\sin\omega t \\ &= -\frac{1}{2\zeta\omega_n} v_b(t) \end{aligned} \tag{9}$$

위 식에서 $v_b(t) = -\omega X_b\sin\omega t = -V_b\sin\omega t$의 관계식이 사용되었다. 따라서, 이 주파수 영역에서는 상대 변위 z가 기저의 속도와는 위상이 반대이며 크기가 속도의 $1/(2\zeta\omega_n)$ 배수가 된다는 것을 알 수 있다.

2 진동 가속도 센서

측정 대상 물리량에 관계 없이 센서의 성능은 일반적으로 신뢰성(정확도), 선형성, 민감도에 의해 결정된다. 최근 대부분의 진동 측정용으로 사용되는 압전형(piezoelectric-type) 가속도 센서(accelerometer)는 이러한 관점에서 볼 때 다른 수단(정전 용량, 저항, 전자기 유도 등)에 비해 상대적으로 좋은 특성을 가지고 있다. 보통, 진동 변위 및 속도는 가속도 센서 출력 신호를 적분하여 구한다.

압전은 전기 및 역학적 특성이 연성된 현상을 일컫는다(김재은, 2018). 이는 압전의 영어 표현인 'piezoelectricity'가 press (push)를 뜻하는 그리이스어 piezo (piezein)와 전기를 뜻하는 electricity의 합성어인 이유이기도 하다. 즉, 외부에서 힘을 가하면 전하의 분극으로 인한 전기장이 발생하고(정 압전 효과, direct effect), 외부에서 전기장을 가하면 변형이 발생한다(역 압전 효과, converse effect). 이러한 현상은 1880년 프랑스의 물리학자인 Jacques Curie와 Pierre Curie 형제에 의해 처음 발견되었으며, 이들은 전기석(tourmaline), 로셸 염(Rochelle salt) 및 단결정 수정(quartz) 등을 이용하여 정 압전 효과의 존재를 밝혀냈다. 자료에 의하면 형인 Jacques Curie가 수정의 압전 특성에 대한 이론적 해석을 시도하였으며, 이 이론에 의해 수정 이외에도 압전 특성을 나타내는 다른 단결정 물질이 존재할 수 있다는 예측을 한 바 있다. 동생인 Pierre Curie는 이론으로 밝혀낸 내용을 실험적으로 증명하였다고 한다.

초기에 발견된 압전 재료 중에서도 수정은 뛰어난 압전 효과로 인해 1차 세계 대전 중 프랑스의 Langevin 등에 의해 개발된 수중 초음파 진동자(SONAR)에 처음 적용된 바 있으며, 처음으로 상용화 제품에 적용된 재료이기도 하다.

그 후에도 더욱 개선된 압전 효과를 갖는 물질을 개발하기 위한 노력이 계속되었으며, 세라믹 강유전체(ferroelectric ceramic)인 티탄산 바륨($BaTiO_3$)이나 PZT ($Pb(Zr,Ti)O_3$) 등은 그 대표적인 예이다. 티탄산 바륨은 물에 녹지 않는 비 납계이면서 임의의 크기로 성형이 가능하고 더욱이 수정보다 높은 압전 효과를 나타내지만 압전 특성을 잃어버리게 되는 Curie 온도가 120~130°C 정도로 낮다. 따라서, 실온에서 상전이점이 존재하여 실제 응용에서는 많이 사용되지 않고 있다. 또한, 공진 주파수의 온도에 대한 특성이 좋지 않다는 단점도 있다. 이에 현재는 티탄산 바륨보다도 압전 특성이 좋은 PZT가 센서 및 액추에이터에 매우 광범위하게 적용되고 있다.

그림 4.2.2(a)의 원리에 따라, 진동 구조물에 부착된 압전 가속도 센서(그림 4.2.2(b)) 내부의 질량체가 진동하면 압전 소자의 변형을 유발하고 변형량에 비례하는 전하 또는 전압이 발생하는데 이는 기저의 가속도에 비례한다. 압전 단결정 및 세라믹을 이용한 가속도 센서가 일반적인 진동 측정의 목적으로 가장 많이 사용되고 있는 이유는 대략 다음과 같다. 즉, 사용 주파수 대역폭과 선형성을 나타내는

동적 범위가 상대적으로 넓다. 또한, 소형으로 구성할 수 있으며, 가속도 센서의 질량 대비 감도가 우수하고, 일체형 구조로서 내구성이 우수하다[50]. 그리고, 압전 소자 자체의 전기 발생 능력으로 인해 진동 신호를 측정하기 위한 별도의 전원을 필요로 하지 않는다.

압전 가속도 센서는 그림 4.2.2(b)에 나타낸 바와 같이 압전 소자의 변형 방식에 따라 압축 응력 방식(compression type)과 전단 응력 방식으로 나눌 수 있다. 또한, 측정 대상 진동의 방향에 따라 1축(single-axis), 2축(two-axis), 3축(three-axis, triaxial) 가속도 센서 등으로 나눌 수 있다.

압전 가속도 센서의 출력 신호는 압전 소자의 출력 특성상 고 출력 임피던스(high output impedance)[51] 전하(charge)로서 가속도 센서의 감도는 pC/g 등으로 나타낸다. 따라서, 출력 신호는 대부분의 경우 잡음 특성이 좋은 케이블(low-noise cable)[52]과 연결한 후 신호 조절기(signal conditioner)를 통해 저 출력 임피던스(low output impedance) 전압 신호로 바꾼 후 데이터 수집기(DAQ (data acquisition) system) 또는 스펙트럼 신호 분석기(spectrum analyzer)로 입력되어야 한다. 이를 전하 출력형(charge output) 가속도 센서라고 하는데 사용하는 신호 조절기에 따라 전압 모드(voltage mode)와 전하 모드(charge mode)로 나눌 수 있다.

전압 모드는 가속도 센서의 내부 커패시턴스가 작을 경우 전압 증폭 신호 조절기를 통해 저 출력 임피던스 전압을 출력하게 되는데, 센서와 신호 조절기를 연결하는 케이블의 커패시턴스(따라서 길이)에 의한 영향이 있을 수 있다. 또한, 작은 진폭의 진동 측정에는 적절하지 못하다. 전하 모드는 전하 증폭 신호 조절기와 연결하여 저 출력 임피던스 전압을 출력하게 되는데, 전하 증폭 신호 조절기의 출력은 가속도 센서, 가속도 센서와 신호 조절기의 연결 케이블, 신호 조절기 내부 커패시턴스의 영향을 받기 때문에 이 경우 케이블 길이에 제한이 따르므로 현장의 진동 측정 시에 유의해야 한다. 대부분의 경우 전압 모드보다 성능이 좋지만, 수십~수백 kHz 이상의 주파수 대역에서는 사용이 곤란하다.

전하 출력형 가속도 센서 외에 센서 내부에 전압 증폭 또는 전하 증폭용 마이크로 회로를 내장하고 있어서 센서 자체의 출력이 저 출력 임피던스 전압(따라서, 이런 종류의 가속도 센서는 출력 민감도가 mV/g로 표현되어 있다)인 회로 내장형 가속도 센서(IEPE: Integrated Electronics Piezo Electric)가 있다[53]. 이 경우 가속도 센서와 연결되는 신호 조절기가 마이크로 회로의 전원 공급 역할을 하며, 따라

50) 내부의 질량체가 무거워지면 감도가 좋아지는 반면, 가속도 센서의 고유 진동수가 낮아지므로 사용 주파수 영역이 줄어들고, 부착 대상 구조물의 동특성에 영향을 줄 수 있다.

51) 출력단에서 바라보았을 때의 등가 회로의 내부 임피던스(주파수 영역에서의 저항값은 개념)가 크다는 의미로서 이 경우 출력 전류가 작다. 따라서, 입력 임피던스가 작은 신호 분석기가 연결된다면 잡음 신호의 영향이 크게 된다.

52) 케이블은 습기 및 오염된 환경에 영향을 받는다.

53) 가속도 센서 제조사 별로 고유의 명칭이 있다(예: ICP, CCLD 등)

서, IEPE 전원 공급 기능이 있는 일부 데이터 수집기를 사용할 경우에는 별도의 신호 조절기가 필요 없는 경우도 있다. 다만, 이 가속도 센서는 마이크로 회로가 내장되어 있기 때문에 고온 환경에서는 사용이 곤란하다. 반면, 앞서 설명한 전하 출력형 가속도 센서는 이런 회로가 내장되어 있지 않기 때문에 상대적으로 고온에서 사용이 가능하다.

한편, 압전 세라믹이 높은 전하 감도로 인해 전하 출력형의 전압 모드 및 전하 모드 모두에서 광범위하게 사용되는데, 수정 등의 압전 단결정은 압전 재료 중에서 안정성이 높아 IEPE 가속도 센서에서 주로 사용된다.

지금까지 가속도 센서를 설명하면서 출력 신호의 특성상 신호 조절기를 같이 설명하였는데, 신호 조절기의 일반적인 특성 및 필요성을 다시 언급하면 다음과 같다. 압전 가속도 센서의 높은 임피던스의 출력 신호로 인해 데이터 수집기 또는 신호 분석기 입력 이전에 낮은 임피던스의 전압 신호로 조정되어야 하는데 이것이 신호 조절기의 주 기능이다. 추가로 신호의 크기에 대한 이득(gain) 및 범위(range)의 조정, 필터링, 속도/변위로의 적분, 과부하 검출 등의 기능을 수행하며, IEPE 가속도 센서에 대해서는 내장 회로의 전원 공급 역할을 하기도 한다.

참고로, 압전 가속도 센서외에도 소형의 가속도 센서로 적합한 MEMS 가속도센서가 있는데 이는 다시 가변 정전 용량(variable capacitive) 방식과 압전 저항(piezoresistive) 방식으로 나뉜다. 전자는 가속도 크기의 측정 범위가 상대적으로 작으나 고감도이고 주로 구조 진단 감시(structural monitoring) 등을 목적으로 지속적인 가속도를 측정하는데 유용하고, 후자는 반대로 가속도 크기의 측정 범위가 크지만 저감도이기에 주로 충격 및 폭발 진동 등의 응용 분야에 활용된다.

4.2.2 가진 장비의 종류

응답을 구하고자 하는 진동 측정 대상 구조물을 가진하고자 할 때 사용하는 장비로서, 충격 해머(impact hammer) (그림 4.2.6)와 가진기(exciter) (그림 4.2.7)로 구분할 수 있는데, 가진기에는 기계식(mechanical), 유압식(hydraulic), 압전(piezoelectric), 전자식(electrodynamic) 가진기 등이 있다.

가진 장비의 선정은 관심 대상이 되는 주파수 영역과 고려하는 가진 장비가 진동 측정 대상 구조물에 가진 에너지를 충분히 부여할 수 있는가에 따라 달라진다. 그림 4.2.6에 나타낸 충격 해머는 부가 질량(added mass, extender mass) 및 팁의 강성에 의해 가진 가능 주파수의 범위가 정해진다. 부가 질량이 커지면 측정 대상 진동 구조물에 충분한 가진 에너지를 공급할 수 있는 장점이 있으나, 반면 충격 해머의 고유 진동수가 낮아져서 사용 가능 주파수 대역이 낮아지므로 고주파 대역의 가진에 불리해지게 된다. 따라서, 진동 측정 대상 구조물에 적합한 충격 해머를 선정하기 위해서는 전달되는 힘의 크기 및 주파수 대역을 고려하여 해머의 크기와 적절한 부가 질량을 결정해야 한다. 팁의 강성과 관련하여, 재질이 부드러울수록 가진력의 세기는 약하나 상대적으로 가진 시간이 길어지는데 이는 저주파수 대역의 가진에 해당한다. 이를 구현하기 위해 팁 끝에 스펀지 등의 무른 재질을 부착하여 사용하기도 한다. 반면, 고주파 대역의 가진을 위해서는 가볍고 경도가 큰 뾰족한 팁을 사용한다. 시간 영역에서는 짧은 시간 동안 크기가 큰 충격력이 전달된다.

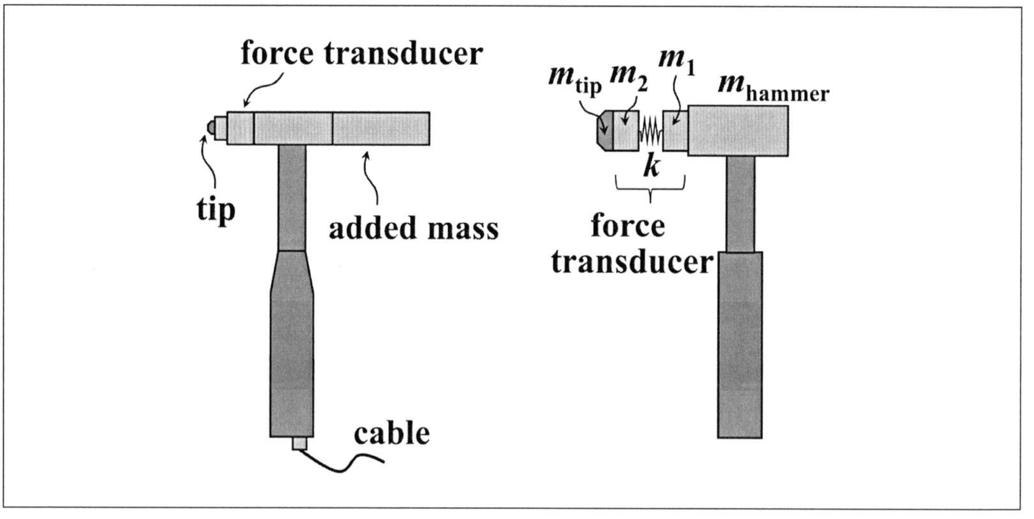

그림 4.2.6 충격 해머(impact hammer)의 구조 및 등가 모델링

기계식 가진기는 스카치 요크(Scotch yoke) 기구 장치(그림 4.2.7(a)) 또는 상호 반대 방향으로 회전하는 질량체의 불평형력을 이용하는 장치가 그 예로서, 주로 저 주파수 대역의 비교적 큰 조화 하중을 발생시킬 때 사용한다. 정적 하중 가진력의 생성이 가능한 유압식 가진기(그림 4.2.7(b)) 역시 가진 에너지가 커서 측정 대상 구조물이 대형인 경우에 적합하고, 저주파수 대역의 성능이 우수하다. 반면, 압전 가진기는 가진기 자체가 상당히 가볍고 간단하면서도 넓은 주파수 대역에서 사용이 가능하다. 그러나, 압전 자체가 취성 재질이므로 외부 충격에 취약하고 가진력의 크기가 작다는 단점이 있다. 압전 가진기는 그림 4.2.7(c)에 나타낸 바와 같이 진동 측정 대상 구조물에 압전 재료를 부착하여 외부에서 전원을 인가하면 역 압전 현상에 의해 압전 구조물이 변형하면서 부착된 구조물에 가진을 하게 된다.

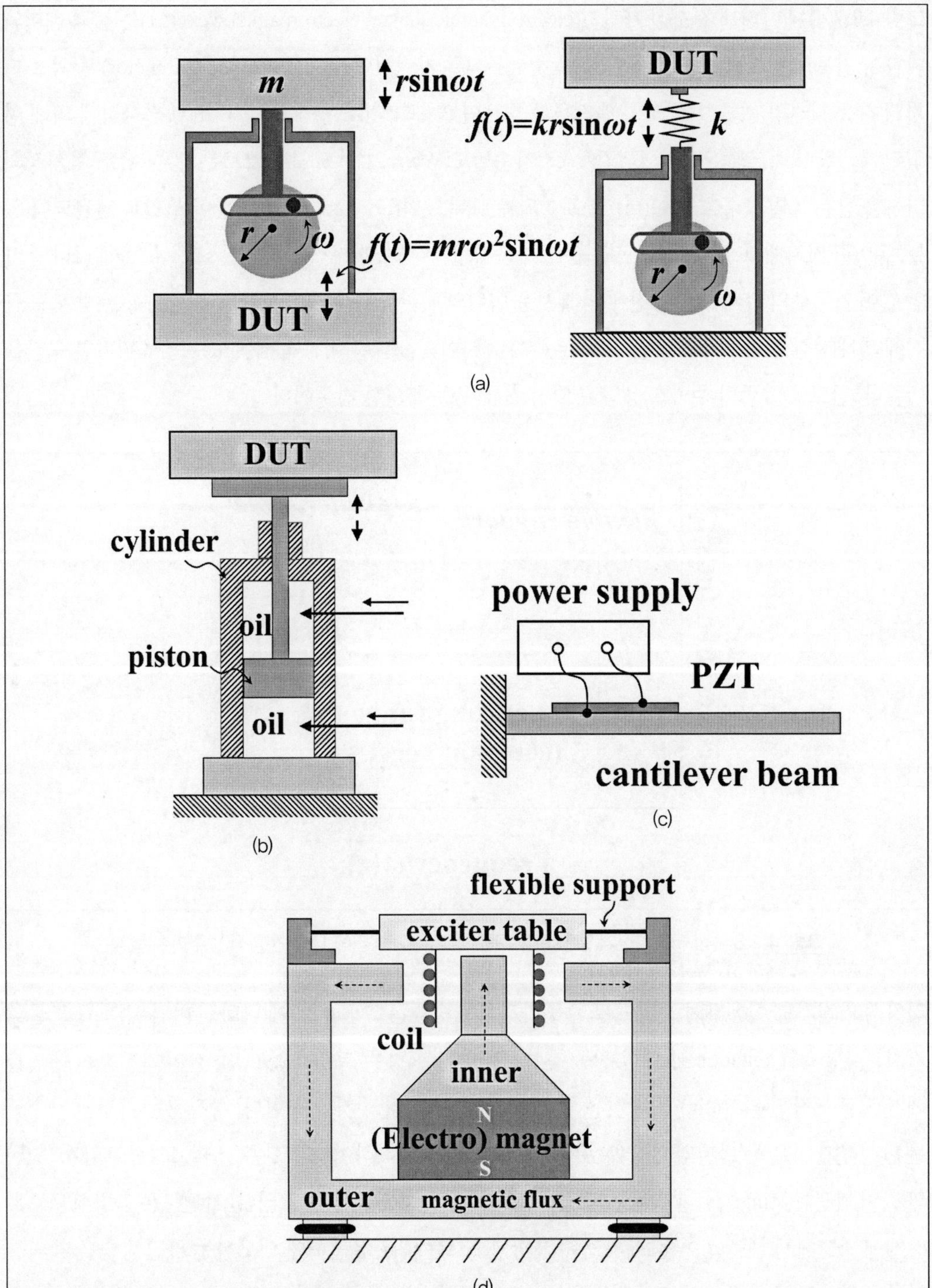

그림 4.2.7 가진기(exciter)의 종류: (a) 기계식(mechanical) 가진기, (b) 유압식(hydraulic) 가진기, (c) 압전(piezoelectric) 가진기, (d) 전자식(electrodynamic) 가진기 (DUT: Device Under Test)

그림 4.2.7(d)에 나타낸 전자식 가진기(electrodynamic shaker, electromagnetic exciter)는 충격 해머와 더불어 진동 실험 측정용으로서 가장 많이 사용되는 가진기이다. VCM(voice coil motor) 방식 스피커의 작동 원리와 비슷한데, 코일에 전류가 흐르면 영구자석(소형의 가진기) 또는 전자석에 의해 형성된 자기장 내의 코일은 $F = Bil$ (N) (B: 자속밀도(Wb/m2), i: 코일에 흐르는 전류(A), l: 자기장의 영향을 받는 코일의 유효 길이(m))로 표현되는 로렌츠 힘(Lorentz force)을 받아 코일과 연결되어 있는, 유연한 지지대로 고정된 테이블가동부가 움직이게 된다. 전자식 가진기는 그림 4.2.8에 나타낸 바와 같이 가동부의 강체 모드 공진에 의해 사용 범위의 하한 주파수가 결정되고 가진 방향 탄성 모드 공진에 의해 상한 주파수가 결정된다. 이 두 주파수 사이의 영역은 비교적 가속도 응답이 평탄한 구간을 이룬다. 참고로 그림의 주파수 응답은 일정 전류 구동에 의한 경우이다.

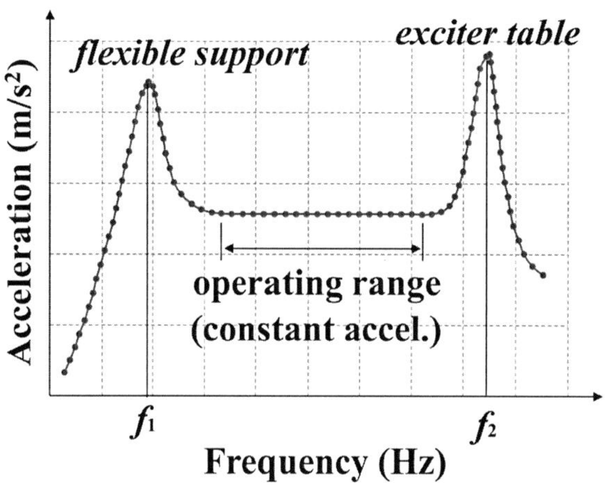

그림 4.2.8 전자식 가진기(일정 전류 구동)의 가속도 응답에 대한 전형적인 주파수 특성

전자식 가진기를 이용하여 진동 구조물을 가진하는 방법은 그림 4.2.9에 나타낸 바와 같다. 구조물의 기저 가진(base excitation)에 대한 진동 특성을 파악하는 경우, 그림 4.2.9(a)와 같이 가진기의 테이블에 별도로 제작된 지그(Jig) 등을 이용하여 구조물을 부착하고 가진을 한다. 가진되는 기저의 가속도는 탄성 변형이 없는 기저의 특정 부위에 가속도 센서를 부착하여 측정할 수 있다, 또는, 그림 4.2.9(b)와 같이 가진봉(stinger)을 부착하여 직접 구조물에 가진력을 가할 수도 있다. 가진봉은 축방향으로는 강체에 가깝게 매우 강성이 높으나 그 수직 방향으로는 매우 유연하여 의도하는 가진 방향을 제외한 다른 방향으로의 가진이 되도록 작게 한다. 그리고, 끝단에는 힘 센서(force sensor)가 부착되거나 또는 힘 센서와 가속도 센서가 모두 포함된 임피던스 헤드가 부착된다. 임피던스 헤드가 부착된 경우에는 측정점과 가진점이 동일한 포인트 주파수 응답함수를 측정하기에 용이하다.

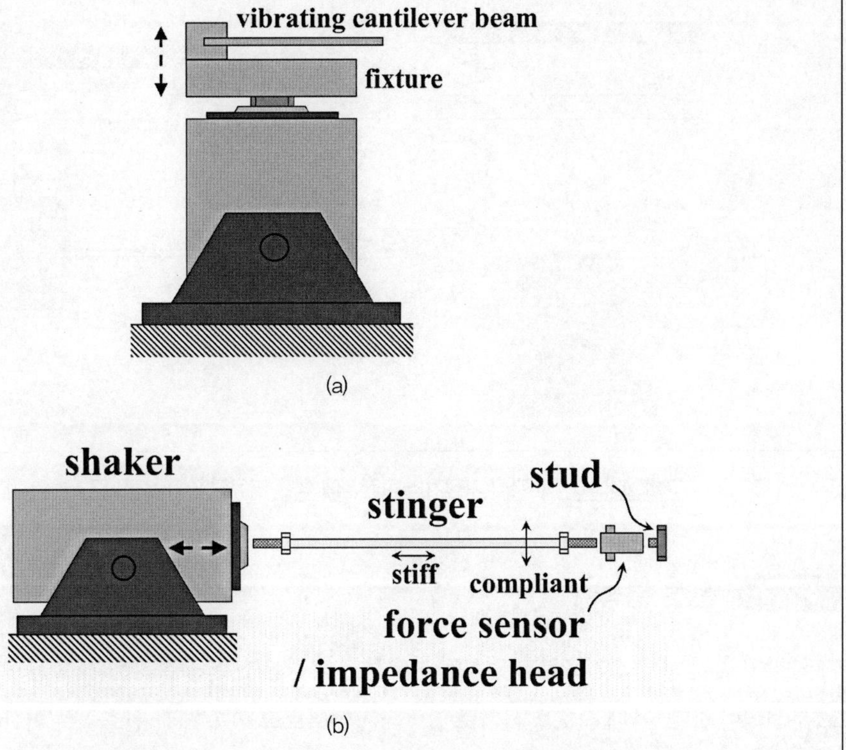

그림 4.2.9 전자식 가진기의 사용 방법: (a) 기저 가진 진동 구조물의 경우, (b) 가진봉을 부착하여 가진하는 경우

가진봉을 이용하여 진동 측정을 할 경우 측정 대상 구조물의 지지 조건 및 방법에 유의해야 한다. 비단 이 경우에만 해당하는 것은 아니지만 가장 중요한 것은 측정 행위 및 장비가 측정 대상 구조물의 동특성에 미치는 영향을 가능한 최대로 줄이는 것이다. 이런 관점에서 고정단(calmped) 구조물의 진동 측정은 되도록 피해야 한다. 고정단은 완벽하게 구현하게 어렵고, 비슷하게 구현할지라도 고정 부위의 국소 변형에 의한 영향을 고려해야 한다. 진동 측정 대상 구조물의 동특성에 최대한 영향을 미치지 않기 위한 방법으로 일반적으로 자유단 경계 조건(free boundary condition)을 이용한다. 자유단 경제 조건 측정은 그림 4.2.10에서와 같이 측정 대상 구조물을 탄성이 있는 줄에 매달아서 수행한다. 이 경우 탄성이 있는 줄의 고유 진동수는 측정 주파수 영역의 하한 값보다 매우 작아야 한다. 그리고, 그림 4.2.10의 좌측과 같은 경우에는 가진기의 지지대의 국부 고유 진동수가 측정 주파수 대역에 있는지 확인하는 것이 필요하다. 우측의 그림과 같은 방법에서는 가진기의 관성으로 인해 전달 가능한 가진력의 크기에 제한이 있는데, 이 경우에는 가진기에 부가 질량을 추가하여 가진할 수 있다.

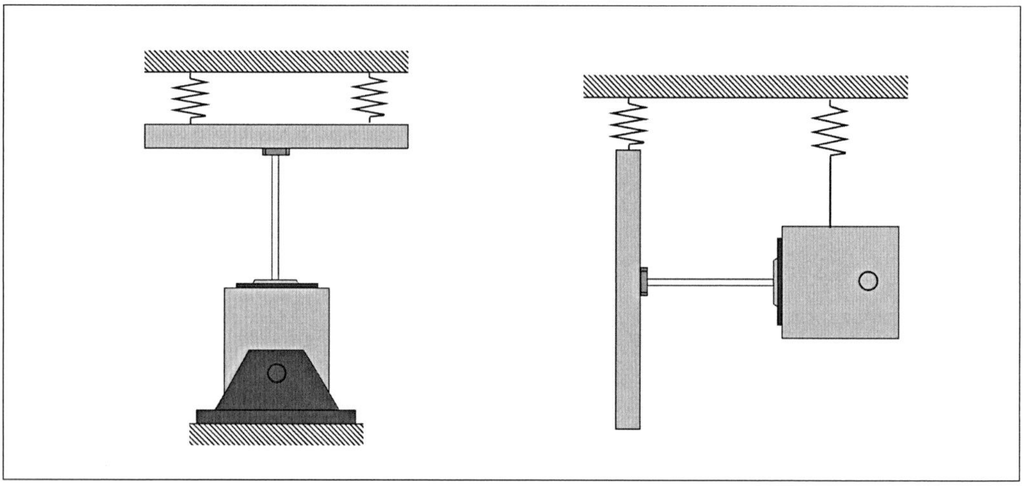

그림 4.2.10 전자식 가진기의 가진봉에 의한 자유단 경계 조건 구조물의 가진

4.2.3 신호 분석기

가진 장비 및 센서 측정기로부터 출력된 신호들은 적절한 신호 조절기를 거쳐 신호 분석기로 수집되고 분석되어 진다. 이 때 신호 분석기로 입력되는 아날로그 연속 시간 신호들은 이산화 과정에서 발생하는 신호 왜곡(alising)을 방지하기 위해 아날로그 저주파 통과 필터(analog low-pass filter)를 거치게 되고, 이후 신호 처리를 위해 시간 영역에서 이산화되어 저장된다. 이산화 시간 신호들의 주파수 성분 분석을 위해서는 푸리에 변환 작업이 수행된다. 신호 분석기는 대역 통과 필터(bandpass filter)를 이용하여 주파수 대역별로 성분 분석(1/1 또는 1/3 옥타브 분석)을 하거나 또는 관심 주파수 범위에서 주파수 해상도에 따른 주파수 성분을 분석할 수 있다. 여기서는 신호 분석기의 여러 기능 중에서 저주파 통과 필터로서의 신호 왜곡 방지 필터(anti-aliasing filter) 및 대역 통과 필터에 대해 언급하고자 한다. 주파수 영역에서의 신호 분석과 관련된 내용은 이미 2장에서 다루었기에 참고하기 바라며, 여기서 일부 중복되는 내용도 있다.

1 신호 왜곡 방지 필터(anti-aliasing filter)

이미 2장에서 신호 왜곡에 대한 내용과 나이퀴스트 주파수에 대해 설명한 바 있다. 신호 왜곡을 막기 위해서는 신호 샘플링 비율이 최대 주파수 성분의 최소 2배 이상이 되어야 한다는 것을 알고 있다. 그런데, 신호에 포함된 최대 주파수 성분을 미리 알기 어렵기 때문에 신호를 이산화하기 전에 아날로그 필터를 이용하여 사전에 고 주파수 대역을 제거하고 주파수 상한을 정하게 된다. 즉, 예를 들면 1 kHz 샘플링 비율을 고려한다면 500 Hz 이상의 주파수 성분을 제거하게 되는 것이다.

그런데, 또 하나의 문제가 남아 있다. 그런 고주파수 대역의 주파수 성분을 제거하기 위해 사용되는 아날로그 필터는 그림 4.2.11(a)에 나타낸 바와 같은 이상적인 특성을 구현할 수 없으며, 일반적으로 그림 4.2.11(b)와 같은 특성을 가지게 된다. 그림 4.2.11(b)에서 통과 대역(passband)과 저지 대역(stopband) 사이의 주파수 영역을 천이 대역(transition band)라고 하는데, 이 부분에 포함되는 신호는 역시 크기가 감소하거나 왜곡되게 된다. 이 경우에는 나이퀴스트 주파수를 $(f_c + f_{stop})/2$로 하면 주파수 f_c (Hz)까지는 신호 왜곡이 생기지 않게 된다. 이를 설명하기 위해 그림 4.2.12(a)에 그림 4.2.11(b)에 나타낸 필터의 개략적인 형상을 나타내었다. 여기서는 참고문헌(Shin and Hammond, 2008)에 소개된 차단 주파수(cut-off frequency) f_c (Hz)와 표본화 주파수(sampling frequency) f_s (Hz)의 관계를 구해 보도록 하자.

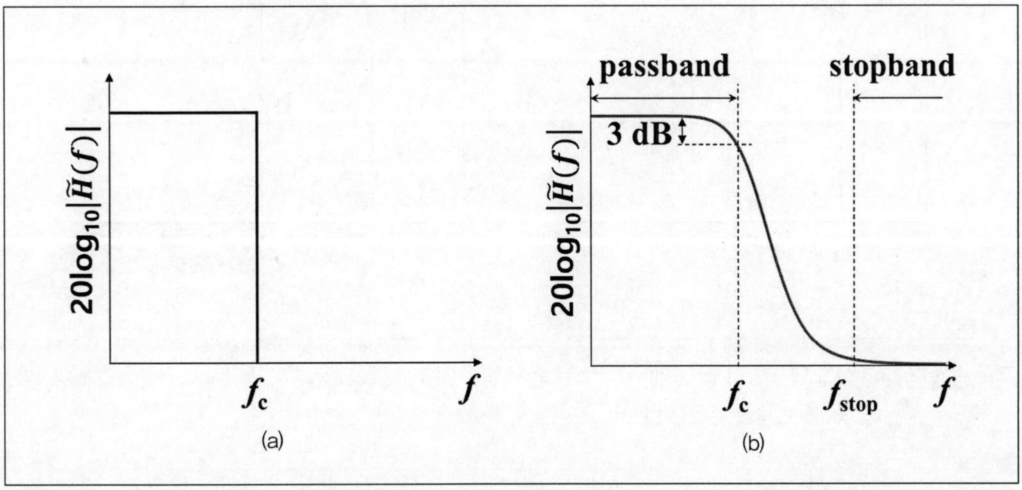

그림 4.2.11 (a) 이상적인 신호 왜곡 방지 필터(anti-alising filter) 및 (b) Butterworth 저주파 대역 통과 필터(low-pass filter) ($\tilde{H}(f)$는 필터의 주파수 응답 함수)[54)]

그림 4.2.12(a)에 나타낸 필터의 천이 구간 주파수 영역에서 기울기 R (dB/oct)과 신호의 크기 D (dB) 사이의 관계는 다음과 같다(여기서 R과 D는 모두 양수이다).

$$\frac{-D}{\log_2(f_{stop}/f_c)} \text{ (dB/oct)} = -R \text{ (dB/oct)} \tag{4.2.5}$$

54) 신호 왜곡 방지 필터와 관련하여 noise floor라는 용어가 있다. 이는 전기적 잡음 등 측정 대상 신호는 아니지만 측정 장비가 측정할 수 있는 최소한 크기의 잡음 신호를 일컫는다.

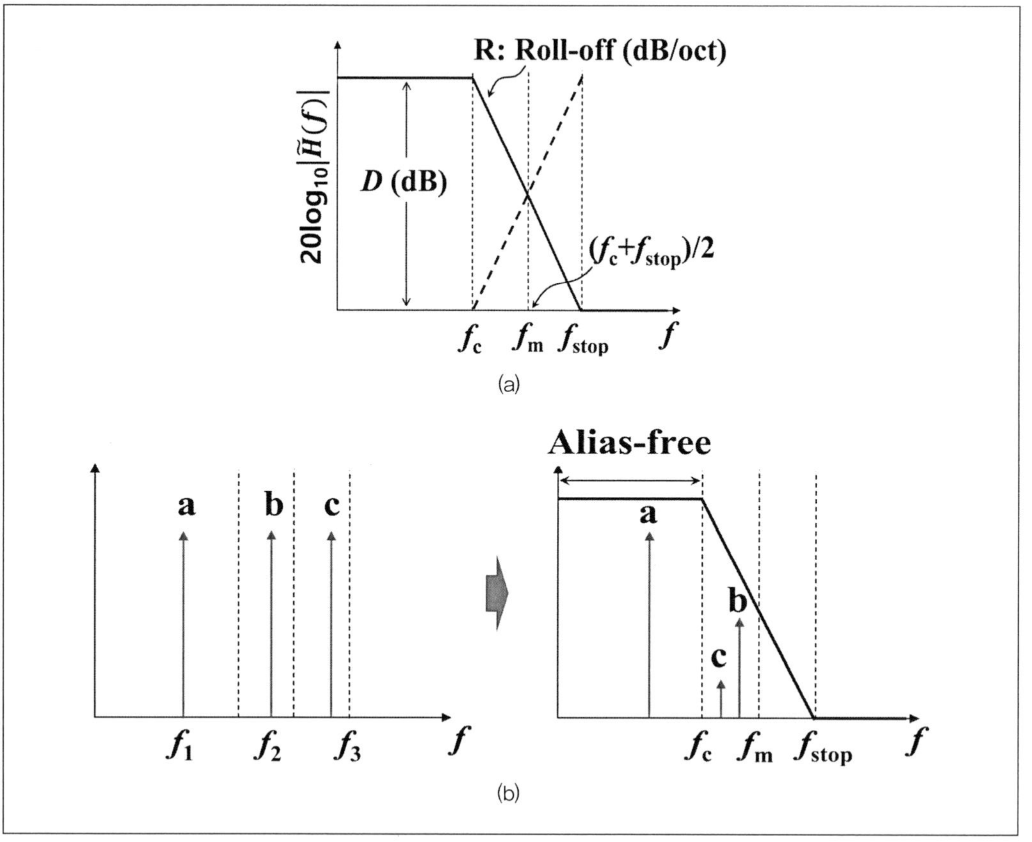

그림 4.2.12 (a) 신호 왜곡 방지 필터(anti-alising filter)의 특성 및 (b) 신호 왜곡 방지 필터(anti-alising filter)에 의한 세 주파수 성분의 출력 결과

따라서, 위 식으로부터 $f_{stop} = 2^{(D/R)} f_c$의 관계가 성립하는데, 이를 나이퀴스트 조건 $f_s/2 > (f_c + f_{stop})/2$ 즉, $f_s > f_c + f_{stop}$에 대입하면 아래와 같은 식을 얻게 된다.

$$f_s > (1 + 2^{(D/R)}) f_c \tag{4.2.6}$$

위와 같은 조건에 부합한 샘플링 비율을 이용하면 주파수 성분 f_c (Hz)까지는 신호 왜곡이 발생하지 않게 된다. 그럼에도 불구하고 천이 구간 주파수 영역에 남아 있는 신호의 왜곡을 고려하여 보다 보수적으로 f_s (Hz)의 값을 천이 구간 영역의 최대 주파수 성분 즉, f_{stop}의 2배로 하여 샘플링을 수행하기도 한다.

그림 4.2.12(b)에는 3개의 입력 주파수 성분 (f_1, f_2, f_3)에 신호 왜곡 방지 필터를 적용하였을 경우의 결과를 나타낸다. 주파수 성분 f_c (Hz) 보다 작은 성분은 그대로 남았지만 나머지는 크기가 감소되거나 왜곡되어 나타남을 보여주고 있다.

실용적으로 스펙트럼 분석기에 포함된 일부 신호 왜곡 방지 필터는 설정된 샘플링 비율 값 f_s (Hz)에 대해 $f_s/2$ (Hz)의 약 80% 주파수 값에서부터 신호의 크기를 줄이기 시작하고 해당 주파수를 실제 대역폭의 최대 주파수로 간주한다. 이 경우 $f_s/2$ (Hz)의 80% 주파수 값에 대해서 f_s (Hz)는 2/0.8=2.5가 되어 실제 샘플링 비율은 2배가 아닌 안정적으로 2.5배가 되어야 함을 알 수 있다.

2 대역 통과 필터(bandpass filter)

대역 통과 필터는 일정 범위의 주파수 성분만 통과시키는 필터로서 그림 4.2.13과 같은 모양을 가졌다. 이상적인 직사각형 응답 특성에 가깝도록 -3 dB 주파수 지점인 상하 차단 주파수(cut-off frequency)에 의해 정해지는 대역폭($B=f_u-f_l$) 내의 리플이 최소화되고 차단 주파수에서의 기울기가 가능한 크게 설계되어야 한다.

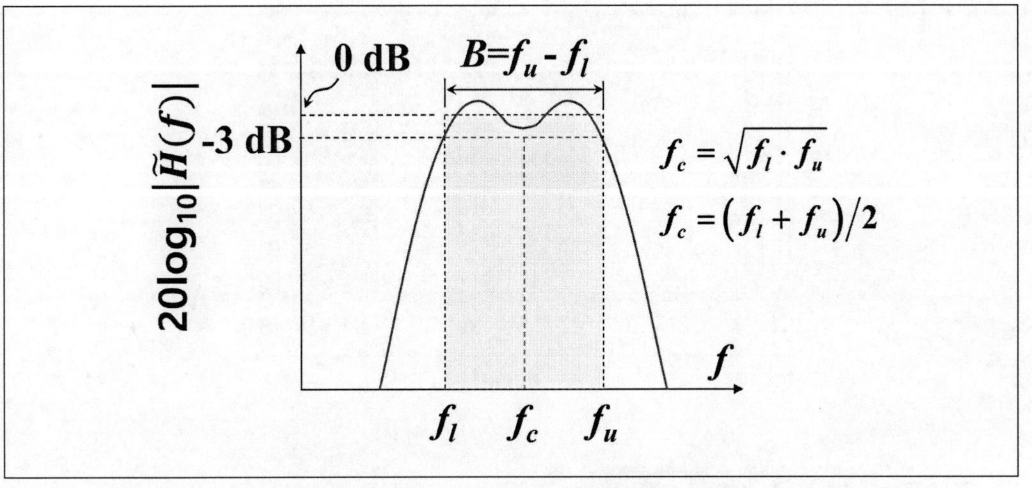

그림 4.2.13 대역 통과 필터 및 중심 주파수의 정의

진동 신호 분석에 사용되는 대역 필터(bandpass filter)에는 일정 백분율 대역폭 필터(constant percentage bandwidth filter)와 일정 대역폭 필터(constant (absolute) bandwidth filter)가 있다. 일정 백분율 대역폭 필터는 $(f_u-f_l)/f_c$의 값이 일정하게 유지되는 반면 일정 대역폭 필터의 대역폭은 f_c의 값에 무관하게 대역폭의 크기가 일정하게 설정된다. 여기서 f_c는 대역폭의 중심 주파수(center frequency)를 나타내는 기호로서[55] 일정 백분율 대역폭 필터와 일정 대역폭 필터에서 사용되는 각각의 정의는 다음과 같다.

55) 앞서 다룬 신호 왜곡 방지 필터에서는 컷-오프 주파수를 뜻하는 기호로서 f_c를 사용하였는데, 여기서는 컷-오프 주파수가 중심 주파수의 양쪽에 있으므로 f_l 및 f_u를 사용하였고, 중심 주파수를 나타내는 기호로서 f_c를 사용하였다.

$$f_c = \sqrt{f_l \cdot f_u} \text{ (일정 백분율 대역폭 필터)} \tag{4.2.7a}$$

$$f_c = \frac{f_l + f_u}{2} \text{ (일정 대역폭 필터)} \tag{4.2.7b}$$

위와 같은 특성으로 인해 일정 백분율 대역폭 필터와 일정 대역폭 필터는 선형 눈금 및 로그 눈금에서의 특성이 서로 다르다. 그림 4.2.14(a)의 선형 눈금에 대한 비교에서 일정 대역폭 필터는 항상 폭이 일정하여 모든 주파수 성분에서 균일한 해상도를 제공하므로 신호의 조화 성분 패턴을 파악하는데 유리하다. 반면, 일정 백분율 대역폭의 경우에는 이미 저주파수 대역에서 거의 선으로 나타나기 때문에 2 decade (100배) 주파수 범위 이상에서는 사용하기 곤란하다. 이러한 특성으로 인해 고주파수 대역에서는 주로 일정 대역폭 필터가 사용된다.

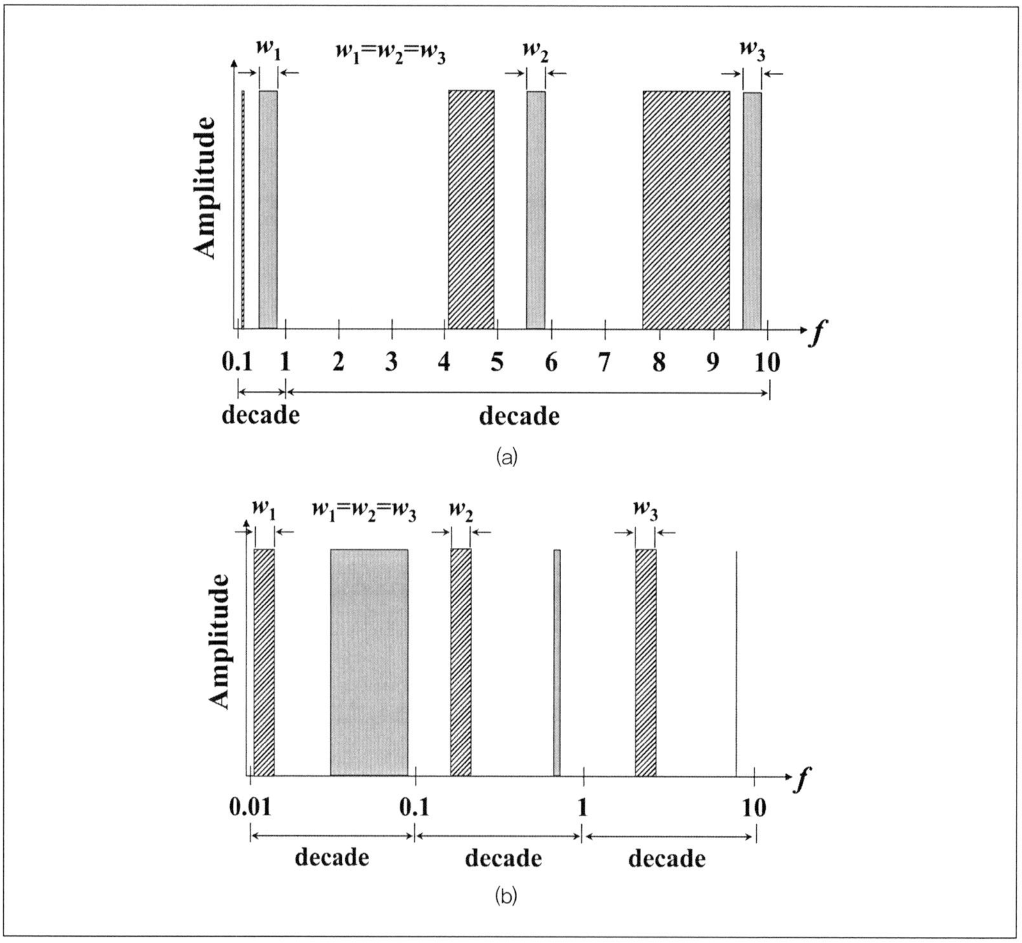

그림 4.2.14 일정 백분율 대역폭 필터(빗금) 및 일정 대역폭 필터(회색)의 비교: (a) 선형 눈금(linear scale)과 (b) 로그 눈금(logarithmic scale)

그림 4.2.14(b)는 두 필터의 특성을 로그 눈금에서 비교한 것이다. 위와 반대로 이번에는 일정 대역폭 필터가 고주파 성분으로 갈수록 거의 선으로 나타나지만, 일정 백분율 대역폭은 3 decade (1,000배)의 보다 넓은 주파수 영역에서도 사용될 수 있음을 보여주고 있다. 또한, 일정 백분율 대역폭 필터가 로그 눈금에서는 항상 균일한 폭으로 유지되기 때문에 이는 구조 공진 주파수 근처의 스펙트럼을 살펴보는데 유용하다[56].

소음 진동 신호(특히, 소음 신호)의 주파수 성분 분석에서 자주 사용되는 일정 백분율 대역폭 필터로서 1/1 옥타브(1/1 octave filter) 및 1/3 옥타브 필터가 있다. 각각의 필터에는 상하 차단 주파수 사이에 $f_u = 2^{(1/1)} f_l$ 및 $f_u = 2^{(1/3)} f_l$의 관계가 있다. 따라서, 중심 주파수는 식 (4.2.7a)에 의하면 각각 $f_c = \sqrt{2} f_l$ 및 $f_c = \sqrt{2^{(1/3)}} f_l = \sqrt{1.26} f_l$이 됨을 알 수 있다. 표 4.2.1에는 자주 사용되는 옥타브 필터의 중심 주파수 및 상하 차단 주파수를 나타내었다. 표에 의하면, 1/1 옥타브 중심 주파수 사이를 3 등분하면 1/3 옥타브 중심 주파수가 2개씩 포함되어 있다는 것을 알 수 있다(예를 들면, 1/1 옥타브 필터의 중심 주파수 125 Hz와 250 Hz 사이에는 1/3 옥타브 필터의 중심 주파수 160 Hz와 200 Hz가 포함되어 있다.). 따라서, 1/3 옥타브 필터가 1/1 옥타브 필터보다 좀더 세부적인 주파수 정보를 담고 있다는 것을 알수 있다.

[표 4.2.1] 1/1, 1/3 옥타브 필터의 중심 주파수 및 상/하 차단 주파수(단위: Hz)

1/1 옥타브 필터			1/3 옥타브 필터		
하한 주파수(f_l)	중심 주파수(f_c)	상한 주파수(f_u)	하한 주파수(f_l)	중심 주파수(f_c)	상한 주파수(f_u)
11	16	22	11.2	12.5	14.1
22	31.5	44	14.1	16	17.8
44	63	88	17.8	20	22.4
88	125	177	22.4	25	28.2
177	250	355	28.2	31.5	35.5
355	500	710	35.5	40	44.7
710	1,000	1,420	44.7	50	56.2
1,420	2,000	2,840	56.2	63	70.8
2,840	4,000	5,680	70.8	80	89.1
5,680	8,000	11,360	89.1	100	112

56) 앞에서 일정 백분율 대역폭 필터는 $(f_u - f_l)/f_c$의 값이 일정하다고 하였는데, 이는 Q 인자의 역수이므로 Q 인자가 일정하다는 의미이기도 하다(Q 인자에 대해서는 부록 A.2 '감쇠비와 Q 인자' 참고). 즉, 그림 4.2.14(b)의 일정 백분율 대역폭 필터의 Q 인자의 값들은 모두 같다.

11,360	16,000	22,720	112	125	141
			141	160	178
			178	200	224
			224	250	282
			282	315	355
			355	400	447
			447	500	562
			562	630	708
			708	800	891
			891	1,000	1,122
			1,122	1,250	1,413
			1,413	1,600	1,778
			1,778	2,000	2,239
			2,239	2,500	2,818
			2,818	3,150	3,548
			3,548	4,000	4,467
			4,467	5,000	5,623
			5,623	6,300	7,079
			7,079	8,000	8,913
			8,913	10,000	11,220
			11,220	12,500	14,130
			14,130	16,000	17,780
			17,780	20,000	22,390

4.2.4 오실로스코프(oscilloscope)

오실로스코프는 기본적으로 고 입력 임피던스(high input impedance) 장비로서 주로 시간 영역의 신호를 처리하는데 사용된다. 오실로스코프로 측정한 시간 신호를 저장하고 주파수 영역에서의 신호 특성은 별도의 소프트웨어를 사용하여 분석이 가능하다. 이러한 이유로 신호 분석기에 비해 가격이 저렴하지만, 기본적인 고속 푸리에 변환 기능을 포함한 경우도 있을 뿐더러 신호 분석기와의 기능이 통합된 장비도 있다.

오실로스코프 장비를 선정할 때 첫 번째 고려해야 할 사항으로서 대역폭(bandwidth)을 들 수 있다. 아주 간단하게 얘기하면 장비의 대역폭은 관심 대상이 되는 신호의 최대 주파수 성분보다 커야 한다. 50 MHz 대역폭의 오실로스코프로 100 MHz 신호를 측정할 수는 없다[57]. 본인이 주로 측정하는 신호의 주파수 성분 범위에 맞게 적절한 대역폭의 오실로스코프를 선택하면 된다. 대역폭이 넓을수록 오실로스코프의 가격이 높아지기 때문이다.

그림 4.2.15에 전형적인 오실로스코프의 진폭 응답의 주파수 특성을 나타내었다. 기기의 대역폭 및 제조사에 따라 다소 다를 수 있지만, 일반적으로 그림에서 나타낸 주파수 특성을 가지고 있다. 그림의 오실로스코프의 대역폭은 1 GHz이다. 즉, 진폭이 -3 dB ($-3 \approx 20\log_{10}(1/\sqrt{2})$) 감소되는 지점의 주파수가 1 GHz라는 뜻이다. 그런데, 이 대역폭 경계 주파수에서는 무려 원래 진폭의 약 30 % 정도가 감소되니 공학적으로 받아 들일 수 있는 진폭의 오차 허용 한계는 사실 이미 벗어나 있다. 오실로스코프로 신호를 측정할 때의 진폭 오차 허용 한계는 보통 3% 내외로 보며, 이는 전체 대역폭의 1/3~1/5 지점이 되는 주파수에서의 진폭에 해당한다. 그림의 경우에는 약 300 MHz가 진폭 오차 3 %가 되는 주파수이다. 따라서, 이 경우 1 GHz 대역폭의 오실로스코프로 300 MHz의 사인 또는 코사인 파의 진폭을 3 %의 오차 내에서 측정할 수 있다는 의미가 된다. 그런데, 우리가 측정하는 신호는 단순한 사인 파형만 있는 것이 아니다. 예를 들면, 예제 2.1.2(a)에 나타낸 직사각형 파형의 경우 기본 주파수와 홀수배의 조화 성분을 포함하는데, 최소 3개의 성분이 있어야 원래의 신호 파형을 제대로 나타낼 수 있다. 이는 기본 주파수가 50 MHz인 직사각형 파형 신호인 경우에는 150 MHz, 250 MHz 주파수 성분을 포함하여야 한다는 의미가 되므로, 250의 3배 또는 보다 안정적으로 5배인 1.25 GHz 이상의 대역폭을 갖는 오실로스코프가 있어야 한다는 의미이다.

이 외에도 트리거링(triggering) 등 오실로스코프와 관련하여 알아둘 내용이 추가로 있지만, 이는 5장의 오실로스코프를 사용한 진동 측정 실습에서 설명하도록 하겠다.

---

57) 그렇다고, 기껏해야 수십 kHz 이하의 신호를 측정하기 위해 상대적으로 값이 비싼 1 GHz 대역폭의 오실로스코프를 사용할 필요도 없다.

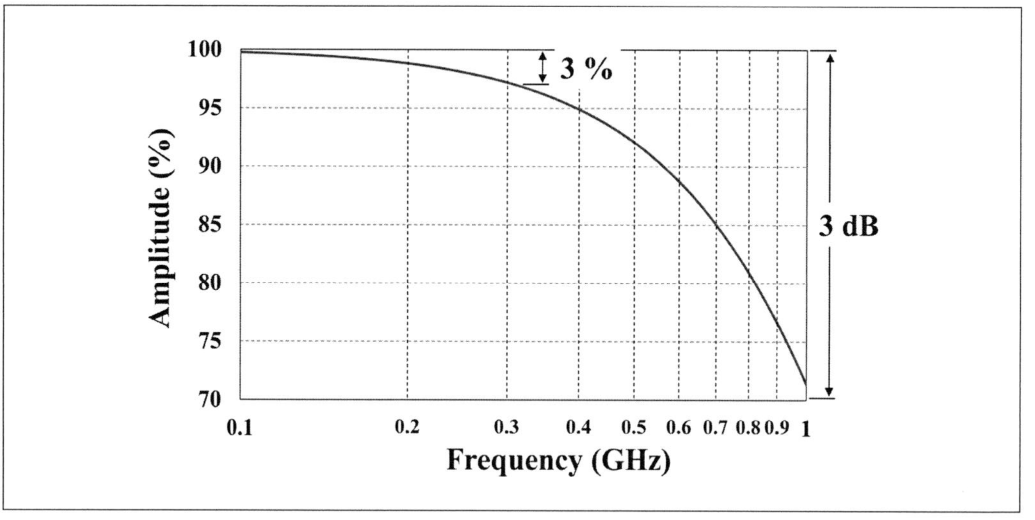

그림 4.2.15 오실로스코프의 전형적인 주파수 대비 진폭 응답 관계

4.2.5 신호의 평균 처리(averaging) 효과

신호의 측정 시에는 평균 처리(averaging)를 필수적으로 수행하여야 하는데 그 이유는 다음과 같다.

(1) 신호에 불가피하게 섞여 있는 잡음을 제거하기 위해 필요하다. 실제의 잡음은 특정한 유형이 없이 시간 축 상에서 불규칙한 양상으로 존재하므로, 잡음이 섞여 있는 신호들은 평균하게 되면 불규칙한 양상의 잡음이 서로 상쇄되어 줄어들게 된다[58].

(2) 단, 하나의 신호만을 측정하여 제시할 경우, 그 신호가 해당 진동계를 대표하는 신호라고 여기기 힘들므로 신호의 신뢰성 자체가 떨어진다. 이러한 맥락에서도 신호의 평균화는 필수적인 과정이라고 할 수 있다.

여기서 (1)에 대한 이유를 확률 과정으로서의 잡음에 대한 관점에서 살펴보자.확률 과정에서 특정 시간에서의 값들은 확률 변수가 되므로, 시간 $t = t_i\ (i = 1, 2, ..., n)$에서의 신호 값 $x(t_i)$는 확률 변수 $X(t_i)$ (=X_i)의 개별 관측값이 된다. 그런데, 백색 잡음(white noise)은 가장 간단한 확률 과정으로서 이를 구성하는 n개의 확률 변수 X_i가 동일한 확률 분포를 가지며, 상호 독립인 특성을 갖는다 (independently and identically distributd). 즉, 백색 잡음은 매 순간 동일한 확률 분포함수로부터 독립적으로 추출(생성)되는 확률 변수 값인 셈이다. 이 때의 확률 분포 함수가 가우스 정규 분포이면 가우시안 백색 잡음이라고 한다. 보통 가우시안 백색 잡음은 확률 변수 X_i의 확률 분포가 평균 0, 분산이

58) 랜덤 오차는 주로 통계적으로 정규분포 $N(0, \sigma^2)$ (평균: 0, 분산: σ^2)로 나타낸다.

σ^2인 정규 분포를 이룬다. 이제 특정 시간 $t = t_i$에서 정의된 확률 변수 X_i의 표본 평균 $\overline{X}_i$를 다음과 같이 표현해 보자.

$$\overline{X}_i = \frac{1}{p}\sum_{j=1}^{p} x_{i,j} \tag{4.2.8}$$

위 식에서 $x_{i,j}$는 확률 과정 $X(t)$의 $t = t_i$에서 정의된 확률 변수 X_i의 j번째 표본 값이고, p는 표본의 크기이다. 그렇다면, 표본 평균 $\overline{X}_i$에 대한 평균 $\mu_{\overline{X}_i}$ 및 분산 $\sigma^2_{\overline{X}_i}$은 다음과 같이 표현된다[59].

$$\mu_{\overline{X}_i} = E[\overline{X}_i] = \frac{1}{p}\sum_{j=1}^{p} E[X_{i,j}] = \frac{1}{p} p\mu_{\overline{X}_i} = \mu_{\overline{X}_i} = 0 \tag{4.2.9a}$$

$$\sigma^2_{\overline{X}_i} = \sum_{j=1}^{p} \frac{1}{p^2}\sigma^2_{\overline{X}_i} = p\frac{1}{p^2}\sigma^2_{\overline{X}_i} = \frac{\sigma^2}{p} \tag{4.2.9b}$$

임의의 시간 $t = t_i$에서 정의된 확률 변수 X_i의 확률 분포는 동일하므로 위 관계식 역시 임의의 시간에 대해 성립한다. 위 식에 의하면 임의의 시간 $t = t_i$에서 표본의 크기(즉, 표본 함수의 개수)가 크면 클수록 표본 평균의 분산이 줄어듦을 알 수 있다. 따라서, 확률 과정의 표본 함수로서의 개별 신호에 잡음이 있는 경우, 여러 표본 함수를 평균하면 임의의 시간 $t = t_i$에서의 분산이 감소하여 결국 잡음의 영향이 줄어들게 된다.

간단한 예로서, 그림 4.2.16(a)에 임의의 가우시안 잡음(평균값이 0이고 분산은 1) 3개를 제시하였으며, 이에 대해 단순 평균 처리한 결과를 그림 4.2.16(b)에 나타내었다.

59) 정규 분포 $N(\mu, \sigma^2)$의 모집단으로부터 추출된, 크기가 p인 표본의 평균은 $N(\mu, \sigma^2/p)$의 분포를 따른다.

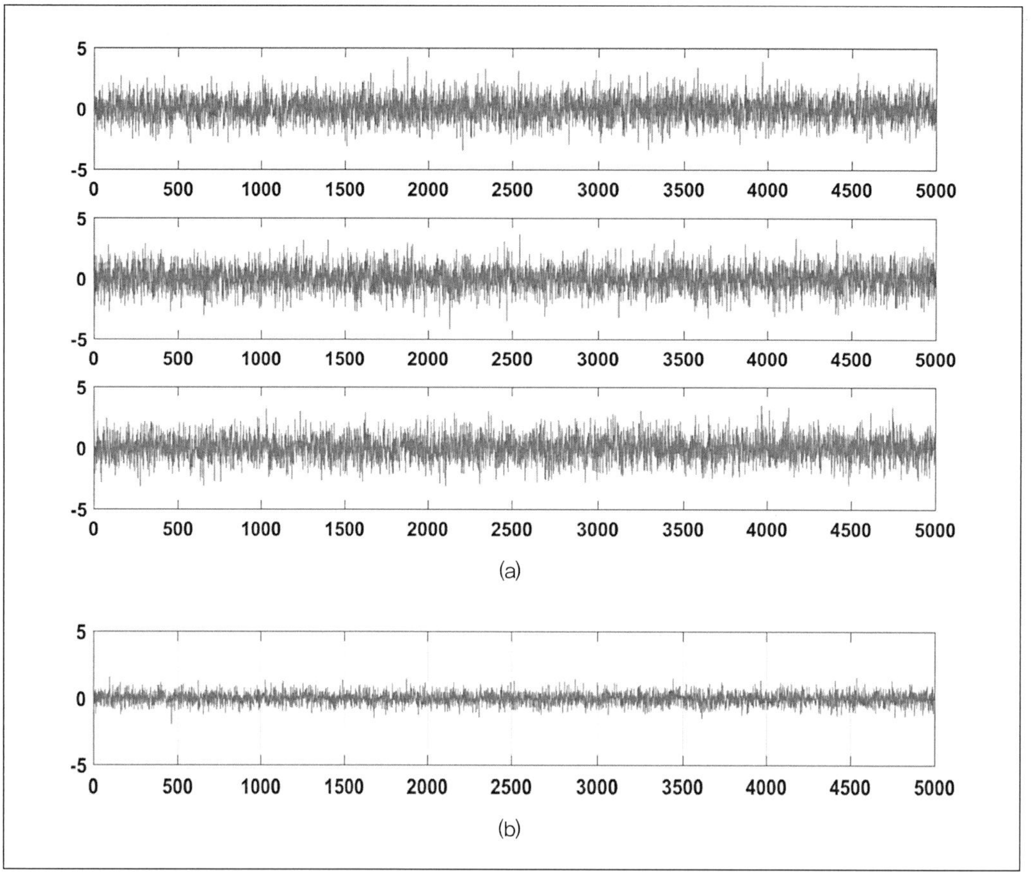

그림 4.2.16 (a) 3개의 가우시안 잡음(평균: 0, 분산: 1) 및 (b) 이에 대해 평균 처리한 결과

단지 3개의 신호만을 평균하였음에도 불구하고 잡음의 크기가 많이 줄었음을 확인할 수 있다. 실제의 신호 측정에서는 수 회의 평균만으로는 우수한 잡음 제거 효과를 얻을 수는 없지만, 모드 해석을 위한 신호 측정의 경우에는 3~5회 정도의 평균 처리를 수행하여도 유의미한 결과를 얻을 수 있다. 만일 오실로스코프만을 사용하는 모드 실험의 경우라면, 한 세트의 가진 신호와 응답 신호로부터 주파수 응답 함수를 구하고[60], 구해진 주파수 응답 함수에 대해 평균 처리(averaging)를 적용할 수도 있다.

아래에는 이와 관련된 MATLAB m 파일 작성 예가 제시되어 있으니 참고하기 바란다.

60) 5장에서 실습을 통해 알아보도록 하자.

[MATLAB m-file: 평균 처리의 효과]

```
clear all, clc
st = rng;    % to return to the current settings of the random number
%%%%%%%%%%%%%%
rng(st);     % This being issued, the same random numbers are generated.

mu = 0;    % mean of a Gauss distribution
sigma = 1;  % standard deviation of a Gauss distribution
n = sigma*randn(3,5000)+mu;  % generation of 3 random Gauss sequences
avg_n = mean(n, 1);        % averaged

for ii=1:3
subplot(4,1,ii)
plot(n(ii,:))              % plots of each sample realization of noises
ylim([-5 5])
end
subplot(4,1,4)
plot(avg_n)               % plot of the averaged noises
ylim([-5 5])
```

보충설명 4.2.1 신호 분석기에서의 평균 처리(averaging)

보통의 신호 분석기(FFT Analyzer)에서는 평균 처리(averaging)의 횟수를 미리 설정하고 그 횟수만큼 평균 처리를 자동으로 수행해 준다. 이 때 실험자는 주파수 응답 함수의 형상이 평균 처리의 횟수가 증가함에 따라 개선되어 나가는 것을 관찰할 수 있다. 평균 처리는 마치 저주파 통과 대역 필터의 역할을 수행하여 고주파 리플(ripple) 성분 등을 제거하기 때문에 주파수 응답 함수의 형상이 훨씬 부드러워진다.

주파수 응답 함수를 진폭의 크기와 위상으로 표시하는 전통적인 보드 선도외에 진폭의 크기와 기여도(coherence) 함수로 표시하여 평균 처리의 영향을 살펴보면, 공진점 부근에서는 기여도가 1에 가깝게 나타나지만, 잡음만이 존재하는 지점과 반 공진점 부근에서는 기여도가 0에 가까워지는 것을 관찰할 수 있다.

제 5 장

모드 실험 및 신호 처리 실습
(Hands-on Modal Testing and Signal Processing)

지금까지 학습하였던 내용을 바탕으로 5장에서는 실험 모드 해석에 대한 내용을 정리할 겸 이를 실용적인 측면에서 기술하였다. 특히, 충격 해머(impact hammer)와 통상적인 가속도계를 이용하여 신호를 측정한 후 오실로스코프를 통해 얻은 시간 영역에서의 신호의 푸리에 변환을 통해 진동계의 주파수 응답 함수를 추정하는 경우까지 포함하였다. 신호 분석기를 이용하여 손쉽게 주파수 응답 함수를 구할 수도 있으나, 여기에서는 신호 분석기가 해야 할 일을 MATLAB 등의 별도의 소프트웨어를 사용하여 직접 스스로 수행해 봄으로써 실험 모드 해석에 대한 이해력을 더욱 높일 수 있을것이라 생각한다.

5.1. 오실로스코프를 이용한 신호 측정 및 수집

5.1.1 장비의 연결

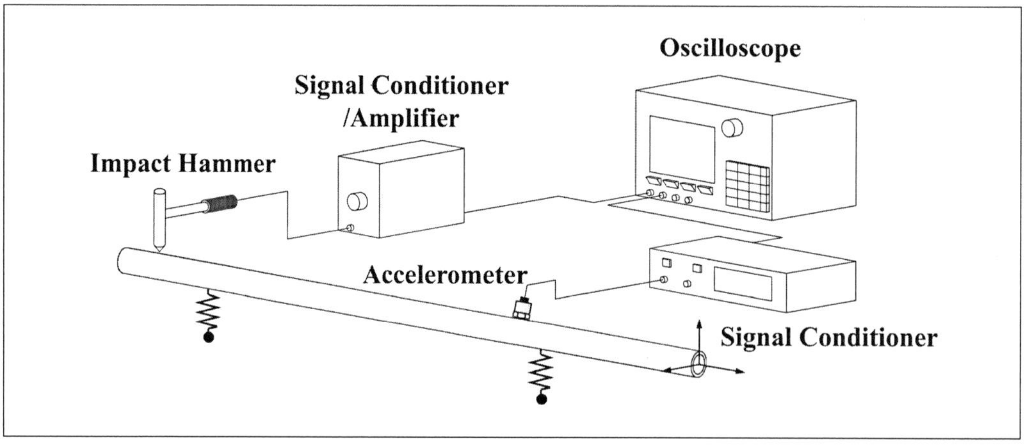

그림 5.1.1 충격 해머, 가속도계, 오실로스코프로 구성된 진동 측정 장비 개략도

그림 5.1.1과 같이 충격 해머 및 가속도계를 신호 조절기/증폭기에 연결하고, 그 출력단을 오실로스코프에 연결한다. 통상적으로 편의상 입력 신호가 되는 충격 해머와 연결된 케이블은 1번 채널(channel)에 연결하고, 출력 신호가 되는 가속도계와 연결된 케이블을 2번 채널에 연결하므로 이에 기준하여 설명하기로 한다[1].

1) 불가피한 경우가 아니라면 케이블과 장비를 연결하거나 분리하고자 할 때에는 각 장비의 전원을 꺼 놓는 것이 원칙이다. 전원을 켜 놓은 상태에서 케이블을 연결하거나 분리할 때 연결 부위에서 과전압(surge)이 발생하여 장비를 손상시킬 우려가 있다.

5.1.2 신호 조절기/증폭기의 설정

신호 조절기/증폭기는 측정하는 대상 물리량에 따라 여러 가지로 나누어지지만, 여기에서는 충격 해머와 가속도계를 사용하는 경우에 대해서만 설명하기로 하자. 충격 해머에 연결된 신호 조절기/증폭기의 경우에는 단순히 힘 트랜스듀서의 이득(gain) 값만을 조정해 주면 되지만, 가속도계와 연결되는 센서용 신호 조절기/증폭기는 측정 신호의 이득 값 조정 외에도 내장되어 있는 필터를 조절하여 적절한 측정 대역을 설정해 줄 필요가 있다. 그 이유는 센서 신호에 불가피하게 포함되어 있는 잡음(noise)을 제거하기 위해서이다. 60 Hz에 존재하는 전원 잡음을 제외한 대부분의 잡음은 상대적으로 고주파수 대역에 존재하므로 신호 조절기/증폭기의 저주파수 대역 통과 필터(low-pass filter)의 차단 주파수를 적절한 대역까지 낮추어 잡음 제거 효과를 가질 수 있다.

5.1.3 오실로스코프의 설정

1 표본화 주파수(sampling frequency)의 설정

오실로스코프의 표본화 주파수는 측정하고자 하는 주파수 대역을 고려하여 결정한다. 2.4절의 식 (2.4.4)에 나타낸 바와 같이 측정하고자 하는 주파수 대역의 최소 2배 이상으로 표본화를 수행하여야 신호의 애일리어싱을 막을 수 있다. 이 또한 실제의 경우에 있어서는 4.2.3에서 설명한 바와 같이 신호 왜곡 방지를 위한 저주파 통과 필터의 특성 등을 고려하여 최소 2.5배 이상의 표본화 주파수를 고려하여야 한다.

2 트리거링(triggering)의 설정

트리거는 ‘방아쇠를 당기다’라는 뜻으로 말 그대로 장비의 신호 측정 방법 및 시기를 결정하는 것을 의미한다. 예를 들어, 센서에서 그림 5.1.2와 같은 과도 신호(transient signal)가 입력된다고 가정하면, 측정자는 이 신호를 오실로스코프에서 어떠한 방식으로 잡아 놓을지를 결정해야 한다. 만일 별도의 트리거링을 하지 않을 경우에는 이 신호는 그냥 흘러가 버리고 오실로스코프에서 잡히질 않는다.

신호를 트리거링하고자할 때는 통상 사전에 트리거링 수준을 정하여야 한다(level triggering). 그림 5.1.2에 나타낸 바와 같이 오실로스코프에 ‘A’ 크기의 트리거링 수준(triggering level)을 설정하면 오실로스코프는 ‘A’ 미만의 크기를 가진 신호는 흘려보내다가 신호의 크기가 ‘A’에 도달하면 측정을 시작하여 측정자가 설정한 측정 시간만큼 측정한 후 멈추게 된다(측정 시간에 대해서는 뒤에 설명할 것이다).

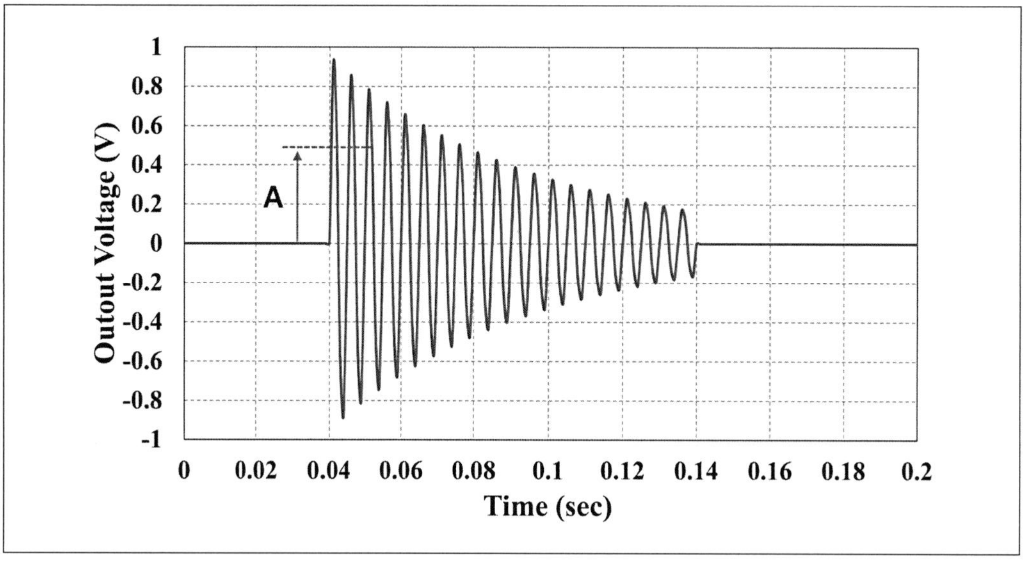

그림 5.1.2 (a) 과도 신호(transient signal)의 예시 및 트리거링 수준(triggering level)의 설정

통상의 오실로스코프가 제공하는 트리거링 방식에는 여러 가지가 있으나, 대략적으로 정리하면 다음과 같다.

a. level triggering: 전술한 바와 같으며, 모드 실험의 경우와 같이 2개의 채널(충격 해머, 가속도계)에서 신호가 입력될 경우 충격 해머로부터 들어오는 신호를 기준으로 트리거링을 수행하게 된다.
b. external triggering: 신호의 발생 및 측정과 관계없이 외부에서 별도의 신호를 입력하여 트리거링을 하게 된다.
c. free-run triggering: 과도 신호와는 달리 회전 기기의 진동 신호와에서와 같이 신호가 지속적으로 입력되는 경우에는 별도의 트리거링을 수행할 필요가 없으며 이러한 경우에는 free-run 트리거링을 수행한다고 한다.

3 측정 시간의 설정

오실로스코프의 메모리 제한으로 인해, 전 시간 구간의 신호를 모두 저장할 수는 없으므로 이로 인해 불가피하게 측정할 수 있는 시간이 제한된다. 예를 들어, 오실로스코프가 기본적으로 제공하는 메모리가 50 kB (kilobyte)라면, 50 kHz의 표본화 주파수(sampling frequency)로 신호를 표본화할 경우 신호는 최대 1초까지만 저장이 가능하다. 따라서, 메모리가 극히 제한되어 있는 오실로스코프를 사용하는 경우에는 신호의 측정 도중에 저장이 중지되는 일이 없도록 표본화 주파수의 값 또한 낮추어야 한다.

보충설명 5.1.1 트리거링 수준에서 'POS'와 'NEG'란?

통상의 오실로스코프에서 제공하는 'level triggering'의 하위 메뉴에는 'POS'와 "NEG'가 있는데 'POS'란 positive, 'NEG'란 negative를 의미한다. 그림 5.1.3에 나타낸 바와 같이 이는 각각 과도 신호의 상승 단계와 하강 단계 중 어느 단계에서 트리거링을 수행할 것인가를 결정하라는 의미이다.

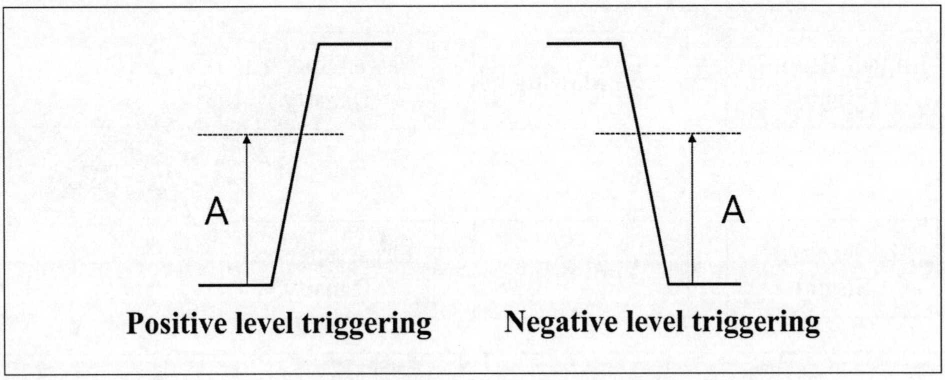

그림 5.1.3 트리거링 수준의 부호

5.1.4 오실로스코프에서 측정한 신호의 저장

오실로스코프에서 측정된 신호는 후처리를 위해 PC등으로 옮겨야 할 필요가 있다. 보통의 오실로스코프는 GPIB, RS232C 등의 통신 단자를 갖고 있으므로 PC등에 GPIB 보드 등을 설치한 경우에는 신호를 바로 옮길 수 있으며, USB 포트 등을 갖춘 오실로스코프는 적절한 해당 매체를 이용하여 신호를 옮길 수 있다.

5.2. 시간 영역 신호를 이용한 주파수 응답함수의 추출

여기서는 시간 영역에서 측정한 신호를 이용하여 주파수 응답 함수를 추출하는 과정에 대해서 설명하고자 한다. 4장에서는 주파수 응답 함수를 이용하여 고유 진동수, 감쇠비, 고유 모드 등의 모드 매개변수를 추출하는 방법을 배웠으나, 이는 주파수 응답 함수가 주어진 경우에 해당한다. 진동계의 주파수 응답 함수는 신호 분석기 등을 통해 손쉽게 구할 수 있으나, 이미 언급한대로 여기서는 오실로스코프로 측정한 시간 영역에서의 신호를 이용하고자 한다. 우리는 3장에서 파워 스펙트럼 밀도 함수를 이용한 진동계의 주파수 함수의 추출에 대해 배운 바 있다. 여기서는 이러한 과정을 MATLAB 소프트웨어에서 제공하는 함수를 이용하여 손쉽게 구현하는 방법을 알아보자.

우리가 지금부터 고려해야 할 절차는 그림 5.2.1에 나타낸바와 같이 크게 창 함수의 설정(windowing), 파워 스펙트럼 밀도 함수 및 상호 스펙트럼 밀도 함수구하기, 주파수 응답 함수의 계산으로 나누어 생각할 수 있다.

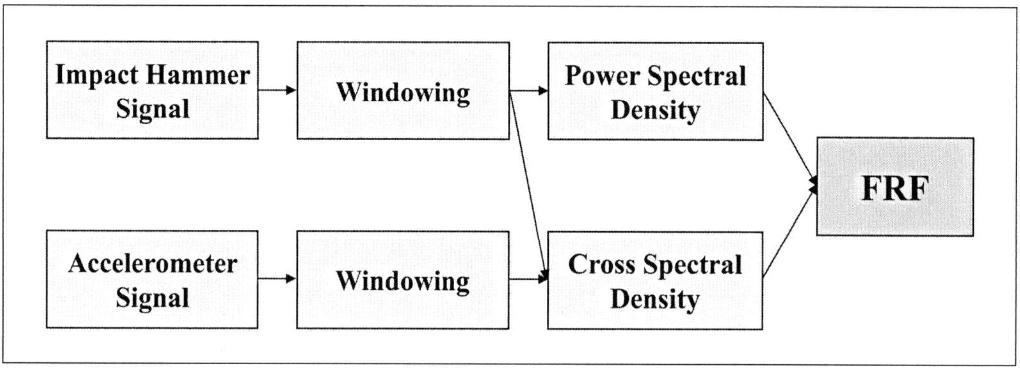

그림 5.2.1 시간 영역 신호를 이용한 주파수 응답 함수의 추출 과정

5.2.1 창(window) 함수의 적용

신호 처리에 있어서 불필요한 신호를 제거하여 계산의 효율을 높이고, 결과의 신뢰성을 증가시키기 위해서 적절한 창 함수를 적용하는 것이 필요하다. 우리는 이미 2장에서 다양한 창 함수의 특성과 필요성에 대해 알아본 바 있다. 우선 그림 5.2.2에 나타낸 신호를 예제 삼아 창 함수의 적용이 왜 필요한지 다시 한번 살펴보도록 하자.

그림 5.2.2(a)의 시간 영역 신호는 10 kHz 및 20 kHz의 주파수를 갖는 두 사인파가 합성된 것으로서 주기의 정수배인 1×10^{-3}초까지 측정되지 못하여 온전한 주기를 이루지 못하고 있다(표본화 주파수는 100 kHz로서 f_2의 5배가 되므로 충분하다). 이 신호를 그대로 푸리에 변환하여 주파수 성분 분석을 할 경우 그림 5.2.2(b)와 같은 결과를 얻게 된다. 그림에서 신호에 포함된 두 주파수 성분(10 kHz 및 20 kHz)은 존재하지만, 다른 주파수 영역에도 신호 누설이 발생했을 뿐만 아니라 그로 인해 원래 주파수 성분의 크기도 '1'에서 각각 0.90, 0.75로 감소하였음을 확인할 수 있다. 그런데, 이제 그림 5.2.2(a)의 신호에 그림 2.4.15에서와 같은 Hann 창을 적용한 후 푸리에 변환을 하면 그림 5.2.2(c)와 같은 결과를 얻게 된다. Hann 창은 신호의 양 끝단을 0으로 만들어 줌으로써 그림 5.2.2(a)와 같이 불완전하게 측정된 끝단 신호의 영향을 줄여준다(그림 5.2.2에 관련된 MATLAB m-file 작성 예는 아래에 제시되어 있다). 그 결과로서, 그림 5.2.2(c)에서는 누설이 대부분 제거되었고, 진폭의 크기도 그림 5.2.2(b)에 비해 많이 개선되었음을 확인할 수 있다.

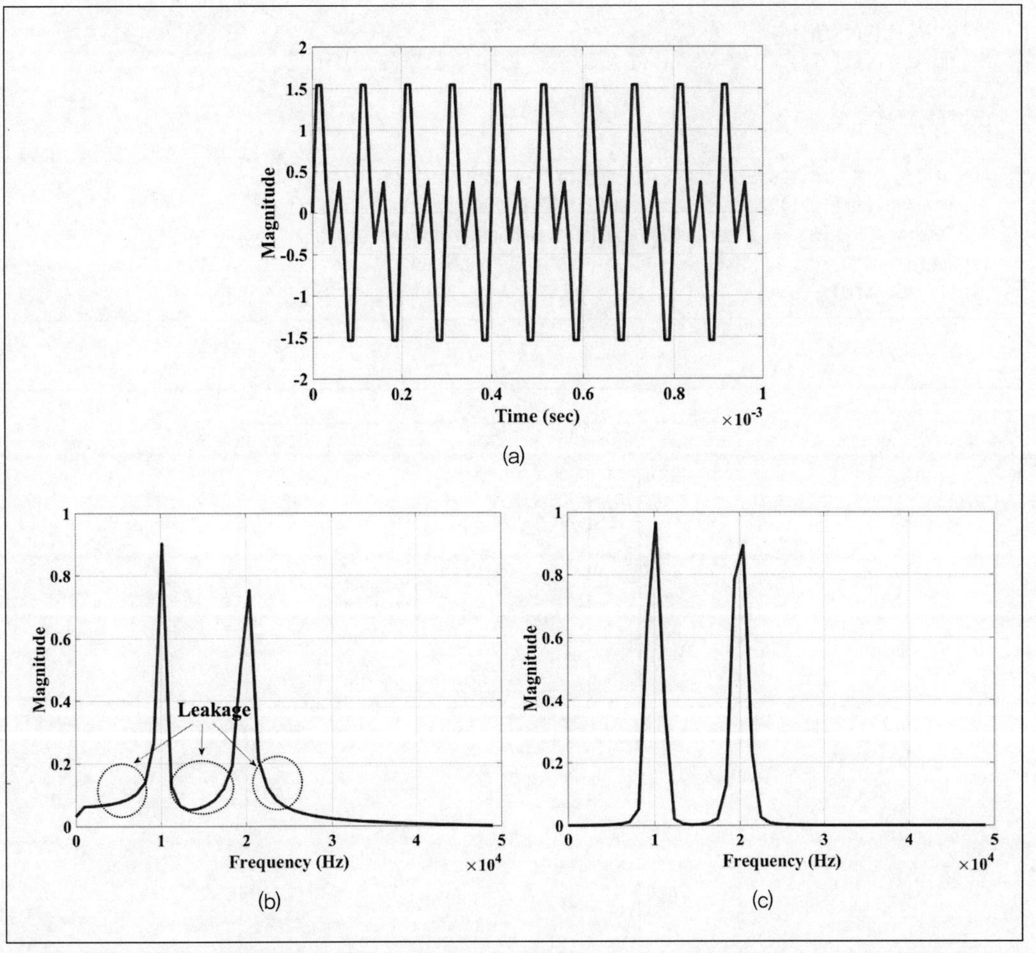

그림 5.2.2 (a) 예제 신호 $x(t) = \sin(2\pi f_1 t) + \sin(2\pi f_2 t)$ ($f_1 = 10$ kHz, $f_2 = 20$ kHz), (b) 이산 푸리에 변환 결과(창 함수 미적용), (c) 이산 푸리에 변환 결과(Hann 창 함수 적용 및 진폭 보정 계수(ACF)의 적용)

[MATLAB m-file (그림 5.2.2)]

```
clear all, clc

f1 = 10000;  % f1=10 kHz
f2 = 20000;  % f1=10 kHz
T0 = 0.98e-3;  % measurement time
fs = 1e5;  % given sampling freq.
t = 0:1/fs:T0-1/fs;   % sampling period (time increment) = 1/fs
xt = sin(2*pi*f1*t)+sin(2*pi*f2*t);   % function to be fast Fourier transformed
N = length(xt);      % sample size, block size
wxt = xt.*hann(N)';   % application of the Hann window
figure(1)
plot(t, xt)

% single-sided fft
```

```
f=[0:N/2-1]*(fs/N);
Xf_tmp=abs(fft(xt))/N; Xf=Xf_tmp(1:N/2); Xf(2:end)=2*Xf(2:end);
figure(2)
plot(f,Xf)

ACF = 2;    % amplitude correction factor for Hann window
Xfw_tmp=abs(fft(wxt))/N; Xfw=Xfw_tmp(1:N/2); Xfw(2:end)=2*Xfw(2:end);
ACF_Xfw = ACF*Xfw;    % amplitude-corrected Hann-windowed signal
figure(3)
plot(f,ACF_Xfw)
```

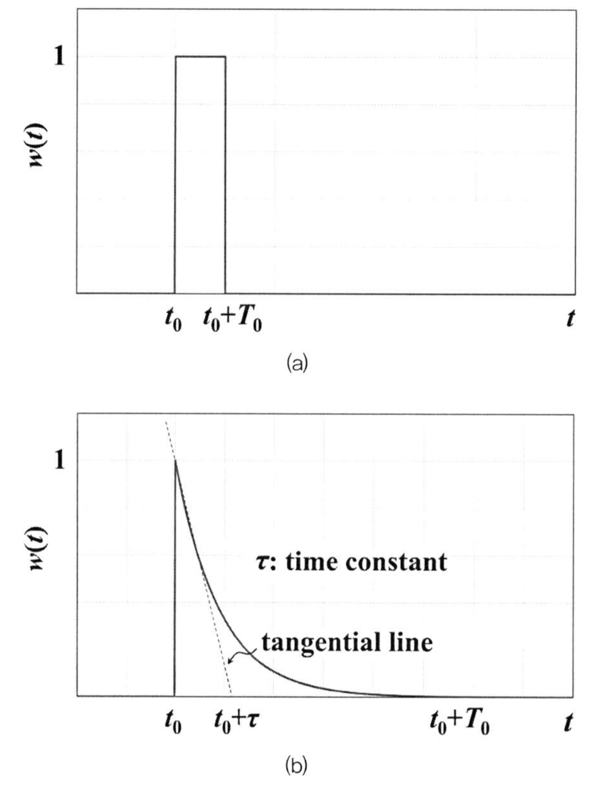

그림 5.2.3 과도 신호에 대한 (a) 가진(force) 창 함수 및 (b) 지수(exponential) 창 함수의 예

2장에서 알아본 여러 창 함수와는 다르게 과도 신호에 특별하게 사용되는 창 함수가 있다. 충격 해머 등을 이용하여 가진하는 경우에 적절한 가진 창 함수(force window function)와 충격 신호에 의한 과도 응답을 측정할 때 일반적으로 사용하는 지수 창 함수(exponential window function)가 그것이다(그림 5.2.3 참고). 각각의 창 함수가 적용될 신호의 전형적인 예를 그림 5.2.4에 나타내었는데, 이러한 창 함수들을 이용하는 이유는 가진 신호 또는 응답 신호와 가장 유사한 형태의 함수를 사용하여 신호의

누설을 방지하면서도 창 함수로 인해 원래의 신호가 왜곡되지 않도록 하기 위함이다. 그림 5.2.4(a)와 같은 형태의 충격 가진 신호에 대한 응답 신호는 그림 5.2.4(b)와 같이 감소형 지수 곡선의 형태로 나타난다는 것은 1장의 단위 충격 응답 함수 $h(t)$를 통해 충분히 예측할 수 있을 것이다.

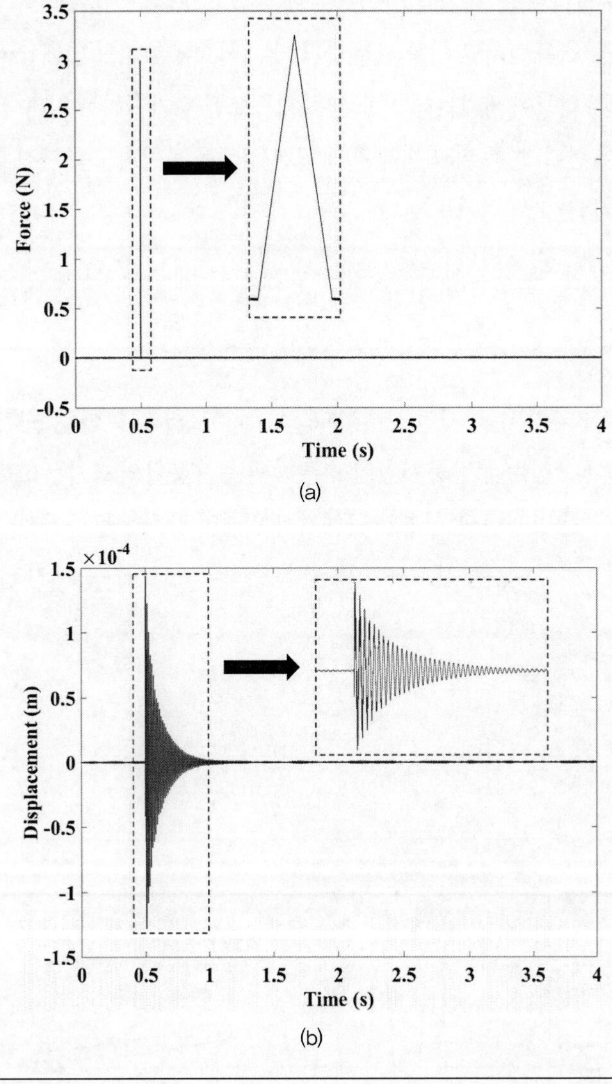

그림 5.2.4 (a) 충격 해머로부터 수집된 충격 신호(impulse signal) 및 (b) 구조물의 가속도계로부터 수집된 응답 신호(response signal)의 예[2]

---

2) 여기서 제시된 신호는 실제 충격 해머와 가속도계를 이용한 측정 신호가 아닌 해석에 의해 생성된 신호이다. 생성된 방법은 보충 설명 5.2.1을 참고하기 바란다. 이렇게 하는 이유는 이 책의 독자가 여기서 제시하는 코드를 이용하여 스스로 직접 실습할 수 있는 기회를 제공하기 위해서이며, 또한, 신호에 의도치 않게 포함될 수 있는 다른 오차를 제거하기 위함이다.

그림 5.2.3(a)에 나타낸 가진 창 함수는 이미 2장에서 배웠던 직사각형(rectangular) 창 함수와 매우 유사하며, 다음과 같이 정의된다.

$$w_f(t) = 1,\ t_0 \le t \le t_0 + T_0 \tag{5.2.1}$$

다만, 가진 창 함수는 정의 구간 T_0가 일반적으로 매우 짧고 또한, 창 함수의 시작 지점을 지정할 수 있다. 일반적으로 신호 왜곡 방지 필터를 거친 충격 가진 신호에는 피크 뒤에 ringing(주로 시간 영역에서의 리플을 의미함) 현상이 생기는데 이 또한 실제 구조물을 가진하는 원래 에너지의 일부이므로 창 함수에 포함되어야 한다. 보통 피크 뒤에 40개 표본 정도를 포함하도록 가진 창 함수의 끝단(그림 5.2.3(a)의 $t = t_0 + T_0$)을 지정하기도 한다.

그림 5.2.3(b)의 지수 창 함수는 경감쇠 구조물의 충격 응답 신호에 주로 사용하며 다음과 같이 정의된다.

$$w_e(t) = e^{-(t-t_0)/\tau},\ t_0 \le t \le t_0 + T_0 \tag{5.2.2}$$

위의 창 함수에서 τ는 지수 함수의 시간 상수(time constant)로서 지수 함수가 감소되는 정도를 나타내는 매개 변수이다. 이 창 함수는 일정 시간이 흐른 후의 충격 응답의 크기를 0으로 만들어서 누설이 매우 적어지는 장점이 있지만, 응답 신호와 곱해져서 원래의 감쇠비를 증가시키므로(그림 5.2.5 참고) 적절한 보정이 필요하다. 즉, 원 신호 $x(t)$와 지수 창 함수 $w_e(t)$가 곱해진 신호 $x_w(t)$는 다음과 같이 표현되므로,

$$\begin{aligned} x_w(t) &= e^{-(t-t_0)/\tau} \cdot Ae^{-\zeta_i\omega_i(t-t_0)}\sin\omega_{di}(t-t_0) \\ &= Ae^{(t-t_0)(-1/\tau-\zeta_i\omega_i)}\sin\omega_{di}(t-t_0) \\ &= Ae^{-(1/\tau\omega_i+\zeta_i)\omega_i(t-t_0)}\sin\omega_{di}(t-t_0) \end{aligned} \tag{5.2.3}$$

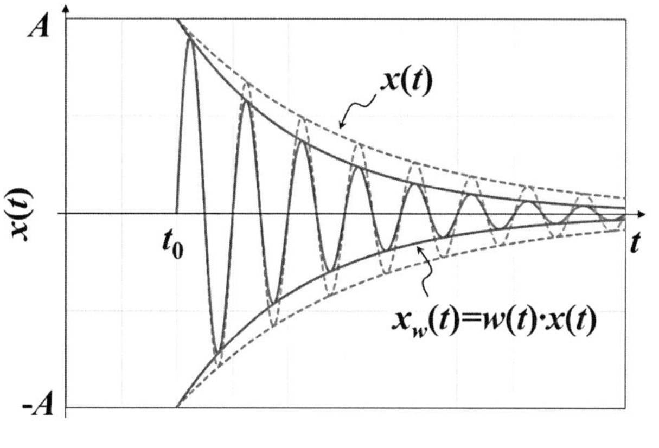

그림 5.2.5 충격 응답 신호 $x(t)$ 및 지수 창 함수 $w(t)$와 곱해진 신호 $x_w(t)$ (=$w_e(t) \cdot x(t)$)

위 식에 의하면 지수 창 함수가 적용된 신호 $x_w(t)$의 감쇠비 ζ_i^w는 $\zeta_i^w = 1/(\tau\omega_i) + \zeta_i$와 같으므로 원래 신호의 감쇠비 ζ_i는 다음과 같다(하첨자 i는 i번째 모드를 의미한다)[3].

$$\zeta_i = \zeta_i^w - 1/(\tau\omega_i) \tag{5.2.4}$$

식 (5.2.1) 및 (5.2.2)에 제시한 2개의 창 함수의 기능을 수행하는 MATLAB m-file (함수 m file)의 작성 예를 아래에 나타내었으며, 이에 대한 설명을 그림 5.2.6에 간략하게 추가하였다. 그림 5.2.6(b)의 지수 창 함수에서 창 함수의 끝단(자료의 개수가 N이 되는 지점)에서의 값이 약 $1/e^p$ (e: 자연로그의 밑)이 되도록 추가 매개 변수 p를 설정할 수 있으며, 식 (5.2.4)의 보정을 위해 τ를 계산할 수 있도록 하였다. 참고로 이에 대한 설명을 추가해보기로 한다. 식 (5.2.2)를 이용하면 $w_e(t^*) = 1/e^p$이 되는 t^*의 값은 다음과 같다.

$$e^{-(t^* - t_0)/\tau} = e^{-p} \rightarrow t^* = t_0 + p\tau \tag{5.2.5}$$

따라서, 위 식에 τ=(nend-nstart) · dt (여기서 nend는 $t_0 + \tau$가 위치하는 지점의 시간 샘플 값)를 대입하면, $t^* = t_0 + p$(nend-nstart) · dt가 되고 이 식의 양변을 dt로 나누면 N=nstart+ p(nend-nstart)가 된다. 이로부터 아래와 같은 관계식을 얻게 되는데,

$$\text{nend} = (\text{N-nstart})/p + \text{nstart} \tag{5.2.6}$$

nend가 항상 자연수임을 보장하기 위해 다음의 MATLAB m 파일에서는 'floor' 함수를 이용한 것이다. 따라서, 이 경우 nend가 원래의 값보다 약간 작아져서 τ=(nend-nstart) · dt의 값도 작아지고, t_0와 t^*의 간격 $p\tau$는 근사적인 값을 갖게 된다.

[MATLAB m–file: **가진 창 함수**(force window function)]

```
function w = force_win(nstart, nend, N)

w = [zeros(nstart-1,1); ones(nend-nstart+1,1); zeros(N-nend,1)];
```

3) 이와 같은 추가 보정을 피하기 위해 입력 신호에도 지수 창 함수를 적용하기도 한다. 이를 가진 지수 창 함수라고 한다.

[MATLAB m-file: 지수 창 함수(exponential window function)]

```
function [w, nend] = exp_win(nstart, N, p)  % nend just for tau
if nargin == 2
   p=6;    % default value
end

if p<1
    display('p should be more than 1')
    return
end
w=zeros(N,1);
nend=floor((N-nstart)/p)+nstart;   % tau=(nend-nstart)*dt
indx=nstart:N;
w_temp=exp(-(indx-nstart)/(nend-nstart));
w(indx)=w_temp;
```

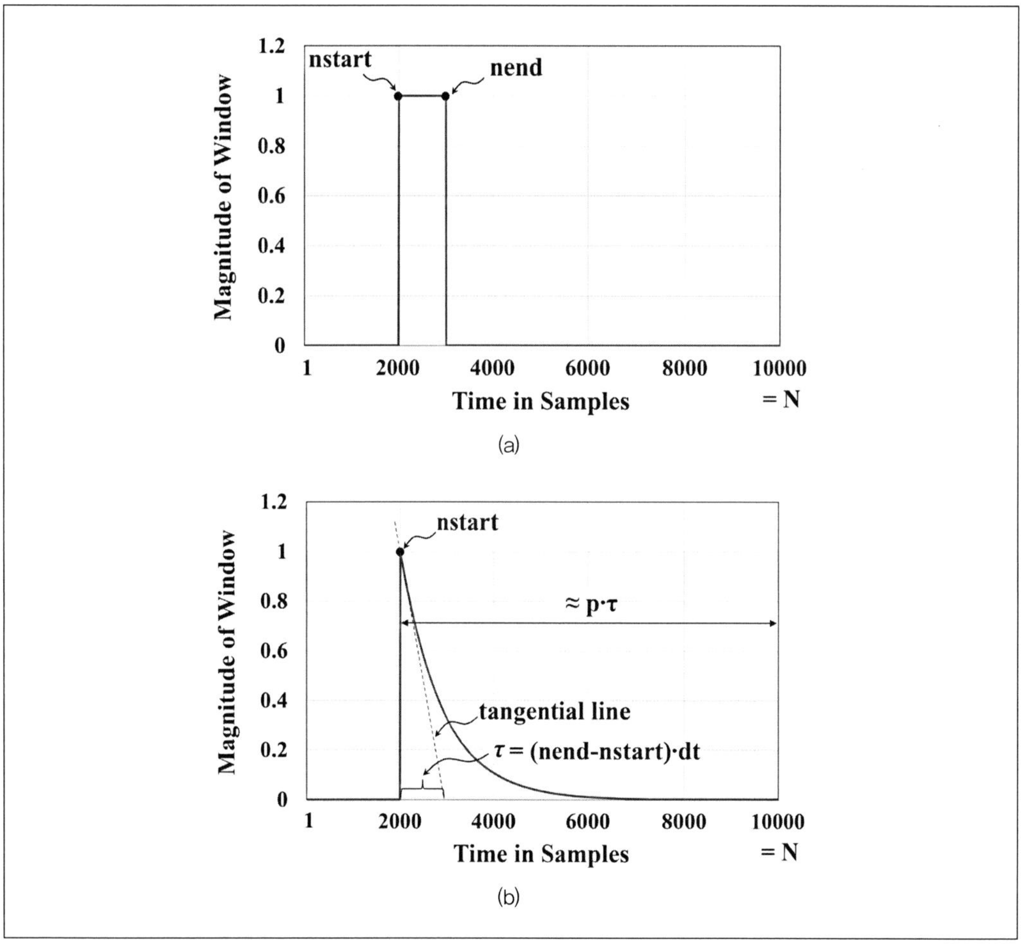

그림 5.2.6 'force_win()'과 'exp_win()' 함수를 이용한 창 함수의 생성 및 기호 설명: (a) force_win(2000, 3000), (b) exp_win(2000, 10000, p) ($dt = 1/f_s$)

이제 그림 5.2.6의 가진 창 함수 및 지수 창 함수를 그림 5.2.4에 나타낸 신호에 적용하고 적용하기 전의 신호(시간 영역)와 비교해보자. 또한, 창 함수를 적용하기 전과 후의 신호 각각에 대한 푸리에 변환을 수행하여 주파수 영역에서도 그 차이를 비교해 보도록 하자. 그림 5.2.7 및 5.2.8에 각각 시간 및 주파수 영역에서의 결과를 비교하였다. 그림 5.2.4(a)의 신호는 임의로 가우시안 잡음을 추가한 것이었는데[4], 그림 5.2.7에 의하면 원치 않는 영역에서의 잡음이 제거되었음을 확인할 수 있다. 이는 그림 5.2.8의 주파수 영역에서의 신호에서 더욱 확실히 비교가 된다.

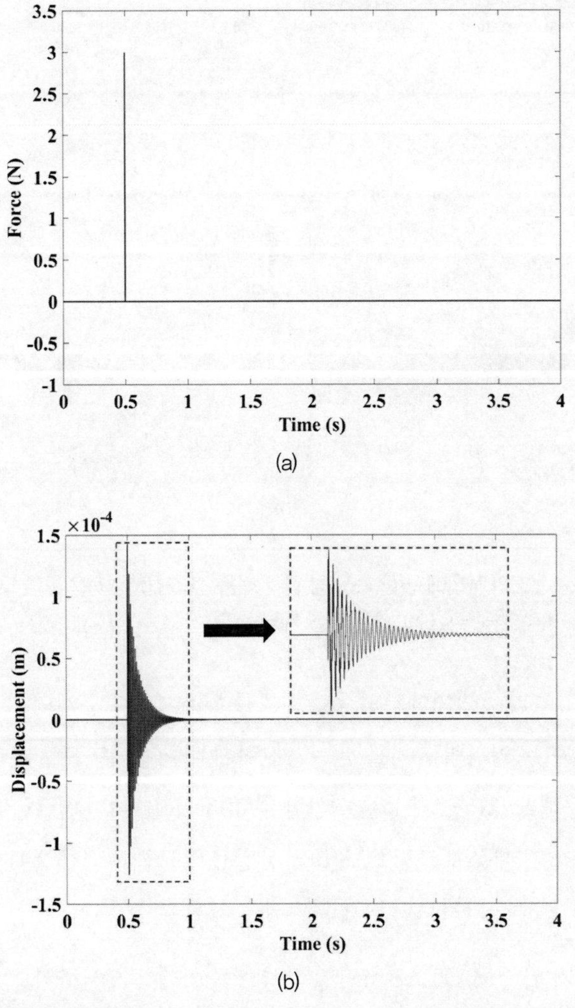

그림 5.2.7 (a) 충격 가진 신호 및 (b) 응답 신호(그림 5.2.4)에 대해 각각 가진 창 함수 (force_win(nstart, nend, N)) 및 지수 창 함수(exp_win(nstart, N, 8))를 적용한 결과의 비교

4) 따라서, 그림 5.2.4(b)의 응답 신호에도 가우시안 잡음이 포함된다.

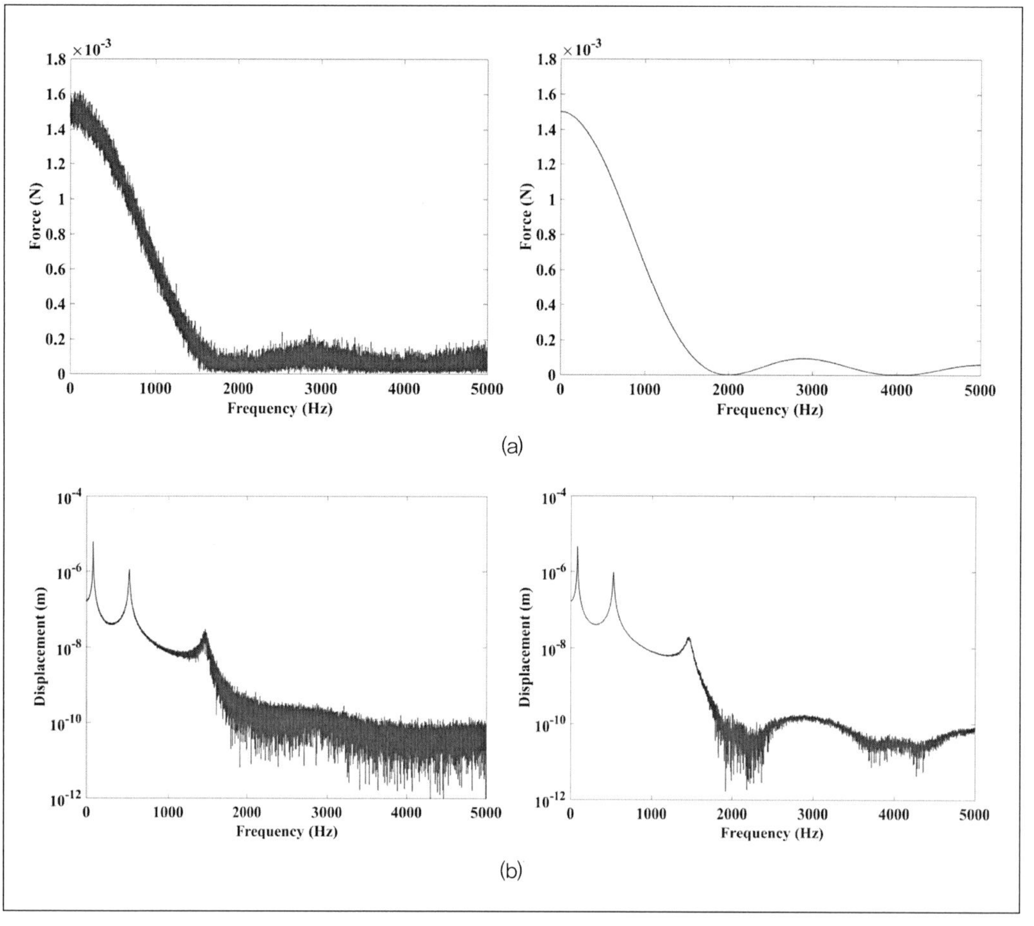

그림 5.2.8 (a) 충격 가진 신호의 푸리에 변환(가진 창 함수 적용 전(좌측) 및 적용 후(우측) 결과 및 (b) 응답 신호에 대한 푸리에 변환 결과(지수 창 함수 적용 전(좌측) 및 적용 후(우측)

참고로, 그림 5.2.8(b)의 주파수 영역에서의 응답 신호를 통해서도 진동계의 고유 진동수에 대한 정보를 얻을 수 있다. 다만, 이는 임의의 크기를 갖는 가진력에 대한 응답이므로 주파수 응답 함수 자체는 아니며, 따라서 이를 통해 모드의 크기 등은 계산할 수 없다. 또한, 이미 언급한 바와 같이 응답 신호에 지수 창 함수를 적용하였기 때문에 그림 5.2.8(b)의 응답을 비교하면 식 (5.2.4)에 의해 지수 창 함수를 적용한 경우의 변위가 실제의 크기보다 작게 나타남을 확인할 수 있다.

지금까지의 결과를 얻기 위한 MATLAB m 파일 작성 예를 아래에 제시하였으니 참고하기 바란다. 여기서 가진과 응답의 시간 이력은 보충 설명 5.2.1에 제시된 예제 모델에 대한 것이다.

[MATLAB m-file: 그림 5.2.4, 5.2.7 및 5.2.8 관련]

```
clear all, clc

% input signal preparation at excitation point #1
% for Fig. 5.2.4(a)
fs = 1e4;      % sampling frequency
t = 0:1/fs:4-1/fs;    % range of time
N = length(t);    % length of time
t0 = 0.5; tp = t0+5/fs; te = t0+10/fs;   % triangular type
fmax = 3;                  % peak of triangular function in Newtons
f_in = (fmax/(tp-t0))*(t-t0).*double(t>=t0 & t<=tp)-...
    (fmax/(te-tp))*(t-te).*double(t>tp & t<=te);
sigma = fmax*0.001;           % standard deviation of normal distributions
add_noise = sigma*randn(1, N);  % Gaussian noise
f_in = f_in+add_noise;              % noise added
figure(1), subplot(2,1,1), plot(t,f_in)   % how the excitation looks

% output signal preparation at response point # 6
% for Fig. 5.2.4(b)
fq = [83.257, 521.07, 1461.4];  % in Hz, obtained by simulation
w = 2*pi*fq;        % in rad/s
zeta = [0.015, 0.009071, 0.02];   % alpha-beta damping

phi_q = [-1.2214, 6.0451, -13.02];  % in meters, by simulation
phi_p = [-27.287, -27.301, -27.461];  % in meters, by simulation

wd = w.*sqrt(1-zeta.^2);     % damped mode frequency
ht = zeros(size(t)); xt = zeros(size(t));    % response

for ii = 1:3
  ht = (phi_q(ii)*phi_p(ii)/wd(ii))*exp(-zeta(ii)*w(ii)*t).*sin(wd(ii)*t);
  xt_tmp = conv(ht, f_in)/fs; % convolution with the above f_in
  xt = xt+xt_tmp(1:N);
end

subplot(2,1,2), plot(t,xt)        % how the response looks

% Fourier transform of each raw signal
f = [0:N/2-1]*(fs/N);
Ff_tmp = fft(f_in)/fs; Ff = Ff_tmp(1:N/2);
Xf_tmp = fft(xt)/fs; Xf = Xf_tmp(1:N/2);
% for the left figure in Fig. 5.2.8(a)
figure(2), subplot(2,1,1), plot(f,abs(Ff))
% for the left figure in Fig. 5.2.8(b)
subplot(2,1,2)
semilogy(f,abs(Xf))  % not in dB units, instead log scale for y axis

% windowing of each signal
[~, fmax_indx] = max(f_in);  % only index is needed
f_in_w = f_in'.*force_win(fmax_indx-10, fmax_indx+10, N);
[exp_win_seq, nend] = exp_win(indx, N, 8);
xt_w = xt'.*exp_win_seq;
```

```
tau = (nend-indx)*(1/fs);  % This is why 'nend' is needed
% for Fig. 5.2.7(a)
figure(3), subplot(2,1,1), plot(t,f_in_w)  % windowed excitation signal,
% for Fig. 5.2.7(b)
subplot(2,1,2), plot(t,xt_w)            % windowed response signal

% Fourier transform of each windowed signal
Ff_w_tmp = fft(f_in_w)/fs; Ff_w = Ff_w_tmp(1:N/2);
Xf_w_tmp = fft(xt_w)/fs; Xf_w = Xf_w_tmp(1:N/2);
Hf_w=Xf_w./Ff_w;   % alternatively can be used

figure(4)
subplot(2,1,1), plot(f,abs(Ff_w)) % for the right figure in Fig. 5.2.8(a)
subplot(2,1,2), semilogy(f, abs(Xf_w)) % for the right figure in Fig. 5.2.8(b)
```

보충설명 5.2.1 충격 실험의 가진 신호 및 응답 신호의 생성

지금까지의 가진, 응답 신호는 그림 5.2.9에 나타낸 외팔보 진동 구조물을 대상으로 생성되었다. 진동 구조물의 재질은 알루미늄 합금으로 가정하였다(Young's modulus: 70 GPa, Poisson's ratio: 0.3, Mass density: 2700 kg/m3)

1번 지점에서 다음과 같은 근사적인 충격 하중이 입력된다고 가정하고,

$$f(t)=\begin{cases} f_{\max}(t-t_0)/(t_p-t_0)\ ,t_0\le t\le t_p \\ -f_{\max}(t-t_e)/(t_e-t_p)\ ,t_p\le t\le t_e \end{cases} \tag{1}$$

이에 대한 응답을 6번 지점에서 측정하는 것으로 하였다.

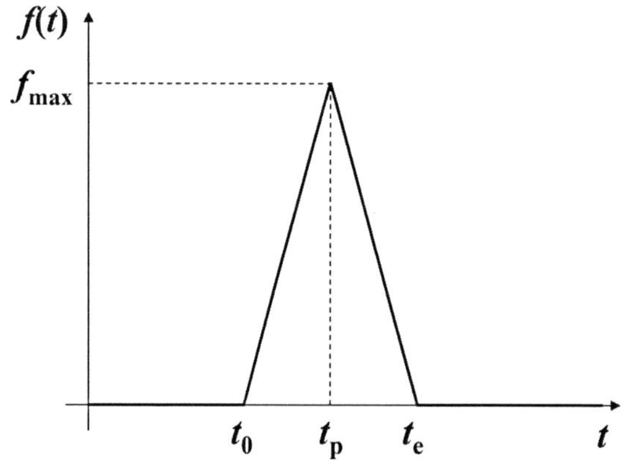

(a)

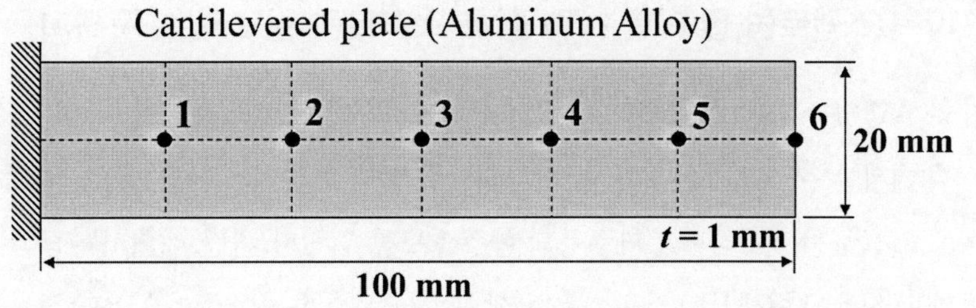

(b)

그림 5.2.9 (a) 식 (1)에 나타낸 충격 하중 및 (b) 실습에 사용된 외팔보 구조물(위에서 바라본 모습)

이에 대한 시간 영역의 응답은 유한요소법의 과도 응답(transient response) 해석을 통해서 구할 수 있으나, 여기에서는 그 많은 양의 데이터를 실을 수 없어서 대안으로 예제 1.4.5의 방법 및 합성곱 적분을 통해 응답을 구하였다(MATLAB m-file 작성 예 참고). 즉, 초기 조건이 없을 경우, 1번 지점에서 가한 충격 가진 $f(t)$ (여기서는 정확히 $A\cdot\delta(t)$ (A: 상수)가 되지 못하고 단지 식 (1)에 나타낸 바와 같이 삼각형 함수로 근사화된 충격 가진력임에 유의하자)에 대한 6번 지점에서의 응답(면외 방향) $x_{61}(t)$은 다음과 같다.

$$\begin{aligned} x_{61}(t) &= \int_0^t f(\tau)h_{61}(t-\tau)d\tau \\ &= \int_{t_0}^{t_p} f_{\max}\frac{\tau-t_0}{t_p-t_0}h_{61}(t-\tau)d\tau - \int_{t_p}^{t_e} f_{\max}\frac{\tau-t_e}{t_e-t_p}h_{61}(t-\tau)d\tau \end{aligned} \tag{2a}$$

$$h_{61}(t) = \sum_{i=1}^{3}\frac{\phi_{i,1}\phi_{i,6}}{\omega_{di}}e^{-\zeta_i\omega_i t}\sin\omega_{di}t \tag{2b}$$

여기서는 관심 모드를 3개로만 한정하였다(관심 주파수 영역 앞부분의 4개 모드 중 3번째 모드는 비틀림 모드이므로 응답에의 기여가 거의 없다). 식 (2)의 계산에 필요한 고유 진동수 및 고유 모드는 유한 요소 해석을 통해 구하였으며 이를 아래 표 5.2.1에 나타내었다

[표 5.2.1] 외팔보(그림 5.2.9)의 모드 변위

모드 변위(질량 정규화)	첫번째 모드 (83.26 Hz)	두번째 모드 (521.07 Hz)	세번째 모드 (820.7 Hz)	네번째 모드 (1461.4 Hz)
1번 지점 (m)	−1.2214	6.0451	1.4081e−5	−13.02
6번 지점 (m)	−27.287	−27.301	1.9360e−5	−27.461

감쇠비 ζ는 식 (1.4.52)를 이용하되 첫번째 모드에 0.015, 네번째 모드에 0.02를 가정하고 α와 β의 값을 구한 후, 식 (1.4.53)에 의해 두 번째 모드의 감쇠비 $\zeta_2\,(=0.009071)$를 구하였다.

지금까지 설명된 내용은 MATLAB m-file 작성 예에서 가진 및 응답 신호를 생성하는데 사용되었다. 참고로, 이후 언급되는 세 번째 모드는 위에서 네 번째 모드를 나타낸다는 것에 유의하자.

5.2.2 파워 스펙트럼 밀도 함수 및 상호 스펙트럼 밀도 함수 구하기

지금 우리가 다루고 있는 가진($f_w(t) = w_f(t) \times f(t)$) 및 응답 신호($x_w(t) = w_e(t) \times x(t)$)는 일정 시간 구간 내에서만 신호가 존재하여 각각의 푸리에 변환이 존재하므로, 이들의 비율인 $F\{x_w(t)\}/F\{f_w(t)\}$를 이용하면 주파수 응답 함수를 구할 수 있다. 다만, 여기서는 잡음 등을 고려하여 일반적인 랜덤 신호에 대해서도 적용 가능한 식 (3.3.36)을 이용하여 주파수 응답 함수를 구하기로 한다. 이는 MATLAB에서 제공되는 함수를 이용하여 편리하게 구할 수도 있다. 그런데, 이를 위해서는 입력 가진 신호 $f_w(t)$의 (단측) 파워 스펙트럼 밀도 함수 $G_{FF}(f)$ (식 3.2.32)와 입력 가진 신호와 출력 응답 신호 $x_w(t)$간의 (단측) 상호 스펙트럼 밀도 함수 $G_{FX}(f)$ (식 3.3.10)를 먼저 구해야 한다.

파워 스펙트럼 밀도 함수는 측정 신호의 주파수별 에너지 분포를 의미한다. 수학적으로는 자기 상관 함수를 주파수 분석하여 계산하지만[5], 그 물리적인 의미만을 다시 한번 간단히 언급하겠다. 예를 들어, 그림 5.2.7(a)와 같은 가진 신호에 대해 파워 스펙트럼 밀도 함수를 계산하여 나타내면 그림 5.2.10(a)와 같은데, 이는 충격 신호의 대부분의 에너지가 2 kHz 이하에 집중되어 있음을 나타낸다.

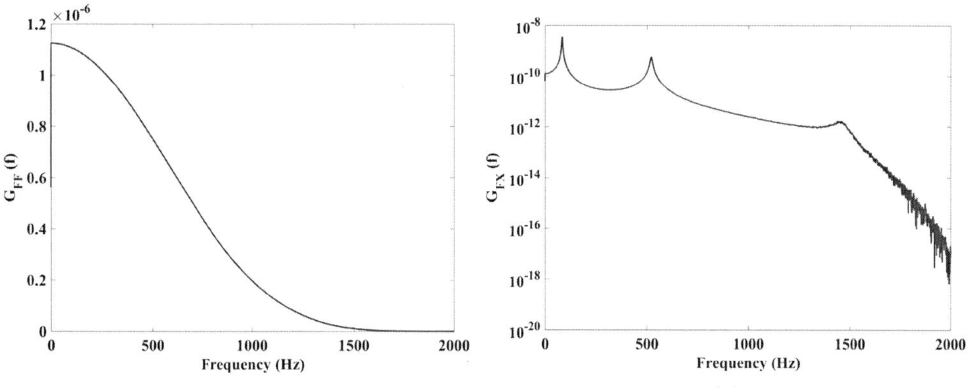

그림 5.2.10 (a) 입력 가진 신호 $f_w(t)$의 (단측) 파워 스펙트럼 밀도 함수 $G_{FF}(f)$와 (b) 입력 가진 신호 $f_w(t)$와 출력 응답 신호 $x_w(t)$ 간의 (단측) 상호 스펙트럼 밀도 함수 $G_{FX}(f)$

그림 5.2.1에 나타낸 바와 같이 주파수 응답을 계산하기 위해서는 입력 신호의 파워 스펙트럼 밀도 함수 $G_{FF}(f)$ 외에도 입력 및 출력 신호 간의 상호 스펙트럼 밀도 함수 $G_{FX}(f)$가 필요하다(식 (3.2.32) (3.3.10) 및 (3.3.36)). 이는 서로 다른 두 신호의 상호 유사성을 측정하는 상호 상관 함수를 푸리에 변

5) 자기 상관 함수의 푸리에 변환이 파워 스펙트럼 밀도함수라는 것을 상기하자.

환하여 얻을 수도 있는데 여기서는 파워 스펙트럼 또는 상호 스펙트럼 함수를 구하기 위해 MATLAB의 'cpsd' 함수를 이용하였다[6]. 그림 5.2.10(b)는 그림 5.2.8(a)의 우측에 나타낸 가진 신호와 그림 5.2.8(b)의 우측에 나타낸 응답 신호의 상호 스펙트럼 밀도 함수를 나타내고 있다. 참고로 그림 5.2.10의 신호는 가진 신호의 에너지 집중도를 고려하여 주파수 영역을 임의로 2 kHz까지만 설정하였다. 그림 5.2.8(b)에서와 마찬가지로, 그림 5.2.10(b)의 상호 스펙트럼 밀도 함수만 계산하여도 진동계의 고유 진동수 값을 계산할 수는 있지만, 아직 각 고유 진동수별 고유 모드의 크기를 정확히 파악할 수는 없다.

그림 5.2.10과 관련된 MATLAB m-file의 작성 예를 아래에 제시하였다. 이전에 제시된 내용과 연결되어 있으니 이에 유의하면서 실습하도록 한다.

[MATLAB m-file: 그림 5.2.10 관련]

```
[Gff, f] = cpsd(f_in_w, f_in_w, ones(N,1), [], N, fs);
% same as [Gff, f] = pwelch(f_in_w, ones(N,1), [], N, fs);
[Gxx, f] = cpsd(xt_w, xt_w, ones(N,1), [], N, fs);
% same as [Gxx, f]=pwelch(xt_w, ones(N,1), [], N, fs);
[Gfx, f] = cpsd(f_in_w, xt_w, ones(N,1), [], N, fs);
% MATLAB uses Welch's method for PSD estimations
seek_indx = find(f==2000); % up to 2000 Hz
figure(5)
subplot(2,1,1), plot(f(1:seek_indx), Gff(1:seek_indx))
subplot(2,1,2), semilogy(f(1:seek_indx), abs(Gfx(1:seek_indx)))
```

5.2.3 주파수 응답 함수의 계산

충격 가진 신호의 단측 파워 스펙트럼 밀도 함수를 $G_{FF}(f)$ 및 충격 가진 신호와 응답(여기서는 변위) 신호의 상호 스펙트럼 밀도 함수를 $G_{FX}(f)$를 구하였으면, 이미 언급한 바와 같이 주파 수 응답 함수는 식 (3.2.32), (3.3.10) 및 (3.3.36)을 이용하여 다음의 관계식에 의해 구할 수 있다.

$$H(f)=\frac{G_{FX}(f)}{G_{FF}(f)} \tag{5.2.5}$$

따라서, 그림 5.2.10에 대한 주파수 응답 함수의 크기 및 위상은 그림 5.2.11에 나타낸 바와 같이 구해진다. 제시된 그림의 아래에는 그림 5.2.11을 얻기 위해 사용한 MATLAB m-file 작성 예가 있으니 참고하기 바란다.

---

6) 제시된 MATLAB m 파일 예제에서, 'ones(N,1)' 부분에는 창 함수를 넣도록 되어 있으나, 우린 이미 가진 신호에는 가진 창 함수를, 응답 신호에는 지수 창 함수를 적용한 신호를 갖고 있다. 따라서, 함수의 인자 신호에 영향을 주지 않도록 모두 '1'을 곱한 것이다. 또한, 상호 스펙트럼 밀도 함수의 경우 각각의 인자(f_in_w와 xt_w)에 대해 적용되는 창 함수가 다르므로 각각에 맞는 창 함수를 적용 후 'ones(N,1)'을 사용한 것이다.

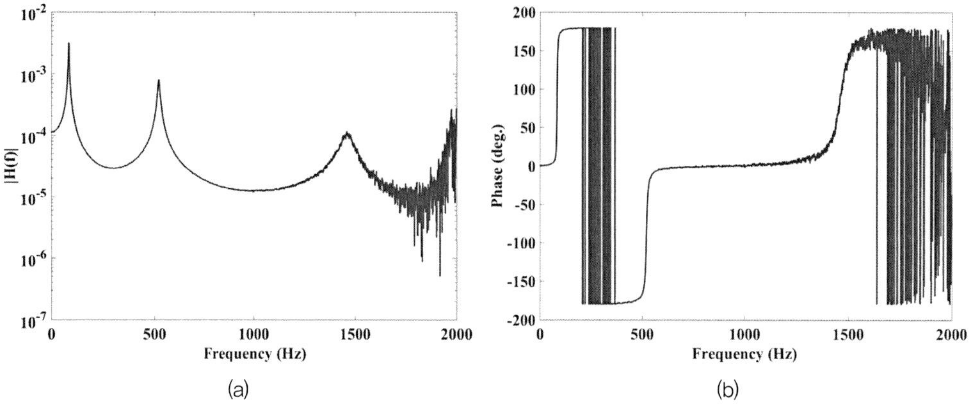

그림 5.2.11 주파수 응답 함수의 (a) 크기(세로축 로그 눈금) 및 (b) 위상

[MATLAB m-file: 그림 5.2.11 관련]

```
gammafx=(abs(Gfx)).^2./(Gff.*Gxx); % coherence
Hf=Gfx./Gff;

figure(6)
plot(f,gammafx)

figure(7)
subplot(2,1,1)
semilogy(f(1:seek_indx), abs(Hf(1:seek_indx)))
subplot(2,1,2)
plot(f(1:seek_indx), angle(Hf(1:seek_indx))*180/pi)
```

5.3. 주파수 응답함수로부터의 모드 매개 변수의 추출

주파수 응답 함수가 주어진 경우에, 그 크기 및 위상 선도(보드 선도), 실수부 및 허수부 선도, 나이퀴스트 선도 등을 이용하여 모드별 고유 진동수, 감쇠비 및 고유 모드 형상을 추출하는 것에 대해서는 이미 4장에서 알아본 바 있다. 다만, 여기서는 충격 가진 신호 및 응답 신호로부터 주파수 응답 함수를 구하고 이로부터 모드 매개 변수를 구하는 일련의 모든 과정을 학습한다는 큰 틀에서, 앞에서 구한 주파수 응답 함수를 기반으로 모드 매개 변수를 추출하는 과정도 다시 살펴 보도록 하자. 특히, 여기서는 응답 신호에 지수 창 함수를 적용함으로써 원래 진동계의 감쇠비가 변경되었으므로, 측정된 신호로부터 식 (5.2.4)를 이용하여 원래 진동계의 감쇠비를 구하는 과정이 추가로 필요하다.

5.3.1 모드 매개 변수 및 실험 모드 해석의 의미

이론적인 측면에서 진동 해석을 한다는 것은 질량, 감쇠, 강성을 알고 있는 구조물의 고유 진동수 및 고유 모드를 계산하고 이로부터 구조물의 주파수 응답 함수 등을 알아내는 과정[7]이라고 할 수 있다.

그러나, 4장에서 언급한 바와 같이 실험적인 측면에서의 진동 해석(실험 모드 해석: experimental modal analysis)은 이와는 반대의 과정이라고 할 수 있다. 측정 대상의 질량, 감쇠, 강성 등은 미리 알 수 없으므로 실험, 측정 결과를 기반으로 구조물의 주파수 응답 함수를 계산하고, 이를 이용하여 구조물의 고유 진동수, 감쇠비 및 고유 모드 등을 추출하는 것이 일반적이다. 이 경우 추출 대상인고유 진동수, 감쇠비 및 고유 모드 등을 모드 매개 변수라고 부른다는 것은 이미 앞서 언급하였다. 실험 및 측정을 통해 이러한 모드 매개 변수를 추출하는 것이 바로 실험 모드 해석[8] 과정인 것이다(그림 5.3.1 참고).

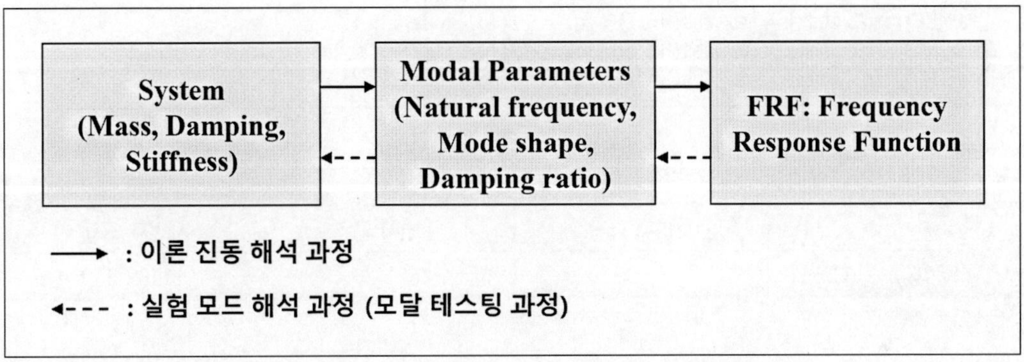

그림 5.3.1 이론 진동 해석 과정 및 실험 모드 해석 과정의 비교

5.3.2 모드 매개 변수의 추출

측정 신호를 이용하여 구한 주파수 응답 함수로부터 모드 매개 변수를 추출하는 여러 방법 중에서 여기서는 별도의 커브 피팅을 수행하지 않고 보드 선도(주파수 응답 함수의 크기 및 위상 선도)에서 직접 공진점(peak), 반 동력점 등을 계산하여 모드 매개 변수를 추출하는 피크 피킹(peak picking) 방법을 적용해 보도록 하자. 피크 피킹 방법은 다 자유도 진동계에서 인접 모드가 잘 분리되어 있는 경우에는 간단하면서도 비교적 정확하게 모드 매개 변수를 추출할 수 있다는 장점이 있으나, 실수 모드만 추출할 수 있다는 점에 유의하기 바란다.

---

7) 특정 주파수 값에 대해 행렬 방정식 $(\boldsymbol{K}-\omega^2\boldsymbol{M}+j\omega\boldsymbol{C})\tilde{\boldsymbol{X}}=\boldsymbol{F}$을 직접 풀어서 주파수 응답 함수를 구할 수도 있다(이를 직접법(direct metod)이라고도 한다). 그러나, 이런 방법을 사용할지라도 통상 진동계의 고유 진동수 및 고유 모드에 대한 정보는 거의 필수적이다.

8) 모달 테스팅(modal testing)이라고 표현하기도 한다.

① 고유 진동수의 추출

주파수 응답 함수로부터 가장 쉽게 고유 진동수를 추출하는 방법은 보드 선도의 크기 선도로부터 최대값이 되는 주파수를 찾는 것이다. 우선 그림 5.2.11(a)의 주파수 응답 함수의 크기 선도를 피크 지점을 중심으로 3개의 부분으로 나누고, 각각의 최대값을 구한다. 이를 구현하는 MATLAB m-file의 작성 예를 아래에 제시하였으며, 이에 의하면 진동계의 고유 진동수는 표 5.3.1에 나타낸 바와 같다.

[MATLAB m-file: 모드 고유 진동수의 추출]

```
%%% mode frequency %%%
r1e_indx = find(f==200);
r2s_indx = find(f==400); r2e_indx = find(f==600);
r3s_indx = find(f==1400); r3e_indx = find(f==1600);
f1 = f(1: r1e_indx); Hf1 = Hf(1: r1e_indx);
f2 = f(r2s_indx:r2e_indx); Hf2 = Hf(r2s_indx:r2e_indx);
f3 = f(r3s_indx:r3e_indx); Hf3 = Hf(r3s_indx:r3e_indx);
[max_Hf1, fq1_indx] = max(abs(Hf1)); fq1 = f1(fq1_indx);
[max_Hf2, fq2_indx] = max(abs(Hf2)); fq2 = f2(fq2_indx);
[max_Hf3, fq3_indx] = max(abs(Hf3)); fq3 = f3(fq3_indx);
```

[표 5.3.1] 외팔보(그림 5.2.9)의 고유 진동수

	첫번째 모드	두번째 모드	세번째 모드
고유 진동수 (Hz)	83.25	521.25	1463.25

② 감쇠비의 계산

피크 피킹 방법을 사용하여 감쇠비를 추출하기 위해서는 반 동력점 주파수를 찾아야 한다. 앞에서 주파수 응답 함수가 최대값이 되는 고유 진동수를 모드별로 찾았으므로, 각 모드에 대한 주파수 응답 함수 크기의 최대값의 $1/\sqrt{2}$ 이 되는 주파수를 찾으면 된다. 이러한 방법에서는 주파수의 분해능이 충분하지 않으면 최대값의 $1/\sqrt{2}$ 이 되는 지점의 주파수에서 주파수 응답 함수의 값이 존재하지 않는 경우가 대부분이다. 이 경우 반 동력점 주파수를 찾기 위해 여러 방법을 취할 수 있으나 여기에서는 그림 5.3.2에 나타낸 방법을 선택하였다. 즉, 주파수 응답 함수의 크기가 최대값의 $1/\sqrt{2}$ 보다 큰 주파수 영역을 찾고 좌·우측 경계 영역에서 일차 함수로 간단히 커브 피팅 한후 해당 주파수를 찾는 방법을 택하였다[9].

9) 여러 방법 중의 하나일 뿐이고 여기서는 사용하기 간단하기 때문에 적용하였다. 각자 더 좋은 방법이 있으면 그 방법을 적용해보도록 하자.

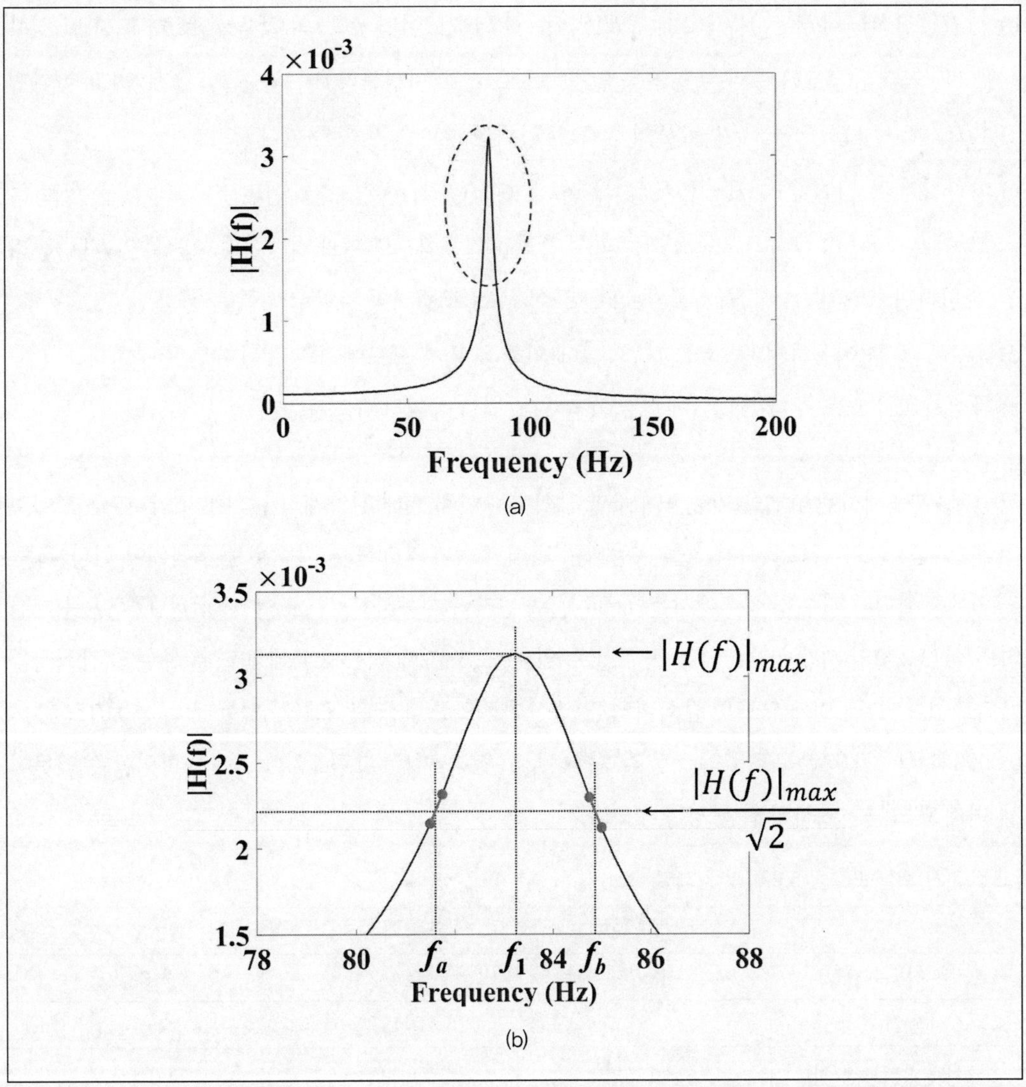

그림 5.3.2 (a) 첫 번째 모드 근처에서의 주파수 응답 함수 크기 선도 및 (b) 반 동력 점을 이용한 첫 번째 모드의 감쇠비 계산

예를 들면, 첫 번째 모드의 고유 진동수가 f_1 일 경우 좌·우측 3 dB 대역 주파수 f_a와 f_b를 다음과 같이 찾을 수 있다.

a) 모드별 주파수 영역에서 $|H(f)| \geq |H(f_1)|/\sqrt{2}$ 를 만족하는 주파수 범위를 다음과 같이 구한다.

$$f_{range} = [f(1)\ f(2)\ \cdots\ f(n)],\ f(k+1) = f(k) + \triangle f\ (k = 0, 1,\ \dots, n-1)$$

b) $||H(f(1))| - |H(f_1)|/\sqrt{2}|/(|H(f_1)|/\sqrt{2}) < \epsilon$ 이면 $f(1)$의 값을 f_a로 하고, 아닐 경우 $[f(1) - \Delta f,\ f(1)]$ 주파수 영역을 일차식으로 커브 피팅한다. 이 식을 $|H(f)|_a$라고 한다면 $|H(f)|_a = |H(f_1)|/\sqrt{2}$ 를 풀어 좌측 반 동력점 주파수 f_a를 구한다.

c) 마찬가지로, $||H(f(n))| - |H(f_1)|/\sqrt{2}|/(|H(f_1)|/\sqrt{2}) < \epsilon$ 이면 $f(n)$의 값을 f_b로 하고, 아닐 경우 $[f(n), f(n) + \Delta f]$ 주파수 영역을 일차식으로 커브 피팅한다. 이 식을 $|H(f)|_b$라고 한다면 $|H(f)|_b = |H(f_1)|/\sqrt{2}$ 를 풀어 우측 반 동력점 주파수 f_b를 구한다.

d) f_1, f_a, f_b를 이용하여 $(f_b - f_a)/(2f_1)$에 의해 첫 번째 모드에서의 감쇠비 ζ_1을 구한다.

e) 나머지 고유 모드 주파수 대역에서 위와 같은 방법을 동일하게 적용한다.

그런데, 위에 제시된 방법을 이용하여 구한 감쇠비는 아직 원래 진동계의 감쇠비가 아니다. 즉, 이미 언급한 바와 같이 식 (5.2.4)의 식을 이용하여 원래 진동계의 모드별 감쇠비를 구하여야 한다. 그림 5.2.6에서 설명된 지수창 함수에서는 'nend' 출력 인자를 제공하므로 '(nend-nstart)×$(1/f_s)$'를 계산하면 식 (5.2.4)의 시간 상수 τ의 값을 구할 수 있다. 표 5.3.2에 식 (5.2.4)에 관련된 상수 및 감쇠비를 나타내었다[10]. 세 번째 모드의 감쇠비의 값에 상대적으로 다소 큰 오차가 있는데($\zeta_1 = 0.015$, $\zeta_2 = 0.009071$, $\zeta_3 = 0.02$인 구조물의 측정 결과를 다루고 있다), 이는 그림 5.2.11(a)에서 확인할 수 있듯이 세 번째 모드 근처에서의 잡음 영향이 크다.

[표 5.3.2] 외팔보(그림 5.2.9)의 감쇠비

	첫번째 모드	두번째 모드	세번째 모드
고유 진동수 (Hz)	83.25	521.25	1463.25
시간 상수 τ	0.4374		
감쇠비 ζ_i^w (보정 전)	0.019576	0.009840	0.018276
감쇠비 ζ_i (보정 후)	0.015080	0.009141	0.018027

표 5.3.2의 감쇠비를 추출하기 위한 MATLAB m-file 작성 예를 아래에 제시하였으니 참고 바란다.

[MATLAB m-file: 모드 감쇠비의 추출]

```
%%% damping ratio%%%
% for mode 1
bw_indx = find(abs(Hf1)>=max_Hf1/sqrt(2));
left_indx = [bw_indx(1)-1, bw_indx(1)];
```

10) 제공된 코드의 가진 및 응답 신호에는 잡음으로서 가우스 랜덤 수 생성이 포함되어 있으므로, 여기서 제공하는 답과 약간씩 은 다를 수 있다. 또한, 이러한 이유로 매번 수행할 때마다 그 결과가 약간씩 다르게 된다.

```
x = f1(left_indx); y = abs(Hf1(left_indx));
a = (y(2)-y(1))/(x(2)-x(1)); b = (x(2)*y(1)-x(1)*y(2))/(x(2)-x(1));
fq1a = (max_Hf1/sqrt(2)-b)/a;

right_indx = [bw_indx(end), bw_indx(end)+1];
x = f1(right_indx); y = abs(Hf1(right_indx));
a = (y(2)-y(1))/(x(2)-x(1)); b = (x(2)*y(1)-x(1)*y(2))/(x(2)-x(1));
fq1b = (max_Hf1/sqrt(2)-b)/a;

zeta1 = (fq1b-fq1a)/(2*fq1);
zeta1r = zeta1-1/(tau*2*pi*fq1);

% for mode 2
bw_indx = find(abs(Hf2)>=max_Hf2/sqrt(2));
left_indx = [bw_indx(1)-1, bw_indx(1)];
x = f2(left_indx); y = abs(Hf2(left_indx));
a = (y(2)-y(1))/(x(2)-x(1)); b = (x(2)*y(1)-x(1)*y(2))/(x(2)-x(1));
fq2a = (max_Hf2/sqrt(2)-b)/a;

right_indx = [bw_indx(end), bw_indx(end)+1];
x = f2(right_indx); y = abs(Hf2(right_indx));
a = (y(2)-y(1))/(x(2)-x(1)); b = (x(2)*y(1)-x(1)*y(2))/(x(2)-x(1));
fq2b = (max_Hf2/sqrt(2)-b)/a;

zeta2 = (fq2b-fq2a)/(2*fq2);
zeta2r = zeta2-1/(tau*2*pi*fq2);

% for mode 3
bw_indx = find(abs(Hf3)>=max_Hf3/sqrt(2));

left_indx = [bw_indx(1)-1, bw_indx(1)];
x = f3(left_indx); y = abs(Hf3(left_indx));
a = (y(2)-y(1))/(x(2)-x(1)); b = (x(2)*y(1)-x(1)*y(2))/(x(2)-x(1));
fq3a = (max_Hf3/sqrt(2)-b)/a;

right_indx = [bw_indx(end), bw_indx(end)+1];
x = f3(right_indx); y = abs(Hf3(right_indx));
a = (y(2)-y(1))/(x(2)-x(1)); b = (x(2)*y(1)-x(1)*y(2))/(x(2)-x(1));
fq3b = (max_Hf3/sqrt(2)-b)/a;

zeta3 = (fq3b-fq3a)/(2*fq3);
zeta3r = zeta3-1/(tau*2*pi*fq3);
```

3 고유 모드의 추출

우리는 바로 앞에서 지수 창 함수의 적용으로 인한 증가된 감쇠를 보정하여 원래 진동계의 감쇠비를 구하였다. 따라서, 예제 4.1.3에서와 같이 주파수 응답 함수의 크기 식을 이용하여 좀더 정확하게 또는 질량 정규화된 고유 모드를 구할 수 있으나, 여기에서는 식 (4.1.68)에 나타낸 것처럼 주파수 응답 함수의 허수부의 비율이 고유 모드의 비율과 같다는 관계를 이용하여 고유 모드를 구해보도록 하자[11]. 이 방법은 비율을 구하는 것이므로 감쇠비를 보정하지 않아도 고유 모드를 구할 수 있다는 장점이 있다.

고유 진동수 f_1, f_2 및 f_3에서 주파수 응답 함수 $\widetilde{H}_{pq}(f_i)$ $(p=1,2,\ ...,6; q=1; i=1,2,3)$는 각각 다음과 같이 근사적으로 나타낼 수 있다.

$$\widetilde{H}_{11}(f_1) \approx \frac{\phi_{1,1}\phi_{1,1}}{m_1(j8\pi^2\zeta_1 f_1^2)};\ \widetilde{H}_{21}(f_1) \approx \frac{\phi_{1,2}\phi_{1,1}}{m_1(j8\pi^2\zeta_1 f_1^2)};\ \widetilde{H}_{31}(f_1) \approx \frac{\phi_{1,3}\phi_{1,1}}{m_1(j8\pi^2\zeta_1 f_1^2)} \quad (5.3.1)$$
$$\widetilde{H}_{41}(f_1) \approx \frac{\phi_{1,4}\phi_{1,1}}{m_1(j8\pi^2\zeta_1 f_1^2)};\ \widetilde{H}_{51}(f_1) \approx \frac{\phi_{1,5}\phi_{1,1}}{m_1(j8\pi^2\zeta_1 f_1^2)};\ \widetilde{H}_{61}(f_1) \approx \frac{\phi_{1,6}\phi_{1,1}}{m_1(j8\pi^2\zeta_1 f_1^2)}$$

$$\widetilde{H}_{11}(f_2) \approx \frac{\phi_{2,1}\phi_{2,1}}{m_2(j8\pi^2\zeta_2 f_2^2)};\ \widetilde{H}_{21}(f_2) \approx \frac{\phi_{2,2}\phi_{2,1}}{m_2(j8\pi^2\zeta_2 f_2^2)};\ \widetilde{H}_{31}(f_2) \approx \frac{\phi_{2,3}\phi_{2,1}}{m_2(j8\pi^2\zeta_2 f_2^2)} \quad (5.3.2)$$
$$\widetilde{H}_{41}(f_2) \approx \frac{\phi_{2,4}\phi_{2,1}}{m_2(j8\pi^2\zeta_2 f_2^2)};\ \widetilde{H}_{51}(f_2) \approx \frac{\phi_{2,5}\phi_{2,1}}{m_2(j8\pi^2\zeta_2 f_2^2)};\ \widetilde{H}_{61}(f_2) \approx \frac{\phi_{2,6}\phi_{2,1}}{m_2(j8\pi^2\zeta_2 f_2^2)}$$

$$\widetilde{H}_{11}(f_3) \approx \frac{\phi_{3,1}\phi_{3,1}}{m_3(j8\pi^2\zeta_3 f_3^2)};\ \widetilde{H}_{21}(f_3) \approx \frac{\phi_{3,2}\phi_{3,1}}{m_3(j8\pi^2\zeta_3 f_3^2)};\ \widetilde{H}_{31}(f_3) \approx \frac{\phi_{3,3}\phi_{3,1}}{m_3(j8\pi^2\zeta_3 f_3^2)} \quad (5.3.3)$$
$$\widetilde{H}_{41}(f_3) \approx \frac{\phi_{3,4}\phi_{3,1}}{m_3(j8\pi^2\zeta_3 f_3^2)};\ \widetilde{H}_{51}(f_3) \approx \frac{\phi_{3,5}\phi_{3,1}}{m_3(j8\pi^2\zeta_3 f_3^2)};\ \widetilde{H}_{61}(f_3) \approx \frac{\phi_{3,6}\phi_{3,1}}{m_3(j8\pi^2\zeta_3 f_3^2)}$$

이들 주파수 응답 함수 크기의 비율은 다음과 같이 각 모드에서 고유 모드 크기의 비율이 되는데, 여기서는 모드의 성분 중 절대값의 최대값이 1이 되도록 정규화하였다.

$$\mathrm{Im}\{\widetilde{H}_{11}(f_1)\}:\mathrm{Im}\{\widetilde{H}_{21}(f_1)\}:\mathrm{Im}\{\widetilde{H}_{31}(f_1)\}:\mathrm{Im}\{\widetilde{H}_{41}(f_1)\}:\mathrm{Im}\{\widetilde{H}_{51}(f_1)\}:\mathrm{Im}\{\widetilde{H}_{61}(f_1)\} \quad (5.3.4)$$
$$=\phi_{1,1}:\phi_{1,2}:\phi_{1,3}:\phi_{1,4}:\phi_{1,5}:\phi_{1,6}$$

$$\mathrm{Im}\{\widetilde{H}_{11}(f_2)\}:\mathrm{Im}\{\widetilde{H}_{21}(f_2)\}:\mathrm{Im}\{\widetilde{H}_{31}(f_2)\}:\mathrm{Im}\{\widetilde{H}_{41}(f_2)\}:\mathrm{Im}\{\widetilde{H}_{51}(f_2)\}:\mathrm{Im}\{\widetilde{H}_{61}(f_2)\} \quad (5.3.5)$$
$$=\phi_{2,1}:\phi_{2,2}:\phi_{2,3}:\phi_{2,4}:\phi_{2,5}:\phi_{2,6}$$

$$\mathrm{Im}\{\widetilde{H}_{11}(f_3)\}:\mathrm{Im}\{\widetilde{H}_{21}(f_3)\}:\mathrm{Im}\{\widetilde{H}_{31}(f_3)\}:\mathrm{Im}\{\widetilde{H}_{41}(f_3)\}:\mathrm{Im}\{\widetilde{H}_{51}(f_3)\}:\mathrm{Im}\{\widetilde{H}_{61}(f_3)\} \quad (5.3.6)$$
$$=\phi_{3,1}:\phi_{3,2}:\phi_{3,3}:\phi_{3,4}:\phi_{3,5}:\phi_{3,6}$$

아래에 위 식을 사용하여 고유 모드를 추출하는 MATLAB m-file 작성 예를 나타내었다. 이를 이용하여 구한 그림 5.2.9의 외팔보의 고유 모드는 표 5.3.3 및 그림 5.3.3에 나타내었다. 여기서 고유 모드는 맥스웰의 상반 정리를 고려하여, 고정된 1번 가진 점에 대한 응답점 6개의 주파수 응답 함수만을 이용

11) 예제 4.1.3과 같은 방법은 감쇠비가 정확히 계산되어졌다는 조건이 만족되어야만 한다. 더군다나, 여기서는 굳이 질량 정규화된 고유 모드를 구할 필요가 없다는 가정하에 좀더 간편하게 허수부의 비율을 이용하여 고유 모드를 구해보도록 한다.

하였다.

[MATLAB m-file: 고유 모드의 추출 예]

```
%%% mode shapes%%%
res_pt = 6;
imHf1 = imag(Hf1); imHf2 = imag(Hf2); imHf3 = imag(Hf3);
A(1, res_pt, 1) = max(abs(imHf1))*sign(angle(Hf1(fq1_indx)));
A(1, res_pt, 2) = max(abs(imHf2))*sign(angle(Hf2(fq2_indx)));
A(1, res_pt, 3) = max(abs(imHf3))*sign(angle(Hf3(fq3_indx)));

figure(8)
for ii=1:n_mode
    [maxv, indx] = max(abs(A(1, :, ii)));
    A(1, :, ii) =A(1, :, ii)/(maxv*sign(A(1, indx, ii)));
    plot([0:size(A(1, :, ii),2)], [0, A(1, :, ii)],'o-'), hold on
end
```

[표 5.3.3] 외팔보(그림 5.2.9)의 고유 모드(절대값의 최대값으로 정규화 수행 후)

모드 번호	$p=1$	$p=2$	$p=3$	$p=4$	$p=5$	$p=6$
1	0.044755	0.163774	0.337199	0.544901	0.769776	1
2	−0.221485	−0.580737	−0.706190	−0.420098	0.215102	1
3	0.473594	0.704389	0.029741	−0.617140	−0.204843	1

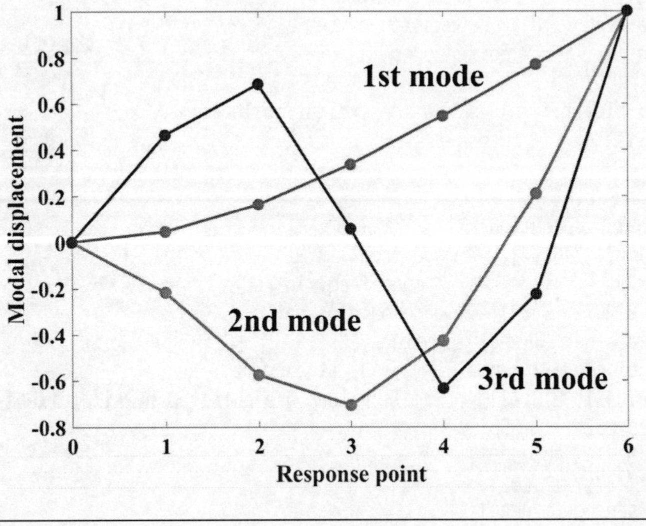

그림 5.3.3 고유 모드(첫 번째, 두 번째 및 세 번째 굽힘 모드): 각 모드 성분의 절대값의 최대값으로 정규화 수행

참고로 고유 모드 추출에 대한 MATLAB m 파일은 그 이전에 제시된 파일과 연결해서 수행해도 결과를 얻을 수 없다. 최소 6개의 응답점에 대한 주파수 응답 함수가 필요하다. 여기서는 단지 고유 모드를 추출하기 위해 어떤 방법이 사용되었는지를 보여주기 위한 목적으로 제시되었을 뿐이다. 이 장의 맨 마지막에 5장의 주파수 응답 함수 생성부터 고유 모드 추출 기능까지 모두 연결된 MATLAB m 파일 작성 예를 제시하였으니, 이를 참고하기 바란다. 제시된 파일의 모드 매개 변수 추출 부분은 4장에서 배운 나이퀴스트 선도를 이용한 방법으로 대체하여 실습 후 그 결과를 상호 비교해 보도록 하자. 또한, 해당 MATLAB m 파일 작성 예를 이용하면, 충격력의 지속시간, 크기, 모양에 따른 응답의 영향, 추출된 매개 변수에 미치는 영향 등을 광범위하게 확인할 수 있을 것이다.

[MATLAB m-file: 가진, 응답 신호 생성, 주파수 응답 함수 계산, 모드 매개 변수의 추출 등]

```
clear all, clc
ext_pt = 1;   % excitation point
n_res_pt = 6; % number of response points
n_mode = 3;  % number of modes
A=zeros(1, n_res_pt, n_mode); % modal constant

%%% input signal preparation %%%
fs=1e4;               % samping frequency
t=0:1/fs:4-1/fs;    % range of time
N=length(t);
t0=0.5; tp=t0+5/fs; te=t0+10/fs;  % triangular type
fmax=3;              % peak of triangular function in Newtons
f_in=(fmax/(tp-t0))*(t-t0).*double(t>=t0 & t<=tp)-...
   (fmax/(te-tp))*(t-te).*double(t>tp & t<=te);
sigma=fmax*0.001;    % std of normal dist.
add_noise=sigma*randn(1,N);  % Gaussian noise
f_in=f_in+add_noise;      % noise added
figure(1)
subplot(2,1,1), plot(t,f_in)  % how the excitation looks
%%%%%%%%%%%%%%%%%

for res_pt=1:n_res_pt
%%% output signal preparation %%%
fq=[83.257, 521.07, 1461.4];  % mode freq. in Hz
w=2*pi*fq;                          % mode freq. in rad/s
zeta=[0.015, 0.009071, 0.02];  % mode damping ratio
% modal disp (mass-normalized) in meters,
% in the order of [mode 1, mode 2, mode 3] at each pt
pt1=[-1.2214, 6.0451, -13.02];     % All values are obtained by simulations
pt2=[-4.4693, 15.852, -19.358];
pt3=[-9.2016, 19.279, -0.79026];
pt4=[-14.869, 11.471, 17.002];
pt5=[-21.005, -5.8705, 5.6688];
pt6=[-27.287, -27.301, -27.461];
ext_res_mat=[pt1; pt2; pt3; pt4; pt5; pt6];
```

```
wd=w.*sqrt(1-zeta.^2);   % damped mode freq.
ht=zeros(size(t)); xt=zeros(size(t));   % response


for ii=1:n_mode
ht=(ext_res_mat(res_pt,ii)*ext_res_mat(ext_pt,ii)/wd(ii))*exp(-zeta(ii)*w(ii)*t).*sin(wd(ii
)*t);
xt_tmp=conv(ht, f_in)/fs;
xt=xt+xt_tmp(1:N);
end

subplot(2,1,2), plot(t,xt)   % how the response looks
%%%%%%%%%%%%%%%%%%

%%% Fourier transform of each raw signal %%%
f=[0:N/2-1]*(fs/N);
Ff_tmp=fft(f_in)/fs; Ff=Ff_tmp(1:N/2);
Xf_tmp=fft(xt)/fs; Xf=Xf_tmp(1:N/2);
figure(2)
subplot(2,1,1), plot(f,abs(Ff))
subplot(2,1,2), semilogy(f,abs(Xf))

%%% windowing of each signal %%%
[~, fmax_indx]=max(f_in);
f_in_w=f_in'.*force_win(fmax_indx-10, fmax_indx+10, N);
indx=find(t==t0);
[exp_win_seq, nend]=exp_win(indx, N, 8);
xt_w=xt'.*exp_win_seq;
tau=(nend-indx)*(1/fs);

figure(3)
subplot(2,1,1), plot(t,f_in_w)
subplot(2,1,2), plot(t,xt_w)

%%% Fourier transform of each windowed signal %%%
Ff_w_tmp=fft(f_in_w)/fs; Ff_w=Ff_w_tmp(1:N/2);
Xf_w_tmp=fft(xt_w)/fs; Xf_w=Xf_w_tmp(1:N/2);

figure(4)
subplot(2,1,1), plot(f,abs(Ff_w))
subplot(2,1,2), semilogy(f,abs(Xf_w))

% try this one, like,
% Hf_w=Xf_w./Ff_w; semilogy(f, abs(Hf_w))

%%% PSD and FRF %%%
[Gff, f]=cpsd(f_in_w, f_in_w, ones(N,1), [], N, fs);
% same as [Gff, f]=pwelch(f_in_w, ones(N,1), [], N, fs);
[Gxx, f]=cpsd(xt_w, xt_w, ones(N,1),[],N,fs);
% same as [Gxx, f]=pwelch(xt_w, ones(N,1), [], N, fs);
[Gfx, f]=cpsd(f_in_w, xt_w, ones(N,1), [], N, fs);
```

```
gammafx=(abs(Gfx)).^2./(Gff.*Gxx); % coherence
Hf=Gfx./Gff;

figure(5)
plot(f,gammafx)

seek_indx=find(f==2000); % up to 2000 Hz
figure(6)
subplot(2,1,1)
plot(f(1:seek_indx),Gff(1:seek_indx))
subplot(2,1,2)
semilogy(f(1:seek_indx),abs(Gfx(1:seek_indx)))

figure(7)
subplot(2,1,1)
semilogy(f(1:seek_indx),abs(Hf(1:seek_indx)))
subplot(2,1,2)
plot(f(1:seek_indx),angle(Hf(1:seek_indx))*180/pi)

%%% mode frequency %%%
r1e_indx=find(f==200);
r2s_indx=find(f==400); r2e_indx=find(f==600);
r3s_indx=find(f==1400); r3e_indx=find(f==1600);
f1=f(1: r1e_indx); Hf1=Hf(1: r1e_indx);
f2=f(r2s_indx:r2e_indx); Hf2=Hf(r2s_indx:r2e_indx);
f3=f(r3s_indx:r3e_indx); Hf3=Hf(r3s_indx:r3e_indx);
[max_Hf1, fq1_indx]=max(abs(Hf1)); fq1=f1(fq1_indx);
[max_Hf2, fq2_indx]=max(abs(Hf2)); fq2=f2(fq2_indx);
[max_Hf3, fq3_indx]=max(abs(Hf3)); fq3=f3(fq3_indx);

%%% damping ratio%%%
% for mode 1
bw_indx=find(abs(Hf1)>=max_Hf1/sqrt(2));
left_indx=[bw_indx(1)-1, bw_indx(1)];
x=f1(left_indx); y=abs(Hf1(left_indx));
a=(y(2)-y(1))/(x(2)-x(1)); b=(x(2)*y(1)-x(1)*y(2))/(x(2)-x(1));
fq1a=(max_Hf1/sqrt(2)-b)/a;

right_indx=[bw_indx(end), bw_indx(end)+1];
x=f1(right_indx); y=abs(Hf1(right_indx));
a=(y(2)-y(1))/(x(2)-x(1)); b=(x(2)*y(1)-x(1)*y(2))/(x(2)-x(1));
fq1b=(max_Hf1/sqrt(2)-b)/a;

zeta1=(fq1b-fq1a)/(2*fq1);
zeta1r=zeta1-1/(tau*2*pi*fq1);

% for mode 2
bw_indx=find(abs(Hf2)>=max_Hf2/sqrt(2));
left_indx=[bw_indx(1)-1, bw_indx(1)];
x=f2(left_indx); y=abs(Hf2(left_indx));
a=(y(2)-y(1))/(x(2)-x(1)); b=(x(2)*y(1)-x(1)*y(2))/(x(2)-x(1));
fq2a=(max_Hf2/sqrt(2)-b)/a;
```

```
right_indx=[bw_indx(end), bw_indx(end)+1];
x=f2(right_indx); y=abs(Hf2(right_indx));
a=(y(2)-y(1))/(x(2)-x(1)); b=(x(2)*y(1)-x(1)*y(2))/(x(2)-x(1));
fq2b=(max_Hf2/sqrt(2)-b)/a;

zeta2=(fq2b-fq2a)/(2*fq2);
zeta2r=zeta2-1/(tau*2*pi*fq2);

% for mode 3
bw_indx=find(abs(Hf3)>=max_Hf3/sqrt(2));

left_indx=[bw_indx(1)-1, bw_indx(1)];
x=f3(left_indx); y=abs(Hf3(left_indx));
a=(y(2)-y(1))/(x(2)-x(1)); b=(x(2)*y(1)-x(1)*y(2))/(x(2)-x(1));
fq3a=(max_Hf3/sqrt(2)-b)/a;

right_indx=[bw_indx(end), bw_indx(end)+1];
x=f3(right_indx); y=abs(Hf3(right_indx));
a=(y(2)-y(1))/(x(2)-x(1)); b=(x(2)*y(1)-x(1)*y(2))/(x(2)-x(1));
fq3b=(max_Hf3/sqrt(2)-b)/a;

zeta3=(fq3b-fq3a)/(2*fq3);
zeta3r=zeta3-1/(tau*2*pi*fq3);

%%% mode shapes%%%
imHf1=imag(Hf1); imHf2=imag(Hf2); imHf3=imag(Hf3);

A(1, res_pt, 1)=max(abs(imHf1))*sign(angle(Hf1(fq1_indx)));
A(1, res_pt, 2)=max(abs(imHf2))*sign(angle(Hf2(fq2_indx)));
A(1, res_pt, 3)=max(abs(imHf3))*sign(angle(Hf3(fq3_indx)));
end

figure(8)
for ii=1:n_mode
    [maxv, indx] = max(abs(A(1, :, ii)));
    A(1, :, ii) =A(1, :, ii)/(maxv*sign(A(1, indx, ii)));
    plot([0:size(A(1, :, ii),2)], [0, A(1, :, ii)],'o-'), hold on
end
```

부록(Appendices)

A.1. 맥놀이 현상(beat phenomena)

A.2. 감쇠비와 Q 인자

A.3. 감쇠의 종류 및 등가 점성 감쇠

A.4. 단위 임펄스 함수(unit impulse function)

A.5. 우변에 임펄스 함수를 갖는 미분 방정식의 풀이

A.6. 주요 함수의 푸리에 변환(Fourier Transform)

A.7. 모드 기여 계수 및 모드 유효 질량

A.1. 맥놀이 현상(beat phenomena)[1)]

매년 한 해를 보내는 마지막 시각에는 '제야의 종' 33번이 어김없이 울린다. 범종의 타격 이후 '웅~웅' 하면서 은은하게 울려 퍼지는 소리는 때마침 여운을 느끼기에 충분하다. 1980년대부터 국내에서는 이러한 타격 이후의 특징적인 종소리에 대해 적지 않은 연구가 진행되었다. 이 현상은 범종의 표면 문양 등에 따른 질량 및 강성의 비대칭 분포에 의한 원주 모드 쌍의 간섭에 의한 것으로 알려져 있다. 이 모드들은 고유 진동수가 서로 비슷하다는 특징이 있다.

돌고래는 자신이 내보낸 신호와 물체에 반사되어 나오는 신호를 통해 주변의 움직임을 파악한다고 한다. 물체가 움직이지 않으면 반사되어 오는 파동의 주파수는 변함이 없겠지만, 움직이는 물체에서 반사되는 신호의 주파수는 도플러 효과(Doppler effect)에 의해 변하게 된다. 즉, 내보내고 받는 신호는 서로 다른 주파수를 갖고 중첩하게 된다. 이는 현재 진동 신호의 측정에서 자주 활용되는 레이저 진동 측정기(LDV: Laser Doppler Vibrometer)의 원리가 되기도 한다.

그렇다면, 주파수가 비슷한 파동이 합쳐지면 일반적으로 어떤 특징적인 현상이 발생할까? 그 원리는 무엇일까? 이에 대한 답을 얻기 위해서는 '맥놀이(beating)'라고 불리는 현상에 대한 지식이 필요하다. 우리는 이미 본문의 [1.2.4 공진과 감쇠]에서 외부 가진 주파수와 진동계의 고유 진동수와 비슷한 경우에 이러한 현상이 발생한다는 사실을 확인한 바 있다. 그런데, 맥놀이가 발생하는 경우는 이 외에도 다양하다. 또한, 맥놀이는 위에서 간단히 언급한 바와 같이 범종의 소리 특성을 설계하는데 이용될 뿐만 아니라, 악기의 조율 등 서로 다른 두 신호의 주파수를 비교할 수 있는 훌륭한 수단이 되기도 한다. 이러한 원리는 구조물의 결함 진단에도 응용될 수 있다.

이에 부록 A.1에서는 맥놀이의 발생 원리를 좀 더 자세히 설명하고, 간단한 예제를 통해 그 현상을 살펴보고자 한다.

A.1.1 맥놀이의 기본 원리

① 맥놀이 현상에 대한 기본 이해

두 사람이 같은 출발점에서 동시에 출발하여 서로 나란히 걷고 있다고 가정하자. 그런데, 두 사람의 다리 길이는 서로 다르다. 그림 A.1.1에 나타낸 바와 같이 두 사람의 발자국은 서로 곧 안 맞게 되지만

1) 부록 A.1은 저자가 한국소음진동공학회 학회지 '소음 · 진동'의 기초강좌(25(5), pp. 19~24, 2015)로 게재하였던 내용을 수정 및 추가/보완하여 작성되었다.

얼마 후 다시 일치하는 지점이 또 생기게 된다. 그림의 경우 1 분에 각각 6 발걸음과 4 발걸음을 이동하였으므로 같은 시간 동안 2 발자국이 서로 맞춰지게 된다. 또, 다른 예를 생각해보자. 빗살 간격이 서로 다른 2개의 머리 빗을 겹쳐보면 빗살들의 위치가 서로 겹치는 부분이 일정한 간격으로 주기적으로 반복되는 것을 관찰할 수 있다(Hewitt, 2002).

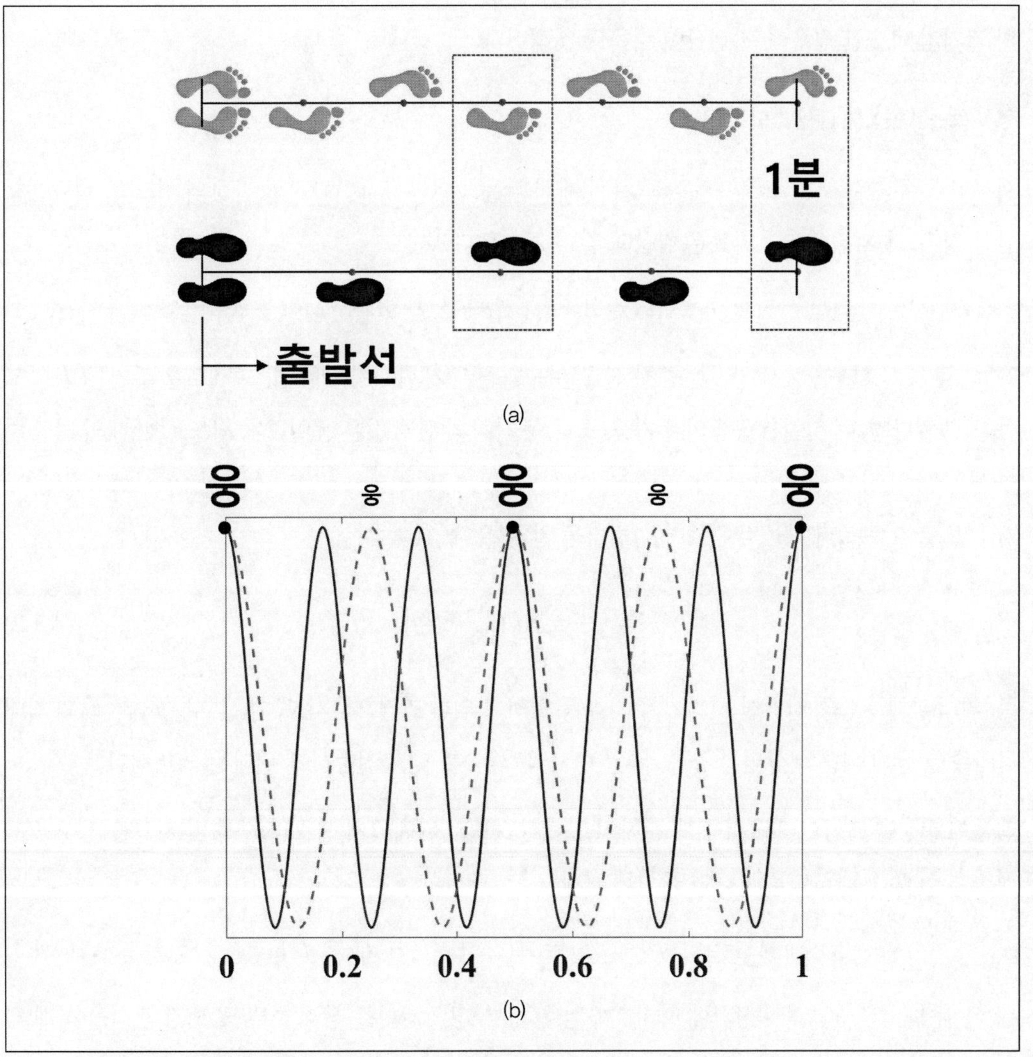

그림 A.1.1 (a) 일정 시간(1분) 동안의 두 사람의 발자국과 (b) 주기가 서로 다른 코사인파의 중첩

이제 이러한 생각을 그림 A.1.1(b)에 나타낸 서로 다른 진동수를 갖는 2개의 코사인파에 적용하여 보자. 일정한 시간 간격마다 한 번씩 코사인파의 피크 지점이 겹쳐진다(동일 위상). 서로 일치 하지 않는 정도가 증가하여 겹쳐지는 피크 지점 사이에는 2개의 코사인파가 가장 일치하지 않는 순간도 있다.

따라서, 이 코사인 파형이 소리를 나타내는 신호일 경우에는 소멸 또는 보강 간섭의 정도에 따라서 '웅~웅~웅'하는 소리가 주기적으로 들리게 되는데, 이는 바로 맥놀이(beating) 현상에 기인한다. 서로 다른 2개의 소리 굽쇠를 고려할 때, 1개는 1초에 440번 진동하고, 다른 1개는 1초에 445번 진동한다면, 각각의 소리 굽쇠에서 발생하는 소리는 1초에 5번씩 신호가 겹치게 되어, 맥놀이 진동수는 5 Hz가 된다고 말한다. 다만, 소리에 있어서의 맥놀이는 2개의 신호 진동수 차이가 수 Hz 이하이면서 신호의 크기가 비슷한 경우에 그 현상이 더욱 뚜렷해진다.

② 맥놀이 현상에 대한 수학적 이해

서로 다른 주파수 ω_1 (rad/s) 및 ω_2를 갖는 2개의 파동, $x_1(t)$ 및 $x_2(t)$가 공간상의 어느 한 지점에서 만날 경우, 그 지점에서의 파동은 다음과 같이 표현된다[2].

$$x(t) = x_1(t) + x_2(t) = A_1\cos(\omega_1 t + \phi_1) + A_2\cos(\omega_2 t + \phi_2) \tag{A.1.1}$$

2개의 주기 신호가 만나서 생기는 중첩 신호는 또 다른 주기 함수가 되는데, 그 새로운 주기를 T_b라고 하자. 그렇다면, 위 식에서 공통의 주기 T_b초 후에 각각의 신호 값은 동일하게 되므로 이 때의 위상 변화량은 2π의 정수배이어야 한다. 따라서, $\omega_1 T_b = 2n_1\pi$ 및 $\omega_2 T_b = 2n_2\pi$ (n_1, n_2는 서로소인 정수)가 되므로, 이로부터 다음의 관계가 성립함을 알 수 있다.

$$\frac{\omega_1}{n_1} = \frac{\omega_2}{n_2} = m \ (m: \text{정수}) \tag{A.1.2}$$

즉, 위의 관계는 중첩 신호인 $x(t)$가 주기 운동을 하기 위한 조건으로서, 중첩 신호는 ω_1과 ω_2의 최대 공약수인 m에 의해 계산되는 공통 주기($T_b = 2\pi/m$)를 갖고 진동하게 된다는 의미이다[3].

맥놀이 현상을 조금이라도 더 쉽게 수학적으로 살펴보기 위해, 2개 신호의 진폭 및 위상을 같다고 가정하여 식 (A.1.1)을 다음과 같이 표현해 보자.

$$x(t) = x_1(t) + x_2(t) = A(\cos(\omega_1 t) + \cos(\omega_2 t)) \tag{A.1.3}$$

위 식에서 $\omega_1 t$와 $\omega_2 t$의 위상차에 따라 2개 신호 $x_1(t)$ 및 $x_2(t)$는 상호 소멸 및 보강 간섭을 하게 되고, 중첩 신호의 진폭은 $\Delta\omega = |\omega_1 - \omega_2|$가 작은 경우에 어느 정도 천천히 변하게 된다.

---

2) 한 지점에서 발생하는 2개 진동의 중첩이라고 생각하면 된다.

3) 예를 들면, $\omega_1 = 6$ (rad/s), $\omega_2 = 8$ (rad/s)의 2개 신호의 중첩은 최대 공약수인 $\omega_b = 2$ (rad/s)를 진동수로 하여 주기 운동을 하게 되는데, 식 (A.1.2)의 조건에 의하면 가장 작은 정수 값은 각각 $n_1 = 3$ 및 $n_2 = 4$가 되고, 이때 $T_b = 2\times3\times\pi/\omega_1 = 6\pi/6 = \pi$ (s)가 된다. 그렇다면, $\omega_1 = 5$ (rad/s), $\omega_2 = 7$ (rad/s)의 2개 신호에 대한 결과는 어떻게 될까? 답을 미리 얘기하면, $T_b = \pi$ (s)가 된다. 왜 그런지 식 (A.1.3) 이후의 설명을 더 살펴보도록 하자.

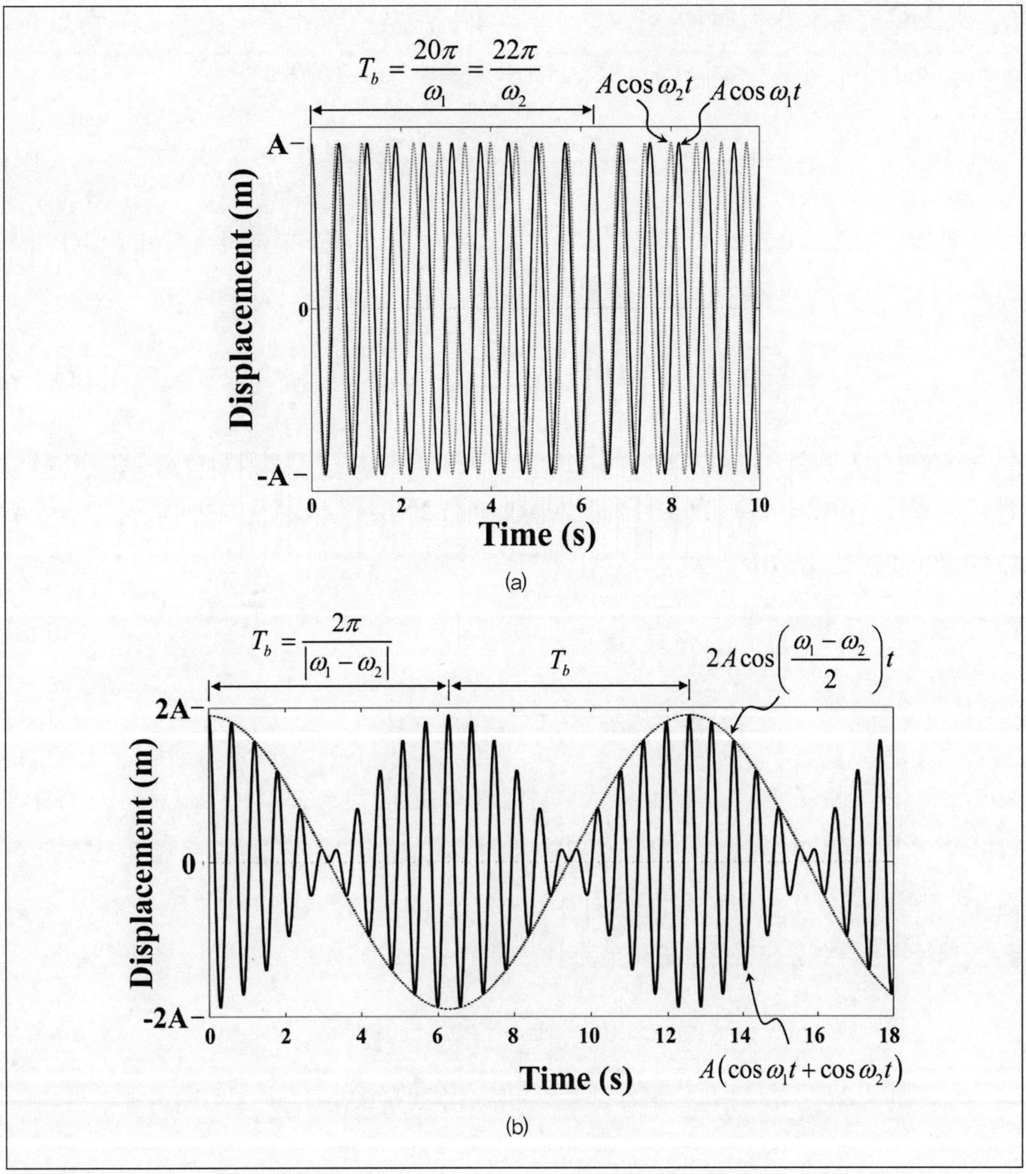

그림 A.1.2 (a) 진폭이 같고 주파수 차이가 적은 2개의 신호($x_1(t) = A\cos(\omega_1 t)$, $x_2(t) = A\cos(\omega_2 t)$) 및 (b) 중첩 결과 신호

그림 A.1.2에 $\omega_1 = 10$ (rad/s), $\omega_2 = 11$ (rad/s)에 대한 각각의 신호 및 식 (A.1.3)에 의한 중첩 신호를 나타내었다. 그림에서 $t = 0$ (초)에서는 2개의 신호가 모두 동위상으로서 보강 간섭을 통해 중첩 신호의 진폭이 최대가 되겠지만 이후 $\omega_1 t$와 $\omega_2 t$의 위상차에 의해 중첩 신호의 진폭이 감소하다가 다시 동위상이 되는 $t = T_b = 20\pi/\omega_1 = 22\pi/\omega_2 = 2\pi$ (초)가 될 때까지 진폭이 증가한다. 이러한 과정이 되풀이 되면서 그림 A.1.2(b)에 나타낸 바와 같이 중첩 신호는 진폭이 천천히 변하는 포락선

(envelope)의 형태를 갖게 된다[4]. 이 포락선의 주기와 관련된 주파수를 맥놀이 주파수(beat frequency)라고 하며, 이를 구하기 위해서 식 (A.1.3)을 다음과 같이 표현해보자.

$$x(t)=2A\cos\left(\frac{\omega_1+\omega_2}{2}t\right)\cdot\cos\left(\frac{\omega_1-\omega_2}{2}t\right) \tag{A.1.4}$$

이제 위 식을 신호 $x_1(t)$, $x_2(t)$의 평균 주파수 $\omega_{avg}=(\omega_1+\omega_2)/2$ 및 주파수 차이에 대한 기호 $\Delta\omega=|\omega_1-\omega_2|$을 이용하여 다시 표현하면 다음과 같다.

$$x(t)=2A\cos\left(\frac{\Delta\omega}{2}t\right)\cdot\cos\omega_{avg}t=A_p(t)\cdot\cos\omega_{avg}t \tag{A.1.5}$$

위 식에서 $A_p(t)$가 그림 A.1.2(b)에서 포락선을 나타내며, 포락선의 최대값과 다음 최대값 사이의 간격 T_b는 식 (A.1.4)에서 포락선의 주기 $2\pi/(\Delta\omega/2)$의 '1/2'인 $2\pi/\Delta\omega$가 된다[5]. 따라서, 맥놀이 주파수 ω_b (rad/s) 또는 f_b (Hz)는 다음과 같다.

$$\omega_b=\Delta\omega=|\omega_1-\omega_2| \tag{A.1.6a}$$

$$f_b=\frac{1}{T_b}=\frac{\Delta\omega}{2\pi}=|f_1-f_2| \tag{A.1.6b}$$

지금까지는 식 유도의 단순함 때문에 진폭이 같은 2개의 신호에 대해 고려하였으나, 식 (A.1.1)에 나타낸 바와 같이 더욱 일반적인 경우로서 진폭 및 위상이 서로 모두 다른 두 신호의 중첩에서도 맥놀이 현상이 관찰된다. 다만, 이 경우에는 지금까지 살펴 본 방법으로 중첩 신호의 진폭 및 위상의 시간 의존성, 맥놀이 주파수 등을 직접 유도하기 곤란하므로 다음과 같이 복소수 지수법을 사용한다.

$$x(t)=x_1(t)+x_2(t)=A_1e^{j(\omega_1t+\phi_1)}+A_2e^{j(\omega_2t+\phi_2)} \tag{A.1.7}$$

위 식에서 $\omega_2=\omega_1+\Delta\omega$를 대입하고, $e^{j\omega_1t}$를 공통 인수로 묶으면 다음과 같이 나타낼 수 있다.

$$\begin{aligned}x(t)&=A_1e^{j(\omega_1t+\phi_1)}+A_2e^{j(\omega_1t+\Delta\omega t+\phi_2)}\\&=\left(A_1e^{j\phi_1}+A_2e^{j(\Delta\omega t+\phi_2)}\right)e^{j\omega_1t}=A_p(t)e^{j\phi(t)}e^{j\omega_1t}=A_p(t)e^{j(\omega_1t+\phi(t))}\end{aligned} \tag{A.1.8}$$

이제 위 식의 실수부를 취하면 아래와 같고,

$$x(t)=A_p(t)\cos(\omega_1t+\phi(t)) \tag{A.1.9}$$

---

4) 포락선 내부의 고주파 신호를 캐리어(carrier) 신호라고 한다.

5) 그림 A.1.2(b)를 통해 1/2이 되는 이유가 명확해진다. 그림의 기호를 이용하면, 실제 포락선의 주기는 $2T_b$이지만, 최대값과 최대값 사이의 시간이 T_b로 되었다.

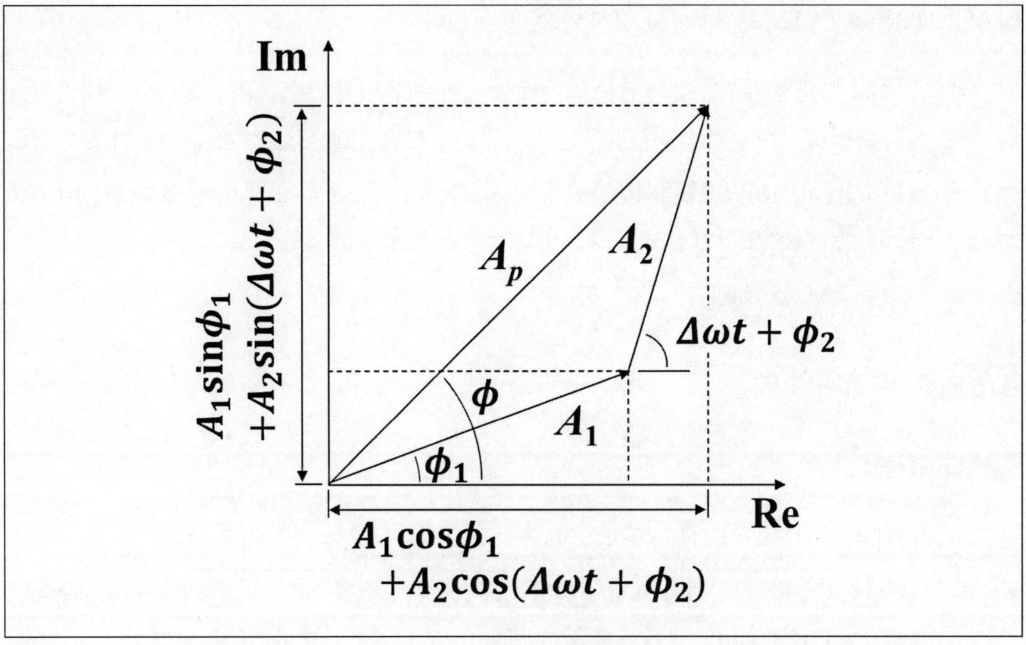

그림 A.1.3 페이저(phasor)를 이용한 $A_1e^{j(\omega_1 t+\phi_1)} + A_2e^{j(\omega_2 t+\phi_2)}$의 도식적 표현

그림 A.1.3을 참고하면 위 식의 진폭 $A_p(t)$와 위상각 $\phi(t)$는 각각 다음과 같이 표현할 수 있음을 알 수 있다.

$$\begin{aligned} A_p(t) &= \sqrt{(A_1\cos\phi_1 + A_2\cos(\Delta\omega t + \phi_2))^2 + (A_1\sin\phi_1 + A_2\sin(\Delta\omega t + \phi_2))^2} \\ &= \sqrt{A_1^2 + A_2^2 + 2A_1A_2\cos(\Delta\omega t + \phi_2 - \phi_1)} \end{aligned} \tag{A.1.10a}$$

$$\phi(t) = \frac{A_1\sin\phi_1 + A_2\sin(\Delta\omega t + \phi_2)}{A_1\cos\phi_1 + A_2\cos(\Delta\omega t + \phi_2)} \tag{A.1.10b}$$

위 식에서 진폭 $A_p(t)$는 두 신호의 중첩으로 인한 포락선의 시간 변화를 나타내며, 이는 최소값 $|A_1 - A_2|$, 최대값 $A_1 + A_2$ 사이에서 주파수 $\Delta\omega$로 진동한다. 따라서, 2개의 신호간에 진폭의 크기가 서로 다르면 동일한 경우에 비해 맥놀이의 최소 진폭의 크기가 커지므로 맥놀이 현상이 덜 뚜렷하게 발생한다. 만약, 식 (A.1.3)에서와 같이 2개 신호의 진폭이 동일하고($A = A_1 = A_2$), 초기 위상이 모두 0인 경우($\phi_1 = \phi_2 = 0$), 식 (A.1.10)은 다음과 같이 정리되는데,

$$A_p(t) = A\sqrt{2 + 2\cos(\Delta\omega t)} = A\sqrt{4\cos^2\left(\frac{\Delta\omega}{2}t\right)} = 2A\cos\left(\frac{\Delta\omega}{2}t\right) \tag{A.1.11a}$$

$$\phi(t) = \frac{\sin(\Delta\omega t)}{1 + \cos(\Delta\omega t)} \tag{A.1.11b}$$

식 (A.1.11a)는 식 (A.1.5)의 $A_p(t)$와 같게 됨을 알 수 있다.

일반적으로, 서로 다른 주파수를 갖는 단순 조화 운동의 합은 더 이상 단순 조화 운동을 나타내지 않는다. 다만, 두 주파수의 최대 공약수를 주파수로 갖는 주기 운동을 할 뿐이다. 그런데, $\Delta\omega$가 작을 경우에는 식 (A.1.9) 및 (A.1.10)에 보인 바와 같이 중첩 신호는 ω_1의 주파수를 갖고, 진폭 및 위상이 $\Delta\omega$의 주파수로 서서히 변하는 근사적인 단순 조화 운동으로 간주될 수 있다.

A.1.2 맥놀이의 예

❶ 소리의 중첩

음압의 크기가 각각 $A_1 = 5$ Pa (108.0 dB), $A_2 = 3$ Pa (103.5 dB)이고, 각각의 주파수가 $f_1 = 250$ Hz, $f_2 = 255$ Hz인 음파가 만났다. 이 경우 초당 5개의 맥놀이를 형성하는 252.5 Hz의 소리를 듣게 된다. 이 때 음압의 최대값은 $A_1 + A_2 = 8$ Pa (112.0 dB)이고, 최소값은 $A_1 - A_2 = 2$ Pa (100 dB)이 된다. 소리의 경우, 일반적으로 초당 10번 이상의 맥놀이는 너무 빨라서 귀로 구분하기 쉽지 않다.

❷ 자유 진동과 강제 진동의 중첩

본문의 그림 1.2.3(b)가 나타내고 있는 경우가 된다. 식 (1.2.31)은 자유 진동 및 강제 진동이 모두 고려된 비 감쇠 진동계의 응답을 나타내는데, 식 유도의 편의상 초기 조건 $x_0 = v_0 = 0$을 대입하면 아래와 같이 나타낼 수 있다.

$$\begin{aligned} x(t) &= \frac{F_0}{m}\frac{\cos\omega t - \cos\omega_n t}{\omega_n^2 - \omega^2} = \frac{F_0}{m(\omega_n^2 - \omega^2)}(\cos\omega t - \cos\omega_n t) \\ &= \frac{2F_0}{m(\omega_n^2 - \omega^2)}\sin\left(\frac{\omega_n + \omega}{2}t\right)\sin\left(\frac{\omega_n - \omega}{2}t\right) = A_p(t)\sin\left(\frac{\omega_n + \omega}{2}t\right) \end{aligned} \tag{A.1.12}$$

따라서, 맥놀이(포락선)의 주기 T_b 및 주파수 f_b는 다음과 같이 표현된다.

$$T_b = \frac{1}{2}\frac{2\pi}{|\omega_n - \omega|/2} = \frac{2\pi}{|\omega_n - \omega|}, \quad f_b = \frac{1}{T_b} = \frac{|\omega_n - \omega|}{2\pi} = |f_n - f| \tag{A.1.13}$$

본문의 그림 1.2.3(b)는 $m = 20$ kg, $F_0 = 20$ N, $\omega_n = 10$ rad/s, $\omega = 12$ rad/s에 대한 경우의 결과를 나타낸다. 그런데, 이 경우에는 감쇠를 무시하였기 때문에 시간이 지나도 자유 진동항이 제거되지 않아서 맥놀이가 지속적으로 관찰될 것이다. 따라서, 감쇠의 존재가 맥놀이에 미치는 영향을 알아보기 위해 이번에는 감쇠 진동을 나타내는 식 (1.2.13)을 이용해보자. 식에 초기 조건 $x_0 = v_0 = 0$을 대입하면 다음과 같은 식을 얻을 수 있다.

$$x_0 = A\sin\theta + X_p\cos\phi = 0 \tag{A.1.14a}$$

$$v_0 = -\zeta\omega_n A\sin\theta + \omega_d A\cos\theta + \omega X_p\sin\phi = 0 \tag{A.1.14b}$$

그런데, 위 식에서 미지수 A와 θ에 대해 풀되 맥놀이의 발생 조건인 $\omega \approx \omega_d$을 가정하고, 또한, 감쇠비가 작은 경우로서 $\zeta\omega_n \ll \omega_d$임을 고려하자. 그렇다면, 식 (A.1.14b)는 $A\cos\theta + X_p\sin\phi = 0$와 같이 쓸 수 있으므로, 식 (A.1.14a)와 연립하여 풀면 $A = -X_p$, $\theta = \pi/2 - \phi$가 된다. 따라서, 이 경우의 응답은 다음과 같이 나타낼 수 있다.

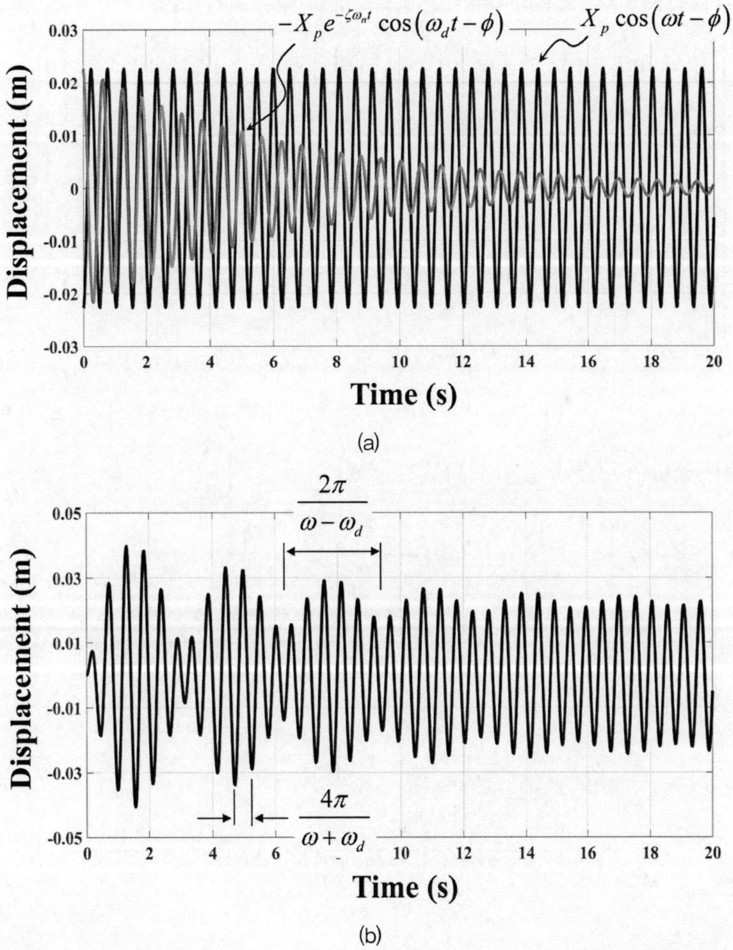

그림 A.1.4 (a) 감쇠가 있는 경우에 대한 (a) 자유 진동해($-X_p e^{-\zeta\omega_n t}\cos(\omega_d t-\phi)$)와 강제 진동해($X_p\cos(\omega t-\phi)$), (b) 중첩 결과 신호

$$\begin{aligned} x(t) &= -X_p e^{-\zeta\omega_n t}\sin\left(\omega_d t + \frac{\pi}{2} - \phi\right) + X_p\cos(\omega t - \phi) \\ &= X_p\left\{\cos(\omega t - \phi) - e^{-\zeta\omega_n t}\cos(\omega_d t - \phi)\right\} \end{aligned} \tag{A.1.15}$$

위 식에서 X_p와 ϕ는 식 (1.2.12)와 같이 정의된다. 그림 1.2.3(b)에 감쇠비 $\zeta = 0.015$만 추가로 고려해 얻은 결과를 그림 A.1.4에 나타내었다. 시간의 경과에 따라 감쇠로 인해 자유 진동해 성분이 사라지면서 맥놀이 현상이 잦아들고 있음을 확인할 수 있다.

참고로, 식 (A.1.15)에서 $\omega = \omega_d$인 경우에는 $x(t) = X_p(1 - e^{-\zeta\omega_n t})\cos(\omega t - \phi)$가 되어 강제 진동해의 진폭이 될 때까지 진폭이 계속 증가하게 된다.

3 약하게 탄성 결합된 2 자유도계의 자유 진동 모드의 중첩(특정 초기 조건)

이 경우는 다 자유도계의 진동에 대한 내용의 이해가 선행되어야 한다. 본문의 그림 1.4.10에서 $m_1 = m_2 = m$ 및 $k_2 \ll k_1$인 경우에 대해 고려해 보자. 이에 대한 자유 진동 운동 방정식은 다음과 같이 나타낼 수 있다.

$$\begin{bmatrix} m & 0 \\ 0 & m \end{bmatrix}\begin{Bmatrix} \ddot{x}_1(t) \\ \ddot{x}_2(t) \end{Bmatrix} + \begin{bmatrix} k_1 + k_2 & -k_2 \\ -k_2 & k_1 + k_2 \end{bmatrix}\begin{Bmatrix} x_1(t) \\ x_2(t) \end{Bmatrix} = \begin{Bmatrix} 0 \\ 0 \end{Bmatrix} \tag{A.1.16}$$

이 진동계의 고유 진동수는 $\omega_1 = \sqrt{k_1/m}$ 및 $\omega_2 = \sqrt{(k_1 + 2k_2)/m}$이고, 각각의 고유 모드는 $\phi_1 = [1 \;\; 1]^T$ 및 $\phi_2 = [1 \;\; -1]^T$가 된다(질량 행렬에 대한 정규화 수행 이전). 따라서, 자유 진동해는 식 (1.4.8)을 이용하여 다음과 같이 나타낼 수 있다.

$$\begin{Bmatrix} x_1(t) \\ x_2(t) \end{Bmatrix} = A_1\begin{Bmatrix} 1 \\ 1 \end{Bmatrix}\sin(\omega_1 t + \theta_1) + A_2\begin{Bmatrix} 1 \\ -1 \end{Bmatrix}\sin(\omega_2 t + \theta_2) \tag{A.1.17}$$

만약 이 진동계의 초기 조건이 $x_1(0) = A$, $x_2(0) = 0$, $\dot{x}_1(0) = \dot{x}_2(0) = 0$이라고 하면, $x_1(t)$ 및 $x_2(t)$는 각각 다음과 같이 구해진다.

$$\begin{aligned} x_1(t) &= \frac{A}{2}\cos\omega_1 t + \frac{A}{2}\cos\omega_2 t \\ &= A\cos\left(\frac{\omega_1 + \omega_2}{2}t\right)\cos\left(\frac{\omega_1 - \omega_2}{2}t\right) = A_{p1}(t)\cos\left(\frac{\omega_1 + \omega_2}{2}t\right) \end{aligned} \tag{A.1.18a}$$

$$\begin{aligned} x_2(t) &= \frac{A}{2}\cos\omega_1 t - \frac{A}{2}\cos\omega_2 t \\ &= -A\sin\left(\frac{\omega_1 + \omega_2}{2}t\right)\sin\left(\frac{\omega_1 - \omega_2}{2}t\right) = A_{p2}(t)\sin\left(\frac{\omega_1 + \omega_2}{2}t\right) \end{aligned} \tag{A.1.18b}$$

그런데, $k_2 \ll k_1$의 가정에 의해, $\omega_2 = \sqrt{(k_1+2k_2)/m} = \sqrt{k_1/m}\sqrt{1+2k_2/k_1} \approx \omega_1$의 관계가 성립하므로 식 (A.1.18)은 맥놀이 현상을 나타내게 되며, 이 때의 맥놀이 주파수 f_b (Hz)는 다음과 같이 구할 수 있다.

$$\begin{aligned} f_b &= \frac{\Delta\omega}{2\pi} = \frac{1}{2\pi}\left(\sqrt{\frac{k_1}{m}}\sqrt{1+\frac{2k_2}{k_1}} - \sqrt{\frac{k_1}{m}}\right) \\ &\approx \frac{1}{2\pi}\left(\sqrt{\frac{k_1}{m}}\left(1+\frac{k_2}{k_1}\right) - \sqrt{\frac{k_1}{m}}\right) = \frac{1}{2\pi}\left(\frac{k_2}{k_1}\sqrt{\frac{k_1}{m}}\right) = \frac{\omega_1}{2\pi}\frac{k_2}{k_1} \end{aligned} \tag{A.1.19}$$

식 (A.1.18)에서 $A_{p1}(t)$ 및 $A_{p2}(t)$는 각각 동일 인자의 코사인 및 사인 함수로서 위상 $\pi/2$의 차이가 있으므로 상호 직교 위상(in quadrature)으로 진동한다고 한다. 그림 A.1.5는 $\omega_1 = 1$ rad/s, $\omega_2 = 1.1$ rad/s 및 $A = 1$에 대한 결과를 보여주고 있다. 감쇠가 없으므로 에너지는 2개의 질량 사이에서 반복하여 교환된다. 각각의 질량의 변위가 $T_b/2$마다 증가 및 감소의 경향을 달리하고 있다(직교 위상 진동).

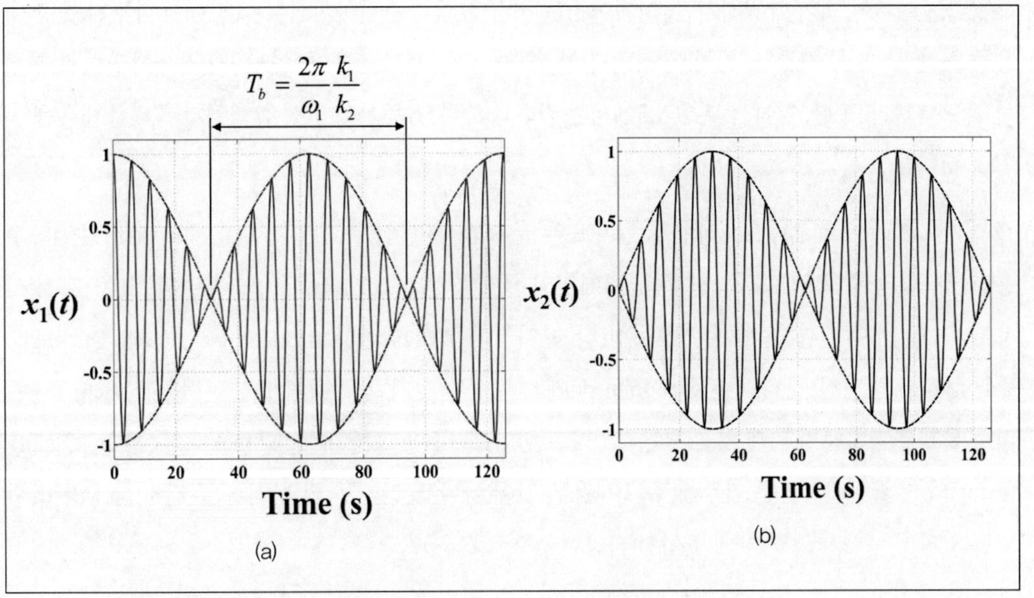

그림 A.1.5 약하게 결합된 2 자유도 질량-스프링 진동계의 변위: (a) $x_1(t)$와 (b) $x_2(t)$

4 주파수가 서로 비슷한 두 가진력에 의한 강제 진동

식 (1.2.1)을 2개의 서로 비슷한 가진 주파수($\omega_1 \approx \omega_2$)를 갖는 외력 가진에 대해 표현하면 다음과 같다.

$$m\ddot{x}(t) + c\dot{x}(t) + kx(t) = F_1\cos(\omega_1 t + \psi_1) + F_2\cos(\omega_2 t + \psi_2) \tag{A.1.20}$$

따라서, 위 식에 대한 정상 상태 응답은 식 (1.2.9)를 참고하여, 각각의 외력에 대한 응답의 합으로서 다음과 같이 나타낼 수 있다.

$$x(t) = X_{p1}\cos(\omega_1 t + \psi_1 - \phi_1) + X_{p2}\cos(\omega_2 t + \psi_2 - \phi_1) \quad \text{(A.1.21)}$$

위 식은 식 (A.1.7)부터 (A.1.11)까지 언급한, 진폭과 위상이 다른 일반적인 경우에 대한 것으로서 복소수 지수법을 이용하여 맥놀이 주파수, 포락선 및 시간의 경과에 따른 진동 응답을 구할 수 있다.

A.2. 감쇠비와 Q 인자[6)]

진동에 있어서 감쇠의 원인, 작용 원리 등의 규명 및 해석 모델의 개발은 구조물의 진동 특성을 파악하는데 매우 중요하다. 특히, 감쇠는 공진 부근에서 그 영향이 더욱 두드러지므로 진동 구조물의 진동 측정, 설계 및 평가에 있어서 매우 중요한 부분을 차지한다. 본문의 4장에서 진동 구조물의 감쇠비를 측정하는 여러 방법이 다뤄지지만, 여기에서는 점성 감쇠와 관련하여, 본문 1장에서 다루지 못한 내용들을 살펴보도록 하겠다. 특히, 감쇠비가 연관하여 Q 인자라는 용어에 대해서 자세히 알아볼 기회를 갖도록 하자. 또한, 이어서 부록 A.3에서는 감쇠의 종류 및 등가의 점성 감쇠평가에 대한 내용을 살펴볼 것이다.

Q 인자(Q factor, quality factor: 품질 인자 또는 품질 계수)란 입·출력에 관련된 계(system)의 주파수 응답에서 특정 주파수(보통 공진 주파수)에서의 신호의 선택도(selectivity)와 관련된 개념으로서 사용된다. Q 인자에 관한 개념은 1914년 당시 미국의 Western Electric Company (Bell Telephone Laboratories의 전신)에 다니는 K. S. Johnson에 의해 공진 전기 회로 내의 코일 인덕터(inductor)의 주파수 특성을 평가하기 위해 처음 제안되었다고 한다. 그러나, 그 당시에 'Q factor'의 'Q'는 'Quality factor'의 첫 글자인 'Q'를 염두에 두고 사용된 것이 아니고, 단지 식의 전개 도중 더 이상 사용할 수 있는 알파벳 문자가 그것 밖에 없어서 사용한 것이라고 한다.

그림 A.2.1에서 특정 입력 신호에 대한 공진 계의 주파수 응답은 공진 주파수 근처에서 매우 크다는 것을 확인할 수 있는데, Q 인자 값이 클수록 응답 곡선이 좁아지면서 선택적 특성의 경향이 더욱 뚜렷해진다. 라디오나 TV에서 특정 주파수에서의 방송 수신도를 생각하면 이해가 더욱 쉬울 것 같다.

---

6) 부록 A.2는 저자가 학국소음진동공학회 학회지 '소음 · 진동'의 기초강좌(29(1), pp. 26~30, 2019)에 게재하였던 내용을 수정 및 추가/보완하여 작성되었다.

여기서는 이러한 Q 인자의 진동학에 있어서의 일반적인 정의 및 그 의미, 그리고 음향 및 진동에서 자주 사용되는 감쇠 계수와의 관계에 대해 다시 한번 살펴보는 기회를 갖도록 하자.

A.2.1 Q 인자의 정의 및 표현

Q 인자는 식 (1.2.45)에서 정의된 바와 같이 대역폭 대비 공진 주파수의 비율

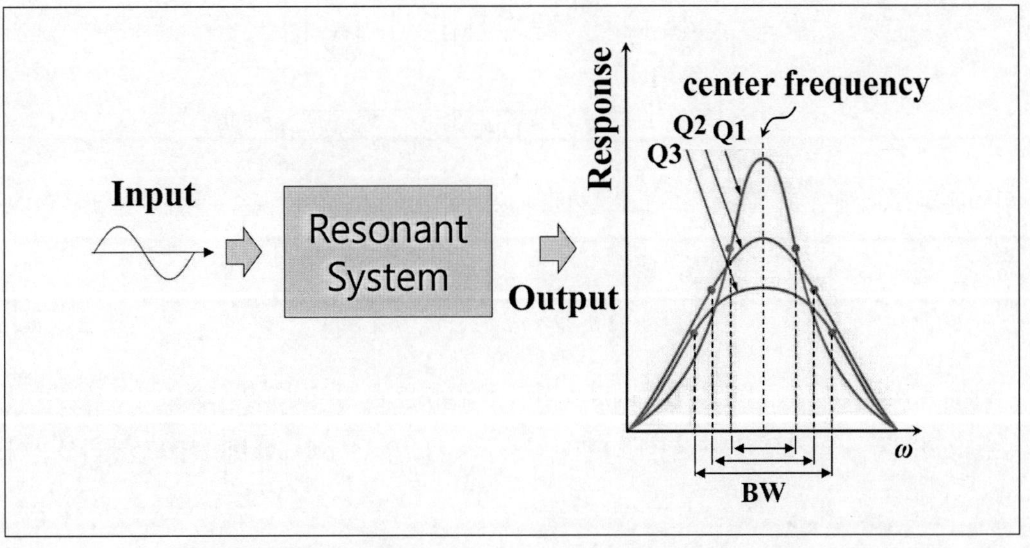

그림 A.2.1 특정 입력에 대한 공진 계의 주파수 응답(Q: Q 인자: $Q_1 > Q_2 > Q_3$, BW (bandwidth): 주파수 대역폭, ω : 각 주파수(rad/s))

로 정의된다. 즉, 대역폭이 커질수록 신호의 선택도가 감소하여 Q 인자 값은 감소하게 된다.

이와 관련하여 여기서는 에너지 관점에서 한번 살펴보도록 하자. 복소수 지수법에 의하면, 본문의 그림 1.1.6a에 나타낸 질량 m의 변위 $x(t)=\widetilde{X}_p e^{j\omega t}$에 대해 속도는 $v(t)=\widetilde{V}e^{j\omega t}\,(=j\omega \widetilde{X}_p e^{j\omega t})$로 표현할 수 있다. 그렇다면, 임피던스[7](impedance) $\widetilde{Z}$는 다음과 같이 표현된다(식 (1.2.19) 참고).

$$\begin{aligned}\widetilde{Z} &= \frac{F_0}{\widetilde{V}} = c + jm\left(\omega - \frac{k}{\omega m}\right) = c + jm\left(\omega - \frac{\omega_n^2}{\omega}\right) \\ &= c\left\{1 + j\frac{\omega_n m}{c}\left(\frac{\omega}{\omega_n} - \frac{\omega_n}{\omega}\right)\right\}\end{aligned} \tag{A.2.1a}$$

7) 전기회로에서 저항(R, resistance)은 옴의 법칙(Ohm's law)에 의해 V/I (전압/전류)가 된다. 인덕턴스(L, inductance) 및 커패시턴스(C, capacitance) 회로 소자까지 포함하여 주파수 영역에서의 저항의 특성을 나타내는 용어가 임피던스(impedance)가 된다. 진동학에서도 마찬가지로 전압에 대응되는 힘과 전류에 대응되는 속도를 이용하여 힘/속도를 임피던스(또는 역학 임피던스(mechanical impedance))로 정의하여 사용하기도 한다.

위 식에서 $\omega_n m/c$는 Q 인자를 나타내고 있으므로[8], 이를 이용하여 다음과 같이 좀 더 간단히 정리하여 보자.

$$\widetilde{Z} = \frac{F_0}{\widetilde{V}} = c\left\{1 + jQ\left(\frac{\omega}{\omega_n} - \frac{\omega_n}{\omega}\right)\right\} \tag{A.2.1b}$$

따라서, 감쇠 c에서 소산되는 1 주기당 평균 에너지 $\overline{P}_d$는 다음과 같이 표현된다(김재은, 2018).

$$\begin{aligned}\overline{P_d} &= \frac{1}{2}\mathrm{Re}\{(c\widetilde{V}) \cdot \widetilde{V^*}\} = \frac{c}{2}\mathrm{Re}\left\{\left(\frac{F_0}{\widetilde{Z}}\right) \cdot \left(\frac{F_0}{\widetilde{Z}}\right)^*\right\} \\ &= \frac{c}{2}\left(\frac{F_0}{|\widetilde{Z}|}\right)^2 = \frac{1}{2}\frac{F_0^2}{c}\frac{1}{1 + Q^2(\omega/\omega_n - \omega_n/\omega)^2}\end{aligned} \tag{A.2.2}$$

위 식은 $\omega = \omega_n$에서 $F_0^2/(2c)$가 되므로[9] 이를 이용하여 무차원화하면 다음과 같이 나타낼 수 있다.

$$\frac{\overline{P}_d}{\overline{P}_d^{res}} = \frac{1}{1 + Q^2(\omega/\omega_n - \omega_n/\omega)^2} \tag{A.2.3}$$

따라서, 위 식의 최대값은 1이고, 한 주기당 소산되는 에너지양을 나타내고 있으므로 반 동력점 주파수는 1/2이 되는 ω의 값을 구하면 된다. 그 관계식을 r^2 $(= (\omega/\omega_n)^2)$에 대한 이차식으로 정리하면 아래와 같고,

$$Q^2 r^4 - (1 + 2Q^2)r^2 + Q^2 = 0 \tag{A.2.4}$$

이에 대한 2개의 양의 해 r_a과 r_b $(r_a < r_b)$는 다음과 같이 구할 수 있다.

$$r_a = \frac{\omega_a}{\omega_n} = \frac{\sqrt{1 + 4Q^2} - 1}{2Q},\ r_b = \frac{\omega_b}{\omega_n} = \frac{\sqrt{1 + 4Q^2} + 1}{2Q} \tag{A.2.5}$$

그리고, 위의 식을 이용하여 다음과 같은 의미 있는 결과들을 얻게 된다.

$$r_b - r_a = \frac{\omega_b - \omega_a}{\omega_n} = \frac{1}{Q} \tag{A.2.6a}$$

---

8) $Q = \omega_n/\Delta\omega = 1/(2\zeta) = \omega_n m/(2\zeta\omega_n m) = \omega_n m/c$. 곧 설명하겠지만, $\omega_n m/c$는 진동계의 에너지 저장 및 소산을 나타내고 있다.

9) 변위에 대한 주파수 응답함수 또는 확대 계수는 $\omega_r = \omega_n\sqrt{1-2\zeta^2}$ 에서 최대값을 갖지만, 감쇠가 작을 경우 ω_n $(\approx \omega_r)$에서 최대값을 갖는 것으로 간주하였다. 그러나, 감쇠에서 소산되는 파워는감쇠비의 크기 유무에 관계없이 언제나 $\omega = \omega_n$ 에서 최대값을 갖는다. 정상 상태에서는 감쇠에서 소산되는 파워(한 주기 평균)는 계에 유입되는 파워의 양과 같다.

$$r_a \cdot r_b = \frac{\omega_a \cdot \omega_b}{\omega_n^2} = 1 \rightarrow \omega_n = \sqrt{\omega_a \cdot \omega_b} \tag{A.2.6b}$$

식 (A.2.6a)는 본문의 식 (1.2.45)와 같고, 식 (A.2.6b)도 식 (1.2.45)의 아래에서 언급한 바 있다. 그런데, 본문에서 식 (1.2.45)를 유도하는 과정과는 달리 여기서는 감쇠비의 크기에 대한 가정을 전혀 하지 않았다.

A.2.2 Q 인자의 물리적 의미

주파수 응답 곡선 (또는 확대 계수)에서 공진 주파수 근처에서의 주파수 대역폭에 의한 정의를 통해 Q 인자를 알아보았다. 그러나, 더욱 본질적으로 Q 인자는 다음과 같이 1 주기 동안의 에너지 소산량 대비 저장량을 나타낸다는 것에 주목할 필요가 있다.

$$Q = 2\pi \frac{\text{maximum energy stored}}{\text{energy dissipated per cycle}} \tag{A.2.7}$$

위 식의 분모 및 분자에 대한 식이 각각 어떻게 표현되는지 살펴보고 앞서의 여러 관계 식들과 어떤 관계를 갖는지 알아보자.

먼저, 식 (1.1.2)의 양변에 속도 $\dot{x}(t)$를 곱하면 다음과 같고,

$$m\ddot{x}\dot{x} + c\dot{x}^2 + kx\dot{x} = f\dot{x} \tag{A.2.8}$$

질량과 강성이 포함된 항은 아래와 같이 표현할 수 있으므로,

$$m\ddot{x}\dot{x} + kx\dot{x} = \frac{d}{dt}\left(\frac{1}{2}m\dot{x}^2 + kx^2\right) = \frac{d}{dt}(E_k + E_p) = \frac{dU_{int}}{dt} \tag{A.2.9}$$

임의의 시간 t에서의 파워 흐름은 다음과 같이 나타낼 수 있다.

$$c\dot{x}^2 + \frac{d}{dt}\left(\frac{1}{2}m\dot{x}^2 + \frac{1}{2}kx^2\right) = P_d + \frac{dU_{int}}{dt} = f\dot{x} = P_{in} \tag{A.2.10}$$

식 (A.2.9)에서 E_k 및 E_p는 각각 진동계의 운동 에너지 및 스프링에 저장되는 탄성 변형 에너지를 나타낸다. 또한, 위 식에서 P_d, U_{int} 및 P_{in}은 각각 감쇠에서 소산되는 파워, 진동계에 저장된 에너지 및 외력 가진에 의해 계에 입력되는 파워를 나타낸다.

따라서, 외부 가진력 $f(t) = F_0\cos\omega t$에 대한 정상 상태 변위 응답을 $x(t) = X_p\cos(\omega t - \phi)$로 나타내면, U_{int}는 다음과 같이 표현된다.

$$
\begin{aligned}
U_{int} &= E_k + E_p = \frac{1}{2} m\dot{x}^2 + \frac{1}{2} kx^2 \\
&= \frac{1}{2} m\omega^2 X_p^2 \sin^2(\omega t - \phi) + \frac{1}{2} kX_p^2 \cos^2(\omega t - \phi)
\end{aligned} \tag{A.2.11}
$$

그런데, $\omega_n^2 = k/m$ 이므로, 위 식은 $\omega = \omega_n$ 에서 $(1/2)kX_p^2$ 이 된다. 한편, 식 (A.2.10)에서 $c\dot{x}^2$ 항은 $c\omega^2 X_p^2 \sin^2(\omega t - \phi)$ 가 되므로, 1 주기 동안 감쇠에 의해 소모되는 에너지 E_d 는 다음과 같음을 알 수 있다[10].

$$
E_d = c\omega^2 X_p^2 \int_0^{2\pi/\omega} \sin^2(\omega t - \phi) dt = \pi\omega c X_p^2 \tag{A.2.12}
$$

결국 식 (A.2.7)에서 분자에는 $(1/2)kX_p^2$ ($\omega = \omega_n$ 에서의 U_{int}), 분모에는 $\pi\omega_n c X_p^2$ ($\omega = \omega_n$ 에서의 E_d)을 대입하여 정리하면 Q 인자는 다음과 같이 표현된다.

$$
Q = 2\pi \frac{(1/2)kX_p^2}{\pi\omega_n c X_p^2} = \frac{k}{\omega_n c} = \frac{\omega_n^2 m}{\omega_n c} = \frac{\omega_n m}{c} \tag{A.2.13}
$$

즉, 앞에서 식 (A.2.1b)를 나타낼 때 Q에 대한 또 다른 정의 $\omega_n m/c$를 사용했었는데, 이는 바로 식 (A.2.7)과 동일한 것이었음을 알 수 있다. 또한, 이는 $c = 2\zeta\omega_n m$ 임을 이용하면 식 (1.2.45)에서와 같이 $1/(2\zeta)$로 나타낼 수 있음을 알 수 있다.

$$
Q = \frac{1}{2\zeta} \tag{A.2.14}
$$

A.3. 감쇠의 종류 및 등가 점성 감쇠

구조물의 운동이나 변형은 마찰에 의한 에너지 소산(dissipation)을 동반한다. 따라서, 외부에서 에너지가 지속적으로 공급되지 않으면 운동 에너지는 다양한 형태의 마찰 감쇠로 인해 열 에너지 등으로 변환되어 결국 운동은 정지하게 된다. 1.1.3에서 감쇠 자유 진동을 기술할 때 감쇠력은 질량 m 의 속도에 비례하는 점성 감쇠력을 가정하였다. 그런데, 감쇠에는 점성 감쇠만 있는 것이 아니며, 경우에 따라 에너지 소산에 관련된 물리적 현상을 더욱 잘 나타낼 수 있는, 다른 유형의 감쇠를 고려해야 하는 경우도 있다. 즉, 불충분한 윤활로 인해 접촉면에서 발생하는 건 마찰(dry friction) 또는 쿨롱 감쇠

---

10) 식 (A.2.12) (본문의 식 (1.2.48) 참고)를 $2\pi/\omega$ 로 나눈 결과에 식 (1.2.12a)를 대입하여도 식 (A.2.2)를 구할 수 있다.

(Coulomb damping), 유체 내부에서 움직이는 고체에 작용하는 유체 마찰(fluid friction), 그리고 탄성체가 변형할 때 내부 입자 또는 분자들 사이에서 발생하는 마찰에 의한 이력 감쇠(hysteretic damping)[11] 등이 있다. 비록 1.1.2에서 점성 감쇠 이외의 감쇠에 대해서도 간단히 언급하기는 하였지만, 여기서는 감쇠 유형에 따라 본문에서 다루지 못한 내용 들에 대해 좀 더 알아보도록 하자. 특히, 식 (1.2.48)을 이용하여 감쇠 유형별 등가 점성 감쇠 계수를 구해보고, 이를 비 점성 감쇠의 강제 진동 응답을 유도하는데 적용하여 보도록 하자.

A.3.1 쿨롱 감쇠(Coulomb damping)

건 마찰에 해당하는 쿨롱 감쇠는 이미 기초 물리의 역학 분야 등에서 익히 보아온 것이다. 비교적 거친 표면 위에 놓여 있는 물체에 외력을 주어 옮기려고 할 때, 외력이 정지 마찰력($\mu_s N$)[12] 보다 커야 비로소 움직이게 된다. 그리고, 일단 물체가 움직이기 시작하면 운동 마찰력($\mu_k N$)[13]이 운동 방향과 반대 방향으로 작용하게 된다. 이를 고려하여 그림 A.3.1(a)에 나타낸 질량-스프링 진동계에 대한 운동 방정식 및 해를 구해보자. 운동 방향에 따라 쿨롱 감쇠력의 방향이 달라지므로 그림 A.3.1(b)에서와 같이 운동 방향이 오른쪽인 경우($\dot{x}>0$)와 왼쪽인 경우 ($\dot{x}<0$)로 나누어 생각해보자.

($\dot{x}>0$인 경우: 왼쪽에서 오른쪽으로 이동)

$$m\ddot{x}+kx=-\mu_k N=-\mu_k mg$$

$$\therefore x^+(t)=x_h^+(t)+x_p^+(t)=A_1\sin\omega_n t+B_1\cos\omega_n t-\frac{\mu_k N}{k} \tag{A.3.1a}$$

($\dot{x}<0$인 경우: 오른쪽에서 왼쪽으로 이동)

$$m\ddot{x}+kx=\mu_k N=\mu_k mg$$

$$\therefore x^-(t)=x_h^-(t)+x_p^-(t)=A_2\sin\omega_n t+B_2\cos\omega_n t+\frac{\mu_k N}{k} \tag{A.3.1b}$$

참고로, 위 식에서 각각의 운동 방향에 대해 나타낸 방정식들은 다음과 같이 하나의 비선형 방정식으로 표현할 수 있다.

$$m\ddot{x}+\mu_k N\cdot\mathrm{sgn}(\dot{x})+kx=m\ddot{x}+\mu_k mg\cdot\mathrm{sgn}(\dot{x})+kx=0 \tag{A.3.2}$$

11) 고체 감쇠(solid damping), 재료 감쇠(material damping), 또는 구조 감쇠(structural damping)라고도 한다.

12) μ_s는 정지 마찰계수를 나타내며, $N(=mg)$은 바닥 면이 물체에 작용하는 수직 항력(normal force)을 나타낸다.

13) μ_k는 운동 마찰계수로서 정지 마찰계수 μ_s보다 작으며, 운동 속도가 크면 그 값이 다소 감소하는 특성이 있다. 그리고, 표면의 재질이나 거칠기에 따라 그 값이 달라진다.

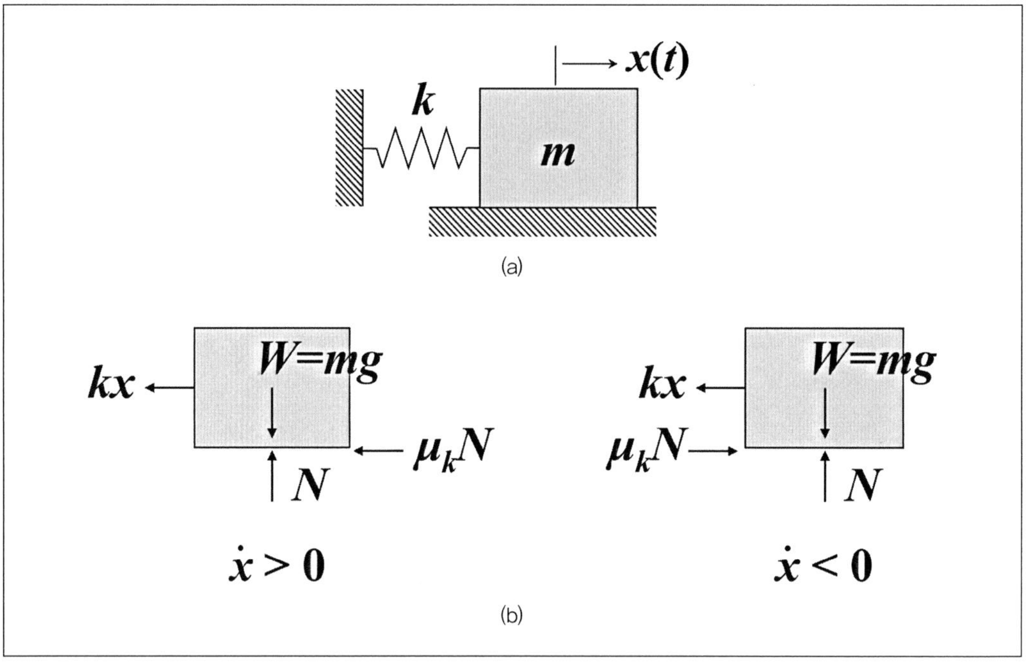

그림 A.3.1 (a) 마찰이 있는 표면 위에서 수평 방향으로 운동하고 있는 질량–스프링 진동계 및 (b) 오른쪽($\dot{x}>0$) 또는 왼쪽($\dot{x}<0$)으로 운동하고 있을 때의 자유 물체도(오른쪽 그림은 왼쪽으로 움직이고 있는 상태이지만 편의상 $x>0$인 경우를 나타내고 있으므로, 스프링 복원력이 왼쪽으로 향하고 있다.)

위 식에서는 아래와 같이 정의된 부호 함수(sign function)를 사용하였다[14].

$$\mathrm{sgn}(\dot{x})=\begin{cases}1 & (\dot{x}>0)\\ -1 & (\dot{x}<0)\\ 0 & (\dot{x}=0)\end{cases} \tag{A.3.3}$$

이젠 초기 조건 $x(0)=x_0$ 및 $\dot{x}(0)=0$[15]에 대해 식 (A.3.1)의 계수 A_1, B_1, A_2, B_2를 구해보자. 이 경우 시간 간격 $T/2$ ($T=2\pi/\omega_n$)마다 운동 방향을 바꾸기 때문에 각 시간 간격에 해당하는 운동의 초기 조건은 바로 직전 시간 간격의 마지막에서의 변위 및 속도가 됨에 유의한다. 또한, 운동 방향을 바꾸는 시점에서의 최대 변위들을 $x(T/2)=x_1$, $x(T)=x_2$, $x(3T/2)=x_3$, ..., $x(nT/2)=x_n$과 같이 표기하기로 한다.

14) 또는 signum 함수라고도 한다. $\dot{x}\neq 0$에 대해 간단하게 $\mathrm{sgn}(\dot{x})=\dot{x}/|\dot{x}|$로 표현할 수 있다.

15) 그림 A.3.1에 의하면, 이 초기 조건은 질량 m을 오른쪽으로 당겼다가 그대로 놓는 것을 의미한다. 따라서, 첫 $T/2$ (1/2 주기) 동안은 질량이 오른쪽에서 왼쪽으로 움직이게 된다.

❶ 시간 구간 $0 \le t \le T/2$

해당 시간 구간에서는 주어진 초기 조건 $x(0) = x_0$ 및 $\dot{x}(0) = 0$에 대해 오른쪽에서 왼쪽으로 이동하는 경우가 되므로, 식 (A.3.1b)에 이를 대입하면 다음과 같이 계수 A_2, B_2를 구할 수 있다.

$$x^-(0) = B_2 + \frac{\mu_k N}{k} = x_0 \rightarrow B_2 = x_0 - \frac{\mu_k N}{k} \quad \text{(A.3.4a)}$$

$$\dot{x}^-(0) = \omega_n A_2 = 0 \rightarrow A_2 = 0 \quad \text{(A.3.4b)}$$

위 식에서 변위 및 속도 위에 붙은 상첨자 '−'는 질량 m이 왼쪽 방향으로 움직이고 있음을 의미한다. 위 식에서 구한 A_2, B_2를 이용하면 구간 $0 \le t \le T/2$에서의 해는 아래와 같이 나타낼 수 있다.

$$x^-(t) = \left(x_0 - \frac{\mu_k N}{k}\right)\cos\omega_n t + \frac{\mu_k N}{k} \; (0 \le t \le T/2) \quad \text{(A.3.5)}$$

위 식에서 $x_1 = x(T/2) = 2\mu_k N/k - x_0$가 된다.

❷ 시간 구간 $T/2 \le t \le T$

이 구간에서는 이제 운동의 방향을 바꾸어 오른쪽으로 이동하게 되므로, 식 (A.3.1a)를 적용하되, 초기 조건 $x^+(T/2)$ 및 $\dot{x}^+(T/2)$의 값은 식 (A.3.5)를 이용하여 구한다.

$$\begin{aligned} x^+(T/2) &= x^-(T/2) = x^-(\pi/\omega_n) \\ &= -\left(x_0 - \frac{\mu_k N}{k}\right) + \frac{\mu_k N}{k} = -\left(x_0 - \frac{2\mu_k N}{k}\right) = x_1 \end{aligned} \quad \text{(A.3.6a)}$$

$$\dot{x}^+(T/2) = \dot{x}^-(T/2) = 0 \quad \text{(A.3.6b)}$$

따라서, 위의 조건을 식 (A.3.1a)에 대입하면 아래와 같은 식을 얻을 수 있으므로,

$$\begin{aligned} & x^+(T/2) = x^+(\pi/\omega_n) = -B_1 - \frac{\mu_k N}{k} = -\left(x_0 - \frac{2\mu_k N}{k}\right) \\ & \rightarrow B_1 = x_0 - \frac{3\mu_k N}{k} \end{aligned} \quad \text{(A.3.7a)}$$

$$\dot{x}^+(T/2) = -\omega_n A_1 = 0 \rightarrow A_1 = 0 \quad \text{(A.3.7b)}$$

구간 $T/2 \le t \le T$에서의 식 (A.3.1a)는 다음과 같이 나타낼 수 있다.

$$x^+(t) = \left(x_0 - \frac{3\mu_k N}{k}\right)\cos\omega_n t - \frac{\mu_k N}{k} \; (T/2 \le t \le T) \quad \text{(A.3.8)}$$

위 식에서 $x_2 = x(T) = x_0 - 4\mu_k N/k$가 된다.

③ 시간 구간 $T \le t \le 3T/2$

앞에서와 동일한 절차를 이용한다. 즉, 식 (A.3.8)을 이용하여 $x^+(T)$ 및 $\dot{x}^+(T)$의 값을 구한 후 이를 시간 구간 $T \le t \le 3T/2$에 대한 식 (A.3.1b)의 초기 조건으로 이용한다.

$$\begin{aligned} x^-(T) &= x^+(T) = x^+(2\pi/\omega_n) \\ &= \left(x_0 - \frac{3\mu_k N}{k}\right) - \frac{\mu_k N}{k} = x_0 - \frac{4\mu_k N}{k} = x_2 \end{aligned} \tag{A.3.9a}$$

$$\dot{x}^-(T) = \dot{x}^+(T) = 0 \tag{A.3.9b}$$

위의 조건을 식 (A.3.1b)에 대입하면 구간 $T \le t \le 3T/2$에서의 A_2 및 B_2는 아래와 같이 구해진다.

$$\begin{aligned} & x^-(T) = x^-(2\pi/\omega_n) = B_2 + \frac{\mu_k N}{k} = x_0 - \frac{4\mu_k N}{k} \\ & \rightarrow B_2 = x_0 - \frac{5\mu_k N}{k} \end{aligned} \tag{A.3.10a}$$

$$\dot{x}^-(T) = \omega_n A_2 = 0 \rightarrow A_2 = 0 \tag{A.3.10b}$$

따라서, 구간 $T \le t \le 3T/2$에서의 식 (A.3.1b)는 다음과 같이 나타낼 수 있다.

$$x^-(t) = \left(x_0 - \frac{5\mu_k N}{k}\right)\cos\omega_n t + \frac{\mu_k N}{k} \quad (T \le t \le 3T/2) \tag{A.3.11}$$

위 식에서 $x_3 = x(3T/2) = 6\mu_k N/k - x_0$가 된다.

위와 같은 방법으로 계속 진행하다 보면 각 시간 구간에 대한 일반적인 식을 얻을 수 있는데, 식 (A.3.5), (A.3.8) 및 (A.3.11)을 살펴보면 아래와 같은 규칙이 있음을 확인할 수 있다.

$$\begin{aligned} & (p-1)T \le t \le (p-1)T + T/2 \text{에 대해}(p = 1, 2, 3, \ldots), \\ & x^-(t) = \left(x_0 - \frac{(4p-3)\mu_k N}{k}\right)\cos\omega_n t + \frac{\mu_k N}{k} \end{aligned} \tag{A.3.12a}$$

$$\begin{aligned} & (p-1/2)T \le t \le pT \text{에 대해}(p = 1, 2, 3, \ldots), \\ & x^+(t) = \left(x_0 - \frac{(4p-1)\mu_k N}{k}\right)\cos\omega_n t - \frac{\mu_k N}{k} \end{aligned} \tag{A.3.12b}$$

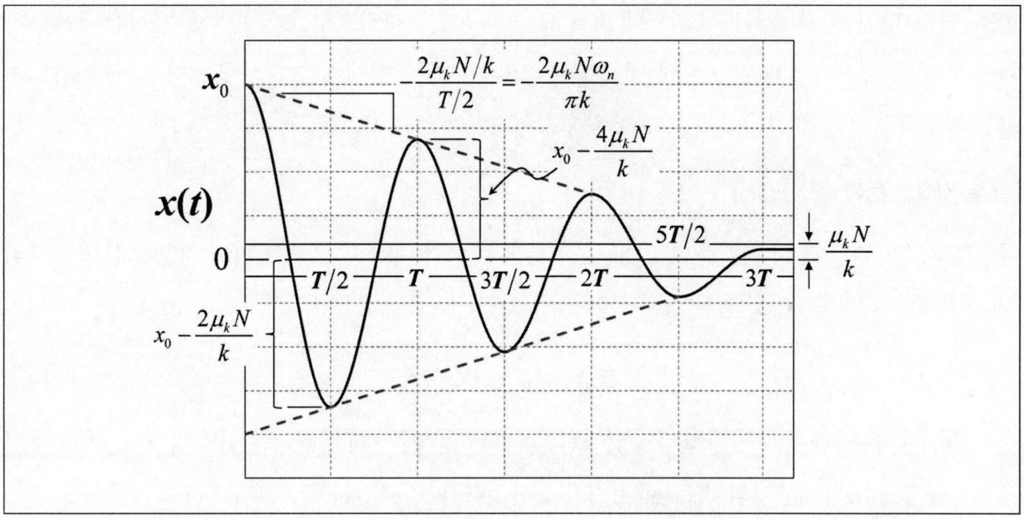

그림 A.3.2 쿨롱 감쇠 진동계의 자유 진동(초기 조건 $x(0)=x_0$ 및 $\dot{x}(0)=0$의 경우)

식 (A.3.12)의 결과를 그림 A.3.2에 나타내었다. 그림의 그래프에 의하면 쿨롱 감쇠계의 자유 진동은 그 진폭이 선형으로 감소한다. 초기 진폭 $x_0\,(>0)$는 운동의 반 주기($T/2$)마다 $2\mu_k N/k$씩 줄어들어서 n개의 반 주기 후의 진폭 $|x_n|\ (=|x(nT/2)|)$은 $x_0-(2n)\mu_k N/k$가 됨을 알 수 있다. 따라서, 반 주기($T/2$)마다 진폭이 $2\mu_k N/k$씩 감소하므로 그림에 나타낸 포락선(envelope)의 기울기는 다음과 같이 구해진다.

$$-\frac{2\mu_k N/k}{T/2} = -\frac{4\mu_k N/k}{2\pi/\omega_n} = -\frac{2\mu_k N\omega_n}{\pi k} \tag{A.3.13}$$

위와 같이 진폭이 선형으로 감소하기 때문에, 쿨롱 감쇠계의 자유 진동에 의한 운동은 일정 시간이 지나면 반드시 멈추게 된다(반면, 점성 감쇠계나 구조 감쇠계는 진폭이 지수 함수로 감소하기 때문에 시간이 지나도 무한히 작아지지만 없어지지는 않는다). 다만, 스프링에 의한 복원력 $k|x_n|$이 운동 마찰력 $\mu_k N$보다 작아지면 운동이 지속될 수 없으므로 특정 변위 값에서 운동을 멈추게 된다. 즉, n번째 진폭 $|x_n|$이 $k|x_n|>\mu_k N$을 만족하면 그 다음 반 주기 동안 선형 감소 진폭 운동을 계속 이어가겠지만, $k|x_n|\le\mu_k N$을 만족하면 변위는 $|x_n|$에서 멈추게 된다. 이를 그림 A.3.2에 나타내었다.

식 (1.1.1)에서 쿨롱 감쇠력 $f_d(t)$는 $\mu_k N\mathrm{sgn}(\dot{x})$로 표현되므로 외력 $f(t)=F_0\cos\omega t$가 고려된 강제 진동 방정식은 다음과 같이 표현된다.

$$m\ddot{x}+\mu_k N\cdot\mathrm{sgn}(\dot{x})+kx=F_0\cos\omega t \tag{A.3.14}$$

그런데, 위 식은 비선형 미분 방정식이기 때문에 점성 감쇠계에서 사용한 방법으로 강제 진동 해를 구할 수 없다. 다만, 쿨롱 감쇠력이 외력에 비해 작을 경우에 근사적으로 조화 운동을 가정한다면 등가 점성 감쇠 계수(식 (1.2.48))를 이용하여 구할 수 있다. 따라서, 이젠 쿨롱 감쇠에 대한 c_{eq}를 이용하여 쿨롱 감쇠에서의 강제 진동 응답을 구해보도록 한다.

[쿨롱 감쇠의 등가 점성 감쇠]

쿨롱 감쇠 진동계의 최대 변위를 X_p라고 하면, 쿨롱 감쇠력(마찰력)에 의해 한 주기당 소산되는 에너지(ΔE_c)는 다음과 같이 표현된다.

$$\Delta E_c = 4f_d X_p = 4\mu_k N X_p \tag{A.3.15}$$

쿨롱 감쇠에서는 1/4 주기 동안 크기가 일정한 감쇠력 $\mu_k N$에 의해 행해지는 일의 양이 $\mu_k N X_p$가 되므로 1 주기에 대해서는 이의 4배의 에너지가 소산된다. 따라서, 식 (1.2.48)에 의하면 아래와 같으므로,

$$4\mu_k N X_p = \pi\omega c_{eq} X_p^2 \tag{A.3.16}$$

쿨롱 감쇠의 등가 점성 감쇠 계수 c_{eq}는 다음과 같이 구해진다.

$$c_{eq} = \frac{4\mu_k N}{\pi\omega X_p} = \frac{4\mu_k mg}{\pi\omega X_p} \tag{A.3.17}$$

위 식에 의하면, 쿨롱 감쇠의 등가 점성 감쇠 계수는 진폭 X_p 및 각 진동수 ω에 반비례함을 알 수 있다.

따라서, 쿨롱 감쇠의 강제 진동 해는 위에서 구한 등가 점성 감쇠 계수 및 식 (1.2.12)를 이용하여 구할 수 있다. 즉, 강제 진동 해 $x_p = X_p\cos(\omega t - \phi)$에 대해, 응답의 크기 X_p는 다음과 같이 구해진다.

$$\begin{aligned} X_p &= \frac{F_0}{\sqrt{(k-\omega^2 m)^2 + (\omega c_{eq})^2}} = \frac{F_0/k}{\sqrt{(1-r^2)^2 + (2\zeta_{eq} r)^2}} \\ &= \frac{F_0/k}{\sqrt{(1-r^2)^2 + \left(2r\dfrac{2\mu_k N}{\pi m\omega_n \omega X_p}\right)^2}} = \frac{F_0/k}{\sqrt{(1-r^2)^2 + \left(\dfrac{4\mu_k N}{\pi k X_p}\right)^2}} \end{aligned} \tag{A.3.18}$$

위 식에서 아래의 관계식이 이용되었다.

$$\zeta_{eq} = \frac{c_{eq}}{c_{cr}} = \frac{4\mu_k N/(\pi\omega X_p)}{2m\omega_n} = \frac{2\mu_k N}{\pi m\omega_n \omega X_p} \tag{A.3.19}$$

그런데, 식 (A.3.18)은 우변에도 X_p가 포함되어 있으므로 이 식을 X_p에 대해 풀어야 한다. 먼저 양변

을 제곱하여 식을 정리하면 아래와 같이 X_p에 대한 이차 방정식을 얻게 되고,

$$(1-r^2)^2 X_p^2 + \left(\frac{4\mu_k N}{\pi k}\right)^2 = \left(\frac{F_0}{k}\right)^2 \tag{A.3.20}$$

이를 X_p에 대해 풀면 다음과 같은 해를 구하게 된다.

$$X_p = \frac{F_0}{k}\frac{\sqrt{1-(4\mu_k N/\pi F_0)^2}}{|1-r^2|} \quad \left(\frac{\mu_k N}{F_0} < \frac{\pi}{4}\right) \tag{A.3.21}$$

당연한 결과이지만, 위 식에 의하면 쿨롱 감쇠력 $\mu_k N$의 존재로 인해 강제 진동 응답의 진폭 X_p의 크기가 감소하게 됨을 확인할 수 있다. 또한, $r=1$ $(\omega=\omega_n)$에서 X_p는 무한대가 된다[16]. 한편, 위 식의 X_p가 의미를 갖기 위해서는 근호 안의 부호가 양의 부호이어야 하므로 $1-(4\mu_k N/\pi F_0)^2 > 0$로부터 $\mu_k N/F_0 < \pi/4$의 관계식을 얻을 수 있다. 이는 외부 가진력 크기 대비 쿨롱 감쇠력의 비율에 대한 조건으로서 이 조건을 만족하지 않으면 쿨롱 감쇠의 강제 진동 응답은 존재하지 않음을 의미한다.

마찬가지로, 쿨롱 감쇠의 강제 진동 응답 $x_p = X_p\cos(\omega t - \phi)$에 대해, 위상 지연 ϕ는 다음과 같다.

$$\begin{aligned}\phi &= \tan^{-1}\left(\frac{2\zeta_{eq}\omega_n\omega}{\omega_n^2-\omega^2}\right) = \tan^{-1}\left(\frac{2\zeta_{eq}r}{1-r^2}\right) = \tan^{-1}\left(\frac{1}{1-r^2}\frac{4\mu_k N}{\pi k X_p}\right) \\ &= \tan^{-1}\left(\frac{1}{1-r^2}\frac{4\mu_k N}{\pi k}\frac{k}{F_0}\frac{|1-r^2|}{\sqrt{1-(4\mu_k N/\pi F_0)^2}}\right)\end{aligned} \tag{A.3.22a}$$

따라서, 위 식은 진동수 비 r의 범위에 따라 다음과 같이 표현될 수 있음을 알 수 있다.

$$\phi = \begin{cases} \tan^{-1}\left(\dfrac{4\mu_k N/\pi F_0}{\sqrt{1-(4\mu_k N/\pi F_0)^2}}\right) & (r<1) \\ 180^\circ - \tan^{-1}\left(\dfrac{4\mu_k N/\pi F_0}{\sqrt{1-(4\mu_k N/\pi F_0)^2}}\right) & (r>1) \end{cases} \tag{A.3.22b}$$

위 식으로부터 쿨롱 감쇠의 강제 진동 응답의 위상 지연 ϕ는 진동수에 무관하고 $r<1$ 및 $r>1$의 영역에서 각각 상수가 됨을 알 수 있다. 또한, 점성 감쇠에서는 $r=1$일 때 위상 지연값이 90°인 지점을 지나는 반면, 쿨롱 감쇠에서는 감쇠의 크기에 관계없이 불연속 지점이 된다. 이는 앞에서 기술한 바와 같이 강제 진동 응답의 진폭 X_p의 값이 $r=1$에서 무한대가 되는 것과 함께 쿨롱 감쇠 강제 진동 응답의 특징이 된다. 그림 A.3.3은 식 (A.3.21) 및 (A.1.22)를 나타낸 것이다.

16) 보충 설명 A.3.1을 참고하기 바란다.

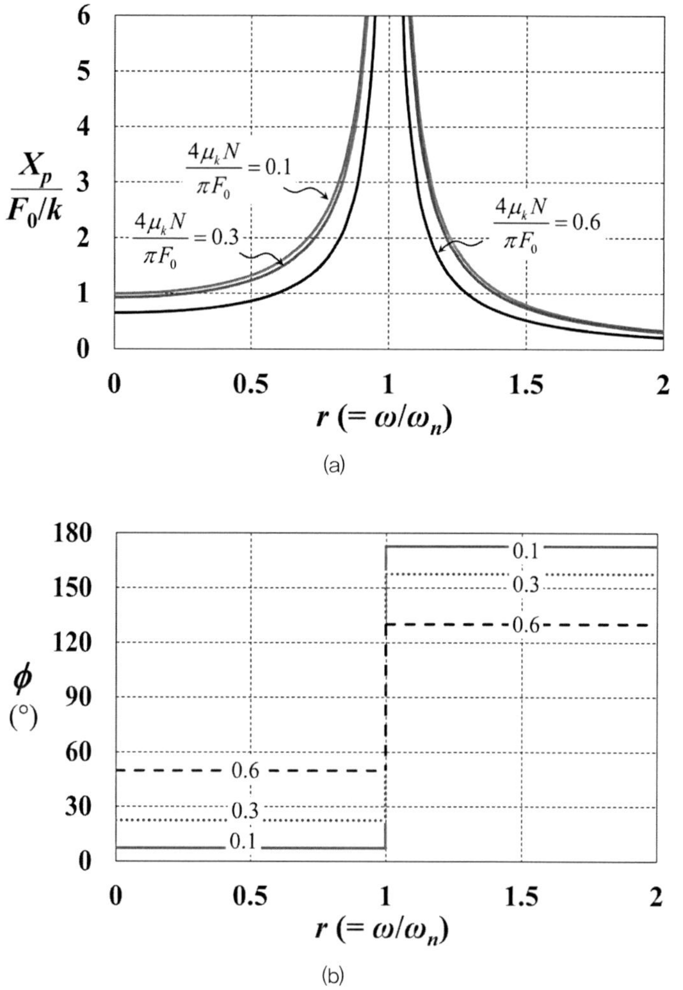

그림 A.3.3 등가 점성 감쇠계수를 이용한 쿨롱 감쇠 강제 진동 응답: (a) 정적 응답 F_0/k로 무차원화된 진폭 X_p 및 (b) 위상 지연 ϕ ($\mu_k N = 0.1(\pi/4)F_0$, $0.3(\pi/4)F_0$, $0.6(\pi/4)F_0$의 3가지 경우에 대한 결과)

보충설명 A.3.1 쿨롱 감쇠에서 공진 진폭이 무한대가 되는 이유

감쇠비의 값에 따라 정도의 차이는 있지만, 점성 감쇠의 경우에는 감쇠의 존재로 인해 진폭 X_p는 $r=1$ ($\omega=\omega_n$)에서 유한한 값을 갖는다. 그런데, 식 (A.3.21)에 의하면, 쿨롱 감쇠를 갖는 강제 진동 응답에서는 주파수 비의 값 $r=1$ ($\omega=\omega_n$)에서 진폭 X_p가 무한대가 됨을 확인할 수 있었다. 이는 외력에 의해 진동계에 유입되는 에너지와 쿨롱 감쇠에 의해 소산되는 에너지를 비교함으로서 설명이 가능하다.

외력 $f(t)=F_0\cos\omega t$에 의해 한 주기(T) 동안 진동계에 유입되는 에너지 ΔW는 다음과 같이 표현된다.

$$\begin{aligned}\Delta W &= \oint f dx = \int_0^T f\dot{x}dt = \int_0^T F_0\cos\omega t\cdot(-\omega X_p\sin(\omega t-\phi))dt \\ &= -\omega X_p F_0\int_0^T \cos\omega t\cdot \sin(\omega t-\phi)dt = \pi F_0 X_p\sin\phi\end{aligned} \tag{1}$$

한편, 쿨롱 감쇠에 의해 한 주기 동안 소산되는 에너지 ΔE_c는 식 (A.3.15)와 같은데, 강제 진동이 성립할 조건인 $\mu_k N/F_0<\pi/4$에 의해 다음의 관계가 성립한다.

$$\frac{\Delta E_c}{\Delta W}=\frac{4\mu_k N X_p}{\pi F_0 X_p\sin\phi}=\frac{4\mu_k N}{\pi F_0\sin\phi}<\frac{1}{\sin\phi}\rightarrow \Delta E_c<\frac{\Delta W}{\sin\phi} \tag{2}$$

즉, $r=1$인 공진 상태에서는 $\phi=90^\circ$ 이므로, 위 식에 의하면 $\Delta E_c<\Delta W$가 되어 주기당 소산되는 에너지보다 진동계에 유입되는 에너지가 더 많아지게 된다. 이는 $r=1$일때의 진폭이 무한대가 되는 이유가 된다.

참고로, $r\neq 1$인 경우에는 식 (A.3.22b)에 의하면 $\sin\phi=4\mu_k N/\pi F_0$가 되고, 식 (1) 및 (A.3.15)를 이용하여 다음과 같은 관계를 얻을 수 있다.

$$\Delta W=\pi F_0 X_p\sin\phi=\pi F_0 X_p\frac{4\mu_k N}{\pi F_0}=4\mu_k N X_p=\Delta E_c \tag{3}$$

위 식은 비 공진 상태에서의 쿨롱 감쇠 진동계에 한 주기 동안 유입되는 에너지는 모두 감쇠에서 소산된다는 것을 의미한다.

A.3.2 구조 감쇠(structural damping)

그림 A.3.4의 좌측에 나타낸 1 자유도 진동계는 우측에 나타낸 바와 같이 질량 m에 감쇠-스프링계가 부착된 것으로 간주할 수 있다. 이는 점탄성(viscoelastic) 재료 등 감쇠를 갖는 탄성체의 거동을 표현하는 한 방법으로서 Voigt 모델(또는 Kelvin-Voigt 모델)[17]이라고도 한다. 식 (1.1.2)를 참고하면, 이 경우의 외력과 변위 및 속도 사이에는 다음과 같은 관계가 성립함을 쉽게 알 수 있다.

$$\begin{aligned}f(t) &= c\dot{x}+kx=-\omega cX_p\sin\omega t+kX_p\cos\omega t \\ &= \mp\,\omega cX_p\sqrt{1-\cos^2\omega t}+kx=kx\mp\omega c\sqrt{X_p^2-X_p^2\cos^2\omega t} \\ &= kx\mp\omega c\sqrt{X_p^2-x^2}\end{aligned} \tag{A.3.23}$$

17) 이외에도 스프링과 감쇠가 직렬로 연결된 Maxwell 모델, Maxwell 모델과 스프링과 병렬 연결된 표준 선형 모델(standard linear model) 등이 있다.

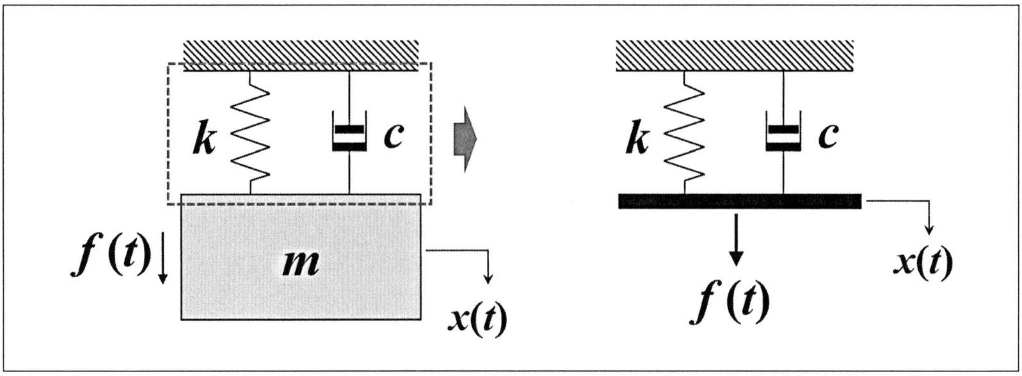

그림 A.3.4 1 자유도 진동계(좌측) 및 질량 m에 부착된 감쇠-스프링 계 모델(우측)

위 식에서 강제 진동 변위 $x(t) = X_p\cos\omega t$ 및 속도 $\dot{x}(t) = -\omega X_p\sin\omega t$를 대입하였다(계산의 편의를 위해 위상 지연 ϕ를 고려하지 않았으나, 결과는 동일하다). 이 식에서 나타낸 $f(t)$와 $x(t)$ 사이의 관계를 그림으로 나타내면 그림 A.3.5와 같은데 이를 이력 곡선(hysteresis)이라고 한다. 하중을 가하고 제거하는 동안 변위와 하중은 이력 곡선을 그리게 되는데, 이때 곡선 내부의 면적은 한 주기당 소산되는 에너지를 나타내게 되는데, 이것이 바로 구조 감쇠의 원인이 된다.

그런데, 보다 현실적으로는, 구조물의 입자 또는 분자 사이의 내부 마찰로 인한 구조 감쇠의 변위-하중 이력 특성은 그림 A.3.6(a)와 같은 형태를 갖는다. 따라서, 이러한 보다 현실적인 이력 특성을 갖는 감쇠를 나타내기 위해 점성 감쇠 계수 c (그림 A.3.4 우측) 대신 그림 A.3.6(b)에서와 같이 이력 감쇠 계수 h를 이용한다.

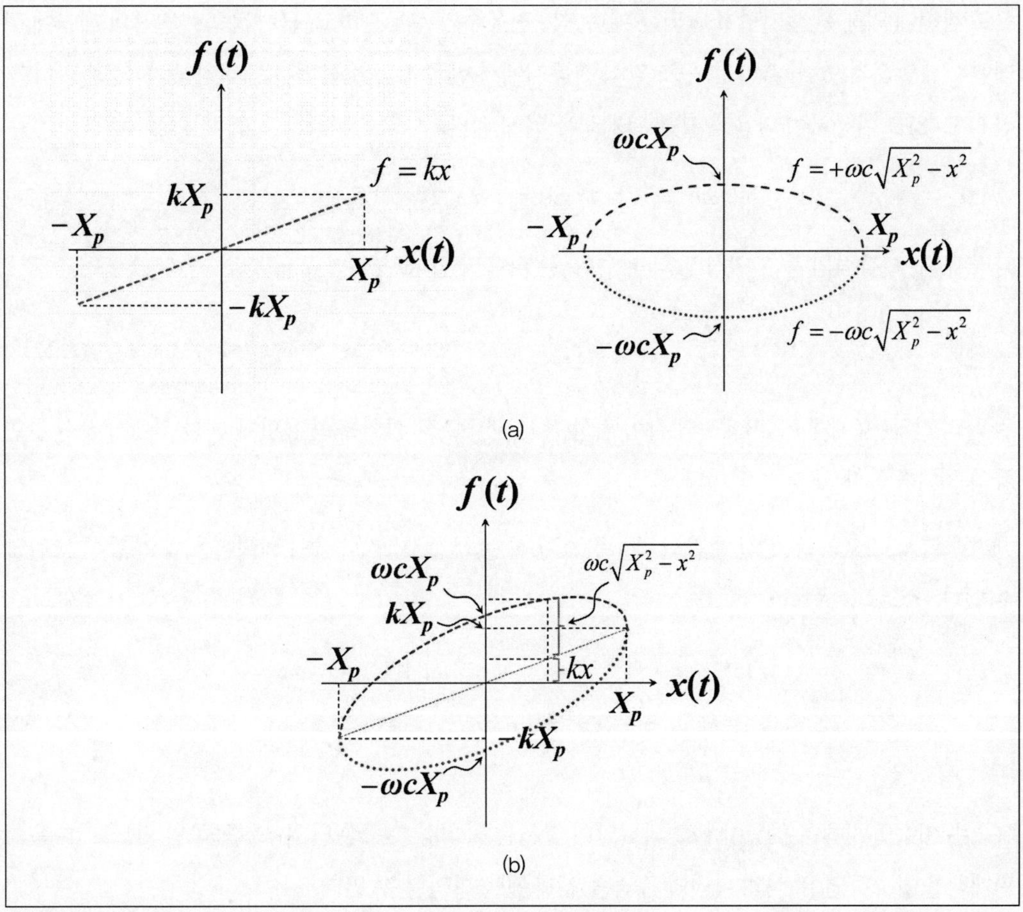

그림 A.3.5 점성 감쇠 진동계의 이력 곡선: (a) $f=kx$(좌측) 및 $f=\pm\omega c\sqrt{X_p^2-x^2}$(우측, 타원 방정식 $x^2/X_p^2+f^2/(\omega cX_p)^2=1$), (b) $f=kx\pm\omega c\sqrt{X_p^2-x^2}$

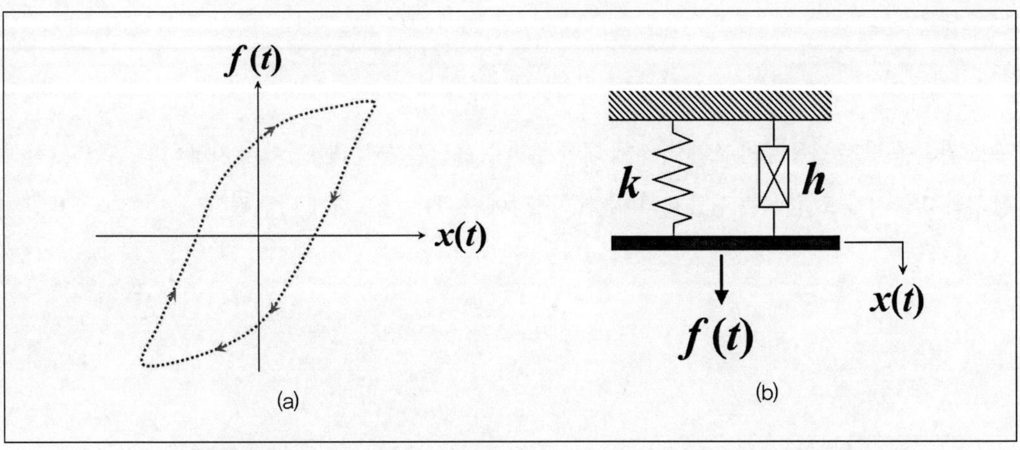

그림 A.3.6 (a) 구조물의 하중-변위 이력 곡선 및 (b) 구조 감쇠 모델

구조 감쇠에 의해 한 주기당 소산되는 에너지는 진동수와는 무관하고, 근사적으로 진폭의 제곱에 비례한다고 알려져 있다. 따라서, 구조 감쇠 진동계에서 한 주기당 소산되는 에너지를 ΔE_s 라고 하면, 식 (1.2.48)을 이용하여 다음과 같은 관계식을 얻게 된다.

$$\pi\omega c_{eq} X_p^2 (= \Delta E) = \pi h X_p^2 (= \Delta E_s) \tag{A.3.24}$$

따라서, 구조 감쇠의 등가 점성 감쇠 계수 c_{eq}는 다음과 같다.

$$c_{eq} = \frac{h}{\omega} \tag{A.3.25}$$

위 식의 결과는 (예제 1.2.4)에서와 같이 점성 감쇠 및 구조 감쇠의 조화 응답에 대한 식에서 감쇠 관련 항의 등치를 통해 구할 수도 있다.

한편, 식 (A.3.25)의 등가 점성 감쇠 계수를 이용하면 식 (A.3.23)에서의 외력은 아래와 같이 표현할 수 있다.

$$\begin{aligned} f(t) &= c_{eq}\dot{x} + kx = -\omega c_{eq} X_p \sin\omega t + kX_p \cos\omega t \\ &= hX_p \cos\left(\omega t + \frac{\pi}{2}\right) + kX_p \cos\omega t \\ &= jhx + kx \end{aligned} \tag{A.3.26}$$

복소수 지수법[18)]에서 위상이 $\pi/2$ 라디안이 앞서는 물리량은 허수 단위 j를 곱하면 되므로, 다음의 관계식을 참고하면 위 식의 마지막 결과를 얻게 됨을 확인할 수 있다.

$$j\widetilde{X}e^{j\omega t} = e^{j(\pi/2)}\widetilde{X}e^{j\omega t} = \widetilde{X}e^{j(\omega t + \pi/2)} \tag{A.3.27}$$

식 (A.3.26)에서 구조 감쇠력 jhx는 h/k로 정의되는 손실 계수 η를 도입하여 아래와 같이 표현하기도 한다.

$$f_d(t) = (k + jh)x = k(1 + j\eta)x \tag{A.3.28}$$

구조 감쇠를 갖는 진동계의 조화 가진에 대한 주파수 응답은 본문의 4장에서 자세히 다루었다. 점성 감쇠와 더불어 구조 감쇠는 진동계의 주파수 응답에서 매우 중요하게 다뤄진다.

18) 복소수 지수법은 조화 운동의 경우에만 적용되는데, 등가 점성 감쇠계수는 조화 가진의 경우를 가정하여 구한 것이라는 것을 상기하자.

보충설명 A.3.2 **구조 감쇠에서 손실 계수의 의미**

식 (A.3.28)에서 도입된 손실계수 η는 공진 상태에서 다음과 같이 정의된다.

$$\eta = \frac{\Delta E_s / 2\pi}{W_{\max}} \tag{1}$$

위 식에서 $\Delta E_s/2\pi$는 단위 라디안 당 소산되는 에너지를 의미하고, $W_{\max}$는 진동계에 저장되는 최대 에너지가 된다.

구조 감쇠를 갖는 진동계의 조화 가진 $f(t) = F_0 \cos\omega t$에 대한 강제 진동 응답을 $x(t) = X_p \cos(\omega t - \phi)$ 라고 하면, 진동계에 저장되는 최대 에너지 $W_{\max}$는 아래와 같다.

$$W_{\max} = \frac{1}{2} m\dot{x}^2 \Big|_{\max} = \frac{1}{2} m\omega^2 X_p^2 \sin^2(\omega t - \phi) \Big|_{\max} = \frac{1}{2} m\omega^2 X_p^2 \tag{2}$$

따라서, 식 (1)의 손실계수는 $\omega = \omega_n$에서 아래와 같이 나타낼 수 있다.

$$\eta = \frac{\pi h X_p^2 / 2\pi}{m\omega_n^2 X_p^2 / 2} = \frac{h}{m\omega_n^2} = \frac{h}{k} \tag{3}$$

위 식의 결과는 식 (A.3.28)과 같기에 손실 계수의 물리적 의미는 식 (1)로 정의되는 것이 타당하였음을 알 수 있다.

참고로, 식 (1.2.45), 식 (4.1.26) 및 (4.1.33)에 의하면 아래와 같은 관계가 성립함을 확인할 수 있다.

$$\eta = 2\zeta_{eq} = \frac{1}{Q} \approx \frac{2\zeta_{eq}}{\sqrt{1-\zeta_{eq}^2}} = \frac{\delta}{\pi} \tag{4}$$

A.3.3 속도 제곱 감쇠(velocity-squared damping)

1 장에서는 유체 감쇠 중 감쇠력이 속도에 비례하는 점성 감쇠에 대해서 알아본 바 있다. 여기서는 감쇠력이 속력의 제곱에 비례하는 속도 제곱 감쇠에 대해 알아보도록 하자. 이는 유체와 유체 속에서 운동하는 구조물 사이의 상대 속도가 상당히 큰 경우에 해당하며, 난류(turbulent flow) 유체 속에서 움직이는 구조물의 감쇠를 생각하면 되는데, 속도 제곱 감쇠력은 아래와 같이 표현된다.

$$f_D(t) = \mathrm{sgn}(\dot{x}) c_a \dot{x}^2 \tag{A.3.29}$$

위 식에서 c_a는 속도제곱감쇠 계수이며, $\mathrm{sgn}(\bullet)$은 부호 함수로서 식 (A.3.3)에서 정의된 바와 같다. 감쇠력의 부호가 $\dot{x}$의 부호(운동 방향)에 따라 달라지는데 선형 점성 감쇠와는 달리 속력의 제곱이 사용되었으므로 속도 제곱 감쇠의 감쇠력을 표현하기 위해서는 부호 함수의 사용이 필요하다.

속도 제곱 감쇠력에 의해 한 주기당 소산되는 에너지 ΔE_a는 다음과 같이 표현된다.

$$\begin{aligned}\Delta E_a &= \oint f_D(t)dx = 2\int_0^{T_0/2}\left(-c_a\dot{x}^2\right)\cdot \dot{x}dt \\ &= -2c_a\int_0^{\pi/\omega}\dot{x}^3dt = 2c_a\int_0^{\pi/\omega}\omega^3X_p^3\sin^3\omega t dt \\ &= 2c_a\omega^3X_p^3\left[-\frac{3}{4\omega}\cos\omega t + \frac{1}{12\omega}\cos 3\omega t\right]_0^{\pi/\omega} = \frac{8}{3}c_a\omega^2X_p^3\end{aligned} \tag{A.3.30}$$

위 식에서 변위 $x(t) = X_p\cos\omega t$에 대해 속도 $\dot{x}(t) = -\omega X_p\sin\omega t$는 시간 구간 $0 \le t \le T_0/2$에서 음의 부호를 가지므로 식 (A.3.29)의 감쇠력은 음의 부호를 갖게 된다. 또한, 식 (A.3.30)에서는 계산의 편의를 위해 위상 지연 ϕ를 고려하지 않았으나, 그 결과는 동일하다. 따라서, 식 (1.2.48)에 의하면 아래와 같은 관계식이 성립하므로,

$$\frac{8}{3}c_a\omega^2X_p^2 = \pi\omega c_{eq}X_p^2 \tag{A.3.31}$$

속도 제곱 감쇠의 등가 점성 감쇠 계수 c_{eq}는 다음과 같이 표현된다.

$$c_{eq} = \frac{1}{\pi\omega X_p^2}\frac{8}{3}c_a\omega^2X_p^3 = \frac{8c_a\omega X_p}{3\pi} \tag{A.3.32}$$

위 식에 의하면 속도제곱 감쇠의 등가점성 감쇠계수는 쿨롱 감쇠의 경우(식 (A.3.17))에서와 같이 진폭 X_p의 함수가 된다.

이젠 위에서 구한 등가 점성 감쇠 계수 및 식 (1.2.12)를 이용하여 속도제곱 감쇠의 강제 진동 해를 구할 수 있다. 즉, 강제 진동 해 $x_p = X_p\cos(\omega t - \phi)$에 대해, 응답의 크기 X_p는 다음과 같이 구해진다.

$$X_p = \frac{F_0/k}{\sqrt{(1-r^2)^2 + (2\zeta_{eq}r)^2}} = \frac{F_0/k}{\sqrt{(1-r^2)^2 + \left(2r\dfrac{8c_a\omega X_p}{2m\omega_n\cdot 3\pi}\right)^2}} \tag{A.3.33}$$

위 식에서 등가 점성 감쇠비 ζ_{eq}는 c_{eq}/c_{cr}이므로, $c_{eq} = 2m\omega_n$ 및 식 (A.3.32)의 관계식을 이용하였다. 쿨롱 감쇠에서와 같이 위 식은 여전히 우변의 분모에 X_p를 포함하므로 아래와 같은 방정식을 풀어 X_p에 대한 식으로 정리해야 한다.

$$\left(\frac{8c_a\omega r}{3\pi m\omega_n}\right)^2X_p^4 + (1-r^2)^2X_p^2 - \left(\frac{F_0}{k}\right)^2 = 0 \tag{A.3.34}$$

따라서, 위 식으로부터 양의 부호를 갖는 X_p를 구하면 다음과 같다.

$$X_p = \left(\frac{-(1-r^2)^2 + \sqrt{(1-r^2)^4 + 4\left(\frac{F_0}{k}\right)^2 \left(\frac{8c_a \omega r}{3\pi m \omega_n}\right)^2}}{2\left(\frac{8c_a \omega r}{3\pi m \omega_n}\right)^2} \right)^{1/2}$$

$$= \frac{3\pi m}{8c_a r^2}\left(-\frac{(1-r^2)^2}{2} + \sqrt{\frac{(1-r^2)^4}{4} + \left(\frac{F_0}{k} \cdot \frac{8c_a r^2}{3\pi m}\right)^2} \right)^{1/2} \qquad \text{(A.3.35)}$$

위 식에서 $r = 1$ $(\omega = \omega_n)$인 경우 공진에서의 진동 응답의 크기 X_p를 구하면 아래와 같다.

$$X_p = \frac{3\pi m}{8c_a}\left(\frac{F_0}{k} \cdot \frac{8c_a}{3\pi m}\right)^{1/2} = \left(\frac{9\pi^2 m^2}{64c_a^2}\frac{F_0}{k} \cdot \frac{8c_a}{3\pi m}\right)^{1/2}$$

$$= \left(\frac{3\pi m}{8c_a}\frac{F_0}{k}\right)^{1/2} = \left(\frac{3\pi F_0}{8c_a \omega_n^2}\right)^{1/2} \qquad \text{(A.3.36)}$$

A.4. 단위 임펄스 함수(unit impulse function)

단위 임펄스 함수는 디랙 델타(Dirac delta) 함수[19]로 불리기도 하며, 시간 축 상에서 정의하면 보통 $\delta(t)$로 표현한다. 진동학에서 자주 접하는 스프링-질량-(감쇠)계의 운동 방정식 등, 미분 방정식에서 입력 함수로서 단위 임펄스 함수가 주어질 때의 해(출력)를 단위 임펄스 응답 함수($h(t)$로 표현)라고 한다. 그리고, 이의 푸리에 변환(또는 라플라스 변환)을 주파수 응답 함수(또는, 시스템 전달 함수)하고 하는데, 시스템의 입력 및 출력을 결정하는 중요한 역할을 한다. 진동학에서는 역학적으로 충격 가진(impulsive excitation)을 표현하는데 유용하다. 이러한 단위 임펄스 함수는 진동, 신호 및 시스템 분야에서 중요한 역할을 하므로, 여러 가지 표현법을 알아두는 것이 필요하다. 본문의 2장에서 다룬 푸리에 급수 및 변환 등 푸리에 해석에서도 여기에서 제시하는 표현법들이 자주 활용된다[20].

19) 디랙 델타 함수의 단위에 유의하자. 이 함수가 정의된 축의 단위가 'unit'이라고 하면 이 함수의 단위는 1/'unit'이 된다. 즉, 시간 축(t: second(s))에서 정의된 디랙 델타 함수의 단위는 1/s이 된다. 그래서, 매우 짧은 시간(Δt)에 가해지는 힘(F: Newton(N))을 표현할 때, $(F\Delta t)\delta(t)$로 표시하여야 힘의 단위를 나타내게 된다. 따라서, 진동학에서 충격력(impulsive force)을 나타낼 때 쓰이는 $\delta(t)$는 엄밀하게는 $1\times\delta(t)$임을 명심하여야 한다. 이러한 이유로 $\delta(t)$ 앞의 1은 1 (N)이 아니고 1 (N · s)이므로 이를 단위 임펄스(단위 충격량) 함수라고도 하는 것이다.

20) 여기에서 제시한 단위 임펄스 함수의 구현 방법 중 2장 및 부록 A.5의 푸리에 해석에 대한 기본 지식이 있어야 이해가 되는 부분도 있을 것이다.

A.4.1 단위 임펄스 함수의 구현

❶ 직사각형 함수(rectangular fuctnion)의 이용

직사각형 함수를 이용한 방법은 그림 A.4.1에서 보인 바와 같이 단위 임펄스 함수를 설명하는데 가장 많이 사용된다. 그림 A.4.1(a)의 함수는 다음과 같이 표현된다.

$$\delta_\epsilon(t) = \begin{cases} 1/\epsilon & (0 < t < \epsilon) \\ 0 & (t < 0, t > \epsilon) \end{cases} \quad \text{또는 } \delta_\epsilon(t) = \begin{cases} 1/\epsilon & (-\epsilon/2 < t < \epsilon/2) \\ 0 & (t < -\epsilon/2, t > \epsilon/2) \end{cases} \qquad (A.4.1)$$

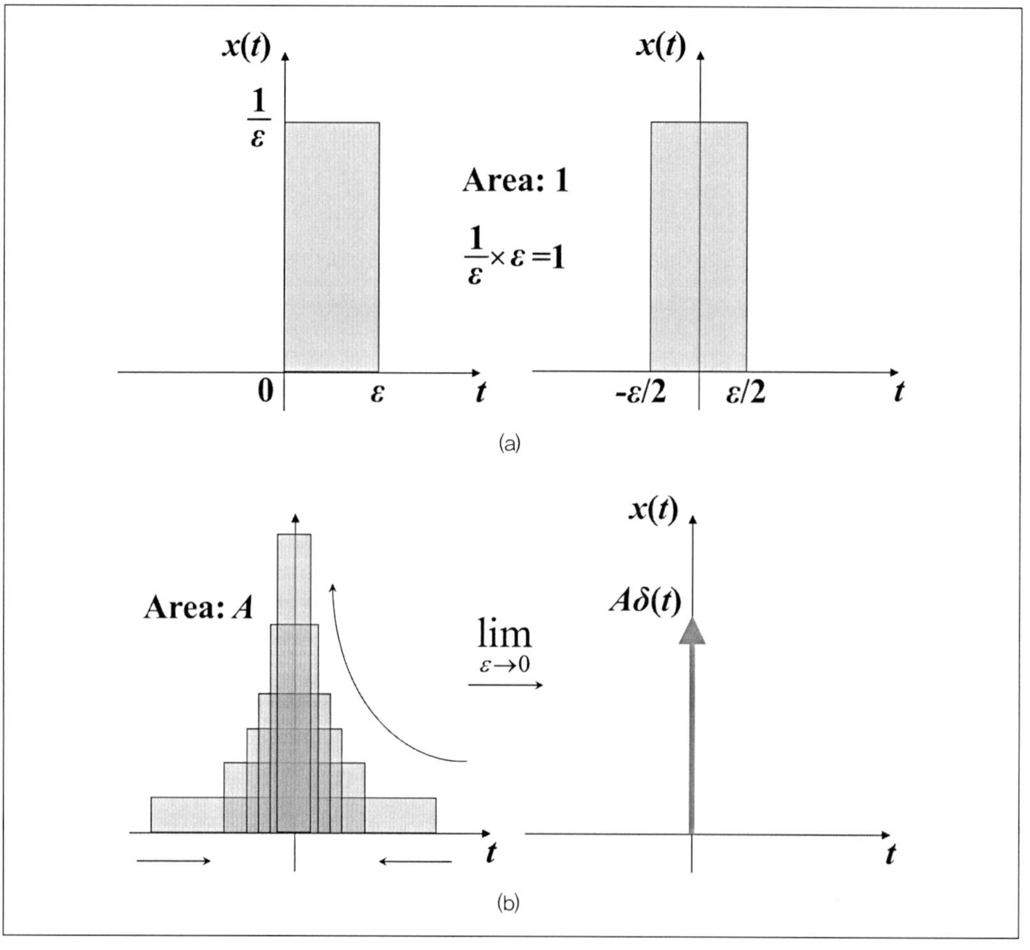

그림 A.4.1 (a) 단위 임펄스 함수를 생성하기 위한 직사각형 함수의 전형적인 2가지 정의(ϵ의 값에 관계없이 내부 면적은 항상 1이 된다). (b) ϵ의 값이 작아짐에 따른 직사각형 함수의 변화 양상 및 $\epsilon \to 0$ 일 때 얻어지는 임펄스 함수(화살표로 나타내고 화살표 옆에 크기(strength) 'A'를 표시하거나 $A\delta(t)$로 표현

위의 2가지 함수 어느 경우에나 직사각형의 면적은 ϵ의 값에 관계 없이 항상 1로 동일하다. 매우 작은 ϵ 값($\epsilon \to 0$)에 대해 얻게 되는 위 함수의 결과를 단위 임펄스 또는 디랙 델타 함수 $\delta(t)$라고 한다.

$$\lim_{\epsilon \to 0} \delta_{\epsilon}(t) = \delta(t) \tag{A.4.2}$$

2 sinc 함수의 이용

유한한 구간에서 정의된 직사각형 함수의 푸리에 변환은 sinc 함수가 되는데, 이러한 sinc 함수의 특성을 이용하여 단위 임펄스 함수를 정의한다.

일반적으로 sinc 함수는 다음과 같이 정의된다.

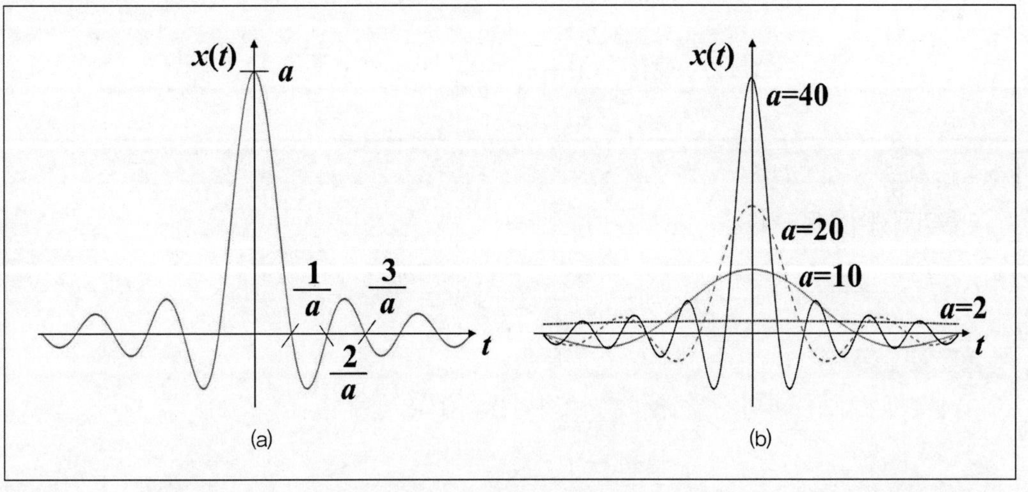

그림 A.4.2 sinc 함수를 이용한 단위 임펄스 함수의 생성: (a) sinc 함수($a\sin(a\pi t)/(a\pi t)$), (b) a 값의 변화에 따른 sinc 함수의 모습(a 값이 커짐에 따라 단위 임펄스 함수로 수렴

$$\mathrm{sinc}(t) = \frac{\sin t}{t} \tag{A.4.3}$$

위 함수를 모든 시간 구간에 대해 적분하면 π가 된다($\int_{-\infty}^{\infty} \mathrm{sinc}(t)dt = \pi$). 따라서, 적분 결과가 1이 되도록 정규화(normalize)한 sinc 함수를 다음과 같이 재정의하여 사용하기도 한다[21].

$$\mathrm{sinc}_{\pi}(t) = \frac{\sin \pi t}{\pi t} \tag{A.4.4}$$

21) 디지털 신호 처리(digital signal processing) 및 정보 이론(information theory) 분야에서 자주 사용된다. 기호의 구분 없이 ($\mathrm{sinc}(t)$, $\mathrm{sinc}_{\pi}(t)$) 사용되는 경우가 자주 있으니 어떻게 정의된 sinc 함수가 사용되고 있는지 주의해야 한다.

결국, 위의 함수에 극한 값을 취할 수 있는 매개 변수를 추가하되 전 구간에 대한 적분 결과가 매개 변수 값에 관계없이 항상 1이 되도록 하여 아래와 같이 단위 임펄스 함수를 새로운 방법으로 정의할 수 있다.

$$\delta(t) = \lim_{a\to\infty}\left(a\frac{\sin a\pi t}{a\pi t}\right) \tag{A.4.5}$$

위 식에서 a는 임의의 실수를 나타낸다.

참고로 sinc 함수의 제곱 형태로도 단위 임펄스 함수를 정의할 수 있다. 즉, 식 (A.4.4)의 제곱의 적분에 대해서도 $\int_{-\infty}^{\infty} \mathrm{sinc}_\pi^2(t)dt = 1$의 관계가 성립한다. 따라서, 식 (A.4.5)와 더불어 다음과 같이 단위 임펄스 함수를 정의할 수도 있다.

$$\delta(t) = \lim_{a\to\infty} a\left(\frac{\sin a\pi t}{a\pi t}\right)^2 \tag{A.4.6}$$

예제 A.4.1

다음의 관계식을 유도하여라.

(1) $\int_{-\infty}^{\infty} \frac{\sin(\pi t)}{\pi t} dt = 1$　　(2) $\int_{-\infty}^{\infty} \left(\frac{\sin(\pi t)}{\pi t}\right)^2 dt = 1$

풀이 및 설명

(1) 본문의 예제 2.1.6의 결과를 이용하면 아래와 같은 관계식을 얻게 된다.

$$\int_{-\infty}^{\infty} \frac{\sin(\pi t)}{\pi t} e^{-j2\pi ft} dt = \mathrm{rect}(f) \tag{1}$$

따라서, 위 식의 양변에 $f = 0$을 대입하면, $\int_{-\infty}^{\infty} \sin(\pi t)/(\pi t)dt = 1$이 성립함을 알 수 있다. 한편 위 식에 대해 치환 적분을 수행하면, $\int_{-\infty}^{\infty} \sin t/t\,dt = \pi$가 됨을 알 수 있다.

(2) 부분 적분을 수행하면 다음과 같다.

$$\begin{aligned}\int_{-\infty}^{\infty} \frac{\sin^2 t}{t^2} dt &= \int_{-\infty}^{\infty}\left(-\frac{1}{t}\right)' \sin^2 t\,dt = -\frac{1}{t}\sin^2 t\Big|_{-\infty}^{\infty} + \int_{-\infty}^{\infty}\frac{\sin 2t}{t}dt \\ &= \int_{-\infty}^{\infty}\frac{\sin 2t}{t}dt = \int_{-\infty}^{\infty}\frac{\sin t}{t}dt = \pi\end{aligned} \tag{2}$$

따라서, 위 결과에 대해 치환 적분을 수행하면 $\int_{-\infty}^{\infty} (\sin(\pi t)/(\pi t))^2 dt = 1$이 성립함을 알 수 있다.

③ 복소수 지수 함수의 적분 형태

다음과 같이 복소수 지수 함수의 적분 형태로 단위 임펄스 함수를 정의할 수 있다. 이는 푸리에 해석과 관련된 다른 식의 유도에도 종종 사용되므로 숙지할 필요가 있다.

$$\int_{-\infty}^{\infty} e^{\pm j2\pi at}da = \delta(t) \text{ 또는 } \int_{-\infty}^{\infty} e^{\pm jat}da = 2\pi\delta(t) \tag{A.4.7}$$

위 식의 두 번째 식은 첫 번째 식의 결과에 대해 치환 적분을 이용하여 쉽게 구할 수 있으므로, 여기서는 첫 번째 식만 증명하여 보자. 이는 $e^{\pm j2\pi at}$에 대해 구간 $(-M, M)$에서 적분을 구한 후 M에 극한을 취하여 구할 수 있다.

$$\begin{aligned}\int_{-\infty}^{\infty} e^{\pm j2\pi at}da &= \lim_{M\to\infty}\int_{-M}^{M}(\cos 2\pi at \pm j\sin 2\pi at)da \\ &= \lim_{M\to\infty}\int_{-M}^{M}(\cos 2\pi at)da = 2\lim_{M\to\infty}\int_{0}^{M}(\cos 2\pi at)da \\ &= \lim_{M\to\infty} 2\frac{\sin 2\pi at}{2\pi t}\bigg|_0^M = \lim_{M\to\infty} 2\frac{\sin 2\pi Mt}{2\pi t} = \lim_{M\to\infty} 2M\frac{\sin 2M\pi t}{2M\pi t} \\ &= \delta(t)\end{aligned} \tag{A.4.8}$$

위의 증명에서는 식 (A.4.5)에서 살펴 보았던, 임펄스 함수 구현을 위한 sinc함수의 특성이 이용되었다.

④ 가우스 함수(Gaussian function) 정규분포 곡선의 이용

모든 실수 구간에 대한 어떤 함수의 적분 값이, 포함된 매개 변수의 값에 관계없이 항상 1이고, 그 매개 변수의 값이 극한 값을 가짐에 따라 단위 임펄스 함수가 됨을 고려하면, 정규 분포 곡선을 생각하지 않을 수 없다. 확률의 특성상 확률밀도함수 곡선 아래의 면적은 항상 1이기 때문이다.

따라서, 다음과 같이 평균이 0이고, 표준편차가 σ인 정규 분포 곡선을 고려하여 보자.

$$f_\sigma(t) = \frac{1}{\sqrt{2\pi}\,\sigma}e^{-\frac{t^2}{2\sigma^2}} \tag{A.4.9}$$

위 식의 함수는 구간 $(-\infty, \infty)$에서의 적분 결과가 1이고, 표준편차를 나타내는 매개 변수 σ의 값이 작아질수록($\sigma\to 0$) 단위 임펄스 함수에 근접함을 보여준다(그림 A.4.3 참고). 여기에서 조금 더 일반화하여 단위 임펄스 함수를 생성하기 위한 정규 분포 곡선을 다음과 같이 좀 더 간단하게 정의한다.

$$f_a(t) = \frac{1}{a\sqrt{\pi}}e^{-\frac{t^2}{a^2}} \quad (a > 0) \tag{A.4.10}$$

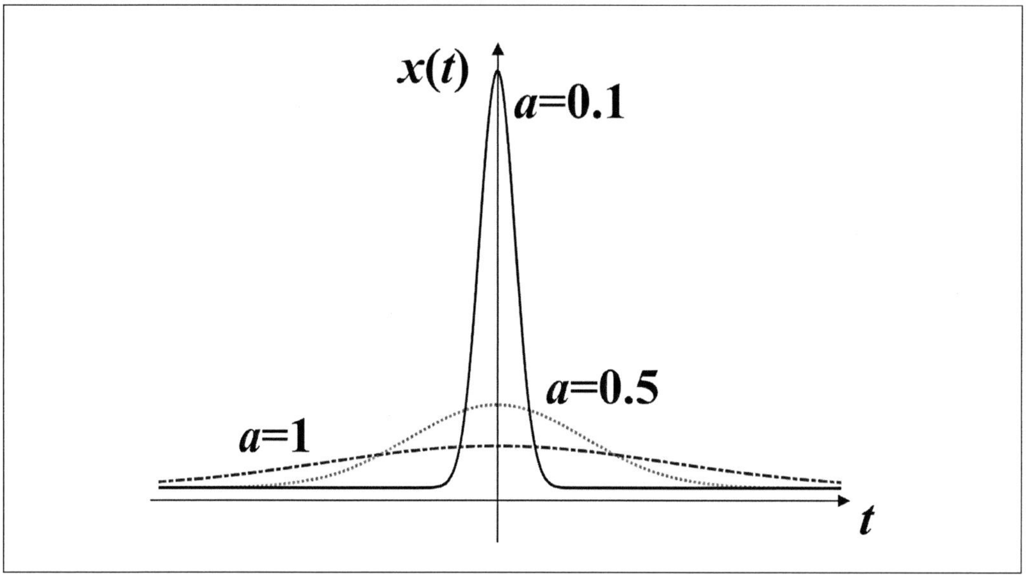

그림 A.4.3 정규 분포 곡선에 의한 단위 임펄스 함수의 생성

그림 A.4.3에 의하면, 위 식에서 매개 변수 a의 값이 감소함에 따라 단위 임펄스 함수의 형상으로 수렴해가는 것을 확인할 수 있다.

5 기타

단위 임펄스 함수의 구현을 위해 자주 사용되지는 않는 방법이지만, 단위 계단 함수의 푸리에 변환 등을 유도할 때도 필요한 방법이므로 여기서 마지막으로 소개하고자 한다. 매개변수 a에 의해 표현된 다음과 같은 함수를 고려하자.

$$R_a(t) = \frac{1}{\pi}\frac{a}{a^2+t^2} \tag{A.4.11}$$

위의 함수는 다음과 같이 매개변수 a의 값에 관계없이 적분 결과가 항상 1이 된다.

$$\begin{aligned}\int_{-\infty}^{\infty}\frac{1}{\pi}\frac{a}{a^2+t^2}dt &= \frac{1}{\pi}\int_{-\infty}^{\infty}\frac{a}{a^2+t^2}dt = \frac{1}{\pi}\int_{-\pi/2}^{\pi/2}\frac{a}{a^2+(a\tan\theta)^2}a\sec^2\theta d\theta \\ &= \frac{1}{\pi}\int_{-\pi/2}^{\pi/2}\frac{a}{a^2\sec^2\theta}a\sec^2\theta d\theta = 1\end{aligned} \tag{A.4.12}$$

위 식에서 치환 적분을 위해 $t = a\tan\theta\ (-\pi/2 < \theta < \pi/2)$의 관계를 이용하였다. $R_a(t)$는 우함수이고($R_a(t) = R_a(-t)$), 매개변수 a의 값에 관계 없이 적분 결과가 항상 1이 됨을 확인할 수 있다. 또한, 그림 A.4.4를 통해, 함수 $R_a(t)$는 매개변수 a의 값이 매우 작아질수록($a\rightarrow 0$), 단위 임펄스 함수

$\delta(t)$로 수렴하고 있음을 확인할 수 있다.

$$\lim_{a\to 0} R_a(t) = \lim_{a\to 0} \frac{1}{\pi} \frac{a}{a^2+t^2} = \delta(t) \tag{A.4.13}$$

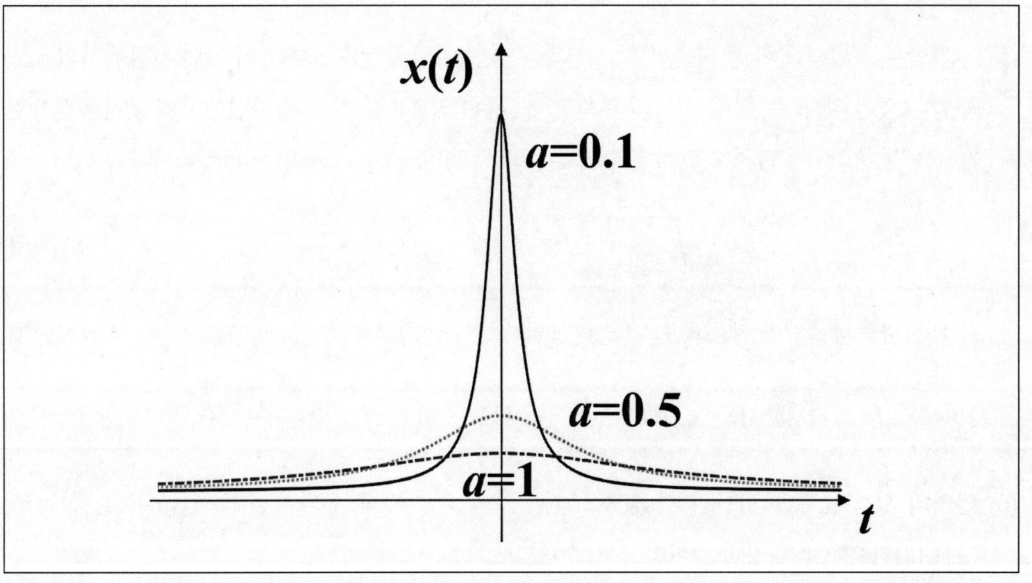

그림 A.4.4 함수 $a/(\pi(a^2+t^2))$를 이용한 단위 임펄스 함수의 생성: a의 값이 감소할수록 단위 임펄스 함수에 근접

A.4.2 단위 임펄스 함수의 특징

(1) 단위 임펄스 함수는 우함수이다.

$$\delta(-t) = \delta(t) \tag{A.4.14}$$

(2) 모든 구간에 대해(또는, 적분 구간이 단위 임펄스 함수가 0이 아닌 구간을 포함할 경우), 단위 임펄스 함수의 적분 결과는 1이다.

$$\int_{-\infty}^{\infty} \delta(t-t_0)d\tau = \int_{t_0-0^-}^{t_0+0^+} \delta(t-t_0)d\tau = 1 \tag{A.4.15}$$

(3) 단위 임펄스 함수를 적분하면 단위 계단 함수가 되며, 반대로 단위 계단 함수를 미분하면 단위 임펄스 함수가 된다.

$$\int_{-\infty}^{t} \delta(t)dt = u(t); \quad \frac{d}{dt}u(t) = \delta(t) \tag{A.4.16}$$

(4) 다른 함수 $x(t)$와 곱하면 그 결과는 임펄스 함수가 되며, 임펄스 함수의 크기(세기)는 단위 임펄스

함수가 0이 아닌 지점에서의 $x(t)$의 함수 값이 된다.

$$x(t)\delta(t-t_0)=x(t_0)\delta(t-t_0) \tag{A.4.17}$$

위 식의 특별한 경우로서 $t\delta(t)=0$의 관계가 성립한다.

(5) 다른 함수 $x(t)$와 곱한 후 적분하면 그 결과는 단위 임펄스 함수 값이 0이 아닌 지점에서의 $x(t)$의 함수 값이 된다. 즉, 함수 $x(t)$의 여러 값 중 단위 임펄스가 정의된 지점에서의 값만 추출하는 기능을 갖기에 이를 단위 임펄스 함수의 추출 특성(sifting (screening) property)이라고 한다.

$$\int_{-\infty}^{\infty} x(t)\delta(t-t_0)dt=x(t_0) \tag{A.4.18}$$

위 식은 다음과 같은 관계식으로 더욱 확장될 수 있다.

$$\int_{-\infty}^{\infty} x(t)\delta(\alpha(t-t_0))dt=\int_{-\infty}^{\infty} x(t)\frac{1}{|\alpha|}\delta(t-t_0)dt=\frac{1}{|\alpha|}x(t_0) \tag{A.4.19}$$

(6) 임의의 시간 함수 $x(t)$를 단위 임펄스 함수와의 적분 형태로 나타낼 수 있다. 사실 이는 식 (A.4.18)의 개념을 확장한 것이라고 볼 수 있다.

$$x(t)=\int_{-\infty}^{\infty} x(\tau)\delta(\tau-t)d\tau=\int_{-\infty}^{\infty} x(\tau)\delta(t-\tau)d\tau \tag{A.4.20}$$

위 식의 결과를 이용하면 선형 시불변 시스템에 대한 임의의 입력 $x(t)$에 대해 출력 $y(t)$를 구할 수 있다. 즉, 단위 임펄스 입력 $\delta(t)$에 대한 응답을 $h(t)$라고 하면, τ만큼 시간 지연된 단위 임펄스 입력 $\delta(t-\tau)$에 대한 응답은 $h(t-\tau)$가 된다. 시간 $t=\tau$에서의 입력 임펄스 크기가 $x(\tau)d\tau$가 되므로 그에 대한 응답은 $x(\tau)h(t-\tau)d\tau$가 될 것이고, 이를 시간에 대해 모두 적분하면 출력 $y(t)$가 된다.

$$y(t)=\int_{-\infty}^{\infty} x(\tau)h(t-\tau)d\tau \tag{A.4.21}$$

이에 대한 내용은 본문의 1.3절에서 자세히 다루었으므로, 참고하기 바란다.

A.5. 우변에 임펄스 함수를 갖는 미분 방정식의 풀이

식 (1.3.1)의 경우와 같이 미분 방정식의 우변에 임펄스 함수가 오는 경우의 풀이에 대해 살펴보고자 한다. 본문에서는 $t=0^+$ 에서의 초기 조건을 구할 경우 물리적인 개념(변위-속도, 충격량-운동량 원리 등)을 이용했지만, 여기서는 주로 수학적인 관점에서 살펴보고자 한다. 먼저 간단한 일계 선형 상미분 방정식에 대해서 알아보자.

A.5.1 일계 선형 상미분 방정식

다음과 같은 일계 선형 상미분 방정식의 해를 구해보자.

$$\dot{x}(t)+ax(t)=bf(t) \tag{A.5.1}$$

위 식의 양변에 적분 인자(integration factor) $\mu(t)$를 곱하면 다음과 같으며,

$$\mu(t)\dot{x}(t)+a\mu(t)x(t)=b\mu(t)f(t) \tag{A.5.2}$$

여기에서 $a\mu(t)=\dot{\mu}(t)$라고 놓으면 위 식은 다음과 같이 표현된다.

$$\mu(t)\dot{x}(t)+\dot{\mu}(t)x(t)=\frac{d}{dt}(\mu(t)x(t))=b\mu(t)f(t) \tag{A.5.3}$$

따라서, 임의의 적분 구간 $[t_0, t]$에 대해 적분을 수행하면 다음과 같은 식을 얻게 된다.

$$\mu(t)x(t)-\mu(t_0)x(t_0)=b\int_{t_0}^{t}\mu(\tau)f(\tau)d\tau \tag{A.5.4}$$

위 식을 이제 $x(t)$에 대해 정리하면 다음과 같다.

$$x(t)=\frac{b\int_{t_0}^{t}\mu(\tau)f(\tau)d\tau}{\mu(t)}+\frac{\mu(t_0)x(t_0)}{\mu(t)}=\frac{b\int_{t_0}^{t}\mu(\tau)f(\tau)d\tau}{\mu(t)}+\frac{C_1}{\mu(t)} \tag{A.5.5}$$

위 식에서 $\mu(t_0)x(t_0)$을 임의의 상수 C_1으로 대체하였다. 한편 식 (A.5.5)에서 $\mu(t)$는 $a\mu(t)=\dot{\mu}(t)$에 의해 $\mu(t)=C_2e^{at}$로 구해진다. 따라서, 이를 대입하면 위 식은 다음과 같이 표현된다.

$$x(t)=\frac{b\int_{t_0}^{t}e^{a\tau}f(\tau)d\tau}{e^{at}}+\frac{C_1}{C_2e^{at}}=Ce^{-at}+b\int_{t_0}^{t}e^{-a(t-\tau)}f(\tau)d\tau \tag{A.5.6}$$

여기에 초기 조건 $x(t_0)=x_0$를 대입하면 $x_0=Ce^{-at_0}$ 이므로, 위 식에 $C=x_0e^{at_0}$를 대입한다. 따라서, 최종 일반해(general solution)는 다음과 같이 표현된다.

$$x(t) = x_0 e^{-a(t-t_0)} + b\int_{t_0}^{t} e^{-a(t-\tau)} f(\tau) d\tau \quad (t \geq t_0) \tag{A.5.7}$$

이제 지금까지 유도한 일계 선형 상미분 방정식의 해법을 이용하여 아래의 미분 방정식에 대한 일반해를 구해보자.

$$2\dot{x}(t) + 4x(t) = \delta(t),\ x(0^-) = x_0 = 0 \tag{A.5.8}$$

식 (A.5.7)이 주어졌으므로, $t_0 = 0^-$ 에서의 초기 값 및 방정식의 계수를 대입하면 다음과 같은 일반해를 얻게 된다.

$$x(t) = \frac{1}{2}\int_{0^-}^{t} e^{-2(t-\tau)}\delta(\tau) d\tau = \frac{1}{2}e^{-2t} \quad (t \geq 0^+) = \frac{1}{2}e^{-2t}u(t) \tag{A.5.9}$$

위 식에서 $u(t)$는 단위 계단 함수(unit step function)로서 $t < 0$에서 0이고, $t > 0$에서 1로 정의되는 함수이다.

이제 임펄스 함수의 특성을 이용하여 식 (A.5.8)의 해를 구해보자. 본문의 식 (1.3.5)에 나타낸 결과를 구할 때와 마찬가지로 이 문제에서도 $t = 0^-$ 에서 정적인 계(system)는 $t = 0$의 단위 임펄스 입력에 의해 $t = 0^+$ 에서 새로운 초기 조건을 갖게 된다는 점을 이용하자. 이를 이용하면, 초기 정적 상태에 가해진 단위 임펄스에 의한 응답은 새로운 초기 조건에 의한 제차 미분 방정식의 해와 같게 된다. 이렇게 해를 구하는 방법을 직접법(direct method)라고도 하며, 일반적으로 다음과 같은 절차에 의해 구한다.

a) $t = 0^+$ 에서의 초기 조건을 구한다.
b) 초기 조건을 이용하여 $t \geq 0^+$ 에서의 제차 미분 방정식의 해를 구한다.

사실, 여기까지는 본문의 1.3절에서 다룬 것과 크게 다른 것이 없다. 유념할 것은 $t \geq 0^+$ 에서 적용될 초기 조건을 어떻게 구하는 것인가이다. 먼저, 식의 우변에는 $\delta(t)$가 존재하므로 좌변의 최대 미분 차수 $\dot{x}(t)$에 $\delta(t)$가 포함되어야 함에 유의하자. 그렇지 않고, $x(t)$에 $\delta(t)$가 포함된다면 $\dot{x}(t)$는 단위 임펄스 함수의 미분(doublet이라고 한다)을 포함하게 되는데 이는 우변에 없기 때문에 등식이 성립하지 않게 된다.

식의 양변을 적분 구간 $[0^-, 0^+]$에 대해 적분해 보자.

$$\int_{0^-}^{0^+} 2\dot{x}(t)dt + \int_{0^-}^{0^+} 4x(t)dt = \int_{0^-}^{0^+} \delta(t)dt \tag{A.5.10}$$

위 식에서 $\dot{x}(t)$에는 $\delta(t)$가 포함되어 있으므로 해당 미분 차수 이하(여기서는 $x(t)$)의 항은 구간 $[0^-,$

0^+]에서 특이점이 없는 연속인 함수로서 적분 값이 0이 된다. 즉, 아래와 같은 식을 얻을 수 있으므로,

$$\int_{0^-}^{0^+} \dot{x}(t)dt = x(t)\bigg|_{0^-}^{0+} = x(0^+) - x(0^-) = x(0^+) \tag{A.5.11a}$$

$$\int_{0^-}^{0^+} x(t)dt = 0 \tag{A.5.11b}$$

식 (A.5.10)은 $2x(0^+)+0=1$이 되고 이로부터 새로운 초기 조건 $x(0^+)=1/2$를 얻게 된다. 따라서, 식 (A.5.8)은 다음과 같이 바꾸어 쓸 수 있으며,

$$2\dot{x}(t)+4x(t)=0,\ x(0^+)=1/2 \tag{A.5.12}$$

이 식의 제차 해는 $x(t)=Ce^{-2t}$이므로 초기 조건을 대입하여 적분 상수 C를 구하면 다음과 같이 해를 구할 수 있다.

$$x(t)=\frac{1}{2}e^{-2t}u(t) \tag{A.5.13}$$

보충설명 A.5.1 식 (A.5.12)의 초기 조건에 대해

위 과정에 대한 설명을 수학적으로 조금 더 엄밀하게 고려해보자. 즉, 약간은 다른 방법으로 $t=0^+$에서의 새로운 초기 조건 $x(0^+)=1/2$을 얻게 되는 과정을 알아보자.

식 (A.5.8)의 우변에 $\delta(t)$가 있고, 좌변의 최고 미분 차수가 1이므로 한번 적분을 수행한 $x(t)$는 $t=0$ $(t \geq 0^+)$ 근처에서 다음과 같이 나타낼 수 있다.

$$x(t)=(c_0+c_1t+c_2t^2+\cdots)u(t) \tag{1}$$

따라서, 위 식을 한 번 미분하면 다음과 같으므로,

$$\begin{aligned}\dot{x}(t)&=(c_1+2c_2t+\cdots)u(t)+(c_0+c_1t+c_2t^2+\cdots)\delta(t)\\&=c_0\delta(t)+c_1u(t)+c_1t\delta(t)+2c_2tu(t)+\cdots\\&=c_0\delta(t)+c_1u(t)+2c_2tu(t)+\cdots\quad(\leftarrow t\delta(t)=0)\end{aligned} \tag{2}$$

이를 식 (A.5.8)에 대입하면 아래와 같이 표현된다.

$$2(c_0\delta(t)+c_1u(t)+2c_2tu(t)+\cdots)+4(c_0+c_1t+c_2t^2+\cdots)u(t)=\delta(t) \tag{3}$$

따라서, 연립 방정식 $2c_0=1,\ 4c_0+2c_1=0$을 풀면, $c_0=1/2$ 및 $c_1=-1$이므로, $t=0$ 근처에서 $x(t)$는 다음과 같이 표현된다.

$$x(t)=(1/2-t+\cdots)u(t) \tag{4}$$

위 식에 의하면 $t=0^+$에서의 새로운 초기 조건이 $x(0^+)=1/2$이 됨을 확인할 수 있다.

A.5.2 이계 선형 상미분 방정식

앞에서 일계 선형 상미분 방정식에 대해 적용했던 방법을 이젠 이계 선형 상미분 방정식에 대해 적용해보자. 다루고자하는 미분 방정식은 본문의 식 (1.3.1)로서 다음과 같다.

$$m\ddot{x}(t)+c\dot{x}(t)+kx(t)=\delta(t),\ x(0^-)=\dot{x}(0^-)=0 \tag{A.5.14}$$

우변에 역시 단위 임펄스 함수 $\delta(t)$가 있으므로 앞에서와 동일한 이유로 좌변의 최고차 미분항 $\ddot{x}(t)$에 단위 임펄스가 포함되어야 한다. 양변을 구간 $[0^-,0^+]$에 대해 적분하여 보자.

$$m\int_{0^-}^{0^+}\ddot{x}(t)dt+c\int_{0^-}^{0^+}\dot{x}(t)dt+k\int_{0^-}^{0^+}x(t)dt=\int_{0^-}^{0^+}\delta(t)dt=1 \tag{A.5.15}$$

위 식에서 각 항의 결과는 다음과 같다.

$$m\int_{0^-}^{0^+}\ddot{x}(t)dt=m\dot{x}(0^+)-m\dot{x}(0^-)=m\dot{x}(0^+) \tag{A.5.16a}$$

$$c\int_{0^-}^{0^+}\dot{x}(t)dt=cx(0^+)-cx(0^-)=0 \tag{A.5.16b}$$

$$k\int_{0^-}^{0^+}x(t)dt=0 \tag{A.5.16c}$$

따라서, 식 (A.5.16b)로부터 $x(0^+)=0$의 초기 조건을 구할 수 있으며, 식 (A.5.16)의 결과로부터 식 (A.5.15)는 $m\dot{x}(0^+)=1$이 되므로, 이로부터 $t=0^+$에서의 또 하나의 새로운 초기 조건 $\dot{x}(0^+)=1/m$을 얻게 된다. 즉, 식 (A.5.14)를 다음과 같이 바꾸어 쓸 수 있게 된다,

$$m\ddot{x}(t)+c\dot{x}(t)+kx(t)=0,\ x(0^+)=0,\ \dot{x}(0^+)=\frac{1}{m} \tag{A.5.17}$$

서두에 언급하였듯이, 식 (A.5.14)를 식 (A.5.17)로 바꾸는 과정에서 충격량-운동량 등의 물리적인 개념을 사용하지 않았다.

보충설명 A.5.2 **식 (A.5.17)의 초기 조건에 대해**

보충 설명 A.5.1에서 사용했던 방법을 이용하여, 식 (A.5.14)에 대한 $t=0^+$에서의 새로운 초기 조건을 구해보자. 우변에 $\delta(t)$가 있고 좌변의 최고 미분 차수가 2이므로 한번 적분을 수행한 $\dot{x}(t)$는 $t=0$ ($t \geq 0^+$)근처에서 다음과 같이 나타낼 수 있다.

$$\dot{x}(t)=(\alpha_0+\alpha_1 t+\alpha_2 t^2+\cdots)u(t) \tag{1}$$

따라서, $x(t)$와 $\ddot{x}(t)$는 다음과 같이 나타낼 수 있으며,

$$x(t)=\left(\alpha_0 t+\frac{1}{2}\alpha_1 t^2+\cdots\right)u(t) \tag{2}$$

$$\begin{aligned}\ddot{x}(t)&=(\alpha_1+2\alpha_2 t+\cdots)u(t)+(\alpha_0+\alpha_1 t+\alpha_2 t^2+\cdots)\delta(t)\\&=\alpha_0\delta(t)+\alpha_1 u(t)+\alpha_1 t\delta(t)+2\alpha_2 tu(t)+\cdots\end{aligned} \tag{3}$$

이들을 식 (A.5.14)에 대입하면 아래와 같다.

$$\begin{aligned}m(\alpha_0\delta(t)+\alpha_1 u(t)+\alpha_1 t\delta(t)+2\alpha_2 tu(t)\cdots)+c(\alpha_0+\alpha_1 t+\cdots)u(t)\\+k\left(\alpha_0 t+\frac{1}{2}\alpha_1 t^2+\cdots\right)u(t)=\delta(t)\end{aligned} \tag{4}$$

따라서, $m\alpha_0=1,\ m\alpha_1+c\alpha_0=0$이므로, $\alpha_0=1/m,\ \alpha_1=-c/m^2$이고, 이를 이용하여 $t=0$ 근처에서 $x(t)$와 $\dot{x}(t)$는 다음과 같이 표현된다.

$$x(t)=\left(\frac{1}{m}t-\frac{c}{2m^2}t^2+\cdots\right)u(t) \tag{5}$$

$$\dot{x}(t)=\left(\frac{1}{m}-\frac{c}{m^2}t+\cdots\right)u(t) \tag{6}$$

위의 식 (5) 및 (6)에 의하면 $t=0^+$에서의 새로운 초기 조건이 $x(0^+)=0$ 및 $\dot{x}(0^+)=1/m$가 됨을 확인할 수 있다.

[참고]

1) 식 (5)에 의하면, $x(t)$는 구간 $[0^-, 0^+]$에서 연속이다.

2) 식 (1)을 사용하는 것이 거북하다면, 다음과 같이 시작하는 것도 좋다. 즉, 다음 2개의 미분 방정식을 고려하자.

$$m\ddot{x}_1(t)+c\dot{x}_1(t)+kx_1(t)=\dot{\delta}(t) \tag{7}$$

$$m\ddot{x}_2(t)+c\dot{x}_2(t)+kx_2(t)=\delta(t)+\dot{\delta}(t) \tag{8}$$

위 식으로부터 우리가 구하고자 하는 해는 $x(t)=x_2(t)-x_1(t)$와 같다. 우변에 $\dot{\delta}(t)$가 있고, 좌변의 최고 미분 차수가 2이므로 $\ddot{x}_i(t)\ (i=1,2)$가 $\dot{\delta}(t)$을 포함하고, $\dot{x}_i(t)$가 $\delta(t)$를 포함하므로 $x_i(t)$는 $t=0$ 근처에서 다음과 같이 나타낼 수 있다.

$$x_i(t) = (\alpha_0 + \alpha_1 t + \alpha_2 t^2 + \cdots)u(t) \tag{9}$$

따라서, $\dot{x}_i(t)$와 $\ddot{x}_i(t)$는 다음과 같이 나타낼 수 있다.

$$\dot{x}_i(t) = \alpha_0\delta(t) + \alpha_1 u(t) + 2\alpha_2 tu(t) + \cdots \tag{10}$$

$$\ddot{x}_i(t) = \alpha_0\dot{\delta}(t) + \alpha_1\delta(t) + 2\alpha_2 u(t) + \cdots \tag{11}$$

위 식 (9), (10) 및 (11)을 식 (7)에 대입하면 다음과 같은 식을 얻게 되는데,

$$\begin{aligned} &m(\alpha_0\dot{\delta}(t) + \alpha_1\delta(t) + 2\alpha_2 u(t)\cdots) \\ &+c(\alpha_0\delta(t) + \alpha_1 u(t) + 2\alpha_2 tu(t) + \cdots) + k(\alpha_0 + \alpha_1 t + \alpha_2 t^2 + \cdots)u(t) = \dot{\delta}(t) \end{aligned} \tag{12}$$

위 식으로부터 $m\alpha_0 = 1$, $m\alpha_1 + c\alpha_0 = 0$, $2m\alpha_2 + c\alpha_1 + k\alpha_0 = 0$이므로, 식 (7)에 대한 식 (9)의 계수는 각각 다음과 같이 구할 수 있다.

$$\begin{aligned} &\alpha_0 = 1/m,\ \alpha_1 = -c\alpha_0/m = -\frac{c}{m^2}, \\ &\alpha_2 = (-c\alpha_1 - k\alpha_0)/2m = \frac{c^2/m^2 - k/m}{2m} = \frac{c^2 - mk}{2m^3} \end{aligned} \tag{13}$$

따라서, 식 (7)의 $x_1(t)$ 및 $\dot{x}_1(t)$는 다음과 같이 나타낼 수 있다.

$$x_1(t) = \left(\frac{1}{m} - \frac{c}{m^2}t + \frac{c^2 - mk}{2m^3}t^2 + \cdots\right)u(t) \tag{14}$$

$$\dot{x}_1(t) = \frac{1}{m}\delta(t) - \frac{c}{m^2}u(t) + \frac{c^2 - mk}{m^3}tu(t) + \cdots \tag{15}$$

마찬가지로, 식 (8)에 대해서도 식 (9), (10) 및 (11)을 대입하면 다음과 같은데,

$$\begin{aligned} &m(\alpha_0\dot{\delta}(t) + \alpha_1\delta(t) + 2\alpha_2 u(t)\cdots) \\ &+c(\alpha_0\delta(t) + \alpha_1 u(t) + 2\alpha_2 tu(t) + \cdots) + k(\alpha_0 + \alpha_1 t + \alpha_2 t^2 + \cdots)u(t) = \delta(t) + \dot{\delta}(t) \end{aligned} \tag{16}$$

위 식으로부터 $m\alpha_0 = 1$, $m\alpha_1 + c\alpha_0 = 1$, $2m\alpha_2 + c\alpha_1 + k\alpha_0 = 0$이므로, 식 (8)에 대한 식 (9)의 계수는 각각 다음과 같이 구할 수 있다.

$$\begin{aligned} &\alpha_0 = 1/m,\ \alpha_1 = (1 - c\alpha_0)/m = \left(1 - \frac{c}{m}\right)\frac{1}{m} = \frac{m - c}{m^2}, \\ &\alpha_2 = (-c\alpha_1 - k\alpha_0)/2m = \frac{(-mc + c^2)/m^2 - k/m}{2m} = \frac{-mc + c^2 - mk}{2m^3} \end{aligned} \tag{17}$$

따라서, $x_2(t)$ 및 $\dot{x}_2(t)$는 다음과 같이 나타낼 수 있으므로,

$$x_2(t) = \left(\frac{1}{m} + \frac{m - c}{m^2}t + \frac{-mc + c^2 - mk}{2m^3}t^2 + \cdots\right)u(t) \tag{18}$$

$$\dot{x}_2(t) = \frac{1}{m}\delta(t) + \frac{m-c}{m^2}u(t) + \frac{-mc+c^2-mk}{m^3}tu(t) + \cdots \tag{19}$$

우리가 구하고자 했던 해 $x(t)$와 $\dot{x}(t)$는 각각 다음과 같다.

$$x(t) = x_2(t) - x_1(t) = \left(\frac{1}{m}t - \frac{c}{2m^2}t^2 + \cdots\right)u(t) \tag{20}$$

$$\dot{x}(t) = \dot{x}_2(t) - \dot{x}_1(t) = \frac{1}{m}u(t) - \frac{c}{m^2}tu(t) + \cdots \tag{21}$$

위 식은 각각 식 (5) 및 (6)의 결과와 동일함을 알 수 있다. 따라서, 위 식에 의하면 $t = 0^+$에서의 새로운 초기 조건으로서 $x(0^+) = 0$ 및 $\dot{x}(0^+) = 1/m$을 얻을 수 있다.

A.6. 주요 함수의 푸리에 변환(Fourier Transform)

신호 해석 및 관련 분야에서 자주 접하게 되는 함수 또는 푸리에 변환의 여러 특성 등을 유도할 때 필요한 몇 가지 주요 함수의 푸리에 변환에 대해 정리하였다. 특히, 부록 A.6은 본문의 2장과 매우 밀접하고 중요한 내용을 담고 있으므로, 반드시 정독하여 살펴보기를 바란다.

A.6.1 상수(constant) '1'의 푸리에 변환

상수 '1'에 대한 푸리에 변환은 다음과 같다.

$$1 \underset{F^{-1}}{\overset{F}{\rightleftarrows}} \delta(f) \tag{A.6.1}$$

다음과 같이 푸리에 역변환 공식에서 $X(f) = \delta(f)$를 대입하면 단위 임펄스 함수의 특성에 의해 1을 얻게 된다. 즉, 상수 '1'의 푸리에 변환은 $\delta(f)$가 된다.

$$x(t) = \int_{-\infty}^{\infty} X(f)e^{j2\pi ft}df = \int_{-\infty}^{\infty} \delta(f)e^{j2\pi ft}df = e^{j2\pi\times 0\times t} = 1 \tag{A.6.2}$$

따라서, 시간 영역에서 정의된 임의의 상수 A의 푸리에 변환은 $A\delta(f)$가 됨을 쉽게 알 수 있다. 위의 결과로부터 상수항이 포함된(즉, DC 직류 성분이 포함된) 신호의 푸리에 변환 결과에는 임펄스 함수 $\delta(f)$가 포함되어야 함을 알 수 있다.

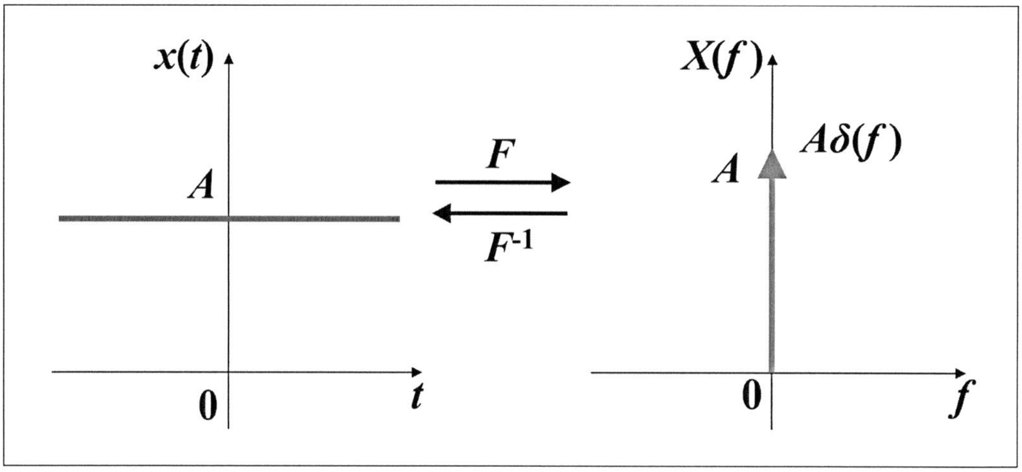

그림 A.6.1 시간 축 상에 정의된 상수 함수 A 및 푸리에 변환

A.6.2 단위 임펄스 함수(unit impulse function) $\delta(t)$의 푸리에 변환

단위 임펄스 함수 $\delta(t)$에 대한 푸리에 변환은 다음과 같다.

$$\delta(t) \underset{F^{-1}}{\overset{F}{\rightleftarrows}} 1 \tag{A.6.3}$$

푸리에 변환 공식에 단위 임펄스 함수 $x(t)=\delta(t)$를 대입하면, 단위 임펄스 함수의 특징에 의해 다음과 같은 푸리에 변환 결과를 얻게 된다.

$$X(f)=\int_{-\infty}^{\infty}\delta(t)e^{-j2\pi ft}dt=e^{-j2\pi f\times 0}=1 \tag{A.6.4}$$

위의 식 (A.6.1) 및 (A.6.3)으로부터 상수 '1'과 단위 임펄스 함수 사이에는 다음과 같이 쌍대성(duality)이 성립함을 알 수 있다.

$$1 \underset{F^{-1}}{\overset{F}{\rightleftarrows}} \delta(f),\quad \delta(t) \underset{F^{-1}}{\overset{F}{\rightleftarrows}} 1 \tag{A.6.5}$$

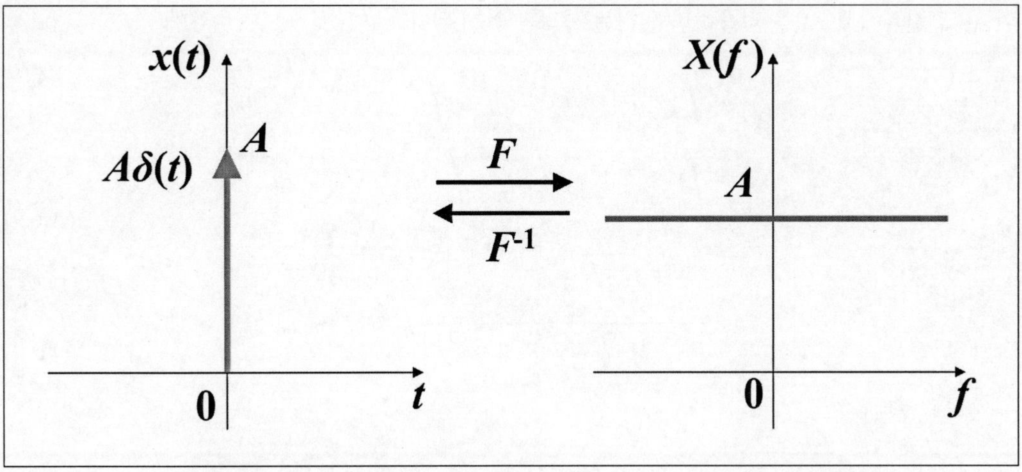

그림 A.6.2 시간 축 상에 정의된 임펄스 함수 $A\delta(t)$ 및 푸리에 변환

A.6.3 단위 계단 함수(unit step function) $u(t)$의 푸리에 변환

단위 계단 함수 $u(t)$에 대한 푸리에 변환은 다음과 같다.

$$u(t) \underset{F^{-1}}{\overset{F}{\rightleftarrows}} \frac{1}{j2\pi f} + \frac{1}{2}\delta(f) \tag{A.6.6}$$

단위 계단 함수 $u(t)$를 푸리에 변환 공식에 대입하면 다음과 같다.

$$\begin{aligned} X(f) &= \int_{-\infty}^{\infty} u(t)e^{-j2\pi ft}dt = \int_{0}^{\infty} e^{-j2\pi ft}dt \\ &= \int_{0}^{\infty} \cos(2\pi ft)dt - j\int_{0}^{\infty} \sin(2\pi ft)dt \end{aligned} \tag{A.6.7}$$

즉, 단위 계단 함수의 푸리에 변환은 위의 정의에 의해서 구할 수 없다. 따라서, 단위 계단 함수의 푸리에 변환을 구하기 위한 몇 가지 방법 중 여기에서는 대표적인 2가지 방법을 살펴보도록 하자.

① 일측 감쇠 지수(one-sided decaying exponential) 함수를 이용하는 방법

다음과 같은 감쇠 지수 함수($p > 0$)를 고려하자.

$$u_p(t) = \begin{cases} e^{-pt} & (t > 0) \\ 0 & (t < 0) \end{cases} \tag{A.6.8}$$

위 함수를 고려하는 이유는 $\lim_{p\to 0} u_p(t) = u(t)$가 성립하기 때문이다. 따라서, 먼저 $u_p(t)$를 푸리에 변환 후 그 결과에 $p \to 0$을 적용하면 원하는 결과를 얻게 된다.

$$\begin{aligned} F\{u_p(t)\} &= \int_{-\infty}^{\infty} u_p(t) e^{-j2\pi f t} dt = \int_{0}^{\infty} u_p(t) e^{-j2\pi f t} dt \\ &= \int_{0}^{\infty} e^{-pt} e^{-j2\pi f t} dt = \int_{0}^{\infty} e^{-(p+j2\pi f)t} dt \\ &= -\frac{1}{p+j2\pi f} e^{-(p+j2\pi f)t} \Big|_{0}^{\infty} = \frac{1}{p+j2\pi f} \\ &= \frac{p}{p^2+4\pi^2 f^2} + j\frac{-2\pi f}{p^2+4\pi^2 f^2} = R(f) + jX(f) \end{aligned} \tag{A.6.9}$$

위 식으로부터

$$\begin{aligned} \lim_{p\to 0} R(f) &= \lim_{p\to 0} \frac{p}{p^2+4\pi^2 f^2} = \lim_{p\to 0} \frac{1}{2\pi} \frac{p/2\pi}{(p/2\pi)^2+f^2} \\ &= \frac{1}{2} \lim_{p\to 0} \frac{1}{\pi} \frac{p/2\pi}{(p/2\pi)^2+f^2} = \frac{1}{2}\delta(f) \end{aligned} \tag{A.6.10a}$$

$$\lim_{p\to 0} X(f) = \lim_{p\to 0} \frac{-2\pi f}{p^2+4\pi^2 f^2} = -\frac{1}{2\pi f} \tag{A.6.10b}$$

이므로, $p \to 0$인 경우 $F\{u_p(t)\}$는 다음과 같이 표현된다.

$$\lim_{p\to 0} F\{u_p(t)\} = F\{u(t)\} = \frac{1}{2}\delta(f) - j\frac{1}{2\pi f} = \frac{1}{j2\pi f} + \frac{1}{2}\delta(f) \tag{A.6.11}$$

위에서 식 (A.6.10a)의 결과를 유도하기 위해 식 (A.4.13)의 결과가 이용되었다.

② 부호 함수(sign function)를 이용하는 방법

식 (A.3.3)에서 사용하였던 부호 함수(sign function)를 사용하도록 한다. 보다 간단한 표현을 위해 $\sigma(t)$로 표기하도록 하며, 아래에 다시 그 정의를 나타내었다.

$$\mathrm{sgn}(t) = \sigma(t) = \begin{cases} 1 & (t>0) \\ -1 & (t<0) \end{cases} \tag{A.6.12}$$

따라서, 단위 임펄스 함수 구현을 위해 식 (A.4.1)에 사용하였던 $\delta_\epsilon(t)$와 부호 함수와의 관계는 아래와 같이 나타낼 수 있다(그림 A.6.3 참고).

$$\delta_\epsilon(t) = \frac{1}{2\epsilon}\left(\sigma\left(t+\frac{\epsilon}{2}\right) - \sigma\left(t+\frac{\epsilon}{2}\right)\right) = \frac{1}{2}\frac{\sigma\left(t+\frac{\epsilon}{2}\right) - \sigma\left(t-\frac{\epsilon}{2}\right)}{\epsilon} \tag{A.6.13}$$

위 식을 이용하여 아래와 같이 부호 함수와 단위 임펄스 함수와의 관계를 얻을 수 있다.

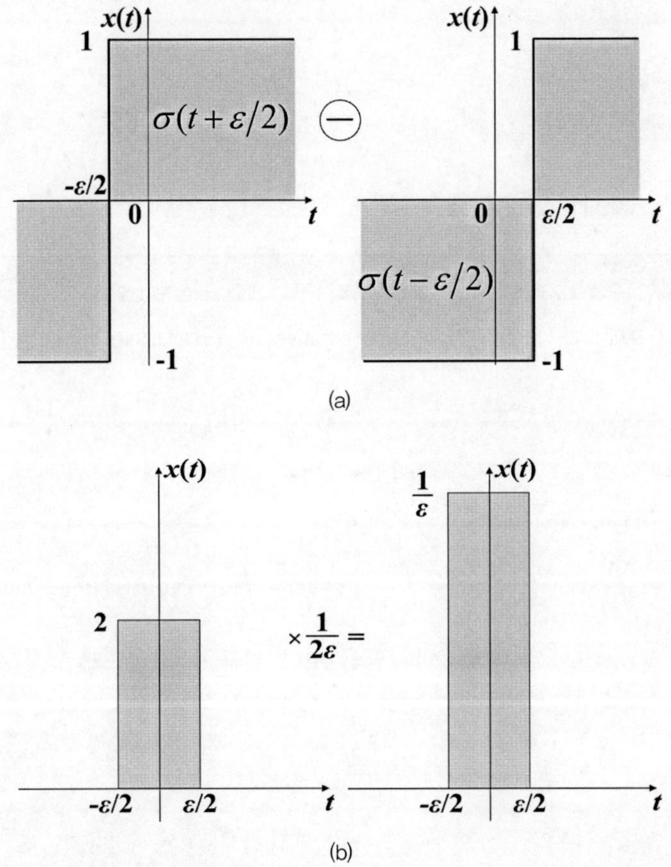

그림 A.6.3 부호 함수를 이용한 단위 계단 함수의 푸리에 변환 유도: (a) 시간 축 위에서 이동된 2개의 부호 함수, (b) 이들의 선형 결합 결과($\sigma(t+\epsilon/2)-\sigma(t-\epsilon/2)$)와 식 (A.4.1)의 직사각형 함수와의 관계

$$\lim_{\epsilon\to 0}\delta_\epsilon(t) = \delta(t) = \frac{1}{2}\frac{d\sigma}{dt} \tag{A.6.14}$$

즉, $d(\sigma(t))/dt = 2\delta(t)$ 및 미분 신호에 대한 푸리에 관계식을 이용하면 부호 함수의 푸리에 변환을 구할 수 있다.

$$j2\pi f F\{\sigma(t)\} = 2F\{\delta(t)\} \Rightarrow F\{\sigma(t)\} = \frac{1}{j\pi f} \tag{A.6.15}$$

그런데, 부호 함수 $\sigma(t)$를 단위 계단 함수를 이용하여 표현하면 $\sigma(t) = 2u(t) - 1$이므로 아래와 같은 푸리에 관계식을 얻는다.

$$F\{\sigma(t)\} = 2F\{u(t)\} - F\{1\} \tag{A.6.16}$$

이제, 위 식에 식 (A.6.1) 및 (A.6.15)를 대입하면 다음과 같이 단위 계단 함수에 대한 푸리에 변환을 얻을 수 있다.

$$F\{u(t)\}=\frac{1}{2}F\{\sigma(t)\}+\frac{1}{2}F\{1\}=\frac{1}{j2\pi f}+\frac{1}{2}\delta(f) \qquad \text{(A.6.17)}$$

위 식의 결과는 식 (A.6.11)과 동일함을 확인할 수 있다.

예제 A.6.1

다음과 같이 $t=0$ 축에 대해 역전된 단위 계단 함수(negative unit step function)의 푸리에 변환을 구하여라.

$$u_r(t)=1-u(t)=\begin{cases}1 & (t<0)\\ 0 & (t>0)\end{cases}$$

풀이 및 설명

위 함수에 대해 푸리에 변환을 적용하면 다음과 같다.

$$F\{u_r(t)\}=\int_{-\infty}^{\infty}u_r(t)e^{-j2\pi ft}dt=\int_{-\infty}^{0}e^{-j2\pi ft}dt=\int_{\infty}^{0}-e^{j2\pi ft}dt=\int_{0}^{\infty}e^{j2\pi ft}dt \qquad (1)$$

위 식의 결과는 식 (A.6.7)에서 주파수 변수 f만의 부호를 바꾼 경우와 같으므로, 식 (A.6.11)에 나타낸 단위 계단 함수의 푸리에 변환에서 f의 부호를 바꾸면 된다. 즉,

$$F\{u_r(t)\}=-\frac{1}{j2\pi f}+\frac{1}{2}\delta(f) \qquad (2)$$

위 식에서 단위 임펄스 함수의 특성 중에 $\delta(f)=\delta(-f)$의 관계를 이용하였다.

예제 A.6.2

식 (A.6.11) (또는 식 (A.6.17))에 나타낸 단위 계단 함수의 푸리에 변환과 위의 예제 A.6.1에서의 결과를 이용하여 상수 '1'; 대한 푸리에 변환을 구하여라.

풀이 및 설명

단위 계단 함수를 이용하여 상수 '1'은 $u(t)+u_r(t)$와 같이 표현 가능하므로, 아래와 같이 푸리에 변환 공식을 적용 후 식 (A.6.11) 및 예제 A.6.1의 식 (2)를 적용하면 된다.

$$\begin{aligned}F\{1\}&=\int_{-\infty}^{\infty}(u_r(t)+u(t))e^{-j2\pi ft}dt=\int_{-\infty}^{\infty}u_r(t)e^{-j2\pi ft}dt+\int_{-\infty}^{\infty}u(t)e^{-j2\pi ft}dt\\&=\int_{-\infty}^{0}e^{-j2\pi ft}dt+\int_{0}^{\infty}e^{-j2\pi ft}dt\\&=\left(-\frac{1}{j2\pi f}+\frac{1}{2}\delta(f)\right)+\left(\frac{1}{j2\pi f}+\frac{1}{2}\delta(f)\right)=\delta(f)\end{aligned} \qquad (1)$$

A.6.4 직사각형(rectangular) 함수의 푸리에 변환

직사각형 함수 rect(t/T_0)에 대한 푸리에 변환은 다음과 같다.

$$\mathrm{rect}(t/T_0) \underset{F^{-1}}{\overset{F}{\rightleftarrows}} T_0 \frac{\sin \pi f T_0}{\pi f T_0} (= T_0 \,\mathrm{sinc}(\pi f T_0)) \tag{A.6.18}$$

부록 A.4에서 단위 임펄스 함수는 매개 변수가 포함된 sinc 함수의 극한으로서도 구현될 수 있음을 설명하였다. 지금 곧 다루겠지만, sinc 함수는 직사각형 함수를 푸리에 변환하여 얻을 수 있는데, 직사각형 함수는 신호 처리 시 시간 영역에서의 기본적인 창 함수(window function)의 역할을 하므로 반드시 알아두어야 할 내용이다. 왜냐하면, 이 함수로 처리된 신호의 주파수 특성을 이해하기 위해서는 직사각형 함수에 대한 푸리에 변환을 아는 것이 첫 번째이기 때문이다.

직사각형 함수 rect(t)를 다음과 같이 정의하자[22].

$$\mathrm{rect}(t) = \begin{cases} 0 & (|t| > 1/2) \\ 1 & (|t| < 1/2) \end{cases} \tag{A.6.19}$$

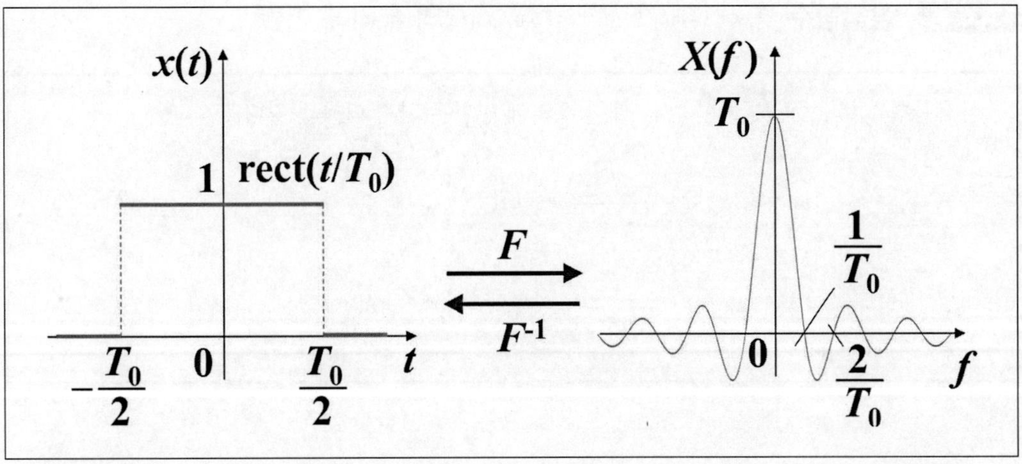

그림 A.6.4 직사각형 함수 rect(t/T_0) 및 푸리에 변환으로서의 밴드폭(bandwidth) $1/T_0$ 인 sinc 함수

그리고, 그림 A.6.4의 좌측에 나타낸 직사각형 함수 rect(t/T_0)에 대한 푸리에 변환을 구해보자.

---

22) 식 (A.6.20)의 $X(f) = T_0 \mathrm{sinc}(\pi f T_0)$에 대한 역 푸리에 변환 $\int_{-\infty}^{\infty} X(f) e^{j2\pi ft} df$을 계산하여 복원된 신호 $x(t)$를 고려하면, 보충 설명 2.2.1에 의해 $x(-1/2) = x(1/2) = 0.5$가 되어야 한다. 따라서, 푸리에 변환을 고려하여 직사각형 함수를 정의할 때에는 엄밀하게는 위의 내용도 같이 포함되어야 한다. 다만, 여기서는 표기의 간결함을 위해 암묵적으로 이를 포함한다고 가정한다.

$$F\{\mathrm{rect}(t/T_0)\} = \int_{-\infty}^{\infty}(\mathrm{rect}(t/T_0))e^{-j2\pi ft} = \int_{-T_0/2}^{T_0/2} e^{-j2\pi ft}dt$$
$$= -\frac{1}{j2\pi f}e^{-j2\pi ft}\Big|_{-T_0/2}^{T_0/2} = \frac{1}{j2\pi f}\left(e^{j\pi fT_0} - e^{-j\pi fT_0}\right) \quad \text{(A.6.20)}$$
$$= \frac{\sin\pi fT_0}{\pi f} = T_0\frac{\sin\pi fT_0}{\pi fT_0} = T_0\mathrm{sinc}(\pi fT_0)$$

위 식의 결과로부터 직사각형 함수 $\mathrm{rect}(t/T_0)$의 푸리에 변환은 밴드폭(bandwidth) $1/T_0$인 sinc 함수가 됨을 확인할 수 있다. 식 (A.4.5)를 참고하면, 식 (A.6.20)의 sinc 함수는 주파수 영역 전 구간에서의 적분 값이 T_0의 값에 관계 없이 항상 1이 되고, T_0의 값이 커질수록(직사각형 함수의 폭이 넓어질수록) 그 폭이 매우 좁아져서 결국 주파수 영역에서 단위 임펄스 함수가 됨을 확인할 수 있다[23]. 참고로, 이러한 특성은 다음과 같이 $T_0 \to \infty$를 고려함으로써 상수 '1'의 푸리에 변환을 구하는 또 다른 방법을 제공하기도 한다.

$$\lim_{T_0\to\infty}\mathrm{rect}(t/T_0)(=1) \underset{F^{-1}}{\overset{F}{\rightleftharpoons}} \lim_{T_0\to\infty} T_0\frac{\sin\pi fT_0}{\pi fT_0}(=\delta(f)) \quad \text{(A.6.21)}$$

A.6.5 삼각함수 $A\cos(2\pi f_0 t)$, $A\sin(2\pi f_0 t)$의 푸리에 변환

삼각함수 $\cos 2\pi f_0 t$ 및 $\sin 2\pi f_0 t$ 대한 푸리에 변환은 각각 다음과 같다.

$$A\cos(2\pi f_0 t) \underset{F^{-1}}{\overset{F}{\rightleftharpoons}} \frac{A}{2}(\delta(f-f_0)+\delta(f+f_0)) \quad \text{(A.6.22a)}$$

$$A\sin(2\pi f_0 t) \underset{F^{-1}}{\overset{F}{\rightleftharpoons}} \frac{A}{2j}(\delta(f-f_0)-\delta(f+f_0)) \quad \text{(A.6.22b)}$$

23) 시간 영역과 주파수 영역 사이에는 관찰 범위가 서로 반대이다. 즉, 시간 영역에서 구간의 범위가 넓어지면 주파수 영역에서는 좁아진다. 이를 푸리에 해석에서의 '불확실성의 원리(uncertainty principle'라고 하며 $\Delta f \cdot \Delta t \geq (1/4\pi)$로 표현한다. $\Delta f \cdot \Delta t$를 'BT 곱(Bandwidth-Time product)' 이라고 하는데, 이에 의하면 한쪽 영역에서 분해능(resolution)의 증가는 다른 영역에서 분해능의 감소를 가져오기 마련이다.

먼저, 주파수 f_0의 코사인 함수인 $x(t) = A\cos(2\pi f_0 t)$에 대한 푸리에 변환을 구해보자.

$$\begin{aligned} X(f) &= \int_{-\infty}^{\infty} x(t)e^{-j2\pi ft}dt = \int_{-\infty}^{\infty} A\cos(2\pi f_0 t)e^{-j2\pi ft}dt \\ &= \int_{-\infty}^{\infty} A\frac{e^{j2\pi f_0 t} + e^{-j2\pi f_0 t}}{2}e^{-j2\pi ft}dt \\ &= \frac{A}{2}\int_{-\infty}^{\infty}\left(e^{-j2\pi(f-f_0)t} + e^{-j2\pi(f+f_0)t}\right)dt \\ &= \frac{A}{2}(\delta(f-f_0) + \delta(f+f_0)) \end{aligned} \tag{A.6.23a}$$

위 식의 결과는 코사인 함수를 복소수 지수 함수의 형태로 표현 후 식 (A.4.7)을 적용한 것이다. 동일한 방법을 적용하면 주파수 f_0의 사인 함수인 $x(t) = A\sin(2\pi f_0 t)$에 대한 푸리에 변환은 다음과 같이 구할 수 있다.

$$\begin{aligned} X(f) &= \int_{-\infty}^{\infty} x(t)e^{-j2\pi ft}dt = \int_{-\infty}^{\infty} A\sin(2\pi f_0 t)e^{-j2\pi ft}dt \\ &= \int_{-\infty}^{\infty} A\frac{e^{j2\pi f_0 t} - e^{-j2\pi f_0 t}}{2j}e^{-j2\pi ft}dt \\ &= \frac{A}{2j}\int_{-\infty}^{\infty}\left(e^{-j2\pi(f-f_0)t} - e^{-j2\pi(f+f_0)t}\right)dt \\ &= \frac{A}{2j}(\delta(f-f_0) - \delta(f+f_0)) \end{aligned} \tag{A.6.23b}$$

위의 두 결과로부터 동일한 주파수를 갖는 코사인 함수 및 사인 함수의 푸리에 변환의 크기는 서로 동일하다는 것을 알 수 있다(그림 A.6.5 참고).

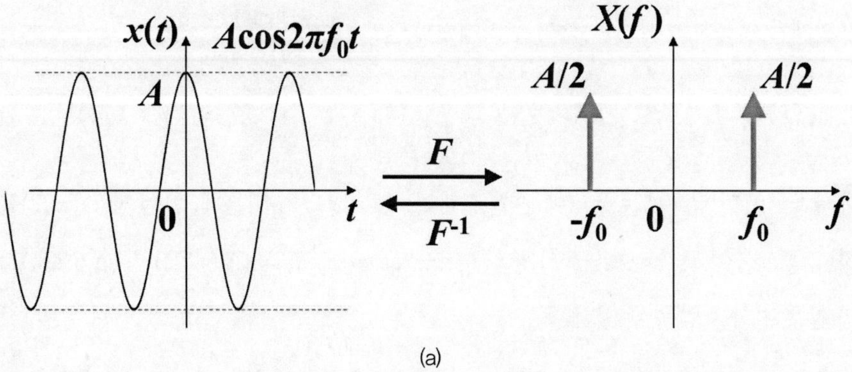

(a)

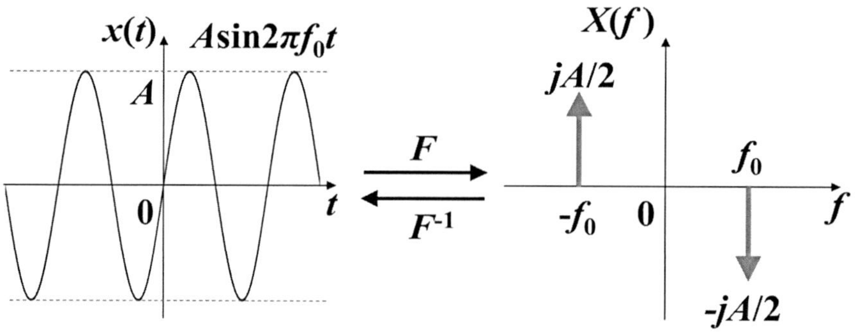

(b)

그림 A.6.5 삼각함수의 푸리에 변환: (a) $A\cos(2\pi f_0 t)$ 및 (b) $A\sin(2\pi f_0 t)$의 푸리에 변환

A.6.6 복소수 지수 함수 $e^{j2\pi k f_0 t}$의 푸리에 변환

복소수 지수 함수 $e^{j2\pi k f_0 t}$에 대한 푸리에 변환은 다음과 같다.

$$e^{2\pi k f_0 t} \underset{F^{-1}}{\overset{F}{\rightleftarrows}} \delta(f - k f_0) \tag{A.6.24}$$

복소수 푸리에 급수 전개에서 기저 함수로 사용되는 $x(t) = e^{j2\pi k f_0 t}$의 푸리에 변환에 대해 살펴보자. 실수부나 허수부가 모두 코사인 및 사인 함수이므로 앞서 살펴 본바와 같이 푸리에 변환 식을 통해 직접 $X(f)$를 구할 수 없다. 따라서, 앞에서 삼각 함수의 푸리에 변환에서 살펴본 것처럼 단위 임펄스 함수와의 관계를 이용하여 다음과 같이 푸리에 변환을 구할 수 있다.

$$X(f) = \int_{-\infty}^{\infty} e^{j2\pi k f_0 t} e^{-j2\pi f t} dt = \int_{-\infty}^{\infty} e^{-j2\pi(f - k f_0)t} dt = \delta(f - k f_0) \tag{A.6.25}$$

위의 식에서 $k=1$ 인 경우에는 푸리에 변환 결과가 $\delta(f - f_0)$가 되는데, 이는 식 (A.6.22)를 고려하면 자명하다. 즉, $e^{j2\pi f_0 t} = \cos(2\pi f_0 t) + j\sin(2\pi f_0 t)$ 이므로, 식 (A.6.22a) 및 (A.6.22b)를 참고하면 아래와 같은 결과를 얻을 수 있다.

$$\begin{aligned} X(f) &= \frac{1}{2}(\delta(f - f_0) + \delta(f + f_0)) + j\frac{1}{2j}(\delta(f - f_0) - \delta(f + f_0)) \\ &= \delta(f - f_0) \end{aligned} \tag{A.6.26}$$

또한, 위 식은 $f_0 = 0$일 때, $\int_{-\infty}^{\infty} e^{-j2\pi ft} dt = \delta(f)$가 되는데, 이는 식 (A.4.7)에서 단위 임펄스 함수를 정의하는데 사용되었던 방법과 동일함을 알 수 있다.

A.6.7 일반적인 연속 시간 주기 함수의 푸리에 변환

일반적인 연속 시간 주기 함수의 푸리에 변환은 다음과 같다.

$$\sum_{k=-\infty}^{\infty} c_k e^{j2\pi k f_0 t} \underset{F^{-1}}{\overset{F}{\rightleftharpoons}} \sum_{k=-\infty}^{\infty} c_k \delta(f - kf_0) \tag{A.6.27}$$

연속 시간 비 주기 신호의 분석을 위해 개발된 푸리에 변환을 일반적인 연속시간 주기 함수 신호에 적용하여 보자. 앞에서 살펴본 바와 같이 실수 전 공간에 걸쳐 정의되어 있는 연속 시간 주기 함수(예를 들면, 코사인 또는 사인 함수)는 푸리에 변환이 존재하기 위한 필요조건에 부합하지 않는다. 따라서, 그러한 일반적인 연속 시간 주기 함수에 대해서는 어떻게 푸리에 변환을 구하는지 살펴보도록 하자.

본문의 2장에서 살펴 본 바와 같이 일반적인 연속시간 주기 함수 신호는 푸리에 급수를 사용하여 다음과 같이 표현할 수 있다.

$$x(t) = \sum_{k=-\infty}^{\infty} c_k e^{j2\pi k f_0 t} \tag{A.6.28}$$

따라서, 위와 같이 표현된 일반적인 연속 시간 주기 신호의 푸리에 변환은 식 (A.6.24)를 이용하면 아래와 같이 나타낼 수 있다.

$$\begin{aligned} X(f) &= \int_{-\infty}^{\infty} x(t) e^{-j2\pi ft} dt = \int_{-\infty}^{\infty} \sum_{k=-\infty}^{\infty} c_k e^{j2\pi k f_0 t} e^{-j2\pi ft} dt \\ &= \sum_{k=-\infty}^{\infty} c_k \int_{-\infty}^{\infty} e^{-j2\pi(f-kf_0)t} dt \\ &= \sum_{k=-\infty}^{\infty} c_k \delta(f - kf_0) \end{aligned} \tag{A.6.29}$$

즉, 일반적인 연속 시간 주기 신호의 푸리에 변환은 각각의 주파수 성분에서의 푸리에 계수를 크기로 갖는 임펄스 들의 합인 임펄스 열(impulse train)이 되는 것을 확인할 수 있다.

A.6.8 임펄스 열 시간 신호에 대한 푸리에 변환

임펄스 열 시간 신호에 대한 푸리에 변환은 다음과 같다.

$$\sum_{n=-\infty}^{\infty} \delta(t-nT_0) \underset{F^{-1}}{\overset{F}{\rightleftharpoons}} \sum_{k=-\infty}^{\infty} \frac{1}{T_0}\delta(f-kf_0) \tag{A.6.30}$$

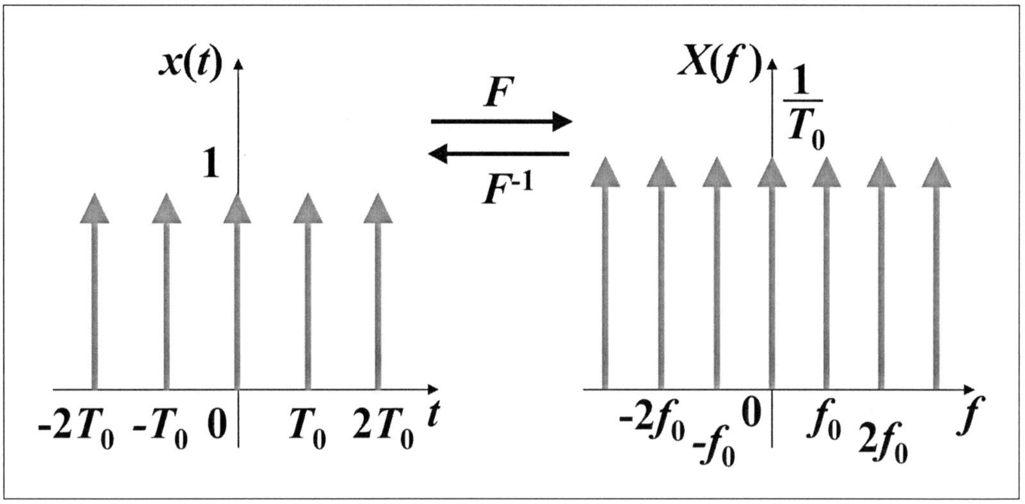

그림 A.6.6 임펄스 열 시간 신호 $x(t)=\sum_{n=-\infty}^{\infty}\delta(t-nT_0)$ 의 푸리에 변환

그림 A.6.6에 나타낸 바와 같이 임펄스 열 시간 신호 $\sum_{n=-\infty}^{\infty}\delta(t-nT_0)$는 주기 T_0마다 반복되는 단위 임펄스 함수로 표현되기 때문에 복소수 푸리에 급수 전개가 가능하다. 즉, 우선 해당 시간 신호의 푸리에 급수 표현을 통해 푸리에 계수를 구한 후, 식 (A.6.27)에 의하면 이를 주파수 영역에서의 임펄스 열의 계수로 하여 푸리에 변환을 구한다.

본문의 2장에서 살펴본 바와 같이 임펄스 열 시간 신호 $\sum_{n=-\infty}^{\infty}\delta(t-nT_0)$의 푸리에 계수 c_k는 다음과 같이 구할 수 있다.

$$\begin{aligned} c_k &= \frac{1}{T_0}\int_{-T_0/2}^{T_0/2} x(t)e^{-j2\pi kf_0t}dt = \frac{1}{T_0}\int_{-T_0/2}^{T_0/2}\left(\sum_{n=-\infty}^{\infty}\delta(t-nT_0)\right)e^{-j2\pi kf_0t}dt \\ &= \frac{1}{T_0}\int_{-T_0/2}^{T_0/2}\delta(t)e^{-j2\pi kf_0t}dt = \frac{1}{T_0} \end{aligned} \tag{A.6.31}$$

따라서, 식 (A.6.27)에 의해 푸리에 변환은 아래와 같이 표현된다.

$$X(f) = \sum_{k=-\infty}^{\infty} \frac{1}{T_0}\delta(f-kf_0) \tag{A.6.32}$$

참고로 식 (A.6.31)을 이용하면, 임펄스 열 시간 신호의 푸리에 급수 표현은 다음과 같다.

$$x(t) = \sum_{k=-\infty}^{\infty} c_k e^{j2\pi k f_0 t} = \sum_{k=-\infty}^{\infty} \frac{1}{T_0} e^{j2\pi k f_0 t} \tag{A.6.33}$$

따라서, 이 문제는 식 (A.6.27)의 특수한 경우라고 볼 수 있다.

보충설명 A.6.1 임펄스 열 시간 신호의 푸리에 변환에 대해

A.6.8에서는 임펄스 열 시간 신호를 주기 신호로 간주하고 이에 대한 복소수 푸리에 급수 전개를 구한 후 푸리에 변환을 구하였다. 그런데, 임펄스 열 신호를 잘 살펴보면, 더해지는 임펄스 함수 요소들은 단위 임펄스 함수를 시간 축 이동시킨 것이다. 우리는 이미 임펄스 함수의 푸리에 변환을 알고 있고, 또한 푸리에 변환을 알고 있는 어떤 시간 함수의 시간 축 이동에 대한 푸리에 변환 관계도 알고 있다. 따라서, 다음과 같은 방법으로 임펄스 열 시간 함수에 대한 푸리에 변환을 구할 수도 있다.

임펄스 열로 표현된 신호 $x(t)$는 각각의 임펄스 신호가 시간 축에 대해 nT_0 만큼 이동하였으므로, 시간 축 이동에 대한 푸리에 변환 관계를 이용한다. 즉, $\delta(t)$의 푸리에 변환이 상수 '1'이므로, $\delta(t-nT_0)$의 푸리에 변환은 $1\times e^{-j2\pi f n T_0}$가 된다. 따라서, 임펄스 열 시간 함수에 대한 푸리에 변환은 다음과 같이 표현해도 된다.

$$X(f) = \sum_{n=-\infty}^{\infty} e^{-j2\pi f n T_0} = \sum_{k=-\infty}^{\infty} e^{-j2\pi f k T_0} \tag{1}$$

따라서, 식 (A.6.32)로부터 다음과 같은 관계가 성립함을 알수 있다.

$$\sum_{k=-\infty}^{\infty} e^{-j2\pi f k T_0} = \sum_{k=-\infty}^{\infty} \frac{1}{T_0}\delta(f-kf_0) \tag{2}$$

종합하면, 시간 영역에서의 임펄스 열 신호 및 그에 대한 주파수 영역에서의 푸리에 변환 간의 동등 및 대응 관계는 다음과 같이 정리할 수 있다($f_0 = 1/T_0$).

(시간 영역)

$$x(t) = \sum_{n=-\infty}^{\infty} \delta(t-nT_0) = \sum_{k=-\infty}^{\infty} \frac{1}{T_0} e^{j2\pi k f_0 t} \tag{3a}$$

(주파수 영역)

$$X(f) = \sum_{k=-\infty}^{\infty} e^{-j2\pi f k T_0} = \sum_{k=-\infty}^{\infty} \frac{1}{T_0}\delta(f-kf_0) \tag{3b}$$

A.6.9 가우스 함수(Gaussian function) 신호에 대한 푸리에 변환

가우스 함수에 대한 푸리에 변환은 다음과 같다.

$$e^{-at^2}(a>0) \underset{F^{-1}}{\overset{F}{\rightleftarrows}} \sqrt{\frac{\pi}{a}}\, e^{-\frac{(\pi f)^2}{a}} \tag{A.6.34}$$

가우스 함수는 가장 대표적인 통계 분포로서 정규 분포(normal distribution)를 나타내는 함수이다. 3장에서 살펴볼 내용으로서, 임의의 시간에서의 신호 측정값의 분포가 정규 분포를 이루는 경우 이를 가우스 랜덤 과정(Gaussian random process)이라고 하며, 랜덤 과정에서 중요한 역할을 한다. 또한, 입력 파로서 물리적으로 구현 가능한 임펄스 신호의 생성 시에도 자주 사용된다. 식 (A.6.34)의 증명은 확률분포의 특성상 표준 정규 분포 확률 밀도 함수의 면적이 1이라는 사실로부터 시작된다.

즉,

$$\int_{-\infty}^{\infty} \frac{1}{\sqrt{2\pi}} e^{-\frac{z^2}{2}} dz = 1 \tag{A.6.35}$$

이므로, $z = \sqrt{2a}\, y$을 이용하여 치환 적분하면 아래와 같은 결과를 얻는다.

$$\int_{-\infty}^{\infty} \sqrt{2a}\, e^{-ay^2} dy = \sqrt{2\pi} \Rightarrow \int_{-\infty}^{\infty} e^{-ay^2} dy = \sqrt{\frac{\pi}{a}} \tag{A.6.36}$$

위의 식을 염두에 두고, 식 (A.6.34)의 시간 함수 $e^{-at^2}(a>0)$에 대한 푸리에 변환은 다음과 같이 구할 수 있다.

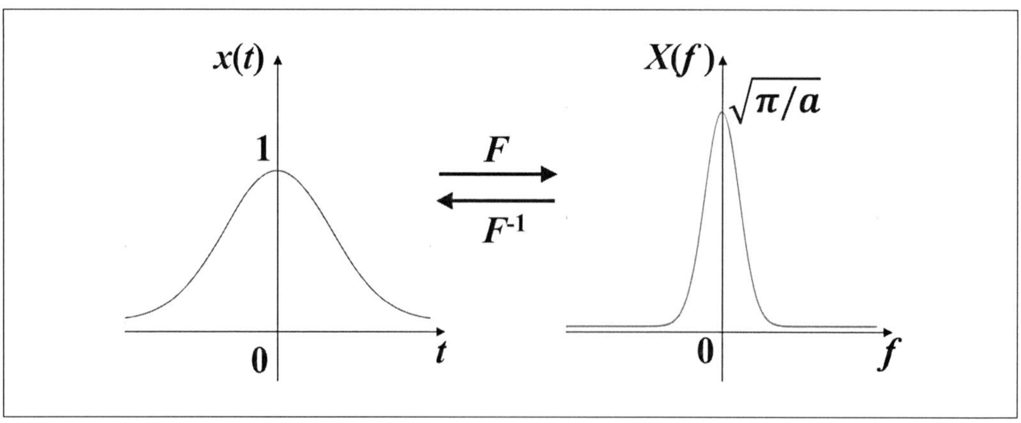

그림 A.6.7 가우스 신호 함수의 푸리에 변환($a=1$인 경우)

$$
\begin{aligned}
X(f) &= \int_{-\infty}^{\infty} e^{-at^2} e^{-j2\pi ft} dt = \int_{-\infty}^{\infty} e^{-a(t^2 + j2\pi ft/a)} dt \\
&= \int_{-\infty}^{\infty} e^{-a\{(t + j\pi f/a)^2 + (\pi f/a)^2\}} dt = e^{-(\pi f)^2/a} \int_{-\infty}^{\infty} e^{-a(t + j\pi f/a)^2} dt \\
&= \sqrt{\frac{\pi}{a}}\, e^{-\frac{(\pi f)^2}{a}}
\end{aligned}
\qquad \text{(A.6.37)}
$$

위 식에서 $y = t + j\pi f/a$로 치환을 한 후 식 (A.6.36)의 결과를 이용하였다. 위의 결과로부터 시간 영역에서의 가우스 함수는 푸리에 변환 후 주파수 영역에서도 가우스 함수가 되는 것을 확인할 수 있다.

A.6.10 감쇠 조화(damped harmonic) 신호에 대한 푸리에 변환

감쇠 조화 신호에 대한 대한 푸리에 변환은 다음과 같다.

$$
\left(e^{-a}\sin 2\pi f_0 t\right)u(t) \underset{F^{-1}}{\overset{F}{\rightleftharpoons}} \frac{2\pi f_0}{a^2 - 4\pi^2(f^2 - f_0^2) + j4\pi a f} \ (a > 0) \qquad \text{(A.6.38)}
$$

식 (A.6.38)에 나타낸 시간 신호는 감쇠가 포함된 질량-스프링 계의 단위 충격 응답과 같은 형태이다(식 (1.3.5) 참고). 따라서, 이의 푸리에 변환을 구하면 질량-스프링-감쇠 진동 시스템의 주파수 응답함수를 구할 수 있게 되는 것이다. 위의 식에 나타낸 보다 일반적인 형태의 시간 신호에 대한 푸리에 변환을 먼저 구한 후, 그 결과를 이용하여 실제 단위 임펄스 응답에 대한 주파수 응답 함수를 구해 보도록 하자. 먼저, 식 (A.6.38)에 주어진 감쇠 조화 신호를 푸리에 변환하면 아래와 같이 구할 수 있다.

$$
\begin{aligned}
X(f) &= \int_{-\infty}^{\infty} \left(e^{-at}\sin 2\pi f_0 t\right)u(t) e^{-j2\pi ft} dt \\
&= \frac{1}{2j}\int_{0}^{\infty} \left(e^{-(a + j2\pi(f - f_0))t} - e^{-(a + j2\pi(f + f_0))t}\right) dt \\
&= \frac{1}{2j}\left(\frac{1}{a + j2\pi(f - f_0)} - \frac{1}{a + j2\pi(f + f_0)}\right) \\
&= \frac{2\pi f_0}{a^2 - 4\pi^2(f^2 - f_0^2) + j4\pi a f}
\end{aligned}
\qquad \text{(A.6.39)}
$$

이제 위 식의 결과를 이용하여 우리가 진동학에서 자주 접하는 단위 임펄스 응답 함수 $h(t)$의 푸리에 변환, 즉 질량-스프링-감쇠 진동 시스템의 주파수 응답 함수를 구해보자. 단위 임펄스 응답을 나타내는 식 (1.3.5)를 아래에 다시 나타내었다.

$$
h(t) = \frac{1}{\omega_d m} e^{-\zeta\omega_n t} \sin\omega_d t \ (t > 0) \qquad \text{(A.6.40)}
$$

참고로, 이 책에서는 주파수를 표현하기 위해 각 주파수(angular frequency) ω (rad/s)와 Hz 단위의 f를 같이 사용하는데, 다만 1장에서는 주로 각 주파수를 사용하였다. 따라서, 1장에서 처음 설명된 식 (A.6.40)은 ω $(=2\pi f)$로 표현된 감쇠 조화 운동식이기 때문에, 이와 똑같은 형태가 되도록 식 (A.6.38)의 시간 신호에서 a와 $2\pi f_0$에 각각 $\zeta\omega_n$, ω_d를 대입한다. 그리고, 마지막으로 앞에 상수 $1/\omega_d m$을 곱하게 되면, 식 (A.6.40)의 푸리에 변환, 즉 주파수 응답 함수는 다음과 같이 구해진다.

$$
\begin{aligned}
H(\omega) &= \frac{1}{\omega_d m}\frac{\omega_d}{(\zeta\omega_n)^2-\omega^2+\omega_d^2+j2\zeta\omega_n\omega} \\
&= \frac{1/m}{\omega_n^2-\omega^2+j2\zeta\omega_n\omega}
\end{aligned}
\tag{A.6.41}
$$

더 나아가 $\omega_n^2 = k/m$ 및 $c/m = 2\zeta\omega_n$의 관계를 이용하면 아래와 같이 m, c, 및 k로 표현된 주파수 응답함수를 얻게 된다.

$$
H(\omega) = \frac{1}{m\omega_n^2-\omega^2 m+j2\zeta\omega_n m\omega} = \frac{1}{k-\omega^2 m+j\omega c} \tag{A.6.42}
$$

A.7. 모드 기여 계수 및 모드 유효 질량

여기서는 모드 기여 계수와 모드 유효 질량에 대해서 알아보도록 하자. 일부 혼용해서 사용하고 있는 경우도 있어서 명확한 구분이 필요하다. 그리고, 이들은 대부분의 진동 해석 소프트웨어에서도 기본적으로 제공되고 있기에 진동 구조물의 설계 및 평가에 있어서 그 의미가 무엇인지 올바른 이해가 필요하다.

A.7.1 모드 기여 계수(modal participation factor)

다 자유도(자유도 n) 진동 구조물에 대한 행렬 미분 방정식은 다음과 같이 표현된다.

$$
\boldsymbol{M}\ddot{\boldsymbol{x}}(t)+\boldsymbol{C}\dot{\boldsymbol{x}}(t)+\boldsymbol{K}\boldsymbol{x}(t)=\boldsymbol{f}(t) \tag{A.7.1}
$$

위 식에서 변위 벡터 $\boldsymbol{x}$는 질량 정규화된 고유 모드 벡터 $\boldsymbol{\phi}_i$ $(i=1,2,\ldots,n)$을 이용하여 아래와 같이 나타낼 수 있다.

$$\boldsymbol{x} = \boldsymbol{\Phi z} = [\boldsymbol{\phi}_1\, \boldsymbol{\phi}_2 \cdots \boldsymbol{\phi}_n] \begin{Bmatrix} z_1 \\ z_2 \\ \vdots \\ z_n \end{Bmatrix} = \sum_{i=1}^{n} z_i \boldsymbol{\phi}_i \tag{A.7.2}$$

위 식에서 $\boldsymbol{\Phi}$ 는 질량 정규화된 모드 벡터 ϕ_i $(i = 1, 2, ..., n)$로 구성된 모드 행렬(modal matrix)을 나타내며, z_i $(i = 1, 2, ..., n)$는 각각의 모드에 관련된 모드 좌표(modal coordinates)를 나타낸다[24]. 이제 모드 행렬(modal matrix) $\boldsymbol{\Phi}$ 를 이용하면 식 (A.7.1)은 아래와 같이 나타낼 수 있는데,

$$\boldsymbol{\Phi}^T \boldsymbol{M\Phi} \ddot{\boldsymbol{z}}(t) + \boldsymbol{\Phi}^T \boldsymbol{C\Phi} \dot{\boldsymbol{z}}(t) + \boldsymbol{\Phi}^T \boldsymbol{K\Phi z}(t) = \boldsymbol{\Phi}^T \boldsymbol{f}(t) \tag{A.7.3}$$

여기에서 $\boldsymbol{\Phi}^T \boldsymbol{M\Phi} = \boldsymbol{I}$ 및 $\boldsymbol{\Phi}^T \boldsymbol{K\Phi} = diag\left(\omega_i^2\right)$의 관계를 이용하여 다음과 같이 모드 좌표에 대한 비연성 방정식을 얻게 된다.

$$\ddot{z}_i(t) + 2\zeta_i \omega_i \dot{z}(t) + \omega_i^2 z_i(t) = \boldsymbol{\phi}_i^T \boldsymbol{f}(t)\ (i = 1, 2, ..., n) \tag{A.7.4}$$

따라서, 조화 가진력 $\boldsymbol{f}(t) = \boldsymbol{F}_0 \cos\omega t$에 대해 위 식의 해는 아래와 같이 표현된다.

$$z_i(t) = \frac{\boldsymbol{\phi}_i^T \boldsymbol{F}_0}{\sqrt{\left(\omega_i^2 - \omega^2\right)^2 + \left(2\zeta_i \omega_i \omega\right)^2}} \cos(\omega t - \theta_i) \tag{A.7.5}$$

위 식을 다시 식 (A.7.2)에 대입하면 식 (A.7.1)의 해는 아래와 같이 구해진다.

$$\boldsymbol{x}(t) = \sum_{i=1}^{n} z_i \boldsymbol{\phi}_i = \sum_{i=1}^{n} \frac{\boldsymbol{\phi}_i}{\sqrt{\left(\omega_i^2 - \omega^2\right)^2 + \left(2\zeta_i \omega_i \omega\right)^2}} \boldsymbol{\phi}_i^T \boldsymbol{F}_0 \cos(\omega t - \theta_i) \tag{A.7.6}$$

여기서 i 번째 모드 $\boldsymbol{\phi}_i$는 외부 가진력 $\boldsymbol{F}_0 \cos\omega t$에 대해 z_i만큼의 가중치를 갖게 된다. 즉, 정상 상태 응답에서 z_i는 i 번째 모드의 기여도를 나타낸다고 간주할 수 있다(He and Fu, 2001).

자유 진동의 관점에서 모드 기여도를 고려해 볼수 있다(Inman, 2013). 외부 가진력이 작용하지 않을 때($\boldsymbol{f}(t) = 0$)의 식 (A.7.4)는 아래와 같다.

$$\ddot{z}_i(t) + 2\zeta_i \omega_i \dot{z}(t) + \omega_i^2 z_i(t) = 0 \tag{A.7.7}$$

따라서, 위 모드 방정식의 해는 아래와 같이 표현할 수 있다.

$$z_i(t) = d_i e^{-\zeta_i \omega_i t} \sin(\omega_{di} t + \theta_i) \tag{A.7.8}$$

위 식에서 d_i 및 θ_i는 초기 조건에 의해 정해진다. 위의 모드 방정식의 해 z_i 및 식 (A.7.2)를 이용하면,

24) 일부 문헌에는 natural coordinates 또는 principal coordinates라고도 표기한다.

자유 진동의 변위 $\boldsymbol{x}(t)$는 다음과 같다.

$$\boldsymbol{x}(t) = \sum_{i=1}^{n} \boldsymbol{\phi}_i z_i = \sum_{i=1}^{n} d_i e^{-\zeta_i \omega_i t} \sin(\omega_{di} t + \theta_i) \boldsymbol{\phi}_i \tag{A.7.9}$$

위 식을 초기 조건 $\boldsymbol{x}(0)$, $\dot{\boldsymbol{x}}(0)$에 의해 표현해 보자. 우선 위 식에 대해 아래와 같은 관계식을 얻을 수 있다.

$$\boldsymbol{x}(0) = \sum_{i=1}^{n} d_i \sin\theta_i \boldsymbol{\phi}_i \tag{A.7.10a}$$

$$\dot{\boldsymbol{x}}(0) = \sum_{i=1}^{n} (-d_i \zeta_i \omega_i \sin\theta_i + d_i \omega_{di} \cos\theta_i) \boldsymbol{\phi}_i \tag{A.7.10b}$$

그리고, 고유 모드 벡터들의 질량 행렬에 대한 직교 조건을 이용하면 다음과 같으므로,

$$\boldsymbol{\phi}_i^T \boldsymbol{M} \boldsymbol{x}(0) = d_i \sin\theta_i \tag{A.7.11a}$$

$$\boldsymbol{\phi}_i^T \boldsymbol{M} \dot{\boldsymbol{x}}(0) = -d_i \zeta_i \omega_i \sin\theta_i + d_i \omega_{di} \cos\theta_i \tag{A.7.11b}$$

이 관계식들로부터 d_i와 θ_i를 초기 조건 $\boldsymbol{x}(0)$, $\dot{\boldsymbol{x}}(0)$를 이용하여 다음과 같이 표현할 수 있다.

$$d_i = \frac{\boldsymbol{\phi}_i^T \boldsymbol{M} \boldsymbol{x}(0)}{\sin\theta_i} \tag{A.7.12a}$$

$$\cot\theta_i = \frac{1}{\omega_i \sqrt{1-\zeta_i^2}} \frac{\boldsymbol{\phi}_i^T \boldsymbol{M} \dot{\boldsymbol{x}}(0)}{\boldsymbol{\phi}_i^T \boldsymbol{M} \boldsymbol{x}(0)} + \frac{\zeta_i}{\sqrt{1-\zeta_i^2}} \tag{A.7.12b}$$

따라서, 식 (A.7.9)는 다음과 같이 나타낼 수 있다.

$$\boldsymbol{x}(t) = \sum_{i=1}^{n} \frac{\boldsymbol{\phi}_i^T \boldsymbol{M} \boldsymbol{x}(0)}{\sin\theta_i} e^{-\zeta_i \omega_i t} \sin(\omega_{di} t + \theta_i) \boldsymbol{\phi}_i \tag{A.7.13}$$

위 식에서 응답 $\boldsymbol{x}(t)$의 크기에 대한 i 번째 모드의 기여도는 $\boldsymbol{\phi}_i^T \boldsymbol{M} \boldsymbol{x}(0)/\sin\theta_i$라고 할 수 있는데, 이는 i 번째 모드가 전체 응답에서 차지하는 비율을 의미하게 되므로 모드 기여 계수(modal participation factor)라고 한다.

식 (A.7.13) 및 모드 기여 계수는 감쇠비가 없는 경우 좀더 간단하게 표현할 수 있다. 감쇠를 무시할 경우 식 (A.7.13)은 아래와 같다.

$$x(t) = \sum_{i=1}^{n} \frac{\phi_i^T M x(0)}{\sin\theta_i} sin(\omega_i t + \theta_i)\phi_i \tag{A.7.14}$$

위 식에서 θ_i는 식 (A.7.12b)로부터 다음의 식을 만족하게 되는데,

$$\cot\theta_i = \frac{1}{\omega_i}\frac{\phi_i^T M \dot{x}(0)}{\phi_i^T M x(0)} \tag{A.7.15}$$

만약, 초기 속도 조건이 0이라면($\dot{x}(0) = 0$) $\cot\theta_i = 0$이므로 $\theta_i = \pi/2$가 되어 식 (A.7.14)는 다음과 같이 표현된다.

$$x(t) = \sum_{i=1}^{n} \phi_i^T M x(0) \sin\left(\omega_i t + \frac{\pi}{2}\right)\phi_i = \sum_{i=1}^{n} \phi_i^T M x(0) \cos\omega_i t \phi_i \tag{A.7.16}$$

따라서, 이 경우 i번째 모드의 모드 기여 계수는 $\phi_i^T M x(0)$로 정의된다.

A.7.2 모드 유효 질량(modal effective mass)

여기서는 보다 일반적인 관점에서 모드 기여 계수를 설명하고 이와 연관된 모드 유효 질량(modal effective mass)에 대해 알아보도록 하자.

① 1 자유도 진동계 기저 가진 진동의 기저 반력

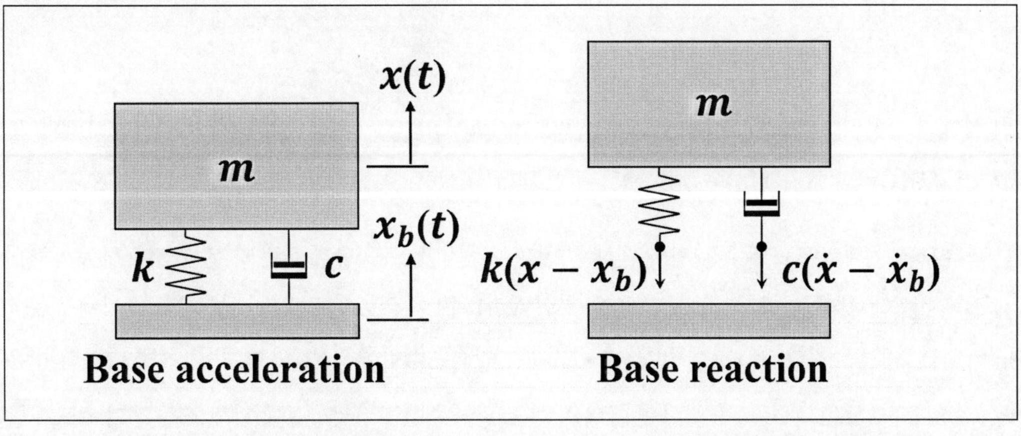

그림 A.7.1 기저 가진(enforced base acceleration)되는 1 자유도 진동계 및 기저 부위 반력

모드 유효 질량(modal effective mass)이란 구조물이 기저 가진(기저의 가속도 가진)에 의해 진동을 하는 경우 각각의 모드의 기여도를 나타내는 용어로 쓰인다, 다 자유도 진동 구조물의 모드 유효 질량

을 살펴보기 전에 우선 그림 A.7.1의 1 자유도 진동계를 이용하여 기저 가진에 의한 반력에 대해 알아보도록 하자.

1 자유도 진동계 질량 m의 수직 방향 변위를 $x(t)$, 구조물이 부착된 기저(base)의 수직 방향 변위를 $x_b(t)$라고 하면, 질량 m의 기저 대비 상대 변위 $z(t)$ $(=x(t)-x_b(t))$에 대한 운동 방정식은 다음과 같다.

$$m\ddot{z}(t)+c\dot{z}(t)+kz(t)=-m\ddot{x}_b(t) \tag{A.7.17}$$

그리고, 그림 A.7.1로부터 구조물의 진동으로 인한 기저의 반력(reaction) $f_b(t)$는 다음과 같이 표현된다.

$$f_b(t)=-c\dot{z}(t)-kz(t)=m\ddot{x}_b(t)+m\ddot{z}(t)=m\ddot{x}(t) \tag{A.7.18}$$

따라서, 복소수 지수법을 사용하여 기저의 조화 운동 $x_b(t)=X_b e^{j\omega t}$에 대한 상대 변위 응답 $z(t)$를 $\widetilde{Z}e^{j\omega t}$로 표시하면 식 (A.7.17)은 다음과 같이 나타낼 수 있으며,

$$(k-\omega^2 m+j\omega c)\widetilde{Z}=\omega^2 m X_b \tag{A.7.19}$$

기저의 반력 $f_b(t)$ $(=\widetilde{F}_b e^{j\omega t})$는 다음과 같이 표현된다.

$$\begin{aligned}\widetilde{F}_b&=-\omega^2 m X_b-\omega^2 m\widetilde{Z}=-\omega^2\left(m+\frac{\omega^2 m^2}{k-\omega^2 m+j\omega c}\right)X_b\\&=\left(m+\frac{\omega^2 m^2}{k-\omega^2 m+j\omega c}\right)(-\omega^2 X_b)=\left(m+\frac{\omega^2 m}{\omega_n^2-\omega^2+j2\zeta\omega_n\omega}\right)\widetilde{A}_b\\&=\left(m+\omega^2 m\widetilde{H}(\omega)\right)\widetilde{A}_b\end{aligned} \tag{A.7.20}$$

위 식에서 기저의 가속도에 대해 $a_b(t)=\ddot{x}_b(t)=-\omega^2 X_b e^{j\omega t}=\widetilde{A}_b e^{j\omega t}$의 관계식을 이용하였다. 또한, 여기서는 편의상 리셉턴스 $\widetilde{H}(\omega)$를 $1/(\omega_n^2-\omega^2+j2\zeta\omega_n\omega)$로 정의하였다.

다 자유도 진동계의 모드 유효 질량에 대해 곧 살펴보겠지만, 모드 유효 질량의 전체 합은 진동계의 실제 전체 질량과 같다. 따라서, 식 (A.7.20)은 그림 A.7.1의 1 자유도 진동계에 대한 것이고 실제 질량은 m이므로 유효 질량 m_{eff}는 단순히 m과 같을 수밖에 없다. 따라서, 식 (A.7.20)을 $\widetilde{F}_b=m(1+\omega^2\widetilde{H}(\omega))\widetilde{A}_b$로 표현하면 반력 $\widetilde{F}_b$는 질량 m에 $1+\omega^2\widetilde{H}(\omega)$에 의해 조정된 가속도가 곱해진 것이라고 간주된다.

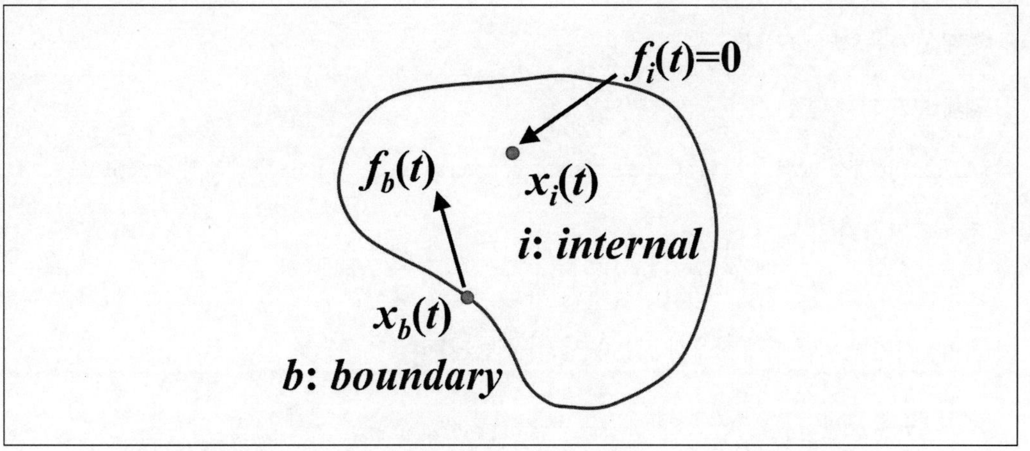

그림 A.7.2 n 자유도 구조물의 내부(i로 표현) 및 외부(경계) (b로 표현) 지점의 자유도

일반적인 n 자유도 구조물에 대해 감쇠를 무시한 식 (A.7.1)의 비감쇠 진동 방정식은 다음과 같다[25].

$$\boldsymbol{M}\ddot{\boldsymbol{x}}(t)+\boldsymbol{K}\boldsymbol{x}(t)=\boldsymbol{f}(t) \tag{A.7.21}$$

구조물의 외부(또는 경계) 지점[26]의 자유도에 하첨자 b (p 개의 자유도)를 사용하고, 내부 지점의 자유도에는 하첨자 i ($n-p$ 개의 자유도)를 사용하면, 위의 행렬 미분 방정식은 부분 행렬을 이용하여 다음과 같이 나타낼 수 있다.

$$\begin{bmatrix} \boldsymbol{M}_{bb} & \boldsymbol{M}_{bi} \\ \boldsymbol{M}_{ib} & \boldsymbol{M}_{ii} \end{bmatrix}\begin{Bmatrix} \ddot{\boldsymbol{x}}_b \\ \ddot{\boldsymbol{x}}_i \end{Bmatrix}+\begin{bmatrix} \boldsymbol{K}_{bb} & \boldsymbol{K}_{bi} \\ \boldsymbol{K}_{ib} & \boldsymbol{K}_{ii} \end{bmatrix}\begin{Bmatrix} \boldsymbol{x}_b \\ \boldsymbol{x}_i \end{Bmatrix}=\begin{Bmatrix} \boldsymbol{f}_b \\ \boldsymbol{f}_i \end{Bmatrix}=\begin{Bmatrix} \boldsymbol{f}_b \\ \boldsymbol{0} \end{Bmatrix} \tag{A.7.22}$$

위 식에서 내부 자유도 i에는 외력이 작용하지 않는 것으로 가정한다($\boldsymbol{f}_i=0$).

이제 변위에 대한 변환 관계식을 이용하여 위 식을 다른 형태로 표현해보자. 현재 식 (A.7.22)는 변위에 대한 구속 조건을 전혀 고려하지 않은 상태이기 때문에 강성 행렬 $\boldsymbol{K}$의 역행렬은 존재하지 않는다. 따라서, 그림 A.7.2의 구조물이 3차원 구조물이라면 변위 $\boldsymbol{x}$는 공간 좌표축 방향의 병진 운동 3개, 각 축을 중심으로 한 회전 운동 3개, 총 6개의 강체 운동을 포함하게 된다. 이를 모두 고려하기 위해 변위 $\boldsymbol{x}$는 강체 모드(rigid body motion)를 나타내는(spanning) 기저 행렬 $\boldsymbol{\Psi}$ (n 행 p 열)와 탄성 변형(elastic

25) 전개의 편의상 우선 감쇠를 무시하고, 나중에 추가하도록 하자.

26) 일반적인 3차원 구조물의 강체 운동은 병진 운동 및 회전 운동 각각 3개씩의 성분이 있어서 총 6자유도가 된다. 강체 운동이 발생되지 않도록 구속되어야 하는 지점으로서 1개 지점(절점(node))이 6개 자유도를 모두 갖는다면 해당 지점만 구속해도 되고, 예를 들면, 각 지점의 자유도가 2개라면 3개 지점을 구속해야 한다.

deformation)을 나타내는 기저 행렬 $\boldsymbol{\Phi}$ (n행 $n-p$열)에 의해 나타낼 수 있다. 여기서 p는 구조물이 가질 수 있는 강체 모드의 수와 동일한 값을 가지며, 외력에 의해 탄성 변형이 일어나기 위한 최소한의 구속 대상 자유도의 수이다.

① **강체 모드 기저 행렬**

식 (A.7.22)의 강성 행렬에 대해 정적 축소(static condensation)을 적용하면 아래와 같으므로[27],

$$\begin{bmatrix} \boldsymbol{K}_{bb} & \boldsymbol{K}_{bi} \\ \boldsymbol{K}_{ib} & \boldsymbol{K}_{ii} \end{bmatrix} \begin{Bmatrix} \boldsymbol{x}_b \\ \boldsymbol{x}_i \end{Bmatrix} = \begin{Bmatrix} \boldsymbol{f}_b \\ 0 \end{Bmatrix} \rightarrow \boldsymbol{x}_i = -\boldsymbol{K}_{ii}^{-1}\boldsymbol{K}_{ib}\boldsymbol{x}_b \tag{A.7.23}$$

이를 이용하면 변위에 대해 다음과 같은 변환 식을 얻게 된다.

$$\begin{Bmatrix} \boldsymbol{x}_b \\ \boldsymbol{x}_i \end{Bmatrix} = \begin{bmatrix} \boldsymbol{I} \\ -\boldsymbol{K}_{ii}^{-1}\boldsymbol{K}_{ib} \end{bmatrix} \boldsymbol{x}_b = [\boldsymbol{\psi}_1\ \boldsymbol{\psi}_2 \cdots \boldsymbol{\psi}_p]\boldsymbol{x}_b = \boldsymbol{\Psi}\boldsymbol{x}_b = \sum_{k=1}^{p} \boldsymbol{\psi}_k x_{b,k} \tag{A.7.24}$$

위 식은 강체 운동을 하는 변위 $\boldsymbol{x}$는 행렬 $\boldsymbol{\Psi}$를 구성하는 열 벡터 $\boldsymbol{\psi}_k$ ($k=1,2,\ldots,p$)의 선형 결합으로 표현 가능하다는 것을 의미하고, 이때 선형 결합 계수 $x_{b,k}$는 자유도 b에 해당하는 변위들이 된다.

참고로, 식 (A.7.24)에서 강체 변위 $\boldsymbol{x}$가 $\boldsymbol{\Psi}\boldsymbol{x}_b$로 표현된다는 사실로부터 강성 행렬 $\boldsymbol{K}$와 행렬 $\boldsymbol{\Psi}$사이에 성립하는 중요한 관계를 얻을 수 있다. 변위 $\boldsymbol{x}$가 강체 변위라면 $\boldsymbol{K}\boldsymbol{x}=0$의 관계식을 만족해야 한다. 이는 구속 지점이 없는 강체 변위이기 때문에 반력이 발생하지 않기 때문이다[28]. 따라서, 아래의 관계식으로부터

$$\begin{aligned} \boldsymbol{K}\boldsymbol{x} = \boldsymbol{K}\boldsymbol{\Psi}\boldsymbol{x}_b &= \boldsymbol{K}\begin{bmatrix} \boldsymbol{I} \\ -\boldsymbol{K}_{ii}^{-1}\boldsymbol{K}_{ib} \end{bmatrix}\boldsymbol{x}_b = \begin{bmatrix} \boldsymbol{K}_{bb} & \boldsymbol{K}_{bi} \\ \boldsymbol{K}_{ib} & \boldsymbol{K}_{ii} \end{bmatrix}\begin{bmatrix} \boldsymbol{I} \\ -\boldsymbol{K}_{ii}^{-1}\boldsymbol{K}_{ib} \end{bmatrix}\boldsymbol{x}_b \\ &= \begin{bmatrix} \boldsymbol{K}_{bb} - \boldsymbol{K}_{bi}\boldsymbol{K}_{ii}^{-1}\boldsymbol{K}_{ib} \\ \boldsymbol{K}_{ib} - \boldsymbol{K}_{ii}\boldsymbol{K}_{ii}^{-1}\boldsymbol{K}_{ib} \end{bmatrix}\boldsymbol{x}_b = \begin{bmatrix} \boldsymbol{K}_{bb} - \boldsymbol{K}_{bi}\boldsymbol{K}_{ii}^{-1}\boldsymbol{K}_{ib} \\ 0 \end{bmatrix}\boldsymbol{x}_b = 0 \end{aligned} \tag{A.7.25}$$

$\boldsymbol{K}_{bb} - \boldsymbol{K}_{bi}\boldsymbol{K}_{ii}^{-1}\boldsymbol{K}_{ib} = 0$의 관계가 만족되어야 함을 알 수 있고, 이로부터 다음과 같은 식을 얻게 된다.

$$\boldsymbol{K}\boldsymbol{\Psi} = 0 \tag{A.7.26}$$

위 식은 뒤에서 다른 식의 유도 과정에서 또 사용될 것이다.

---

27) $\begin{bmatrix} \boldsymbol{K}_{bb} & \boldsymbol{K}_{bi} \\ \boldsymbol{K}_{ib} & \boldsymbol{K}_{ii} \end{bmatrix}\begin{Bmatrix} \boldsymbol{I} \\ \boldsymbol{x}_i \end{Bmatrix} = \begin{Bmatrix} \boldsymbol{f}_b \\ 0 \end{Bmatrix}$의 식으로부터 $\boldsymbol{x}_i = -\boldsymbol{K}_{ii}^{-1}\boldsymbol{K}_{ib}$가 유도된다. 즉, 식 (A.7.24)의 우변 첫 번째 식에서 아래 부분 행렬의 각 열은 자유도 b에 차례로 1 (나머지 자유도 b에 대해서는 0)의 변위를 가했을때의 자유도 i에서의 응답이 된다.

28) 강체 변위이기 때문에 모든 $\boldsymbol{x}$에 대해 변형 에너지 $(1/2)\boldsymbol{x}^T\boldsymbol{K}\boldsymbol{x}$의 값이 0이 되고 따라서 $\boldsymbol{K}\boldsymbol{x}=0$이 되어야 한다고 생각해도 무방하다.

② **탄성 변형 모드 기저 행렬**

식 (A.7.22)에서 자유도 b를 모두 구속하면 구조물은 외부 힘에 의해 탄성 변형을 할 수 있고, 또한 자유도 b를 제외한 아래 식으로부터 강체 모드가 없는 탄성 변형 시의 고유값($\lambda_r = \omega_r^2$) 및 고유 모드(ϕ_r)를 얻을 수 있다.

$$\left(\boldsymbol{K}_{ii} - \omega_r^2 \boldsymbol{M}_{ii}\right)\phi_r = 0 \ (r = 1, 2, ..., n-p) \tag{A.7.27}$$

따라서, 탄성 변형에 관계된 변위 $\boldsymbol{x}$는 다음과 같이 고유 모드의 선형 결합으로 나타낼 수 있다.

$$\begin{Bmatrix} \boldsymbol{x}_b \\ \boldsymbol{x}_i \end{Bmatrix} = \begin{bmatrix} 0 & 0 & 0 & 0 \\ \phi_1 & \phi_2 & \cdots & \phi_{n-p} \end{bmatrix} \boldsymbol{z} = \begin{bmatrix} 0 \\ \boldsymbol{\Phi} \end{bmatrix} \boldsymbol{z} \tag{A.7.28}$$
$$= \begin{bmatrix} \overline{\phi}_1 & \overline{\phi}_2 & \cdots & \overline{\phi}_{n-p} \end{bmatrix} \boldsymbol{z} = \overline{\boldsymbol{\Phi}} \boldsymbol{z} = \sum_{r=1}^{n-p} \overline{\phi}_r z_r$$

따라서, 식 (A.7.24)와 (A.7.28)을 이용하여, 식 (A.7.21)의 변위 $\boldsymbol{x}$에 대해 다음과 같은 전개가 가능하고,

$$\boldsymbol{x} = \begin{Bmatrix} \boldsymbol{x}_b \\ \boldsymbol{x}_i \end{Bmatrix} = \boldsymbol{\Psi} \boldsymbol{x}_b + \overline{\boldsymbol{\Phi}} \boldsymbol{z} = \begin{bmatrix} \boldsymbol{\Psi} & \overline{\boldsymbol{\Phi}} \end{bmatrix} \begin{Bmatrix} \boldsymbol{x}_b \\ \boldsymbol{z} \end{Bmatrix} = \boldsymbol{T} \begin{Bmatrix} \boldsymbol{x}_b \\ \boldsymbol{z} \end{Bmatrix} \tag{A.7.29}$$

이 변환 식[29)]을 식 (A.7.21)에 대입하고 양변에 $\boldsymbol{T}^T$를 곱하면 다음과 같다.

$$\boldsymbol{T}^T \boldsymbol{M} \boldsymbol{T} \begin{Bmatrix} \ddot{\boldsymbol{x}}_b \\ \ddot{\boldsymbol{z}} \end{Bmatrix} + \boldsymbol{T}^T \boldsymbol{K} \boldsymbol{T} \begin{Bmatrix} \boldsymbol{x}_b \\ \boldsymbol{z} \end{Bmatrix} = \boldsymbol{T}^T \boldsymbol{f}(t) \tag{A.7.30}$$

위 식에서 $\boldsymbol{T}^T\boldsymbol{M}\boldsymbol{T}$, $\boldsymbol{T}^T\boldsymbol{K}\boldsymbol{T}$와 $\boldsymbol{T}^T\boldsymbol{f}$는 각각 다음과 같이 정의된다.

$$\boldsymbol{T}^T \boldsymbol{M} \boldsymbol{T} = \begin{bmatrix} \boldsymbol{\Psi}^T \\ \overline{\boldsymbol{\Phi}}^T \end{bmatrix} \boldsymbol{M} \begin{bmatrix} \boldsymbol{\Psi} & \overline{\boldsymbol{\Phi}} \end{bmatrix} = \begin{bmatrix} \boldsymbol{\Psi}^T \boldsymbol{M} \boldsymbol{\Psi} & \boldsymbol{\Psi}^T \boldsymbol{M} \overline{\boldsymbol{\Phi}} \\ \overline{\boldsymbol{\Phi}}^T \boldsymbol{M} \boldsymbol{\Psi} & \overline{\boldsymbol{\Phi}}^T \boldsymbol{M} \overline{\boldsymbol{\Phi}} \end{bmatrix} = \begin{bmatrix} \boldsymbol{M}_0 & \boldsymbol{L}^T \\ \boldsymbol{L} & \boldsymbol{m} \end{bmatrix} \tag{A.7.31a}$$

$$\boldsymbol{T}^T \boldsymbol{K} \boldsymbol{T} = \begin{bmatrix} \boldsymbol{\Psi}^T \\ \overline{\boldsymbol{\Phi}}^T \end{bmatrix} \boldsymbol{K} \begin{bmatrix} \boldsymbol{\Psi} & \overline{\boldsymbol{\Phi}} \end{bmatrix} = \begin{bmatrix} \boldsymbol{\Psi}^T \boldsymbol{K} \boldsymbol{\Psi} & \boldsymbol{\Psi}^T \boldsymbol{K} \overline{\boldsymbol{\Phi}} \\ \overline{\boldsymbol{\Phi}}^T \boldsymbol{K} \boldsymbol{\Psi} & \overline{\boldsymbol{\Phi}}^T \boldsymbol{K} \overline{\boldsymbol{\Phi}} \end{bmatrix} = \begin{bmatrix} 0 & 0 \\ 0 & \boldsymbol{k} \end{bmatrix} \tag{A.7.31b}$$

$$\boldsymbol{T}^T \boldsymbol{f} = \begin{bmatrix} \boldsymbol{\Psi}^T \\ \overline{\boldsymbol{\Phi}}^T \end{bmatrix} \boldsymbol{f} = \begin{Bmatrix} \boldsymbol{\Psi}^T \boldsymbol{f} \\ \overline{\boldsymbol{\Phi}}^T \boldsymbol{f} \end{Bmatrix} = \begin{Bmatrix} \boldsymbol{f}_b - \boldsymbol{K}_{bi} \boldsymbol{K}_{ii}^{-1} \boldsymbol{f}_i \\ \boldsymbol{\Phi}^T \boldsymbol{f}_i \end{Bmatrix} = \begin{Bmatrix} \boldsymbol{f}_b \\ 0 \end{Bmatrix} \tag{A.7.31c}$$

식 (A.7.31)의 결과에서 나타낸 각각의 부분 행렬들에 대한 표현 및 의미에 대해서 살펴보도록 하자.

29) Craig-Bampton 변환식이라고 하며, 그들이 제안한 부분구조합성법(CMS: component mode synthesis)에서 사용되었다. 다만, 여기서는 내부 자유도와 강체 구속 대상 경계 지점의 자유도로 나뉘었다.

[$\boldsymbol{M}_0$: 강체 질량 행렬(rigid body mass matrix)]

대상 진동 구조물에 허용된 강체 운동의 자유도 개수만큼의 크기를 갖는다. 일반적으로 2차원 구조물의 경우 3행 3열, 3차원 구조물의 경우 6행 6열의 크기를 갖는다.

$$\begin{aligned}\boldsymbol{M}_0 = \boldsymbol{\Psi}^T\boldsymbol{M}\boldsymbol{\Psi} &= \begin{bmatrix}\boldsymbol{I} & -\boldsymbol{K}_{bi}\boldsymbol{K}_{ii}^{-1}\end{bmatrix}\begin{bmatrix}\boldsymbol{M}_{bb} & \boldsymbol{M}_{bi}\\ \boldsymbol{M}_{ib} & \boldsymbol{M}_{ii}\end{bmatrix}\begin{bmatrix}\boldsymbol{I}\\ -\boldsymbol{K}_{ii}^{-1}\boldsymbol{K}_{ib}\end{bmatrix}\\ &= \boldsymbol{M}_{bb} - \boldsymbol{K}_{bi}\boldsymbol{K}_{ii}^{-1}\boldsymbol{M}_{ib} - \boldsymbol{M}_{bi}\boldsymbol{K}_{ii}^{-1}\boldsymbol{K}_{ib} + \boldsymbol{K}_{bi}\boldsymbol{K}_{ii}^{-1}\boldsymbol{M}_{ii}\boldsymbol{K}_{ii}^{-1}\boldsymbol{K}_{ib}\end{aligned} \tag{A.7.32}$$

[$\boldsymbol{L}$: 모드 기여 계수 행렬(modal participation factor matrix)]

$$\begin{aligned}\boldsymbol{L} = \overline{\boldsymbol{\Phi}}^T\boldsymbol{M}\boldsymbol{\Psi} &= \begin{bmatrix}0 & \boldsymbol{\Phi}^T\end{bmatrix}\begin{bmatrix}\boldsymbol{M}_{bb} & \boldsymbol{M}_{bi}\\ \boldsymbol{M}_{ib} & \boldsymbol{M}_{ii}\end{bmatrix}\begin{bmatrix}\boldsymbol{I}\\ -\boldsymbol{K}_{ii}^{-1}\boldsymbol{K}_{ib}\end{bmatrix}\\ &= \boldsymbol{\Phi}^T\boldsymbol{M}_{ib} - \boldsymbol{\Phi}^T\boldsymbol{M}_{ii}\boldsymbol{K}_{ii}^{-1}\boldsymbol{K}_{ib}\end{aligned} \tag{A.7.33}$$

뒤에 설명이 될 내용이지만 모드 유효 질량을 구할 때 직접 관계되는 행렬이다. 각 행은 해당 모드의 위치가 되고 열은 자유도의 위치가 된다. 예를 들면, 2행 3열이 존재한다면, 이는 3번째 자유도 방향 진동에서 2번째 모드의 기여도를 나타낸다.

[$\boldsymbol{m}$: 일반화 질량 행렬/모드 질량 행렬(generalized (modal) mass matrix)]

$$\boldsymbol{m} = \overline{\boldsymbol{\Phi}}^T\boldsymbol{M}\overline{\boldsymbol{\Phi}} = \begin{bmatrix}0 & \boldsymbol{\Phi}^T\end{bmatrix}\begin{bmatrix}\boldsymbol{M}_{bb} & \boldsymbol{M}_{bi}\\ \boldsymbol{M}_{ib} & \boldsymbol{M}_{ii}\end{bmatrix}\begin{bmatrix}0\\ \boldsymbol{\Phi}\end{bmatrix} = \boldsymbol{\Phi}^T\boldsymbol{M}_{ii}\boldsymbol{\Phi} = \begin{bmatrix}m_1 & 0 & \cdots & 0\\ 0 & m_2 & \cdots & 0\\ \vdots & \vdots & \ddots & \vdots\\ 0 & 0 & \cdots & m_{n-p}\end{bmatrix} \tag{A.7.34}$$

위 식에서는 질량 정규화되지 않은 고유 모드를 가정하였다. 만약, 질량 정규화된 고유 모드를 사용한다면 위 행렬은 크기 $n-p$의 항등 행렬 $\boldsymbol{I}$가 된다.

[$\boldsymbol{k}$: 일반화 강성 행렬/모드 강성 행렬(generalized (modal) stiffness matrix)]

$$\boldsymbol{k} = \overline{\boldsymbol{\Phi}}^T\boldsymbol{K}\overline{\boldsymbol{\Phi}} = \begin{bmatrix}0 & \boldsymbol{\Phi}^T\end{bmatrix}\begin{bmatrix}\boldsymbol{K}_{bb} & \boldsymbol{K}_{bi}\\ \boldsymbol{K}_{ib} & \boldsymbol{K}_{ii}\end{bmatrix}\begin{bmatrix}0\\ \boldsymbol{\Phi}\end{bmatrix} = \boldsymbol{\Phi}^T\boldsymbol{K}_{ii}\boldsymbol{\Phi} = \begin{bmatrix}k_1 & 0 & \cdots & 0\\ 0 & k_2 & \cdots & 0\\ \vdots & \vdots & \ddots & \vdots\\ 0 & 0 & \cdots & k_{n-p}\end{bmatrix} \tag{A.7.35}$$

식 (A.7.34)와 마찬가지로 질량 정규화된 고유 모드를 사용한다면 위 행렬의 대각 요소는 ω_i^2이 된다.

[기타 행렬]

$$\boldsymbol{\Psi}^T\boldsymbol{K}\boldsymbol{\Psi} = 0;\ \overline{\boldsymbol{\Phi}}^T\boldsymbol{K}\boldsymbol{\Psi} = 0 \tag{A.7.36}$$

식 (A.7.26)의 결과로부터 위 관계식이 성립함을 알 수 있으며, 이로 인해 식 (A.7.31b)에서 첫 대각 원소 부분 행렬과 비 대각 원소 부분 행렬이 영 행렬이 된다.

이제 식 (A.7.31)을 이용하여 식 (A.7.30)은 다음과 같이 두 개의 행렬 미분 방정식으로 표현된다.

$$\boldsymbol{M}_0 \ddot{\boldsymbol{x}}_b + \boldsymbol{L}^T \ddot{\boldsymbol{z}} = \boldsymbol{f}_b \tag{A.7.37a}$$

$$\boldsymbol{m}\ddot{\boldsymbol{z}} + \boldsymbol{k}\boldsymbol{z} = -\boldsymbol{L}\ddot{\boldsymbol{x}}_b \tag{A.7.37b}$$

위 식은 기저의 조화 운동 $\boldsymbol{x}_b = \boldsymbol{X}_b e^{j\omega t}$에 대해 $\boldsymbol{z} = \widetilde{\boldsymbol{Z}} e^{j\omega t}$와 $\boldsymbol{f}_b = \widetilde{\boldsymbol{F}}_b e^{j\omega t}$을 가정하면 다음과 같이 나타낼 수 있다.

$$-\omega^2 \boldsymbol{M}_0 \boldsymbol{X}_b - \omega^2 \boldsymbol{L}^T \widetilde{\boldsymbol{Z}} = \widetilde{\boldsymbol{F}}_b \tag{A.7.38a}$$

$$(\boldsymbol{k} - \omega^2 \boldsymbol{m} + j\omega \boldsymbol{c})\widetilde{\boldsymbol{Z}} = \omega^2 \boldsymbol{L}\boldsymbol{X}_b \tag{A.7.38b}$$

식 (A.7.38b)에는 감쇠항이 새롭게 추가되었으며, 여기서 사용된 감쇠 행렬 $\boldsymbol{c}$는 대각 원소가 $2\zeta_r \omega_r m_r$ $(r = 1, 2, ..., n-p)$인 대각 행렬이다. 이제 식 (A.7.38b)를 $\widetilde{\boldsymbol{Z}}$에 대해 정리한 후 그 결과 식인 $\widetilde{\boldsymbol{Z}} = (\boldsymbol{k} - \omega^2 \boldsymbol{m} + j\omega \boldsymbol{c})^{-1} \omega^2 \boldsymbol{L}\boldsymbol{X}_b$를 식 (A.7.38a)에 대입하면 다음의 식을 얻게 되고,

$$-\omega^2 \boldsymbol{M}_0 \boldsymbol{X}_b - \omega^2 \boldsymbol{L}^T (\boldsymbol{k} - \omega^2 \boldsymbol{m} + j\omega \boldsymbol{c})^{-1} \omega^2 \boldsymbol{L}\boldsymbol{X}_b = \widetilde{\boldsymbol{F}}_b \tag{A.7.39}$$

여기에서 $\boldsymbol{a}_b = \widetilde{\boldsymbol{A}}_b e^{j\omega t} = -\omega^2 \boldsymbol{X}_b e^{j\omega t}$를 이용하여 식을 다음과 같이 정리할 수 있다.

$$\left(\boldsymbol{M}_0 + \omega^2 \boldsymbol{L}^T (\boldsymbol{k} - \omega^2 \boldsymbol{m} + j\omega \boldsymbol{c})^{-1} \boldsymbol{L}\right)\widetilde{\boldsymbol{A}}_b = \widetilde{\boldsymbol{F}}_b \tag{A.7.40}$$

위 식을 행렬 형태로 표현하면 그 의미를 정확히 파악하기 어려우므로 각각의 모드로부터의 기여 성분을 고려하여 다음과 같이 바꿔 표현해 보자.

$$\begin{aligned}
&\left(\boldsymbol{M}_0 + \omega^2 \sum_{r=1}^{n-p} \frac{(\boldsymbol{L}_r)^T \boldsymbol{L}_r}{k_r - \omega^2 m_r + j2\zeta_r \omega_r m_r \omega}\right)\widetilde{\boldsymbol{A}}_b \\
&= \left(\boldsymbol{M}_0 + \omega^2 \sum_{r=1}^{n-p} \frac{(\boldsymbol{L}_r)^T \boldsymbol{L}_r}{m_r} \frac{1}{\omega_r^2 - \omega^2 + j2\zeta_r \omega_r \omega}\right)\widetilde{\boldsymbol{A}}_b \\
&= \left(\boldsymbol{M}_0 + \omega^2 \sum_{r=1}^{n-p} \frac{(\boldsymbol{L}_r)^T \boldsymbol{L}_r}{m_r} \widetilde{H}_r(\omega)\right)\widetilde{\boldsymbol{A}}_b = \widetilde{\boldsymbol{F}}_b
\end{aligned} \tag{A.7.41}$$

위 식에서 $\boldsymbol{L}_r$은 행렬 $\boldsymbol{L}$의 r번째 행을, $(\boldsymbol{L}_r)^T$는 $\boldsymbol{L}$의 r번째 행의 전치(즉, 열벡터가 된다)를 각각 의미한다[30]. 그런데, 위 식을 1 자유도 기저 가진에 의한 진동계에 대한 식 (A.7.20)과 비교하면 r번째 모

드의 기여는 $(\boldsymbol{L}_r)^T\boldsymbol{L}_r/m_r$ 라고 할 수 있으므로 이를 $\boldsymbol{M}_{eff,r}$ 로 정의하고 식 (A.7.41)을 아래와 같이 나타낼수 있다.

$$\widetilde{\boldsymbol{F}}_b = \left(\boldsymbol{M}_0 + \omega^2 \sum_{r=1}^{n-p} \boldsymbol{M}_{eff,r} \widetilde{H}_r(\omega)\right)\widetilde{\boldsymbol{A}}_b \quad \text{(A.7.42)}$$

위 식에서 $\boldsymbol{M}_{eff,r}$ $(=(\boldsymbol{L}_r)^T\boldsymbol{L}_r/m_r)$을 r 번째 모드에 의한 모드 유효 질량(modal effective mass)라고 한다. 모드 유효 질량이란 기저 가진(기저의 가속도 가진)의 경우에 진동 구조물 각 모드의 기여도를 나타냄으로써, 그 값이 높은 모드에서는 기저에서 상대적으로 큰 반력이 생긴다. 강체 모드의 개수가 6개인 경우 $\boldsymbol{M}_{eff,r}$ 은 6 행 6열의 행렬이 된다. 모든 모드 유효 질량에 대한 합은 결과적으로 강체 질량 행렬 $\boldsymbol{M}_0$ 가 되지만, 진동계의 자유도 개수 만큼의 모든 고유 진동수(또는 모드)를 구하는 경우는 드물기 때문에 현실적으로 모드 유효 질량 $\boldsymbol{M}_{eff,r}$ 의 합은 강체 모드 질량 $\boldsymbol{M}_0$ 보다 작다(예제 A.7.2 참고).

예제 A.7.1

그림 A.7.E1에 나타낸 구조물이 기저 가진이 될 경우에 대해 각 모드의 유효 질량을 구하여라(Irvine, 2015).

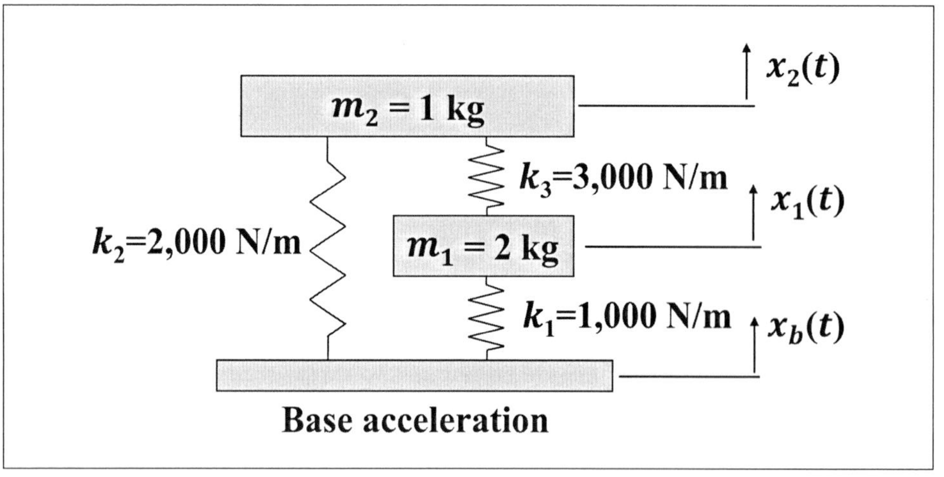

그림 A.7.E1 집중 질량 및 스프링으로 구성된 기저 가진 진동 구조물(예제 A.7.1)

---

30) 참고로, 간단한 2×2 행렬 $\boldsymbol{A}$ $(=[a_{ij}])$ 및 $\boldsymbol{B}$ $(=[b_{ij}])$의 곱셈을 생각해보자. 간단히 행렬의 곱셈을 이용하여

$\boldsymbol{AB} = \begin{bmatrix} a_{11} & a_{12} \\ a_{21} & a_{22} \end{bmatrix}\begin{bmatrix} b_{11} & b_{12} \\ b_{21} & b_{22} \end{bmatrix} = \begin{bmatrix} a_{11}b_{11}+a_{12}b_{21} & a_{11}b_{12}+a_{12}b_{22} \\ a_{21}b_{11}+a_{22}b_{21} & a_{21}b_{12}+a_{22}b_{22} \end{bmatrix}$ 와 같이 생각할 수도 있으나,

$\boldsymbol{AB} = \begin{bmatrix} a_{11} & a_{12} \\ a_{21} & a_{22} \end{bmatrix}\begin{bmatrix} b_{11} & b_{12} \\ b_{21} & b_{22} \end{bmatrix} = \begin{Bmatrix} a_{11} \\ a_{21} \end{Bmatrix}[b_{11}\ b_{12}] + \begin{Bmatrix} a_{12} \\ a_{22} \end{Bmatrix}[b_{21}\ b_{22}] = \begin{bmatrix} a_{11}b_{11} & a_{11}b_{12} \\ a_{21}b_{11} & a_{21}b_{12} \end{bmatrix} + \begin{bmatrix} a_{12}b_{21} & a_{12}b_{22} \\ a_{22}b_{21} & a_{22}b_{22} \end{bmatrix}$ 와 같이 표현할 수도 있다.

풀이 및 설명

지금까지 해왔던 방법을 적용하면, 아래와 같이 각각의 질량에 대해 운동 방정식을 구한다.

(질량 m_1)

$$k_3(x_2-x_1)-k_1(x_1-x_b)=m_1\ddot{x}_1 \tag{1a}$$

(질량 m_2)

$$-k_2(x_2-x_b)-k_3(x_2-x_1)=m_2\ddot{x}_2 \tag{1b}$$

그리고, 그림 A.7.E1은 기저가 고정된 상태에서 질량 2개의 위치를 기술하는 각각의 좌표 $x_1(t)$와 $x_2(t)$가 필요하므로 2 자유도 진동계이다. 그런데, 유한 요소 구조물 관점에서는 기저의 변위 좌표 x_b도 필요하므로 3 자유도 구조물이 되고, 따라서 $p=1$과 $n=3$이 된다. 강체 운동은 수직 방향 1개만 존재한다. 그림 A.7.E1의 진동계는 집중 질량(lumped mass)계이고 좌표 x_b에는 질량이 할당되어 있지 않을 뿐이다. 따라서, 이에 대한 행렬 미분 방정식은 아래와 같이 나타낼 수 있다.

$$\begin{bmatrix}0&0&0\\0&m_1&0\\0&0&m_2\end{bmatrix}\begin{Bmatrix}\ddot{x}_b\\\ddot{x}_1\\\ddot{x}_2\end{Bmatrix}+\begin{bmatrix}k_1+k_2&-k_1&-k_2\\-k_1&k_1+k_3&-k_3\\-k_2&-k_3&k_2+k_3\end{bmatrix}\begin{Bmatrix}x_b\\x_1\\x_2\end{Bmatrix}=\begin{Bmatrix}0\\0\\0\end{Bmatrix} \tag{2}$$

위 식에 나타낸 행렬들을 이용하여 앞서 모드 유효 질량을 구하기 위해 거쳤던 과정 및 행렬들을 구해보자. 먼저, 경계 지점 $\boldsymbol{x}_b$ 및 내부의 좌표 $\boldsymbol{x}_i$들은 다음과 같다.

$$\boldsymbol{x}_b=\{x_b\},\ \boldsymbol{x}_i=\begin{Bmatrix}x_1\\x_2\end{Bmatrix} \tag{3}$$

그리고, 이들을 기준으로 질량 행렬 $\boldsymbol{M}$ 및 강성 행렬 $\boldsymbol{K}$의 부분 행렬들을 구해보면 다음과 같다.

$$\boldsymbol{M}_{bb}=[0],\ \boldsymbol{M}_{bi}=[0\ \ 0],\ \boldsymbol{M}_{ib}=\begin{bmatrix}0\\0\end{bmatrix},\ \boldsymbol{M}_{ii}=\begin{bmatrix}2&0\\0&1\end{bmatrix} \tag{4a}$$

$$\boldsymbol{K}_{bb}=[3000],\ \boldsymbol{K}_{bi}=[-1000\ \ -2000], \tag{4b}$$

$$\boldsymbol{K}_{ib}=\begin{bmatrix}-1000\\-2000\end{bmatrix},\ \boldsymbol{K}_{ii}=\begin{bmatrix}4000&-3000\\-3000&5000\end{bmatrix}$$

위 행렬을 이용하여 식 (A.7.24)의 $\boldsymbol{\Psi}$는 다음과 같이 구해진다.

$$\boldsymbol{\Psi}=\begin{Bmatrix}1\\1\\1\end{Bmatrix} \tag{5}$$

위 식에서 $\boldsymbol{I}=[1]$ 및 $-\boldsymbol{K}_{ii}^{-1}\boldsymbol{K}_{ib}=[1\ \ 1]^T$가 이용되었다.

이제 식 (A.7.28)의 $\overline{\boldsymbol{\Phi}}$를 구하기 위해 식 (4)의 $\boldsymbol{M}_{ii}$ 및 $\boldsymbol{K}_{ii}$를 이용하여 고유 진동수 및 고유 모드를 구한다.

$$\left(\boldsymbol{K}_{ii}-\omega_r^2\boldsymbol{M}_{ii}\right)\boldsymbol{\phi}_r=\mathbf{0}\ (r=1,2) \tag{6}$$

위 식에 대한 고유 진동수 및 고유 모드 벡터(질량 정규화 수행)를 구하면 각각 다음과 같다.

$$\omega_1=30.032\ \text{(rad/s)},\ \boldsymbol{\phi}_1=\begin{Bmatrix}0.62796\\0.45970\end{Bmatrix} \tag{7a}$$

$$\omega_2=78.090\ \text{(rad/s)},\ \boldsymbol{\phi}_2=\begin{Bmatrix}0.32506\\-0.88807\end{Bmatrix} \tag{7b}$$

따라서, 식 (A.7.28)의 $\overline{\boldsymbol{\Phi}}$는 아래와 같이 구해진다.

$$\overline{\boldsymbol{\Phi}}=\begin{bmatrix}0&0\\0.62796&0.32506\\0.45970&-0.88807\end{bmatrix} \tag{8}$$

이제 변환 행렬 $\boldsymbol{\Psi}$와 $\overline{\boldsymbol{\Phi}}$를 구하였으므로, 식 (A.7.31)에 나타낸 부분 행렬들을 구할 수 있다.

[$\boldsymbol{M}_0$: 강체 질량 행렬(rigid body mass matrix)]

$$\boldsymbol{M}_0=\boldsymbol{\Psi}^T\boldsymbol{M}\boldsymbol{\Psi}=[1\ 1\ 1]\begin{bmatrix}0&0&0\\0&2&0\\0&0&1\end{bmatrix}\begin{Bmatrix}1\\1\\1\end{Bmatrix}=3 \tag{9}$$

위 식의 결과는 그림 A.7.E1에 나타낸 질량 전체의 합이 3 (kg)이라는 것을 나타내고 있다.

[$\boldsymbol{L}$: 모드 기여 계수 행렬(modal participation factor matrix)]

$$\begin{aligned}\boldsymbol{L}=\overline{\boldsymbol{\Phi}}^T\boldsymbol{M}\boldsymbol{\Psi}&=\begin{bmatrix}0&0.62796&0.45970\\0&0.32506&-0.88807\end{bmatrix}\begin{bmatrix}0&0&0\\0&2&0\\0&0&1\end{bmatrix}\begin{Bmatrix}1\\1\\1\end{Bmatrix}\\&=\begin{Bmatrix}0.62796\times2+0.45970\\0.32506\times2-0.88807\end{Bmatrix}=\begin{Bmatrix}1.7156\\-0.23796\end{Bmatrix}\end{aligned} \tag{10}$$

위 식을 통해 첫 번째 및 두 번째 모드의 모드 기여 계수는 각각 1.7156 및 -0.23796가 됨을 알 수 있다.

[$\boldsymbol{m}$: 일반화 질량 행렬/모드 질량 행렬(generalized (modal) mass matrix)]

$$\boldsymbol{m}=\overline{\boldsymbol{\Phi}}^T\boldsymbol{M}\overline{\boldsymbol{\Phi}}=\begin{bmatrix}1&0\\0&1\end{bmatrix} \tag{11}$$

식 (7)에서 질량 정규화된 고유 모드를 구했으므로 모드 질량은 모두 1의 값을 갖는다.

[$\boldsymbol{k}$: 일반화 강성 행렬/모드 강성 행렬(generalized (modal) stiffness matrix)]

$$\boldsymbol{k}=\overline{\boldsymbol{\Phi}}^T\boldsymbol{K}\overline{\boldsymbol{\Phi}}=\begin{bmatrix}901.92&0\\0&6098.08\end{bmatrix} \tag{12}$$

마찬가지로, 질량 정규화된 고유 모드에 의해 행렬 $\boldsymbol{k}$의 대각 원소는 각각 식 (7)의 ω_1^2 및 ω_2^2의 값을 갖는다.

위의 결과들을 이용하여 모드 유효 질량 $\boldsymbol{M}_{eff,r}$을 다음과 같이 구할 수 있다.

$$M_{eff,1} = \frac{(L_1)^T L_1}{m_1} = \frac{1.7156^2}{1} = 2.9433\ \text{(kg)} \tag{13a}$$

$$M_{eff,2} = \frac{(L_2)^T L_2}{m_2} = \frac{0.23796^2}{1} = 0.056625\ \text{(kg)} \tag{13b}$$

위 식으로부터 $M_0 = M_{eff,1} + M_{eff,2} = 3$ (kg)이라는 것을 확인할 수 있다.

예제 A.7.2

그림 A.7.E2는 외팔보를 3개의 Timoshenko 보로 모델링한 경우를 나타내고 있다.

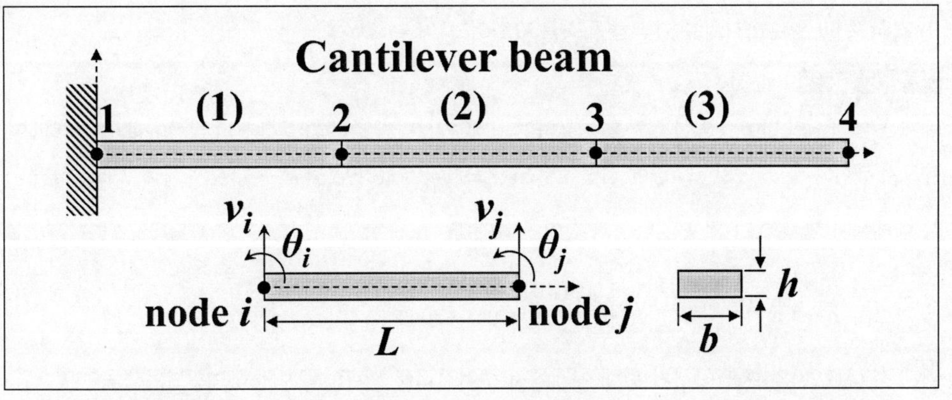

그림 A.7.E2 Timoshenko 보로 모델링된 외팔보 및 사용된 유한 요소의 자유도 정의(예제 A.7.2)

이 경우 변위(수직 방향의 병진 자유도 v, 회전 자유도 θ) 및 질량 행렬, 강성 행렬에 관련된 부분 행렬은 다음과 같다고 한다[31].

[변위] $\boldsymbol{x} = [v_1\ \theta_1\ v_2\ \theta_2\ v_3\ \theta_3\ v_4\ \theta_4]^T$

$\boldsymbol{x}_b = [v_1\ \theta_1]^T,\ \boldsymbol{x}_i = [v_2\ \theta_2\ v_3\ \theta_3\ v_4\ \theta_4]^T$

[질량 행렬] $\boldsymbol{M}$

$$\boldsymbol{M}_{bb} = \begin{bmatrix} 0.72 & 0 \\ 0 & 0 \end{bmatrix} \times 10^{-3},\ \boldsymbol{M}_{bi} = \begin{bmatrix} 0.36 & 0 & 0 & 0 & 0 & 0 \\ 0 & 0 & 0 & 0 & 0 & 0 \end{bmatrix} \times 10^{-3}$$

$$\boldsymbol{M}_{ib} = \begin{bmatrix} 0.36 & 0 \\ 0 & 0 \\ 0 & 0 \\ 0 & 0 \\ 0 & 0 \\ 0 & 0 \end{bmatrix} \times 10^{-3},\ \boldsymbol{M}_{ii} = \begin{bmatrix} 1.44 & 0 & 0.36 & 0 & 0 & 0 \\ 0 & 0 & 0 & 0 & 0 & 0 \\ 0.36 & 0 & 1.44 & 0 & 0.36 & 0 \\ 0 & 0 & 0 & 0 & 0 & 0 \\ 0 & 0 & 0.36 & 0 & 0.72 & 0 \\ 0 & 0 & 0 & 0 & 0 & 0 \end{bmatrix} \times 10^{-3}$$

31) 별도의 표기가 없는 경우 SI 단위계를 따른다.

[강성 행렬] $\boldsymbol{K}$

$$\boldsymbol{K}_{bb} = \begin{bmatrix} 4.3600 & 0.0872 \\ 0.0872 & 0.0019 \end{bmatrix} \times 10^5,\ \boldsymbol{K}_{bi} = \begin{bmatrix} -4.3600 & 0.0872 & 0 & 0 & 0 & 0 \\ -0.0872 & 0.0016 & 0 & 0 & 0 & 0 \end{bmatrix} \times 10^5$$

$$\boldsymbol{K}_{ib} = \begin{bmatrix} -4.3600 & -0.0872 \\ 0.0872 & 0.0016 \\ 0 & 0 \\ 0 & 0 \\ 0 & 0 \\ 0 & 0 \end{bmatrix} \times 10^5,$$

$$\boldsymbol{K}_{ii} = \begin{bmatrix} 8.7200 & 0 & -4.3600 & 0.0872 & 0 & 0 \\ 0 & 0.0037 & -0.0872 & 0.0016 & 0 & 0 \\ -4.3600 & -0.0872 & 8.7200 & 0 & -4.3600 & 0.0872 \\ 0.0872 & 0.0016 & 0 & 0.0037 & -0.0872 & 0.0016 \\ 0 & 0 & -4.3600 & -0.0872 & 4.3600 & -0.0872 \\ 0 & 0 & 0.0872 & 0.0016 & -0.0872 & 0.0019 \end{bmatrix} \times 10^5$$

이 경우 3번째 모드까지의 모드 유효 질량을 구하여라[32].

풀이 및 설명

예제 A.7.1에서와 같이 동일한 절차를 이용하여 구해보자. 다만, 이 예제는 1개의 절점(node)에 2개의 자유도가 부여되어 있고 또한 그 중에 회전 자유도가 포함되어 있기에 좀 더 주의 깊게 살펴보도록 하자.

이 예제에서 식 (A.7.24)의 Ψ는 다음과 같이 구해진다.

$$\Psi = \begin{bmatrix} \boldsymbol{I} \\ -\boldsymbol{K}_{ii}^{-1}\boldsymbol{K}_{ib} \end{bmatrix} = \begin{bmatrix} 1 & 0 & 1 & 0 & 1 & 0 & 1 & 0 \\ 0 & 1 & 0.04 & 1 & 0.08 & 1 & 0.12 & 1 \end{bmatrix}^T \tag{1}$$

이제 식 (A.7.28)의 $\overline{\Phi}$를 구하기 위해 예제에서 주어진 $\boldsymbol{M}_{ii}$ 및 $\boldsymbol{K}_{ii}$를 이용하여 고유 진동수 및 고유 모드를 구한다.

$$\left(\boldsymbol{K}_{ii} - \omega_r^2 \boldsymbol{M}_{ii}\right)\boldsymbol{\phi}_r = \boldsymbol{0}\ (r = 1, 2, 3) \tag{2}$$

위 식에 대한 고유 진동수 및 고유 모드 벡터(질량 정규화 수행)를 구하면 각각 다음과 같다.

$$\omega_1 = 723.10\ \text{(rad/s)}\ (f_1 = 115.08\ \text{(Hz)}),\ \boldsymbol{\phi}_1 = \begin{Bmatrix} 3.8879 \\ 190.6387 \\ 13.3282 \\ 278.2399 \\ 24.8924 \\ 298.6104 \end{Bmatrix} \tag{3a}$$

$$\omega_2 = 5648.59\ \text{(rad/s)}\ (f_2 = 899.00\ \text{(Hz)}),\ \boldsymbol{\phi}_2 = \begin{Bmatrix} 14.7267 \\ 624.8317 \\ 14.8756 \\ -631.6978 \\ -26.0797 \\ -1366.9549 \end{Bmatrix} \tag{3b}$$

32) 이 예제는 단지 모드 유효 질량에 대한 설명의 목적으로 만들어진 것으로서 유한 요소의 개수가 충분하지 않다. 다른 물리량과 동일하게 유한 요소의 개수가 충분한 상태에서 모드 기여 계수, 모드 유효 질량의 값을 얻어야 한다.

$$\omega_3 = 24288.90\ \text{(rad/s)}\ (f_3 = 3865.70\ \text{(Hz)}),\ \phi_3 = \begin{Bmatrix} 22.6894 \\ 218.9906 \\ -21.3102 \\ -1643.0167 \\ 17.3342 \\ 3249.8943 \end{Bmatrix} \tag{3c}$$

따라서, 식 (3)을 이용하면, 식 (A.7.28)의 $\overline{\boldsymbol{\Phi}}$는 아래와 같이 구해진다.

$$\overline{\boldsymbol{\Phi}} = \begin{bmatrix} 0 & 0 & 0 \\ 0 & 0 & 0 \\ \phi_1 & \phi_2 & \phi_3 \end{bmatrix} \tag{4}$$

이제 변환 행렬 $\boldsymbol{\Psi}$와 $\overline{\boldsymbol{\Phi}}$를 이용하여, 식 (A.7.31)에 나타낸 부분 행렬들을 구하면 각각 다음과 같다.

[$\boldsymbol{M}_0$: 강체 질량 행렬]

$$\boldsymbol{M}_0 = \boldsymbol{\Psi}^T \boldsymbol{M} \boldsymbol{\Psi} = \begin{bmatrix} 6.4800 & 0.3888 \\ 0.3888 & 0.0311 \end{bmatrix}\ \text{(g, g·m2)} \tag{5}$$

위 결과로부터 그림 A.7.E2의 구조물의 전체 (병진 자유도) 질량은 6.48 g이고 회전 관성 모멘트 (rotational moment of inertia)가 0.0311 g·m2이 됨을 알 수 있다. 이 회전 관성 모멘트는 기저 진동이 가해지는 지점(여기서는 현재 외팔보의 구속된 지점)에 대해 계산된 값이다. 비 대각 원소는 병진 자유도와 회전 자유도가 연성된 관성 물리량을 나타낸다.

[$\boldsymbol{L}$: 모드 기여 계수 행렬]

$$\boldsymbol{L} = \overline{\boldsymbol{\Phi}}^T \boldsymbol{M} \boldsymbol{\Psi} = \begin{bmatrix} 0.064071 & 0.005507 \\ -0.035775 & -0.000838 \\ 0.021700 & 0.000275 \end{bmatrix} \tag{6}$$

위 식으로부터 기저 가진 시 외팔보 구속 지점의 회전 자유도가 첫 번째, 두 번째, 세 번째 모드에 기여하는 정도가 각각 $0.005507,\ -0.000838,\ 0.000275$가 됨을 알 수 있다.

[$\boldsymbol{m}$: 일반화 질량 행렬/모드 질량 행렬]

$$\boldsymbol{m} = \overline{\boldsymbol{\Phi}}^T \boldsymbol{M} \overline{\boldsymbol{\Phi}} = \begin{bmatrix} 1 & 0 & 0 \\ 0 & 1 & 0 \\ 0 & 0 & 1 \end{bmatrix} \tag{7}$$

식 (3)에서 질량 정규화된 고유 모드를 구했으므로 모드 질량은 모두 1의 값을 갖는다.

[$\boldsymbol{k}$: 일반화 강성 행렬/모드 강성 행렬]

$$\boldsymbol{k} = \overline{\boldsymbol{\Phi}}^T \boldsymbol{K} \overline{\boldsymbol{\Phi}} = \begin{bmatrix} 0.052287 & 0 & 0 \\ 0 & 3.190661 & 0 \\ 0 & 0 & 58.995061 \end{bmatrix} \times 10^7 \tag{8}$$

마찬가지로, 질량 정규화된 고유 모드에 의해 행렬 $\boldsymbol{k}$의 대각 원소는 각각 식 (3)의 ω_1^2, ω_2^2, ω_3^2의 값을 갖는다.

위의 결과들을 이용하여 모드 유효 질량 $\boldsymbol{M}_{eff,r}$ 을 다음과 같이 구할 수 있다.

$$\boldsymbol{M}_{eff,1} = \frac{(\boldsymbol{L}_1)^T \boldsymbol{L}_1}{m_1} = \begin{bmatrix} 4.105051 & 0.352843 \\ 0.352843 & 0.030328 \end{bmatrix} \text{(g, g·m}^2\text{)} \tag{9a}$$

$$\boldsymbol{M}_{eff,2} = \frac{(\boldsymbol{L}_2)^T \boldsymbol{L}_2}{m_2} = \begin{bmatrix} 1.279838 & 0.029980 \\ 0.029980 & 0.000702 \end{bmatrix} \text{(g, g·m}^2\text{)} \tag{9b}$$

$$\boldsymbol{M}_{eff,3} = \frac{(\boldsymbol{L}_3)^T \boldsymbol{L}_3}{m_2} = \begin{bmatrix} 0.470885 & 0.005967 \\ 0.005967 & 0.000076 \end{bmatrix} \text{(g, g·m}^2\text{)} \tag{9c}$$

예제 A.7.1과는 다르게 회전 자유도가 연성되어 있어 좀 복잡하게 보이지만, 그 결과의 해석은 식 (5)에서와 같다. 즉, 수직 병진 방향의 가진에 대한 모드별 유효 질량은 각각 4.105051 (g), 1.279838 (g), 0.470885 (g)이 되고, 이들의 합은 5.855774 (g)이 된다. 이는 식 (5)의 6.48 (g)보다 작은데 이는 계산에 사용한 모드의 숫자가 자유도의 숫자보다 작을뿐만 아니라 사용된 유한요소의 개수가 적은것에 기인한다. 일반적으로 저주파수 대역의 관심 모드 몇 개만이 중요하므로 모드 유효 질량의 합은 전체 강체 질량보다 작을 수밖에 없다. 참고로, 회전 자유도 가진에 대한 모드별 유효 질량은 각각 0.030328 (g·m^2), 0.000702 (g·m^2), 0.000076 (g·m^2)이 됨을 알 수 있다. 비 대각원소는 식 (5)에서와 같이 병진 자유도와 회전 자유도가 연성된 관성 물리량의 모드별 유효값이 된다.

표 A.7.1에 이 예제에 대한 해석 소프트웨어(ANSYS Mechanical APDL 2020R1)의 결과를 요약하여 나타내었다.

[표 A.7.1] 예제 A.7.2의 구조물에 대한 모드 기여 계수 및 유효 질량

(v 방향)

모드	고유 진동수(Hz)	모드 기여 계수	모드 유효 질량	비율
1	115.085	0.64071E−01	0.410505E−02	0.633496
2	899.002	−0.35775E−01	0.127984E−02	0.197506
3	3865.70	0.22700E−01	0.470885E−03	0.726674E−01
계			0.585577E−02	90.37

(θ 방향)

모드	고유 진동수(Hz)	모드 기여 계수	모드 유효 질량(g):	비율(%)
1	115.085	0.55071E−02	0.303280E−04	0.974983
2	899.002	−0.83801E−03	0.702260E−06	0.225762E−01
3	3865.70	0.27499E−03	0.756198E−07	0.243102E−02
계			0.311059E−04	0.999990

(Rigid body mass matrix)

$$\boldsymbol{M}_0 = \begin{bmatrix} 0.64800\text{E}-02 & 0.388800\text{E}-03 \\ 0.388800\text{E}-03 & 0.31106\text{E}-04 \end{bmatrix}$$

참고문헌

[1] 김재은 (2018) 압전 진동 에너지 수확의 이해 Ⅰ -기본- (pp. 31~43). 홍릉과학출판사.

[2] 백준기, 조남익, 김호찬 (2008) 신호와 시스템. 인피티니북스.

[3] 오종섭 (2001) 구조물의 불규칙 진동학 개론. 태림문화사.

[4] 이장무 (1996) 기계진동학. 문운당.

[5] 정호영 (2018) 확률과 랜덤 과정. 한빛 아카데미.

[6] Brandt A (2011) Noise and Vibration Analysis-Signal Analysis and Experimental Procedures. John Wiley & Sons, Ltd.

[7] Brüel & Kjær (1987) Technical Review-Windows to FFT Analysis (PART Ⅰ). Brüel & Kjær.

[8] Caughey TK, O'Kely MEJ (1965) Classical normal modes in damped linear dynamic systems. Journal of Applied Mechanics 32: 583-588.

[9] Craig RR Jr. and Bampton MCC (1968) Coupling of substructures for dynamic analyses. AIAA Journal 6(7): 1313-1319.

[10] de Silva CW (2000) Vibration-Fundamentals and Practice. CRC Press.

[11] Den Hartog JP (1956) Mechanical Vibrations. McGraw-Hill.

[12] Ewins DJ (2000) Modal Testing: Theory, Practice and Application (2nd edition). Research Studies Press, LTD.

[13] Genta G (1999) Vibration of Structures and Machines-Practical Aspects. Springer Science+Business Media, LLC.

[14] He J and Fu Z-F (2001) Modal Analysis. Butterworth-Heinemann Publications.

[15] Heinzel G, Rüdiger A and Shilling A (2002) Spectrum and spectral estimation by the discrete Fourier transform (DFT), including a comprehensive list of window functions and some new flat-top windows.

[16] Hewitt PG (2002) Conceptual Physics. Pearson Education, Inc.

[17] Inman DJ (2013) Engineering Vibration (4th edition). Pearson.

[18] Irvine T (2015) Effective modal mass & modal participation factors-Revision Ⅰ. Vibration Data

[19] Kobush M, Klaus L and Muñiz Mendoza L (2017) Investigation of impact hammer calibrations. IMEKO 23rd TC3, 13th TC5 and 4th TC22 International Conference, Helsinki, Finland

[20] Machado MR, Appert A and Khalij L (2019) Spectral formulated modelling of an electrodynamic shaker. Mechanics Research Communications 97: 70~78.

[21] PCB PIEZOTRONICS, Inc. General Signal Conditioning Guide-An Introduction to the Operation of ICP® and Charge Output Sensors and Instrumentation

[22] Palm WJ (2007) Mechanical Vibration. John Wiley & Sons, Inc.

[23] Peebles PZ Jr. (2000) Probability, Random Variables, and Random Signal Principles. McGraw-Hill Science.

[24] Pishro-Nik H (2014) Introduction to Probability, Statistics, and Random Processes. Kappa Research LLC.

[25] Randall RB et al. (1987) Frequency Analysis Handbook. Brüel & Kjær

[26] Rao SS (2003) Mechanical Vibrations (4th edition). Pearson.

[27] Shin K and Hammond J (2008) Fundamentals of Signal Processing for Sound and Vibration Engineers. John Wiley & Sons, Ltd.

[28] Thomson WT (1993) Theory of Vibration with Applications (4th edition). Prentice Hall.

[29] Tse FS, Morse IE and Hinkle RT (1978) Mechanical Vibrations-Theory and Applications. Allyn & Bacon.

[30] Wijker J (2003) Mechanical Vibrations in Spacecraft Design. Springer.

[31] Wirsching PH, Paez TL and Ortiz K (2006) Random Vibrations: Theory and Practice. Dover Publications, Inc.

[32] Yilmaz C and Kikuchi N (2006) Analysis and design of passive band-stop filter-type vibration isolators for low-frequency applications. Journal of Sound and Vibration 291: 1004-1028.

찾아보기

기타